Gewidmet den bayerischen Feldgeschworenen,
den selbstlosen Wahrern von Recht und Gerechtigkeit

Franz X. Simmerding

GRENZZEICHEN, GRENZSTEINSETZER UND GRENZFREVLER

Ein Beitrag zur Kultur-,
Rechts- und Sozialgeschichte

Herausgegeben vom Deutschen Verein für Vermessungswesen
Landesverein Bayern

CIP
Kurztitelaufnahme der Deutschen Bibliothek
Simmerding, Franz X.
Grenzzeichen, Grenzsteinsetzer und Grenzfrevler
ISBN 3-923825-08-0

Satz: Script-Service A. Warta, München
Druck: Bayerisches Landesvermessungsamt, München
Buchbinder: R. Oldenbourg, Kirchheim

Die Herausgabe wurde gefördert
vom Haus der Bayerischen Geschichte und von der
Bayerischen Landesstiftung

Vertrieb:
Deutscher Verein für Vermessungswesen (DVW)
Landesverein Bayern e.V.
Geschäftsstelle am Bayerischen Landesvermessungsamt,
Alexandrastraße 4, 80538 München

Geleitwort

Seit mehr als 3000 Jahren beschäftigen sich die Menschen nachweislich mit den Grenzen, deren Kennzeichnung, Beschreibung und Schutz. Den Grenzfrevlern drohten teilweise drakonische Strafen. Die Beziehung des Menschen zur Grenze ist ein Spiegelbild seiner politischen und gesellschaftlichen Ordnung. Sie ist damit ein Teil unserer Kulturgeschichte. Auch heute besitzt die exakte Festlegung und Kennzeichnung von Grenzen noch einen hohen Stellenwert, denn abgemarkte Grenzen stehen für Rechtssicherheit und Grenzfrieden.

In Bayern können die Feldgeschworenen, auch Siebener oder Untergänger genannt, auf eine bis in das 14. Jahrhundert zurückreichende Tradition in der Grenzpflege und Grenzsicherung zurückblicken. Unsere 20 000 Feldgeschworenen in Bayern beweisen, daß dieses Ehrenamt über die Jahrhunderte hinweg jung und lebenskräftig geblieben ist. Trotz moderner Vermessungsmethoden in einer hochtechnisierten Zeit kommt den Feldgeschworenen durch ihr Wissen und ihr Ansehen in den Gemeinden eine wichtige Mittlerfunktion zwischen den Grundeigentümern und den Vermessungsbehörden zu; bei der Durchführung von Vermessung und Abmarkung gehören sie zum »Team«.

Es ist ein besonderes Verdienst von Dr. Simmerding, daß er das in vielen Archiven und Museen lagernde Material über Grenzen, Grenzzeichen und den rechtlichen Rahmen einschließlich des sozialen Umfelds fast wie die geheimen Siebenerzeichen freigelegt und zu einem farbenprächtigen Mosaik zusammengefügt hat. Wir sind sicher, daß dieses Buch vielen Bürgerinnen und Bürgern und ganz besonders unseren Feldgeschworenen interessante neue Einblicke in die Beziehung des Menschen zu seinen Grenzen – auch im weiteren Sinne – geben wird.

Erwin Huber
Bayerischer Staatsminister
der Finanzen

Alfons Zeller
Staatssekretär im Bayerischen
Staatsministerium der Finanzen

Vorwort des Herausgebers

Grenze – ein schillernder Begriff mit vielfältiger Bedeutung. In unserem Staatswesen, welches das Eigentum verfassungsmäßig garantiert, steht er nicht zuletzt für die Grundstücksgrenzen.

Die Sichtbarmachung der Grenzen, die Grenzvermarkung, hatte jedoch lange vor dem verfassungsrechtlich garantiertem Eigentum große Bedeutung erlangt. Mit der zunehmend intensiveren Nutzung des unvermehrbaren Gutes Grund und Boden im 20. Jahrhundert hat die sichtbare Markierung der Grundstücksgrenzen nochmals an Wichtigkeit gewonnen. Daran hat sich bis heute nichts geändert. Dennoch gibt es – vorwiegend in ländlichen Gebieten – selbst im heutigen Zeitalter der Satellitenvermessung und der Geoinformationssysteme noch Eigentumsgrenzen, die der erstmaligen Grenzfeststellung und Abmarkung bedürfen.

Der damit beauftragte Personenkreis findet in dem vorliegenden Buch einen detaillierten Abriß der historischen Entwicklung sowie eine Menge fachlicher Informationen. Die in Bayern auch heute noch bei den Abmarkungen mitwirkenden Feldgeschworenen werden den geschichtlichen Ursprung ihrer Tätigkeit bis in das Mittelalter zurückverfolgen können. Das Buch wird darüber hinaus allen mit der Verwaltung und der Planung von Grund und Boden Befaßten, ebenso wie den in der Rechtsprechung und der Rechtspflege Tätigen, wertvolle Einblicke vermitteln. Eine besondere Fundgrube dürfte es für Historiker sowie für Heimat- und Brauchtumsforscher sein, da dieses Buch erstmals einen zusammenfassenden geschichtlichen Überblick über das Thema Grenze und Grenzzeichen vermittelt.

Als Herausgeber dankt der Landesverein Bayern e.V. im Deutschen Verein für Vermessungswesen (DVW) seinem Mitglied, Herrn Ministerialdirigent a. D. Dr.-Ing. Franz Simmerding, für dieses Werk. Der Autor ist in der Fachwelt durch zahlreiche Veröffentlichungen, so z. B. einen Taschenkommentar zum Bayerischen Abmarkungsrecht und ein Handbuch zur Grundbuchordnung, bekannt und angesehen.

Wir freuen uns, daß mit dem vorliegenden Buch nach dem umfänglichen rechtlichen Wissen des Autors zum Thema Grundstück und Grenze nun auch sein wertvolles historisches Wissen einer breiten Öffentlichkeit zugänglich wird. Wir freuen uns besonders, daß wir die Herausgabe, wie vorgesehen, im 80. Lebensjahr des Autors verwirklichen konnten.

Ferner gilt unser Dank all denen, die die Herausgabe dieses Werkes unterstützt haben. Hervorzuheben ist die Förderung durch das Haus der Bayerischen Geschichte und durch die Bayerische Landesstiftung.

Weilheim, im November 1996

Friedrich Bösl

Friedrich Bösl
Vorsitzender des Landesvereins Bayern e.V.
im Deutschen Verein
für Vermessungswesen (DVW)

Vorwort des Autors

Geschichtswissenschaft und Erdkunde haben seit jeher das Phänomen Grenze in ihre Forschungsarbeit einbezogen. Neuerdings interessieren sich auch Wirtschaftswissenschaft und Soziologie hierfür. Viel Phantasie und Spekulation wurden in heimatkundlichen Publikationen auf diesen Gegenstand verwandt. Zur Entwicklungsgeschichte der Grenzvermarkung jedoch liegen nur wenige, unvollständige Untersuchungen vor. Seit Jacob Grimm ist zu diesem Thema keine größere Arbeit mehr erschienen. Hingegen befassen sich einige Monographien sowie eine nicht mehr überschaubare Zahl von Einzeldarstellungen mit den immer geringer werdenden Restbeständen historischer Grenzmarken. Diese Publikationen beschränken sich auf kleinere Gebietseinheiten oder auf Einzelobjekte.

Verhältnismäßig wenig haben die Fachhistoriker dazu beigesteuert, die Geschichte jener städtischen und dörflichen Institutionen aufzuhellen, die in bestimmten Gegenden Deutschlands die Grenzen der Grundstücke beaufsichtigten, im Grenzgericht über Grenzstreitigkeiten und kleinere Grenzvergehen urteilten und die Grenzen mit festen Marken versahen. Lediglich für Württemberg liegt in der Monographie über den »Schwäbischen Untergang« aus der Feder des Rechtshistorikers Karl Siegfried Bader eine sehr gründliche und kompetente Abhandlung vor. (Sie greift über Altwürttemberg nur wenig hinaus und fand selbst in Fachkreisen nicht die gebührende Beachtung.)

Daß sich das wissenschaftliche Schrifttum zu wenig dieser Themen annimmt, darüber beklagt sich schon der württembergische Topograph und Kartograph Joannes Oetinger in der Vorrede zu seinem 1642 posthum erschienenen Buch über das Grenzrecht: *»So wird doch diese Materi seydhero (seit der Römischen Kaiserzeit) schlechtlich in acht genommen / und gemeiniglich für so wichtig nicht angesehen / als sie an ihr selber ist / auch von wenig Rechtsgelehrten gebührend tractirt* . .« Wie notwendig und nützlich eine umfassende, überregional vergleichende Durchleuchtung der Themenbereiche Grenzvermarkung und Grenzsteinsetzer sein könnte, zeigt sich heute auch darin, daß in heimatkundlichen Publikationen bisweilen irrige oder unklare Vorstellungen zu einzelnen Fragen anzutreffen sind. Vermutungen und anscheinend eingängige Wortdeutungen verleiten nur zu leicht zu unrichtigen Schlüssen und Behauptungen. Darüber hinaus dürfte die Feststellung, die Hans Fehr schon 1916 niederschrieb, kaum an Aktualität eingebüßt haben: *»Studien über das Recht der Grenzzeichen würden treffliche Bausteine zum Aufbau des gewaltigen, rechtsgeschichtlichen Gewölbes liefern«* (nachgedruckt in Deutsche ländliche Rechtsquellen, hsg. von Peter Blickle 1977, S. 15).

Der Versuch, die aufgezeigte Literaturlücke einigermaßen zu füllen, stellt für einen Einzelnen, der zudem kein Fachhistoriker ist, kein geringes Wagnis dar. Wenn die zusätzlich zum eigentlichen Thema für das bessere Verstehen eingeschobenen historischen Anmerkungen über das soziale und ökonomische Umfeld vor der Kritik des Fachmanns möglicherweise in dem einen oder anderen Punkt nicht voll bestehen sollte, so möge darüber der eigentliche Zweck der Schrift nicht außer acht gelassen werden. Zum einen soll all denen, die sich beruflich mit dem Vermessen und Abmarken von Grenzen zu befassen haben, ein geschichtlicher Abriß dieser Tätigkeit an die Hand gegeben werden. Der Kreis dieser Personen reicht vom Ingenieur bis zum Feldgeschworenen. Durch die eingehende Berücksichtigung der Forstvermarkung in einem besonderen Abschnitt sollten die an geschichtlichen Fragen interessierten Forstleute angesprochen werden. Für Rechtsprechung und Rechtspflege, insbesondere auch für Notare, könnten die dargestellten Entwicklungslinien das Verständnis für manche Sachfrage fördern. Historiker, vor allem Rechtshistoriker, werden aus dem dargebotenen Stoff vielleicht die Anregung entgegennehmen, in bisher von der Forschung noch wenig erschlossene Sondergebiete einzudringen. Ganz besonders aber möchte das Buch für all jene, die sich in der Heimat- und Brauchtumsgeschichte sowie für die Erhaltung der Flurdenkmäler engagieren, den geschichtlichen Hintergrund der Grenzvermarkung aufhellen. Nicht minder wichtig erscheint es dem Verfasser, den Schulen – ganz besonders in Franken und Schwaben – ein Nachschlagewerk an die Hand zu geben, in dem für den Heimatkundeunterricht der Themenbereich Grenzmarken und Grenzsteinsetzer aufgearbeitet ist.

Zur Veranschaulichung der regionalen Vielfalt in der Form und in der Entwicklung der Grenzvermarkung und des Amtes der beeideten Grenzsteinsetzer ist eine Auswahl von Beispielen gebracht, die zwangsläufig von jeglicher Vollständigkeit weit entfernt sein muß. Wenn sich der Verfasser auf dem Gebiet der Geschichtswissenschaft als Dilettant versteht, so in dem Sinne Egon Friedells (Kulturgeschichte der Neuzeit, Sonderausgabe C. H. Beck S. 48, 49), *»daß allen menschlichen Betätigungen nur so lange eine wirkliche Lebenskraft innewohnt, als sie von Dilettanten ausgeübt werden«*. Und *»was im Speziellen die Kulturgeschichte betrifft, so ist es schlechterdings unmöglich, sie anders als dilettantisch zu behandeln«*.

Der verarbeitete Stoff konnte naturgemäß nur durch die Mithilfe von Staats-, Stadt- und Adelsarchiven, von Museen des In- und Auslands und von vielen Forschern, Wissenschaftlern und sachkundigen Privatpersonen bewältigt werden. Von Fachhistorikern kam mancher gute Rat und auch ermutigender Zuspruch. Ihnen allen sei an dieser Stelle sehr herzlicher Dank gesagt mit der Bitte um Nachsicht, daß die namentliche Aufzählung unterbleibt; sie würde eine ganze Seite füllen. Dankbar sei angemerkt, daß die Bayerische Landesstiftung und das Haus der Bayerischen Geschichte aus Fördermitteln die Drucklegung des Manuskripts unterstützt und dadurch eine günstige Preisfestlegung ermöglicht haben. Besonderen Dank schuldet der Verfasser dem Deutschen Verein für Vermessungswesen Landesverein Bayern für die Herausgabe und für die Übernahme des Vertriebs des Werks. Dank sei auch allen gesagt, die bei der Gestaltung und dem Druck ihr fachliches Können eingesetzt und viel Zeit und Mühe aufgewandt haben.

Inhaltsübersicht

Babylon

Griechenland

Rom

Elmswald/OPf.

Thüringen

Bayern

Die Grenze in der Kulturgeschichte und Sozialkritik

Unendlichkeit kann nur das Wesen ahnen,
Das zur Unendlichkeit erkoren ist.
Christoph August Tiedge, Urania 3

Ein Wesensmerkmal des Menschseins ist die Fähigkeit, sich seiner selbst bewußt zu werden und über sich zu reflektieren. Der über die Materie hinausdrängende Geist kann dabei zu der frustrierenden Erkenntnis kommen, daß das menschliche Vorstellungsvermögen durch die Natur in die Kategorien Zeit und Raum eingespannt ist. Auch die moderne Physik stößt an Grenzen, jenseits derer keine Aussagen mehr möglich sind: Der Anfangspunkt des Kosmos, meist als »Urknall« bezeichnet, muß als Beginn der Zeit hingenommen werden, der Weltenraum wird in ein endliches, gekrümmtes Kontinuum eingefaßt, Wärme nimmt erst bei einem »absoluten Nullpunkt der Thermodynamik« ihren Anfang, Geschwindigkeit kann nicht über die Lichtgeschwindigkeit hinaus gesteigert werden. Dies mag die kritische Vernunft des Menschen befriedigen, den über das Rationale hinausgreifenden Bedürfnissen und Sehnsüchten kann die exakte Wissenschaft nicht genügen. In unseren Träumen greifen wir nach der grenzenlosen Unendlichkeit, nach dem nicht in Zeit und Raum eingebundenen Sein. Über die Realität gingen aber im Laufe der Weltgeschichte auch menschliche Utopien hinaus, die für einzelne Machtzentren oder Ideologien den Anspruch auf die Herrschaft über den ganzen Erdball anmeldeten. Einige Beispiele werden noch angeführt.

Das Wort »Grenze« wird heute in vielfältiger Weise verwendet. Während die beweglichen Sachen schon von Natur aus begrenzt sind – sieht man von Besonderheiten wie Flüssigkeiten, Gasen oder elektrischem Strom ab –, müssen zur Begrenzung von Räumen und von Parzellen auf der Erdoberfläche Definitionen oder örtliche Festlegungen gefunden werden. »Grenze« als ausdehnungslos vorgestellte Trennungslinie ließe sich in der Sprache der »Neuen Mathematik« wie folgt definieren: Die Grenze trennt Teilmengen rationaler Flächenelemente, wenn sich die Teilmengen in einem für die betreffende Untersuchung vorgegebenen Merkmal unterscheiden. Merkmale können natürlicher Art sein, z. B. Nutzung und Vegetation. Sie können politischer Art sein, wie die Zugehörigekeit zu verschiedenen Staaten oder anderen Gebietskörperschaften, und schließlich können sie privatrechtlicher Art sein, wie Eigentum und andere Rechte. Ohne Grenze sind Rechte an Grund und Boden nicht vorstellbar. Alle Arten von Grenzen sind heute vom positiven Recht als dem Instrument menschlicher Verhaltenssteuerung durchformt. Der Mensch ist ein grenzsetzendes Wesen. Die Bindung an einen abgegrenzten Raum ist zu einer Notwendigkeit menschlichen Zusammenlebens geworden. Freilich markieren auch Einzelwesen mancher Tierarten die Grenzen des beanspruchten Aktionsraums und verteidigen ihren Bezirk gegen Artgenossen, die das Revier nicht respektieren. Hier gilt dann das Recht des Stärkeren.

Für die Nomadenvölker war das Land noch ohne feste Grenze; es endete allenfalls dort, wo es keine Nahrungsgrundlage mehr bot, oder wo natürliche Hindernisse oder andere Völker oder Stämme ein weiteres Vordringen verwehrten. Aber selbst Nomaden bewegen sich regelmäßig in Lebensräumen, die von Generation zu Generation beibehalten werden.

Bei dem Begriff Grenze steht der Gedanke des Trennenden im Vordergrund. Nach der romantisierenden Betrachtungsweise eines Jacob Grimm (Deutsche grenzalterthümer) sollte die Grenze *»nicht bloß als trennendes, sondern zugleich als einigendes princip behandelt werden, aus welchem neben der nothwendigen scheide ein band der nachbarschaft und gemeinschaft sich entfaltete, dessen heiligung und weihe unserm alterthum aufs höchste angelegen war«*. Das Niederländische bringt diese Mahnung auf die einfache Formel: *»Laßt Freundschaft heilen, was Grenzen teilen!«*

Sichtbar wird das Phänomen Grenze mit dem Beginn des Ackerbaus und dem damit verbundenen Seßhaftwerden des Menschen, der sogenannten neolithischen Revolution, in den Frühkulturen des Vorderen Orients. Städte umgaben ihren Wohn- und Wirtschaftsraum mit Mauern und Türmen als nächste und engste Grenze zur Abwehr äußerer Bedrohung; Jerichos älteste Befestigung geht auf das 6. Jahrtausend zurück. Archäologisch deutlicher erkennbar ist die sumerische Staatenbildung in Südmesopotamien seit etwa 3000 v. Chr. An den Grenzen der alten Reiche Mesopotamiens wie auch an der Südgrenze Ägyptens wurden verschiedentlich Grenzsäulen aufgestellt, deren Inschriften dem Eindringling die Rache der Götter zusicherten. Theoretisch »grenzenlos« war jedoch das neuassyrische Reich vom 9. bis ins 7. Jahrhundert v. Chr. Denn der assyrische Reichsgott Assur beanspruchte die absolute Weltherrschaft und trug dem assyrischen König auf, diese Forderung mit Waffengewalt durchzusetzen, womit jegliche Territorialgrenzen wegfallen mußten.

Die Welt hat seither noch verschiedene Denkansätze wie auch kriegerische Versuche zur Begründung einer Universalherrschaft ohne Grenzen gesehen. Der Deutsche Kaiser des Hochmittelalters verstand sich in der Nachfolge des Römischen Kaiserreichs als Schirmherr aller Christen und als Lehensherr aller christlichen Fürsten, sein Reich war in der Theorie ohne Grenzen. Diesen Gedankengang machte sich dann das Haus Habsburg auf seine Weise zu eigen, indem es zur Zeit Kaiser Friedrichs III. (1440 – 1493) den Vokalen A.E.I.O.U. die Bedeutung unterlegte »AUSTRIAE EST IMPERARE ORBI UNIVERSO«, gleich »Alles Erdreich ist Österreich untertan«. Später schickten sich Napoleon und Hitler an, ihre Träume von einem Universalreich mit Gewalt zu realisieren. Sie scheiterten zum Glück der Menschheit ebenso wie die Versuche einer proletarischen Völkervereinigung unter dem Sowjetstern.

Neue Varianten zur Beseitigung von staatlichen Grenzen, mit dem Ziel ein homogenes Großreich zu bilden, werden derzeit im arabischen afro-asiatischen Raum durchdacht. Die panarabische Idee eines muslimischen Großreiches ist zu einer machtvollen Bewegung angewachsen; die in der arabischen Liga vereinigten Politiker beschwören zwar bei jeder Gelegenheit ihre Gemeinschaft, unterlassen aber bei ihrem persönlichen Ehrgeiz mit Eifersüchteleien nichts, was die Verwirklichung ihrer Lippenbekenntnisse unmöglich machen kann, und sehen den Grund dieser Misere in einer antiarabischen Verschwörung des Westens (Bassan Tibi, Die Verschwörung). Bitterer, blutiger Ernst mit Mord, Zerstörung und Vertreibung ist hingegen das Großmachtstreben auf dem Balkan geworden. Nicht Grenzen aufzuheben, aber in ihrer Bedeutung und Wirkung zu mindern unter Wahrung kultureller Eigenständigkeit, ist hingegen das Ziel der europäischen Einigungsbewegung.

Neben der Staatengründung der Völkerschaften hat sich früher oder später ein Besitzrecht der Einzelindividuen an Grund und Boden herausgebildet. Vielfach bestand dieses zunächst wohl aus einem zeitlich beschränkten Nutzungsrecht, das sich im Laufe der Zeit zu Besitz und Eigentum verfestigte. Mit der Entwicklung von Landeskultur und Architektur waren dann Maß und Messen ein notwendiger Zivilisationsfortschritt geworden. Das Meßwesen scheint bei den Frühkulturen zumeist in den Händen der Priesterschaft gelegen zu haben, denn diese Kaste hatte die Tempelbezirke abzustecken und ihre Achsen nach sakralen Gesichtspunkten auszurichten. Der Ruhm, die ersten professionellen Feldmesser hervorgebracht zu haben, muß wohl dem Pharaonenreich zugesprochen werden.

Die Grenze hat ihren Ursprung im Bereich des Religiösen. Schon daher erklärt sich, daß sie auch nach der Aufnahme in die Staatsordnung weiterhin allgemein als geheiligt und unantastbar galt. Die Geistesgeschichte weist jedoch auch andere Sichtweisen auf. Kulturphilosophen und Dichter belehren uns, der Übergang vom Nomadentum zum Feldbau habe den menschlichen Charakter pervertiert. Als frühgeschichtliches Symbol wird der erste überlieferte Brudermord hingestellt: Der Ackerbauer Kain erschlug den Hirten Abel. Mit dem Feldbau sei das Streben des Menschen nach Besitz und Eigentum entstanden und damit Neid, Kampf, Ausbeutung, Unterdrückung. Schon in der Antike gab es neben dem Glauben an einen stetigen Fortschritt des Menschengeschlechts, personifiziert in dem Gott Prometheus, und an das Hinauswachsen des Menschen über das Tier eine mythologisch verarbeitete Denkrichtung, die eine charakterliche Abwärtsbewegung der Menschen, immer schlechter werdendes Sozialverhalten und sinkende Moral feststellen zu können glaubte. Dieser Niedergang soll sich in den vier Erdzeitaltern abgezeichnet haben: dem Goldenen, dem Silbernen, dem Bronzenen und dem Eisernen. Am Übergang zu dem letzten, dem schlechtesten und entarteten, nämlich der Gegenwart, steht die Aufteilung des Landes, für das es bis dahin die Begriffe Besitz und Eigentum nicht gegeben hatte. Symbol hierfür ist der Landmesser. Ovid beschreibt dies in Versen (Metamorphosen I. 135, 136):

> Communemque prius ceu lumina solis et auras
> Cautus humum longo signavit limite mensor.
>
> Den früher wie Sonnenlicht und Lüfte gemeinsamen Boden
> bezeichnete der behutsame Feldmesser mit langer Grenze.

Auch im Gründungsmythos Roms hat die Tragik des Übergangs zur räumlichen Abgrenzung beanspruchter Gebietsteile ihren Niederschlag gefunden: Romulus zieht die Grenzlinie um das für seine Stadtgründung vorgesehene Gebiet. Als sein Bruder Remus eine derartige Trennungslinie nicht respektieren will, erschlägt ihn Romulus.

Die Anhäufung von Besitz in den Händen von wenigen Begüterten auf Kosten besitzlos gewordener Massen mußte zu sozialen Spannungen führen, die sich von Zeit zu Zeit in blutigen Auseinandersetzungen entluden. Kritiker der ungerechten Verteilung der Güter dieser Erde sind in nahezu allen Perioden der Weltliteratur zu finden. Aus der Zahl radikaler Denker sollen nur drei namhafte Vertreter der jüngsten Zeit hier zu Wort kommen: Jean-Jaques Rousseau (1722 – 1778), dessen Gedanken starken Einfluß auf die Französische Revolution ausübten, verurteilte mit pathetischen Worten jeglichen Grundbesitz: *»Der erste, dem es in den Sinn kam, ein Grundstück einzuhegen und zu behaupten ›Das gehört mir‹, und der Menschen fand, einfältig genug, ihm zu glauben, war der eigentliche Begründer der bürgerlichen Gesellschaft. Wieviel Verbrechen, Kriege, Mordtaten, Elend* *und Scheußlichkeiten hätte d e r Mann dem Menschengeschlecht erspart, der die Pfähle herausgerissen, den Graben eingeebnet und seinen Mitmenschen zugerufen hätte: ›Hütet euch, diesem Betrüger zu glauben! Ihr seid verloren, wenn ihr vergeßt, daß die Früchte allen gehören und die Erde niemandem!‹«* (Discours über den Ursprung und die Grundlagen der Ungleichheit unter den Menschen, 1754). Während Rousseau seine Gedanken in eine rückwärts gewandte Utopie kleidete, erhoffte sich der große Tondichter Richard Wagner (1813 – 1883) von der Revolution 1848/49, der er sich begeistert anschloß, einen völligen Umbau der Gesellschaftsordnung. Seiner »erhabenen Göttin Revolution« legte er (1849) emphatisch die Worte in den Mund, seine eigenen Gedanken aussprechend: *»Ich will zerbrechen die Gewalt der Mächtigen, des Gesetzes und des Eigentums.«* (Dieter Borchmeyer, Jubiläumsausgabe 1983 V, S. 234, 238). Wagners Revolutionsschriften fanden wenig Beachtung. Weltweiten Einfluß auf das sozialpolitische Geschehen gewann hingegen das Werk von Wagners Zeitgenossen Karl Marx (1818 – 1883). Marx sah Grundeigentum als »überflüssig und schädlich« an. Da der Boden nicht Produkt der Arbeit sei, komme ihm auch nicht irgendein Wert zu (Das Kapital 3. Bd. 37. Kap.; hsg. von Friedrich Engels 1894). Diese sozialkritische Doktrin hat nun ein Jahrhundert nach dem Erscheinen des Hauptwerks von Karl Marx seine Faszination weitgehend verloren. Selbst in China wird bei grundsätzlicher Verneinung persönlichen Grundeigentums ein vererbliches, veräußerbares und beleihbares Besitzrecht an Grund und Boden, ähnlich dem Erbbaurecht, an Investoren auf Zeit verliehen.

In Deutschland gipfelt die Rechtsentwicklung des Eigentums und seiner Grenzen im materiellen wie im ideellen Sinn in Artikel 14 des Grundgesetzes, wonach Eigentum und Erbrecht als Grundrechte gewährleistet, Inhalt und Schranken derselben durch die Gesetze bestimmt werden. Die Garantie von Eigentum in sozialer Verantwortung ist wesentlicher Bestandteil einer freiheitlichen Rechts- und Gesellschaftsordnung. Das Verfügungsrecht des Eigentümers über Grund und Boden ist heute in einer Vielzahl von Vorschriften eingeschränkt, rechtsgeschäfliche Änderungen des Eigentums und der Grundstücksgrenzen sind in Deutschland, Österreich und der Schweiz an einen strengen Formalismus gebunden.

A. Grenzvermarkung

1. Die alten Kulturen

Den Grenzfrevler *»mögen die großen Götter mit wildem Zorn anschauen und mit einem unlösbaren, bitteren Fluch verfluchen«.*
Aus einer Grenzsteininschrift

1.1 Der babylonische »kudurru«

Grenzen mit Steinmalen zu bezeichnen, ist so naheliegend, daß nicht anzunehmen ist, die alten Kulturen hätten eine solche einfache Möglichkeit nicht genutzt, soweit die Notwendigkeit einer Grenzmarkierung gegeben und geeignetes Steinmaterial verfügbar war. Allerdings gibt es kaum exakte Belege für diese Annahme. Aber Steininschriften, die von Grundbesitz handeln, treten in Mesopotamien schon im dritten vorchristlichen Jahrtausend auf. Fruchtbarer Boden stellte einen hohen Wert dar, der Grundstücksverkehr war gering. Das Kulturland wurde sorgfältig vermessen. Im letzten Drittel des dritten Jahrtausends lassen uns die Inschriften hinsichtlich der Fragen zu Grund und Boden im Stich. Erst die traditionsfreudige Periode des mittelbabylonischen Reiches knüpft an die Frühzeit wieder an (1).

Seit dem 14. Jahrhundert v. Chr. finden sich Beurkundungen über das Eigentum an Grund und Boden in aufrecht stehende, längliche, glatte Steine eingemeißelt. Diese »kudurru«, wie sie bei den Babyloniern genannt wurden, schienen der Assyriologie zunächst eine Art Grenzstein zu sein. Die Form mag zwar die gleiche sein wie die jener Steine, mit denen die Grenzen der Felder bezeichnet wurden (2). Aber zumindest für einen Teil der Steine scheint nachgewiesen zu sein, daß sie in Tempelbezirken aufbewahrt waren, und auch sonstige Angaben weisen auf eine Aufstellung außerhalb der Felder hin (3). Zumindest ist es unsicher, ob kudurru auch auf dem betreffenden Grundbesitz aufgestellt waren, sei es als Eigentumsnachweis, sei es als Grenzmarken (4). Die babylonischen kudurru sind sonach vermutlich nicht Grenzsteine im eigentlichen Sinne, sondern *»Rechtsurkunden, . . . deren Zweck es ist, das Eigentumsrecht jemands an gewissen Grundstücken bekannt zu machen und unter den Schutz der Götter zu stellen«* (5). Wenn die kudurru in der weiteren Kulturentwicklung Kleinasiens und des Mittelmeerraums auch keine Nachfolger und keine Nachahmung fanden, so verdienen sie wegen ihrer Besonderheiten dennoch im Rahmen einer Abhandlung über Grenzsteine kurz vorgestellt zu werden.

Die weit über 100 bisher beschriebenen babylonischen kudurru sind über gut ein Dutzend Museen in aller Welt zerstreut. Ein besonders großer Anteil entfällt auf das Britische Museum in London (6).

Ihre klassische Form erhielten die kudurru in der ersten Periode ihres Auftretens, nämlich im 14. bis 11. Jahrhundert v. Chr. Ihre Entwicklung mag schon etwas früher ihren Anfang genommen haben. Die späteren Jahrhunderte sind weniger ergiebig an Funden, die Steine werden kleiner und schließlich endet dieser sakrale Rechtsbrauch etwa 100 Jahre vor der Zerstörung des babylonischen Reiches durch den Perserkönig Kyros (540). Vielleicht wurden kudurru nicht mehr benötigt. Der Grund dafür, daß gerade im 14. Jahrhundert die Steinurkunden gehäuft und in besonders ausgeprägter Form auftreten, kann darin gesehen werden, daß sich um diese Zeit nach einer längeren Periode politischer Instabilität ein Wandel der Gesellschaftsordnung vollzog. An die Stelle des privaten Wirtschaftens des Einzelnen trat nach einer jahrhundertelangen Verdrängung die Sippenwirtschaft. Die starken Herrscher dieser Zeit, die nun die Kontrolle über das Land zurückgewannen, suchten durch großzügige Landschenkungen an ihre Vasallen den Thron zu stützen. Für die Beleihung mit Grundeigentum stellen die aufwendigen Urkundensteine jedoch nicht das Original der Urkunde dar, sie sind lediglich Abschriften, die die Begünstigten oder sogar erst deren Nachfahren fertigen ließen. Das Original war auf einer Lehmtafel geschrieben und mit Siegel versehen (7). Die öffentliche Dokumentation mit Göttersymbolen und Fluchformeln sollte dem Besitz einen besonderen Schutz sichern (8).

Babylonischer Grenzstein
Foto: Britisches Museum London

Babylonischer Grenzstein
Foto: Britisches Museum London

Die kudurru, anfangs bis zu 9 dm, zuletzt nur wenige dm hoch, sind aus hartem, widerstandsfähigem Stein, überwiegend Kalkstein, wie er sich in der gewünschten Form im Lande, insbesondere im Geschiebe der Flüsse fand. Die umfangreichen Inschriften bestätigen Besitz, Schenkung, Kauf oder Verleihung als Belohnung. Aufgezählt sind oftmals auch Zugehörungen, wie Gebäude oder Bewässerungseinrichtungen. Die Flächengröße ist meist in Form der erforderlichen Saatmenge angegeben. Auf manchen Steinen ist der Grundriß des Grundstücks dargestellt mit Angaben über Vermessung, Landmesser und Zeugen. Die Landmesser hatten sowohl vorhandene Ackerflächen zu vermessen, als auch Grundstücksteilungen mit vorgegebenen Flächengrößen vorzunehmen, also neue Grenzen zu bestimmen. Für die Lage kann der Name der Flur, der Sippe, des Verwaltungsbezirks und der Nachbarn angegeben sein. Aus der Grenzbeschreibung ist in der Regel auf eine Vierecksform des Feldes zu schließen, selten ist eine Dreiecksform.

Dem Text vorangestellt sind vielfach die Zeichen von Sonne, Mond und Sternen sowie die Symbole von Göttern und Göttinnen. Ferner können dargestellt sein Menschen, Tiere, Tiermenschen wie Kentauren, Pflanzen, Gebrauchsgegenstände, Waffen und schließlich ganze Szenen aus Leben und Kult. Mit den Göttersymbolen erhalten die Steine eine religiöse Weihe und Bedeutung, die Gottheiten sind auf dem Stein persönlich anwesend. Wer sich daran vergreift, begeht ein Sakrileg, der Stein steht unter dem Schutz der Götter.

Den Abschluß bildet regelmäßig eine Fluchformel, die manchmal mehr Platz einnimmt als der Urkundentext. Verwünscht wird, wer sich an dem Besitz oder an dem Urkundenstein persönlich oder durch eine Mittelsperson, z. B. einen Sklaven, vergeht, wobei selbst der König nicht ausgenommen wird. Einzeln aufgezählt werden die von den Göttern zu vollziehenden grausamen Strafen, wie Aussatz, Blindheit, Taubheit, Stummheit, Wassersucht, Auflösung der Glieder, Unfruchtbarkeit, Armut und viele andere. Als Beispiel möge folgende Inschrift zitiert werden (9): Wer sich an dem Grundstück vergreift, *»Graben, Grenze und Grenzstein verrückt, eine Abtrennung oder einen (anderen) Übergriff vornimmt oder diese Stele vor Šamaš oder Sîn, den großen Göttern, vernichtet, zerstört, zerbricht, zerschlägt, von ihrem Standort entfernt und dann an einen ihr nicht gemäßen Ort stellt, ins Wasser wirft, mit Feuer verbrennt, mit einem Ziegel bedeckt, einen anderen, fremden, irren, wirr redenden, tölpelhaften, blinden Menschen, der die Bedeutung der Worte nicht kennt, veranlaßt, (sie) fortzutragen und dann zu verbergen, wo man sie nicht sehen kann, der zu jedweder Missetat und Feindseligkeit Hand anlegt, diesen Menschen mögen An, Enlil, Ea und Bēlet-ilî, die großen Götter, mit wildem Zorn anschauen und mit einem unlösbaren bitteren Fluch verfluchen. Sîn, das Himmelslicht, möge ihm seine große Sünde zeigen, damit er sich außerhalb der Stadt wie ein Steppenesel lagere. Šamaš, der große Richter von Himmel und Erde, möge ihn mit seinem reinen unwandelbaren Munde verwünschen und . . . der Augen, Verstopfung der Ohren und Lähmung der Gliedmaßen als sein Los bestimmen. Adad, der Herr der Quellen und des Regens möge ihm Hungerkrampf, Hungersnot, Entbehrung und Hunger als sein Los schenken. Marduk, der König von Himmel und Erde, der das Universum segnet, möge ihn eine Wassersucht mit unlösbarer »Bindung« bekommen lassen, damit ihr Band (nicht) gelöst werde. Ningirsu, der Herr des Freudenrufes auf den Feldern, möge sein Feld mit Salpeter überziehen, damit keine grüne Pflanze in seinen Furchen entstehe; statt des Getreides möge die . . .-Dornpflanze sprießen. Gula, die prächtige Göttin, die heldenhafte Groß-Ärztin, möge eine sich ausbreitende, dauernde, hartnäckige Wunde, die nicht fortgeht, auf seinen Körper legen. Solange er lebt, möge er in Blut und Eiter wie in Wasser baden. Alle großen Götter, deren Name auf dieser Stele genannt ist, deren Embleme gekennzeichnet* *sind, deren Bilder gezeichnet sind, und deren Symbolsockel geformt sind, mögen ihn mit ihrem Antlitz in wildem Zorn anschauen, und ihn in Krankheit, Kopfschmerz, Schlaflosigkeit, Schweigen, Ohnmacht, Jammern, Mangel, Klage, Unglück, Mißbehagen, Trübsal, Wehklage und Weinen ohne Unterlaß die Tage verbringen lassen.«*

Die babylonischen kudurru stellen in der Kulturgeschichte der Menschheit eine einmalige Besonderheit dar. Ob im übrigen in den alten Kulturen Mesopotamiens Besitzstücke oder Tempelbezirke mit unbearbeiteten Steinen abgegrenzt wurden, gehört in den Bereich der Vermutungen; weder schriftliche Quellen noch Bodenfunde konnten bislang hierfür Nachweise erbringen.

1.2 Grenzen und Grenzmale im Alten Ägypten

Verrücke nicht die Grenzmarke an den Grenzen des Saatfelds,
noch verschiebe die Lage des Meßseils;
begehre nicht eine Elle Land,
noch wirf nieder die Grenzen der Witwe.

Aus der Lehre des Amenemope (1)

Im Alten Ägypten, einem Einheitsstaat mit einem Gottkönig an der Spitze, wurden etwa um die Mitte des 3. Jahrtausends v. Chr. die freien Bauern mehr und mehr aus den angestammten Dörfern in neue Siedlungen zusammengezogen, sie wurden zu Hörigen der königlichen Zentralgewalt (2). Der König verlieh Besitz- und Nutzungsrechte für Dienstleistungen, etwa in Verwaltung, Heer oder Kult (3). Mit dem Boden gingen auch die darauf lebenden Menschen an den neuen Herrn über. Umfangreiches Kulturland kam als »Tempelland« unter die ausschließliche Rechts- und Verfügungsgewalt der Religionsdiener (exemtes Land). Eigenbesitz stand auch der Königin und manchen Prinzessinnen zu (4).

Das zur Nutzung überlassene Land war vererblich und veräußerbar; das Nutzungsrecht verfestigte sich so sehr, daß es dem König kaum einmal gelang, Land in Notzeiten wieder einzuziehen. Einer der letzten Herrscher, der Pharao Teos (362 – 360), verlor über einem solchen Versuch seinen Thron. Bei der Weiterveräußerung eines Nutzungsrechts konnte der Erwerber statt einer unmittelbaren Gegenleistung eine private Schuldurkunde, lautend auf bestimmte Naturalleistungen, ausstellen. Eine solche Urkunde war unbegrenzt weitergabefähig, in heutiger Ausdrucksweise ein umlauffähiges Wertpapier. Als Zahlungsmittel war zwar neben Naturalien auch Kupfer in Gebrauch, aber ein eigentlicher Geldverkehr führte sich erst in der Endzeit des Reiches ein.

Lebens- und Kulturgrundlage des alten Ägypten war der Nil. Mit seinen Hochwassern auf Grund der reichlichen Monsunregen in den äthiopischen Bergen überschwemmte der Strom jährlich im Sommer (ab Juni) weite Landstriche, lagerte fruchtbaren Schlamm ab und versorgte den Ackerboden mit der für das Wachstum erforderlichen Feuchtigkeit. Fielen in einem Jahr zu wenig Niederschläge, war eine Hungersnot die Folge. Als zudem durch eine Klimaänderung gegen Ende des Alten Reiches, etwa im 22. Jahrhundert v. Chr., die Nilüberschwemmungen weniger ergiebig ausfielen, begann man mit der Anlage von Bewässerungssystemen und von bassinartigen Wasserspeichern (5). Neue Ackerflächen im Hochland außerhalb der Überschwemmungszone wurden erschlossen. Die verbesserte Versorgung führte die Blütezeit des Mittleren Reiches herauf (um 2040 – 1650 v. Chr.). Für etwa ein Jahrtausend war damit die Ernährung gesichert, bis in der Spätzeit die weitere Bevölkerungszunahme neue Probleme schuf.

Die Herrscher und die regionalen Bezirksverwaltungen übten eine Art Kontrolle über Land

Feldmessung im Alten Ägypten
Wandbild im Grabmal des Menna, Landaufseher und »Inspektor der Grenzsteine des Amon« 1420 v. Chr ., Theben
Ein »Seilträger« und ein »Seilspanner« handhaben ein Meßseil, in das nach einer bestimmten Anzahl Ellen jeweils ein Knoten geknüpft ist. Zwei »Felderschreiber« sind durch Schriftrollen, der Dorfälteste an seinem Amtsstab erkennbar.
Foto: Deutsches Museum München

und Leute aus. Für Bewässerung, Ackerbau und Wirtschaftsplanung spielte das Kataster eine bedeutsame Rolle (6). In ihn waren die Flächeninhalte der Felder und deren Ertragsfähigkeit verzeichnet (6a). Zur Ermittlung der Flächen wurden an den Feldern, die zumeist die Figur langer Vierecke hatten, die vier Seiten gemessen. Für das Viereck mit den Seiten a, b, c und d wurde die Fläche als das Produkt 1/2 (a + c) x 1/2 (b+d) errechnet (7). Nach dieser Methode arbeiteten so manche schlichte Feldmesser auch in Mitteleuropa noch bis weit in das 17. Jahrhundert, obgleich fortschrittliche Lehrbücher der Neuzeit die von den Griechen entwickelten exakten Formeln der Geometrie anboten. Unbeschadet der epochalen Leistung der Griechen gebührt den Ägyptern der Ruhm, die ersten Feldmesser hervorgebracht zu haben. Als Meßgerät verwendeten sie hölzerne Meßruten oder – häufi-

Statue des ägyptischen Landmessers Pa-en-anhor
Deutsches Institut für Altertumskunde in Kairo
Ein Widderkopf bezeichnet das Ende des Meßseils auf dem Schoß des Landmessers.
Foto: Deutsches Museum München

ger – aus Papyrus gedrehte Meßseile, in die im Abstand von einer oder einigen Ellen jeweils ein Knoten eingeknüpft war. Nach Abbildungen war am Seilanfang ein Widderkopf angebracht.

Wo der Nil mit seinem Sommerhochwasser das Land überstrich, verwischte er die Grenzen der Felder (8). Am Fluß selbst entstanden Uferabrisse und -anschwemmungen, Inseln wurden weggespült, andere gebildet. Das Land mußte neu zugeteilt werden, die Feldmesser fanden reichlich Arbeit. Wie sie dabei zu Werke gingen, ist uns nicht überliefert; über technische Dinge sind die Quellen aus dem Alten Ägypten mitunter ungewöhnlich schweigsam (9). Hauptzweck der Feldmessungen und, wie es scheint, auch der Kataster war das fiskalische Interesse der Verwaltung. Aus der Ertragsfähigkeit des Bodens war der Pachtbetrag zu bestimmen (10).

Im künstlich bewässerten Hochland mögen die Grenzen der Felder durch das Kanalsystem hinreichend und einigermaßen dauerhaft erkennbar gewesen sein. Sonst verwendete man zur Grenzmarkierung auch Grenzsteine. Nachweisbar sind sie allerdings erst im Neuen Reich, also nach der Mitte des 16. Jahrhunderts v. Chr. Wurden die Grenzsteine besonders bearbeitet, so war die Kopffläche gerundet und der Schaft nach unten etwas verbreitert. Auf beschrifteten Steinen kommen folgende Angaben vor: Domänenart (etwa Stiftungsfeld, Lehensfeld), Titel und Name des Besitzers (auch mit Hinweis auf die Zuweisung durch königliche Gnade), Felderart, Größe und topographische Lage der Felder (11).

An den Grenzen der Gaue, in denen während mancher Perioden Lehensleute recht selbstherrlich regierten, sowie an den Grenzen der Stadtgebiete wurden Grenzsäulen errichtet, unverrückbar »wie der Himmel«. Auch die Könige stellten an manchen Grenzen Säulen auf, über die in Schriftdokumenten berichtet wird (12). Einige sind erhalten geblieben. Unter ihnen erlangten die großen Grenzstelen von Amarna in unserer Zeit besondere Berühmtheit. In der Nähe dieser Stadt am Nil, etwa 280 km südlich von Kairo, wurden die Reste der Stadt Achetaton (Horizont des Aton) ausgegraben. Amenophis IV. (1364 bis 1347 v. Chr.), der sich Echnaton nannte, hat mit seiner schönen, geheimnisvollen Frau Nophretete auf freier Fläche diese Stadt als Regierungssitz und Kultzentrum erbauen lassen. Um ihren Bezirk wurden 14 Grenzstelen aus dem Felsen gehauen (13). Auf ihnen ist

Ägyptische Grenzstele
bei Semna unweit des 2. Nilkatarakts, errichtet von König Sesostris III.
Foto: Ägyptisches Museum Berlin

Ägyptische Grenzsäule
von Uronarti bei Semna am 2. Nilkatarakt, errichtet von König Sesostris III. (1878-1841 v. Chr.)
Archäologisches Museum Khartum
1,5 m hoch, 0,8 m breit

das Herrscherpaar mit seinen zwei, dann drei, vier und schließlich sechs Töchtern abgebildet. Nach dem Text waren die Säulen dem Gotte Aton (Aten), dem Namengeber der Stadt, geweiht. Echnaton und Nofretete hatten an die Stelle der Vielzahl eine einzige Gottheit, den Sonnengott, gesetzt. Nach ihrem Tod wurde die Stadt verlassen, die Priester konnten ihre Machtstellung und die früheren Verhältnisse wieder herstellen.

An der Südgrenze des Mittleren Reiches stellte der König Sesostris III. (1878 – 1841 v. Chr.) bei Semna am 2. Nilkatarakt unweit der heutigen Grenze zum Sudan beschriftete Grenzstelen auf. Drei von ihnen sind erhalten, zwei davon im Ägyptischen Museum in Berlin, eine im Archäologischen Museum in Khartum. Die Inschriften rühmen die Erweiterung des Reiches nach Süden durch einen erbarmungslosen Krieg gegen Nubien, der mit der grausamen Zerstörung des eroberten Landes endete (14). Einige Sätze aus einem dieser ruhmredigen Texte: ». . . *Ich habe die Grenze weiter nach Süden verlegt als meine Väter und ich habe vermehrt, was mir hinterlassen wurde . . . Nun was jeden Sohn von mir betrifft, der diese Grenze verstärken wird, die Meine Majestät (Leben, Gedeihen und Gesundheit) gemacht hat, der ist mein Sohn und er ist Meiner Majestät (Leben, Gedeihen und Gesundheit) geboren; gut ist ein Sohn, der Helfer seines Vaters und der die Grenze dessen verstärkt, der ihn gezeugt hat. Nun was den betrifft, der sie verlieren und nicht für sie kämpfen wird, der ist nicht mein Sohn und der ist nicht mir geboren . ..«*

Wie sehr die Ägypter die Grenzen für geheiligt hielten, zeigt ein Lehrgedicht, aus dem einige Zeilen dem Anfang dieses Abschnitts vorangestellt sind. Es heißt dort an anderer Stelle noch (15):

»Hüte dich, die Grenzen des Saatfeldes niederzuwerfen,
auf daß dich nicht ein Schrecken hinwegschaffe;
ein Mensch macht sich Gott geneigt durch die Macht des Herrn,
wann er die Grenzen des Saatfeldes genau bezeichnet.«

Die väterliche Belehrung schließt:

»Besser ist Armut an der Hand Gottes
als Reichtum im Vorratshaus;
besser ist Brot mit glücklichem Herzen
als Reichtum mit Plage.«

Eine gewisse Ähnlichkeit mit einigen Versen der Sprüche Salomos (16) ließ die Vermutung aufkommen, daß der biblische König Salomo aus ägyptischen Quellen geschöpft haben könnte.

Das Versetzen von Grenzsteinen wurde mit schweren Strafen belegt. Nach einem Dekret des Königs Sethos I. (1304 – 1290 v. Chr.) büßten schuldige Beamte wegen »Verschiebung der Grenzsteine« von Tempelland mit dem Abschneiden der Ohren und Zwangsarbeit (17). Selbst schon bei Anzeigen von Grenzverschiebungen wurde die zuständige Grenzkommission durch Entzug der Eigentumsfelder ihrer Mitglieder bestraft (18).

1.3 Des biblischen Israel von Gott bestimmte Grenzen

Verflucht sei, wer seines Nächsten
Grenzen verrückt;
und alles Volk soll sagen: Amen.
5. Mose 27, 17

Als sich die Israeliten nach dem Exodus aus Ägypten im Lande Kanaan einen neuen Lebensraum erkämpft hatten, richteten sie in dem bis dahin politisch zersplitterten Gebiet ein einheitliches administratives System mit einer religionsbestimmten nationalen Kultur ein. Nach dem Glauben des Volkes Israel ist es Gott, der jegliche Grenzen setzt, sowohl die Grenzen zwischen Land und Wasser als auch die Grenzen zwischen den Ländern, den Stämmen und den Besitzungen (1). Mit besonderer Fürsorge für das auserwählte Volk hat Gott die Grenzen »nach der Zahl der Söhne Israels« angewiesen (2). An mehreren Stellen beschreibt die Heilige Schrift das Gebiet, das dem Volke Gottes zufiel oder zugedacht war, und dessen Grenzen (3). Eine Erweiterung wird darüber hinaus noch in Aussicht gestellt (4). Auch die Aufteilung des Gebiets auf die Stämme Israels liegt genau fest (5).

Zur Beschreibung des Gebiets, seiner Teile und seiner Grenzen werden die Namen von Landschaften, Städten und Orten, von Bergen und Gebirgen, von Flüssen, Seen, Tälern Quellen und Brunnen verwendet, daneben auch der Meeresrand. Das Verrücken von Grenzen erschien den Isrealiten als ein schweres Vergehen, vergleichbar dem Diebstahl, besonders verwerflich gegenüber Witwen und Waisen (6).

Überraschen muß, daß in der Schrift nirgends Grenzsteine oder sonstige von Menschenhand gesetzte Grenzmale erscheinen. Diese Feststellung irritiert umso mehr, als seit der Frühzeit zum Gedenken oder Zeugnis besonderer Begebenheiten Steine niedergelegt oder Steinhaufen errichtet und diese mit Öl begossen wurden; siehe Jakobs Traum (7), seine Begegnungen mit Gott (8) und sein Bund mit Laban (9), ferner die Überschreitung des Jordan durch die Israeliten (10), die Bezeugung der Verkündigung Gottes durch Josua (11), der »Stein der Hilfe« zum Gedenken an einen Sieg Samuels über die Philister (12) und andere.

Der Frage, ob die Israeliten wie andere Völker ihrer Zeit zur Markierung von Grenzen Steine verwendet haben, kann hier nicht weiter nachgegangen werden, sie würde in das Reich der Spekulation führen. So darf mit dem folgenden Hinweis geschlossen werden: Im Mittleren Osten soll die Meerzwiebel oder chatsoeb (Urginea maritima) zur Grenzmarkierung verwendet worden sein. Sie wird schon im Palästinensischen Talmud erwähnt. Das ein bis zwei Meter hohe Liliengewächs ist mit seiner Zwiebel sehr fest im Boden verankert und läßt sich wegen seines verzweigten Wurzelsystems schwer versetzen. Die Markierung bleibt auch bei einer Überflutung erhalten und sichtbar.

2. Griechenland und Italien

Und von ihren Thronen steigen
Alle Himmlischen herab,
Themis selber führt den Reigen,
Und mit dem gerechten Stab
Mißt sie jedem seine Rechte,
Setzet selbst der Grenze Stein,
Und des Styx verborgne Mächte
Ladet sie zu Zeugen ein.
...

Minerva:
Und sie lenkt die Herrscherschritte
Durch des Feldes weiten Plan,
Und an ihres Fußes Tritte
Heftet sich der Grenzgott an.
Messend führet sie die Kette
Um des Hügels grünen Saum,
Auch des wilden Stromes Bette
Schließt sie in den heilgen Raum.

Schiller, Das Eleusische Fest

2.1 Der griechische »horos«

Die Geschichte Griechenlands, besonders Attikas, ist reich an Zeugnissen wechselvoller sozialer Auseinandersetzungen um den Besitz von Grund und Boden. Auch der Streit von Nachbarn um die gemeinsame Ackergrenze tritt uns in der griechischen Dichtung schon sehr früh entgegen: Homer zieht einen solchen Streit zum Vergleich heran, um eine Kampfszene anschaulich zu schildern, in der Griechen und Troer verbissen miteinander rangen (1):

». . . so wie um Grenzsteine zwei Männer streiten,
Meßruten in den Händen, auf dem gemeinsamen Feld,
Die beide auf schmalem Raum um den gleichen Anteil streiten . . .«

In Griechenland mangelte es nicht an Steinmaterial und die Kunst der Steinbearbeitung wurde zu hoher Blüte entwickelt. So nimmt es nicht wunder, daß die Vermarkung von Grenzen mit Steinen in der griechischen Welt allgemein üblich wurde. Vermutlich waren es anfänglich einfache Steine oder Steinplatten, von denen nichts auf unsere Zeit überkommen ist. Jedoch liegen Berichte über das Setzen von Grenzsteinen vor, auch über die auf Grenzsteinverrückung ausgesetzten Strafen. So vermeldet eine Inschrift aus Chios, daß die Stadt ein Grundstück gekauft habe, das mit 75 Grenzsteinen vermarkt sei (2). In einem Vers des Dichters Herondas, der um 250 v. Chr. wahrscheinlich auf der Insel Kos lebte, wird der Grenzsteinversetzer zu 1000 Drachmen verurteilt, der gleichen Geldstrafe wie für Brandstiftung (2 a).

Vereinfachend wurde das griechische Wort für Grenze auch für den Grenzstein verwendet, nämlich horos, Mehrzahl horoi. Das zugehörige Verbum horizein für begrenzen ist das Stammwort für das deutsche Horizont. Horoi dienten zur Abgrenzung von Tempelbezirken, von Grabstätten, von öffentlichen wie von Privatgrundstücken und auch von Pachtflächen. Um ihren Schutz hatten sich der Göttervater Zeus horios persönlich oder auch weitere Theoi (Götter) horioi zu bemühen. Mit Inschriften wurden horoi wohl erst in späterer Zeit versehen. Im einfachsten Fall bestand die Beschriftung aus dem Wort horos, manchmal ist ausführlicher angegeben »horos des Landes des N. N.«. Auch Angaben über die Art der Grenze wie Landesgrenze oder Straßengrenze kommen vor. Von gelernten Steinmetzen bearbeitete Steine bilden eine Ausnahme (3). Auch die Größe der Steine war eher bescheiden, meist nur einige Dezimeter in Höhe und Breite, kaum einmal über einen halben Meter.

In der Rechts- und Wirtschaftsgeschichte Athens erlangen horoi bisweilen hohe Aktualität, so an der Wende vom 7. zum 6. Jahrhundert v. Chr. Die großen Grundbesitzer stellten damals die landwirtschaftliche Produktion auf Olivenöl und Wein für den Export um, der Getreidepreis sank. Die vielen Kleinlandwirte waren nicht in der Lage, die notwendigen Investitionen zu finanzieren, die über mehrere Jahre keinen Ertrag brachten. So geriet Athen in eine Agrarkrise und innenpolitisch in eine schwierige Lage. Die Bauern waren zutiefst verschuldet, manche nach dem durch seine Härte berüchtigten Schuldrecht Drakons (624 v. Chr.) zu Sklaven geworden. Ein Menschenalter nach Drakon klagte Solon die Herrschenden an, sogar Grenzsteine zu verrücken und öffentliches wie privates Land an sich zu reißen. Im Jahre 594 v. Chr. zum 1. Archon gewählt und mit besonderen Vollmachten ausgestattet, befreite er die Landwirtschaft durch eine radikale Entschuldungsaktion, einen für damalige Zeiten geradezu revolutionären Akt, wovon auch horoi betroffen waren. Denn Solon gedenkt später dieser Leistung in folgenden Versen (4):

»Warum denn sollte ich, weswegen ich das Volk
Zusammenbrachte, davon lassen vor dem Ziel?
Bezeugen soll es vor dem Richterspruch der Zeit
Die größte Mutter, die der Götter des Olymp,
Die beste, schwarze Erde, der ich einst entfernt
Den Grenzstein, überall in ihren Leib gerammt;
War sie vorher versklavt: jetzt ist sie frei.«

Die Übersetzung des griechischen Wortes horos einfach mit Grenzstein erscheint hier nicht korrekt (5). Die Gläubiger konnten den Bauern, der seine Schuld nicht bezahlte, zwar zum Sklaven machen, aber das Bauerngut blieb mit Hof und Feld im Besitz der Familie. Grund und Boden galten bis ins 5. Jahrhundert – anscheinend nach verbindlichem und allgemein beachtetem Herkommen – als nicht veräußerbar. So konnte vermutlich der Gläubiger zwar gegenüber dem verschuldeten Bauern wie ein Eigentümer des überschuldeten Hofes schalten und walten, aber er beließ ihn meist mit einem Rückgabeanspruch auf seinem Hof, statt ihn zum Sklaven zu machen. Dieses besondere Schuldverhältnis dürfte durch den horos gekennzeichnet worden sein, den dann Solon aus der »versklavten Erde« entfernte. Vielleicht trug diese besondere Art horos ein bestimmtes Zeichen, das heute nicht mehr zu deuten ist, die Kenntnis der Schrift war damals noch nicht allgemein. Viel-

Altgriechischer Grenzstein (horos)
Foto: Epigraphikmuseum Athen

leicht auch waren die Kennungen auf den Steinen aufgemalt und sind deshalb verschwunden. Möglicherweise sind die von Solon entfernten Steine auch weitgehend zertrümmert worden. Jedenfalls konnte bis heute kein derartiges Belastungszeugnis gefunden werden. Die Solonische Ackergesetzgebung wurde im übrigen in den folgenden Jahrhunderten beibehalten und weitergeführt.

Das besondere Interesse der Archäologen und Historiker finden heute horoi des 4. und 3. Jahrhunderts v. Chr., die nicht nur Grenze und Eigentümer, Kauf und Verkauf oder Pachtverhältnisse beurkundeten, sondern vornehmlich der Verlautbarung und Sicherung von Rechten und Ansprüchen dienten. Nach griechischem Recht ging das Eigentum an einer Sache beim Kauf nicht durch die Übergabe des Kaufgegenstands sondern mit der Bezahlung des vollen Kaufpreises über (6). Auf dem horos konnte nun verlautbart werden, daß der jetzige Besitzer den Preis noch nicht erlegt hatte und somit nicht Eigentümer des Grundstücks geworden war. Eine Warnfunktion nahmen ferner Inschriften wahr, die die Rückgabepflicht des vom Vormund verpachteten Mündelvermögens oder das Rückforderungsrecht der vom Ehemann übernommenen Mitgift bekanntgaben (7) . Eine Anzahl dieser Inschriftensteine wird im Epigraphischen Museum in Athen verwahrt.

Als Entstehungszeit des Hypothekeninstituts in Athen werden die wirren Jahre des Peloponnesischen Kriegs (431 – 404 v. Chr.) angenommen, wenn auch das Wort Hypothek erst später belegt ist (8). Diese Neuerung fällt also in eine Zeit, als sich in Athen politisch, sozial ökonomisch und nicht zuletzt geistig ein gewaltiger Umbruch vollzog.

Die eigentliche Aufgabe der obigen steinernen Rechtszeugen war also, Dritte, die an dem betreffenden Haus oder Grundstück Eigentum oder ein Pfandrecht erwerben wollten,

Altgriechischer Grenzstein (horos)
Foto: Epigraphikmuseum Athen

darauf hinzuweisen, daß die Verfügungsmacht des derzeitigen Besitzers beschränkt war. Manchmal ist für die Höhe der Ansprüche oder Sicherheiten auch der Geldbetrag in der Inschrift benannt. Datierbar ist ein Teil der Urkundensteine dadurch, daß der Archon Eponymos des Jahres angegeben ist. Die Schriften sind zumeist von ungeübter Hand eingraviert, vermutlich von den Eigentümern oder Berechtigten selbst. Die Inschriftensteine hatten im übrigen keine Publizitätswirkung, d. h. beweiskräftig war die Urkunde, nicht der Stein. So unvermittelt wie das Auftreten dieser Art horoi begann, so endet es im 2. Jahrhundert v. Chr.(9).

Platon (427 – 347), dessen philosophisches Werk für fast zwei Jahrtausende von großem Einfluß auf das abendländische Denken war, befaßte sich auch mit der Theorie so praktischer Dinge wie Staat, Gesellschaft und Gesetzgebung. Unter den Ackergesetzen sieht er das »Gesetz des Zeus obenan stehen, des Hüters der Grenze« (10). Dieses Gesetz sollte nach Platon lauten: *»Niemand verrücke die Grenzsteine zwischen seinem Grundstück und dem des Nachbars, sei dies nun ein Mitbürger oder, im Fall, daß sein Besitztum an der äußersten Landesgrenze liegt, ein Fremder; denn er muß sich, eingedenk des bekannten Spruches, sagen, daß dies nichts anderes ist als ein Sichvergreifen an dem Unantastbaren; vielmehr soll jedermann lieber den größten Felsblock wegzuschieben suchen als jenen kleinen Stein, der, geheiligt durch die feierlichsten Eide, die Grenzscheide bildet für Freundschaft und Feindschaft.«* Wer das Gesetz mißachte, der solle doppelter Strafe verfallen sein, erstens und vor allem der Rache der Götter, zweitens der Strafe des Gesetzes. Hingegen erscheint die irdische Rechtspflege ohne Mitwirken der Götter ausreichend im Falle des Überpflügens der Grenze und bei Übertretungen sonstiger Vorschriften, die wir dem Nachbarrecht zuschreiben würden.

Heron von Alexandrien (vermutlich 1. Jahrhundert n. Chr.) gibt schon eine Methode an, nach der ein verloren gegangener Grenzpunkt über noch vorhandene und einmal vermessene Punkte wieder hergestellt werden kann (11).

2.2 Der etruskische »tular«

Zwischen der griechischen Kultur und der römischen steht die der Etrusker. Die Etrusker vermittelten Italien die Kultur des Ostmittelmeers, sie wurden zu den Erziehern Roms. Über Leben und Bräuche dieses Volkes, dessen Gebiet sich zwischen Tyrrhenischem Meer, dem Appenin und dem Tiber erstreckte, berichten einige römische Schriftsteller. Ergänzt wird dieses Bild durch Grabungsfunde. Die etwa 10 000 erhaltenen, überwiegend kurzen etruskischen Inschriften sind lesbar, weil die Schriftzeichen dem westgriechischen Alphabet entnommen sind. Dabei ist die altertümliche Schreibweise von rechts nach links verwendet worden, die griechischen Buchstaben erscheinen seitenverkehrt. Die Übersetzung der Texte weist jedoch so manche Unsicherheiten auf. Seit dem 4. Jahrhundert v. Chr. dringen die Römer schrittweise in Etrurien vor. Den Untergang der kulturellen Eigenständigkeit besiegelten schließlich römische Landreformen und vor allem die weitläufigen Landzuweisungen in Etrurien, mit denen Sulla, ab 82 v. Chr. Diktator in Rom, und 50 Jahre später nochmals Octavian ihre ausgedienten Veteranen für ihre Dienste belohnten.

Von der etruskischen Stadtanlage übernahmen die Römer die Rechteckform der Straßenführung und die Blockeinteilung, die von der Stadt in die Felder fortgesetzt und deren Achsrichtung nach den Himmelsgegenden in ritueller Form nach Auspizien (Vogelschau) von Auguren bestimmt wurde. In den ältesten Stadtgründungen war dieses Prinzip allerdings noch nicht eingehalten worden. Der römische Schriftsteller Varro (1. Jahrhundert v. Chr.) berichtet, daß die Römer die Feldmeßkunst von den Etruskern erlernt hätten.

Diesem feinfühligen Volk wird ein besonders hochentwickelter Sinn für das Privateigentum am Boden zugeschrieben (1). Dies bezeugt auch ein über die Feldmessung berichtender römischer Schriftsteller (2): *»Wisse, daß das*

Meer vom Himmel abgetrennt ist. Als Jupiter sich das etruskische Land unterstellte, gab er Anweisung und Befehl, die Felder zu vermessen und die Äcker zu vermarken. Da er die Habsucht der Menschen und ihre Landgier kannte, wollte er, daß alles mit Grenzsteinen bezeichnet sei.« Demjenigen, der von Habgier verleitet sich an einem Grenzstein vergreifen würde, um den eigenen Besitz zu erweitern und den des Nachbarn zu verkleinern, drohte er an, daß er *»wegen dieses Verbrechens von den Göttern verurteilt werden wird. Wenn Sklaven dies tun, wird ihr Dienstverhältnis verschlechtert. Wenn es aber mit Wissen des Herrn geschieht, wird sogleich sein Haus vernichtet und seine ganze Familie wird gänzlich ausgelöscht. Wer Grenzsteine beseitigt, der wird mit schlimmsten Krankheiten und Wunden behaftet und an seinen Gliedern geschwächt werden. Dann wird sogar die Erde immer von Unwettern oder Wirbelstürmen erschüttert werden. Die Feldfrüchte werden häufig vernichtet und durch Regenschauer und Hagel niedergeworfen, sie werden an den Hundstagen (an Hitze) zugrunde gehen, sie werden durch Rost vernichtet werden. Viel Zwietracht wird im Volk herrschen.«* Die Entstehung des Eigentums und der unverletzlichen Grenzsteine wird auf die Weltschöpfung datiert. Die Trennung der Elemente ist das Vorspiel einer gerechten Teilung des Feldes. Die Unverletzlichkeit der Grenze und die Heiligkeit des Grenzsteines, des »tular«, werden unmittelbar von dem höchsten der Götter hergeleitet. Die Festlegung der Grenzen, die Weihe des Grenzstreifens wie die Vermarkung sind *»Ausdruck eines tiefen Gefühls der Einheit und Harmonie in der Beständigkeit, Ordnung und Gerechtigkeit«* (3). Von heutigen Interpreten werden diese strengen, vom Nimbus des Sakralen umwobenen Auffassungen als eine Notwendigkeit zur Erhaltung einer aristokratischen Gesellschaftsordnung unter den besonderen Boden- und Besitzverhältnissen angesehen.

Die religiöse und rechtliche Einstellung zum Grundbesitz war im übrigen im ganzen östlichen Mittelmeerraum ähnlich wie bei den

Etruskischer Grenzstein (tular)
Das Wort rechts oben auf dem Stein, nach links zu lesen, lautet TULAR.
Foto: Archäologisches Museum Perugia. Reproduktion mit Genehmigung des SOPRINTENDENZA ARCHEOLOGICA – PERUGIA.

Etruskischer Grenzstein (tular)
Das Wort rechts oben auf dem Stein, nach links zu lesen, lautet TULAR.
Foto: Archäologisches Museum Perugia

Etruskern. Ein zeitlicher Primat kommt also den letzteren nicht zu. Aber ihr Einfluß auf die römische Entwicklung ist unverkennbar. Selbst das lateinische Wort groma, das Absteckgerät für rechte Winkel, soll von einer etruskischen Abwandlung des ursprünglichen griechischen Wortes gnomon gleich Stab herrühren.

Einige etruskische Grenzsteine, zum Teil mit umfangreichen, nicht völlig entzifferten Inschriften bilden seltene Schätze in Museen Italiens. Als Beispiel möge die Inschrift eines bei Perugia gefundenen tular dienen, der vermutlich an der Grenze eines Tempelbezirks aufgestellt war: *»Opferungen bringe dar. Dies ist ein Grenzstein. Ein Tieropfer, zu Grenze gehörig, opfere. Ein Weinopfer auf dem Altar soll gespendet werden. Der Opferer und dieser Spender (?) . . .« (4)*

2.3 Der römische »terminus«

Bei dem übermächtigen Einfluß von Kult und Zivilisation der Etrusker nimmt es nicht wunder, daß in Rom der Grenzstein in Religion und Kult stärker eingebunden war als in Griechenland. Die römische Grenzsteintradition reicht bis in die sagengeschmückte Gründungszeit der Stadt zurück. Schon der erste König, Romulus, erscheint nach Plinius d. Ä. (23 – 79) als der erste agrimensor gleich Feldmesser, der die Flur vermaß und jedem Bürger ein Los von zwei Joch , etwa 1/2 ha, »heredium« gleich Erbteil genannt, zuteilen ließ, vermutlich als Hofstelle und Gartenland. Das Ackerland war vorerst noch Kollektiveigentum und wurde nach Stämmen (gentes) bewirtschaftet (1). Da das Bodeneigentum sowohl in Rom als auch in den eroberten Gebieten dem Staat zustand, bedurfte es jeweils eines Gesetzes, einer lex agraria, zur Überführung in Privateigentum. Gleichwohl funktionierte das römische System der Bodenzuteilung im Mutterland nicht auf Dauer. Den führenden Familien, den Optimaten, gelang es, Grund und Boden an sich zu bringen, in Latifundien zu konzentrieren, die von Sklaven bewirtschaftet wurden, und die Kleinbauern zu Pächtern oder zu städtischem Proletariat zu deklassieren. Dies löste blutige Unruhen aus und erforderte wiederholt Landreformen. Nach Plinius trägt die Latifundienwirtschaft die Schuld am Niedergang Roms (latifundia perdidere Italiam; Historia naturalis).

Um die Entwicklung der Grenzvermarkung im römischen Reich zu verstehen muß in die Frühzeit Roms nochmals zurückgekehrt werden. Der zweite König, Numa Pompilius (715 bis 672 v. Chr.), nach der Legende der Begründer von Götterkult und Ritus in Rom, ließ sich den Feld- und Weinbau besonders angelegen sein und verpflichtete den Landwirt, seinen Acker mit Steinen zu vermarken. An den Grenzsteinen sollten an einem bestimmten Jahrestag den unsterblichen Göttern Opfer dargebracht werden (2).

Den Schutz der Grenzsteine haben die Römer – wie Griechen und Etrusker – dem obersten ihrer Götter überantwortet, dem Jupiter Terminus oder Jupiter Terminator; sie lösten diese Ämterhäufung aber schließlich auf, indem sie einen eigenen Gott Terminus kreierten. Da aber jedem Grenzstein ein göttliches Numen innewohnte, zerteilte sich der Gott Terminus in eine Vielzahl von Grenzgöttern. Repräsentation und Materialisation des Gottes Terminus war ein freistehender Altarstein auf dem Tarpejischen Felsen des Kapitols in Rom, der neuerdings mit der alten Grenze zwischen Palatin und Quirinal in Verbindung gebracht wird. Als der fünfte römische König, Tarquinius, an dieser Stelle dem Jupiter einen prächtigen Tempel erbauen ließ, war Terminus im Gegensatz zu anderen Gottheiten nicht zu bewegen, dem obersten der Olympier zu weichen. So verblieb sein Stein in dem darum herum gebauten Heiligtum des Jupiter. Der Anblick des Himmels durfte ihm aber nicht verschlossen werden, weil Terminus stets unter freiem Himmel verehrt wurde, und so wurde im Dach des Tempels eine entsprechend große Öffnung belassen. Von dem rohen Altarstein, aus dem eine spätere Zeit einen Kopf herausgearbeitet hat, ging außerdem die Sage (Lactantius), er sei der Stein, den ehedem Saturnus-Kronos an Stelle des Jupiter-Zeus verschlungen habe. Dem Titanen Kronos war geweissagt, er werde durch eines seiner Kinder entthront werden, weshalb er diese jeweils gleich nach der Geburt verschlang. Mutter Rhea rettete aber ihren Jüngsten, den Zeus, indem sie ihrem Gatten Kronos einen in Windeln eingehüllten Stein statt des Neugeborenen vorstellte. So konnte Zeus das Schicksal an seinem Vater erfüllen.

Das Numen des Grenzsteins wurde schon beim Einbringen geehrt, indem in die ausgehobene Grube Blut eines Opfertiers gegossen, Feldfrüchte gelegt und Wein und Honig geträufelt wurden, bevor der mit Blumen bekränzte und mit Öl gesalbte Grenzstein hinabgesenkt wurde (3). Das Fest des Terminus, die Terminalien, von Titus Tatius, dem zeitweiligen Mitregenten des Romulus, oder von Numa Pompilius eingesetzt, wurde auf den letzten Tag des Jahres gelegt. Das war bis zum Jahre 153 v. Chr. der 23. Februar. Nach diesem Tag wurde in Schaltjahren ein Schaltmonat eingeschoben, und zwar nach Weisung der für den Kalender zuständigen Priester in vier Jahren je ein Monat zu 22 und zu 23 Tagen, womit die durchschnittliche Jahreslänge um einen Tag zuviel betrug (4). Zur Korrektur mußte nach 24 Jahren ein Schaltmonat weggelassen werden. Aus der Stellung des Terminus-Festes am Jahresende entstand die Bedeutungserweiterung des Wortes Terminus auf einen Zeitbegriff, wie er uns heute in dem Lehnwort Termin begegnet. Geblieben ist im übrigen auch nach den Kalenderreformen Caesars (46 v. Chr.) und des Papstes Gregor XIII. (1582) der 23. Februar als der Tag, nach dem in Schaltjahren der Schalttag als 24. Februar eingeschoben wird, womit das Fest des hl. Matthias vom 24. auf den 25. Februar gleitet und sich die Zahl der Monatstage von 28 auf 29 erhöht.

Die offizielle Terminalien-Feier wurde in Rom am 6. Meilenstein der Via Laurentina abgehalten; möglicherweise verlief hier in frühen Zeiten einmal die Stadtgrenze. Vom Landvolk wurde der Tag besonders festlich gestaltet. *Horaz* erwähnt ihn in der Epode 2, in der ein römischer Geschäftsmann erst das Glück des zurückgezogenen Lebens auf dem Lande in den hellsten Farben preist (Beatus ille, qui procul negotiis), um sich dann doch wieder in die Geschäftigkeit, die Risiken und das Intrigenspiel der Weltstadt Rom zu stürzen. An der betreffenden Stelle (Vers 59: vel agna festis caesa Terminalibus) begeistert sich der Stadtflüchtling an der Betrachtung, um wie vieles besser doch das am Fest der Terminalien geschlachtete Lamm munde als die raffinierten Gerichte der römischen Küche. Anschaulich schildert uns *Ovid* in seinem Kalendergedicht die Terminalien auf dem Lande. Die betreffende Stelle (fasti II Vers 639 ff) lautet in deutscher Übersetung:

Sobald die Nacht (22./23.Februar)
vorüber, soll mit herkömmlicher Ehrung
gefeiert werden
der Gott, der mit seinem Zeichen die
Fluren scheidet.
Terminus, gleich ob du ein Stein bist
oder ein im Acker eingebetteter
Pfahl, seit den Altvordern hast auch du
dein göttliches Wesen.
Dich bekränzen die zwei Grundherren
auf ihrer Seite
und jeder bringt dir ein Gebinde und
jeder einen Opferkuchen.
Ein Altar wird errichtet. Hierher bringt
das Feuer im irdenen, ländlich einfachen
Gefäß
die Landfrau, das sie selbst entnommen
hat dem warmen Herd.
Ein Alter zerkleinert Holz und schichtet
das gespaltene geschickt
und müht sich es zu halten, indem er
Zweige in den Boden steckt.
Dann entfacht er mit trockener Rinde die
ersten Flammen:
Ein Junge steht daneben und hält in den
Händen einen weiten Korb.
Sobald er daraus Körner dreimal mitten
ins Feuer geworfen,
reicht die kleine Tochter geschnittene
Bienenwaben;
andere halten Wein bereit. Sie opfern ihn
einzeln den Flammen.
Dem Schauen hingegeben schweigt die
weißgekleidete Schar.
Besprengt mit dem Blut des geschlachteten Lammes wird der gemeinsame Terminus (= göttliche Grenzstein) und nicht
beklagt er sich, wenn ihm nur ein milchsaugendes Ferkel dargebracht wird.
Sie kommen zusammen und feiern das
Mahl, die biedere Nachbarschaft,
und singen Lobeslieder auf dich, du
erhabener Terminus:
»Du Errichter der Grenzen für Völker,
Städte und Weltreiche:
das ganze Ackerland wäre ohne dich in
Streit befangen.
Fern ist dir Parteilichkeit, mit keinem
Gold bist du zu bestechen,
in Gesetzestreue wahrst du die anvertraute Flur.
Hättest du einst vermarkt das Land um
Thyrea, (Stadt auf dem Peloponnes in
einer sowohl von Lacedämon als auch
von Argolis beanspruchten Landschaft)
nicht wären dem Tode verfallen dreihundert Männer,
und nicht wäre zu lesen auf den zusammengetragenen Waffen
der Name des Othryades (ein Lacedämonier, der den Waffengang überlebte, die Rüstungen der gefallenen Gegner zusammentrug und aus Scham sich schließlich selbst den Tod gab).
O wieviel vaterländisches Blut hat jener
vergossen!
Was würde geschehen, wenn das Capitol
neu errichtet würde?
Seinerzeit wich die übrige Götterschar
dem Jupiter und machte Platz:
Terminus blieb, wie die Alten berichten,
unbewegt in seinem Tempelgebäude
und teilt sich mit dem großen Jupiter in
das Heiligtum.
Und nun, damit er über sich nichts als
die Gestirne sehe,
hat das Dach des Heiligtums eine kleine
Öffnung.

Terminus, seitdem steht kein leichtfertiges Handeln dir frei:
Auf der Stelle, auf die du gesetzt bist, verbleibe
und nichts gib dem Nachbarn nach, so sehr er drum bittet,
auf daß nicht der Anschein entsteht, du habest einen Menschen vorgezogen dem Jupiter,
und wenn du durch Pflug oder Hacke entfernt wirst,
so rufe: »Dies ist dein Land, dort ist das seine!«
Es gibt eine Straße, die führt auf das Feld der Laurenter,
über die einst der Dardaner (Aeneas) zu herrschen begehrte.
Wie dort die Leber eines wolletragenden Schafes dir, Terminus,
geopfert wird, das sieht der sechste Meilenstein, gezählt von der Stadt her.
Anderen Völkern ist ihr Gebiet durch eine feste Grenze bestimmt:
Für Rom ist die Ausdehnung von Stadt und Erdkreis die gleiche.

Mit dem gemeinsamen Opfermahl besiegelten die Grenznachbarn erneut den Grenzfrieden (5).

Die Terminalien scheinen im Volksleben Roms stark verwurzelt gewesen zu sein. Noch um das Jahr 400 nennt sie der christliche Dichter Prudentius unter den letzten Resten der noch nicht erloschenen heidnischen Kulte.

Als Grenzbezeichnung stellt eine Sammlung von Texten römischer Landmesser der Kaiserzeit an die 50 Arten oder Möglichkeiten vor (6): Grenzsteine mit allen erdenklichen Querschnittformen und von unterschiedlicher Größe, daneben auch Erdhügel (7) und Steinhaufen, Mauern und sogar Grabdenkmäler und Monumente. Die Grenzsteine konnten je nach Form und Größe sowie nach den Zeichen auf der Kopffläche und der Beschriftung an den Seitenflächen bestimmte Bedeutungen haben. Wer den Code wußte, konnte den Grenzverlauf und unter Umständen auch die Eigentumsverhältnisse im Gelände erkennen. Das Steinmaterial sollte von den örtlichen Feldsteinen verschieden sein und deshalb von einem fernen Ort herangeführt werden. Aber auch aus Ton gebrannte Körper wurden zur Grenzbezeichnung verwendet und schließlich selbst unbearbeitete Steine, so wie sie der Boden hergab. Grenzpfähle (stipites) scheinen nicht häufig gewesen zu sein. Als Grenzbäume, die mit verschiedenen Zeichen versehen sein konnten, ließen manche Autoren alle Arten von Bäumen, manche nur bestimmte Baumarten zu. Die Bäume durften nach allgemeiner Auffassung nicht entästet werden. Statt der Zeichen konnten auch Nägel in die Grenzbäume eingeschlagen werden (arbores clavicatae). Über die Vermarkungen wurden sorgfältig Protokolle erstellt, in denen die Entfernungen von Punkt zu Punkt angegeben waren. Reste römischer Grenzsteine sind zwischen Rhein und Maas in der Nähe römischer Heerstraßen gefunden worden (8). Ein 1870 an der Römerstraße von Trier nach Köln in der Gegend von Bitburg geborgener Grenzstein trägt die Aufschrift »Finis Pagi Carucum« (Grenze des Gaues der Carucer) (9).

Unter die Grenzsteine wurden die Reste des Opferfeuers gelegt, nämlich Asche, Kohlen, verkohlte Knochen und ähnliches. Als unverwesliche Zeugen des Standorts dienten ferner Bruchstücke gebrannten Tons, Glasstücke, Münzen, Kalk- und Gipsbrocken (10). Wenn dies auch in der Spätzeit reine Verwaltungsroutine geworden war, so ist gleichwohl die Herkunft aus einer Handlung sakralen Charakters erkennbar geblieben. Eine unterirdische Verzeugung der Grenzsteine war nie vorgeschrieben worden.

Die früheste Niederschrift des römischen Rechts, nämlich das Zwölftafelgesetz (451/450 v. Chr.) gebot, entlang der Grenzen einen Ackerrain von 5 Fuß Breite unbebaut zu lassen. Dies war im übrigen auch der Bereich, innerhalb dessen der Feldmesser als Schiedsrichter (arbiter) über den Grenzverlauf entscheiden durfte (11). Die Vorschrift über die Schonung des Ackerrains wurde späterhin wiederholt von neuem eingeschärft, bis sie schließlich unter Kaiser Theodosius 385 aufgehoben wurde (12).

In den Fluren des Römischen Reiches waren zwei grundsätzlich verschiedene Typen von Grenzen anzutreffen, und zwar unregelmäßig verlaufende, grundsätzlich nicht vermessene, nicht in Katastern erfaßte Grenzen (arcifinium) und die als Geraden abgesteckten Grenzlinien (limitatio). Im ersten Fall erhielt das ohne Zwang abgegrenzte Feld (ager arcifinius) seinen Umfang durch die individuelle Landnahme, wobei sich Form und Größe der Anbaufläche einerseits nach der Topographie des Geländes und andererseits nach der Arbeitskapazität oder auch den Erwartungen der wirtschaftenden Familie bestimmten. Von g e r a d e n Linien begrenzt waren hingegen Grundstücke, die planmäßig als Rechtecke gebildet wurden. Bei Landteilungen im bergigen Gelände wurden solche Grundstücke in kleineren Gruppen in dieser Form zugeschnitten (scamnatio), wobei sich die Längsseiten an der Richtung der Hangneigung und des Wegenetzes orientierten. Für die Aufteilung größerer Landmassen hingegen setzte sich seit etwa dem 2. Jahrhundert v. Chr. die quadratische Form durch: In einem geeigneten Punkt wurde zunächst ein Achsenkreuz abgesteckt, wie dies bei der Anlage einer Stadt oder Tempelanlage sowie bei der Errichtung eines Feldlagers herkömmliche Übung war. Die Anfangsrichtung, der »decumanus maximus«, wurde ursprünglich, der Lehre gemäß, nach Westen, dann vielfach nach Osten orientiert, schließlich auch nach vorhandenen Verkehrswegen ausgerichtet. Der decumanus maximus teilte das Gebiet in eine »linke« und eine »rechte« Hälfte. Im Ursprungspunkt wurde rechtwinklig zum decumanus der »cardo

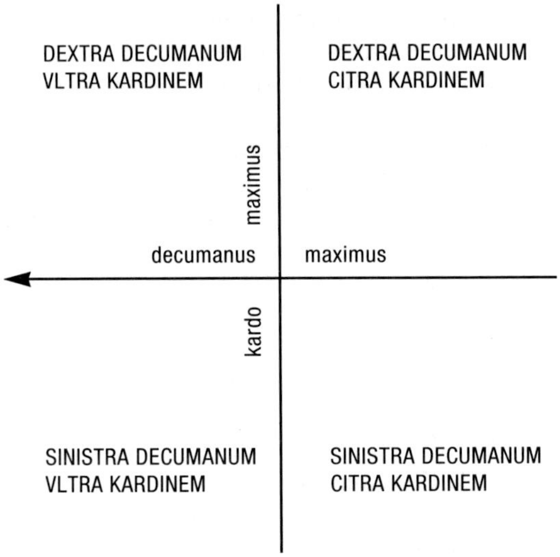

Achsensystem der römischen Feldmesser für die Aufteilung von Ackerlosen
Die Benennuung der vier von dem Achsensystem gebildeten Quadranten ist bei Blickrichtung nach links auf deutsch
rechts vom Decumanus/jenseits des Kardo
rechts vom Decumanuns/diesseits des Kardo
links vom Decumanuns/diesseits des Kardo
links vom Decumanuns/jenseits des Kardo.
Die vier Quadranten wurden schachbrettartig zumeist in Quadrate mit einer Seitenlänge von 20 actus zu je 120 Fuß (etwa 710 m) unterteilt. Die Fläche eines solchen Quadrats betrug demnach rd. 50,377 ha. Die Eckpunkte wurden versteint und in der Richtung der beiden Hauptachsen laufend numeriert, eine Art Links- und Hochwert. Die Quadrate wurden nach Bedarf weiter unterteilt.

maximus« abgesteckt, womit eine »diesseitige« und eine »jenseitige« Hälfte entstand. Mit einer entsprechenden Kombination der Bezeichnungen diesseits und jenseits des decumanus und rechts und links vom cardo ergab sich die Bezeichnung eines jeden der vier Quadranten des Achsenkreuzes. Zur Absteckung rechter Winkel diente vornehmlich die »groma«, ein horizontales Lattenkreuz, an dessen vier Enden je ein Pendel aufgehängt wurde. Je zwei einander gegenüber angebrachte Pendelschnüre bildeten die beiden zueinander senkrechten Visierlinien. Neben der Groma benützte man auch einen aus Bronze gegossenen Winkelkopf, ähnlich wie er auch heute noch in Gebrauch ist.

Parallel zu den beiden Hauptachsen wurden in gleichen Abständen Koordinatenlinien abgetragen, die nachrangigen decumani und cardines. Damit wurde eine schachbrettförmige Gewannflur erzeugt. Die am häufigsten angewandte Seitenlänge eines solchen Gewannquadrats (centuria) betrug 2400 Fuß (etwa 710 m; Inhalt 200 iugera, 1 iugerum = 240 Fuß x 120 Fuß, etwa 1 Morgen). Die Centurien wurden in Landlose unterteilt, meist wieder in Quadrate, teilweise auch in Rechtecke. Koordinatenlinien bestimmten auch das Wegenetz. In den Koordinatenachsen liefen die beiden Hauptstraßen. Jede fünfte Parallellinie nahm eine weitere öffentliche Straße auf, während dazwischen meist nur private Feldwege angelegt wurden. Durch das für eine Landteilung erlassene Agrargesetz (lex agraria) waren die Breiten der Straßen vorgeschrieben, zur Zeit des Kaisers Augustus zum Beispiel für den decumanus maximus 40 Fuß, für den cardo maximus 20 Fuß, für die anderen öffentlichen Wege 12 Fuß und für die sonstigen Feldwege 8 Fuß. In die Schnittpunkte derjenigen Koordinatenlinien, die eine Grundstücksecke bildeten, wurden Grenzsteine eingebracht. Buchstaben- und Zahlenkombinationen, nach den Vorschriften des betreffenden Ackergesetzes auf den Kopf- oder Seitenflächen eingemeißelt, ließen Schichte und Reihe der an den Grenzstein anliegenden Felder erkennen. Da sich eine solche Aufteilung über viele Meilen erstrecken und Tausende von Grundstükken enthalten konnte, war eine örtliche Kennzeichnung mit beschrifteten Steinen für die Einweisung der neuen Besitzer wohl unerläßlich. Grenzsteine ohne Beschriftung wurden als stumm (lapides muti) bezeichnet (13). Die Quadrateinteilung wurde von dem Fachschriftsteller Hyginus Gromaticus als »ratio pulcherrima«, als die schönste Art gepriesen. Über die Aufteilungen wurden Kataster und Pläne erstellt.

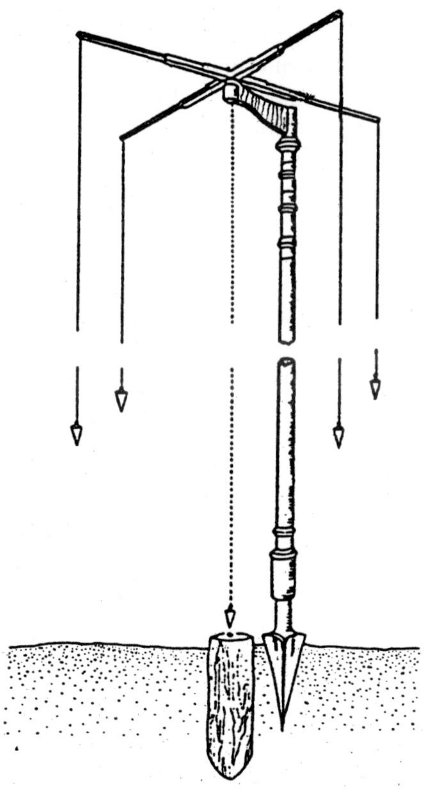

Groma
Gerät der römischen Feldmesser zum Abstecken eines Achsenkreuzes. Die Lote an den Enden eines jeden Kreuzbalkens bilden eine Visierlinie. Damit entstehen über dem – hier durch einen Pflock markierten – Bodenpunkt zwei aufeinander senkrecht stehende Linien zur Absteckung der beiden Achsrichtungen. Das Lattenkreuz ist an einer Art Galgen montiert, damit der Ständer des Geräts beim Visieren der beiden Richtungen nicht stört.
Aus der Schrift »Agrimensores« des Instituts für Alte Geschichte der Universität München

Die »Centuriation« wurde in Italien bei zahlreichen Bodenreformen und bei der Ansiedlung von Veteranen angewandt, ebenso in den Donauländern, in Spanien, in Gallien, in der Schweiz und auch am Niederrhein. In Tunis wurden riesige Landkomplexe in dieser Form neu parzelliert (14). Die römischen Eroberer

Römischer Grenzstein in Tunis
Inschrift: D(EXTRA) D(ECUMANUM) LXXXX
V(LTRA) K(ARDINEM) CCXXXV
Die Inschrift definiert den Standort des Grenzsteins in dem immens weitläufigen System der Feldaufteilung
Foto: Pol Trousset, Eguilles (F);
Erstveröffentlichung in Antiquités africaines 12 (1978) p. 128 fig. 3

nahmen für sich das Recht in Anspruch, den Boden neu zu verteilen und dabei vor allem die eigenen Bürger und die gedienten Soldaten zu bedenken. Das Raster der Limitationen hat sich stellenweise im Wegenetz erhalten. Im Luftbild, das zu einem wichtigen Hilfsmittel der Archäologie geworden ist, zeichnet es sich mitunter über weite Flächen hin in Bodenverfärbungen ab.

Die Feldmessung der Römer (15) war in den Anfängen dem von Priestern beherrschten sakralen Bereich zugeordnet, wurde dann in der Republik von Laien und Offizieren ausgeübt um schließlich erst im Kaiserreich zu einem Handwerk zu werden das durch die Jahrhunderte so einfach wie einfallslos ausgeübt wurde. Die Absteckung der neuen Ackergrenzen bei der Landverteilung in der Form der Centuriatio nahm regelmäßig keine Rücksicht auf die Geländeform. Die Vielfalt der Natur wurde der geometrischen Regelmäßigkeit untergeordnet. An steilen Hängen wurden die Längen in der Staffelmanier gemessen, um statt schräger Längen die auf die Horizontale reduzierten Größen zu erhalten. Der von den Griechen übernommenen mathematischen Wissenschaft haben die Römer nichts Bedeutendes hinzugefügt, sie brachten keine großen mathematischen Begabungen hervor. Ihr Interesse galt nicht der Theorie sondern ausschließlich der Praxis. Zur Konstruktion des rechten Winkels wurde der pythagoräische Lehrsatz angewandt, wobei von einem Seitenverhältnis von 10 : 8 : 6 ausgegangen wurde, weil diese Zahlen als leichter handhabbar erschienen als 5 : 4 : 3. Immerhin kommt den Römern das Verdienst zu – wie nach ihnen den Arabern – das griechische Erbe bewahrt und weitergegeben zu haben. Ihre organisatorischen Fähigkeiten bewiesen die Römer bei der Erfassung und Verwaltung der Liegenschaften mittels exakter Kataster. Der römische Feldmesser wuchs in eine Art Vertrauensstellung hinein, nur die von i h m eingemessenen Grenzzeichen hatten Beweiskraft vor Gericht.

Die Grenzsteinverrückung (crimen termini moti) galt im älteren römischen Recht nach dem Gesetz des Königs Numa Pompilius, das die römischen Priester in einer Sammlung alter Rechtsgewohnheiten überlieferten, als Kapitalverbrechen, das mit sakraler Todesstrafe zu sühnen war. Der Pflüger, der einen Grenzstein herausgerissen hatte, war mitsamt den Pflugtieren dem Terminus verfallen (16). Die Strafe war wie im germanischen Recht durch die Hand der Priester zu vollziehen. Der Täter hatte sich ja an der Gottheit selbst vergriffen, die man sich in dem Grenzstein personalisiert vorstellte. Und die beleidigte Gottheit wird gnadenlos Hab und Gut des Frevlers dem Verderb preisgeben durch Mißwuchs, Hagel, Fluten, Erdbeben, den Frevler selbst aber mit Wunden und Krankheiten quälen und seinen Stamm aussterben lassen. Ob freilich die rigorosen Strafen jemals angewandt wurden, ist nicht belegt. Schon zur Zeit der Republik dürften diese Strafen obsolet geworden sein. Die spätere Zeit, zum Beispiel das Ackergesetz Casars für Capua von 59 v. Chr., kennt nur Geldbußen, in schweren Fällen auch Zwangsarbeit oder Körperstrafen. Nur der Sklave war bei Verfehlungen weiterhin vom Tode bedroht (17). In der Kaiserzeit wurde auch befristete Verbannung als Strafe festgesetzt (18). Im übrigen hat es den Anschein, daß die römischen Richter einem Schuldspruch wegen Grenzsteinverrückung mit Rücksicht auf die hohen Strafen möglichst auswichen und auf ein mit weniger schweren Strafen belegtes Vergehen erkannten.

3. Die Grenze im Frühmittelalter und in den germanischen Stammesrechten

Wer seine Heimat liebt,
der muß sie auch verstehen wollen,
wer sie verstehen will, überall in
ihre Geschichte zu dringen suchen.
Jacob Grimm

Schriftliche Überlieferungen über das Seßhaftwerden der deutschen Stämme sind spärlich. Aus den wenigen römischen Quellen wissen wir, daß die Germanen das Vorland der von ihnen bewohnten Gebiete wüst und leer liegen ließen und von Bewohnern frei hielten, wenn nicht anders möglich mit Gewalt. Caesar berichtet, daß bei den Sueben der Sperrstreifen 60 000 Schritt betragen habe (1). Dieser Taktik bediente sich gelegentlich auch noch Karl der Große (2) und später der Deutsche Orden bei seiner aufopfernden Missionsarbeit im deutschen Osten; der Grenzkorridor des Ordens war am nördlichen Memelufer sechs bis zwölf Meilen tief, an anderen Stellen soll er bis zu 30 Meilen gemessen haben. Durch einen verwüsteten Grenzstreifen suchten die Türken sich die christlichen Heere vom Leib zu halten, und der französische König Ludwig XIV. sicherte in gleicher Weise seine Eroberungen an Deutschlands Westgrenze.

Den Germanen schienen vor allem dichte, weglose Wälder, Sümpfe, Gebirge und breite, schwer überwindbare Flüsse als geeignet zur Begrenzung ihrer Wohngebiete. Die Vorstellung einer Grenze in Form einer mathematischen Linie war ihnen ursprünglich fremd. Die Grenze wurde vielmehr durch einen Geländesaum (margo, marc) dargestellt. Wo sich zwischen den Markungen unkultiviertes Land in größerer Breite erstreckte, wie ausgedehnte Wälder oder Moore, bildete sich eine Grenzlinie erst im späten Mittelalter oder gar erst in der Neuzeit, als die Nachbarschaften zusammenrückten und damit der Grenzstreifen zu einer Linie schrumpfte. Die beiderseitigen Ansprüche in einer solchen Interessensphäre arteten gelegentlich in einen lange anhaltenden Grenzstreit aus.

Neben die urgermanische Vorstellung der Grenze als Fläche war schon in der frühen Siedlungsperiode gelegentlich die Grenzscheide, altgermanisch snaida (3), getreten. Siedlungsdichte und das Fehlen größerer ungenutzter Flächen zwischen den einzelnen Ansiedlungen zwangen mehr und mehr zum Umdenken auf eine linienförmige Grenze. Solche Genzen sind im schwäbischen Gebiet schon aus dem Anfang der Besiedlung nachweisbar (4). Besonders aber scheinen die Franken bei der Besitznahme mancherorts auf klare Abgrenzungen geachtet zu haben. Die Festlegung der Siedlungsgrenzen war Privileg des Königs oder seines Beauftragten. Beispiele hierfür sind in Grenzbeschreibungen aus der Karolingerzeit überliefert. Die Grenzscheidung vollzog sich in der älteren Zeit auch bei politischen Grenzen in Formen des Privatrechts.

Felder **innerhalb** der Mark gegeneinander abzugrenzen, dazu bestand in Deutschland bei der sehr extensiven Feldgraswirtschaft zunächst keine Veranlassung. Die Ackerschläge wurden in kürzeren Zeitabständen jeweils neu verlost oder überhaupt wieder aufgegeben, wenn neues Siedlungsland gewonnen oder besetzt wurde. Als Bezeichnung der Grenze eines Ackerloses genügte eine Pflugfurche (5). Grenzen im eigentlichen privaten Bereich bildeten sich zuerst zur Sicherung von Gerechtigkeiten verschiedenster Art, insbesondere als zur Dreifelderwirtschaft allgemein übergegangen worden war. Die Entstehung der Privatgrenze reicht also in die Zeit vor der Ausbildung privaten Grundeigentums zurück (6). Das individuelle Nutzungsrecht war eine Vorstufe des Eigentums. Die Grenze mußte sich der Form eines mehr oder weniger gestreckten Geradenzugs zwangsläufig dort annähern, wo sie durch Zäune oder Hekken gesichert war.

Im Gegensatz zur römischen Kolonistenflur mit ihren geradlinigen Abgrenzungen und rechteckigen bis quadratischen Formen für die einzelnen Felder teilten die deutschen Stämme das Siedlungsland nach einer bestimmten Anzahl von Pflugfurchen gleicher Breite, aber unregelmäßiger Länge ein, wobei die Grenzen an die Topographie des Geländes angepaßt und demnach meist gewunden waren. Der grundlegende Unterschied zeigt sich auch in der Wahl des Flächenmaßes: bei den Römern das jugerum gleich einer Fläche von 240 Fuß Länge und 120 Fuß Breite, das ist etwa 1/4 Hektar. In der Lex Baiwariorum, von der weiter unten noch zu sprechen sein wird, findet sich zwischen Bestimmungen über Hintersassen und Leibeigene auch eine Angabe über das »gesetzliche« Flächenmaß, und zwar war die bayerische »andecinga« ein Feld von 40 Ruten Länge und 4 Ruten Breite – die Rute zu 10 Fuß (7). Ob auf dieses alte Feldmaß das früher im Berchtesgadener Land gebräuchliche Flächenmaß Anzing oder Atzing (8) zurückzuführen ist, das 1/2 Morgen bedeutet und somit etwa 160 Quadratruten entsprechen könnte, mag dahingestellt bleiben (9).

Die germanischen Völkerstämme wurden in den nach der Völkerwanderung eingenommenen Siedlungsgebieten früher oder später mit der römischen Zivilisation und dem römischen Recht vertraut. Außerdem übten das römische Erbe und die regen kulturellen Beziehungen, die Deutschland mit Italien unterhielt, einen starken Einfluß aus. So wird im frühen Mittelalter nicht ganz unbekannt geblieben sein, daß die Römer ihre Ackergrenzen mit behauenen Steinen bezeichnet hatten. Der deutsche Kulturhistoriker Gregorovius (1821 – 1891) fand anhand eines Karolingertextes, im Jahre 781 habe der Papst den Vertreter Karls des Großen gebeten, die Grenze eines Teils der Sabiner Berge, die der Frankenkönig der Kirche geschenkt hatte, gegen die Stadt Rieti durch »signa« (Grenzzeichen) kenntlich zu machen (10).

Auf solche »signa« stoßen wir schon früher im **Merowingerreich.** König Childebert I. (511 bis 558), der von seinem Vater König Chlodwig den Reichsteil um Paris geerbt hatte, überließ für eine Klostergründung im Jahre 528 Königsgut, dessen Grenzen in der Stiftungsurkunde festgelegt wurden (11). Zur Beschreibung der Grenzen dienten Siedlungen und Straßen sowie natürliche Gegebenheiten wie Bäche, Quellen, Täler, Gräben, Höhenzuge und Waldungen. An vielen Stellen aber wurden Kreuze (cruces) oder Nägel (clavi) in Bäume gehauen oder Grenzsteine (lapides) gesetzt. Grenzsteine wurden manchmal selbst noch unter die gekennzeichneten Grenzbäume in den Boden gebracht, wie dies späterhin auch in Deutschland üblich wurde. Besonderes Interesse verdient, daß damals schon Grenzsteine unterirdisch verzeugt wurden (ubi lapides fixas et sub ipsas lapides sunt signa posita). Auf deutschem Boden kommen in Grenzbeschreibungen der Karolingerzeit gelegentlich auch markierte Bäume als Grenzzeichen vor, aber über Grenzsteine schweigen die Quellen noch längere Zeit.

Das Christentum hatte soeben erst den Kult der in jedem Grenzstein wesenden römischen Gottheit Terminus überwunden und kämpfte nun im heidnischen Deutschland gegen den Stein- und Baumkult an. Vom 5. bis 7. Jahrhundert wurden mehrere Dekrete gegen die Verehrung der großen erratischen Blöcke in Germanien erlassen (11 a). Auch Karl der Große mußte noch mit Verboten gegen diesen Kult angehen, ebenso Alfred der Große im 9. Jahrhundert in Südengland und selbst noch Knut der Große im 11. Jahrhundert in Skandinavien. Grenzrecht und Grenzvermarkung diesseits der Alpen haben sich nicht an römischen Vorbildern orientiert.

Die frühesten der in Deutschland erhaltenen Markungsbeschreibungen entstanden meist aus dem Bestreben, gegenüber den benachbarten Herrschaften den Besitzstand zu sichern und unberechtigte Ansprüche und Übergriffe abzuwehren. Sie betreffen noch nicht Dorfmarkungen, weil es Dörfer zu der Zeit noch kaum gab , sondern Königsmarken, Marken geistlicher Stifte und weltlicher Herren. Verhältnismäßig häufig sind darunter Landschenkungen des deutschen Königs an Klöster vertreten. Ein solcher Vorgang war die Übertragung der Mark Heppenheim durch den Frankenkönig Karl, den späteren Kaiser Karl den Großen, an das Kloster Lorsch (südlich von Darmstadt) im Jahre 773. Nach dem eigentlichen Schenkungsakt wurde eine Kommisssion beauftragt, die Grenzen des geschenkten Gebiets festzulegen. Unter der Leitung des königlichen Beauftragten, des domini regis missus, war die Kommission Jahre mit dieser Aufgabe befaßt, bis schließlich im Jahre 795 die Arbeiten mit einer Grenzbeschreibung abgeschlossen werden konnten (12). Zur Beschreibung dienten hauptsächlich natürliche Gegebenheiten. Wo begehbares Gelände an der Grenze angetroffen wurde, war die Definition einer Grenzlinie möglich. Wo aber Sümpfe oder unbegehbare Wälder die Nachbarn schieden, bildeten mehr oder weniger breite Flächen die Grenze. Als besondere Merkwürdikeit sei hervorgehoben, daß der königliche Gesandte an wichtigen Grenzpunkten, die nicht mittels natürlicher Merkmale zu beschreiben waren, einen tumulus, einen Erdhügel, errichten ließ. Von Grenzsteinen ist allerdings noch nicht die Rede.

Auch in den Grenzbeschreibungen der Karolingerzeit, die in bayerischen Archiven verwahrt werden, sind Hinweise auf künstliche Grenzzeichen noch recht spärlich. An erster Stelle wird hier regelmäßig die Grenzbeschreibung der Mark Hammelburg (LKrs. Bad Kissingen) vom 8. Oktober 777 genannt, die in einer Abschrift aus einer etwas späteren Zeit überliefert ist. Hingegen ist die zu Grunde liegende Schenkungsurkunde selbst, vom 7. Januar 777 datiert, im Original erhalten und stellt die älteste im Bayerischen Hauptstaatsarchiv verwahrte Originalurkunde und eines der ältesten Originale deutscher Königsurkunden dar. Anlaß der Grenzbeschreibung war die Übereignung des Königslandes um Hammelburg durch den Frankenkönig Karl den Großen an die Jünger des hl. Bonifatius in Fulda. Bei der Besitzeinweisung wurden die Bevollmächtigten des Königs von 21 namentlich aufgeführten Zeugen begleitet. Die Grenzbeschreibung bedient sich topographischer Gegebenheiten: Wasserläufe, Täler, Quellen, Gräben (Klingen), Senken, Sümpfe, Wege und Berge (13). Auch eine Gruppe von Buchen und ein Ulmenbestand sowie zwei »steinina houg (steininaz hog)« sowie ein »Marchoug« finden sich unter den 34 angesprochenen Örtlichkeiten. Während bei den beiden »steinigen Hügeln« offen bleiben muß, ob es sich um aufgeschichtete Steinhaufen oder einfach um natürliche Bodenerhebungen handelt, spricht für den »Markhügel« eine gewisse Wahrscheinlichkeit, daß ein künstliches Grenzmal vorliegt. Der halblateinische Text enthält im übrigen erstmals Orts- und Flurnamen in deutscher Sprache.

Auch für das Gebiet um Würzburg – Bistum seit 741 – sind uns solche Sprachdenkmäler erhalten, nämlich in der mit 14. Oktober 779 datierten Beschreibung des Begangs der Zentgrenze (marcha Uuirziburgarensium) und in einer undatierten Beschreibung eines vermutlich um die gleiche Zeit abgehaltenen Begangs der Ortsmark Würzburg einschließlich Heidingsfeld (Uuirziburgo marcha unte Heitingsveldône) (14). Während die erste Urkunde den Umgriff des Gerichtsbezirks Waldsassengau mit dem Hauptort Würzburg links des Mains und den linksmainischen Orten Zell, Waldbüttelbrunn, Höchberg und Heidingsfeld beschreibt, umschließt das zweite Dokument die ganze Markung von Würzburg mit Heidingsfeld und greift damit auf den rechtsmainischen Gozfeldgau über. Für die Beschreibung des Grenzverlaufs boten sich ähnliche topographische Hilfen an wie in Hammelburg, dazu noch einige Weiher, Furten, Einzelhöfe, der Weingarten eines der Zeugen und sogar eine Wolfsgrube. Unter den 39 aufgeführten Örtlichkeiten kommt außerdem an zwei Stellen ein »Moruhhesstein« vor, für den einmal auch die Bezeichnung »Moruhhesstafful« gesetzt ist; beide Wörter bezeichnen einen Stein auf oder an dem Land des Moruh (15), vermutlich einen Steinblock, der schon von Natur aus in der Markungsgrenze stand. Erst im späten Mittelalter und zu Beginn der Neuzeit wurden im übrigen die Würzburger Markungsgrenzen allmählich versteint. Grenzsteine mit den Jahreszahlen 1582 und 1587 sind erhalten geblieben; einer davon wird jetzt in der Sammlung des Vermessungsamts Würzburg gezeigt.

In einer Dissertation an der Universität München (16) sind neben den Grenzbeschreibungen von Hammelburg und Würzburg weitere 17 aus dem Zeitraum von 755 bis 914 ausgewertet. Die Hälfte der beschriebenen Grenzen gehörten zu Marken in Franken. Im Spessart treffen wir wieder auf »Steinhügel« an einer Grenze (17), ohne einer Klärung über Art und Form solcher Grenzbezeichnungen näherzuhommen. In Franken kommt das altdeutsche Wort »lah« vor: »per quedam Lacha«, also über ein eingekerbtes Grenzzeichen führt die Grenze des Forstes von Kloster Banz (LKrs. Lichtenfels) (18) und über einen »Lachberc«, der heute noch den Namen »Lachberg« trägt, die Grenze des Klosters Neustadt am Main (bei Marktheidenfeld) (19). Ob »Lachberg« als ein Gipfel gedeutet werden darf, auf dem Bäume als Grenzbäume mit Lachen (Kerben) versehen waren, sollte nicht als gesichert angenommen werden. Besonderes Interesse verdient, daß im Rottal bei einem Besitz des Klosters St. Emmeram in Regensburg als Grenzzeichen ein Kreuz vorkommt (usque ad crucem) (20), wenn wir uns auch über die Form des Kreuzes keine Vorstellung machen können. Daß auch sonst in allerdings sehr seltenen Fällen Grenzzeichen gesetzt waren, beweisen Beschreibungen wie »ubi ipsi signum fecerunt«, also wo die Zeugen beim Grenzumritt ein Grenzzeichen anbrachten (21), oder wie »sicut signa antiqua demonstrant«, wie alte Grenzzeichen zeigen (22). Möglicherweise waren diese »signa« Zeichen in Lachbäumen. Ob auch hinter dem Ausdruck »per locas terminatas« Grenzzeichen zu suchen sind (23), muß bezweifelt werden, zumal die Grenze hier an einem Sumpf entlangführte. Abschließend ist jedenfalls festzustellen, daß an keiner der beschriebenen rund 200 Örtlichkeiten ein Grenzstein angesprochen wurde. Gleichwohl lebt so manche dieser alten Grenzen als Kommunal- oder Diözesangrenze bis heute weiter (24). Besonders auffallend ist zum Beispiel die Zugehörigkeit des großen Gebiets des ehemaligen Stifts Benediktbeuern, von dem eine Grenzbeschreibung aus der Zeit um 800 überliefert ist (25), zum Bistum Augsburg, wodurch das Erzbistum München-Freising noch heute eine sackartige Einbuchtung erleidet. Von einem anderen Teil der zu jener Zeit beschriebenen Grenzen ist keine Spur geblieben, weil die betreffenden Gebietseinheiten sehr bald zerfielen.

Gering ist auch die Ausbeute an künstlichen Grenzzeichen bei einer Durchsicht der 15 Markbeschreibungen im Gebiet des Hochstifts Fulda, für die eine systematische Bearbeitung vorliegt (26). Diese Fuldaer Grenzbeschreibungen des 8. bis 11. Jahrhunderts betreffen neben drei Wildbannbezirken und der schon genannten Hammelburger Schenkung vor allem Pfarrbezirke. Schon Karl der Große hatte ja angeodnet, die Grenzen der Kirchen wegen des Zehntrechts festzulegen (ut terminum habeat unaquaeque ecclesia, de quibus villis decimas recipiant) (27). Neben den in den Grenzbeschreibungen jener Zeit stets zu findenden örtlichen Gegebenheiten fallen hier mehrere Bäche mit dem Namen »Markbach« auf sowie »Rennwege« (Rennewec). An künstlichen Grenzzeichen sind einige Kreuze, eine Eiche mit eingehauenem Kreuz sowie ein Baum mit einem Grenzstein zu nennen. Auch eine Brücke und ein vorgeschichtlicher Grabhügel dienen als Grenzzeichen.

Unter den 319 Urkunden des Stiftes St. Peter und Alexander zu Aschaffenburg aus den Jahren 861 bis 1325 sind nur zwei Grenzbeschreibungen, und zwar Beschreibungen von Pfarrsprengeln; sie sind um 980 und um 1057 entstanden (28). Sie führen im Zuge des Grenzverlaufs einen »lapis Karoli« (Karlsstein) und einen »Himminigesstein« auf. Ob hinter diesen Bezeichnungen Marksteine zu suchen sind, die von Menschenhand gesetzt wurden, oder auffallende natürliche Lagersteine, läßt sich nicht mit Bestimmtheit sagen.

Die Gewannen des Ackerlandes, die Gärten und Hofstellen waren in dieser Frühzeit durch Zäune aus Flechtwerk geschützt; dies war notwendig, um das Nutzvieh fernzuhalten, das sich vom Frühjahr bis in den Winter hinein seine Nahrung auf der Dorfweide und der Brache selbst suchen mußte. Aber auch das Wild sollte am Äsen im Kulturland gehindert werden. Das Volksrecht der Bayern schrieb die Höhe der Zäune vor: sie mußten dem Manne bis an die Brustwarzen reichen (29). Die Einzäunung war gleichzeitig die Bezeichnung der Grenze. Die einzelnen Felder innerhalb der Gewanne waren durch Raine geschieden, eine Vermarkung mit Grenzsteinen wurde noch nicht als erforderlich angesehen.

Künstliche Grenzzeichen waren also im frühen Mittelalter noch nicht weithin üblich, aber sie waren nicht etwa unbekannt. Aus einigen Texten der Merowinger- und der Karolingerzeit erhalten wir schon erste Kunde von Markbäumen und Grenzsteinen. Die wichtigsten Rechtsquellen des deutschen Frühmittelalters sind jedoch die **Stammesrechte.** (29 a). Sie enthalten zum Teil Bestimmungen zum Schutz der Grenzzeichen sowie über den Grenzstreit. Die Abfassung dieser Volksrechte fällt in die Zeit vom Ende des 5.

bis in die erste Hälfte des 9. Jahrhunderts. Auf dem Reichstag zu Aachen 802/803 ordnete Karl der Große an, die Volksrechte aller Stämme aufzuzeichnen, soweit dies noch nicht geschehen war. Das Volksrecht kodifiziert in lateinischer Sprache, der Sprache der Gelehrsamkeit, mit einigen deutschen Ausdrücken das zur Zeit der Niederschrift geltende Stammesrecht, wobei jedoch nicht etwa absolute Vollständigkeit angestrebt und das Weitergelten nicht aufgezeichneter Rechte nicht in Frage gestellt wurde (30). Geregelt ist nur, was einer ausdrücklichen Regelung bedürftig erschien; allgemein anerkannte Rechtssätze wurden deshalb meist nicht mit aufgenommen. Einen großen Raum nehmen die Bußen ein; und aus solchen Bestimmungen kommt zum Teil unsere Kenntnis über die Anfänge von Grenzvermarkung und Liegenschaftsrecht in Deutschland.

Nach dem Recht der germanischen Völker wurde der Grenzfrevel dem Diebstahl oder dem Betrug gleichgesetzt. Diebstahl aber zählte neben Tötung und Notzucht zu den drei todeswürdigen Verbrechen, zumindest wenn erschwerende Umstände hinzutraten, z. B. mehrfache Wiederholung (31). Die Todesstrafe wurde bei den Germanen als Gabe an die beleidigte Gottheit angesehen. Mißlang der Strafvollzug, so war dies ein Zeichen dafür, daß der Gott die Annahme ablehnte, der Vollzug wurde nicht wiederholt, das Opfer durfte der Gottheit nicht aufgedrungen werden (32). Diese Vorstellung spiegelt sich später in einigen Weistümern des Mittelalters noch wider, über die weiter unten zu sprechen sein wird. In die Mehrzahl der Stammesrechte aber ist diese rigorose Strenge nicht eingegangen. Fragen des Grenzrechts finden sich in den Gesetzbüchern jener Stämme, die mit antiker Tradition und römischer Bevölkerung in Berührung gekommen waren. In den betreffenden Bestimmungen wird deshalb eine Fortentwicklung römischen Grenzwesens vermutet. Aber auch hier werden »die Beschaffenheit von Grenzen und die Flurverfassung . . . nirgends eigengewichtig behandelt« (33). Der alleinige Gesichtspunkt ist die Lösung auftretender Konflikte. Als Grenzzeichen, oft einfach als terminus oder signum angeführt, kommen vor oder sind aus dem Zusammenhang zu schließen: Grenzsteine mit oder ohne Zeichen, letztere – wie bei den Römern – »lapides muti« gleich stumme Steine genannt, Grenzpfähle, Grenzbäume, Grenzhügel, Erdwälle, Gräben und Gruben. Bei den zahlreichen Strafvorschriften über das Beschädigen von Zäunen ist der Zaun wie oben dargelegt nicht so sehr als Grenzeinrichtung als vielmehr als Schutzvorrichtung gegen die Beschädigung der Kulturen durch Mensch und Vieh zu verstehen. Zäune standen an den Nutzungsgrenzen, nicht eigentlich an Besitzgrenzen. Im übrigen »erlauben die Volksrechte kaum ein Urteil darüber, ob die aufgeführten Regelungen Ausdruck der geübten Praxis sind« oder ob sie »nur überkommene Vorstellungen ohne Bezug zu den veränderten Gegebenheiten fortschreiben« (34). Mehrfach ist in den Volksrechten die Rede von Grenzzeichen, die von alters her bestehen, möglicherweise also von Grenzzeichen aus der Zeit vor der Landnahme. Unter sich weisen die Volksrechte im übrigen so erhebliche Unterschiede auf, daß aus ihnen nicht auf ein einheitliches germanisches Grenzrecht geschlossen werden kann (35).

Das älteste überlieferte germanische Gesetzeswerk entstand außerhalb des heutigen deutschen Bodens: das Gesetzbuch der **Westgoten,** die damals Südfrankreich und den Nordteil der iberischen Halbinsel beherrschten. Da dieser Codex für die Niederschrift des Volksrechts anderer Stämme als Anhalt diente, darf er hier nicht übergangen werden. Er wurde 475/476 unter König Eurich (Codex Euricianus) niedergeschrieben und erfuhr späterhin Erweiterungen und Neufassungen. Die Vorschriften galten nur für die Westgoten selbst, die romanischen Bewohner des Landes standen anfangs unter ihrem besonderen Zivilrecht (36). Das Westgotenrecht (Leges Visigothorum) stellt gegenüber den zeitgenössischen germanischen Rechtsbräuchen einen Fortschritt und eine Hinwendung zu humaneren Verhaltensweisen und Strafformen dar. In seinen Rechtsschutz bezog es die Grenzzeichen mit ein: Für die absichtliche Zerstörung eines Grenzzeichens mußte der Freie demjenigen, dem er den Schaden zugefügt hatte, 20 solidi Buße zahlen (37), dem unfreien Grenzfrevler aber sollten 50 Schläge verabreicht werden. Die Bußen waren zwar allgemein in Geldwert festgelegt, sie wurden aber bei der damals noch herrschenden Naturalwirtschaft wohl regelmäßig in Sachwerten entrichtet; noch fehlen auch Kleinmünzen für geringere Werte. War es zu der Beschädigung des Grenzzeichens ohne Absicht beim Pflügen oder beim Anlegen eines Weinbergs gekommen, so war der Schaden in Anwesenheit der Nachbarn ohne Geldbuße oder gerichtliche Klage zu beheben (38). Bei einem Grenzstreit sollte nach Grenzzeichen (signa), insbesondere nach Erdwällen und besonders zugerichteten Grenzsteinen gesucht werden. Beim Fehlen solcher Grenzmale sollte auf Zeichen an Bäumen geachtet werden (39). Eine spätere Einfügung vom Jahre 654 verweist auf das Gutachten von Feldbeschauern (inspectores, inspectores limitum), ohne die kein Grenzzeichen gesetzt werden durfte (40). Die Vermutungen über das Amt eines solchen »inspector« gehen in Richtung eines Flurhüters, Flurschützen oder Eschhey (41). Zu den um vieles späteren Untergängern oder Feldgeschworenen führt jedoch keine Verbindung.

Das **Salische Recht,** das Recht der Franken im Mündungsgebiet von Rhein und Somme, entstanden unter Chlodowech um 507/511, enthält keine Hinweise auf Grenzzeichen. Auch das Recht der **ribuarischen** (ripuarischen) **Franken,** die am Niederrhein um Köln siedelten, trägt zum Thema Grenzvermarkung nur wenig bei. Von besonderem Interesse ist jedoch, daß hier erstmals ein Rechtsbrauch begegnet, der später beim Grenzbegang wiederkehrt und sich noch bis in die jüngere Zeit erhalten hat: Wenn beim Erwerb eines Landguts, eines Weinbergs oder sonst einer kleineren Besitzung kein entsprechendes Zeugnis (Urkunde, carta) zu erhalten war, sollte der Besitzwechsel an Ort und Stelle bei mittelgroßer Bedeutung vor 6 Zeugen, bei kleiner Bedeutung vor 3 Zeugen und bei großer Bedeutung vor 12 Zeugen vollzogen werden, und eine ebenso große Zahl von Knaben sollte anwesend sein; jedem Knaben sollten Ohrfeigen verabreicht und die Öhrchen gedreht werden (alapas donet et torcat auriculas), auf daß sie späterhin Zeugnis geben könnten (42). Wenn im Recht der Uferfranken Grenzbäume und Grenzsteine nicht genannt sind, so schließt dies deren Verwendung nicht aus. Ausdrücklich erwähnt sind jedoch als Beweis für die Grenze kleine Erdhügel und Erddämme (43).

Das Recht der **Alamannen,** um 613/623 im Auftrag der fränkischen Reichsgewalt aufgezeichnet, befaßt sich nicht mit der Grenze, wohl aber mit dem Grenzstreit, der durch eine Art (unechtes) Gottesurteil gelöst werden sollte. Das Ritual ist ausführlich beschrieben: Die strittige Grenzfläche wurde von den beiden Parteien bezeichnet und umgangen. Dann traten sie in die Mitte und nahmen in Anwesenheit des Gaugrafen etwas von der Erde auf, was bei den Alamannen »corfo« oder »zurf« genannt wurde, und steckten Zweige von den Bäumen, die dort standen, in die Erde. Der Gaugraf legte die aufgenommene Erde in ein Tuch, drückte ein Siegel darauf und verwahrte sie. Der Zweikampf wurde daraufhin abgesprochen. Wenn die Kämpfer bereit waren, nahmen sie obige Erde in die Mitte, berührten sie mit den Schwertern und bezeugten bei Gott, daß demjenigen der Sieg zufallen solle, der im Recht sei. Der Sieger erhielt schließlich das umstrittene Land und der Besiegte hatte obendrein noch 12 solidi zu entrichten (44) . In diesem Ablauf kommt der strenge Formalismus des germanischen Rechtslebens zum Ausdruck, das von Symbolen und feierlichen Handlungen oft sakralen Charakters erfüllt war (45). Als eine solche Handlung ist auch das Umhegen mit Zweigen zu sehen, das den Verhandlungsort heiligte. Im Kampf gegen das heidnische Brauchtum wurden seit Karl dem Großen Verbote gegen das Abhalten von Gerichten an geweihter Stätte ausgesprochen (46). Nach germanischem Recht war der Prozeß vor dem Gericht ein Kampf zwischen den streitenden Parteien, in dem es galt den Gegner zu überwinden. Die Parteien verhandelten vor dem Richter miteinander, vereinbarten die Prozeßschritte und sprachen sich gegebenenfalls über Zeit und Modalitäten eines Zweikampfs ab (47). In dem Zweikampf, bei dem Gott dem Recht zum Erfolg verhelfen würde, mischen sich germanisches Rechtsverfahren und christliche Vorstellung (48).

Die Todesstrafe, mit der wie oben erwähnt das germanische Volksrecht dem Dieb drohte, war bei den Nordgermanen auch die Sühne für den Grenzfrevler (Erddieb) (49). Bei den Südgermanen wandte das **burgundische Recht,** aufgezeichnet zwischen 480 und 500, die gleiche Strenge an: Wer Grenzsteine oder Grenzbäume vorsätzlich beseitigte, sollte am Ort seiner Tat durch Feuer sein Leben verlieren. Der heimliche Grenzsteinversetzer aber war wie ein Fälscher zu bestrafen (50). Bei einem Grenzstreit zwischen römischen Einwohnern sollte an der Hand gestraft werden, wer ein Grenzzeichen herausriß oder zerstörte; daem Unfreien drohte die Todesstrafe für dieses Vergehen (51).

Weniger rigoros verfuhren das Recht der **Langobarden** und das der **Bayern**. Nach dem Gesetz des Langobardenkönigs Rothar, dem Edictum Rothari von 643 (52), zahlte der Freie für die Beseitigung eines Grenzsteins 80 solidi Strafe – die Hälfte an den König, die andere Hälfte an den Grundeigentümer – der Unfreie aber büßte mit dem Tode, wenn er nicht mit 40 solidi ausgelöst wurde. Die Fällung eines Grenzbaums brachte dem Freien die gleiche Geldstrafe wie beim Grenzstein; beging ein Unfreier auf Geheiß seines Herrn diesen Frevel, so zahlte der Herr für ihn 80 solidi, handelte der Unfreie ohne Auftrag, so war er des Todes, wenn er nicht 40 solidi aufbringen konnte. 40 solidi kostete es den Freien, wenn er ein Grenzzeichen im Walde eines anderen Eigentümers anbrachte, die Hälfte wieder für den König, die Hälfte für den rechtmäßigen Eigentümer. Die gleiche Buße war für den Unfreien zu entrichten, wenn er auf Geheiß seines Herrn gehandelt hatte. Bei einer Tat ohne Auftrag sollte er die frevelnde Hand verlieren.

Das Volksrecht der alten **Bayern** schließlich, das in die Zeit um 743/744 datiert wird, lehnte sich teils an das Westgotenrecht, teils an das Alamannenrecht an. Der Freie zahlte für den eingeebneten Grenzrain und für das herausgerissene Grenzzeichen 6 solidi, der Unfreie wurde für diese Untat mit 50 Peitschenhieben bedacht (53). War die Tat ohne Absicht beim Pflügen oder beim Bestellen eines Weinbergs geschehen, so mußte der Täter in Anwesenheit des Grenznachbarn das Grenzzeichen wieder herstellen, ohne eine Buße zu bezahlen. Als Grenzzeichen, die bei einem Grenzstreit als beweiskräftig gelten, sind an der Grenze aufgeworfene Grenzwälle aufgeführt, dann Steine, von denen man feststellen kann, daß sie fest angebracht und ihnen beweiskräftige Zeichen eingemeißelt sind, ferner Bäume, die durch Abschlagen von Rindenstücken besonders gekennzeichnet sind (arbores decoreae oder decortatae). Falls jemand widerrechtlich einen Teil des Nachbargrundstücks in Besitz genommen hat, soll er ihn zurückgeben, wenn die alten Grenzen von den Beschauern (inspectores) anerkannt werden. Auch durfte niemand ein neues Grenzzeichen aufstellen ohne den Grenznachbarn und ohne den Beschauer. Die Übertretung trug dem Freien eine Geldbuße von 6 solidi, dem Unfreien aber, der ohne Wissen seines Herrn gehandelt hatte, 200 Streiche ein. Nahmen zwei Grenznachbarn eine zwischen ihnen liegende Fläche je für sich in Anspruch, ohne daß einer den Beweis für sich erbringen konnte, dann sollten sie einander »wehadinc« geloben, das heißt einen Kampfvertrag aushandeln. Wem Gott mehr Kraft und den Sieg verlieh, zu dessen Besitztum sollte die umstrittene Fläche nach seinem Begehr gehören. Wenn einer ein Wohnhaus errichten wollte und der Nachbar die betreffende Grundstücksfläche als seinem Grundstück zugehörig für sich beanspruchte, so mußte der letztere vor einem Zeugen widersprechen, solange noch die Pfosten lagen. Die Entscheidung war wieder im Zweikampf zu suchen. Bei sonstigen Gebäuden konnte über das Eigentum an Grund und Boden auch nach der Errichtung der Bauten noch gestritten werden. War die Gebäudebesitzung noch nicht eingezäunt, so durfte der Besitzer den Zaun nicht weiter vorsetzen, als er gegen Mittag, gegen Sonnenaufgang und -untergang die Axt zu werfen vermochte, gegen Norden nicht weiter, als der Schatten reichte.

Beim Verkauf eines Grundstücks war im übrigen auch bei den Bayern – wie bei den Franken – das Ohrenziehen obligat, nur wurden hier nicht Knaben, sondern die Zeugen dieser Tortur unterzogen (54). In Schenkungsurkunden der Bistümer Freising und Passau aus dem 8. und 9. Jahrhundert ist im übrigen bei der Aufzählung der Zeugen ausdrücklich vermerkt, daß diese an den Ohren gezogen wurden (testes per auras tracti) (55). Noch bis in das 12. Jahrhundert ist dieser Rechtsbrauch zu verfolgen (56).

Mit empfindlichen Geldstrafen ließen die germanischen Volksrechte diejenigen belegen, die auf fremdem Grund pflügten, säten oder ernteten.

Wenn im alten deutschen Volksrecht nur weniges zum Liegenschaftsrecht zu finden ist, so liegt dies an der auch das Mittelalter noch beherrschenden Ansicht, daß die Gesetzgebung nicht die Aufgabe habe, das Privatrecht zu ordnen. Dies sollte sich im Kreise der Genossen entwickeln (57).

Ob die aufgezeichneten Volksrechte in der Praxis auch wirklich Bedeutung erlangten, ist nicht zu erkennen. Zumindest gibt es keine urkundlichen Nachweise hierfür. Über den vielen Kriegen gegen Normannen, Dänen, Slawen, besonders aber wegen der vielen Einfälle der Magyaren, die zwischen 900 und 955 Deutschland verheerten, gingen Schriftkenntnis und Schriftlichkeit zurück. Statt dessen entstanden lokale, mündlich weitergegebene Rechtsüberlieferungen, die erst allmählich seit dem Spätmittelalter durch geschriebenes Recht abgelöst wurden.

Die schriftlichen Überlieferungen aus dem frühen Mittelalter geben wenig Aufschluß darüber, ob und wie Nutzungsgrenzen und Besitzgrenzen vermarkt worden sind. Hier tut sich noch ein Arbeitsgebiet für die archäologische Bodenforschung auf. Dieser Forschungszweig wird in wüst gefallenen alten Siedlungsgebieten an den einstigen Ackergrenzen auf Markierungen zu achten haben, insbesondere auf alte Raine, Gräben, Gruben, Hügel und Wälle, und vielleicht gelingt es einmal, einen früh-mittelalterlichen Grenzstein zu bergen. Grenzsteine würden den Nachweis besitzrechtlicher Abgrenzungen erbringen, während Gräben und mit Büschen bestandene Wälle zunächst einmal als Schutzvorrichtungen zu werten sind, also als betriebstechnische Einrichtungen.

4. Über den Grenzstein in den Rechtssammlungen des 13. und 14. Jahrhunderts

Alles ist auf der Erde Veränderung –
hinfällig ist jedes Menschenwerk;
drückend wird selbst die beste Einrichtung
in wenigen Geschlechtern.

Johann Gottfried von Herder (1744 – 1803),
Geschichte der Philosophie

In die diffuse und unübersichtliche Rechtsentwicklung nach der Karolingerzeit suchten seit dem 13. Jahrhundert zunächst nur private, nichtoffizielle Kodifikationen mehr Klarheit und Überschaubarkeit zu bringen. Der erste und wohl bekannteste Versuch dieser Kategorie ist der sogenannte **Sachsenspiegel,** lateinisch 1221/1224, niedersächsisch 1224/1227 niedergeschrieben. In diesem Rechtsbuch will der Verfasser, der Ritter Eike von Repchow (= Reppichau bei Dessau), das Recht »spiegeln«, das von »alters an uns gebracht unsere guten Vorfahren«, und zwar das »gemeine Recht« in allen Ländern sächsischer Zunge (1). Der Sachsenspiegel wurde aber weit über Sachsen hinaus in Deutschland verbreitet und beachtet.

Nach einem halben Jahrhundert fand der Sachsenspiegel Nachahmer und Nachfolger, und zwar zunächst im süddeutschen Raum. Diese Rechtssammlungen wollten sich nun nicht mehr auf das Rechtsherkommen eines bestimmten Stammes einengen lassen, sondern möglichst den gesamten Raum deutschen Rechts abdecken. Dies beweist der erste derartige Versuch mit seinem Titel **Deutschenspiegel,** ein Spiegel des Rechts »aller tiutschen liute«. Der Deutschenspiegel entstand 1274/1275 in Augsburg. Er lehnte sich stark an den Sachsenspiegel an und entnahm daraus Teile unverändert. Außerdem bezog er die Lex Alamannorum und Augsburger Stadtrecht mit ein. Der Deutschenspiegel blieb unvollendet.

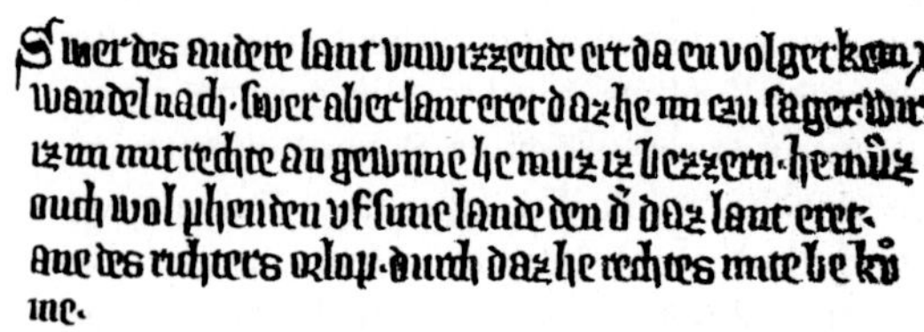
Swer des anderē lant vnwizzende ert da en volget kein ge-
wandel nach· Swer aber lant eret daz he im zu saget· wirt
iz im mit rechte an gewunne he muz iz bezzern· he muz
ouch wol phenden vf sime lande den d' daz lant eret·
ane des richters orlop· durch daz he rechtes mite be kō
me·

Aus dem Sachsenspiegel, Landrecht III 20 §§ 1,2 Heidelberger Bilderhandschrift
»Wer des anderen Land, ohne es zu wissen, pflügt, daraus folgt kein Bußgeld. Wer aber Land pflügt, das er für sich beansprucht, und wird es ihm durch Rechtsspruch abgenommen, der muß es entschädigen. Er (der rechtmäßige Besitzer) darf auch wohl pfänden auf seinem Lande den, der das Land pflügt, ohne des Richters Erlaubnis, auf daß er zu seinem Recht damit komme.«
Links der auf fremdem Grund Pflügende, rechts der rechtmäßige Besitzer, das Gespann pfändend. Die Person in der Mitte wurde als Fronbote in der Pose des »Trauergestus« gedeutet, dessen Auftreten anzeige, daß die Pfändung »ohne Erlaubnis des Richters« vorgenommen wird. Möglicherweise ist es aber doch nur der das Gespann führende Pferdeknecht.

Trotz des anspruchsvollen Titels gewann der Deutschenspiegel wenig Einfluß. Denn er wurde sehr bald von dem um 1275/1276 abgefaßten **(Kaiserlichen) Land- und Lehenrecht (Kaiserrecht)** abgelöst, das seit der Ausgabe von 1609 nach seinem Entstehungsgebiet die Bezeichnung **Schwabenspiegel** trägt. Der Autor, ein Augsburger Franziskaner, konnte auf dem Deutschenspiegel aufbauen. Der mehrmals ergänzte und geänderte Schwabenspiegel war schließlich mindestens soweit verbreitet wie der Sachsenspiegel, und zwar auch im norddeutschen Raum, in Böhmen, Mähren und Burgund (2).

Im Frankfurter Rechtskreis entand wieder ein halbes Jahrhundert später etwa 1328/1338 **Des keysers recht,** ein heute meist als **Frankenspiegel** zitiertes Rechtsbuch (3). Dieses Werk stellt einen Versuch dar, ein allgemeines Recht zur Erhaltung des inneren Friedens abzufassen, wobei allgemeine deutsche Rechtsgrundsätze vornehmlich in die Form des fränkischen Rechts gekleidet wurden (4). Als vorgebliche Wiedergabe des »kaiserlichen« Rechts nimmt der Frankenspiegel Gültigkeit für den ganzen Erdkreis für sich in Anspruch.

Als Beispiel für die weiteren privaten Rechtssammlungen jener Zeit sei das Stadt- und Landrechtsbuch des **Ruprecht von Freising** aufgeführt. Als Entstehungszeit wird das Jahr 1324 angenommen (5). Pate stand der Schwabenspiegel. Angewandt wurde dieses Recht zunächst in der Stadt Freising (Stadtrecht), dann auch im ganzen Hochstift Freising.

Um die Mitte des 13. Jahrhunderts hatten auch die deutschen Städte begonnen, für ihren Herrschaftsbereich Rechtsbücher abzufassen. Verschiedentlich wurde hierzu der Sachsen- oder der Schwabenspiegel als Grundlage benutzt. Einige Stadtrechte haben über ihren Geltungsbereich insofern hinausgewirkt, als sie wieder von anderen Städten ganz oder zu einem Teil übernommen wurden. So haben sich regelrechte »Stadtrechtsfamilien« von unterschiedlicher Größe herausgebildet, zum Teil auch durch die Beleihung eines bestimmten Stadtrechts an weitere Städte durch den deutschen König. Als Beispiele für eine weite Verbreitung seien hier genannt die Stadtrechte von Magdeburg, Soest, Köln Frankfurt a. M. und Nürnberg. Eine kleinere Stadtrechtsfamilie bildete sich um Schweinfurt mit Töchtern in Franken und Thüringen.

Aus dem Sachsenspiegel, LR III 86 § 1
Heidelberger Bilderhandschrift
»Wer seiner Nachbarn Gemeindeland abpflügt oder abgräbt oder abzäunt und vor dem Bauernmeister deswegen beklagt oder angezeigt wird, muß drei Schilling Gewette zahlen. Verweigert er aber vor dem Bauernmeister das Recht und wird er vor dem obersten Richter beklagt, dann muß er ihm Gewette zahlen und den Bauern mit dreißig Schilling büßen und von ihrem Gemeindeland wieder ablassen.«

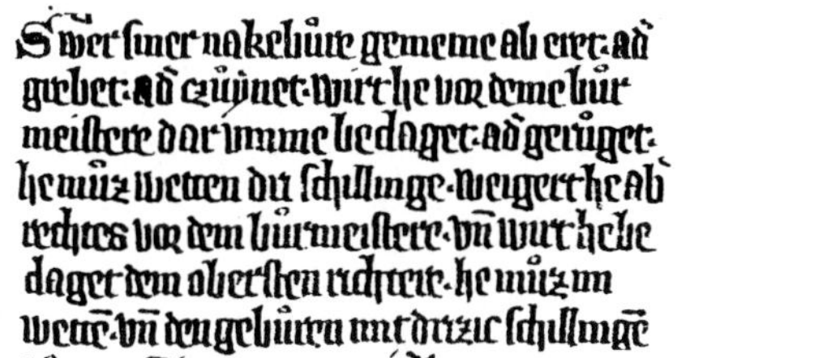
Swer siner nakebure gemeine abe eret. ade gebet. ade czünet. unde he vor deme bur meistere dar umme bedaget. ade gerüget. he muz wetten dri schillinge. weigert he abe rechtes vor deme burmeistere. unde wirt he be daget vor deme obersten richtere. he müz im wetten. unde den gebüren mit drizic schillinge büzen. unde ire gemeine wider lazen

Der Mann rechts hat vom nachbarlichen Gemeindeland abgepflügt, der mittlere mit dem Spaten abgegraben. Der Vertreter der Nachbargemeinde fordert die Bezahlung von drei Schilling zu je zwölf Pfennig, ausgedrückt durch die Zahl III und die zwölf Kreise darunter.

Da die Regelungen über die Vermarkung der Grundstücke – soweit eine solche überhaupt schon üblich war – weitgehend dem örtlichen Herkommen überlassen blieben, finden sich in den Landrechtssammlungen des 13. und 14. Jahrhunderts nur wenige Rechtssätze zu dieser Materie: Der Sachsenspiegel verlangt von demjenigen, der Malbäume fällt (howit her mâlboume) oder Steine ausgräbt, die als Marksteine gesetzt sind, (grevit her ûph steyne, die zu marksteynen gesazt sîn) 30 Schillinge; auf frischer Tat ertappt darf man den Täter an Ort und Stelle pfänden oder festnehmen (6). Der Grenzfrevel ist dabei gleichgesetzt und zusammen aufgeführt mit dem Fischen im fremden künstlichen Teich, mit dem Schlagen gepflanzter oder fruchttragender Bäume und mit dem Brechen von Obst. Wer Malbäume oder Marksteine setzt, soll denjenigen an Ort und Stelle dabeihaben, der auf der anderen Seite Eigentümer des Landes ist. Und wer einen Zaun aufrichtet, soll die Äste kehren zum eigenen Hof (7), das heißt die Enden der Weidenruten müssen der Innenseite des Grundstücks des Zaunbesitzers zugewandt sein. Die beiden letzteren Regeln finden sich wörtlich auch im Deutschenspiegel (8). Der Schwabenspiegel will denjenigen, der gepflanzte Bäume oder Malbäume (? burnen gebuwe) schlägt oder Marksteine ausgräbt, an Haut und Haaren strafen lassen (Züchtigungsstrafe), wovon sich der Täter mit 5 Schillingen – nach einer anderen Version mit 30 Schillingen – lösen kann (9). Das Stadt- und Landrecht für Freising kennt hierfür nur eine Geldstrafe von 63 Denaren mit dem Zusatz, daß der Täter »besser March« herstellen muß, als die bisherigen waren (10).

Der Zweikampf vor dem Schöffengericht nach genauen Regeln behauptet sich in dieser Zeit noch als Streitentscheidung (11). Erst nach 1300 konnte die Verpflichtung zum Zweikampf überwunden werden (12).

5. Das Wort »Grenze«, seine Vorläufer und seine Synonyme

Die Gräntze haben ihren Ursprung von Gott und auß dem Gesatz der Natur.

Joannes Oetinger,
De Jure et Controversiis limitum,
Summarien Nr. 8; 2. Aufl.,Ulm 1667

Paulus vor dem Areopag in Athen: (Gott hat für die Menschen) bestimmte Zeiten und die Grenzen ihrer Wohnsitze festgesetzt.

Apostelgeschichte 17,26

Beim Gebrauch des Wortes »**Grenze**« wird uns heute kaum mehr bewußt, daß dieses Wort erst vor wenigen Jahrhunderten in die deutsche Sprache eingedrungen ist und ältere deutsche Wörter verdrängt hat. »Grenze« ist weitergebildet aus dem polnisch-russischen »granica«. Im 13. Jahrhundert übernahm das Deutschordensland in Preußen von seinem polnischen Nachbarn dieses Wort in seinen Sprachgebrauch. Nachzuweisen ist dies erstmals für das Jahr 1251 in dem (erneuerten) Stadtrecht von Culm, der Culmischen Handfeste, in der Form »grenicze« (1). Culmisches Recht verbreitete sich in der Folgezeit nicht nur über den größten Teil des Ordensstaates, es wurde auch von vielen polnischen Städten übernommen. Gemeindeutsch wird »grentze« durch Martin Luther (2). Daneben aber halten sich noch durch Jahrhunderte die ursprünglichen deutschsprachigen Bezeichnungen, auf die weiter unten eingegangen wird. Die niederländische, dänische, norwegische und schwedische Sprache eignen sich das slawische Wort ebenfalls an (3). Im Süden Deutschlands faßt das Fremdwort nur zögernd Fuß; die Kanzleisprache verwendet es zunächst für Territorialgrenzen, zum Beispiel auf einer Grenzkarte Bayern/Böhmen 1514 (4). In Gebieten mit slawischer Nachbarschaft ist es häufiger anzutreffen, zum Beispiel in Kärnten. Da sich die Umgangssprache bis in die neuere Zeit gegen die Aufnahme des Fremdworts Grenze sperrte, entstanden keine Flurnamen mit diesem Wort als Bestandteil (5). In der Schriftsprache setzt sich im 19. Jahrhundert die Schreibweise »Grenze« durch. Die aus dem Schriftdeutschen verdrängten Konkurrenten des Wortes Grenze leben aber vielerorts in der Sprache des Volkes weiter. – Für den bayerischen Sprachraum bringt Schmellers Bayerisches Wörterbuch die noch stärker an das Slawische anklingende Form »gräniz«.

Magyarischen Ursprungs ist das Wort der »**Hotter**« (ungarisch hatar), das in Niederösterreich, im Burgenland und in der Oststeiermark für Feldgrenze verwendet wird (6), das aber auch in slawischen Sprachen vorkommt (7). In den südlichen Landesteilen Österreichs war das Wort »**confinen**« für Grenze und Grenzgebiet üblich; die lateinische Stammform ist schon in Schriftzeugnissen der Karolingerzeit häufig (confinium = Grenzzone, Niemandsland). Neben »confinen« gab es in Tirol und Vorarlberg vornehmlich für Gerichtsgrenzen noch die Bezeichnung »**corenzen**«, auch »**korenzen**« oder »**coherenzen**« geschrieben. Am unteren Rhein wurde die deutsche Sprache unter französischem Einfluß durch die Wörter »**limiten**« für Gebietsgrenzen und »**term**« — auch im Hunsrück und Rheingau – für Grenzpunkt verfeinert. Grenzen wurden »abgetermbt« (vermarkt), die Grenznachbarn sind im Moselgebiet »termgenossen«, eine Markung ist eine »terminey«; diese Ausdrucksweise ist weithin zwischen Rhein, Main und Fulda zu finden. Für Landesgrenze (»Landmark«) schließlich setzen die Juristen seit dem 17. Jahrhundert vielfach das Wort »**frontier**« (8).

Als deutschesWort für »Grenze« war ursprünglich die »**mark**« am weitesten verbreitet, ein Wort, das in geographischen Bezeichnungen wie »Mark Brandenburg«, »Dänemark«, »Ukermark«, »Steiermark« usw. sowie in abgeleiteten Wörtern wie »Markung«, »vermarken« usw. noch weiterlebt. In das Licht literarischer Überlieferung tritt das Wort Mark zuerst als »marka« durch den Westgotenbischof Wulfila (Ulfilas, um 311 – 383) (9), dann in den latinisierten Formen »marca« und »marcha« (10). In einem der ältesten deutschen Sprachzeugnisse, dem Muspilli aus dem 9. Jahrhundert (Bayerische Staatsbibliothek), ist in Vers 64 von Zank um »diu marha« die Rede. In dem ersten deutsch geschriebenen Geschichtswerk, der im Regensburg des 12. Jahrhunderts gereimten »Kaiserchronik«, entreißt der legendäre Herzog Adelger den Römern das Etschland und stößt nach seinem Sieg am Haselbrunnen bei Brixen seinen Speer in die Erde, von dem Land Besitz ergreifend (11):

Daz land han ich gwunnen
den Beîern ze êren.
Diu marke diene in immer mêre.

Das Wort »Mark« ist auf eine indogermanische Wurzel zurückzuführen, auf ein Wort »mereg« gleich Rand, Grenze. Das altnordische mørk bedeutete so viel wie Grenzland, Wald. Grenzwald habe dann die erweiterte Bedeutung Grenze, Grenzgebiet angenommen (12). Schließlich wurde das Wort Mark schon im frühen Mittelalter das anscheindend einzige deutsche Wort, mit dem eine politische oder wirtschaftliche Raumeinheit, ein Gebiet oder Bezirk, unter Umständen auch von beträchtlicher Größe, bezeichnet wurde (13). Diese Sinnerweiterung erinnert an das lateinische Wort »finis« gleich Grenze, eigentlich Grenzpfahl, dessen Pluralform »fines« so viel wie Gebiet bedeutet. Das neuhochdeutsche »Gemarkung« ist erst seit dem 16. Jahrhundert belegt. Die Verwendung des Wortes »Gemarkung« ist jetzt durch die Amtssprache eingeengt, seit Gemarkung in der Bedeutung Katasterbezirk definiert ist; die Gemarkung muß nicht in jedem Fall mit einem politischen Bezirk deckungsgleich sein.

In den Schriftzeugnissen des Mittelalters findet sich »marca« in erweiterten oder abgewandelten Bedeutungen. Naheliegend war, daß die Gemeindeweide (communis marca), ganz besonders aber der gemeinsam genutzte und bis ins 11. Jahrhundert noch kaum als Eigentum beanspruchte Wald (14) und auch das Nutzungsrecht selbst einfach Mark genannt wurden; diese Flächen lagen ja großenteils am Rande der Dorfflur. Die Anteilseigner an Gemeinschaftswaldungen waren die »Markgenossen« oder »Märker« – nicht zu verwechseln mit den »Märkern« oder »Markern«, den beeideten Grenzsteinsetzern in manchen fränkischen Landesteilen.

Die bayerische Sprechweise unterscheidet zwei Geschlechter: »**die** march« und »**das** march« (15). **Die** march steht für den Vorgang des Vermarkens sowie für die Begriffe Grenze und Gebiet. Die Bedeutung Gebiet findet sich vor allem in Zusammensetzungen wie Holzmarch gleich Holzgrund und Hofmark (Hofmarch) gleich Gesamtheit der Güter, über die dem adeligen oder geistlichen Hofmarksherrn die niedere Gerichtsbarkeit zustand. Das Landvolk in Bayern und Schwaben gebraucht das Neutrum »**das** March«, Mehrzahl »die March« oder »die Märcher« in der allgemeinen Bedeutung von Grenzzeichen. In älteren Texten Niederösterreichs kommen auch »marich« und »markt« vor. Seit dem 14. Jahrhundert sind auch mit Vorsilben zusammengesetzte Formen belegt, wie »pimarch, pigmarch, pinmarch, pidmarck« und ähnliche, und zwar in der Bedeutung Grenze wie auch Grenzzeichen (16) Verwandt mit dem altdeutschen Wort marca ist das mittelhochdeutsche die »marke« (marc) in der Bedeutung Zeichen; von ihm ist wieder das französische Wort »marque« und »marquer« abgeleitet, das von der deutschen Sprache hinwiederum im 18. Jahrhundert in der Form »markieren« rückentlehnt wurde (17).

Weitere alte deutsche Wörter mit der Bedeutung Grenze waren oder sind noch »ziel (zil)«, »scheid« (männlich oder weiblich) (18), »scheide« (vgl. »Wasserscheide«), »landschied«, »landscheding«, »feldschied«, »schiedung«, »geschied«, »gescheid« und »g(e)schait« (Basel, vom 14. bis ins 18. Jahrhundert auch Niederösterreich, Steiermark und Kärnten (19), heute noch in topographischen Namen von Paßhöhen), »achte« (von achten, ächten), das »ort«, »friedt« in österreichischen Texten für Burgfriedensgrenze, »gewann (gewende)« und schließlich mittelniederdeutsch »snaat« und »snede (schnede)«. Eine Grenze »besneden« (1482) und »beschnadung« bedeuteten soviel wie vermarken, »snedinge« waren Markzeichen schlechthin. Möglicherweise entspricht das Wort »snaat« der bayerischen »schnate, schnatte« gleich Einschnitt, zu dem das Verbum »schnaiten« gleich behauen, einen Baum beschneiden gehört (20). Die Bedeutung snaat für Grenze könnte dann damit erklärt werden, daß zur Bezeichnung Bäume gekerbt oder teilweise entästet wurden, oder daß eine »Schneise« durch den Wald geschlagen wurde (21). Zum schwäbischen Wort das »lohe« für Grenze siehe im folgenden Abschnitt über Grenzzeichen unter »Lachbaum«. Die »scheid« oder das »gescheid« kommt auch in der Bedeutung Grenzfurche vor. Der »Bannscheid« war im Elsaß die Gemeindegrenze, der »Gartenscheid« der Gartenzaun oder die Gartengrenze (22). Das »Gewann« oder die »Want« war ursprünglich der Landstreifen, auf dem der Pflug zu wenden hatte und der zum Nachbargrundstück hin nicht überschritten werden durfte. In diesen Wörtern kommt teilweise zum Ausdruck, daß der einst übliche Freiraum an der Grenze, das Niemandsland, im Laufe des Mittelalters geschwunden und die frühere Grenzferne zu einer Grenznähe geworden war (23).

Die obigen Wörter für Grenze werden uns in Zusammensetzungen mit dem Wort Stein in dem Abschnitt über Grenzsteine wieder begegnen.

Die Vorliebe der früheren Sprache, statt eines einzigen Wortes zwei Synonyme zu setzen, findet sich in Wortverbindungen wie »zil und lachinen« (Einzahl die »lachi« siehe unten zu Lachbaum) (24) oder »snede vnd wande« (25). Die Schultheißen und Schöffen zu Langendiebach bei Hanau weisen im 15. Jahrhundert zur Frage, »*wie weit und ferne . . . unsers gnedigen herrn von Meinz seines stifts gerichte, eigenthumb, gebiete und herligkeit . . . gehe . . . alle enden, ziele und kringen*« (»kringen« = Grenzlinie) (26).

6. Das Grenzzeichen

Kein dinc hât ûf der erden
an kreften also richen hort,
sô steine, kriuter unde wort.

Konrad von Würzburg,
Trojanerkrieg. 10 860; um 1280

Krût, steine unde wort
hânt an kreften grôßen hort.

Freidank 111, 6; 13. Jahrhundert

Von den Anfängen im Mittelalter zur heutigen Praxis

Unter dem Begriff Grenze, bezogen auf Teile der Erdoberfläche, wird heute weltweit ein Streckenzug mathematischer, geodätisch oder geographisch definierter Linien verstanden. Das Kontinuum der stetig meist in unregelmäßigen Krümmungen verlaufenden Grenze, wie sie einst durch Wasserläufe, Gräben, Wege, Zäune, Hecken, Baumreihen, Mauern, Raine, Waldränder und so weiter gegeben war, ist unter dem Zwang zu geometrisch vereinfachender Darstellung durch die Festlegung der Grenze mittels repräsentativer Punkte sehr weitgehend ersetzt. Nach deutschem Recht besteht von dieser Regel noch eine Ausnahme, nämlich für Grenzen, die in oder an einem Wasserlauf liegen. Wegen des unregelmäßigen und auf natürliche Weise sich ändernden Uferverlaufs läßt sich hier meist kein Geradenzug konstruieren. In dieser Ausnahme kann ein Relikt der früheren Regel gesehen werden. Grenzen verliefen ursprünglich, wie die ältesten Grenzbeschreibungen zeigen, in unregelmäßig gekrümmten Linien, wie sie entweder von der Natur vorgegeben waren oder aber von Menschenhand in Form von Gräben, Dämmen, Pflugfurchen, Wegen, Hecken, Zäunen, Mauern und dergleichen geschaffen wurden. In diesen kontinuierlichen Linien konnten an einzelnen prägnanten Punkten Grenzmarken angebracht sein. Erst mit der Verdichtung solcher künstlicher Marken bildete sich der heutige Grenzbegriff heraus. Seit dem 18. Jahrhundert fordern Autoren, die über Grenzregelung und Vermarkung schreiben, die möglichst lückenlose Versteinung von Punkt zu Punkt und den geradlinigen Verlauf der Grenze zwischen den vermarkten Punkten. Schon das preußische Allgemeine Landrecht folgt 1794 der letzteren Forderung: »*Wo die Bezeichnung der Grenzen nicht durch Raine und Gräben, sondern durch Steine, Pfähle oder Hügel geschieht, müssen diese Grenzzeichen so angelegt werden, daß der Grenzzug durch eine gerade Linie von einem zum anderen bestimmt werde« (1).*

Bis dieser Stand erreicht war, wurden Entstehung und Festlegung der Grundstücksgrenzen in hohem Maße durch die Intensität der Landwirtschaft, die Dichte der Besiedlung und schließlich auch die Aufsplitterung des Grundbesitzes bestimmt. So versteht sich, daß der Westen und Südwesten Deutschlands in der Entwicklung einer Grenzvermarkung einen erheblichen Vorsprung vor dem Norden und besonders dem Nordosten aufweist. Abhängig waren Art und Form der Grenzzeichen außerdem von örtlich verfügbaren Materialien. Entsprechendes gilt für die Ausgestaltung der Grenzzeichen an Hoheitsgrenzen, auch für sie ist im allgemeinen ein merkliches Qualitätsgefälle von Südwest nach Nordost festzustellen.

Zur Bezeichnung der Grenzpunkte in der Örtlichkeit haben sich in den einzelnen Regionen Kontinentaleuropas einander ähnliche Praktiken herausgebildet, während in anderen Weltteilen für den gleichen Zweck zum Teil anders geartete Hilfsmittel angewandt werden. Einheitliches Kriterium aber ist, daß die verwendeten Zeichen dauerhaft und als Grenzzeichen allgemein erkennbar und anerkannt sein müssen. Dabei besteht insoweit kein grundsätzlicher Unterschied zwischen Hoheits- und Eigentumsgrenzen.

In Deutschland sind als Grenzzeichen, die rechtlichen Schutz in Anspruch nehmen können, heute anerkannt: regelmäßig behauene Grenzsteine und den Grenzsteinen nachgebildete Kunststoffkörper als Normalfall, für Feuchtflächen Pfähle aus dauerhaftem Holz und, wo solche Grenzzeichen nicht angebracht werden können, schließlich Eisenrohre, Metallbolzen, Meißelzeichen und Eisennägel mit großem Kopf. Diese Festlegungen stellen den derzeitigen Stand nach einer 1000-jährigen Entwicklung dar.

Versuch zu einer Systematik der Grenzmarkierungen

Für eine systematische Einteilung der Grenzmarkierungen bieten sich mehrere Kriterien an. Unterscheiden läßt sich zum einen danach, ob eine **natürliche** Linie im Gelände die Grenze bezeichnet, oder ob der Mensch **künstliche** Merkmale angebracht hat, um die Grenze festzulegen und sichtbar zu machen. Mit dem Begriff »natürliche Grenze« wurde vielfach Mißbrauch getrieben, wenn sich sich eine auf Annexionen zielende Politik zur Durchsetzung von Gebietsansprüchen auf eine »Naturgrenze« zu stützen suchte, etwa wenn der Rhein oder der Hochalpenkamm am Brenner als naturgegebene Staatsgrenze vorgeschützt und gefordert wurde. *»Grenzen entstehen nicht durch Beobachtung der Natur, sondern durch Handlungen von Menschen, die auf dieselben Bodenbedingungen unterschiedlich reagieren können.«* (1a) Ein anderes Einteilungsprinzip könnte sich auf die Unterscheidung gründen, ob die Topographie schon die Grenze vorzeichnet, etwa das Ufer oder die Mitte eines Gewässers, oder ob die Grenze durch einzelne Punkte im Gelände markiert ist, etwa durch Felsblöcke, Grenzbäume oder Grenzsteine, wobei die Grenze zwischen zwei Markierungspunkten entweder eine Gerade bilden oder auch einer topographischen Linie folgen kann. Nach Wesen und Aufgabe der Grenze kann ferner die Gruppe der Hoheits-, Verwaltungs-, Jurisdiktions- und Sprengelgrenzen den privatrechtlichen Grenzen mit deren wichtigstem Typ, der Eigentumsgrenze, gegenübergestellt werden. Schließlich ließen sich auch noch chronologische und geographische Gesichtspunkte für Unterteilungen finden.

Da keines dieser Schemata überzeugende Vorteile gegenüber den anderen beanspruchen kann, wird in der Darstellung der Grenzmarkierung von Fall zu Fall diejenige Gliederung gewählt, die an der betreffenden Textstelle die beste Übersichtlichkeit verspricht.

Wald und Sumpf als Grenze

In der frühgeschichtlichen Zeit hatten die Völker und Stämme Mitteleuropas Sicherheit hinter Wäldern, Bergen, Sümpfen und Strömen gesucht. Die Weite der Räume, die ein germanischer Stamm frei von fremden Grenzbewohnern hielt oder die er mit Gewalt entvölkerte, war für den Römer Julius Caesar ein Maßstab der kriegerischen Tüchtigkeit (2). Im

Wald sieht Jakob Grimm die »natürliche, älteste Grenze« (3). Sagenumwobene, grenzbildende Waldgebirge waren zum Beispiel der Harz zwischen Sachsen und Thüringen, das Rothaargebirge zwischen Franken und Sachsen, der Böhmerwald zwischen Bayern und Böhmen. In einigen Teilen des Böhmerwalds waren bis weit in das 17. Jahrhundert Territorialgrenzen in den tiefen Wäldern noch nicht festgelegt. Die Grenze zwischen dem Kurfürstentum Bayern und dem Hochstift Passau wurde südlich des Lusen erstmals 1691/92 vermarkt. Ein dichter Wald war auch die Grenze zwischen Britannien und Schottland (4). Der Wald war in der Frühzeit noch herrenloses Nutzungsgebiet. An den Grenzen von Dorffluren zeigen da und dort auch heute noch kleine Feldgehölze als Reste eines früheren Waldbestandes den ursprünglich die Markung einhüllenden Wald an.

Stand ein »Forst« als Grenzwald unter Königsbann, so wurde er meist siedlungsfrei gehalten und er war somit siedlungstrennend. Reste solcher Königsforste sind der Reichswald östlich von Nürnberg und die sich von da nach Süden in die Gegend von Eichstätt und Ingolstadt erstreckenden Wälder, die Grenzbarriere zwischen den Franken und Bayern wurden.

Breite Waldgürtel bildeten auch bis in das 12. Jahrhundert das Sicherungssysystem zwischen den Siedlungen der Slawen und der in das Slawenland gerufenen Deutschen; die wenigen durch den Wald führenden Pfade waren leicht zu kontrollieren (5).

Auch Sümpfe konnten ein ausgedehntes schützendes Grenzgebiet darstellen. Das bekannteste Beispiel hierfür waren die Pripjetsümpfe zwischen Polen und Rußland.

Reichweite von Besitz und Rechten nach germanischen Rechtstraditionen

Die Geschichtsforschung hat längst mit der idealisierenden Vorstellung aufgeräumt, bei den Germanen habe Gütergemeinschaft oder Gütergleichheit geherrscht und bei der Besitznahme von Land habe jede Familie den gleichen Anteil erhalten (6). Grund und Boden wurden vielmehr nach Rang und Tüchtigkeit verteilt, wie schon Tacitus berichtet (7). Die im Rang obenan Stehenden ließen ihren Besitz durch Unfreie bestellen, die ihnen als Kriegsbeute zugefallen waren (8). Ein Maßstab der Tüchtigkeit, nach dem sich die Grenze des Ackerloses bestimmte, konnte zum Beispiel sein, wie weit der Bewerber den Hammer, die Axt oder den Speer warf (9); vergleiche auch oben zum Volksrecht der Baiuwaren Seite 45. An die Stelle der Axt oder des Hammers als heidnischen Sinnbildern trat in späterer Zeit manchmal der Kirchenschlüssel. Bis weit in die Neuzeit sind solche Frühformen der Grenzfestlegung noch bei der Beschreibung von Gerichts- und Burgfriedensgrenzen angewandt worden, zum Beispiel wenn die Bannmeile mit der Reichweite einer Armbrust gleichgesetzt wurde, oder wenn die Zuständigkeit des fürstlichen Landgerichts für eine Straße über die beiden Straßenränder gerade so weit hinausreichte, als ein Mann einen Beschlaghammer werfen konnte. Eingeengt werden konnte dieser Zuständigkeitsbereich noch durch die Auflage, daß der Wurf mit dem Mund oder mit den Zähnen, oder noch weiter erschwerend zwischen den Beinen hindurch getätigt werden sollte (10).

Wo der Rhein eine Gerichts- oder Herrschaftsgrenze bildete, war dem betreffenden Herrn in verschiedenen Weistümern der Zugriffsbereich so weit zugestanden, als dieser Herr in den Rhein hineinreiten konnte und noch ein weniges darüber. Hierfür einige Beispiele: 1324 war das Recht des Erzstifts Mainz auf dem Rheingau (rechtes Mainufer bis Lorch) im Rhein so begrenzt: »da sal uns herr von Mentze aber mit eim roß riten in den Rin und sol werfen mit einem huphammer (Hufhammer)«. In einem Weistum von 1489 ist der Wurfweite eines »huffhammers« noch hinzugefügt »oder mit einem spere schiessen«. Ähnlich heißt es für das Recht des Stiftes St. Alban (Straßburg) in dem elsässischen Großkems. »so tief in den Rin unz einer in den Rin mit einem stechroß geritten und mit einem ritspeer in den Rin gereichen mag«. Noch 1670 hält das Weistum über die Marktfreiheit von Steimel am Westerwald an der gleichen Grenzdefinition fest, wie sie oben an erster Stelle gebracht wurde (11).

Einige Schweizer Sagen erzählen, die Grenze zwischen den Markungen von Gemeinden sei in der Weise festgelegt worden, daß aus beiden Orten gleichzeitig, zum Beispiel beim ersten Hahnenschrei, ein Mann in Richtung der strittigen Grenze losgelaufen sei; der Punkt, in dem sich die beiden Läufer begegneten, sei dann als Grenzpunkt anerkannt worden, womit der Streit beigelegt war (12).

Der altgermanische Brauch, den Bereich einer Rechtsausübung durch Wurfweiten festzulegen, war im Volk so fest verwurzelt, daß er noch über das Mittelalter hinaus in Weistümern fortlebte. Mit einigen Beispielen, vornehmlich aus Unterfranken, darf dies belegt werden. Ein Weistum von Helmertshausen (Thüringen an der Grenze zu Unterfranken) aus der Zeit zwischen 1536 und 1549 bestätigt der Herrschaft, dem Grafen von Henneberg, das Recht, beim Dorfschmied ein Pferd beschlagen zu lassen, »ob eyner in einer jagt ein pferdt zu beschlagen hette« und der Schmied sollte ihn »umb das gelt nicht hemmen«. Bei Rückkunft der Jagd aber soll der Schmied mit seinem Beschlaghammer 3 Wurf der Jagd nachwerfen und so weit darf er nachfolgen (13). Ein Weistum aus der gleichen Zeit spricht den Bauern von Ostheim vor der Rhön das Fischereirecht an einem Bach zu. Dazwischen aber gab es ein Fischereirecht der Müller, das folgendermaßen begrenzt war: Der Müller soll auf seinen Wehrbaum treten, ein Beil nehmen und zwischen den Beinen hinwerfen »eynen wurf under sich und einen uber sich« – gemeint ist stromabwärts und stromaufwärts (14). Eine ganz ähnliche Regelung enthält das Weistum der Zent Mellrichstadt (15). Die Wurfweite eines »huffhammers« begrenzte das Fischereirecht der Bauern beiderseits der Brücke von Vilbel (Wetterau) (16). In Schondra (LKr. Bad Kissingen) sollte im 15. Jahrhundert eine Henne einen Auslauf haben so weit, als einer auf einem Hause rittlings sitzend »mit einem ey wirft« (17).

Von der Grenzfläche zur Grenzlinie

Der Übergang von der flächenhaft empfundenen Grenze zur linear definierten vollzog sich im Laufe des Mittelalters. Die Zeit vom 11. bis zum 13. Jahrhundert zeichnet sich durch einen rasch voranschreitenden Landesausbau aus. Das Bevölkerungswachstum erzwingt schließlich eine Teilung von landwirtschaftlichen Betrieben, die auch durch die Intensivierung der Landwirtschaft ermöglicht wird. Am Wald, der bis ins 11. und 12. Jahrhundert noch kaum als Eigentum sondern vornehmlich als Jagdgebiet angesehen wurde, bilden sich Eigentums- und Nutzungsrechte heraus. Die Dorfgemeinschaften werden sich ihrer Grenzen gegen den Nachbarn bewußt und das Interesse des einzelnen an dem von ihm genutzten Feld und dessen Grenzen festigt sich. Damit geht auch noch der Aufstieg zu einer höheren Kulturstufe einher. Seit dem Spätmittelalter fördert das Eindringen römisch-rechtlicher Anschauungen diesen Entwicklungsprozeß. Deutlich wurde das Abrücken von der frühgermanischen Grenzsicherung, wie sie uns die römischen Autoren schildern, schon in den Germanenrechten, besonders aber in der Art, wie die salischen Franken ihr Gebiet und die Neuerwerbungen organisierten und vor allem entlang der Verkehrswege das freie Land zwischen den Markungen mehr und mehr in diese einbezogen. In der Karolingerzeit bezeugt eine Anzahl von Niederschriften, wie ein königlicher Gesandter, ein missus, oder ein sonstiger Amtsträger, etwa ein praefectus oder forestarius, Markungsgrenzen von Punkt zu Punkt festlegte (18). Selbst in den deutschen Ostmarken sind schon in karolingischer Zeit gelegentlich scharfe Grenzziehungen zu finden (19). Auch der Deutsche Orden sah sich bei seinem Vorgehen gegen die heidnischen Pruzzen genötigt, sich durch Verträge mit den Nachbarn, den Polen und Litauern, den Rücken freizuhalten und dort, wo nicht natürliche Hindernisse ein Eindringen unmöglich machten, die Grenzen einvernehmlich durch Grenzmarken sichtbar zu machen.

»Die **Grenzlinie** ist das Resultat einer höheren Kultur, ihr Superlativ ist die **Gerade**« (20). Der Entwicklungsprozeß von der Grenzfläche über den Grenzsaum zur Grenzlinie begann im Westen Deutschlands, die südlichen und zuletzt die östlichen Gebiete folgten nach.

Topographische Gegebenheiten als Grenzen

Zunächst waren es vielfach **Gebirgszüge** und **Bergkämme** sowie **Flüsse** und Ströme, die den Landesherren als prägnante Landscheide erschienen, wenn auch **nicht** als Grenz**linie** sondern als Grenzfläche oder Grenzsaum. Diese von der Natur vorgegebenen Hindernisse wurden aber nicht so häufig, wie man erwarten möchte, zu sprachlichen oder ethnischen Barrieren. In den Alpen sind die Siedlungen des obersten Teiles eines Tales nicht selten vom jenseits der Paßhöhe gelegenen Tal aus gegründet. Der Gebirgskamm bei all seiner Unwegsamkeit ist nicht in dem Maße trennend wie das Paßgebiet verknüpfend (21). Streubesitz und Weiderechte griffen über die Jöcher hinaus. Die Ausübung der Rechte blieb unbehindert, solange sie nicht in die machtpolitischen Auseinandersetzungen rivalisierender Staatsgewalten geriet. Für **Flußläufe** besteht bei willkürlichen Grenzziehungen eine große Vorliebe, obgleich Fliisse von sich aus keineswegs »natürliche« Grenzen, sondern nach Friedrich List (1789 – 1846) »zentrierende Schwerelinien natürlicher Räume« bilden.

Der Begiff »**Wasserscheide**« gewann geradezu numinose Bedeutung. Noch bis ins 18. und 19. Jahrhundert behalf man sich mit anschaulichen Ausdrücken, wie »als das wasser fleußt und der stein walgt«, »alweg als wasser und kugl herwerts walgent und rint«, »wie schnee schleift und schlägl welzt« (»schneeschleiffin, schleglweltzin«, Oetiinger), »als regen rinnt und fluß fließt«, »als schnee und wasser scheidet«, »wie kugel rollt und wasser rinnt«, »als die snesleife gant« und ähnliche (22); ein Beispiel aus der Schweiz: »was schneschmeltzy gegen Seldenburen git« (23). »Schneeschleife« hieß die natürliche Hangrichtung, in der das während des Winters geschlagene Holz zu Tal geschleift wurde, im Salzburgischen »Kuglmarsch« und »Kuglwaid«.

Wo der Fuß eines Bergrückens die Grenze bildete, wurden als Grenzlinie manchmal diejenigen Stellen angenommen, an denen ein hangabwärts rollender Schlegel oder eine Kugel zum stehen kam (24). Eine vergleichbare Version enthält das »Ehehaftrecht zu Wilzhut« (Wilzhut rechts der Salzach südlich von Burghausen, seinerzeit bayerisches Innviertel, jetzt Oberösterreich) (25). Hier wurde die Unsicherheit der Abgrenzung zwischen dem Forst- und Kastengericht Burghausen und dem Landgericht durch die folgende Regel behoben: »wan der vorstmaister irrig wurde wo sein vorstgericht an gemeltem orth angehet

Lagerstein als Grenzmarke zwischen den Gemeinden Trennfurt und Laudenbach (nördlich von Miltenberg, UFr) Schon seit Jahrhunderten ritzt jeder neu gewählte Feldgeschworene (Vierer) die Anfangsbuchstaben seines Namens in die seiner Gemeinde zugewandte Seite des Steinblocks.
Foto: Karlheinz Neeb, Obernburg

oder aufhört, so soll er ain ay (Ei) nemen, dasselb am selben orth niderlegen, so weit nun dasselbig ay abwerths lauft, so weit stoßt sein vorstgericht an das urbar gericht«.

Als gut erkennbare, auffallende Grenzmale waren seit jeher **Felsen** und aus dem Boden hervortretende **Felsblöcke** und **Steinblöcke** (Lagersteine) geschätzt. Schon der römische Dichter Vergil weiß von einem Felsblock zu berichten, über den die Ackergrenze gelegt war, um Streit über das Feld auszuschließen (26). In Deutschland finden sich seit dem Mittelalter einzelne Zeugnisse über derartige Grenzmarken. Ein Fels am Rhein zum Beispiel bezeichnete die Grenze zwischen Burgund und Rätien (27). Längstens im hohen Mittelalter legen Markungsbeschreibungen gelegentlich Lagersteine, die wie oben schon erwähnt unter besonderen Eigennamen auftreten, als Grenzpunkte fest. Soweit solche Steinblöcke heute noch eine Ländergrenze bezeichnen, hat sich die Geschichtsforschung eingehend um sie bemüht. Weniger Beachtung finden solche alten Zeugen, wenn ihnen heute keine besondere Bedeutung mehr zukommt. So ruht der »Steinerne Mann«, ein etwa zwei Meter langer Steinblock, ganz unauffälig im Urstromtal der Donau bei Mauern (LKr Neuburg/Donau). Möglicherweise steckt ein vorgeschichtliches Steinmal (Menhir?) in ihm, geschichtlich bekannt aber ist er erst durch eine Eintragung im Salbuch der Grafschaft Graisbach aus dem Jahre 1417 als

Der »Steinerne Mann«
etwa 2 m langer vorgeschichtlicher Menhir, 10 km wnw von Neuburg a. d. Donau, 1417 in einer Markbeschreibung als Grenzpunkt zwischen den Grafschaften Graisbach und Hirschberg aufgeführt
Foto: Karl Röttel, Buxheim

Grenzpunkt zur Grafschaft Hirschberg (28). Als weiteres Beispiel diene der »Krumme Stein« in der bayerisch-thüringischen Grenze an der Straße Meilschnitz–Effelder (nördlich von Coburg), der in einer Grenzbeschreibung aus dem Jahre 1378 erwähnt ist (29).

In manchen Grenzbeschreibungen des späten Mittelalters, besonders häufig in den Rheinlanden, werden »Wacken« als Grenzpunkte angeführt, auch als »wysenwacken«, »wiszen wacken«, in manchen Fällen mit der Farbangabe weiß, grau oder schwarz. Der oder die »Wacke« ist ein großer Feldstein oder Felsblock (30). Bei Bacharach schied 1386 der »grosze wacke der herren gerichte« (Köln/Pfalz). An einem »Wyswack« übergab der »Heimburger« (Dorfvorsteher) des Dorfes Polch (Erzstift Trier) dem landesherrlichen Amtmann die im Dorf aufgegriffenen Missetäter zur Aburteilung, an der dann aus jedem Hof des Dorfes ein Mann teilzunehmen hatte (31).

Sehr häufig verlaufen im Mittelalter Gebietsgrenzen, Gerichtsgrenzen und sonstige Markungsgrenzen in **Straßen** und **Wegen.** Auf den Unterhalt der wichtigsten Heerstraßen (dietwec) verwandte schon Karl der Große viel Sorgfalt. Der »Reichs«- oder »Königstraße" nachgeordnet war der »Rennweg«. Schon seit dem 9. Jahrhundert sind Verbindungswege unter dieser Bezeichnung bezeugt (32). Um ihre Bedeutung wird viel gerätselt; eine voll befriedigende Erklärung, wozu die Wege eigentlich bestimmt waren, konnte bislang nicht gefunden werden. Aus dem Verlauf entlang der Kammlinien von Höhenzügen fiel den Rennwegen häufig die Rolle von Grenzwegen zu. Das wohl bekannteste Beispiel hierfür ist der 168 km lange »Rennsteig«, der von der Werra nahe Eisenach bis an die Saale führt, der Kammlinie des Thüringer Waldes als durchgehende, meist befahrbare Schneise folgt und Ostfranken von Thüringen scheidet. Unter Berufung auf die Schreibweise in älteren Urkunden wird das Wort Rennsteig auch auf einen Ursprung »Rainsteig« gleich Grenzsteig zurückgeführt (33). An einigen Orten wurde der Rennsteig früher der »Scheidweg«, im Eisenachischen »Diebssteig« genannt (34). In späterer Zeit tritt zu den Rennwegen auf Kammlinien die gleiche Bezeichnung auch noch für kürzere Straßenstücke vor den Mauern von Städten hinzu. Hier entfällt die Grenzfunktion, die Bezeichnung rührt vermutlich von Ritterturnieren, Reiterspielen oder Pferderennen her (35).

Für einen Grenzweg ist seit der Karolingerzeit auch die Bezeichnung »lackweg« (»lachweg«), in Westfalen und Niedersachsen »snatweg« oder »schnatweg« gebräuchlich. Auf das Wort »lack« oder »lach« wird später ausführlich eingegangen.

Wie die Markungsbeschreibungen zeigen, sind Wege an den Grenzen der Dorfmarkungen verhältnismäßig häufig. Ob etwa die Markungsgrenze auf den schon bestehenden Weg gelegt wurde, oder ob der Weg absichtlich entlang der Grenze angelegt wurde, läßt sich zumeist nicht mit Sicherheit ermitteln. Aber manche Wege an der Markungsgrenze mögen eigens für den Markungsumgang gebaut worden sein.

Verlegung einzelner Grenzpunkte in Bauwerke

Im Mittelalter wurden wichtige Punkte von Gebiets- und Gerichtsgrenzen nicht selten in Gebäude oder sonstige Bauwerke, wie Brunnen oder Brücken gelegt. Zur genauen Bestimmung des Grenzpunkts konnten Türen, Fenster, der Ofen (Niederösterreich), der Herd oder selbst der Kesselhaken über dem Herd (Niederdeutschland) dienen (36). Darüber hinaus ist noch manch andere originelle Festlegung zu finden. So lief die Grenze des Mainzischen Dorfes Langendiebach im 15. Jahrhundert an dem Schloß Ruckingen entlang »als nahe an Ruckingen als man einen dreipeinen stul zur pforten heraus setzen mag« (37). Bei einer Mühle in den Alpen lag in einem Fall der »geschidt (Grenze) zwischen den mühlstein und wasserrad« (38). Mitten durch das Wohnhaus der Kumpfmühle südlich von Grafenau im Bayerischen Wald führte die Grenze zwischen dem Kurfürstentum Bayern und dem Hochstift Passau. Der Grenzpunkt war auf einer im Wohnhaus offen anstehenden Felsplatte durch ein Kreuz und die Initialen der Herrscher angezeigt. Die Grenzmarke ist nun durch den Neubau des Hauses verdeckt.

Wenn bei den Römern Grabmäler als Grenzpunkte besonderer Achtung und Scheu begegnet waren, so scheint dem zu entsprechen, wenn man in einer späteren Zeit Kapellen und Bildstöcke als Grenzpunkte auswählte, oder wenn die Grenze mitten durch eine Kirche gezogen wurde (39). Aus der Gegend von Bonn ist ein Kirchenchor als Grenze überliefert (40), wo anders wieder sind es Kirchenwände (41). An der bayerisch-thüringischen Grenze ist bei dem Dorf Filke (LKr. Neustadt a. d. Saale) von einem gegen Ende des Mittelalters aufgegebenen Dorf der Stumpf des Kirchturms erhalten, der seit Jahrhunderten Herrschaftsgebiete und Rechtsbereiche scheidet. In der Kirche von Habenscheid bei Diez a. d. Lahn liegt der Grenzstein zweier früherer Herrschaften unter dem Altar (42). Weitere Beispiele sind aus dem Gebiet der Alpen bekannt. An dem Bergübergang vom Brixental zum Pinzgau (Tirol/Land Salzburg), einer alten Gaugrenze unweit des Salzachursprungs, steht in 983 m Seehöhe das »Marchkirchl« (43).

Kontinuierliche Grenzscheiden in Feldbau und Forstwirtschaft

Bevor auf die eigentlichen, mehr oder weniger dauerhaften Mittel zur Grenzvermarkung eingegangen wird, soll noch eines Grenz- und Abwehrsymbols gedacht werden, das an Alter die gängigen Formen der Grenzmarkierung weit übertrifft. Der auf eine Stange aufgesteckte gewundene oder geflochtene Strohwisch, die **»Weiffen«,** wird unter der Bezeichnung »wiffa« schon im Volksrecht der Bayern als alte Sitte« angeführt (44). Der altdeutsche Wortsinn ist Warn- oder Sperrzeichen. Nach »weiffen« wurde der Zaun aufgestellt, ausgeworfene Gräben wurden als »weiffen« anerkannt, eine Grenze wurde »ausgeweiffet« (45). »Weiffen« wurden bis in die jüngste Zeit noch aufgestellt, wo das Begehen oder Befahren eines Weges oder das Betreten oder Beweiden eines Flurteils untersagt war (46). Die Bezeichnungen wechselten örtlich und mundartlich zwischen »Wiffa« (Mittelfranken), »Pfändwisch« (Mittel- und Oberfranken), »Pfandschaub«, »Bannschaub«, »Hegwisch«, »Hegschab«, »Wusch« oder »Wuscher« (Rheinland). In früheren Zeiten konnte der ausgesteckte Strohwisch auch etwas anzeigen, was zum Kauf angeboten wurde, insbesondere ein gerichtlich zu verkaufendes Grundstück (47).

Eine der einfachsten Methoden zur Grenzmarkierung ist die **Pflugfurche**. Durch Umfurchung wurden seit jeher Herrschafts- und Besitzansprüche deklariert. Schon das Gebiet von Rom soll der Sage nach bei der Stadtgründung mit dem Pflug umfahren worden sein. Auch bei weiteren römischen Stadtgründungen in Latium soll dieser etruskisch-römische Brauch die Grenze bestimmt haben. Bei dem Umfurchen spielte in der römischen wie in der deutschen Mythologie die Vorstellung des Schutzkreises eine Rolle, der die Dämonen, Ungemach, Unheiliges und Unreines abhalten sollte. Zudem wurden der Pflugfurche als Teil der mütterlich-heiligen Erde magische Kräfte zugeschrieben, zumal die Furche mit einem heiligen Gerät hergestellt wurde. Das Umfurchen der Siedlungen wurde im 8. Jahrhundert in ein Verzeichnis verbotener heidnischer und mit Geldstrafe zu belegender Bräuche aufgenommen (48).

Aus sehr früher Zeit erhielt sich die Rechtsanschauung, daß ein Stück Land oder ein Gebietsteil in Besitz genommen werden konnte, indem man den Umfang durch eine Pflugfurche abgrenzte. Damit kam das Wort Furche auch zu der Bedeutung Grenze (49). Der spätestens seit dem 13. Jahrhundert nachweisbare Ausdruck »Beforchung« war in den Rheinlanden noch zu hören, als die Grenzen längst mit festen Marken bezeichnet wurden. Bis in die Neuzeit galt mancherorts, daß ein Bauer ein Stück Land in Besitz und Nutzung nehmen konnte, indem er es durch eine Pflugfurche abgrenzte. Besitz und Nutzung blieben ihm aber nur, wenn er das Stück Land innerhalb einer bestimmten Zeit, zum Beispiel einer Woche, umpflügte. Eine Pflugfurche am Waldrand diente als streng einzuhaltende Scheidelinie zwischen dem Acker des Bauern und dem Wald der Herrschaft.

Durch Rodung zu einem Feld hinzugewonnenes Neuland hieß auch »Bifang«. Dieses Wort gewann im Umland von Köln die Bedeutung von Gebiet und von Grenze, zum Beispiel in der Grenzbeschreibung des »districtus terre Kempensis«, zu deutsch der »byvangh« des Kempener Gerichts (um 1370) (50). In Bayern kommt Bifang als Flächenmaß für das Ackerland vor.

Während eine Grenzfurche durch Witterungseinflüsse sehr bald unkennbar wurde, war der **Rain** an der Grenze zwischen zwei Feldern in der Regel von Bestand. Der Rain, auch »Schaidling« genannt (51), im Vinschgau »Radon« (52), besteht aus einem schmalen, niederen Erdrücken, der nicht bestellt wird. In Altbayern hatte er sich weithin noch bis in die jüngste Zeit erhalten. Einst war es guter Brauch, die Grasnutzung auf den Ackerrainen dem Gemeindehirten oder den Gemeindearmen zu überlassen (53). Der Kommentator des bayerischen Landrechts von 1756 bemerkt zum Rain (54): *»Die Äcker hingegen werden allenthalben nur mittelst der Raine von einander abgesondert, wozu aber heut zu Tag keine gewisse Breite, wie bei den Römern, mehr vorgeschrieben ist, sondern nur noch in spatio mere arbitrio«*, also eine Breite nach Gutdünken, meist zwischen 6 und 12 Fuß. Intensiver war die Feldmark der freien Reichsstadt Regensburg genutzt; dort sollte nach der Korngedingsordnung von 1550, auf die später noch näher eingegangen wird, ein Rain *»vffs weniginst einen guten furspan oder schuh brait vnd nit schmaler sein, darzu dann ein jedweder tayl / auf seiner Seiten einen halben span oder halben schuh velds zu einem Rain liegen lassen solle bey straff 4 Gulden, die ein jeder, wer der ist, so oft er solchen überackert vnd nit thut geben soll«* (55). Auch für die flurweise Vermessung der Parzellen des Fürstentums Sachsen-Weimar, die 1726 begonnen wurde, war die Breite des Rains allgemein mit 1 Feld- oder Werkschuh oder 2 Furchen vorgeschrieben (56) Nach dem preußischen Allgemeinen Landrecht konnte für einen Grenzgraben oder Rain grundsätzlich nur eine Breite von 1 Fuß, zwischen verschiedenen »Feldmarken« von 4 Fuß beansprucht werden; eine bestehende größere Breite durfte jedoch nicht zum Nachteil eines Nutzungsberechtigten eingeschränkt werden (57). Grenzraine und »Pflugrechte« – Pflugrecht ist die an den Kopfenden zweier Felder für das Wenden des Pflugs freizuhaltende Fläche – galten insofern als gemeinschaftliches Eigentum, als keiner der Angrenzer die Breite vermindern durfte und über die Nutzung Einvernehmen hergestellt werden mußte (58). Soweit nicht Sondereigentum bestand, galt aber bei Grenzscheidungen die Mitte des Rains wie bei einem Grenzgraben als »die eigentliche Grenzlinie« (59).

Für das Hochstift Fulda bezeichnete das Privatrecht die im Lande eingeführten Mittelraine als die »gewöhnlichen Markungszeichen auf dem Ackerfelde«. Der Observanz gemäß sollte der Rain wenigstens 2 Fuß breit sein. Er

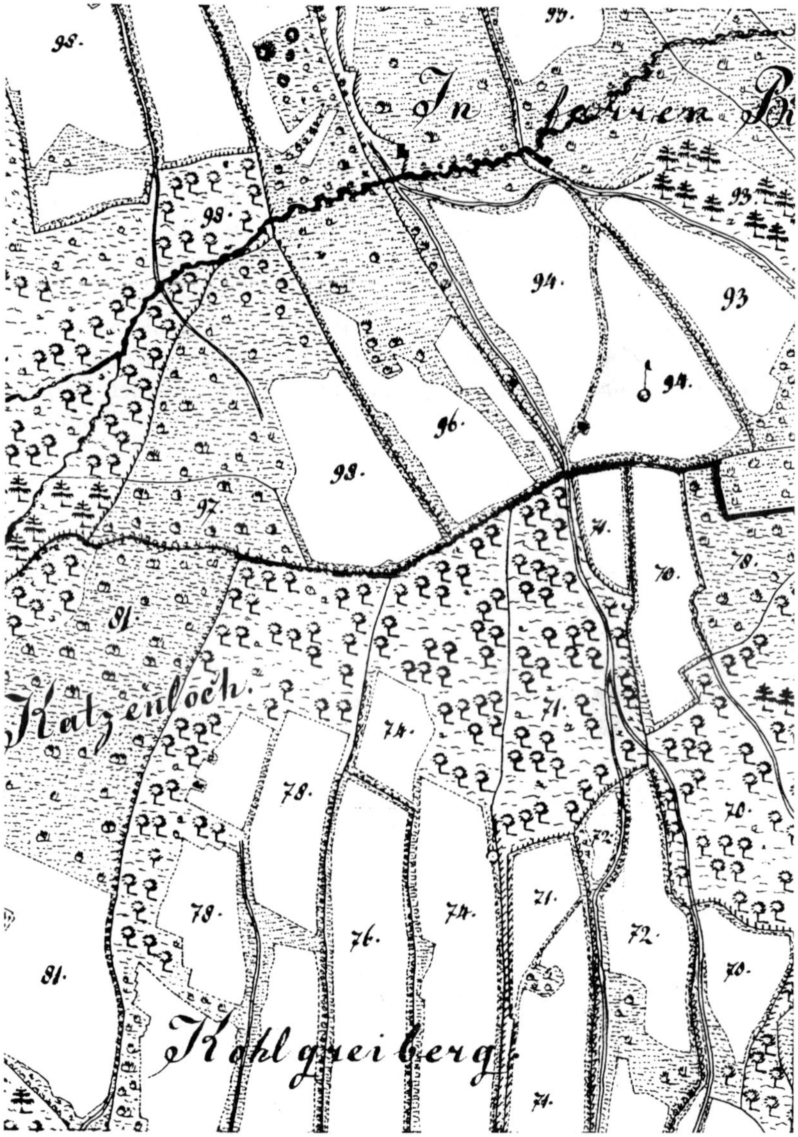

Grenzraine
von ungewöhnlicher Breite, teilweise mit Wegen und Hecken
Flurkarte 1:5000 NO 40-43, Bayer. Wald, zwischen Deggendorf und Viechtach, Aufnahme 1828

war gemeinschaftliches Eigentum der beiderseitigen Anrainer, für das Wegackern vom Rain waren strenge Strafen angedroht. Grenzsteine wurden im Hochstift bisweilen in Wiesengrundstücken verwendet (60). Für die Märker im Gebiet des Klosters Banz (LKr. Lichtenfels, OFr) wurde schon 1775 empfohlen, auch bei den Rainen zusätzlich »Schiedsteine« zu setzen, weil die Raine bald »verakkert« werden könnten (61). Im Hochstift Würzburg mußte wegen der Aufteilung der Feldflur in riemenartig schmale Streifen der Ackerrain verkümmern und meist ganz aufgehen.

Da unter einem Rain heute ganz allgemein ein Grenzstreifen zwischen zwei Äckern verstanden wird, erscheint es nicht müßig, der ursprünglichen Bedeutung dieses Wortes nachzuspüren. Johannes Oetinger, der erste deutschschreibende und für lange Zeit maßgebende Autor über das Grenzrecht, definiert 1642 den Rain folgendermaßen (62): *»Es ist aber ein Rayn ein abhaltiger Lagerorth / der sich allgemach von ebenem Boden über sich erhebt / doch daß er im Aufsteigen höher nicht als dreyssig Schuh / aber wol drunter sey«*. Oetinger ist der Meinung , daß der Rain wie bei den Römern nicht unter fünf Schuh breit sein sollte. Aber durch kaiserliches Recht seien die alten Vorschriften aufgehoben und sei keine bestimmte Breite mehr vorgeschrieben, sondern die Breite dem Gutachten der Untergänger und dem Übereinkommen der Nachbarn überlassen. Entgegen obiger Definition konnte der Rain aber auch tiefer liegen als die Grundstücke, die er trennte.

In älteren Texten gewinnt das Wort Rain oft die erweiterte Bedeutung von Grenze oder Grenzbezeichnung. Mit dieser Sinnerweiterung sind die wohllautenden Wendungen »reinen und steinen« und »rein und stein«, altschwedisch »ren ok sten« (63) zu verstehen, ebenso die Ausdrücke »Rainstein« und »Rainbaum«. Unter dem später in die Amtssprache eingeführten Verbum »berainen« verstand man »die Grenze festlegen und bezeichnen«. Bis in die jüngste Zeit wurden in Österreich Grundstücke mit Grenzsteinen »beraint« und noch 1914 wurden Vorschläge für ein »Berainungsgesetz« diskutiert (64). Als Beispiel für Wohllaut und Anschaulichkeit der einstigen Kanzleisprache aber möge ein Zitat aus einem Bericht vom Jahre 1571 über die Vermarkung der »Grenitzen des Cammeramptes Rudau« in Ostpreußen dienen, wo es heißt, die Grenzen seien »bereint, besteint, bewellet vnd bepfelet« worden (65). Eine Grenzkommission in einem so dünn besiedelten Land wie Ostpreußen ist im übrigen seinerzeit mit einem ansehnlichenTroß an der Landesgrenze aufgezogen – freilich aus anderen Gründen als heutige Grenzkommissonen mit ihrem großen Gefolge bei Grenzbesichtigungen. Denn damals mußten ja Verpflegung und Schlafzelte noch mitgeführt werden. So folgten 1541/46 der mehrköpfigen Gruppe der Grenzkommissare an die litauische Grenze: Dolmetscher, einige Landmesser, zwei Köche, ein Zeltmacher und drei weitere »zugeordnete« Personen (Kanzlei, Knechte) (66).

Für den ebenen Grenzrain wurde früher in der Regel gemeinschaftliches Eigentum angenommen; bei der Grenzscheidung galt die Mitte als Grenze, soweit kein abweichendes Rechtsverhältnis oder Herkommen bestand. Bei den Katasteraufnahmen wurde dementsprechend regelmäßig die Mitte des Rains als Grenze der anliegenden Grundstücke eingemessen. Ein anderes Eigentumsverhältnis erklärt sich beim sogenannten »Hochrain«, auch »Stufenrain« genannt, aus seiner Entstehung heraus. Der Hochrain findet sich an der Ackergrenze im stärker geneigten Gelände als steiler, grasbewachsener oder bebuschter Böschungsstreifen, den die Besitzer des bergseitigen Feldes im Laufe vieler Generationen dadurch hochzogen, daß sie Erdreich zur Talseite hin pflügten, womit der bergseitige Acker allmählich flacher und schließlich zu einer nur noch schwach geneigten Terrasse wurde. Der Hochrain gehört deshalb im Regelfall in der vollen Breite zum Grundstück des Oberliegers (67). In manchen Weinbaugegenden reicht das Eigentum des Oberliegers sogar noch um einen »Sichelschlag« über den Böschungsfuß des Hochrains hinaus (68).

Durch die Flurbereinigung verschwinden Raine wie Hochraine aus der Kulturlandschaft. Spuren von Stufenrainen sind jedoch in manchen Wäldern, die auf mittelalterlichen Siedlungen stehen, noch zu erkennen (69).

Das Wort »Rain« ist auch in die Botanik eingegangen. Für den »Rainfarn« (Tanacetum vulgare, Chrysanthemum vulgare), einen zum Gelbfärben verwendbaren, an Wegen, Dämmen und Ufern wuchernden Korbblütler, folgert Jacob Grimm aus der althochdeutschen Form »reinefano« gleich Grenzfahne, Grenztuch, man habe dieses Kraut mit seinen breiten Blättern an Grenzgräben unterhalten (70).

Wie der Rain zwischen zwei Feldern nicht angeackert werden durfte, so gibt es auf einigen Almen Südtirols, z. B. auf der Seiser Alm, Bergwiesen, bei denen das an der Grenze stehende Gras beim Mähen auszusparen war. Diese vom umgebenden Gelände sich deutlich abhebenden Grenzstreifen heißen »**der Porst**«, oder seltener auch »das Porst« (71). Nach dem Bayerischen Wörterbuch hat das Wort »der Borst« u. a. die Bedeutung »schlechtes, borstenformiges Moor-Gras oder Heu« (72). Porst findet sich in schriftlichen Überlieferungen Südtirols seit dem 15. Jahrhundert, und zwar vor allem im Zusammenhang mit der Übertretung des strengen Verbots, vom Porst etwas wegzumähen. Die Geldstrafen waren empfindlich hoch. Zu der Bedeutung einer Grenzmarkierung an einer Almwiese kam das Wort im späten Mittelalter. Im Zuge des planmäßigen Landausbaus und des Bevölkerungswachstums waren Besiedlung und Bodennutzung in größere Höhen

Porst
auf der Seisser Alm (Südtirol)
Porst ist der niemals gemähte, borstige Grasstreifen auf der Grenze zwischen zwei Wiesen.
Im Hintergrund Langkofel und Plattkofel
Aus Der Schlern Heft 6/7 1975 5.301: Foto: Bruno Mahlknecht, Bozen; Repro: Bayer. Staatsbibliothek

vorgedrungen. Bis dahin hatte jeder Bauer nach Gutdünken sein Vieh auf den Almen geweidet. Nun wurden genaue Regelungen für den Weidegang notwendig. Einzelne weniger geneigte Flächen mit üppigerem Pflanzenwuchs wurden von Bauern in Besitz genommen, sie übten das Recht des »freien Einfangens« aus. Nach dem 15. Jahrhundert wurde dann allerdings zum »Einfangen« von Gemeinland die Bewilligung des Landesherrn oder seines Forstmeisters erforderlich (73). Im August schnitt der Bauer – wie auch heute noch – das Bergheu, um seine Wintervorräte anzureichern. Zaunholz war in der Umgebung der Wiesen- und Weideflächen knapp und so wurde obige, anderwärts wohl nicht bekannte Art der Grenzmarkierung gewählt. In Kastelruth wachten zwei »Saltner« (Flurwächter) über die Unversehrtheit dieser Grenzeinrichtungen. Der Porst durfte selbst dann nicht verschnitten werden, wenn ein Bauer die beiderseitigen Wiesen in sein Eigentum brachte und zusammen bewirtschaftete. Für den allgemeinen Weidetrieb waren die in Privateigentum übergegangenen Wiesen jedoch nur zwischen 1. Juni und St. Bartholomä gesperrt. Vor dem 24. August mußte demnach gemäht sein. Heute ist die Seiser Alm zum größten Teil Privateigentum, an die Stelle des Porst sind meist Grenzsteine und elektrische Weidezäune getreten.

Während der Porst auf der Seiser Alm noch in jüngster Zeit zu sehen war, ist der »**kam**« längst vergessen: ein kammförmiger Grasstreifen als Grenzlinie im späten Mittelalter, der vermutlich besonders entlang der Königsstraßen in Niedersachsen stehen gelassen wurde und der ebenfalls unter strengen Schutz gestellt war (74).

Im flachen Gelände haben sich schon in früher Zeit **Gräben,** wie sie seit jeher zu wehrtechnischen Zwecken angelegt wurden, in entsprechend bescheidenerer Ausführung für die Grenzmarkierung eingeführt. An der Grenze zwischen Holstein und Mecklenburg läuft heute noch der »Landgraben« entlang. Wasserführende oder Trockengräben kennzeichnen im Wiesengelände vielerorts nach wie vor die Grenzen. Mit Strafandrohungen waren früher die Anlieger gehalten, die Gräben sorgfältig instandzuhalten. Im Waldgelände sind stellenweise noch Spuren der für die Besitzabgrenzung einst üblichen kleinen Trockengräben zu erkennen. Die Bezeichnung für die Grenzgräben wechselte regional: »Lachgraben«, »Scheidgraben«, niederdeutsch »Schnat-« oder »Schnedegraben«, in Schleswig »Scheidekuhle« oder »Gruften« (75), in Reutlingen »Markgräble«. Der Aushub wurde beiderseits des Grabens verteilt, oder aber zu Erdwällen aufgehäuft. Wurde der Aushub auf einer der beiden Seiten zu einem Erdwall aufgeschoben, so galt dies als Kriterium für das alleinige Eigentum dieses Anliegers an dem Graben (76). Sonst war gemeinsames Eigentum die Regel. Einzelne Dorfordnungen schrieben Profilmaße für die Gräben vor, zum Beispiel »drei Schaufelstich breit und zwei tief« (aus Pfalz-Neuburg).

Ein kurzes Grabenstück (»Schurf«) wurde in manchen Fällen neben Grenzsteinen oder neben Grenzbäumen als besonderer Hinweis ausgehoben.

Kleine **Grenzwälle** oder zeilenförmig am Feldrand verlaufende Erhöhungen sind nicht nur durch den Aushub von Grenzgräben sondern häufiger durch Ablagern von Materialien entstanden, die aus dem Feld beseitigt und daneben abgelegt wurden, wie Steine, Unkraut, Baumwurzeln und nicht verwertbare Abfälle. In entlegenen Gegenden Irlands ist aus den Spuren solcher Streifen im Gelände eine vorgeschichtliche Feldstruktur zu erkennen, die nach Meinung der Archäologen möglicherweise noch auf die späte Jungsteinzeit zurückgeht. In England sind solche früheren Feldbegrenzungen an den sogenannten »Keltenfeldern« aus der Mitte des 1. Jahrtausends v. Chr. nachgewiesen. Die alten Ackergrenzen konnten sich vor allem dort erhalten, wo der Boden in geschichtlicher Zeit nicht mehr oder nur ganz selten als Ackerland genutzt wurde. Steinriegel und Steinwälle aus Lesesteinen gehören wohl zu den dauerhaftesten Grenzscheiden von ehrwürdigem Alter. In der Rhön (77) und im Bayerischen Wald begleiten sie auch heute noch viele Feldgrenzen. Im mainfränkischen Muschelkalk markierten bis in die jüngste Zeit bergab ziehende Steindeponien manche Weinbergsgrenzen. Auf den Al-

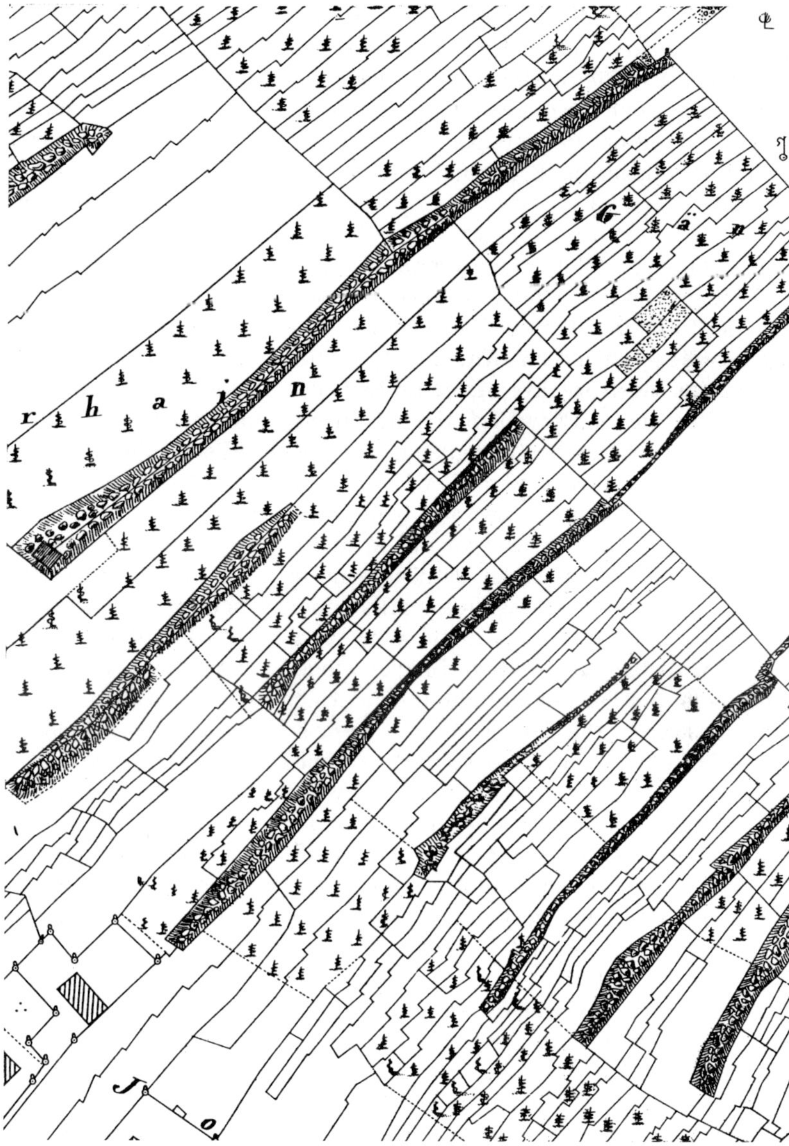

Grenzmarkierung durch Lesesteinablagen
Die hangabwärts entlang von Grundstücksgrenzen sich hinziehenden Ablagen von Lesesteinen sind teils als selbständige Grundstücke im Miteigentum der Anlieger, teils als Bestandteile der anliegenden Grundstücke ausgewiesen.
Flurkarte 1:2500 NW 82-74b Gemarkung Obernburg a. Main

penweiden verhindern Steinmäuerchen entlang der Grenzen zudem das Ausbrechen des Weideviehs in gefährliches Gelände. Die alten Grenzwahrzeichen verschwinden großenteils im Zuge von Flurbereinigungen, soweit nicht die Heimatpfleger die Erhaltung durchsetzen können.

Eine seit dem Mittelalter kaum veränderte Art von Wallgräben hat Schleswig-Holstein in seinem Kulturland außerhalb der Marsch entwickelt, die sogenannten »**Knicks**«. Diese bestehen aus zwei bis drei Meter breiten, gut einen Meter hohen Erdwällen, die mit Buschholz als Windschutz bestanden sind, das von Zeit zu Zeit ausgelichtet wird. Der Materialbedarf für den Erdrücken ist aus beiderseits ausgehobenen Gräben von gut einem Meter Breite gewonnen. Längs der Ostküste sind in die Knicks, die einst als Feldmarks- oder Gutsgrenzen aufgeführt wurden, manchmal die eiszeitlichen erratischen Blöcke eingebracht, die bei der Feldbestellung hinderlich gewesen wären. Die Grenze verläuft zumeist in der Mitte der Knicks, sie kann aber in besonderen Fällen auch am Fuße des Erdwalls oder in einer Grabenkante liegen (78). In der Marsch und zum Teil in der Geest werden die Grenzen durch Gräben gebildet. Grenzsteine bilden in Schleswig-Holstein bis heute die Ausnahme.

Auch die **Holz-** und **Flechtzäune** sind in unserer Kulturlandschaft selten geworden, nachdem sie fast ein Jahrtausend lang das Landschaftsbild in Mitteleuropa mit bestimmt hatten. Zäune wurden vermutlich schon im Frühmittelalter um die Herrensitze errichtet, während das Wohnhaus des Unfreien damals noch als Fahrhabe galt (79).

Der Zaun aus Flechtwerk diente zunächst der Abgrenzung und dem Schutz der Rechts- und Nutzungsbereiche. Die Bauern waren verpflichtet, ihre Felder gegen die öffentlichen Straßen und gegen die »gemeine Mark«, also gegen die Gemeindeweide und die Triebwege abzuzäunen. Zäune standen auch in der Umgebung der Forste wegen der Wildhege und der Jagdausübung. Grundherren freilich, denen der Wildbestand mehr am Herzen lag als das Fortkommen der Bauern, untersagten wohl gelegentlich das Aufstellen von Wildzäunen oder gestatteten nur eine geringe Höhe, um dem Wild das Austreten aus dem Wald zum Äsen freizuhalten.

Vor allem aber umschloß ein Zaun stets den dörflichen Wohn- und Wirtschaftsbereich mitsamt den Hausgärten. Dieser »Dorfetter« oder »Eschzaun« trennte die Rechtsbereiche von Dorf und Feldflur, die unter den Bezeichnungen »dorffride« und »bannfride« im Schrifttum aufscheinen. Innerhalb des Etters galt das spezielle Dorfrecht, das höheren Rechtsschutz gewährte und eine höhere Friedenspflicht auferlegte, als sie in der Feldflur geboten waren, wie ja das Wort »Einfried(ig)ung« andeutet. Auch das Einzelgehöft genoß den vollen Rechtsschutz eines Siedlungsplatzes nur, wenn es eingefriedet war. In manchen Herrschaftsbezirken war für das Dorf innerhalb des Etters ein anderer Gerichtsherr zuständig als außerhalb des Etters. Der Etter machte dem Vieh das Ausbrechen aus dem Dorf in die Feldflur unmöglich und verwehrte dem Raubwild das Eindringen in das Dorf, wie dies ja heute noch die Aufgabe des Krals in afrikanischen Dörfern ist.

Die älteren Weistümer und Dorfordnungen sind reich an Vorschriften über das Setzen, die Instandhaltung und die Höhe der Zäune, zum Beispiel ein Gartenzaun sollte »bis zu der borst (Brust) hoch« sein, ein Feldzaun nur »bis zum Gürtel und das niemand schade dadurch geschehe« (80). Das alte Stammesrecht der Bayern hatte für den Zaun Brusthöhe, das Recht der ribuarischen Franken Kinnhöhe vorgeschrieben (81). Im Dorf sollten Zäune im allgemeinen so hoch sein, daß das Federvieh nicht in des Nachbarn Hof hinüberfliegen konnte. In der Reichsstadt Memmingen durften Mauern und Zäune (Dillen) zwischen Hofräumen und Gärten nicht mehr als acht Werkschuh, im übrigen nicht mehr als neun Werkschuh hoch sein (82). Der Zaun mußte auch dicht sein, so dicht, »daß kein schuh noch knie hinein gesteckt werden kan« (83). Nach dem bayerischen Landrecht von 1616 sollten die angebauten Felder sowohl im Winter (Wintergetreide) als auch im Sommer soweit nötig eingefriedet werden. Wenn Förster, Jäger oder andere den Feldern der Bauern »mit ihrer Unbe-cheidenheit« Schaden antun, soll ihnen neben Ersatz der Schäden für drei Jahre das Jagdrecht entzogen werden. Das bayerische Landrecht 1616 rückt auch schon vom herkömmlichen Flechtzaun ab mit der Weisung, die Bauersleute sollten an Orten, wo es sein könne, lebende Zäune von Hagedorn pflanzen (84). Oft waren auf die Vernachlässigung der Einfriedungspflichten so hohe Geldbußen vorgesehen, daß die Zuständigkeit nicht mehr beim Niedergericht, sondern beim Hochgericht lag.

Im Dorfrecht waren meist Termine gesetzt, bis zu denen die Zäune instandgesetzt sein mußten, zum Beispiel St. Martin (11. November) für das Winterfeld, St. Georg (23. April) für das Sommerfeld. »Die Ehezeun umb das Dorff sollen um Walburgis (1. Mai) ferttig sein« bestimmte eine 1546 für die Gemeinde Wiesau (Oberpfalz) ausgefertigte »Zeugschaft« (85). Nach dem Rechtsbuch Kaiser Ludwigs des Bayern für Oberbayern vom Jahre 1346 und ebenso nach dem bayerischen Landrecht von 1616 mußten die Bannzäune bis Georgi gerichtet sein (86).

Mit besonderer Sorgfalt und Strenge achtete die Dorfobrigkeit darauf, daß der Dorfetter keine Mängel aufwies. Die Unterhaltung war abschnittsweise den einzelnen Dorfbewohnern aufgetragen. Die »luken«, die Durchgänge und Durchfahrten durch den Zaun, mußten nach der Benutzung wieder sorgsam geschlossen werden. Auf die Übertretung dieses Gebots waren besonders hohe Geldstrafen ausgesetzt. Der »Gatterer« hatte am Haupteingang ins Dorf das Gatter zu öffnen und zu schließen – manchem blieb diese Amtsbezeichnung als Eigenname. Der besondere Schutz des Wohnbereichs, wie er schon im alten Recht bestand, drückt sich heute wieder in den strengen Bestimmungen von Artikel 13 Grundgesetz aus.

Als sich gegen Ende des Mittelalters mehr und mehr Landstriche von einer ernsten Verknappung des Nutzholzes, insbesondere des wichtigen Eichenholzes bedroht sahen, suchten Landes- und Dorfherren durch Sparvorschriften und Verbote den Holzverbrauch auf jede erdenkliche Weise zu verringern. Im südwestlichen Deutschland begann schon zu Anfang des 17. Jahrhunderts die allmähliche Auflösung der bis dahin lückenlosen Etterzäune, wie zeitgenössische Darstellungen erkennen lassen. Nach dem 30jährigen Krieg sind auch anderswo die Etter nicht wiederhergestellt worden. In manchen Gegenden standen sie allerdings noch bis ins 18. Jahrundert. Das Ersetzen des Zauns durch die Hecke bedeutete in der unmittelbaren Nähe der Siedlungen auch einen Beitrag zum Feuerschutz, weil das ausgetrocknete Holz der Zäune leicht entflammbar war und das Feuer weiterleitete.

Nach den Statuten der Reichsabtei Ochsenhausen a. d. Iller aus dem Ende des 17. Jahrhunderts durfte für Zäune kein Eichenholz mehr verwendet werden sondern nur noch Abfall von Brennholz. Außerdem sollten keine weiteren Zäune mehr aufgestellt werden, keinesfalls zur Allmende und zu den Gemeindegütern (87). Auch im benachbarten Fürststift Kempten will die Vereinödungs-Verordnung von 1791 »die der Herrschaft wie den Untertanen so lästigen Zäunungen« auf das unbedingt Notwendige beschränken und zur Einsparung von »Zaunholz« sollten möglichst »lebendige Häge von Laubholz angelegt, nicht

Plattenzaun als Grundstücks- und Weidegrenze in den Lessiner Bergen
(zwischen Trient und Verona)
In Bildmitte eine Grenzsäule der einstigen Landesgrenze zwischen Österreich und Trient vom Jahre 1754 Foto: Anton von Lutterotti, Kaltern

über 2 1/2 oder 3 Schuh hoch gemachet« werden (88). Für das Hochstift Eichstätt wurde 1718 eine Anordnung erlassen, Äcker und Wiesen mit lebenden Hecken anstatt mit Stangenzäunen zu umgeben, um die Wälder zu schonen (89). Für Österreich einschließlich der vorderösterreichischen Lande wurde durch § 12 des Jagdpatents vom 28. 2. 1786 das Einzäunen der Gründe völlig freigestellt. So baute die landesherrliche Rechtsetzung die örtlichen oder dörflichen Vorschriften über das Einzäunen allenthalben ab.

Für das Anpflanzen von **Hecken** an der Grenze, worüber schon im Zusammenhang mit dem Zaun gesprochen werden mußte, bestanden – wie auch im heutigen Nachbarrecht – meist feste Regeln. Die Hecke mußte von der Grenze einen bestimmten Abstand halten, in Schweinfurt zum Beispiel 2 Schuh, die Höhe durfte in Schweinfurt nicht 5 Schuh (an der Mosel 3 1/2 Schuh) überschreiten (90). An Äckern und »Wiesgärten« sowie an Kraut- und Weingärten waren Hecken nur entlang der Wege gestattet (91). In der Feldordnung für Regensburg von 1805 wird vor der Anpflanzung von Berberitzenhecken (berberis vulgaris) gewarnt, weil sich auf den Blättern der seinerzeitigen Art Rost bildete, der sich auf Getreide und Gräser ausbreitete (92).

Da sich Hecken aus Wildhölzern im Laufe der Zeit seitlich verschieben können, wurden mancherorts an wichtigen Grenzpunkten »Lochstümpfe« (zu Loch/Lache siehe später) als Fixpunkte in die Hecke geschnitten (92 a). In Frankreich hatten Weißdornhecken vor Gericht besonders hohen Beweiswert, weil sie ihren Standort nicht änderten, während es von anderen Gehölzen hieß: »Les haies marchent«, die Hecken wandern (92 b).

Mauern als Umfriedung von ganzen Ländern, von Siedlungen und einzelnen Wohnstätten gehören zu den ältesten Grenzeinrichtungen. Sie sind schon bei den frühen Kulturen Südmesopotamiens nachweisbar, als wehrhafte Grenze durch äußere Bedrohungen erzwungen. Die Mauer als Einfriedung des Wohn- und Wirtschaftsbereichs sowie entlang von Wegen hat sich in Mitteleuropa seit dem Mittelalter zumindest dort eingeführt, wo geeignetes Steinmaterial zur Verfügung stand. Ziemlich allgemein galt, daß Trockenmauern unmittelbar an die Grenze gebaut werden durften, mit Kalkmörtel verfugte Mauern aber 1 Schuh, Hauswände 2 Schuh von der Grenze Abstand halten mußten (93). Landschaftsgestaltend wurden die Mäuerchen, die an steilen Weinbergen vornehmlich zur Stützung des bergseitigen Erdreichs dienten.

Grenzeinrichtungen mit Wehr- und Schutzfunktion

Wälle, Gräben und Mauern konnten bei entsprechender Mächtigkeit auch Schutz vor Feinden oder sonstigen unerwünschten Eindringlingen bieten. Das Mittelalter entwickelte darüber hinaus eine besondere Form der Grenzsperre, die »**Landwehr**«. Deutsche und Slawenfürsten überboten sich gegenseitig, vor allem an den Grenzübergängen von Heer- und Handelsstraßen möglichst wirkungsvolle Sperrsysteme anzulegen, die auch größeren angreifenden Heeresmassen manchmal zum Verhängnis wurden. Im allgemeinen freilich konnte eine Landwehr ein kriegstüchiges Heer nicht länger aufhalten, aber immerhin schützte sie davor, daß etwa der feindselige Nachbar in raschem Zugriff weidende Herden raubte, die Ernte verbrannte oder Dörfer plünderte und abbrannte. Außerdem verhinderte oder erschwerte die Landwehr unwillkommenen Gästen, insbesondere »landschädlichen Leuten«, den Zutritt ins Landesinnere. Marodeure, »gartende Kriegsknechte« (herrenlose Kriegsknechte) und anderes umherziehendes Gesindel waren zeitweilig eine üble Landplage. Auch Bettler, die nach christlicher Moralauffassung in der aufgesuchten Gemeinde Anspruch auf kurze Aufnahme und auf eine kleine Unterstützung hatten, sollten zur Rückkehr in ihre Heimatgemeinde veranlaßt werden. In einer Zeit schließlich, in der immer wieder verheerende Epidemien grassierten, konnte sich ein noch nicht verseuchter Landstrich mittels der Landwehr gegen »gebannte« Orte abriegeln und gegen eine Einschleppung der Seuche vorbeugen.

Hauptbestandteil der Landwehr waren jeweils Hecken, die durch besondere Dichte undurchdringlich waren. Vorhandene Bäume schnitt man in Mannshöhe ab und ließ sie an der Schnittstelle neu austreiben. Die nachwachsenden Zweige wurden nach unten gebogen und ineinander verflochten. Einige Triebe zog man mit der Spitze in das Erdreich, damit sie dort Wurzeln schlugen. Als wirkungsvolle Sperre erwies sich auch, lebende Bäume in eine horizontale Lage zu bringen, weil deren Astwerk ein schwer durchdringliches Gewirre bildete. Für einige der in den Landwehren und auch für sonstige Hecken angebauten Holzarten verrät heute noch der Name die einstige Funktion als »Hag« (Sperre, Einfriedung), zum Beispiel die auch jetzt für Hecken verwendete Hage- oder Hainbuche, der Hagedorn oder Weißdorn und die Hagebutte. Außer diesen Gewächsen wäre an dieser Stelle auch noch der einst viel häufigere Schlehdorn zu erwähnen.

Neben der landläufigen Bezeichnung »Landwehr« traten noch besondere örtliche Bezeichnungen auf, wie »Landfrieden«, »Landgraben« oder »Flossen«, »Landhaug«, »Gehag«, »Gebück«, »Letzte«, »Knick« und andere.

Eine Landwehr an der Nordgrenze des Würzburger Territoriums, dort »Gebick« oder »Haal« genannt, bestand aus einem breiten Graben, in dessen Mitte ein Pfad entlangführte, der nur von den Bewachern, den »Hählknechten« begangen werden durfte. Beiderseits war der Graben mit einem Dickicht von Bäumen und Gestrüpp vermacht. Nach den Regelungen des 16. Jahrhunderts waren die Hählknechte von den anliegenden Gemeinden zu stellen; sie hatten den Haal und die wenigen mit Toren und Schlagbäumen verschlossenen Durchlässe ständig zu bewachen (94). In der Wetterau, dem Gebiet zwischen Taunus und Vogelsberg, Main und Lahn, waren die alten Gerichte, die jeweils mehrere Dörfer umfaßtenm mit breiten, hohen Hecken abgegrenzt. Den Rheingau, einen Landstrich rechts des Rheins etwa zwischen Elteville und Rüdesheim, umzog ein 35 km langes »Gebück«, das an die 50 Schritt breit gewesen sein soll.

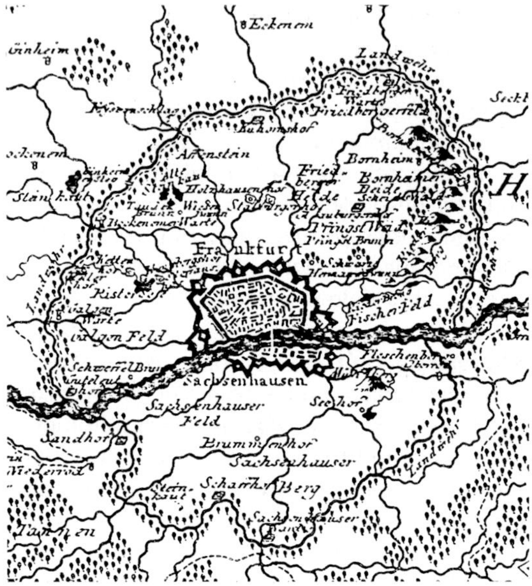

Die »Landwehr« um die Freie Reichsstadt Frankfurt a. Main.

Auch mächtige Reichsstädte, die über zahlreiche Dörfer in ihrem Umland die Herrschaft erringen konnten, umgaben im späten Mittelalter und zu Beginn der Neuzeit ihr Territorium mit einer Landwehr. Die Feldmark von Frankfurt a. M. war lückenlos von einem Graben, teilweise sogar von einem Doppelgraben geschützt, der an den Rändern mit unpassierbaren Dornenhecken bewachsen war. Entlang der Landwehr streiften Wachen. Die Durchlässe für die Zufahrtstraßen waren mit »Warten« gesichert, und zwar mit Türmen hinter einer steinernen Umfriedung, von denen einige noch erhalten sind. Ein über 60 km langes Wehrsystem baute auch Rothenburg o. d. Tauber ab 1430 an der Nord-, West- und Südseite seines über 100 kleinere und größere Orte umfassenden Territoriums. Auf der Ostseite bot der Frankenwald Schutz. Die Rothenburger »Landhege« bestand größtenteils aus drei Wällen, zwischen denen zwei Gräben liefen. Der tiefere Außengraben war häufig wasserführend. Wälle und Gräben waren mit undurchdringlichem Buschwerk bewachsen. Auf dem mittleren Wall war streckenweise ein schmaler Reitweg angelegt. An der 18 bis 22 Meter breiten Landwehr führten beiderseits Wege entlang. Die kreuzenden Straßen waren durch Türme geschützt. Daneben gab es aber noch zahlreiche schmale, verschließbare Durchlässe, die vor allem für die Bewirtschaftung der beiderseits liegenden Felder erforderlich waren (95). Die 1577 erneuerte Landwehr von Nürnberg ist 1596 von dem Kartographen Paul Pfinzing in einer Zeichnung festgehalten worden (96).

Dörfer durften ihre Markung nur mit einer besonderen Genehmigung des Landesherrn mit einer Landwehr schützen.

Vermarkung von Einzelpunkten der Grenze

Eine besonders häufige Form der Vermarkung von Grenzpunkten war in den mittleren Breiten Europas der **Erdhügel,** der im deutschen Schrifttum meist unter den Bezeichnungen »Malhügel« und »Markhügel« auftritt. Jacob Grimm fand in Schlesien dazu noch »Koppitzen«, aus polnisch kopiec, tschechisch kopec gleich Hügel (97). Das schlesische Wörterbuch bringt neben »Kopitze« in der verallgemeinerten Bedeutung »Grenze« noch »Kopitze« gleich »Strohbüschel zur Grenzmarkierung« und »Kopiken« gleich »Erdhaufen als Grenzzeichen« (98). In Niederösterreich heißen die Grenzhügel auch »Leber« (99) oder »Lewer«. Sie sind in neuerer Zeit bei der Kommassierung (Flurbereinigung) weitgehend durch Grenzsteine ersetzt worden (100). In den österreichischen Kataster-Instruktionen von 1856 und 1865 erscheinen Grenzhügel unter der Bezeichnung »Hotter« (siehe oben im Abschnitt Grenze) oder »Hotterhaufen« als Grenzzeichen im Sinne der Vermarkungspflicht. »Hotter« auch »hötter« wurden schon in Weistümern des Spätmittelalters wie Marksteine unter Schutz gestellt. Der Hotterhaufen entstand in der jüngeren Zeit meist in der Weise, daß um den Grenzpunkt, der durch einen Holzpflock oder Stein bezeichnet war, aus dem Acker ausgelesenes Unkraut oder kleinere Steine abgelagert wurden. Solche Hotterhaufen konnten schießlich eine Höhe von 3/4 Meter erreichen (101). In den bayerischen Vorschriften für die Aufstellung des Grundsteuerkatasters (ab 1808) hingegen sucht man unter den Grenzzeichen vergeblich nach Grenzhügeln.

Das Vorherrschen des Markhügels unter den Vermarkungsarten bis ins Spätmittelalter ließ wohl bei den Sprachforschern die Vermutung aufkommen, das französische Wort »borne«, das Grenzmarke oder Grenzstein bedeutet, – altfranzösisch »bone« – sei von dem lateinischen Wort »botones« gleich Grenzhügel herzuleiten, das seinerseits wieder auf das griechische Wort »bounos« gleich Hügel zurückgehe (102).

Für das Deutschordensland in Preußen bekunden zahlreiche Verträge, mit denen seit dem 14. Jahrhundert die Landesgrenzen gesichert werden sollten, daß es vornehmlich Erdhügel waren, mit denen die Grenzen zu den polnischen und litauischen Nachbarn markiert wurden. Auf die Erdhügel wurden häufig noch große Findlingssteine gewälzt oder starke Pfähle gesetzt (103). Im Nürnbergischen waren die Grundbesitzer bei einer Strafe von 15 Kreuzer gehalten, zum Grenzhaufen jährlich noch ein »Pfählgen« zu schlagen, damit das Grenzmal immer kenntlich erhalten werde (104). Kleine Grenzhügel mit fast drei Meter hohen Pfahlen fassen heute noch in 33 Punkten den Bezirk des Schöffentums (Schependom) von Arnheim ein (105), eine in den Niederlanden sonst wohl nicht mehr gebräuchliche Vermarkungsform.

Während in Süddeutschland Erdhügel als Vermarkung im Laufe der Neuzeit durch andere Grenzzeichen ersetzt wurden, hielten sich die »Markhügel« im Norden und besonders im Osten Deutschlands einschließlich Sachsen bis in die jüngere Zeit. Auch im Hochstift Fulda begrenzten vornehmlich »Aufwürfe« die Wiesen und Weiden und zum Teil sogar die Gemeindemarkungen (106). Das preußische Allgemeine Landrecht von 1794 vergißt unter den Grenzzeichen nicht, auch »Grenzhügel« mit aufzuführen (107). Nachdem die Feldmesser-Reglements von 1793 und 1813 die »Grenzhaufen« oder »Grenzhügel« gleichrangig unter die sonstigen Grenzmarken eingereiht hatten, stellte eine preußische Vermessungsvorschrift von 1881, deren Gültigkeit noch die Zeit des 2. Weltkriegs überdauerte, schließlich fest, daß in Gegenden mit großen Besitzständen die Vermarkung durch Grenzhügel weit verbreitet und auch als ausreichend anzusehen sei; sie verlangte allerdings eine unterirdische Versicherung der Vermarkung (108). Der Ausdruck »Behügelungsregister« für die Darstellung von Grundstücksgrenzen nach der Regulierung der gutsherrlich-bäuerlichen Verhältnisse im Osten bezeugt die Häufigkeit von Grenzhügeln zu Beginn des vorigen Jahrhunderts.

In Polen waren Grenzmarkierungen durch Erdhügel bis in die jüngste Zeit noch üblich; auf die Hügel wurde ein Stein mit eingemeißeltem Kreuz gelegt. In Böhmen und Mähren erhielt sich das Vermarken durch Erdhaufen für Waldgrenzen; in den Haufen wurde ein Pfahl oder Pflock gesteckt.

Die Größe der Markhügel war örtlich sicher sehr unterschiedlich. Eine möglicherweise nicht unbedingt zuverlässige Quelle aus dem vorigen Jahrhundert nimmt als Höhe etwa 4 Fuß und als Durchmesser 5 Fuß an; um den Erdhügel sollte ein kleiner Graben von 1 Fuß Breite laufen (109).

Statt Erdhügeln signalisieren in den weiten Moorgebieten des europäischen Nordens **Meiler aus Torfscheiten** mit oder ohne einen eingesetzten Pfahl den Grenzpunkt. Der hierfür benötigte Torf wird oft aus kurzen Stichgräben gewonnen, die von dem Grenzpunkt in Richtung der abgehenden Grenzen verlaufen.

In Berglandschaften, insbesondere im ganzen Alpenbereich, sind als Markierung auch heute noch **Steinhaufen** oder kunstvoll aufgeschichtete **Steinpyramiden,** die »Steinmannl«, gebräuchlich. Nach einer Urkunde aus dem Jahr 1574 schieden »staine Mändle und Creutz« an der Plose bei Brixen (Südtirol) die Jagden zwischen den Dorfschaften St. Leonhardsberg und Lüsen (110). Steinhaufen mit einem Pfahl stehen heute noch in Wäldern des östlichen Westfalen als Grenzmarken. Steinpyramiden wurden auch in Norwegen auf Grenzpunkten errichtet. Sie dienten oft zugleich als Wach- und Signalstation.

Steinhaufen konnten allerdings in Rechtsbrauch und Volksglaube vielfältige Bedeutung haben. Erinnert werden darf an die Sitte, beim Besuch eines jüdischen Grabes einen Stein niederzulegen. Auf heidnische Dämonenvorstellungen hingegen dürfte der frühere Brauch zurückgehen, daß an der Stelle, an der ein Mensch eines nicht natürlichen Todes gestorben ist, jeder Vorüberkommende einen Stein ablegte, auf daß der Geist des Toten Ruhe fände. Dieser Brauch wurde da und dort, zum Beispiel in der Oberpfalz und in Westböhmen, noch bis in die jüngste Zeit hochgehalten (111). In katholischen Gegenden wurde diese als heidnisch verpönte Sitte verdrängt, indem ein »Marterl«, ein Bildstock, am Ort des Todes aufgestellt wurde.

Das Gegenstück zum Markhügel ist die **Markgrube.** Markgruben zur Bezeichnung von Grenzpunkten treten gelegentlich schon in frühmittelalterlichen Markbeschreibungen auf. Seit dem Hochmittelalter zeigen sie den Verlauf von Gerichts-, Amts- und sonstigen Markungsgrenzen besonders im und am Wald an. Statt des Wortes Gruben gebraucht die ältere Sprache auch die Bezeichnung »kauten«: »kauten schlagen und große eichenpfähle in die kauten« (112) . In den bayerischen Landtagsverhandlungen von 1429 – 1513 wird auf Grenzgruben hingewiesen mit den Worten »Waldungen vermarchen, versteinen und vergruben« (113). Bis weit in die Neuzeit kehren in Grenzbeschreibungen die Bezeichnungen »Bimarchgruben«, »Reingruben« (von Rain gleich Grenze), »Schiedgruben«, »Ramgruben«, »Steingruben« – häufig mit einem Grenzstein in oder neben der Grube — und sogar »Ludergruben« wieder. »Ludergruben« waren an sich Gruben, in die man Aas als Köder zum Einfangen von Raubtieren legte. Im Hochstift Eichstätt sind Markgruben noch bis in das 18. Jahrhundert nachweisbar (114). Die

Steiner von Ellingen (LKr. Weißenburg in Bayern) rücken im Jahre 1585 aus, um zusammen mit den Amtsbrüdern aus anrainenden Markungen die alten »Markgruben vff dem Berg« wieder »auszuschlagen« (115). Schutzvorschriften für Markgruben, auch »steingrueb«, finden sich in Gerichts- und Vogteiordnungen in Oberschwaben und im Unterallgäu noch bis ins 17. Jahrhundert (116). In Niederbayern waren Markgruben von etwa 1/2 Meter Tiefe üblich; sie waren vielfach paarweise angelegt, der Aushub war zwischen den zwei bis drei Meter voneinander entfernten Gruben gelagert. Durch eine solche Anordnung war sichergestellt, daß die Markgrube nicht als eine von einem Wurzelstock verbliebene Grube angesehen werden konnte (117).

Alte Markgruben an einstmals wichtigen Grenzpunkten sind da und dort noch heute im Gelände zu erkennen. Flur- und sogar Ortsnamen erinnern an sie, zum Beispiel der Ortsname Raingrub im Landkreis Pegnitz und die verschiedenen Burggrub im östlichen Franken (118). Über solche Namen ist es manchmal noch möglich, den Verlauf früherer Grenzen nachzuzeichnen, wenn auch nicht alle mit »grub« zusammengesetzten Namen mit einer Grenzgrube in Zusammenhang gebracht werden dürfen.

In Österreich wurden Grenzgruben noch im vorigen Jahrhundert durch die schon einmal erwähnten Kataster-Instruktionen von 1856 (§ 187) und 1865 (§ 140) als vollwertige Grenzmarken anerkannt, womit sich in den betreffenden Punkten Grenzsteine und -pfähle erübrigten. Die Gruben mußten einen Fuß tief und zwei Fuß lang sein. Für die österreichische Katastralvermessung bestand Vermarkungspflicht.

Neben Grenzmarken über und im Boden gab es auch solche am Boden. In Niederbayern zum Beipiel wurden im Wald Grenzpunkte durch die sogenannten »**Steingelege**« sehr

Grenzblock
in der bayerisch-tschechischen Grenze, rd. 17 km östl. von Neustadt a.d. Waldnaab (OPf). Der im Gelände weithin sichtbare Block, »Kreuzstein« genannt, ist möglicherweise schon im 12. Jahrhundert durch eine Vereinbarung zwischen dem Markgrafen auf dem Nordgau und den böhmischen Herzögen als Grenze festgelegt worden. Das aus dem Stein herausgemeißelte Kreuz sowie der Grenzstein auf der Kuppe sind Zutaten aus jüngerer Zeit.

dauerhaft vermarkt. Hierfür wurden flache Mulden ausgehoben und mit Steinen, Ziegeln, Schlacke usw. ausgelegt. Oft wurde noch ein Pflock dazugesetzt (119).

Eine regionale Besonderheit von Grenzmarken am Boden hatte sich südlich von Leipzig herausgebildet, die »**Creutzgruben**« oder »**Creutz-laag**« (120). Im Grenzpunkt wurden in Form eines Kreuzes Rasensoden ausgestochen. Die Vertiefung füllte man mit kleinen

Kieselsteinen auf; Knaben, die an dem Grenzbegang teilnahmen, sammelten unterwegs in ihren Hüten die Steine hierfür. Derartige Marken waren freilich nach einigen Jahren mit Erde zugeschlemmt und von Pflanzen überwachsen. Beim nächsten Grenzbegang mußten sie erneuert werden.

Zu den ältesten erhaltenen Grenzzeichen unseres Raumes zählen ohne Zweifel **Marken auf Fels** und auf großen **Lagersteinen.** Im Grenzpunkt sind meist Kreuze oder Rillen eingemeißelt. Seit dem Spätmittelalter sind solche »Logsteine« in der Pfalz und in Rheinhessen anzutreffen. Die älteren von ihnen sind zum Teil durch näpfchenförmige Vertiefungen als Grenzmarken kenntlich gemacht. Mit Felsmarken ist aber auch heute noch in vielen Mittel- und Hochgebirgsgegenden die Landesgrenze bezeichnet. Einer der ältesten derartigen Grenzpunkte dürfte der sogenannte »Kreuzstein« sein, ein Grenzpunkt der bayerisch-böhmischen Grenze östlich von Flossenbürg (Lkr. Neustadt a. d. Waldnaab, Grenzpunkt 12/6). Dieser Urgesteinsblock wird schon im Hochmittelalter urkundlich erwähnt: Im Jahre 1109 einigte sich der Graf auf dem Nordgau mit den böhmischen Herzögen über die gemeinsame Grenze, so wie sie wohl heute noch gegenüber der tschechischen Republik besteht. Historischen Rang erlangte der »Kreuzstein« nochmals im Jahre 1505, als

Dreiwappenfels
Felsblock an der tschechischen Grenze zwischen Furth i.Wald und Waldmünchen. Die Wappen wurden nach Grenzvereinbarungen zwischen Bayern und Osterreich von 1764/66 angebracht.
Die Grenzlinie verläuft etwa 1 1/2 m an der alten Grenzmarke vorbei. Über dem Rautenwappen mit dem Kurfürstenhut CB = Churbayern, über dem mittleren Wappen mit der Königskrone KB = Königreich Böhmen, über dem dritten Wappen mit dem Herzogshut HP = Herzogtum Pfalz. 1623/28 waren die pfälzische Kurwürde und die »obere Pfalz« Bayern zugesprochen worden, die bayerischen Kurfürsten trugen seither u. a. den Titel »der oberen Pfalz Herzog«. Die Grenze zur »oberen Pfalz« verlief ursprünglich gut 3 km nördlich der Felsmarke.
Foto:Zollner, Regensburg

Ottheinrich von der Pfalz als Sohn der Tochter des letzten Landshuter Herzogs nach dem Landshuter Erbfolgekrieg mit der »Jungen Pfalz« abgefunden und die Grenze zwischen »Alter« und »Junger Pfalz« über diesen Felsblock gezogen wurde. Eine andere Felsmarke derselben Grenze zu Böhmen etwa 15 Kilometer südwestlich von der Stadt Eger schmückt sich mit dem anspruchsvollen Namen »Königsstein« oder »Napoleonsstein«. 1739 wurde dieser Punkt von österreichischen Geographen Kaiser Karls VI., des Vaters der Maria Theresia, als Mittelpunkt des Deutschen Reiches errechnet. Eine spätere Identifikation dieses Grenzpunktes oder auch des benachbarten Tillenbergs mit dem Mittelpunkt Europas findet sich noch heute auf Wanderkarten (121).

Die Reihe der Beispiele wird abgeschlossen mit einer Grenze im Bayerischen Wald nördlich des Kleinen Arber. Im Jahre 1761 teilten dort die beiden Unternehmer einer bis dahin gemeinsam geführten Glashütte ihren großen Waldbesitz. Laut Markbeschreibung ließen sie an einer Felsplatte neben der Grenzmarke ein Distichon in lateinischer Sprache anbringen (122):

»Sta petra im̄obilis quamdiu petra manebis tu resera justam, justaque clave domum.«

In freier Übersetzung:

»Steh, Fels, unbewegt, solange du Fels wirst bleiben,
Einlaß zum rechtlichen Gut mit dem Schlüssel des Rechts.«

Die Inschrift ist in dem steilen und dicht bewaldeten Gelände nicht mehr zugänglich.

Entwurf für den Dreiwappenfels von 1771
StArchiv Amberg Plansammlung 434, Ausschnitt

Nicht nur Besitzgrenzen, sondern auch die Grenzen anderer Rechte, z. B. von Fischereirechten, wurden durch Zeichen auf Lagersteinen oder Felsen markiert. Mehrfach belegt ist in den Alpen seit dem Spätmittelalter die Bestellung eines Rechts auf »Schneeflucht«: Auf Grund einer entsprechenden Vereinbarung darf das im Hochsommer auf eine Hochalm aufgetriebene Vieh bei Schneefall von der Hochalm für kurze Zeit auf eine niederer gelegene Alm ausweichen, auf der dem Weideberechtigten der Hochalm das Weiderecht sonst nicht zusteht. Die im Jahr 1766 neu festgelegte Grenze einer solchen »Schneeflucht« ist im Karwendeltal auf einem auffallenden Lagerstein etwa eine Wegstunde unterhalb der am Talschluß gelegenen »Hochalm« durch zwei Kreuze und die Inschrift »S 1766 F« heute noch sichtbar (122 a).

Das Meißelkreuz zur Markierung von Grenzpunkten hat Schule gemacht. Es wird nun allgemein dort verwendet, wo Grenzsteine oder -pfähle schwer anzubringen wären, vor allem an Bauwerken, auf Straßenpflaster und ähnlichen Bodenbedeckungen.

Eine merkwürdige, verhältnismäßig aufwendige Vermarkungsart hat sich in früher Zeit in den Alpen entwickelt, nachgewiesen in Tirol und in Friaul. Mit Eisenstiften wurden **Metallringe** aus Eisen oder Bronze an Bäumen befestigt oder mittels Blei im Fels verkeilt. Einige dieser Ringe sollen noch in den Felsen hängen, manche leben in Flurnamen fort. Im Inn- und Etschtal war ihre Bedeutung bereits gegen Ende des Mittelalters in Vergessenheit geraten, so daß sich damals schon die Sage ihrer bemächtigte. Die Menschen hätten zu der Zeit, als das Urmeer noch die Gipfel umspülte, an diesen Ringen ihre Kähne befestigt. In Südtirol werden die Ringe Riesen zugeschrieben, die aus den Höhen einst abgezogen seien, als das Klima kälter wurde. Die Sage stellt damit einen Zusammenhang mit einer Klimaverschlechterung her, die tatsächlich gegen Ende des 16. Jahrhunderts eingetreten sein muß. Dagegen bestehen für das Fassatal und den Buchenstein noch bis zum Beginn des 17. Jahrhunderts archivalische Nachweise über das Anbringen von Eisenringen an Gemeindegrenzen (123).

Baummarken in USA
in Grenz- und Gitterlinien
aus der Druckschrift Restoration of lost or obliterated corners and subdivision of sections

Der Grenzbaum

Die frühmittelalterlichen Markbeschreibungen verfolgen den Grenzverlauf unter anderem an auffallenden Bäumen und Baumgruppen, was bei dem seinerzeitigen Waldreichtum Mitteleuropas nahe liegt. **Grenzbäume** begegnen uns schon bei Grenzfestlegungen der Merowinger- und besonders der Karolingerzeit (124). Zur besseren Identifizierung wurden die Grenzbäume – Waldbäume wie auch Obstbäume – mit Zeichen versehen. Römische Schriftsteller der Kaiserzeit hatten schon für Italien über solche Kennungen berichtet. In den Grenzbäumen sehen manche Rechtshistoriker überhaupt die älteste Grenzbezeichnung in Deutschland. Die kultischen Vorstellungen vom Symbol des lebendigen Baumes und selbst noch seines Restes, des Pfahls, verliehen diesem Grenzzeichen den Nimbus des Heiligen (125). Das germanische Volksrecht stellte den Grenzbaum unter sei-

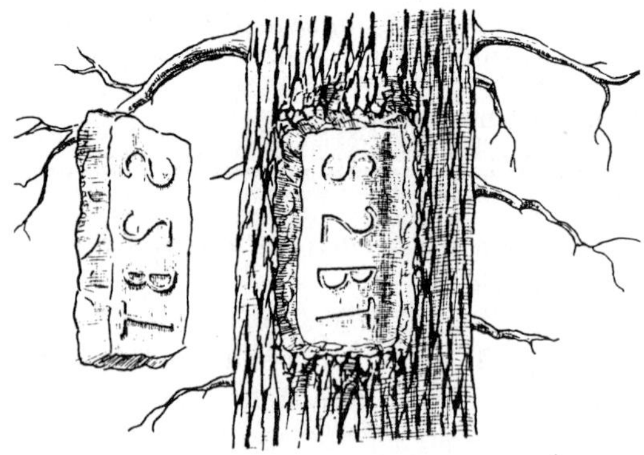

Baummarke in USA
Die in den Stamm eingestemmte Markierung war von Rinde überwachsen. Auf dem abgeschlagenen Rindenstück erscheint die Schrift spiegelbildlich erhaben.
aus der Druckschrift Restoration of lost or obliterated corners and subdivision of sections

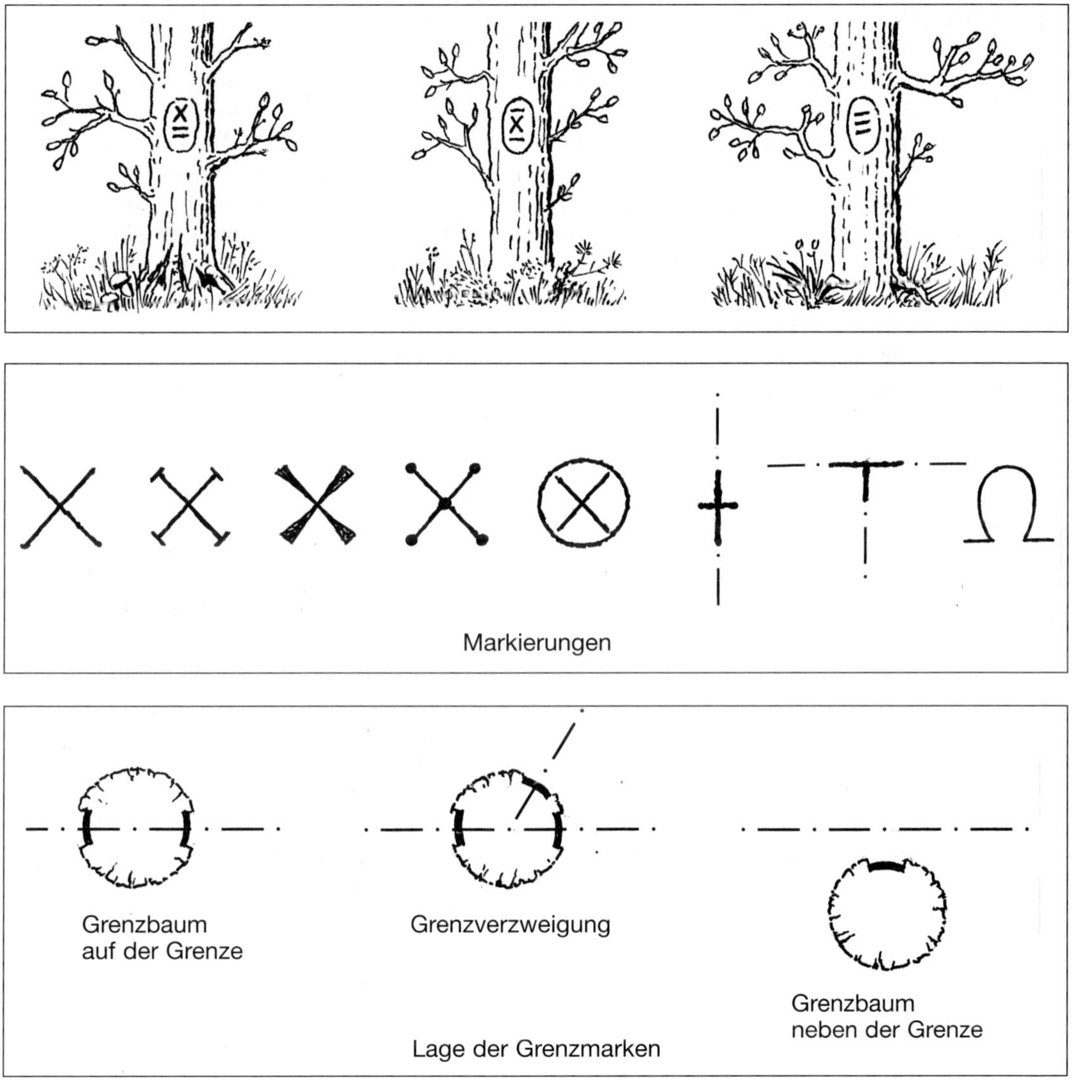

Grenzbäume
Nach S. Moen, Grensemerker, 1983

nen Schutz. In den Eroberungsgebieten Karls des Großen war demjenigen, der einen Grenzbaum beseitigte, die Todesstrafe angedroht. Stürzte ein Grenzbaum um, so wurde auf dem Boden desjenigen, zu dem hin der Baum gefallen war, ein Ersatzbaum ausgewählt (126). Zum Grenzbaum traten in späterer Zeit der Baum- stumpf und, entwicklungsgeschichtlich wohl damit zusammenhängend, der Holzpfahl.

Zur Kennzeichnung als Grenzbaum wurde mit der Axt ein Stück Rinde abgelöst und in das freigelegte Stammholz ein Zeichen eingehauen oder eingestemmt. Diese Kerbe hatte meist die Form eines Andreaskreuzes oder des Großbuchstaben X; ein aufrecht stehendes Kreuz läßt sich schwerer einschlagen. Im Mittelpunkt des Kreuzes konnte ein Loch eingebohrt sein (127). Horizontale Kerben ober- oder unterhalb des Kreuzes verstärkten gegebenenfalls die Signalwirkung. Diese Ausgestaltung der Grenzmarke an Bäumen war weithin üblich, sie ist von Skandinavien bis Süddeutschland nachweisbar. So sind zum Beispiel in den um 1500 abgefaßten Genzbeschreibungen der brandenburgisch-hohenzollerschen Gerichtsbezirke um Wunsiedel häufig Grenzbäme aufgeführt, »daran ein + und drei hieb verzeichnet« (128). Im frühen Mittelalter kommen daneben Grenzbäume mit dem griechischen Buchstaben Omega vor. Selbst über bildliche Darstellungen (129) sowie über Wappen und Jahreszahlen an Grenzbäumen wird mehrfach berichtet, zum Beispiel von bayerischen Rauten (Weck) an der Grenze zu Böhmen 1514 und 1637 (130). Von der Grafschaft Werdenfels (Garmisch) wissen wir, daß im 17. Jahrhundert in »Marchbäume« die Zeichen der beiderseitigen Herrschaften mit dem »Marcheisen« eingebrannt wurden, für Werdenfels die Rose, für Kloster Benediktbeuern gekreuzte Abtstäbe, für Bayern ein rundes Rautenfeld (130 a). Markbaumzeichen der Zisterzienserabtei Waldsassen (OPf) waren neben Kreuzen auch Kapuzen mit nach unten gerichteter Spitze sowie Mönchskappen. Bei bäuerlichem Besitz konnte an die Stelle des Adelswappens die Hausmarke treten, oder, als die Landbevölkerung schreibkundig geworden war, der Anfangsbuchstabe des Namens. In Norwegen, wo noch heute gezeichnete Grenzbäume anzutreffen sind, wurde königlicher Grund, wie er insbesondere vor zwei- bis dreihundert Jahren im Zusammenhang mit dem Bergbauregal in Anspruch genommen wurde, durch eine Krone gekennzeichnet (131). Baumzeichen konnten – wie Grenzsteine – laufende Nummern in arabischen oder römischen Ziffern tragen. Im Gebiet des Klosters Fulda kommt in der Grenzbeschreibung für einen Wildbann im Jahre 1059 ein Grenzbaum mit einem eingeklemmten Stein vor (132). Ob dieser Stein von Menschenhand in den Stamm geschlagen oder von Natur aus eingewachsen war, muß dahingestellt bleiben.

Über Form und Aussehen der Marken an den Grenzbäumen unterrichten uns hin und wieder Grenzbeschreibungen und gelegentlich sogar Grenzkarten. Einen bemerkenswerten Sonderfall stellen die »holzmärcher« des tiroler Dorfes Münster dar (132a). Die Bauern dieses zwischen Rattenberg und Jenbach auf der linken Innseite gelegenen Ortes erwirkten 1519 von ihren Grundherrschaften die Erlaubnis, den Allmendewald in »Bannwald« umzuwandeln, das heißt zu parzellieren und in Sondereigentum der Nutzungsberechtigten zu überführen. Damit sollte der Wald vor einer weiterhin regellosen und übermäßigen Nutzung geschützt werden. Ein Ausschuß der Bauern zeichnete die einzelnen Lose durch »holzmärcher« (Baumzeichen) aus; jeder Bauer hatte sein eigenes Zeichen. Die Zeichen wurden in das Gerichtsbuch eingetragen und sind nach dem Stande von 1550 überliefert. Jede der beiden Herrschaften stellte für ihren Bezirk einen »holzrüeger« auf, der unter anderem zu überwachen hatte, daß alle Waldparzellen »ausgemerkt« (vermarkt) waren und blieben.

Bild rechts:

Marken an Grenzbäumen aus dem Jahre 1550
in den Bauernwäldern von Münster (zwischen Rattenberg und Jenbach in Tirol)
Das Gebiet gehörte zum Teil zur Hofmark Lichtenwert, zum anderen Teil zum Landgericht Rottenburg.
aus Die Tirolischen Weistümer 1. Teil: 2. Band der Österr. Weistümer: Wien 1875; Anlage

1550.

Holzmarcher.

Laut des articls in diesem puech die holzordnung betreffent bei Josefen Rampl hofmarchrichter zusammengepracht und aufgezeichnet.

Hofmarch.

Georg Scheyrl der alt	
Sebastian Rampl	
Hans Rattinger	
Michael Marperger	
Sebastian Habinger	
Matheus Unterhueber	
Michl Beystadl	
Wolfgang Mair	
Peter Hausperger	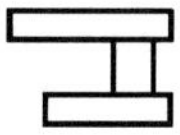
Hans Sperl	
Hans Obinger	
Hans Rogler	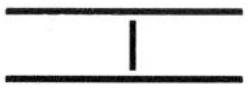
Jacob Fenagl	
Sebastian Puecher	
Martin Rogler	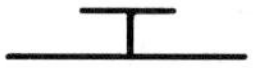
Urban Pell	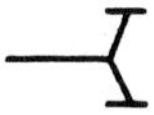
Georg Holzer	
Georg Scheyrl der jung	
Wolfgang Lechner	
Thomas Laichter	
Der alt Hans Rampl gewesener wirt	
Leonhart Mur	
Schiterhoter	
Simon wittib	
Guemz Eva	
Sebastian Widner	
Wolfgang Freundt	
Hans Moser	
Hans Ernhueber	
Leonhard Püchler	
Valten Teurer	

In den Alpen konnte die Kennzeichnung des Grenzbaums in zwei Holzschindeln bestehen, die in Kreuzform angenagelt wurden (133). Die schon von den Römern bekannte Übung, in den Grenzbaum einen oder einige große Schmiedenägel, »Marchnägel« einzuschlagen (arbores clavicatae), findet sich auch in Mittel- und Nordeuropa. Die Nägel sind etwa fingerlang, der runde Kopf hat einen Durchmesser von einigen Zentimetern. Schmiedenägel

»Marchnagel«
vom Jahre 1726, aus einer umgestürzten Tanne an der Grenze zwischen der Grafschaft Werdenfels und dem Klostergebiet Benediktbeuern.
Länge 9 cm. Auf der dem Klostergebiet zugewandten Seite trug der Marchnagel den Buchstaben »B«.

wurden bis vor kurzem noch da und dort gelegentlich bei Abmarkungen verwendet. Bei einer Vermarkung der Grenze der Grafschaft Werdenfels zum Kloster Benediktbeuern wurde 1726 in den Kopf der Marknägel der Buchstabe W bzw. B eingeschmiedet. Ein Marchnagel dieser Vermarkung wurde unlängst an einer umgestürzten Grenztanne gefunden (133 a).

Einheitlich war die Praxis, das Zeichen des Landes- oder Grundherrn jeweils auf der ihm zugewandten Seite des Markbaums anzubringen. Liefen in einem Baum drei Grenzen zusammen, so wurden entsprechend auch drei Zeichen angebracht. Ein Baum, der nicht i n der Grenze sondern nur in Grenznähe stand, durfte nur e i n Zeichen, und zwar auf der der Grenze zugewandten Seite erhalten. Die Zeichen in der Rinde eines Grenzbaums sollten mindestens alle fünf Jahre erneuert werden, weil sie allmählich zuwuchsen (134). Unter den Grenzbaum wurde schon im Spätmittelalter manchmal noch ein Grenzstein gesetzt.

Die Kerbung, die man in die Rinde des Grenzbaums einschlug, hieß »Lache« oder »Lach« (mit langem a) (135), altniederdeutsch »lak« (136), althochdeutsch »lâh« (137), mittelhochdeutsch »lâche, lauche, lâchene (138), französisch laie, latinisert »lachus«, auch »lacha« (139), daneben auch teclatura oder taliatura. Das Verbreitungsgebiet des Wortes »Lach« oder die »Lache« reichte vom deutschen Süden bis weit in den Norden; im Nordosten Deutschlands konnte es nicht gefunden werden. Das Wort »Lache« mit der Bedeutung Grenzmarke nahm verschiedene mundartliche Formen an, zum Beispiel: »La(a)chen«, »Leich« (»Laich), »Loich«, »Lo(o)chen«, »Lauchen« »Laußen (Überlingen), »Laucher«, »Lohen«, »Lachel«, »Logel«, »Lagen« und ähnliche (140). Ein Punkt, wo drei Grenzen aufeinander stoßen, ist dann ein »treylohe« oder »trylohe« (141). In Schwaben und in der Schweiz können die Wörter für Lach bisweilen auch die Bedeutungen Grenzhecke, Grenzzaun, Grenzgraben, Lichtung entlang einer Grenze im Wald sowie Zeugen im Boden unter dem Grenzstein erhalten. Im Thüringischen kam das »Lach« und die »Lache (Louch)« zu der Bedeutung Grenze, Grenzrain (142). Das Rheinische kennt einen Ausdruck »Löch(er) setzen« (143). In Weistümern aus dem Raum Köln kommen »lägen« und »legen« vor (144). In der Steiermark wurden in die Grenzbäume »lukhen« geschlagen. Das Tätigkeitswort »lachen«, »loichen«, schweizerisch »logen«, bayerisch »lacken« bedeutet so viel wie einen Baum durch ein eingeschlagenes Mal kennzeichnen, dann auch speziell vermarken. Das bayerische Wort »gläck« hat die Bedeutung Lache, aber auch »verlackte«, das heißt durch Lachen gekennzeichnete Waldabteilung (145).

Diese Ausdrücke waren in den bayerischen Forstanweisungen gebräuchlich. In der Hinterpfalz hieß das mittels »lachen« abgegrenzte Waldstück »gelock«, auch »gelach« (146). Im Hessischen finden sich »gelogte«, im Harz und in Sachsen »gelagte«, in Franken »(aus)geloichte Bäume«. Als »Lachte« wird in der Oberpfalz auch heute noch eine Kerbe bezeichnet, die zur Harzgewinnung in die Fichtenrinde eingeschlagen wird.

Nach der Lache hieß der gezeichnete Baum »Lachbaum«, in Unterfranken auch zu »Läxenbaum« abgewandelt. Der Wortteil »Lach« kann in diesem Zusammenhang die oben angeführten Formen annehmen. Das Wort Lachbaum wandelte sich durch Trübung des a zu o vielerorts schon seit dem 15. Jahrhundert zu »Lochbaum« (147). Da zudem in die Kreuzkerbe des Lachbaums ein Loch gebohrt sein konnte und andererseits das Wort Lache zwar in Mundartformen, aber kaum in der Gelehrtensprache weiterlebte, ist verständlich, daß Standardwerke mindestens schon seit dem 17. Jahrhundert »Lochbaum« etymologisch unrichtig auf das Wort »Loch« zurückführen (148). Auch der Kommentar zum bayerischen Landrecht von 1756 übernimmt diese Version; er erkennt ein glaubwürdiges Merkmal für die Grenzbäume in einer »sichtigen Marquirung, Abschälung oder Durchlöcherung derselben, daher man sie auch Lochbäume zu nennen pflegt« (149).

Mancherorts war geboten, für abgegangene Lachbäume neue zu pflanzen. Wie schließlich der Grenzbaum allmählich durch den Grenzstein verdrängt wurde, das wird in Markungsprotokollen deutlich, wenn an Landes- oder Gerichtsgrenzen in kürzeren Zeitabständen die Vermarkung überprüft und verbessert wurde.

An der Grenze gab es neben dem Lachbaum auch den »Lachberg«, den »Lachweg«, am Niederrhein zu »Leichweg« abgewandelt, den »Lachgraben«, »Lachgruben« und am Dreiländereck Bayern/Österreich/Böhmen die »Lakkenhäuser«. Der mit einer Kerbe versehene Grenzstein wurde zum »Lachstein« oder »Lochstein«. Auf die Bezeichnung »Lochstein« wird später noch näher einzugehen sein. Mit Grenzmarken versehene Steinblöcke im Pfälzer Wald heißen »Loogfelsen« oder »Loogsteine«. Die Grenzmarken, die im Vollzug des bayerisch-österreichischen Grenzvertrags von 1818 am stehenden oder liegenden Fels angebracht wurden, sind in einer Vereinbarung von 1823 als »Felsengelacke« bezeichnet (150). Neben diesen Felsmarken wurden jeweils Steinmännchen aufgeschichtet.

Für »Lach-/Lochbaum« sind noch vielerlei andere Bezeichnungen zu finden: »Markbaum«, »Kreuzbaum« (»Krützeboeme«), »Malbaum« (»Mahlbaum«) (151) – im Sachsenspiegel »malbome« –, »Snaatbaum« oder »Sneedeboeme« (Niedersachsen, Westfalen), »Schedelbaum«, »Scheidelbaum« (Basel), »Zielbaum«, in Rheinhessen »Lastbaum«, »Lachterbaum« (152), »Lappenbaum« (153), in Bayern und Franken »Rainbaum« (154), mittelniederdeutsch »Reenboom« (155), ferner »Leußbaum, Lausbaum« (156) und »Lusebom« (157), in Unterfranken »Metzlesbaum« und »Heubaum«. Für das Markieren eines Baumes war in Bayern neben »lacken« auch »pletzen« oder »anpletzen« gebräuchlich. »Pletzen« bedeutet allgemein ein flaches Stück Rinde abschneiden oder abschlagen (158). Am unteren Main wurden Eichen und Tannen »geblatt« oder »geblaht«.

Für die Grenzbäume wurden bestimmte Baumarten bevorzugt, insbesondere Buchen, Eichen, Lärchen in den Alpen, Fichten, Tannen und Felber (eine Weidenart). Wichtig erschien, daß sich die Bäume durch eine lange Lebenszeit auszeichneten, auch wenn sie keine stattliche Höhe erreichten, wie der kleinwüchsige Faulbaum (Rhamnus frangula) an der böhmischen Grenze oder die Ebereschenarten Vo-

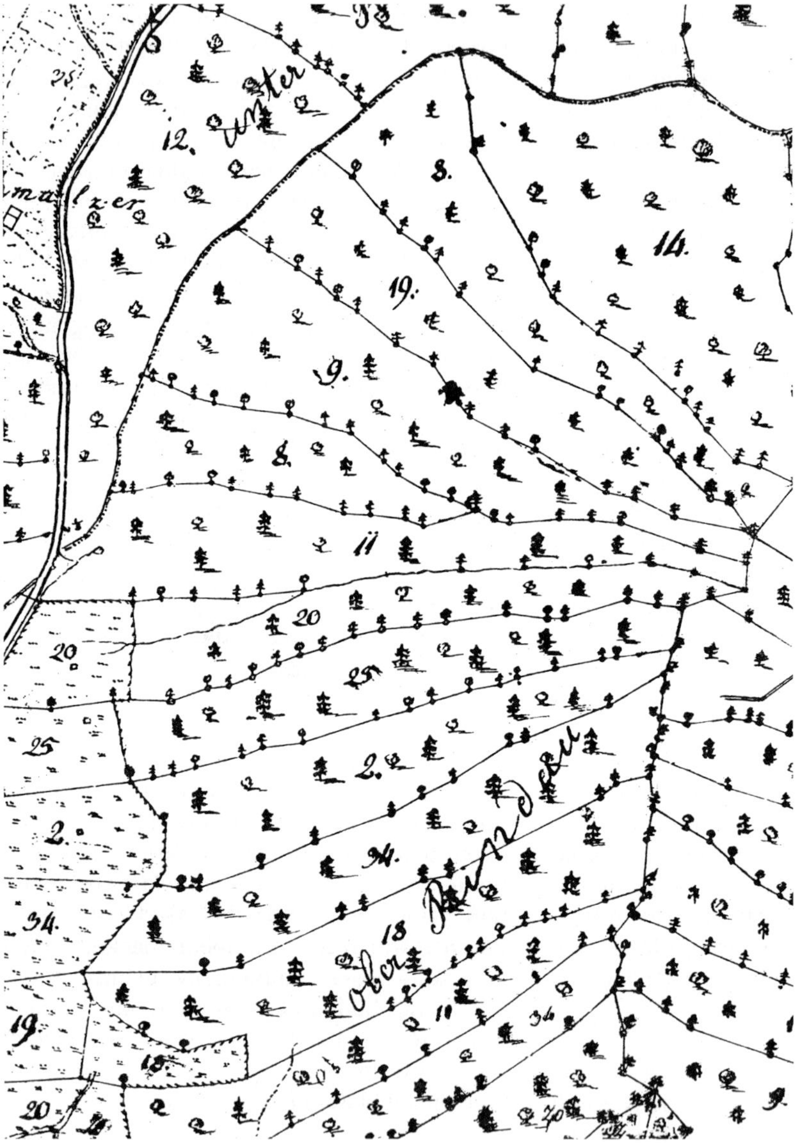

Grenzmarkierung mittels Bäumen
Bei der Landesaufnahme für das Kataster dienten in Gebirgswäldern vornehmlich Bäume als Grenzmale. Wie diese »Markbäume« gekennzeichnet waren, konnte nicht ermittelt werden. Nur so viel steht fest, daß dem Grundstück zugewandt jeweils die Hausnummer des Eigentümers angeschrieben sein mußte. In der Flurkarte zeigt ein kleiner Kreis unter der Baumsignatur den Grenzpunkt an.
Flurkarte 1:5000 SW 29-10; an der Straße Wallgau-Walchensee; Aufnahme 1812

gelbeerbaum (Sorbus aucuparia) und Speierling (Sorbus domestica) in Franken. Unter den Obstbäumen wurden der Birnbaum und im heutigen Oberfranken der Kirschbaum besonders häufig als Grenzbäume ausgewählt. In manchen Gegenden Frankreichs waren nur bestimmte Arten von Bäumen und Sträuchern als Grenzmarkierung, als »pieds corniers«, anerkannt, im Südwesten des Landes zum Beipsiel Quittenbäume und Weißdorn, in der Gegend um die mittlere Seine die Kopfweide, in der Normandie Obstbäume in einem Abstand von sieben Fuß von der Grenze (159).

Von den Grenzbäumen sollten nach einem von Jacob Grimm zitierten Autor kein Laub und keine Zweige gehauen werden, damit diese Bäume die anderen an Größe überragten und die Beachtung der Grenze gewährleisteten (160). Dies mag der landläufigen Auffassung entsprochen haben, wenn auch in den ländlichen Rechtsquellen hierfür keine Bestätigung gefunden werden konnte. Nachgewiesen ist hingegen in einzelnen Gegenden die Übung, Bäume durch einen besonderen Zuschnitt als Grenzbäume zu kennzeichnen. Um 1200 läßt zum Beispiel der Kölner Erzbischof nach seiner Entscheidung über die zwischen zwei Gemeinden südlich von Krefeld strittigen Waldanteile deren Grenze durch pfahlhoch gekappte Bäume sowie durch Gräben markieren (161). In Bauernwäldern bei Schweinfurt wurden Grenzbäume, meist junge Eichen, zu sogenannten »Urstöcken« zugeschnitten, indem die Krone in zwei bis drei Meter Höhe kupiert wurde; mit den zahlreichen Austrieben unterhalb der Schnittstelle ergab sich dann das einem Grenzbaum zugeschriebene charakteristische Aussehen (162). Markungsgrenzen im Wald sollen durch waagrecht gezogene Eichenbüsche bezeichnet gewesen sein (163). In Oberfranken galten »Ladstummeln« als Grenzmarkierung, vielleicht mißverstanden aus »Lachstummeln« (?), Bäume, an denen die Äste immer wieder abgehauen wurden (164). In der Bamberger Gegend wurden Eichen und Erlen zu Grenzbäumen »gezwieselt«, das heißt so gezogen, daß sie zwei Wipfel ausbildeten (164 a).

Grenzbaum (Lochbaum)
(Rotbuche) an der Grenze zwischen der Hohemark und der Kronbergermark im Hohen Taunus
Foto: Siegfried Rumbler, Frankfurt

Aus den bayerischen Staatsforsten wurde der »Lackbaum« verdrängt, seit die Forstverwaltung in der ersten Hälfte des 19. Jahrhunderts den gesamten Staatsforstbesitz systematisch mit großen Grenzsteinen vermarkte. Wie in dem besonderen Abschnitt über die Forstvermarkung noch gezeigt werden wird, wurde schon seit Beginn der Neuzeit mehr und mehr davon abgeraten, sich zur Bezeichnung der Grenze auf Lachbäume zu stützen, »weiln es damit gleichwoln in die Länge keinen Bestand hat / ist es viel besser / gewisse sichtbarliche Mark- oder Malstein an deren statt zu setzen«

Steinkreuz und Kreuzsteinformen
Zeichnung: Heinrich Riebeling, Frankfurt

(165). Verschiedene bayerische Katasterkarten aus der ersten Hälfte des vorigen Jahrhunderts weisen jedoch noch eine stattliche Anzahl von Grenzbäumen aus. Die preußische Landmesser-Instruction von 1755 untersagte Malbäume, »weil es eine gar zu missliche Sache, da unnütze Hände ofters welche nachmachen« (166).

Aus der Zeit, als der Lachbaum noch Gegenstand des Rechts oder Rechtsbrauchs war, ist offensichtlich die Bestimmung von § 923 Absatz 2 letzter Satz des Bürgerlichen Gesetzbuchs übernommen: Der Anspruch, wonach ein Grundeigentümer von dem Nachbarn die (gemeinschaftliche) Beseitigung eines Baumes auf der Grenze verlangen kann, ist ausgeschlossen, wenn der Baum als Grenzzeichen dient.

Steinkreuze und Kreuzsteine in Grenzpunkten

Die Deutung und Inventarisierung der Steinkreuze und Kreuzsteine findet seit längerem das besondere Interesse von Heimatforschern und Historikern (167). Der im Vergleich zum Steinkreuz seltenere Kreuzstein besteht aus einem stehenden Steinquader, etwa mit den Ausmaßen eines Grabsteins, in den auf der Schauseite ein großes Kreuz erhaben oder vertieft eingearbeitet ist.

Bei den Flurkreuzen von oft hohem künstlerischen Wert liegen Grund und Zweck ihrer Errichtung auf der Hand, nämlich religiöse Erbauung und Verehrung dieses christlichen Symbols, manchmal verbunden mit dem Gedenken an ein bestimmtes Ereignis. Solche Kreuze wurden seit dem Mittelalter vornehmlich an Wegrändern aufgesellt. Nach neueren Erkenntnissen ist meist ein Zusammenhang mit irgendwelchen Grenzen zu finden. Gelegentlich ist ein vorhandenes Feldkreuz auch erst nachträglich als Grenze bestimmt worden. So ist das »lange Kreuz« auf der Malser Haide im Vinschgau in einer Urkunde Kaiser Karls IV. vom Jahr 1348 als Grenze zwischen den Gerichten Naudersberg (Nordtirol) und Glurns (Südtirol) genannt (168).

Im ausgehenden Mittelalter kam dann für einige Zeit die Übung auf, u. a. Steinkreuze zur Bezeichnung von Grenzpunkten zu verwenden. An den Weichbildgrenzen vieler mitteldeutscher Städte standen im 15. Jahrhundert Steinkreuze, und zwar vornehmlich an den Punkten, wo eine Fernstraße auf die Burgfriedensgrenze traf (169). In dem Stadtteil Fuldas, der einst den Ort Lüdermund bildete, steht auf hohem Sockel jenes Kreuz, das auf Grund eines Vergleichs im Jahre 1383 an der Grenze der Fürstabtei Fulda zur Grafschaft Schliz errichtet worden ist (170). Auch in frühen rheinischen Weistümern sind Kreu-

Kreuzstein, der »Wurmbstein« genannt
bei Bogenneusiedl im nördlichen Weinviertel, einer der ältesten belegbaren Grenzsteine Österreichs, bereits um 1500 in Archivalien von Klosterneuburg genannt. Das Kreuz ist auf Vorder- und Rückseite eingemeißelt.
Der Wurmbstein wurde jährlich an Ostern mit den Jungbauern begangen und mit einem weißen Kalkfleck neu markiert. Er dient heute noch als Grenzstein.
Bild und Mitteilungen Ada Paul, Klosterneuburg

ze als Grenzvermarkung keine Seltenheit, in Westfalen »snatkreuze«, im Westerwald »schnaetkreuze« genannt. In der Gegend von Würzburg haben sich wappengeschmückte Grenzkreuze, teils beschädigt, bis in unsere Zeit herübergerettet.

Bei den älteren, meist roh behauenen Steinkreuzen und Kreuzsteinen ist oft nicht mit Sicherheit festzustellen, ob ein Grenzmal, ein Andachtskreuz oder etwa ein »**Sühnekreuz**« vorliegt. Der ursprüngliche Anlaß für die Aufstellung des Kreuzes ist vielfach durch Legendenbildung überdeckt. Das Sühnekreuz ist mit einem spätmittelalterlichen Rechtsbrauch verbunden. Eine überkommene archaische Rechtsanschauung, die noch bis ins Mittelalter nachwirkte, verpflichtete die Sippe eines Getöteten grundsätzlich zur Blutrache. Um aber die Kette des Tötens zu unterbrechen, hatte sich nach Tacitus (Germania Kap. 21) schon bei den vorchristlichen Germanen als Sühne für den Totschlag die Hingabe von Rindern und Kleinvieh eingeführt. Die zwischen den Familien des Getöteten und des Täters ausgehandelte Buße kam der ganzen Sippe

Steinkreuz, der »Gäulskopf« genannt
Grenzzeichen für das an die Grafen von Wertheim als würzburgisches Lehen vergebene Gebiet westlich von Würzburg, 16. Jahrhundert. Kopf und rechter Kreuzarm abgeschlagen. Ursprünglicher Standort Gemeinde Hettstadt, jetzt im Vermessungsamt Würzburg
Zeichnung: Josef Weigand, Würzburg

des Getöteten zugute und beendete die Feindschaft. Das christliche Mittelalter nahm diesen Rechtsbrauch auf. Die Strafrechtspflege, die regelmäßig erst auf Anklage eines Betroffenen tätig wurde, verhängte zwar auf vorsätzlichen Mord im allgemeinen die Todesstrafe, aber bei Totschlag im Affekt konnte der privatrechtliche Vergleich zwischen den Angehörigen des Getöteten und des Täters die Sache aus der Welt schaffen. Die Tat wurde durch Leistungen gesühnt, die im einzelnen einvernehmlich festgelegt wurden. In erster Linie bestanden diese in der Zahlung des »Wergelds« an die Familie des Getöteten. Mit der stärkeren Verwurzelung des Christentums kam das »Seelgerät« hinzu. Es bestand in Gebeten und in Wallfahrten – oft bis nach Rom, Aachen oder Santiago di Compostella – für das Seelenheil des ohne den Beistand der Religion jäh aus dem Leben Geschiedenen, ferner in Stiftungen und Spenden an Kirchen und Klöster, z. B. in Gaben von Wachs und Kerzen, und nicht zuletzt in der Bestellung von Seelenmessen. Seit dem Spätmittelalter schließlich enthalten so manche Sühneverträge auch noch die Verpflichtung des Täters, ein steinernes Kreuz als »Leibzeichen« anfertigen zu lassen und aufzustellen. Das Sühnekreuz erinnerte an die Tat und forderte den Vorübergehenden zu stillem Gebet für das Seelenheil des Toten auf. Deshalb wurden die Sühnekreuze vornehmlich an Wegen aufgerichtet, manchmal an Stellen, wo mehrere Wege zusammentrafen, oder auch an der Markungsgrenze, um die beiderseitigen Orte an der Sühne teilnehmen zu lassen (171). Zu einem guten Teil stehen die alten Steinkreuze heute nicht mehr an ihrem ursprünglichen Platz. Für die an Friedhofsmauern angebrachten Kreuze liegt manchmal der archivalische Nachweis vor, daß die Kreuze erst in späterer Zeit aus der Flur dorthin verbracht worden sind. Die Sühneverträge schreiben zwar manchmal Größe und Material der Kreuze vor, aber kaum etwas über den Ort der Aufstellung. Daß es etwa auch die Stelle der Tat sein konnte, wird lediglich durch Analogie zu den späteren Gedenksäulen und Marterln geschlossen. Auch die Legende verlegt gern eine Untat an den Ort, wo das Steinkreuz gerade steht. Wichtig war vor allem, daß die Sippen mit dem Vertrag zum Zeichen der Streitbeilegung Urfehde schworen, das heißt Wahrung des Friedens.

Die frühesten überlieferten Sühneverträge führen in das 13. und 14. Jahrhundert zurück. Das Aufstellen von Sühnekreuzen ist jedoch zumindest für Mitteldeutschland erst seit dem 14. Jahrhundert nachzuweisen (171a). Dort werden die Kreuze im Laufe des 15. Jahrhunderts etwas kleiner. Als Erklärung hierfür dient die Feststellung, daß die zunächst nur unter Adeligen und dem vermögenden Bürgertum übliche Form der Streitbeilegung schließlich auch von den weniger leistungsfähigen Bauern und Handwerkern aufgenommen wurde. Der Rechtsbrauch der vertraglichen Totschlagsühne erlosch nach der Mitte des 16. Jahrhunderts allmählich; denn nach dem Erlaß der Peinlichen Gerichtsordnung Kaiser Karls V. vom Jahre 1532 setzte sich nach und nach die Strafverfolgung von Staats wegen durch. Die außergerichtliche Einigung ließ sich jedoch nicht überall sogleich verdrängen. Karls V. Reichsgesetz beanspruchte ohnehin nur subsidiarische Geltung, soweit eben örtliches Recht nicht etwas anderes vorschrieb. Der privatrechtliche Sühnevertrag war zum Beispiel nach der Landesordnung für Württemberg vom Jahre 1621 immer noch zulässig. Mit der Einführung der Reformation war freilich zwangsläufig das »Seelgerät« weggefallen (171b).

Sühnekreuze haben in Europa weithin Verbreitung gefunden, von Norditalien bis Spanien, von Skandinavien über das Baltikum, über Polen und die Ukraine bis zum Kaukasus. Möglicherweise sind dies Gebiete, in die einzelne Elemente deutschen Rechtsdenkens eindrangen, im Osten insbesondere Magde-

Das »Löffelkreuz«
an der Straße Lülsfeld-Rimbach (östlich von Volkach a.Main), an der Flurgrenze, möglicherweise ein Sühnekreuz; rechts daneben ein Grenzstein
Die löffelförmige Vertiefung und die Rillen sind Schürfstellen aus der Gewinnung von Steinmehl, das wegen seines Mineralgehalts zu Heilzwecken verwendet wurde und als besonders wirkungsvoll galt, wenn es von einem Steinkreuz herrührte. Die Bedeutung der drei in den rechten Kreuzbalken eingeritzten Kreuzchen ist nicht geklärt.
Foto: Verfasser

Das Handkreuz im Elmwald
Westlich von Vohenstrauß (OPf) stehen an einer Wegekreuzung, dem einstigen Grenzpunkt zwischen den Herrschaften Leuchtenberg, Waldau und Tännesberg, das Steinkreuz und zwei weitere Grenzsteine, die heute noch die Grenze zwischen vier Gemarkungen bezeichnen. Alter vermutlich 14. oder 15. Jahrhundert, seit 1546 urkundlich erwähnt. Die eingemeißelte Hand auf dem Steinkreuz und den Grenzsteinen läßt mehrfache Deutungen zu, etwa Immunität oder Friedensgebot.
Foto: Rainer Schmeissner, Regensburg

burger Recht. In Landschaften mit rein romanischer Bevölkerung und Tradition scheinen Sühnekreuze nicht vorhanden zu sein. In Österreich sind sie selten, in der Steiermark und in Kärnten kennt man keine. Die meisten Steinkreuze und Kreuzsteine in Österreich werden als Grenzmale gedeutet (172). Auch andernorts tendieren manche Steinkreuzforscher dahin, in den frühen Steinkreuzen seltener Denkmale der Rechtspflege als überwiegend Zeugnisse spätmittelalterlicher Glaubensvorstellungen zu sehen. In ganz Europa sollen an die 7000 Steinkreuze inventarisiert sein.

Auf den alten Steinkreuzen und Kreuzsteinen sind häufig von ungeübter Hand bäuerliche oder handwerkliche Geräte dargestellt, vor allem Pflugschar und Sech (Pflugmesser), Reuthaue, Rodungshacke, Rebmesser, Beil, Axt, Hammer usw.; aber auch Schwert und Dolch kommen vor.

Den Dichter Hermann Löns (1866 – 1914) hat ein Kreuzstein zu dem folgenden Gedicht angeregt:

Es steht ein Stein am Wege,
Ein alter, grauer Stein;
Es grub in ihn der Steinmetz
Kreuz und Beil hinein.
Als Untatsangedenken
Er dort am Wege steht.
So meldet die Bauernkunde,
Die von dem Steine geht.

Grenzstein und Grenzpfahl – nach antikem Vorbild oder ohne fremden Einfluß?

Die von der Natur angebotenen Hilfen, Grenzen festzulegen und zu beschreiben, sowie die einfacheren künstlichen Mittel, sie örtlich zu bezeichnen, wie Gräben, Zäune, Grenzbäume usw., sind unzulänglich und zum Teil vergänglich. Das Bemühen um eine möglichst dauerhafte und gut sichtbare Markierung der Grenze mußte zwangsläufig zum Grenzstein und Grenzpfahl führen. Die Befürworter der Grenzvermarkung mittels Steinen wußten gegen die natürlichen Arten der Grenzbezeichnung eine Reihe von Argumenten, zum Teil vielleicht Scheinargumenten vorzutragen: Hecken würden dem Boden rundum Nährstoffe und Feuchtigkeit entziehen und zur Vermehrung von vielem Ungeziefer beitragen. Raine böten den Mäusen und Maulwürfen vornehmlich im Winter ein günstiges Quartier. Gräben würden durch Regengüsse verschüttet. Holzzäune verstockten und erforderten Reparaturen und reichlich Holz, was zumindest für holzarme Gegenden untragbar sei.

Die Hinwendung zu Grenzstein und Grenzpfahl für die Grenzmarkierung zeigt in den verschiedenen Regionen und Kulturkreisen kaum gegenseitige Beeinflussungen oder Abhängigkeiten. Jacob Grimm bezeichnet das Phänomen gleichartiger oder ähnlicher Entwicklungen an mehreren Stellen als »Urverwandtschaft« (173). Wenn also unsere künstlichen Hilfsmittel zur Markierung auch schon bei den Römern verwendet und im Schrifttum dargestellt wurden, so muß n i c h t zwingend gefolgert werden, daß Mitteleuropa auch in dieser Hinsicht bei den Römern in die Schule gegangen sei. Die deutsche Sprache weist auch keine Fremd- oder Lehnwörter auf, die auf eine Übernahme römischer Verfahrensweisen schließen ließen. Vielmehr sind deutsche Wörter, die mit der Grenzvermarkung zusammenhängen, in das Neulatein des Mittelalters übersetzt worden, wie zum Beispiel »marca« für Mark oder »lacha« für Lache. Das Mittelalter hat von den Römern ja auch nicht deren Methode des Landmessens noch das hierfür typische Gerät zum Abstecken rechter Winkel, die Groma, übernommen. Seit der Zeit der Renaissance setzte man die von den Griechen in der Theorie begründete, von den Römern nicht weiterenwickelte Geometrie in die Praxis des Feldmessens um.

Monolith
in einer Wiese bei Polling (Oberösterreich);
Zweck und Bedeutung des etwa 1,9 m hohen Steines und der Bohrung im Oberteil unbekannt
Foto: W.F. Ziedek, Aspach

Auch mit den Menhiren verbindet die Grenzsteine keinerlei Verwandtschaft. Menhire und Stelen aus dem Ende der Jungsteinzeit begleiten eine frühe Menschheitskultur, die von Südrußland und der Türkei über den Balkan, Mittel- und besonders Westeuropa bis England und bis auf die iberische Halbinsel verbreitet war. Unter den rätselhaften Menhiren versteht man vorgeschichtliche, von Menschenhand aufgerichtete, längliche Steinblöcke, bis zu mehreren Metern hoch, manchmal bearbeitet oder mit einer Zeichnung versehen. Die Schöpfer dieser Monumente haben ihr Geheimnis mit ins Grab genommen, und so wissen wir nicht, mit welchen technischen Mitteln diese Megalithleute Felsblöcke über weite Strecken bewegten und dann aufrichteten und welche religiöse oder profane Bedeutung sie den Steinmalen zuschrieben.

Grenzstein und Grenzpfahl dienten im Mittelalter zunächst zur Fixierung besonders repräsentativer Grenzpunkte. Dazwischen folgte die Grenze den vielfachen Windungen, die von Bodenformen, Kulturgrenzen, Wegen, Gewässern usw. vorgegeben waren. Als aber die zunehmende Perfektion in Bewirtschaftung und Verwaltung nach Möglichkeiten verlangte, den Grenzverlauf von Punkt zu Punkt zu definieren und mit Grenzmarken zu versehen, wurde, wie oben schon dargelegt wurde, das wechselnd gekrümmte Kontinuum der Grenze in eine Folge von Geraden aufgelöst. An die Stelle der Natur war die Geometrie getreten, das Zusammenfallen der Grenzlinie mit natürlichen Gegebenheiten oder auch künstlichen Einrichtungen, wie Zäunen, Mauern oder Gräben, war durch punktuelles Vermarken in einem Streckenzug ersetzt.

Der Grenzpfahl

Grenzpfähle aus Holz sind im deutschen Sprachraum dort, wo Grenzpunkte weithin sichtbar gemacht werden sollten, vermutlich schon früher aufgestellt worden als Grenzmale aus Stein. Das Wort »Pfahl« ist für die Holzbautechnik dem Lateinischen (palus, i) entlehnt; der Grenzpfahl (lateinisch stipes) hatte bei den Römern nicht die Bedeutung erlangt wie später im waldreichen Mitteleuropa. Grenzpfähle aus Holz sind hier vornehmlich in Landschaften, denen es an bearbeitbaren Gesteinsarten mangelte, zur vorherrschenden Vermarkungsart geworden. In den Niederlanden sind zahlreiche mit Inschriften oder Wappen versehene Grenzpfähle erhalten, die zum Teil bis in das 18. Jahrhundert zurückreichen. Pfähle waren dort, wie eine neuere systematische Bestandsaufnahme zeigt, selbst bei Hoheitsgrenzen mindestens so häufig wie Grenzsteine (174). Auch am deutschen Niederrhein und im Münsterland überwog selbst an den Territorialgrenzen lange Zeit der Grenzpfahl. Seit dem 18. Jahrhundert wurden die Pfähle mehr und mehr durch behauene Steine ersetzt. An den Privatgrenzen setzten sich Grenzsteine erst im 19. Jahrhundert durch.

Pfähle oder Pflöcke dienen seit jeher zur Signalisierung und Vorweisung ermittelter oder neu festgelegter Grenzen. Im Hochstift Fulda begnügte man sich im 18. Jahrhundert auch bei der Verteilung von Gemeindegründen mit einer einfachen »Abpfählung« der Grenzen (174a). Grenzsteine waren in dieser Region noch nicht üblich, als Grenzmarkierung bildete sich im Laufe der Zeit der grasige Rain zwischen den Feldern.

Für die Grenzpfähle wird seit jeher möglichst dauerhaftes Holz verwendet, vorzugsweise Eiche. Die in den Erdboden einzubringende Spitze des Pfahls wird zum Schutz gegen Fäulnis angekohlt oder heute mit chemischen Mitteln präpariert. Früher trugen die Grenzpfähle manchmal ähnliche Zeichen wie die Grenzbäume, zum Beispiel ein Kreuz in Form eines X, drei Kreuze oder auch beiderseits ein Kreuz mit einem Loch in der Mitte. Grenzpfähle wurden in früherer Zeit manchmal auch in der Weise hergestellt, daß lebende Bäume etwa mannshoch abgeschnitten und entästet wurden. In Norddeutschland und in Polen wurden Grenzpfähle häufig unter der Erde mit einem Querholz versehen (175). Im österreichischen Burgenland wurden noch bei der 1927 begonnenen Neuvermessung die Grenzen zum Teil mit Weißdornpfählen vermarkt. Im allgemeinen werden heute Grenzpfähle nur noch in Feuchtgebieten angewandt, wo Grenzsteine nicht genügend Halt finden würden.

Der Grenzpfahl heißt in älteren Texten Württembergs »stickel«, »stotzen« oder auch »louchen« (176). Wo die Bezeichnung »stecken« oder »stock« gebräuchlich war, wurde die Grenze »gestockt«.

War mit dem Grenzpfahl ursprünglich die Materialvorstellung Holz verbunden, so ist das Wort »Pfahl« hiervon losgelöst mehr zum Begriff einer bestimmten Form geworden. In diesem Sinn ist die Sprechweise »jenseits der Grenzpfähle« zu verstehen, wenn heute die Grenzpfähle aus Stein gefertigt sind.

Gegen Ende des Mittelalters markierte in einzelnen Fällen ein **Pfahl aus Eisen** eine Gerichtsgrenze. Markenbeschreibungen aus dem Untermaingebiet führen ein »eysern pfal« in der Gegend von Klingenberg auf (177) sowie einen »eisern phaal« an einer mainzischen Grenze in der Wetterau bei Hanau (178). Eine hohe vierkantige Eisensäule, der »eiserne Mann«, steht oder stand als Grenzzeichen an der Grenze des Kreises Bonn zum Kreis Rheinbach zwischen Gielsdorf und Heimerzheim (179). In Kärnten schied ein »eiserner Wecken«, ein nach den Enden sich verjüngender Eisenpfahl, westlich von Spittal die Gerichtsbezirke Greifenburg und Lind (180). Eisenstangen mit einem Männchen auf der Spitze waren noch im 17. und 18. Jahrhundert am Niederrhein und in der Eifel als Grenzzeichen anzutreffen (181). Der »eiserne Pfahl« auf dem Turm der Heidelberger Neckarbrücke diente der Zentallmende Schrießheim, einem großen, mehreren Gemeinden gemeinsamem Waldgebiet nördlich des Neckars, als Grenzmal. Da unsere Zeit die Bedeutung solcher, einsam im Gelände stehender alter Wahrzeichen nicht mehr verstand, konnte die pseudo-wissenschaftliche, phantastische Vorstellung aufkommen, Wesen aus dem Welt-

Bild rechte Seite:
Frühformen der Grenzvermarkung
Nach S. Moen, Grensemerker, 1983

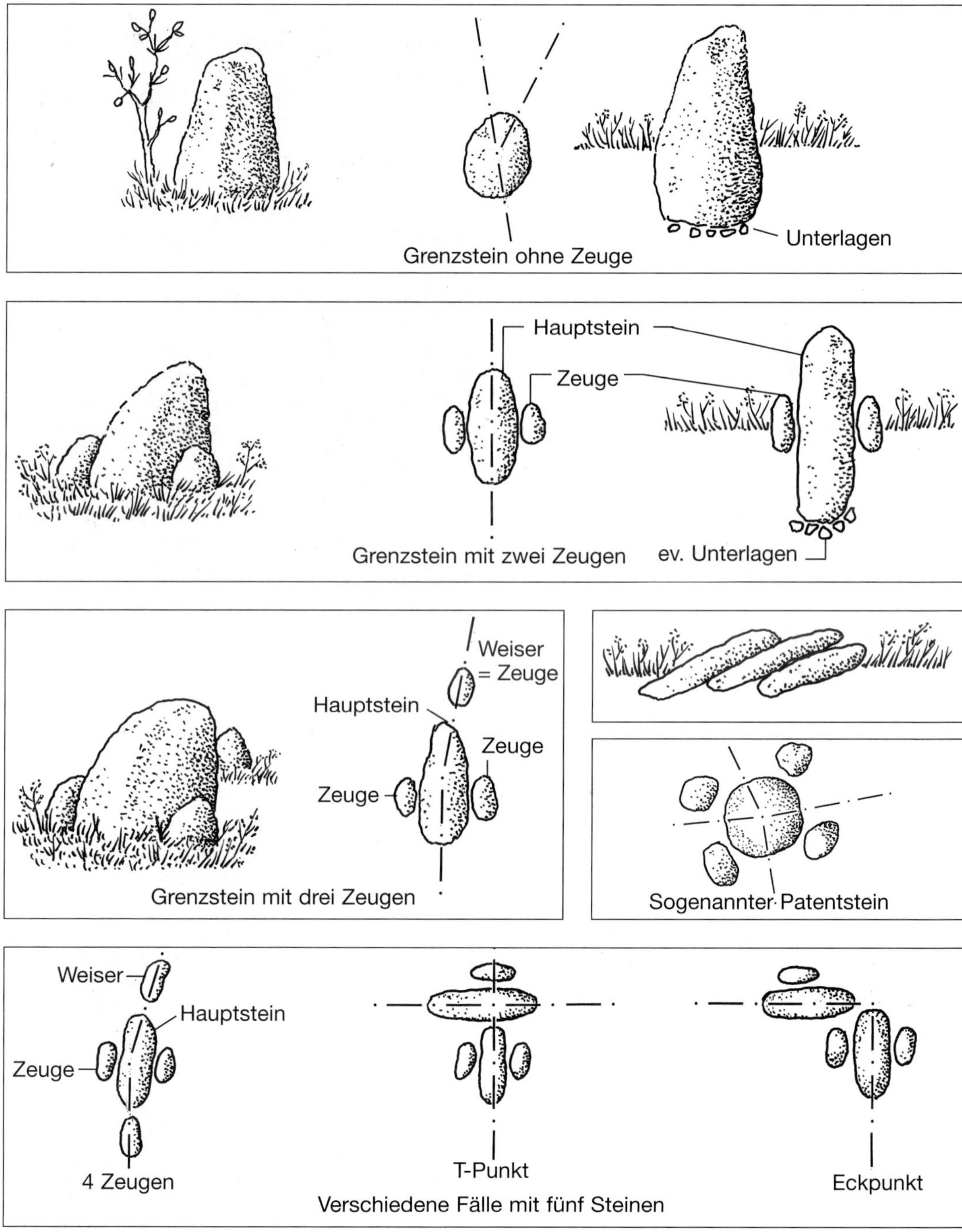

Frühformen der Grenzvermarkung
Nach S. Moen, Grensemerker, 1983

raum hätten bei einem Besuch auf unserer Erde diese Visitenkarte hinterlassen.

Als Sonderform des Grenzpfahls ist wohl der »**Bagstall**« anzusehen (182). Bagstall heißen in Niederösterreich und im Burgenland Pfähle oder »beigestellte« Pfosten, die in einem Zaun eine exakte Markierung einzelner Grenzpunkte darstellen. Der erste Teil des Wortes Bagstall (183) ist auch in dem Wort »Bagstein« enthalten; so wurde der Stein genannt, der zänkischen oder aus sonstigen Gründen zu bestrafenden Frauen um den Hals gehängt wurde (184). Steinetragen war eine den Betroffenen demütigende Strafe, die seit dem späten Mittelalter oft für kleinere Vergehen verhängt wurde. Der Wortteil »stall« ist mit dem Wort »Stelle« verwandt und auch in Wörtern wie Burgstall oder Marstall enthalten. Der indogermanischen Wurzel wird die Bedeutung Ständer oder Pfosten zugeschrieben (185.)

Der Grenzstein

Einen unter höheren Schutz gestellten, geheiligten Friedensbereich mit Steinen gegen die Außenwelt abzuschließen, war gesamteuropäische Kulttradition. Wenngleich Kirche und König am Beginn des Mittelalters gegen den altgermanischen Steinkult ankämpften, so war doch der Rechtsbrauch nicht zu unterdrücken, wonach jener Platz jeweils abgesteint wurde, wo das Ting abgehalten, Recht gesprochen und gemäß germanischem Volksrecht der Zweikampf ausgetragen wurde (186).

Mit Steinen konnten auch sonstige Rechtsbereiche abgegrenzt werden, sobald eine Grenze erst entstanden war. Über den Schutz von Grenzsteinen enthalten schon die frühen Volksrechte und später dann die mittelalterlichen Rechtssammlungen einige wenige Sätze. Aber darüber, daß etwa Grenzsteine gesetzt wurden, sind nur äußerst spärliche Quellen aus den Siedlungs- und Eroberungsgebieten

Zent- und Jagdstein (zu Seite 95)
an der Grenze zwischen dem Hochstift Würzburg und dem Herzogtum Sachsen-Coburg
Die Grenze verläuft über den großen Mittelstein, die Nebensteine stehen auf würzburgischem bzw. coburgischem Gebiet.
Beschriftung der Nebensteine auf der Innenseite: W (= Würzburg) Zent vnd Wildban. S (= Sachsen) zent vnd Wildban 1599
Auf der Außenseite trägt der eine Nebenstein die nämliche Beschriftung, der andere ein vermutlich später aufgebrachtes H mit eingeschriebenem v (nicht gedeutet).
Die Steine sind vermutlich wesentlich älter als die Beschriftung.
Foto: Karl Tilch, Bad Neustadt a.d.S.

der Franken während der Karolingerzeit greifbar. Die frühen Aufzeichnungen geben in keiner Weise Aufschluß über Gestalt oder Größe der Grenzsteine. Da auch kaum Grenzsteine aus dieser Frühzeit auf uns gekommen sein dürften, soll der Versuch unternommen werden, aus Geschichtszeugnissen vergleichbarer Länder Schlüsse für das deutsche Siedlungsgebiet zu ziehen. Die große Ähnlichkeit in der Überlieferung ältester Rechtsanwendung zeigt, daß sich die verschiedenen germanischen Völkerschaften in Rechtsbrauch und Rechtsdenken ursprünglich sehr weit glichen. Diese Übereinstimmungen von Skandinavien bis zu den Alpen berechtigen, aus den Rechtsbräuchen des einen Stammes mit der gebotenen Vorsicht auf Entsprechungen bei verwandten Stämmen zu schließen. In bestimmten Fragen sind es nun vor allem skandinavische Quellen, die zur Aufhellung des frühen Mittelalters in Deutschland beizutragen vermögen, so auch hinsichtlich der Gestalt von Grenzmarken. Als Beispiel darf das älteste Gesetz zur regionalen Gliederung Norwegens, das Gulatingsloven, herangezogen werden, das unter dem Einiger und ersten König des Landes, Harald I. Hårfagri (Schönhaar), um 900 erlassen wurde. Dieses Gesetz bestimmte, daß die Grenzzeichen bei der Teilung eines Grundbesitzes aus einem großen Hauptstein und zwei kleineren Steinen beiderseits des Hauptsteins, den »Zeugen« (vitne, lyrit), bestehen sollten. Die beiden Nebensteine »bezeugten«, daß der Hauptstein nicht zufällig dort steht, sondern als Grenzstein dorthin verbracht ist. Die gleiche Bestimmung ist in der ersten Aufzeichnung des norwegischen Landrechts von 1274 zu finden. Die urtümliche, rohe Form der Grenzsteine mit ihren Trabanten ist heute noch in Norwegen zu finden (187). Zusätzliche Zeugen können als »Weiser« unweit des Hauptsteins in die Grenzlinie eingesetzt sein. Im Bett des Hauptsteins finden sich manchmal eingestreuter Kies oder andere Identifizierungsmerkmale. Im übrigen hat sich in Norwegen ein Grundzug der frühgermanischen offenen Siedlungsweise ins Extrem gesteigert. Ernst Jünger beschreibt dies auf Grund der Eindrücke aus seiner Norwegenreise (1935) in Myrdum (1943), nämlich daß beim Norweger die Sitte bestehe, *»erst die größtmögliche Entfernung von jeder Nachbarschaft zu ermitteln, bevor er den Grundstein seines Hauses legt.«* Wie in Norwegen hatte auch in Schweden und in Island ein einzelner Stein keine Beweiskraft. Wenn nicht weitere Steine, so mußte wenigstens ein Pfahl dem Grenzstein beigegeben sein. Die Regel waren aber auch hier drei oder in Winkelpunkten sogar fünf weitere Steine (188).

Der »große Markmann«
auf der Grenze des Gemeindewalds von Schmalach bei Ansbach – Höhe 1,4 m. Entstehungszeit und -Anlaß unbekannt.
Foto:Hans Jakob, aus 102. Bericht des Historischen Vereins für die Pflege der Geschichte des ehemaligen Fürstenthums Bamberg 1966 S. 57

Der »kleine Markmann«
etwa 400 m vom Großen Markmann, Höhe 85 cm
Foto: Hans Jakob

In Schweden schrieb ein Landesgesetz vom Jahre 1734 vor, daß die Grenzzeichen der Dorfmarkungen aus fünf Steinen bestehen müssen, einer im Mittelpunkt und vier weitere kreuzförmig um diesen Mittelpunkt. Der »Herzstein« sollte 1 1/2 Ellen hoch und unterirdisch durch eine Steinplatte versichert sein. Außerdem sollte in der Grenzlinie in einer Entfernung von 10 Ellen vom Grenzpunkt ein weiterer Stein die Richtung der Grenze weisen (189). Dieses Gesetz erhob zur Rechtsnorm, was im wesentlichen wohl schon lange vorher allgemeiner Brauch gewesen sein mag. In längere Grenzen wurden Läufer zwischengeschaltet.

In Frankreich, wo es bis heute keine gesetzliche Regelung über die Vermarkung der Grenzen gibt, sondern nur örtliches Herkommen gilt, ist bis vor nicht zu langer Zeit die Vermarkung ebenfalls durch einen Hauptstein mit zwei kleineren flankierenden Nebensteinen vorgenommen worden, *»weil sie anzeigen, daß die großen Steine Grenzsteine sind und nicht gewöhnliche Steine, die rein zufällig da stehen«* (190). Die Vermarkung wurde von beigezogenen Sachverständigen protokolliert, wobei die Grenzen und der Standort der Grenzsteine möglichst genau beschrieben werden sollten. Das Protokoll wurde von den Beteiligten unterzeichnet oder sogar von einem Notar beurkundet und gewöhnlich einem Notar zur Verwahrung übergeben.

Diese Beispiele legen den Schluß nahe, daß auch in Mitteleuropa die Grenzsteine bis ins Hochmittelalter aus einem Hauptstein und einem oder mehreren Zeugensteinen bestanden haben müßten. Für einen solchen Brauch gibt es zwar keine unmittelbaren Beweise, aber doch Hinweise. Das Untergangsgericht des Dorfes Weiler (östlich von Stuttgart) beschreibt, wie es einen Grenzpunkt vermarkt: »wann wir ein stein setzen, hawen wir ein Creitz daran, vnnd legen vier stein darzue, zue ainer Zeugnus, vnnd verschlagen die stein, das sie sich wider zusammen schickhen, vnnd wann zween Nachburen ein stein setzen wöllen, zwischen zween stein, so setzen wir Inen auch ein stein, das Ist vnnser brauch« (191). In der Südwestecke des Coburger Landes an der früheren Grenze des Herzogtums zum Hochstift Würzburg (sw. Watzendorf) steht ein Cent- und Jagdstein, dem auf dem Boden der beiderseitigen Grundstücke je ein kleinerer Begleiter beigesellt ist (192). Der Stein trägt zwar die Jahreszahl 1599, ist aber wohl erheblich älter; denn andere Centsteine in demselben Grenzverlauf und mit derselben Jahreszahl sind gänzlich anders gearbeitet, eben in der Form, wie sie um 1600 üblich war. Ein Zeugnis aus späterer Zeit ist das Protokoll über die Feststellung einer Waldgrenze am 9. April 1704 in einer sächsischen Gemeinde in der Gegend von Stolberg. Die dort aufgedeckten Steine glaubte man als Grenzsteine aus folgender Situation erkennen zu können: Ein langer Kieselstein war mit der Spitze nach unten eingegraben und war flankiert von zwei kleineren, ebenfalls mit der Spitze nach unten gerichteten Steinen als »Zeugen« (193). Im übrigen konnte die interessante Beobachtung gemacht werden, daß in früher Zeit die dem Grenzstein zugeordneten Zeugensteine, sei es daß sie sichtbar oder auch unterirdisch angebracht waren, in Richtung auf die vermarkten Grundstücke eingesetzt wurden und nicht, wie dann später meist, in die Grenzrichtung.

Ist es schon schwierig eine Vorstellung zu gewinnen, wie die wenigen Grenzsteine des Früh- und Hochmittelalters ausgesehen haben mögen, so steht die Forschung erst recht bei so manchem Steinmal aus früh- oder vorgeschichtlicher Zeit vor einem schier unlösbaren Rätsel. Dazu gehören zum Beispiel zwei stark angewitterte Sandsteinsäulen unweit von Ansbach (194). Sie standen sicher schon Jahrhunderte an ihrem Platz, ehe sie erstmals in einem überlieferten Dokument erwähnt wurden. Auffallend ist die an eine menschliche Gestalt erinnernde Form, weshalb der Volksmund den beiden Steinmonumenten die Bezeichnungen »Großer« und »Kleiner Markmann« gab. Vielleicht sollte die merkwürdige Gestalt auf die im Dämonenglauben befangenen Menschen ihrer Zeit abschreckend wirken. Möglicherweise dienten die »Markmänner« als Grenzzeichen, sollen doch die Franken an den Gaugrenzen die bedeutsamen Punkte, die nicht schon aus der Topographie heraus klar ansprechbar waren, mit Säulen bezeichnet haben. Die Steinsäulen könnten schließlich auch der Markierung einer Altstraße gedient haben. Dies läßt sich aber ebenso wenig beweisen wie die Annahme, es müsse einst eine größere Anzahl solcher bis auf das 8. Jahrhundert zurückgehenden Säulen mit menschenähnlicher Gestalt gegeben haben. Wenn sie heute nicht mehr vorhanden seien, so könnten sie sich möglicherweise durch Urkunden- und Flurnamenforschung nachweisen lassen (195).

Aus den Aufzeichnungen der frühmittelalterlichen Volksrechte und aus den Rechtssammlungen des Hochmittelalters muß geschlossen werden, daß Grenzsteine im Mittelalter eine durchlaufende Tradition haben. Aber in den Markbeschreibungen konnten zwar gelegentlich Markhügel und Markgruben, aber bis zum 13. Jahrhundert keine »Marksteine« gefunden werden. Wenn ein »Stein« als Definition eines Grenzpunktes vorkommt, so stets in Verbindung mit einem Eigennamen, zum Beispiel »Moruhhesstein« in der Ersten Würzburger Grenzbeschreibung (um 779) als Stein an der Besitzung eines Moruch; dabei wäre das Grundwort »Stein« wie in vielen Berg- und Burgennamen als Fels, Steinblock oder Gipfel zu deuten. Entsprechendes wird auch für den »Phaphenstein Einhardi« in der Grenzbeschreibung für die Mark Michelstadt im Odenwald anzunehmen sein; Einhard hat für seine Schenkung an die Abtei Lorsch (bei Darmstadt) im Jahre 819 die Grenzen in der damals üblichen Form beschrieben (195 a). Im Fränkischen wurde als Bezeichnung für einen Felsblock in der Grenze des öfteren der Name »Karlstein« (»lapis Caroli«) vergeben. In eine frühere Zeit verweist der Name »Bett der Brunhilde« oder »Brunhildenstein« für einen Grenzblock auf dem Großen Feldberg im Taunus (196). Wenn 1305 für die Grafschaft Werdenfels (Partenkirchen, Mittenwald) in der ersten Markungsbeschreibung ein »Stein« bei Seefeld angeführt ist, so kann es sich möglicherweise um einen römischen Meilenstein der Straße Augsburg–Partenkichen–Brenner handeln (196 a).

Der Rechtsbrauch, Steine roh oder bearbeitet in eine Grenze als Markierung einzubringen, ist noch im Hochmittelalter nur äußerst selten bezeugt (196 b), er wird erst seit dem 13. Jahrhundert deutlicher sichtbar. Er führt sich wie die meisten fortschrittlichen Neuerungen zuerst an Rhein und Untermain ein. Für die Rheinpfalz werden schon im Jahre 1217 Grenzsteine bezeugt. Um diese Zeit hatte das Ringen um klarere Abgrenzungen der Hochgerichtsbezirke eingesetzt. In einigen Weistümern ist in diesem Zusammenhang ausdrücklich geregelt, daß bei einem Totschlag an der Gerichtsgrenze für die Aburteilung des Täters derjenige Gerichtsherr zuständig sei, auf dessen Gebiet der Getötete gefallen war. Das Problem Grenze drang etwa gleichzeitig in den Interessenbereich der wirtschaftenden Landbevölkerung ein. Landesausbau und Bevölkerungswachstum, das Aufblühen der Städte sowie Stadtgründungen leiteten einen grundlegenden sozialen Wandel ein. Nachdem in vielen Gegenden die bäuerlichen Familien in größere Dörfer mit festen Ordnungen umgesiedelt waren, erwachte vor allem in den Gegenden mit hoher Siedlungsdichte das Interesse an einer sorgfältigen Vermarkung der Straßen und Wege sowie der Allmende. Gemeinsame und private Nutzungsrechte sollten deutlich geschieden und vor Übergriffen gesichert sein. Außerdem grenzten die Dörfer ihr Gebiet gegeneinander ab.

Im Laufe des 14. und 15. Jahrhunderts setzte vornehmlich an Hoheits- und Rechtsgrenzen die Vermarkung mit Grenzsteinen ein, von denen sich einige wenige in unsere Zeit retten konnten. Aber auch in Grundstücksgrenzen wurden schon allmählich Steine gesetzt. Da von den Grenzsteinen in der Feldflur jener Zeit kaum welche erhalten blieben, sind wir hier wie im Hochmittelalter noch auf schriftliche Zeugnisse angewiesen. Im Gegensatz zum Hochmittelalter sind die Quellen nun überwiegend schon in deutscher Sprache abgefaßt. So verkaufte das Birgittenkloster Gnadenberg (LKr. Neumarkt i. d. Oberpfalz) 1444 eine »holtz margk . . . die vmbfangen vnd ausgesteint vnd bezeichent sein« sollte und im gleichen Jahr 1/2 Tagwerk »witsmats grunt vnd pöden verreynt vnd versteynt « (196 c). Das Benediktinerkloster Michelfeld (südöstlich von Pegnitz) veräußert 1455 das Gut Rubenstein, das »vnderstockt vnd vndersteinet ist« . . . »vnd sie sollent nit wyter (weiter) raumen oder greiffen dann als da ytzo vermarckt vnd versteinet ist« (196 d). In Verträgen über Hofübergaben und sonstige rechtsgeschäftliche Übertragungen von Liegenschaften sind mit zunehmender Häufigkeit zumindest seit Beginn der Neuzeit Zusicherun-

Grenzstein
unbestimmbaren Alters, etwa 80 cm hoch, in der Markung von Trennfeld am Main (westl. von Würzburg). Von dieser Gestalt muß man sich wohl die frühesten Grenzsteine vorstellen. Die Beschriftung stammt aus jüngerer Zeit.
Foto: B. Kuhn

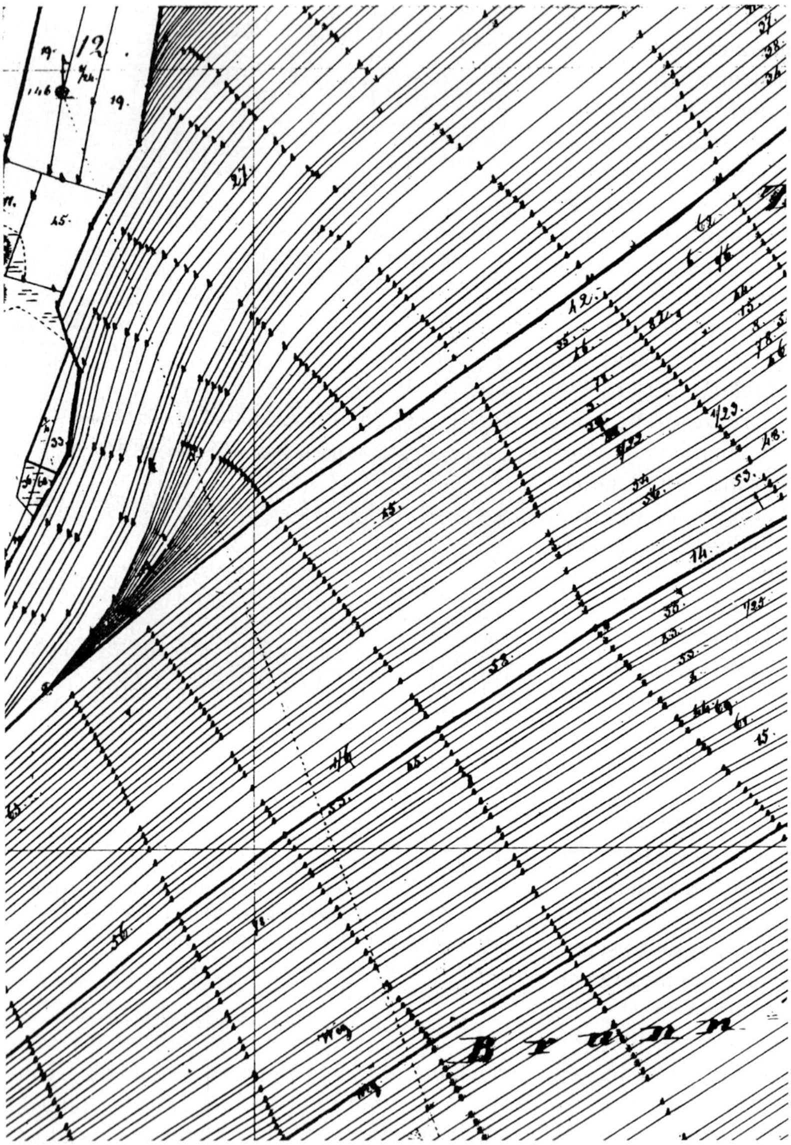

Sehr dicht vermarkte Feldflur
Die Kreise mit Häubchen bedeuten Grenzsteine, großenteils in »Steinlinien« angeordnet.
Flurkarte 1:2500 NW 84-65d Gemarkung Marktheidenfeld (westl.von Würzburg); Aufnahme 1846. Die Zahlen geben die Hausnummern der Eigentümer an.
(Abbildung verkleinert)

Feldflur ohne Grenzvermarkung
Gemarkung Althegnenberg, Lkr Fürstenfeldbruck (ObBay); Flurkarte 1:5000
NW 6-10 um 1810
(Abbildung verkleinert)

gen wie die folgenden zu lesen: »Unterstockt und untersteint« (von der Pfalz bis Franken), »verraint, versteint und unterstockt«, »versteinet und vermalet« (196e), »zu Dorf, Feld, Wismat, und Holzwachs ordentl. verrheint und versteint« (196f), »allermassen solcher (der Hof) zu dorff und veld ordentlich verrainth und verstaint ist« (196g), »in reinen, steinen und mahlen richtig halten« (196h). Nach dem kurpfälzischen Landrecht in der Fassung von 1700 war bei der Vergabe eines Hofs auf Erbleihe die Verbriefung bei Gericht oder beim Amtmann gefordert sowie die Beschreibung nach den »anstossenden Nachbarn / Reinen / Steinen / und sonsten« (196i). In besonderen Fällen wurde wohl auch einmal eine ganze Gruppe kleinerer Parzellen gleicher Nutzungsart insgesamt mit Marksteinen umsäumt. So wurde beim Dorf Mödingen (bei Lauingen) die Krautgärtenlage der Dorfbewohner auf behördliche Weisung in Anwesenheit zahlreicher Behördenvertreter, der Vierer und von Mitgliedern des Gerichts »verzeichent und vermarckht mit steinen« (196k).

Im 16. Jahrhundert kommt in wirtschaftlich entwickelten Gebieten die Versteinung von Grenzen jeder Art zu größerer Verbreitung. Der Grenzstein tritt, wie schon erwähnt, an die Stelle des Grenzbaums und seiner Kerbe oder zumindest neben ihn. Grenzverträge und die erhaltenen Grenzsteine bezeugen dies für herrschaftliche und Ortsgrenzen. Belege für die Vermarkung in der Feldflur sind in den Tagebüchern der beeideten Grenzsteinsetzer enthalten. Zum größeren Teil sind diese interessanten Aufzeichnungen aber erst im 17. und 18. Jahrhundert begonnen worden.

Längstens am Beginn der Neuzeit müssen sich Grenzsteine auch in der bebauten Ortslage der Dörfer eingeführt haben, wo zunächst nur Zäune, Hecken, Hauswände und Mauern die Grenzen sichtbar machten. Einen Autor aus dem Beginn des 17. Jahrhunderts veranlaßt dies zu der Bemerkung, daß »heutigs Tags die Häuser offtermals durch Marckstein von einander abgesondet seyn / darüber die Untergänger zuerkennen haben« (196l).

Im 17. Jahrhundert fügte der 30jährige Krieg dem Wirtschaftsleben schwerste Rückschläge zu. Erst am Ende des Jahrhunderts und in dem folgenden erholte sich das Land allmählich. Die Neuorganisation durch die Obrigkeit und aus der Mitte der Dorfbewohner selbst sorgte für Wiederherstellung der Ordnung in der Flur, die unkenntlich gewordenen Grenzen wurden wiederhergestellt und vermarkt.

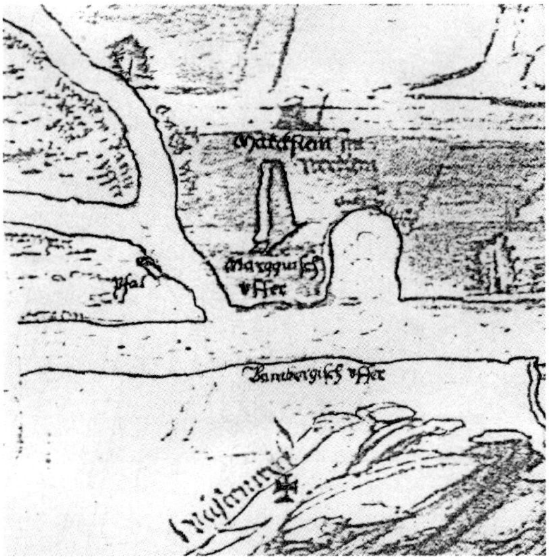

Grenzmale um 1550
am Roten Main bei Mainleus westlich von Kulmbach, dargestellt auf einer Karte (vergrößerter Ausschnitt)
Die Anlieger am Fluß, nämlich der Markgraf von Kulmbach-Bayreuth, das Hochstift Bamberg und die Herren von Künsberg hatten ihre Fischereirechte gegenseitig abgegrenzt. In der Mitte des Kartenausschnitts der rohe, plattige, kaum bearbeitete »Marckstein im Werdlein«, links davon am anderen Ufer ein Grenzpfahl, am unteren Bildrand an dem plattigen »Wüstenperck« eine Felsmarke.
Karte von Wolf Keller; Lit. Hans Vollet, Weltbild und Kartographie im Hochstift Bamberg; Kulmbach 1988; S. 47

In der Art, wie die Grenzen bezeichnet wurden, weisen die Regionen jedoch große Unterschiede auf. Auf Grund der örtlichen Besonderheiten blieben in Schleswig-Holstein, im deutschen Osten und auch in Altbayern Grenzsteine in der Flur eine Ausnahme. Wo Feldgeschworene oder Untergänger vom Dorf oder von der Obrigkeit eingesetzt waren, vornehmlich in den kleinparzellierten Gegenden von Schwaben, Franken und Hessen, spiegelte sich dies in einer dichteren Versteinung der Feldergrenzen wider.

Ein zeitlich weit zurückreichender Vermarkungsstand hat sich bei Alpgenossenschaften in der Schweiz bis in die jüngste Zeit erhalten. Der Gemeinschaftsbesitz der Alpgenossenschaft Beckenried im Kanton Nidwalden ist durchweg mit Grenzsteinen vermarkt, die mit einem Andreaskreuz und einer Nummer versehen sind. Das Marchbuch enthält eine Grenzbeschreibung mit Angabe der Entfernungen zwischen den Steinen. Die Privatgrundstücke hingegen sind nicht versteint, sondern überall mit Mauern oder Hägen gegeneinander abgegrenzt (197).

Steinplatte als Grenzzeichen
Nach Christian Lorenz, Bauernarbeit im Rheinwald (Graubünden), Basel 1943; S. 101

Allgemein ist für die Form der Grenzsteine mit wenigen Ausnahmen wohl davon auszugehen, daß zunächst größere, längliche Steine o h n e Bearbeitung verwendet wurden. Erforderlichenfalls wurde den vorgefundenen Steinblöcken durch Beschlagen eine gestreckte Form gegeben. Wie sich aus einem oben gebrachten Zitat ergibt, machten manche Steinsetzer die von ihnen eingebrachten Steine durch ein eingeschlagenes Kreuz als Grenzmale kenntlich. Seltener wurde ein Kreuz unten in die Standfläche des Steines eingemeißelt, so daß beim Ausheben des Steines seine Echtheit nachgewiesen werden konnte. Das Steinmaterial sollte möglichst nicht aus der unmittelbaren Umgebung der Grenze genommen werden; mit der Verwendung ortsfremder Steine suchte man Irrtümern vorzubeugen. Bevorzugt wurde Kalkstein, Sandstein, Granit, Basalt und Tuff (198). Wo Gesteine nur geschichtet anstanden, wurden auch Steinplatten als Grenzsteine aufgestellt, zum Beispiel Schiefer in Thüringen. In einigen Fällen sind auch römische Grenzsteine wiederverwendet worden, wie der Römerstein auf dem Merkur in Baden-Baden. Da und dort wurden sogar römische Meilensteine in Grenzpunkte eingesetzt (199). Im übrigen hielt sich die Vermarkung mit unbehauenen Steinen bei landwirtschaftlichen Privatgrenzen noch bis ins 19. Jahrhundert. Im Harz sind heute noch gelegentlich keilförmige Grauwackebrocken anzutreffen, die mit der Spitze nach oben eingegegraben sind (200). Die rings um die Steine angehäufelte Erde legt den Schluß nahe, daß die Steine in Grenzhügelchen eingebettet wurden. Heute herrscht der gewerblich hergestellte Grenzstein aus Granit, soweit er nicht von Kunststoffmarken verdrängt wird.

Erst im Spätmittelalter kamen quaderförmige Steinblöcke mit vorerst noch ziemlich roh behauenen Seitenflächen in die Grenzen der Landes- und Feudalherren sowie in Markungsgrenzen von Dorfschaften. Bald erhalten dann die Steine eine exakte geometrische Form mit geglätteten Flächen. Im 18. Jahrhundert mehren sich Berichte aus Franken, wonach auch in Ackergrenzen »gehauene Steine« eingebracht wurden.

Für den Querschnitt der Grenzsteine entwickelte die Phantasie eine üppige Formenvielfalt. Am häufigsten ist ein Rechteck, dessen Längsachse in die Grenzlinie gelegt ist. Hin und wieder wird ein quadratischer Querschnitt für den Grenzstein gewählt. Etwa seit Beginn der Neuzeit treten runde Grenzsäulen hinzu. Diese Form ist – vielleicht in Anlehnung an den runden Grenzpfahl — mehr in Nord- als in Süddeutschland anzutreffen. Die Seitenflächen werden bei kantigen wie bei runden Querschnitten manchmal nach oben leicht verjüngt. Wo drei Grenzen zusammentreffen erhält der »Dreimärker« (»Dreibannstein«, württembergisch »Dreilohe«) des öfteren die Form eines dreikantigen Pfeilers. Keine Dreimärker sind jedoch die dreikantig zugehauenen Grenzsteine auf vierkantigem Sockel, die 1779 in die Grenze zwischen Pfalz-Bayern und Brandenburg-Ansbach (nw. von Greding) gesetz wurden; sie tragen auf zwei der drei Seitenflächen das Rautenwappen, auf der dritten den Hohenzollernadler (200 a). In Punkten, von denen vier Grenzen ausgehen, ist der Querschnitt des Grenzsteins zumeist quadratisch. Für den Treffpunkt der Grenzen von fünf Herrschaften sind in einigen wenigen Fällen auch schon fünfkantige Grenzsteine gefertigt worden. Wo die Grenze eine starke Brechung aufwies, ist dies gelegentlich dadurch angezeigt worden, daß dem Grenzstein die Gestalt zweier in die beiden Grenzrichtungen weisender, plattenförmiger Flügel verliehen wurde. Ein Werk aus dem 18. Jahrhundert berichtet, daß in der Grafschaft Hohensolms bei der »Regulierung« der Grenzen zwischen herrschaftlichen und gemeindlichen Waldungen an den Marksteinen eine »Öffnung«, und zwar auf der »Bauernseite durchgehauen« werde (200 b). Solche und andere angebohrte

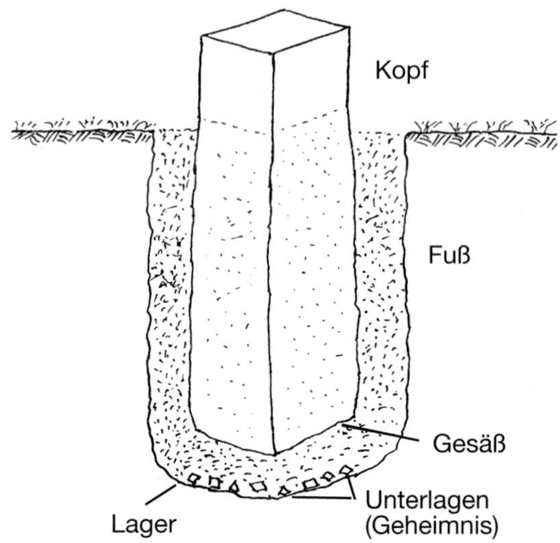

Grenzstein
Größe des Grenzsteins nach Ortsüblichkeit oder Vorschrift, heute meist 12 cm x 12 cm x 70 cm, früher häufig größer

Grenzsteine dürfen jedoch nicht mit den »Lochsteinen« an den Markscheiden der Bergwerke verwechselt werden.

Die Kopffläche der Grenzsteine ist vielfach eben oder leicht geneigt, häufig auch als Halbkreis oder Bogensegment ausgebildet; bei Rundsäulen ist sie zuweilen eine Kugelkalotte oder ein stumpfwinkliger Kegel, bei vierkantigen Grenzsteinen eine Pyramide oder ein Firstdach. Manchmal ist die Kopffläche wie eine Traufe über die Seitenflächen etwas vorgewölbt.

Die Höhe jener Grenzsteine, mit denen Landesfürsten und Feudalherren ihren Rechtsbereich bezeichneten, richtete sich nach dem Repräsentationsbedürfnis. Eine Mannshöhe wurde selten überboten. Wenig wissen wir über die Größe der Grenzsteine, die zwischen die Felder der Bauern gesetzt wurden. Das Vogtding zu Lauenstein (Niedersachsen) antwortet auf die Frage, »wie groß von rechtswegen ein wandelstein (oder wandenstein) sein soll, so zwischen eckern, wischen (Wiesen) oder sonsten soll gesetzt werden«, mit der Maßgabe der »stein soll drei fusse langk und so gros sein, als irer sechs tragen können« auf einer Tragbahre (201). Diese Forderung erscheint etwas übertrieben. Der Praxis näher dürfte die Steinbockenheimer Steinsetzer-Ordnung von 1603 kommen, nämlich daß jeder Stein »zweyen Schuh oder Ehllen lang und doch kürzer nicht sein solle« (Steinbockenheim in Rheinhessen südlich von Kreuznach) (202). Rund hundert Jahre später stellt ein seinerzeit vielgelesenes Buch der sogenannten »Hausväter-Literatur« fest, daß an den Landesgrenzen 4 bis 6 Schuh lange und nach Bodenbeschaffenheit sogar noch längere sogenannte »Fraiszsteine oder Grentzsteine« verwendet würden (203). Für die Privatgrundstücke seien die »Marcksteine« nur 2 bis 4 Schuh lang. Wo die Grenze einen Winkel bildet, also eine stärkere Brechung aufweist, werde der Grenzpunkt zuweilen »mit zweyen Steinen versehen / als das ein jeder nach einer Seite sihet«. Die Marksteine würden »selten sonderlich ausgehauen und nach der Römer Art bereitet . . . sondern man nimmt sie insgemein so gut als man sie in der Nähe haben kann: worinnen aber öfters nicht zulängliche Fürsichtigkeit gebrauchet wird. Die Römer haben meist auf die Breite gesehen / in Teutschland siehet man mehrenteils auf die Höhe / dass sie tieff in die Erde kommen / und als vest stehen / die Dicke und Breite mag beschaffen seyn wie sie kan.«

Die staatliche Aufsicht überläßt sehr lange dem örtlichen Herkommen, über Form und Größe der Privatgrenzsteine zu bestimmen. Ein Großteil der deutschen Länder erließ erst im 20. Jahrhundert entsprechende Normen. Weit vorausgegangen war Sachsen-Weimar. Hier wurden schon 1726 für die Katastervermessung die Grenzsteine nach ihrer Bedeutung in acht Größenklassen eingeteilt. Die wichtigsten Steine erhielten runde Köpfe, hingegen mußten die Steine, die die Zelgen schieden, zum Unterschied platt sein (204).

Gegen das Spätmittelalter zu begann man, die Grenzsteine mit Zeichen zu versehen. Bei den einfachen Marksteinen in der Flur waren es zumeist einfache Kennungen, etwa ein, zwei oder auch drei Kreuze, wie oben schon erwähnt wurde. Das Kreuz auf einem Grenzstein oder an einem Grenzbaum als das Eindringen christlicher Symbolik in einen älteren Rechtsbrauch zu deuten (205), ist eine Annahme, für die kaum etwas spricht. Denn die Kreuzbalken sind wie beim griechischen Kreuz jeweils gleich lang, während beim lateinischen Kreuz der abendländischen Kirche der Kreuzesstamm nach unten verlängert ist. Neben dem Balkenkreuz und dem Andreaskreuz kommen auch Stern, Sporn, Ochsenfuß und Geißfuß vor (206). In Franken wurden typisch bäuerliche Zeichen, wie die Abbildung eines Sech (Pflugmesser), einer Reute (Reuthaue), einer Reuteschaufel, eines Rebmessers oder einer Hippe eingeritzt. Ein öfter wiederkehrendes Zeichen war die Wolfsangel; dieses Jagdsymbol war zum Beispiel auf Grenzmalen an Waldgrenzen der Herzöge von Braunschweig angebracht. Schließlich findet sich auf manchen Grenzzeichen die Hausmarke des Hofes oder ein sonstiges spezielles Symbol des Territorial- und Feudalherren. Klöster und vermögende Stiftungen, wie zum Beispiel reich dotierte Spitäler, und schließlich auch wohlhabende Bürger beginnen seit dem 14. Jahrhundert, den beanspruchten Rechtsbereich durch Wappen auf den Grenzsteinen anzuzeigen. Bei einfacheren Ausführungen sind die Wappen nur eingeritzt oder in den Stein versenkt eingeschlagen, in der aufwendigeren Form aus dem Stein erhaben herausgearbeitet. Vom 16. Jahrhundert bis zur Napoleonischen Zeit läßt das Streben nach Repräsentation und Symbolik wahre Kunstwerke von Wappensteinen, von »gewappneten« oder »Schildsteinen« entstehen. Zu einem Teil waren sie farbig gefaßt, wenn auch heute von

Alter Wappenstein
roh aus einem Findling gehauen mit dem Wappen der Grafen Bickenbach an der Gemeindegrenze zwischen Wörth am Main und Trennfurt (bei Klingenberg)
vermutlich 15. Jahrhundert
Foto: Otto Abb, Klingenberg/Main

der einstigen Bemalung kaum mehr etwas zu sehen ist. Kirchlicher Besitz oder Zehent wurde durch das Kreuz, einen Kelch oder einen Kelch mit Hostie, das Gebiet der Prälatenklöster häufig durch den Abtstab symbolisiert. Das Kloster Banz (nördl. von Bamberg) setzte 1730 ein Kreuz und Engelsflügel auf seine Grenzsteine. Jesuitenbesitz ist an den Buchstaben IHS zu erkennen. Statt das Wappen aus dem Grenzstein herauszuarbeiten, wurde manchmal ein Täfelchen mit dem Wappen in eine entsprechende Vertiefung des Grenzsteins eingekittet.

Die Wappen sind stets der Seite des betreffenden Herrn zugewandt. Die dreiseitigen Dreimärker tragen drei Wappen, die Viermärker auf ihren vier gleich großen Seiten vier Wappen. Zwei Adelswappen auf einer Schauseite nebeneinander zeigen an, daß zwei Adelsgeschlechter zusammen die Rechte ausübten (Kondominat, Ganerbschaft) oder daß zwei Brüder eines Geschlechts gemeinsam regierten. Unstimmigkeiten zwischen benachbarten Territorialherren konnten zur Folge haben, daß eine Serie von Grenzsteinen nur auf einer Seite mit Wappen versehen wurde; Grenzsteine zwischen Kurköln und dem Herzogtum Jülich weisen zum Beispiel nur das Kölner Kreuz auf, während auf der Jülich zugewandten Seite der Jülicher Löwe fehlt (207).

Über dem Adelswappen erscheint seit dem 16. Jahrhundert bisweilen ein Fürstenhut, zum Beispiel der Kurfürstenhut, oder eine Adelskrone. Auf die Adelskrone sind Blätter aufgesteckt, und zwar beim niederen Adel drei, beim höheren Adel fünf. Später können auch Perlen an die Stelle der Blätter treten.

Nach einem Herrschaftswechsel ließ der neue Herr manchmal das Wappen des früheren Herrn abschlagen oder zumindest die eigenen Initialen in oder unter das Wappen des Vorgängers einschlagen. Geschont wurde gegebenenfalls meist die Jahreszahl. Glücklicherweise gaben nicht alle Fürsten ihrer Freude über Landerwerbungen in dieser drastischen Form sichtbaren Ausdruck. Ganz erstorben aber war diese Unart selbst im vorigen Jahrhundert, dem sogenannten »historischen«, noch nicht. Preußen hat nach der Annexion des Herzogtums Nassau, das im Kriege von 1866 die unrechte Seite gewählt hatte, in einem Patent vom 8. Oktober 1866 angeordnet, »die Preußischen Adler an den Grenzen zur Bezeichnung unserer Landesherlichkeit aufzurichten, statt der bisher angehefteten Wappen Unser Königliches Wappen anzuschlagen« (207 a). Andernorts begnügten sich die Beamten, ein vorhandenes Wappen einfach durch ein »KP« (Königreich Preußen) im Herzschild zu verunstalten. Aber auch an bayerischen Staatsforsten stehen Wappensteine, in die eine eifrige Forstverwaltung einmal »K.W.« (Königlicher Wald) einmeißeln ließ.

Wappensteine mit zwei Wappen dokumentieren im Odenwald nach außen hin einen geschichtlichen Vorgang besonderer Art (207 b). Ein kleineres Gebiet gehörte dort zum Kurfürstentum Mainz, wurde aber 1463 an die Kurpfalz verpfändet. Der Pfälzer Kurfürst ließ Grenzsteine mit dem Wittelsbacher Rautenwappen aufstellen. Kurmainz konnte nach dem 30jährigen Krieg das Pfand einlösen und brachte auf den Steinen unter dem Pfälzer Wappen die Inschrift »ABGELÖST 1650« und das Mainzer Rad an.

Abgelöststein im Odenwald
Das 1463 von Kurmainz an Kurpfalz verpfändete Gebiet wurde durch Grenzsteine mit den Wittelsbacher Rauten bezeichnet. Nach Auslösung des Pfandes 1650 setzte Kurmainz das Mainzer Rad auf die Steine.
Zeichnung: Heinrich Riebeling, Frankfurt

Kleinere, unscheinbare Beisteine neben den Wappensteinen sind oft sehr viel älter als diese. Ihre Bedeutung bedarf von Fall zu Fall einer besonderen Untersuchung.

In einigen wenigen Fällen haben kirchliche Rechtsträger statt eines Wappens Heiligenfiguren auf ihre Grenzsteine einmeißeln oder einritzen lassen.

An Stelle eines Wappens oder zusätzlich zum Wappen tragen viele historische Grenzsteine eine Beschriftung. Inschriften des 14. Jahrhunderts können noch in lateinsicher Sprache gehalten sein. Längere Texte sind auf Grenzsteinen der Neuzeit nicht mehr üblich. Zu Anfang wurde die gotische Minuskelschrift verwendet, sie wurde aber im Laufe des 16. Jahrhunderts von den Großbuchstaben der Antiquaschrift verdrängt. Nur gelegentlich kommt auch einmal Kurrentschrift vor. Die Buchstaben V und W der alten Schriften müssen überwiegend als U gelesen werden. Die Beschriftung besteht nun fast immer aus den Anfangsbuchstaben des Namens der Herrschaft oder aus den Initialen von Namen und Titel der Herrschaft. Die oft langen Buchstabenfolgen der zeitbezogenen Inschriften geben dem Historiker nicht selten kaum lösbare Rätsel auf, zumal wenn sie mehrfache Deutungen zulassen. Andererseits stellen die Inschriften wie die Wappen selbst ein willkommenes Hilfsmittel für die zeitliche Datierung der Grenzsteine dar. Dieser Mühe sind wir freilich dann behoben, wenn die einst so geschichtsbewußte Zeit die Jahreszahl der Aufstellung in den Grenzstein einmeißeln ließ, bis zum Ende des Mittelalters in römischen Zahlen. In manchen Fällen gibt aber die Jah-

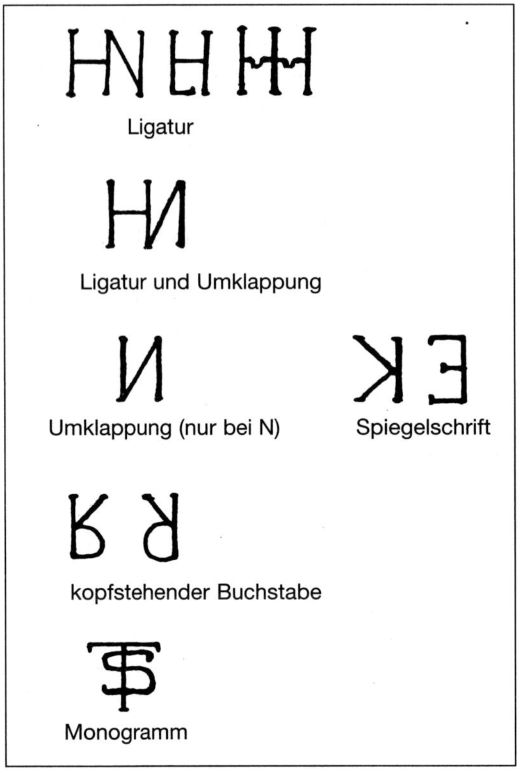

Schreibformeln auf Grenzsteinen
nach Siegfried Rumbler, Frankfurt

reszahl nicht das Jahr der Aufstellung des Grenzsteins, sondern das einer späteren Grenzrevision wieder. Eine Bestätigung der vorhandenen Vermarkung konnte auch zum Anlaß werden, der ersten Jahreszahl eine weitere beizufügen.

Als sich im 16. Jahrhundert an Territorialgrenzen Vermarkungen von Punkt zu Punkt einführten, begann man die Grenzpunkte laufend zu numerieren und die Nummern in die Grenzsteine sowie gegebenenfalls in Felsmarken einzuschlagen. Die Numerierung in einem Grenzzug ist manchmal von den beiderseitigen Landesherren gegenläufig vorgenommen; wo also auf der einen Seite die Nummern beginnen, enden sie auf der anderen Seite. Numerierungen sind auch auf den Grenzsteinen herrschaftlicher, später staatlicher Forste vorgenommen worden. Die Nummern sind entweder auf der Schauseite des Grenzsteins oder auf derjenigen Schmalseite angebracht, die dem Grenzstein mit der nächstniederen Nummer zugewandt ist. Häufig sind die Nummern sehr viel jünger als die Grenzsteine selbst. Lange Territorialgrenzen wurden für die Numerierung in Abschnitte unterteilt. Numerierungssysteme aus früheren Jahrhunderten bestehen in den Grenzverträgen von heute weiter, sie haben ihre Aktualität nicht eingebüßt. Mit Hilfe der Nummern sind die Grenzpunkte einfach und eindeutig ansprechbar, der Verlust eines Grenzsteins ist rasch festzustellen.

Wenn die obere Abschlußfläche des Grenzsteins eine einigermaßen horizontale Fläche bildete, wurden auf ihr manchmal die Richtungen zum vorhergehenden und zum nachfolgenden Grenzstein mittels eingehauener Kerben oder Runsen angezeigt. Diese Linien gingen vom Mittelpunkt der Fläche aus. In einem Dreipunkt wurden die drei, in einem Vierpunkt die vier Richtungen gewiesen. Aus diesen Linien konnte man ersehen, welchen Winkel die Grenze in dem Grenzpunkt bildete (208). Im zeitgenössischen Schrifttum kommen die Kerben unter verschiedenen Bezeichnungen vor, wie »Schleifen«, »Schlaufen« (süddeutsch), »Schmitzen«, »Stelzen«, »Krinnen« (»Grinnen«, »Krennen«), »Kerfe«, »Ruten« und anderen. Wo die Grenze eine stärkere Richtungsänderung aufwies, bildeten die beiden Winkelschenkel eine »Winkelrinne«, »Winkelkrinne« usw., eine »Hakenrinne« oder ein »Winkelmaß«. Auf dem Dreimärker wurde eine«Zwerchkrinne«, auf dem Viermärker eine«Kreuzkrinne« angeschlagen (209). Auf den aus früherer Zeit stammenden Territorialsteinen sind noch solche Richtungsanzeiger zu sehen. Wenn der Grenzstein aber einmal umgefallen oder aus irgendeinem Grund ausgehoben und dann von unkundiger Hand neu gesetzt worden ist, kann es vorkommen, daß der Stein verdreht steht und die Krinnen unrichtig weisen. Auf säulenförmigen Grenzsteinen wurden und werden Richtungsweiser in Form lotrechter Linien neben Wappen und Schrift auf der Mantelfläche eingeritzt.

Manchmal bestimmte eine hierarchische Ordnung die Größe der Grenzsteine. Hierfür konnte zum Beispiel unterschieden werden nach »Hauptsteinen« am Anfang und Ende einer Grenzstrecke, nach »Eck- oder Wendsteinen«, wo eine auffallende Richtungsänderung ersichtlich war, und nach einfachen »Ortsteinen«, wozu es regional noch weitere Bezeichnungen gab (210). Grenzsteine in einer Geraden hießen und heißen heute noch »Läufer«. Während heute als Läufer nur ein exakt in die Grenzlinie eingefluchteter Grenzstein gilt, verlangte eine frühere Zeit lediglich, daß die Grenze in dem Läuferpunkt keine größere, ins Auge fallende Brechung aufwies. In Sachsen-Weimar bezeichneten in Fahrwegen bodengleich in die Mitte gesetzte Grenzsteine die Wegrichtung, sie wurden »Deichselsteine« genannt. Von der Grenze zurückgesetzte Steine galten als »Zeugesteine« (211).

Vom Steinmetz in eine regelmäßige Form gebrachte Grenzsteine konnten sich durch einige Jahrhunderte wohl nur Landes- und Grundherren leisten. Vom 18. Jahrhundert an ließen sich auch so manche stolze Bauern, z. B. in Unter- und Mittelfranken, Grenzen ihrer Felder, Wiesen und Wälder mit Grenzsteinen vermarken, die fachgerecht bearbeitet und auf denen Namensinitialen oder Hauszeichen, Jahreszahlen und sogar laufende Nummern angebracht waren.

Als der Grenzstein eine Form angenommen hatte, die ihn für jedermann als Grenzmal erkennbar machte, konnte die Gepflogenheit aufgegeben werden, Nebensteine als oberirdische Zeugen beizustellen. Aber in einigen Gegenden blieb Vorschrift, neben den Grenzstein einen Pfahl zu setzen, in Nürnberg und seinen Dörfern ein »Pfählgen« (212), das jedes Jahr zu erneuern war. Da und dort wurden bei besonders wichtigen Grenzpunkten nahe an dem Stein noch auffallende Bäume in die Grenzlinie gepflanzt, zum Beispiel Vogelbeerbäume im Jahre 1717 am Dreiländereck Bamberg/Sachsen–Saalfeld/Brandenburg (Amt Lauenstein) nördlich von Kronach (213). Empfohlen wurde auch, an Wegen und Bächen neben die Grenzsteine Pflöcke zu schlagen, damit die Grenzsteine nicht so leicht umgerissen oder umgefahren werden könnten. Dazu eigne sich besonders Erlen- oder Espenholz, und zwar nicht nur wegen der Dauerhaftigkeit, sondern weil dieses Holz oft »von neuem grün wird« und daher »nicht so leicht verfaulet« (214). Der hier zitierte Autor warnt andererseits aus Erfahrung davor, einen Grenzstein zu nahe an einen jungen Baum zu setzen. Im Laufe des Wachstums würden die Baumwurzeln den Stein und die unterlegten Zeichen aus ihrer Lage drängen. In manchen Fällen soll ein listiger Bauer sich gerade diesen Effekt zunutze gemacht haben, indem er auf der seinem Feld zugewandten Seite eines Grenzsteins einen Baum pflanzte, der den Grenzstein in das Nachbarfeld hineinschieben sollte.

Das Wort »Grenzstein« konnte sich erst im 19. Jahrhundert allgemein durchsetzen. Noch im 17. Jahrhundert schreibt der für jene Zeit maßgebliche Autor (215): *»Die Gemerck aber welche also im Feld / oder auch in Städten und Dörffern auffgerichtet werden heißt man Hochteutsch Marckstein.«* Als dann die Schriftsprache das Wort »Gränzstein« aufnahm, blieb sein Gebrauch für lange Zeit auf Grenzsteine in Hoheitsgrenzen beschränkt (216). Die Volkssprache aber hat wie für das Wort »Grenze« so auch für Grenzstein eine Vielzahl von Bezeichnungen hervorgebracht und zum Teil auch bis in die Gegenwart beibehalten. In den Grenzbeschreibungen und

Grenzstein mit Loch
Gebohrte Grenzsteine sind äußerst selten erhalten. Möglicherweise standen derartige Steine an Weg- und Straßenrändern (?). Von Loch zu Loch reichende Stangen oder Seile sicherten dann den Wegrand.
Foto: Longin Mößlein, Gerolzhofen

Vermarkungsprotokollen dominiert zumindest in Süddeutschland der »Mark-« oder »Marchstein«, niederösterreichisch »Marichstein«, in Süd- und Mitteldeutschland daneben der »Rainstein«. Wohl in jeder Landschaft waren mehrere Bezeichnungen nebeneinander gebräuchlich. Von dem oben näher erläuterten Wort »Lach« leitet sich der »Lachstein« her, spätestens im 17. Jahrhundert schon mißdeutet und verderbt zu »Lochstein«, ferner »Lachenstein«, »Louchstein« im Fränkischen und Thüringischen (217), in Coburg »Leichstein« geschrieben (218). Louchstein wurde in der Mundart Südbadens vereinfacht zu »Lochen« oder »Lauchen« (219) und ähnlichen Wortformen in anderen Landschaften. Mit dem für Grenze häufig gebrauchten Wort Scheide ergibt sich die in Franken, Hessen und Schwaben verbreitete Zusammensetzung »Scheidstein« oder »Schiedstein«, alemannisch »Geschiedstein«. Für den hessischen »Wandstein«, an dem man den Pflug wendet, den schwäbischen »Gewandstein« und damit verwandt sächsisch »Wandelstein« oder »Wendelstein« ist schon 1323 eine Form »wantsteine« belegt (220). In Schwaben und Hessen war auch die Bezeichnung »Furchstein« zu Hause, in Thüringen »Furchenstein« (Schwarzburg-Sondershausen), im Erzstift Trier »Fuhrenstein«; die Grenznachbarn waren hier die »Forggenossen«. Die Furche ist im Mittelniederdeutschen »var« (221) und von da leitet sich »Varstein« und »Faerstein« für Grenzstein ab; das kölnische Wort »Föerstein« oder »Voirstein« könnte aber möglicherweise von fahren herstammen und speziell Wegsteine bezeichnen (?). – Die meisten der angeführten Wörter sind an der Stelle, der sie entnommen sind, der früheren Schreibweise entsprechend, klein geschrieben; der Einheitlichkeit halber wird hier durchweg Großschreibung angewandt. – »Ma(h)lstein« war von Westfalen bis Sachsen gebräuchlich. Am Niederrhein heißen Grenzsteine auch »Termsteine«, in Niedersachsen und Westfalen »Snedsteine« oder »Snadsteine« ('»schnaetsteine«), in der Dorfordnung des pfälzischen Ortes Achenbach von 1717 »gewander- oder schnittsteine« (222). In Wörtern wie »Zielstein«, »Zieler« (Schwaben) oder »Rainzill« (Niederösterreich), »Zeilstein« (Tirol) ist das Wort Ziel im Sinne von Grenze gebraucht. Im Wort »Ramstein«, in der Rheinpfalz älter als Markstein, bedeutet »Ram«, mittelhochdeutsch ram, so viel wie Ziel, Ende. »Heustein« von »heien« gleich bannen ist sinnverwandt mit »Bannstein« und »Zwingstein« (223). Als weitere Bezeichnungen seien aufgeführt: »Mundstein« (Munt =

Grenzsäule von 1439
zwischen dem Herzogtum Bayern-Ingolstadt, der Markgrafschaft Burgau und der Herrschaft Oberndorf bei Rain a.Lech, auf dem linken Lechufer; aus Oberbayerisches Archiv für vaterländische Geschichte 5 (1843) S. 135, Tafel 3

Schutzgewalt), »Peilstein« (Deutz 1386) (224), »Zeichenstein« (Trier), »Stoppitz« (Deutschmähren), »Nagelstein«, »Dodelstein«, »Docken« (Coburg 1710), »Feldstein«, »Laßstein« (von Laßgut = Bauerngut in Erbleihe oder -pacht, Lasse niederdeutsch, Late = Höriger) und schließlich »Parzellenstein«. In dieser Aufzählung konnten, wie sich versteht, nicht alle regionalen Ausdrücke der reichen Mundartformen erfaßt werden. Einige Spezialausdrücke, die bestimmte Funktionen von Grenzsteinen charakterisieren, werden später noch zu bringen sein.

Zeitgenössische Darstellungen der einst zahlreicheren Wappensteine sind äußerst selten. Hin und wieder ist bei Grenzverträgen oder auf topographischen Karten die Zeichnung eines Grenzsteins zu finden.

Die große Zeit der künstlerisch gestalteten Grenzsteine lief während des letzten Viertels des 18. Jahrhunderts allmählich aus. Die nachnapoleonische Zeit hat dann noch einige Schmuckstücke hervorgebracht, zum Beispiel um das Gebiet des in Eichstätt residierenden Herzogs von Leuchtenberg. Die Genzsteine nahmen seither die bekannte rationell-nüchterne Gestalt an. Nur noch an wenigen Grenzpunkten von besonderem allgemeinem Interesse, etwa am Dreiländereck, dürfen noch Steinmetzen ihr Können unter Beweis stellen und Landesgrenzsteine mit Wappen schmükken.

Grenzstein von 1422
an der Grenze zwischen Kaub (Kurpfalz) und Lorch (Kurmainz) auf der rechten Rheinseite, Landesgrenze zwischen Rheinland-Pfalz und Hessen möglicherweise der älteste, noch in ursprünglicher Lage erhaltene Grenzstein Deutschlands – das Wappen ist leicht nachgearbeitet

Zur Klassifizierung der historischen Grenzsteine

Vom 17. bis ins 19. Jahrhundert befassen sich auffallend viele Autoren mit dem Thema Grenze. Streitigkeiten über Hoheits- und Privatgrenzen scheinen mit der Verfestigung der Grenzen und bei der Verknappung des Kulturbodens sehr häufig geworden zu sein, so daß einer der Autoren 1722 die Feststellung wagen konnte (225): *»bezeugt es auch die tägliche Erfahrung genugsam / daß keine mehrere Controversien und Strittigkeiten zwischen hohen und niedern Stands-Persohnen sich hervor thun / als über die Verruck- und Veränderung der alten Gränz- und Marksteine / und deren Herstell- und wieder Aufrichtung«.* Als Ergebnis der vielschichtigen Rechts- und Gesellschaftsordnung war eine starke Zersplitterung der Hoheits-, Besitz- und Nutzungsrechte an Grund und Boden eingetreten. Die Literatur unterschied nun zwi-

Grenzstein
der 1561 aufgehobenen Zisterzienserabtei Otterberg (Kreis Kaiserslautern) mit Abstab und Schwurhand. Die Buchstaben KW (Königlicher Wald) sind vermutlich gegen Mitte des 19. Jahrhunderts von pfalzbayerischen Forstleuten eingemeißelt worden.
Foto: Karl Dick, Kaiserslautern

schen »allgemeinen« oder »öffentlichen« und »privaten« Grenzsteinen (lapides finales publici, privati), eine Einteilung, die auch heute noch gilt. Die Vielfalt der seinerzeitigen Grenzen und Grenzsteine verlangte nach einem feingliedrigen Einteilungssystem, wofür dann ein im 17. Jahrhundert publiziertes Schema für die nächsten zwei Jahrhunderte im wesentlichen beibehalten wurde (226). Die seither üblichen Bezeichnungen werden zum großen Teil auch heute noch für die Beschreibung und Inventarisierung historischer Grenzsteine verwendet, wenn auch die für den Katalog gewählte Reihenfolge nicht als ideal erscheinen mag. Die Grenzsteine wurden seinerzeit in 12 »Geschlechter« eingeteilt: 1. Bannsteine, 2. Geleitsteine, 3. Freiungssteine, 4. Forststeine, 5. Jagdsteine, 6. Markungssteine, 7. Zehntsteine, 8. Hut- und Weidesteine, 9. Gütersteine, 10. Wegsteine, 11. Wassersteine, 12. Lochsteine.

1. Bannsteine

Die Bannsteine, auch »Obrigkeitssteine«, »Herrlichkeitssteine«, »Landsteine«, »Landmarken« (227) scheiden »Zwing und Bann«, das heißt die Befugnisse, Gebote und Verbote zu erlassen. Das Wort Bann war zu jener Zeit schon zu einem farblosen Begriff im Sinne

Landesgrenzstein, genannt »Kurfürstenstein«
an der Grenze zwischen Bayern (sö von Ludwigsstadt, LKr. Kronach) und Thüringen – bayerische Seite
Die Inschrift, noch in gotischen Lettern, lautet ergänzt:
georg vō gotts gnadē 1513
bischove zv bamberg
Wappen des Bischofs Georg III. Schenk von Limpurg (1505-1522).
Feld 1 und 4 der mit Schrägleiste belegte »Bamberger Löwe«, Feld 2 »fränkischer Rechen«
Feld 3 fünf Turnierkolben
Die beiden Schauseiten des Steins sind geglättet, die beiden Schmalseiten zu dieser Zeit noch grob abgespritzt. Die Kopfoberfläche ist als Satteldach gearbeitet. Eine geknickte Linie auf ihr, die, wie die Grenzpunktnummer auf der Schmalseite, vermutlich später eingeritzt wurde, zeigt in die beiden Grenzrichtungen.
Foto: Martin Weber, Ludwigsstadt

»Kurfürstenstein« – thüringische Seite
Inschrift ergänzt:
von gotts gnadē fridrich
churfürst vñ has gbruder
herzoche zv sacssen 1513 (has = Hans)
Der Schild mit gekreuzten Schwertern bedeutet das Erzmarschallamt des Kurfürsten von Sachsen? Der zehnmal gestreifte, mit schräg rechts liegendem Rautenkranz belegte Schild 1st das Wappen des Hauses Wettin.

Abbildungen rechts:

Notgeld der Stadt Lehesten von 1921
mit Abbildungen von Landesgrenzsteinen
Lehesten in Thüringen nahe der bayerischen Grenze

oben: Vorderseite der Geldscheine

unten: Beispiele der Rückseiten der zehn Serien mit Abbildungen von Landesgrenzsteinen (Abb. verkleinert)
Die Jahreszahl ist fälschlich mit 1515 statt mit 1513 angegeben.
In der Kopfleiste Verse aus Victor von Scheffels Loblied auf den Rennsteig
Fotos: Geologisch-Heimatklundliche Arbeitsgemeinschaft Ludwigsstadt

50 Pfennig
Gold und Silber lieb ich sehr
Könnt es gut gebrauchen.
50 Pfennig
GÜLTIG BIS 31. DEZEMBER 1921
GÜLTIG BIS 31. DEZEMBER 1921
Notgeld der Bergstadt u. Sommerfrische Lehesten
im Thüringerwald im Juni 1921.
Bürgermeisteramt:
07604
MERZDORF & FROSCH, SAALFELD a.S.

Kein steinern Pflaster,
drauf die Römer zogen,
Wie es mein Aug'
im heil'gen Land erschaut.
von gottſ gnadẽ friderich
churfürſt vñ häſ gbruder
herzoge zu ſacſſen 1515.

Ein deutscher Bergpfad ist's!
die Städte flieht er
Und keucht zum Kamm
des Waldgebirgs hinauf.
võ gottſ gnadẽ 1515
(geo)rg biſchofe zu bamberg.

Zuständigkeitsgrenze des Hochgerichts der Ballei Franken Deutschen Ordens
auf der einen Seite des Grenzsteins Deutschordenskreuz, auf der anderen Bischofsstab als Zeichen des Hochstifts Eichstätt, errichtet vermutlich 1651
Foto: Karl Röttel, Buxheim

von hoheitlich geworden. In Schwaben hießen die Bannsäulen auch Friedsäulen (Friedsaul). Zum Beispiel war das Gebiet des reichsunmittelbaren Stifts Kempten mit 22 Friedsäulen abgegrenzt, innerhalb deren dem Stift die Hoheitsrechte zustanden (228). Der für das Städtewesen so bedeutsame Begriff »Burgfried« wird unter 6. Markungssteine mit behandelt werden.

In die Kategorie Obrigkeitssteine sollen hier auch die fränkischen »**Zent-**« oder »**Fraischsteine**« mit einbezogen werden, da die seinerzeitigen Systematiker hierfür keine eigene Gruppe vorgesehen haben. Unter der »Hohen Zent« oder »Fraisch« wurde die in Franken die Strafgerichtsbarkeit über schwere Vergehen verstanden. Während sich der frühmittelalterliche Staatsbegriff am Personenverband orientierte und sich regelmäßig nicht wie der neuzeitliche Staat als örtlich abgegrenztes Gebiet verstand, setzte sich das System der Hochgerichte in Franken schon früh aus »limitierten (abgegrenzten) Centen« zusammen, ohne Rücksicht auf Vogteirechte, Zehntrechte, Steuerhoheit und Wehrhoheit. Die Bezeichnung »Zent« wurde folglich auch für den Gerichtsbezirk und die Gesamtheit seiner Bewohner gebraucht. Da der »fraischlichen Gerichtsbarkeit« – neben Grundherrschaft, Lehnrecht, Wildbann und Vogteiherrschaft – »staatsbildende Kraft und Funktion« zuwuchs, wurde sie »bis zum Ende des Alten Reiches zum härtestumkämpften territorialen Streitobjekt« (229). Im Abschnitt B 1.3 (Gerichtshoheit der Territorialherren) wird auf die Zent ausführlicher eingegangen werden.

Wappenstein von 1767
an der ehemaligen Grenze zwischen dem Kurfürstentum Bayern und dem Hochstift Eichstätt
Nach der Säkularisierung allen kirchlichen Besitzes hat die bayerische Forstverwaltung mitten in das bischöfliche Wappen das K.W. (Königlicher Wald) eingemeißelt.
Foto: Karl Röttel, Buxheim

Die in Franken erhaltenen Zent- oder Fraischsteine tragen die Aufschrift »ZENT« oder »CENT« oder »FRAISCH« und dazu das Wappen des Gerichtsherrn, häufig auch die Jahreszahl. Sie rühren zu einem guten Teil von vertraglichen Fixierungen des 16. Jahrhunderts her.

Um Fraischsteine konnte es, wie auch um andere Grenzen, zu kuriosen Streitigkeiten kommen. Der Ansbacher Hohenzoller bestritt zum Beispiel der freien Reichsstadt Weißenburg alle Jurisdiktionsrechte in dem weiten Gebiet außerhalb der Stadtmauern. Als sich Weißenburg 1581 mit dem angrenzenden Deutschen Orden über die Fraischgrenze geeinigt hatte, wurde der Verlauf mit einfachen Marksteinen bezeichnet. Bald entsandte die ansbachische Verwaltung ihre Beauftragten und ließ die Steine herausreißen. Unter bewaffneter Bedeckung setzten die Weißenburger die Steine wieder ein, worauf die Markgräfler sie von neuem auswarfen. Als aber Weißenburg nicht nachgab und die Steine zum dritten Mal einsetzte, war Ansbach des Streites müde und reagierte nicht mehr (230).

Versteint wurden regelmäßig auch die Grenzen von Niedergerichtsbezirken, wenn das Niedergericht einem anderen Herrn unterstand als das Hochgericht.

Einen mit Steinsäulen vermarkten **Sondergerichtsbezirk** gab es durch mehrere Jahrzehnte des 17. Jahrhunderts in Wien. Kaiser Ferdinand II (1619 – 1637) hatte 1625 den jüdischen

Grenzstein der Judenstadt in Wien
Im Jahr 1656 stellte man am 2. Bezirk von Wien vermutlich neue Grenzsäulen auf, um den Gerichtssprengel der Judenstadt zu dem benachbarten Karmeliterkloster abzugrenzen. Unter der Jahreszahl 1656 das Symbol des Klosters, die Jahreszahl 5416 in hebräischen Zahlzeichen und der Davidstern.
Foto: Historisches Museum der Stadt Wien

Bewohnern seiner Residenzstadt den Unteren Werd zur Ansiedlung zugewiesen, eine Donauinsel damals, heute II. Bezirk, Leopoldstadt genannt. Der geschlossene jüdische Wohnbezirk wurde vermarkt; innerhalb seiner Grenzen entschied ein fünfköpfiger Senat über Streitigkeiten und Vergehen der Bewohner. Geschäftslokale hatten die Juden aber weiterhin in der Altstadt. 1669/70 wurden die Juden aus der Stadt vertrieben. Als sie nach drei Jahren nach und nach in die Leopoldstadt zurückkehren konnten, hatten sich inzwischen christliche Einwohner in dem verlassenen Stadtteil einquartiert, so daß eine geschlossene jüdische Kommunität nicht wiedererstehen konnte.

In Bayern wurden im 19. Jahrhundert an besonderen Grenzpunkten der Landgerichte (Bezirksämter, heutige Landkreise), insbesondere an Straßen, stattliche Grenzsteine aufgestellt (231).

In der Beschreibung von Gebietsgrenzen lebte sich zuweilen auch der Volkswitz aus, etwa wenn die Grenzen des bayerischen Hopfenanbaugebiets folgendermaßen beschrieben wurden: die Marksteine der Holledau seien die vier Galgen von Freising, Moosburg, Abensberg und Pfaffenhofen.

2. Geleitsteine

Die Unsicherheit auf den Heer- und Handelsstraßen während des Mittelalters und in der frühen Neuzeit zwang dazu, den Reisenden und vor allem den Kaufleuten ein bewaffnetes »Geleit« mitzugeben, um sie vor Raubüberfällen zu schützen. Die »Reichs-« oder »Königsstraßen« standen ursprünglich unter Königsbann, der König sorgte für die Sicherheit auf den Fernstraßen. Dieses Regal wurde im Grunde auch dann nicht in Frage gestellt, als 1231 den Landesfürsten innerhalb ihrer Territorien das Geleitrecht als ihnen persönlich verliehenes Recht zuerkannt (Statutum in favorem principum) und 1281 dieses Recht sogar als übertragbar erklärt wurde. Schließlich war 1548 das Geleitrecht auf die reichsunmittelbaren Gebiete beschränkt, unbeschadet des persönlichen Rechts des Königs (232). Das Geleitrecht war Bestandteil der Landeshoheit geworden.

»Geleit« hieß nun das Recht, auf bestimmten Wegstrecken den bewaffneten Schutz zu stellen und hierfür von den so Gesicherten ein Entgelt zu fordern, selbst wenn die Beschützten den Schutz gar nicht wünschten. Für Geleit mußte übrigens nicht nur dann bezahlt werden, wenn es »lebendig«, also durch bewaffnete Reisebegleiter, sondern auch wenn es nur »schriftlich« durch Erteilung eines Geleitbriefs oder Geleitzettels garantiert wurde. Der Geleitherr sollte andererseits Schadenersatz leisten, wenn sich der Geleitschutz bei einem Überfall nicht behaupten konnte. Der Geleitherr hatte das Recht, »Maleficanten und Übeltäter« der »begangenen Mißhandlung auff freyer Straße zu straffen«, also eine Art Schnelljustiz zu üben, selbst wenn ihm für die Straße oder das Gebiet die Gerichtsbarkeit an sich nicht zustand (233). Die berittenen Geleitsknechte führten als Beglaubigung den gesiegelten Geleitsbrief in der Geleitsbüchse mit sich.

Durch ein strenges Geleitsgebot schützte die Goldene Bulle Kaiser Karls IV. von 1356 die sieben Kurfürsten auf ihrer Reise zur und von der Wahl des römisch-deutschen Königs und künftigen Kaisers. Dieses Reichsgrundgesetz, das 450 Jahre lang für das gesamte Zeremoniell bei der Königswahl verbindlich blieb, trug den Herrschaften und Städten unter Androhung der Acht auf, in ihrem Gebiet das Geleit der Kurfürsten ungeachtet etwaiger Fehden zu übernehmen. Außerdem oblagen einer Anzahl von Herrschaften und Städten sowie dem Burggrafen von Nürnberg noch besondere Geleitspflichten über ihr Gebiet hinaus.

Das Geleit wurde von den landesherrlichen Beamten, etwa den Pflegern, organisiert, denen zu diesem Zweck bestimmte Straßenstrecken oder -abschnitte zugeteilt waren. Im Hochstift Würzburg wurde der Geleitschutz auf manchen Strecken bis in das 16. Jahrhundert von Organen der Dorfgemeinden ausgeübt, zum Beispiel im Dorf Kürnach.

Auf einer Landstraße an der Grenze zweier Territorien waren die beiden Landesherren je zur Hälfte zuständig, wenn nichts anderes vereinbart oder festgelegt war (234). Die Geleitsbezirke deckten sich oft nicht mit den Landesgrenzen, das Geleitrecht mächtigerer Herrschaften machte schon aus Zweckmäßigkeitsgründen vielfach nicht an der Grenze halt, sondern erstreckte sich auf die angrenzenden kleineren Territorien mit. Der Landgraf von Hessen hatte zum Beispiel die »Geleitsherrlichkeit« im ganzen Distrikt Wetterau einschließlich der freien Reichsstädte Friedberg und Wetzlar, das Haus Württemberg das Geleitrecht durch das Gebiet der freien Reichsstädte (Schwäb.) Gmünd und Eßlingen. In Altbayern scheint das Geleitrecht keine bedeutende Rolle gespielt zu haben; denn gegen Ende des Mittelalters traf ein Zeitgenosse die Feststellung, daß in Niederbayern die Kaufleute keines Geleits bedürften (235).

Geleitstein
in der Ortsflur Schwand (südlich von Nürnberg gelegen, ehemaliges Gebiet der Markgrafschaft Ansbach) aus dem Jahre 1575, an der alten Handelsstraße Neumarkt (Oberpfalz)-Schwabach-Ansbach
Das Geleitrecht der »Jungen Pfalz« reichte iiber die Territorialgrenze nach Westen etwa eine halbe Meile in das Territorium der Markgrafschaft hinein.
Foto: Ferdinand List, Pyrbaum

»Gräntz und Geleits Stein«
an der Landesgrenze Thüringen/Bayern (LKr Kronach)
Das verwitterte Wettinerwappen und die Schrift
sind möglicherweise älter als die Jahreszahl 1720.
Foto: GHAL

»Gräntz und Geleits Stein«
bayerische Seite. Gevierter Hohenzollernschild mit
Fürstenhut für die Markgrafschaft Bayreuth.
Foto: GHAL

Auch gemeinsame Geleitrechte kamen vor, zum Beipiel bis 1599 an der wichtigen Handelsstraße Nürnberg–Leipzig für einen kleineren Streckenabschnitt im Itzgrund südlich von Coburg, wo sich das Hochstift Würzburg und das sächsische Herzogshaus in das Recht teilten (236).

Die Kaufleute suchten mitunter die Kosten des Geleits zu sparen und mit ihren durch eigene angeworbene Reisige geschützten Konvois auf Nebenwege, auf verbotene »Schleif- und Bey-Wege«, auszuweichen. Die Geleitsherren konnten aber die Durchreisenden zwingen, die offiziellen Handelsstraßen zu benutzen. Die Nürnberger Kaufleute mußten zum Beispiel auf der Fahrt zur Leipziger Messe die Straße über Coburg nehmen (237).

Der Punkt, an dem das Geleitrecht von einem Geleitsherrn auf einen anderen überwechselte, wurde mit einem Geleitstein oder einer Geleitsäule bezeichnet. Der Geleitstein trägt häufig die landesherrlichen Wappen und die Jahreszahl, meist auch das Wort GELEIT, GELEIDT oder GLEIT. Bei Trebbin zwischen Berlin und Jüterbog wurde die Stelle, wo das kurbrandenburgische Geleit von dem des Erzstifts Magdeburg abgelöst wurde, 1533 durch ein Steinkreuz bezeichnet. Sonst waren es oft hohe Säulen aus Stein oder Holz, die auf den Endpunkt einer Geleitstrecke hinwiesen (238). In alten Karten finden sich Geleitrechte in Form von Farbbändern entlang der Straßen gekennzeichnet.

Um das Geleitrecht gab es so manchen Streit. Bayern beanspruchte zum Beispiel das Geleitrecht durch die zum Hochstift Freising gehörende Grafschaft Werdenfels (Garmisch) und darüber hinaus durch die Tiroler Grenzfestung Scharnitz, was in einzelnen Fällen mit sich brachte, daß Fürstlichkeiten unter zweifachem Geleit die knappe Tagesreise durch die Grafschaft zurücklegten. Schließlich verzichtete aber das Hochstift 1639 vertraglich zugunsten Bayerns auf das Geleitrecht. Mehrere erhaltene Spesenrechnungen bezeugen, daß durchreisende Fürstlichkeiten neben dem Geleit auch eine entsprechende Bewirtung auf Kosten des Hochstifts gern angenommen haben (238 a).

Im allgemeinen verteidigten die Geleitsherren ihr Recht mit großem Nachdruck, wenn auch der Aufwand für das Geleit regelmäßig höher war als die daraus erzielten Einkünfte (239); diente doch das Geleitrecht unter Umständen auch zur Behauptung der Gebietshoheit. Das Geleitgeld war in den einzelnen Territorien unterschiedlich, meist wurde es nach Meilen berechnet, zum Beispiel 12 Pfennig je Meile für einen Wagen, 4 Pfennig für einen Einzelreisenden. Der Geleitsherr hatte regelmäßig auch für die Unterhaltung der Straße zu sorgen. Über Fragen des Geleitsrechts geben seit dem 14. Jahrhundert manche Weistümer Auskunft.

3. Freiungssteine

Freiungssteine begrenzten Bezirke oder Plätze, die in irgendeiner Weise geschützte Freiheiten genossen. Solche Freiheiten beruhten im Mittelalter auf Herkommen oder öfter auf Verleihung. Den Schutz der Freiheit gewährte der König oder der Inhaber einer sonstigen Machtstellung. Freiheit konnte bedeuten, daß der Bezirk von jeglichen Eingriffen der örtlich zuständigen obrigkeitlichen Organe ausgenommen war, zum Beispiel Domfreiheit in einer freien Reichsstadt. Oetinger erwähnt auch den Burgfriedensbereich bei dem Begriff Freiung; auf die Burgfriedenssteine soll jedoch erst im Zusammenhang mit den Markungssteinen eingegangen werden. Von wesentlicher Bedeutung für eine Erläuterung der Freiungssteine ist hingegen ein kurzer Exkurs in das Asylrecht früherer Jahrhunderte.

Das altdeutsche Asylrecht entsprang christlich-jüdischer Tradition. DemVolke Israel hatte Moses geboten, je drei Städte diesseits und jenseits des Jordans zu bestimmen, in denen Totschläger, die ohne Vorsatz und Arglist getötet hatten, Schutz vor der Blutrache fanden, zu der die nächsten Verwandten des Getöteten verpflichtet waren. Unter Josua erscheinen dann mehrere über das Land verstreute Städte, denen diese Funktion zugeordnet wurde (240). In Griechenland war das Asylrecht an bestimmte Tempelstätten gebunden. Das alte Rom hingegen kannte kein Asyl. Erst im spätrömischen Reich wurde es Sitte, daß Bischöfe für Rechtsbrecher Fürbitte einlegen konnten.

Im Mittelalter entwickelten sich zahlreiche Asylprivilegien, die an bestimmte Kirchen und Klöster einschließlich der Vorhöfe und Gärten, an bestimmte Städte, Burgen und Fronhöfe und an andere Stätten gebunden waren. Bezeichnungen hierfür waren neben Freiung »Freistatt«, »Freiheit«, »Immunitas«, »Friedstatt«, auch »Frayhait«, »Freyet«, »Freyt«. Über den eigentlichen, durch Mauern, Zäune (Bannzäune) oder Steine begrenzten Freiungsbezirk hinaus konnte der Asylsuchende in einigen Fällen den Schutz schon beanspruchen, sobald er dem Asylort so nahe gekommen war, daß er einen bestimmten Gegenstand, etwa seinen Hut, einen Stein oder ein Pfand in die Freistatt werfen konnte. Zeitlich war das Asylrecht in der Regel begrenzt. Die Begrenzung konnte in der Weise gegeben sein, daß in der Freistatt keine Nahrung aufgenommen werden durfte. Zumeist aber wurde Asyl für drei Tage gewährt, so zum Beispiel in den Häusern des Deutschen Ritterordens, denen diese Befugnis im Jahre 1406 allgemein erteilt worden war. Im fränkischen Euerfeld (LKr. Kitzingen) fand der Asylsuchende nach einem Weistum des Jahres 1468 drei Tage und drei Nächte Schutz. Nach dieser Frist mußte er sich drei Schritt weit von dem Hof entfernen, durfte aber dann, wenn er nicht aufgegriffen wurde, zurückkehren, um wieder die gleiche Zeit Asylrecht in Anspruch zu nehmen. Die Zahl dieser Wiederholungen war nicht begrenzt (241). In Hottenbach (Idarwald) wurden zwei Höfe zu »Freihöfen« erklärt. Wer auf einem Freihof einen Asylsuchenden überwältigte, dessen Strafe war der Verlust einer Hand und eines Fußes (242). An der Mosel war außer der Kirche vielfach der Frohnhof Freistätte. Die Asylzeit betrug hier sechs Wochen und drei Tage, in einem Fall sogar Jahr und Tag (243). Die nämlichen Regelungen sind für viele der »Dinghöfe« im Elsaß überliefert (244). In manchen Fällen wurde der Asylsuchende an die Justiz nur unter der Bedingung ausgeliefert, daß keine Leibes- oder Lebensstrafe vollzogen werde.

Freiungs- oder Freistattsäulen
Die von ihren Standplätzen rund um die Burg Hohenberg a.d.Eger (an der tschechischen Grenze, Lkr Wunsiedel) in den Burghof verbrachten Säulen bezeichneten vormals die Grenzen des kaiserlichen Freistattbezirks. Auf der Vorderseite ist eine rechteckige Vertiefung ausgehauen, die offensichtlich eine Platte mit einer Inschrift, einem Emblem oder einem Wappen aufnahm.
Foto: Karl Röttel, Buxheim (OBay)

Im Freistättenrecht des Mittelalters mischten sich heidnische Überlieferungen mit christlichen Vorstellungen. Das Asylrecht sollte im Fall des Totschlags (nicht nach einem geplanten hinterhältigen Mord) die Spirale der Blutrache, die sich nach jeder Bluttat endlos weiterdrehte, unterbrechen. Der Totschläger sollte vor der Rache der Sippe des Getöteten einige Zeit geschützt sein, um eine Einigung über die Sühne für den Totschlag nicht zu gefährden. In dem Abschnitt über das Steinkreuz wurde über den Vergleich nach einem Totschlag schon berichtet. In der Asylstätte fand der Asylsuchende zunächst Zuflucht vor seinen Verfolgern. Weder seine Gegner noch Organe der Rechtspflege durften in die Freiung eindringen, um an den Flüchtigen Hand anzulegen. Das Friedensgebot der Freiung verlangte, daß jeder die Waffen niederlegte. Vielfach wurden mit dem Asylrecht nicht so sehr humanitäre Ziele verfolgt als vielmehr der Zweck, den Immunitätsbereich eines Hofes zu wahren.

Das Recht der Freiung wurde in Frankreich 1539, in England 1624, in einzelnen Ländern Deutschlands erst gegen Ende des 18. Jahrhunderts ausdrücklich aufgehoben (245). Im Hochstift Würzburg hatte der Bischof die vielfältigen Asylrechte, die auf bäuerlichen Hofreiten lagen, schon Ende des 16. Jahrhunderts beseitigt. Da sich nach Erlaß der Peinlichen Halsgerichtsordnung Kaiser Karls V. (1532) allmählich das Offizialprinzip für die Strafverfolgung durchsetzte, war für eine Freiung keine Daseinsberechtigung mehr gegeben.

Das Kirchenrecht (Codex Juris Canonici) hielt sehr lange daran fest, daß Kirchen als heilige Stätten von jeglicher weltlicher Hoheit und Gewalt freizuhalten seien. Nur mit Zustimmung des Oberhirten oder wenigstens des Kirchenrektors durften Personen aus einer geweihten Kirche mit Zwang abgeführt werden, sofern nicht eine dringende Notwendigkeit bestand. Die Verletzung des Gebots, das Asylrecht zu beachten, galt noch nach dem Kirchenrecht des Jahres 1917 als ein Sakrileg (245 a). Das weltliche Recht setzte sich freilich längst über dieses kirchliche Gesetz hinweg. Der Vatikan zog erst mit der Neufassung des Codex Juris Canonici (promulgiert 25. 1. 1983, in Kraft 1. Adventssonntag 1983) die Konsequenz und ließ das Asylgebot fallen.

Die Freiungssteine wurden regelmäßig durch die Inschrift FREIHEIT von anderen Grenzsteinen unterschieden. Auch die Jahreszahl ist auf ihnen zu finden und manchmal das kaiserliche Wappen (246).

4. Forststeine

Forststeine zeigten die forstrechtliche Obrigkeit an, was nicht mit dem Eigentum gleichzusetzen ist. Man könnte sie richtiger als Forsthoheitssteine bezeichnen. Die Forstobrigkeit wachte darüber, daß der Wald pfleglich behandelt und nicht ausgebeutet wurde. Der Forstherr legte Art und Maß der Nutzung fest. Die Forsthoheit war eine Weiterentwicklung aus den karolingischen Bannforsten, in denen dem König allein das Jagdrecht zustand. Seit der Stauferzeit ging das Recht der Bannlegung auf Landesfürsten über, die Forsthoheit löste sich von der Jagdhoheit.

»Forst« ist ein Fachwort fränkischen Verwaltungs- und fränkischen Königsrechts. »Forst« ist der unter Sonderrecht stehende, aus der Mark heraugenommene und der Nutzung entzogene, gehegte und geschonte, vorab noch königliche Sonderbesitz, der nicht immer in Wald bestehen muß (247). Das Wort »Forst« wurde erst im Laufe einer längeren Entwicklung gleichbedeutend mit »Wald«. Die Verleihung der Forsthoheit über große Waldgebiete, die außerhalb der fränkischen Grafschaftseinteilung lagen und in denen die Beliehenen rodeten und Siedlungen anlegten, wurden oftmals über die Erringung der hohen Gerichtsbarkeit zum Ansatzpunkt für die Entstehung eines selbständigen, geschlossenen Herrschaftsgebiets. Beispiele hierfür sind die Fürstpropstei Berchtesgaden und die Reichsabtei Prüm in der Eifel sowie teilweise auch Gebietsbesitz von Fürstbischöfen und anderen Prälaten.

In den Forstrechtsbezirken urteilten über kleinere Vergehen die Forstgerichte.

Forststein
aus der Markung Höchberg bei Würzburg
Der Stein stand an der Grenze des Waldes des Hofspitals (HS mit Weinleiter) und dem Gemeindewald Höchberg (HB). Jetziger Standort Vermessungsamt Würzburg
Zeichnung: Josef Weigand, Würzburg

Jagd- und Zentstein
von 1734 an der Grenze zwischen Bayern (LKr Kronach) und Thüringen (Landesgrenzstein 205)
Schrift auf der bayerischen Seite V W I C = Von Würzburg Jagd Cent; Beschädigung durch Einschuß
Foto: Geolog.-Heimatkundl. Arbeitsgemeinschaft Ludwigsstadt (GHAL)

Jagd- und Zentstein
von 1734 Kehrseite
Schrift auf der thüringischen Seite S C I C = Sachsen Coburg Jagd Cent
Wettinerwappen mit Fürstenhut
Foto: GHAL

Forsthoheit und Landeshoheit konnten in verschiedenen Händen liegen. Ein Beispiel hierfür ist die freie Reichsstadt Reutlingen, für die dem Herrn von Württemberg die Forsthoheit zustand. Die Herrschaft Hellenstein hingegen, die zum Herzogtum Württemberg gehörte, war etwa zur Hälfte ulmischer Forst. Die Reichsstadt Ulm war insoweit die forstliche Obrigkeit; dieses Recht war durch Forststeine örtlich gesichert (248). Im österreichischen Alpengebiet verschmolzen vielfach Bergregal und forstliche Obrigkeit. Die »Hoch- und Schwarzwälder« wurden für Bergbau, Salinen und Schiffbau reserviert.

Forstrechtssteine sind meist durch eine entsprechende Beschriftung, zum Beispiel »VORST«, gekennzeichnet. Manchmal tragen sie auch eine laufende Nummer, die Jahreszahl und das Wappen des Forstherrn.

5. Jagdsteine

Seit der Karolingerzeit bildete sich zunächst der königliche Wildbann heraus, der dann aber größtenteils an den hohen Adel und die hohe Geistlichkeit verliehen wurde. Die Niederjagd verblieb bis zum 13. Jahrhundert den grundherrlichen Lehensleuten, dazu die Jagd auf Bären, Wölfe und Wildschweine. Gegen

Fraisch- und Jagdgrenze zwischen dem Hochstift Bamberg und der Reichsstadt Nürnberg bei Obertrubach (zwischen Forchheim und Pegnitz) 1607
Bamberger Seite. Das Richtschwert bedeutet die hohe Gerichtsbarkeit, das Jagdhorn den Wildbann. Ausschnitte aus einer Kartenskizze von 1608; der Markgraf von Kulmbach-Bayreuth beanspruchte Hoheitsrechte über Bamberger Gebiet und ließ entsprechend einen Grenzstein setzen. Bamberg beseitigte den Stein wieder. Wappen: gevierter Hohernzollernschild und Hohenzollernadler.
Bilder: Staatliche Landesbildstelle Nordbayern, Bayreuth

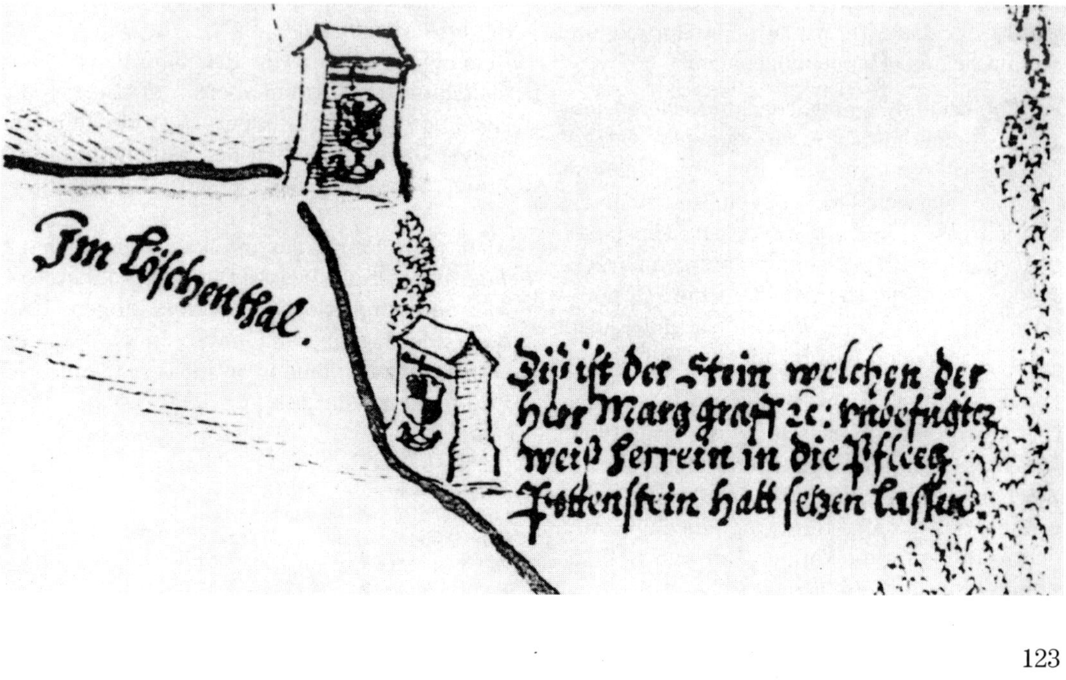

Jagdstein
südöstl. von Bad Königshofen im Grabfeld (UFr)
Dem kleineren Stein von 1599 ist 1740 ein größerer Stein beigestellt worden. Die Buchstaben S und W oberhalb des Jagdhorns bedeuten Sachsen(-Coburg) bzw. Würzburg. Der kleine Jagdstein ist inzwischen gestohlen worden.
Fotos: Karl Tilch, Bad Neustadt a.d.S.

Ende des Mittelalters wurde das Jagdrecht zum Jagdregal des Landesherrn, das dieser vielfach an Adelige verlieh. Der Wildbann wurde als das Kriterium für Anspruch und Stellung eines »Herrn« angesehen.

Forsthoheit und Jagdregal deckten sich regelmäßig, aber nicht immer. Auch Jagdrechte gebietsfremder Herren kamen vor sowie das Übergreifen des Jagdrechts von einem Gebiet in das Nachbargebiet. In den fränkischen Kleinstaaten trifft man zudem gelegentlich auf gemeinsame Jagden mehrerer Herrschaften, die »Koppel-« oder »Kuppeljagden«. Werdenfels und Kloster Ettal einigten sich 1678/83 auf ein »Mitgejagd«.

Die Jagdsteine, auch »Wildbannsäulen«, waren durch Jagdhorn oder die Aufschrift »JAGD« kenntlich. Außerdem trugen sie die Zeichen oder Namen der Jagdherren, aber grundsätzlich nicht den Wappenschild, weil das Anbringen des Wappens auf die Gebietshoheit hingedeutet hätte.

Ein Jagdrecht konnte auch auf Niederwild (Hasen, Federwild) beschränkt sein. An den Grenzen solcher Jagdrechte, auch »Hasengehäg" genannt, wurden »Hasensteine« oder »Hasensäulen« aus Holz aufgestellt (249). Als Inhaber solcher Niederjagdrechte begegnen uns Adelige, gelegentlich auch gebietsfremde Fürsten, aber auch Gemeinden. Um die Niederjagdgrenzen kam es – wie um die Hochjagd – gelegentlich zum Streit. Eine vom pfalzwittelsbachischen Amt Floß im Jahre 1595 errichtete Hasensäule aus Granit wurde zum Beispiel innerhalb von drei Jahren von den benachbarten Jagdinhabern der Herrschaft Neustadt-Störnstein (Oberpfalz) fünfzehnmal abgeschlagen, lediglich der Säulenstumpf im Boden belassen (250).

An der Grenze des Jagdrechts endete auch die Jagdfron der als Treiber Dienstverpflichteten. Mit den alten Jagdprivilegien gingen 1848 auch die Jagdgrenzen unter. In den bayerischen Katasterplänen waren sie bis dahin mit Farbbändern dargestellt.

Bilder rechts:

Jagdsteine
an einer Koppel- (= Gemeinschafts-)Jagd nördlich von Ostheim vor der Rhön (LKr Bad Neustadt a. d. S.)
Die Steine sind fortlaufend mit Buchstaben bezeichnet.
Fotos: Karl Tilch, Bad Neustadt a. d. S.

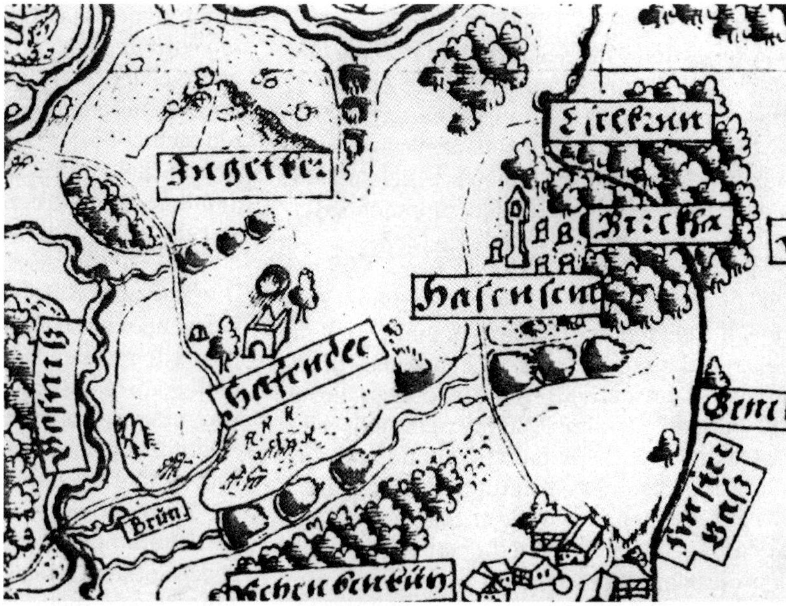

Ausschnitt aus einer Karte des herzoglich-sulzbachischen Pflegamts Floß von 1601 (Oberpfalz)
In der Mitte eine »Hasensäule« als Grenze der Niederjagd zur Grafschaft Neustadt-Störnstein; daneben Stümpfe jener Säulen, die früher von den Neustädtern abgeschlagen worden sind.
HStA München

6. Markungssteine (Flursteine)

Markungssteine sind Grenzsteine, »so einer Stadt oder Dorffs Zwing und Bann / die man Marckung nennet / unterscheiden« (251). Zwing und Bann, die zunächst das Herrschaftsrecht über ein Gebiet bezeichneten, wurden also sehr bald zu dem räumlichen Begriff eines beherrschten Gebiets (252).

Die ältesten Markbeschreibungen, zum Beispiel die beiden um 779 für Würzburg entstandenen, stützten sich noch nicht auf Markungssteine. – Dorfmarkungen bestanden zu dieser Zeit noch nicht, ihre Bildung setzt erst sehr viel später ein. Bis in das Hochmittelalter bestand die Siedlungsstruktur auf dem Lande aus Hofgruppen und Weilern. Sie war laufend Änderungen unterworfen. Immer wieder wurden die kleinen Siedlungen verlassen, um in nächster Nähe wieder neu zu entstehen, bis schließlich in vielen Gegenden die Bewohner der Kleinsiedlungen in Dörfer zusammenzogen. Durch Landesausbau entstanden weitere geschlossene Ansiedlungen.

Mit der Bildung dörflicher Organe für die Regelung gemeinsamer, vornehmlich wirtschaftlicher, in geringerem Umfang auch rechtlicher Fragen stellte sich das Problem der Abgrenzung des örtlichen Tätigkeitsbereichs, nämlich der Dorfmarkung oder Dorfflur. Dorfgerichte hatten sich bis zum Ende des Mittelalters in Mainfranken fast überall, im Fürstentum Ansbach wohl großenteils, im Fürstentum Kulmbach-Bayreuth nur stellenweise gebildet. In Nordhessen ist eine Gemeindestruktur erst für das 15. bis 16. Jahrhundert klarer zu erkennen. Im Spätmittelalter waren auch die bisherigen Landreserven so gut wie überall aufgeteilt.

Im 14. und 15. Jahrhundert setzen in den fruchtbaren, dichter besiedelten Landschaften die schriftlichen Quellen über Markungsfeststellungen ein. Ausgelöst wurden die Bestrebungen um Klarheit über die Dorfmarkung manchmal durch Grenzstreitigkeiten, die vornehmlich von den Dorfleuten ausgetragen wurden und die sich über Jahrhunderte hinziehen konnten. Die Feudalherren beteiligten sich vor allem dann, wenn die Markungsgrenze gleichzeitig Territorialgrenze war und somit herrschaftliche Interessen betroffen waren.

Die Zersplitterung der Hoheits- und Grundherrschaftsverhältnisse, die im Laufe des Mittelalters in vielen Dörfern vor allem Frankens und Schwabens zu bunter Vielfalt gediehen war, erschwerte stellenweise den Prozeß der Abgrenzung der Dorfmarkungen. Für die Einzelhof- und Weilersiedlungen stellte sich dieses Problem nicht; hier war die Dorfordnung von alters her ersetzt durch feste Regeln für gegenseitige Hilfeleistung von Hof zu Hof, zum Beispiel beim Ausbruch von Feuer, bei Totenwacht und Bestattung, bei Geburten durch Übernahme von Patenstellen und in vielen anderen Fällen. Einen vorläufigen Abschluß des Bildungsprozesses der Ortsmarkungen erzwang das Kommunalrecht des 19. Jahrhunderts. In Bayern wurden nach einem wenig erfolgreichen Anlauf im Jahre 1808 (253) durch das Gemeinde-Edikt von 1818 (254) auch die letzten Einzelhöfe in Gemeinden einbezogen oder zu solchen zusammengefaßt. Dabei konnten auch Ruralgemeinden ohne irgendeinen Dorfkern entstehen, wie zum Beispiel die Gemeinde »Ammerhöfe« im Landkreis Weilheim. Ausgedehnte Waldungen des Landesherrn und einiger Adelshäuser, die großen Seen und militärische Übungsplätze wurden in Bayern nicht in die Gemeindegebiete einbezogen, sie wurden in ausmärkische Bezirke untergliedert. Entsprechend wurde im Norden Deutschlands mit den großen Gütern verfahren, in denen sich bei der dominierenden Position des Gutsherrn keine Selbstverwaltung entwickeln konnte. Dort vertrat noch bis ins 20. Jahrhundert der Gutsbezirk mit dem Gutsherrn an der Spitze die Stelle des Gemeindebezirks.

In Bayern deckten sich zwar die von der Steuerkataster-Kommission für das Grundsteuerkataster gebildeten »Steuergemeinden« großenteils mit dem Gebiet der politischen Gemeinden; dies war jedoch keine unabdingbare Forderung. Wenn die Felder der Landwirte zweier benachbarter Dorfgemeinden infolge einer überkommenen Markengemeinschaft in einer schwer entwirrbaren Gemenglage durchmischt waren, konnte insoweit die Abgrenzung des Gemeindegebiets noch Jahre, in Einzelfällen Jahrzehnte nach der Bildung der politischen Gemeinden und nach Aufstellung des Katasters dauern. Das Gebiet solcher Gemeinden wurde kurzerhand unter einer gemeinsamen Steuergemeinde registriert (255). Für die Gemeinden Alesheim und Störzelbach (LKr. Weißenburg i. Bay.) gelang die Sonderung überhaupt nicht, das Problem löste sich schließlich im Zuge der Gemeindereform 1978 durch Zusammenlegung der beiden Gemeinden. Auch Württemberg kannte derartige Markungsgemeinschaften, zum Beipiel zwischen den Dörfern Mössingen und Belsen (Kreis Tübingen) (256).

Nachdem das rasche Wachstum der Städte im 19. und 20. Jahrhundert schon zahlreiche Landgemeinden aufgesogen hatte, kam das große Sterben mit den kommunalen Gebietsreformen nach dem Zweiten Weltkrieg, durch die ein Großteil der historischen Gemeinden in einer Großgemeinde seine Selbständigkeit aufgeben mußte. Doch diese Entwicklung liegt schon außerhalb der geschichtlichen Betrachtung.

Grenzsteine aus dem Mittelalter haben sich an den Dorfmarken selten erhalten. Doch manche Maindörfer können immerhin Markungssteine aus dem 16. Jahrhundert vorweisen. Zu dieser Zeit setzten systematische Versteinungen an den Marken der Städte und Dörfer ein. Landleite- und Markungsbücher werden angelegt. Am Ende des 16. Jahrhunderts konnten sich manche Dörfer an Rhein und Main rühmen, die Markung des Dorfes sei »ringsum umbsteinet, wie das von einem stein zum andern zu weisen« (257). In anderen Gebieten setzt dieser Fortschritt später ein. Im Fürstentum Kulmbach-Bayreuth waren bis

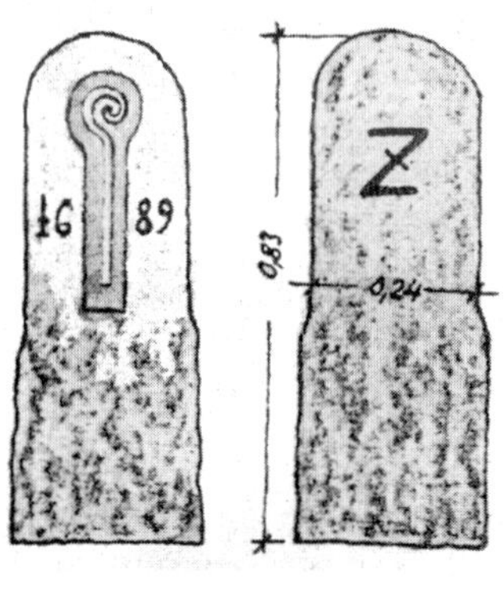

Markungsstein
von der Grenze zwischen dem Marktflecken Frickenhausen und dem Dorf Zeubelried (östl. bzw. nö. von Ochsenfurt). Der Krummstab für Frickenhausen symbolisiert die Herrschaft des Fürstbischofs von Würzburg, während für Zeubelried einfach der Buchstabe Z steht. Standort des Steins Vermessungsamt Würzburg.
Zeichnung: J. Weigand, Würzburg

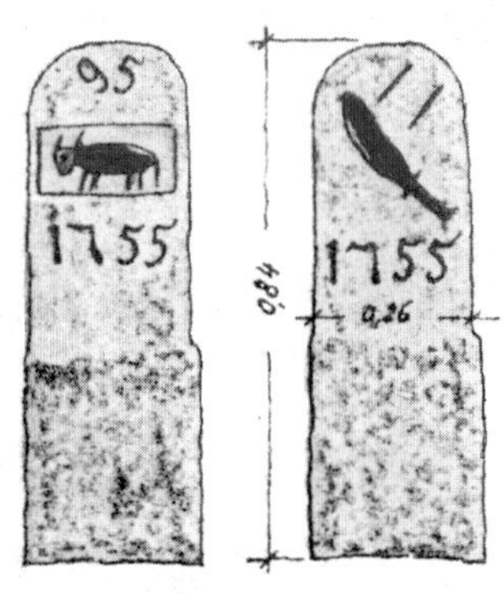

Markungsstein
von der Grenze zwischen dem Dorf Kleinochsenfurt (jetzt Ortsteil von Ochsenfurt) und dem Marktflecken Sommerhausen. Ortszeichen: der »kleine Ochse« auf der einen, das »Bartholomäusmesser« auf der anderen Seite. Standort Vermessungsamt Würzburg.
Zeichnung: J. Weigand, Würzburg

ins 18. Jahrhundert erst wenige Dorfmarkungen »verrheint und versteint«.

Die Markungssteine einer Stadt tragen regelmäßig auf der der Stadt zugewandten Seite das Stadtwappen und vielfach die laufende Nummer des Grenzpunkts. Bei Kleinstädten und bei Dörfern ohne Wappen findet man auf den Markungssteinen die Anfangsbuchstaben des Namens oder das Ortszeichen. Ortszeichen waren Gegenstände aus dem Ortssiegel, zum Beispiel eine Muschel, wenn der Pilgerheilige Jacobus im Siegel des Ortes stand. Die Markungssteine um Ochsenfurt am Main waren wie folgt gekennzeichnet: für Ochsenfurt Andreaskreuz, für die Nachbarorte Kleinochsenfurt Ochse, Frickenhausen Bischofsstab, Gnodstadt Schlüssel, Sommerhausen Messer (Winzermesser?) und Zeubelried Z (258).

Manche Dörfer führten eigene Marksteinbücher, in denen Standort, Gesteinsart, Gestalt und Zeichen der Markungssteine beschrieben waren. Statt in besonderen Büchern konnten derartige Beschreibungen auch im Dorfbuch oder im Fleckenrodel enthalten sein, zusammen mit einer Markungsbeschreibung, den Weiderechten des Dorfes, dem Eigentum des Dorfes samt den darauf ruhenden Lasten und den Straßen und Wegen (259).

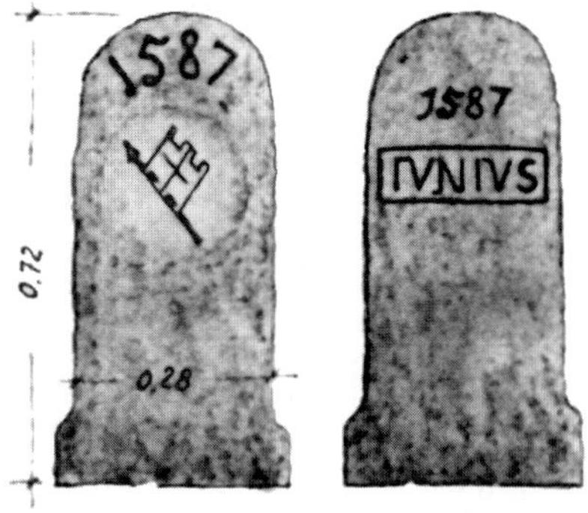

Burgfriedensstein
Stadt Würzburg/Ortsmarkung Unterdürrbach
Fahne = Wappen des Herzogtums Franken, das Wort JVNIVS deutet auf eine Steinsetzung im Monat Juni hin.
Standort: Vermessungsamt Würzburg
Zeichnung: Josef Weigand, Würzburg

Für die Städte wurde das Wort Markungsgrenze zumeist durch vornehmere Bezeichnungen wie »**Burgfriedensgrenze**«, »Stadtfriedensgrenze«, »Banngrenze«, »Weichbild« und andere verdrängt, wenngleich ursprünglich begriffliche Unterschiede vorhanden waren. Das Wort »Burgfrieden«, in älteren Quellen auch »Burggeding«, entstand im Mittelalter und beinhaltete in seiner eigentlichen Bedeutung die Verpflichtung der in der Burg lebenden Mitbesitzer, innerhalb der Mauern untereinander Frieden zu wahren und keine Fehde auszutragen. Der Burgfrieden konnte auch auf einen bestimmten Umkreis um die Burg ausgedehnt sein. Der Stadtfrieden ist aus dem Marktfrieden des Mittelalters hervorgegangen, der jeweils für die Markttage in dem Marktort geboten und von der Dorfherrschaft überwacht wurde. Die Verletzung des Burgfriedens, und dazu gehörte schon das Zücken von Waffen, wurde in den Städten streng bestraft; regelmäßig war der Verlust der rechten Hand angedroht.

Die Burgfriedensgrenze einer Stadt, ursprünglich in der Stadtmauer gelegen, später in das Umland ausgedehnt, konnte, aber mußte nicht mit der Banngrenze identisch sein. Die Bannmeile umschloß die Stadt in einer Entfernung von 1 Meile, zum Beispiel Nürnberg, für die Stadt Speyer 3 Meilen, für Frankfurt a. M. 5 Meilen. Innerhalb der Bannmeile herrschte die Stadt wirtschaftlich. Jagd und Fischerei stand ihr regelmäßig zu, die Ausübung eines Gewerbes oder Handwerks in Konkurrenz zur Stadt war untersagt. Andererseits konnte eine Ablieferungspflicht bestimmter Erzeugnisse festgelegt werden, zum Beispiel der Bannwolle. Aus der Stadt Ausgewiesene durften die Bannmeile nicht überschreiten. Das Gebiet eines Stadtgerichts konnte in Aus-

Bannsäule bei Amsterdam
Sechs solcher Säulen ließ die Stadt 1559 errichten, nachdem 15 Jahre zuvor Kaiser Karl V. die Banngrenze auf 1 Meile (7420 m) vor die Stadt verlegt hatte. Standort: Spaardammerdijk beim Dorf Sloterdijk zwischen Amsterdam und Haarlem Inschrift: »TERMINUS PROSCRIPTIONIS – uijtterste palen der Ballingen«(Grenze des Bannbezirks). 1867 zerstört. Radierung von Rembrandt um 1650 Reproduktion: Albertina, Wien

nahmefällen auch einmal über das Gebiet der Stadt hinausgreifen. Die hohe Gerichtsbarkeit der Stadt Rottweil erstreckte sich zum Beispiel mit über ein Gebiet außerhalb ihres Territoriums, in dem der Stadt die Jagdhoheit zustand, weshalb von einem »Rottweiler Pirschgericht« gesprochen wurde (260).

Das Friedensgebot in der Stadt wurde vor allem an den Zufahrtsstraßen und -wegen dem Ankömmling durch Burgfriedenssteine eingeschärft. Das Emblem der Burgfriedenssteine war meist das Beil und die abgeschlagene Hand, in Österreich eine Hand mit Schwert, dem Marktfriedenschwert. Die Münchener Burgfriedenssäulen von 1724 sind weniger bedrohlich, sie zeigen auf der Stadtseite das freundliche Münchner Kindl, auf der Landesseite die bayerischen Rauten, dazu die laufende Nummer der Säule (261). Besonders imposante Bannsäulen sind an Ausfallstraßen einiger Städte in den Niederlanden erhalten. Die Inschrift auf dem Sockel eines hohen Obelisken vor Amsterdam bedeutete dem aus der Stadt Ausgewiesenen, daß er sich der Stadt nicht weiter nähern dürfe, sondern umzukehren habe (TERMINUS PROSCRIPTIONIS) (262). Rembrandt hat die Bannsäule am Spaardammer Damm mit einer Radierung in die Kunstgeschichte eingeführt.

7. Zehntsteine

Der Zehnt (Zehent), eine regelmäßige Abgabe von bestimmter Größe oder Menge in Naturalien, war ursprünglich an die örtliche Kirche zur Finanzierung ihrer Aufgaben abzuführen. Er betrug meist weniger als ein Zehntel des Ertrags, manchmal sogar nur ein Hundertstel. Ein Viertel des Zehnten ging an den Bischof, ein Viertel war für den Pfarrer, ein Viertel für die Armen und das letzte Viertel diente der Unterhaltung des Gotteshauses. Diese Regel

Münchner Burgfriedenssäule Nr.13
Vorderseite mit dem Münchner Wappen
Standort: Englischer Garten.
Foto: Kurt Winschiers, München

Münchner Burgfriedenssäule Nr.13
Rückseite mit dem bayerischen Rautenwappen
Standort: Englischer Garten.
Foto: Kurt Winschiers. München

verlor sich aber schon im Laufe des Mittelalters. Die Kirche begründete ihren Anspruch mit verschiedenen Bibelstellen des Alten Testaments, zum Beispiel 1 Mose 28, 22, Jakob gelobte Gott: »... von allem, was du mir gibst, will ich dir den Zehnten opfern« oder 3 Mose 27, 30: »Alle Zehnten des Landes sowohl vom Getreide als auch von den Baumfrüchten gehören dem Herrn und sind ihm geheiligt.« Der Zehnt geht auf das 6. Jahrhundert zurück. Karl der Große bestätigte ihn durch ein allgemeines Zehntgebot (779), das sich allerdings nicht vollständig durchzusetzen vermochte. Beim Getreidezehnt zählte der Zehntknecht des Zehntberechtigten nach dem Schnitt auf dem Feld die aufgestellten Garben ab und stieß jede zehnte als Anteil des Zehntherrn um. Aber schon verhältnismäßig früh wurde dieses umständliche Verfahren aufgegeben und der Zehnt vielfach als jährliche Abgabe von bestimmter Höhe fixiert, sei es als Naturalabgabe (Sackzehnt, Sackkorn) oder als Geldbetrag (Geldzehnt, Zehntgeld). Der Sackzehnt konnte auch als Ganzes auf der Gesamtheit der Gemeindemitglieder lasten.

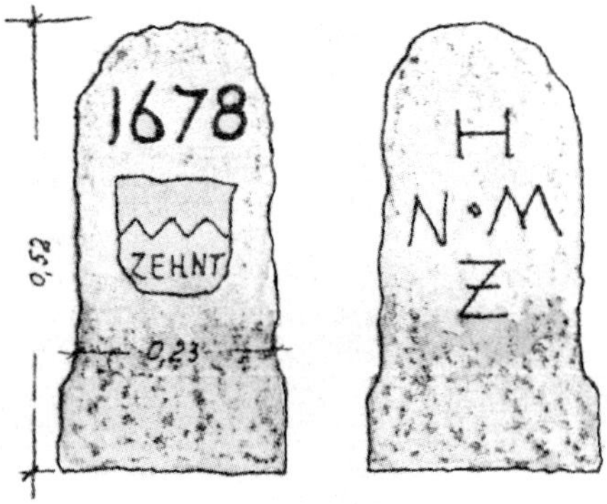

Zehntstein
aus der Markung Ochsenfurt. Wappen des Hochstifts Würzburg. Die Buchstaben H N M und Z auf der Rückseite des Steins bedeuten Handlohn, (Stift) Neumünster (Würzburg) und Zehnt
Standort Vermessungsamt Würzburg
Zeichnung: J. Weigand. Würzburg

Durch Verleihung und Veräußerung geriet der Zehnt schon im Mittelalter großenteils in die Hände von Laien, er wurde »Laienzehnt«. Mit der Einziehung von Kirchengütern, endgültig in der Säkularisation, fiel der Zehnt an den Landesherrn. Die Reformation hatte den Zehnt grundsätzlich bestehen lassen.

Durch Zehntsteine wurden die Zehntrechte der Kirchen, Klöster und weltlichen Herrschaften in der Örtlichkeit angezeigt. Das Zeichen auf dem Zehntstein war ursprünglich häufig der Kelch auf der Vorderseite und ein Kreuz auf der Kopffläche des Steins, oder auch der Kelch mit einer Hostie, oder einfach ein »Z«. Der Zehntherr wurde mit den Initialen seines Namens oder mit seinem Wappen angegeben. Die Inschrift konnte auch über die Höhe des Zehnts Aufschluß geben; die Zahl XX besagte zum Beispiel, daß der Zehnt ein Zwanzigstel der Ernte betrug. Stand der Zehnt zwei Herren gemeinsam zu, so waren manchmal ihre beiden Wappen nebeneinander auf dem Stein eingemeißelt. Bei einem geteilten Zehnt waren zuweilen die Anteilsgrößen angegeben, zum Beispiel 3/4 M., 1/4 N. Bei einem zehntfreien Feld stand »Z. F.«, für den Großzehnt »G. F.« auf dem Zehntstein. Der zehntfreie Neubruch (urbar gemachtes, zumindest für gewisse Zeit abgabenfreies Land) war mit »N. B.« gekennzeichnet. Nach Ablauf der Freijahre wurde der »Novalzehnt« erhoben. An dem Grundstück wurden dann Steine aufgestellt, die auf der einen Seite die Buchstaben »N. Z.« oder«NOZ« gleich Novalzehnt, auf der anderen Seite die Buchstaben«V. Z.« gleich Universalzehnt trugen.

Welch merkwürdige Unterteilungen und Gruppierungen selbst bei geringen Zehntabgaben auftraten, darf an dem Beispiel des Adelssitzes Schloß Schwarzach (östlich von Heidelberg, Pfalz) gezeigt werden (263): Das Haus Schwarzach war 1603 im Genuß verschiedener Groß- und Kleinzehnten aus umliegenden Dörfern. Das Haus gab aber seinerseits Kleinzehnt (Abgaben auf den Ertrag von Rüben und Kraut, Obst, Gemüse, Kleinvieh usw.) »nach ausweisung eines schieds- und marksteins, so im schloß vor der kuchen stehet« je zur Hälfte nach Oberschwarzach und Unterschwarzach.

Wo geistliche Herren, Kirchen oder Klöster Grundherren waren, lasteten auf den Gütern im allgemeinen keine geringeren Abgaben als auf den Gütern, die weltlichen Grundherren pflichtig waren. Nur haben die ersteren oft beträchtliche Nachlässe gewährt und sich außerdem um eine großzügige Wohlfahrtspflege bemüht, woraus die Redensart entstand: »Unterm Krummstab ist gut leben.« Als die geistlichen Güter weltlicher Herrschaft unterstellt wurden, war die Zeit der Abgabennachlässe vorbei, die Überleitung und Umorganisation des überkommenen Wohlfahrtswesens ließ viele Härtefälle entstehen.

Aus den Gegenden um mittleren Rhein, unteren Neckar sowie unteren und mittleren Main, wo sich geistliche und weltliche Herrschaften in dichter Folge abwechselten, berichten die Quellen schon seit dem 15. Jahrhundert über Zehntsteine mit Beschriftung und Wappen, also im Verhältnis zu anderen Grenzsteinarten sehr früh. Besonders häufig waren Zehntsteine in der Landgrafschaft Hessen. Eine Verordnung vom 25. November 1704 befahl die Vermarkung der zehntfreien Grundstücke. Die Anordnung wurde am 26. November 1766 erneuert mit der Weisung, auf den Zehntsteinen die Buchstaben »Z. F.« in Blei anzubringen. Wer diesem Gebot nicht nachkam, lief Gefahr, daß seine zehntfreien Äcker fernerhin mit der Zehnt belegt wurden (264).

Außer einzelnen zehntfreien Grundstücken gab es geschlossene Gebiete, in denen Zehntfreiheit herrschte. Im Hochstuft Fulda zum Beispiel war Zehntfreiheit die Regel, Ausnahmen von dieser Regel mußten in jedem Einzelfall erst nachgewiesen werden (265).

Eine besondere Art Zehntstein war der Stein, an dem der Hühnerzehnt abzuliefern war (266).

Zehntsteine sind nur in geringer Zahl erhalten, obgleich der Zehnt noch bis in das 19. Jahrhundert als Staatsabgabe von Bedeutung war. In den württembergischen Instruktionen über die Aufstellung des Etats und die Abrechnung des Haushalts sind 1819 »Zehent-Vermarkungs-Kosten« noch unter einer besonderen Position ausgebracht (267). Eine Ursache für das Verschwinden der Zehntsteine ist vielleicht darin zu sehen, daß die Bauern nach der Ablösung der Zehnten um die Mitte des vorigen Jahrhunderts nicht mehr an die einstigen Abgaben erinnert werden wollten.

8. Hut- oder Weidesteine

Hut- oder Weidesteine, am unteren Neckar »Rindersteine« genannt, bezeichneten innerhalb der Dorfmarkung die Grenze des Dorfangers, der Allmende, auf die der Dorfhirte zu bestimmten Zeiten das Vieh der Dorfbewohner trieb. Noch wichtiger als in der eigenen Dorfmarkung waren Weidesteine, wenn Weiderechte auf fremder Dorfmarkung bestanden. Auch Gemeinschaftsweiden, auf die zwei oder mehr Dörfer ihr Vieh trieben (Kuppelhut in UFr) waren keine Seltenheit; heute ist ihr Vorkommen wohl auf Bergweiden beschränkt. Ferner war in früheren Zeiten die Waldweide in vielen Gegenden von Bedeutung. »Wunn und Wayd« war in den Wäldern außer den Bannforsten die Regel. »Wunn« hieß das Abweiden des Laubs von Baum und Strauch, »Wayd« das Abweiden von Gras und Kräutern. Ziegen waren von der Waldweide vielfach ausgeschlossen, weil sie am Baumbestand zuviel Schaden anrichteten. Im Forstenrieder Park bei München fraßen die nahezu 5000 Stück Vieh, die um das Jahr 1800 noch eingetrieben wurden, den jungen Austrieb nahezu kahl (268). In den frühen bayerischen Katasterplänen sind die Grenzen der Weiderechte mit einem Farbband markiert (269).

Hutstein
an einer Weidegrenze bei Hirschfeld, südlich von Schweinfurt
Foto: Longin Mößlein, Gerolzhofen

Triebstein
Markierung eines Triebwegs im Dorf Trennfeld am Main (westl. von Würzburg).
Die verschlungenen Buchstaben TS bedeuten »Triebstein«, A bedeutet »Anfang«.
Foto: Horst Otremba

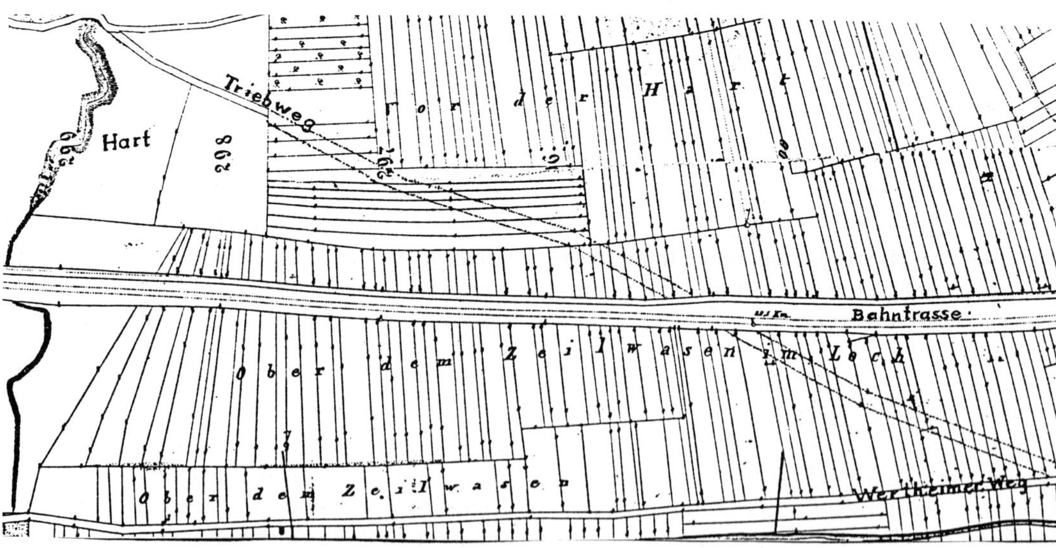

Beiderseits der Wege, die zu den Weiden führten, waren in Gegenden mit bedeutender Viehwirtschaft verhältnismäßig breite Flächen, Gemeindewasen, für das durchziehende Vieh zusätzlich freigehalten. Auch für den Viehtrieb gab es Gemeinschaftsrechte, die Koppeltriften. Das Treibrecht gestattete nur den Durchtrieb, das Trattrecht schloß das Weiden auf den Triebflächen mit ein. In Vorarlberg hieß dies »wun, waid, trip und trap«.

Die Weidesteine waren oft daran zu erkennen, daß ein Schafskopf auf ihnen abgebildet war. Das Zeichen für Trieb und Tratt war die Geißel (270). Als Aufschriften finden sich Jahreszahlen, laufende Nummern und die Wörter WEYD oder TRATT. Hut- und Weidesteine fallen oft nicht mit Markungs- oder Besitzgrenzen zusammen. Eine systematische Versteinung des Viehtriebs läßt sich in manchen Dörfern schon für das 16. Jahrhundert nachweisen (271). In Weistümern des Spätmittelalters sind zahlreiche Triebrechte über fremden Besitz überliefert.

9. Gütersteine

Durch »Gütersteine« wurden die Grenzen des Grundbesitzes bezeichnet und gesichert. Das Wort Güterstein ist in Teilen der gelehrten Literatur bis ins 19. Jahrhundert in Gebrauch, ohne sich gegen »Markstein« durchsetzen zu können. In der Umgangssprache traten und treten die Grenzsteine unter ihren regionalen Bezeichnungen auf, die auf Seite 108 folgende mit zahlreichen Beispielen belegt sind.

Für die Gütersteine wurden im einfachsten Fall Steine verwendet, wie sie in der Gegend verfügbar waren. Das gelehrte Schrifttum, das sich seit dem 17. Jahrhundert der Fragen der Grenzvermarkung annimmt, verlangte zumindest ein Kreuz auf der Kopffläche des Marksteins, einen Buchstaben, einen Schnitt oder ein anderes eindeutiges Kennzeichen (»Charakter«), »damit die rechten von denen falschen unterschieden werden können« (272). Siehe auch Seite 103. Den preußischen Landmessern schrieb die Instruction von 1755 (§ 19) vor: »Zu Grentzsteinen sind soviel es thunlich, grosse zu nehmen, und wo derglei-

Bild linke Seite unten:

Triebweg
dessen Anfang mit obigem Grenzstein vermarkt war. Soweit der Weg durch die Ackerflur verlief (gestrichelt dargestellt), durfte auf ihm nur während der von der Gemeinde jeweils bekanntgegebenen Zeit getrieben werden. Ausschnit aus einer älteren amtlichen Flurkarte, verkleinert.

Güterstein
der Frh. von Guttenberg (GU) Nr.26 südöstl. von Königshofen i. Grabfeld (UFr)
Auf der Rückseite des Grenzsteins umgeklapptes N für den namentlich nicht genannten Nachbarn. Auf der Kopffläche zeigt eine Krinne die Richtungen der von dem Grenzpunkt abgehenden Grenzlinien an.
Foto: Karl Tilch, Bad Neustadt a.d.S.

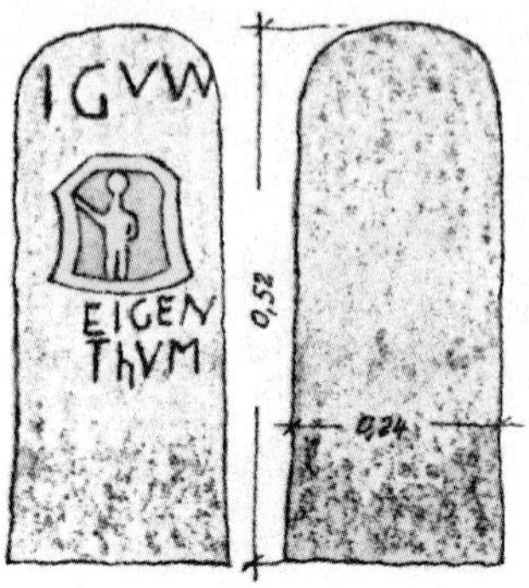

Güterstein
aus der Markung von Üngershausen (LKr Würzburg) mit dem Wappen derer von Wolfskeel. Die Aufschrift IGVW läßt sich deuten als I.G. von Wolfskeel
Das Wort »EIGENTHVM« ist eine Rarität auf einem Grenzstein. Standort Vermessungsamt Würzburg
Zeichnung: J. Weigand. Würzburg

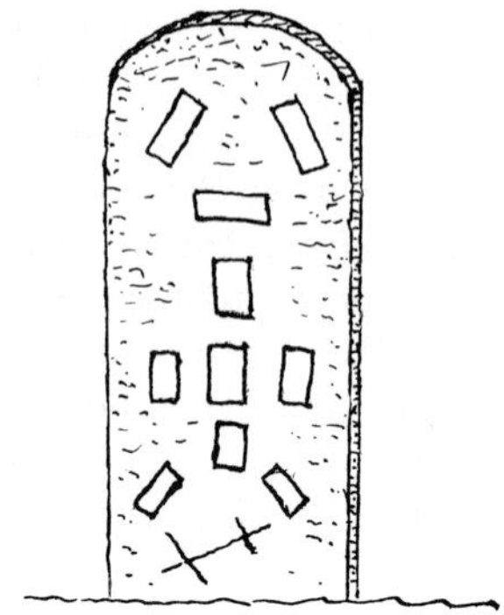

Grenzstein mit den »Waldzeichen«
eines Schiffers der Murgschifferschaft. Er bezeichnet das dem Schiffer zugewiesene Waldgebiet.
Aus dem Jahrbuch des Landkreises Freudenstadt 1988

»Dekumat-Stein«
ein Güterstein aus der Markung von Ochsenfurt. Vor dem Abtransport zum Vermessungamt Würzburg wurde die untere Hälfte des Steins abgesprengt. Als »agri decumates« bezeichneten die Römer das durch den Limes geschützte Land zwischen Rhein und Donau (Tacitus,Germania 99); die genaue Bedeutung des Wortes ist umstritten. Vielleicht ist »Dekumat« hier als zehntpflichtiges Land zu deuten. Auf der Kehrseite des Steins das Andreaskreuz von Ochsenfurt.
Zeichnung: J. Weigand. Würzburg

chen Leute vorhanden, die es verstehen, Creutze darauf zu hauen«. Schwäbische Untergänger und fränkische Siebner berichten seit dem 16. Jahrhundert in ihren Ordnungen und Protokollbüchern sowohl von rohen, mit einem Kreuz versehenen als auch von vierkantig behauenen Marksteinen. Gutsbesitzer und vermögende Landwirte leisteten sich dann später auch Grenzsteine mit den Initialen ihres Namens und der Jahreszahl oder mit Wappen beziehungsweise mit der Hausmarke, die ja nicht nur auf dem Türsturz des Hauses, sondern auch auf den Gerätschaften des Hofes angebracht wurde. Besaß ein regierender Fürst außerhalb seines Hoheitsgebiets Güter, so sollte er auf den betreffenden Grenzsteinen – so wenig wie auf den Jagdsteinen – nicht sein Wappen anbringen, es sei denn, daß die Güter exemt, also von der Gerichts- und Hoheitsgewalt des örtlichen Landesherrn ausgenommen waren. Das Wappen des fürstlichen Grundherrn, so war die damalige Meinung, könnte nach einer gewissen Zeit durch »Verjährung« dem Grundherrn den Anspruch auf die Gebietshoheit einbringen (273).

Zur zeitlichen Entwicklung der Vermarkung der Güter siehe Seite 97 ff.

Um die Marksteine bei der Feldbestellung nicht zu gefährden, mußte ein bestimmter Abstand eingehalten werden. Feld- und Dorfordnungen gaben dazu bestimmte Maße vor, meist ein, zwei oder drei Fuß oder auch zwei Furchen (Staufen, Schwaben). Wo das Ackerland besonders intensiv genutzt werden mußte, konnte der Mindestabstand auch geringer sein, in Memmingen zum Beispiel 1/2 Schuh, nach der Feldordnung für Nassau-Weilburg gar nur vier Zoll (274). Auf die Übertretung dieser Vorschriften waren empfindliche Geldstrafen ausgesetzt.

Die Unzuträglichkeiten, die ein zu nahe neben dem Grenzstein stehender Baum verursachen kann, sind schon auf Seite 107 angesprochen worden. Die Feldordnung für Schweinfurt in der Fassung von 1714 spricht hierzu folgendes Verbot aus (275): »Nachdeme bißhero / auß böser Gewohnheit / sich etliche unterstanden / zu den Marck- und Schied-Steinen Weiden zu stecken / dadurch aber / wann dieselbe groß und starck erwachsen / die Stein umbgetrieben / verdeckt / und nicht wohl zu haben«, sollte künftig mit dem Stecken von Weiden ein Mindestabstand von »zwey ganzer Schuch« von Grenzsteinen eingehalten werden.

Mit einer Eigentümlichkeit besonderer Art können niederländische Städte aufwarten, nämlich mit den »stoepstenen«, wörtlich »Bürgersteigsteinen«. Mit solchen Steinen waren an der Straßenfront der Häuser die noch zum Hausgrundstück gehörenden, ein bis zwei Meter tiefen Streifen abgegrenzt. Ein Stab, eine Stange oder eine Kette verband den Stein mit der Hauswand und sperrte diesen Streifen für Passanten, so daß an der Hauswand eine steinerne oder hölzerne Sitzbank ungestört genutzt werden konnte. Einige dieser zum Teil mit spätgotischen oder Renaissanceornamenten verzierten stoepstenen sind in niederländischen Museen noch zu bewundern (276).

Stoepstenen in den Niederlanden
Mit »stoepstenen (Bürgersteigsteinen)« wurde in vielen Städten und Dörfern der Niederlande der ein bis zwei Meter breite Streifen abgegrenzt, der straßenseitig zum Hausgrundstück gehört.
Diese Steinsäulen waren durch eine Planke oder Kette mit dem Haus verbunden und sperrten so die Fläche vor der Hauswand und vor den Fenstern.
Der freie Raum konnte mit Sitzbänken verstellt werden. Reich verzierte, wappengeschmückte stoepstenen sind erhalten und in Museen ausgestellt.
Nach T. Brouwer, Grenspalen in Nederland, Zutphen 1978

10. Wegesteine

Mit der Vermarkung der Straßenränder ist verhältnismäßig früh begonnen worden, um von den Landwirten die Versuchung abzuwenden, von den Rändern der öffentlichen Straßen Streifen abzupflügen und so die Ackerfläche etwas zu vergrößern. Erst erschien es als ausreichend, auf einer der beiden Straßenseiten Steine zu setzen, weil für die Straßenbreite feste Standardmaße bestanden. Spätestens im 18. Jahrhundert wurde dann zur Regel, die Straßenbreite durch eine Vermarkung beiderseits zu sichern. Das Maß für die Breite der Reichs- und Heerstraße war in früher Zeit der vor dem Sattel des Reiters quer gelegte Speer (277), dann die Breite zweier Wagen (278), wenigstens 16 (279), meist aber 24 Fuß. Nach einem westfälischen Weistum mußte die Königsstraße so breit gehalten sein, daß »zwei Fuder Heu nebeneinander herfahren können und an beiden Seiten die Leute anhalten« können, während der »nottweg«, nämlich der für den örtlichen Verkehr notwendige Weg, so breit sein mußte, »da ein dot leichnam op einem wagen queme fahren« konnte (280). Herr der für jedermann offenen Heerwege war der König, daher der Name »Königsstraße«. Erst ab dem 18. Jahrhundert unterhielten die Landesherren die Straßen des Fernverkehrs, in Schwaben die Reichsstände. Etwa um die gleiche Zeit wurden die ersten Kunststraßen gebaut.

Der Verlauf der Flurwege war im Mittelalter noch nicht stabil, sondern veränderlich (281). Als er sich in der Neuzeit verfestigt hatte, wurden auch die Flurwege vermarkt. Für Fahrwege in der Flur war im allgemeinen eine Breite von 8 Fuß verlangt, in Kurven und an Wendestellen das Doppelte; für Fußwege begnügten sich die Ortssatzungen mit einer Breite von 3 bis 4 Fuß (282). Bei Wegen, deren Fläche zu den Grundstücken gehört, über die der Weg führt, bei den sogenannten Anlieger- oder Adjazentenwegen, wie sie in Franken in großer Zahl vorkamen, war es üblich, Grenzsteine im Wechsel an den beiden Wegrändern anzubringen, wenn die Besitzgrenze in der Wegmitte lag. Diese Situation wurde in Franken sogar an der Landesgrenze angetroffen. Erst seit jüngster Zeit wird bei den Anliegerwegen weniger sparsam verfahren, die Grenzsteine werden paarweise zu beiden Seiten des Weges gesetzt.

Unvermarkt bleiben mußten zwangsläufig die sogenannten »Schleifwege«. Dies waren nicht eigentliche Wege sondern örtlich festliegende Fahrstrassen quer durch ein Gewann; sie durften nur von den Anliegern und nur zur Feldbestellung und Ernteeinbringung zu bestimmten Zeiten benutzt werden. Die Schleifwegflächen wurden vom Feldbau nicht freigehalten, der Wegverlauf war während der Wachstumszeit nicht sichtbar. Er wurde aber mitunter in einem Urbar der Gemein möglichst genau beschrieben. Im übrigen verließen sich die Bauern auf ihr gut entwickeltes Ortsgedächtnis. In den Flurkarten des bayerischen Grundsteuerkatasters sind zahlreiche Schleifwege dargestellt. Da und dort erinnern auch noch Flurnamen an die längst nicht mehr genutzten Schleifwege.

Die Unterhaltung der Flurwege oblag regelmäßig den Anliegern, das Recht auf die Benutzung war nicht selten auf einen bestimmten Personenkreis beschränkt.

11. Wassersteine

»Wassersteine« oder »Fischsteine« zeigten an Wasserläufen und Seen Beginn und Ende der Fischereirechte an. An den Fließgewässern wurden sie einseitig, bei großen Flüssen auch beidseitig am Ufer angebracht. Auf den Steinen war ein Fisch, manchmal auch ein Petrischlüssel dargestellt. Wassersteine sind seit dem 16. Jahrhundert bezeugt, im 15. Jahrhundert zeigten wohl überwiegend noch Pfähle die Grenzen der Fischereirechte an (283). Das derzeitige Fischereigesetz von Bayern sieht für Fischereirechtsgrenzen normale Grenz-

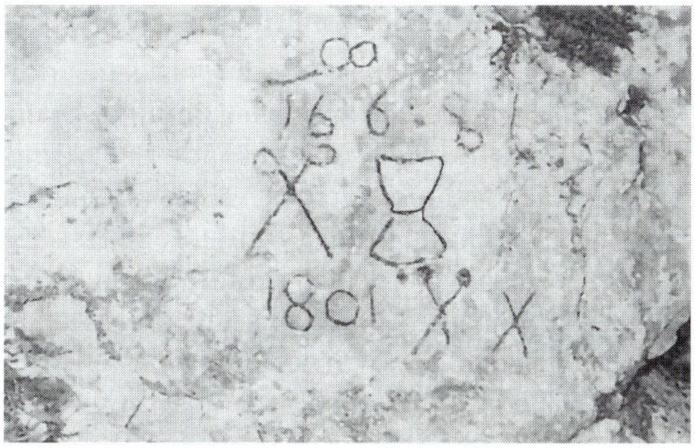

Fischereigrenze
zwischen den Klöstern Schlehdorf und Benediktbeuern
Felsmarke am Südufer des Kochelsees vom Jahre 1668
Foto: Charlotte Gampe, Murnau

steine mit den Buchstaben FR vor (284). Fischereirechts-Abmarkungen sind jedoch sehr selten geworden.

Wie bei den Weide- und Jagdrechten gab es an Flüssen auch mehrere Fischereirechte an einem Flußabschnitt nebeneinander, deren Ausdehnung unterschiedlich sein konnte. Solche Koppelfischereirechte bestehen heute noch zum Beispiel am mittleren Main.

12. Lochsteine

Der »Lochstein« oder »Schnurstein« ist der Grenzstein des Bergbaus. Vermutlich wurden die Abbaufelder schon vermarkt, als der Bergbau noch im Tagebau nur bis in geringe Tiefen betrieben wurde. Zu den kleinen Erzgruben, die im hohen Mittelalter um die Städte Sulzbach und Amberg herum von den Bürgern betrieben wurden, gehörte jeweils ein kreisförmiges Feld von nur 72 Fuß Durchmesser (21,6 m; zum Symbolgehalt der Zahl 72 siehe später Seite 212) (285). Bei dem dichten Nebeneinander der Gruben verschiedener Besitzer muß eine sichtbare örtliche Abgrenzung eine Notwendigkeit gewesen sein. Seit dann in den traditionellen Bergbaugebieten Norddeutschlands die Förderung untertage aufgenommen wurde, setzten autorisierte Markscheider, früher besondere Berggeschworene, übertage in die Grenzen der Grubenfelder oder Bergbaurechte Loch- oder Schnursteine, sie »verlochsteinten« die Markscheide, mittelhochdeutsch »marcscheide«. Das Wort Markscheide ist eine tautologische Zusammensetzung, beide Wortbestandteile bedeuten so viel wie Grenze. Aber offensichtlich wurde das Wort Mark schon nicht mehr sicher verstanden (286).

Lochstein
von einer Ockergrube bei Oberebersbach (LKr. Rhön-Grabfeld). Die Buchstaben bedeuten S L = Schmittsches Lehen (Bergbauberechtigter), R S = Rentbeamter Schubert (Beamter der Aufsichtsbehörde)
Foto: Karl Tilch, Bad Neustadt a.d.S.

Die Entwicklung des Bergrechts war am Ende des 12. Jahrhunderts im wesentlichen abgeschlossen. Das Verfahren beim »Verlochsteinen« war bereits früh in Bergordnungen geregelt. Hierzu sei die »Nassau-Catzenelnbogische Berg-Ordnung« angeführt (287). Nach Artikel 21 der Ordnung wurde der Termin für die Vermarkung der Grubenfelder vierzehn Tage vorher durch den »Schichtmeister« oder »Lehenträger« in dem Kirchdorf ausgerufen. Das »Maßüberschlagen« besorgte der »Bergmeister«. Die Steiger oder Schichtmeister mußten ihren Nachfolgern jeweils die Lochsteine über Tage und die Markscheiden unter Tage vorweisen, damit diese nicht in Vergessenheit gerieten oder verloren gingen. Beschädigungen dieser Marken wurden »peinlich« gestraft.

Der Bergschreiber trug beim Bergmeister (Aufsichtsperson) die Lochsteine in ein besonderes Buch ein, »auff daß man in zutragenden Irrungen Nachrichtung haben möge« (288).

Die Bezeichnung »Schnurstein« deutet die Vermessung der Gruben und Gänge mit der Meßschnur an. Die Herkunft des Wortes »Lochstein« mit dem kreisrunden Loch zu erklären, das in die Deckfläche des Grenzsteins gebohrt ist, wird nicht dadurch richtig, daß sich namhafte Autoren diese Deutung zu eigen gemacht haben. Der »Lochstein« war vielmehr im hohen Mittelalter ein »Lachstein«, das heißt ein Grenzstein mit einer Kerbe (289). Zum Wort »Lach« siehe oben Seite 80. Die Lochsteine tragen zur Unterscheidung von sonstigen Grenzsteinen vielfach die Symbole des Bergbaus, nämlich Schlägel und Eisen, manchmal auch den Namen der Grube.

Ergänzungen und Besonderheiten

Zu den klassischen »Geschlechtern« der Grenzsteine treten in späteren Publikationen noch die »**Zollsteine**« als besondere Gattung hinzu (290). Schon seit dem Mittelalter sind für manche Länder und Städte Gebietsstreifen festgelegt worden, innerhalb deren Zölle und Abgaben für Einfuhr, Ausfuhr und Transit von Waren erhoben wurden. Bei Städten war dieser Bereich oft vom Kaiser oder vom Landesfürsten festgelegt, zum Beispiel 1387 um Amsterdam vom Deutschen Kaiser ein Umgriff von 100 Ruten (376 m) (291). An der Grenze dieses Bereichs wurden neben den Ausfallstraßen Stein- oder Holzsäulen aufgestellt. Solche Geschichtsdenkmale erinnern heute noch in manchen Museen an den Erfindungsreichtum früherer Zeiten beim Erschließen von Geldquellen. Wie bei den Geleitstrecken suchten findige Handelsleute, sich über »Beiwege« um die Zollstellen herumzuschleichen.

In Süddeutschland war an den Grenzen kleinerer reichsunmittelbarer Herrschaften oder exemter Gebiete, in denen der Herrschaft nur die niedere Gerichtsbarkeit zustand, jeweils ein bestimmter Grenzstein als **Übergabe-** oder **Extraditionsstein** festgelegt. An dieser »Centlieferungsstatt« wurden die in dem reichsfreien bzw. exemten Gebiet aufgegriffenen Straftäter den Organen des für das Gebiet zuständigen Hochgerichts zur Aburteilung überstellt. Richter und Schergen dieses Gerichts durften das Gebiet jenseits des Übergabepunkts nicht betreten. Siehe auch unter Abschnitt B 1.3 Seite 196.

Zu den vielen Varianten von Grenzsteinen hat die Stadt Frenkfurt a. M. ihren besonderen Beitrag eingebracht, die **Mauergrenzsteine.** Nach allgemeiner Rechtsauffassung stellt die Scheidemauer zwischen zwei Häusern, soweit sie für beide Häuser konstruktiv genutzt ist, gemeinschaftliches Eigentum dar. Erhöht einer der Eigentümer die gemeinsame Mauer

Centstein
Beschriftung: HOLLFELDER CENT EXTRADITIONSSTEIN 1776
Standort : etwa 150 m nö von Schressendorf (LKr. Bayreuth)
Einst Grenze zwischen dem Hochstift Bamberg und der kleinen Herrschaft Plankenfels. An dem Grenzstein wurden Übeltäter, die in der Herrschaft Plankenfels gefaßt worden waren, den Beauftragten des Bamberger Centgerichts Hollfeld zur Aburteilung und Bestrafung durch das Centgericht überstellt.
Foto: Karl Dill, Bayreuth

Steinkreuz als Grenzübergabestelle
An dem Grenzpunkt zwischen den Orten Weyer und Euerheim östlich von Schweinfurt übergab einst die Kloster-Ebracher Obrigkeit die schwerer Vergehen Bezichtigten an das würzburgische Centgericht zur Aburteilung. Die eingeritzten, mit Tafelkreide sichtbar gemachten Zeichen konnten noch nicht gedeutet werden.
Foto: Longin Mößlein, Gerolzhofen

auf seine Kosten, so ist dieser Mauerteil sein Sondereigentum. Die Grenze zwischen Miteigentum und Sondereigentum wurde in Frankfurt durch eine eingemauerte Platte mit entsprechender Inschrift von »geschworenen Maurermeistern« gekennzeichnet, um Kaufinteressenten die Eigentumsverhältnisse an der Mauer vor Augen zu führen. Erlangte der Nachbar durch Bezahlung der halben Kosten das Miteigentum an der Erhöhung, so wurde der Zeichenstein herausgenommen (292).

Wo an der Nordsee **Deiche** die tiefen Küstenlandschaften gegen Überflutung durch das Meer und gegen das Hochwasser der einmündenden Ströme schützen müssen, hat sich zur

Mauergrenzsteine
Frankfurt a. M. Bis zur Tafel ist die Scheidemauer zwischen den beiderseitigen Gebäuden Gemeinschaftseigentum, darüber Sondereigentum eines der beiden Gebäudebesitzer.

Unterhaltung dieser Einrichtungen schon im Mittelalter eine besondere Organisation gebildet, die Deichgenossenschaft, ein Zwangsverband der Besitzer der geschützten Landflächen mit dem Deichgrafen und den Deichgeschworenen an der Spitze. Die Einsatzbereiche der verschiedenen Deichgenossenschaften und zugleich die Befehlsbereiche der Deichgrafen wurden zumeist mit Pfählen, manchmal auch mit Steinen vermarkt.

Eine besondere Art von Gebot und Verbot drückten die **Abbruchsteine** aus, die vor der Türkenbelagerung von 1683 im Vorgelände der Stadt Wien aufgestellt wurden. Sie grenzten den Raum zwischen der Stadtbefestigung und den Vorstädten ab, innerhalb dessen aus Gründen der Verteidigung keine Gebäude geduldet wurden. Vorhandene Gebäude mußten sofort beseitigt werden.

Abbruchstein vor Alt-Wien
Im Jahr der Türkenbelagerung 1683 bezeichneten Abbruchsteine vor den Mauern Wiens des Bereich, innerhalb dessen aus Verteidigungsgründen keine Gebäude stehen durften.
Foto: Historisches Museum der Stadt Wien

7. Grenzvermarkung in Ländern außerhalb Deutschlands

Bien borné est à moitié mesuré.
Gut vermarkt ist halb vermessen.
Französisches Sprichwort

Frankreich und England, zwei gegensätzliche Positionen

Für eine lückenlose regionale Bestandsaufnahme der Vermarkungsarten und Vermarkungsgepflogenheiten in den deutschen Ländern wären aufwendige Befragungen und Studien erforderlich, die im Rahmen dieser Arbeit nicht zu leisten sind. Für Frankreich hingegen liegt eine umfassende, ausführliche Untersuchung aus dem Jahr 1893 (1) als Vorstudie zu dem am 17. 3. 1898 erlassenen Gesetz vor, mit dem eine Katastererneuerung versucht wurde. Nach diesem Gesetz sollten im Zuge von Katasterneuvermessungen die Grenzen des Eigentums verbindlich festgelegt, aber nur auf Grund freiwilliger Vereinbarung vermarkt werden. Mit der Grenzfeststellung sollte eine kommunale Kommission betraut werden, der ein Vertreter des Friedensrichters und der Kantonsnotar angehören sollten. In die Kosten dieser Katastererneuerung, die hauptsächlich in den Départements Seine und Aisne zur Ausführung kam, teilten sich der Staat, das Département und die Gemeinde (2).

In dem Bericht zu dieser Untersuchung stellte die Enquête-Kommission fest, daß nahezu 2/3 der Landesfläche vermarkt war, und zwar vornehmlich das höherwertige Land, davon die Hälfte, also rund 1/3 der Landesfläche, durch richtige Grenzsteine, der Rest durch zusammenhängende Umschließungen, wie Mauern, Zäune, Hecken, Wälle, Gräben, Baumreihen usw. Solche Einrichtungen mögen oft nicht vollkommen sein – so bemerken die Verfasser des Berichts –, aber im allgmeinen genügen sie den Anforderungen des Eigentums. An besonderen Grenzvermarkungen traf die Kommission außer Steinen noch folgende an: Holzpfähle vor allem in Savoyen, Steinhaufen in den Hochalpen, Kreuze auf Felsen in den See-Alpen und im Massif Central, Kopfweiden bei Wiesen und Wäldern an der Seine, Bäume in den niederen Alpen, Obstbäume in der Normandie, meist in einem Abstand von 7 Fuß (2 1/3 m) von der Grenze, die Stümpfe von Quittenbäumen oder Weißdorn, zum Teil 1/2 m von der Grenze in Mittel- und Südwestfrankreich, in den Weinbaugebieten schließlich Rebzeilen in einem festen Abstand von 18 pouces (1/2 m) von der Grenze. Im flachen Médoc (an der Biskaya) werden die Weinberge durch Pflugfurchen abgegrenzt, um die Bestellung nicht zu behindern. Im übrigen gehe es beim Rebland nicht so sehr um das Eigentum am Boden als um die Weinstöcke. Vermarkungen mit Grenzsteinen waren im Norden und besonders im Osten Frankreichs häufiger als im übrigen Land.

Das Setzen der Grenzsteine war meist ein Privatakt der Grenznachbarn, nur in einigen Gegenden vor allem an der Loire galten Grenzsteine nur dann als rechtswirksam (bornes jurées, bornes de foi), wenn sie von Behörden gesetzt waren. Nur im Ostteil Frankreichs war zu der Zeit eine systematische Abmarkung aller Grundstücke vorgenommen (abornements généraux). Für die Katasterneuvermessungen auf Grund des Gesetzes von 1930 (revision général du cadastre) wurde jedoch nicht einmal eine verbindliche Grenzermittlung (délimitation) vorgeschrieben. Eine solche, aber ohne Verpflichtung zur Abmarkung, wurde erst 1955 durch ein décret angeordnet, aber nicht konsequent vorgenommen. Art. 646 des Code civil enthält im übrigen eine dem § 919 BGB ähnliche Regelung: ein Grundeigentümer kann von dem Nachbarn die Mitwirkung bei der Abmarkung einschließlich der gemeinsamen Kostentragung verlangen (3).

Die französische Redeweise »qui terre a guerre a«, wer Land hat, hat auch Streit, scheint für England nicht zu gelten. Ist das Ost-West-gefälle der Häufigkeit der Abmarkung in Frankreich noch stetig, so endet dieser Trend jenseits des Kanals bei Null. Denn in England genügt für die bebauten Grundstücke traditionsgemäß der Zaun als Grenzmarkierung. Der Zaun um Haus und Hof war früher strenges Gebot, Zaunbruch wurde schwer bestraft. In der Flur blieb die Entwicklung der Grenzmarkierung bei Hecken und Gräben stehen. Die extensive, vom Großgrundbesitz beherrschte Landwirtschaft forderte keine größere Genauigkeit. England kennt auch heute weder eine exakte verbindliche Grenzvermessung mit einer Registrierung der Grenzpunkte und Messungszahlen, noch eine Vermarkung der Grenzen. Zwar wurde durch die Land Registry Act von 1862 vorgeschrieben, daß jede Veräußerung eines Grundstücks in ein amtliches Register einzutragen sei und dazu die Grenzen festgelegt werden sollten (defined). Aber schon 1875 ließ die Land Transfer Act die genaue Grenzbestimmung wieder fallen, um zu der herkömmlichen Übung zurückzukehren. Der Begriff »general boundaries« (allgemeiner Grenzverlauf) wurde eingeführt. Bei den »general boundaries« wird davon ausgegangen, daß der Verlauf der Eigentumsgrenze aus natürlichen Gegebenheiten oder aus »physical features«, festen Einrichtungen, ersichtlich sei. Bei der Aufzählung dieser features treffen wir wieder einmal auf die mystische Siebenzahl, nämlich Hecke (hedge), Graben (ditch), Mauer (wall), Zaun (fence), Straße (road), Wasserlauf (stream) und Küste (foreshore). Ob die Grenze in der Mitte oder an einem Rand eines solchen natürlichen oder künstlichen Grenzweisers verläuft, darüber können aus bestimmten Kriterien Hinweise oder Vermutungen abgeleitet werden. Auf den Zoll genau kann der Verlauf einer solchen Grenze (general boundary) nicht angegeben werden. Eine Einfriedung der Grundstücke ist in England zwar die Regel, aber nicht mehr geboten. Neuerdings besteht in den englischen Vorstädten die Neigung, keine Zäune mehr zwischen die Grundstücke zu setzen, und so kann Unsicherheit über den Verlauf der Grenze eintreten, selbst wenn sie in einer neueren Karte dargestellt ist. Das Prinzip der general boundaries sieht sich deshalb mancher Kritik unterzogen, es wird geradezu als Euphemismus für unsichere oder für unbestimmte Grenzen bezeichnet (4). An sich ist auch nicht einzusehen, warum die Größe des Grundvermögens in einem öffentlichen Register nur näherungsweise angegeben wird, obgleich eine genaue Festlegung und Größenangabe heute technisch leicht möglich wäre.

An der Küste kann die Grenze eines Landgrundstücks durch eine Hochwassermarke (highwater mark) begrenzt sein; sie kann auch nur in einer Karte der Hochwasserlinie oder durch entsprechende Messungszahlen festgelegt sein. Andernfalls ist die Erstrekkung des Landgrundstücks seewärts höchst unsicher.

Das englische Recht sieht allerdings auch die Möglichkeit vor, daß der Eigentümer die Grenzen seines Grundstücks genau feststellen und im Grundstücksregister eintragen läßt; diesen »fixed boundaries« (festgelegten Grenzen) kommt eine rechtliche Vermutung der Richtigkeit zugute (5). Da aber das Verfahren umständlich und kostspielig ist und andererseits offenbar bei den Grundstücksverhältnissen in England und bei der Mentalität der Engländer hierfür kaum Bedarf besteht, wird von den Vorteilen der fixed boundaries selten Gebrauch gemacht, was gern als überzeugendes Votum für die general boundaries gewertet wird.

Das englische Prinzip der general boundaries wurde in verschiedene englische Kolonien übernommen und nach der Erlangung der Souveränität beibehalten. Das Ergebnis wird selbst von Kreisen, die für England die general boundaries befürworten, nur selten als befriedigend bezeichnet (6). In diesem Zusammenhang wird oft die bekannte Story von dem Brechpunkt einer Grenze in Schwarzafrika zitiert, der mangels anderer Anhaltspunkte beschrieben wurde als die »Stelle, wo der Inspektor den Büffel schoß« (7). In anderen britischen Kolonien ist die Verwaltung nicht wie das Mutterland verfahren, die andersartigen Verhältnisse legten nahe, Grundstücksabmarkungen und -register einzuführen.

Grenzzeichen in der Stadt Chicago
In die Straßendecke eingelassene Steinplatte
Foto: Günter Nagel, München

Verschiedene Beispiele aus aller Welt

Die Grenzen von Grundstücken mit festen Zeichen zu versehen, ist heute nicht nur in Europa üblich. Dies zeigte eine weltweite Erhebung, die das Office International du Cadastre et du Régime Foncier in Apeldoorn, ein Informations- und Forschungsinstitut des Internationalen Geometerbunds (Fédération Internationale des Geómètres), im Jahre 1985 vermittelte. Auf einen von dort versandten Fragebogen gingen allerdings nur 32 Antworten ein (8).

In etwa vier Fünftel dieser Länder wird die Abmarkung der Grenze als Regelfall oder zumindest als Ziel angesehen. Dabei gibt es freilich zahlreiche Ausnahmen oder Einschränkungen, so daß aus dem »regelmäßig« ein »überwiegend« werden kann. In der Türkei zum Beispiel werden Grenzzeichen nur bei bebauten Grundstücken und in Waldgebieten verwendet, in der Volksrepublik Congo nur in großen Stadtregionen; im landwirtschaftlichen Gebiet sind sie eher selten.

Vielen Ländern ist der Aufwand für Grenzzeichen aus Naturstein zu hoch, der Betonstein ist weithin verbreitet. In der Schweiz freilich sind Betonsteine ausdrücklich untersagt. In Dänemark hinwiederum sind Stangen oder Säulen aus Beton die Regel. In Westeuropa ist – wie in Deutschland ja auch – die etwa 1 dm^2 messende Kunststoffmarke, die auf einen in den Boden getriebenen oder gedrehten langen Schaft aufgesetzt wird, mit dem konventionellen Grenzstein in Konkurrenz getreten. In manchen Gegenden der Welt ist seit jeher der Grenzpfahl und nicht der Grenzstein die übliche Markierung, zum Beispiel in Australien, in Neuseeland, in der Türkei und in Tansania. In Kanada, wo Holz immer noch der am meisten eingesetzte Rohstoff ist, bezeichnen die lizensierten Vermessungsingenieure (land surveyors) die Grenzen der Felder, Wälder und Weiden auf Antrag durch Pfähle mit eisernen Kappen (steel-capped survey posts). Für die USA zählt das Bureau of Land Management, eine Zentralbehörde für die Vermessung und Verwaltung des bundeseigenen Grundvermögens, folgende Formen der Vermarkung bei Grenz- und Vermessungspunkten auf (9): Steinblöcke, Betonblöcke, mit Beton verfüllte, glasierte Kanalrohre, schmiedeeiserne Rohre sowie verzinkte Eisenrohre. Als Standardvermarkung bei Vermessungen an öffentlichem Grund hat das Bureau verzinkte Eisenrohre von 28 Zoll Länge und 2 1/2 Zoll Durchmesser eingeführt, die an dem einen Ende gespalten und gespreizt sind, um einen Flansch oder eine Art Fußplatte zu bilden; auf dem Kopf ist eine Messingplatte angebracht, auf der mit Stempeln entsprechende Zeichen eingeschlagen werden können. Außerdem werden die Grenz- und Vermessungspunkte zum Teil unterirdisch oder seitlich gesichert. Von den früheren Generationen von Geometern haben sich mancherorts noch Baumzeichen erhalten.

In der Weiträumigkeit Finnlands wird das Material für die Grenzververmarkung mitunter aus dem Moor gewonnen, indem, wie oben schon erwähnt wurde, auf dem Grenzpunkt ein Meiler aus Torfscheiten errichtet wird. In Botswana werden die Brechpunkte der Grenzen in den Siedlungen und auch im landwirtschaftlich genutzten Gebiet mit Eisenpfählen oder langen Eisenrohren vermarkt; auf diese Bodenmarken werden Rasensoden oder Steine geschichtet. Ähnliche Verfahrensweisen wendet man auch in Südafrika und Simbabwe an.

Nur in wenigen Ländern ist das Setzen der Grenzzeichen den Eigentümern selbst überlassen. In einer größeren Zahl von Ländern ist die Vermarkung von Grenzen eine Aufgabe staatlicher oder kommunaler Behörden. In den meisten Ländern aber sind Ingenieur-Geometer ausschlieißlich oder neben den Behörden zuständig.

In einigen Staaten machen sich Bestrebungen bemerkbar, eine allgemeine Pflicht zur Abmarkung der Grundstücksgrenzen und eine wirksame Durchsetzug dieser Pflicht einzuführen.

8. Zur Vermarkung der Territorialgrenzen

Grenzen entstehen nicht durch Beobachtung der Natur, sondern durch Handlungen von Menschen, die auf dieselben Bodenbedingungen unterschiedlich reagieren können. Die geographischen Gegebenheiten besagen über die Geschichte wenig mehr als die Kulissen der Bühne über das, was auf ihr gespielt wird.

Alexander Demandt in DeutschlandsGrenzen in der Geschichte; München 1990; S. 22

Nomadisierende Völkerschaften beanspruchen zwar regelmäßig bestimmte Gebiete als ihren Nutzungsbereich und vertreiben Konkurrenten aus ihrem Lebensraum. Dies bedeutet jedoch noch nicht, daß sie feste Grenzen kennen würden. Grenzen entstehen erst, wenn Menschengruppen zumindest für einen größeren Teil des Jahres seßhaft geworden sind. Mit der Landnahme durch die germanischen Stämme in Deutschland war jedoch noch nicht die Bildung eines Staatsgebiets in dem Sinne verbunden, wie dies uns heute als unabdingbare Voraussetzung für die Existenz eines Staates erscheint. Die germanische Rechtsvorstellung kannte bis in das Hochmittelalter lediglich die Körperschaft von Menschen, die – ohne Rücksicht auf den Wohnsitz – einer und derselben Herrschaftsgewalt unterworfen war. Der Staatsbegriff war nicht an ein bestimmtes Gebiet gebunden. Das Heilige Römische Reich Deutscher Nation war räumlich grundsätzlich unbegrenzt, wenn auch zum Schutz gegen feindliche Völkerschaften wehrhafte Marken eingerichtet wurden. Diese Auffassung ist selbst noch bei dem großen Denker Nikolaus von Kues (Cusanus, 1401 bis 1464) zu finden. Der Übergang zur Vorstellung eines Gebietes, über das Macht ausgeübt wird, eines Territoriums, hatte sich allerdings schon im Hochmittelalter abgezeichnet. Die Schatten und die Folgen der ursprünglichen germanischen Denkweise reichten jedoch noch über das Mittelalter hinaus.

Im Laufe des Mittelalters führte die Aushöhlung der Königsmacht und ihre Ablösung durch eine Vielzahl örtlicher Gewalten in weiten Teilen Deutschlands zu höchst unübersichtlichen, oft unklaren und strittigen Herrschaftsverhältnissen. Grundherrschaften verschiedener Art und Herkunft, Vogtei- und Schutzrechte, hohe und niedere Gerichtsbarkeit, Wildbann, Forsthoheit, Geleit- und Zollrechte sowie Kirchenpatronate überlagerten und verzahnten sich über- und ineinander. Dazu kam das Kondominat mehrerer Herren in vielen Dörfern. Daneben gab es, zumindest noch in der Frühzeit, allein dem König hörige Bauern und Dörfer, deren Zahl jedoch schon bis zum 30jährigen Krieg auf geringe Reste schrumpfte. Besonders in Dörfern Frankens und Schwabens teilte sich oft eine Vielzahl von Grundherrschaften in die Untertanen. Die Kriminalgerichtsbarkeit unterstand »inner Ettern«, also innerhalb des abgezäunten Bereichs des Wohnens und Wirtschaftens, oftmals anderen Herren als in Feld und Wald, und Missetäter auf den Landstraßen wurden möglicherweise von einem dritten Gericht abgeurteilt.

Ein verhältnismäßig geschlossenes Territorium konnten im 13. Jahrhundert die Wittelsbacher in Bayern bilden, und die habsburgische Ostmark sowie die damals noch unbedeutende Grafschaft Württemberg folgten diesem Beispiel. Hier gelang es, dem Streben der weltlichen und geistlichen Grundherren sowie der Städte nach Reichsunmittelbarkeit erfolgreich entgegenzutreten. Nur die bayerischen Bischöfe konnten für ihre bescheidenen Eigengebiete die Vogteirechte an sich ziehen und sich damit aus der Gewalt des Herzogs lösen, und auch die alte Herzogsstadt Regensburg wurde Königsstadt und entzog sich der herzoglichen Oberhoheit. Hingegen zeichneten sich vor allem Franken und Schwaben durch die Vielzahl reichsunmittelbarer Herrschaften, Ritterschaften, Stifte und Klöster, Städte und Städtchen aus. Im 14. Jahrhundert gab es sogar noch über 100 »freie« Reichsdörfer, von denen freilich nur noch sieben für die Mediatisierung durch den Reichsdeputationshauptschluß 1803 übrig blieben; diese sieben Dörfer liegen nicht zufällig in Gegenden größter territorialer Zersplitterung: bei Schweinfurt Gochsheim, Sennfeld und Holzhausen, in Oberschwaben Altshausen und das Gebiet um die Reichsstadt Leutkirch, in Hessen nördlich von Höchst Soden und Sulzbach.

Der Übergang vom herkömmlichen Personalverband zum Flächenstaat hatte im 13. Jahrhundert eingesetzt. In Franken und Schwaben dauert der Prozeß bis ins 15. Jahrhundert und teilweise noch länger. Im 14. und 15. Jahrhundert ist der Umfang von Herrschaftsgebieten oft nur sehr grob beschreibbar, sie sind zunächst noch ohne klare Grenzen, die Untertanen verschiedener Landesherren leben vermengt nebeneinander. Aus den ältesten Markbeschreibungen für die Grafschaft Werdenfels, seit 1294 zum Hochstift Freising gehörend und das Gebiet um Garmisch und Mittenwald umfassend, läßt sich zum Beispiel in dem freilich menschenarmen Gebiet keine Grenzlinie zu Tirol, sondern nur ein etwa 5 km breiter Grenzstreifen ableiten (1). In den Alpen greifen im übrigen auch heute Weiderecht und Almbesitz oft weit über die Landesgrenzen hinaus. Hierfür gibt es sowohl an der Nord- wie an der Südgrenze Nordtirols zahlreiche Beispiele. Aus der Umgegend des bevölkerungsreichen Inntals trieben Bauern bis weit über 20 km mit bis zu 1500 m Höhenunterschied über die Jöcher auf die Almen im nördlichen Nachbarland (2). Mancher Hochtourist mag sich auch schon über die Fußspuren im Firnschnee gewundert haben, die die Herden auf ihrem Marsch zu den Weideplätzen jenseits der südlichen Grenze Österreichs hinterließen.

Örtliche Abgrenzungen des Herrschaftsbereichs sind in einigen Fällen von den Franken gelegentlich ihrer Landnahme bekannt (3). Im weiteren Verlauf des Mittelalters kam es dann da und dort zu Einigungen zwischen Fürsten über die gegenseitige Abgrenzung ihrer Gebietsansprüche. Die Grenz- und Markbeschreibungen folgen zunächst noch vornehmlich, zu einem guten Teil sogar ausschließlich topographischen Gegebenheiten. Als Grenze zwischen Bayern und Böhmen war zum Beispiel die »Waldesmitte« definiert. Erst im späten Mittelalter werden von Menschenhand gesetzte Grenzmarken häufiger, aber vor dem 15. Jahrhundert sind noch kaum eigentliche Landesgrenzsteine auszumachen. Das 16. und das 17. Jahrhundert zeichnen sich dann schon durch eine rege Vermarkungstätigkeit aus. Seither sind die Aktivitäten der Staaten zur Vervollständigung, Verbesserung und Erneuerung der Markierung an den Landesgrenzen nicht mehr zum Stillstand gekommen.

Der Anspruch auf die Gebietshoheit wurde häufig mit dem Besitz der Blutgerichtsbarkeit begründet. In Franken tragen deshalb manche Grenzsteine an ehemaligen Territorialgrenzen die Aufschrift CENT oder FRAISCH. Im Bambergischen hießen die Landesgrenzsteine auch »Heegsäulen«, in der Schweiz »Herrlichkeitssteine« (4).

Grenzfestlegung
So stellte sich der Illustrator der »Fries-Chronik« des Würzburger Fürstbischofs Julius Echter (1573 bis 1617) die ursprüngliche Festlegung der Grenze des Hochstifts Würzburg unter Beteiligung hochgestellter Persönlichkeiten vor. Rechts im Bild wohl der Hofbeamte Eberhard, der die Grenzen festgelegt haben soll, mit einer Meßlatte in der Hand.
Aus der Fries-Chronik des Fürstbischofs Julius Echter von Mespelbrunn in der Universitätsbibliothek Würzburg

Die Landesherren waren in der Zeit, als die Territorialbildung in Gang gekommen war, eifrig bemüht, nicht nur ihre Herrschaftsgebiete auszuweiten, sondern auch dort, wo sie einmal Fuß gefaßt hatten, alle Zuständigkeiten an sich zu ziehen und ihre Konkurrenten zu verdrängen oder auszukaufen. Dieses Bestreben zeigte sich verstärkt, nachdem auf dem Wormser Reichstag am 7. August 1495 der »Ewige Landfriede« mit einer Ächtung der bis dahin rechtlich zulässigen Fehde zustande gekommen und die Ahndung von Verfehlungen gegen die Friedenspflicht den Reichsständen übertragen worden war; Voraussetzung für die Verfolgung solcher Verfehlungen war, daß die örtlichen Zuständigkeiten klarer als bis dahin definiert wurden. Dabei suchten manche Landesherren vorgebliche Ansprüche in kriegerischen Auseinandersetzungen, durch Einfälle und Plünderungen durchzusetzen, unter denen vor allem die Landbevölkerung oft schwer zu leiden hatte. Dieser Zeit verdanken wir freilich auch den heute so romantisch wirkenden Mauerkranz um so manches fränkische Dorf.

Wo man sich aber einigen konnte, wurde die gemeinsame Grenze dann baldigst durch »Landmarken« oder »Landsteine« in der Örtlichkeit dokumentiert. Neben den Grenzverträgen zeugen auch Grenzkarten sowie manche Landschaftsbilder besonders in Franken davon, daß im offenen Gelände Territorialgrenzen streckenweise schon recht dicht mit Steinen vermarkt waren. Gleichwohl waren andere Grenzstrecken noch bis über das 17. Jahrhundert strittig und deshalb einer Vermarkung nicht zugänglich.

Der Beginn systematischer Vermarkungen von Herrschaftsgrenzen setzte naturgemäß nicht überall gleichzeitig ein. Recht deutlich werden die Anfänge der Vermarkung an der Nordgrenze des bayerischen Landkreises Kronach: 1501 wurde die Herrschaft Lauenstein, der nördlichste Teil des heutigen Landkreises, an die Grafen von Mansfeld verkauft. Die Markbeschreibung hielt sich an topographische Gegegebenheiten, auch an Lachbäume und einen Feldstein. Schon zwölf Jahre später wurden südlich davon nach einer Einigung über den strittigen Verlauf der Grenze zwischen dem Hochstift Bamberg und dem Kurfürstentum Sachsen 20 mächtige, künstlerisch hervorragende, aus Kronacher Bausandstein gefertigte Wappensteine gesetzt, die »Kurfürstensteine«, von denen heute noch einige die Grenze zwischen Bayern und Thüringen schmücken (5).

Die künstlerische Qualität der Landesgrenzsteine ist recht unterschiedlich. Nur wenig später als die obigen Kurfürstensteine kamen (1536) in die Grenze von Brandenburg-Kulmbach zur Oberen Pfalz südlich von Wunsiedel behauene Steinklötze. Als Grenzsteine wurden sie durch ein eingehauenes Kreuz und die laufende Nummer kenntlich gemacht. Nur in wenigen sind beiderseits des Kreuzes die Wappen der Landesherren eingekritzelt, der gevierte Schild der Hohenzollern und die Rauten der (pfälzischen) Wittelsbacher (6).

Besonders hervorgehoben wurden in den Landesgrenzen die Dreimärker. Weistümer befaßten sich mit ihnen, Legenden rankten sich um sie. Als Beispiel sei aus dem Weistum von Zinxheim (1622) zitiert (7): da sei ein Stein gestanden, darauf drei Herren, nämlich der Kurfürst von Köln, der Herzog von Jülich und der Graf von Blankenheim, sitzen sollen und jeder auf seiner »Hoheit« (seinem Gebiet) zusammen essen an einem Tisch Käs und Brot. Es soll auch Dreimärker mit drei schüsselartigen Vertiefungen gegeben haben, so daß die drei Landesherren gleichzeitig und jeder auf seinem eigenen Gebiet ihre Morgensuppe löffeln konnten.

Territorialgrenzen folgten vielfach, wenn auch nicht immer den Markungsgrenzen der Dörfer. Waren die Markungsgrenzen schon früher als die Landesgrenze versteint, so wurden die Abstände zwischen den Landesgrenzsteinen mitunter reichlich weit genommen, mehrere hundert Meter. Dazwischen aber zeigten dann Grenzsteine der Dorfmarkungen die Landesgrenze an. So blieben Landesgrenzen streckenweise nur mit Feldsteinen vermarkt. Im 18. und zu Beginn des 19. Jahrhunderts wurden die Feldsteine, soweit die Landesgrenze noch als solche bestand, wohl sämtlich durch behauene Steine ersetzt.

An den Grenzübergängen stehen heute Hoheitssäulen, der Grenzpunkt selbst ist aber stets durch einen möglicherweise unauffälligen Grenzstein festgelegt. Schon auf alten Karten sind unmittelbar neben manchen Landesgrenzsteinen Bildsäulen dargestell (8). Da sie aber nirgends erhalten sind, muß vermutet werden, daß es sich um Holzsäulen, vielleicht auch nur um große beigestellte Pfähle handelt.

Bildet ein Wasserlauf die Grenze, so ist seit jeher regelmäßig die Gewässermitte, im Zweifelsfall die Mitte der Hauptströmung, bei schiffbaren Flüssen aber der sogenannte Talweg die Grenze. Talweg ist diejenige Flußrinne, die von der Schiffahrt genutzt wird. Die Grenze folgt den natürlichen Veränderungen, die sich aus An- und Abschwemmungen an den Ufern ergeben. Sie folgt aber nicht der Veränderung, wenn der Fluß oder Bach – etwa als Folge eines Hochwassers – sein Bett verläßt und auf Dauer sich ein anderes Bett wählt. Diese allgemeinen Regeln schließen anderweitige, davon abweichende Vereinbarungen nicht aus. Verschiedentlich ist durch Vertrag die Grenze auf eine Uferlinie festgelegt, oder die Veränderung der einmal ermittelten und dokumentierten Grenze durch natürliche Veränderungen des Flusses ausgeschlossen worden, aus der ursprünglich labilen Grenze ist damit eine stabile Grenze geworden.

Bei kleineren Wasserläufen, insbesondere an den Quellbächen, lagen vor dem 19. Jahrhundert häufig noch keine Namen fest, oder die beiderseitigen Anrainer benutzten unterschiedliche Namen. Deshalb erschien es unzureichend, eine solche nasse Grenze nur irgendwie in der Vereinbarung über den Grenzverlauf zu beschreiben. Um örtlich Klarheit zu gewährleisten, wurden an den Ufern des Grenzgewässers wechselseitig Steine als »Grenzrichtungssteine« oder »Begleitsteine« aufgestellt, ein Hinweis darauf, daß der Wasserlauf die Grenze bildet. Sie hießen auch »Abzielsteine«, weil sie abseits des »Ziels«, nämlich der eigentlichen Grenze, standen. Nach heutiger Übung wird bei der nassen Grenze nur noch derjenige Punkt mit einer Vermarkung versehen, an dem die Landgrenze auf den Wasserlauf auftrifft, um sich in dem Grenzgewässer fortzusetzen. Die Markierung besteht in einem solchen Fall aus einem an beiden Ufern angebrachten Grenzsteinpaar. Wie an den Grenzbächen wurde mit der Vermarkung vielfach auch an Grenzwegen, an Landgräben und Landwehren verfahren.

Wo ein Dorf an der Landesgrenze dem Gebiet eines Landesherrn ganz zugehörig war, fielen Landesgrenze und Markungsgrenze zusammen. Gelegentlich aber bildete eine Fernstraße, die durch ein Dorf lief, die Landesgrenze. So stand mitten im Dorf Buch am Forst bei Lichtenfels (OFr) eine Säule, die die Grenze zwischen dem Hochstift Bamberg und dem Herzogtum Coburg anzeigte (9).

Die Vermarkung der Territorialgrenzen wurde bis zum 19. Jahrhundert laufend weiter verdichtet. Noch im 16. Jahrhundert hatten sich viele Beschreibungen der Landes- und Zentgrenzen ausschließlich auf naturgegebene Merkamle gestützt. In bergigen und felsigen Gegenden bieten auch heute noch Kreuze in Felsblöcken eine einfache Markierungsart, und im Wald hielt sich lange Zeit der Lach- oder Grenzbaum. Eine Beschreibung der böhmischen Grenze bei Zwiesel vom Jahre 1637 vermeldet noch viele »gepletzte« Bäume, aber keinen einzigen Grenzstein (10). Die bayerisch-böhmische Grenze, zum Teil in damals noch verhältnismäßig menschenarmen Waldgegenden, war lange Zeit strittig. Die Reihe der Grenzverträge beginnt zwar schon im 14. Jahrhundert, aber der Prozeß der Stabilisierung ging über mehrere Jahrhunderte.

Früher scheint auch nicht gestört zu haben, wenn eine Landesgrenze durch ein Gebäude oder sogar durch eine Kirche ging. In Bayerisch-Eisenstein an der böhmischen Grenze ist ein Grenzstein in den Fußboden der Schalterhalle des Bahnhofsgebäudes eingelassen.

Im Norden Deutschlands und in den Niederlanden hielt sich der Eichenpfahl als Markierungsmittel an den Landesgrenzen bis in die jüngste Zeit. Als das Hochstift Münster von Preußen annektiert war, wurden 1816 300 Eichenpfähle in die niederländische Grenze gesetzt, allerdings schon 1824 durch 1862 Steine ersetzt.

Eine Art Neuauflage erlebten die »Eisenwecken« des Mittelalters: Nachdem die Selbständigkeit Belgiens 1842, zwölf Jahre nach dem Abfall von den Niederlanden, völkerrechtlich geregelt war, wurden auf der Grenze zu den Niederlanden Pfähle aus Gußeisen auf achteckigen Steinsockeln aufgestellt und dazwischen Steine gesetzt (11). Ein solcher Pfahl mit der Jahreszahl 1843 bezeichnet auch das Dreiländereck bei Aachen.

Etwa seit dem 16. Jahrhundert wurden vielfach beeidete Feld- oder Landmesser zu den örtlichen Grenzfestlegungen mit herangezogen. Zunächst wurden meist nur die Entfernungen von Stein zu Stein gemessen, bald aber kamen die Winkel in den Brechpunkten dazu. Schließlich gab es Regelungen, wonach die Grenzvermessungsrisse von den Grenzkommissionen beider Seiten geprüft und gegenseitig anerkannt wurden (12).

Das Vermarken von Staatsgrenzen wurde in manchen Fällen durch politische Ereignisse recht bald überholt. So stehen heute noch an der Grenze zwischen Oberfranken und der Oberpfalz Grenzsteine, die einst Bayern von Preußen scheiden sollten. Der seinerzeit in preußischen Diensten unter dem Minister Hardenberg stehende Ritter von Lang schildert diese Grenzvermarkung sehr anschaulich in seinen Memoiren (13). Preußen war im Zuge der Säkularisation 1803 bemüht, aus den beiden 1791 ihm zugefallenen Fürstentümern Ansbach und Bayreuth mit ihren zahlreichen Exklaven ein geschlossenes Territorium zu zimmern und verhandelte darüber intensiv mit Bayern. Man einigte sich, daß das Gebiet rechts der Pegnitz mit dem größeren Teil des Hochstifts Bamberg dem preußischen Ansbach-Bayreuth einverleibt werde, wogegen Bayern westlich davon insbesondere aus dem südlichen Teil des ansbachischen Territoriums entschädigt würde. Damit wäre für Bayern eine Verbindung nach Würzburg entstanden, das damals für kurze Zeit an Bayern gefallen war. Zum Ausmitteln des Tausches gleich großer Gebietsteile behalf sich Ritter von Lang der nicht gerade originellen Methode, »wo die Ämter und Grenzkarten keine Schätzung des Quadratinhalts mehr gestatteten, mit Zerschneidung der Kartenstücke, um sie auf der Goldwaage gegen einander abzuwägen« (14). Als man sich am 30. Juni 1803 schließlich geeinigt hatte, wurde Lang preußischerseits in die Grenzregulierungscommission delegiert und er hatte nun zwei Jahre lang bis Herbst 1805 von Marktredwitz bis Pegnitz »tagtäglich von Morgensanbruch bis zum späten Abend unter Wind und Wetter den halbwilden bayreuther und oberpfälzer Bauern ihre Kuhweiden auszustecken, und statt eines Bäumchens für eine dankbare Nachwelt nur Steine und Pflöcke zu pflanzen« (15). Dieses »ungeheure Geschäft« war kaum

Dreiländereck Deutschland-Österreich-Tschechien
Der dreiseitige, 2 m hohe Grenzstein wurde in der Steinfachschule Wunsiedel hergestellt. Auf den drei Sockelecken versinnbildlicht jeweils eine stilisierte Blüte, daß die Kulturen der drei Länder aus einer gemeinsamen europäischen Wurzel hervorgesprossen sind.
Fotos: Manfred Wienhold, Landshut

beendet, als Bernadotte mit einem französischen Heer in die beiden preußischen Fürstentümer einrückte. Die Franzosen gliederten 1806 Ansbach und 1810 Bayreuth an Bayern an. Die Langsche Grenzvermarkung behielt lediglich für die Markungen der Gemeinden Bedeutung.

Auch in jüngster Zeit ward manchem prominenten Landesgrenzpunkt sein besonderes Schicksal: Die Grenzen Bayerns, Österreichs und der CSR verknoten sich am Südende des Böhmerwaldes am Plöckenstein, nahe dem Dreisesselberg. Die einsame Landschaft ist durch die wundervollen Naturschilderungen Adalbert Stifters in der Novelle Hochwald, erschienen 1842, in die klassische deutsche Literatur eingegangen. Stifter erzählt, wie dort gegen Ende des 30jährigen Krieges zwei junge Fräuleins mit einem treuen Knecht in einer Hütte Zuflucht fanden, bis friedlichere Zeiten wiederkehrten. Die Weglosigkeit des Geländes gelangte im Jahre 1956 auch dem »Dreiecksmark« am Plöckenstein zum Verhängnis. Im Zuge der Ergänzung der Grenzvermarkung sollte dort der zerstörte Grenzstein erneuert werden. Bei einem nahegelegenen österreichischen Granitwerk war hierzu eine stattliche Granitsäule in Auftrag gegeben worden. Nach Auskunft der Ortskundigen wäre der Antransport von der tschechischen Seite aus am günstigsten gewesen; aber von offizieller Seite wurde dazu erklärt, es gebe dort zur Zeit keinen fahrbaren Weg zum Plöckenstein. So wurde die 1,7 t schwere Last auf der bayerischen Seite mit einem Unimog-Fahrzeug herangeschafft, soweit die Straße hinaufführte, und dann auf ein Pferdefuhrwerk umgeladen. Der nur 1 1/2 m breite Fußweg war jedoch nicht für solche Lasten ausgelegt, ein Wagenrad brach ein und die vier Pferde brachten den Wagen nicht mehr vorwärts. Die Grenzsäule wurde am nächsten Tag auf einen Schlitten umgeladen und der mächtige untere Teil von einem Steinmetz verkleinert und um drei bis vier Doppelzentner erleichtert. Nach dieser Reduktionskur gelangte dann der Grenzstein schließlich doch an seinen Bestimmungsort. Die veranschlagten Transportkosten hatten sich verzehnfacht. Ungeachtet der erheblichen Kosten, die das Dreiecksmark verursacht hatte, war ihm nur ein für einen Landesgrenzstein sehr kurzer Bestand beschieden. Denn als ein Menschenalter später der bayerische Ministerpräsident und der Landeshauptmann von Oberösterreich bei einer gemeinsamen Bergwanderung am Plökkenstein ankamen, entsprach der Anblick der schlichten, grauen Granitsäule so gar nicht ihrer gehobenen Stimmung und ihren hochgespannten Erwartungen, ihr Anspruch auf Repräsentation an einem so uniken Punkt und ihr Verlangen nach ästhetischer Formgebung strebten nach Besserem. Im Verein mit der Regierung in Prag wurde für das Jahr 1992 die Aufstellung eines neuen Grenzmals angekündigt, das der Bedeutung des Ortes besser gerecht werden und außerdem ein Anziehungspunkt für die vielen Sommergäste sein sollte. Das Auseinanderbrechen der Tschechoslowakischen Republik verzögerte wegen der Vergabe des neuen Ländernamens und Wappens die Fertigstellung um ein Jahr, der Bildhauer konnte sein Werk erst 1993 abliefern. Das Transportproblem löste diesmal ein tschechischer Hubschrauber. Die ausgemusterte Grenzsäule aus dem Jahre 1956 wurde um ihren klobigen Fuß erleichtert, sie zeigt nun im oberösterreichischen Dorf Schwarzenberg auf die Nähe der Landesgrenze hin.

Landesgrenzstein
an der Nordgrenze Bayerns mit Einschüssen aus der Besatzungszeit

Während mit der Vermarkung feststehender Punkte der Landesgrenzen gemeinsame Kommissionen der Anrainerstaaten betraut werden, erfordert die Änderung der Grenzen souveräner Staaten einen Staatsvertrag, der der Zustimmung des Parlaments bedarf. Die Zuständigkeit des Bundes für die Bundesaußengrenzen folgt aus Artikel 32 des Grundgesetzes. Die praktischen Arbeiten bei der Vermarkung der Bundesgrenzen werden von Länderverwaltungen geleistet, weil dem Bund entsprechende Organe nicht zur Verfügung stehen. Auch die Gliederung des Bundesgebiets in Länder gehört nach Artikel 29 des Grundgesetzes zur Bundeskompetenz. Die Vermarkung der Ländergrenzen sowie Änderungen des Gebietsbestands, soweit nicht mehr als 10 000 Einwohner betroffen sind, vereinbaren die Länder durch Staatsvertrag (16). Ähnliche Regelungen enthielt auch die Weimarer Verfassung, bis im Jahre 1934 die Hoheitsrechte der Länder der NS-Doktrin hingeopfert wurden (17). Von da an konnten Änderungen der Ländergrenzen nur noch durch Verordnung des Reichsministers des Innern angeordnet werden.

Werden nach dem neuen Recht in einem Flurbereingungsverfahren Gemeindegrenzen geändert, die zugleich innerdeutsche Ländergrenzen sind, so tritt die Änderung der Landesgrenze mit dem Flurbereinigungsplan in Kraft, falls die beteiligten Länder – in Bayern der Bayerische Landtag – und die Gebietskörperschaften zugestimmt haben (18).

Feststellung und Abmarkung der Landesgrenzen haben Normcharakter, sie sind keine Verwaltungsakte sondern justizfreie Hoheitsakte. Der Bestand privaten Eigentums und sonstiger privater Rechte wird durch die Grenzziehung nicht beeinträchtigt. Die angrenzenden Grundeigentümer sind an dem Verfahren nicht unmittelbar beteiligt, sie können keine Rechtsmittel gegen die Vermarkung einlegen, sie sind im Rahmen der Sozialbindung des Eigentums nach Artikel 14 Absatz 2 des Grundgesetzes zur Duldung der erforderlichen Arbeiten und der Landesgrenzsteine verpflichtet. Zu den Abmarkungen an den Landesgrenzen zwischen Baden-Württemberg, Bayern und Hessen werden jedoch die angrenzenden Grundeigentümer geladen, um ihnen von der Vermarkung Kenntnis zu geben.

Die politischen Grenzen des Mittelalters sind von der Landkarte Mitteleuropas verschwunden. Aber alte Stammes- und Herrschaftsgrenzen spiegeln sich noch in den Sprach- und Mundartgrenzen wider. Auch die Diözesangrenzen zeichnen sich durch große Stabilität aus. Der Vatikan folgt nur sehr zögernd, wenn überhaupt den politischen Veränderungen. Die um Kochel und Benediktbeuern in das Diözesangebiet des Erzbistums München-Freising so tief hineinragende Ausbuchtung des Diözesangebiets von Augsburg hat schon weit mehr als 1000 Jahre überdauert.

9. Erhaltung und Inventarisierung der historischen Grenzsteine

Der Grenzstein

Da stell ich nun dreihundert Jahr
im Weinberg mich als Grenze dar.
So mancher geht an mir vorbei
und denkt: Der ist mir einerlei.
Und steh doch da ganz unverrückt.
Wem ist das schon von euch geglückt?

Karl Leopold Schubert,
in Gedichte aus fünf Jahrzehnten

Der Bestand an unersetzlichen und vielfach auch künstlerisch wertvollen historischen Grenzsteinen hat in unserem Jahrhundert, dem es zunehmend an Ehrfurcht gebricht, starke Einbußen erlitten, obgleich sich schon Generationen von Heimatfreunden um deren Erhaltung bemühen. Die Ursachen der Verluste sind vielfältig, sie reichen vom Straßen- und Wasserbau über die mechanisierte Feld- und Forstwirtschaft und die Flurbereinigung bis zum skrupellosen Diebstahl. Manche dieser steinernen Zeugen der Vergangenheit haben in Museen oder in anderen öffentlichen Gebäuden, wie Forstämtern, Vermessungsämtern, Zollämtern, Polzeidienststellen usw., eine Heimstatt gefunden. Standen sie in grö-

Historischer Grenzstein eingemauert in einen Stadel in Pleinfeld (LKr Weissenburg i. Bay) – Verlust der Heimat –
Foto: Karl Röttel, Buxheim (OBy)

Wie man mit historischen Grenzsteinen nicht umgehen darf.
Bei der Flurbereinigung Oberpleichfeld (nördl. von Würzburg) wurden die historischen Grenzsteine aus der Feldflur weggeräumt und zu einem Unterstandshäuschen an einer Straße verbaut.
– Verlust der Heimat –

Unteres Bild: Detail aus der rechten Seitenwand
Foto: Rainer Weiß, Eßleben

ßerer Zahl einer technischen Maßnahme im Wege, so wurden sie wohl auch in öffentlichen »Grenzsteinfriedhöfen« zusammengetragen, meist ohne daß man sich der Mühe unterzog, den ursprünglichen Standort festzuhalten, womit die Deutung der Beschriftung des Steins erschwert oder unmöglich gemacht ist. Selbst die zuerst genannten Unterbringungen stellen nur Notlösungen dar, mögen sie auch einmal gut gemeint gewesen sein. Für manche in Hausgärten verschleppte Wappensteine schließlich rühmt sich der meist unredliche Liebhaber schlechten Gewissens, er habe den Stein in gutem Glauben vor der Zerstörung retten wollen.

Die historischen Grenzsteine vermögen ihre einzigartige Bedeutung für das Heimat- und Geschichtsverständnis der Landschaft nur an demjenigen Ort voll zu entwickeln, an den sie einst im Einvernehmen der Grenznachbarn verbracht worden sind. Muß der Grenzstein aus zwingenden Gründen von dem vor Jahrhunderten eingenommenen Standort weichen oder ist er hier zu sehr gefährdet, so sollte er in der nächsten Umgebung einen sicheren Standplatz finden. Auch bei einer Flurbereinigung darf die Landschaft nicht einfach ausgeräumt werden. Mit etwas gutem Willen lassen sich immer kleine Restflächen bereitsstellen, auf denen die historischen Grenzsteine unweit von ihrem angestammten Platz vor der modernen Technik Schutz finden. Der ursprüngliche Standort des Grenzsteins muß bei einer solchen Versetzung dokumentiert werden.

Die historischen Genzsteine sind in der Regel Kleindenkmäler im Sinne der Denkmalschutzgesetze, auch soweit es noch nicht möglich war, die Vielzahl der Objekte restlos in die Denkmallisten aufzunehmen und damit über die Schutzwürdigkeit im Sinne des Gesetzes zu entscheiden. Solange diese Frage nicht endgültig geklärt ist, sollte vorsorglich in Analogie zum gesetzlichen Denkmalschutz vorgegangen werden, wonach die Versetzung von Flurdenkmälern, ihr Abbau, ihre Verbringung in eine Restaurierungswerkstätte und ihre Wiederaufstellung am alten oder an einem neuen Ort nach dem Denkmalschutzgesetz der Erlaubnis bedarf. In jedem Fall ist der örtliche Heimatpfleger zuzuziehen, der sich über den kunsthistorischen und ortsgeschichtlichen Wert äußern wird.

Mit großer Sorgfalt und Sachkenntnis muß bei der Restaurierung und Konservierung historischer Grenzsteine vorgegangen werden. Von Moos und Schmutz sollen sie mit Wasser und Bürste, aber ohne chemische Mittel befreit werden. Flechten können belassen werden. Die Verpressung von Rissen mit wetterfestem Material sollte dem Fachmann übertragen werden. Keinesfalls sollten Grenzsteine nachgearbeitet oder etwa an beschädigten Stellen ergänzt werden. In einigen besonderen Fällen sind im Benehmen mit den Denkmalschutzbehörden Grenzsteine durch einen Abguß ersetzt worden, um das Original in einem Museum zu sichern.

Die Erhaltung der historischen Grenzsteine und ihr Verbleib an Ort und Stelle liegen im öffentlichen Interesse. Grenzsteine, ob alt oder neu, sind öffentliche Sachen, sie sind nicht wesentliche Bestandteile des Grundstücks im Sinne von § 94 Absatz 1 BGB. Bei historischen Grenzsteinen an früheren Territorialgrenzen ist der Staat als Rechtsnachfolger des einstigen Territorialherrn im Rahmen der gesetzlichen Vorschriften verfügungsberechtigt, bei ehemaligen Gemeindegrenzen sind es die Gemeinden. Zum Setzen und Entfernen von Grenzsteinen sind grundsätzlich die Vermessungbehörden zuständig. Wenn ein Dritter einen historischen Grenzstein widerrechtlich entfernt und an sich nimmt, stehen dem Verfügungsberechtigten die Ansprüche auf Herausgabe und bei Beschädigung oder Zerstörung Schadenersatz zu (§§ 858, 823, 848 BGB). Da ein öffentliches Interesse besteht,

Wiederaufstellung eines historischen Grenzsteins
Freiwillige Helfer setzen einen widerrechtlich entfernten historischen Grenzstein an seinem Platz wieder in die Erde. - Gewinn der Heimat -
Foto: Karl Röttel, Buxheim (OBy)

sind die Körperschaften verpflichtet, ihre Rechte erforderlichenfalls auch auf dem Rechtsweg durchzusetzen. Der Anspruch verjährt nach 30 Jahren, soweit Zivilrecht anzuwenden ist. Hingegen unterliegen die in Abschnitt F. aufgeführten strafrechtlichen Tatbestände und Ordnungswidrigkeiten regelmäßig einer Verjährungsfrist von fünf Jahren bzw. von einem halben Jahr.

Erfreulicherweise kann festgestellt werden, daß schon da und dort historische Grenzsteine, die im Zuge einer örtlichen Maßnahme oder aber von einem gewissenlosen Liebhaber entfernt worden sind, in privater Initiative und mit unbezahlten Helfern wieder an ihren angestammten Platz gesetzt werden konnten. In einigen dieser Fälle bedurfte es eines behördlichen Eingreifens oder einer gerichtlichen Verurteilung des unrechtmäßigen Besitzers.

Zur Erhaltung und Inventarisierung der historischen Grenzsteine leisten überwiegend Privatpersonen wertvolle Arbeit, oft unter Einsatz nicht unerheblicher eigener Mittel, manchmal auch mit geringer Unterstützung aus öffentlichen Mitteln. Größere koordinierte Erfassungen sind von der »Pfälzischen Arbeitsgemeinschaft für Grenz- und Flurdenkmäler« und von der hessischen »Arbeitsgemeinschaft Denkmalforschung« vorgenommen worden. Im übrigen liegen zahlreiche kleinere, aber nicht minder verdienstvolle Publikationen über einzelne Bereiche von der Größe einer Gemeinde oder eines Gemeindeteils oder auch eines Landkreises vor.

10. Bezeichnung und Vermarkung von Waldgrenzen nach den Waldordnungen

... in jedem Sein sammelt sich eine Vergangenheit, – kein Ding ist ohne seine Geschichte verständlich.

Pierre Teilhard de Chardin, Die Zukunft des Menschen (1959)

Der Wald bis zum Ende des Mittelalters

Am Anbruch des Mittelalters war Deutschland weithin von Wald bedeckt. Als sich die Stürme der Völkerwanderung ausgetobt hatten und sich die Volksstämme in dauerhaften Siedlungen niederließen, setzte im 8. Jahrhundert die erste große Rodungsperiode ein. Mit Axt und Feuer wurde dem Wald Ackerboden abgerungen. Kleinere Teile des Ackerlands wurden späterhin vom Wald zurückerobert, wovon die »Hochäcker« zeugen, Bodenwellen, die durch jahrzehnte- oder jahrhundertelanges gegengerichtetes Aufwerfen der Scholle durch den Pflug in einem Beet entstanden sind und sich heute noch auf dem Waldboden abzeichnen. Die erste Rodungswelle kam zum Stillstand, als eine gewisse Landsättigung eingetreten war und jegliche Initiative unter den verheerenden Ungarneinfällen erstickte, worauf so manche Siedlung wieder öde fiel. Um die Jahrtausendwende setzte eine zweite Rodungsperiode ein. Viele Ortsnamen geben noch Zeugnis von der Gründung von Siedlungen in jener Zeit. Mit dem 12. Jahrhundert war der jüngere Landesausbau in Deutschland zum größten Teil abgeschlossen, nur wenige Dörfer und Höfe wurden späterhin noch im Wald angelegt, zum Beispiel von den Passauer Bischöfen im menschenleeren Bayerischen Wald. In Zeiten rückläufiger Bevölkerungsbewegung während der großen Pestepidemien seit dem 14. Jahrhundert sowie in Zeiten von Krisen und sozialen Veränderungen im Spätmittelalter wurden manche Siedlungsplätze wieder zu Wüstungen, dem Wald überlassen. Der Ackerboden, auf dem sich der Jungwald durch Samenanflug wieder ausbreitete, ohne daß der Bauer dies verhinderte, fiel dem Landesherrn anheim: »Reicht der Busch dem Reiter an die Sporn, ist dem Bauern das Land verlorn.«

War die Waldschwendung von den Landherren einst gefördert worden, um einer größeren Bevölkerung Nahrung zu bieten, so riefen in der folgenden Zeit des Hochmittelalters die Expansion des Kulturlandes zu Lasten des Waldes sowie die rigorose, planlose Ausbeutung und Schädigung des Waldes durch die verschiedenartigsten Nutzungen die Sorge wach, der unentbehrliche Rohstoff Holz könnte einmal nicht mehr in der benötigten Menge und Qualität zur Verfügung stehen. Schon aus dem 11. Jahrhundert kennen wir Versuche, den Wald zu erhalten und zu gestalten. Seit dem 12. und 13. Jahrhundert wird über »Devastationen« des Forst- und Jagdwesens geklagt (1). Die Landwirte erlagen nur zu oft der Versuchung, Acker, Wiese und Weide gegen den Wald hin zu erweitern. Klagen hierüber sind bis in die jüngste Zeit noch vorgebracht worden; so stellt die amtliche Schrift »Die Forstverwaltung Bayerns« 1861 fest (2), daß zum Beispiel im Allgäu das stete Bestreben nach Erweiterung der Alpen (= Almen) zu nachteiliger Verminderung der Privatwaldungen beigetragen habe. Andererseits vermitteln alte bildliche Darstellungen der Almen des Klosters Tegernsee den Eindruck, daß viel Almboden seither aufgeforstet wurde. Die Erneuerung des Waldes blieb den Kräften der Natur überlassen. Im Nadelwald war man auf die Erhaltung von Samenbäumen bedacht, im Laubwald sorgten die Stockaustriebe der gefällten Bäume für die Verjüngung (Plenterbetrieb). Systematische Aufforstungen mittels Setzlingen wurden erst gegen Ende des 18. Jahrhunderts allgemein üblich.

Im 13. Jahrhundert sind an Hand von Urbaren erste Anfänge einer systematischen Waldhege festzustellen. Die verwirrende Vielfalt der Nutzungen des Waldes durch Holz- und Streubezug, als Viehweide und Zeidelweide sowie die Abgaben für diese Nutzungen wurden fixiert. Die Aufsicht über den Wald oblag dem herrschaftlichen Förster, der im frühen Mittelalter dem Fronhof als Bediensteter zugeordnet war, nach Auflösung der Fronhofverfassung aber meist mit einem kleinen landwirtschaftlichen Gut ausgestattet wurde. Für die großen Forste wurden mehrere Förster unter einem Forstmeister in Dienst genommen. Aus dem Spätmittelalter sind uns auch schon Namen von Forstmeistern überliefert, zum Beispiel die Namen der mit dem Forstmeisteramt für die beiden Reichswälder bei Nürnberg, den Sebalder und den Lorenzer Wald, erblich beliehenen Familien (3).

In Gegenden mit großem Holzbedarf machte sich schon im 15. Jahrhundert Holzmangel bemerkbar, vornehmlich in den Zentren der Bevölkerungsverdichtung und in den Revieren mit höherem Holzbedarf für Eisenverhüttung und -verarbeitung sowie für Glasherstellung. In dieser Zeit werden für einzelne Forste oder Ämter Waldordnungen erlassen, zum Beispiel die Waldordnung des Amtes Lengenfeld (heute Burglengenfeld in der Oberpfalz) von 1462. Sie werden bald abgelöst von Waldordnungen für das gesamte Landesgebiet mit dem Ziel, dem ungeordneten Raubbau am Holz Einhalt zu gebieten. In der mittelalterlichen Wüstungsperiode während der zweiten Hälfte des 14. und im ganzen 15. Jahrhundert werden zudem Rodungssiedlungen aufgegeben und zum Teil mit Forstgebieten der Umgegend arrondiert (4).

Zum Schutz der Waldgrenze gegen einen Angriff des Pflugs forderten schon die frühen Forst- und Waldordnungen Vermarkungen und regelmäßige Begehungen der Grenzen. Für eine Verschiebung der Grenzen wurden mancherorts empfindliche Geldstrafen angedroht. Besonders schwierig war es bei der Schwäche der Reichsgewalt, die wenigen, dem deutschen König aus einem einst sehr umfangreichen Besitz schließlich noch verbliebenen Forste in ihrem Bestand zu erhalten. Von den oben erwähnten Reichswäldern bei Nürnberg eigneten sich die Anrainer, insbesondere Bürger aus Nürnberg, immer wieder Teile an, um sie in Kulturland zu verwandeln. Eine Wiederaufforstung unter Kaiser Heinrich VII., dem Luxemburger, im Jahre 1309 erzielte anscheinend keinen Dauererfolg; denn im Jahre 1391 sicherte der Rat der Stadt auf eindringliche Vorhaltungen hin dem Burggrafen als dem Vertreter des Königs zu, daß in jedem dritten Jahre der Wald umritten, verraint und vermarkt sowie jeder bestraft werden solle, der des Waldes Boden »eingefangen« (sich widerrechtlich angeeignet) habe (5). Bei diesen Absichtserklärungen blieb es, der Umfang der Wälder nahm weiter ab. Nachdem einige Zeit später die Stadt Nürnberg die Verwaltung der Wälder durch Vertrag übernommen hatte, wurden zur Bestandssicherung Umritte unternommen, beim Lorenzer Wald in den Jahren 1408, 1443, 1482, 1515, beim Sebalder Wald 1448 und 1516. Die Grenze wurde unter Zuziehung von Zeugen festgestellt, durch eine Pflugfurche im Gelände markiert und schließlich mit Steinen vermarkt. Vor dem Pflügen beseitigten zwei Knechte mit

Äxten und Reuthauen die Äste und Wurzeln, die im Wege waren. Die Umritte wurden in umfangreichen Markungsbüchern beschrieben. Die Beanstandungen waren wegen der großen Zwischenräume zwischen den Begehungen sehr zahlreich. Seit 1536 wurden dann für jeden der beiden Reichswälder »Markgeher« bestellt und vereidigt (6).

Das Wort »Forst« bezeichnet in den älteren Texten den königlichen, der allgemeinen Nutzung entzogenen Wald gegebenenfalls einschließlich von Siedlungen und Ackerfluren, dann auch den herrschaftlichen Bannwald. »Wald« wurde vielfach auch für ein Waldgebirge verwendet, wie dies heute noch in geographischen Namen wie »Böhmerwald«, oder »Thüringer Wald« der Fall ist. Fuhr der Bauer in den Eigenwald, so fuhr er ins »Holz«, das in den amtlichen Schriftstücken meist als »Gehölz« vorkommt. Daneben bezeichnete das Wort »Hart« einen Weidewald, das Wort »Loh« in Bayern ein schütteres Laubgehölz, das Wort »Tann« einen düsteren Nadelwald.

Einige Vermarkungsvorschriften des 16. und 17. Jahrhunderts

Zu Beginn der Neuzeit betreffen die Anordnungen zur Waldpflege zum Großteil nur den Wald der Landesherren oder der großen Grundherren, bald aber schließen sie dann die Wälder der Gemeinden, Stiftungen, Allmenden und schließlich der Privaten mit ein. Allgemein werden seit dem 16. Jahrhundert wirksamere Regelungen getroffen, die eine bessere Verwaltung der Wälder, ihre Schonung, die Sicherstellung der Gerechtsamen, die Ordnung der Jagdberechtigungen und die Regulierung von Wildschäden zum Ziel haben (7). Manchmal gingen Waldordnungen sogar so weit anzuordnen, daß auch im Privatwald nur diejenigen Bäume gefällt werden durften, die das Forstmeisteramt mit dem Waldhammer gekennzeichnet hatte. Solche Beschränkungen finden sich in Kulmbach-Bayreuth schon vor 1500 (8). Forstwirtschaftliche Sparvorschriften in Bayern verboten den Bauersleuten, dem gemeinen Bürger und Handwerker ein eigenes Bad zu unterhalten, weil viel Holz dadurch »unnötigerweise« verbraucht würde.

Wie sehr auf eine sichtbare Grenzvermarkung gerade beim Wald Wert gelegt wurde, das lassen auch zahlreiche landesherrliche Anordnungen erkennen. Soweit nicht natürliche topographische Gegebenheiten, wie Wasserläufe, Straßen und Wege, markante Geländeformen usw. die Grenze bezeichneten, wurde mit den Mitteln und Möglichkeiten der Zeit und der Landschaft eine künstliche Kennzeichnung der Grenze vorgenommen. Malbaum, Grenzstein und Grenzrain waren die häufigsten Grenzzeichen. Die im Folgenden aufgeführten Beispiele stellen eine Auswahl aus den vielen, seit Beginn der Neuzeit von den Landesherren erlassenen Vorschriften dar. Markgraf Georg der Fromme von **Ansbach** erteilte in seiner Waldordnung von 1531 den Auftrag, daß die alten Reutwiesen und -äcker, die noch nicht zu Abgaben herangezogen seien, »durch den Kastner, Forstmeister und Knechte . . . abgemessen und . . . bezinnst, vermerckt, verreint und versteint« werden sollten (9). Die Waldordnung enthielt auch ein ausdrückliches Verbot, »Marckbaum oder sonst alte Stöcke und Baum . . . , die des Holzes Weitschafft Anzeigung geben möchten, abzutreiben«. In der **braunschweigischen** allgemeinen Waldordnung vom 20. 10. 1597 wird den Untertanen zum Vorwurf gemacht, sie suchten ihre Felder gegen den herzoglichen Wald hin zu erweitern. Deshalb wurde ihnen aufgegegeben, bis Walpurgis (1. Mai) Gräben an den Grenzen aufzuwerfen (10). Für das Herzogtum **Bayern** wurde – nach verschiedenen Einzelregelungen im Landrecht von 1346 und in späteren Mandaten – am 1. 11. 1568 erstmals eine landesweite Forstordnung erlassen (11). Obwohl sie 1598 erneuert wurde, ist nicht ganz klar, inwieweit sie publiziert und wirksam wurde. Im Zuge der Neuordnung und Neukodifizierung des bayerischen Landrechts unter Maximilian I. wurde sie 1616 geändert und neugefaßt als »Forst-Ordnung der Fürstentümer Obern und NiderBayern«. Sie galt wie die Forstordnungen für Neuburg (1690), für die Oberpfalz (1657) und Sulzbach (1744) bis zum Jahre 1852. Wie im heutigen Forstrecht betraf der wesentliche Inhalt dieser Vorschriften Maßnahmen zur Erhaltung des Waldbestands sowie Gebote und Verbote, auf deren Übertretung Strafen ausgesetzt waren. In einer allgemeinen Würdigung des Landrechts von 1616 findet ein bayerischer Historiker des vorigen Jahrhunderts für die Forstordnung folgende bewundernde Worte: »Am ausführlichsten und umsichtigsten ist die Forstordnung Max I. und hier ist nichts außer acht gelassen, was die Rücksicht auf den Bestand und den Nachwuchs des Holzes sowohl, als eine vollständige und ökonomische Benützung desselben erheischt. . . . Übrigens ist die Ängstlichkeit auffallend, welche schon damals über zu befürchtenden Holzmangel herrschend war.« (12) Die Forstordnung legte in ihrem letzten Artikel das Flächenmaß für Wald und Feld einheitlich fest: ein »Jauchart« oder »Tagwerk« enthielt hiernach 25 Ruten zu 10 Münchener Werkschuh in der Länge und 16 Ruten in der Breite, somit 40 000 »Kreuzschuh« (0,340 7271 ha). Dazu kündigte die Forstordnung ein »Tractätlein und Instruction« an, an Hand dessen die Feldmessung erlernt und das bei Grundstückskäufen künftig angewandt werden sollte. Das amtliche Feldmeßlehrbuch erschien unter dem Titel »Ein begründter vnd verständiger Bericht / Von dem Feldmessen . . .« gleichzeitig mit dem Landrecht 1616 im Druck (13). Zur Vermeidung von Grenzstreitigkeiten machte die Forstordnung (Art. 5) den Waldbesitzern zur Pflicht, wenigstens alle 10 Jahre zwischen Ostern und Pfingsten die Grenzen zu begehen. An diesem Umgang oder Umritt sollten »ein zimblicher anzahl Vnderthanen welche den orten herumb angesessen«, darunter etliche erfahrene, verständige, aber auch junge Leute teilnehmen. Nach dem 3. Abschnitt der Forstordnung von 1568 sollte den »bis in die 30 oder 40 Leuten von irer gehabten müe wegen ain Suppen bezalt / oder inn ander weg ergetzlichkeit gethan werden«. Der Gesetzgeber von 1616 war nicht mehr so großzügig. An den Waldbesitzer richtete er die Mahnung, sich mit den »nechsten an die Gränitzen oder Marchen anstossenden Vnderthanen vnd derselben Grundherren« jeweils zu vergleichen. Schließlich war sogar verlangt, daß man »die March, wie man die richtig findet, ordentlich beschriebe, vnd den benachbarten umb ihres Interesses willen gleichlautende Abschriften, da sie es begeren, ertheile«. In der Grenzbeschreibung sollten alle Untertanen, die sich an dem Begang beteiligt hatten, mit Namen festgehalten werden. Mängel in der Vermarkung sollten im Beisein der Grenznachbarn beim Grenzbegang oder möglichst bald danach behoben werden. Bei Grenzstreitigkeiten sollte die Obrigkeit oder das Gericht angerufen werden. Zum Schutz der Markbäume war beim Holzeinschlag ein Abstand von 1 Klafter von der Grenze einzuhalten (Art. 6). Die Förster und Holzknechte sollten »fleissig acht und kundschafft haben, da ein oder mehr dergleichen Marck muetwillig, fürsetzlich oder auß vnfleiß verletzt vnd verendert wurd, die Thäter wo möglich zu erfahren, damit dieselben zu verdienter Straff nach gestaltsame deß verbrechens gebracht«. Zum Ansporn wurde den Forstbediensteten, die eine Anzeige erstatteten, ein Drittel der Geldstrafe in Aussicht gestellt (Art. 7). Über Art und Form der Grenzvermarkung enthält die Forstordnung noch keine Bestimmungen, man hielt sich an das örtliche Herkommen: Baumzeichen (Markbäume), aber auch Grenzsteine oder Kreuze auf Lagersteinen. Ein Mandat vom 13. 7. 1733 bedroht denjenigen mit einer Geldstrafe von 10 Rhein. Thalern, der einen Markbaum umhaut oder einen Markstein versetzt. Die Forstordnung für die Oberpfalz forderte eine Geldbuße von 10 Gulden von jedem, der »einen gelachten, gepletzten oder anderer Gestalt bezaichneten Marckbaum, so die Grenitz vnd Marck auff vnsern oder vnserer Vnderthanen Wälden vnd Höltzern anzaigen, wissentlich abhawet.« Für besonders schwere Fälle hatte sich der Kurfürst höhere und körperliche Bestrafung vorbehalten (14).

Die in der bayerischen Forstordnung von 1568/1616 an den Tag gelegte Ausführlichkeit ist in anderen Ländern nicht zu finden. Einige dieser Forstordnungen mögen kurz vorgestellt werden. Der Kurfürst August von **Sachsen** beklagt in der 1560 erlassenen Holzordnung die vielen Mängel in der Vermarkung der Waldgrenzen (15). Er verfügt, daß die örtlichen Beamten und Förster mit alten und jungen Bewohnern der an die Waldungen angrenzenden Ortschaften jährlich zwischen Walpurgis (1. Mai) und Johann Baptist (24. Juni) die Grenzen begehen und die »alten Mahl-Steine und Rein-Bäume« besichtigen und erforderlichenfalls erneuern.

Fortschrittliche Staaten, insbesondere Kleinstaaten, gingen bei Waldvermarkung im 17. Jahrhundert vom Lachbaum zum Grenzstein über. Dies dokumentiert zum Beispiel die Wald-, Forst-, Jagd- und Weidwerksordnung des Fürstentums **Coburg** aus dem Jahre 1653 (16). Die fürstlichen Beamten wurden angehalten, an den Grenzen (vermutlich wohl Landesgrenzen) mit Rücksicht auf die Unbeständigkeit der »Mahlbäume« im Beisein der benachbarten Grundherren »Mahlsteine« zu setzen, je nach Herkommen mit Wappen, Schrift und Zeichen, insbesondere mit der Jahreszahl. Eine ähnliche Vorschrift war schon 1615 für die Grafschaft **Henneberg** erlassen worden (17). Das **württembergische** Forstkartenwerk vom Ende des 16. und dem Beginn des 17. Jahrhunderts enthält, wie eine Untersuchung zeigte (18), Grenzsteine vor allem an jenen Grenzen, die zugleich Landesgrenzen waren, und fast immer dort, wo drei Forste zusammenstießen. Teile eines Waldes, für die besondere Nutzungs- oder Jagdrechte bestanden, oder für die die Forsthoheit nicht der Landesherrschaft zustand, waren stets durch Grenzzeichen kenntlich gemacht. Vermarkt wurde in der Regel mit viereckig behauenen Grenzsteinen.

Waldvermarkung im 18. Jahrhundert

Im 18. Jahrhundert hatte wohl jeder Territorialstaat seine Forstordnung, die je nach dem Entwicklungsstand und dem Vorkommen von entspechendem Steinmaterial eine mehr oder weniger fortschrittliche Grenzvermarkung der herrschaftlichen Forste vorsah. Die Holz-, Forst-, Jagd- und Wildordnung **Mecklenburg-Schwerins** vom 29. 4. 1706 beordert das Forstpersonal zu jährlichen Grenzbegehungen in den Wald mit dem Auftrag, »die Gräntzen . . . und die desfalß errichtete Merck-Mahle, es sey solches an aufgeworffenen Hügeln, eingesenckten und auf der einen Seite hervorstehenden Steinen, gezogenen Graben, aufgerichteten Stangen, angeschalmeten und mit eingehauenen Creutzen gezeichneten Bäumen etc. nebst denen natürlichen limitibus jeden Orths, alß Ströhmen, Bächen und Flüßen etc.« zu besichtigen und »wann einige Merckmahle vergehen . . . derselben Renovirung ohne Verzug in die Wege zu leiten« (19). Nach der Hochfürstl. **Würzburgischen** Wald-Ordnung vom 18. 3. 1721 sollte das Forstpersonal bei den jährlichen Grenzbegängen »in Abgang gerathene und mangelhafte Ort-, Schied- und Gränzsteine oder Bäume fleißig aufzeichnen . . . und schriftliche Relation (= Bericht) zu unserer Kammer« erstatten (20). Während in so manchen Territorialstaaten, in denen wie im Hochstift Würzburg dörfliche Grenzsteinsetzer aufgestellt waren, die herrschaftlichen Förster die Steinsetzer von der Vermarkung fernhielten, wurden im Hochstift die Gemeindesiebner mit tätig. Im Jahre 1753 wurde zudem die Aufstellung eigener Siebner für die Herrschaftswaldungen angeordnet (Näheres hierzu in Abschnitt B 3.8). Für das Fürstentum **Gotha** erging anscheinend erstmals im Jahre 1729 das Gebot einer regelmäßigen Begehung der herrschaftlichen Forstgrenzen durch die Ämter, Forstleute und Gemeinden, und zwar in einem Turnus von drei Jahren und o h n e Verrechnung von Kosten (21). Für die **preußischen** Staatswaldungen wurde das Forstpersonal 1739 angewiesen, »die veralteten Grentzen mit Aufwerffung neuer und frischer Grentz-Hügel, auch Einhauung frischer Creutzer in die Grentzbäume zu renoviren« (22). Dieser Satz wurde 1743 auch in die Holtz-, Mast- und Jagdordnung für das hohenzollerische Herzogtum Magdeburg übernommen. Die Forstordnung für Ostpreußen und Litthauen von 1777 erwähnt nur noch Grenzhügel, keine Grenzbäume mehr. An diesen und den folgenden Vorschriften zeichnen sich die Unterschiede zwischen Ost und West deutlich ab. Die Fürstl. **Reuß-Plauensche** Forst-, Wald- und Jagd-Ordnung vom 20. 7. 1739 teilte die jährlichen Grenzbegehungen so auf, daß in fünf Jahren alle Waldgrenzen erfaßt waren. »Wo ein Grenzstein ermangelt, oder ein Laagbaum abgehauen, oder sonst eingegangen wäre, daß des Laags wegen Irrungen entstehen konnten«, sollte dies ungesäumt angezeigt werden. »Im Fall jemand die Laage (= Zeichen) in Grenzen zu ändern, die Laagbäume abzuhauen, Grenz-Steine auszureißen oder zu versetzen sich unterstünde«, sollte sofort eine Untersuchung angestellt werden (23). Nach der erneuerten Forst-, Wald- und Jagd-Ordnung für **Nassau-Saarbrücken-Weilburg** vom 29. 11. 1749 sollten an der alle drei Jahre vorzunehmenden Grenzbegehung auch »Unterthanen« teilnehmen, alle sechs Jahre aber die Angrenzer beiwohnen. Dabei sollte das Forstpersonal »Raine, Steine, Schneißen, Mahlbäume, Bäche, so die Grenzen formiren, und andere Grenz-Mähler« kontrollieren und »wo soldhe fehlen und abgehen, solche . . . mit gehauenen und genugsam bemerckten Steinen ersetzen und ergäntzen« (24). Ähnliche Vorschriften wurden etwa um dieselbe Zeit für andere nassauische Fürstentümer erlassen (25). Die Abkehr von der herkömmlichen Waldvermarkung durch Mal- oder Lachbäume vollzieht sich besonders deutlich in der erneuerten und verbesserten Wald-, Forst- und Jagd-, auch Fischerei-Ordnung für das Erzstift **Mainz** vom 5. 11. 1744 (26). Diese »Ordnung« stellt zunächst fest, daß die herrschaftlichen Forste teils nicht, »theils aber allein mit gewissen Mahlbäumen vermarcket« seien. Wegen der Unbeständigkeit der Malbäubäume soll man neben die noch vorhandenen Bäume »gewisse sichtige Marck- oder Mahlsteine wie . . . hergebracht, mit Wappen, Schriften und Zeugen verfertigen u. setzen lassen«. Der jährliche Grenzbegang, bei dem in einem Dreijahreszyklus alle Grenzen besichtigt werden mußten, war zwischen Ostern und Bartholomä (24. August) abzuhalten, »da der Tag am längsten ist«. Junge und alte Einwohner waren zu beteiligen, »auch Knaben von zwölf Jahren«, die sich die Grenzpunkte einprägen sollten. Die Behebung der Mängel wurde von der vorgesetzten Behörde angeordnet. Außerdem bestand eine Anzeigepflicht der Grenznachbarn, wenn »Mängel an Mahl-Bäumen, Marck- und Gleits-Steinen« eingetreten waren. Auf »Verstümpfen von Marck- oder Laag-Bäumen« war eine Strafe von 50 Gulden, auf das Umhauen eine Strafe von 100 Gulden ausgesetzt. Diese Aufzählung von Vorschriften ließe sich noch fortführen, ohne daß weitere grundsätzliche Erkenntnisse daraus zu gewinnen wären.

Die Ausführungen über Waldgrenzvermarkungen im 18. Jahrhundert dürfen mit einigen Daten aus **Bayern** abgeschlossen werden. Hier wurden im Jahr 1762 zur Erhaltung der herrschaftlichen Waldungen die Forst- und Amtleute angewiesen, jedes dritte Jahr eine Grenzbegehung vorzunehmen, wofür ihnen »Zehrungs-Deputate« zugesagt wurden (27). In der Rentmeisterinstruktion von 1774 wurde den obersten Beamten Ober- und Niederbayerns aufgetragen, für die Gerichts- und Forstgrenzen zu erkunden, ob Grenzbeschreibungen vorliegen und bekannt sind sowie ob Marksteine abgängig sind (28). Im Jahre 1786 wurde der Turnus für die Grenzbegehungen auf vier Jahre gestreckt; die Grenzen der untergebenen Waldungen waren »zu durchreisen und zu revidieren«, darüber mußten »ordentliche Protokolle« gefertigt und zur Hofkammer geschickt werden (29). In dem folgenden Jahr schließlich wurde die Vermessung, Planlegung und Beschreibung aller »Cameral-Forste« (Staatswaldungen) in Bayern und der Oberpfalz beschlossen, soweit nicht schon brauchbare Pläne vorhanden seien (30). Von den Besitzern größerer nichtstaatlicher Waldungen wurde erwartet, daß sie dem »Forstverbesserungs-Plan« des Staates nacheifern würden. Nähere Vorschriften zur Forstvermessung brachte das General-Forst-Mandat über die »Eintheilung des ganzen Baiern in 20 Forstmeistereyen« vom 14. 3. 1789 (31). Die Forstmeister hätten innerhalb von sechs Monaten Vermessungsinstrumente beschaffen und dann »nach und nach« sämtliche Waldungen »en detail« aufmessen oder von Geometern aufmessen lassen sollen. Einige Einzelheiten, u. a. auch die Bezahlung nach der vermessenen Fläche, waren in einer »Instruction für jene Geometer, welche Curfürstliche Waldungen ausmessen« vom 18. 1. 1791 geregelt (32). Der Maßstab der Forstpläne war mit 1:4000 festgelegt, ein damals auch in den Forstvermessungen anderer Länder wiederkehrender Maßstab. Der Vermarkung der Grenzen sollte besonderes Augenmerk geschenkt werden. Als Holzmaß war das »Münchnerische Klafter« von 6 Schuh Höhe, 6 Schuh Breite und 3 1/2 Schuh Scheitlänge = 126 Kubikfuß (3,1325 m^3) festgelegt. (Das Klafter, ursprünglich ein Längenmaß gleich 6 Fuß, hat sich um 1500 als Raummaß für Holz eingebürgert.) Die Aufsicht über das Vermessungsgeschäft oblag der Straßen- und Wasserbauverwaltung (Adrian von Riedl). Diese Aufsichtsbehörde dürfte aber wenig Gelegenheit erhalten haben tätig zu werden, die Aufmessung der Staatsforste kam noch nicht in Gang; der Reformeifer, der gegen Ende des 18. Jahrhunderts in Bayern – wie auch in anderen Ländern – zutage trat, überschätzte oft die Möglichkeiten zur Realisierung der Vorhaben. Außerdem war die unruhige Zeit für größere staatliche Unternehmungen äußerst ungünstig.

Vermarkung der Staatswaldgrenzen im 19. Jahrhundert

Die Säkularisation des Kirchengutes im Jahre 1803 hat in vielen Ländern den staatlichen Waldbesitz erheblich vermehrt. In **Bayern** war mehr als die Hälfte des Waldes in kircherlichem, vor allem klösterlichem Besitz gewesen. Die damalige Zeit konnte die heute recht merkwürdig anmutende Frage stellen, ob der Eigentumsanteil des Staates an der Waldfläche des Landes nicht doch zu groß sei. Eine Anzahl Verordnungen suchte den Verkauf »entbehrlicher Waldungen zu regeln«. Die Forstverwaltung verteidigte mit Erfolg den ihr anvertrauten Waldbestand; im allgemeinen war sie wohl eher auf eine Ausweitung der staatlichen Waldflächen bedacht. Denn manche idyllische Waldwiese verschwand unter Bäumen, Ödflächen wurden bestockt. Größere Abgänge aus dem Staatswaldbesitz ergaben sich in der ersten Hälfte des vorigen Jahrhunderts im Zuge der Ablösung von Forstrechten, aber auch durch Verkäufe, für die als Begründung vorgeschoben wurde, der Waldbesitz des Staates sei dem Nationalwohl hinderlich (33). Der Erfolg bei den großen Moorkultivierungen, der sich um diese Zeit gerade abzeichnete, mag zu dieser volkswirtschaftlichen Fehleinschätzung beigetragen haben. Um aber von dem umfangreichen Waldbesitz auf lange Sicht Erträge zu sichern, mußten zu Beginn des vorigen Jahrhunderts, in einer Zeit umwälzender Reformen auf allen Gebieten der Staatsverwaltung, auch für die Inventarisierung und Bewirtschaftung des Staatswaldes neue Methoden und für die Verwaltungsorganisation neue Formen gefunden werden. Nach verschiedenen mißlungenen Versuchen wurde in dem Normativ vom 1. 5. 1819 eine Grundvorschrift geschaffen, die aber solange ohne Erfolg bleiben mußte, bis mit den Instruktionen vom 31. 5. und 29. 11. 1827, vom 8. 6. 1828 und vom 30. 6. 1830 die Ausführungsvorschriften vorlagen (34). Die Staatswaldgrenzen waren hiernach vollständig mit Forstgrenzsteinen zu vermarken. Forststeine mußten eine Länge von 3 Fuß und einen quadratischen, später einen rechteckigen Querschnitt von 1 Fuß Seitenlänge erhalten. Der Kopf wurde halbrund gearbeitet. Auf der dem Staatswald zugewandten Seite wurden die Buchstaben K. W. (Königlicher Wald , bis etwa 1830 K. B. = Königreich Bayern) eingemeißelt, obgleich die »Verstaatlichung« der Herrschaftsrechte einschließlich des fürstlichen Kammerguts schon in der Konstitution von 1808 vollzogen war. (Die Katasterkommission, weitblickend wie immer, übernahm nicht das K. W. in die Katasterkarten, sondern setzte jeweils St. W. = Staatswald, für Gemeindewald entsprechend G. W. und für Stiftungs- und Privatwald P. W. [35]). Auf einer Seitenfläche der Forststeine wurde die laufende Nummer des Grenzsteins angebracht. Mit der Numerierung wurde an einem markanten Punkt der Nordostecke des Waldkomplexes begonnen, der Wald rechtsläufig umfahren. Bei sehr hohen Grenzpunktzahlen wurden Serien gebildet, die mit römischen Zahlen unterschieden wurden, z. B. I/1, I/2 usw., II/1, II/2 usw. Grenzsteine, die nachträglich zwischen die numerierten eingeschaltet wurden, erhielten Bruchnummern. Bei weiten und beschwerlichen Transportwegen durfte von den Normgrößen der Steine abgewichen werden. Vorhandene Vermarkungen wurden meist belassen. Wo geeignetes Steinmaterial nicht verfügbar war, dienten zur Grenzmarkierung Löcher von einigen Fuß Tiefe, Grenzhügel, Pfähle, Zeichen auf Felsplatten und Steinrücken »an der äußeren Grenzlinie«. Diese behelfsmäßigen Vermarkungen sind dann im Laufe der Zeit durch Grenzsteine ersetzt worden. Um aber den Aufwand der Vermarkung zu verringern, wurden in den Grenzen möglichst lange Geraden geschaffen und vorspringende Waldecken ausgeschieden, veräußert oder ausgetauscht. Entsprechend der damaligen Vermarkungspraxis wurden auch entlang von Grenzen, die durch Wasserläufe oder Wege vorgegeben waren, Grenzsteine gesetzt, wo sich die Hauptrichtung der Grenze änderte. War der Bach oder Weg gemeinsames Eigentum der Angrenzer, so wurden die Grenzsteine wechselweise an den beiden Rändern aufgestellt. Unterirdische Versicherungen waren für die Grenzsteine nicht vorgesehen. Da die Brechungswinkel der Grenze in den Messungsregistern verzeichnet waren, erschien es ferner überflüssig, die Grenzrichtung auf der Kopffläche der Grenzsteine durch eingehauene Krinnen anzuzeigen, wie es bei aufwendigen Vermarkungen jener Zeit sonst üblich war. Die Feldgeschworenen, die zu der Zeit in Franken für die Vermarkung zuständig waren, sind nirgends erwähnt und vermutlich auch nicht tätig geworden. Die festgestellten Grenzen waren von Bewuchs freizuhalten. Die Grenzregister, in denen die Brechungswinkel und die Entfernungen von Stein zu Stein in bayerischen Fuß eingetragen wurden, sind großenteils erhalten. Am 1. 10. 1831 waren zwei Drittel der bayerischen Staatsforste bereits neu vermarkt (36).

Starke Impulse kamen für die Forsteinrichtung von Seiten der Katastervermessung, die im Jahre 1808 begonnen hatte. Durch Reskript vom 9. 7. 1830 und schließlich durch Verordnung vom 17. 2. 1831 wurde das Zusammenwirken vorgeschrieben, wie es sich wohl längst eingespielt hatte (37): Rechtzeitig vor Beginn der Vermessung ergänzte das Forstpersonal jeweils die Vermarkung der

Waldgrenzen. Die Grenzzeichen und ihre Nummern sowie die Namen der Forstdistrikte und -abteilungen wurden in die Katasterkarten übernommen.

Die verfassungsrechtlichen Veränderungen des Jahres 1848 machten auch für das Forstrecht eine Neureglung notwendig. Die Staatsforste waren zu der Zeit weitgehend abgemarkt. Art. 7 Ziff. 3 des Forstgesetzes vom 28. 3. 1852 (38) brachte nun auch für die Gemeinde-, Stiftungs- und Körperschaftswaldungen die Verpflichtung, Wirtschaftspläne zu erstellen. Vorher waren die Grenzen festzustellen und zu vermarken (39). Damit war für eine Grundstücksart in Bayern erstmals eine Abmarkungspflicht begründet.

Die aufwendigen Grenzsteine des Staatsforsts wurden unter einen besonderen rechtlichen Schutz gestellt: Art. 91 Ziff. 3 des Forstgesetzes drohte für Beschädigen und sonstiges Verändern von Grenzzeichen am Staatswald Geldstrafen in Höhe von 30 kr bis 5 fl an. In der bis 1965 einschließlich geltenden Fassung war der Bußgeldrahmen zuletzt auf 3 bis 150 DM festgesetzt (40).

Gänzlich abhängig vom Rohstoff Holz war vormals die Gewinnung von Speisesalz durch Versieden der in Quellen austretenden Sole. Dabei spielte der Antransport des Brennmaterials an die Saline eine bestimmende Rolle; auf größere Entfernungen kam nur der Wasserweg in Betracht. Da für die Sudpfannen in Reichenhall die umliegenden Wälder nicht genügend Holz produzieren konnten, sicherten sich die Sudherren schon im Mittelalter Holzrechte im Pinzgau auf dem Gebiet des Erzstifts Salzburg. Die Saalach brachte die gefällten Stämme nach Reichenhall. Zu Beginn der Neuzeit erwarben die bayerischen Herzöge mit den Reichenhaller Sudpfannen auch die Holzrechte. Gemäß dem heute noch geltenden Staatsvertrag zwischen Bayern und Österreich, der »Salinenkonvention« von 1829, verwalten bayerische Forstbeamte mit Sitz in St. Martin den 8500 ha umfassenden bayerischen Forstbesitz in Österreich. (40 a). Im Jahre 1795 hat Bayern seine Salzgewinnung auf die an Reichenhall angrenzende reichsunmittelbare Fürstpropstei Berchtesgaden ausgedehnt, indem der Kurfürst die Salzrechte mitsamt den zugehörigen Forstrechten gegen einen jährlichen Zins von 50 000 Gulden in Pacht nahm (41). Schon am 30. 7. 1795 wurde eine Churfürstlich Pfalzbaierische und Fürstlich Berchtesgadenische Waldordnung für die »Salinen und Unterthanswaldungen« gemeinsam erlassen (42). Der kurfürstliche Waldmeister sollte alle drei Jahre »Geläck« und »Markrevision » vornehmen.

Der steigende Salzbedarf und -export forderte zu exemplarischen technischen Lösungen bei der Salzgewinnung heraus. Im Jahre 1619 wurde Traunstein zum zweiten Salinenort in Bayern. Die Reichenhaller Sole wurde dem neuen Sudhaus im abfallenden Gelände in Holzrohren zugeleitet; zur Überwindung des rund 260 m betragenden Geländeanstiegs wurden in der Leitungstrasse mit Wasserkraft betriebene Kolbenpumpen eingesetzt, die die Sole über Druckleitungen aus Blei in mehreren Stufen anhoben. Das benötigte Sudholz wurde auf der Traun zur Saline getriftet. Zu Beginn des 19. Jahrhunderts wurde eine weitere Soleleitung bis nach Rosenheim gelegt. Diese dritte Saline erhielt ihr Brennholz über die Leitzach. Später wurde auch Torf aus den nahen Mösern verfeuert. Nach dem Anschluß Berchtesgadens an Bayern wurde aus dem dortigen Salzbergwerk Sole nach Reichenhall übergeleitet. Der geniale Instrumenten- und Maschinenkonstrukteur Georg von Reichenbach (1771 – 1826) baute hierfür u. a. eine Wassersäulenmaschine, die ab 1917 110 Jahre lang Sole auf eine Höhe von 378 m pumpte (43).

Die für den Salinenbetrieb genutzten Staatswälder wurden im Jahre 1807 bei der Organisation des Forstwesens nicht der Staatsforstverwaltung zugeteilt, sondern der neu gebildeten General-Salinenadministration unterstellt. Solche Lösungen waren zu der Zeit nicht ungewöhnlich, wie das Beispiel Braunschweigs zeigt: Dort war der Forstbetrieb im Harz mit Rücksicht auf den Holzbedarf des Bergbaus seit dem 16. Jahrhundert der Bergwerksverwaltung angegliedert (44). Zwischen 1810 und 1850 wurden die bayerischen Salinenforste wie die Staatsforste vermarkt. Auf den Grenzsteinen wurde jedoch nicht K. W. sondern der Buchstabe S (= Saline) eingemeißelt. Neben den Grenzsteinen dienten in den Bergwäldern, von denen seinerzeit nur etwa zwei Drittel produktiv waren, auch Lachbäume und Grenzmarken in Felsen zur Vermarkung. In den Grenzprotokollen wurden – wie bei anderen Staatsforsten – die zwischen den Grenzpunkten gemessenen Entfernungen und die Brechungswinkel festgehalten, wobei jedoch Zweifel anzumelden sind, ob die Winkel örtlich gemessen oder einfach der Flurkarte entnommen wurden (45). Bei den aus Kirchenbesitz übernommenen Wäldern wurde großenteils eine brauchbare Vermarkung angetroffen, die belassen wurde. Im letzten Viertel des vorigen Jahrhunderts verdrängten Torf und Braunkohle das Holz von den Sudpfannen, und auf die Eröffnung der Bahnstrecke nach Ruhpolding 1895 folgte nur noch im nächsten Jahr eine letzte Holztrift auf der Traun. Die Traunsteiner Saline stellte schließlich 1912 den Betrieb ein. Rosenheim folgte 1958.

Nachdem die Vermarkung der Staatswaldgrenzen mit erheblichem Aufwand fertiggestellt war, galt es, die Grenzzeichen auch auf Dauer zu erhalten. Das Abmarkungsgesetz vom Jahre 1900 gab den Anstoß für neue Vorschriften über die Abmarkung der Staatsforste. In einer Entschließung des damals noch für die Forstverwaltung zuständigen Finanzministeriums vom 24. 3. 1901 (46) wurden die staatlichen Forstorgane angewiesen, die Grenzen begehbar zu halten und einen Streifen von 1 m Breite neben der Grenze von Bewuchs freizuhalten. Genzpfähle sind seither nur noch im Sumpfgelände und im Hochgebirge zugelassen, im übrigen sollten sie durch Grenzsteine ersetzt werden. An die Stelle der Beschriftung »K. W.« trat 1919 das »StW« (Staatswald) (47). Regelmäßige Grenzbegehungen durch die Förster sind nach wie vor Pflicht. Die forstamtlichen Grenzvermessungsregister waren mit dem Jahr 1900 abzuschließen. Die Vorschriften von 1901 sind seither mehrfach geändert, ergänzt und neugefaßt worden (48). Die öffentlichen Straßen im Staatswald werden nur noch an wenigen,bedeutsamen Punkten mit den herkömmlichen großen Forststeinen abgemarkt (49).

Wie Bayern so ließ eine große Zahl weiterer Länder im 19. Jahrhundert die Grenzen des Staatswalds feststellen, vermarken und vermessen und hierzu Grenzbeschreibungen anfertigen. Manche hielten dabei an der herkömmlichen Übung fest, unter die Grenzsteine Glasstücke, Ziegelstücke usw. einzubringen, so zum Beispiel **Braunschweig** gemäß § 19 der Instruktion vom 6. 9. 1836 »zu mehrerer Sicherung« (50). Das Großherzogtum **Baden** ordnete in § 31 des Forstgesetzes vom 15. 11. 1833 die Vermessung, Vermarkung und Grenzbeschreibung für sämtliche Wälder, auch die privaten, auf Kosten der Waldbesitzer an (51) und erließ in einer Verordnung vom 14. 11. 1834 nähere Vorschriften hierzu: Vermarkung der Waldgrenzen mit behauenen Grenzsteinen, Kartierung 1:4000, ausnahmsweise auch 1:8000 (52). Die ursprünglich vorgegebene Fünfjahresfrist wurde mehrmals verlängert. Nach Beginn der allgemeinen Katastervermessung (Gesetz von 1852) wurden die Staatsbehörden ermächtigt, die noch nicht ausgeführten Waldvermessungen auf Kosten der Eigentümer vorzunehmen (53). Die Waldvermessung war anfangs der 70er Jahre beendet. Für die staatlilichen Wälder waren behauene Grenzsteine mit Nummern vorgeschrieben. Die Arbeiten wurden an Geometer »im Accorde« vergeben (54). Mit weniger Aufwand begnügte sich **Mecklenburg-Schwerin:** In der Instruktion der Forstgeometer vom 25. 4. 1817 waren neben Steinen auch Hügel, Gräben, Hecken, Grenzbäume, Pfähle usw. als Grenzzeichen anerkannt (55). **Preußen** hat während der ersten Hälfte des 19. Jahrhunderts für jedes Forstrevier, dessen Vermessung das Finanzministerium anordnete, einen geprüften und beeidigten Geometer in Dienst genommen. Das Ministerium regelte in der Instruction für die kgl. preuss. Forstgeometer vom 13. 7. 1819 deren Aufgaben (56): Aufmessung der Forstgrenzen, sowie des topographischen Details im Bereich der Waldungen und der Forsteinteilung in Jagen und Schläge; Aufstellung eines Vermessungsregisters über die mit Nummern versehenen Grenzmale unter Angabe der Spannmaße und der Winkel, die regelmäßig mit der Bussole gemessen wurden; Herstellung von Forstkarten 1:5000 und von Übersichtskarten 1:25 000. Für das technische Verfahren und die Grenzvermarkung, nach Möglichkeit mit Steinen, war das Feldmesserreglement von 1813 anzuwenden. Von 1871 an wurden die Forstdienstanwärter in Land- und Forstvermessung intensiver ausgebildet, besondere Forstgeometer waren damit überflüssig geworden.

11. Wege zur Abmarkungspflicht

Die Dinge, die in ewigem Fluß begriffen sind, können nur richtig erkannt und in ihrem Gange beeinflußt werden, wenn man sich klar macht, woher sie kommen und wohin sie daher zu gehen haben und gehen können. Das ist geschichtliche Betrachtungsweise.

Albert Pfitzer, ZfV 1922, 172

Nach zumeist wenig befriedigenden Anläufen im 18. Jahrhundert war im 19. Jahrhundert die Zeit gekommen für die umfassenden, systematischen Katasteraufnahmen, die mit vielfachen Verbesserungen und Erneuerungen bis heute die Grundlage der Liegenschaftskataster bilden. Diese parzellaren Aufnahmen, sei es landesweit zusammenhängend auf einheitlicher Grundlage und in einheitlichem Maßstab wie in den süddeutschen Ländern, oder flurweise wie im größeren Teil Norddeutschlands, erfaßten die Eigentumsgrenzen. Aus den Katasterplänen oder aus Zahlenwerten der Vermessung selbst wurden die Flächen der Parzellen ermittelt, die zusammen mit der Bonität des Bodens eine gleichmäßige und zuverlässige Besteuerungsgrundlage ergaben. Die Grund- und Gebäudesteuer war bis weit in das 19. Jahrhundert eine sehr wesentliche, wenn nicht überhaupt die ergiebigste Einnahmequelle des Staates. Bei dem einfachen Besteuerungssystem ließ sich das Steueraufkommen recht genau im voraus berechnen, die Finanzminister mußten sich noch nicht auf risikobehaftete und immer wieder korrekturbedürftige Steuerschätzungen stützen.

In manchen Ländern war die Erstellung der Katasterpläne ausschließlich für Zwecke der Besteuerung bestimmt, z. B. in Preußen. In anderen Ländern wurde die Landesaufnahme mit entsprechend höherem Aufwand so angelegt, daß die Karten darüber hinaus auch für Zwecke von Wirtschaft, Verwaltung und Recht dienen konnten, was in Süddeutschland weitgehend der Fall war. Wieder andere, z. B. die freie Stadt Frankfurt, unternahmen die Parzellenvermessung vornehmlich für den rechtlichen Nachweis der Liegenschaften in Grundbüchern oder Hypothekenregistern.

Für die Katastervermessung war es unerläßlich, vorweg sämtliche Grundstücksgrenzen im Gelände eindeutig zu bezeichnen. Die Kloster- und Herrengüter taten sich zum Teil durch einen verhältnismäßig guten Vermarkungsstand hervor. Im Verbreitungsgsbiet der beeideten Steinsetzer (Siebner, Schieder, Steiner, Untergänger usw.) war die Vermarkung meist besser als anderwärts. Der Unterschied war zu Beginn der Katastervermessung in Ländern wie Bayern und Württemberg in den Fluren deutlich erkennbar: In Alt-Württemberg und in Franken war eine Vermarkung der Grenzen durch Untergänger und Siebner seit alten Zeiten üblich, wenn auch lückenhaft, in Altbayern und Oberschwaben (1) hingegen blieb sie eine Seltenheit.

Die Katastervermessung förderte das allgemeine Verständnis für eine staatliche Regelung der Vermarkung. Die Einsicht wuchs, daß feste Grenzmarken gegen unbeabsichtigte wie gegen beabsichtigte, willkürliche Grenzverschiebungen Schutz boten, gegen Verschiebungen, die dann durch Ersitzung auch noch Rechtskraft gewinnen konnten.

Die Hinwendung zur Grenzvermarkung war durch das Privatrecht schon ein wenig vorbereitet. Das **preußische Landrecht** von 1794, das von 1795 bis 1900 auch in den später bayerisch gewordenen Fürstentümeren **Ansbach** und **Bayreuth** galt, befaßte sich in dem Abschnitt »Von Grenzscheidungen« mit den Grundstücksgrenzen ausführlicher (2). Eine deutliche Bezeichnung wurde gefordert für die »Gemeinheitsteilungen«, nämlich die Aufteilung von Gemeinde- oder Gemeinschaftsgründen an die Berechtigten, und außerdem »in allen anderen Fällen, wo eine Bestimmung der Grenzen erforderlich ist,« also bei einer gerichtlichen Festsetzung der Grenze. Als Vermarkungsarten kennt das preußische Landrecht Grenzraine, Gräben, Steine, Pfähle, Bäume und Grenzhügel. Grenzpfähle, Bäume und Steine mußten entweder durch »eingehauene Merkmale« oder aber durch »untergelegte unverwesliche Merkmale« als Grenzzeichen erkennbar sein.

Das Zivilrecht mancher Länder gab einem privatrechtlichen Vermarkungsanspruch Raum. Das preußische Landrecht faßte diesen wie folgt: »Um die Verdunkelung der Grenzen zu verhüten, ist jeder Besitzer seine Nachbarn zu deren Erneuerung aufzufordern wohl befugt. Die Kosten einer solchen Grenzerneuerung müssen von sämtlichen Nachbarn, nach Verhältniß der Länge ihres Antheils an der Grenzlinie getragen werden Bei einer dergleichen Grenzerneuerung ist die Zuziehung aller Nachbarn, mit deren Gründen die neu aufzunehmende Grenzlinie in Verbindung steht, erforderlich. Gegen die Nichtzugezogenen kann eine solche Grenzerneuerung auch in der Folge nicht angeführt werden« (3). Auch nach dem Code civil (1804), der bis 1900 im linksrheinischen Deutschland, im ehemaligen Herzogtum Berg (Düsseldorf) und seit 1810 in Baden galt, konnte ein Eigentümer von seinem Grenznachbarn verlangen, gemeinsam die Grenze durch Grenzmale zu bezeichnen und gemeinsam die Kosten hierfür zu tragen (4). Vergleichbare Vorschriften waren in dem Zivilrecht von Österreich, Sachsen, Hessen (5), Württemberg und anderen Ländern enthalten. Zu Bayern siehe nächster Abschnitt. In den deutschen Ländern ist seit 1900 an die Stelle der landesrechtlichen Regelungen der § 919 BGB getreten. Mit dieser Vorschrift ist im übrigen der Fachausdruck »Abmarkung« an die Stelle des bis dahin herrschenden Wortes »Vermarkung« in die Rechts- und Amtssprache eingeführt worden. Das BGB überläßt dem Landesrecht, Art und Verfahren der Abmarkung zu bestimmen.

Eine Frühform der allgemeinen Vermarkungspflicht wurde im 17. Jahrhundert in dem brandenburgischen Herzogtum **Magdeburg** eingeführt. Nach Kap. 30 § 1 der »Policey-Ordnung« von 1688 sollten binnen Jahresfrist Vermarkungsmängel an den Grenzen der Dorffluren sowie an den Feldern, Wiesen und Gehölzen nach einer gemeinsamen Besichtigung behoben werden. Eine Kontrolle sollte weiterhin bei einem jährlichen Markungsumgang vorgenommen werden. (Siehe das Zitat unter Abschnitt B 3.11 Vereinheitlichende Maßnahmen durch das Landesrecht S. 305.) Inwieweit diese Anordnungen wirklich befolgt wurden, läßt sich schwer beurteilen. Im übrigen dürfen die Verrainungen und Versteinungen jener Zeit nicht mit den Qualitätsansprüchen von heute gemessen werden.

In der Folgezeit treten dann im Zusammenhang mit landesweiten Katasteraufnahmen staatliche Gebote auf, die Grenzen der Ortsmarkungen, der Fluren und der Gewannen und schließlich auch der Einzelgrundstücke vor den Vermessung vollständig zu vermarken. Die Grenzzeichen wurden seither in der Regel in den Karten und Plänen mit besonderen Signaturen eingetragen. Vollen Erfolg hatten solche Gebote aber mit wenigen Ausnahmen erst in der zweiten Hälfte des 19. Jahrhunderts.

Ein erster Anlauf zu umfangreicheren Grundstücksvermarkungen war zu Beginn des 18. Jahrhunderts in der Landgrafschaft **Hessen** unternommen worden. Im Jahre 1700 wurde für alle Güter die Vermessung angeordnet, soweit eine solche nicht schon vorlag. Kleinere deutsche Staaten taten sich nicht selten vor den größeren dadurch hervor, daß ihre Verwaltungseinrichtungen fortschrittlicher und effizienter waren. Bei dem Mangel an fachlich vorgebildeten Landmessern sollte allerdings damals in Hessen bei der Ausmessung der einzelnen Güter auf befähigte Stadt- und Amtsschreiber zurückgegriffen werden. 1757 wird Klage darüber geführt, daß die Feldmesser nicht für eine gehörige Aussteinung Sorge getragen hätten. Der Steinsatz wurde in Hessen durch die Feldgeschworenen besorgt. Im Jahre 1702 wies die Rentkammer die Amtmänner an, die herrschaftlichen verliehenen oder nicht verliehenen Güter mit großen behauenen Steinen zu bezeichnen, auf denen der fürstliche Name mit Buchstaben – vermutlich den Anfangsbuchstaben – »recht tief« eingehauen sein sollte (6). Die 1704 getroffene Anordnung, wonach alle zehntfreien Güter zu versteinen waren, wurde bereits oben Seite 131 erwähnt. Für die hessische Grundbuchvermessung, die 1824 in die Wege geleitet wurde, waren nur hinsichtlich der Gemarkungs- und Flurgrenzen Steine vorgeschrieben, und zwar behauene Steine mit rechteckigen Kanten und einer Länge von 3/4 Meter. Verlorene Steine waren auf Kosten der Gemeinde zu ersetzen. Den Eigentümern war die Vermarkung der Grundstücke mit Steinen freigestellt (7).

Auch bei der parzellaren Vermessung für das ab 1726 in **Sachsen-Weimar** aufgestellte Grundsteuerkataster war die Versteinung durch die Feldgeschworenen zwar für die Flurgrenzen, für die Grenzen der drei Zelgen und für die Grenzen der für 20 bis 30 Ackerstücke zu bildenden Feldabteilungen vorzunehmen. Innerhalb dieser Abteilungen wurden gehrende und quer liegende Äcker versteint, gleichlaufende, »mit einander breitende« Äcker hingegen nur auf Wunsch der Besitzer (8). 1839 wurde für das Großherzogtum angeordnet, daß bei Verlust von Grenzsteinen noch am selben Tag einem Feldgeschworenen oder dem Schultheißen oder Dorfrichter Anzeige zu machen sei, damit das Grenzzeichen alsbald wieder hergestellt werde (9). Auch das Gesetz über die Landesvermessung von 1851 hatte u. a. die Vermarkung der Landes-, Flur- und Grundeigentumsgrenzen zum Ziel, »soweit es sich um Neuaufnahme von Fluren handelte« (10).

Konsequent durchgeführt wurde ferner eine Grundstücksvermarkung für die freie Feldflur durch das Acker- oder Feldgericht der freien Reichsstadt **Frankfurt** ab 1787.

Auch im Herzogtum **Braunschweig** wurde der Vermarkung der Felder schon frühzeitig Beachtung geschenkt. 1746 bis 1784 wurde eine »General-Landes-Vermessung« durchgeführt, mit der eine Zusammenlegung von Grundstücken, die Aufteilung von Gemeindegrund und die Verbesserung des Wege- und Gewässernetzes verbunden war (11). In jeder Gemeinde waren beeidigte Schätzleute, sogenannte »Achtsleute« aufzustellen, die den »Ingenieurs« die erforderlichen Angaben über Größe und Qualität der bisherigen Besitzungen beizusteuern hatten (12). Die Grenzen waren durch Gräben oder durch »Grenz- und Wantsteine« zu bezeichnen. Nach einer Verordnung von 1759 sollten diese Grenzbezeichnungen von den Gemeinden beziehungsweise den Eigentümern instandgehalten werden unter einer Strafandrohung von 5 Marien-Gülden und durch die Bauermeister und Geschworenen jährlich visitiert werden (13).Wie sorgsam freilich Behörden und Grundeigentümer die Vorschriften handhabten, darf in Frage gestellt werden. Hingegen sind die Grenzen bei den Verfahren nach der »Gemeinheitsteilungordnung« (Aufteilung der Allmende) von 1834, die in etwa 25 Jahren 90% des Landesgebiets abdeckten, und bei den für das restliche Gebiet 1850 bis 1859 ausgeführten Grundsteuervermessungen sorgfältig vermarkt worden (14).

Für das Kurfürstentum **Hessen-Cassel,** wo die Landmessung schon seit dem 16. Jahrhundert eine besondere Pflegestätte gefunden hatte, wurde 1828 – zunächst noch ohne Hanau und Fulda – angeordnet, bei Grundstücksteilungen die neuen Grenzen zu vermessen und, soweit nicht schon feste Abgrenzungen bestanden, zu vesteinen (15).

Im Herzogtum **Nassau** verlangte 1830 eine Instruktion für die »Güterkonsolidationen« (Zusammenlegung) die Versteinung aller Grenzen und die Ermittlung der betreffenden Messungszahlen (16).

Die Fürstentümer **Lippe** und **Schaumburg-Lippe** ließen vor den 1879 bzw. 1873 angeordneten Landesvermessungen die Eigentumsgrenzen vermarken (17).

Im Großherzogtum **Oldenburg** einschließlich der dem Großherzogtum angegliederten Fürstentümer **Birkenfeld** (am Hunsrück) und **Lübeck** wurde 1836 bis 1850 eine parzellare Katastervermessung durchgeführt. Vor Beginn der Vermessung wurden die Grundeigentümer jeweils vom Kirchspiels- oder Bauernvogt aufgefordert, die Grenzen ihrer Grundstücke, »soweit sie nicht durch natürliche und unveränderliche Gegenstände begrenzt sind, durch Steine oder andere, der Örtlichkeit entsprechende, bestimmte und dauerhafte Grenzmale zu bezeichnen« (18).

Die Ausformung einer Vermarkungspflicht in Form des obrigkeitlichen Befehls zur Vermarkung der Grenzen (19) fand aber schließlich nicht im Norden und Osten, sondern im Süden und in der Mitte Deutschlands ihre Schwerpunkte. Aller- dings waren die Erfahrungen mit der Anordnung der Grenzvermarkung im Zuge der systematischen Landesvermessungen zunächst nicht durchweg befriedigend. Dies gilt zum Beispiel für die österreichische und die württembergische Landesvermessung, beide begonnen 1818.

In **Württemberg** war schon im Jahre 1713 durch eine Steuer-Instruktion eine Flächenausmessung der einzelnen Grundstücke durch geschworene Feldmesser angeordnet worden. Vor der Vermessung waren die Grenzen durch die Untergänger mit Steinen zu vermarken, »oder wo es so gleich nicht seyn könnte«, mit eichenen »Stückeln oder Stozen« zu bezeichnen (20). Die Aufnahme konnte 1736 abgeschlossen werden. Auch bei der 1818 begonnenen modernen Landesvermessung, die wie die bayerische erst 1828 ihre gesetzliche Grundlage erhielt, bestand – im Gegensatz zu Bayern – Vermarkungspflicht (21). Es wurden jedoch nur kleine, unbehauene Steine verwendet, die bald aus- oder untergeackert waren, so daß nach einigen Jahren oder Jahrzehnten von der Vermarkung wenig verblieben war (22). Da half auch eine Verfügung von 1849 nicht viel, die den Grundeigentümer verpflichtete, den Verlust von Grenzmarken den Untergängern anzuzeigen, und die vom Gemeinderat verlangte. darüber zu wachen, daß neue und berichtigte Grenzen vermarkt würden (23). Die Vorschriften wurden wenig beachtet. Für die Fortführungsvermessungen war die Vermarkungspflicht 1840 eingeführt worden (24).

Nach den württembergischen technischen Vorschriften wurde 1841 in **Hohenzollern-Sigmaringen** und 1859 in **Hohenzollern-Hechingen** die Katastervermessung ausgeführt. Der Vermessung ging eine Vermarkung der Grundstücke voraus, für die aber nun die Größe der Steine ausdrücklich vorgeschrieben war (25). 1850 gingen die beiden Fürstentümer infolge Thronverzichts an die preußische Krone über.

Im Fürstentum **Schwarzburg-Sondershausen** (Thüringen) wurden nach der 1853 durch Gesetz angeordneten Landesvermessung die Flurgrenzen mit behauenen, numerierten Steinen vermarkt. Für die Grundstücksgrenzen genügten unbehauene Steine, die auf der Kopffläche durch ein Kreuz kenntlich gemacht waren (26).

Preußen fand 1815 in den neu erworbenen Provinzen **Rheinland** und **Westfalen** ein nach französischem Muster (récueil méthodique) begonnenes Kataster vor. Wenige Jahre später wurden die Arbeiten wieder aufgenommen, sie konnten schon 1834 im wesentlichen abgeschlossen werden. Nach den sonst so fortschrittlichen und wegweisenden Vorschriften von 1822 (27) konnte den Eigentümern die Vermarkung der Grundstücksgrenzen nur empfohlen, aber nicht geboten werden. Allerdings ließ der Geometer vor Beginn der Vermessung die Grundeigentümer jeweils durch den Ortsvorsteher auffordern, die Grundstücksgrenzen mit Steinen oder guten Pfählen zu vermarken (28). Für die Fortführungsvermessungen im rheinisch-westfälischen Kataster blieb die Vermarkung fakultativ, aber die Katastergeometer wurden 1844 immerhin angewiesen, die Grundeigentümer auf die Vorteile fester Grenzmale aufmerksam zu machen und fehlende Grenzmale im Einvernehmen mit den Beteiligten zu setzen (29). Katasterneumessungen wurden ab 1858 nur noch ausgeführt, wenn sich die Gemeinde verpflichtete, alle Grenzen unter Anleitung des Geometers zu versteinen, im Notfall mit dauerhaften Pfählen zu vermarken. Für Markungs-, Flur- und Gewannengrenzen, für Gemeindegrundstücke und Wege mußten behauene Steine verwendet werden, im übrigen genügten einfache Bruchsteine (30).

Nach der Mitte des 19. Jahrhunderts besserten sich nicht nur die wirtschaftlichen Verhältnisse, auch die Qualität der Grenzvermarkung machte Fortschritte. Für die systematische Aufnahme größerer Gewannen hatte sich zu der Zeit eingeführt, bei entsprechend geeigneten Grundstücksformen die Grenzsteine in »**Steinlinien**« einzurichten. Für dieses System des Grenzsteinsetzens eignen sich Gewannen, in denen die Grundstücke durch längere, gleichlaufende Grenzen voneinander geschieden sind, wie etwa die fränkischen Streifenfluren vor der Flurbereinigung. Zur Vermarkung der Längsgrenzen wurden Geraden quer über die Gewanne gelegt und die Grenzsteine in die Schnittpunkte dieser Geraden mit den Grundstücksgrenzen eingeschaltet. Eine Steinlinie wurde jeweils unweit der beiden Kopfenden der Grundstücksscharen angelegt, etwa parallel zu diesen Gewannengrenzen, wobei in Preußen soweit möglich ein Abstand von 5 m vom Kopfende eingehalten werden sollte (31). Weitere Steinlinien konnten an geeigneten Stellen eingeschaltet werden; siehe Karte S. 98. Die Kopfenden der Grundstücke in den Gewannengrenzen blieben unvermarkt, weil hier Grenzsteine unnötig wurden und außerdem durch das Wenden des Pflugs gefährdet gewesen wären. Die Steinlinien erleichterten das Wiederherstellen verdunkelter Grenzlinien und verlorener Grenzzeichen. Erste gesicherte Berichte über eine Vermarkung in Steinlinien liegen aus der früheren Herrschaft **Lahr** im späteren Baden vor, wo schon 1785 bis 1790 regelrechte Gemarkungsvermessungen nach vorheriger Versteinung der Grundstücksgrenzen ausgeführt wurden (32). Die Steinlinien haben sich in der Folgezeit besonders bei Feldbereinigungen durchgesetzt und sind dann auch in den Vermarkungsvorschrif- ten verschiedener Länder angesprochen oder sogar ausführlich geregelt worden (33). Dieses System der Vermarkung ist nun nur noch eine historische Erinnerung, die sich in älteren Flurkarten manifestiert.

Möglicherweise war also **Baden** das erste Land, wo Steinlinien in größerer Zahl angelegt wurden. Durch das badische Vermarkungsgesetz von 1854 wurde die Versteinung der Eigentumsgrenzen im Zuge der Katastermessung des Landes den Eigentümern zur Pflicht gemacht (34). Zu der Zeit lagen dem Land bereits erste Erfahrungen vor: 1833 war im Forstgesetz vorgeschrieben worden, den gesamten Waldbestand zu vermessen und mit bleibenden Grenzmalen zu versehen (35); 1853 war die allgemeine Katastervermessung begonnen worden. Dem Erlaß des Vermarkungsgesetzes waren lange Beratungen im Parlament vorausgesangen, eine Anzahl von Modellen und Möglichkeiten war durchgesprochen worden. Darunter war auch ein Vorschlag, den Zwang zur Vermarkung von einem Beschluß von 2/3 oder 3/4 der Eigentümer abhängig zu machen. Schließlich wurde der Regierung überlassen, in ganz besonderen Fällen von der Pflicht zur Vermarkung in einer Gemeinde zu dispensieren. Da die Vermarkung unter der Aufsicht der Gemeinde und außerdem der Vermessungsbehörde stand, wurde sie sorgfältig ausgeführt. Rückblikkend konnte am Ende der Katasteraufnahme festgestellt werden, daß das Vermarkungsgesetz sowohl den Bedürfnissen der Katastervermessung vollauf entsprochen als auch seinen Zweck, die allgemeine Vermarkung der Eigentumsgrenzen herbeizuführen, durchaus erfüllt habe (36). Auch für die Erhaltung der Vermarkung war in Baden vorgesorgt. Daher galt das badische Vermarkungsgesetz von 1854 für lange Zeit als vorbildlich. Eine spätere badische Besonderheit war im übrigen, daß im Vermessungsgesetz von 1932 den staatlichen Vermessungsbehörden aufgetragen wurde, für die Erhaltung der Grenzmarken zu sorgen und zu diesem Zweck von Zeit zu Zeit in einer »Nachschau« die Mängel festzustellen und alsbald zu beheben (37) . Da jedoch nach der Vollzugsverordnung das Ministerium jeweils festzustellen hatte, ob hierfür ein Bedürfnis bestand, konnte diese Gesetzesvorschrift keine Bedeutung erlangen.

Im Königreich **Sachsen** war in den 80er Jahren des vorigen Jahrhunderts die Gesetzgebungsdeputation der II. Kammer wiederholt mit Eingaben befaßt, in denen der Erlaß eines »Berainungs- und Revisionsgesetzes« gefordert wurde. Danach sollten alle Grenzen neu beraint werden, wofür die Grenzmale genau zu bestimmen gewesen wären. Die Deputation kam jedoch zu dem Schluß, daß die sächsische Gesetzgebung kein öffentliches Interesse für die Abrainung eines Grundstücks oder für die Instandhaltung einer solchen Abrainung anerkenne (38).

In anderen von Wettinern regierten Ländern waren andere Wege eingeschlagen worden: In **Sachsen-Coburg** und **Sachsen-Meiningen** war zwischen 1855 und 1864 bzw. 1859 und 1871 von bayerischen Geometern im Auftrage der Landesregierungen die Katastervermessung ausgeführt worden. Ihr ging jeweils eine vollständige Versteinung der Grundstücksgrenzen voraus, soweit nicht Hecken, Zäune, Gräben und dergleichen die Grenzen ausreichend markierten. Um die Vermarkung auch weiterhin zu sichern, erließen die beiden Herzogtümer Vermarkungsgesetze. Grenzsteine, die verloren waren, sollten hiernach umgehend wieder ersetzt werden. Außerdem waren die neugebildeten Grenzen mit behauenen Steinen zu vermarken. Mit der Vorschrift, daß auch für die Grundstücksgrenzen die Grenzsteine behauen sein mußten, begaben sich die beiden kleinen Herzogtümer mit an die Spitze der zu jener Zeit einsetzenden Entwicklung (39).

Eine sorgfältige Vermarkung ging auch den Vermessungen voraus, mit denen ab 1884 in **Elsaß-Lothringen** an die Stelle des erneuerungsbedürftigen französischen Katasters ein durch Qualität und Zuverlässigkeit sich auszeichnendes Kataster treten sollte (40). Die Vermessungen konnten bis zum Ende des 1. Weltkriegs nur für einen Teil des damaligen »Reichslandes« ausgeführt werden.

Im letzten Viertel des vorigen Jahrhunderts hatten sich die Voraussetzungen für flächenhafte Grundstücksvermarkungen entscheidend gebessert. Mit den Eisenbahnen standen Transportmittel für Massengüter zur Verfügung, so daß geeignete Grenzsteine auch über weite Strecken herangeführt werden konnten. Eine Steinindustrie entstand, die in der Massenherstellung verhältnismäßig wohlfeil die Versorgung übernehmen konnte. Der Grenzstein aus Granit wurde die Regel; Vorschriften über die Größe und Form wurden erlassen, z. B. 1887 durch die »Generalcommission« zu **Cassel,** daß die Grenzsteine behauen, 2 dm breit und 6 – 8 dm lang sein mußten.

Die Geometer, deren Alltag sich zu einem guten Teil zwischen streitenden Grenznachbarn abspielte, wurden nicht müde, in Wort und Schrift eine gesetzliche Regelung der Grenzvermarkung mit einer Vermarkungspflicht zu fordern. Der rheinisch-westfälische Geometer-Verein legte eine Denkschrift vor über die »Sicherung des Grundeigentums durch allgemeine Vermarkung und beweiskräftige Grundkarten«. Da die Forderung nach einer Vermarkungspflicht bei allen Grenzvermessungen weitgehend den Vorstellungen der Gesamtheit der deutschen Geometer entsprach, übernahm sie der Deutsche Geometer-Verein 1878 in sein Aktionsprogramm (41).

Preußen schließlich hatte zwar schon im 18. Jahrhundert in das Landrecht und in Feldmesser-Reglements einige Anweisungen über die Grenzvermarkung aufgenommen, aber zu einem Vermarkungsgesetz und zu einer öffentlich-rechtlichen Vermarkungspflicht kam es in diesem Land nicht. Man setzte statt dessen auf die Vernunft der Grundeigentümer und die Überzeugungskraft der Landmesser. Auf die besonderen Verhältnisse im Rheinland und in Westfalen wurde schon oben eingegangen. In den »östlichen Provinzen« stand die Katastervermessung nach den Gesetzen von 1861 unter dem Gebot der Eile. Erst für die Vermessungen in jenen Provinzen, die durch den Krieg von 1866 hinzuerworben waren, nämlich Schleswig-Holstein, Hannover und Hessen-Kassel, forderte eine Anweisung, daß auf eine gute und dauerhafte Vermarkung »in jeder thunlichen Weise« hinzuwirken sei und daß hierfür Steine, eventuell Holzpfähle zu verwenden seien (42) . In die Anweisung (II.) für das Verfahren der Vermessungen behufs der Fortschreibung der Grundsteuerbücher und Karten von 1865 wurde erst 1877 die Bestimmung aufgenommen, der Katastergeometer solle bei seinen örtlichen Arbeiten auf die Vorteile fester Grenzmale aufmerksam machen und das Setzen solcher Grenzmale bewirken (43). Diese Aufforderung wurde bei Neufassungen der Anweisung II noch eindringlicher formuliert. Wo keine oberirdische Vermarkung möglich oder üblich war – unüblich war sie zum Beispiel in Ostfriesland – sollte wenigstens unterirdisch mit Hohlziegeln vermarkt werden (Fassung der Anweisung II von 1896). So wurde schließlich auch in Preußen zur Regel, daß bei Vermessungen die Grundstücksgrenzen vermarkt wurden (44). Katasterneuvermessungen wurden, wie vorher schon in den westlichen Provinzen, seit 1881 in der Regel nur unter der Bedingung begonnen, daß die Gemeinde die Verpflichtung übernahm, die »ordnungsgemäße Vermarkung« der Grenzen unter Anleitung des Vermessungsbeamten zu gewährleisten (45). Neben Grenzsteinen und Holzpfählen waren auch andere Grenzbezeichnungen als ausreichend anerkannt, wie Wälle, Gräben, Hecken und, wo große Besitzstände vorherrschten, sogar Erdhügel (46).

Gleich nach dem Ende des 1. Weltkriegs wurde in Kreisen der preußischen Landmesser die Diskussion um ein Abmarkungsgesetz wieder aufgenommen. Ein Gesetzentwurf wurde dem Arbeitsausschuß des Deutschen Vereins für Vermessungswesen zur Beratung zugeleitet (47). Er stützte sich auf die Regelungen und Erfahrungen in anderen deutschen Ländern und sah vor allem die Einführung der Abmarkungspflicht bei jeglichen Grenzvermessungen vor. Die Angelegenheit wurde aber dann nicht weiterverfolgt, als sich 1922 der Beirat für das Vermessungswesen beim Reichsminister des Innern um eine reichsrechtliche Regelung zu bemühen begann (siehe Seite 178).

In der Einführung und Durchführung der Vermarkungspflicht bei der Landesaufnahme und in dem Gebot der Erhaltung der Grenzzeichen sahen und sehen die Staaten die Erfüllung einer Ordnungspflicht in wohlverstandener Fürsorge für ihre Bürger. Ausgelöst wurde das Eintreten einer Vermarkungspflicht stets durch eine Vermessung, sei es eine allgemeine Landesaufnahme oder die Vermessung eines geschlossenen Gebietsteils oder einer einzelnen Grenze. Ohne einen durch eine Vermessung gegebenen Anlaß haben aber manchmal Gemeinden eine Versteinung aller Grenzen in ihrem Gebiet durchführen lassen, was hier mit einem Beispiel belegt werden darf: Die Gemeinde **Oftersheim,** einst zur Kurpfalz gehörend, heute Kreis Rhein-Neckar, vermarkte im Jahre 1772 ihre Feldflur und ließ dabei alle Steine mit dem Geheimnis belegen, wofür die von den Eigentümern sonst aufzubringenden Gebühren einmalig gesenkt wurden (48).

Als besonders wichtig erwies sich eine hinreichende Grenzvermarkung dort, wo viele schmale Parzellen nebeneinander lagen. Wenn eine der Parzellen über Jahre verpachtet oder, z. B. in einem Erbfall, unbewirtschaftet geblieben war, konnte es sehr wohl vorkommen, daß die Nachbarn nachgerückt waren und die Parzelle mangels geeigneter Karten nicht mehr zu identifizieren oder wieder herzustellen war. In welcher Weise die Gerichtspraxis in Preußen unter Umständen solche Fälle möglichst billig zu lösen suchte, siehe das Zitat auf Seite 319. Auch im bayerischen Hypothekenbuch – ab 1822 – fanden sich Eintragungen, für die späterhin beim Abgleich mit dem Kataster keine entsprechende Parzelle mehr zu finden war. Die gestrengen Vorschriften für die Anlegung des Grundbuchs machten für diese Fälle einen erheblichen Aufwand an Recherchen erforderlich.

Trotz des Drängens von Interessentengruppen und Standesorganisationen blieben die Flächenstaaten Preußen und Sachsen bei ihrem Verzicht auf eine gesetzliche Regelung der Vermarkung. In Württemberg wurden mehrere Initiativen zu einer gesetzlichen Regelung eingeleitet, aber schließlich begnügte man sich doch mit einer Regelung im Verordnungsweg in Form der »Primärkatasterverfügung« von 1899, die an die Stelle der Vorschriften von 1840 getreten war. Ein Großteil der anderen Länder hingegen erließ Vermarkungs-, ab 1900 Abmarkungsgesetze. Die nachfolgende chronologisch aufgebaute Übersicht kann einige kleinere Länder mangels gesicherter Erkenntnisse nicht mit berücksichtigen.

Baden	1854/1932
Bayern	1868/1900
Lübeck	1876
Sachsen-Coburg und Sachsen-Meiningen	1882
Hessen-Darmstadt	1884/1926
Schwarzburg-Sondershausen	1889
Lippe	1890
Schaumburg-Lippe	1914 (1873)

Für die wenigen zwischen den beiden Weltkriegen erlassenen Abmarkungsgesetze und -verordnungen war es eine Selbstverständlichkeit vorzuschreiben, daß bei den Grenzvermessungen jeweils auch die Abmarkung mit Grenzsteinen vorzunehmen oder zu ergänzen sei. 1922 bekam das Land **Anhalt** ein Abmarkungsgesetz. **Hessen** ersetzte 1926 seine bisherigen Vorschriften durch ein neues Gesetz (49). **Thüringen,** das nach dem 1. Weltkrieg aus einer Anzahl kleinerer Länder hervorgegangen war, vereinheitlichte 1930 auf Grund gesetzlicher Ermächtigung das Abmarkungsrecht durch Verordnung (50). Schließlich gelang es noch **Baden** 1932, vor der Entmachtung der Länder durch die nationalsozialistische Staatsdoktrin ein neues Abmarkungsgesetz in Kraft zu setzen (51).

Für **Österreich** verlangt § 845 des Allgemeinen Bürgerlichen Gesetzbuchs, daß bei der Teilung eines Grundstücks die neue Grenze durch Grenzzeichen auf eine deutliche und unverwandelbare Art zu bezeichnen sei. Eine entsprechende Regelung ist in § 25 des Vermessungsgesetzes aufgenommen worden.

Der Beirat für Vermessungswesen und das Abmarkungsrecht

Nach dem 1. Weltkrieg regten sich auf verschiedenen Ebenen starke Kräfte, die auf Neuorganisation und Vereinheitlichung von Bereichen staatlicher Verwaltung und Wirtschaft abzielten und die Zuständigkeiten der Länder teilweise mit Erfolg zugunsten des Reiches zu beschneiden suchten. Auf dem Gebiet des behördlichen Vermessungswesens erhielten diese Tendenzen noch dadurch Auftrieb, daß der militär-topographische Dienst wegen der von den Alliierten befohlenen personellen Begrenzung der Reichswehr auf 100 000 Mann in zivile Verwaltung übergeführt wurde. Den Ländern gelang es jedoch zunächst, die föderale Struktur der Vermessungsverwaltungen zu einem großen Teil bis zur Machtergreifung durch den Nationalsozialismus zu erhalten. Aber zur Koordinierung in Vermessungsangelegenheiten, die im Interesse des Reichs und der Länder einheitlich geregelt werden sollten, schuf sich der Reichsminister des Innern im April 1921 ein eigenes Fachreferat mit einem Geometer als Referenten. Außerdem wurde am 27. Juli 1921 ein ehrenamtlicher Fachbeirat, der Beirat für das Vermessungswesen, ins Leben gerufen. Die 46 Mitglieder des Beirats wurden auf Vorschlag der betroffenen Stellen des Reichs und der Länder, des Deutschen Städtetags sowie der

Berufsverbände vom Reichspräsidenten auf jeweils fünf Jahre berufen. Bis zu seiner Auflösung am 8. Juni 1935 wurde der Beirat sechsmal, zuletzt 1931 zusammengerufen. Schon bei der ersten Tagung am 25./26. April 1922 in Berlin stand ein Antrag auf Beratung über eine reichsgesetzliche Regelung der Grenzvermarkung auf der Tagesordnung.

Nach Beratung der Materie in einem Ausschuß kam der Beirat auf seiner 2. Tagung am 3./4. Mai in Kassel zu dem Ergebnis, daß die Reichsverfassung dem Reich auf dem Gebiet des Vermarkungswesens keine Gesetzgebungszuständigkeit übertragen hatte. Er hielt es aber für dringend geboten, daß diese Materie durch Landesrecht öffentlich-rechtlich geregelt werde und daß der Reichsminister des Innern auf die Länder, die noch kein Abmarkungsgesetz erlassen hatten, entsprechend einwirke. Die wichtigsten Punkte, die nach Auffassung des Beirats ein Abmarkungsgesetz enthalten sollte, waren: Abmarkungszwang, Art, Instandhaltung und Schutz der Abmarkung, Alleinzuständigkeit der Landmesser, Beurkundung der Abmarkung, Betretungsrechte (52). Dieser Forderungskatalog entsprach in etwa dem bayerischen Abmarkungsgesetz von 1900, wenn von den Feldgeschworenen abgesehen wird.

Ein merklicher Erfolg war diesem Beiratsbeschluß nicht beschieden. Die großen Flächenstaaten Preußen und Sachsen fehlen weiterhin in der Liste der Länder, die das Abmarkungsrecht öffentlich-rechtlich geregelt haben.

Im Jahre 1934 wurden dann ohnehin alle Zuständigkeiten im Vermessungswesen von den Ländern auf den Reichsminister des Innern übertragen. Dieser wurde ermächtigt, in einer »Reichsvermessungsordnung« u. a. auch die Abmarkung der Grundstücke reichsrechtlich zu regeln (53). Über vordringlicheren Fragen kam das Reich aber auf diesem Geblet nicht über diese Absichtserklärung hinaus. So überlebte das Abmarkungsrecht der Länder den 2. Weltkrieg.

Die Nachkriegszeit

Nach Erlaß des Grundgesetzes für die Bundesrepublik Deutschland nutzten die Länder außer Hamburg die wiedererlangte Gesetzgebungszuständigkeit auf dem Gebiet des Vermessungs- und Abmarkungswesens, entsprechende Rechtsvorschriften zu erlassen oder die vorhandenen neu zu fassen. Ein Großteil der Bundesländer war aus Gebietsteilen zusammengesetzt, in denen unterschiedliches Recht galt. Der Erlaß neuer Gesetze stand deshalb unter dem Gebot der Rechtsvereinheitlichung. Damit hängt auch die chronologische Reihenfolge zusammen: Hessen 1956, Rheinland-Pfalz 1959, Baden-Württemberg 1961, Niedersachsen 1961 – erneuert 1985, Saarland 1962, Bremen 1969, Nordrhein-Westfalen 1972, Schleswig-Holstein 1974, Bayern 1981 (54).

12. Bayerns Weg zur Abmarkungspflicht

Wer die Vergangenheit nicht kennt,
kann die Zukunft nicht meistern.
Golo Mann

Das junge Königreich Bayern führte zu Beginn des vorigen Jahrhunderts unter seinem tatkräftigen Minister Montgelas umfassende Verfassungs- und Verwaltungsreformen durch, in die auch die Grundsteuer, eine der wichtigsten Staatssteuern, einbezogen wurde. Zur gerechten und gleichmäßigen Verteilung dieser Steuer wurde die parzellare Vermessung auf der Grundlage eines trigonometrischen Netzes eingeleitet. Das soeben von Senefelder erfundene lithographische Druckverfahren wurde genutzt, um die Kataster-Rahmenkarten mechanisch zu vervielfältigen. Damit wurden gänzlich neue Wege beschritten, auf denen andere Länder bald nachfolgten.

Als im Jahre 1808 die Katastervermessungen aufgenommen wurden, war bei den mit der technischen Ausführung des Unternehmens befaßten leitenden Persönlichkeiten – nicht zuletzt auch auf Grund der vorherigen Versuchsmessungen – sehr wohl die Einsicht vorhanden, daß einerseits die Erhaltung des Katasterwerks und andererseits die rechtliche und wirtschaftliche Sicherung des Grundeigentums am besten dadurch gewährleistet würde, daß vor der Vermessung die Grundstücksgrenzen dauerhaft vermarkt würden. Auch im Hinblick auf das in Aussicht genommene Hypothekenbuch mußte eine klare Abgrenzung der Grundstücke durch dauerhafte Grenzzeichen als erstrebenswert erscheinen. Allen voran wurde der rührige Steuerrat Lämmle nicht müde, diese Auffassung in der Katasterkommission zu propagieren (1). Die Kommission zeigte sich noch am 8. Mai 1810 von der Notwendigkeit einer allgemeinen Vermarkung überzeugt, rückte aber späterhin von dieser Forderung ab (2). In Altbayern wäre damals eine allgemeine Vermarkungspflicht rechtlich kaum durchzusetzen oder zumindest praktisch nicht durchzuführen gewesen. Auch damals gab es schon, was man heute unter »Akzeptanzproblem« versteht. Denn im südlichen Bayern war das unvermarkte Grundstück die Regel. Im Ackergelände bildete der Rain von 6 bis 12 Fuß Breite die Grenze. Im übrigen waren es vornehmlich Zäune, Hecken und Gräben, an denen Grundstücksgrenzen zu ersehen waren. Grenzsteine und Grenzpfähle bildeten die Ausnahme, sie waren am ehesten im Wald und in aufgeteilten ehemaligen Gemeindegründen anzutreffen. Manche Flurkarten von Ober- und Niederbayern aus jener Zeit weisen keine einzige Signatur für einen Grenzstein auf.

Die Katastervermessung hatte der Grundstücksvermarkung keinen größeren Aufschwung zu geben vermocht. Typisch für die Situation in Oberbayern scheint der von Amann zitierte Bericht eines Bezirksgeometers vom 26. April 1859 zu sein (3): »Nirgends werden so zerrüttete Grundeigentumsgrenzen gefunden, nirgend eine so grenzenlose Vernachlässigung. Weder in Feld noch Wald findet sich irgend eine Grenzbezeichnung, es werden nur die sog. Pifange gezählt; ob diese gross oder klein, krumm oder gerade, ist einerlei. Der Sinn für Recht und Ordnung hat sich in der Bevölkerung dadurch nicht gehoben, und da die Grundstücksgrenzen bei diesen trostlosen Zuständen sich fortwährend verändern, ist natürlich auch der Plan nirgends in Übereinstimmung mit der Natur.« – Auch in den Weinbergen Frankens standen kaum Grenzsteine. Hier genügte zu wissen, wem die Rebzeile gehörte, selbst wenn die eine oder andere Zeile bei einer Erbauseinandersetzung oder einem Verkauf einmal oder mehrmals quer unterteilt war.

Das bayerische Zivilgesetzbuch von 1756, verfaßt und kommentiert von Wiguläus Xaverius Aloysius von Kreittmayr, hatte keine spürbare Hinwendung der Landbevölkerung zur Vermarkung bewerkstelligen können. Die Grenzvermarkung fand in dem Gesetzeswerk kaum Beachtung. Lediglich im Fall des Grenzstreits war verfügt, daß die Grenzen »von ordentlicher Obrigkeit . . . nach vorläufig (= vorher) genugsamer Vernehmung sämtlicher Interessenten und Zuziehung geschworner Feldmesser und Verständiger reguliert und ausgemarkt werden« (4).

Da in Bayern keine Vermarkungspflicht durchzusetzen war, blieb es während der ganzen Zeit der Katastervermessung bei der schon 1808 getroffenen Regelung, wonach den Grundeigentümern lediglich eine Ausplockung der Grundstücksgrenzen aufgetragen war. Hierzu wurden vorzugweise »Lichtspäne« verwendet. Auf die den Grundstücken zugewandten Seiten der Pflöcke oder Späne waren die Hausnummern der Eigentümer anzuschreiben (5). Die »vorfindlichen festen Grenzmarken (Steine, Pflöcke, Bäume)« wurden aufgemessen (6) und in den Katasterkarten dargestellt; die Revision prüfte die Aufnahme dieser Gegenstände sorgfältig. Entsprechend wurde dann auch bei den Fortführungsvermessungen verfahren. Diese Mehrarbeit wäre für ein reines Grundsteuerkataster nicht erforderlich gewesen.

Andere Wege als das rechtsrheinische Bayern schlug die Rheinpfalz nach der Wiedervereinigung mit Bayern (1816) bis zum Erlaß des bayerischen Grundsteuergesetzes (15. 8. 1828) auf Grund ihrer weitgehenden Eigenständigkeit in der Katastervermessung ein (7). Bis zum Jahre 1819 wurde zunächst die in den Anfängen steckengebliebene französische Katastervermessung fortgesetzt. Eine Verbesserung dieser nach Gemeinden getrennten Vermessungen ohne gegenseitigen Zusammenhang wurde immerhin in der Weise erzielt, daß vor der Vermessung jeweils die Vermarkung der Gemeinde- und Wegegrenzen nachhaltig und mit Erfolg betrieben wurde. Von 1819 bis 1823 ließ dann die Pfalz mit wirkungsvoller personeller Unterstützung aus München die Katastervermessungen nach dem bayerischen Muster weiterführen. Im Gegensatz zum rechtsrheinischen Bayern wurde vor der Vermessung regelmäßig die Vermarkung der Parzellengrenzen verlangt. Der Landrat der Pfalz ließ sich aber schon wenige Jahre später einreden, daß eine schlichte perimetrische Vermessungsmethode, mit der Frankreich schon 1801 bis 1808 so schlechte Erfahrungen gemacht hatte, dem vorgegebenen Zweck genüge und schneller und billiger zum Ziel führe. Der König genehmigte auf Antrag des pfälzer Landrats den Rückschritt mit Entschließung vom 6. 4. 1824. Die Vermessungen wurden nunmehr auf die Gemeinde- und Gewannengrenzen einschließlich der Wegegrenzen beschränkt, die Größe der Parzellen wurde in dem vorgegebenen Rahmen der Gewannflächen geschätzt, soweit nicht irgendwelche Unterlagen schon vorlagen. Für Gemeinde- und Gewanngrenzen blieb die Vermarkungspflicht bestehen. Für die Grenzsteine wurden Größe und Form genormt (8). Im Jahre 1828 erzwang das oben schon erwähnte Grundsteuergestz endgültig die Einführung des bayerischen Vermessungs- und Katastersystems in der Pfalz. Hier wurde jedoch auf die Vermarkung der Grenzen auf freiwilliger Basis großer Wert gelegt. Die Vermarkung der Parzellengrenzen blieb jedoch ziemlich lükkenhaft, wie die Katasterkarten aus der Zeit der Urvermessung zeigen.

Während die für das Katasterwesen zuständige oberste Staatsbehörde in München nicht zu bewegen war, rechtliche Verpflichtungen zur Grenzvermarkung den Grundbesitzern aufzuerlegen, ergingen wenigstens hinsichtlich der Gemeindegrenzen Vermarkungsvorschriften. Bei dem ersten Anlauf zur Gemeindebildung in Bayern im Jahre 1808 war angeordnet, die Gemeindegrenzen durch Steine »nach gleichen Maßen und Formen« zu vermarken (9). Die zugehörige Instruktion übertrug dem Gemeinde-Vorsteher die Aufsicht über die Grenzen. Die »Dorfsvorsteher« sollten jedes Jahr nach der Ernte mit jungen Gemeindemitgliedern die Grenzen des Gemeindegebiets und aller in der Flur gelegenen Gründe besichtigen sowie abgängige und schadhafte Grenzmarken erneuern lassen. Die Gemeindevorsteher sollten ferner darauf dringen, daß steinerne Grenzzeichen anstelle von Rainen und Bäumen verwendet würden. »Einige ehrliche und untadelhafte Männer« sollten bestellt werden, die »allein mit dem Geheimnisse der Unterlagen bekannt« sein sollten und »zur Aufrichtung der Markungen und zur Abschäzung der im Felde verübten Schäden gebraucht werden können« (10). Diese Bestimmung hört sich so an, als ob für Altbayern an fränkisches Brauchtum angeknüpft werden sollte.

Diese Vorschriften gewannen aber kaum Bedeutung. Denn die Gemeindebildung kam erst zehn Jahre später mit dem Gemeinde-Edikt von 1818 richtig in Gang, das fortschrittlichen Anschauungen besser gerecht wurde und den Gemeinden eine gewisse Selbständigkeit und Selbstverwaltung zugestand (11). Das Gemeinde-Edikt trug dem Gemeindevorsteher die Aufsicht über die Erhaltung der Flur- und Markungsgrenzen auf, die er »zu gewissen Zeiten, mit Zuziehung der Gemeindebevollmächtigten und einiger junger Gemeindemänner« umgehen sollte. »Vorgefundene Mängel und Anstände« sollten unverzüglich der einschlägigen Behörde angezeigt werden. Diese unklaren Bestimmungen wurden wohl kaum in die Praxis umgesetzt.

Die Neuordnung des Kommunalrechts durch die Gemeindeordnung von 1869 traf auf das ein Jahr vorher für ganz Bayern installierte Institut der Feldgeschworenen, dem nun die Aufsicht über die Gemeindegrenzen übertragen war. Die Gemeindeordnung beschränkte sich deshalb auf den allgemein gehaltenen Auftrag an den Magistrat, in Landgemeinden an den Bürgermeister, dafür Sorge zu tragen, daß »alljährlich mindestens einmal die Flur- und Markungsgrenzen von den Feldgeschworenen nach Maßgabe des Art. 21 des Vermarkungsgesetzes vom 16. 5. 1868 umgangen und die zur Anzeige gebrachten Mängel abgestellt werden« (12). Die Zuständigkeit der Feldgeschworenen für die Gemeindegrenzen setzt sich vom Vermarkungsgesetz über das Abmarkungsgesetz von 1900 bis in das neue Abmarkungsgesetz von 1981 fort (13).

Von dem einstigen Stolz der Gemeinden auf repräsentative Marksteine an der Markungsgrenze nimmt der nüchterne Vorschriftengeber des 20. Jahrhunderts im Kommunalrecht keine Kenntnis mehr; die Vermarkung der Gemeindegrenzen ist ihm keine Rechtsvorschrift wert. Lediglich in einer Verwaltungsanweisung wird festgestellt, es liege im öffentlichen Interesse, daß die Grenzen der kommunalen Gebietskörperschaften »als Verwaltungsgrenzen« klar festgelegt und auch in der Natur erkennbar seien. »Die kommunalen Grenzen sind deshalb grundsätzlich nur in solche Flurstücksgrenzen zu legen, die durch eine besondere Grenzeinrichtung (Abmarkung, Zaun, Grenzgraben u. ä.) oder durch die Art der Flurstücksnutzung dauerhaft augenfällig gekennzeichnet sind. Ist es nicht möglich , kommunale Grenzen in eine bereits ausreichend gekennzeichnete Flurstücksgrenze zu verlegen, so ist auf die Kennzeichnung durch Abmarkung hinzuwirken« (14). Hiernach würde es also genügen, wenn die Grenze des Gemeindegebiets durch die Grenzsteine von Grundeigentümern markiert ist, wenn nicht sogar durch einen leicht verschiebbaren Zaun oder einen wandernden Graben. Das Abmarkungsgesetz von 1981 unterstellt im übrigen die Gemeindegrenzsteine ausdrücklich dem Schutz des Gesetzes (15).

Hinsichtlich der Grundstücksvermarkung setzte bei der Katasterkommission um die Mitte des vorigen Jahrhunderts allmählich ein Meinungswandel ein. Als für die zuerst vermessenen Landesteile im südlichen Bayern die Wiederholung der Vermessung, die sogenannte Renovationsmessung, durchgeführt wurde (1852 – 1862), konnte sich die Katasterkommission immerhin zu der Weisung an die Geometer aufraffen, den Grundeigentümern die Versteinung nahezulegen, wenigstens in den Wiesen und Wäldern (16). Der Erfolg war minimal.

Auftrieb erfuhren die Befürworter der Grenzvermarkung durch die allgemeine wirtschaftliche Aufwärtsentwicklung in der zweiten Hälfte des vorigen Jahrhunderts, mit der zwangsläufig eine Steigerung der Bodenpreise einherging. Ein Anzeichen des Umdenkens war 1864 die Empfehlung an die Geometer, bei allen größeren Arrondierungen im Benehmen mit den Grundeigentümern für Sicherstellung der neuen Grenzen durch Versteinung Sorge zu tragen (17). Vier Jahre später, 1868, war das erste bayerische Vermarkungsgesetz (18), für das merkwürdigerweise die Federführung beim Ministerium des Handels und der öffentlichen Arbeiten lag, insofern eine Enttäuschung, als es keine Vermarkungspflicht brachte. Sein wesentlicher Inhalt war: Einführung der Feldgeschworenen in allen Gemeinden Bayerns, worauf in dem Abschnitt über die Feldgeschworenen noch näher eingegangen wird, der privatrechtliche Anspruch des Grundeigentümers an seinen Nachbarn zur Herstellung gemeinschaftlicher, dauerhafter Grenzzeichen und schließlich das Verfahren der Vermarkung. In den »Motiven« zu dem Gesetzentwurf war die Ablehnung einer Vermarkungspflicht, wie sie im Ausschuß der Kammer der Abgeordneten wenigstens für neue, durch Grundstücksteilungen entstehende Grenzen vorgeschlagen und erörtert worden war, als »unräthlich, ja unausführbar« dargestellt worden, wofür folgende Gründe genannt wurden: überaus beträchtliche Kosten, Mangel an ausreichenden Vollzugsorganen und unvermeidliche Hervorrufung zahlloser Grenzstreitigkeiten (19). Als Regel sah das Vermarkungsgesetz »dauerhafte, nach Beschaffenheit und Zahl dem Zwecke genügende Steine« vor, für Ausnahmefälle gestattete es auch Pfähle. An Form und Größe der Grenzsteine stellte das seinerzeitige Vermarkungsrecht keine konkreten Anforderungen. Wer sich mit einfachen Feldsteinen nicht zufrieden geben wollte, sondern behauene Grenzsteine wünschte, konnte die Mehrkosten nicht dem Nachbarn anteilsmäßig mit aufbürden, sondern mußte sie allein tragen (20). Hingegen hatten fortschrittliche Gemeinden in der Gegend von Schweinfllrt schon seit der Mitte des Jahrhunderts nur noch behauene Grenzsteine zugelassen. Als übliche Größe für die behauenen Grenzsteine galt 1 3/4 Schuh (etwa 1/2 m) lang, 1 Schuh breit und 3/4 Schuh dick (21). Die Beteiligten konnten sich aber auch auf jede andere Art Grenzbezeichnung einigen, etwa auf einen Rain, Graben, Erdwall oder auf Grenzbäume (22).

Bei Veränderungen der Grenze mußte vor der Vermarkung der neue Grenzverlauf vom Bezirksgeometer eingemessen und das Rechtsgeschäft notariell beurkundet werden. Für den Fall, daß die Grenzänderung in einem Flächentausch bestand, etwa im Sinne einer Grenzregelung zur Gewinnung eines für die Bewirtschaftung vorteilhafteren Grenzverlaufs, erklärte das Vermarkungsgesetz das Gesetz über die Zusammenlegung der Grundstücke von 1861, einen Vorläufer des Flurbereinigungsgesetzes, für anwendbar mit der Folge, daß Tax- und Stempelfreiheit bestand (23).

Die neu gesetzten Grenzzeichen mußten vom Bezirksgeometer eingemessen werden. Dieser wurde vom Vorstand der Gemeinde über das Rentamt, das seinerzeitige Finanzamt, benachrichtigt (24). Zum Vollzug dieser Vorschrift ergingen nähere Anweisungen (25). Bei Grenzänderungen mußten die Geometer ein »genaues Brouillon« (Handriß) mit den Messungszahlen und das »Messungsoperat« als Unterlage für die Fortführung des Grundsteuerkatasters fertigen. Bei beabsichtigten Grenzänderungen bezahlten die Parteien die bestimmungsgemäßen Messungsgebühren, unbeabsichtigte Grenzänderungen gegenüber dem Katasterstand wurden im Operat gebührenfrei behandelt und wie eine Berichtigung ohne Beurkundung in das Kataster übernommen.

Bei Streitigkeiten im Vollzug des Gesetzes entschied die Verwaltungsbehörde, bei Streitigkeiten über den Grenzverlauf das ordentliche Gericht (26). Verwaltungsbehörde der ersten Instanz war die Distriktsverwaltungsbehörde (heutige Kreisverwaltungsbehörde), in der zweiten Instanz die Kreisregierung (heutige Bezirksregierung). Mit der Errichtung des Verwaltungsgerichtshofs im Jahre 1878 wurde dieser die zweite und letzte Instanz, »wenn es sich um bestrittene Rechtsansprüche und Verbindlichkeiten handelte, welche die Vermarkung der Grundstücke betrafen« (27). Das Verfahren der ersten Instanz war tax- und stempelfrei, Auslagen, z. B. für Gutachten, waren bei Abweisung des Antrags zu erstatten (28).

Dem Geometer war für die Einmessung der neu gesetzten Grenzzeichen ein Termin von drei Jahren zugestanden – wie bei der Einmessung von Neubauten. Bei Plänen, deren Aufnahmezeitpunkt besonders weit zurücklag, durfte selbst dieser Termin noch überzogen werden.

Für die Vermessung eines Grenzsteins einschließlich Übernahme in den Katasterplan erhielt der Geometer aus dem »Regieetat der direkten Steuern«, also aus der Staatskasse eine Vergütung. Sie wurde 1872 auf 9 Kreuzer (= 0,27 Mark) festgesetzt und 1874 auf 0,30 M (10 kr, 1 fl = 60 kr = 1,713 M) erhöht (29). Von der Gebühr mußte der Geometer seinen und seines Gehilfen Aufwand bestreiten. Demgegenüber nimmt sich das Honorar für die Feldgeschworenen mit 12 Kreuzern, später 0,40 M für das Setzen eines Grenzsteins, 6 kr für das Richten geradezu großzügig aus. Das Entgelt für den Geometer war auch für damalige Verhältnisse zu gering. Wie sich aus Vergleichsberechungen ergab, lag die Bezahlung vor allem dann, wenn nur wenige Grenzzeichen einzumessen waren, unter den Tagesdiäten der seinerzeit noch nach dem Zeitaufwand abrechnenden Geometer (30). Lediglich die Geometer in Unterfranken und in der Pfalz scheinen mit dem Gebührensatz von 0,30 M zurecht gekommen zu sein, und so blieb er von 1874 bis zum Erlaß des Abmarkungsgesetzes im Jahre 1900 trotz heftiger Kritik der Geometer unverändert.

Aus den Berichten der Geometer ist zu erkennen, daß sie nur sehr zögernd und ungern an die Einmessung von Feldgeschworenen-Abmarkungen herangingen und daß sie sich oft auf den Aufschub beriefen, der bei alten Aufnahmen eingeräumt war. Viele Vermarkungen der Feldgeschworenen waren unkorrekt oder unrichtig, die Meldungen der Gemeinden unvollständig und ungenau, soweit die Gemeinden nicht einfach dazu übergingen, an das Rentamt nur noch Vordrucke mit »Fehlanzeige über stattgehabte Vermarkungen« zu versenden (31). Wenn die Vermarkung von der Katastergrenze abwich, unterlagen die Geometer manchmal der Versuchung, die Veränderung nicht zu berücksichtigen und die neu gesetzten Grenzsteine in der Karte auf die bisherigen Grenzen einzutragen (32).

Das Vermarkungsgesetz von 1868 stieß demnach bei den Geometern überwiegend auf Ablehnung. Ihre Fachzeitschriften, von denen bis zu drei nebeneinander erschienen, geben hiervon ein beredtes Zeugnis (33). Die Kritik ging so weit, die »Beseitigung oder gründliche Umgestaltung« zu verlangen (34). Sie sahen in dem Gesetz eher einen Hemmschuh für die Vermarkung als eine Förderung. Wagte ein Geometer, wie der Bezirksgeometer Windstosser aus Landsberg, über das Vermarkungsgesetz mit Anerkennung zu sprechen oder gar zu schreiben, so war er des allgemeinen Unwillens seiner Kollegen sicher (35). Dem Chor der Geometer schlossen sich Notare und auch Abgeordnete an. Die wichtigsten Forderungen der Revisionisten waren:

- Beiziehung eines geprüften Geometers zu allen Vermarkungen,
- Aufhebung des Feldgeschworenen-Instituts oder zumindest Beschränkung auf die Gebiete, wo es seit jeher bestand und wo die Grundeigentümer die Beibehaltung wünschten,
- Abmarkungspflicht bei neuen Grenzen, Flurabmarkungen und Katasterneuvermessungen,
- Abmarkungspflicht bei der Errichtung von Bauwerken und Umzäunungen mit weniger als 10 Fuß Abstand von der Grenze.

Gelegentlich wurde darüber hinaus noch gefordert durch Gesetz festzulegen, daß unvermarkte Grundstücke beim Besitzübergang mit Ausnahme des Erbfalls vermarkt werden sollten und jeder verloren gegangene Grenzstein baldigst wieder ersetzt werden sollte. In der Argumentation der Geometer klingt hin und wieder durch, daß die seit der Uraufnahme eingetretenen allmählichen Verschiebungen der Grenzen sehr erschwerten, für »Grenzvorweisungen« und Fortführungsvermessungen kartensichere Punkte zu ermitteln (36). Die Geometer erhofften sich von einer umfassenden Vermarkung eine Stabilisierung der Grenzen und feste Anhaltspunkte für ihre Arbeiten im graphischen Kataster. Im Blick auf die bevorstehende Anlegung des Grundbuchs wurde außerdem argumentiert, daß nur eine Vermarkung die Übereinstimmung des Grundbuchs mit den örtlichen Besitzverhältnissen gewährleisten könne.

Das Vermarkungsgesetz von 1868 hat andrerseits Verständnis und Interesse für die Grenzvermarkung gefördert. Bei der Forst- und Salinenverwaltung, den Verwaltungen mit dem größten Staatsgrundbesitz, bedurfte es freilich keiner Anregung, die Waldungen waren schon von Organen dieser Verwaltungen mit großen numerierten Steinen vorzüglich vermarkt worden; siehe hierzu den Abschnitt Forstvermarkung.

Hingegen verhielt sich die Verwaltung der Staatstraßen restriktiv und sparsam. Noch im Jahre 1885 erteilte sie die Weisung, daß eine Vermarkung an Staatsstraßen nur vorgenommen werden solle, wenn Angrenzer dies beantragten oder wenn ganz besondere Verhältnisse vorlägen, welche die Vermarkung des Straßenareals als unumgänglich notwendig erscheinen lassen. Dabei sollte sowohl an der Zahl der Grenzsteine als auch an ihrer Größe äußerst gespart und nicht über das Ortsübliche hinausgegangen werden (37) .

Allmählich setzte sich die Vermarkung der Grenzen wenigstens bei den Neuvermessungen des Katasterbüros in den Städten durch. 1883 wurde in Bayern letztmals die Meßtischmethode angewandt (38). Aber schon am 4. Mai 1874 war die Entscheidung getroffen worden, bei der Neumessung der Stadt Nürnberg versuchsweise die Zahlenaufnahme nach der Theodolit-Orthogonalmethode einzusetzen (39). Nachdrücklich unterstützt wurden die Bestrebungen, die auf die Zahlenmethode und die Vermarkung der Grundstücke hinzielten, durch Öffentlichkeitsarbeit von Professor Max von Bauernfeind (40). In dem Vertrag über die Neumessung in München vom 30. Oktober 1875 wurde dann auch vereinbart, daß »der Magistrat so viel als möglich bei den Privaten auf eine dauerhafte Vermarkung ihres Grundeigenthums, soweit dasselbe nicht durch solide Mauern, Zäune oder Wassergräben etc. gebildet wird, hinwirken und insbesondere sämmtliche der Gemeinde gehörigen Grundstücke, sowie die Stadtbezirksgrenzen unter Beiziehung eines Geometers in dauerhafter Weise versteinen lassen« wird.

Die auf den ersten Erfahrungen mit der Zahlenaufnahme basierende »Instruktion für neue Katastermessungen« von 1885 trug den mit der Ausführung der Vermessungen betrauten Geometern dringend auf, darauf hinzuwirken, daß die Grenzen vor der Vermessung vermarkt werden. Dies konnte – wie in Preußen – durch eine Vereinbarung mit der betreffenden Stadt mehr oder weniger wirkungsvoll sichergestellt werden. Der Erfolg dieser Praxis ermutigte dazu, 1898 in der Neufassung der Instruktion die Grenzvermarkung allgemein zur Vorbedingung für eine Neuvermessung zu machen (41).

Heftige und wortreiche Kontroversen wurden im übrigen darüber ausgetragen, ob der Geometer verpflichtet sei, »Grenzeinweisungen« (Grenzermittlungen und -wiederherstellungen) auf Antrag von Grundstückseigentümern vorzunehmen. Nach § 36 der Gewerbeordnung vom 21. Juni 1869 war die Vornahme solcher Vermessungen nicht an eine Legitimation gebunden, jeder konnte sich darin versuchen. Die Bezirksgeometer waren zum Teil ausreichend beschäftigt, andererseits scheinen sie solche Vermessungen auch gescheut und als Bürde empfunden zu haben, weil es Schwierigkeiten mit den streitenden Parteien geben konnte, z. B. beim Betreten der Grundstücke widerstrebender Nachbarn. Die Geometer waren sich nur darin einig, daß die Grenzeinweisungen nicht zur »Offizialpraxis«, also nicht zu ihren staatlichen Dienstaufgaben, sondern zur »Privatpraxis« gehörten; sie waren aber wieder darin uneins, ob dies so bleiben sollte (42).

Der erste Durchbruch zu einer Abmarkungspflicht gelang mit dem bayerischen Flurbereinigungsgesetz vom Jahre 1886 (43). Seither müssen die bei einer Flurbereingung in Bayern geschaffenen neuen Grundstücke stets abgemarkt werden. Außerdem wurde mit diesem Gesetz die Vermarkung erstmals den Geometern übertragen, die Feldgeschworenen hatten nur mitzuwirken. Schon damals also erwies sich die Flurbereinigung als Schrittmacherin in die Moderne.

Das Vermarkungsgesetz von 1868 war unbefriedigend und vermochte sich nicht einzuleben, wie die Motive zum Abmarkungsgesetz von 1900 freimütig eingestehen (44). Ein erster Änderungsantrag in der Kammer der Abgeordneten führte 1875 noch nicht weiter. Zu der Zeit stand schon die große Zivilrechtsreform im Vordergrund. Zu einer eingehenden Diskussion über das Vermarkungsgesetz kam es dann erst bei der Budget-Debatte im Jahr 1891. Von den Antragstellern wurde die dringende Notwendigkeit hervorgehoben, für alle Vermessungen die Vermarkung vorzuschreiben und möglichst mit der Vermessung in Verbindung zu bringen, wie es in Art. 38 Absatz 2 des Flurbereinigungsgesetzes vorgezeichnet war. Von anderer Seite wurde dem jedoch entgegengehalten, das Vermarkungsgesetz genüge den landwirtschaftlichen Bedürfnissen vollauf, werde nur nicht überall richtig vollzogen, die ausschließliche Zuständigkeit der Feldgeschworenen nach Art. 16 des Vermarkungsgestzes werde nicht überall beachtet, »wodurch die Autorität des Instituts der Feldgeschworenen Schaden leiden müsse« (45). Die Staatsregierung forderte daraufhin 1892 von den Kreisregierungen (heute Bezirksregierungen) Stellungnahmen ein (46). Diese erklärten sich für eine Reform des Vermarkungsgesetzes. Auch von den Standesvertretungen der Landwirtschaft wurden Resolutionen gefaßt, in denen eine Einführung der Vermarkungspflicht gefordert wurde. Aber vorerst war noch zu klären, inwieweit das neue Zivilrecht in das Vermarkungsrecht eingreifen würde. Ein Ende fand das erzwungene Abwarten dadurch, daß die Vorschriften des Vermarkungsgesetzes über den zivilrechtlichen Anspruch eines Grundeigentümers gegenüber dem Grenznachbarn auf gemeinschaftliche Vermarkung durch den bereits erwähnten § 919 BGB zum 1. Januar 1900 verdrängt wurden. Folgerichtig wurden zum gleichen Stichtag durch Art. 56 des bayerischen Ausführungsgesetzes zum BGB die mit § 919 BGB konkurrierenden Artikel des Vermarkungsgesetzes aufgehoben und weitere Vorschriften dieses Gesetzes an die neue Rechtslage angepaßt.

Da die Vorarbeiten für das neue Abmarkungsgesetz schon frühzeitig angelaufen waren, konnte das Gesetz noch im Jahr 1900 erlassen werden und am 1. Januar 1901 in Kraft treten (47). An der Redaktion war für die Geometer auch der Steuerrat Karl Steppes maßgeblich beteiligt (48). Steppes begrüßte die Wende als »eine der größten Errungenschaften, welche einerseits der Landwirtschaft und andererseits dem Vermessungswesen selbst beim Übertritt in das neue Jahrhundert mit auf den Weg gegeben werden kann« (49).

Das Abmarkungsgesetz 1900 unterscheidet sich vom früheren Vermarkungsgesetz äußerlich schon dadurch, daß von der Bezeichnung »vermarken« mit Rücksicht auf § 919 BGB auf »abmarken« übergegangen wurde. Wichtiger aber sind die Unterschiede materieller Art, wobei an erster Stelle die Einführung der öffentlich-rechtlichen Abmarkungspflicht zu nennen ist (50). Damit war nach Ansicht der Geometer endlich »der wunde Punkt der Landesvermessung« (51) überwunden. Die Abmarkungspflicht besteht seither mit geringen Ausnahmen immer dann, wenn eine Grundstücksgrenze vermessen wird.

Zwei Besonderheiten des seinerzeitigen Abmarkungsgesetzes verdienen noch deshalb Interesse, weil sie bekunden, wie sehr damals die bislang versäumte Abmarkung forciert werden sollte: die Flurabmarkung und der Abmarkungsfond. Bei der Flurabmarkung konnte eine qualifizierte Mehrheit von Grundeigentümern, die die vollständige Abmarkung einer Gemeinde- oder Ortsflur oder auch nur einer geschlossenen Feldlage betreiben wollte, den Rest der Eigentümer dazu zwingen, sich an der Abmarkung mit zu beteiligen (52). Von dieser Möglichkeit ist aber höchst selten Gebrauch gemacht worden.

Mit dem Abmarkungsfond wurde ein finanzieller Anreiz zur Abmarkung gegeben (53). Bei Neuvermessungen einschließlich Flurbereinigungen und bei den oben erwähnten Flurabmarkungen konnten die Kosten für Grenzsteine mit Vorschüssen aus der Staatskasse bezahlt werden. Die Rückzahlung konnte bis zur Hälfte erlassen werden. Die Höhe der verfügbaren Mittel wurde jährlich durch den Haushaltsansatz bestimmt. Verwaltet wurde der Fond vom Katasterbüro. Der Fond verlor allmählich an Bedeutung, bis er im 2. Weltkrieg aufgehoben wurde (54).

Der heftige Streit, wer für die Abmarkung zuständig sein sollte, mündete in einen Kompromiß. Das Feldgeschworenen-Institut wurde beibehalten, aber das im Vermarkungsgesetz von 1868 den Feldgeschworenen zugesprochene Monopol auf die Abmarkung wurde zu Gunsten der Geometer durchbrochen, trotz des heftigen Widerstands von Abgeord-neten aus Franken und der Pfalz , die zum Teil selbst Feldgeschworene waren und auf herkömmlichem »Volksrecht« beharrten. In den Landtagsverhandlungen gelang der fränkischen Fraktion nur, dem Gesetz die Regelung einzufügen, wonach auf Beschluß des Gemeinderats oder auf Verlangen eines Beteiligten das Setzen der Grenzsteine durch die Feldgeschworenen zu bewerkstelligen sei (55). Zuständig zur Abmarkung waren nun grundsätzlich die Vermessungsbehörden, das Setzen der Grenzsteine besorgten regelmäßig die gemeindlichen Feldgeschworenen. Zumindest war deren Obmann zur Abmarkung »beizuziehen« (56). Er brauchte aber an sich nicht Hand anzulegen. Diese Einschränkung hat im Vollzug des Gesetzes sehr bald an Bedeutung verloren, es wurde zur Regel, daß die Feldgeschworenen den Steinsatz besorgten. Erschien zur Abmarkung kein Feldgeschworener, so markte die Behörde ohne deren Mitwirken ab. Selbständige Abmarkungen der Feldgeschworenen ohne Geometer waren nicht ausgeschlossen, sie wurden jedoch selten, weil für eine Abmarkung in der Regel eine Grenzherstellung durch Vermessung Voraussetzung war. An sich war davon ausgegangen worden, daß Feldgeschworene in Fällen des § 919 BGB Grenzabmarkungen selbständig vornehmen würden; die nachträgliche Einmessung der Grenzsteine durch den Geometer erschien als ausreichend (57). Wenngleich seither Vermessung und Abmarkung im selben Termin unter Leitung des Vermessungsbeamten vorgenommen werden, so wird doch rechtlich und verfahrensmäßig zwischen Grenzvermessung und Abmarkung unterschieden.

Ein besonderes finanzielles Entgegenkommen zu Gunsten der Grundbesitzer war, daß die Kosten für die Beteiligung der staatlichen Geometer am Abmarkungsgeschäft auf die Staatskasse übernommen wurden (58). Solange die Geometer noch selbst in den Genuß der Gebühren kamen, erhielten sie für die Einmessung eines jeden Grenzsteins eine feste Gebühr aus der Staatskasse (59). Für die der Abmarkung vorausgegangenen Grenzermittlungen und Teilungsvermessungen waren selbstredend die bestimmungsgemäßen Gebühren zu entrichten. Nach der vollen Verstaatlichung des Vermessungswesens im Jahre 1909 wurde die staatliche Kostenbeteiligung an der Abmarkung in der Weise berücksichtigt, daß die Gebührensätze für das Dienstgeschäft Vermessung mit Abmarkung entsprechend nieder angesetzt wurden. Die Finanznot des Staates bereitete mit dem Finanzplanungsgesetz 1967 diesen Subventionen aus der Zeit des Agrarstaats ein Ende (60).

Den Gemeinden wurden zum Vollzug des Abmarkungsgesetzes verschiedene Aufgaben gestellt. So haben sie seither für die Bevorratung und Bereitstellung von Abmarkungsmaterial Sorge zu tragen (61) und die Feldgeschworenen mit dem erforderlichen Gerät auszustatten. Die Vermessungsbehörden konnten die Hilfe der Gemeinden für die Zustellung der Ladungen zur Abmarkung ohne Kostenerstattung in Anspruch nehmen (62). Die Ladung wurde von Gemeindeboten gegen unterschriftliche Bestätigung übermittelt Als diese Praxis in der Nachkriegszeit nicht nur bei außerbayerischen Gemeinden, wenn dort Eigentümer von in Bayern gelegenen Grundstücken wohnten, sondern besonders auch bei den bayerischen Städten immer mehr auf Schwierigkeiten stieß, wurde längstens in den 70er Jahren auf den Postweg umgestellt.

Hinsichtlich des Verfahrens bei Streitigkeiten brachte das Abmarkungsgesetz keine grundsätzlichen Änderungen gegenüber dem Vermarkungsgesetz von 1868 (63). Seit 1946 ist der Verwaltungsrechtsweg gegeben.

Wirkungslos – wie in anderen Ländern – blieb die Vorschrift, daß bei Verlust eines Grenzzeichens die Eigentümer Anzeige zur Gemeinde erstatten sollten (64) und die Gemeinde bei Untätigkeit der Eigentümer die Wiederherstellung des Grenzzeichens auf deren Kosten veranlassen sollte (65).

Als wesentliche Neuerung ist noch zu erwähnen, daß das Abmarkungsgesetz Geldstrafe demjenigen androhte, der unbefugt ein Abmarkungsgeschäft vornehmen oder sich an Grenzzeichen vergreifen würde. Damit wurde eine Lücke gefüllt, die in der modernen Strafrechtsentwicklung entstanden war. Das 1871 im ganzen Reichsgebiet eingeführte Strafgesetzbuch hatte endgültig die überkommenen Strafnormen hinweggefegt, es fehlte seither an einem umfassenden Schutz für die Grenzmarken.

Von nur geringer Bedeutung blieb für die Praxis das Gesetz über die Güterzertrümmerung vom Jahre 1910. Es normierte eine Abmarkungspflicht für die von der Gutsaufteilung betroffenen Grundstücke, soweit diese noch nicht abgemarkt waren (66).

Bei den bayerischen Geometern hatte die Kritik an dem bayerischen Abmarkungsgesetz schon eingesetzt, noch ehe das Gesetz verabschiedet war. Die Geometer strebten vor allem eine Erweiterung der Abmarkungspflicht an, und zwar

- bei Grundstücksteilungen nicht nur die neuen sondern auch die bleibenden Grenzen abzumarken,
- bei Veräußerung eines von zwei aneinander grenzenden Grundstücken eines und desselben Eigentümers die bisherige gemeinsame Grenze abzumarken, soweit sie künftig Eigentumsgrenze sein wird – ausgehend von Vorstellungen, wie sie im Jahre 1935 nach preußischem Vorbild in die Neufassung von § 2 Abs. 3a der Grundbuchordnung eingingen.

Andere Geometer erhoben darüber hinaus die Forderung nach einer gesetzlichen Abmarkungspflicht bei allen Eigentumsänderungen, den Erbgang ausgenommen (67).

Das bayerische Abmarkungsgesetz von 1900 bewährte sich 80 Jahre lang, wenn sich auch die Praxis in einigen Punkten von ursprünglichen Intentionen des Gesetzes entfernen mußte. Das Gesetz erfuhr in der zweiten Hälfte seiner Geltungsdauer acht kleinere Änderungen, bis es 1981 durch ein neues Gesetz abgelöst wurde.

Das Abmarkungsgesetz von 1981 hatte der Entwicklung Rechnung zu tragen, die einerseits in der Abmarkungspraxis und andererseits im Verwaltungsverfahrensrecht eingetreten waren (68). Die Abmarkungspflicht ist im Grundsätzlichen beibehalten; für besondere Fälle, in denen eine Abmarkung nicht zweckmäßig wäre, sind Ausnahmen normiert. In den Schutz des Gesetzes sind erstmals auch die Hoheitssteine an den Landes- und Kommunalgrenzen mit einbezogen (69).

B. Grenzgericht und beeidete Grenzsteinsetzer

In dem Vergangenen lebt das Tüchtige,
Verewigt sich in schöner Tat.
Und so gewinnt sich das Lebendige
Durch Folg' und Folge neue Kraft,
Denn die Gesinnung, die beständige,
Sie macht allein den Menschen dauerhaft.

Goethe, Zur Logenfeier den 3. Sept. 1825

1. Das Umfeld

1.1 Quellenlage

In Deutschland entwickelte sich städtische Selbständigkeit erst im Hochmittelalter, und im späteren Mittelalter regte sich dann auch in den Dörfern der Wille, die Regelung eigener Angelegenheiten selbst in die Hand zu nehmen. Bei der Verteilung der Aufgaben auf ausgewählte Gemeindemitglieder entstand in verschiedenen Gegenden Deutschlands auch das Amt eines Feldscheiders, Steinsetzers, Untergängers oder auch das Feldgericht. Im folgenden soll für dieses Amt die Bezeichnung »Feldgeschworener« verwendet werden, für Schwaben das Wort »Untergänger«. Auf die regional unterschiedlichen Bezeichnungen wird später noch einzugehen sein.

Die Quellen aus den Anfangszeiten städtischen und dörflichen Lebens fließen spärlich. Eingehendere archivalische Forschungen über die Frühzeit der Untergänger liegen für Württemberg und Südbaden vor (1). Aber auch diese Untersuchungen lassen noch keinen Schluß über die zeitliche und örtliche Entstehung dieses Instituts zu, ein genaues Bild läßt sich weder für den alemannisch-schwäbischen noch für den fränkischen Bereich entwerfen. Auch die Weistümer geben nur wenig Aufschluß, sie werfen immerhin einige Schlaglichter in das geschichtliche Dunkel. Besseren Einblick gewinnen wir erst nach Beginn der Neuzeit, am deutlichsten dort, wo die Dorfherrschaft die vorhandene Institution in einer Steinerordnung, Untergängerordnung oder Dorfordnung regelte.

Das Amt des Feldgeschworenen kann zwar nicht unmittelbar aus dem karolingischen Grafengericht oder aus den dörflichen Schiedsgerichten, die seit dem 12. Jahrhundert in Oberdeutschland in hoher Blüte standen, hergeleitet werden (2). Insbesondere ist es wohl eine zu einfache Folgerung, die »Siebener« seien »nichts anderes als die Nachkommen der Schöffen des altfränkischen Rechtes, und darum finden sie sich auch bloß in Landesteilen, die seit altersher von Franken besiedelt sind« (3). Aber die enge Verwandtschaft ist unverkennbar und kleine Reste der Verfaßtheit jener Gerichte konnten sich im Widerstreit mit der sonstigen Entwicklung von Recht und Verwaltung noch bis in das bayerische Abmarkungsrecht von 1981, das heute gilt, herüberretten. Deshalb soll auf einzelne Besonderheiten der frühen Gerichtsorganisation sowie auf das Werden gemeindlicher Autonomie kurz eingegangen werden.

1.2 Das karolingische Grafengericht

Die weitgehende Ähnlichkeit zwischen den deutschen Stammesrechten erleichterte es Karl dem Großen, die Rechtseinheit in seinem Reich voranzubringen. Das von ihm eingerichtete Schöffen- oder Geschworenengericht (scabini, scheffen, gesworn) wurde bis zum Auftreten der an hohen Schulen gebildeten Juristen zur Gerichtsform des Mittelalters. In jeder Grafschaft wurde ein ständiges Kollegium von zwölf Schöffen aus den großen Grundbesitzern und Vasallen ausgewählt. Das Gericht hatte an den Thingstätten des Bezirks zwei- bis dreimal im Jahr in der Besetzung mit sieben, später zwölf Schöffen Recht zu sprechen. In späterer Zeit sind dann auch höhere Schöffenzahlen anzutreffen; in Rheinfranken wurde im Bedarfsfall die Zahl der Schöffen verdoppelt. Der Schwabenspiegel geht von zwölf Schöffen aus (4). Die Siebenzahl ist für das fränkische Gebiet typisch (5). Der Graf führte im Gericht den Vorsitz, die Schöffen hatten das Urteil zu beschließen und auch zu vollstrecken. Beigeordnet war schon nach einer Anweisung Karls des Großen eine schreibkundige Urkundsperson; aus diesem Stand gingen die kaiserlichen Notare hervor, die vom Kaiser selbst oder von den kaiserlichen Pfalzgrafen ernannt wurden.

Das Grafengericht entschied in Strafsachen, wenn körperliche Strafen zu verhängen waren, ferner im Streit über Liegenschaften und über den Status von Personen (frei, unfrei usw.). In einfacheren Fällen tagte das Gericht auch ohne den Grafen, »gehegt« von seinem Vertreter (6). Sachsen und Bayern wichen von den fränkischen Regeln etwas ab. Das Schöffenamt wurde auf Lebenszeit verliehen, die Annahme war Pflicht. Die für das Amt erforderliche Klugheit und Reife wurde erst für ein Alter ab 24 Jahren unterstellt (7). Das Amt wurde erblich zunächst an die Söhne, aber auch an sonstige Verwandte väterlicher- oder sogar mütterlicherseits (8). Fiel ein Schöffe durch Tod aus, so schlug meist das restliche Kollegium den Nachfolger zur Ernennung oder lediglich zur Bestätigung vor. Der Frankenspiegel geht von einer richtigen Wahl durch die Schöffen aus (9). Die Kooptation war eine allgemein verbreitete Eigenart der Schöffenkollegien (10). Bei Gericht nahm der Schöffe auf dem besonderen »Schöffenstuhl« Platz. Das Urteil sollte er finden ohne Hut, Kappe oder Haube, ohne Handschuh, Mantel – Mantel auf der Schulter – auch ohne Waffen außer im Notfall. Vor dem Urteilen über eines Menschen Leib mußten die Schöffen fasten; wer das Fastengebot übertrat, machte sich schuldig (11). Das Thing sollte nach altem Rechtssatz »gehegt werden, morgens da die Sonn aufgehet«. Bei der Urteilsfindung waren den Schöffen Rechtsaufzeichnungen ein Hilfsmittel der Erkenntnis, aber nicht bindendes Gesetz. Nach und nach übertrugen die Grafen die Abhaltung der Gerichtstage an nachgeordnete Richter.

Die Grafen erhielten Königsland als Lehen übertragen. Viele von ihnen behaupteten ihren Gerichtsbezirk schließlich als Landesherren. Die Fürsten andererseits, an ihrer Spitze die Herzöge, konnten im hohen Mittelalter gegenüber dem deutschen König, der sich in endlose, oft unglückliche Auseinandersetzungen mit dem Papst verstrickt sah, ihre weitgehende Unabhängigkeit vom Reich erringen und schließlich auch die Rechtspflege an sich ziehen. Die Bildung eines größeren und stärkeren Territorialstaates wurde im Herzogtum Bayern und auch in anderen Ländern noch dadurch begünstigt, daß mächtige Grafengeschlechter – insbesondere im 13. Jahrhundert – ausstarben und von den Herzögen beerbt wurden.

1.3 Die Gerichtshoheit der Territorialherren

Der Übergang der Gerichtsbarkeit auf Territorialherren hatte schon im 12. Jahrhundert seinen Anfang genommen. Zunächst wurden mit der Gerichtsgewalt einige Bischöfe betraut, in denen der König eine ihm ergebene Gegenkraft gegen die weltlichen Reichsfürsten sah. Im Jahr 1168 verlieh Kaiser Friedrich I. dem Bischof von Würzburg den Dukat (Herzog in Franken) und sämtliche Rechtsbefugnisse, das Hochgericht auszuüben. Im Statutum in favorem principum Friedrichs II. von 1231/32 wurde schließlich den Landesherren das Recht auf das Hochgericht grundsätzlich zugestanden, die ausdrückliche Verleihung durch den König war jedoch jeweils Voraussetzung.

Mit dem Übergang der Gerichtsbarkeit vom König auf die Territorialherren im 13. Jahrhundert löste sich auch die Grafschafts und Gauverfassung auf. Die Gerichtsverfassung änderte sich weitgehend. Zum Teil beließen die Landesherren für ihre Malefizgerichte (höheren Strafgerichte) die bisherigen Bezirke. Aber neue Bezeichnungen treten nun auf: »Landgericht« in Bayern, Österreich, Böhmen und Schlesien, in Luxemburg, im Elsaß, in der linksrheinischen Pfalz, in der Schweiz, »Gogericht« oder »Goding« im Sächsischen, »gudink« in Oldenburg, »Zenderei« im Moselland, schließlich »Cent« (»hohe Cent«) oder »Zent« in Franken bis zum Thüringer Wald, in Hessen und in der rechtsrheinischen Pfalz am Unterlauf des Neckar (12). Das Wort »Zent« – nicht zu verwechseln mit »Zehnt« oder »Zehent« – leitet sich von der karolingischen »centena« her. Dieses Wort führt sich auf das lateinische Zahlwort centum gleich hundert zurück. Die Cent war nach der Völkerwanderung aus einem Personen- verband von 100 oder 120 wehrfähigen Männern zunächst zu einem Niedergerichtssprengel geworden; im Hoch- und Spätmittelalter aber ändert sich die Wortbedeutung (»hohe« Zent) in Hoch- oder Blutgerichtsbezirk. Die Zent umfaßt somit regelmäßig einen viel größeren Bezirk (13), häufig den einer früheren Grafschaft.

In gleicher Bedeutung wie »Zent« wurde in Franken und in der Oberpfalz das Wort »Fraisch« oder »Frais« verwendet. Mit diesem Wort verbinden sich Vorstellungen wie schrecklich, wütend, von Krämpfen befallen, aber schließlich auch straffällig (14). Kleinere Gebiete mit eigener Gerichts- und Landeshoheit lebten im Volksmund manchmal unter der Bezeichnung »die Fraisch« weiter, nachdem sie längst ihre Selbständigkeit verloren hatten; Beispiel »die Fraasch« bei Rothenburg nahe Lauf an der Pegnitz (LKr. Nürnberger Land), an deren Grenze noch eine Anzahl Fraischsteine erhalten ist (15).

Vor die Landgerichte, Zentgerichte usw. des Landesherrn waren nun jene Verbrechen zu bringen, bei denen Strafen an Leib und Leben zu verhängen waren, über »Dinge«, die »an Hand, Hals und Haar gehen«, daher die Bezeichnung »Hals- und Blutgerichtsbarkeit«. Von dieser »peinlichen«, »malefizischen« oder »fraislichen« Gerichtsbarkeit konnte in Schwaben der »Blutbann«, nämlich das Recht, Todesurteile zu fällen, abgetrennt und einem höheren Gericht vorbehalten sein (16). Die Abgrenzung zwischen hoher und niederer Kriminalgerichtsbarkeit war nach den Verbrechen festgelegt. In Bayern gehörten ursprünglich die drei von altersher todeswürdigen Verbrechen schwerer Diebstahl, Notzucht und Totschlag vor das Landgericht. In Franken zählte man meist vier »hohe Rügen oder Hauptrügen«, nämlich Mord oder Totschlag, Raub oder Diebstahl in schweren Fällen, Notzucht sowie Brandstiftung. Die Landesherren weiteten den Zuständigkeitskatalog ihrer Hochgerichte auf Kosten der Niedergerichtsbarkeit allmählich aus und brachten auch weniger schwere Delikte, zum Beispiel das Vergehen der Unzucht, in ihre Zuständigkeit. Im

Hochstift Würzburg galt 1667 als allgemeine Regel, daß unter die Zentgerichtsbarkeit außerdem noch fielen »fliessende wunden und was hals und hand, stain und rain antrifft«, wobei Ausnahmen nach herkömmlichem Recht anerkannt blieben: »ob etliche dorfere und gutere uf den Zenten umb stain, rain und fliessend wunden vorhere nit geantwort oder gerugt hetten, dabei und, wie sie vor alter herkommen sind, sie aber bleiben sollen« (17). Die Einengung der Niedergerichtsbarkeit mußte den Landesherren vor allem dort erstrebenswert erscheinen, wo die Niedergerichtsbarkeit in den Händen von adeligen oder geistlichen Herrschaften lag.

Für das Malefizgericht auf dem Lande wurden Schöffen aus dem Kreis der bäuerlichen Bevölkerung ernannt. Bei manchen Gerichten war das Schöffenamt an bestimmte Dörfer des Bezirks gebunden. Die Schöffen waren – wie seinerzeit im Grafengericht – die Urteiler. Sie urteilten im Mittelalter ohne geschriebenes Recht nach mündlicher Rechtsüberlieferung und ihrem Rechtsempfinden. Als Richter fungierte ein landesherrlicher Beamter, dem regelmäßig ein Gerichtsschreiber zur Seite stand. Die Ritterbürtigen und die Geistlichen wurden nicht vor dieses Schöffengericht sondern vor das Hofgericht gezogen. Die Bedeutung der Geschworenen ging im Laufe der Zeit mehr und mehr zurück. Schon nach dem Landrechtsbuch Kaiser Ludwigs des Bayern für Oberbayern von 1346 waren die Beisitzer nicht mehr Rechtsprecher, obgleich dieses Rechtsbuch im übrigen noch am überkommenen Gewohnheitsrecht festhielt und das seit der Stauferzeit aufkommende Römische Recht außer acht ließ (18). Für Niederbayern galt das nämliche nach der Wiedervereinigung mit Oberbayern (1506). Im 17. Jahrhundert schließlich schieden die Bauern aus dem bayerischen Landgericht ganz aus (19). Der gelehrte Richter, mit dem die Spruchweisheit der Schöffen durch Sätze des Corpus juris ersetzt wurde, hatte sich allmählich durchgesetzt und die Funktion des Urteilers an sich gezogen. Seit dem Ende des 15. Jahrhunderts war wohl keine größere Stadt mehr ohne rechtsgelehrten Stadtschreiber, Konsulenten oder Syndikus (20). Diese Entwicklung vollzog sich allerdings regional in unterschiedlichen Zeitstufen, die Schöffen hatten schließlich, soweit sie noch mit im Gericht saßen, nur noch das vom Richter vorbereitete Urteil zu bestätigen. In Hessen hat sich die Teilnahme des Richters am Urteilen erst zu Anfang des 17. Jahrhunderts herausgebildet (21).

Im allgemeinen bestanden für die Blutgerichtsbarkeit geschlossene, abgegrenzte Bezirke schon längst zu einer Zeit, als die sonstigen Rechte und Befugnisse der Herrschaften noch ohne räumliche Begrenzung waren und, sich gegenseitig überlagernd, zumindest in Franken und teilweise in Schwaben keine gebietliche Zusammenfassung erlaubten. Die Gerichtsgrenzen sind somit älter als die Territorialgrenzen. Sie erwiesen sich auch als sehr zählebig und so konnten Gerichtszuständigkeiten bestehen bleiben, die sich dann mit der jüngeren landesherrlichen Ämtereinteilung nicht deckten. Die Grenzen der fränkischen Zentgerichte verliefen manchmal mitten durch ein Dorf und wurden auch entsprechend versteint. Verschiedentlich waren sie aber auch wie die Dorfherrschaft ohne örtliche Abgrenzung nach Höfen gestreut. Wo sich topographisch definierte Bezirke der Blut- oder Malefizgerichtsbarkeit nicht schon im Mittelalter gebildet hatten, wurde die Abgrenzung dringlich, als 1495 das Reichsgesetz über den Ewigen Landfrieden mit dem Verbot der Fehde die Anwendung des Gesetzes den reichsständischen Gewalten übertrug.

Zentgebiet und Landeshoheit deckten sich sonach nicht immer. Besonders in Franken, in der Pfalz-Neuburg und in der Grafschaft Baar bestanden Überschneidungen (22), ferner auf den Territorien von Reichsstädten. Sie entstanden zum Teil schon bei der Verleihung mit dem Blutbann, aber auch bei der Neugründung von Herrschaftsgebieten oder bei der Abtretung oder Verpfändung von Gebietsteilen. Die würzburgische Zenthoheit zum Beispiel griff an der Nordgrenze des Hochstifts auf das angrenzende Gebiet der Grafschaft Henneberg über (23). Die würzburgische Zent Sesslach erstreckte sich auf bambergisches Gebiet, nämlich auf die sieben dem Kloster Langheim zugehörigen »Mönchsdörfer«. Diese Dörfer hatten 1329 von Kaiser Ludwig dem Bayern die »Centfreiheit« erlangt. Das bedeutete, daß die Beamten des Zentgerichts die Dörfer nicht betreten durften. Übeltäter, die an Leib und Leben gestraft werden sollten, wurden von den örtlichen Behörden festgenommen und an einem bestimmten Punkt der Grenze, der »Centlieferungsstatt«, dem Zentgericht zur Aburteilung ausgeliefert (24).

Über die Bürger in den Städten richtete nicht das Land- oder Zentgericht sondern das Stadtgericht. Die freien Reichsstädte erkauften oder ertrotzten sich das Recht, den königlichen Burggrafen oder Vogt durch Beamte eigener Wahl zu ersetzen. Nicht immer jedoch gelang es ihnen, den Bezirk ihres Stadtgerichts auf ihr Gebiet außerhalb der Mauern oder des Burgfrieds auszudehnen. Die freie Reichsstadt Ravensburg zum Beispiel hatte die hohe Gerichtsbarkeit innerhalb ihrer Mauern; für das Landgebiet von Stadt und Spital hingegen stand diese Gerechtigkeit dem Erzhaus Habsburg als dem Landvogt zu. Ähnlich war es in der Stadt Bopfingen: ihr Blutbann endete am Stadtgraben, in der Feldmark übten ihn die Grafen von Öttingen aus. Wie sehr sich im übrigen selbst Kleinstädtchen aus reinen Prestigegründen um die Blutgerichtsbarkeit bemühten, zeigt das Beispiel des Marktes Burgbernheim, in einer Exklave der Markgrafschaft Kulmbach-Bayreuth zwischen Rothenburg und Windsheim gelegen. Die Bürger dieses Ortes erschwindelten sich diese Zuständigkeit ohne jegliche Rechtsgrundlage durch eine Urkundenfälschung (25).

In den Klein- und Kleinststaaten Frankens und Schwabens war es natürlich nicht möglich oder angebracht, jeder Herrschaft die »fraisliche Gerichtsbarkeit« zu übertragen, zumal in der Neuzeit auf hohen Schulen ausgebildete, des Römischen Rechts kundige Berufsrichter eingeführt wurden, deren Besoldung die Leistungsfähigkeit des Ländchens überschritten hätte. Die Halsgerichtsbarkeit verblieb für solche Gebiete dem Fürsten eines größeren Territoriums. Hierfür stellten Konfessionsunterschiede kein Hindernis dar. So saß ein katholischer Zentrichter des Hochstifts Würzburg in dem freien Reichsdorf Gochsheim bei Schweinfurt. Das reichsunmittelbare Dorf hatte sich höchst prononciert für die Reformation entschieden und duldete nicht einmal daß der Zentrichter seine Kinder innerhalb der Mauern von Gochsheim durch einen katholischen Geistlichen taufen ließ.

Auch die gemeinschaftliche Ausübung der hohen Gerichtsbarkeit durch zwei Territorialherren kam vor: Über einige Dörfer beiderseits der Grenze im Nordosten des heutigen bayerischen Staatsgebiets (LKr Tirschenreuth) übten im Mittelalter die Reichsstadt Eger (seit 1315 an Böhmen verpfändet) und das Zisterzienserstift Waldsassen die Halsgerichtsbarkeit gemeinsam aus. An die Stelle des Stifts trat 1560 die Kurpfalz. 1591 verglichen sich Eger und die Pfalz nach Streitigkeiten auf eine jährlich wechselnde Ausübung der Gerichtsbarkeit. Diese »Wechselfrais«, bei der sich am Ende bayerische und böhmisch-österreichische Gerichte in der Aburteilung der Verbrecher jährlich ablösten, wurde erst 1862 in einem Grenzvertrag beendet (26). Der Vertrag schuf die heute noch bestehende bayerisch-tschechische Grenze. Ein anderer, erheblich früher bereinigter Fall eines Kondominiums war die Zent Hoheneich westlich von Bamberg, in der die gerichtliche Zuständigkeit zwischen den Hochstiften Bamberg und Würzburg geteilt war.

In kleinstaatlichen Regionen machten sich manchmal zwei benachbarte Herrschaften die hohe Gerichtsbarkeit über gewisse Gebietsteile gegenseitig streitig. War in dem strittigen Gebiet ein Kriminalvergehen abzustrafen, so verwandten die beiden Anspruchsgegner höchste Eile darauf, des Täters habhaft zu werden und ihn von ihrem Gericht aburteilen zu lassen, um so die eigene Zuständigkeit zu demonstrieren.

Auf Machterweiterung ausgehende Zentherren suchten aus ihrer Zentzuständigkeit die hohe Obrigkeit über die Untertanen und aus dieser wieder die Landeshoheit, die volle Hoheit über das Territorium, abzuleiten. Später wurden dann aus der Vogtei, dem Schutzrecht, hergeleitete Obrigkeitsrechte für die Erreichung der Landeshoheit etwa gleichbedeutend. Auf solche und ähnliche Rechte stützte sich Preußen, als Minister Hardenberg 1796 von Ansbach aus für die Krone Preußen gewaltsam Gebiete okkupierte, über die der Markgraf Hohenzollern-Ansbach nie Landesherr gewesen war. Preußen erklärte seine Fraisch- und Vogteigrenzen zu Territorialgrenzen. Diesen »Revindikationen« fiel unter anderen auch die Deutschordenskommende Ellingen zum Opfer. Die Preußen hatten leichtes Spiel, weil sie mit Frankreich Frieden geschlossen hatten, während die Reichstruppen noch gegen Frankreich im Felde standen. Preußen hielt sich im Einvernehmen mit Frankreich für seine linksrheinischen Gebietsverluste an den wehrlosen Kleinstaaten schadlos.

Bei der großen Bedeutung der Zent entstanden zur Untermauerung oder auch zur Abwehr von Ansprüchen noch vor der Territorienbildung in Franken schon im 14. Jahrhundert »Centbeschreibungen«. Zunächst begnügte man sich mit der Orientierung an natürlichen Grenzen. Späterhin, etwa seit dem 15. Jahrhundert, wurden strittige »Fraischfälle«, bei denen sich zwei benachbarte Zentherren über die Zuständigkeit für den Ort des Verbrechens schließlich mühsam geeinigt hatten, zum Anlaß, die Zent- oder Fraischgrenze zu vermarken. Auch Karten von Zentbezirken entstanden seit dem 16. Jahrhundert.

Die Niedergerichte konnten sich großenteils gegenüber dem Hochgericht das Recht sichern, Übeltäter durch die eigenen Organe festzunehmen, um sie an einem festgelegten Punkt dem Hochgericht zu überstellen, falls dieses für den Fall zuständig war. An das Beispiel der oben angeführten »Mönschsdörfer« von Kloster Langheim darf erinnert werden. Im Hochstift Würzburg scheint dies fast die Regel gewesen zu sein. Denn in der »Zentordnung« von 1670 wird festgestellt: »Nachdem fast ein jedes Dorf in unsere Zenten gehörig seine Gerechtigkeit und Herkommen hat, wann und an welchen Enden es seine betrettene übelthätige Personen in die Zenten zu liefern zu antworten schuldig, dabey soll es noch bleiben, wie ein jedes Dorf oder Gemeind von Alter hergebracht.« Im Ritterkanton Gebirg, östlich der Regnitz und am Obermain gelegen, wurde im Jahre 1700 die »limitierte Cent« allgemein eingeführt (26 a). In allen Dörfern mit adeligen Sitzen war damit die Verfolgung und Verhaftung von Straftätern ausschließlich durch das örtliche herrschaftliche Niedergericht vorzunehmen und der Täter an die Zent erst nach dem Beweis von deren Zuständigkeit auszuliefern. Der Zentrichter und seine Leute hatten zu Amtshandlungen keinen Zutritt in das ritterschaftliche Gebiet. Abschließend noch ein Fall, in dem Landeshoheit und niedere Gerichtshoheit – anders als im Ritterkanton Gebirg – nicht in derselben Hand lagen: In dem Gerichtssprengel um die Stadt Tittmoning am Inn übte der Pfleger im Namen des Erzbischofs von Salzburg die hohe Gerichtsbarkeit aus. In dem Hochgerichtsbezirk hatten die Herren von Törring eine Hofmark inne. Durch das Hochgericht abzuurteilende Übeltäter wurden »mit dem Gürtel umfangen« am Übergabepunkt dem

Pfleger überantwortet, weil diesem nicht gestattet war, die Hofmark, obgleich salzburgisches Hoheitsgebiet, zu solchen Hoheitshandlungen zu betreten (27).

Das Zentgericht tagte unter freiem Himmel auf dem Malberg, in Bayern in der Centschranne, einem mit Steinen oder Planken umhegten Raum, der oft in der Nähe einer Heerstraße gewählt wurde. Die Richtstätte, das Hochgericht, auch Stock und Galgen genannt, wurde gern nahe der Landesgrenze errichtet, nach sächsischem Recht aber so weit von der Grenze entfernt, daß der Schatten des Galgens, wenn er am längsten war, nicht bis in das Nachbargebiet reichte und das Volk, das der Exekution beiwohnte, nicht auf fremdem Gebiet stand, wofür ein Bereich von 24 Ellen als genügend angenommen wurde (28). Als sonstige Verhandlungsplätze sind auch der Platz vor dem Rathaus oder vor der Kirche überliefert. Nachdem die Zentgerichte aus dem Freien unter ein festes Dach gezogen waren, etwa in das Rathaus, versuchte man den offenen Himmel dadurch zu simulieren, daß bei geöffneten Fenstern verhandelt wurde. Das kaiserliche Hofgericht in Rottweil jedoch, zuständig für Schwaben, Franken und den Rhein hinunter bis Köln, hielt noch seine letzte Sitzung im Jahre 1784 unter freiem Himmel an der offenen freien kaiserlichen Straße ab (29).

1.4 Das Fronhofsystem von der Karolinger- bis zur Stauferzeit

In der Entwicklung des Gerichtswesens spiegeln sich auch die geistigen und religiösen, besonders aber die wirtschaftlichen und gesellschaftlichen Wandlungen des Mittelalters wider. Wie bei den antiken Völkern bestand bei den Germanen eine strenge soziale Schichtung zwischen Freien und Unfreien, zwischen die sich auch noch Halbfreie schoben – liberi, servi, lites. Jeder Stamm hatte dazu sein eigenes System graduell abgestufter Unfreiheit entwickelt. Nur ein Freier konnte Eigentümer von Grund und Boden sein.

Sehr bald schon sieht das Mittelalter den weitaus größten Teil des Siedlungslandes in den Händen von weltlichen und geistlichen Grundherren.Die karolingischen Königsfreien auf eigener Scholle nahmen bis auf kleine Randgruppen ab. Da der König nach dem Hochkommen mächtiger örtlicher Gewalten den Schutz der Freien nicht mehr gewährleisten konnte und die Freien andererseits der Verpflichtung zur berittenen Heeresfolge neben der Versorgung ihrer Wirtschaft schwer nachkommen konnten, begaben sich viele in die Abhängigkeit, die Vogtei, von größeren Grundherren. Manchmal vollzog sich dieser Vorgang auch unter Drohung und Gewalt. In den Neusiedlungsgebieten des Hochmittelalters wurden den Kolonisten zwar gewisse Freiheiten und Erleichterungen eingeräumt, aber das Obereigentum eines Grundherrn überschichtete auch hier das Nutzeigentum der Siedler. Den Kriegs- und Waffendienst übernahmen die Grundherren, der Hörige wurde kriegsuntüchtig. In vielen Gegenden durfte er zumindest außerhalb seiner Behausung keine Waffen tragen. Aus dem Bauernkrieger, dem es einst ehrenvoller erschienen war, sich den Lebensunterhalt durch Beutezüge zu beschaffen, statt vom Ertrag seiner Felder zu leben, wurde der Ackersmann.

Den organisatorischen Mittelpunkt einer Ansiedlung oder einiger Nachbarsiedlungen bildete regelmäßig der Fronhof (von altdeutsch frō= Herr) mit dem vom Grundherrn selbst genutzten und von Leibeigenen bestellten Herrenland, dem Salland. Ein anderer Teil der Wirtschaftsflächen war Leibeigenen zum selbständigen Anbau nach den Weisungen des Grundherrn zugeteilt. Diese Gruppe von Hörigen hatte an den Grundherrn Abgaben zu leisten und meist auch einige Tage der Woche oder zu bestimmten Zeiten des Jahres ihre und ihrer Familie Arbeitskraft für Haus- und

Feldarbeit zur Verfügung zu stellen. Verwaltungseinheit war die Grundherrschaft, Repräsentant der Siedlung der von der Grundherrschaft auf dem Fronhof eingesetzte »villicus«. Er regelte nach Anhörung der Bewohner, der »familia«,die gemeinschaftlichen Angelegenheiten. Rechte und Pflichten wurden vom Grundherrn im Benehmen mit der familia in der Hofordnung festgelegt. Auf die familia war das bäuerliche Leben voll ausgerichtet. Ackerboden war zunächst noch ausreichend vorhanden. Die Wohn- und Wirtschaftsgebäude der abhängigen Hofstellen waren in Einzelhöfen, Gruppen und kleinen Weilern in größerem Umkreis unregelmäßig um den Fronhof verstreut und wechselten wohl auch verhältnismäßig oft ihren Standort, wie aus Grabungsfunden geschlossen werden muß. Nur der Friedhof war ortsfest. Das Zusammenleben in größeren geschlossenen Siedlungen oder gar in Städten war den Germanen von Hause aus ungewohnt (30). Das germanische Haus stand für sich allein. Fragen des Grund- oder Nutzeigentums stellten sich nicht, der Grundherr oder sein villicus entschieden in allen Angelegenheiten und übten sogar eine weitreichende Disziplinargewalt aus. Wer immer sich im Gebiet des Leibherrn niederließ, wurde sein Leibuntertan, auch Freie sowie die Leibuntertanen anderer Leibherren, wenn sie nicht binnen Jahr und Tag von ihrem ursprünglichen Herrn zurückgeholt wurden. »Luft macht eigen«.

Neben den Leibeigenen gab es da und dort noch Gruppen von Bauern, die lediglich Zinsleistungen zu erbringen hatten. Außerdem gab es Grundherren, bei denen die Eigenwirtschaft hinter der Grundleihe zurücktrat.

Größere Grundherrschaften waren untergliedert in Oberhöfe, Haupthöfe und nachgeordnete Nebenhöfe. Die Besitzungen der Grundherren bestanden außerdem nicht durchweg aus geschlossenen Bezirken; eine fortschreitende Besitzzersplitterung brachte besonders in Franken und Schwaben eine bunte Vielfalt von Herrschafts- und Rechtsverhältnissen hervor.

Diese Villikationsverfassung setzte sich zwischen dem 7. und 9. Jahrhundert im westelbischen Deutschland außer der schleswig-holsteinischen Mark und außer Friesland weitgehend durch. Den Bauern gab es vorerst weder als Stand noch als Begriff. »gebure« war der Mitbewohner des Hauses (bur), Mitglied der Siedlung, der »burschap« (31). Erst ab dem 11. Jahrhundert zeichnet sich allmählich eine ständische Gliederung ab nach Ritter, Bürger und Bauer – miles, civis und rusticus. Der Grundherr und sein villicus waren so dominierend, daß eine Beteiligung der einfachen Leute, des »armen Mannes«, an den Aufgaben der Polizei (Verwaltung im weitesten Sinne), am politischen Leben oder an der Rechtspflege nicht in Betracht kam. Organisationsformen für eine Selbstverwaltung konnten sich noch nicht entwickeln. Nicht »Sippenverbände« und »Markgenossenschaften« bestimmten das Bild der Frühzeit in Deutschland, sondern die großen Grundherren (32).

Bei einer so fluktuierenden Wirtschaftsweise, bei der der Grundherr jeweils über die Nutzung des Bodens bestimmte, mögen Nutzungsgrenzen in Einzelfällen mit einfachsten Mitteln bezeichnet worden sein. Wo die Herrschaftsbereiche der Grundherren nicht durch ungenutztes Niemandsland, durch dichte Wälder oder natürliche Grenzscheiden gesondert waren, mag da und dort ein Zeichen an einem Baum, ein Grenzhügel, eine Grenzfurche oder seit dem 14. Jahrhundert sogar ein Markstein den Übergang in einen anderen Herrschaftsbereich angezeigt haben, wie sich dies bei den karolingischen Königsgütern schon eingeführt hatte. Herrschaft wurde aber ursprünglich nicht über ein abgegrenztes Gebiet ausgeübt, sondern über Untertanen. Die Herrschaft war nicht eine Gebietskörperschaft sondern ein Personalverband.

1.5 Der soziale Wandel während des Hochmittelalters in Deutschland

Während das 9. und ein Großteil des 10. Jahrhunderts erfüllt waren von Kriegen, Raubzügen und Plünderungen, setzte im 11. Jahrhundert eine Erholung, eine Aufwärtsentwicklung und ein rasches Bevölkerungswachstum ein. Im 12. Jahrhundert beschleunigt sich dieser Prozeß noch, im 13. Jahrhundert strebt er seinem Höhepunkt zu. Nach Schätzungen soll sich die Bevölkerung in den dreieinhalb Jahrhunderten zwischen der Jahrtausendwende und der Mitte des 14. Jahrhunderts in West- und Mitteleuropa einschließlich England nahezu verdreifacht, in Süd-, Ost- und Nordeuropa aber um die Hälfte vermehrt haben (33). Es ist eine Periode der Entfaltung von Wirtschaft und Kultur, eine Periode von tiefgreifendem gesellschaftlichem Wandel, auch die große Zeit der Städtegründung durch König und Landesfürsten. Die Gründe des Aufschwungs sind vielfältig. Zum einen sind es entscheidende Fortschritte in der Gerätetechnik: Mit dem Beetpflug im Verein mit der Egge wurde eine weit wirkungsvollere Bodenbearbeitung möglich als mit dem primitiven Hakenpflug. Auch Spaten, Beil und Säge erfuhren wesentliche Verbesserungen. Das Gras wurde mit der Sense geschnitten statt mit der gezähnten Sichel, später ab dem 14. Jahrhundert auch das Getreide. Der Dreschflegel gehört von da an für ein halbes Jahrtausend zum Inventar des Bauernhofs. Wasser- und Windmühlen ersetzen Menschenkraft. Seit etwa 1100 werden mittels Drehschemel lenkbare Ackerwägen gebaut. Durch das Kummet verdoppelt das Zugpferd seine Zugkraft gegenüber der aus der Antike übernommenen Anschirrung mittels Riemen. Ebenso leistet der Zugochse mit dem Stirnjoch erheblich mehr Arbeit als mit dem Holzjoch im Nacken.

Von weitreichender Bedeutung war, daß sich die Dreifelderwirtschaft durchgesetzt hatte, deren Anfänge freilich schon zur Karolingerzeit erkennbar sind. Bei dieser Wirtschaftsweise war die verfügbare Ackerflur in drei Zelgen unterteilt, die in dreijährigem Turnus, gegeneinander versetzt, mit Wintergetreide, dann mit Sommergetreide bebaut und schließlich im dritten Jahr zur Regeneration als Brache und Viehweide unbebaut belassen wurde. Nur sehr behutsam lösten sich kleinere fränkische Gebietsteile seit dem 17. und 18. Jahrhundert von dieser Anbaumethode, um zu Hackfruchtanbau und verbesserten Düngemethoden überzugehen. Das bayerische Grundsteuergesetz von 1828 aber ging für die Bonitierung und Klassifikation der Böden noch von der herkömmlichen Fruchtfolge aus. In Rußland war diese noch während des ganzen 19. Jahrhunderts weit verbreitet, allerdings mit der Folge Getreide – Hackfrucht – Brache. Erst die Stolypinsche Reform hob dort zu Beginn des 20. Jahrhunderts den Flurzwang auf und führte das bis dahin gemeindeeigene und alle paar Jahre je nach Familiengröße neu verteilte Kulturland in das individuelle Eigentum über, dessen sich der russische Bauer freilich nur kurze Zeit erfreuen konnte.

Bis zum 14. Jahrhundert war in Deutschland viel Land dem Wald abgerungen worden. Nach dieser großen Rodungsperiode war der Schwarzwald um 1300 so dicht mit Höfen besetzt wie zu keiner späteren Zeit mehr. Die Intensivierung des Landbaus, die Bereicherung der Nahrung durch den Anbau von Obst- und Gemüsesorten verbesserten die Ernährung und erhöhten die Lebenserwartung der Bevölkerung. Wein- und Hopfenanbau breiteten sich auch auf weniger günstige Standorte aus, die heute längst wieder aufgegeben sind. Das Land erzeugte über den Eigenbedarf hinaus Überschüsse, mit denen die Städte, das ländliche Handwerk und Lohnarbeiter versorgt werden konnten. Dadurch wurde der Übergang von der Naturalwirtschaft zur Geldwirtschaft forciert, er bezog jetzt weite Volksschichten ein. Vorbereitet war der wirtschaftliche Aufschwung seit längerem durch eine religiöse Triebfeder: das Ethos der Arbeit, das ora et labora der missionierenden Mönche. Die körperliche Arbeit, in der Antike als unwürdige Mühsal den Sklaven aufgetragen, hatte mit dem Christentum ethische Würde erhalten im Sinne einer Bewährung vor Gott (34).

Ebenso umwälzend wie die Entwicklung der landwirtschaftlichen Erzeugung war der gesellschaftliche Wandel. Nachdem in einem über mehrere Jahrhunderte sich erstreckenden Prozeß den Unfreien allmählich beschränkte Rechts- und Vermögensfreiheiten zugestanden worden waren, setzte im Hochmittelalter etwa um das 12. Jahrhundert ein Strukturwandel ein, der vom Herrenland und von den mit der Wirtschaft des Fronhofs engstens verbundenen Hufen zu autonom wirtschaftenden Bauernhöfen führte; die Bauern blieben freilich auch weiterhin zu Natural- und Geldabgaben an die Herrschaft verpflichtet und konnten meist auch noch zu Hand- und Spanndiensten herangezogen werden. Auch die Verpflichtung zum Zehnten für die Kirche blieb, stützte sie sich doch auf ein biblisches Gebot. Die ursprüngliche bedarfsdekkende Grundherrschaft wird abgelöst von einer Rentengrundherrschaft (35).

Der Fronhofsverband hat sich in der Zeit vom 12. bis längstens zum 15. Jahrhundert aufgelöst. Das Salland ist in Bauernstellen unterteilt, auf dem Fronhof verbleibt der Meier – in Bayern der dem niederen Adel angehörende »Sedelmeier« – mit einer meist großen Betriebsfläche; von den früheren zentralen Aufgaben haftet an dem Meierhof manchmal noch die eine oder andere. Der Grundherr hat den Meierhof verlassen; das 11. und 12. Jahrhundert ist ja auch die Epoche, in der die Burg als Befestigung, Wohnsitz und sichtbares Herrschaftszeichen an Bedeutung und Zahl ihrem Höhepunkt zustrebt. Die Adelsgeschlechter beginnen, sich nach ihren Burgen zu benennen. Wenn der Grundherr die Eigenwirtschaft auch nicht gänzlich aufgegeben hat, so hat er sie doch stark eingeschränkt.

Die bisherige lockere Siedlungsweise ist nun der Dreifelderwirtschaft im Wege, die Wohn- und Wirtschaftsgebäude werden an einen Platz zusammengezogen, das Dorf entsteht. Die »Verdorfung« ist ein Ergebnis der Grundherrschaft (36). Die famila, eine vom Grundherrn gelenkte und voll abhängige Wirtschaftsgemeinschaft, wandelt sich in eine Rechtsgemeinschaft. Das Zusammenziehen in Dörfer verschiedener Ausformung und die Anlage neuer Dörfer im Ausbauland ist vom Oberrhein bis Schleswig und im Gebiet der Ostkolonisation die Regel. Das nordwestliche Deutschland hält an den älteren, kleineren Siedlungstypen fest, im bergisch-märkischen Raum und im Sauerland herrscht der Weiler mit Blockfluren vor, im Münsterland und nördlich davon im Gebiet westlich der Weser bilden sich Langstreifenfluren, seit dem Hochmittelalter nimmt dort die Einzelhofsiedlung überhand. Der Einzelhof ist und bleibt in Süddeutschland für den größten Teil des Schwarzwalds und für das Alpengebiet die vorherrschende Siedlungsweise; in großen Teilen Oberschwabens, Südbayerns und der Oberpfalz überwiegen Weilersiedlungen (37).

An die Stelle der Vielfalt germanischer Personennamen sind international gebräuchliche Heiligennamen getreten, und seit dem 12. Jahrhundert entstanden die von Generation zu Generation sich forterbenden Familiennamen, zunächst in den Städten, dann längstens bis zum Beginn der Neuzeit außer Friesland auch auf dem Lande. Zum Symbol aufstrebender Stadtherrlichkeit wurden repräsentative Rathäuser und Bürgerkirchen. Die Räderuhren, die im 14. und 15. Jahrhundert an diesen angebracht wurden – Straßburger Münster 1352, St. Peter in München 1371 – künden den Einzug eines abstrakten Ordnungsgeistes an, der das mittelalterliche Lebensgefühl und den mittelalterlichen Lebensrhythmus umzuformen begann. Bis dahin wurden die Tagzeiten, die ja für das kirchliche Gebet, insbesondere das klösterliche Chorgebet von Wichtigkeit waren, nur durch Glockenzeichen angezeigt. Die Glocke war schon im frühen Mittelalter von Asien nach Europa gekommen, seit dem 8. Jahrhundert stand sie im Dienst des kirchlichen Kults. In den Kirchtürmen auf dem Lande verdrängte der Glockenstuhl erst im späten Mittelalter den Wehr- und Fluchtbau. Mit der Uhr, die zunächst nur mit einem Stundenzeiger ausgestattet war, griff die Unterteilung des Tages in gleiche Abschnitte auf das städtische Leben und dann auch auf das Land über, wo sich zumindest größere Dörfer seit dem 16. Jahrhundert eine Turmuhr leisteten. Der Sinn für Zeitgestaltung offenbart sich auch darin, daß sich in der zweiten Hälfte des 15. Jahrhunderts unter den ersten Erzeugnissen der jungen Buchdruckkunst schon Kalender befanden.

Im 14. und 15. Jahrhundert tritt Papier an die Stelle des so teuren Pergaments; im Jahre 1389 nimmt die erste deutsche Papiermühle in Nürnberg die Fertigung auf, nachdem Italien schon 100 Jahre vorher mit Papierherstellung begonnen hatte. Mit diesem bedeutenden Fortschritt geht ein Aufschwung von Wissenschaft und Bildung einher, der mit der Erfindung des Buchdrucks noch eine Beschleunigung erfährt.

Sklaverei und Sklavenhandel waren längst überwunden. Das für archaische Zeiten typische Recht über Leben und Tod des Sklaven – Sklaven wurden ursprünglich aus Kriegs- oder Raubzügen abgeschleppt – war dem Herrn schon im 6. Jahrhundert entzogen worden. Sklaverei ist nur noch in Spanien anzutreffen, wo Spanier und Mauren ihre Kriegsgefangenen noch bis zum Ende der Auseinandersetzungen wie Sklaven hielten.

Nun verliert auch der Unterschied zwischen Freien und Unfreien im 12. Jahrhundert viel von seiner grundsätzlichen Bedeutung. Die persönliche Unfreiheit geht in eine Grundhörigkeit über. Im Rheinland vollzieht sich im 12. und 13. Jahrhundert sogar eine Emanzipation von meist hörigen zu relativ freien Bauern. Nicht an juristischen Abgrenzungen orientiert sich die gesellschaftliche Differenzierung im 13. Jahrhundert, sondern am sozialen Rang und am Beruf. Geltung und Zugang zu den Ämtern haben oft nur die Bemittelten im Dorf, sie bilden von nun an die privilegierte Klasse gegenüber den Kleinen, den Leerhäuslern, Taglöhnern und Besitzlosen. Der Zinsbauer bleibt mit der Hufe, auf der ihn sein weltlicher oder geistlicher Herr angesiedelt hat, zunächst noch verbunden. Aber das ursprünglich absolute Herrschaftsverhältnis wandelt sich zu einer Art Vertragsverhältnis mit einklagbaren Festlegungen (38). Die Reduzierung leibrechtlicher Bindungen in Mitteleuropa bedeutet sonach noch nicht eine volle Freizügigkeit. Die Formen der Abhängigkeit gestalten sich regional unterschiedlich. Meist wird die Abhängigkeit im 14. Jahrhundert wegen des Bevölkerungsrückgangs, auf den unten noch näher eingegangen wird, in den westelbischen Gebieten nochmals verschärft, im 15. Jahrhundert aber wieder gelockert. In Süddeutschland war nach dem Mittelalter eine Bindung an die Scholle faktisch nicht mehr gegeben. Die grundsätzliche Abhängigkeit zeigt sich aber weiterhin in der Form, daß auch bei Höfen, die vererbbar und sogar veräußerbar sind, für den Besitzwechsel oder ein Aufgeben des Hofes die formelle Zustimmung des Grundherrn eingeholt und eine Abgabe geleistet werden muß. Braunschweig hob als erstes deutsches Land 1433 die Leibeigenschaft ausdrücklich auf, Kurmainz 1522. Wenn in Verfassungen des 19. Jahrhunderts die Abschaffung der Leibeigenschaft förmlich dekretiert wurde, so entsprach dies im allgemeinen nur dem durch die historische Entwicklung längst eingetretenen Zustand. Auch die bayerische Konstitution von 1808 enthält eine entsprechende absichernde Bekundung, obgleich es nach Auffassung so namhafter Historiker wie Riezler und O. Brunner zumindest in Altbayern keine Leibeigenschaft gab. Freie Bauern auf eigener Scholle blieben aber bis zum 19. Jahrhundert die Ausnahme.

Der deutsche König, der bis ins hohe Mittelalter großzügig Land verschenken konnte, hat seit dem 13. Jahrhundert seine überragende Stellung als Grundherr eingebüßt.

Die Gesellschaft des Mittelalters blieb in Gruppen gegliedert. Da aber jeder Gruppe auch eine ganz spezielle Aufgabe zugeteilt war, erschien dies verständlich und unabänderlich. Der sozialen Ungleichheit stand der Gedanke einer menschlichen Gleichheit nicht im Wege, wie er in dem Lehrgedicht, das Hugo von Trimberg um 1300 in Bamberg niederschrieb, seinen literarischen Ausdruck fand:

> Pfaffen, ritter und gebure
> sint all gesippe von nature
> unt syln gar brüderlichen leben.

Diese Ordnung wurde auch dann nicht grundsätzlich in Zweifel gezogen, als auf dem Lande ein neues gesellschaftliches Bewußtsein und Lebensgefühl einzog und als der nun selbständig wirtschaftende Mensch nach und nach einige, wenn auch eng begrenzte politische Rechte errang.

1.6 Bevölkerungsentwicklung im späteren Mittelalter

Die wirtschaftliche und soziale Lage des Bauerntums gestaltete sich im späteren Mittelalter verhältnismäßig gut, so daß sogar die Auffassung vertreten werden konnte, sie sei nie mehr besser gewesen (39). Die günstige Entwicklung schlug aber im 14. Jahrhundert um. Schon 1315/1317 hatten katastrophale Mißernten Hungersnöte ausgelöst. Im Sommer 1342 verwüsteten sintflutartige Regenfälle und Hochwasser das Maingebiet, das südliche Thüringen sowie Niedersachsen und schädigten die Ertragsfähigkeit in weiten Landstrichen nachhaltig. Da und dort aufflackernde Epidemien dezimierten die Bevölkerung; am schlimmsten aber wütete die große Pest, die sich zwischen 1347 und 1351 von der Krim kommend über Europa wälzte und ein Drittel der Bevölkerung dahinraffte. Von dem ersten verheerenden Pestzug blieben Franken und auch Böhmen und Polen noch ausgespart; spätere Seuchenzüge schonten dann auch diese Gebiete nicht mehr. Die Wiederkehr des epidemischen Auftretens des »Schwarzen Todes« wurde nach einem Jahrhundert ganz allmählich seltener, 1720/21 suchte die Geißel Gottes letztmals Europa heim. Die erhöhte Geburtenhäufigkeit, die nach dem ersten Auftreten der Pest einsetzte, wurde von einer schweren Agrarkrise überschattet. Die Agrarpreise sanken, während die Preise gewerblicher Erzeugnisse anstiegen. Dazu brachte auch noch eine Münzverschlechterung die Volkswirtschaft in Unordnung. Im Zuge des Bevölkerungswachstums bis zur Mitte des 14. Jahrhunderts war viel Siedlungsland erschlossen worden, nun werden Siedlungsplätze wieder aufgegeben und vom Wald zurückerobert. Die Zahl der Ortswüstungen – überwiegend kleinere Siedlungen – ist regional sehr verschieden, ebenso der zeitliche Ablauf des Wüstfallens, der bis ins 16. Jahrhundert reicht. Die Ursachen sind vielfältig. Sie sind nicht nur in ökonomischen Gründen zu suchen, sondern wohl auch in der geistigen Verfaßtheit jener Zeit. Das Wüstfallen beschränkte sich nicht auf Böden mit geringen Erträgen, auch Böden höherer Bonitäten in günstigem Klima werden aufgegeben. In manchen Gegenden mögen auch die häufigen Fehden, in denen sich die Grundherren bis zur Verkündung des »Ewigen Landfriedens« (1495) durch Kaiser Maximilian I. an den Untertanen des Gegners austobten, Bauern zum Abzug in größere Dörfer bewogen haben. Ein guter Teil der Wüstungen schloß die vorhandenen Waldstücke zu großen Forsten, ein kleinerer Teil kam seit dem 16. Jahrhundert allmählich wieder unter den Pflug (40). Die aufgegebenen Siedlungen und Äcker haben im Gelände, das dem Wald wieder zugefallen ist, Spuren hinterlassen, in Wüstungsnamen leben sie noch heute fort. Durch die zahlreichen Städtegründungen und das aufblühende Leben in ihnen war zudem die Landflucht begünstigt worden, ein Phänomen, das zu der Zeit wörtlich zu nehmen ist; denn die Grundherren trachteten den Abzug ihrer Grundholden und Eigenleute mit Gewalt zu verhindern. Den flüchtigen Leibeigenen aus der Stadt zurückzuholen, war meist schwierig, das Recht auf Rückholung mit Zwang erlosch, wenn der Eigenmann ein Jahr und einen Tag untergetaucht war. Auch in Rom galt einst für entlaufene Sklaven eine Verjährungsfrist von Jahr und Tag. Wer seinem Leibherrn entkommen war und in der Stadt Aufnahme gefunden hatte, den suchte die Stadt nach Möglichkeit zu schützen. Eine Lindauer Stadtrechtsurkunde aus dem Ende des 13. Jahrhunderts drohte jedem Bürger den Verlust seines Grundvermögens an, falls er einen anderen an seine bisherige Leibherrschaft verriete, so daß der Leibherr den Untertan samt Familie in die frühere Abhängigkeit zurückholen könnte. Dazu war noch eine Geldstrafe zu verhängen. Konnte sie nicht aufgebracht werden, so war ein Stadtverweis zu verhängen, bis die Geldbuße erlegt war.

Viele Landleute wanderten auch in die dünn besiedelten Ostgebiete ab, wo ihnen ein freieres Leben als in der Heimat in Aussicht stand.

Verschlimmert wurde die Situation der Bauernschaft in vielen Gegenden noch dadurch, daß sich die wirtschaftliche Lage der ritterschaftlichen Grundherren durch die Minderung ihrer Einkünfte – in besonderen Fällen bis auf ein Drittel – verschlechtert hatte. Das Rittertum verrohte zum Teil, Ritter entarteten zu Wegelagerern und plünderten die Untertanen ihrer Gegner aus.

Erst in der zweiten Hälfte des 15. Jahrhunderts, in manchen Gegenden noch später werden die Bevölkerungsverluste des 14. Jahrhunderts allmählich ausgeglichen. Anschließend ist dann wieder ein Bevölkerungsanstieg zu verzeichnen. Gegen Ende des Mittelalters stieg auch der Lebensstandard der bäuerlichen Bevölkerung wieder leicht an, die Ausdehnung der Weideflächen erlaubte eine größere Viehhaltung. Der Aufschwung, der im 16. Jahrhundert voll zur Wirkung kam, erreichte in den meisten Ländern Europas nicht wieder die Agrarproduktion und die ländliche Siedlungsdichte des 13. Jahrhunderts (41).

Im hohen Mittelalter sind die schon ursprünglich ungleich großen Hofstellen meist bereits geteilt, in vielen Dörfern ist um 1300 eine Besitzzersplitterung eingetreten mit großen wirtschaftlichen und sozialen Unterschieden (42). In manchen Gegenden, wie zum Beispiel in einem großen Teil Frankens, führte eine ungehemmte Aufteilung des Besitzes an die gleichermaßen erbberechtigten Kinder im weiteren Verlauf dann zu einer Atomisierung der landwirtschaftlichen Betriebe; in anderen Ländern hingegen, wie im Herzogtum Bayern, verhinderte das Erbrecht eine solche Entwicklung.

1.7 Der Beginn der Selbstverwaltung in Stadt und Dorf

Die alten Römerstädte in Deutschland, wie Trier, Köln, Augsburg oder Regensburg, hatten zwar in der Völkerwanderung nicht gänzlich aufgehört zu existieren, aber Bedeutung und Einwohnerzahl waren stark gesunken. Die Stadt mit staatsrechtlichen Funktionen entwickelt sich dann im Mittelalter erst aus dem Markt. Nicht alle Marktorte der Karolingerzeit konnten allerdings zu Städten aufsteigen (43). Der Marktfriede genießt besonderen Schutz, die Sicherung des Friedens läßt sich der Landesherr durch den Marktzoll vergüten.

Zur Abwehr ungebetener Gäste werden um den Markt oder die Stadt Wall und Graben, Palisaden und schließlich Mauern aufgerichtet; der Ansturm slawischer, normannischer und ungarischer Horden machte im 10. Jahrhundert ohnehin die Befestigung von Plätzen strategisch notwendig. Dem geschlossenen Militär-, Verwaltungs- und Gerichtsbezirk der Stadt stehen zunächst als Beauftragte des Königs der Stadt- oder Burggraf und der (Reichs-) Schultheiß vor, oder – nach den zahlreichen Städtegründungen der Fürsten im 12. bis 14. Jahrhundert – ein landesherrlicher Vogt. Bis ins Hochmittelalter unterscheidet sich weder in der organisch gewachsenen noch in der systematisch angelegten Stadt die Herrschaftsstruktur im Grundsätzlichen von derjenigen am Dorf. Nicht Bürgerfreiheit und Selbstverwaltung stehen am Anfang, sondern Leibeigenschaft und die Unterscheidung nach Machtausübenden und Machtunterworfenen. Erst allmählich – etwa 100 Jahre später als in Italien – setzt sich der genossenschaftliche Wille einer aus der Leibeigenschaft langsam sich befreienden Bürgergemeinde mit Hilfe des an Wert und Macht steigenden gemünzten Geldes, des frühen »Kapitalismus«, durch. Die Genehmigung zum Bau eigener Rathäuser als Zentrum der Selbstverwaltung mußten sich die Bürgergemeinden im Laufe des 12. und 13. Jahrhunderts erst erringen (44). Seit dem 13. Jahrhundert verliert in den Städten die persönliche Abhängigkeit nach und nach an Bedeutung. In den Ministerialen war eine erste Führungsschicht herangewachsen, die aber im 14. Jahrundert in vielen Städten von Kauf- und Geldleuten mehr oder weniger verdrängt wird. Schließlich müssen in vielen Städten die letzteren die Macht mit dem organisierten Handwerk teilen. Der Aufstieg des Bürgertums zu Freiheit und Selbstregiment vollzog sich während des hohen Mittelalters inmitten einer noch durch und durch feudalen Gesellschaft, über die durch die bürgerliche Entwicklung ein Auflösungs- und Differenzierungsprozeß hereinbrach (45).

Einer Reihe von Städten, besonders in Franken und Schwaben, gelang es, die einer vollen Souveränität fast gleich zu achtende Reichsunmittelbarkeit zu erringen, während andere Städte zwar die Verwaltung in die Hand bekommen konnten, aber in die landesherrliche Verwaltung und Rechtsprechung eingebunden blieben. Manche Stadt verlor ihre Reichsfreiheit, indem sie dem Territorium eines Landesherrn nachträglich noch eingegliedert wurde. Dieses Schicksal ereilte zum Beispiel Feuchtwangen im Jahre 1376, als das Reich Stadt und Vogtei an den Hohenzollerschen Burggrafen von Nürnberg verpfändete und dieses Pfand nicht mehr einlöste, worauf sich Feuchtwangen mit der Rolle einer markgräflich-ansbachischen Land- und Amtsstadt abfinden mußte. Auf besondere Weise büßte Donauwörth seine Reichsunmittelbarkeit ein: Die Stadt wurde 1607 in die Acht erklärt, weil der protestantische Bevölkerungsteil 1606 eine Prozession der Katholiken behindert und verhöhnt hatte. Der bayerische Herzog Maximilian, mit dem Vollzug der Strafmaßnahme vom Reich betraut, verleibte die Stadt als Ausgleich für die vom Reich nicht bezahlten Aufwendungen seinem Territorium ein.

Die gegenüber der städtischen Bürgergemeinde gänzlich andersartige Struktur auf dem Lande mußte sich auch in der gesellschaftlichen Entwicklung abzeichnen. Auf dem Dorf war der Markungsverband entstanden. In den frühen Stammesrechten finden sich naturgemäß noch keine Hinweise auf derartige Verbände sondern nur auf Rechtsverhältnisse zwischen den unmittelbaren Nachbarn. Erst in dem zwischen 1221 und 1227 entstandenen Sachsenspiegel tritt die Gemein zutage. Um einiges später als in den städtischen Gemeinwesen setzt im Dorf das Streben nach einer, wenn auch beschränkten Selbstverwaltung ein. Der Anstoß hierzu kam in Deutschland aus der Dorfgemeinschaft selbst. Grundherr und Dorfherr überließen in örtlich unterschiedlichem Ausmaß den Dorfbewohnern, das Zusammenleben und Zusammenwirtschaften im Dorf zu regeln. Zwangsläufig mußte es dabei über die Abgrenzung der gegenseitigen Rechte und Pflichten zu Auseinandersetzungen kommen.

Regelungsbedarf bestand für die Gemeinschaft der Dorfbewohner vornehmlich für folgende Sachfragen: Wegeinstandhaltung, Gewässerschutz und Bewässerungsanlagen, Benutzung der Dorfbrunnen, Feuerschutz und Baupolizei, Flurschutz und Schädlingsbekämpfung, Beginn der Feldbestellung, der Erntearbeiten und des Weidebebetriebs auf den abgeernteten Feldern, Nutzung der Allmende und Waldweide, Bestellung der Dorfhirten und Nachtwächter, Haltung des Stiers (in Bayern Jodl – Jodlbauer), des Ebers, des Ziegenbocks usw., dann die Aufsicht über Pfarrhof und Widumgüter, über Maß und Gewicht, über Gewerbewesen, über Gemeinschaftseinrichtungen wie Badehaus, Backhaus, Flachsdarre, Obstdarre, Sudhaus, Traubenkelter, ferner die Unterhaltung von Dorfschmiede und Mühlen, im Norden auch des Dorfkrugs, schließlich die Beaufsichtigung der Zäune und der Grenzen der Dorfmark, der Grenzen der Wege und der Einzelgrundstücke. In manchen Dörfer war im übrigen von vornherein oder zumindest am Ende des Mittelalters keine Allmende vorhanden; in der Bodenseegegend z. B. gab es so gut wie kein Gemeindeland. Bei der Gestaltung von Dorfrecht, dörflicher Selbsverwaltung und Dorfämtern konnte auf vorhandene Vorbilder, das Schöffenrecht und das eben entwickelte Stadtrecht, zurückgegriffen werden.

Die dörfliche Gemeinschaft bestand wohl von vornherein oder doch sehr bald nicht aus völlig gleichrangigen Mitlgiedern. Vielmehr ragen aus der »Gemein«, nämlich aus der Gesamtheit der Dorfbewohner einschließlich Handwerkern ohne Landwirtschaft, Leerhäuslern und Taglöhnern, die Hofstelleninhaber heraus, die Markgenossen mit ihren Nutzungsrechten an der Allmende. In der Durchsetzung von Selbstverwaltungsrechten der Dorfschaften zeichnet sich das von West nach 0st verlaufende allgemeine Entwicklungsgefälle ab. In Nord- und Ostfrankreich wurden schon im 12. Jahrhundert zahlreichen Gemeinden umfangreiche Privilegien verliehen. Richtungsweisend wurde das Selbstverwaltungsrecht, das der Bischof von Reims 1182 dem neu gegründeten Dorf Beaumont-en-Argonne an der Maas nördlich von Verdun gewährte, das sogenannte Börnerrecht (46). Von der Mitte des 13. Jahrhunderts an wurde die »loi de Beaumont« auf 55 linksrheinische deutsche Gemeinden übertragen. Die Meier, die Schöffen und die Amtsträger mit politischen Aufgaben wurden hier von der dreimal jährlich einberufenen Dorfversammlung gewählt. Die Einwohner waren frei, konnten sich nach ihrer Wahl verheiraten, mußten aber Steuer zahlen. Rund 100 anderen Dörfern wurde ein beschränktes Stadtrecht gewidmet, vornehmlich das Stadtrecht von Frankfurt, wobei Verwaltung und Rechtsprechung jedoch der Dorfherrschaft vorbehalten blieben (47). Auch sonst hatte in verschiedenen norddeutschen und rheinischen Dörfern die Dorfherrschaft schon im hohen Mittelalter die Wahl von »Bauermeistern« und das Recht zur »Einung« zugestanden und eine beschränkte Selbstverwaltung eingeräumt (48).

Die Entwicklung am Rhein konnte Franken und Schwaben nicht unberührt lassen. Aus Weistümern mainfränkischer Dörfer geht hervor, daß der herrschaftliche Schultheiß bei der Regelung derjenigen Angelegenheiten, die den Dorfherrn nicht berührten, an den Mehrheitswillen der Dorfgenossen gebunden war (49). Im fränkischen Dorf regte sich politisches Bewußtsein, verbunden mit Solidaritätsgefühl sowie der Wille, am dörflichen Gericht mitzuwirken und die Ordnung in Dorf und Flur selbst zu regeln. Die »Gemein« als dörflicher Aktionsverband formiert sich seit dem 14. Jahrhundert in der Auseinandersetzung mit der Herrschaft. So stellt sich seit dem Hoch- oder Spätmittelalter die Landgemeinde als »handlungsfähiger, mit gewissen Selbstverwaltungsrechten ausgestatteter, bäuerlich-genossenschaftlicher Verband« dar, als eine »Rechtsgemeinschaft, die Zwangsgewalt ausübt« (50), wenn auch keinesfalls von einer politischen Gemeinde im heutigen Sinne die Rede sein kann. Auf Altsiedelland ist die Gemeinde aus einer Nachbarschaft zu einer Korporation zusammengewachsen. Auf Neusiedelland hingegen konstituiert sich die Gemeinde schon mit dem Akt der gemeinsamen Niederlassung. Der Grad gemeindlicher Selbständigkeit und Freiheit war von Land zu Land und manchmal selbst von Dorf zu Dorf unterschiedlich. Die höchste Stufe der Selbständigkeit erklommen jene Gemeinden, denen es gelang, eine über die Einhaltung der Dorf- und Flurordnung hinausgehende niedere Gerichtsbarkeit im Dorfgericht an sich zu ziehen. Eine derart gehobene Rechtsposition konnten sich zum Beispiel Dörfer in Mittelschwaben auf Dauer sichern.

Kaum berührt wurden von dieser Bewegung die Gebiete mit lockerer Siedlungsweise, etwa die Einzelhöfe und Weiler Niedersachsens und großer Teile Altbayerns. Hier bestand nur wenig Bedarf für eine institutionalisierte Gemeinschaftsordnung. Auffallend ist im übrigen, wie sehr das Niveau gemeindlichen Lebens und gemeindlicher Selbstverwaltung beim Übergang von bambergischem Gebiet in das Gebiet von Brandenburg-Kulmbach abfällt (51). Die maßgeblichen Gründe für den Entwicklungsrückstand im Quellgebiet des Mains werden darin gesehen, daß in den östlichen Teilen Frankens Besiedlung und Erschließung später einsetzten, die grundherrschaftliche Zersplitterung sehr viel geringer war, der Boden schlechter und das Klima rauher ist und daß die landesherrliche Organisation in der Markgrafschaft straffer war. Der fürstliche Absolutismus, den auch die geistlichen Landesherren in Franken durchzusetzen suchten, konnte in den Hochstiften Bamberg und Würzburg bei den obwaltenden rechtlichen Verhältnissen nicht voll durchgreifen. In der stärker vereinheitlichten Markgrafschaft hingegen hatte diese Regierungsform keine größeren Widerstände zu überwinden.

1.8 Dorfämter

Dorf und Dorfrecht weisen am Ende des Mittelalters eine große, kaum zu überblickende Vielfalt auf, aus der sich nur unter starker Vereinfachung gemeinsame Züge herausheben lassen (52). Entsprechend haben sich auch die Ämter im Dorf regional sehr verschieden ausgebildet. Vor allem bei den leitenden Stellen besteht eine schwer überschaubare Mannigfaltigkeit.

Die einzelne Hofstelle stand in einem Abhängigkeitsverhältnis zu ihrem Grundherrn und war einem bestimmten Vogtei- oder Gerichtsherrn unterworfen. Grundherr und Gerichtsherr waren oftmals nicht identisch. Über allgemeine Gebote und Verbote im Dorf, über die Unterhaltung der gemeindlichen Einrichtungen und über gemeinschaftliche Nutzungen mußten sich dann die verschiedenen Herren untereinander und mit der Bauernschaft einigen. Eine Mehrherrigkeit brachte dem Dorf im allgemeinen mehr Vor- als Nachteile. Sie stärkte die Verhandlungsposition der Dorfvertreter gegenüber der Herrschaft. Bei einer kriegerischen Auseinandersetzung zwischen den Dorfherren war das Dorf vor dem Abbrennen durch eine der Parteien mit einiger Wahrscheinlichkeit sicher.

Allmählich bildete sich der Begriff Dorfherrschaft oder Dorfobrigkeit heraus, wobei ein Nebeneinander mehrerer Dorfherren in Franken und Schwaben keine Seltenheit war. Im Laufe der Zeit setzten sich dann oft die Mächtigsten, insbesondere Landesherren, die Inhaber der meisten Vorgteirechte oder die besonders Skrupellosen als alleinige Dorfherren durch. Der Begriff einer »Dorf- urd Gemeinherrschaft« war im übrigen im Hochstift Bamberg noch im 17. Jahrhundert nicht durchweg geläufig (53). Manche fränkischen Dörfer konnten sogar umgehen, einen Dorfherrn anzuerkennen (53a). Im Gegensatz zu Franken war Althayern im Spätmittelalter zu einem geschlossenen Landesgebiet zusammengewachsen. Auch im schwäbisch-alemannischen Südwesten Deutschlands umfaßte die Territorialherrschaft längstens seit dem 16. Jahrhundert geschlossene Gebiete, in denen die einzelnen Dorfmarkungen einfache Herrschaftsstrukturen aufwiesen.

Repräsentant der Dorfherrschaft war der von ihr eingesetzte **Schultheiß** (scultetus), in der Markgrafschaft Kulmbach-Bayreuth der Richter, im Osten der Schulze, an der Mosel der Hofmann, in den Hofmarken in Bayern der Ammann. Der Schultheiß wurde aus den der Vogtei unterworfenen oder zur Markung gehörenden Leuten genommen. In Schwaben wurde der Gemein im 15. Jahrhundert die Mitsprache bei der Besetzung des Schultheißenamts eingeräumt.

In manchen Herrschaften gelang es schließlich der Bauernschaft – in Württemberg im 30jährigen Krieg (54) –, die Wahl des Schultheißen an sich zu ziehen. Der Dorfherrschaft blieb jedoch in jedem Fall ein Einspruchsrecht oder zumindest die förmliche Ernennung vorbehalten. Das Amt des Schultheißen wurde meist auf Lebenszeit vergeben, in manchen Gegenden des Nordens und Ostens konnte es sogar erblich werden.

Der Schultheiß war zunächst eine Art Aufsichtsorgan der Grundherrschaft über die hörigen Bauern; er überwachte die fälligen Leistungen an den Grundherrn, die Abgaben und Frondienste. Aufgabenbereich und Rang des Schultheißen waren aber unter den verschiedenen Herrschaften nicht gleich, sie wandelten sich außerdem mancherorts im Laufe der Jahrhunderte. Neben der Interessenvertretung des Grundherrn konnte dem Schultheiß auch die Repräsentation des Dorfes zufallen sowie ein mehr oder weniger starker Einfluß auf die Verwaltung der Gemeinde einschließlich ihres Vermögens. Waren in dem Dorf mehrere Herrschaften auf Grund der Untertanenverhältnisse bestimmend, so wurden ebensoviele Schultheißen eingesetzt und entsprechend viele Fronhöfe oder Rathäuser eingerichtet, falls sich die Herrschaften nicht auf einen gemeinsamen Schultheiß einigen konnten. In dem Dorf Hohenfeld am Main (LKr. Kitzingen) walteten im Jahre 1458 nicht weniger als vier Schultheißen ihres Amtes. Andererseits konnte aber auch für mehrere kleine Dörfer ein gemeinsames Schultheißenamt eingerichtet sein. Seit Beginn der Neuzeit wurden im Zuge des Ausbaues der landesherrlichen Verwaltung in vielen Herrschaftsgebieten, zum Beispiel im Hochstift Würzburg, dem Dorfschultheißen mehr und mehr Aufgaben übertragen, womit sich Bedeutung und Ansehen der dörflichen Selbstverwaltung entsprechend minderten. Die höchste Autorität im Dorfe verlagerte sich vom »Bauermeister« auf den Schultheiß.

Neben dem Schultheiß, dessen Amt zumindest ursprünglich als Vertretung der Dorfherrschaft aufgefaßt wurde, erscheint in manchen Gegenden ein von der Gemein oder bestimmten Wahlmännern gewählter Dorfvorsteher oder -verwalter. Häufig ist die Bezeichnung für ihn »**Bauermeister**« (Franken), »Bannmeister« oder »Dorfmeister«, auch »Dorfführer« oder einfach »Führer«, später auch »Bürgermeister« – vor allem in Marktgemeinden –, in Westfalen »Markmeister«, im Herzogtum Württemberg »Heimbürge« oder »Dorfbürgermeister«, in Nordhessen und Thüringen

»Heimbürge«, in Nieder- und Oberhessen auch »Grebe«, an der Mosel »Zender«, im Westen von Trier »Honne«. In manchen Territorien, z. B. im Bambergischen, sind regelmäßig zwei Dorfmeister zu finden. In Bayern sowie in Teilen Schwabens und Frankens tritt an die Stelle des Bauermeisters als Dorfführer ein Kollegium von vier gewählten Männern, die »Vierer«, in Bayern auch »Gmeiner« genannt. Im Hochstift Fulda waren unter den Vierern des Dorfes Bauern und Hübner in gleicher Zahl vertreten. Ähnliche Beispiele gibt es in Schwaben. Im Dorf Großelfingen, das der Reichsstadt Nördlingen unterstand, wählten die Bauern zwei Vierer aus den Seldnern, die Seldner hinwiederum zwei Vierer aus den Bauern, womit Besitzende und Besitzlose in gleicher Weise vertreten waren (55). Abweichungen von der Zahl Vier kommen auch gelegentlich vor, zum Beispiel die »Fünfer« in Trochtelfingen bei Nördlingen. In den Dörfern der Reichsstadt Nürnberg wurde die Bezeichnung »Vierer« auch dort beibehalten, wo ausnahmsweise nur zwei oder drei Vierer bestellt waren. In Oberhessen sind die »Vierer« noch im 16. und 17. Jahrhundert unter oder neben dem Heimbürgen oder Greben belegt (56). Im Schwäbischen traten bis zum 18. Jahrhundert an die Stelle der Vierer oder Vierleut meist zwei Bürgermeister (57).

Häufig behielt sich die Herrschaft die Bestätigung der Wahl der Bauermeister oder Vierer usw. vor, vielfach eine reine Formsache. In anderen Fällen hingegen war es die Herrschaft selbst, die die Vierer bestimmte. In Dörfern mit mehreren Grundherren bestand manchmal eine Absprache, daß die Vierer aus den Hintersassen der verschiedenen Grundherren genommen werden mußten.

Die Amtszeit eines Bauermeisters war regelmäßig ein Jahr, teilweise auch länger. Wo aber zwei Bauermeister oder wo Vierer aufgestellt waren, dauerte die Amtsperiode im allgemeinen zwei Jahre. Jedes Jahr wurden für den einen der beiden Bauermeister beziehungsweise für zwei der Vierer Nachfolger gewählt. Als Wahltermin tritt besonders häufig der Georgitag auf (23. April).

Das Neben- und Miteinander von herrschaftlichem Schultheiß und den von der Gemeinde gewählten Vertretern ist jedoch nicht überall anzutreffen. In der Mehrzahl der zur Reichsstadt Nürnberg gehörenden Dörfer gab es nur gewählte oder aber von der Dorfherrschaft eingesetzte Vierer (58). Auch im östlichen Franken mit seinem wenig entwickelten dörflichen Gemeindeleben fehlt vielfach der Dorfmeister, die gesamte Verwaltung obliegt dem Schultheiß (59).

Aufgaben und Befugnisse der Bauermeister, Vierer usw. waren von Dorf zu Dorf verschieden. Konnten sie in dem einen Dorf Gebote und Verbote selbständig erlassen, so bedurften sie im nächsten Dorf desselben Landesherrn der Zustimmung der Gemeinde oder des herrschaftlichen Ammanns. In wieder anderen Dörfern war nur der Ammann oder nur der von der Herrschaft eingesetzte, mit richterlicher und administrativer Gewalt ausgestattete Schultheiß berechtigt, Anordnungen zu treffen. Im Aufgabenkatalog der Bauermeister und Vierer finden sich vor allem die Verwaltung des Gemeindevermögens, dann besonders häufig die Kontrolle der Herdstellen auf Feuersicherheit, die Aufsicht über Nachtwächter und Gemeindehirt, über die Gemeindegründe, den Pfarrhof und die Widumgüter sowie über die Instandhaltung der Wege und Stege. Auch die regelmäßige Begehung und Besichtigung »zu Dorf, Holz, Acker und Mahd« war ihnen in manchen Dörfern zur Aufgabe gestellt und dazu gehörte außerdem die Feststellung von Schäden und die Schlichtung von Genzirrungen. Der Bauermeister berief die jährliliche Versammlung der Dorfgemeinschaft ein, in der das Dorfrecht verlesen und über die wichtigsten gemeindlichen Fragen Beschlüsse gefaßt wurden. Die Vierer hatten meist auch die Befugnis, Bußen zu verhängen und Testamente aufzunehmen. Sie traten dann häufig als Gemeindeausschuß neben den Bauermeistern oder Bürgermeistern auf; ihre Zahl erweitert sich vielfach zu Gremien der Fünfer, Sechser, Siebener bis Zwölfer, manchmal ohne Änderung der Bezeichnung »Vierer«. Um das 16. Jahrhundert besteht in der Nürnberger Gegend die Tendenz, die Ämter im Dorf zu verdoppeln, um Bauern und Söldner gleichermaßen beteiligen zu können (60).

Gegen Ende des Mittelalters wurde der Lehensstaat vom Territorialstaat abgelöst, der in Idee, Struktur und Organisation andere Züge aufweist. Ein Ämtersystem mit Vögten, Amtmännern, Drosten, Pflegern, Kastnern, Landrichtern und anderen Amtsinhabern tritt an die Stelle der bisherigen Amtsträger. Das herkömmliche Gewohnheitsrecht wird allmählich durch das von den Obrigkeiten gesetzte Recht abgelöst. Die Straffung der landesherrlichen Verwaltung im 16. Jahrhundert und vollends der Absolutismus des 17. und 18. Jahrhunderts bauten die Gemeindeautonomie in vielen Ländern mehr und mehr ab. Im Hochstift Würzburg etwa war, wie oben schon angedeutet, gegen Ende des Alten Reiches die dörfliche Verwaltung weitgehend in die Hände des Schultheiß übertragen, wovon die Schrift des Schultheiß von Wipfeld am Main (LKr Schweinfurt) vom Jahre 1794 beredtes Zeugnis ablegt (61). Die Gemeinde wurde hier allmählich zum untersten Verwaltungsorgan des Staates, wenn auch im Laufe der Zeit die Wahl des Schultheiß vielfach der Dorfversammlung übertragen worden war. Der Bauermeister wurde im Hochstift Würzburg schließlich zum Vertreter des Schultheiß. Ähnlich war die Entwicklung in Nordhessen, während sich im Hochstift Bamberg und ganz besonders im Hochstift Eichstätt die gemeindliche Autonomie in großem Umfang halten konnte. In Eichstätt setzte erst die bayerische Verwaltung 1805 den Schultheiß ein und ordnete ihm aus den bisherigen Vierern zwei Gehilfen bei (62). Im Herzogtum Bayern besaßen die Dörfer schon zu Beginn der Neuzeit selbst in internen gemeindlichen Angelegenheiten nur sehr beschränkte Kompetenzen. In den Hofmarken dirigierte weitgehend der herrschaftliche Ammann, in den übrigen Dörfern, den »landgerichtischen«, das heißt dem herzoglichen Landgericht unmittelbar unterstehenden, besorgte der Landrichter über seine »Schergenämter« die dörfliche Verwaltung.

Nach städtischem Vorbild wurde in Märkten und manchen größeren Dörfern späterhin ein Ratskollegium berufen; es konnte aus einem Inneren beschließenden Rat und einem Äußeren lediglich anzuhörenden Rat bestehen. Auf die Mitglieder des Rates oder des Dorfge- richts wurden spezielle Aufgaben verteilt, wie Bauaufsicht, Feuerpolizei, Gesundheitspolizei usw.

Unter den niederen Ämtern waren es vor allem die Dorfhirten, dann die Fluraufseher oder Flurer, die württembergischen »Feldsteußler«, sowie der Dorfknecht oder Weibel, später in Franken der »Polizeidiener«, die in den Dörfern normaler Größe regelmäßig anzutreffen waren.

1.9 Das Dorfgericht

Der Besitz der Grundherrschaft in einem Dorf wurde im Mittelalter häufig zu einem Ansatzpunkt für die Erlangung der Dorfherrschaft. In Franken und Schwaben aber führte die Entwicklung oftmals dahin, daß Gerichtsbarkeit, Dorfherrschaft und Grundherrschaft in verschiedenen Händen lagen und außerdem die einzelnen Anwesen eines Dorfes sowohl verschiedenen Gerichtsherren als auch verschiedenen Dorfherren und verschiedenen Grundherren zugeordnet waren. Dazu kam früher die Leibherrschaft als Verfügungsrecht über die Person und die Familie, und außerdem noch die Zehentpflichtigkeit zu einem

Zehentherrn. Bei kirchlichem Besitz spielte zudem noch der Vogt als Inhaber des Gerichts im Konzert der Herrschaftsausübenden mit. Die Herrschafts- und Rechtseinheiten des Mittelalters waren ja ursprünglich, wie schon erwähnt, nicht Gebietskörperschaften sondern Personalverbände. Die kleinräumige Vermischung und Überlagerung der Rechtsbereiche mußte notwendigerweise für mancherlei Kompetenzstreitigkeiten zum Anlaß werden. Während im Südwesten Deutschlands die Familien des Hochadels meist Grundherrschaft, Leibherrschaft und Gerichtshoheit auf sich vereinigen konnten, entstanden in Franken und Schwaben, zum Teil wohl auch in Hessen in einzelnen Dörfern recht groteske Gemenge der Herrschaftsrechte. Die Aufspaltung konkurrierender Mächte konnte von manchem Dorf dazu genutzt werden, gegenüber den Herrschaften größere Mitspracherechte und eigene Kompetenzen durchzusetzen und gegen die Vorrechte des niederen Adels vorzugehen. Vor allem in den Landschaften territorialer Zersplitterung konnte das Dorf im späteren Mittelalter neben Aufgaben der inneren Verwaltung auch solche der niederen und freiwilligen Gerichtsbarkeit, zum Beispiel Verhängung kleinerer Geldbußen und Testamentsabfassung, von dem herrschaftlichen Schultheiß abziehen und selbst in die Hand bekommen (63). Diese Entwicklung war regional recht verschieden.

Etwa seit dem 13. oder 14. Jahrhundert bildet sich in vielen Gegenden das »Dorfgericht«, in der Pfalz und am unteren Main bis etwa Aschaffenburg »Hubgericht« genannt, an der Mosel »Hubengericht«, in Franken »Mahel« oder »Mal«, in Hessen auch »Ortsgericht« oder »Haingericht«. In Württemberg erhielten selbst kleine Gemeinden ein »Hubengericht« (64). Das Dorfgericht wurde im Auftrag der Gemein oder auch der Dorfherrschaft vom Dorfrichter einberufen und geleitet. Der Richter wurde entweder von den Dörflern gewählt und von der Herrschaft bestätigt oder überhaupt von der Herrschaft bestimmt. Das Urteil fällten die Schöffen, die häufig mit den Vierern personengleich gewesen zu sein scheinen (65). Ein Schöffenkollegium von sieben oder zwölf Personen war vor allem im Gebiet fränkischen Rechts zu finden, auch in Teilen Ostdeutschlands, während es in Norddeutschland noch lange dabei blieb, daß die Gesamtheit der Stimmberechtigten im Dorf über das Urteil abstimmten. Die Anwesenheit beim Dorfgericht, das an feststehenden Terminen zwei- oder dreimal im Jahr zusammentrat, war für den Vollbürger der Gemein strenge Pflicht. Im allgemeinen bestand auch das Gebot, daß jeder, der von einer strafbaren Handlung Kenntnis hatte, diese zur Anzeige bringen mußte. Manchmal hatten auch mehrere Dörfer ein gemeinsames Dorfge- richt (66), im schwäbischen Ries 6 bis 20 Dörfer (66 a).

Mit dem Abbau der gemeindlichen Autonomie zogen viele Vorgteiherrschaften früher oder später die Befugnisse der Dorfgerichte an ihr Herrschaftsgericht. Dem Dorf blieben oft nur noch sehr beschränkte Kompetenzen auf dem Gebiet des Strafrechts und der freiwilligen Gerichtsbarkeit, die schließlich vom Schultheiß oder Dorfmeister im Verwaltungsweg und nicht mehr im förmlichen Gerichtsverfahren wahrgenommen wurden. Aber selbst im Hochstift Würzburg fungierte das Dorfgericht noch bis zum Ende des 18. Jahrhunderts als Selbstverwaltungsorgan für innerdörfliche Angelegenheiten (67). Die sogenannten »Ehehaftsgerichte« in den Dörfern des Hochstifts Eichstätt konnten ihre Zuständigkeiten im wesentlichen erhalten, bis sie 1809 ausdrücklich abgeschafft wurden (68).

Die eine oder andere Gemeinde konnte sich dem allgemeinen Zuständigkeitsabbau entziehen, besonders wenn sie sich eine bestehende Mehrherrigkeit zunutze machen konnte. Als Beispiel hierfür darf die Ganerbschaft Künzelsau am Kocher in der Grafschaft Hohenlohe herausgestellt werden (69). Ganerbschaft war eine besondere Art Gemeinschaftsbesitz zur gesamten Hand, entstanden durch Erbschaft oder Vertrag. In Künzelsau übte das Dorfgericht seit dem Spätmittelalter ausnahmsweise auch die hohe oder Blutgerichtsbarkeit aus. Die sieben Dorfherren bestellten je einen der sieben Gerichtsschöffen. Die Gerichtsschöffen hinwiederum wählten den »gemeinen« (= gemeinsamen) Schultheiß, der der Verwaltung des Gemeinwesens vorstand und im Gericht den Stab führte; einen Bauermeister gab es daneben nicht. In schwierigen Fällen holte sich das Gericht ein Rechtsgutachten bei der Reichsstadt Schwäbisch Hall oder bei einer Universität ein. Zur Vollstreckung einer Strafe wurde der »Nachrichter« eines Nachbargerichts nach Künzelsau gebeten. Während das Künzelsauer Hochgericht nach Bedarf zusammentrat, sprach das »Ruggericht« als Niedergericht in gleicher Zusammensetzung an drei feststehenden Terminen vor versammelter Gemeinde über die kleineren Verfehlungen Recht. Private Streitigkeiten wurden im »Selbotengericht« entschieden. Seit dem Bauernkrieg bauten die Ganerben die Rechte des Gemeinen Schultheiß und des Gerichts mehr und mehr ab, die herrschaftlichen Amtleute und Amtskeller wurden in die Rechtspflege und Verwaltung mit eingeschaltet.

1.10 Das Dorfgericht im Herzogtum Bayern

Zu großem Ansehen kam das Dorfgericht in Franken, Schwaben und Hessen. In den bayerischen Herzogtümern hingegen lag das Dorfgericht, wo es bisher nachgewiesen werden konnte, in Händen der Grundherrschaft, »freie« Dorfgerichte sind nicht festzustellen (70). Das Dorfgericht wird seit der Mitte des 13. Jahrhunderts zwar in Quellen genannt, auch im oberbayerischen Landrecht von 1346; im 15. Jahrhundert scheint es aber untergegangen zu sein. Aus einigen Gegenden Bayerns ist gegen Ende des Mittelalters noch zu erfahren, daß Richter und andere örtliche Amtsträger von den Bauern oder dem Rat der Bauern, dem »Nachbauerrat«, gewählt wurden, wobei die Wahl freilich der Bestätigung durch die Herrschaft bedurfte (71). Eine widerstandsfähige Verfestigung scheinen diese Ansätze zu einer Selbstverwaltung nicht erfahren zu haben. Auf der anderen Seite konnten die Stände ihre Position gegenüber dem Herzog ausbauen: sie zogen für das Gebiet, in dem sie Grundherren waren, nach und nach das Gerichtswesen an sich, dem Herzog blieb schließlich meist nur noch der Blutbann über die drei Kapitalverbrechen Totschlag, Notzucht und Diebstahl (Lebensstrafe bei Diebstahl in schweren und Wiederholungsfällen, dazu Straßenraub). Im 14. Jahrhundert hatten die Stände dieses Zugeständnis den bayerischen Herzögen allgemein abgerungen. Die »große Handfeste« Herzog Ottos von Niederbayern von 1311 sprach den Ständen die niedere Gerichtsbarkeit und das Recht zur »Einung« allgemein zu; in Oberbayern wurde die Niedergerichtsbarkeit im gleichen Umfang nach und nach durch Einzeldekrete übertragen. Die Entwicklung in Bayern wurde zum Vorbild für das österreichische Landrecht von 1314 (72). Etwa die Hälfte Bayerns wurde von den Hofmarksgerichten des Adels und der Prälaten gedeckt, nachdem diese Gerichtsbarkeit 1508 in der »Erklärten Landsfreiheit« über den »Etter« hinaus ausgedehnt worden war. Während die weltlichen Zuständigkeiten der Prälaten mit der Säkularisation 1802/1803 untergingen, überlebten die Hofmarken des Adels noch bis 1848, nach Rang, Aufgaben und Befugnissen zuletzt unterschieden nach Herrschaftsgerichten und Patrimonialgerichten 1. und 2. Ordnung. Die Gerichte der Städte und Märkte wurden 1808 der staatlichen Ordnung einverleibt. Dem Dorfgericht hatte längstens die »Erklärte Landsfreiheit« den Boden entzogen. Das Dorfgericht in Bayern fiel im 16. Jahrhundert endgültig der straffen staatlichen Ordnung und der sich ausweitenden staatlichen Verwaltung zum Opfer.

Dorfgerichte bestanden sonach in Bayern, wo sie im 13. und 14. Jahrhundert errichtet worden waren, nicht mehr als zwei bis drei Jahrhunderte. Das bayerische Landrecht Ludwigs des Bayern von 1346 wies ihnen die Entscheidung in Streitigkeiten bis zu einem Wert von 72 Pfennig und einen Bußgeldkatalog gleichen Umfangs zu (73). Die Zahl 72 gewann im Mittelalter als Summe der kulturgeschichtlich bedeutsamen, »vollkommenen« Zahlen 60 und 12, ein Schock und ein Dutzend, mystischen Rang; 72 ist ein Fünftel des Kreisbogens und die Sonne verschiebt sich in 72 Jahren um einen Grad im astronomischen Tierkreisbogen. Von der Höchstbuße 72 Pfennig blieben dem Dorfgericht 12 Pfennig; 60 Pfennig waren an den Landrichter abzuführen. In die Zuständigkeit des Dorfgerichts fielen sonach die kleinen Vergehen und Streitigkeiten, wie sie in einer agrarischen Dorfgemeinschaft vorkamen (74), zum Beispiel Feldfrevel wie Überackern, Überweiden und Überzäunen, soweit die Tat nicht vorsätzlich begangen war, das Unterlassen der Ausbesserung von Bannzäunen, Übertretungen der Flurordnung sowie die mit diesen Straftaten in Zusammenhang stehenden Schadensersatzforderungen. Die Bestrafung für das Abhauen eines »marchpawms« (Grenzbaums) mit 1 1/2 Pfund Pfennig (75) hingegen sowie für »ubermarchungen« waren wegen des Strafmaßes dem höheren Gericht vorbehalten. Das bayerische Landrecht von 1346 hat wesentliche Elemente der dörflichen Weistumsrechte in sich aufgenommen. Daneben lebte Dorfrecht in zahlreichen Hofmarksrechten weiter (76). Der von Kaiser Ludwig unternommene Versuch, dem Dorfgericht eine feste Kompetenz zuzuweisen, scheiterte (77). Die Dorfgerichte gingen teils in den Hofmarksgerichten auf, teils wurden sie aufgelassen.

Im bayerischen Dorf hat sich auch die Selbstverwaltung weniger kräftig entfaltet als in anderen Gebieten. Die Entwicklung mancher Institutionen erscheint in Bayern während des Mittelalters retardiert oder abgeschwächt. Einer der Gründe hierfür könnte in den verheerenden Verwüstungen durch die Ungarneinfälle gesehen werden. Bedeutsamer für diesen Rückstand und von längerer Wirkung aber ist wohl die größere Entfernung vom Rheintal, der Lebensader des mittelalterlichen Deutschland seit der Karolingerzeit (78). Die Bedeutung dieser Achse spiegelt sich auch darin wider, daß der Große St. Bernhard mit seiner Paßhöhe von 2470 m in und auch noch nach der Karolingerzeit die meist begangene Route nach Italien bildete und zum Beispiel den 1100 m weniger hohen Brennerpaß an Verkehrsaufkommen weit hinter sich ließ. Eingeengt wurde der Spielraum für eine dörfliche Selbstverwaltung zudem dadurch, daß sich auf dem geschlossenen Territorium die landesherrliche Verwaltung verhältnismäßig früh organisiert hatte. Schließlich bestand bei der offenen, weiträumigen Siedlungsweise, in der die großen, eng bebauten Dörfer mit hohen Einwohnerzahlen nicht vertreten waren, für eine dörfliche Selbstverwaltung ein geringer Handlungsbedarf (79). Der Humanist Johannes Aventinus beschreibt in seiner »Bayerischen Chronik« den Landbewohner zu Beginn des 16. Jahrhunderts (80): *»Der gemain man, so auf dem gä (fruchtbarer Boden) und land sitzt, gibt sich auf den ackerpau und das viech, ligt demselbigen allain ob, darf sich nichts on geschaff der öbrigkait understên, wird auch in kainen rat genomen oder landschaft ervordert; doch ist er sunst frei, mag auch frei ledig aigen guet haben, dient seinem herren, der sunst kain gewalt über in hat, jerliche güld zins und scharwerk, tuet sunst was er wil, sitzt tag und nacht bei dem wein, schreit singt tanzt kart spilt; mag wer tragen, schweinspieß und lange messer. Grosse und überflüssige hochzeit, totenmal und kirchtag haben ist êrlich und unsträflich, raicht kainem zum nachtail, kumpt kainem zu übel. In nidern Bayern, wo sich des rechtpuechs nit braucht, sitzen si auch an der landschrannen und müessen urtail schepfen, auch über das pluet richten.«*

1.11 Die Entwicklung im ostelbischen Siedlungsland

Einen wesentlich anderen Verlauf als im westelbischen Europa nahmen die sozialen und ökonomischen Wandlungen in den ostelbischen Gebieten sowie in Böhmen und Mähren, wo die Entwicklung zum Feudalismus später eingesetzt hatte als im Frankenreich. Die Landesfürsten im Osten riefen im hohen Mittelalter bis zur Mitte des 14. Jahrhunderts zur Aufsiedelung der riesigen freien Räume, die sich damals zwischen den slawischen Dörfern dehnten, Ströme deutscher Kolonisten ins Land. Vertragliche Vereinbarungen sicherten den Siedlern die persönliche Freiheit, die sie in ihren Heimatländern meist nicht genossen. An die Grundherrschaft waren regelmäßige, fixierte Abgaben in Geld, manchmal in Naturalien zu leisten. In Schlesien lag die Polizeigewalt des Ortes beim Lokator (dem Organisator der Ansiedlung) oder dem Schol (Schultheiß), er hatte für das Einsammeln der Abgaben zu sorgen und stand dem örtlichen Niedergericht vor. Das Urteil sprachen Schöffen aus den Reihen der Siedler nach Ortsrecht. Das deutsche Wirtschafts-, Sozial- und Rechtswesen, das jus Teutonicum, wurde auch von slawischen Gebieten übernommen, was eine rechtliche Verbesserung der sozialen Stellung und einen wirtschaftlichen Aufschwung für die Bevölkerung bedeutete. Neben der Siedlergemeinde betrieb regelmäßig auch die Grundherrschaft eine ausgedehnte Eigenwirtschaft.

Im Zuge der Agrarkrise des 14./15 Jahrhunderts trat bis zur Wende vom Mittelalter zur Neuzeit ein Umschwung ein. Die Eigenwirtschaften des Adels wurden ausgeweitet, die Grundherren konnten außerdem Kompetenzen erringen, die bis dahin dem Landesherrn zustanden. So konnten die Grundherren im deutschen Osten, anknüpfend an das System vor der deutschen Kolonisation, das hohe Maß bäuerlicher Selbständigkeit und Freiheit wieder einschränken. Diese »zweite oder jüngere Leibeigenschaft«, eine vielleicht etwas übertreibende Bezeichnung, bestand in einer Verknüpfung von leiblicher und grundherrlicher Abhängigkeit (81). Das für den deutschen Osten weithin typische System der Gutsherrschaft und Schollenpflichtigkeit löste sich erst seit dem Ende des 18. Jahrhunderts allmählich auf. Auch in Ostholstein und Lauenburg dehnten gegen Ende des Mittelalters die adligen Grundherren ihre Eigengüter in ähnlicher Weise aus.

2. Feldgeschworene in den Städten

Gott machte das Land, der Mensch die Stadt.
William Cowper (1731 – 1800),
The Task I, 749

2.1 Vorbemerkung

Gemeinwesen mit voll ausgebildeter städtischer Selbstverwaltung bildeten sich in Deutschland erst etwa seit dem 12. Jahrhundert. Gliederung und Funktion ihrer Organe hingen von der Entstehungsweise und auch von der Sozialstruktur der Stadt ab. Bei einer Kaufmannsgründung war die Kaufmannsgilde Ausgangspunkt. Bei einer Stadtgründung durch den König oder später durch den Landesfürsten wurden die Organe vom König bzw. vom Landesfürsten eingesetzt. Entstand eine Stadt aus wilder Wurzel, so waren beide Entwicklungsarten denkbar. Umfassende Rechtsaufzeichnungen in förmlichen Statutarbüchern setzen im 13. Jahrhundert ein, in München 1340 (1).

Die Einrichtung der beeideten Steinsetzer ist in den Städten jener Landschaften anzutreffen, wo sie auch in den Dörfern häufig oder üblich war. Jedoch war die Bindung an das Stadtregiment wegen des höheren Organisationsgrades der Selbstverwaltung im allgemeinen enger als die Bindung an die Dorfführer. In den Kleinstädten des Hochstifts Würzburg, wie Gerolzhofen, Lohr, Gemünden oder Volkach, hob der Landesherr als Stadtherr nach 1580 die bis dahin von den Städten in eigener Zuständigkeit entwickelten Statuten über die Steinsetzer auf und ersetzte sie durch weitgehend einheitliche Steinsetzerordnungen, die sich von den für die Dörfer erlassenen Ordnungen kaum unterschieden. Auch in der reichsfreien Stadt Weißenburg wich die Einrichtung der Steiner nicht wesentlich von denen in den umliegenden Dörfern der fränkischen Fürstentümer ab. In den Stadtstatuten von 1739 ist unter Androhung einer Strafe von 5 Gulden untersagt, daß »Bürger und Privat-Personen untereinander selbsten Marckstein setzen«, und weiters angeordnet, »daß solches durch die von Raths wegen darzu verordnete Steiner geschehen, und fürgenommen werde« (1 a). Sechs Bände Protokolle, beginnend 1692, »Waß Die H. Steiner vor Stein geßetz haben« und welche Gebühren hierfür erhoben wurden, sind im Stadtarchiv Weißenburg erhalten (2). Ähnliches gilt hinsichtlich der Schieder in der Reichsstadt Rothenburg ob der Tauber, während Nürnberg kein vergleichbares Gremium bestellte, sondern die Einhaltung seiner strengen Vermarkungsgebote von denjenigen Organen überwachen ließ, denen die sonstigen Polizeiaufgaben in der Flur oblagen.

Für die württembergischen Städte stellt K. S. Bader fest, daß sich dort das ursprünglich vorhandene Untergangsgericht von einer selbständigen Spruchbehörde zu einem dem Rate untergeordneten, dauernd bestellten Ausschuß verwandelt habe (2 a). Der Wirkungskreis des Untergangs sei einerseits eingeengt worden, indem ein Teil seiner Funktionen auf das Stadtgericht übertragen wurde; auf der anderen Seite erhielten die Untergänger neue Aufgaben, vor allem bei der Überwachung des städtischen Bauwesens. Hierfür bringt Bader eine Anzahl Beispiele, die ein recht vielfältiges Bild dieser Einrichtung in den verschiedenen Städten vermitteln. Der Untergang sei in den württembergischen

Städten am Ende des Mittelalters zu einem städtischen Amt erstarrt, das teilweise, so in Konstanz, als Sondergericht ausgestattet, anderswo hingegen zu einer reinen Verwaltungsbehörde geworden sei. Die Untergänger in den Städten wurden zumeist aus dem Rat der Stadt genommen, in späterer Zeit stets vom Rat, meist auf kürzere Zeit, nur ausnahmsweise auf Lebenszeit bestellt. In manchen größeren Städten bestanden für das Stadtgebiet und die Feldflur gesonderte Feld- oder Untergangsgerichte.

Auch außerhalb des von K. S. Bader untersuchten Raumes in Württemberg war in einigen größeren und bedeutenderen Städten die Verrainung und Versteinung der Grenzen besonderen Organen übertragen. Diese Organe, zum Teil mit richterlichen Kompetenzen ausgestattet, sind nach Entstehung, Zusammensetzung und Aufgabenbereich von Stadt zu Stadt so sehr verschieden, daß sie sich einer summarischen oder vergleichenden Darstellung entziehen. Im folgenden werden deshalb einige dieser städtischen Einrichtungen einzeln vorgestellt.

2.2 Das »Ackergericht« der freien Reichsstadt Frankfurt am Main

Frankfurt am Main, ertsmals 794 urkundlich erwähnt, konnte sich, begünstigt durch Verkehrslage und Klima schon in der Zeit der Stauferkaiser zu einem blühenden, freien Gemeinwesen entwickeln. Im Jahre 1220 unter Kaiser Friedrich II. gelang es, sich aus der Unterordnung unter den kaiserlichen Vogt zu befreien. Der Rat der Stadt, in dem nur die begüterten Bürger vertreten waren, ist der Stadtherr, zuständig in gleicher Weise für Verwaltung, Rechtspflege und Rechtsetzung. Schon verhältnismäßig früh bildeten sich für alle Bereiche Rechtsnormen heraus.

In den benachbarten Herrschaftsgebieten entsteht in den Dörfern bis zum Ende des Mittelalters allenthalben ein Institut beeideter Steinsetzer in unterschiedlichen Ausprägungen. Auch in Frankfurt mit seiner kleinparzellierten Flur wurden für die Vermarkung und Vermessung innerhalb der Landwehr Geschworene aufgestellt. Der Beginn dieser Einrichtung dürfte in das 13. oder 14. Jahrhundert zurückreichen. Etwa seit der Mitte des 14. Jahrhunderts waren die Grundstücke, die dem städtischen Kornamt, den Stiftungen, Klöstern, Kirchen und wohlhabenden Bürgern gehörten, in »Steinbüchern« eingetragen (3). Die Bücher wurden zum großen Teil ein Opfer des letzten Krieges. Die Bezeichnung sagt schon aus, daß die Bücher auch Angaben über die Grenzsteine enthielten.

Ein Dekret des Rates der Stadt vom 15. Mai 1421 regelt das Entgelt, das die Feldgeschworenen für Feldvermessung und Steinsatz zu erhalten hatten: 6 Heller für den Morgen, 9 Heller für jeden Stein (4). Die Vermarkung mit Steinen wurde als Monopol der Feldgeschworenen herausgestellt, doch blieb den Grundbesitzern unverwehrt, die Grenzen im Einvernehmen mit den Nachbarn durch Pfähle zu bezeichnen. Die geschworenen Feldschützen sollten Anzeige erstatten, wenn »marcksteine« umgeworfen oder beschädigt wurden. Auch der von den Feldgeschworenen zu leistende Eid aus der Zeit vor oder um 1452 ist überliefert (5). Im Gegensatz zu fränkischen Steinereiden wird in dieser Eidesformel ein Feldgeschworenengeheimnis noch nicht mit angesprochen.

Im Jahre 1498 wurde als Teil des umfassenden Stadtrechts auch eine »Ackergerichtsordnung« erlassen (6). Die Frankfurter Statuten sind nach ihrem Erlaß laufend überarbeitet und mit römischen Rechtsregeln durchsetzt worden, bis schließlich 1578 in der »Frankfurter Reformation« ein Ergebnis vorlag, das dann mit weiteren Ergänzungen 1611 durch Druck veröffentlicht wurde. Das Stadtrecht behielt für etwa drei Jahrhunderte seine Gültigkeit. Es regelte unter anderem den Rechtsverkehr mit Grundstücken und die darauf lastenden dinglichen Rechte, verbot Zersplitterungen ohne Zustimmung des Rats, gebot die Auslieferung der Besitzdokumente bei Veräußerungen und die Erhaltung der alten Namen von Häusern und Stadtgärten als Verbriefungsmerkmale sowie die Ablösung von Zinsen und Gülten (7).

An die Spitze des Ackergerichts wurde seit der »Frankfurter Reformation« ein rechtskundiges Mitglied des Rats gestellt. Mitglieder waren Gemeindeangehörige und besonders vereidigte »Feld- oder Ackergeschworene«.

Aufgabe des Feld- oder Ackergerichts war die Feldpolizei, die Feldbesichtigung, die Schätzung und Vermessung von Liegenschaften, die Entscheidung in Feldstreitigkeiten sowie das Anbringen der Grenzmarken. Hierfür war das Feldgericht mit entsprechenden Strafbefugnissen ausgestattet. Zuständigkeitsbereich war die Feldflur außerhalb der Stadtbefestitung bis zur Landwehr. Die öffentliche Dokumentation von Eigentumsänderungen sowie die Vormerkung der Realabgaben und das Pfandwesen lagen bei der Rats- oder Stadtkanzlei. Eine auf einer Ertragseinschätzung beruhende Grundbesteuerung bestand in Frankfurt bis zur Annexion durch Preußen im Jahre 1866 nicht.

Die Ackergerichtsordnung regelte eingehend Vermessung und Vermarkung (8). Wenn ein »Schiedstein« verloren ging, ausgeackert oder verrückt wurde, waren die Feldgeschworenen zu veranlassen, diesen Vermarkungsmangel wieder zu beheben. Bestätigt wurde damit die althergebrachte Alleinzuständigkeit, Grenzsteine »im Feldt / in Gärten / in Wiesen / oder Weingärten« zu setzen, zu heben oder zu richten. Übertretungen des Verbots des Steinsetzens durch Dritte wurden mit 10 fl Strafe geahndet. Die gleiche Strafe traf denjenigen, der einen Stein vorsätzlich auswarf oder mit Erde oder Wasser verdeckte. Auch das Vermessen einer Fläche für den Verkauf blieb den Feldgschworenen vorbehalten. Für die Übertretung dieser Vorschrift waren 5 fl Strafe und die Ungültigkeit des Rechtsgeschäfts angedroht. Niemand sollte sich unterstehen, »mit seiner Ruthen / dem Käuffer zu messen«. Untersagt war auch, die Grenze zwischen Feldern zu beseitigen, die verschiedenen Herren gehörten, aber von demselben Pächter zusammen bewirtschaftet wurden. Neben den Kosten der Grenzwiederherstellung und -vermarkung fiel bei Nichtbeachtung eine Geldstrafe von 20 fl an. In die Strafgelder teilten sich Magistrat und Ackergericht. Den Besitzern blieb wie bisher das Recht, zur Bezeichnung der Grenze Pflöcke zu schlagen.

Der Termin der Vermarkung wurde drei Tage vorher durch die »geschwornen Feldschützen« den Beteiligten angekündigt. In Abwesenheit eines Beteiligten wurde nicht vermarkt, es sei denn, er war schon ein zweites Mal unentschuldigt ferngeblieben.

Die Zahl der Feldgeschworenen dürfte fünf bis sieben betragen haben; an einer Vermarkung mußten mindestens zwei teilnehmen. Die Frankfurter Feldgeschworenen hielten noch bis ins 20. Jahrhundert an dem fränkischen Brauch fest, die Grenzsteine mit geheimen Zeichen zu unterlegen.

Die Frankfurter »Reformation« änderte die Gebühren der Feldgeschworenen gegenüber dem Jahr 1421 nur wenig: einen Morgen zu messen im Feld 6 Heller, in Gärten und Wiesen 8 Heller, in Weingärten 12 Heller; für den Steinsatz 1 Schilling oder 9 Heller, für das Heben und Neueinrichten eines Steines 18 Heller (1 Schilling zählte 12 Heller). In die Kosten für die Vermarkung hatten sich die Angrenzer zu teilen. Die Gebühren wurden von Zeit zu Zeit angepaßt. Nach einer Erhöhung im Jahre 1879 glaubte der Stadtgeometer feststellen zu können, daß sich »ziemlich regelmäßig für den einzelnen Feldgeschworenen ein höherer Verdienst (ergebe) als für den die Arbeit leistenden Geometer« (9).

Die hohe Zeit der Frankfurter Feldgeschworenen war freilich schon 100 Jahre früher zu Ende gegangen. Im Jahre 1755 war ein berufsmäßiger Geometer ermächtigt worden, in Frankfurt Messungen auszuführen. Seine ersten Arbeiten lösten sofort einen energischen Protest des Ackergerichts bei Bürgermeister und Rat aus. Noch steht den Feldgeschworenen auf Grund von § 10 des reformierten Stadtrechts das alleinige Recht zu, Messungen auszuführen. Sie wandten sich nicht gegen die Zulassung eines Geometers in Frankfurt, verlangten aber, daß sie zu seinen Feldmessungen zugezogen sowie ihre Kompetenz und ihre Gerichtsgebühren nicht geschmälert würden. Als Beispiel der rechten hergebrachten Ordnung verweisen sie auf die benachbarte Wetterau, wo kein Dorf ohne Feldgeschworene zu finden sei, die dort die Vermessungen und Vermarkungen ausführen und die Landbücher unterschreiben. Der Landgraf von Hessen (-Darmstadt) habe zwar seine Güter in der Grafschaft Hanau, die damals zu Hessen-Kassel gehörte, von einem Landmesser ausmessen lassen, aber er habe die zuständigen Feldgeschworenen die Richtigkeit der Vermessung attestieren und ihre Namen und Siegel unter das Landbuch setzen lassen (10).

Um das Jahr 1785 bestand das Ackergericht aus einem Schöffen, einem Ratsmitglied der Zweiten und Dritten Bank und sechs Ackergerichtsgeschworenen. Der Delegierte der Dritten Bank war der Vertreter der Gärtner und auf Lebenszeit bestellt. Für die Bestellung zum Ackergerichtsgeschworenen war Kenntnis des Acker- und Feldbaues sowie der Feldmeßkunst Voraussetzung. Die 1611 eingeräumten Befugnisse, bestimmte Feldfrevel abzustrafen (11), war inzwischen weggefallen. Die Vermessungs- und Vermarkungstermine wurden von den Feldgeschworenen ohne die Ratsmitglieder wahrgenommen. Das Ackergericht, in einfachen Fällen die Ackergeschworenen allein, waren auch Baupolizei für Gartenhäuser und Feldscheunen. Außerdem führte das Ackergericht die Aufsicht über die Feldschützen sowie über den Zustand der Wege. Grenzstreitigkeiten in den zu Frankfurt gehörenden besonderen Dorfmarkungen mit eigenen Schultheißen kamen nicht vor das Ackergericht sondern vor das »Landamt«. Das Ackergericht tagte alle paar Monate, in der Zeit der nachfolgend beschriebenen systematischen Vermarkung aber zweimal wöchentlich (12).

Ende des 18. Jahrhunderts plante der Rat der Stadt eine vollständige Neuvermessung für die Anlegung von Flur- und Lagerbüchern. Der Vermessung ging 1784 – 1786 eine vollständige Vermarkung der Markungsgrenzen sowie der öffentlichen Wege und Straßen voraus. Dieser Arbeit war ein Stadtgeometer beigegeben. Die Verordnung des Magistrats vom Jahre 1787 über die geschlossene geometrische Parzellenvermessung wurde dann zur Geburtsstunde der Frankfurter Stadtvermessung. Die Feldgeschworenen hatten darauf zu achten, daß bei den Parzellen vor der Vermessung die Vermarkung soweit ergänzt war, daß die Grenzstrecke zwischen zwei Steinen jeweils als Gerade angenommen werden konnte. Die Vermessung erfolgte unter Aufsicht des Geometers durch zwei Ackergeschworene (13). Der Geometer hatte die Längenmaße zu prüfen. Die Flächen in hängigen Lagen wurden in den Lagerbüchern zweifach ausgewiesen – wie bei der oben erwähnten Vermessung in Sachsen-Weimar 1726 – nämlich als »die richtige«, das ist die Projektion in die Horizontalebene, aber »damit theils aller Irrung vorgebeugt, theils das Lagerbuch für jedermann verständlich« sei, auch noch in der Größe, wie sie sich aus den schräg gemessenen Längen ergab. Daß eine solche Verfahrenweise in einer so fortschrittlichen Stadt wie Frankfurt noch einmal angewandt wurde, verwundert, weil die wissenschaftliche Literatur schon seit dem 17. Jahrhundert, z. B. Oetinger, klargemacht hatte, daß auf der geneigten Fläche nicht mehr angebaut werden kann als auf der entsprechenden Projektion in die Horizontalebene.

Das Ackergericht in Frankfurt wurde zum 1. Januar 1820 aufgelöst, die Feldgeschworenen und der Stadtgeometer wurden dem »Polizei-Amte« unterstellt, ihre Amtsinstruktionen blieben in »voller Wirkung«. Zwei der sechs Feldgeschworenen hatten in Strafsachen wegen Feldfrevel jeweils beratend am Rügegericht teilzunehmen (14).

Neu geregelt wurde im Jahre 1825 das Feldgeschworenenwesen der zum Gebiet der freien Reichsstadt gehörenden Dorfschaften (15). In jedem dieser Dörfer wurde unter Einbeziehung bereits bestehender Einrichtungen ein »Feldgericht« aus fünf Feldgeschworenen gebildet, das der Aufsicht des »Land-Amtes« unterstand. Für die Leitung der Vermarkung, für die Vermessungen und die Führung der Lagerbücher wurde ihnen ein »Landgeometer« beigegeben, der auf Vorschlag des Land-Amtes vom Senat ernannt wurde. Während der Stadtgeometer Gehalt bezog, mußte der Landgeometer seinen Unterhalt aus den Gebühreneinnahmen bestreiten und auch noch seinen Gehilfen, den »Ruthenschläger« entlohnen. Beim Steinsatz mußten wenigstens zwei Feldgeschworene mitwirken.

Feldgeschworene konnten Landwirte mit einem Mindestalter von 30 Jahren werden. Das Amt mußte der Feldgeschworene wenigstens 10 Jahre lang bekleiden, mit 60 Jahren mußte er längstens aus dem Amt scheiden. Für den ausgeschiedenen Kollegen schlugen die übrigen Mitglieder drei Ersatzleute vor, aus denen das Land-Amt einen bestellte und beeidete. Dem Feldgericht oblag die Aufsicht über die Ortsmarkung. Die Vorschrift unterschied auch damals noch zwischen »Landesgränzsteinen, Weg-, Gewann- und gemeinen Schied-Steinen«. Die Feldgeschworenen waren zugleich offizielle Schätzleute. Bei den halbjährlich abzuhaltenden Ortsterminen sollten alle fehlenden Grenzsteine ergänzt werden, auch wenn kein Antrag gestellt war.

Im Jahre 1866 wurde Frankfurt von Preußen annektiert, um in diesem Verband bis zur Auflösung Preußens zu verbleiben. Die Geometer preußischer Ausrichtung waren mit den Traditionen von Feldgeschworenen zu wenig vertraut – wie aus der zeitgenössischen Fachliteratur zu ersehen ist –, als daß sie sich mit diesem Institut hätten anfreunden können. So wurden die Feldgeschworenen im Zuge der großen Rechts- und Verwaltungsreformen um die letzte Jahrhundertwende von der »Mitwirkung bei der Feststellung und Erhaltung der Grenzen« ausgeschlossen (15 a).

2.3 »Korngeding« und »Baumannschaft« in Regensburg

In den Städten und Dörfern des Herzogtums Bayern und seiner östlichen und südlichen Nachbarländer sucht man vergebens nach beeideten Grenzsteinsetzern etwa nach Art der fränkischen und schwäbischen Steiner, Sibner und Untergänger. Eine bemerkenswerte Ausnahme hiervon bildet allein die Stadt Regensburg. Im Regensburg des Mittelalters entstand eine Selbstverwaltungskörperschaft besonderer Art, die in allen Fragen des Feldbaus und der Feldpolizei außerhalb der Stadt-

Lade
der Baumannschaft (Korngeding) von 1675 im Stadtmuseum Regensburg - Höhe 104 cm, Breite 111 cm, Tiefe 39 cm – Die gekreuzten Petersschlüssel auf dem linken Wappen stellen das Wahrzeichen Regensburgs dar, das Herzschild die Embleme des Korngedings. Auf der rechten Türe das Wappen des vom Innern Rat der Stadt Beigeordneten Sebaldt. Photo-Atelier Wagmüller, Regensburg

16
75
16
75

mauern zuständig war und eine ungewöhnlich große Selbständigkeit gegenüber dem Stadtregiment errang (16).

Das unter Marc Aurel 179 n. Chr. zur römischen Grenzfestung ausgebaute Römerkastell hatte als Stadt auch in der Völkerwanderung nicht aufgehört zu existieren. Als Herzogs- und dann als Königsstadt entwickhelte sich Regensburg im Hochmittelalter zu einer der bedeutendsten Handelsstädte Süddeutschlands. Schon im 9. Jahrhundert reichten die Verbindungen bis weit nach Polen und Rußland. Der Rückgang des Osthandels im späten Mittelalter und die dadurch verursachte Abwanderung der Unternehmerschicht führten zu der Stagnation, die uns das reizvolle mittelalterliche Stadtbild Regensburgs erhielt. Im Jahre 1245 errang Regensburg die Reichsfreiheit. In Abgrenzung von den die Stadt beherrschenden Handelsherren, vielleicht sogar in einer Auseinandersetzung mit ihnen dürften sich um diese Zeit, wenn nicht schon etwas früher die Bauern der Stadt zusammengetan haben. In das Licht der Geschichte tritt der organisierte Verband der Stadtbauern als »Korngeding« allerdings erst gegen Ende des 15. Jahrhunderts. Der Wortbestandteil »Geding« in dieser Bezeichnung läßt aber eine sehr frühe Entstehung vermuten. Nähere Einsichten in die Organisation, die Zuständigkeiten und Aufgaben gewähren uns erst die »Korngedings-« und »Feldordnungen« aus der Zeit von 1550 bis 1874 sowie die im Jahre 1624 beginnenden zahlreichen Protokolle, Rechnungen, Streitentscheidungen usw. (17).

In der ersten Korngedingsordnung von 1550, die zwar vom Magistrat erlassen ist, aber sicher vornehmlich überkommenes altes Gewohnheitsrecht enthält, treten noch zwei Korngedinge auf, je eines für das »Oberfeld« und das »Unterfeld«. Diese Zweiteilung entfällt schon in der zweiten Korngedingsordnung von 1587. Mitglied der bäuerlichen Körperschaft konnte und sollte jeder werden, der im Burgfrieden von Regensburg einen Hof oder auch nur ein einzelnes landwirtschaftliches Grundstück bewirtschaftete oder an einem solchen grundherrliche Rechte besaß. Auch die kirchlichen Stifte und Klöster, die exemt waren und daher – auch nach Einführung der Reformation in der Stadt – nicht dem Stadtmagistrat unterstanden, waren Mitglieder. Gelegentlich wurde unter Berufung auf das »alte Herkommen« auch etwas Druck ausgeübt, um widerstrebende Besitzer oder Pächter zum Beitritt zu veranlassen. Andererseits gab es auch Zurückweisungen, wenn das Korngeding den Eindruck gewann, daß der Aufnahemantrag nur zur Gewinnung von Vorteilen, z. B. von Weiderechten, gestellt war. Bei der Aufnahme war ein »Einkaufsgeld« zu entrichten, das von Fall zu Fall nach dem Vermögen des Aufgenommenen festgesetzt wurde. Darüber hinaus war ein nach Besitzgröße gestaffelter Jahresbeitrag zu leisten, der zuletzt in der Korngedingsordnung festgelegt war. Ab 1805 waren Besitzer ganzer Höfe automatisch Mitglieder des Korngedings.

Der Tätigkeitsbereich des Korngedings und seiner Organe war auf das freie Feld im Burgfrieden außerhalb der Stadtmauern beschränkt, umfaßte aber alles, was die dort wirtschaftenden Menschen taten oder unterließen, darunter viele Aufgaben, die sonst von Aufsichtsorganen der Städte oder der Landesherren wahrgenommen wurden. Dazu gehörte der ordnungsgemäße Feldbau nach der seinerzeitigen Dreifelderwirtschaft, der Weidebetrieb, die Regelung der Bullen- und Eberhaltung, die Anstellung und Entlohnung der Gemeindehirten, die Entscheidung in Grenzstreitigkeiten, die Ahndung von Grenzfreveln, das Überackern des Nachbarfeldes, Felddiebstahl, die Instandhaltung der Gräben, Wege und Stege und sogar die Aufsicht über die Ausübung des Jagdrechts. Auch geringere »Schandt- vnd Schmä-Händel«, also die Verletzung der Friedenspflicht durch Worte oder Taten, wurden vom Korngeding abgestraft.

Vorbehalten war auch das Setzen, Heben und Richten von Grenzsteinen. Die Gebühren hierfür gingen an die »Lade«, die Kasse des Korngedings. Für das eigenmächtige Setzen von Marksteinen, Grenzzeichen oder Pflöcken erhob das Korngeding Strafgelder. Bei schwereren Verfehlungen sowie bei Verweigerung der Zahlung verhängter Geldstrafen wurde die Sache an den Magistrat verwiesen. Zum Steinsatz wurden meist drei Zeugen zugezogen, statt der Erwachsenen manchmal sechs Knaben zwischen sechs und dreizehn Jahren.

Die Bezeichnung »Korngeding« wird in zweifacher Bedeutung gebraucht, einmal für die Gesamtheit der organisierten Bauern, Pächter und Grundherren, wofür ab 1587 auch die Bezeichnung »Baumannschaft« auftritt, und zum anderen als die Versammlung der Mitglieder, die wenigstens einmal im Jahr, und zwar am Weißen Sonntag zusammentrat. Beim Korngeding in dem letzteren Sinne wurde die Korngedingsordnung verlesen, wurden Entschließungen gefaßt über die wesentlichen Angelegenheiten und vor allem die Organe der Baumannschaft gewählt oder bestellt. Die Teilnahme war Pflicht, für unentschuldigtes Fernbleiben oder Zuspätkommen wurden Strafgelder verhängt, ebenso von demjenigen, der »ohne seinen altershero gebräuchlichen Küttel«, also nicht in der Standestracht erschien (1587). Zur Kleiderordnung beim Korngeding erging um 1700 ein eigener Beschluß.

Das wichtigste Organ der Baumannschaft war der jeweils für ein Jahr gewählte "Kornprobst« (praepositus). Die altertümliche Schreibweise »Probst« statt »Propst« wird im weiteren bewußt beibehalten. Der Kornprobst trug die Verantwortung für die Ausführung der Beschlüsse des Korngedings, für die Wahrnehmung der vielen Aufgaben und für die Kasse. Schon in der ersten Korngedingsordnung von 1550 war dem Kornprobst eingeschärft, »für allen Dingen mit Ernst darob sein vnd schaffen, damit die Acker im Burckgfeld allenthalben verraint Vnnd mit marcksteinen fursehen werden«. Für seine Mühewaltung erhielt der Kornprobst eine Entschädigung aus der Lade. Er wurde vom Rat der Stadt auf seine Aufgaben feierlich verpflichtet.

Zugeordnet war dem Korngeding von Seiten des Stadtmagistrats ein Mitglied des Inneren Rats als eine Art Aufsichtsorgan und Berichterstatter. »Der soll darob sein, damit dieser obuermelten Ordnung (der Korngedingsordnung von 1550) allenthalben Vollziehung geschehe Vnd Niemanden darin verschont werden.« Der Kornprobst durfte ohne Wissen und Anwesenheit des Stadtverordneten kein Korngeding abhalten. Er mußte auch sonst den Anordnungen dieses »Korngedings-Herrn«, ab 1805 »Feldwachtverordneter« genannt, nachkommen. Ob diese Bindung an das Stadtregiment von Anfang an bestanden hat oder erst aufgezwungen wurde, muß dahingestellt bleiben.

Dem Kornprobst zur Seite standen die in der Versammlung gewählten »Aechter«, die erstmals in der Korngedingsordnung von 1587 genannt werden. Die Bezeichnung »Aechter« (emulus, persecutor), wohl gleichbedeutend mit »Achter« in anderen Gegenden, z. B. am Niederrhein, wurde verwendet für Personen, denen Aufsichtsaufgaben übertragen waren und die jeweils Beanstandungen vorbringen und Tadel aussprechen konnten. Die Aechter in Regensburg waren Gutachter in Grenzstreitigkeiten und Vermarkungsfragen und hatten den Steinsatz vorzunehmen. »Sonderlich sollen Sie bey vorfallenden Streitigkeiten vnd vorgehenden augenscheinen gegen männiglich (jeden) unpartheyische Richter seyn vnd alles nach Ihrem besten Verstand entscheiden helfen.« Die Zahl der Aechter scheint nicht festgelegt worden zu sein. Erst als nach Einführung der Feldgeschworenen für ganz Bayern durch das Vermarkungsgesetz von 1868 die Aechter in dieses Institut übergeleitet wurden, bestimmte die Korngedingsordnung von 1874 die Zahl entsprechend dem Vermarkungsgesetz mit vier bis sieben. Die erstmalige Aufstellung der Feldgeschworenen stand allerdings in der Zuständigkeit der Stadt. Aus der Grenzvermessung waren Korngeding und Aechter durch den Bezirksgeometer verdrängt, seit das Grundsteuerkataster aufgestellt war. Der »Korngedingsschreiber« protokollierte die Verhandlungen und machte Aufzeichnungen bei der Augenscheinnahme, dem Ortstermin.

Ein weiteres Ehrenamt tritt erst in der Korngedingsordnung von 1660 auf, der »Schlüsselmeister«. Die »Lade« oder nach heutigem Sprachgebrauch die Truhe, in der das Bargeld und die Akten des Korngedings verwahrt wurden, stand beim jeweiligen Kornprobst. Der Schlüssel dazu wurde nun dem »Schlüsselmeister« anvertraut, so daß Kornprobst und Schlüsselmeister nur noch gemeinsam die Lade öffnen konnten.

Das Korngeding bestellte als besoldete Bedienstete drei »Egschaide«. Um diese Anstellung konnten sich Angehörige der ärmeren Schichten bewerben, die selbst kein Feld besaßen und daher nicht zur Baumannschaft gehörten. Die Egschaide wurden vom Rat der Stadt verpflichtet. Sie übten die Aufsicht im Feld aus und meldeten ihre Beanstandungen dem Kornprobst. Ertappten sie jemanden auf frischer Tat, so durften sie auch pfänden, etwa Vieh, Fahrzeuge oder Geräte; die Entscheidung oblag aber dem Kornprobst. Ihre Entlohnung waren jährlich 12 Garben je Hube und das Recht der Grasnutzung in einem bestimmten feuchten Grund. Außerdem erhielten sie ein Drittel der Strafgelder aus den von ihnen angezeigten Fällen. Der »Lidlohn« wurde 1813 in Geld umgewandelt.

Mit der Auflösung des Deutschen Reiches verlor die Stadt Regensburg, der seit 1663 der »immerwährende Reichstag« noch einigen Glanz verliehen hatte, an Bedeutung. Im Jahre 1802 wurde die Stadt – zusammen mit verschiedenen anderen Gebieten – dem letzten Erzkanzler des Reiches und Kurfürsten von Mainz, Karl von Dalberg, als Entschädigung für sein teils an Frankreich abgetretenes, teils durch die Säkularisation verlorenes Gebiet übertragen. Unter seiner Regierung, der Regensburg bemerkenswerte klassizistische Bauten verdankt, wurden 1805 in einer neuen Korngedingsordnung und gesondert in einer Feldordnung die alten Zuständigkeiten des Korngedings weitgehend noch einmal bestätigt (18). Die Aechter walteten weiterhin ihres Amtes als Schiedsrichter in Grenzstreitigkeiten und als Gutachter in Grundstücksfragen.

Nachdem Dalberg 1810 Regensburg an Bayern abgegeben hatte, galt die bayerische Rechts- und Gerichtsordnung. Die schon 1804 beschnittene, aber für kleine Feld- und Jagdfrevel noch 1805 wieder bestätigte Strafbefugnis des Korngedings ging nun gänzlich an die Polizeibehörde verloren. Für »Schänd- und Schmähhändel« und für Grenzstreitigkeiten in der Flur blieben bis zum Inkrafttreten der Zivilprozeßordnung am 1. 10. 1879 die Organe des Korngedings Schiedsstelle, die vor einer Klage beim Stadtgericht um Vermittlung angegangen werden mußte. Aber sowohl die 1855 von der Aufsichtsbehörde erlassene Korngedingsordnung als auch die 1874 von der Baumannschaft selbst als Satzung angenommene letzte Ordnung wiesen der Baumannschaft noch Aufgaben zu, die nach der Gemeindeordnung von 1869 an sich von der Gemeinde wahrzunehmen waren.

Im übrigen aber klagt der Kornprobst im Jahre 1830 beim Magistrat mit bitteren Worten über den Autoritätsverlust des Korngedings. »Die Ordnung von unserer Baumannschaft ist ganz verschwunden und erlöscht. Schaut man naus ins Feld, da liegen die Marksteine herum, wie 1809 die toten Soldaten. Ein jeder

Knecht, wenn ihm einer im Weg steht, so reißt er ihn aus. Selbst grad alle Bürger heben die Marksteine aus, wanns ihnen freud, setzen dieselben entweder weiter in den Gemeindegrund, oder den Nachbarn weiter in sein Acker, oder sie laßen ihn gar heraus liegen . . .«

Die einst so umfassende Bedeutung des Korngedings wurde zusehends geringer. Die Feldordnung von 1805 hatte die aus der Dreifelderwirtschaft herrührende Zelgeneinteilung und den Flurzwang aufgehoben. Das Korngeding bestellte aber weiterhin die »Eschhayen«, wie die Egschaide nun nach bayerischem Sprachgebrauch genannt wurden, sowie die Gemeindehirten. Bis 1918 oblag ihm noch der Flurschutz. Auch ohne die herkömmlichen Aufgaben trat das Korngeding bis 1933 weiter jährlich zusammen. Hierbei war über das Vermögen Rechnung zu legen, zu dem auch einige unbedeutende Grundstücke gehörten. Der letzte Kornprobst beschloß um das Jahr 1960 Geschichte und Tradition des Regensburger Korngedings.

In der Blütezeit des Korngedings war jährlich ein Umritt veranstaltet worden, bei dem der Zustand der Felder und der Burgfriedenssäulen geprüft wurde. Daran beteiligten sich der Korngedingherr, der Kornprobst, die Aechter, die Egschaide – diese zu Fuß –, der Schreiber als Protokollführer sowie ein Rittmeister der bürgerlichen Kavallerie, der Stadthauptmann und zwei Stadtgerichtsbeisitzer.

Aus dem Brauchtum soll noch erwähnt werden, daß die Baumannschaft für die Beerdigung ihrer Mitglieder ein eigenes Bahrtuch besaß. Die Beteiligung an der Beerdigung von Genossen oder deren Familienangehörigen in würdiger Kleidung war strenge Pflicht. Für das Erscheinen ohne schwarzen Rock wurde sogar ein Strafgeld erhoben. Später wurde Vertretung durch einen Knecht zugelassen.

2.4 Die Schweinfurter »verordneten Feld-Richter und Stein-Setzer«

Schweinfurt, an dem strategisch wie verkehrstechnisch wichtigen Mainknie gelegen, entstand vermutlich aus mehreren kleineren Ansiedlungen des 8. Jahrhunderts. Im Laufe des 13. und 14. Jahrhunderts konnte die aufstrebende Stadt die Reichsfreiheit erringen. Eine Anzahl von Landstädten in den umliegenden Fürstentümern zwischen Rhön, Thüringer Wald und Main wurden im 14. Jahrhundert mit Schweinfurter Recht begeben (19).

Über das Steinsetzeramt in Schweinfurt schreibt Dirian in seiner Dissertation, die das »Scheinfurter Stadtregiment« behandelt (20): *»Es ist zu vermuten, daß die Reichsstadt Schweinfurt schon früh beeidigte Steinsetzer gehabt hat. Anläßlich verschiedener nachbarlicher Grenzstreitigkeiten wurden im 15. Jahrhundert ›Versteinungen‹ vorgenommen. Die erste uns bekannte Feldordnung wurde am 2. September 1575 erlassen und 1714, 1720 und 1780 revidiert. Darin wird von verordneten und geschworenen Feldrichtern und Steinsetzern einerseits und von Feldbesichtigern andererseits gesprochen. 1556 gab es vier Steinsetzer, einen Zwölfer, einen Vierundzwanziger, einen Zusätzer und einen Achterherrn. Etwa seit 1611 hatten dieses Amt zwei Ratsherren inne, denen zwei Bürger beigegeben waren. Gegen Ende der Reichsstadtzeit war ein als Steinsetzer eingeschworenes Mitglied des inneren Rates, ein Schöffe, der Inhaber des Steinsetzeramtes. Unter ihm arbeiteten zwei geschworene Steinsetzer, denen ein Steinsetzerknecht beigegeben war. Ihre Aufgabe war es, auf Aufforderung hin Grenzstreitigkeiten in der Stadt und auf den Dörfern zu bereinigen, die Marksteine zu setzen und in Ordnung zu halten.«* Hierzu erscheinen folgende Erläuterungen angebracht: Während die Steinsetzer, wie sich aus ihrer gesellschaftlichen Stellung ergibt, ein gehobenes Amt innehatten, waren die »Feldbesichtiger« eine Art Fluraufseher, deren Tätigkeit wenig Ansehen genoß und den niedereren Schichten offenstand. Die »Zwölfer« waren diejenigen zwölf Ratsherren, die als Schöffen zu Gericht saßen; bei Ausfall eines Mitglieds wählten die restlichen den Nachfolger selbst. Mit zwölf weiteren Ratsherren bildeten sie den inneren Rat, die«Vierundzwanziger«. In besonderen Fällen wurden zur Beratung, aber in der Regel nicht zur Beschlußfassung die zwölf »Zusätzer« als äußerer Rat zugezogen. Sie wurden von den Schöffen auf Zeit gewählt. Die »Achterherren« waren ein Gemeindeausschuß aus Bürgern – nicht aus Ratsherren –, dem die Prüfung des Haushalts der Stadt oblag. In das Steinsetzeramt waren nach Obigem in der Regel vier Personen berufen. Im Jahre 1567 waren es ausnahmsweise fünf (21).

Der Schweinfurter Feldordnung von 1575 war in der revidierten Fassung von 1714 (22) als ausführliche Begründung vorangestellt, daß »sich biß anhero Feld- und Acker-Baues / auch Rein und Stein halben / allerhand Irrthum / Zwytracht / Mißverstand / Zanck / Hader und Widerwillen erhoben / also / daß Rein und Stein / so zwischen / auch oben und unten an den Aeckern / Wein-Gärten / Kraut-Gärten und Wiesen gestanden / verlohren / bißweiln verderbet / fürsetzlicher Weis umgeähret/ umgehackt / außgerisssen und vertutscht worden / darzu auch einer dem andern mit Bogenähren / und sonsten mit Reiten / Fahren und Gehen / auch ungetreuen Ackerbauen / und sonsten / allerhand Schaden zugefügt / daß auch zu mehrmahlen / die Partheyen dermassen ernstlich zusammen gerathen / also / daß die verordnete Feld-Richter und Stein-Setzer / um ihres unordentlichen Gezäncks willen / den Sachen nicht beywohnen / noch dieselbe ihrer gehabten Irrung entscheiden mögen«. Um diesen Übeln abzuhelfen, erließ der erweiterte Rat sowohl für die Stadt als auch für die vier zum Stadtgebiet gehörenden Dörfer eine Feldordnung, deren Bestimmungen erst im Laufe des 19. Jahrhunderts nach und nach durch Regelungen der neuen Landesherrschaft ihre Geltung verloren.

Gleich die ersten Artikel behandeln ausführlich den Steinsatz. Nach Art. 1 sollen die von »E. E. Rath verordnete Feld-Richter und Stein-Setzer / uff Anruffen und Ersuchen der Partheyen / schuldig seyn / die Irrungen und Zwiespalt zwischen denselben zum fürderlichsten / und ohne langwieriges Aufhalten und Verweilen / richtig zu machen / und zu entscheiden / und sich hierinn willig / freundlich und der Gebühr erzeigen und verhalten / bey Unserer deß Raths Straff / nemlich zwey Gulden.« Das Ansuchen war an den ältesten Steinsetzer zu richten, der dann den Termin festsetzte. Alle Steinsetzer waren zur Anwesenheit verpflichtet, auf unentschuldigtes Ausbleiben stand ein Strafgeld von 1 Gulden (23). Hatten die Steinsetzer ihre Entscheidung getroffen, so wurde vermarkt. Gegen ihren Spruch stand die Appellation an den Rat offen, was aber recht teuer werden konnte (24).

Die Feldordnung begründete auch den privatrechtlichen Anspruch eines Feldbesitzers gegenüber dem Nachbarn, eine unversteinte Grenze vermarken zu lassen. Auf die unbegründete Weigerung stand eine Strafe von 2 Gulden; die Hälfte des Strafgelds ging zur Kasse des Rats, die andere Hälfte stand dem »Stein-Setzer-Ampt« zu. Bei wiederholten Verweigerungen wurden jeweils 4 Gulden Strafe verhängt, die wiederum zwischen Rat und Steinsetzern geteilt wurden (25). Der Verlust eines Steins mußte dem »Stein-Setzer-Ampt« gemeldet werden (26). Wurde an Stelle eines verlorenen Steins ein neuer gesetzt und wurde später der ältere wieder aufgedeck, so galt der ältere und nicht der neue. Ober- und unterhalb eines Steins mußten anderthalb Schuh und neben dem Stein ein halber Schuh beim Ackern als Rasen freigelassen werden; die Übertretung dieser Vorschrift kostete 1 Gulden, der zwischen Rat und Feldgericht geteilt wurde (27). Die Flurschützen oder

Feldbesichtiger sollten auf die Einhaltung dieser Abstandvorschriften besonders achten und dem Stein-Setzer-Ampt entsprechende Anzeigen erstatten.

Die Feldordnung enthält ferner sehr detaillierte Bestimmungen über das nachbarliche Verhalten bei Feldbestellung und Ernte, was aus der fränkischen Kleinparzellierung und dem Fehlen breiter Raine zwischen den Feldern zu erklären ist.

Wie in den meisten fränkischen Städten und Dörfern waren die verordneten Steinsetzer auch die amtlichen und allein zuständigen Feldmesser. Nur sie waren befugt, für einen Käufer den Flächeninhalt eines Ackers, eines Weinbergs, einer Wiese oder eines Gartens mit der »Ruthe« oder »Gerte« zu messen. Zuwiderhandlungen wurden mit 5 Gulden Strafe geahndet, wieder zur Hälfte an Rat und Steinsetzer. Dieser letzte Artikel ist an die Feldordnung von 1575 vermutlich später angefügt worden; denn hier kommt das einzige Mal die Bezeichnung »Feld-Geschwohrne« vor, während bis dahin nur von »verordneten Feld-Richtern und Stein-Setzern« die Rede ist (28). Um 1800 steht jedoch ein Feldmesser im Dienst der Stadt, über dessen Anstellungsvertrag wie bei den meisten anderen Angestellten der unteren Ränge jährlich in der »Bedientenannahme« aufs Neue entschieden werden mußte (29).

Die Steinsetzer waren schließlich auch verpflichtet, zweimal jährlich, und zwar um Walpurgis (1. Mai) und um Michaelis (29. September), »die Marckung zu besichtigen« und die Übertretung von Grenzen an Gemeinflächen dem Rat zur entsprechenden Ahndung anzuzeigen (30).

Neben den Steinsetzern gab es aber nach Dirian (31) ein besonderes »Untergängeramt«. Die vier »Untergänger«, aus den Mitgliedern des innern Rats gewählt, sind seit 1555 nachweisbar. Nach der Besoldungsordnung von 1607 erhielt jeder Untergänger jährlich 3 Gulden (32). Den Untergängern oblagen vor allem die Aufgaben der Baupolizei. Außerdem veranstalteten sie den jährlichen »Untergang«, bei dem Grenzsteine an den Markungsgrenzen der Stadt und der zu ihr gehörenden Dörfer besichtigt wurden. Am Untergang oder Umgang nahmen noch weitere Honoratioren teil: die beiden Bürgermeister, ein Konsulent (Advokat im Dienst der Stadt), vier Landwirte aus der Bürgerschaft, drei geschworene Werkleute und der Stadtknecht. Zur Auskunftserteilung hatten sich die Flurer und Förster bereitzuhalten. Bezeichnung und Zahl der »Untergänger« legen die Vermutung nahe, daß Bau- und Feuerpolizei mit den Feldrichtern und Steinsetzern einmal eins waren, wie dies für manche andere Orte noch nachweisbar ist, und daß erst mit der zunehmenden Intensivierung und Differenzierung der Aufgaben zwei verschiedene Ämter daraus wurden.

2.5 Die Amberger »Portungschauer«

Amberg in der Oberpfalz liegt im bajuwarischen Siedlungsgebiet auf dem Nordgau, in den im Frühmittelalter slawische Gruppen eingedrungen waren. Seit 1294 mit Stadtrecht beliehen, erreichte Amberg um 1450 seine höchste Blüte. Im Hausvertrag von Pavia (1329) hatte Kaiser Ludwig der Bayer die Pfalz mit dem Nordteil Bayerns, der seither Obere Pfalz genannt wurde, den Erben seines älteren Bruders Rudolf überlassen. Amberg wurde der Sitz des Pfälzer Statthalters. Einen besonderen Gunstbeweis gewährte Kaiser Ludwig (1332) durch die Verfügung, daß in des Reiches Acht sein solle, wer die Stadt verpfände. Ihren Wohlstand verdankte die Stadt bis in das 16. Jahrhundert den Eisenerzvorkommen, deren Ausbeute zunächst im Mittelalter im Tagebau begonnen hatte, aber bald und noch bis in das 20. Jahrhundert bergmännisch betrieben wurde.

Aus dem 14. Jahrhundert stammt die älteste erhaltene, aber noch wage Beschreibung des zur Stadmarkung gehörenden Gebiets, des »Burggedings« oder der »Portung« (33). In dem ersten Stadtrechtsbuch aus der zweiten Hälfte des 14. Jahrhunderts findet sich unter der Jahreszahl 1367 der Auftrag an den Rat, jedes Jahr in der ersten Fastenwoche auszuschicken, daß alle Vermarkungen, die »untermarck in dem pürckding gelegen ... beschaut und gerainet werden« (34). Seit dem Jahre 1548 liegen Berichte über Bereitungen der Burggedingsgrenze vor, sog. »Portungschauprotokolle« (35). An der Bereitung nahmen seitens der Landesregierung der Landrichter und ein kurfürstlicher Rat, seitens der Stadt mindestens vier Ratsherren teil. 1690 war die Vertretung der Stadt besonders zahlreich: zwei Bürgermeister, der Stadtsyndikus, drei Mitglieder des Inneren Rats, sechs Mitglieder des Äusseren Rats, 15 Bürger und Bürgersöhne. Mit der Vermarkung des Burggedings muß schon im 14. Jahrhundert begonnen worden sein.

Die Zuständigkeit für die Markungsgrenzen der Stadt lag bei den »Bau- und Portungschauern«. Das Bauwesen, insbesondere die Feuersicherheit und die Abwendung von Einsturzgefahr, sowie das Vermarkungswesen waren also in einem städtischen Amt vereint, wie das auch in der dörflichen Selbstverwaltung da und dort anzutreffen war. Schon im 15. Jahrhundert wurden bei den jährlichen Ratswahlen Bau- und Portungschauer ernannt (36). Stets finden sich unter den sieben bis zu neun Mitgliedern ein Bürgermeister, einige Ratsherren, der städtische Grabenmeister und der Stadtmüller (37). Die Organisation der Ämter und ihre personelle Besetzung oblag im allgemeinen dem Rat der Stadt. Die Vorschriften über das Bauwesen sowie über das Vermarken und die Erhaltung der Marksteine und Raine waren zusammengefaßt in der »Paw und Portungschawordnung« vom 6. 2. 1552 (38). Art. 46 dieser Ordnung verbot dem Bürger bei einer Strafandrohung von 10 Gulden, ohne Vorwissen des Rates Marksteine zu setzen, zu heben oder zu verändern. Das Vorhaben einer Vermarkung war der Behörde anzuzeigen, worauf der »Pfendtner«, der Stadtknecht , der die einfachen Verwaltungsgeschäfte der Stadt vornahm, zum Termin entsandt wurde. Er erhielt für diese Leistung von jedem Markstein 7 Pfennig. Die Beteiligten konnten aber auch die »geordneten Portungschawer« bestellen, die dann »nach altem Herkommen« zu entlohnen waren.

Die Portungschauordnung ließ sich auch den Schutz der Grenzmarken angelegen sein: Wer versehentlich einen Markstein umfuhr, zahlte 1 Gulden. Wer vorsätzlich einen Markstein zerstörte, kam vor das Stadtgericht, von dessen Gerichtsbarkeit lediglich Totschlag ausgenommen war. Die Raine durften nicht an- oder weggeackert werden – auch nicht zwischen Äckern, die durch Kauf an denselben Eigentümer gekommen waren. Herkömmliche Fußwege auf den Rainen durften bei der Aufstellung von Zäunen nicht versperrt werden (39).

2.6 Die Feldgeschworenen der Stadt Würzburg

Erwähnt wurde bereits, daß von der Stadt Würzburg eine Markungsbeschreibung aus dem 8. Jahrhundert überliefert ist. Marksteine kommen darin nicht vor. Aus dem Spätmittelalter rühren die ersten Schriftzeugnisse über die Versteinung von Grundstücksgrenzen: Der Rat der Stadt sah im Jahre 1387 Veranlassung dagegen einzuschreiten, daß die Winzer Gemeindewege in ihre Weingärten mit einbezogen und bepflanzten. Er beauftragte die »gesworen bergmeister«, wohl eine Art Weinbergaufseher, darauf zu achten, daß die Wege künftig nicht mehr für den Anbau von Reben in Anspruch genommen werden (40). Wo Wegeflächen bei der Feldbestellung genutzt wurden, sollten die geschworenen Bergmeister auf das Feld kommen und »lantleiten und markstein secen«, und jedermann hatte innerhalb von acht Tagen zu räumen, so weit und so lang ihm geboten wurde. Die Geldstrafen für eine Mißachtung der Anordnungen der Bergmeister waren abschreckend hoch. Demjenigen, der sich gegen den Bergmeister mit Wort oder Tat verging, war neben einer Geldbuße ein Stadtverweis von einem Vierteljahr angedroht. Die Bergmeister waren im übrigen in einer Ordnung, die schon einige Jahre früher ergangen war, für Grundstücksteilungen außerhalb der Stadtmauern als zuständig erklärt, während innerhalb der Mauern diese Aufgabe den Zimmerleuten zugewiesen war (41). Die Bergmeister hatten sonach in etwa die Aufgaben wie später die Feldgeschworenen.

Im 15. Jahrhundert hat dann die Stadt offensichtlich vier Steinsetzer verpflichtet. Über deren Aufgaben unterrichtet uns eine Eidesformel von 1466, »Der eyde der vir gesworn uber die bewe in der stat Wirtzburg«, in einer anderen Fassung auch »Satzung der gesworen uber bew und inbewe« (42). In der Einleitung wird dieser Amtsträger als »steinmitze«, also Steinmesser, bezeichnet. Außer der Bauaufsicht hatte er Schätzungen und Teilungen von Grundstücken vorzunehmen. Für seine Tätigkeit hob er eine feste Gebühr ein, vom Armen wie vom Reichen, nicht beeinflußt durch Liebe, Leid, Geschenke, Freundschaft oder Feindschaft – solche Wendungen sind zu der Zeit fester Bestandteil der Vereidigung von Amtsträgern aller Art – und er hatte auf Parteiantrag in Grenzfragen auf das Feld zu kommen. Für den ersten Termin wurden von jeder Partei 12 Pfennig, für den zweiten 6 Pfennig und, wenn diese Termine nicht halfen und nicht zum Ende führten, so sollten die Termine fortgesetzt werden bis zu einer Einigung, ohne daß weitere Gebühren anfielen. Für die Teilung von Haus und Hof war die Gebühr 60 Pfennig und ebenso für die Schätzung, ob groß oder klein. Für das Setzen eines Marksteins waren 3 Pfennig zu zahlen, für die weiteren, was sich gebührte und wie es von alters »herkommen«. Auch über den Aufstau in den Mühlkanälen hatten die Würzburger Steinmesser damals Gutachten abzugeben. Wenn sie eine Urkunde über eine Teilung oder einen anderen Sachverhalt ausstellten, so taten sie dies unter der Stadt Siegel, damit es umso besser »Kraft« haben möge. Die Stadt sollte für das Anhängen des Siegels nicht mehr erhalten als 15 Pfennig, wie von alters »herkommen« (dem Schreiber 15 Pfennig, den Geschworenen 2 Pfund).

Da es der Stadt Würzburg nie gelang, sich von der Oberherrschaft des Hochstifts zu befreien, konnte nicht ausbleiben, daß es zu Kompetenzstreitigkeiten zwischen den bischöflichen Behörden, nämlich dem Hofschultheiß, auf der einen Seite und den städtischen Selbstverwaltungsorganen auf der anderen Seite kam. Am 20. September 1479 einigten sich die Vertreter beider Seiten (43): Die Geschworenen der Stadt sollten in der Stadt und in den Vorstädten für die Überprüfung der Gebäude, insbesondere auf Baufälligkeit, zuständig sein, auch in den Weingärten, Krautgärten, Wiesen und anderen Gärten Steine setzen, die Einfriedungen besehen und die Schätzungen vornehmen. Ihr Spruch sollte jedoch jeweils dem Hofschultheißen mitgeteilt und in das Gerichtsbuch eingetragen werden. Bei dem Eintrag sollen Kläger und Beklagter je 12 Pfennig, dem Gericht 12 und dem Schreiber 4 Pfennig geben.

Die Geschworenen des Hofschultheißen andererseits sollten Beschädigungen und Feldfrevel in Augenschein nehmen und darüber befinden. Der Hofschultheiß sollte auch die Strafen über solche Vergehen verhängen, wenn diese ihm von den Fluraufsehern in Erfüllung ihrer Pflichten angezeigt würden. Besichtigung und Vermarkung von Grenzen verblieben somit eindeutig in der Zuständigkeit der städtischen Geschworenen.

Eine Durchsicht der Ratsakten läßt erkennen, daß die Würzburger Markung schon 1469 weitgehend versteint war (44). Am 18. April 1586 wurde eine Markbegehung abgehalten (45). Um diese Zeit wurde die Versteinung ergänzt oder erneuert. Ein Grenzstein aus einer Serie »so zwischen Wirtzburg, Roßberg, Under Dürbach und Veitshöchheim, den 15., 16. 17. und 18. Decembriß anno 1587 gesetzt durch die wirtzburgische Veltgeschworene« (46) ist im Vermessungsamt Würzburg ausgestellt. Im Mai 1588 wurden die Steine nochmals überprüft. An der Begehung nahmen neben den Würzburger Feldgeschworenen, deren Zahl nun mit sieben angegeben ist, auch die »Sibner« der Nachbardörfer teil.

2.7 Die Wormser »Pörtelgerichte«

Eine ähnliche Bezeichnung wie in Amberg tritt in Worms auf, die »Pörtelgerichte«. Die ursprünglich vier Kollegien wurden um die Mitte des 18. Jahrhunderts in eines zusammengelegt. Dieses Tribunal entschied über Grenzstreitigkeiten auf dem Feld und verhängte Strafen für Grenzfrevel und Grenzverletzungen. Außerdem hatte es die periodischen Markbegehungen zu leiten, bei denen die Markungsgrenzen und die Wege besichtigt wurden (47). Nachweise der zweifelsfrei schon im Mittelalter bestehenden Einrichtung sind erst seit 1755 erhalten. Bei der Zerstörung der Stadt 1689 gingen auch alle Archivbestände verloren.

2.8 »Landscheid« und »Ganggericht« in Hanau

Als das Dorf Hanau im Jahre 1303 zur Stadt erhoben und mit Frankfurter Stadtrecht bewidmet wurde, bestand dort mit großer Wahrscheinlichkeit wie in den anderen Dörfern der Grafschaft Hanau das Institut der Landscheider als Sondergericht für Grenzstreitigkeiten (48). Hanau behielt seinen dörflichen Charakter selbst noch über die Zeit hinaus, als die Grafen 1436 ihre dauernde Residenz nach der Stadt verlegt hatten. Die Landscheider gingen auf »anleit« und »lantleydung«. Sie wurden meist aus den zwölf Schöffen des Stadtgerichts genommen. Ihr Tätigkeits- und Zuständigkeitsbereich erweiterte sich mit der Verstädterung des Einsatzgebiets auf nachbarrechtliche Fragen jeder Art, auf Wegerechte und insbesondere Bauangelegenheiten, eine Entwicklung, die vielfach auch in fränkischen Dörfern anzutreffen ist.

In Hanau hatte die Aufgabenausweitung der Landscheider zur Folge, daß ursprünglich fremde Bereiche zu sehr in den Vordergrund traten; die Zusammensetzung des Gremiums orientierte sich mehr und mehr an den neuen Aufgaben. Aus der Landscheid wurde das »Ganggericht«. Als »Gang« wurde auch bisher schon der Termin am Ort des Objekts bezeichnet, über das zu urteilen war. Die neue Situation führte zur Abtrennung der administrativen Tätigkeiten von den richterlichen. Die Landscheid wurde eine administrative Behörde ohne richterliche Funktion – zumindest für das Stadtgebiet –, die richterliche Funktion verblieb für alle nachbarlichen Streitigkeiten dem Ganggericht, als einem städtischen Sondergericht, das allerdings in wege- und baupolizeilichen Fragen auch administrative Aufgaben wahrzunehmen hatte. Dem Ganggericht wurden »Werkverständige« beigegeben. Das herkömmliche Prinzip der Mündlichkeit des Verfahrens wurde selbst noch in der Hessen-Nassauischen Untergerichtsordnung von 1764 für das Ganggericht beibehalten, bis im Gerichtsorganisationsgesetz von 1848 schließlich die Ganggerichte aufgehoben wurden. (Hanau war 1736 im Erbweg an das Haus Hessen-Kassel gekommen.)

Die 1638 »wiederum erneuerte Landscheiderordnung« für Alt-Hanau und Amt Bücherthal zählt noch folgende Aufgaben für die Landscheider auf: Versteinen, Schätzung von Fahrnis und Liegenschaften, Bestellung von Dung- und Wegegerechtigkeiten, aber ohne richterliche Entscheidungsbefugnisse. In der Landscheiderordnung von 1830 verkürzt sich der Aufgabenbereich auf vermessen und versteinen. Die Landscheid war zur Vermessungs- und Katasterbehörde geworden.

Zum Verfahren der Hanauer Landscheider enthält eine Abhandlung aus dem Jahre 1700 einige kurze Bemerkungen (49): Wer die Dienste der Landscheider in Anspruch nehmen will, »spricht den jüngsten unter den Landscheidern an« – vermutlich wohl den dienstjüngsten –, daß er ihm seine Landscheiderkollegen zum bestimmten Ort zur bestimmten Zeit »ausheischen« solle. Hierfür hat der Antragsteller 5 Albus zu entrichten. Wird das verlangte Geschäft vor Mittag oder vor Abend abgeschlossen und wird dann von einem anderen, der die Landscheider im Feld angetroffen hat, eine weitere Leistung verlangt, so wird diese erbracht, ohne daß der Ausheischlohn nochmals bezahlt würde. Im übrigen scheinen in der Stadt Hanau die Gebührensätze der Frankfurter Reformation angehalten worden zu sein. In der Zeit zwischen St. Gertrauden (17. März) und der Ernte war das »Samen-Feld« für jegliche Landscheidung gesperrt.

2.9 Die »Gescheide« der Stadt Basel

In der Feldflur der Stadt Basel entschieden von alters her »Gescheide« in Grenzstreitigkeiten und sie straften auch kleinere Grenzfrevel in eigener Zuständigkeit (50). Das Nebeneinander von Macht ausübenden Gruppierungen im Mittelalter zeichnet sich in Basel darin ab, daß ursprünglich drei solcher »Gescheidsgerichte« sich in die Zuständigkeiten teilten. Das Große Gescheide des Dompropsts, des höchsten kirchlichen Würdenträgers nach dem Bischof, war unter ihnen das bedeutendste. Der Dompropst ernannte den Vorsteher seines Gescheidsgerichts, den »Gescheidsmeier«, vereidigte die Mitglieder des Gerichts, die »Scheidleute«, und zog die vom Gericht für kleinere Vergehen verhängten Bußgelder ein. Frevel von größerer Bedeutung wurden vom Gericht der Stadt abgeurteilt.

Neben dem Großen gab es noch zwei kleinere Gescheide; das eine unterstand dem Propst von St. Alban, das andere der Rebleutenzunft. Das Große Gescheide ging im Jahre 1491 an die Stadt Basel über. Eine »Erkanntnis« aus dem Jahre 1493 berichtet, daß seit unvordenklicher Zeit an Christi Himmelfahrt nach der Messe ein Bannumgang oder Bannritt abgehalten wurde, dessen Teilnahme zu Pferd allen Ackersleuten und Bauleuten auch für dieses Jahr wieder zur Pflicht gemacht werde. Leutpriester und Gescheid führten den Zug an. Ein gemeinsames Mahl, zu dessen Bezahlung auch die verhängten Bußgelder verwendet wurden, beendete die Festlichkeit. Der Brauch des Umritts um die Banngrenze wurde diesseits des Rheins noch bis 1806, jenseits noch bis 1807 ausgeübt. Die weit gefaßten Zuständigkeiten des Gescheidsgerichts wurden im Laufe der Jahrhunderte mehr und mehr beschnitten.

Im Jahre 1770 wurde eine regionale Aufteilung für zwei »Gescheider« getroffen. Außerdem erhielten einige größere Dörfer 1834 ihre eigenen Gescheide.

Die Basler Gescheidsmänner unterlegten wie ihre Amtsbrüder im Kanton Basel-Land den Grenzsteinen geheimgehaltene Zeugen, die »Lohen«.

Innerhalb der Stadtmauern war die Grenzvermarkung Aufgabe eines besonderen Fünferamtes, das im Bedarfsfalle durch Gescheidsmänner verstärkt wurde.

Das Ende für die Basler Gescheidsgerichte kam im Jahre 1875 mit der Einführung eines neuen Zivilrechts.

3. Die Feldgeschworenen und Untergänger in den Dörfern, Märkten und Kleinstädten

Du sehr-verachter Bauernstand,
bist doch der beste in dem Land,
kein Mensch dich gnugsam preisen kann,
wann er dich nur recht siehet an.

Johann Jakob Christoffel
von Grimmelshausen (1621 – 1676)

3.1 Anfänge und frühe Quellen

Während in den außerdeutschen Staaten die Rechtsbildung im Mittelalter einheitliche Formen annahm, entwickelte sich in den deutschen Ländern vielfältiges Partikularrecht. Das 10. und 11. Jahrhundert zehrt dabei zunächst noch von der Gesetzgebung der Karolingerzeit und von der Kodifikation des Stammesrechts. Überlagert und zum Teil ersetzt wird das Reichs- und Stammesrecht allmählich durch die Herausbildung von Territorialrecht einerseits und von lokalem Recht in den Städten und Dörfern andererseits. Im 13. Jahrhundert ist das Stammesrecht vom Territorialrecht endgültig verdrängt.

Aus den ersten Anfängen der Rechtsbildung und Verwaltung im mittelalterlichen Dorf sind keine schriftlichen Quellen faßbar, die uns näheren Aufschluß über die Entstehung des Feldgeschworenen- und Untergängerinstituts geben könnten. Recht und Rechtsbrauch entwickelten sich zunächst aus ständiger Übung, sie wurden mündlich von Generation zu Generation weitergegeben. Allmählich erst entstand das Bedürfnis, sowohl für die Rechtsbeziehungen zwischen Herrschaft und Dorf als auch für das Zusammenleben im Dorf einzelne Regeln schriftlich zu fixieren. In diesen Zeugnissen ländlichen Rechts wird oft betont, daß nicht neues Recht gesetzt, sondern das alte »Herkommen« festgeschrieben werden sollte.

Diese ersten Rechtszeugnisse treten unter verschiedenen Bezeichnungen, in verschiedenen Formen und auch mit recht unterschiedlichem Inhalt auf. An erster Stelle müssen hier die »**Weistümer**« genannt werden. Die aus den Gegenden um den Mittelrhein übernommene Bezeichnung Weistümer wurde vor allem durch die große Weistümersammlung, die Jacob Grimm ab 1840 publizierte, in der Fachsprache üblich. Andere Bezeichnungen waren zum Beispiel in der Schweiz die »Offnung«, in Niederösterreich das »Banntaiding«, im Elsaß das »Dingrodel«, in Sachsen die »Ruge«, in anderen Gebieten die »Ehaften« oder »Ehaftrechte«. Weitere Rechtsquellen sind die »Dorfordnungen«, »Dorfrechte«, »Vogt-«, »Gerichts-«, »Frevel-« und sonstigen »Ordnungen«, sowie Statuten und »brieffe« im Sinne von Urkunden.

Das Weistum entsteht in der Auseinandersetzung der Bauernschaft mit der Herrschaft um die gegenseitigen Rechte und Pflichten. In der Regel gibt es Auskunft über Rechte, die seit alter Zeit bestehen, die aber möglicherweise strittig geworden sind oder gefährdet erscheinen, oder gegen die besonders oft verstoßen wurde und die nun deshalb der Herrschaft gegenüber von der Bauernschaft »gewiesen« wurden, um in schriftlich fixierter Form die Anerkennung der Herrschaft einzuholen. Anlaß für die schriftliche Feststellung von

Rechtsverhältnissen oder Herkommen konnte auch ein Wechsel in der Herrschaft sein. Unter städtischem Kultureinfluß und mit der Hebung des Bildungsstandes war auch auf dem Lande die Vorliebe für Schriftlichkeit erheblich gewachsen. Während in den frühesten Niederschriften noch Latein verwendet wurde, herrscht seit dem 15. Jahrhundert fast nur noch die deutsche Sprache. Ihrer Entstehung entsprechend sind die älteren Weistümer häufig in der Form von Frage und Antwort oder in Urteilsform gehalten. Ein Weistum stellt keinesfalls die Kodifikation des gesamten Dorfrechts dar; es erschien unnötig, das allseits bekannte und beachtete Recht aufzuzeichnen. Aus dem 13. Jahrhundert sind einzelne und auch aus dem 14. Jahrhundert nur wenige Weistümer erhalten, im 15. Jahrhundert werden sie reichlicher mit einem mehr umfassenden Inhalt, zahlreich sind sie dann im 16. Jahrhundert, um im 17. und 18. Jahrhundert – mit einer merklichen Lücke im 30jährigen Krieg – auszulaufen. Die späten Niederschriften von Weistümern sind vielfach nur die Abschrift und neuerliche Bestätigung früherer Vorgänger. Sie greifen zuweilen auf altes Herkommen zurück, das im Zeitpunkt der Abschrift schon bedeutungslos geworden oder nicht mehr in Übung war. Erst seit dem 16. Jahrhundert dringen in die ursprünglich rein deutschrechtlichen Weistümer allmählich römisch-rechtliche Elemente mit ein. Das Weistum wurde von der Gemeinde – gegebenenfalls in der Schöffenkiste – sorgfältig verwahrt, in späterer Zeit sogar manchmal gedruckt.

Da und dort sind Wanderungen von Weistümern festzustellen und in einzelnen Fällen wurde in Analogie zur Übertragung von Stadtrecht das Weistum eines Dorfes durch die Herrschaft einem anderen Dorf »verliehen« (1). Aus der Datierung läßt sich außerdem manchmal schließen, daß die Herrschaft eine Reihe von Dörfern unmittelbar nacheinander bereiste, um sich das Recht weisen zu lassen. Verbreitungsgebiete der Weistümer sind die Landschaften mit stark entwickeltem Gemeindeleben, die Gegenden der Realteilung und der Kleinbetriebe, der verstädternden Dörfer und der Siedlungskonzentration. Eine große Häufigkeit weisen die Gegenden um den Rhein und den Untermain sowie die Mosellande auf. Auch Schwaben und Franken sind hier zu nennen. Im besonderen Franken ist eine »Fundgrube alten bäuerlichen Rechts, wie man sie nicht leicht wieder antrifft« (2). Arm an Weistümern sind hingegen der Niederrhein, Westfalen, Niedersachsen, Thüringen und Altbayern; nahezu ohne Weistümer blieb der Nordosten Deutschlands.

Mit der wirtschaftlichen und gesellschaftlichen Entwicklung im Dorf legte die Grundherrschaft mehr und mehr Wert darauf, daß neben den Beziehungen zwischen Herrschaft und Dorf auch das Zusammenleben im innerdörflichen Bereich einschließlich der Rechte und Pflichten der berechtigten Dorfbewohner gegenüber der Gemeinschaft in Schriftform niedergelegt wurde . Für die Form des Dokuments wird sehr häufig die Bezeichnung »**Dorfordnung**« gewählt. Aber auch anders firmierte Regelungen entsprechen diesem Typus. Der Erlaß von Dorfordnungen setzte um 1400 ein, die meisten sind nach dem Bauernkrieg im 16. und 17. Jahrhundert abgefaßt. Die Dorfordnung wird von den maßgebenden Grundherren des Dorfes vorgeschrieben, meist wohl im Benehmen mit den Vertretern des Dorfes. Überwiegend enthält die Dorfordnung wie das Weistum das, was nach Auffassung der Dörfler Herkommens ist. Die Dorfordnung setzt aber manchmal auch neues Recht.

Eine Grenze zwischen Weistum und Dorfordnung läßt sich nicht mit Schärfe ziehen. Nach dem Bauernkrieg verdrängt die Dorfordnung weitgehend das Weistum. Sie tritt oftmals an die Stelle älterer Weistümer und nimmt deren Inhalt mit auf, wenn auch mit entsprechenden

Modifizierungen. Die Dorfordnung ist wie das Weistum jeweils speziell für das betreffende Dorf erlassen, selbst wenn manchmal Ansätze zu dem Versuch einer Rechtsangleichung unter den verschiedenen Gemeinden erkennbar sind und einige Dörfer gleichlautende Dorfordnungen erhalten.

Weistümer, Dorfordnungen und sonstige örtliche Rechtssatzungen wurden in der Regel wenigstens einmal jährlich in der Dorfversammlung durch Verlesen in Erinnerung gebracht, damit sich keiner bei der Übertretung der Gebote und Verbote auf Unkenntnis berufen konnte. Den materiellen Inhalt des Dorfrechts bilden ja neben den Beziehungen zwischen Dorfherrschaft und Dorf oder zwischen Gerichtsherrn und Gerichtsgenossen die Rechte und Pflichten der Dorfgenossen untereinander und gegenüber der Gemeinschaft mit Regelungen über dörfliche Ämter und Einrichtungen, über Rechte und Pflichten im Dorf, insbesondere die Feuerpolizei, in der Flur, im Wald und auf der Gemeinschaftsweide, über Wege und Stege, über Maß und Gewicht, über Strafen und Bußen. Die in der Dorfversammlung oder vom Dorfgericht verhängten Bußen bestanden in der Frühzeit vielfach in einer bestimmten Menge Weins, der sogleich gemeinsam vertrunken wurde. Anklänge an diesen Brauch finden sich noch in späteren Satzungen, nachdem der gemeinschaftliche Umtrunk längst außer Übung gekommen war.

Das Dorfrecht spiegelt Züge des gemeindlichen Lebens wider, es bildete eine Art Grundgesetz des dörflichen Lebens. Soweit der Landesherr nicht mit örtlichen Satzungen eingriff, reichte die Geltungsdauer bis zum Beginn des 19. Jahrhunderts. In Gegenden mit Streusiedlung fehlen naturgemäß solche Regelungen oder Übereinkommen in Schriftform; aber auch kleinere Dörfer lebten oft nur nach mündlichen Traditionen.

In der Frühzeit des Dorfes zeigen die ländlichen Rechtsquellen noch keine gegliederte Verwaltungsstruktur im Dorf, Dorfvorstand und gegebenenfalls Dorfgericht sind für alles zuständig. Die Differenzierung nach einzelnen Aufgaben und die Verteilung der Aufgaben auf verschiedene Organe ist vor dem 14. Jahrhundert kaum oder doch nur höchst selten festzustellen.

Aus dem Boden der dargestellten rechtlichen, sozialen und wirtschaftlichen Gegebenheiten des Mittelalters waren »**Feldgerichte**« als Wurzel des Instituts der Feldgeschworenen und Untergänger erwachsen. Grenzstreitigkeiten, wie sie im Rechtsleben des Mittelalters nach der »Verdorfung« bei steigender Bevölkerungsdichte und zunehmender Besitzzersplitterung zwangsläufig zunehmen mußten (3), waren im ordentlichen Gerichtsverfahren schwer zu verhandeln. Land- und Dorfgerichte tagten zu festgesetzten Zeiten an gehegter Mal- oder Dingstätte. Streitigkeiten über Besitz und Grenze aber erforderten den »Augenschein«, wie der Lokaltermin am Streitobjekt in den alten Protokollen genannt wird. Die an einen strengen Formalismus gebundene alte Prozeßordnung sah einen Ortstermin eigentlich nicht vor. Zwangsläufig mußte aber nun der Ortstermin an die Stelle des altdeutschen Zeugenbeweises treten. Ursprünglich mag die Dorfgemeinschaft selbst an Ort und Stelle entschieden haben. Dies mußte sich aber wohl bald als zu schwerfällig erweisen, und so beauftragten die streitenden Parteien in gegeneitigem Einvernehmen jeweils ortskundige Vertrauensleute mit der Festsetzung und Bezeichnung der Grenze (4). Eine solche Vorgehensweise wurde im übrigen in manchen Gegenden auch späterhin beibehalten, wo keine entsprechenden dörflichen Organe für diese Aufgabe bestellt wurden. Ein Beispiel hierfür sind die »Ehehaften« des Dorfes Großelfingen (LKr. Nördlingen), die in einer Kopie aus dem 17. Jahrhundert erhalten sind (5). Dieses Dorf hatte im Gegensatz zu den

Nachbardörfern keine ständigen Untergänger bestellt. Grenzstreitigkeiten hatte die klagende Partei bei der Dorfherrschaft, der Spitalstiftung in Nördlingen, anzuzeigen. Der Beamte des Spitals, der Vogt, trug daraufhin dem Beklagten die Klage vor und wies ihn an, innerhalb von acht Tagen zwei Männer seines Vertrauens als Untergänger zu benennen. Die gleiche Aufforderung ging an den Kläger. Der Vogt setzte dann den Tag für die Verhandlung im Gelände fest. Am Streitobjekt verpflichtete er die vier Untergänger, gerecht und unparteiisch zu entscheiden. – Die Versteinung der gemeindlichen Straßen und Wege war Aufgabe der Vierer, der gewählten Vertreter des Dorfes. Die Anstößer an den Wegen konnten auch zu diesen Vermarkungen zwei Untergänger ihrer Wahl mitbringen, die dann mit Untergängern der Gemein entscheiden sollten. Aus solchen ursprünglich nur von Fall zu Fall benannten Vertrauensleuten mag sich dann schließlich ein Feldgericht als feste Spruchbehörde gebildet haben. In schwäbisch-alemannischen Dörfern sind es, als sich der Dorfverband im 14. Jahrhundert gefestigt hatte, drei bis sieben Feldrichter, die zumeist vom Schultheiß die Aufforderung zur Feldscheidung oder zum Untergang erhielten (6). Nicht ganz auszuschließen ist aber wohl die Möglichkeit, daß sich das Feldgericht vom Dorfgericht abgespalten hat.

Die Initiative zur Einsetzung von Feldgeschworenen oder Untergängern wird meist von der Dorfgemeinschaft ausgegangen sein. Aber auch die Dorfherrschaft hatte manchmal ein Interesse an der Einführung eines solchen Kollegiums. Als zum Beispiel in Ramsberg (13 km südlich von Schwäbisch Gmünd) ein neuer Gerichts- und Dorfherr aufgezogen war, gab er diesem Gebiet 1556 eine Gerichtsordnung, in der er zur Entlastung des herrschaftlichen Gerichts Untergänger einführte, die alle Streitigkeiten in der Flur entscheiden sollten (7): »Uff das auch der richter sovil möglich verschont und ihr last gemindert und doch nichtsdestweniger die strittigen sachen dester ehe zum ende gfiert werden, so hab ich drey undergenger auß meinen hindersäßen verordnet, vor denen sollen alle feldspenn (»spenn« = »spän« gleich Streitigkeiten), so meiner underthon einer gegen dem andern hett, verricht werden, die auch, nachdem sie die partheyen in ihrm fürtragen gehört und die spenn im augenschein vernommen, zwischen ihnen erkennen und sprechen sollen, was sie bedunckt billich und recht sein, und also darauf die stain setzen in massen sie dan deßhalben einen sondern ayd geschworn.« Als ein früheres Beispiel sei aus einem Weistum des Dorfes Dettweiler im Unterelsaß von 1380 angeführt (8): »Ein vogt hat ouch vierzehen margmanne geschworen, die ime margsteine setzen sollent in dem dorfe und bann Dettwilre, wanne es noth beschiht oder er es inen gebietet . . .«. Der Vogt war also zunächst noch als Aufsichtsperson in das Vermarkungsgeschäft eingebunden und er erhielt auch die Hälfte der Gebühren.

Im übrigen ist mangels ausreichender Quellen bisher in der Literatur noch nicht der Versuch unternommen worden, für die Anfänge eines Feldgeschworenen- oder Untergänger-Instituts einen bestimmten Zeitraum schlüssig nachzuweisen. Nach den Quellen und nach der Entwicklung der dörflichen Selbstverwaltung wird man davon ausgehen müssen, daß die Bildung von Feld- und Untergangsgerichten kaum vor dem 13. Jahrhundert eingesetzt hat. Erste Nachrichten über die Basler Gescheide sollen allerdings schon aus der Zeit um 1200 stammen und in ihnen soll diese Einrichtung als alter Brauch bezeichnet sein (9). Im übrigen sind schriftliche Überlieferungen über dörfliche Feldgerichte erst um die Wende zum 14. Jahrhundert zu finden. Da die frühesten Aufzeichnungen vielfach ausdrücklich an Herkommen und bestehenden Brauch anknüpfen, ist wohl der Schluß erlaubt, daß da und dort möglicherweise schon im 13. Jahrhundert solche Kollegien im Dorf bestellt wurden. Um diese Zeit setzte auch schon die Entstehung von Kleingütern ein, die eigentliche Zeit der Besitzzersplitterung ist dann das 14. Jahrhundert. Damit wurde das Bedürfnis spürbar, ein mit Autorität ausgestattetes dörfliches Organ zu schaffen, das die Ordnung an den Grenzen im Dorf, Feld und Wald sichern half. Das Versteinen der Besitzgrenzen führte sich vornehmlich in denjenigen Regionen ein, in denen Feld- oder Untergangsgerichte eingesetzt waren. Umgekehrt wurden Feld- und Untergangsgerichte dort gebildet, wo sich ein Bedürfnis für die Versteinung der Besitzgrenzen bemerbar machte.

Die Bildung eigenständiger dörflicher Organe ging in den einzelnen Gegenden auch nicht annähernd gleichzeitig vor sich, letzte Nachzügler folgten mit einer Verzögerung um Jahrhunderte. In manchen Dörfern, die einst Feldgeschworene eingeführt hatten, verlor sich diese Einrichtung zeitweise, bis sie eines Tages wieder neu belebt wurde. Vor allem der 30jährige Krieg bildete in den besonders schwer heimgesuchten Landschaften eine solche Zäsur. Die älteren Menschen hatten diese Drangsal nicht überlebt, die Tradition war abgerissen, schriftliche Überlieferungen vernichtet, ein Neubeginn erforderlich, zu dem dann manchmal Vorbilder aus der Nachbarschaft herangezogen wurden.

Während uns die Rechtsquellen aus dem Spätmittelalter noch kein vollständiges und genaues Bild von den Feldgeschworenen und Untergängern vermitteln können, erhalten wir seit der Wende zur Neuzeit mehr Aufschluß aus Dorf-, Vogtei- und Gerichtsordnungen, insbesondere aber aus Untergangs-, Feldgeschworenen-, Steiner- und Schiederordnungen, ferner aus den Eidesformeln, mit denen die Neugewählten auf ihre Pflichten eingeschworen wurden, und schließlich aus den Protokoll- und Steinbüchern, die mancherorts von der Tätigkeit der Siebner und Untergänger während einiger Jahrhunderte berichten.

Das Amt der heutigen Feldgeschworenen kann in vielen Gemeinden auf ein ehrwürdiges Alter zurückblicken. Das Attribut »ältestes Ehrenamt« sollte den Feldgeschworenen oder Siebnern jedoch im Hinblick auf die frühen Schultheißen, Bauermeister, Ortsrichter und Ortsvorsteher, die heutigen Bürgermeister, nicht so unbedacht zugesprochen werden, solange der historische Nachweis über die Anfänge des Felgeschworenenamts nicht geführt werden kann.

3.2 Regionale Verbreitung des Feldgeschworenen- und des Untergänger-Instituts

Im Verein mit der Ausbildung der Landeshoheit hatten im späten Mittelalter verschiedene Faktoren zu einer starken Zersplitterung des Rechts in den einzelnen Territorien des Reiches geführt. Die Grenzvermarkung, in der sich Recht und Brauchtum aufs engste verbanden, war von dieser Differenzierung mit betroffen, was sich in den höchst unterschiedlichen Zuständigkeitsregelungen widerspiegelt. Besondere beeidigte Vertrauensleute für das Setzen der Grenzsteine und sonstiger Grenzmarken gab es nur in dem kleineren Teil Deutschlands.

Über die Verbreitung des Feldgeschworenen- und des Untergänger-Instituts kann nur ein allgemeiner Überblick gegeben werden, detaillierte Untersuchungen von Dorf zu Dorf sind nur für wenige Gebiete angestellt worden. Sie werden noch dadurch erschwert, daß für manche kleinere Dörfer und Herrschaften keine schriftlichen Überlieferungen vorliegen, weil sich das Dorfleben nach ungeschriebenem Gewohnheitsrecht gestaltete. Hieraus darf nicht geschlossen werden, daß Dorfämter nicht bestanden hätten. Außerdem sind viele schriftliche Zeugnisse über das Leben auf dem Dorfe im Laufe der Zeit verloren gegangen oder vernichtet worden.

Das Ehrenamt des Feldgeschworenen oder Untergängers wurde fast ausschließlich in jenen Gegenden eingerichtet, wo Kleinbetriebe und Realteilung das Bild der Landschaft bestimmten, in Gegenden mit ausgeprägten Gewannfluren und unregelmäßiger Gemenglage, meist Gebiete, in denen sich auch der Bauernkrieg 1525 austobte. Typisch für diese Landschaften sind die geschlossene Siedlungsweise und ein gut entwickeltes Gemeindeleben. Zu Beginn der Neuzeit sind Feldgeschworene oder Untergänger anzutreffen vor allem im Fränkischen einschließlich der Gebiete, die heute politisch nicht zum bayerischen Franken gehören, in Rheinhessen und dem größeren Ostteil der Rheinpfalz, in Nassau und in der Wetterau, nicht im Hochstift Fulda, aber in Teilen Thüringens (zum Beispiel in Sachsen-Weimar, in der Grafschaft Schwarzburg (1), südlich des Rennsteigs und vermutlich auch in anderen nichtpreußischen Landesteilen) und schließlich im nördlichen und westlichen Teil des alemannisch-schwäbischen Siedlungsraumes, nämlich im nördlichen Schwaben (speziell im Nördlinger Ries mit gut belegter alter Tradition), in Baden und Altwürttemberg, in der Landgrafschaft Baar und im Elsaß. Auf Schweizer Gebiet kommen noch dazu die Kantone Basel Stadt und Land, das solothurnische Schwarzbubenland, der Berner Jura und der Kanton Schaffhausen (2). Im Allgäu und im südöstlichen Teil Oberschwabens konnte ein Untergängeramt zumindest vor dem 19. Jahrhundert nicht gefunden werden. Nach Westen und Norden läßt sich das Verbreitungsgebiet der beeideten Steinsetzer etwa wie folgt abgrenzen: links des Rheins Vogesen – Pfälzer Wald – Ostteil des Hunsrück; rechts des Rheins Westerwald – Vogelsberg – Spessart – Rhön – Teile von Thüringen. Im deutschen Norden und Osten, in Altbayern und in Österreich haben Städte und Dörfer – von ganz wenigen Ausnahmen abgesehen – keine Feldgerichte hervorgebracht. Als Besonderheit ist noch anzumerken, daß im ehemaligen Erzstift Magdeburg, dem nachmaligen hohenzollerschen Herzogtum, laut landesherrlicher Anordnung jedes Dorf zwei »geschworne Messer und Steinsetzer« zu wählen hatte (3). Ob sich eine derartige Einrichtung schon im Mittelalter örtlich aus dem Dorf heraus gebildet hatte, konnte noch nicht festgestellt werden.

Für Bayern ermöglichen staatliche Erhebungen aus dem Jahr 1867, die Verbreitung der Siebner, Feldgeschworenen und Marker mit einiger Genauigkeit zu umschreiben. Betroffen sind nur Gebiete, die zu Anfang des 19. Jahrhunderts zu Bayern kamen. Die Südgrenze der Feldgeschworenen setzt, von Westen kommend, in Höhe der schwäbischen Donaustädte Lauingen und Dillingen ein. Die Grenzlinie schwenkt von hier nach Nordosten und läuft an Donauwörth nördlich vorbei. Sie schließt das frühere Hochstift Eichstätt mit den Städten Eichstätt und Beilngries ein, spart den oberpfälzischen Landkreis Neumarkt aus, zieht dann nach Norden an Nürnberg vorbei durch die Fränkische Schweiz zum Staffelberg, das seinerzeitige Bezirksamt Staffelstein einschließend. Das östlich angrenzende Amt Lichtenfels meldete zwar, daß Märker nicht mehr vorhanden seien, aber auch in diesem Bezirk gibt es Hinweise auf ein früheres Wirken von »rainern« (zum Beispiel Dorfordnung von Michelau 1535). Im nördlich anschließenden Amt Kronach bestand noch die Erinnerung, daß es in einigen Gemeinden früher Märker oder »Rainmeister« gegeben habe, während das nördlichste bayerische Amt Teuschnitz für eine große Anzahl von Gemeinden Märker nachwies. In zahlreichen Orten des Regierungsbezirks Unterfranken können die Siebner auf eine sehr lange Tradition zurückblicken. Ausnahmen bilden die Gebietsteile, die bis zur Säkularisation zum Hochstift Fulda gehörten, mit den Hauptorten Brückenau und Hammelburg sowie einige kleinere Ritterschaften. In Fulda galt mit wenigen Ausnahmen (zum Beispiel Tulba) Anerbenrecht, die Höfe waren seit jeher geschlossen, sie wurden nicht geteilt. Nur die wenigen freien Grundstücke, sogenannte »Beistücke«, durften veräußert oder an andere Kinder als den Hoferben vermacht werden. Als Grenzbezeichnung im Feld genügte der Ackerrain. Im würzburgischen Realteilungsgebiet hingegen hätten Raine zwischen den schmalen Ackerstreifen zuviel Land gekostet, die Ackergrenzen waren deshalb vielfach mit Steinen vermarkt, mit dem Steinsatz aber waren die Siebner betraut.

Wenn die östliche Hälfte Oberfrankens keine Feldgeschworenen aufwies, so mag das damit zusammenhängen, daß die sehr geringe slawische Bevölkerung im Raum um Kulmbach und Bayreuth erst im Laufe des Mittelalters durch fränkische Einwanderer verdichtet wurde, daß die Siedlungsstruktur sehr offen blieb und daß sich das Gemeindeleben bei dem Fehlen von Großdörfern nur schwach entwickelte.

Auch die eigentlichen Verbreitungsgebiete der Feldgeschworenen und Untergänger wiesen mitunter Lücken auf, solange nicht der Landesherr eingriff und die Einrichtung für sämtliche Gemeinden anbefahl. In dem für eine freie Reichsstadt ungewöhnlich großen Territorium von Nürnberg etwa waren nur in einigen größeren Dörfern »Marker« bestellt. In Katzwang zum Beispiel waren es vier, die von den Hauptleuten und Vierern gewählt wurden. Gleichwohl enthielten die meisten Dorfordnungen Bestimmungen, nach denen die Vermarkung zwischen den privat genutzten und den von der Gemeinde genutzten Grundstücken einschließlich der Wege ein strenges Gebot war, dessen Nichtbeachtung bestraft wurde (4). Überwiegend war in den Nürnberger Dörfern die Vermarkung eine Aufgabe der Dorfvierer (Dorfvorsteher).

An das Territorium von Nürnberg grenzten im Westen Dörfer der Dompropstei Bamberg (Stadeln, Unterfarrnbach, Poppenreuth und andere) sowie der Marktflecken Fürth, der ein Kondominium der Markgrafschaft Ansbach, der Dompropstei Bamberg und der Reichsstadt Nürnberg war, Gebiete, die 1792 von Preußen-Ansbach annektiert wurden. Auch hier gab es kein Siebnergericht, die Gerichtsschöffen waren gleichzeitig als Feldgeschworene verpflichtet (5). In Fürth wurden jeweils zwei von ihnen zum Vermarkungstermin entsandt. Einige Jahre später wurden dann in Fürth sieben Siebner aufgestellt. In den westlich von Erlangen gelegenen bambergischen Gebieten sind fast nur für größere Dörfer Marker oder Siebner nachzuweisen.

Außerhalb der oben aufgeführten Verbreitungsgebiete der Feldgeschworenen sind aus einigen Orten des heute bayerischen Gebiets entsprechende Einrichtungen überliefert: in Schwaben in Pfersee und Haunstetten, heute Stadtgebiet von Augsburg, in Burtenbach, einer evangelischen Insel inmitten katholischen Umlands an der Mindel westlich von Augsburg (6), und schließlich die »Markungspfahler« in Bobingen und Straßberg südlich von Augsburg; in Oberbayern Ingolstadt und das benachbarte Großmehring; in der Oberpfalz fünf Gemeinden im Amtsbezirk von Neumarkt und eine im Amt Velburg; schließlich das schon beschriebene »Korngeding« in Regensburg (7).

3.2 a. Exkurs: Frankreich und Niederlande

Weder für das mittelalterliche noch für das neuzeitliche **Frankreich** konnte eine dem Feldgericht vergleichbare Einrichtung bislang festgestellt werden. In den alltäglichen Streitigkeiten wurde vermutlich zunächst die Schlichtung beim örtlichen Friedensrichter (juge de paix) gesucht, eine Einrichtung, die auf eine sehr lange Tradition zurückblickt. Gegen Ende des Mittelal-ers ergingen verschiedene Erlasse, in denen die Titel Feldmesser, Oberfeldmesser, Landmesser und Schätzer geschaffen wurden (arpenteur, grand arpenteur, mesureur, priseur de terres). Ein »Grand Arpenteur« mit besonderen Privilegien wird schon 1115 eingeführt. Ab 1554 dürfen nur noch die vom König ernannten Feldmesser Grundstücksvermessungen ausführen.

Hingegen scheint es zumindest in Teilen der **Niederlande** gegen Ende des Mittelalters amtliche oder halbamtliche Stellen gegeben zu haben, die mit Fragen der Grundstücksgrenzen befaßt waren (1). Als im Jahre 1477 die Habsburger das Erbe der Herzöge von Burgund in den Niederlanden antraten, umfaßte diese blühende, reiche Provinz den größten Teil der heutigen Beneluxländer und dazu noch einen Streifen von Nordfrankreich. Die Vielfalt der geschichtlichen Entwicklung fand in fast 700 unterschiedlichen Ortsrechten ihren Ausdruck. Die Bemühungen der Regierung zur Zeit von Kaiser Karl V. und von König Philipp II. von Spanien um Erfassung, Redaktion und Vereinheitlichung des zersplitterten und vielfach nur mündlich überlieferten Rechts stieß bei den auf ihre »Freiheiten« bedachten Vertretern des Landes auf entschiedene Ablehnung und hatten nur geringen Erfolg. In den Rechtstraditonen erschienen spätestens seit dem 15. Jahrhundet sowohl beeidete Landmesser (arpenteurs jurées) als auch beeidete Grenzvermarker (emborneurs, aborneurs, bornoyeurs, partageurs jurés, séparateurs jurés d'héritages, flämisch palers, paelders = Pfahlsetzer, merers, meerders, gesworen loters). Welche Tätigkeiten und Zuständigkeiten unter diesen wechselnden Bezeichnungen zu sehen sind, müßte erst untersucht werden. Im **Hennegau** erscheinen freie Grenzvermesser (francs cerquemaneurs), die bei ihren Grenzfeststellungen unter der Aufsicht der Geschworenen des Gerichts stehen. Das Recht von **Ypern** untersagt die Veräußerung von Grundstücken ohne Vermessung durch einen beeideten Feldmesser. In **Mecheln** waren die Rechte und Pflichten der beeideten Feldschieder besonders umfassend, ähnlich wie in bestimmten Gegenden Deutschlands. Die »aborneurs« waren hier eine Art Richter erster Instanz in allen Grenzfragen, bei Dienstbarkeiten und Fragen des Gemeinschaftseigentums; darüber hinaus oblag ihnen die Aufsicht über die Sicherheit der Feuerstellen. In **Antwerpen** finden sich ähnliche Regelungen, aber hier bildeten die »diviseurs d'héritages« oder »borneurs« nur eine Art Schiedsgericht, falls die Parteien dies akzeptierten. Im Prozeß entschieden der »amman«, die »bourgmesters« und die Schöffen unter Zuziehung beeideter Feldmesser (séperateurs jeurés d'héritage). Nach den Statuten von 1608 mußten diese Fachorgane (délimitateurs jurées) auch jeder Grenzvermarkung beiwohnen. Die Bezeichnungen für die Feld- und Grenzvermesser scheinen hier ebenso vielfältig gewesen zu sein wie im deutschen Sprachgebiet. In **Brüssel** war den Felschiedern, den »meerers«, die amtliche Schätzung der Immobilien vorbehalten. Bei Parzellierungen und bei der Teilung von Immobilien mußten sie mit einer anderen sehr alten Institution, den deelmannen, deellieden oder deelprijzers, zusammenwirken, wenn Parteien beteiligt waren, die sich nicht selbst vertreten konnten, zum Beispiel Minderjährige. Im Laufe des 17. und 18. Jahrhunderts tritt der Berufsstand der Landmesser klarer hervor, Kenntnisstand und Zulassungsvoraussetzungen werden dank der Verbreitung von Lehrbüchern einheitlicher. Mit der französischen Besetzung der Niederlande (1794) schließlich geht die Zeit der herkömmlichen Ortsrechte endgültig zu Ende.

3.3 Bezeichnungen für die Feldgeschworenen und Untergänger

Seit dem Mittelalter hatte jeder, dem ein Amt verliehen oder eine öffentliche Aufgabe übertragen wurde, einen sehr feierlichen Eid abzulegen. So gab es neben den Geschworenen der Gerichte auch geschworene Sachverständige auf verschiedenen Gebieten, zum Beispiel geschworene Müller für das Mühlenwesen. Daraus versteht sich, daß auch Feldrichter, Untergänger, Grenzsteinsetzer usw. stets als »geschworene« Amtsträger erscheinen, wobei kein Unterschied gemacht wird, ob ihre Befugnisse sehr weit reichten oder beschränkt waren.

Feldgeschworene, Feldrichter

Die Bezeichnung »Acker-« oder »Feldgeschworener« tritt als fester und bleibender Standardausdruck wohl erstmals in der Reichsstadt Frankfurt auf. Eine besondere Variante hierzu bildet der »Landgeschworene«, eine Bezeichnung in einer »Steinsetzer-Ordnung« für das Fürstentum Nassau-Weilburg in der Zeit um 1600. Der »Feldgeschworene« faßt seit dem 16. Jahrhundert in den Kanzleien der Behörden Fuß, der Ausdruck findet sich zum Beispiel in Steinsetzerordnungen des Würzburger Bischofs Julius Echter seit 1581. Er wird in die gelehrte Literatur übernommen, um schließlich außerhalb des alemannisch-schwäbischen Raums zum feststehenden Ausdruck in Verwaltung und Recht zu werden. Die Gesetzgebung des 19. Jahrhunderts in Bayern, Hessen und Thüringen (Weimar schon 1726) bedient sich ausschließlich dieser Bezeichnung. Örtliche Satzungen hielten freilich noch lange, der örtliche Sprachgebrauch in Franken hält noch heute an den herkömmlichen Bezeichnungen fest. Das Wort »Feldgeschworener« wird häufig zu »Geschworener« gekürzt, was im Volksmund in Franken zu dem heute noch gebräuchlichen »Schwurer« werden konnte (Ornbau bei Ansbach).

Das Kollegium der Feldgeschworenen bildete das »Feldgericht«, wovon wiederum die Bezeichnung »Feldrichter« abgeleitet wurde, die zu Beginn der Neuzeit eine weitere Verbreitung fand.

Wenn in älteren Quellen die Bezeichnung »Feldgeschworener« außerhalb eines verbürgten Verbreitungsgebiets dieser Institution angetroffen wird, so ist erst zu prüfen, ob wirklich Feldgeschworene im Sinne von Feldrichtern oder Grenzsteinsetzern gemeint sind. In der Stadt Göttingen zum Beispiel kommt das Wort Feldgeschworener mehrfach in Verbindung und unter Gleichsetzung mit »feltwarden« und »wroger« vor, also im Sinne von Feldhüter oder Flurer (1); Grenzvermarkungen waren jedenfalls nicht die eigentliche Aufgabe dieser auf Zeit bestellten Bediensteten. Welcher Art die »Feldgeschworenen« waren, die 1652 in einem Dorf südllch von Göttingen genannt sind, konnte nicht ermittelt werden (2).

Untergänger, auch Umgänger

Im alemannisch-schwäbischen Raum heißt der Grenzbegang und auch der Genzprozeß regelmäßig Untergang (3). Dieses Wort ist seit dem Ende des 13. Jahrhunderts nachgewiesen; in lateinischer Übersetzung (supra ire) kommt es schon 806 in einer Urkunde aus dem Gebiet des Klosters St. Gallen vor (4). Die Bezeichnungen »Untergang«, »Untergänger« und »Untergangsgericht« festigen sich in Württemberg noch dadurch, daß der »Untergang« im Landrecht von 1555 und 1610 verankert wurde. In manchen Texten heißen die Untergänger auch »dorf- und feld-untergänger«, manchmal mit dem Zusatz »geschworene« (5). »Untergang« oder »Landscheide« ist das förmliche Verfahren der für die Angrenzer verbindlichen Ermittlung des Grenzverlaufs. Das schwäbische »untergehen« bedeutet in diesem Zusammenhang soviel wie »untersuchen und entscheiden« an Ort und Stelle. Württemberg hielt an dem herkömmlichen

Ausdruck »Untergang«, auch als Bezeichnung für das Kollegium der Untergänger selbst, bis zum Ende dieser Institution fest.

Die Bezeichnungen »Untergang« und »Untergänger« beschränken sich nicht auf das alemannisch-schwäbische Gebiet; sie finden sich neben den für Franken spezifischen Ausdrücken in den Nachbargebieten des bayerischen Nordschwaben, zum Beispiel in den Dörfern der Reichsstadt Rothenburg ob der Tauber, in der Deutschordenskomturei Ellingen und darüber hinaus im ansbachischen Heidenheim und Solnhofen. Außerdem war die Bezeichnung »Untergang« auch in der Schweiz und im Elsaß neben anderen gebräuchlich (6).

Im unterfränkischen Gerolzhofen ist die verwandte Bezeichnung »gemeiner Ausgänger« für das 15. Jahrhundert nachgewiesen.

Den Begriff »Untergang« für Grenzbegehung und Grenzfeststellung verwandte das Alemannische auch dort, wo keine eigentlichen Untergänger bestellt wurden, sondern Schultheiß, Schöffen, Gericht usw. den Untergang ausführten, zum Beispiel in verschiedenen Gegenden der Schweiz (7).

Landleiter

In einem ähnlichen Sinne wie das Wort »Untergang« begegnet im fränkischen und hessischen Raum das Wort »Landleite«, nämlich für das Begehen und Überprüfen der Grenze. Hiernach wurden die Feldgeschworenen in manchen Orten auch »Landleiter« genannt (8).

Landscheider, Feldscheider, Gescheidsleute

Von der alten Bezeichnung »Schied« für Grenze leitet sich der »Landschieder« oder »Feldschieder« oder einfach »Schieder« her. Diese Ausdrücke sind im Schrifttum schon seit dem 16. Jahrhundert zu »Landscheider«, »Feldscheider« und »Grenzscheider« geschönt. Das Kollegium hieß die »Schied«, mittelalterlich auch »schitt« geschrieben, »Landschied« oder »Feldschied«. Diese Bezeichnungsweisen sind in Franken einschließlich des fränkischen Teils von Baden-Württemberg, in der Pfalz und in Hessen (Grafschaften Solms und Hanau »Feldscheider«) anzutreffen. Die Feldgeschworenen »gehen schieden« (aus Hopferstadt bei Ochsenfurt am Main). Im Elsaß tritt längstens seit dem 14. Jahrhundert der »scheidmann« auf, Mehrzahl die »scheidlúte« und das »gescheid« (9). »Gescheid, Gescheidsmann, Gescheidsleute, Gescheidsrichter wirkten auch in Basel Stadt und Land sowie in einigen Nachbarkantonen bis ins 19. Jahrhundert.

In der neueren Literatur wird mitunter der »Ehscheider« zu Unrecht als Feldschieder gedeutet. Dieses Wort ist aber eine mißverstandene Weiterbildung von »Eschhay« und meint somit den von der Gemeinde angestellten und besoldeten Fluraufseher oder Flurschütz (10).

Märker, Marker, Markmeister, Markmänner

In der älteren Sprache war »mark« das meistgebrauchte Wort für Grenze und Grenzmal. Hiervon leitet sich der »Marker, Märker oder Marcher« her – nicht zu verwechseln mit dem Begriff »Märker« im Sinne von Markgenosse. »Märker« (als Steinsetzer) begegnen uns vor allem im Hochstift Bamberg, in Mittelfranken, aber auch in Baden. In Mittelfranken ist die Bezeichnung mancherorts heute noch gebräuchlich. Neun »marker« waren auch in Wörth (Unterelsaß) aufgestellt (11). Über die »margmanne« nach dem Weistum des Dorfes Dettweiler (nw. von Straßburg) von 1380 wurde schon in Abschnitt 3.1 berichtet.

Steiner, Steinsetzer, Rainer, Mahler

Nach ihrer Tätigkeit trugen die Feldgeschworenen – inbesondere in Franken – auch die Bezeichnung »Steiner« oder »Steinsetzer«, meist mit den vorangestellten Attributen »geschworene« oder »verpflichtete«, in Arnstein (Thüringen) 1543 »verordnete geschworene steiner« (12). Seltener ist die Form »Landsteiner« (Rothenburg o. d. T.). Auch in der Pfalz, in Nassau und in der Wetterau (13) war der Ausdruck »geschworene Steinsetzer« gebräuchlich. In Nassau-Weilburg gab es 1750 ein »Steinsatzgericht« (14), anderwärts ein »Steingericht«. In Baden wurde 1854 die Bezeichnung »Steinsetzer« gesetzlich vorgegeben. Die alten örtlichen Benennungen »Untergänger, Land- oder Feldschieder, Feldrichter, Feldgeschworener« hielten sich dort noch geraume Zeit (15).

Aus der den Feldgeschworenen übertragenen Aufsicht über die Grenzraine leiten sich Bezeichnungen wie »rainer« und »raynmeister« her (16), in Wunsiedel zum Beispiel »geordnete raynmeister« (17). Die ältere Sprache schreibt meist »Rein«. Analog zum weithin gebräuchlichen »Steiner« hat die gelehrte Literatur den »Mahler« von Grenzmal abgeleitet.

Siebner, Vierer u. ä.

Nach der Zahl der Mitglieder hieß das Kollegium der Feldgeschworenen eines Dorfes oder einer Gemeinde auch die »Dreier« (selten), die »Vierer« und in Franken sowie im nördlichen Schwaben besonders häufig die »Siebner« auch »sibner« oder »simmer«, »verordnete sibner«. Im Elsaß waren »sibender« anzutreffen, in der Gegend von Amorbach ein »sibenden« als Kollegium. Wo die Feldgeschworenen auch amtliche Schätzleute für die Liegenschaften waren, kam dies vielfach durch zusammengesetzte Ausdrücke wie »Schätzer und Siebner« zum Ausdruck. Der Bayerische Verwaltungsgerichtshof sprach noch im Jahre 1880 in einem Streitfall von den »Siebenern« von Schornweisach (LKr. Neustadt a. d. Aisch, MFr) und in einem anderen Fall von »Siebnereien«, obgleich schon 1868 durch das Vermarkungsgesetz der »Feldgeschworene« amtlich eingeführt war (18). Im selben Jahr hielt sich das nämliche Gericht in einem Streit der Feldgeschworenen von Neudorf (LKr. Miltenberg) an die zwischen Main, Neckar und Tauber gebräuchlichen Bezeichnungen »Viergericht«, auch einfach »Vierricht« und »Vierrichter« (19). »Vierer« und ein »Vieramt« waren einst auch in Dörfern um Kitzingen, Würzburg und Karlstadt anzutreffen. Im übrigen Unterfranken sowie in Mittelfranken herrschte die Bezeichnung »Siebner« vor, und zwar auch in Dörfern mit weniger als sieben Siebnern,wie zum Beispiel in ansbachischen Maindörfern mit ihren fünf »Siebnern«. In Unter- und Mittelfranken ist »Siebner« auch heute noch gebräuchlich, ebenso wie »Vierrichter« in der Gegend von Klingenberg. Wo in der Markgrafschaft Ansbach aus der Zeit des Mittelalters »Vierer« überkommen waren, wurden sie 1746 nach der landesherrlichen »Siebner-Ordnung« durch »Siebner« abgelöst. Der Widerspruch, der in der Bezeichnung »Siebner« zu der im Hochstift Würzburg häufig geringeren Zahl der Mitglieder des »Siebner-Amts« bestand, gab schon im Jahre 1794 dem Schultheiß von Wipfeld (zwischen Schweinfurt und Würzburg gelegen) zu denken, da er in seinem Büchlein über die Pflichten eines Dorfschultheißen schreibt (20): »Die fränkischen Sprachgelehrten haben es also unter sich auszumachen, woher die Bedeutung Siebener, Siebener-Amt genommen werden müsse.«

In Geilsheim (LKr. Ansbach) markten »Achter«. Die Zahl ergab sich hier daraus, daß aus den Grundholden der vier Grundherrschaften je zwei Feldgeschworene gewählt wurden (21).

Mit einer Änderung in der Zahl der Feldgeschworenen eines Kollegiums ändert sich manchmal auch die davon abgeleitete Bezeichnung. In Randersacker bei Würzburg wechselt zum Beispiel »Dreier« des 16. Jahrhunderts zu »Siebner« im 17. Jahrhundert.

Messer, Feldmesser

Da die Feldgeschworenen mit dem Meßseil

oder der Meßkette und dem Feldzirkel umzugehen wußten sowie Flächenermittlungen und Grundstücksteilungen ausführten, wurden sie in der Rheinpfalz, im nördlich anstoßenden Rheinhessen und zuweilen auch noch rechts des Rheins »Messer« oder »Feldmesser« genannt. In dem pfälzischen Städtchen Freinsheim bestand ein achtköpfiges »steinsätzer-, mäßergericht« (22). In der Gegend um Kissingen prägte der Volksmund in späterer Zeit die Bezeichnung »Dorfgeometer«. Die noch in Latein geschriebene Literatur der frühen Neuzeit verwandte für die Feldgeschworenen die Bezeichnung »agrimensores« (= Feldmesser).

Kundschafter

Das Wort »Kundschaft«, ursprünglich Zeugenbeweis im Gerichtsverfahren wegen Grenzstreitigkeiten (Wortstamm »kennen«), hat im Schwäbischen die Bedeutung von Grenzermittlung und -entscheidung durch den Untergang erlangt. Insbesondere im Nördlinger Ries sind »Untergänger und Kundschafter« sowie ein »Kuntschaftgericht« anzutreffen. Nach den »ehaften« (Rechten) des Dorfes Alerheim von 1353/1374 war es »herkomen und recht«, daß »undergänger und kuntschafter stein im dorf und zu felde« setzten (23).

Gemainer, Eidbrüder

Mit »Dorfgemainer« oder »Mitgemainer« wurde wohl die jederzeitige Dienstbereitschaft in Grenzfragen zum Ausdruck gebracht (24). Als geschworene Gemeinschaft sprachen sich die Feldgeschworenen gelegentlich auch mit »Eidbruder« an.

Sämmler

In der Umgebung von Lauingen a. d. Donau soll die Bezeichnung »Sämmler« üblich gewesen sein (25). Eine Bestätigung konnte hierfür nicht gefunden werden.

In der Umgangssprache eines Dorfes mag jeweils eine einzige Bezeichnung für die Feldgeschworenen vorgeherrscht haben. In den schriftlichen Quellen jedoch kommen innerhalb desselben Schriftstücks häufig mehrere Bezeichnungen nebeneinander vor, zum Beispiel »Siebner, Marker und Steinsetzer« (26) oder »geschwornen, verordtneten veltrichter oder undergänger« (27) oder »Stein Setzer, Feltschieder, velt-Richter« (28). In der Landesordnung des Markgrafen von Baden (Durlach) und Hochberg vom Jahre 1715 steht »Märker, Feldmesser und Untergänger« für das in Rede stehende Amt, in der »Steiner- oder Siebner-Instruktion« des Landgerichts Heidenheim an der fränkisch-schwäbischen Grenze vom Jahre 1823 »Steiner, Siebner, Untergänger oder Feldschieder«.

Der Gebrauch der einzelnen Bezeichnungen und Bezeichnungsgruppen erstreckte sich jeweils über bestimmte Regionen, die jedoch nicht streng gegeneinander abzugrenzen sind. Neben den aufgeführten Amtstiteln gab es so manche dörfliche Besonderheit, die hier nicht mit erfaßt werden konnte.

3. 4 Zahl der Mitglieder und Zusammensetzung eines Kollegiums der Feldgeschworenen oder Untergänger

Als Mitgliederzahlen kamen für ein Feldgeschworenen- oder Untergängerkollegium die Zahlen eins bis vierzehn vor. Weniger als drei und mehr als neun sind allerdings höchst seltene Ausnahmen. Eine solche Ausnahme bildeten zum Beispiel die Feldschieder von Adelshofen (LKr. Rothenburg o. d. T.). Sie konnten noch im Jahre 1867 in einer Beschwerde gegen eine Beanstandung des Bezirksamts die Beibehaltung ihrer Mitgliederzahl von dreizehn durchsetzen (1). Das Bezirksamt hatte in einer Instruktion die Zahl allgemein auf drei bis fünf festgesetzt. Das nicht überdurchschnittlich große Gemeindegebiet bestand aber aus vier Flurmarkungen und war auf drei Feldschiedergruppen aufgeteilt, von denen jede ihr eigenes Siebnergeheimnis anwandte. In Knetzgau bei Haßfurt am Main waren 1486 vorübergehend vierzehn Feldgeschworene; die Zahl wurde aber bald halbiert. Auch in Dettweiler (Unterelsaß) waren nach dem Weistum von 1380 vierzehn »margmanne« aufzustellen (1 a). Im Ries begegnen uns neben den regelmäßigen sieben auch acht, neun oder zwölf Untergänger.

Im alemannisch-schwäbischen Raum treten seit dem 14. Jahrhundert drei bis sieben Feldrichter auf (2). In der westlich des heutigen Mittelfranken gelegenen Grafschaft Hohenlohe betrug die Zahl der dörflichen Schieder, Steiner oder Untergänger nahezu regelmäßig fünf (3). Auch in der rechtsrheinischen Pfalz ist die Zahl fünf bei den Untergängern häufig. Zwischen Spessart und Odenwald bis an den Neckar steinten »Vierer«. In der Wetterau (Solms) waren sieben Landscheider die Regel. Im Baselland waren es fünf bis sieben Gescheidsmänner. Im Hochstift Würzburg und in der Markgrafschaft Ansbach tritt häufig die Zahl sieben auf. »Siebner« wurden die Feldgeschworenen oftmals auch dann genannt, wenn das Kollegium aus weniger als sieben Mitgliedern bestand. In den würzburgischen Dörfern waren es ursprünglich vielfach nur vier Feldgeschworene; aber seit dem 16. Jahrhundert zeichnete sich die Tendenz ab, auf sieben Mitglieder aufzustocken. Dazu gab es noch den Fall, daß die vier je nach dem gestellten Problem durch drei weitere verstärkt wurden, zum Bespiel, wenn es um Streitigkeiten an Gemeidegründen oder Allmenden ging (4). In dem würzburgischen Städtchen Gerolzhofen wurden 1487 für die systematische Versteinung des Gemeindelandes den fünf Geschworenen noch vier Ratsmänner beigegeben (5). In der Ritterschaft Burgfarrnbach bei Fürth wurden alle drei Jahre drei Siebner gewählt und dazu noch ein vierter als Ersatzmann für den Fall, daß einer der drei Siebner verhindert war (6).

Manche Landesherren beließen es bei der Mannigfaltigkeit in der Zahl der Feldgeschworenen oder Untergänger, andere griffen regelnd ein. Im Hochstift Würzburg legte der Bischof etwa um die Jahre 1581 bis 1585 in den Dörfern, wo er Dorfherr war, die Zahl auf vier bis sieben fest, wobei je nach Herkommen unter Umständen auch eine größere Zahl geduldet werden sollte. Im übrigen wies auch das Würzburger Landgericht nach der »Ordnung des kaiserlichen Landgerichts Herzogthums zu Franken« vom Jahre 1618 »von Alters her . . . jederzeit . . . sieben Urtheiler oder Beysitzer« auf; die nicht fixierte Zahl der bestellten Procuratoren betrug regelmäßig vier (7). Das württembergische Landrecht von 1610 geht von regelmäßig drei bis vier Untergängern aus. Die Steinsetzerordnung für die Grafschaft Hohenlohe vom 7. 11. 1695 schreibt sechs Steinsetzer vor. Die »Siebner-Ordnung« für die Markgrafschaft Ansbach vom 26. 5. 1746 beginnt mit dem Satz: »Ein Siebner-Gericht besteht aus 7. Personen«.

Insgesamt gesehen dominierten bei den fränkischen Feldgeschworenen Siebner und Vierer. Die Zahl hing unter anderem auch von der Größe des Dorfes ab. Manchmal wurden für zwei oder mehr Dörfer die Feldgeschworenen gemeinsam bestellt (8), so wie es ja auch gemeinsame Dorfgerichte gab. In ganz wenigen Fällen glich ein Landesherr Bezirke für die Feldgeschworenen-Kollegien den Bezirken von Ämtern der Landesverwaltung an: So bestand für die Ämter Colmberg und Heilsbronn im Fürstentum Brandenburg-Ansbach nur je eine »Amts-Siebnerei«, deren Mitglieder jeweils aus verschiedenen Orten des Amtes zusammengestellt wurden. Mit dem Erlaß einer für das ganze Land einheitlichen Siebner-Ordnung im Jahre 1746 wurde auch in diesen Ämtern die Siebnerei in die Dorfverwaltung zurückgegliedert. In der Deutschordenskommende Ellingen steinten bis zu Beginn des 18. Jahrhunderts Feldgeschworene aus dem Ort Ellingen und aus Dörfern der Kommende gemeinsam (9). Auf seine Weise umging das Hofrecht des Weilers Berbronn (LKr. Heilbronn, damals Kurpfalz) vom Jahre 1575 die Bestellung eigener Untergänger: Zur Entscheidung in Grenzstreitigkeiten wurden aus der Stadt Mosbach vier Untergänger und aus dem Dorf Gundelsheim zwei gebeten; unstrittige Grenzpunkte wurden von den Anrainern gemeinsam versteint und verzeugt (10). Andererseits ist festzustellen, daß auch kleine Weiler sehr auf ihre Eigenständigkeit bedacht waren und sich nicht an Einrichtungen benachbarter Dörfer anlehnten.

Zusammensetzung der Mitglieder

Ähnlich wie bei den schon vorgestellten leitenden Organen des Dorfes bestanden auch für die Zusammensetzung des Kollegiums der Feldgeschworenen und Untergänger vielerorts bestimmte Aufschlüsselungen und Quotenregelungen.

a.) Aufteilung nach der Zugehörigkeit zu Grundherrschaften

In sehr vielen Dörfern Frankens und Schwabens unterstanden am Ende des Mittelalters die einzelnen Höfe verschiedenen Grundherren. Manchmal konnte sich der stärkere Grundherr im Laufe der Zeit als Dorfherr durchsetzen, oft aber blieben die Herrschaftsverhältnisse durchmischt und ungeklärt und machten für das Nebeneinander recht merkwürdige Regelungen notwendig. Das betraf auch die Feldgeschworenen und Untergänger, was hier durch einige Beispiele belegt werden soll.

Die Dorfordnung von Oberdorf (unweit von Nördlingen) von 1559 verlangte drei Untergänger aus dem Kreis der Untergebenen des Grafen Öttingenn, drei aus den Höfen der Stadt Bopfingen und den siebten aus der »Gemaind« (11). In der Untergangsordnung von Trochtelfingen (ebenfalls im Ries) von 1416 war folgende Übereinkunft getroffen: zwei Untergänger gemeinsam von den Leuten des Klosters Kirchheim, des Grafen Öttingen und einiger Prälaten, zwei weitere gemeinsam vom Heilig-Geist-Spital zu Nördlingen und St. Blasius zu Bopfingen, zwei von den »gemeinen« Edelleuten zu Trochtelfingen; der siebte Untergänger sollte umgehen, das heißt, er sollte abwechselnd aus einer der genannten Gruppen genommen werden. Bei der Erneuerung der Untergangsordnung im Jahre 1536 wurde der komplizierte Verteilungsschlüssel beibehalten (12).

In Hohenfeld am Main (bei Kitzingen) gehörten 1627 der Siebnerei an: die Dorfschultheißen der drei Dorfherren, je ein Untertan der drei Dorfherrschaften und ein aus der Gemeinde gewählter Mann (13). Für Gnodstadt, ein Dorf südöstlich von Ochsenfurt am Main, blieb die Ordnung von 1727 bei dem alten Herkommen: Die Gemeinde wählte vier Siebner aus den brandenburgisch-ansbachischen Grundholden, die anderen drei aber aus den Untertanen von Stift Haug (Gemeinschaft von Weltpriestern in Würzburg) und des Dompropsts von Würzburg (14). Insgesamt waren sieben Herrschaften in Gnodstadt begütert. Die Verpflichtung aller Siebner oblag dem brandenburgischen Schultheißen, denn der Schultheiß des Stifts Haug scheint im Dorfleben eine nachgeordnete Rolle gespielt zu haben, zumal auch die hohe Gerichtsbarkeit durch Ansbach ausgeübt wurde und dem Stift Haug nur die niedere Gerichtsbarkeit über seine Untertanen zustand. In den benachbarten Maindörfern bestanden ähnliche Regelungen. In dem Dorf Geldersheim bei Schweinfurt waren gemäß einer gemeinsamen Anordnung des Bischofs von Würzburg und des Grafen von Henneberg aus dem Jahre 1477 von den vier Steinsetzern »nach altem Herkommen« auch weiterhin jeweils drei aus den würzburgischen Untertanen und einer aus »des Reichs Männern« zu nehmen (15). In dem Dorf gab es neben den würzburgischen Hofstellen neun »Reichsgüter«. Die Nachwahl für einen abgegangenen Steinsetzer nahmen die restlichen zusammen mit dem würzburgischen Schultheiß vor.

Nach den Beispielen aus Unterfranken darf mit solchen aus Mittelfranken fortgefahren werden. Der »Siebnerbrieff« für Kaubenheim und Menheim (LKr. Neustadt a. d. Aisch) von 1542 verlangte zwei Siebner aus den Untertanen des Markgrafen von Brandenburg-Ansbach, zwei vom Kloster Birkenfeld, einen vom Kloster Heilsbronn und zwei von der Reichsstadt Windsheim (16). Die Zusammensetzung der »Achter« im Dorf Geilsheim (LKr. Ansbach) wurde oben in Abschn. 3.3 unter »Siebener…« bereits angesprochen (17). Aus dem Gebiet der Reichsstadt Rothenburg könnte diese Aufzählung um eine Reihe weiterer Beispiele angereichert werden (18). Hier waren es vor allem die Markgrafen von Ansbach, die in einigen Dörfern mitbestimmten.

Schließlich dürfen noch zwei Beispiele aus weiter westlich gelegenen Regionen herausgegriffen werden. Nach dem Dorfrecht von Dallau (Neckar-Odenwald-Kreis) vom Jahre 1569 verteilten sich die fünf Untergänger nach folgendem Schlüssel: Zwei wurden jeweils aus den Mitgliedern des Dorfgerichts genommen, wobei der eine ein Untertan von Kurpfalz, der andere ein Untertan des Deutschen Ordens sein mußte. Die restlichen drei wurden aus den Gemeindemitgliedern ausgewählt, und zwar zwei von der einen Herrschaft, einer von der anderen. Ging bei der ersteren Herrschaft einer dieser beiden Untergänger ab, so erhielt die andere Herrschaft einen zweiten. So wechselte das Stärkeverhältnis bei den Untergängern der beiden Herrschaften immer wieder zwischen 3 : 2 und 2 : 3 (19). In Pratteln, wo St. Alban in Basel und eine Edelfamilie die Grundherren waren, wurden drei »marklúte« aus den Untertanen des Stifts und neun aus den Untertanen der Edelfamilie genommen (20).

b.) Besetzung gemeinschaftlicher Feldgeschworenen- oder Untergängerkollegien nach Dörfern

Dörfer mit eigenen Bauermeistern oder eigenen Vierern hatten in der Regel keine Organe mit anderen Dörfern gemeinschaftlich. Da und dort aber wurden kleinere Dörfer in den Felduntergang des benachbarten großen Dorfes mit einbezogen oder aber mehrere selbständige Dörfer bildeten zusammen ein solches Kollegium. Aus dem Gebiet der Reichsstadt Rothenburg sind nicht weniger als acht solcher Gemeinschaften bekannt (21). Die Dörfer Reubach und Weikersholz zum Beispiel stellten drei beziehungsweise zwei ihrer Bauern für die gemeinsame »Schied«, die in der Rothenburger »Landwehr« in der Regel aus fünf Mitgliedern bestand. Die beiden Dörfer hatten 1696 ihre eigenen Gemeindeordnungen, in die für beide gleichlautende Schiederordnungen eingebaut waren. Die im Jahre 1581 vom Hochstift Eichstätt für die Dörfer Wernfels und Theilenberg (bei Spalt, Mittelfranken) erlassene »Gemein Ordnung« beließ den beiden Dörfern ihre eigenen Dorfführer, das Kollegium der fünf »Steiner« aber war gemeinsam. Drei von ihnen wurden von Wernfels, zwei von dem kleineren Theilenberg gestellt (22). Ebenso hatten im Basler Land manchmal mehrere Dörfer ein gemeinsames Gescheid (23).

Auch nach dem bayerischen Abmarkungsgesetz von 1981 besteht im übrigen die Möglichkeit, die Feldgeschworenen einer Gemeinde nach Gemeindeteilen oder auch nach Gruppen solcher Teile zu bestellen.

c.) Besetzung durch gemeindliche Funktionsträger

Konträre Auffassungen sind in den alten Rechtsquellen anzutreffen zu der Frage, ob Feldgeschworene und Untergänger noch ein anderes gemeindliches Amt ausüben dürfen oder sollen. Nach der einen Meinung wäre das

Amt eines Schultheiß oder eines Rats- oder Gerichtsmitglieds mit der Tätigkeit als Feldgeschworener oder Untergänger nicht vereinbar, in anderen Statuten sind entsprechende Ämterverbindungen zwingend vorgeschrieben. Die Vielfalt solcher Regelungen darf an Hand einiger Beispiele dargetan werden. Die Ausschließung des Schultheiß vom Amt eines Siebners verordnete die Siebner-Ordnung für die Dörfer, in denen das Stift Haug (Würzburg) Dorfherr war (24). Ebenso bestimmte die Untergangsordnung für das Dorf Trochtelfingen (bei Nördlingen) um 1416: »Item es sollen die undergenger kainer zu dem fünfer ampt (= Dorfvorsteher) erwelt werden« (25). Etwa 120 Jahre später ist in der Untergangsordnung diese Einschränkung nicht mehr enthalten.

Gegenteilige Regelungen, also Ämterkumulationen, scheinen häufiger gewesen zu sein. Eine Verknüpfung des Feldgeschworenenamts mit dem Dorfvorsteheramt ist in einzelnen Fällen aus der Frühzeit überliefert. In dem Dorf Eckingen (Eggingen bei Blaubeuren, Württemberg) waren nach dem Dorfbuch von 1531 die jährlich gewählten vier Dorfvorsteher gleichzeitig auch Untergänger. Das Dorfbuch beruft sich hierbei auf das Herkommen. Diese Vierer durften sich aber für den Untergang einen »fünftman« beiziehen, der in der »gmaind« vereidigt wurde (26). Eine ähnliche Regelung galt in dem Dorf Hohenfeld bis zum 30jährigen Krieg: Die drei Dorfherrschaften, nämlich die Herren von Seckendorf, die Herren von Hutten und das Spital in Kitzingen, bestellten ihre Schultheißen und diese bildeten als »Dreier« die eine Gruppe der Siebner; für die andere Gruppe, die »Vierer«, wurden zwei aus dem Dorfgericht und zwei aus der Gemeinde genommen (27).

In vielgestaltigen Kombinationen war das Amt von Feldgeschworenen an die Mitgliedschaft im Dorfgericht oder im Rat der Stadt oder des Dorfes gebunden. Für das würzburgische Städtchen Gerolzhofen bestätigte die Steinsetzerordnung des Bischofs Julius Echter von 1585, daß es bei dem Herkommen bleiben solle, wonach drei Feldgeschworene aus dem Rat und vier aus der Gemeinde »verordnet« sein sollten. In Marktsteft (am Main) wurden 1581 zwei »velt-Richter oder Steinsetzer« aus dem Gericht und zwei aus der Gemeind gewählt (28). In der Stadt Kitzingen am Main wurden nach der Feldgerichtsordnung von 1807 vier Mitglieder aus dem Rat und vier aus der Bürgerschaft in das »Vieramt« aufgenommen (29). Nach der »Ordnung der Vndergänger« der Stadt Schorndorf (östl. von Stuttgart) mußten zwei Untergänger vom Gericht der Stadt und die drei anderen aus der »Gemeindt« sein (30). Für Flomersheim bei Frankenthal (Pfalz) galt nach der »Capitulation« von 1582: »Vnd seind die Gerichthspersonnen zugleich steinsetzer« (31). Etwa um die gleiche Zeit sind in Großkarlbach (südöstl. von Grünbach) »die Gerichtspersonen zuegleich feltmesser vnnd steinsetzer« (32). In dem Dorf Waltershausen der Herrschaft Bibra (LKr. Rhön-Grabfeld) bestand das Dorfgericht aus dem Schultheiß und den vier Steinsetzern. Im Jahre 1708 wurde es um zwei Beisitzer verstärkt. Der aus dem Dorf an das Zentgericht abzustellende Schöffe war zumeist einer aus dem Dorfgericht (33).

Einst wie heute waren und sind Feldgeschworene nicht selten unter den Gemeinderäten und Bürgermeistern am Lande anzutreffen (34). Einige dieser Mandatsträger sind als Abgeordnete in den Bayerischen Landtag eingezogen.

d.) Aufteilung nach sozialen Schichten der Dorfbevölkerung

In der Frühzeit war das Amt eines Feldgeschworenen oder Untergängers wohl nur den begüterten oder den vollberechtigten Bauern zugänglich, die zur Nutzung der Allmende berechtigt waren. So wurden z. B. in dem Dorf Alerheim (bei Nördlingen) nach den »Ehaften« von 1353/1374 die neun »undergänger und kuntschafter im dorf und zu felde« aus den Leuten genommen, »welcher herschaft das sei, die da waid und wasser nieszen« (35). Das Dorf unterstand der Reichsstadt Nördlingen, die Bauern waren aber verschiedenen Grundherren hörig. Untergänger konnte nach Obigem nur werden, wer Nutzungsrecht an der Dorfweide hatte und zum Fischen in der Wörnitz berechtigt war. Bei solchen Grundregeln blieb es nicht überall, in so manchen Dörfern setzten die weniger oder kein Feld Besitzenden ihre Beteiligung an den Dorfämtern durch. In den unter Ulmer Stadtherrschaft stehenden Dörfern Asselfingen und Ersingen zum Beispiel wurden drei Bauern und ein Söldner, beziehungsweise zwei Bauern und und zwei Söldner als Untergänger bestellt (36). In Hallstadt bei Bamberg waren von den vier Feldgeschworenen jeweils zwei aus dem Rat des Ortes, einer aus den Bauern und einer aus den Häckern (Winzern) (37) . Weitere Beispiele aus verschiedenen Gegenden ließen sich noch anfügen.

e.) Aufteilung nach Konfessionen

In den meisten Dörfern und in der Mehrzahl der kleinen Landstädte war bis ins 18. Jahrhundert die Konfession einheitlich. Einige Orte bildeten jedoch Ausnahmen von dieser Regel, und dann entstand das Problem, ob und wie die gemeindlichen Ehrenämter nach der konfessionellen Zugehörigkeit auf die Bewohner verteilt werden sollten. Oft einigte man sich wohl unter der Hand, manchmal aber wurde ein fester Aufteilungsschlüssel festgelegt. Die acht Amtsträger im »Steinsetzer- und Messergericht« des rheinpfälzischen Städtchens Freinsheim wurden nach der 1737 erlassenen Ordnung aus den drei Konfessionen, nämlich den Lutheranern, den Katholiken und den Reformierten, zusammengesetzt (38). Noch zu Anfang des 20. Jahrhunderts sollten je drei evangelische und katholische Feldgeschworene gewählt werden. Die Regel wurde aber dann schon nicht mehr streng eingehalten.

f.) Trennung von Feld und Wohngebiet

Die ursprüngliche Aufgabe der Feldgeschworenen und Untergänger war wohl die Ordnung in der Feldflur. Später wurde aber auf den Dörfern auch das Wohngebiet in ihren Tätigkeitsbereich einbezogen; in den größeren Städten blieb das Gebiet innerhalb der Mauern regelmäßig besonderen Organen vorbehalten. Manchmal bestanden je ein Untergang für innerhalb und außerhalb der Mauern nebeneinander. In der Stadt Rheinfelden im Aargau zählten 1440 – 1448 zum Untergang: sieben Feldmarkleute, fünf Stadtmarkleute und zwei besondere »abmesser der muren« (39).

3.4 a Exkurs: Die Zahlen Sieben und Vier bei den Feldgeschworenen und Untergängern

Die Neufassung der bayerischen Abmarkungsvorschriften im Jahre 1981 (1) hat aus den vorangegangenen Gesetzen übernommen, daß die Zahl der Feldgeschworenen für eine Gemeinde oder einen Gemeindeteil vier bis sieben betragen soll. Abweichungen nach oben sind in begründeten Fällen möglich. Es bestand kein praktischer Grund, von dem alten Herkommen abzugehen.

In Franken war seit jeher die Zahl Sieben häufig und noch heute sind dort Bezeichnungen wie«Si(e)bner«, »Si(e)bnerei« und »Si(e)bnerfest« weithin gebräuchlich. Gleichwohl findet man auch in Mainfranken zu Beginn der Neuzeit gelegentlich geringere Zahlen als sieben, wobei jedoch die drei, vier oder fünf Geschworenen oftmals die Bezeichnung »Si(e)bner« tragen.

Beide Zahlen, Sieben wie Vier, sind nicht durch Zufall oder ausschließlich nach Gesichtspunkten des praktischen Bedürfnisses gewählt. Ihnen haftet etwas Mystisches an, in ihnen liegt mehr als eine rein numerische Bedeutung.

Die **Sieben** hat die Menschen von alters her fasziniert. Sie galt schon bei den frühesten Kulturen der Menschheit als die Zahl der Vollkommenheit und des Heiligen schlechthin. Bei den Babyloniern soll auf Grund des siebentägigen Zyklus der vier Mondphasen um 1600 v. Chr. die ursprünglich fünftägige Woche durch die siebentägige ersetzt worden sein. Die Mondgottheit nahm im Götterhimmel der alten orientalischen Völker eine herausragende Stellung ein. Den Babyloniern wie den Ägyptern bedeutete das Zeichen Sieben Ganzheit und Fülle (2).

Die mit dem Schöpfungsbericht der Genesis zusammenhängende siebentägige Woche der alten Israeliten ist schließlich über das Christentum für den ganzen Erdkreis bestimmend geworden. Für die kultische Bedeutung der heiligen Zahl Sieben in der mosaischen Religion steht vor allem der siebenarmige Leuchter, die Menora,, die in keinem religiösen jüdischen Haushalt fehlt. In der griechischen Antike zählte man sieben Weltwunder und sieben Weltweise, und gerade sieben Städte mußten es sein, die sich um den Ruhm des Geburtsorts Homers stritten. Die Reihe der Beispiele könnte noch erheblich verlängert werden. Später verließen die Griechen allerdings die Sieben und wandten sich mehr der Fünf zu. Die Stadtmauern Roms hinwiederum schlossen sieben Hügel ein. Mit dem Christentum verdrängte bei den Germanen die Siebenzahl die Bedeutung der ursprünglich heiligen Zahl Neun, die noch in einigen Sagen weiterlebt. In Südtirol scheint sich die Bevorzugung der Neun noch bis heute erhalten zu haben (3). Auch im ältesten Rom waren ursprünglich Drei und Neun die heiligen mystischen Zahlen gewesen.

Im christlichen Glauben und Kult, besonders ausgeprägt in der katholischen Kirche, nimmt die Zahl Sieben eine herausragende Stellung ein. Bei den Kirchenvätern ist Sieben die Zahl der Fülle, der Vollendung und Volllkommenheit. Vor dem Gericht des Mittelalters galt nach alttestamentlichem Vorbild ein Beweis als erbracht, wenn sieben Eideshelfer die Glaubwürdigkeit des von einer Partei geleisteten Eides beschworen, woraus die Bezeichnung »übersibnen« sich herleitete (4). Das »Übersibnen« wurde in Bamberg 1506 durch Art. 273 der bambergischen Halsgerichtsordnung aufgehoben, worin ihr 1532 die Kriminalordnung Kaiser Karls V. folgte.

Sieben Tage sowie sieben Jahre sind als Fristen häufig. Der Galgen sollte für sieben Delinquenten Platz bieten, so daß die Redewendung »einen Galgen voll« gerade für die Zahl Sieben stand. Aber auch bei den höchsten Würdenträgern des Deutschen Reiches begegnet uns wieder die Zahl Sieben, denn vom Hochmittelalter bis zum Dreißigjährigen Krieg waren es sieben Kurfürsten, die den Deutschen König zu wählen hatten. Der in Symbolen denkende Mensch des Mittelalters maß den Zahlen eine hohe Bedeutung zu. Sollte es schließlich nur auf einer rein zufälligen, wirtschaftlichen Kalkulation beruhen, daß sowohl British Airways als auch Air France gerade sieben Maschinen des Flugzeugtyps Concorde in Dienst stellten, jenes Passagierflugzeugs, das mit doppelter Schallgeschwindigkeit in Höhen bis zu 18 000 m vorstößt?

Die Häufigkeit des Wortes Sieben in geographischen, Orts-, Flur- und Eigennamen, wie Siebenbürgen, Siebenbrunn oder Siebentischwald (bei Augsburg), zeigt, daß mit Sieben nicht eine bestimmte Zahl, sondern meist eine ungewöhnliche Menge oder Größe gemeint ist (5). Noch zahlreicher sind die Beispiele für diesen Wortsinn in Märchen und Legenden, im Volksglauben und in volkstümlichen Redewendungen. Sieben steht dann einfach als Rundzahl oder als Zahl der Universalität. In das Reich der Mystik führt uns Hippokrates mit seiner Deutung: »Die Zahl Sieben, aufgrund ihrer okkulten Kräfte, neigt dazu, alle Dinge ins Sein zu bringen; sie teilt Leben aus und ist die Quelle allen Wechsels, denn der Mond selbst ändert seine Phasen alle sieben Tage. So beeinflußt diese Zahl alle sublunaren Dinge.« (6)

Die Zahl **Vier** gilt in der Zahlenmystik als eine ideale Zahl, indem sie auf die vier Seiten des Quadrats und auf die Quadranten der aufeinander senkrecht stehenden Geraden bezogen wird. Sie ist die Symbolzahl der Welt der Erscheinungen, wie schon die vier Elemente der griechischen Naturphilosophie zeigen. Naturgegeben ist gegenüber diesen rein spekulativen Denkmodellen die Einteilung des Jahresablaufs in vier Jahreszeiten innerhalb der gemäßigten Klimazonen der Erde.

Die Römer übernahmen von den Etruskern die sich rechtwinklig kreuzenden Achsen für die Ausrichtung ihrer Feldlager, ihrer Städte und ihrer Feldzuweisungen. Im römischen Gallien und im Italien des Mittelalters wurden die Städte von vier Konsuln regiert. Karl der Große teilte die höchsten Hofämter auf vier Ministerialen auf. In vielen Dörfern des Mittelalters und der frühen Neuzeit wurden die Bauern gegenüber der Herrschaft von den gewählten »Vierern« vertreten (7). Ab 1784 standen in Bayern allerdings nur zwei »Dorfvierer« an der Spitze der Gemeinde zur Regelung interner Dorfangelegenheiten. In vielen Städten wurden jährlich vier Bürgermeister gewählt, von denen jeder ein Vierteljahr als »regierender Bürgermeister« die Geschäfte führte. Wir sprechen von »Stadtvierteln«, ohne dabei die eigentliche Bedeutung des Wortes noch wahrzunehmen.

Die Vier als Zahleinheit und Symbol der Welt und ihrer Ordnung scheint weitgehend im Altertum und im Mittelalter geherrscht zu haben (8). Auch das Kreuz Christi und die Vierzahl der Evangelien weisen in diese Richtung.

Das Quadrat mit vier Seiten ist zum Symbol für den Komplex Wohnen, Haus, Hof und Feld geworden. Wir finden die Zahl Vier, wo von der rechten Einteilung des Bodens die Rede ist.

Abschließend sei festgestellt, daß bei der Bezeichnung der beeideten Steinsetzer als »Siebner« oder »Vierer« die Zahl als Qualität losgelöst von der Quantität gesehen werden sollte.

3.5 Eignung, Amtszeit und Wahl, Verpflichtung und Eid, Vorsitz im Kollegium

Wann man gibt jedem hier das Sein,
Bleibt man in dem Gewißen rein.

Aus dem Protokollbuch der Steiner
von Weißenburg, anno 1739, S. 145
StadtA Weißenburg Nr. 1277/1

a.) Eignung

Voraussetzung für die Bestellung zum Feldgeschworenen oder Untergänger waren ein untadeliger Charakter, ein guter Verstand und, gemessen an den zeitbedingten Möglichkeiten, ein Mindestmaß an Bildung. Nur ehrenwerte, angesehene Männer mit makellosem Leumund, die sich im Leben schon bewährt hatten, kamen für dieses Amt in Betracht. Sie mußten Gewähr für Unparteilichkeit bieten und sich durch Sachkenntnis, durch Mut und gleicherweise durch Mäßigung auszeichnen. Die Formulierungen, mit denen diese Anforderungen vorgetragen wurden, ähneln einander zu einem guten Teil. Nach einer Dorfordnung vom Jahre 1595 zum Beispiel mußten es Männer sein »eines ehrlichen, unverleimbten herkommens, guten verstandts unnd ehrbarlichen lebens und wesens« (1). Vielfach wurde dieser Formel noch hinzugefügt: »die auch in Feld und Markung der Gelegenheit erfahren« (2). Von den Steinsetzern in Neustadt an der Saale wurde lange vor der Einführung der allgemeinen Schulpflicht verlangt, daß sie schreiben, lesen und rechnen konnten. Eine weitere Voraussetzung war regelmäßig »eigener Rauch« im Dorf, das heißt ein eigenes Haus. In der Frühzeit des Instituts kamen wohl nur Bauern, denen ein Nutzungsrecht an der gemeinen Mark zustand, in das Amt eines Feldgeschworenen oder Untergängers (3). Die Eignung hierfür wurde nicht vor einem Lebensalter von 24 oder 25 Jahren zuerkannt, bei der geringen Lebenserwartung jener Zeiten fast schon ein »reifes« Alter. Seit das Abmarkungswesen in Bayern durch Gesetz geregelt ist (1868), bestimmt sich das Mindestalter für die Wählbarkeit zum Feldgeschworenen nach den Vorschriften für die Wahl zum ehrenamtlichen Bürgermeister (4), derzeit 21 Jahre.

Eine besonders originelle Formulierung der Voraussetzungen, die ein Anwärter auf das Feldgeschworenenamt in einem bestimmten fränkischen Dorf erfüllen sollte, wird 1951 von Carl M. Nachtigall zitiert (5):

»Soll jeder seyn im Ort gebohren und soll 10 Jahre Burger seyn, eh man ihn zum Feldschieder machet, dieweilen sich in dieser Zeit seine ganze Beschaffenheit zeiget und man erkennet, ob er

- *a) nicht ein rachsüchtiger und unverschämter Erdenwurm ist,*
- *b) nicht ein Säufer, ein Spieler, ein Streiter und Schwärmer ist,*
- *c) ein ruhig gelassener, bei jedem Streit gesetzter Mann ist,*
- *d) die Gränze seiniger Nachbarn in Dorf und Feld in Ordnung hält,*
- *e) einen gut richtigen Ausspruch bey jeglichem Streit tun kann,*
- *f) ein gut Hauswirth ist, der sein Eigen auf rechte Weis zu vermehren suchet,*
- *g) im Rechnen und Schreiben bestellt ist.«*

Nachtigall hat für die Feldschiederordnung, aus der er zitierte, weder Ort noch Fundstelle angegeben – ebenso die verschiedenen Autoren, die den Text von Nachtigall in Publikationen übernahmen. Nachtigall datiert die Feldschiederordnung in die zweite Hälfte des 16. Jahrhunderts, was möglicherweise zu früh ist. Vermutlich ist das Zitat einer älteren Schiederordnug des Dorfes Hohestadt, heute ein Gemeindeteil von Ochsenfurt a. M., entnommen. Denn in der Feldschiederordnung, die im Jahre 1814 für dieses Dorf erlassen wurde, lautet die Stelle wie folgt (6):

»Sollen nicht allzu junge Leute zur Feldschied genommen werden, überhaupt soll ein jeder Bürger er seye im Ort gebohren oder nicht 10 Jahre Bürger seyn ehe man ihm zum Feldschieder macht, und zwar aus folgenden Gründen.

- *a. In diesen Zeitraume entwickelt sich den Bürger seine ganze Beschaffenheit, und man siehet ob er*
- *b. nicht ein rachgieriger und unverschämter Erdenwurm ist.*
- *c. ob derselbe die Gränze seiner Nachbarn zu Dorf und Feld in Ordnung belaset.*
- *d. ob derselbe nicht ein Säufer, ein Spieler ein Streiter und Schwärmer ist.*
- *e. ob derselbe ein ruhiger, gelassener bey jedem entstehenden Streit gesetzter Mann ist.*
- *f. ob derselbe einen guten richtigen Ausspruch über entstandene Streitigkeiten fällen kann.*
- *g. ob derselbe ein guter Hauswürth ein gewissenhafter Mann, der sein Vermögen auf eine rechtmäßige Art zu vermehren suchet.*
- *h. ob derselbe seinen Gehorsam mit Eifern der Gütter und Weg Steine alljährlich gezeiget hat.*
- *i. ob derselbe im Rechnen und Schreiben erfahren ist.«*

Im Stil der Kanzleisprache sind die Steinsetzer-Ordnungen gehalten, die der Fürstbischof Julius Echter von Würzburg den Städten und Dörfern gab, über die er das Vogteirecht innehatte. Das folgende Zitat über die Eignung zum Steinsetzer ist Punkt 2 der Ordnung für Gerolzhofen vom 18. 3. 1585:

»Wie die persohnen, so man zu Steinsetzern annimbt geschaffen sein, vnnd wer dieselben verordnen soll.
Zu solchem steinsetzer Ampt, sollen hinfürtter andere Personen nit, dann die eines ehrlichen vnuerleumbten herkommens, guten verstandts, vnndt erbarlichen wessens vnd lebens, vnndt die im velt, vnndt markhung der gelegenheit erfahren, vnndt dabei herkommen, vnndt die selben von vnseren, vnndt vnsers Stiffts beampten Kellern, Vögten od. beuelch habere (Befehlshabern) angenomen, vnndt mit nach volgender Pflicht beladen werden, doch aber, da ein Stat (Stelle) erledigt, allwegen ettlichen Erbare tägliche (taugliche), vnndt zu dieser sachen, geschickte Bershonnen, durch jedeß Ordts vorgesetzte Schultheissen Burgermeister oder bauermeister fürgeschlagen, vnndt alß dann die vnsern mit vorwissen, vnndt gut achten, Jetzt berürtten Schultheissen, burgermeister, od. bauermeistern nach anzahl der abgangenen, einen od. mehr auß demselben od. gleich irer ermeßigung (Ermessen) nach andere, so sie am tauglichsten befunden, zusetzen vnndt zuordtnen vnd also die geschwornen Schieder od. Steinsetzern, für sich selbsten in diessem nichts zu thun haben sollen.«

War die Eignung eines Feldgeschworenen oder Untergängers wegen unordentlicher Lebensführung oder ehrenrühriger Vergehen, zum Beispiel Ehebruch, nicht mehr gegeben, so wurde er des Amtes enthoben.

Das Amt des Feldgeschworenen und Untergängers war einst wie alle öffentlichen Ämter eine Männerdomäne. Erst seit den achtziger Jahren wird auch hier das Gleichheitsprinzip praktiziert, wenn es auch erst wenige Frauen sein mögen, die als Feldgeschworene ihres Amtes walten.

b.) Amtszeit und Wahl

Die Amtszeit der Feldgeschworenen und Untergänger ist in den frühesten Nachweisen wie bei allen anderen Amtsträgern und Angestellten des Dorfes meist noch auf ein Jahr begrenzt, wobei die Wiederwahl vermutlich immer häufiger wurde. In besonderen Fällen wurden Feldgeschworene auf eine bestimmte Zeit bestellt. Die »Feldgeschworenen und Steinsetzer« etwa, die für den Steinsatz bei den Grundsteuervermessungen im Herzogtum Sachsen-Weimar ab 1726 allein zuständig waren, hatten mit dem Abschluß der Vermessungsarbeiten in ihrer Gemeinde ihren Auftrag ausgeführt und die Arbeit beendet (7). Dies schließt jedoch wohl nicht aus, daß in Gemeinden, wo schon von altersher Feldgeschworene eingeführt waren, diese nach örtlichen Gepflogenheiten weiterhin ihr Amt wahrnahmen.

Bis zum 16. Jahrhundert hat sich für die Feldgeschworenen und Untergänger die Ernennung auf Lebenszeit mehr und mehr durchgesetzt. Die Gründe sind leicht einzusehen. Zum einen sollten sich diese Amtsträger bei ihren Entscheidungen auf ihr Erinnerungsvermögen und auf die in längerer Tätigkeit erworbene Ortskenntnis stützen können. Wo außerdem die Verzeugung der Grenzsteine ein Geheimnis war, sollten möglichst wenige Personen den Schlüssel hierfür in die Hand bekommen. Wo sich die Wahl auf Zeit erhielt, wird dies wohl regelmäßig als ein Zeichen dafür angesehen werden können, daß kein ernsthaftes »Siebner-« oder »Untergängergeheimnis« eingeführt war. Im Dorf Jäsendorf, Hochstift Bamberg, zum Beispiel wurden alle zwei Jahre zwei der vier Märker neu gewählt. Die Amtsinhaber stimmten sich jeweils ab, wer bei Fälligkeit der Neuwahl zurücktreten sollte (8). Auch in der Grafschaft Hohenlohe wechselten manche Gemeinden Schieder durch Neuwahl aus. Ein instruktives Beispiel für den Übergang von einer zeitlich begrenzten zur unbegrenzten Amtszeit – allerdings zu einem verhältnismäßig späten Zeitpunkt – ist die »Steiner- oder Schiederordnung« von Lenkerstetten (LKr. Schwäbisch Hall, 13 km nw von Crailsheim) aus dem Jahre 1619 (9). In Lenkerstetten war es vormals Brauch, jährlich mit den Gemeindeämtern auch vier neue Steiner oder Schieder zu wählen. Eine Wiederwahl des ausscheidenden Amtsträgers war nicht vorgesehen, das Amt ging wechselnd durch die ganze Gemeinde, so daß »die gemerck vnd beleg des steinsetzens fast einem jedem gemeinsman khundt vnndt offenbar worden«. Die drei Dorfherren, die eine »Ganerbschaft » bildeten, nämlich der Markgraf von Brandenburg-Ansbach, der Graf von Hohenlohe und die Stadt Rothenburg o. d. Tauber kamen deshalb auf »der gemeindt vilfeltiges anhalten vndt pitten« überein, statt der bisher in jedem Jahr neu bestellten vier Steiner nun fünf auf Lebenszeit zu wählen, und zwar einen markgräflichen, zwei hohenlohische und zwei rothenburgische. – Die Basler Gescheidsmänner wurden bis zuletzt von den Bürgern für jeweils zehn Jahre gewählt, aber regelmäßig schon mit Rücksicht auf das Geheimnis wiedergewählt (10).

Die Amtszeit des auf Lebenszeit bestellten Feldgeschworenen endete mit dem Tod oder durch Dienstunfähigkeit. Eine Altergrenze bestand und besteht auch heute nicht. Nach fränkischem Brauch wird der Feldgeschworene, der aus gesundheitlichen oder beruflichen Gründen den Dienst auf dem Felde nicht mehr leisten kann, zum »Ehrensiebner« ernannt und zu den Veranstaltungen des Kollegiums jeweils eingeladen.

Die Wahl der Feldgeschworenen und Untergänger wurde im Mittelalter wohl überwiegend noch von der Dorfversammlung vorgenommen. Daneben kommt aber schon bald auch die Wahl durch den Rat, durch Schultheiß und Ratsmitglieder oder durch ein sonstiges Gemeindegremium vor. Vielfach behielt sich der Dorfherr das Recht vor, die Wahl zu bestätigen oder zu annulieren. In manchen Fällen besetzte der Dorf- oder Gerichtsherr selber die Ämter, was aber möglicherweise auch nur einen Formalakt auf einen Vorschlag der Gemeinde bedeuten konnte (11). In der Deutschordenskommende Ellingen wurden die »Steiner« »nach ordentlich gehaltener Vmbfrag unnd erfolgter Wahl« von der Ordensherrschaft »in die pflicht genommen« (12). Nach der Polizeiordnung von 1685 (13) fiel die Neubesetzung »abgängiger Stellen« in die Zuständigkeit des Gerichts. Das württembergische Landrecht von 1610 regelte die Wahl der Untergänger für das ganze Land in der Form, daß in den Dörfern die Untergänger »vom Gericht vnd der Gemeind hierzu erkiest« wurden (14). Wo in den Dörfern des Landgebiets von Nürnberg »Marker« eingeführt waren, zum Beispiel in Eltersdorf, wurden sie von den Hauptleuten und Vierern bestellt und vereidigt (15).

Die Nachwahl für Mitglieder, die durch Tod, Gebrechlichkeit oder Wegzug aus dem Dorf ausgeschieden waren, konnte in der gleichen Weise wie die erstmalige Wahl des gesamten Kollegiums erfolgen. Stark verbreitet aber war schon gegen Ende des Mittelalters die Nachwahl durch die verbliebenen Feldgeschworen oder Untergänger, die Kooptation, wie sie teilweise auch bei den Gerichtsschöffen üblich war. Das Feldgericht war eben in vieler Hinsicht ein Spiegelbild der Schöffengerichte seiner Zeit. »war es aber das ein margman breste (gebrechlich), so sol der vorgt die andern manen (mahnen), das sie ein andern kiesent (wählen), und tete derselbe dat nit, der thete unrecht«, bestimmt das Weistum von Dettweiler im Unterelsaß schon 1380 (16). In vielen Landstädten und Marktflecken des Hochstifts Würzburg war im übrigen auch für die Wahl in den Rat die Kooptation üblich, wobei der bischöfliche Oberamtmann oder Rechnungsbeamte mitstimmte, nicht dagegen der Schultheiß (17). Nach den Steinerordnungen des Bischofs Julius von

Würzburg sollte die Bestellung der Siebner den bischöflichen Beamten vorbehalten sein. Diese Vorschrift war aber nicht durchzusetzen. Die frei gewordenen Stellen wurden nach wie vor überwiegend nach dem Vorschlag der verbliebenen Siebner oder des Dorfgerichts neu besetzt (18).

Bei der Kooptation gab es wieder Varianten, zum Beispiel, daß sich der Bürgermeister an der Wahl neuer Schieder beteiligte, oder daß die Schieder jeweils zwei Kandidaten nominierten, aus denen dann die Herrschaft den ihr genehmen bestimmte und verpflichtete (19).

Für die Wahl des Kandidaten genügte regelmäßig die absolute Mehrheit der Stimmen, bei Stimmengleichheit gab die Stimme des »Seniors« den Ausschlag. Einstimmigkeit war nur ganz selten gefordert. In manchen Kollegien war die Abstimmung geheim. Im Besitz der Siebner von Burgbernheim (nordöstlich von Rothenburg o. d. T.) befindet sich eine »Wahlmaschine« (19 a): Ein Kästchen ist durch ein lotrechtes Brett in zwei Kammern unterteilt. Durch den Deckel hindurch mündet in die eine Kammer ein weißer, in die andere Kammer ein schwarzer Trichter. Jeder Wahlberechtigte erhielt für die Abstimmung eine weiße und eine schwarze Kugel. Wer mit dem Wahlvorschlag einverstanden war, warf seine weiße Kugel durch den weißen und die schwarze Kugel durch den schwarzen Trichter. Wer ablehnte, schickte seine weiße Kugel durch den schwarzen Trichter, seine schwarze Kugel durch den weißen Trichter. Am Ende mußten in beiden Kammern gleich viele Kugeln vorhanden sein.

Im Amt des Feldgeschworenen oder Untergängers folgte häufig ein Sohn auf den Vater. Das Amt konnte sich – und kann sich in manchen ländlich strukturierten Dörfern auch heute noch – über viele Generationen in einer Familie oder auf einem Hof fortsetzen. Aber unerwünscht oder sogar untersagt war, nächste Verwandte eines fungierenden Mitglieds in das Kollegium hineinzuwählen. Auch in anderen Ämtern durften aus einer Familie jeweils nicht zwei oder mehr Personen gleichzeitig vertreten sein. Eine schwierige Lage entstand für die auf Lebenszeit bestellten Feldgeschworenen und Untergänger dann, wenn ein Mitglied des Kollegiums die Tochter oder Schwester eines anderen Mitglieds ehelichte. Bei einem Schwiegervater konnte man noch am ehesten darüber hinwegsehen, weil bei der seinerzeit geringen Lebenserwartung mit einem nicht zu fernen Ableben gerechnet werden durfte.

Die Annahme der Wahl war Pflicht. Wer ohne schwerwiegenden Grund ablehnte, hatte in vielen Dörfern ein Bußgeld zu entrichten, in manchen Gegenden Frankens 1 Eimer Wein den Siebnern, 1 Eimer der Herrschaft (20).

Im 19. Jahrhundert ging die Wahl der Feldgeschworenen und Untergänger vielfach auf Gemeinderat oder Gemeindeausschüsse über. In Franken und dann in ganz Bayern blieb jedoch die Kooptation bis heute erhalten (21). Nach Erhebungen der Regierung von Mittelfranken im Jahre 1867 nahmen in diesem Bezirk überwiegend die Siebner selbst die Nachwahl vor, im übrigen die Gemeinden im Einvernehmen mit den Siebnern (22). Die Wahl bedurfte der Bestätigung durch die Verwaltungsbehörde und diese nahm auch die Verpflichtung vor.

Für die Nachwahl durch die verbliebenen Mitglieder des Feldgeschworenenkollegiums, wie sie auch nach den heutigen Bestimmungen des bayerischen Abmarkungsrechts abweichend von demokratischen Gepflogenheiten geübt wird, sprechen verschiedene Argumente: Voraussetzung für ein gedeihliches Zusammenwirken des Kollegiums ist gegenseitiges Vertrauen und gegenseitige Hochschätzung der Mitglieder. Die Feldgeschworenen können meist selbst am besten beurteilen, wer für ihr Amt geeignet ist. Durch ihr Wahlrecht werden die Feldgeschworenen aus der Einflußnahme von Parteien, Konfessionen und Interessengruppen herausgehalten (23).

c.) Eid und Verpflichtung

Gerichtsgeschworene und die Amtsträger in der Gemeinde hatten sich durch einen höchst feierlichen, heiligen Eid auf unparteiische Führung ihres Amtes und auf gewissenhafte Wahrnehmung ihrer Dienstaufgaben zu verpflichten. Die Eidesformeln der verschiedenen Funktionsträger waren einander sehr ähnlich, gleichlautende Wendungen kehren immer wieder. Vor allem die älteren Texte zeigen noch den üppigen Reichtum, die Ausdrucksstärke und Bildhaftigkeit der seinerzeitigen Sprache. In epischer Breite werden Sachverhalte und Forderungen dargelegt, wobei die fränkischen Siebnereide die schwäbischen an Textlänge erheblich übertreffen. Wiederholungen sowie Wortfolgen mit gleicher Bedeutung – Tautologien – betonen eindringlich, was als besonders bedeutsam erscheint. So sollten die Siebner entscheiden und richten »dem Armen als dem Reichen, dem Reichen als dem Armen« »nach bestem Verstand« »weder um Lieb, Leid, Gunst, Freund- oder Feindschaft, Neid, Mieth (auch mueth gleich Belohnung, Bestechung), Gabe oder Verheißen, klein oder groß«. Ihr Geheimnis, vor allem das Wissen um die geheimgehaltenen Grenzsteinzeugen, – wo solche verwendet wurden – sollten sie »niemand auf dieser Welt offenbaren, sondern mit in die Grube nehmen«. Für die inhaltlichen Aussagen des Eides wurde beteuert, daß sie »ohne Gefährde« abgegeben seien, eine Formel, die selten in einem Eid fehlte. Gefähr, Gefährde, in der frühesten Sprache Fâr, bedeutet so viel wie Arglist, Hinterlist oder auch geheimer Vorbehalt. Das Wort Gefährde erhielt sich in der hessischen Feldgeschworenen-Instruktion vom 23. 2. 1833 und in der Eidesformel der Basler Gescheidsmannen von 1846 weit in eine Zeit, in der der Sinn dieses Wortes schon kaum mehr verstanden wurde. Der Eid endete mit der Beschwörungsformel »so wahr (oder wie) mir Gott helfe und seine Heiligen«; in den Gebieten, die sich der Reformation anschlossen, trat an die Stelle der »Heiligen« die Wendung »und sein heilig Wort« oder »und sein heilig Evangelium«. Die überlieferten

Siebner von Volkach leisten vor dem Schultheiß und dem Bürgermeister den Diensteid. Kolorierte Zeichnung von Niklas Brobst im Stadtbuch von Volkach 1504. Schrift : über der Randleiste: »Von den Sibenn od Steinsetzern«
Foto: StadtA Volkach B 2 fol 444r

Eidesformeln erfuhren bis ins 19. Jahrhundert meist nur geringe sprachliche Anpassungen.

Der Reichtum der alten Sprache zeichnete im übrigen auch die Dorfordnungen, die Siebner- und Untergängerordnungen sowie die Kauf- und Übergabeverträge aus. Wohllautende Wendungen und Alliterationen wie »rainen und steinen« oder »Stock und Stein« kehren häufig wieder.

Für den Untergängereid in Alt-Württemberg konnte große Einheitlichkeit festgestellt werden (24). Dies läßt sich für die fränkischen Siebner und Schieder nicht in gleicher Weise behaupten. Im übrigen spiegeln die Eidesformeln oftmals das Tätigkeitsfeld der Feldgeschworenen wider, was besonders dann von Interesse ist, wenn keine Steinsetzerordnung überliefert ist und auch die Dorfordnung keine näheren Aufschlüsse gibt. In die Eidesformeln der späteren Zeit ist häufig ein Treuebekenntnis zur Herrschaft oder zum Fürstenhaus mit eingebaut.

Als erstes Beispiel darf hier der Steinsetzereid von Höllrich und Heßdorf aus der ritterschaftlichen Herrschaft der Thüngen evangelische Linie (Unterfranken östlich von Gemünden) vom Jahre 1563 aufgenommen werden (25):

»Ihr sollet alle irrungen und Schäden, darum ihr neben denen geschwornen Mitbrudern zu besichtigung und entscheid erfordert würdet, es sey im Dorf allerhand gebäuen, weingarten, wiesen, äckern, Waldungen, weiern, auf weg und straßen und wie das sonst nahmen haben mag, getreulich besichtigen, Klag, antwort, Kundschaft und Kund und alles anders nothdürftig (= soweit notwendig) fürbringen, von den partheyen ordentlich und fleißig anhören, niemanden übereilen, noch über das alte her kommen beschwehren, sondern nach eurem besten Verstand weder um Lieb, Leid, Gunst, Freund- oder Feindschaft, Neid, Meid (richtig »Miet«), Gabe oder Verheißen, Klein oder groß, nach der Billigkeit darüber erkennen und entscheiden helffen, sonderbahr aber bey wichtig vorfallenden irrungen, ohne der Herrschaft gethane anzeig, nichts unternehmen, dem Armen als dem Reichen, dem Reichen als dem Armen, auch wo man das begehrt, Stein setzen, wie von Alters herkommen und recht ist, auch solche des Dorfs Heimlichkeiten mit Stein setzen, niemand auf dieser Welt offenbahren, sondern solches bei Euch biß an Eure Grube behalten und also solchem wichtigen ambt in alle abweg treulich und auffrichtig vorstehen, wie ihrs auf dieser Welt bey der Obrigkeit und förderst am Jüngsten Gericht Vor dem Richterstuhl Jesu Christi zu verantworten getrauet.

Eydsformel.

Daß ich diesem allen, waß mir jetzt Vorgelesen und von Wort zu wort wohlverstanden, treu und fleißig nachleben will, so wahr mir Gott helfe und sein heiliges Evangelium.«

Auf uraltes Brauchtum geht der Einführungsritus der Gescheidsmänner für den seinerzeitigen Gesamtkanton Basel zurück, wie er in einer Verordnung von 1811 geregelt ist (26):

»Wir, Bürgermeister und Rat des Kantons Basel, haben in Betrachtung, daß es zweckmäßig seye, daß die sämtlichen Gescheidsrichter im Kanton auf eine und dieselbe Art in Eid genommen werden, zu verordnen angemessen erachtet:

So oft ein neuer Gescheids-Richter erwählet worden, wird der Gescheidspräsident oder in dessen Abwesenheit der älteste Gescheids-Richter das E. Gescheid bei einem Allment oder Güterstein versammeln und durch einige Gescheids-Richter denselben entheben, die Lohen aufdecken aber mit einem Fell oder sonst etwas genau zudecken lassen. Alsdann soll ein an einer Stange aufgesteckter Stroh-Schaub angezunden, und während derselbe brennt, die sämtlichen Gescheids-Richter in einem Kreis darum versammelt, und der neue Richter nach folgendem Eids-Formular mit aufgehobenem Daumen und zwey vorderen Fingern der rechten Hand durch den Gescheids-Präsidenten oder ältesten Richter solchergestalten ein Eid genommen werden, daß derselbe alle Worte dieses Eides deutlich und vernehmlich nachsprechen soll. Nach Beendigung der Eidesleistung können die Lohen aufgedeckt, dem neuen Richter die Zeichen erklärt und der Stein wieder gesetzt werden.«

Die Eidesformel lautete nach der Verordnung:

»Ich, N. N. verspreche hiemit, die Geheimnisse, Marchen und Lohen, so bei denen Steinsatzungen vorgenommen und gebraucht, auch mir jetzt oder in das Künftige geoffenbaret werden, die Tage meines Lebens keinem Menschen (außert denen, welche von E. E. und W. W. Rath an E. E. Gescheid verordnet worden) zu entdecken, sondern solches bei mir geheim zu halten bis in meinen Tod und Absterben, getreulich, ehrbarlich und ohne alle Gefährden, das schwöre ich, so wahr mir Gott helfe!«

Noch aus dem Jahre 1834 wird ein solcher feierlicher Akt im rechtsrheinischen Basel geschildert, bei dem über den neuen Gescheidsmännern drei Strohbündel an hohen Stangen entzündet wurden (26). Den Eid nahm ein Basler Ratsherr ab.

Waren die Feldgeschworenen gleichzeitig amtliche Schätzer, so wurde diese Tätigkeit in Ihren Eid mit einbezogen, wofür im folgenden ein Beispiel gebracht werden soll:

Steinsetzereid aus der Steinsetzer- und Feldgeschworenenordnung des Würzburger Bischofs Julius Echter für **Oberthulba** (LKr. Bad Kissingen) vom 2. 6. 1583, erneuert durch Bischof Johann Philipp Schönborn 20 .6. 1659:

»Ich soll vnndt will vff vorgehendt gebührlich ersuchen die Partheyen vf dem feldt, vnndt wo es von Nöten, nach meinem besten verständtnus getreülich vnndt ohne geuerde (Arglist), neben meinen Mittgesellen entscheiden vnndt richten helffen Rainen vnndt Steinen, auch jedesmals die gütter so zue schetzen begehrt werdten, nach meinem gewissen, würdtigen vnndt schetzen helffen, Niemandtes zue Lieb noch zue leydt, wedter vmb freündtschafft noch feindtschafft, Mitt (müßte richtig heißen »miet«) gabe oder schenckh, dem Armen als dem reichen, vnndt dem reichen als dem Armen, wie ich solches am Jüngsten Tag vor gott dem Almechtigen getreü (getraue) vnndt will verandtwordten, was ich auch also besichtig vnndt schetzen helffe, das mit keinem bösen vortheyl oder schein, der mich meines Ambtes halben verdechtig machen möchte, an mich lösen, odter kaufen, furnemblich vnndt sondterlich auch, das ich Alle Heimligkeit, so mir von meinen mittgeordtneten geoffenbahret wordten, odter ich sonsten in erfahren bringt, getreülich verschweygen, Niemandten nichts sagen, noch Eröffnen, sondtern Alles mit mir in mein gruben bringen, ohne Alles geuerdte, also helffe mit gott vnndt die Heyligen.«

An weiteren Eidesformeln ist in Anhang I der Untergängereid für die Deutschordenskommende Ellingen in den Fassungen von 1577 und 1610 abgedruckt. Die in Anhang II wiedergegebene Steinsetzerordnung des Städtchens Gerolzhofen von 1535 enthält in Punkt 6 die Eidesform für die dortigen Feldgeschworenen.

Die Verpflichtung der Feldgeschworenen und Untergänger mag in frühester Zeit vor versammelter Gemein vorgenommen worden sein. In größeren Dörfern wurde dieser Akt späterhin dem Rat übertragen. Vielfach aber zog die Herrschaft mit der Bestätigung der Wahl auch die Verpflichtung an sich. Der Gewählte mußte sich hierzu an den Sitz der Obrigkeit begeben. Als Beispiel einer besonderen Verfahrensweise darf das Dorf Mainstockheim (LKr. Kitzingen) herangezogen werden, über das drei Dorfherren herrschten: Die Wahl zum Siebner- oder Steinsetzeramt nahm der Rat vor, und ebenso die Verpflichtung auf dem Rathaus. Eine weitere Verpflichtung durch den »Siebnerrichter« (Senior = Feldgeschworenen-Obmann) im Beisein der »übrigen Consorten« folgte auf dem Felde, wobei der Neuling in das Siebnergeheimnis eingeführt wurde. Hierauf hatte »der neugewordene Siebner seinen Herren Collegen eine Mahlzeit zu entrichten.« (27) Andernorts begnügte man sich auch mit einem einfachen Umtrunk. Um die Belastung des Siebnernovizen nicht zu sehr ausufern zu lassen, ist manchmal eine obere Grenze für die Kosten des Siebnermahls festgelegt, zum Beispiel 1 Gulden (28). Über die Einweihung der Feldgeschworenen in das Geheimnis siehe in Kapitel C über die Verzeugung der Grenzsteine.

Nach den Vermarkungsgesetzen des 19. Jahrhunderts hatte die Gebietskörperschaft der Kreisebene oder der Bürgermeister, in Bayern die »Distriktsverwaltungsbehörde« die Vereidigung und Verpflichtung vorzunehmen (29). Die Übertragung dieser Zuständigkeit vom Landrat auf den Bürgermeister im Jahre 1974 reicherte in Bayern die Erfolgsstatistik einer »Beratergruppe für die Verwaltungsvereinfachung«an (30). Da aber in einer beträchtlichen Zahl von Landkreisen die betreffende Gesetzesbestimmung nicht beachtet wurde, sondern an dem Herkommen festgehalten und die feierliche Vereidigung neuer Feldgeschworener weiterhin bei der Jahresversammlung der Feldgeschworenen-Vereinigung in Anwesenheit des Landrats vorgenommen wurde, war es unumgänglich, bei der Novellierung des Abmarkungsgestzes 1981 die Vereidigung durch den Landrat zumindest alternativ zuzulassen (31). Die Eidesformel entspricht der heutigen Nüchternheit bürokratischer Ausdrucksweise (32).

d.) Vorsitz im Kollegium

So variantenreich das Feldgeschworenen- und Untergänger-Institut ausgestaltet war, so verschieden sind auch die Regelungen darüber, wem im Kollegium der Vorsitz zukam. In den frühen Quellen erscheinen die Feldgeschworenen des öfteren noch unter der Aufsicht und Botmäßigkeit des Dorfvorstehers. Ein Weistum aus dem Elsaß vom Jahre 1354 sieht die »scheidlúte« zum Gehorsam gegen den »meiger« verpflichtet und schreibt ihm eine Strafgewalt über die Scheidleute zu – und »wenne man scheiden wil jnn dem banne zu sant Lúgker (St. Lükart, zerstörtes Dorf südlich von Mühlhausen), das sol der meiger gebieten vnd niemans anders« (33). In Württemberg führt seit dem 15. Jahrhundert ein Obmann oder Vorgeher den Untergang, wobei dieser teils als Urteiler mit tätig wird, teils aber nur leitet und nur als Richter im deutschrechtlichen Sinn das Verfahren bei Uneinigkeit der Untergänger mit entscheidet (34). Der Obmann der württembergischen Untergänger wird von der Gemeinde oder seit dem 16. Jahrhundert mehr und mehr von der Dorfherrschaft bestellt, wenn nicht ohnehin der Schultheiß oder Bürgermeister von Amts wegen Obmann ist (35). Auch anderwärts erscheint der Schultheiß als Vorsitzender der Feldgeschworenen, wenn sein Amt durch Satzung mit der Mitgliedschaft im Feldgeschworenenkollegium verknüpft ist. Im übrigen mag wohl überwiegend der an Lebens- oder Dienstjahren Älteste dem Kollegium vorgestanden haben, wie es der häufige Ausdruck »Ältester« oder »Senior« bekundet. In Württemberg hieß der Vorsitzende der Untergänger mancherorts »Präses«. Im Baselland führte ein »Gescheidspräsident« den »Gescheidsstab« als Zeichen der richterlichen Stellung. In dem schon erwähnten dreiherrigen Mainstockheim ist im Jahre 1730 der Ebracher Schultheiß »Richter« (»Siebnerrichter«) im Sinne eines Vorsitzenden des »Steinsetzer- oder Schiederamtes« (36). Die seit dem 19. Jahrhundert zumindest in der Amtssprache allgemein übliche Bezeichnung »Obmann« findet sich bis dahin gelegentlich im schwäbischen (37) und im ehemals hohenlohischen (38) Gebiet. Sonst tritt in der Grafschaft Hohenlohe der Vorsitzende regelmäßig unter der Bezeichnung«Oberschieder« auf. Im Fürstentum Koburg heißt er »Obermärker«, in anderen Teilen Frankens »Obersiebner«. In manchen Gebieten der Pfalz unterstanden die »Feldmesser und Steinsetzer« einem vom Amt bestellten »Steinsatzschultheiß«, auch »Messerschultheiß« genannt (39). In Rheinhessen steht an der Spitze der »Messer« auch einmal ein »Hauptmann« (40). Im Elsaß begegnet uns ein »markmeister« als Vorsitzender der neun »märker« (41).

In mehrherrigen Dörfern war es oftmals Brauch, daß der Vorsitz unter den Feldgeschworenen oder Untergängern der verschiedenen Herrschaften jährlich wechselte.

3.6 Aufgaben und Befugnisse, örtliche und sachliche Zuständigkeit

. . . was die Augen sehen / das glaubt das Hertz / und die Wahrheit leuchtet dem Menschlichen Gemüth / durch die Schärpffe der Augen vielmehr ein / dann durch das Gehör . . .

Joannes Oetinger,
Tractatus de jure limitum II.6.4;
Ulm 1642

Feldgericht und Steinsatz

Feldgeschworene und Untergänger erscheinen mit der stärkeren Ausdifferenzierung von Ämtern in Städten und Dörfern kaum vor dem 13. Jahrhundert im Rahmen des **Feldgerichts,** das über Grenzstreitigkeiten an Ort und Stelle entschied. Diesem Gericht wurden – regional ganz unterschiedlich – manchmal noch weitere Aufgaben übertragen, für die eine Begutachtung an Ort und Stelle erforderlich war.

»Viri jurati« (Geschworene) traten im Mittelalter auf, wenn bei Tausch- und Kaufgeschäften und bei Schenkungen der Umfang der betreffenden Güter festzulegen war (1). Auch die Trennung von Allmenden und die Zuteilung von Weiderechten, die bislang mehreren Dörfern gemeinsam waren, an die verschiedenen Mitberechtigten waren schon früh solchen geschworenen Schiedsrichtergremien aufgetragen worden. Die Schiedsgerichte gründeten sich auf privatrechtlichen Vertrag, die Befugnisse der Feldgerichte hingegen auf öffentliches Recht. Vom ursprünglichen Schiedsgericht, das in der spätmittelalterlichen Gerichtspraxis ein beliebtes Mittel zur Streitbeilegung an Stelle des eigentlichen Gerichts darstellte, unterschied sich das Feldgericht auch darin, daß die Parteien nicht von sich aus die Urteiler bestimmen konnten (2). Eine Ähnlichkeit bestand hingegen insofern, als der Spruch des Schiedsgerichts ursprünglich endgültig war und nicht durch Berufung oder Appelation an eine höhere Instanz angefochten werden konnte. Die Möglichkeit der Berufung an das herrschaftliche oder landesherrliche Gericht ist erst eine Errungenschaft aus der Wende vom Mittelalter zur Neuzeit. Schiedsgerichte in Grenzstreitigkeiten traten gelegentlich noch auf, als schon Feldgeschworene oder Untergänger bestellt waren (3).

Da die Erfahrungen mit Schiedsmännern anscheinend in die späteren Feldgeschworenen- und Untergängerordnungen eingeflossen sind, darf hier an Hand des ältesten Gerichtsbuchs des Stifts St. Gumpert in Ansbach ein Fall wiedergegeben werden, der sich im Jahre 1444 in einem Dorf nördlich von Ansbach zugetragen hat (4). Zwei Nachbarn lagen über den Verlauf ihrer gemeinsamen Grenze geraume Zeit im Streit. Sie einigten sich schließlich dahin, daß jeder von ihnen zwei Schiedsmänner nach seiner Wahl bestellen sollte. Die vier Männer, denen diese Aufgabe angetragen wurde, nahmen nach einigem Zögern mit folgender Auflage an: Ihre Entscheidung und ihr Steinsatz sollen ohne Widerrede und als endgültig hingenommen werden. Wer sich an diese Abrede nicht halte, sei es »Frau oder

Mann«, der solle »dem Capitel verfallen sein ein malter haber vnd den vieren ein parchent« (grobes Tuch). Beim Termin war der eine Nachbar mit der Stelle, an die die vier Schiedsmänner den zweiten Markstein setzen wollten nicht einverstanden, der Stein sei einen Schritt weit auf seinem Grundstück. Er schalt und fluchte, warf einen Stecken, den er in Händen hatte, zu Boden und schrie »mordenjo, rettenjo meiner ern (Ehren) vnd guts vnd rayfet sein hor auß (raufte sein Haar) vnd redet vil vbler vnd czornlicher wort«. Die Schiedsmänner waren von den Drohgebärden so beeindruckt, daß sie die Arbeit einstellten und das Feld räumten. Der Gegner des rabiaten Nachbarn klagte daraufhin vor dem Gericht des Stifts, der Beklagte wurde zu der üblichen Geldstrafe und zur Tragung der Kosten verurteilt, wozu vermutlich, auch die mit den Schiedsmännern vereinbarte Buße gehörte (5). Vor dem Hintergrund solcher Begebenheiten kann es nicht wunder nehmen, wenn auf Widerreden und unziemliches Verhalten bei den Amtshandlungen der Feldgeschworenen oder Untergänger strenge Strafen angedroht wurden. Im übrigen ist es möglicherweise kein Zufall, wenn die oben genannte Zahl Vier der Schiedsmänner mancherorts in der Mitgliederzahl des Feldgerichts wiederkehrt.

Nach diesem die Szene beleuchtenden Exkurs soll zum Verfahren des Feldgerichts zurückgekehrt werden. In dem e i n e n Ortstermin wurde, wenn nicht schon der angestrebte Gütevergleich zum Ziel führte, das Verfahren vollständig abgewickelt – mit Vortrag der Klage, Klageerwiderung, Zeugenvernehmung, Beweiserhebung (»Augenschein«), Entscheidung und Urteilsverkündung. Das Verfahren war und blieb immer mündlich. Ein nachträglicher Eintrag in ein Protokollbuch war nur für den Fall, daß der Streit späterhin wieder aufflammen sollte, eine Entscheidungshilfe. Da das Urteil nicht schriftlich ausgefertigt wurde, konnten die Beteiligten – zumindest in späterer Zeit – eine Niederschrift über die Entscheidung beantragen.

Das württembergische Landrecht von 1610 sieht die »Vndergängliche Gericht«, wie sie in den Städten und »Fürnemmen Flecken« Herkommen seien, als eine wesentliche Entlastung der ordentlichen Gerichte an. Es sollte deshalb dabei bleiben, »daß zu Vndergänglichen Sachen vnnd Spännen (Streit), die sich so wol in Stätten vnd Dörffern der Gebäw, als auff dem Feld der Bemarckungen, Dienstbarkeiten vnd anderer Gerechtsamen halben, begeben, gemeinlich drey oder vier taugenliche Männer, zu Vndergängern vnnd Bawbeschawern verordnet, vnd in solchen Sachen zu Richtern bestellt, . . . so soll es hinfürter nochmahls bey solcher Verordnung verbleiben, vnnd alle dergleichen Gebäw- oder Feldspänn, zuuorderst vor den bestellten Vndergängern, durch ein kurtzen, summarischen vnnd mündtlichen Proceß, auff dem Augenschein fürgenommen, vnd zum schleunigsten entschiden, auch alle Vndergängliche Sprüch in ein sonder Buch (welches die Vndergänger jeder ortten halten sollen) eingezeichnet vnd beschriben, vnd da jemand, als beschwehrt dauon appelieren wolte, jhme solches . . . nicht verwehrt werden.« (v und w sind in diesem Text an entsprechenden Stellen als u zulesen, u als v.) (6). Das Weistum eines Dorfes in der Grafschaft Hohenlohe drückt im Jahre 1559 mit einfacheren Worten aus, was bis dahin wohl überall galt, wo Feldgeschworene oder Untergänger aufgestellt waren (7): »der Undergang hat alle Rechte und Bueß (Strafbefugnis) im Felde wie ein erbar Gericht im Dorf«. Im Hunsrück waren jedoch die Befugnisse der Feldgeschworenen darauf beschränkt, einen Vergleich unter den Parteien zustande zu bringen. Mißlang der Schlichtungsversuch, so hatte das Gericht zu entscheiden (8).

Der Umfang der Kompetenzen der Feldgeschworenen und Untergänger sowie das Verfahren beim Feldgericht und Steinsatz waren von Land zu Land und selbst von Dorf zu Dorf verschieden. Den schriftlichen Aufzeichnungen, die nach Beginn der Neuzeit zahlreicher werden, geht meist schon eine längere Entwicklungszeit voraus, in der sich das Herkommen herausgebildet hat.

Entschieden wurde im Feldgericht »getreülich vnd ohngeuerlich« (»ohngefährlich« ist ohne Arglist, Tücke oder Hinterhältigkeit) nach dem Vorbringen der Parteien und nach örtlichem Befund, gegeben durch »Stock, Stein, Rhein, auch ander Zeügknuß« (9). Die Echtheit vorgewiesener oder vorgefundener Grenzsteine wurde geprüft, die Steine wurden gehoben, über ihre Gültigkeit anhand der unter oder neben dem Stein vorgefundenen »Zeugen« entschieden. Auf die »Verzeugung« der Grenzsteine wird unten in Abschnitt C ausführlich eingegangen. Die Beteiligten sollten alle Beweismittel mitbringen, zum Beispiel Urkunden, »briefen, rodelen oder kuntschaften, . . . das iedem theile recht beschehe«, wie es in einem Weistum aus Wörth im Elsaß heißt (10). Die Feldgeschworenen und Untergänger waren auch befugt, Zeugen einzuvernehmen. In eigener Sache, und wenn Verwandte, Freunde oder Gegner betroffen oder beteiligt waren, durften sie nicht mit tätig werden, sie sollten dann »still stan«. Manchmal wurden für solche Angelegenheiten von Fall zu Fall Ersatzleute berufen. Hierfür kamen vertrauenswürdige Männer des Dorfes, aber auch Feldgeschworene aus Nachbardörfern in Betracht. Der Grundsatz der Nichtmitwirkung in eigener Sache setzte sich in manchen Orten erst im Laufe der Zeit voll durch; für die Siebner von Volkach am Main zum Beispiel erst mit der vom Würzburger Bischof aufoktroyierten Siebnerordnung von 1583. Nach der vorausgegangenen Siebnerordnung von 1456 schien ihnen der Siebnereid ausreichend Gewähr für eine unparteiische Amtsausübung in jeglichem Fall zu bieten (11).

Wenn über die Verhandlungen des Feld- oder Untergängergerichts auch keine Akten geführt wurden. so war das Verfahren der Grenzfeststellung und Vermarkung doch keineswegs formlos. Die frühere Gesellschaft sah sehr streng auf die Einhaltung hergebrachter Förmlichkeit, sah sie sich doch damit in ihrem Selbstwertgefühl bestätigt.

Im übrigen gab für die Organisation und das Verfahren des Feldgerichts in vieler Hinsicht das altdeutsche Schöffengericht das Vorbild ab. Schöffengericht und Ting wurden in feierlicher Form nach festgelegtem Ritual mit einer Befragung über die Rechtmäßigkeit des Zusammentritts hinsichtlich Zeit, Ort und Besetzung oder Anwesenheit eingeleitet. Inwieweit in der frühen Zeit vor dem Auszug des Feldgerichts zum Ortstermin da oder dort ein ähnlicher feierlicher Akt üblich gewesen sein mag, läßt sich schwer beurteilen. Einen entsprechenden Hinweis gibt ein Schiederprotokoll der Gemeinde Ailringen im Gebiet des Deutschen Ordens um Mergentheim, dem damaligen Sitz des Hoch- und Deutschmeisters, aus dem Jahre 1718 (12). Das Protokoll enthält Schiedersprüche nachbarrechtlicher Art. Von Interesse ist hier der dem Protokoll vorangestellte »Sermon vor Ausgang der Schied«. Hiernach befragt der herrschaftliche Beamte die Schieder und Feldrichter, ob am frühen Tag die Zeit sei, des durchlauchtigsten gnädigsten Fürsten und Herrn Schied und Feldgericht zu hegen und hinauszuführen. Die Schieder antworten hierauf mit »Ja«. Dann eröffnet der Beamte den Gerichtstag. Unter den ausführlichen Ermahnungen zu Recht und Gerechtigkeit fehlte nicht der Appell an das Gewissen, so zu richten, wie es die Schieder vor Gott und der gnädigsten Herrschaft und an dem letzten Gerichtstag vor dem strengen Richterstuhle Gottes zu verantworten getrauten, ohne Ansehen von Freund- oder Feindschaft, Geschenk oder Gabe, Zuwendung oder Gunst. Darauf erging die Frage an die Schieder, vom ältesten bis zum jüngsten, ob die Schied »beheeget« sei, was wiederum mit »Ja« beantwortet wurde. Als nächstes beauftragte der Beamte die Schieder namens der Herrschaft Recht zu sprechen, von wem es gefordert werde. Das Verfahren sollte in einer Form abgewickelt werden, wie es der Respekt vor der Herrschaft und vor der Schied erforderte. Auf die Frage, ob die Schieder dies alles auch recht verstanden hätten, antworteten sie wieder mit »Ja« und wurden nun schließlich zum Ortstermin entsandt.

Nach anderen örtlichen Vorschriften hatten sich die Siebner mit Kirchgang und durch Nüchternheit auf ihre Amtsverrichtungen vorzubereiten (Cronheim bei Gunzenhausen). In manchen Dörfern wurde der Auszug der Siebner von Glockengeläut begleitet.

Der **Spruch** oder **Bescheid** der Feldgeschworenen oder Untergänger, im älteren Sprachgebrauch auch »sententia«, sollte ursprünglich wohl zumeist endgültig sein. ». . . was durch solchen undergang yetweder genomen oder geben, bey dem sol es ungewegert bleiben« bestimmt die Untergangsordnung für Trochtelfingen (im Ries) aus dem Jahre 1416 (?) (13). Ähnlich formulieren die Ehaften des Dorfes Alerheim (gleichfalls im Ries) von 1353/1374 diesen Grundsatz ». . . waz entschidz die (under gänger und kuntschafter) auf ir aide erkennen, da sol es bei bleiben« (14). Zunächst gab es sonach kein Rechtsmittel gegen den Spruch des Feldgerichts. Längstens seit Beginn der Neuzeit eröffnet sich jedoch zumeist die Möglichkeit, den Spruch durch das Dorfgericht, die Grundherrschaft oder das landesherrliche Gericht nachprüfen zu lassen (15). Der Einspruch mußte jedoch binnen Jahr und Tag eingelegt werden, nach dieser Zeit erlangte der Spruch unabänderliche Rechtskraft. Für Auswärtige und Minderjährige war die Einspruchsfrist länger. In Württemberg hatte sich zumindest in den Städten ein »Ober-Untergang« als Berufungsinstanz herausgebildet. Das Landrecht von 1610 schaffte diese Einrichtungen ab, um den Rechtsweg in Untergangssachen dem Instanzenweg in sonstigen Zivilsachen in etwa anzugleichen (16). Wer durch der »Vndergänger Sprüch« beschwert zu sein vermeinte, konnte sich an das Stadt- oder Dorfgericht wenden. Untergänger, die gleichzeitig Gerichtsschöffen waren, wurden in einem solchen Berufungsverfahren durch andere Ratsmitglieder ersetzt. Bei einem Streitwert ab 50 Gulden konnte nach der obigen Instanz die Appellation an das Hofgericht herangetragen werden. Spätenstens von 1626 an waren zwischen Dorf- bzw. Stadtgericht und dem Hofgericht die Obergerichte in Stuttgart und in Tübingen später auch noch in Ludwigsburg eingeschaltet. Der Untergang dieser Städte fungierte seither als Ober-Untergang.

Ein Instanzenweg von ganz besonderer, untypischer Art galt gegen Ende des Alten Reiches in dem reichsfreien Dorf Gochsheim (südlich von Schweinfurt). Zweite Instanz nach dem Feldgericht war in Grenz- und Baustreitigkeiten ein örtliches Gericht, das sich aus dem »Reichsschultheiß« – das war der aus den Hintersassen des Reiches gewählte Schultheiß – und den Gerichtspersonen, die nicht dem Feldgericht angehörten, zusammensetzte (17). Eine weitere Berufungsinstanz war die Reichsuntervogtei in Mainberg (bei Schweinfurt), mit der der Bischof von Würzburg belehnt war.

Die Gelehrten jener Zeit sahen freilich mißbilligend auf das Verfahren des Feldgerichts herab, das so ganz dem römischen Recht zuwiderlief. Der württembergische Topograph Joannes Oetinger machte seiner Geringschätzung in seiner 1642 posthum erschienenen Schrift mit folgenden Worten Luft (18): »Dannenher auch dieser böse Gebrauch bey uns Teutschen eingeschlichen / daß man die täglich in dieser vornehmen Sach fürfallende Irrungen und Mißverständ / gewohnlich unverständigen Idioten / die der Rechten gar nicht erfahren / und etwan auch vom Gebrauch und Herkommenheit wenig wissen / zu entscheiden / anvertrauet / welche ihrem eignen Wohn / und unbegründten Gutbeduncken nach / durch ein Untergänglichen Spruch manchmal einen solchen unrechtmässigen Außschlag geben / daß nicht allein der gemeine Mann / und die arme Unterthanen / an ihren Gütern und Gerechtigkeiten / sondern auch die hohen Obrigkeiten an ihren Ehehafftinen (Rechten) und Herrlichkeiten mercklich vernachtheilt worden / wie ich es dann selbsten in denen mir auffgetragenen Commissionibus mehrmalen erfahren / . . .«

Verhältnismäßig selten scheint es gewesen zu sein, daß sich die Feldgeschworenen oder Untergänger auf einen Spruch **nicht einigen** konnten. Vereinzelt waren Lösungen für einen solchen Fall in die Vorschriften mit eingebaut. Bei Uneinigkeit der Schieder in einem der Reichsstadt Rothenburg unterstehenden Dorf mußte ein »Unterschiedt beim ehrbarn Rat« eingeholt werden. Dieser übertrug die Sache gern den Schiedern der Stadt, die dann durch »Untergangsspruch« oder »Steinerspruch« entschieden (19).

In Württemberg gab es neben dem oben schon beschriebenen Instanzenweg des Beschwerdeverfahrens noch die folgenden Möglichkeiten, den örtlich zuständigen Untergang durch einen anderen zu ersetzen: Die Beteiligten konnten die Herrschaft bitten anzuordnen, daß ihre Sache an den Untergang einer bestimmten anderen Stadt »remittiert« werde, oder aber die Parteien einigten sich untereinander und mit dem örtlichen Untergang auf die Berufung eines Untergangs aus der Nachbarschaft (20). Der an lezter Stelle genannte Weg scheint manchmal auch dann eingeschlagen worden zu sein, wenn sich zwei Dörfer über eine gemeinsame Markungsgrenze, über Weidegrenzen, über einen Viehtrieb oder ähnliche Fragen nicht einigen konnten (21).

Zur richterlichen Aufgabe der Feldgeschworenen und Untergänger trat sehr bald, wenn nicht schon von vorneherein, die Verwaltungsaufgabe hinzu, nämlich das **Anbringen der Grenzzeichen,** in der Regel Grenzsteine, seltener auch Baumzeichen. Anfänglich haben manche Feldgerichte die festgestellte Grenze nur vorläufig, etwa in Schwaben durch Lachen an Bäumen, in Franken vermutlich durch Strohwische (Strohschaube) gekennzeichnet und die Versteinung den Parteien überlassen. In der späteren Zeit wurden aus den Feldrichtern zum Teil reine Steinsetzer, wie noch zu zeigen sein wird.

Den fränkischen Feldgeschworenen scheint es in manchen Dörfern nicht an Arbeit gefehlt zu haben. In einer Dorfordnung aus dem Jahre 1582 verlautet, die Siebner hätten sich bei der Herrschaft beklagt, daß »oftmals und beinahe täglich Schiedsteine ausgerissen und umgeworfen« würden (22). Die Siebner baten um Wiedereinführung von »Ordnung und Strafe, wie vor alters«, da ihnen offensichlich zu dieser Zeit für das Wiedereinsetzen von Grenzsteinen keine Entlohnung zustand. Die Dorfordnung kam diesem Anliegen nach.

Dem stark ausgeprägten Beharren auf altem Recht und Herkommen entsprach die feste Regel, daß dann, wenn nach einer Grenzvermarkung nachträglich daneben ältere Grenzsteine aufgedeckt und in Ordnung befunden wurden, diesen der Vorzug gebührte; die später gesetzten Steine wurden, soweit sie mit der älteren Vermarkung nicht übereinstimmten, für ungültig erklärt. Diese Auffassung wird in vielen Ordnungen eingeschärft.

Wo Felder durch einen Rain geschieden waren, oblag dem Feldgericht auch die Entscheidung darüber, ob ein Angrenzer durch Abpflügen vom Rain sich straffällig gemacht hatte und zur Wiederherstellung des früheren Zustands sowie zu einer Geldbuße zu verurteilen war.

Die Vermarkung der Grenzen fiel in die ausschließliche Zuständigkeit der Feldgeschworenen und Untergänger auch dann, wenn die Grenze nicht strittig war. Nur s i e durften »stecken vnd stein setzen vnd anderß nyemant« (23). Auch das Aufrichten sowie das Höher- und Tiefersetzen von Grenzsteinen war ihnen allein vorbehalten. Für das Herzogtum Württemberg wurde die ausschließliche Zuständigkeit der Untergänger landesrechtlich schon 1515 in der 2. Landes-Ordnung bestätigt (24), für die Grafschaft Solms in der Gericht- und Landordnung von 1571 (25). Selbst wenn Grenzsteine entbehrlich wurden, weil eine Grenze durch rechtliche und wirtschaftliche Vereinigung benachbarter Grundstücke wegfiel, durfte der Besitzer die nun bedeutungslosen, nur störenden Grenzsteine nicht selbst entfernen. In epischer Breite ist dieses Verbot in der württembergischen 2. Bau-Ordnung 1655 ausgeführt und begründet (26). Wer entgegen dem Verbot eigenmächtig Grenzsteine setzte, wurde bestraft. Häufig war es eine Geldstrafe in Höhe von 72 Pfennig. Bei der Vermarkung von ritterschaftlichen Waldungen in Franken traten gelegentlich Förster oder »Forstknechte« in Konkurrenz zu den dörflichen Steinern.

In vielen Gemeinden Niederösterreichs wurden jährlich im »Taiding« vier Geschworene gewählt, die für die Vermarkung und Teilung von Grundstücken allein zuständig waren. Zumindest in einem Teil der Gemeinden vollzogen sie ihre Amtshandlungen unter der Aufsicht des Richters. In einem »Banntaiding« bestätigte das Stift Heiligenkreuz (Niederösterreich) schon im Jahre 1431 der Gemein Winden, es sei »von alters herkommen«, daß sie vier Geschworene hätten, die darüber gesetzt seien, zu steinen, zu rainen und zu beschauen, was nötig in Feld und Dorf, in aller Treue, dem Armen wie dem Reichen (27). Wer einen der Vierer in seinem Amt behinderte, hatte jedem der Vierer 6 Schilling 2 Pfennig zu zahlen. Wer ohne die Vierer Grenzsteine setzte, wurde bestraft. Ohne die Vierer angebrachte Grenzsteine hatten keine »Kraft«. Die österreichischen Vierer, manchmal waren es auch sechs, sind jedoch dem Feldgericht in Franken und Schwaben hinsichtlich Stellung und Befugnisse nicht gleichzustellen (28).

Ebensowenig unter den Oberbegriff Feldgeschworene einzuordnen sind die »Achtsleute« im Herzogtum Braunschweig, die bei der Landesvermessung nach der Instruktion von 1755 (29) mitzuwirken hatten. Diese aus den Dorfbewohnern ausgewählten Männer hatten zwar einen heiligen Eid abzulegen, daß sie den »Ingenieurs« nach bestem Wissen und Gewissen »die Eintheilung der Wannen (Gewannen) nach der wahren Beschaffenheit und Güte des Landes einrichten, ingleichen, die ohnstreitigen Grenzen im Felde, Aengern und Wiesen richtig anzeigen« werden. Aber ihre ziemlich niedrig zu bewertende Stellung ist schon daraus zu erkennen, daß sie auch als Gehilfen bei der Vermessung zur Verfügung stehen mußten. Eine geachtete Stellung hingegen hatte in Genf nach dem Katastergesetz vom 1. 2. 1841 der »prud'homme« (Sachverständige) inne, der die Feststellung und Vermarkung der Grenzen leitete und im Streitfall entschied.

In manchen Gegenden ohne Feldgeschworene war das Setzen der Grenzsteine bestimmten dörflichen Organen als zusätzliche Aufgabe übertragen. In dem fuldaischen Dorf Speicherz nahe Brückenau waren es die »Vierer«, die vier Geschworenen des Orts. Bis 1653 wurde in Speicherz kein Schultheiß bestellt. Zwei der Vierer wurden jährlich von der Gemeinde neu gewählt und vom fürstlichen Zentgrafen in Brückenau verpflichtet. Sie hatten neben den Verwaltungsaufgaben auch Streitigkeiten von geringer Bedeutung im Dorf zu schlichten. In Grenzstreitigkelten konnten sie von den Beteiligten einvernehmlich als Schlichter angerufen werden, ihr Spruch war dann verbindlich (30). Auf solche

Weise konnte auch in anderen Dörfern der Fall eintreten, daß nach den Gemeindereformen zu Beginn des 19. Jahrhunderts die bisherigen Vierer zwar ihrer Aufgaben in Rechtspflege und Verwaltung ledig, aber weiterhin als »Vierer« beibehalten wurden, um ihrer Aufgabe beim Steinsatz weiterhin nachzugehen. In Feucht, das einstmals zum Gebiet der Reichsstadt Nürnberg gehörte, waren die »Vierer« für das Setzen der Grenzsteine und außerdem für die Feuerschau zuständig (31).

Vielfach war in Gegenden, wo das Institut der Feldgeschworenen oder Untergänger nicht bestand, zum Marksteinsetzen die Anwesenheit von Gerichtspersonen oder Behördenvertretern, zum Beispiel des Amtmanns oder der Vierer, geboten (32). Manchmal genügte auch die Beaufsichtigung durch den Grundherrn, in dessen Interesse es liegen mußte, daß von dem ihm abgabepflichtigen Boden nichts verloren ging. Grenzstreitigkeiten und Verfehlungen gegen die Feldordnung kamen vor das Gericht, unter Umständen vor ein besonderes Gericht, wie das »Markengericht« (Emsland). Daneben gab es auch Regionen, wo sich keine offiziellen Stellen an der Grenzvermarkung beteiligten. Eine hierfür typische Regelung enthält das »Becherbacher Weisthum« (Hunsrück) von 1497 (33). Hiernach setzten die Beteiligten die Marksteine selbst, wenn sie über den Grenzverlauf einig waren. Andernfalls zog jeder eine oder zwei Personen als Vertrauensleute bei. Erst wenn auch über diese Vermittler kein Einvernehmen zu erzielen war, wurde das Gericht eingeschaltet.

In Bayern gelang es den adeligen Grundherren, hinsichtlich der Grenzvermarkung – die hier ja keine große Verbreitung fand – ein Privileg durchzusetzen. Auf dem Landtag von 1461 führten sie Klage über das Verlangen der herzoglichen Richter und Beamten, daß diese bei den gütlichen Grenzvereinbarungen und -vermarkungen jeweils dabeisein wollten und dafür eine Bezahlung (»Wandel«) verlangten. Es wurde beschlossen: »Ob zween Grundherrn um die Gründe irrig würden, ehe sie dann um dieselbe Irrung gegeneinander in Recht (Gericht) kämen, so haben sie Macht sich mit Muetmarchen (einvernehmliche Vermarkung) oder in anderweg gütlich miteinander zu vertragen«, das heißt ohne Mitwirkung der herzoglichen Behörden (34).

In Schwaben war es die Regel, in Franken weithin üblich, daß die Feldgeschworenen oder Untergänger ein- oder zweimal im Jahr, in der Herrschaft Rödelsee sogar viermal »**Untergang**« oder **Feldbegang,** im Hohenlohischen »Schied«, in den Dörfern der Reichsstadt Rothenburg zwei »Gemeinsteinen« hielten. Die regulären Termine waren auf das bäuerliche Wirtschaftsjahr abgestimmt, zum Beispiel Walpurgis (1. Mai) und Michaelis (29. September). Die sieben Feldgeschworenen von Veitshöchheim (bei Würzburg) erklärten 1585, daß sie jeweils an Petri cathedra (Stuhlfeier, 22. 2.) und Georgi (23. 4.) Markungsbegang zu halten hätten (35). Nach der Siebner-Ordnung für die Dörfer des Stifts Haug (Würzburg) hingegen waren die Umgänge im Frühjahr nach der Habersaat und im Spätherbst nach der Kornsaat (36). Die württembergische Commun-Ordnung von 1758 schrieb einen »ordinari-Untergang« für Frühjahr und Herbst vor, ohne einen genauen Termin festzulegen (37). Der allgemeine Begang konnte auch mehrere aufeinander folgende Tage dauern, in Mainstockheim (LKr. Kitzingen) zum Beispiel drei Tage kurz vor Kreuzerhöhung (14. September). Der Zeitpunkt für den Feldbegang wude regelmäßig von der Ortsobrigkeit angekündigt, vielfach durch Verlesen von der Kanzel oder – in Franken – mittels Ausschellen durch den Dorfdiener. Letzteres ist in einigen mainfränkischen Dörfern noch üblich. Die Grundbesitzer waren gehalten, zu dem Termin ihre Grenzsteine aufzudecken und gut sichtbar zu machen sowie Vermarkungsmängel anzuzeigen. Wer diesem Gebot nicht nachkam, gewärtigte, mit einer empfindlichen Geldstrafe belegt zu werden. An diesen allgemeinen Terminen wurden Streitfälle entschieden, Grenzsteine neu gesetzt, abgegangene erneuert sowie sonstige Mängel an Grenzbezeichnungen behoben.

Außerhalb des regelmäßigen oder »ordinari«-Feldbegangs konnte das Feldgericht im Einzelfall zu einem »extra«-Siebner- oder Untergang auf das Feld gerufen werden, um einen Grenzstreit zu entscheiden oder einem Antrag auf Marksteinsetzung nachzukommen. In einigen fränkischen Dörfern kannte man überhaupt nur den Einzeltermin. Dieser wurde überwiegend beim Schultheiß oder Bürgermeister beantragt. Die Dorfobrigkeit beraumte den Termin an und ließ die Beteiligten durch den Büttel oder den Gemeindediener zum Termin laden. In manchen fränkischen und hohenlohischen Dörfern nahmen die Siebner oder der Oberschieder den Antrag entgegen, setzten den Termin fest und verständigten die Parteien,wobei im Hohenlohischen der jüngste Schieder als Bote fungierte. Nach der württembergischen 2. Bau-Ordnung von 1655 mußte der Termin zwei bis drei Tage vorher den Beteiligten angekündigt werden, Auswärtigen sogar acht Tage vorher (38). Sowohl für die Feldgeschworenen oder Untergänger als auch für die Beteiligten war das Erscheinen beim Termin strenge Pflicht, unentschuldigtes Ausbleiben wurde mit Geldstrafen geahndet, zum Beispiel nach den Steinerordnungen des Hochstifts Würzburg mit Geldstrafen von ein bis zwei Pfund, im Dorf Schmähingen (LKr. Nördlingen) nach der Untergangsordnung von 1496 mit 60 Pfennig (39). Im Wiederholungsfall wurde die Buße verdoppelt. Eine Entschuldigung, die zum Aufschub des Termins führen konnte, war regelmäßig nur »Leibes Not«, also Krankheit, oder eine Beanspruchung durch die Herrschaft. Nach manchen Ordnungen konnte bei unentschuldigtem Ausbleiben eines Beteiligten in dessen Abwesenheit vermarkt werden. Für einfachere Fälle wurde die Anwesenheitspflicht der Feldgeschworenen und Untergänger späterhin in der Weise gelockert, daß nicht mehr sämtliche, mindestens aber zwei oder drei zu erscheinen hatten.

Die Feldgeschworenen oder Untergänger durften in der Regel nur auf Antrag aller Beteiligten eine Grenzvermarkung vornehmen. Eine Ausnahme ist aus dem Dorf Lenkerstetten in der Grafschaft Hohenlohe (LKr. Schwäbisch Hall) bekannt. Die Schiederordnung vom Jahre 1618 beanstandete, daß »aus Mangel der geschwornen Schieder« zwischen den Grundstücken wenige oder keine Steine gesetzt seien (40). Den »verordneten Steinern« wurde deshalb die Befugnis erteilt, »um Verhütung künftiger Stritt und Mißververstand willen« in einer »durchgehenden Schied . . . die Güter in Dorf und Feld, soweit nötig, ordentlich und richtig zu versteinen«.

Beim »ordinari«-Untergang war es selbstverständlich, daß der Dorfvorsteher und andere Honoratioren des Dorfes teilnahmen. Auch bei Einzelvermarkungen auf besonderen Antrag war es nicht unüblich, daß die Grundherrschaft vertreten war oder daß der Schultheiß oder sein Vertreter oder wenigstens der Dorfbüttel erschien. Dies verlieh dem Offizialakt noch mehr Ansehen und Würde und diente seinem Schutz. Die Begleitpersonen hatten einzugreifen, wenn der Verfahrensablauf durch Handgreiflichkeiten, durch beleidigende Worte oder Anschuldigungen gegen die Feldgeschworenen gestört wurde. In die Entscheidungsfindung aber durften sich diese Vertreter nicht einschalten, nach dem Vorbild des Schöffengerichts fungierten die Behördenvertreter nicht als Urteiler. In der Deutschordenskommende Ellingen (LKr. Weißenburg i. Bay), wo man nur Einzeltermine auf Antrag oder Anordnung des Hauskomturs abhielt, war beim Steinsatz meist der Gerichtsschreiber anwesend, um das Ergebnis in einer kurzen Protokollnotiz im »Steinbuch« festzuhalten. War er verhindert, so ließ er sich von den Steinern offensichtlich über den Ablauf berichten. Bei wichtigen Anlässen, insbesondere in schwierigen Verhandlungen über Gebiets-, Zehent- und Weidegrenzen, sind die Bürgermeister der Orte sowie der Hauskomtur von Ellingen oder sogar der in Ellingen residierende, zuletzt ohnehin als Hauskomtur fungierende Landkomtur der Ballei Franken mit dabei. Sind Felder oder Wälder des Ordens betroffen, so schließt sich dieser Gruppe auch noch der Leiter des Kameralwesens, der »Trißler«, mit an. Wenn sich der Hauskomtur bei Grenzstreitigkeiten seiner Untertanen einschaltet, so »erkennen und sprechen«, das heißt entscheiden Komtur und Steiner gemeinsam, eine Besonderheit, wie sie für andere Territorien bislang nicht festgestellt werden konnte. Gelegentlich zieht der Komtur bei Grenzregelungen gegenüber benachbarten Landesherren auch einen Rechtsgelehrten oder einen Notar zu (41).

In der Neuzeit verbindet sich das Erscheinungsbild des Feldrichters zunehmend mit dem Setzen der Marksteine. Das spiegeln in Franken die Bezeichnungen »Steiner«, »Steinsetzer«, «Marker« und »Märker« wider.

Erwähnt werden darf an dieser Stelle ein in der Gegend von Eichstätt heute noch geübter Brauch: Nach beendetem Steinsztz schlagen die Feldgeschworenen mit ihrem Spitzhammer dreimal auf den Markstein. Diese Art ritueller Handlung, wie sie in dem Akt der feierlichen Grundsteinlegung noch heute vollzogen wird, dürfte ihren Ursprung im Mittelalter haben. Schriftliche Belege hierfür wie etwa der folgende sind freilich recht selten. Das Dorf-Recht von Altheim (LKr. Landshut) – außerhalb des Verbreitungsgebiets der Feldgeschworenen – aus der Zeit um 1400 verwies Streitigkeiten um ein »muett march«, ein Grenzzeichen, an den »Zehetner«, den herzoglichen Beamten. Dieser sollte durch Vertrauensleute die »marchsteckhen« setzen lassen und selbst »darauf zwen, oder drey schläg thuen«(42). Zum Vergleich seien ähnliche Beispiele aus anderen Bereichen angefügt. Nach dem Bau einer Hinrichtungsstätte schlugen die Handwerker und Arbeiter gemeinsam mit ihrem Werkzeug an den Galgen oder die sonstigen erstellten Einrichtungen (43). Wenn eine Burg zum Abbruch verurteilt war, etwa weil Beute aus einem Raubzug dorthin verbracht worden war, führte nach dem Sachsenspiegel der Richter mit dem Beil drei Schläge auf das Gemäuer aus. Daraufhin hatten die Dienstmannen den landschädlichen Wehrbau zu zertören (44).

In dem Dorf Trennfeld am Main (westlich von Würzburg) sprach der Obmann der Feldgeschworenen nach dem Steinsatz, falls keine Zeugen der Amtshandlung beigewohnt hatten, die Beschwörungsformel (45): »In Gottes Namen, bleibe er stehen, wie er steht.«

Nachgetragen sei endlich noch eine allgemeine Erläuterung zu dem Wort »**Untergang**«. Die ältere Sprache verwandte dieses Wort für die örtliche Untersuchung von Grenzfragen einschließlich des Vermarkens der Grenzen und für das hiermit betraute Gericht. Die Bezeichnung »Untergang« ist aber auch in Gegenden anzutreffen, wo keine »Untergänger« bestellt waren. Zu »untergang und augenschein« wurden zum Beispiel in Tirol und Voralberg Geschworene des Dorfes oder besonders benannte Vertrauensleute gebeten, die helfen sollten, Grenzstreitigkeiten zu schlichten. In das Bayerische Wörterbuch hat das Wort nicht Eingang gefunden. Nicht vermengt werden darf der »Untergang« nach der obigen Definition mit dem Umgang oder Umritt um die Grenze der Ortsmarkung. Die Wurzeln des letzteren Rechtsbrauchs reichen in eine Zeit zurück, als ein Feldgericht noch nicht in Erscheinung trat. Der Markungsumgang lebt auch in Gegenden weiter, in denen nie Feldgeschworene oder Untergänger bestellt wurden. Die Darstellung des Umgangs bleibt dem Abschnitt D. vorbehalten.

Weitere Aufgaben für Feldgeschworene und Untergänger

Vielerorts waren Feldgeschworene und Untergänger auch dann beizuziehen, wenn ein Grundbesitzer einen **Zaun** an seiner Grenze errichten wollte. Eine sorgfältige Prüfung des Grenzverlaufs sollte sicherstellen, daß nicht »überzäunt« wurde. Ebenso unterlagen regelmäßig auch alle anderen Grenzeinrichtungen, wie Mauern, Raine, Gräben usw. der Kontrolle der Feldgeschworenen und Untergänger. Ein Grenzgraben durfte erst ausgehoben werden, nachdem das Feldgericht die Trasse abgesteckt hatte; siehe zum Beispiel Schweinfurter Feld-Ordnung.

In den Dörfern war dem Kollegium zumeist auch die Aufsicht über den **Dorfzaun** übertragen. Wenn ein Dörfler in einem Abschnitt die ihm übertragene Unterhaltspflicht nicht wahrnahm, wurde ein Bußgeld verhängt. Besondere Aufmerksamkeit war auf die »Lukken« oder »Erblucken«, die offiziellen Durchlässe durch den Dorfzaun, zu verwenden. Die Befugnisse der Untergänger konnten so weit gehen, daß sie bestimmen konnten, wo solche Durchlässe anzubringen waren (46). In anderen Dörfern war dies eine Aufgabe der Flurwächter. Zu einer Zeit, als der Dorfetter schon gefallen war, erging im Hochstift Würzburg ein Mandat über die Zäune an Gärten und Feldern mit der Aufforderung, »das allhiesig Feldgericht sowohl als sonst jedermänniglich sich gehorsanst zu achten«, die Einhaltung der Zaunvorschriften zu überwachen (47). In manchen Gegenden hatten die Feldgeschworenen auch zu überprüfen, ob die von den Feldern aufgelesenen Steine an die von den Feldgeschworenen angewiesenen Plätze zusammengetragen wurden. Zum Teil sollten die Lesesteine auch zur Ausbesserung der Fahrwege verwendet werden.

Zu beurteilen hatten die Feldgeschworenen und Untergänger ferner, ob ein Bauer **über die Grenze geackert** hatte. Besonders sorgsam war vor allem darüber zu wachen, daß Grund und Boden der Gemein nicht geschmälert wurde, sei es an Straßen, Wegen oder Viehtrieben oder an Gemeinweiden und -wäldern.

Über die Fragen der eigentlichen Grenzrechts hinaus war dem Feld- und Untergängergericht vielfach auch die Entscheidung in Angelegenheiten des **Nachbarrechts** übertragen, zum Beispiel über das Eigentum an Früchten an der Grenze, über die Beseitigung von überhängenden Ästen, die dem Nachbargrundstück zum Schaden gereichten, und dergleichen. Im Dorf war ferner die Einhaltung der Grenze bei der Errichtung von Gebäuden zu überwachen, die Einhaltung des örtlich üblichen oder des vorgeschriebenen Traufabstands von der Grenze, die Führung des Traufwassers über das Nachbargrundstück, die Anbringungs- und Kostenpflicht bei Dachrinnen, das Lichtrecht – das ist der Anspruch, in der Hauswand an der Grenze zum Nachbarn Fenster anbringen zu dürfen, in welcher Höhe vom Fußboden und ob zum Öffnen geeignet – und schließlich auch das Reinigen und Freihalten von »engen Reihen« (Winkeln) zwischen den Hauswänden, damit sich hier kein Wasser staute, wovon Hauswände und Keller Schaden nehmen würden. In Mainstockheim (LKr. Kitzingen) erkannte das Siebnergericht auf eine Klage hin, daß das Strohdach eines Neubaus zu nahe an des Nachbarn Küche und Schlot gebaut sei und daß aus Gründen der Feuersicherheit innerhalb von drei Monaten das Stroh »abzuschaffen« und das Dach mit Ziegeln zu decken sei (48).

In der baulichen Enge vieler Dörfer des heutigen Mittel- und Unterfranken, wo bäuerlicher Kleinbetrieb die Regel geworden war und wo sich nicht selten die Wohn- und Wirtschaftsgebäude von zwei, drei und mehr Betrieben noch bis in die jüngste Zeit um einen gemeinsamen Hofraum drängten, erstand naturgemäß eine Fülle von Problemen. Ansprüche auf Lagerplätze, Fahr- und Wenderechte gaben genug Anlaß zu Streitigkeiten. Und wenn sich die Anforderungen an die Hygiene bis ins 19. Jahrhundert mit heutigen Vorstellungen auch nicht vergleichen lassen, so war doch jeder Hausherr sehr darauf bedacht, Abtritt und Dunggrube des Nachbarn in ausreichendem Abstand fernzuhalten. So wurden nicht selten an das Siebnergericht Klagen herangetragen, daß der Nachbar seinen Abtritt, in Mainstockheim vornehm »privet« genannt, zu nahe an die Grenze gestellt oder die Grube zu wenig abgedichtet habe oder nicht rechtzeitig leerte, so daß bei starken Regenfällen die Jauche in den Brunnen des Klägers eindrang und sein Trinkwasser vergällte. In dem eben erwähnten Mainstockheim mußte das Siebnergericht 1659 einem Kläger zu seinem Recht verhelfen, weil ihm der Nachbar über ein »heimlich Gemach« das »Nachtwasser« in seinen Hof »schütte« (49). Auch das Untergangsgericht in Sindelfingen hatte sich im Jahre 1462 mit derartigen Streitfällen zu befassen (50).

In vielen Dörfern erforderte in der Zeit der Dreifelderwirtschaft die Gemenglage der Felder, daß der **Beginn der Getreideernte** jährlich für alle Landwirte verbindlich festgelegt wurde. Auch dies war vielerorts eine Aufgabe des Feldgerichts. In der Stadt Nördlingen war es seit dem 30jährigen Krieg Brauch, daß das Feldgericht den Termin des Erntebeginns dem Magistrat vorschlug. Daraufhin wurde die »Kornpredigt«, ein Dank- und Bittgottesdienst, in der Pfarrkirche angesetzt, nach dem dann die Ernte beginnen konnte. Die Kornpredigt wird nach wie vor jeweils an einem Donnerstag Ende Juli gehalten, mit einer anschließenden Zusammenkunft der Feldgeschworenen (51).

Bis weit in die Neuzeit herein waren den Feldgeschworenen und Untergängern mancherorts auch **bau- und feuerpolizeiliche Aufgaben** übertragen. Möglicherweise war dies in den Anfangszeiten, aus denen uns keine schriftlichen Überlieferungen überkommen sind, noch keine so seltene Ausnahme. Als Beispiel seien hier wieder die Ellinger Steiner angeführt (52). Sie hatten wenigstens zweimal im Jahr die Häuser daraufhin zu besichtigen, daß die Sicherheit aller Feuerstellen gewährleistet war, die Schornsteine in Ordnung waren, sich kein Ruß abgelagert hatte und daß außerdem für das Haus keine Einsturzgefahr bestand. Nach der Polizeiordnung von 1685, die eine detailreiche »Feuer-Ordnung« enthielt, oblag dann diese Aufgabe nicht mehr den Steinern sondern zwei Mitgliedern des Gerichts, die nun alle Feuerstellen im Herbst und im Frühjahr auf ihre Sicherheit zu überprüfen hatten (53).

Auch in Württemberg kam die Kombination Untergängergericht/Feuerpolizei vor. Das Lagerbuch des Dorfes Schöntal (Oberamt Künzelsau) umreißt im Jahre 1513 diese Aufgabe so (54): »Die fünff Landscheyder sollen, als offt . . . das Feúwer besehen und welcher etwas in seynem Hauss hat, das da mocht nach Erkenntnuss der 5 Menner Schäden bringen, soll solches abthun.« Die Erste württembergische Bau-Ordnung von 1568 hielt aber die Sachkenntnis der Untergänger offensichtlich nicht mehr für ganz ausreichend, auch bautechnische Mängel in jedem Fall zu beurteilen. Neben den Untergängern sollten deshalb noch fachkundige Baubeschauer und Werkmeister verpflichtet werden, die mit dem Amtmann, dem Forstmeister und den Untergängern jährlich die Gebäude auf ihren Zustand und vor allem auf Feuersicherheit zu überprüfen hatten (55). Auch die Zweite Bau-Ordnung von 1655 hält hieran fest und setzt die Termine für die Beschau auf Georgi (23. April) und Martini (11. November) an (56). Siehe auch das eingangs gebrachte Zitat aus dem 3. württembergischen Landrecht vom Jahre 1610.

Im Feldgericht wurde sogar über örtlich begrenzte **wasserwirtschaftliche** Streitfragen entschieden, nämlich ob oder inwieweit ein

Landwirt Niederschlagswasser über sogenannte Wasserfurchen auf das Grundstück des Nachbarn ableiten oder umgekehrt mittels Gräben zurückhalten durfte oder mußte, sowie wann und wieviel Wasser er einem Graben entnehmen durfte. Geprüft wurde auch, ob die Anlieger die Bäche und Gräben weisungsgemäß instandhielten und räumten. Trockenheit und Vernässung waren für den Landbau in gleicher Weise ertragsmindernd. Die Gefahr einer Versumpfung oder Vernässung war im übrigen besonders bei Grundstücken in der Nachbarschaft von Mühlkanälen gegeben, wenn der Müller das am Eichpfahl ihm vorgegebene Stauziel überschritt. Es gab Gemeinden, in denen den Feldgeschworenen die Aufsicht über die Einhaltung der Eichmarken sowie die Kontrolle der Wehre und Wasserschützen übertragen war (57). «Die Feldgeschworenen gaben dem Müller das Maß.« In den nicht seltenen Klagen gegen unkorrekte Müller wurden die Feldgeschworenen zumindest als Flursachverständige mit herangezogen; entschieden über die Verfehlungen wurde später meist durch ein Kollegium vereidigter Müller.

Nicht vermengt werden darf das Ehrenamt des Feldgeschworenen oder Untergängers mit der Tätigkeit eines **Flurers,** eines Flurschützen, Feldaufsehers oder Feldhüters, auch »Bannwart« genannt, in Bayern »Eschhay« (schon um 1100), in der Grünlandwirtschaft »Wieshay« (»wißhay«), in Westfalen »Rottmeister«. Diese Dorfbediensteten – meist besitzlose Einwohner – wurden von der Gemeinde, ursprünglich in der Gemeindeversammlung, für ein Jahr eingestellt. Sie hatten tagein, tagaus die Flur zu beobachten und Verfehlungen, z. B. unbefugtes Begehen, Befahren, Beweiden in der Flur, der Dorfobrigkeit zur Ahndung anzuzeigen. Sie hatten auch das Pfändungsrecht an Vieh, Pflug, Wagen usw., z. B. wenn Vieh aus der Nachbargemeinde diesseits der Markungsgrenze weidete oder wenn jemand unbefugt Holz aus dem Gemeindewald abfuhr. Die Flurer erhielten aus der Gemeindekasse eine Bezahlung, vielfach auch Naturalien oder Nutzungsrechte an einem Gemeindegrund. Auch ein Anteil an den Geldbußen bei den von ihnen angezeigten Verfehlungen konnte nach den dörflichen Satzungen ihre Bezüge aufbessern. Große Dörfer leisteten sich zwei Flurer, von denen jeder einen bestimmten Bezirk zugeteilt erhielt. Besondere Bedeutung kam bis in die jüngste Zeit den Weinbergschützen zu. Sie hatten in der Zeit der Beerenreife bis zur Weinernte, wenn die Weinberge auf gemeindliche Anordnung »geschlossen« waren, das heißt das Betreten für jedermann einschließlich der Besitzer untersagt war, die Weinberge zu bewachen und Stare und Amseln, die sich an den reifenden Trauben gütlich tun wollten, durch Lärmen oder Schüsse zu vertreiben. Ein besonderes Ansehen, wie etwa die Feldgeschworenen und Untergänger, genossen die Flurer und Weinbergschützen im Dorf nicht. Wo keine Flurer aufgestellt waren, z. B. in der Deutschordenskommende Ellingen, kümmerten sich die Steiner darum, daß die Felder ordnungsgemäß angebaut und gepflegt wurden, Bäche und Gräben geräumt, Wege, Stege und Viehtriebe instand- und eingehalten wurden. Im Vinschgau (Südtirol) beaufsichtigte der »Saltner« die Einhaltung der Gemeinschaftsweiden.

Den Flurern konnte auch die Aufgabe gestellt sein, Rot- und Schwarzwild von den Feldern zu vertreiben, um Flurschäden zu verhindern. Manchmal waren hierfür besondere Feldhüter von der Gemeinde bestellt und bezahlt und von der Forstbehörde vereidigt.

Zwischen die Feldschützen und die Untergänger waren in den Dörfern Alt-Württembergs oftmals weitere drei oder vier Ehrenbeamte eingeschaltet, die **Feldsteußler.** Allerdings konnten die Untergänger gleichzeitig die Feldsteußler sein. Das Wort »steußeln« bedeutet so viel wie bemängeln. Die Feldsteußler hatten zu prüfen, ob Felder und Allmende ordnungsgemäß bestellt und die Weinberge gepflegt waren. Auch auf die Instandhaltung der Grenzzeichen sollten sie achten. Sie hatten bestenfalls für die Unterlassung des üblichen Feldanbaus eine beschränkte Strafbefugnis; im übrigen zeigten sie Verfehlungen beim Dorfgericht oder bei den Untergängern zur »Rugung« an. Im Gegensatz zum schwäbischen Untergang stellen sie kein Gericht dar. Für ihre Tätigkeit erhielten sie jeweils dieselben Diäten wie die Untergänger (58).

Die Feldgeschworenen und Untergänger waren die frühesten **Feldmesser,** die es auf dem Dorf gab. Das Feldmessen stand bei ihrer Tätigkeit so sehr im Vordergrund, daß in dem 1758 erschienen, seinerzeit maßgebenden Wörterbuch der deutschen Sprache des Mittelalters das Wort »Feldgeschworener« mit »geschworene Grenzvermesser« (»iurati finium mensores«) erklärt wurde (59). In der Rheinpfalz und in Rheinhessen führten die Feldgeschworenen wie oben schon erwähnt die Bezeichnung »Messer«. Manchmal sind Landscheider sogar mit systematischen Vermessungen für die Erstellung, von Grund- und Lagerbüchern oder von Abgaberegistern betraut worden. So unternahm Graf *Ysenburg* (nordöstlich von Hanau) etwa ab 1603 eine Parzellarvermessung, bei der die technischen Arbeiten von den Landscheidern der einzelnen Dörfer ausgeführt wurden, wie aus den Kellereirechnungen geschlossen werden muß (60). In *Nassau* besorgte das Feldgericht die Flächenberechnung für die einzelnen Grundstücke aus einfachen Messungen von Längen und Breiten für das ab 1774 aufgestellte Kataster, das »Lagerbuch« (61). Dem Feldgericht war auch die Führung dieses Lagerbuchs übertragen. Erst ab der Mitte des 19. Jahrhunderts hatten die nassauischen Feldgerichte zu Grundstücksteilungen und sonstigen Grundstücksvermessungen sowie zu den jährlichen Markungsbegehungen Geometer »zuzuziehen«.

Viel an Vermessungsarbeit war nach dem 30jährigen Krieg in jenen Gegenden zu leisten, die von den Kriegsgreueln besonders schlimm heimgesucht worden waren. Mehr als ein Jahrzehnt dauerte es mancherorts, bis die Grenzen der verwüsteten und verwilderten Felder so weit wieder hergestellt waren, daß die Bewirtschaftung normal betrieben werden konnte.

Im Laufe der Neuzeit hatten sich die Bildungsmöglichkeiten und der Bildungsstand nicht nur in der Stadt sondern auch auf dem Lande gebessert. In den Siebnertruhen sind noch alte Lehrbücher über Feldmessung zu finden, an denen sich beflissene Siebner einst weiterbildeten. Auch iln manchen Siebnerbüchern sind Anleitungen zum Feldmessen und zu einfachen Berechnungen enthalten. In Ochsenfurt a. Main war 1731 bis 1779 ein sehr versierter Feldmesser Mitglied der »Vierer« (Feldgeschworener), von dessen gründlichen Kenntnissen lehrbuchartige Unterweisungen mit vorzüglichen Illustrationen im Protokollbuch zeugen (62). Der gelehrte Benediktiner Johann Baptist Roppelt (1744 – 1814), von dem auch topographische Karten des Hochstifts Bamberg erhalten sind, veröffentlichte 1775 seine Druckschrift »Praktische Abhandlung von den Gränz-Zeichen zum Nutzen und Gebrauch der Kloster Banzischen Märker und anderer Liebhaber« (63). Motiviert fühlte sich der Pater zu dieser Schrift unter anderem dadurch, daß er bei einem nicht genannten »Schriftsteller« mit Verwunderung gelesen hatte, »wie gemeine Landleute bloß durch natürlichen Witz und eigene Erfahrungen so viel Geschicklichkeit erlangt haben,daß sie nicht nur ihre eigenen Felder und Grundstücke nach dem Innhalt ausrechnen und zertheilen, sondern sogar auch ganze Abrisse davon verfertigen konnten«. Für seine Märker gibt Roppelt ausführliche Unterweisungen über das Maßsystem, die Meßgeräte, das Messen einer Horizontalentfernung in geneigtem Gelände durch Staffelmessung und Horizontierung der Meßlatte mittels einer Pendelwaage. Auch das Abstecken einer Senkrechten von einem Geradenpunkt aus sowie das Fällen des Lotes von einem Punkt auf eine Gerade mittels Schnüren wird gelehrt, ferner das Abstecken von Parallelen. An Hand der Grundfiguren der Geometrie wird schließlich noch behandelt, wie Feldflächen durch Zerlegung in Dreiecke, Rechtecke, Parallelogramme und Trapeze berechnet werden. Aber die »Teilung der Figuren« erscheint ihm für seine Märker als »etwas zu schwer«, sie soll den Feldmessern überlassen bleiben. »Der Märker Sorge aber gehet nur dahin, die sonst bestimmte Gränze zu bemerken (vermarken), und etwan zur Noth den Inhalt eines ganzen Stückes deutlich anzugeben wie auch die Entfernung der Gränzzeichen auszumessen«. Hier am Ostrand des Verbreitungsgebiets der fränkischen Märker wirft die neu sich anbahnende Auffassung ihre Schatten voraus. Lange erschienen die Kenntnisse der Feldgeschworenen und Untergänger im allgemeinen für einfachere Messungen als ausreichend. Zu größeren und schwierigeren Aufträgen, zum Beispiel zur Bildung neuer Grundstücke mit vorgegebenem Flächeninhalt oder zur Ermittlung des Flächeninhalts ausgedehnter Gründe, wurden schon im 16. Jahrhundert gelegentlich »geschworene« Feld- oder Landmesser herangezogen. »geschworene messer«, »landmesser« oder »Veldtmesser« wurden zum Beispiel in die Deutschordenskommende Ellingen 1578, 1581 und 1677 für die Bildung neuer Grundstücke mit vorgegebener Fläche oder zur Ermittlung größerer Areale bis von Augsburg herbeigeholt, während hinwiederum in anderen Jahren ähnliche Aufgaben den örtlichen Steinern übertragen wurden (64). Das Setzen der Grenzsteine aber verblieb in jedem Fall den geschworenen Steinsetzern.

Die Konkurrenz der Feldmesser hat manchen beflissenen Feldgeschworenen oder Untergänger dazu bewogen, seine Fertigkeiten in der Feldmeßkunst zu vervollkommnen. Dazu gehörte auch die Darstellung des gemessenen Objekts in einem Plan. Im Reichsabschied von 1654 war für Grenzstreitigkeiten, die vor Gericht getragen werden sollten, verfügt: »wann es um Gräntzen / Weyd-Gäng / Jagen / und andere dergleichen Jura und Gerechtigkeiten zu thun, so solle zu des Richters besser Information eine jede Parthey einen richtigen **Abriß** zu produciren schuldig seyn.«

Feldgeschworene, die es zu größerer Fertigkeit in der Feldmessung brachten, achteten darauf, daß ihr Längenmeßgerät beständig dem örtlichen Standardmaß gleichblieb und daß Veränderungen, die durch atmosphärische Einflüsse oder Abnützung eintraten, korrigiert wurden. Die Vierrichter des Städtchens Wörth a. Main legten hierfür im Jahre 1722 ihre Rutenlänge durch zwei Kerben in der Wand des Rathauses fest und schufen sich damit ein dauerhaftes Vergleichsmaß (65). Für die Steinsetzer der Herrschaft der Herren von Bibra war das Rutenmaß in der Mauer der Kirche zu Irmelshausen (LKr. Rhön-Grabfeld) »eingegraben« (66). So ist es nicht zu verwundern, daß in manchen fränkischen Dörfern den Feldgeschworenen die Abgleichung der Maße übertragen war.

Die Feldgeschworenen und Untergänger waren überwiegend versierte Landwirte. Sie erwiesen sich deshalb auch für die **Schätzung** von Grund und Boden und anderen Sachwerten als prädestiniert und sie mögen mit solchen Aufgaben häufig betraut worden sein. Zum festen Auftrag wurde ihnen das Schätzen in fränkischen Dörfern durch Dorf- und Feldgeschworenen-Ordnungen, zum Beispiel dort, wo der Bischof von Würzburg oder sein Domkapitel Dorfherren waren. Auch im nördlichen Baden waren Feldrichter anzutreffen, deren »erkantnus« selbst »bei schaden an pferd oder rindvieh« eingeholt wurde (67). Nur diese amtlichen Schätzer durften Gutachten über den Wert von Gütern und Einzelgrundstücken erstellen, allen anderen war ausnahmslos untersagt, Schätzungen für Dritte vorzunehmen. Solche Schätzungen wurden verlangt bei Kauf, Tausch, Hofübergabe, Schenkungen usw., später auch bei Aufnahme als Bürger in einen Ort, aber auch bei Flurschäden jeder Art sowie bei sonstigen Handlungen, für die Ersatz zu leisten war, zum Beispiel wenn ein Waldbesitzer jenseits seiner Grenze Holz geschlagen und abgefahren hatte. Amtliche Schätzungen konnten ferner für ein Pfand erforderlich werden, sei es daß ein zahlungsunfähiger Schuldner gepfändet oder daß ein erlegtes Pfand zum Fälligkeitstermin nicht eingelöst wurde.

Die Kombination Feldrichter und Schätzer in einem Amt ist an sich nicht die Regel; vielmehr wurden besondere Schätzleute eidlich verpflichtet, im Gebiet von Hohenlohe zum Beispiel jeweils drei im Dorf. Drei solche »geschworene« Schätzer waren auch in dem schon einmal erwähnten ansbachischen Dorf Hohenfeld (LKr. Kitzingen) nach der Dorfordnung von 1458 bestellt: War in Dorf oder Feld über eine Verfehlung (»gebruch«) zu urteilen, so wurde ein Siebnerkollegium gebildet, indem zu den drei »geschworen schetzern« von dem »Schöffenstuhl« oder aus der Gemeinde vier weitere Männer beigegeben wurden. Sie hatten »macht, über solch gebruch« zu entscheiden. Hierunter fiel vermutlich auch das Setzen von Marksteinen. In der Dorfordnung von 1566 wurde den von dem Bürgermeister und den neun Schöffen gewählten Dreiern vorbehalten, Grenzsteine zu setzen, Schätzungen vorzunehmen und Beanstandungen in Dorf und Feld festzustellen. Aber schon bald darauf treten in Hohenfeld Siebner auf, die sich 1596 aus den drei Schultheißen, zwei Angehörigen des Gerichts und zwei Männern aus der Gemeinde rekrutierten (68).

Nur selten ist von **Klagen über Feldgeschworene** oder **Untergänger** zu lesen. So zum Beispiel bezichtigt ein Eintrag im Dorfbuch von Estenfeld (bei Würzburg) über den Gerichtstag vom 11. August 1678 die Siebner, »sie strafen zu arg . . . trinken vor ihrem Gang, vermessen Elleren (Ödland) statt Felder« (69). Es kam wohl auch hin und wieder vor, daß Feldgeschworene oder Untergänger wegen einer Amtsverfehlung oder wegen Beanstandungen ihres Lebenswandels aus dem Amt entfernt wurden. Verweigerung der Dienstleistung wurde streng bestraft. Gleichwohl ist gelegentlich von einem Streik zu lesen, wenn die Gebührenordnung eine allzu niedere Entlohnung vorsah. Die einmal festgelegten Gebühren wurden ja oft jahrhundertelang nicht erhöht.

Auf Grund ihrer Sachkenntnis und ihrer Vertrauensstellung wurden die Feldgeschworenen und Untergänger in **Grundstücksangelegenheiten** von ihren Mitbürgern zu **Rate** gezogen. Im Amtsgerichtsbezirk Arnstein (UFr) mußten die Eigentümer noch bis zum Zweiten Weltkrieg vor dem Verkauf eines Grundstücks sich von einem Feldgeschworenen beraten lassen, um sicher zu gehen, daß keine unrichtige Flurstücksnummer in die Urkunde aufgenommen wurde. Im Dorf Gochsheim bei Schweinfurt führten die Feldgeschworenen mindestens seit dem vorigen Jahrhundert ein »Lagerbuch«, eine Art Grundbuch, über die Liegenschaften im Dorf.

Außerhalb des normalen, allgemeinen Feldbegangs oder Untergangs inspizierten die Feldgeschworenen oder Untergänger in vielen Gemeinden an einem besonderen Termin **Weg und Steg** in der Gemeinde. Hierbei hatten sie verschobene Grenzsteine zu richten und abhanden gekommene zu ersetzen. Nach der Dorfordnung von Stetten (bei Karlstadt a. Main) aus dem Jahre 1595 erhielten sie hierfür von der Gemein »ein zimbliche malzeit, ergetzlichkeit oder verehrung«. Die ländlichen Rechtsquellen weisen eine Vielfalt von örtlichen Vorschriften über Wegebreiten und Wegenutzung aus (70). Die Wegebenützer durften die Wege nicht willkürlich verbreitern, etwa um ausgefahrenen oder versumpften Stellen auszuweichen; die Anlieger sollten Weg und Trieb nicht mit dem Pflug zu Gunsten ihrer Anbaufläche schmälern. Viele Wege waren nur einen Teil des Jahres offen. Verlief ein Wirtschaftsweg auf der Grenze zweier Grundstücke, so mußte mit dem einen Rad des Wagens auf dem einen, mit dem anderen Rad auf dem anderen Grundstück gefahren werden. Das Überpflügen der Wege und der Allmende wurde in Franken entweder von den Siebnern unmittelbar oder auf deren Anzeige von der Gemeinde mit Geldstrafen belegt. Die Siebnerordnung für Schwebheim (LKr. Neustadt a. d. Aisch) vom Jahre 1497 sprach zunächst der Gemeinde, dann aber den Siebnern die Geldbuße zu (71): »Wo gemarckt vnd versteint ist befinden dan die siebner das einer die gemeind vberhegt vberehrt vbermeht oder vberzeunt (überzäunt) hett, denselben sollen sie darumb pfennden um ein jeden schuh ein pfunt gelts zu büß ze nemen vnd diese buß soll gefallen vnnd werden der gemeindt (»gemeindt« gestrichen und geändert in »Siebnern« mit dem Vermerk »Also geändert den 7 Aprilis 1595«) zu Swebheim.«

Nach den fast hundert Jahre später erlassenen Feldgeschworenenordnungen des Würzburger Bischofs Julius Echter waren die Beanstandungen bei dem jährlichen Wegebegang dem Dorfgericht zur Ahndung anzuzeigen. Dieser Rechtsbrauch hat sich in einigen Gegenden Unterfrankens bis in die Gegenwart erhalten, und zwar um Schweinfurt, Würzburg, Ochsenfurt und bis vor einiger Zeit auch um Bad Kissingen. Die Siebner üben hier das sogenannte **Stufenschlagen** aus. Sie gehen die Wege ab und prüfen, ob bei der Bestellung der Felder die Grenzen der Wege eingehalten wurden. Wo über den Wegrand gepflügt ist, werden entlang der nichtbeachteten Grenze in regelmäßigen Abständen, meist 10 m, mit der Feldhaue »Stufen« (hauenbreite Löcher) in den Acker geschlagen. Für jede solche Stufe erhebt die Gemeinde auf Mitteilung der Siebner hin von dem betroffenen Landwirt eine Geldbuße von wenigen DM. Die Höhe dieser Gebühren ist vom Kreistag in einer Gebührenordnung festgelegt. Die Rechtsgrundlage für eine solche Regelung kann lediglich in Artikel 22 des bayerischen Kostengesetzes gesehen werden, wonach die Gemeinden Kosten für die Amtshandlungen der Feldgeschworenen, hier für das Stufenschlagen, erheben können. In das heutige formalisierte und demokratisierte Kommunalrecht läßt sich diese herkömmliche Praxis schwer einordnen.

Strafbefugnis

In vielen Dörfern besaßen die Feldgeschworenen und Untergänger bestimmte Befugnisse, **Strafen** zu verhängen. Dies erstreckte sich auf die Nichtbeachtung der Entscheidungen des Feldgerichts sowie auf Verfehlungen gegen die Ordnung in Dorf und Feld. Dazu rechneten zum Beispiel die fahrlässige Beschädigung von Grenzzeichen und Nachlässigkeiten bei deren Unterhaltung, Versäumnisse beim Aufdecken der Grenzsteine anläßlich des Umgangs, Ackern und Ernten über die Grenze hinaus, unbefugtes Sperren von Wegen, das unbefugte »Erdeschlagen« – das heißt Entnahme von Mutterboden von fremdem Grund oder das Abtragen von angeschwemmtem Erdreich von einem gemeindlichen Acker oder Weg – ferner unentschuldigtes Fernbleiben von einem Grenztermin und ähnliche Vergehen. Die Höhe der Bußen wurde in den Entscheidungen festgelegt, vielfach war sie in örtlichen Satzungen vorgegeben. Diese Befugnis entsprang dem Zwing- und Bannrecht der Dorfgemeinde, nämlich dem Recht in eigenen Angelegenheiten Gebote und Verbote zu erlassen. Die Strafbefugnis der Ellinger Steiner reichte zum Beispiel bis 5 Schilling. Im Siebnerbuch für Mainstockheim findet sich für das Jahr 1601 unter dem Eintrag »Bueß« der horrende Betrag von 40 Pfund für einen Bauern, »wegen daß er einen Marckstein so sehr entblöst, durch abhawung eines Rangens, das der Steinsezer Heimblichkeit zum theils gar hinwegkhommen«. Ein anderer Bauer wurde bei dem nämlichen Umgang nur mit 3 Pfund gestraft, »so einen vmbgefallenen stein zu Haßlach nicht auffrichten laßen, vnnd hernach ins wenden durch sein wender etwas mehrers verwarloest worden«.

Die von den Feldgeschworenen verhängten Geldbußen wurden von der Gemeindebehörde, seltener von den Siebnern selbst eingezogen. Einen bestimmten Anteil erhielten die Siebner, der Rest verblieb der Gemeinde – und manchmal ging auch ein kleinerer Betrag an den Gemeindebüttel. So blieb es großenteils in Stadt und Land bis zum Ende des alten Reiches. Auch den Schweinfurter Feldrichtern zum Beispiel floß nach der »Feld-Ordnung« ihr Anteil an den verschiedenen Bußgeldern zu, wenn das »Steinsetzer-Amt« an der Behandlung des Falles beteiligt war. Hingegen hat das Hochstift Würzburg in den oben erwähnten Steinsetzer-Ordnungen oder auch in Dorfordnungen den wohl althergebrachten Brauch aufgehoben und den Anteil der Steinsetzer an den Bußen gestrichen. Die Steinsetzer waren aber gehalten, sich ein- bis zweimal beim hochfürstlichen Amt oder beim Schultheiß einzufinden und die »strafbaren Sachen« anzuzeigen (72). Die Anzeigen wurden zu gegebener Zeit im Gericht verhandelt.

Rangfragen

Den richterlichen Funktionen entsprechend waren **Rang und Stellung** der Feldgeschworenen und Untergänger in der gemeindlichen Hierarchie hoch angesiedelt, die Amtsträger zählten zu den Honoratioren des Ortes. Wie oben erwähnt waren auch Schultheißen, Bürger- und Bauermeister, Ratsmitglieder und Gerichtsschöffen häufig in dem Kollegium. Der Weg zu den Spitzenämtern in der Gemeinde führte oftmals über dieses Amt, dessen Geltung in ländlichen Gegenden zum Teil bis heute unvermindert weiterwirkt. In der Siebnerordnung des Distrikts (Landkreis) Uffenheim vom 23. 10. 1879 war der Rang des Feldgeschworenen festgeschrieben als »zunächst nach den Gemeindebevollmächtigten«. Unter sich rangierten sie nach dem Dienstalter und bei gleichem Dienstalter nach dem Lebensalter. Somit war für jeden Feldgeschworenen vorgezeichnet, wo sein Platz im Leichenzug und in der Prozession war. Häufig war den Feldgeschworenen auch ein besonderer Kirchenstuhl vorbehalten. Bei der Beratung des bayerischen Abmarkungsgesetzes im Landwirtschaftsausschuß des Landtags im Jahre 1980 äußerte der Berichterstatter, wer in Bayern Minister werden wolle, sollte einmal Ministrant gewesen sein, und wer im Landwirtschaftsausschuß des Landtags seine Stimme erheben wolle, sollte Feldgeschworener sein – was auf den berichtenden Abgeordneten auch wirklich zutraf.

Feldgeschworene und Untergänger genossen einen besonderen **Ehrenschutz.** Hohe Geldstrafen wurden gegen denjenigen verhängt, der sich unterstand, den Augenschein oder Untergang durch Reden oder gar Tätlichkeiten zu behindern oder zu stören, die Unparteilichkeit und Redlichkeit der Entscheidung in Zweifel zu ziehen, Feldgeschworene oder Untergänger zu beleidigen, Verdächtigungen über sie zu äußern oder sonst üble Reden über sie zu führen.

Bei ihren Amtshandlungen trugen die Feldgeschworenen und Untergänger nicht die Alltags- oder Arbeitskleidung, sondern sie traten in einer der Würde des Amtes entsprechenden **Kleidung** auf. Diese Forderung entsprang der Auffassung früherer Zeiten über Repräsentation und Form. Auch zu den regelmäßigen Versammlungen der Dorfbewohner, zum Ding, durfte ja keiner ohne Rock erscheinen. Vornehmlich im schwäbisch-alemannischen Raum waren im vorigen Jahrhundert Zylinder und ein dunkler Rock mit verlängertem Rückenteil, der Gehrock, bei der Amtshandlung der Untergänger üblich. Im Schwäbischen wie im Fränkischen übten Feldgeschworene und Untergänger in manchen Orten ihre Amtshandlung in weiten Radmänteln aus. Dieses Kleidungsstück diente dazu, das Grabloch des Grenzsteins abzudecken, um das eingelegte »Geheimnis« vor den Blicken Nichteingeweihter zu schützen. In Kleinostheim (Landkreis Aschaffenburg) war dies noch um die Jahrhundertwende Brauch, in Arnstein waren die Mäntel von blauer Farbe. Auch wo keine spezielle Amtstracht eingeführt war, manifestierte sich das Bemühen um Wahrung der Tradition zumindest in einer altväterischen Kleidung.

Schriftliche Aufzeichnungen

Zu der grundsätzlichen Mündlichkeit des Verfahrens im Grenzgericht bedeutet es keinen Widerspruch, wenn etwa seit dem 16. Jahrhundert über die Rechts- und Amtshandlungen vielerorts kurze Vermerke in ein eigenes Buch aufgenommen wurden. Einige solche **Protokollbücher** (Untergangsbücher, Schiederbücher) beginnen schon im 15. Jahrhundert, zum Beispiel das Buch in Ochsenfurt a. Main 1427. Die Protokollierung war aber nicht ein Bestandteil des Grenzprozesses oder des Vermarkungsverfahrens. Die Bücher sind zum Teil sehr würdig in Schweinsleder, andere bescheiden in Karton gebunden, manchmal ein wenig von Mäusen angenagt (73).

Die Protokolle in den Büchern der einzelnen Städte und Dörfer sind von recht unterschiedlicher Ausführlichkeit. Angaben darüber, welche Personen bei der Vermarkung anwesend und welche Feldgeschworenen oder Untergänger tätig waren, sind häufig, aber nicht immer anzutreffen. Ebenso verhält es sich mit der Unterschrift. Im übrigen beschränken sich die Einträge darauf, festzuhalten, was der »Augenschein« ergab, welche Grenzpunkte vermarkt, wieviele »Zeugen« eingelegt wurden und schließlich wer die Vermarkung oder den Untergang veranlaßt hatte. Grenzlängen sind vielfach in Fuß oder Schuh, oder wenn

Titelblatt des.Protokollbuchs der Feldgeschworenen von Ochsenfurt 1774
Protocoll deren Geschwohrnen zu Statt Ochsenfurth worinnem von Sezung der Gränz-Mar und Gütterstein, deren Bezeichnung, Beschreibung, Conservation und Erhaltung, Veränderung, Präscription und Andern in das Geschwohrne Ambt Einschlagenten Nöthigen Wissenschafften Der Posterität zum Gerricht Geschrieben von Georg Albrecht Uhl Des Raths und 43Jähriger geschwohrner. Anno 1774
Foto: Waldemar Parr, Ochsenfurt

Aus der Messungsanweisung im Protokollbuch der Feldgeschworenen von Ochsenfurt 1774
Die Abbildung zeigt: Mensula Praetoriana (Meßtisch mit Diopterlineal), Transporteur, Winkellineal, Maßstab mit Verjüngungsverhältnis, Transversalmaßstab mit Verjüngungsverhältnis, Parallelenlineal, Proportionalzirkel
Foto: Waldemar Parr, Ochsenfurt

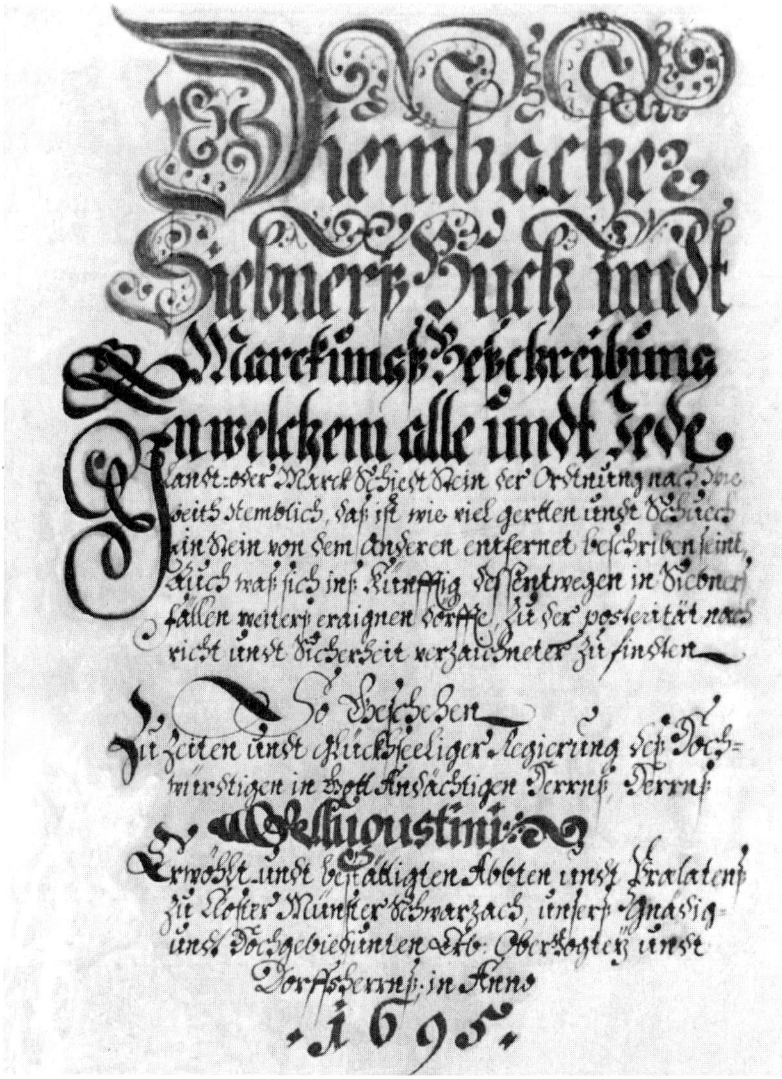
Diembacher Siebners Buch undt Marckungs Beschreibung In welchem alle undt jede
Landt: oder Marck Schiedt Stein der Ordnung nach eine
seits stemblich, das ist wie viel gertten undt Schueh
ein Stein von dem Anderen entfernet beschriben seint,
Auch was sich ins Künfftig deßentwegen in Siebner
fällen weiters ereignen dörffte, zu der posteritat nach
richt undt Sicherheit verzaichnet zu finden
So Geschehen
Zu Zeiten undt glückseeliger Regierung des Hoch=
würdigen in Gott Andächtigen Herrns, Herrns
Augustini
Erwöhlt undt bestättigten Abbten undt Prälatens
zu Closter Münster Schwarzach, unsers Gnädig
undt Hochgebiettenten Erb: Obervogtey undt
Dorffsherrns, in Anno
1695.

Siebnerbuch und Markungsbeschreibung des Dorfes Dimbach (LKr. Kitzingen)
Titelblatt 1695
Das Dorf Dimbach unterstand dem Abt von Münster Schwarzach.
Foto: Pfeiffer, Kitzingen

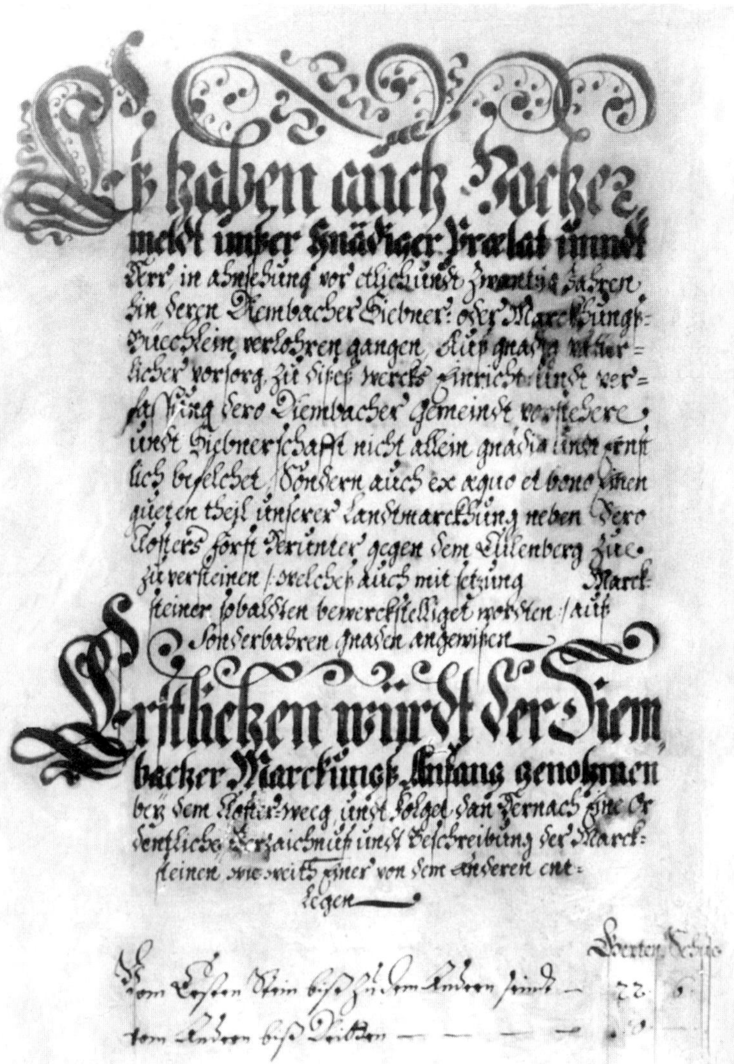

Es haben auch vorhero,
weilen unser gnädiger Prælat immer[?]
Herr in absehung vor etlich und zwantzig Jahren
die deren Diembacher Siebner: oder Marckhungs=
büechlein verlohren gangen, aus gnädig vätter=
licher vorsorg, zu dieses werckh einrichtung und ver=
fassung dero Diembacher Gemeindt vorstehere,
undt Siebnerschafft nicht allein gnädig und ernst
lich befelchet, sondern auch ex aequo et bono einen
gueten theil unserer landtmarckhung neben dero
Closters forst Herintter gegen dem Ulenberg zue=
zu versteinen /: welches auch mit setzung Marck=
steiner sobaldten bewerckstelliget worden :/ aus
sonderbahren gnaden angewisen.

Erstlichen würdt der Diem-
bacher Marckhungs Anfang genohmen
bey dem Closter=weeg undt folget dan hernach eine Or
dentliche Verzaichnuß undt Beschreibung der Marck=
steinen wie weith einer von dem anderen ent=
legen.

	Werten	Schue
Vom Ersten Stein biß zu dem Andern sindt	22	.
Vom Andern biß Dritten	[illegible]	

Siebnerbuch Dimbach
Anfang der Markungsbeschreibung. Die Entfernungen von Stein zu Stein sind in Fuß angegeben. Aus dem Text ist zu erfahren, daß ein Büchlein mit einer älteren Markungsbeschreibung vor Jahren verloren gegangen ist.
Foto: Pfeiffer, Kitzingen

Bild Seite 278:
Protokollbuch der Vierrichter von Wörth a. Main (LKr. Miltenberg)
Das Gebiet gehörte seinerzeit zum Erzstift Mainz. »Vierrechter-Eydt« 1661

Bild Seite 279:
Protokollbuch der Vierrichter von Wörth a. Main
Die Vierrichter mit Meßlatten in den Händen. Überschrift: »Mit der Maß da Ihr mir messet, wird man euch widermessen, Luc am 6 capit'« (Vers 38)

Der Maß da Ihr mit
messett, wird man euch wider
messen, Luce am 6 Capitel
Thu nit böses so mag
dir auch kein böses widerfahren

nicht gemessen wurde, wenigstens in Schritt angegeben. Entstand dann später einmal bei einer vermarkten Grenze erneut eine Unklarheit über den Verlauf, zum Beispiel weil Grenzsteine verloren gegangen oder nicht mehr sichtbar waren, so wurde für die Wiederherstellung der Grenze auf die oft weit zurückliegenden Einträge im Protokollbuch zurückgegriffen und bei dem neuen Eintrag hierauf Bezug genommen (74). Wurden Flächenermittlungen ausgeführt, so sind bei den Einträgen sogar bemaßte Risse zu finden. Schließlich bringen Protokollbücher manchmal auch die Namen neu gewählter Mitglieder des Kollegiums.

Zur Führung von Büchern über die »undergänglichen Sprüch« erteilt das erste württembergische Landrecht von 1555 den Städten die Weisung, daß »ein jeder Stadtschreiber ein eigenes Buch halten soll« (75). Im Landrecht von 1610 wurde dann die Erstellung von Protokollen allgemein gefordert. Die 2. Bau-Ordnung von 1655 brachte hierzu noch nähere Anweisungen (76).

In den Dörfern wurden die Protokollbücher anfangs wohl oft vom Dorfschreiber oder Schulmeister geführt. In den seit 1577 angelegten »Steinbüchern« der Deutschordenskommende Ellingen fertigte wie oben schon erwähnt in der Regel der Gerichtsschreiber die Einträge im »Steinbuch« (77). In späterer Zeit wurden die Protokollbücher im allgemeinen von schreibkundigen Feldgeschworenen oder Untergängern selbst geführt. Im Protokollbuch für Emskirchen (LKr. Neustadt a. d. Aisch) wird 1808 folgende Anweisung erteilt (78): »Der erste dieser Steinsetzer, füglich Senior genannt, führt das Protokoll, das Aufzeichnungs- oder Tagebuch, in welches jedesmal, mit wenigen Worten und Beisetzung des Tages und Jahres, die Dienstverrichtungen, welche geschehen sind, verständlich wahr und richtig einzutragen sind. Keine Handlung, welche Steinsetzer in dieser Eigenschaft verrichten und die von einiger Erheblichkeit sind, soll darinnen ausgelassen werden und deswegen ist dann jede Setzung eines Steines oder das sogenannte Vermarken, dann der jährliche Umgang und die genaue Aufsuchung der betreffenden Landes- und nach Verhältnis Ortsgrenze, sowie jeden vorgefundenen Mangel, oder die verrückte oder gar fehlende Versteinung, alle und jede von der Obrigkeit zuerkannte Strafe, Buße und sonstige Anordnung getreulich darinnen zu verzeichnen, auch hat sich bei der Eintragung gedachter Vorfälle außer dem Senior wenigstens noch ein Steinsetzer, der schreiben kann, zu unterzeichnen«.

Siebnerbuch Mainstockheim (UFr)
Band 3 des von Siebnern geführten Protokollbuchs wird 1777 durch eine Siebnerordnung eingeleitet, die von den drei Dorfherren, nämlich dem Markgrafen von Ansbach, dem Reichsfreiherrn von Bechtolsheim und dem Abt von Ebrach gemeinsam erlassen wurde. Die Wappen der drei Dorfherren sind kunstvoll auf die ersten Seiten des Siebnerbuchs gezeichnet.

Die Protokollbücher berichten zum Teil auch über örtliche Begebenheiten, wie Hagelschlag, Feuersbrünste, Hochwasserkatastrophen, Kriegsschäden und sogar über Lebensmittelpreise (79). Aus manchen Protokollbüchern ist auch zu ersehen, daß im 30jährigen Krieg nach der Besetzung durch feindliche Heere das Gemeindeleben darniederlag und die Tätigkeit der Feldgeschworenen und Untergänger eingestellt war. Nach dem Krieg waren oft alle oder doch die meisten von ihnen »entschlafen«, Kriegsgreuel und die Pest hatten vielen einen frühen Tod gebracht.

Wenn die Protokollbücher auch nicht immer die Feldgeschworenen- oder Untergängerordnung und auch nicht die Gebührenordnung enthalten, so geben sie doch mitunter wenigstens den oft recht aufschlußreichen Eid der Geschworenen wieder. Manchmal sind bei den Einträgen die Gebühren vermerkt. Daß es Protokollbücher mit mehr oder weniger umfangreichen Messungsanweisungen gibt, wurde bereits erwähnt.

Einige Protokollbücher sind mit verzierten Titelblättern und mit Illustrationen ausgeschmückt. Diese Zeichnungen geben Zeugnis von der Kunstfreude früherer Generationen, die sich selbst bei an sich nüchternen Vorgängen ausleben wollte. Neben den Versuchen mit gänzlich ungeübter Hand finden sich Graphiken, denen künstlerische Qualität nicht abgesprochen werden kann. Auch Gebete und Wünsche an das Neue Jahr sind gelegentlich zwischen die Texte eingestreut.

Soweit Protokollbücher erhalten und nicht der Unachtsamkeit oder dem Zahn der Zeit zum Opfer gefallen sind, befinden sie sich heute großenteils in Gemeindearchiven. In einigen Gemeinden Frankens verwahren die Siebner selbst noch mit berechtigtem Stolz diese Zeugnisse über die Tätigkeit ihrer Vorgänger.

Über Grundstücks-, Gebäude- oder sonstige Schätzungen der fränkischen Feldgeschworenen konnten in den Protokollbüchern keine Eintragungen gefunden werden. 1794 empfiehlt jedoch eine Schrift den Siebnern im Hochstift Würzburg ein zweites »Feldgerichtsbuch« als »Taxe- oder Unterpfandsbuch« zu führen (80). In dieses Buch sollten alle Güter und Häuser, die verpfändet wurden, eingetragen werden, womit es in etwa einem Hypothekenbuch gleichgekommen wäre. Ein solches Buch sollte verhüten, daß eine Liegenschaft zweimal zu Pfand genommen würde. Dieses Buch sollte wegen seiner rechtlichen Bedeutung besonders »rein und sauber« und deshalb vom Gerichtsschreiber geführt werden. Ob jemals ein »Unterpfandsbuch« in dieser Weise angelegt wurde, konnte nicht festgestellt werden. Der Vorschlag erledigte sich endgültig mit dem bayerischen Hypothekengesetz von 1822.

Schriftstücke mit Urkundscharakter ließen die Feldgeschworenen und Untergänger von »siegelfähigen« Personen, in der Regel Adeligen, den sogenannten »Bittsieglern«, daneben auch von Prälaten und Städten **siegeln.** Die Dorfgemeinden führten vor dem 19. Jahr- hundert nur in Ausnahmefällen ein Siegel, wenn ihnen ein solches ausdrücklich verliehen war. In Württemberg besaßen die Gemeinden allerdings schon 1777 allgemein ein Siegel. In manchen fränkischen Gemeinden schaffte sich die »Siebnerei« schließlich ein eigenes Siegel an (81).

Einige fränkische Siebnereien besitzen noch ihre alten **Siebnertruhen** oder **-laden** (82). In ihnen werden die Protokollbücher und sonstigen Schriftstücke, die Siegel, die »Zeugen«, die den Grenzsteinen untergelegt werden, sowie ähnliches Zubehör aufbewahrt. Früher wurden vermutlich auch die eingenommenen Gelder bis zur Verteilung oder sonstigen Verwendung hier deponiert. Erhöhte Sicherheit gegen einen Unterschleif war gewährleistet, wenn die Truhe mit zwei Schlössern versehen war, deren Schlüssel zwei verschiedenen Mitgliedern des Kollegiums anvertraut waren, so daß nur die beiden gemeinsam die Truhe öffnen konnten. Siebnertruhen hatten eine ähnliche Funktion wie die weit ins Mittelalter zurückreichenden Schöffenkisten und Zunftladen.

Solange die fränkischen Siebner auch in Streitigkeiten über Grunddienstbarkeiten und Fragen des Nachbarrechts zu beraten und zu entscheiden hatten, befaßten sich besonders beflissene Mitglieder mit der herrschenden Lehre auf diesem Sachgebiet. Aus jener Zeit liegen in der Siebnerlade von Marktbreit des Martinus Pegius »Drey Bücher von Dienstbarkeiten . . .« aus dem Jahre 1718.

Örtliche Zuständigkeit

Die **örtliche Zuständigkeit** der Feldgeschworenen und Untergänger eines Dorfes endete naturgemäß an der Markungsgrenze. Den Steinsatz an dieser Grenze selbst nahmen die beiderseitigen Kollegien gemeinsam vor. Die örtliche Zuständigkeitsschranke war jedoch nicht so unüberschreitbar, daß ein Feldgeschworener nicht auch außerhalb seiner Markung – mit Zustimmung des herrschaftlichen Beamten – als Sachverständiger hätte tätig werden können. Manche Dorfordnungen legten sogar besondere Gebührensätze fest, die, wie zu erwarten, höher waren als die für Leistungen im Heimatdorf; sie betrugen bis zum Doppelten. In Dörfern, die keine vereideten Steinsetzer aufgestellt hatten, halfen im Bedarfsfall mitunter die Steinsetzer des Nachbarortes aus (83). Von der Zuständigkeit des Feldgerichts ausgenommen waren im allgemeinen die Landstraßen, für die ja ursprünglich dem König, dann den Landesherren alle hoheitliche Gewalt vorbehalten war (84).

In Abschnitt 3.4 wurde an Hand von Beispielen aufgezeigt, daß verschiedentlich mehrere Dörfer von einem gemeinschaftlichen Feldgeschworenen- oder Schieder-Kollegium bedient wurden. Möglich waren solche Lösungen, weil die beeideten Steinsetzer grundsätzlich nicht dem Dorfvorstand unterstellt waren. Ein Zuständigkeitsproblem besonderer Art entstand dort, wo die Felder zweier Dörfer so vermengt waren, daß keine Markungsgrenze gebildet werden konnte; siehe Abschnitt A 6 unter 6. Markungssteine.

Aus den vielfältigen Überschneidungen und Überlagerungen von Dorfherrschaft, Grundherrschaft, Gerichtsherrschaft usw. in Franken, wo sich die Territorialgrenzen erst sehr spät festigten, entsprangen mancherlei Zwistigkeiten in Zuständigkeitsfragen, von denen manchmal auch die Feldgeschworenen betroffen waren. Die Grundherren suchten bei Grenzermittlungen und Vermarkungen von Grundstücken ihrer Hintersassen in auswärtigen Dörfern Feldgeschworene aus ihrem Territorium ins Spiel zu bringen. Wie ein solcher Streit ablaufen konnte, darf an einem Beispiel aus dem Gebiet des Hochstifts Eichstätt und der benachbarten Deutschordenskommende Ellingen gezeigt werden. In dem Dorf Fiegenstall, zwischen dem eichstädtischen Pleinfeld und Ellingen gelegen, lebten Bauern beider Grundherrschaften. Auf Obrigkeit und Dorfherrschaft erhob unangefochten das Hochstift Anspruch. Für die Leute des Deutschen Ordens steinten mehrmals Ellinger Steiner, allerdings zusammen mit Pleinfelder Steinern, wenn hochstiftische Untertanen mit beteiligt waren (85). Als aber im Jahre 1613 in Fiegenstall wieder einmal Grenzen zwischen den Grundstücken von Ordensuntertanen zu versteinen waren, wiesen die Beamten des Hochstifts die Ellinger Steiner unter Berufung auf die Dorfherrschaft Eichstätts vom Platz, die Pleinfelder Steiner setzten allein die Grenzsteine (86) . Der Orden behielt sich daraufhin vor, in vergleichbaren Fällen seiner eigenen Dorfherrschaft ebenso zu verfahren. Und er berief sich hierauf wirklich bei einer Grenzvermarkung im Jahre 1630 an Grundstücken von Untertanen des Hochstifts (87).

Einem Zwist darüber, ob die Feldgeschworenen des einen oder anderen Landes für den Steinsatz zuständig seien, wurde manchmal dadurch vorgebeugt, daß sich die Herrschaften und Berechtigten darauf einigten, Feldgeschworene aus nichtbeteiligten Herrschaftsgebieten als »Unparteiische« zu »Augenschein und Steinung« herbeizubitten (88).

Die fränkischen Verhältnisse brachten so manche Zuständigkeitsregelung besonderer Art hervor. Die den rothenburgischen Dörfern Preuntsfelden, Hornau und Birkach gemeinsame Schied steinte nach altem Herkommen auf allen Gütern der Grundherrschaften Rothenburg und Deutscher Orden. In Birkach war für einen Hof der Markgraf von Ansbach Grundherr; waren bei diesen Grundstücken Grenzsteine zu setzen, so mußte die Schied ein oder zwei markgräfliche Schieder aus den nächstliegenden ansbachischen Orten mit beiziehen (89).

3.7 Ausstattung der Feldgeschworenen und Untergänger mit Meß- und Arbeitsgerät

Stein auf Stein; Felss auf Holtz
Macht die Marckung steiff und stoltz.
Tief und Breit
Hält lange Zeit;
Doch nicht so lang als Ewigkeit!
Mercks Märcker!
Non lapidi dictum, seu saxo sit decumano!
Nur dir ist's / nicht dem Stein gesagt!
Quod si dirigeas saxo magis improbus? eheu!
Und wenn es fehlt / sey's GOTT geklagt!

Franciscus Philippus Florinus,
Des Klugen und Rechtsverständigen
Hauß-Vatters Ander Buch
Kap. 55 § 9; Frankfurt 1702

Wie oben bereits dargelegt wurde, waren die Feldgschworenen und Untergänger durch Jahrhunderte die Feldmesser im Dorf. Ihre Fertigkeiten beschränkten sich selbstredend auf die Längenmessung. Ihre Meßgeräte waren die Feldmeßlatte, wie sie perfektioniert noch heute verwendet wird, der Feldzirkel, das Meßseil oder die Meßkette. Der Feldzirkel besteht aus einer Holzstange, aus der im Abstand von einer Rute an oder nahe der Enden je ein Stift herausragt. Gemessen wird im Gelände wie mit einem Zirkel auf dem Zeichenblatt. Das Meßseil, auch Meßschnur genannt – wie es schon in den Händen der ägyptischen Feldmesser auf den Wandbildern von Grabkammern zu sehen ist – wurde in Abständen von einer Längeneinheit, zum Beipiel einer Rute oder einem Fuß, durch Knoten unterteilt. Die Länge eines solchen Hanfseils ändert sich durch Feuchtigkeit und Temperaturschwankungen. Wesentlich beständiger in der Länge ist die Meßkette oder Feldkette, die im Inventar einiger Siebnereien noch ein museales Dasein fristet. Eine Meßkette besteht in der Regel aus 50 dünnen Metallstäben, deren Enden zu Ösen gebogen sind. Mittels dieser Ösen sind die Glieder der Kette miteinander verbunden. Die Länge eines Gliedes der Kette beträgt zumeist 1 Fuß. Zur Absteckung von Geraden und zur Signalisierung von Punkten dienten dem Feldgericht in den Boden gesteckte Stangen, die heutigen Fluchtstäbe. Das Feldgericht der Stadt Nördlingen mußte nach der Feldgerichts-Ordnung von 1839 zwei verschiedene Längenmeßgeräte mit sich führen, das eine mit der Teilung nach der 10schuhigen Rute der bayerischen Landesvermessung, das andere geteilt nach der 12schuhigen Nördlinger Rute.

In einigen Quellen wird das Werkzeug aufgeführt, das die Feldgeschworenen und Untergänger für ihre Arbeit benötigten. Nach Roppelt (1) sollten die Kloster Banzischen Märker mit folgendem Gerät ausgestattet sein: einer Reuthaue, einer Breithaue, einem Beil oder einer Heppe sowie einem Spieß oder Stachel. Mit den Hauen wurde das Bett für den Grenzstein gegraben, mit Beil oder Heppe wurden Baumwurzeln gekappt sowie Sichten entlang der Grenzen freigeschlagen, mit dem Spieß oder Stachel verdeckte Grenzsteine geortet. Der Spieß gehört heute noch zu den wichtigsten Gerätschaften der fränkischen Feldgeschworenen. Der Griff des etwa einen halben Meter langen spitzen Eisenstabs ist oftmals eine kunstvolle Drechslerarbeit. Zu diesen Geräten kam meist noch ein Spitzhammer, mit dem in den Kopf des Grenzsteins ein Kreuz oder Rillen in Grenzrichtung geschlagen wurden. Für den Transport der Geräte zum Termin oder zum Umgang gab es manchmal eine feste Rollenverteilung und Verantwortlichkeit etwa derart, wer von dem Kolle-

Bild rechte Seite:

Die sieben geschwornen Landscheider von Kaichen (Wetterau)
mit ihrem Gerät. Der Landscheider in der Mitte führt im Korb geheime Grenzsteinzeugen mit. Aus dem Kopialbuch des Klosters Naumburg (LKr Kassel) 1514, Staatsarchiv Marburg

KEUCHEN

Bild links und oben:
Feldgeschworene bei der Arbeit

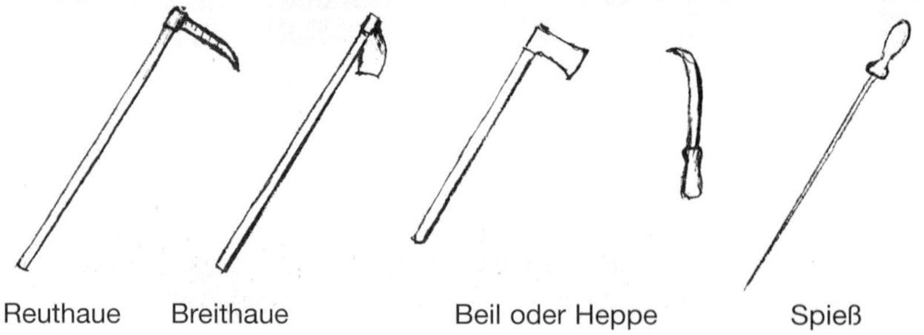

Arbeitsgerät eines Märkers des Klosters Banz
Nach J. B. Roppelt, 1775

Feldmessung und Setzen von Grenzsteinen
Titelbild zu Johann Jodocus vollständigem Recht der Gränzen und Marksteine, 4. Aufl., Nürnberg 1754
Foto: Bayer. Staatsbibliothek

Die Vierer von Ochsenfurt beim Steinsatz
Aus dem Protokollbuch von 1774.
Foto: Gerhard Wingenfeld, Ochsenfurt

gium die Reuthaue, wer die Spitzhaue usw. mitzuführen hatte (2). Die Gerätschaften wurden von der Gemeinde gestellt, nur in sehr seltenen Fällen mußten Feldgeschworene selbst dafür aufkommen.

In Franken brachten die Siebner vielerorts ihre geheimen Unterlagen im »Kasten« mit ins Feld, nämlich in einem kleinen verschließbaren Lederkoffer. Im 19. Jahrhundert schließlich wurden für sie auch noch große Kartentaschen beschafft, in denen sie die gemeindlichen Flurkarten verwahrten. Einige fränkische und schwäbische Feldgeschworenen-Instruktionen des späten 19. Jahrhunderts machten den Feldgeschworenen zur Pflicht, die Karten der Steuervermessung zum Termin ins Feld mitzuführen.

Auch die Feldgeschworenen von heute verstehen mit der Flurkarte umzugehen, sich mit ihr im Gelände zurechtzufinden und Flurstücke, deren Nummer vorgegeben ist, in der Örtlichkeit zu identifizieren. Die Entnahme von Maßen aus der Katasterkarte zur Vornahme von Grenzermittlungen hingegen gehört seit jeher nicht zu ihren Aufgaben.

3.8 Mitwirkung der Feldgeschworenen und Untergänger beim Steinsatz an Hoheitsgrenzen

Die Zuständigkeit der Feldgeschworenen und Untergänger war grundsätzlich auf ihre Dorfflur beschränkt. Auch die Allmende gehörte dazu, selbst wo Grund- oder Dorfherren mit Erfolg das Verfügungsrecht über die Allmende für sich in Anspruch nahmen. Für die Markungsgrenze des Dorfes wurden die Grenzzeichen mit den Feldgeschworenen und Untergängern des Nachbardorfs gemeinschaftlich gesetzt.

Die Bezeichnung und Überwachung der Grenzen von herrschaftlichen Waldungen war von den Herrschaften häufig in Forst- oder Waldordnungen den Förstern und Forstknechten aufgetragen. Im Hochstift Würzburg steinten jedoch zunächst auch an diesen Grenzen die Gemeindesiebner. Der hochfürstlich-würzburgischen Regierung erschien diese Übung schließlich unangemessen und sie bemängelte insbesondere, daß die herrschaftlichen Waldgrenzen mit dem gleichen »Gemärk« versehen wurden wie die Privatgüter. Durch Mandat wurde deshalb im Jahre 1753 angeordnet, in den Ämtern »3 besondere herrschaftlich verpflichtete Schieder, von welchen sofort ein besonderes Gemärk oder Geheimnuß für die Herrschaft nach selbstigem Gefallen ausgesehen werden kann, aufzustellen« (1). Diese drei Feldschieder wurden von der Behörde in den anliegenden Gemeinden ausgewählt. Ihre Aufgabe war, bei Vermarkungen hochfürstlicher Waldungen und sonstiger Besitzungen auf Kosten der Hofkammer unter den Grenzsteinen auf der Herrschaftsseite das herrschaftliche »Gemärk oder Geheimniß« einzubringen, während auf der anderen Seite des Grenzpunkts die gemeindlichen Siebner mit ihren geheimen Unterlagen versicherten. Die fürstlichen Beamten hatten dabei Protokoll zu führen und die Entfernungen von Stein zu Stein festzuhalten, durften aber nicht »das Geheimniß oder die Belag der Siebner selbsten mit einsehen«. Das Protokoll war von »sämtlichen Interessenten« zu unterschreiben. Dieses würzburgische Mandat ist später für die Bestellung von Feldgeschworenen in den gemeindefreien Gebieten Bayerns Modell geworden. (Siehe Abschnitt 3.14 S. 333, 336.)

Über die Beteiligung von Feldgeschworenen oder Untergängern an der Vermarkung von Territorialgrenzen und Hoheitsrechten berichten die frühen Quellen höchst selten. Das schließt nicht aus, daß die Fertigkeiten dieser Personen beim Steinsatz eingesetzt worden wären. In besonderen Fällen wurden »unparteiische« Steinsetzer von auswärts zugezogen (2). Dabei scheinen weniger die Kosten als das Renommee den Ausschlag gegeben zu haben, wie das folgende Beispiel zeigt. Als im Jahre 1560 die freie Reichsstadt Schweinfurt ihre Markungsgrenzen neu versteinte, gab es Zwistigkeiten mit dem benachbarten freien Reichsdorf Sennfeld wegen eines Weiderechts und der Grenze am »Geiswehr«. Im folgenden Jahr wurde der Streit durch die Vermittlung von zwei Beamten des Kurfürsten Friedrich II. von der Pfalz als des Schutzherrn von Schweinfurt und Sennfeld entschieden. Zum Setzen der 46 Grenzsteine ließ man je zwei Steinsetzer bis von Rothenburg o. d. Tauber und von Coburg anreisen, also 75 bzw. 60 km weit (3).

In den Ver- und Abmarkungsgesetzen der jüngeren Zeit wird die Abmarkung der Landesgrenzen schon aus rechtssystematischen Gründen nicht angesprochen. In Bayern setzte sich seit der landesweiten Einführung der Feldgeschworenen (1868) die Auffassung durch, daß die Feldgeschworenen auch bei der Instandhaltung der Landesgrenzen mitwirken sollten (4). Sonach überträgt die Instruktion für die Vermarkung der Grenze zwischen Bayern und Sachsen-Weimar vom Jahre 1873 den Steinsatz den beiderseitigen Feldgeschworenen (5): »Die neu gesetzten Steine werden von den Feldgeschworenen mit ihren herkömmlichen Belegen, dann mit den ihnen beim Steinsatze auszuhändigenden besonderen Hoheitsbelegen unterlegt. Bezüglich der Form der letzteren bleibt die Vereinbarung den beiderseitig committierten Hoheitsbeamten vorbehaltlich der Genehmigung der Regierungen überlassen.« Für die Weimarischen Cameralforsten (ausmärkische Gebiete) waren keine Feldgeschworenen aufgestellt, ihre Aufgaben nahmen die Revierförster wahr. An der Vermarkung der Grenze Bayerns zur preußischen Provinz Hessen-Nassau im Jahre 1903 wurden bayrischerseits Feldgeschworene beteiligt. Die Dienstanweisung der Regierung von Unterfranken bestimmte hierzu (6): »Die neuzusetzenden Steine sind mit den Hoheitszeichen (von den bayerischen Feldgeschworenen mit den herkömmlichen Belegen) zu unterlegen. Als Hoheitszeichen sind gebrannte Tonstücke mit den Buchstaben K. B. und K. P. zu verwenden.« Die gemeinsame Begehung der Grenzen in einem zweijährigen Turnus war auf bayerischer Seite den Feldgeschworenen, auf preußischer Selte den Ortsvorständen aufgetragen. Im Herzogtum Sachsen-Coburg hatten an der Vermarkung der Landesgrenze 1883 sämtliche Märker der anliegenden Gemeinde teilzunehmen (7).

Auch heute ist den bayerischen Feldgeschwodren nicht verwehrt, an der Beseitigung von Abmarkungsmängeln an den Landesgrenzen zu Baden-Württemberg und zu Hessen mit tätig zu werden (8). Bei den Vermarkungsarbeiten an der Grenze zur ehemaligen DDR, die im Vollzuge des »Grundlagenvertrages« (9) 1973 bis 1976 vorgenommen werden mußten, waren auf bayerischer Seite die Feldgeschworenen willkommene Helfer (10). Die Kosten, die für ihre Mitwirkung anfielen, waren im Vergleich zum Gesamtaufwand unbedeutend. Die Anwesenheit dieser ortskundigen Bewohner der Grenzgemeinden war in vieler Hinsicht von Vorteil.

3.9 Feldgeschworenen- und Untergangs-Ordnungen

Eine ergiebige Quelle über die Zuständigkeiten, Pflichten und Rechte sowie über die Tätigkeit der Feldgeschworenen und Untergänger sind die Protokollbücher. Sie reichen in den Dörfern günstigstenfalls bis in das 16. Jahrhundert zurück. Soweit überhaupt solche Aufzeichnungen gefertigt wurden, sind sie wohl großenteils verloren gegangen. Häufiger hat sich eine Art Dienstvorschrift erhalten. Eine solche Vorschrift tritt in den einzelnen Gegenden unter verschiedenen Bezeichnungen auf: Feldgeschworenen-, Feldgerichts-, Untergangs-, Siebner-, Steiner-, Steinsetzer-, Marker-, Feldmesserei-Ordnung, in Mittelfranken auch Siebnerbrief (1), ferner Statuten oder Satzung (2). Die ältesten gehen auf das 15. Jahrhundert zurück, zahlreiche entstanden im 16. Jahrhundert. In Franken wurde eine Reihe von Siebner- und Marker-Ordnungen in der zweiten Hälfte des 17. Jahrhunderts erlassen. Nach den Verheerungen des 30jährigen Krieges waren die Dorfherren bemüht, den Wiederaufbau der abgebrannten Dörfer in Gang zu bringen und in der Flur wieder Ordnung zu schaffen, weil in den »vorigen bösen zeiten fast ganze Dörfer und fleckhen an Zimmern in den aschen auch velder und wiesmathen öth liegen und mit störich (störendem) holz und ander angeflogen . . .«, die Marken von den Bauern »nach ihren Vortheil verwechslet rein und stein wenig beobachtet« und damit bei denen, »so heut oder morgen solche Gütter wieder aufbauen möglich große Confusiones veruhrsacht werden« (3). Im 18. Jahrhundert folgten noch weitere Ordnungen nach, »weil in Ermangelung einer solchen verschiedene Ungelegenheiten und Unordnungen zu Dorf und Feld entstanden« (4). Einige Städte und Dörfer Frankens und Schwabens erhielten selbst noch bis um die Mitte des 19. Jahrhunderts neue Siebner-Ordnungen.

Feldgeschworenen- und Untergangs-Ordnungen waren Dorfrecht, das heißt, sie galten nur für das betreffende Dorf, seltener für zwei Dörfer gemeinsam. Bei Mehrherrigkeit bedurfte es einer Übereinkunft der Dorfherren. Als dann in der Neuzeit die Territorialherren mehr und mehr in die Dorfverwaltung eingriffen, erließen manche von ihnen einheitliche Ordnungen für größere Verwaltungsbezirke – Oberämter – oder für ganze Territorien. Zum Teil waren dies Rahmenvorschriften, die durch Bestimmungen des örtlichen Herkommens noch ausgefüllt wurden (siehe hierzu Abschnitt 3.11).

Viele Gemeinden kamen auf Dauer ohne geschriebene Ordnung zurecht, das Kollegium der Feldgeschworenen oder Untergänger hielt sich an den alten Brauch. Solche Gemeinden sind selbst in Gebieten anzutreffen, in denen das Feldgeschworenen-Institut sehr entwickelt war. Ohne geschriebene Ordnung waren zum Beispiel die Märker in der Stadt und im heutigen Landkreis Bamberg (5). Das Dorfbuch von Künzelsau (Grafschaft Hohenlohe) beschränkt sich 1564 auf einige wenige Festlegungen zum Untergang, um dann zu bemerken: »Was die ordnung der Schieder belangt, ist kein beschriebene ordnung vorhanden, sondern wie von alters her gehalten worden, und noch gehalten wurdt« (6). Im Gebiet des Hochstifts Eichstädt konnten keine Steinsetzer-Ordnungen gefunden werden, im Gebiet des Hochstifts Bamberg sind Marker-Ordnungen nicht gerade häufig. Im einstigen Herzogtum Württemberg sowie südlich und westlich davon scheinen mit Ausnahme von Basel keine Untergangs- oder Scheider-Ordnungen entstanden zu sein.

Wurde keine eigene Feldgeschworenen- oder Untergangs-Ordnung abgefaßt, so wurden meist einzelne Fragen für diesen Bereich, darunter vor allem die Höhe der Vergütungen, die Strafbefugnisse und der Steinsetzereid, in der Dorfordnung, Feldordnung, Vogtei-Ordnung, Gerichts- und Polizei-Ordnung usw. mit geregelt. In Dorfordnungen können jedoch auch ausführliche Siebner-Ordnungen als besondere Abschnitte enthalten sein, wie zum Beispiel in der Dorfordnung von Kürnach (LKr. Würzburg) von 1581; diese Steinsetzer-Ordnung unterscheidet sich kaum von denjenigen, die um die gleiche Zeit als gesonderte Vorschriften im Hochstift Würzburg erlassen wurden (7). In manchen Dörfern verfuhren die Feldgeschworenen im übrigen nach der Ordnung eines Nachbardorfes, sei es, daß für das Dorf keine eigene Ordnung erlassen war, oder daß die einst vorhandene geschriebene Ordnung verloren gegangen war (8).

Dorfordnungen mit Anweisungen für die Feldgeschworenen sind in späterer Zeit manchmal im Druck erschienen, zum Beispiel die »Polizey-, Gerichts- und Dorffs-Ordnung« der Freiherrn von Hutten zu Franckenberg (sö von Ochsenfurt a. M.) vom Jahre 1759. Sie enthält nur einige grundsätzliche Gebote für das Siebner-Gericht und überließ die Einzelregelungen dem örtlichen Dorfrecht.

Die Feldgeschworenen- und Untergänger-Ordnungen sind wie die Weistümer und die ihnen folgenden Dorfordnungen das Ergebnis von Verhandlungen zwischen der Herrschaft und der Vertretung des Dorfes. Nicht selten ist vor allem in den älteren Schriftzeugnissen vom Herkommen die Rede, an dem man festhalten wolle. Die schriftliche Festlegung fällt allerdings meist schon in jene Zeit, als die Einflußnahme der Ortsherrschaft auf die örtlichen Belange im Zunehmen begriffen war. Wo aber eine Feldgeschworenen- oder Untergänger-Ordnung erst einmal erlassen war, erwies sie sich zumeist von einer erstaunlichen Beständigkeit. Sie blieb durch Jahrhunderte unverändert; die Entgelte der Feldgeschworenen wurden oft über sehr lange Zeiträume nicht erhöht. Die uns überlieferten Texte sind zum Teil spätere Abschriften, in denen die Kopisten Anpassungen an die Schreibweise ihrer

Zeit anbrachten, aber mitunter auch durch Abschreibfehler den Text verstümmelten.

In etwa nachgezeichnet werden kann die Entstehungsgeschichte der in einem Zeitraum von wenigen Jahren (etwa 1581 – 1585) im Hochstift Würzburg erlassenen Steinsetzerordnungen. Der große Reformbischof Julius Echter von Mespelbrunn (reg. 1573 – 1617) hat zu Beginn seiner Regierungszeit Fragebogen bei den Gerichten des Hochstifts zirkulieren lassen, um das örtliche Rechtsbrauchtum festzustellen. Auf dieser Grundlage erließ er Zentordnungen für jeden einzelnen Zentbezirk, die dem Gerichtswesen und der Rechtsprechung zwar manche örtliche Besonderheiten beließen, aber doch eine gewisse Einheitlichkeit brachten. Nach der Zentreform und dem Erlaß von Dorfordnungen wurde folgerichtig auch das Siebnerwesen geordnet. Die Städte sowie diejenigen Dörfer, für die der Bischof Dorfherr war, erhielten Steinsetzerordnungen, die untereinander weitgehend wortgleich waren. Sie entsprachen im wesentlichen dem Herkommen und sollten vor allem Mißbräuche abstellen. Die umfangreichen Ordnungen gingen sehr ins Detail, beließen aber in manchen Punkten die Möglichkeit am örtlichen Herkommen festzuhalten, zum Beispiel hinsichtlich des Strafmaßes bei Feldfreveln. Allerdings wurde den Feldgeschworenen die Befugnis genommen, selbst für Feldfrevel Strafen zu verhängen. Statt dessen hatten sie sich zweimal im Jahr beim Schultheiß oder sonstigen Beamten einzufinden und ihm die Straffälle vorzutragen (Abschn. 32 der Steinsetzerordnung, abgedruckt im Anhang). Trotz des vorsorglichen Vorbehalts, daß der Vorschriftengeber und seine Amtsnachfolger die Steinsetzerordnung »ändern, erweitern oder ganz abschaffen oder neu schaffen« können, blieben die Steinsetzerordnungen des Julius Echter bis zum Anfang des 19. Jahrhunderts unverändert bestehen. Im Dorf Stetten bei Karlstadt am Main, das dem würzburgischen Domkapitel unterstand, wurde die Steinsetzerordnung des Julius Echter gegen 1638 eingeführt, nachdem das Domkapitel erst um 1595 das Siebnerwesen in der Dorfordnung mit geregelt hatte, in der vermutlich nur das örtliche Gewohnheitsrecht fortgeschrieben worden war (9).

Ganze Familien von gleichlautenden oder im wesentlichen gleichartigen Steinsetzerordnungen sind seit dem späten 16. Jahrhundert auch außerhalb des Hochstifts Würzburg zu finden. Repräsentative Beispiele solcher Schiederordnungen weisen einige Gruppen räumlich nicht zusammenhängender Dörfer im Gebiet der Reichsstadt Rothenburg auf (10). Wo der Landesherr für einen geschlossenen Bezirk auch Dorfherr war, erließ er wohl auch einmal für ein ganzes Amt eine einheitliche Ordnung, so zum Beispiel Julius Echter anscheinend für das Amt Karlstadt um 1585 oder die Markgräfin von Ansbach in des »Kasten Amts Loben- und Clösterleins Anhausen Steiner- und Siebners Ordnung Anno 1742« (11). (Lobenhausen nordwestlich von Crailsheim, LKr. Schwäbisch Hall, ehemals Exklave der Markgrafschaft Ansbach). Diese Ordnung steht der des Julius Echter an Umfang kaum nach. Die sieben Siebner wurden für den gesamten Kastenamtsbezirk aufgestellt, vier Mitglieder des Gerichts zu Roth am See und drei sonstige Gerichtsuntertanen. Ein anderes Beispiel wäre das Oberamt Alzey nordwestlich von Worms (12).

Gelang es dem Landesherrn, den Adel und die Prälaten aus der Dorfherrschaft auszuschalten, wie zum Beispiel im Herzogtum Württemberg und in der Grafschaft Solms, so konnte er für das Institut der Feldgeschworenen und Untergänger weitgehend landeseinheitliche Vorschriften erlassen, zu denen dann nur noch einzelne örtliche Bestimmungen traten, etwa über die Zahl der Mitglieder.

In den Feldgeschworenen- und Untergangs-Ordnungen sind die wesentlichen Regelungen für das Institut getroffen, nämlich über ihre Aufgaben, Pflichten und Befugnisse, wie sie oben bereits dargelegt wurden, über die Verfahrensweise im Feldgericht, beim Steinsatz und gegebenenfalls beim Schätzen, dazu regelmäßig auch die Eidesformel und der Tarif für die Entlohnung, sowie Anweisungen für die regelmäßigen Feldbegänge. Ferner ist bestimmt, in welcher Höhe Geldstrafen bei Verfehlungen gegen das Feldgericht und bei Feldfreveln zu verhängen sind und wer in den Genuß der Geldstrafen kommen soll. Manchmal ist darüber hinaus eine richtige Feldordnung mit Vorschriften über Wege und Wasserablauf, über Gräben und Zäune enthalten. Dazu kommen vor allem in der frühen Entstehungszeit Vorschriften aus dem Bau- und Nachbarrecht sowie über den Feuerschutz.

Die Feldgeschworenen- oder Untergangs-Ordnung wurde in der Dorfversammlung, die meist ein- oder zweimal im Jahr abzuhalten war und zu der jeder Haushaltsvorsteher zu erscheinen hatte, zusammen mit dem sonstigen Dorfrecht verlesen. Niemand sollte sich bei der Übertretung eines Gebots oder Verbots auf Unkenntnis berufen können.

Die Feldgeschworenen- oder Untergangs-Ordnung war oft nur in einem einzigen Exemplar vorhanden, das der Älteste oder Obmann in Verwahrung hatte. Manchmal findet sich eine Kopie im Gemeindebuch. In einigen Fällen haben die Handschriften durch unsachgemäße Behandlung und Verwahrung gelitten oder sogar durch Mäusefraß Teile des Textes eingebüßt. Traditionsbewußte Feldgeschworene sind aber auf die Sicherung der in ihrem Besitz verbliebenen historischen Dokumente sorgfältig bedacht. Die Siebner-Ordnung des Dorfes Gnodstadt von 1698 war zum Beispiel während des Krieges eingemauert.

Zu finden sind heute Feldgeschworenen- und Untergangs-Ordnungen in den Staats-, Adels- und Gemeindearchiven, in Franken auch bei den Feldgeschworenen. Einige scheinen in Privatbesitz übergegangen zu sein, wenn das Feldgeschworenen- oder Untergangsgericht aufgehoben wurde. Ein kleiner Teil der Ordnungen ist in Dorfchroniken, Heimatzeitschriften und vor allem in systematischen Sammlungen ländlicher Rechtsquellen veröffentlicht. Der größere Teil wartet noch darauf, für eine breitere Schicht von Lesern zugänglich zu werden.

3.10 Das Entgelt für die Tätigkeit der Feldgeschworenen und Untergänger; Maß- und Währungseinheiten, Löhne

Nach den dörflichen Verfassungen des Mittelalters war es vielfach üblich, daß Bußen für Verfehlungen der Dorfbewohner nicht in Geld sondern in Form der Abgabe einer bestimmten Menge Weins verhängt wurden. Zwar berichtet schon Tacitus, daß die Germanen eine Art von Bier aus Gerste und Weizen brauten (1), einen wirklichen Aufschwung aber nahm das Bierbrauen in Deutschland erst während des 12. und 13. Jahrhunderts. Das Mälz- und Braurecht war manchmal innerhalb des Bezirks eines Amtes einem einzigen Ort als Monopol verliehen, die umliegenden Dörfer sollten von dort ihr Bier beziehen, was Schwarzbrauen und zahlreiche Streitigkeiten zur Folge hatte (2). Schließlich gehörte im östlichen Franken, wo der Wein nicht oder schlecht gedieh, zu vielen Gemeinden das Brauhaus als kommunale Einrichtung, die von jedem Vollbürger reihum genutzt wurde.

Wein blieb aber überall dasjenige Getränk, dem der oberste Rang zukam. Die Weinbußen wurden im Anschluß an den Urteilsspruch von den Schöffen vertrunken. In manchen Dörfern kamen sie bei einem jährlichen rituellen Umtrunk allen Dorfgenossen zugute. Gemeinsames Tafeln und Trinken war alte Sitte, die das Zusammengehörigkeitsgefühl stärkte (3). Auch der formlose Vertrag erhielt erst Rechtskraft mit dem Vertrinken des Aufgelds in der Gemeinschaft der Vertragschließenden und Zeugen (Weinkauf, Bierkauf). Der Ausschank von Wein aus besonderem Anlaß war in manchen Dörfern einem bestimmten Wirt vorbehalten. Das Vertrinken von Taxen und Bußen wurde in späterer Zeit von Landes- oder Dorfherren vielerorts untersagt; diese Einkünfte sollten der Gemeindekasse für allgemeine Bedürfnisse zugeführt werden

Eine die Bauern an Main und Tauber drückende Last war im übrigen die Verpflichtung, dem Dorfherrn den »Bannwein« abzunehmen. Der Dorfherr hatte das verbriefte Recht, eine festgelegte Menge Weins, zum Beispiel ein Fuder (an die 10 hl) oder ein halbes Fuder, zu einer bestimmten Zeit, etwa zwischen Michaelis (29. 9.) und Martini (11. 11.), im Dorf feilzubieten. Die Dorfbewohner mußten den Wein zu einem Preis abnehmen, der etwas über dem Marktpreis lag. Der Dorfherr brachte auf diese Weise seinen Zehntwein günstig an den Mann. Manche Dörfer konnten diese unangenehme Last schließlich abschütteln, wovon die Dorfordnungen Zeugnis geben.

Der Brauch, Abgaben in der Form einer bestimmten Menge Weins einzuverlangen und den Wein sogleich zu vertrinken, findet sich beim Feldgericht bis weit in die Neuzeit wieder. Dem ehrenamtlichen Charakter dieser Institution entsprach es, daß für die Inanspruchnahme keine eigentliche Entlohnung, wohl aber eine herkömmliche Auszeichnung, ein »Ehrengeschenk« (Roppelt S. 40), überreicht wurde (4). Zwar wurde für den Steinsatz schon früh vielerorts eine Bezahlung gefordert. Aber für die Bemühung des Feldgerichts beim Gang ins Feld, insbesondere für den »Augenschein« bei Streitentscheidungen blieb es oft noch für lange Zeit bei einer Vergütung durch den Trunk oder durch Trunk und Zehrung.

Durch einige Beispiele darf dies ein wenig illustriert werden: Nach einem Weistum für den 2. Dinghof zu St. Lükart (Elsaß) von 1354 gilt für die »siben scheidman« und den ihnen gebietenden Dorfvorsteher: »wenne man scheiden wil jnn dem banne ze sant Lügker«, dann »hant sy von recht sechszechen moss wins vnd sechszehen brot, vnd der meiger vier moss vnd vier brot« (5). Die oben schon erwähnte Dorfordnung des fuldaischen Dorfes Speicherz bei Brückenau vom Jahre 1653 sprach den vier Dorfführern, den »Vierern«, die hier für die Grenzvermarkung allein zuständig waren, für jeden Stein eine Maß Wein und einen Weck zu (6). Die Dorfordnung für Wachbach (bei Crailsheim), 1585 vom Deutschen Orden und dem Herrn von Adolzheim erlassen, gewährte den Schiedern – hier auch Steiner, Feldgeschworene, Untergänger oder Fünfer genannt – für Verrichtungen im Auftrag und Interesse der Gemeinde folgende Entgelte: für das »Begehen« der Wege ein Suppen, ein Stück Fleisch, ein Kraut und einen Trunk; für das Schieden von Gemeindewegen ein Viertel Weins sowie ein oder zwei Weck je nach Umfang des Dienstgeschäfts; für die Nachschau des Bannzauns ein Viertel Weins und ein Weck (7).

Der Übergang von der ursprünglichen Weingabe zu einem Geldbetrag zeichnet sich in den Steinbüchern (Protokollbüchern) für die Deutschordenskommende Ellingen recht deutlich ab: Bei einer Anzahl der Niederschriften über Augenschein und Vermarkung sind jeweils die Gebühren vermerkt. Die Rechnungen sind in Maß Wein aufgestellt und in Pfund, Pfennig und Kreuzer umgerechnet. Die Maß Wein wurde 1597 noch mit 9 Kreuzern gleichgesetzt, 1612 mit 10 und 1626 gar mit 11 Kreuzern. In Gnodstadt, einem fränkischen Weindorf, ist die Maß Wein 1612 für 2 bis 4 Kreuzer angeboten worden. Die Ellinger Gebührenordnung ist nicht in die Steinbücher eingegangen, aber eine Umrechnung zeigt, daß für die Leistungen des Kollegiums je Stein etwa 2 Maß und für die Arbeit eines ganzen Tages 20 bis 30 Maß angesetzt wurden, verglichen mit anderen Dorfordnungen ein verhältnismäßig sehr hoher Betrag. Von dem Entgelt verblieb den Ellinger Steinern nur die Hälfte, in die andere Hälfte teilten sich Hauskomtur und Gerichtsschreiber (8).

In manchen Dörfern hat sich der Brauch, die Feldgeschworenen durch ein gemeinsames Mahl zu entlohnen, noch lange Zeit gehalten. Als Beispiel hierfür diene ein Weistum des nordbadischen Aglasterhausen vom Jahre 1661 (9): »Die verordnete landschieder sollen nebens dem schultheißen und burgermeistern nach gehaltenem undergang oder veltschied und verrichter Arbeit ihre zehrung bei dem würt haben, und soll die zehrung von einer gemeind bezahlt werden.« Die 1746 erneuerte Dorfordnung von Aubstadt, einem ritterschaftlichen Dorf der Frh. von Bibra nördlich von Königshofen (LKr. Rhön-Grabfeld), geht davon aus, daß die Steinsetzer nach ihrer Arbeitsleistung die verdienten Pfennige im Wirtshaus umsetzen. Reicht das Verdienst für eine angemessene »Zehrung« nicht aus, so zahlt die Gemeinde den Rest (10).

Bis heute besteht in manchen fränkischen Dörfern der Brauch, daß sich die Feldgeschworenen nach der Amtshandlung im Wirtshaus zusammenfinden, wenn sie zu mehreren an einem Termin teilgenommen haben.

Im Nachfolgenden mögen einige Beispiele die erheblichen Unterschiede beleuchten, die regional in der Entlohnung der Feldgeschworenen und Untergänger bestanden: In Winterbach, einem Dorf östlich von Stuttgart, erhielten die Untergänger für ihren Spruch über einen Streit je 6 Heller von beiden Parteien, zusammen also 1 Schilling, für den Steinsatz je 3 Heller. Eine Stunde weiter, in Plüdershausen, brauchte jeder Anstößer nur 2 Heller für den Steinsatz zu bezahlen (11). In Hohenfeld bei Kitzingen bekamen die drei Feldgeschworenen nach der Dorfordnung von 1566 »von einem stein zu setzen« 3 Pfennig. Für Schätzungen unter 10 Pfund – etwa der Preis einer Kuh – wurde »ein viertel weins« gegeben, bei einem Wert über 10 Pfund ein Heller je Pfund, für die Schätzung eines Schadens wieder »ein vyertel weins« (12). In Mainstockheim kostete das Steinsetzen beim jährlichen Umgang der Feldgeschworenen 1586 12 Pfennig, bei einem Sondertermin aber das Doppelte. Bei der Beurteilung eines Grenzstreits auf dem Felde war den Steinsetzern eine Mahlzeit »mitsamt fürsuppen zu geben«, – zu leisten von dem im Streit Unterlegenen (13).

Im übrigen erhielt hier wie auch sonst häufig der Dorfknecht für das Zusammenrufen der Steinsetzer ein Entgelt in Höhe von 10 Pfennig. Für das Dorf Stetten bei Karlstadt (am Main) erließ das Würzburger Domkapitel als Dorfherr um 1595 eine Dorfordnung mit einer detailreichen Gebührenordnung für die Feldgeschworenen (14). Für den Feldbegang erhielten die Feldgeschworenen von jeder der streitenden Parteien beim Setzen eines Steines 3 Pfennig, für das Heben und Wiedereinsetzen eines Steines 4 Pfennig. Das Schätzen von Häusern und Grundstücken war mit 2 Pfennig je Gulden, also etwa 1% des Schätzwerts, tarifiert. Besonders entgolten wurde das Anhören von Streitpunkten und die Beantwortung mit je 2 Pfennig, jedes Zeugenverhör mit 4 und schließlich ein Schiedsspruch mit 6 Pfennig. Die Feldgeschworenen von Veitshöchheim (bei Würzburg) erhielten 1585 für die beiden Umgänge von der Gemeinde je 7 Schilling und für jeden hierbei gesetzten Stein von den Anrainern 3 Pfennig. Bei einer Dienstleistung außerhalb des regulären Umgangs bezahlten die Beteiligten gleichfalls 7 Schilling, wozu noch eine entsprechende Zehrung kam, wenn die Angelegenheit mehr als zwei bis drei Stunden beanspruchte (15).

In den Feldgeschworenen-, Steinsetzer- und Siebner-Ordnungen, die der Bischof Julius

Echter zwischen etwa 1581 und 1585 zahlreichen Landstädten und Dörfern des Hochstifts Würzburg gab, ist die Entlohnung regelmäßig nach verschiedenen Verfahrensgängen aufgeschlüsselt: Feldbegangspauschale für den Tag 2 Schilling je beteiligte Partei, dazu meist 2 bis 4 Pfennig für das Setzen jedes Steins, 4 bis 8 Pfennig für das Heben und Wiedereinsetzen eines Steins, 4 Pfennig für das Zeugenverhör, 8 Pfennig für einen Spruch oder ein Urteil in einer Streitsache, 2 Pfennig je Gulden bei Schätzungen. Diese Tarife scheinen während der folgenden drei Jahrhunderte nicht geändert worden zu sein. Wesentlich schlechter war die Bezahlung nach der »Ordnung und Satzung der Siebner oder Schieder der Probstey-Dörfer Stifts Haug« (Kanonikerstift in Würzburg): Die Siebner mußten sich bei den jährlichen Umgängen mit den Einnahmen aus dem Steinsetzen begnügen, und zwar 3 Pfennig je Stein und Angrenzer, im Ort aber, im Wald, in den Gärten und Wiesen das Doppelte hiervon (16).

An diese Beispiele sollen noch einige allgemeine Anmerkungen angeschlossen werden:

- Für Arbeiten im Dorf waren oftmals höhere Sätze festgelegt als für solche im Feld. Wurden die Feldgeschworenen in eine auswärtige Markung gerufen, so wurden sie wesentlich höher bezahlt als in der Heimatmarkung; außerdem mußte ihnen meist eine Zehrung dargeboten werden. In verschiedenen Steinerordnungen wird nachdrücklich aufgefordert, bei Ansprüchen auf Verpflegung nicht unbescheiden zu sein (17).
- Zur Gebühr für den Steinsatz wurde manchmal ein Zuschlag erhoben, wenn eine Mehrfachverzeugung des Steines erforderlich wurde, um das Zusammentreffen mehrerer Grenzen in dem betreffenden Punkt zu kennzeichnen.
- Als Mindestbetrag für das Setzen eines Marksteins konnten im 15. und 16. Jahrhundert 2 Pfennig je Stein und Anstößer ermittelt werden. In Gegenden mit höheren Bodenerträgen oder mit sonstigen günstigen wirtschaftlichen Bedingungen waren Sätze meist höher als in weniger gut gestellten Regionen, sie stiegen hier bis auf 24 Pfennig. Die einmal festgelegten Gebührensätze erwiesen sich trotz Geldentwertung und verbesserter Verdienstmöglichkeiten als überraschend langlebig. Die Menschen jener Zeit hielten am Hergebrachten zäh fest. Später verfaßte Gebührenordnungen waren jedoch an die Preis- und Einkommensverhältnisse ihrer Zeit angepaßt.
- Bezahlt werden sollte oft noch vor Sonnenuntergang. Bei Zahlungsverzug sahen manche Vorschriften Zuschläge vor.
- Die Vergütungen für Augenschein und Steinsatz gingen zumeist voll an die Feldgeschworenen oder Untergänger. Eine Aufteilung wie in dem oben angeführten Beispiel Ellingen war eine Ausnahme. Als weitere ähnliche Ausnahme mag das Dorfweistum Hemsbach (Rhein-Neckar-Kreis) von 1490 herangezogen werden (18). Nach diesem Weistum ging die Vergütung von jedem dritten Stein, also ein Drittel des Entgelts, an das Hochstift Worms als die vorgesetzte Herrschaft. Die Vergütung bestand in einem Viertel Weins für jeden Stein. Der Büttel hatte darauf zu ach-en, daß diese Anteile an den »Keller«, den herrschaftlichen Verwaltungsbeamten, abgeführt wurden.
- Eine weitere Einnahmequelle der Feldgeschworenen waren in manchen Gegenden die für Verfehlungen gegen das Feldgericht und gegen die Feldordnung verhängten Geldbußen.
- Nur in höchst seltenen Fällen tritt in späterer Zeit eine jährliche Aufwandsentschädigung von einigen Gulden auf. So weist die Gemeinderechnung des Dorfes Trennfeld a. M. (westlich von Würzburg) 1667 aus (18 a): »1 fl dem Feldgericht für sein Jahresgebühr«. Da und dort mag es auch sonstige kleine Vergünstigungen gegeben haben. In

Mainstockheim (LKr. Kitzingen) zum Beispiel durften die Siebner den auf die »gemeinen« Wege angeschwemmten Mutterboden, der auf Triebwegen noch durch tierische Fäkalien angereichert war, abtragen und verkaufen. Die Hälfte des Erlöses war an die Gemein abzuführen (19).

Schließlich soll noch ein Experte aus Franken zu Wort kommen, nämlich der schon mehrfach zitierte Schultheiß von Wipfeld am Main, der kurz vor dem Ende des alten Deutschen Reiches über die Pflichten eines Dorfsschultheißen im Hochstift Würzburg ein Büchlein schrieb (20). Er schlägt für die Siebner folgende Gebührensätze vor: 2 Gulden für einen Gang von jeder Partei; dazu 3 Pfennig für das Heben eines alten Steins sowie für das Setzen eines neuen; 4 Pfennig für das Heben und Wiedereinsetzen eines alten Steins. Beim Schätzen sollte für den Gang die obige Gebühr anfallen, dazu 2 Pfennig für jeden Gulden des Schätzwerts. Besonders tarifiert werden sollte das Anhören einer Klage und die Antwort darauf mit je 2 Pfennig, ein Bescheid mit 6 und eine Zeugenanhörung mit 4 Pfennig.

Die Gebührenrahmen für die Feldgeschworenen und Untergänger sind im Mittelalter wohl vornehmlich noch in der Dorfgemeinschaft vereinbart worden. Aber längstens seit Beginn der Neuzeit nehmen die Dorfherren – in der Regel im Benehmen mit den Dorfvertretern – auch diese Angelegenheit in die Hand. In mehreren Ländern aber setzten die Landesherren der Vielfalt in ihrem Territorium ein Ende. Den Anfang dürfte die **Grafschaft Hanau** mit der »Hochstädter Landscheideordnung« vom Jahre 1451 gemacht haben (21). Sollte nach dieser Ordnung ein Ortstermin abgehalten werden, so erhielt erst einmal der Schultheiß für das Aufbieten der Landscheider 1 Turnos (= 18 Heller). Den Landscheidern stand ein Tagessatz von ein Viertel Wein zu. Die nach Naturalien bemessenen Entgelte wurden vermutlich von Fall zu Fall nach den Tagespreisen in Geld ausbezahlt. Für das Landscheiden an Hofreiten und Weingärten war ein Viertel Wein und dazu ein Weck im Wert von 3 Pfennig zu geben. Für das Messen eines Morgens Acker, Wiesen oder dergleichen betrug die Gebühr 12 Heller, für das Setzen eines Grenzsteins 9 Heller.

Das Landrecht der benachbarten **Grafschaft Solms** vom Jahre 1571 gewährte den Landscheidern als Tagessatz nur »ein halb viertheil Weins« (22). Für das Messen eines Morgens Land war die »Taxe« 6 Pfennig, für den Steinsatz im Feld 12 Pfennig, für das Heben eines Steins die Hälfte, für einen Stein in Wiesen, Gärten und Weinbergen 1 Turnus, im Flecken zwischen Gebäuden 2 Turnus. Recht merkwürdig mutet die abschließende Einschränkung an, daß für den »Ausgang«, also für den Ortstermin, in jedem Fall die gesamte Entlohnung den Wert des »Außheisch-weins«, ein halbes Viertel, weder über- noch unterschreiten solle, ohne Rücksicht darauf, was sich bei der Berechnung des »Meß- oder Steingelts« ergeben würde.

In **Hessen-Darmstadt** enthielt die allgemeine Gebührenordnung vom Jahre 1662 folgende Sätze für das »Marck- oder Scheid-stein setzen« (23): Dem Beamten, »wenn er dazu erfordert wird«, 3 Albus (1 Albus etwa 8 Pfennig), den Landmessern und Steinsetzern als Tagessatz ein halbes Viertel Wein oder 9 Albus, für jeden Stein 3 Albus.

Nach dem **bambergischen** Landrecht erhielt der Beamte, der dem Steinsatz beiwohnte, Protokoll führte und davon einen »Extract« den Parteien erteilte, 12 Kreuzer, der geschworene Märker 8 Kreuzer je Stein (24).

Die Regelung, die das **Herzogtum Württemberg** im Jahre 1702 über die »Untergangskosten« traf, mutet schon fast modern an (25): Bei einem Einzelgeschäft, das nicht einen ganzen Tag beanspruchte, erhielt jeder der vier Untergänger. 20 Kreuzer. Wurden mehrere Geschäfte erledigt, so erhielten sie für den Tag 30 Kreuzer. In Dörfern und Landstädtchen betrug der »Lohn« nur 15 beziehungsweise 24 Kreuzer. Die Gebühren für die Leistungen der Untergänger bei den allgemeinen Untergängen im Frühjahr und Herbst flossen in die Gemeindekasse, wenn die Untergänger von der Gemeinde ihren Tageslohn, die 30 beziehungsweise 24 Kreuzer, erhalten hatten. Die gleichen Vergütungen wurden im übrigen in Württemberg den Feldsteußlern für ihre Dienstleistungen gewährt. Nach der württembergischen Commun-Ordnung von 1758 schließlich erhielten die Untergänger beim »ordinari-Untergang« wie beim besonderen Untergang ihre Entlohnung in der oben angegebenen Höhe vom Bürgermeister-Amt (26). In strittigen Fällen sollte der Stadt- oder Amtsschreiber zur Protokollführung zugezogen werden, der dann 45 Kreuzer für den Tag, die Hälfte hiervon für einen halben Tag einstrich, zuzüglich 4 Kreuzer für eine Urteilsabschrift. Die Parteien zahlten 6 Kreuzer für jeden Stein an das Bürgermeister-Amt.

Maß- und Währungseinheiten, Löhne

Maß- und Währungseinheiten waren bis ins 19. Jahrhundert regional mehr oder weniger verschieden. Der Kaufwert der Geldsorten unterlag erheblichen Schwankungen, die Wertrelationen zwischen den einzelnen Münzsorten verschoben sich, woran nicht zuletzt Änderungen des Feingehalts und der Metallpreise mit die Schuld trugen. Wiederholte Münzreformen im Reich und in den verschiedenen Herrschaftsgebieten versuchten immer wieder ohne dauerhaften Erfolg die Verhältnisse zu stabilisieren. Der folgenden Aufstellung liegen die Bewertungen des 16. Jahrhunderts zu Grunde.

Wein: 1 Viertel Wein in Würzburg entspricht 2,34 l = 2 Maß (27)
Herleitung des Wortes »Viertel«:
1 Eimer (= 1/12 Fuder oder 64 Maß, 74,88 l) enthält 8 Achtel zu 9,36 l, 1 Achtel Eimer ist unterteilt in 4 Viertel.

Dieses »Eichmaß« war um 1/8 größer als das »Schenkmaß«, nach dem ausgeschenkt wurde.

In Frankfurt war ein Viertel 7,17 l, in den Rheinlanden 7,13 l.

Geldeinheiten und Münzsorten (Mitte 16. Jahrhundert)

1 Gulden fränkisch = 15 Batzen = 60 Kreuzer
1 Gulden rheinisch = 12 Batzen = 48 Kreuzer
1 Pfund Heller (reine Rechengröße) = 30 Kreuzer = 120 Pfennige = 240 Heller, in Frankfurt 180 Heller
1 Reichstaler = 1 1/5 Gulden fränk. = 1 1/2 Gulden rhein.
1 Schilling Pfennig, ursprünglich reine Rechengröße für 12 Pfennig, im 16. Jahrh. = 6 Pfennig, 1 »langer« Sch. = 30 Pf
1 Schilling Heller = 12 Heller
1 Ort = 1/4 Gulden
1 Kreuzer = 4 Pfennige = 6 später 8 und bis zu 12 Heller
1 Albus (Weißpfennig) = 2 Kreuzer = 8 Pfennige = 12 Heller
1 Turnos (Rheinland, Hessen) = 12 Pfennige = 18 Frankfurter Heller
1 Groschen = 3 Kreuzer = 12 bis zu 20 Pfennige
1 Batzen = 4 Kreuzer

Preise (28)

1 Pfd. Rindfleisch	4 Pf.
1 Pfd. Kalbfleisch	3 Pf.
1 Fastnachtshuhn	10 Pf.
1 Schock (60 Stck.) Eier	12 Pf.
1 gemästetes Schwein	1/2 Gulden
1 Maß Milch	2 Pf.
1 Maß Wein	8 Pf.
1 Kuh	5 – 10 Gulden
1 mittleres Bauerngut	500 Gulden

Kaufkraftvergleich

1451 – 1545 Kaufkraft von 1 Schilling:		
	im Jahr 1967 etwa	5,40 DM
1546 – 1572	1 Reichstaler	69,– DM
	1 Schilling	2,23 DM
1611 – 1622	1 Reichstaler	45,– DM

Einkommen von Handwerkern

Bauhandwerker in Nürnberg am Ende des 16. Jahrhunderts – Taglohn

Meister	84 Pf. im Sommer, 71 Pf. im Winter
Geselle	60 Pf. im Sommer, 55 Pf. im Winter
Mörtel-macher	46 Pf. im Sommer, 42 Pf. im Winter
Hand-langer	42 Pf. im Sommer, 38 Pf. im Winter

(Der Lohnunterschied Sommer/Winter rührt von der unterschiedlichen Arbeitszeit her.)

In Augsburg konnte im Jahre 1500 ein Handwerker für einen Tageslohn kaufen: 5 – 6 Pfund Fleisch, 1 Maß Wein, 15 Eier und 3 Laib Brot.

Die »Bairische Lanndtsordnung« von 1553 (5. Buch 13. Titel) schrieb für den Arbeitstag, der im Sommerhalbjahr (S. Gregori bis S. Michaeli = 12. 3. – 19. 9.) von 4 Uhr morgens bis 7 Uhr abends dauerte und sich im Winterhalbjahr nach der Tageslänge bemaß, folgende Entlohnung vor:

		Sommer	Winter
Maurermeister		24 Pf.	20 Pf.
»Perlir«, bei Vertretung	des Meisters	22 Pf.	18 Pf.
	sonst	20 Pf.	16 Pf.
Geselle		20 Pf.	16 Pf.
Lehrling	im 1. und 2. Jahr	16 Pf.	12 Pf.
	im 3. Jahr	20 Pf.	16 Pf.
Mörtelmacher		12 Pf.	8 Pf.
sonstige Hilfsarbeiter		10 Pf.	6 Pf.

Für Arbeiten auf hohen Dächern und an Türmen wurde eine Zulage von 2 Pf. gewährt.

An Verpflegung war im Sommerhalbjahr vorgesehen: morgens eine Suppe, mittags das Mahl, abends Brot und nach der Arbeit noch ein Nachtessen. Die beiden Hauptmahlzeiten mußten für die Maurer aus drei warmen Gerichten bestehen. Wurde keine Verpflegung gereicht, mußte als Kostgeld bezahlt werden: einem Meister 35 Pf., einem »Perlir« 32 Pf. bzw. 30 Pf., einem Gesellen 30 Pf., einem Lehrling die beiden ersten Jahre 24 Pf., im dritten Jahr 30 Pf., einem Mörtelmacher 20 Pf. und den verschiedenen Taglöhnern 18 Pf., Frauen nur 16 Pf. Im Winterhalbjahr war der Verpflegungssatz wie der Lohn etwas geringer. Die Löhne der übrigen Bauarbeiter, wie z. B. der Zimmerleute, lagen um einiges unter diesen Sätzen.

Einkommen von Taglöhnern in der Landwirtschaft

nach der »Bairischen Lanndtsordnung« von 1553

Mistfasser oder -breiter	7 Pf./Tag
Grasmäher	14 Pf./Tgw.
Schnitter	14 Pf./Tag
Getreidesetzer in den Städeln	8 Pf./Tag
Drescher bei einer nach dem Tageslicht bemessenen Arbeitszeit	8 Pf./Tag
bei längerer Arbeitszeit	10 Pf./Tag
sonstige Taglöhner	8 Pf./Tag

Wurde keine Verpflegung gereicht, so wurde als Ersatz ein Zuschuß von 6 Pf. gegeben.

3.11 Vereinheitlichende Regelungen des Landesrechts

Gegen Ende des Mittelalters war die bis dahin herrschende Form des Lehensstaates durch die Ausbildung von Territorialstaaten abgelöst worden. Selbst in Franken und Schwaben hatte sich die territoriale Ausdehnung der Herrschaftsbereiche nach langem Schwanken weitgehend stabilisiert. Besondere Merkmale der neuen Staatlichkeit waren einerseits die Schwächung der Machtposition des Königs und andererseits der mehr oder weniger zügige Aufbau einer alle Lebensbereiche durchdringenden landesherrlichen Rechts- und Verwaltungsorganisation. Die Ausweitung der landesfürstlichen Herrschaftsrechte erfolgte auf Kosten der Rechte des Landadels, der Prälaten und besonders auch der Gemeinwesen auf dem Lande. Die Kompetenzen der Dorforgane wurden vielfach eingeschränkt. Auch das dörfliche Feldgericht konnte sich diesem Trend nicht ganz entziehen.

Die Entwicklung staatlicher Organisation gipfelte schließlich im Absolutismus. Diese Regierungsform mußte grundsätzlich gegen regionale Vielfalt, gegen örtliche Besonderheiten und gegen die Eigenwilligkeit bäuerlichen Rechts sein. Die Ausbildung des absolutistischen Regiments wirkte sich jedoch nicht allenthalben in gleicher Weise aus. Während zum Beispiel im Hochstift Würzburg die Gemeindebehörde durch die Kompetenzerweiterung des Schultheißen zu einer unteren staatlichen Verwaltungsebene absank, konnte sich im benachbarten Bamberg gemeindliche Autonomie bis zum Ende des alten Reiches in größerem Umfang halten. Auch im konservativen, aber gleichwohl nicht eben rückständigen Hochstift Eichstätt sind die Ehaftordnungen der Dörfer erst der Säkularisation zum Opfer gefallen. In Württemberg blieb den Gemeinden das Dorfgericht und das Recht, den Schultheiß zu wählen.

Die Feldgeschworenen und Untergänger kommen als spezielle dörfliche Einrichtung im älteren Landrecht noch nicht vor; allenfalls werden sie gelegentlich nebenher erwähnt. Das ändert sich nur in einem Teil der hier in Betracht kommenden Länder mit der Durchsetzung absolutistischer Staatsformen. Die Institution als solche blieb meist erhalten, sie büßte aber an Kompetenzen und an Selbständigkeit mehr oder weniger ein, während die Dorfherren oder die landesherrlichen Beamten ihre Kontrollrechte ausweiteten. In den Gebieten der Grafen und nachmaligen Fürsten Fürstenberg (nächst dem Donauursprung) ist nach den Urbaren des 17. und 18. Jahrhunderts das Vermarkungsrecht einschließlich des Schutzes der Grenzen sogar völlig auf den Landesherrn übergegangen (1). Amtleute und Forstbeamte nahmen diese Aufgabe wahr. Dorfbewohner wurden nur, soweit erforderlich, als Ortskundige und Markungsvorweiser zugezogen.

Regelungen zum Feldgeschworenen- oder Untergänger-Institut konnten von Seiten des Staates auf zwei verschiedenen Wegen erfolgen, nämlich entweder mit anderen Rechtsmaterien im generellen Landesrecht oder in einem Spezialgesetz. Im folgenden werden die wichtigsten Länder mit ihren Vorschriften vorgestellt. Nicht enthalten in der Übersicht sind die Hochstifte Würzburg, Bamberg und Eichstätt, weil in diesen Territorien keine das ganze Land umfassenden Regelungen für die Feldgeschworenen und Marker getroffen wurden.

Grafschaft Solms

Als einer der ersten Flächenstaaten nahm die Grafschaft Solms in der Wetterau eine ausführliche Regelung der Landscheidung in das Landrecht mit auf. »Deren Grauschafften Solms . . . Gerichtsordnung vnd Landrecht« vom Jahre 1571 enthält eine in 23 Paragraphen gegliederte Vorschrift über das »Steinsetzen« und die »Ordnung vnd Taxa der Landscheider« und setzte die bisherigen Ordnungen, sowohl die vom Landesherrn erlassenen als auch die örtlich hergebrachten, außer Wirksamkeit (2). Vorangegangen war um 1558 ein Entwurf des Grafen Philipp zu Solms für eine »Feldmeßordnung«, in deren Begründung beklagt wird, daß aus dem Fehlen einer einheitlichen Ordnung den Untertanen viel Irrtum und Unkosten entstanden seien. Deshalb solle »der gemeinen nutzen zugute« aus alten Bräuchen ein Mittel für eine neue Ordnung genommen werden (3).

DEren Graueschafftē Solms vnnd Herrschafft Mintzenberg Gerichts Ordenung vnd Land-Recht/Jetzt erstmals publicirt vnd in Truck gefertiget.

Getruckt zu Franckfurt am Mayn/durch Johannem Wolffium im Jare M. D. LXXI.

Die obigen Vorschriften des Solmser Landrechts, die bis zum Ende des 18. Jahrhunderts ohne wesentliche Änderungen für alle Solmsschen Lande galten, betonen eingangs die unbedingte Notwendigkeit, zur Unterscheidung der Feldgüter Steine zu setzen. Der Steinsatz und ebenso jegliche Feldmessung sind ausschließlich den »darzu verordneten vnd geschwornen Landtschiedern oder Feldgeschwornen« vorbehalten. Zum Ortstermin sind die Beteiligten durch den geschworenen Feldschützen oder Gerichtsknecht einen Tag vorher zu laden. Die Vermarkung kann binnen Jahr und Tag vor den Feldgeschworenen angefochten werden. Soweit deren Spruch nicht befriedigt, kann die Entscheidung beim herrschaftlichen Amtmann gesucht werden.

Beim Einbringen der geheim gehaltenen Unterlagen, der »Jungen oder Loßzeichen«, müssen sich die Beteiligten entfernen. Wer seine Neugierde nicht bezähmen kann, büßt mit einem halben Viertel Weins. Wenn die Geschworenen zweier Flecken an der Markungsgrenze gemeinsam Steine setzen, haben sie einander Verschwiegenheit über die »Loßzeichen« zu geloben.

Die Taxen der Solmser Landscheider sind oben in Abschnitt 3.10 bereits aufgeführt.

Für freventliches Ausackern eines Steins verfiel das »höchste« Bußgeld an die Herrschaft. Beim Überackern, Übermähen usw. einer vermarkten Grenze war eine Buße von zwei Viertel Wein an die Feldgeschworenen zu entrichten. War die Grenze nicht vermarkt, standen aber Länge und Breite des Feldes durch den Eintrag in Registern fest, so verringerte sich die Buße auf ein Viertel Wein. War die Grenze unsicher, so erhielten die Feldgeschworenen für die Feststellung nur noch ein halbes Viertel Wein.

Das Solmser Landrecht regelte Steinsatz und Landschied nur insoweit, als eine gleichartige Rechtsanwendung für das ganze Land erforderlich schien. Für Zahl und Wahl der Feldgeschworenen, ihre Amtszeit und Eidesleistung blieb es aber wohl beim örtlichen Herkommen. In der Grafschaft gab es keinen Landadel mit besonderen Herrschaftsrechten, die Gemeinden erfreuten sich einer weitgehenden Autonomie.

Das Solmser Landrecht wurde von den benachbarten Herrschaften teils ausdrücklich übernommen, teils von der Rechtsprechung subsidiär angewandt (zum Beispiel Nassau), weil es dem Gewohnheitsrecht dieser Gegenden entsprach. Das Verbreitungsgebiet reichte bis über den Main, in Dorfsachen drang es sogar in das Gebiet der Reichsstadt Frankfurt ein (4).

Württemberg

Württemberg, das klassiche Land der Untergänger, seit 1495 Herzogtum, nahm schon verhältnismäßig früh einzelne Vorschriften über den Untergang in das Landesrecht auf. Die landesherrlichen Regelungen wollten jedoch nicht Brauch und Herkommen aufheben, wie sie wiederholt betonen. Für die Zeit am Ende des Mittelalters muß im übrigen angenommen werden, daß in allen Städten und Dörfern des Landes Untergangsgerichte vorhanden waren. Denn die 1515 erlassene 2. Landes-Ordnung bestätigte das Monopol der Untergänger, indem sie jeden zur Anzeige verpflichtete, der wisse, daß »jemand außerhalb der geschworenen Untergänger Marksteine gesetzt, verrückt oder ausgeworfen habe, wodurch dieser seine Ehre, seinen Leib und sein Gut verwirken mag«. Die gleiche Vorschrift kehrt in späteren Landes-Ordnungen nahezu wörtlich wieder (5).

Das erste Landrecht von 1515 verlangt (siehe das Zitat S. 280) die Protokollierung der »undergänglichen Sprüch« in einem eigenen Buch zumindest für die Städte (6). Bereits erwähnt wurde, daß die Untergänger in der Württembergischen Bau-Ordnung von 1568 mit bau- und feuerpolizeilichen Aufgaben in Zusammenhang gebracht wurden. Auch die Zweite Bau-Ordnung von 1655 beteiligt die Untergänger wieder an der Bau- und Feuerpolizei. Sie widmet den Untergängern den besonderen Abschnitt »Der Undergänger Eid und Staat« (»Staat« bedeutet aufzählende Vorschrift), in dem neben der Eidesformel Verfahrensfragen des Untergangsgerichts angesprochen sind. Das Dritte Landrecht vom Jahre 1610 hatte die Position und die Zuständigkeit des Untergangsgerichts innerhalb der Gerichtsorganisation bestimmt; siehe hierzu das Zitat auf Seite 258.

Schließlich befaßte sich auch noch die »Commun-Ordnung« von 1758 mit den Untergängern, wiederholte aber im wesentlichen nur einige bestehende Bestimmungen über den in einem mehrjährigen Turnus zu wiederholenden Umgang um die Markungsgrenze, über den zweimal jährlich abzuhaltenden »ordinari-Untergang«, insbesondere über die Aufgaben der Gemeinde dabei, ferner über Kosten und über die Erhaltung der Grenzsteine. Jeder Untergang sollte mit einer schriftlichen »Anleitung oder Staat« versehen sein (7).

Baden

Bei dem Land Baden muß für den hier in Betracht zu ziehenden Zeitraum zwischen den beiden selbständigen Grafschaften Baden-Baden und Baden-Durlach unterschieden werden, die zwischen 1527 und 1771 getrennte Wege gingen. Das Landrecht von Baden-Baden vom Jahre 1588 hat den Untergang als eine Art Untergericht anerkannt, von dem die Berufung an das Ober- oder Stadtgericht und von hier weiter an das Hofgericht gegeben war. Auffallend ist die Ähnlichkeit mit der betreffenden Vorschrift des württembergischen Landrechts vom Jahre 1610.

Die Landesordnung der Markgrafschaft Baden (Durlach) und Hochberg (Breisgau) von 1715 enthält einen ausführlichen Titel »Vom Steinsetzen«. Hiernach dürfen nur Märker, Feldmesser, Untergänger und Feldgeschworene Grenzsteine setzen und ausheben. Geregelt sind in dieser Vorschrift das Verfahren, die Rechtsmittel gegen den Bescheid, die Strafen für Grenzfrevel und die strenge Geheimhaltung der »Loßzeugen«. Im übrigen wird auf das örtliche Herkommen verwiesen (8).

Ansbach und Sayn-Altenkirchen

Der Markgraf von Ansbach (»Brandenburg-Onolzbach«) faßte am 26. Mai 1746 einen großen Teil des Rechtsbrauchtums der Feldgeschworenen in einer für das ganze Land verbindlichen »Siebner-Ordnung« zusammen. Hinfort hatte das »Siebner-Gericht« einheitlich aus sieben Personen zu bestehen. Die Siebner – in der Ordnung auch unter den Bezeichnungen Steiner, Märker und Feldschieder angeführt – hatten im Frühjahr und im Herbst die Steine zu visitieren und festgestellte Mängel zu beheben. Der Termin wurde jeweils acht Tage vorher angekündigt. Bei Androhung einer Strafe von 2 Kreuzern mußten die Grundbesitzer zu dem Termin alle Grenzsteine aufgedeckt haben. Beanstandungen waren dem vorgesetzten Amt zu berichten.

Beim Steinsatz mußten je nach Wichtigkeit drei, fünf oder alle sieben Siebner zugegen sein. In Angelegenheiten von besonderer Bedeutung konnten Steiner aus dem nächsten Kirchspiel mit zugezogen werden, wozu diese jedoch der Genehmigung ihrer vorgesetzten Verwaltungsbehörde bedurften. Auch wenn nächste Verwandte eines Siebners beteiligt waren, mußte dieser durch einen Kollegen aus einem Nachbardorf ersetzt werden. Beim Aufdecken und Einlegen des Siebnergeheimnisses mußten sich die Parteien 100 Schritt weit fernhalten.

Die ansbachischen Siebner waren über die Unterschiede zwischen Fraisch-, Wildbann-, Hut-, Zehnt-, Markungs- und gemeinen Lagersteinen und Läufern zu belehren. Der Siebnereid verpflichtete sie auf Verschwiegenheit über ihre Beratungen und besonders über das Siebnergeheimnis »bis in das Grab«. Auf ehrenrührige Reden über einen Siebner waren hohe Geldstrafen angesetzt.

Wer einen Markstein absichtlich beseitigte oder versetzte, wurde nach der Peinlichen Halsgerichtsordnung Kaiser Karls V. abgeurteilt. Wer einen Stein aus Versehen umwarf, blieb straffrei, mußte aber die Kosten der Wiederherstellung tragen. Wer absichtlich über die Grenze baute, ackerte usw., wurde mit 6 Gulden bestraft.

Die Ansbacher Siebner-Ordnung ist im Anhang 4 abgedruckt.

Die Befugnisse der Siebner wurden durch ein markgräfliches »Regierungs-Ausschreiben« vom 30. 8. 1789 insofern eingeschränkt, als keine »Markungsrenovatur« mehr durch die Siebner allein, sondern nur noch »in der Ämter Beisein« vorgenommen werden durfte. Diese Anordnung wurde später durch das preußische Allgemeine Landrecht von 1794 gesetzlich abgedeckt. Ansbach war ja 1791 an Preußen gefallen, preußisches Zivilrecht galt hier bis 1900. Teil 1 Titel 17 § 388 des preuß. ALR bestimmte: »Dagegen soll sowohl die Erneuerung alter, als die Bestimmung neuer Grenzen, allemal mit Zuziehung einer Gerichtsperson vorgenommen und ein Protokoll darüber bei den Gerichten aufbewahrt werden.« Die Rechtsprechung bewertete die Beteiligung des Gerichts an der Grenzvermarkung als einen Akt der freiwilligen Gerichtsbarkeit, als eine Art Beurkundung. Da aber nur eine »Soll«-Bestimmung vorlag, war eine Vermarkung auch o h n e Gerichtsperson nicht von vornherein ungültig; auch der im gegenseitigen Einvernehmen der Beteiligten gesetzte Grenzstein genoß nach preußischem Recht den Schutz des Gesetzes (9).

Im Jahre 1741 fiel Sayn-Altenkirchen (Westerwald), ein Teil der früheren Grafschaft Sayn-Wittgenstein-Sayn, an den Hohenzollernfürsten von Brandenburg-Ansbach. Der ansbachische »Gouverneur der Reichs-Grafschaft Sayn-Altenkirchen« stülpte den dortigen Feldgeschworenen eine »Schieder- oder Siebner-Ordnung« über (10). Diese spiegelte ziemlich genau die Gepflogenheiten im Fürstentum Ansbach wider. Auffallend ist allein schon, daß im Text vornehmlich die Bezeichnungen »Siebner« und »Siebner- oder Steiner-Amt« verwendet werden, die sonst nur in Franken üblich waren. Folglich ist auch die Mitgliederzahl mit 7 festgelegt. Die Siebner-Ordnung für Sayn-Altenkirchen hat etwa die dreifache Länge der oben angeführten Siebner-Ordnung für Ansbach von 1746. Sie enthält eine Anzahl von Bestimmungen, die im Ansbachischen allgemein üblich waren und somit dort keiner besonderen Festlegung bedurften.

Reichsstadt Rothenburg

Im Jahre 1713 gab ein »Ehrbarer Rath der Statt Rothenburg auf der Tauber ihren Steinern und Schiedern auf dem Land« eine gemeinsame »Steiner Ordnung« (11). Eine Besonderheit dieser nur acht Punkte umfassenden Rahmenvorschrift ist, daß sich die dörflichen Steiner bei einem »Erbarn Rath Bescheids und unterrichts« erholen sollen, wenn ihnen »zu schwer wäre, einen Außspruch zu thun«. Im übrigen enthält die Steinerordnung vornehmlich Vorschriften über Strafen und Gebühren. Eine »Zehrung« darf nur noch bei einer Tätigkeit in fremden Gemeinden beansprucht werden. Die einzelnen dörflichen Ordnungen galten offensichtlich weiter, soweit die neue Steinerordnung nicht andere Regelungen enthielt.

Erzstift Mainz

Für das Erzstift und Kurfürstentum Mainz erließ der reformfreudige Kardinal Albrecht von Brandenburg-Hohenzollern im Jahre 1535 eine ausführliche Niedergerichtsordnung. Sie betraf aber nur das Verfahren vor den ordentlichen Gerichten, die Feldschieder und der Steinsatz blieben dem örtlichen Herkommen überlassen. Erst 1755 folgte eine umfassende Rechtskodifikation. Bis dahin galt der »Landbrauch«, eine Art Landrecht, das sich Ende des 14. Jahrhunderts im Rheingau herausgebildet hatte (12). Um die Mitte des 17. Jahrhunderts war es von dem rheingauischen Gewaltsboten Niclas Itzstein aufgezeichnet und 1643 von Mainz bestätigt worden. Als aber die Gültigkeit schließlich angezweifelt wurde, ersetzte der Kurfürst 1755 die »Landsgebräuche« durch ein besonderes Mainzer Landrecht. Dieses Landrecht galt nicht in dem Mainzischen Eichsfeld (Landschaft südöstlich von Göttingen) und nicht in Erfurt.

Zusammen mit dem Landrecht im engeren Sinne wurde eine »Lands-Ordnung« erlassen, die alten Gerichtsordnungen wurden neu gefaßt. Die Vermarkung der Außengrenzen der Städte und Dörfer mit »Marck- oder Gräntz-Steinen« wurde in der Lands-Ordnung, die Vermarkung der Privatgrenzen mit »Güter-Steinen« in der »Unter-Gerichts-Ordnung« geregelt (13). Beim Steinsatz an den erstgenannten Markungsgrenzen mußten die mainzischen Beamten, die beiderseitigen Gerichte und Gemeindedeputierten anwesend sein. Außerdem sollten ein oder zwei unparteiische Landmesser zugezogen werden. Den Feldschiedern war freigestellt, ihre »so genannte Zeugen, Eyer oder Heimlichkeiten« zu legen. Außerdem hatten die Feldschieder das Protokoll zu führen, in dem die Entfernung von Stein zu Stein in Ruten und Schuh zu vermerken war. Die Protokolle waren von den Gerichten zu verwahren. Bei Streitigkeiten wurde die Regierung angerufen.

Schultheiß und Feldgericht sollten jedes Jahr die Vermarkung der Wege überprüfen und Vermarkungsmängel beheben (14).
»Güter-Steine« durften nach der Untergerichtsordnung nur im Beisein der Beteiligten und nur von den geschworenen Feldschiedern gesetzt werden. Wo Feldschieder noch nicht vorhanden waren, mußten solche aufgestellt werden. Erschien ein Beteiligter trotz Ladung nicht zum Vermarkungstermin, so war das Geschäft dadurch nicht behindert. Konnte beim Ortstermin keine Einigung erzielt werden, so entschieden nicht die Feldschieder sondern das Ortsgericht. Für die Protokollführung bei der Vermarkung der Privatgrenzen galten die gleichen Regeln wie bei den Markungsgrenzen.

Wie das Solmser Landrecht verordnet auch das Mainzer Recht nichts über Zahl und Wahl der Feldschieder, über ihre Amtszeit und ihre Eidesleistung, sondern überläßt diese Fragen dem örtlichen Herkommen.

In der Stadt Mainz selbst scheint das »Unter-Bau-Ambt« die Aufgaben der Feldschieder wahrgenommen zu haben.

Trier

In dem an Mainz angrenzenden Erzstift Trier erging 1743 eine Verordnung des »Churfürstlichen Hofraths« über die geschworenen Marksteinsetzer (15). Ausgehend von Klagen über das Überpflügen »grundbegieriger Ackers- und Bauersleute« wurden Strafen für solche Grenzüberschreitungen festgelegt, und zwar für jede Furche 1 Goldgulden. Das absichtliche Ausackern eines Marksteins wurde mit 6 Goldgulden gesühnt, vorbehaltlich einer schwereren Strafe je nach den besonderen Umständen. Dann wurde in dem Mandat eine ausreichende Vermarkung geboten, die Grenzsteine sollten durch »geschworne Markstein-Setzer oder sogenannte Untergänger« gesetzt werden. »Jedes Orts geschworene Steinsetzer« sollten je Marke nicht mehr als 1 Albus (= 2 Kreuzer) Gebühr erhalten. Schon ein halbes Jahr später wurde jedoch landesherrlich erklärt, daß die Bestimmung hinsichtlich der Marksteinsetzer nur diejenigen Ortschaften betreffe, »wo, (wegen der Entscheidung solcher Grenzstreitigkeiten) kein anderweites alt-rechtliches Herkommen ist«. Das Erzstift Trier dürfte allenfalls mit Randbezirken in das Verbreitungsgebiet der Feldgeschworenen gereicht haben. Obige Verordnung bewirkte somit wohl kaum, daß in weiteren Orten Feldgeschworene eingeführt worden wären.

Kleinere Herrschaften

Auch so manche kleinere Herrschaften erließen im 17. und 18. Jahrhundert Vorschriften, in denen einzelne Verfahrensfragen der Grenzvermarkung für das betreffende Land einheitlich geregelt wurden. Bemerkenswert ist zu diesen Erlassen, daß die Feldgeschworenen zumeist einiges von ihrer ursprünglichen Selbständigkeit und Unabhängigkeit einbüßten und zum Teil sogar nur noch im Beisein der Obrigkeit Steine setzen sollten. Als Beispiele hierfür dürfen die Grafschaften **Erbach** (Odenwald) und **Hohenlohe** genannt werden. Erbach legte in der Steinsetzerordnung von 1695 die Zahl der »Steinsetzer« auf sechs fest. Im übrigen enthält die Erbacher Ordnung Vorschriften über das Verfahren, die Gebühren und die Strafen (16). Das Landrecht für Hohenlohe vom Jahre 1738 begnügt sich in Titel 20 mit einigen Anweisungen für die »Schied« (17). Für das Amt Kirchberg am Ostrand des Hohenloher Landes war schon 1653 eine 45 Punkte umfassende Schieder-Ordnung erlassen worden (18).

Immerhin noch 30 Punkte führt die »Feld-Meßordnung« der Grafschaft **Leiningen-Westerburg** von 1732 auf (19). Unter anderem ist der regelmäßige Umgang durch die Weingärten auf den Georgstag (23. 4.), der Umgang durch die Flur auf Ägidius (1. 9.) festgesetzt. Die Grenzsteine mußten 2 Schuh lang und »ziemlich dick« sein. Die Entgelte für die Steinsetzer sind aus der Satzung von 1618 beibehalten und bestanden immer noch aus einer Mischung von Geldbeträgen und Weingaben. Lang ist der Katalog der Strafgelder, mit denen Verfehlungen gegen die Steinsetzer und Beschädigungen der Grenzsteine zu ahnden waren.

Die »Polizeiordnungen« für das brandenburgische **Herzogtum Magdeburg,** vormals Erzstift, beklagen, daß viel Unsicherheit über die Grenzen in den Fluren und an den Markungen bestehe mit der Folge, daß Streitigkeiten wegen Überackerns und Überweidens aufkämen (20). Deshalb »sollen unsere Aembter und andere Gerichts-Herren verordnen / daß die Dorff-Fluhren und derselben Felder / Wiesen und Gehöltze / so zuvor nicht vereinet (verraint) und vermahlet seynd / innerhalb Jahres-Frist / nach Publication dieser Ordnung / und dann alle Jahr in Beyseyn beyderseits Nachbarn und der Gerichts-Herren / besichtiget / durch geschworne Messer und Steinsetzer / deren ein jeder Dorff zween zu wehlen hat / nach der Art des Landes und jedes Creysses Gewohnheit / vermahlet und versteinet« werden.

3.12 Die Übernahme der Feldmessung durch die Geometer

Die Kunst des Messens unterwirft
dem Menschen die Welt;
durch die Kunst des Schreibens
hört seine Erkenntnis auf
so vergänglich zu sein, wie er selber ist;
sie beide geben dem Menschen,
was die Natur ihm versagt,
Allmacht und Ewigkeit.
Es ist der Geschichte Recht und Pflicht
den Völkern auf diesen Bahnen zu folgen.

Theodor Mommsen,
Römische Geschichte 1, XIV

Messen nach definierten Maßeinheiten steht am Beginn jeglicher Zivilisation. »Jede Technik, selbst die primitivste, ist auf Maß und Gewicht angewiesen.« (1). In der Frühzeit der deutschen Kultur war das Messen vor allem für das Bauen und dann für den Handel unentbehrlich. Die Feldmessung konnte demgegenüber noch vernachlässigt werden, solange Land in Fülle verfügbar war. Zwar waren für Acker und Weideland Flächenmaße eingeführt, die sich nach Aussaatmenge oder Tagesleistung bei der Feldarbeit bestimmten, und es wurden auch Flächengrößen angegeben, die aus einfachsten Längenmessungen und der Zahl der Pflugfurchen resultierten. In Italien war die römische Feldmeßkunst in den Wirren nach dem Ende des Weströmischen Reiches nicht völlig verloren gegangen, die Agrimensoren überlebten dort als Berufsstand. Nach Jahrhunderten wirtschatlicher und wissenschaftlicher Stagnation erfuhr die Feldmeßkunst mit dem Beginn der Renaissance in den italienischen Stadtstaaten einen zunehmenden Aufschwung. An die Stelle des primitiven Meßverfahrens der spätrömischen Zeit, das sich im wesentlichen in dem Abstecken rechter Winkel und dem Durchmessen langer Geraden erschöpfte, trat die Geometrie. Im Westen Deutschlands kommen etwa seit der Mitte des 13. Jahrhunderts gelegentlich »agrimensores jurati« (beeidete Feldmesser) vor, die bei Rechtsgutachten Flächen ausmessen und Grenzen abstecken. Für einen vollen Broterwerb werden die wenigen Aufträge zur Feldmessung kaum ausgereicht haben. So dürften im Mittelalter gewerbliche Feldmesser für die Feldgeschworenen und Untergänger noch keine spürbare Konkurrenz bedeutet haben. Hierzu mußte die Feldmessung erst auf ein höheres Niveau gebracht werden.

Einen kräftigen Anstoß zur Weiterentwicklung erhielt die Technik des Messens, als sich im 13. Jahrhundert die Gewinnung von Bodenschätzen in den Berg hineinwagte und zum Untertagebau überging. Schon im 14. Jahrhundert bildete sich ein Markscheiderecht aus, der Markscheider hat sich als klar umrissener Berufsstand verselbständigt. Er bekleidet ein öffentliches Amt, auf das er vom Bergmeister, der seinerzeitgen Bergbehörde, mit einem feierlichen Eid verpflichtet wird. Der Bergmeister steckt das Grubenfeld für den Berechtigten oberirdisch ab. Die Grenzen werden mit Steinen bezeichnet, denen zur besseren Sichtbarkeit Pfähle beigesetzt werden. Die Bezeichnung »Lochstein« ist im übrigen in dem berühmten Standardwerk von Georg Agricola »De re metallica libri XII« (1556 lateinisch und ein Jahr später deutsch) noch nicht verwendet (2). Aufgabe des Markscheiders war es – wie auch heute noch –, den Grubenbau durch Schächte und Stollen hindurch zu vermessen und auszurichten sowie die über Tage vermarkten Grenzpunkte in die untertägigen Baue zu übertragen, damit die Häuer nicht in fremde Felder eindrangen. Hierzu wurden einst einfache Winkelmessungen mit Gradbogen, Kreisscheibe und Kompaß sowie komplizierte Dreieckskonstruktionen mit Meßschnüren, bei höheren Genauigkeitsansprüchen aus Lindenbast, verwendet.

Schwieriger als für den Markscheider läßt sich die Entwicklungsgeschichte für den

Feldmesser, Landmesser oder Geometer nachzeichnen. Die Aufgaben für diesen Berufsstand waren auch anders gestellt. Den Auftraggebern ging es vornehmlich um die Ermittlung des Flächeninhalts ihres Besitzes und um die Erhaltung ihrer Besitz- oder Hoheitsgrenzen. Hierzu band die Landmessung zunächst nicht an antike Vorbilder an. Die von den Griechen entwickelten und von den Römern und Arabern weitergegebenen Wissenschaften fanden im Mittelalter anfänglich noch wenig Interesse, wenn man von einigen herausragenden Geistern absieht. Der Bestand blieb aber erhalten, bis er von einem gewandelten Weltverständnis aufgenommen wurde. Wenn die griechische Mathematik trotz ihrer großen und weiterwirkenden Leistungen zu ihrer Zeit kaum irgendeine technisch-wirtschaftliche Bedeutung erlangte, so dürfte der Grund hierfür darin zu sehen sein, daß sie »beständig unter dem Eindruck metaphysischer Ideen stand, die ihre Forschung leiteten und begrenzten« (3). Erst viele Jahrhunderte nach Euklid wurde seine Geometrie zu einer der Grundlagen der Land- und Feldmessung.

Auf einen bemerkenswert hohen Stand brachte der Deutsche Orden das Vermessungswesen in seinem Staat, den er zwischen Weichsel und Memel aufbaute und missionierte. Als Ausgangsbasis für den Kampf gegen die unruhigen Pruzzen hatte er im Jahre 1230 vom Herzog von Masowien (Polen) das Kulmer Land geschenkt erhalten. Schon aus dem Jahre 1258 ist bezeugt, daß die Grenze zum Territorium des Bischofs von Samland (1243 gegründet) vermessen worden sei (4). Bald treten auch verpflichtete Berufslandmesser in Erscheinung. Sie wurden mit Grund und Boden belehnt und für ihre Reisen in Geld entschädigt. Eine ihrer wichtigsten Aufgaben war die Markierung und Vermessung der Grenzen zu Polen (Masowien) und Litauen. Gut paßt in das Bild der hohen kulturellen Leistungen des Ordens, daß das erste Werk über Geometrie, das nach einer lateinischen Fassung auch gleich in die deutsche Sprache übertragen wurde, die Geometria Culmensis, im Auftrag des Hochmeisters in der Deutschordensstadt Culm um 1400 entstanden ist (5). Das wissenschaftliche Niveau der Culmer Handschrift überragt weit das der gedruckten Werke, die bis zur Mitte des 16. Jahrhunderts folgten (6).

Im 16. Jahrhundert wird die Feldmessung zu einem, wenn auch seltenen Gewerbe. Da die Aufträge nur spärlich sind, kann die Feldmesserei überwiegend nur im Nebenberuf betrieben werden.

Im 15. und 16. Jahrhundert setzten sich die indisch-arabischen Zahlzeichen durch und brachten für das Rechnen eine entscheidende Vereinfachung. Auch mit Bruchzahlen lernte man umzugehen, der Dezimalbruch aber ist erst eine spätere Errungenschaft. In der Geometrie des Kreises dient noch lange der Wert 4 x 11/14 als Kreiszahl (Zahl Pi), obgleich die Zahl schon um 1600 auf 36 Stellen errechnet wurde. Auf dem Gebiet der Feldmessung erscheint als der meist gelesene Autor zunächst der Oppenheimer Stadtschreiber H. Jacob Köbel (1470 – 1533). Seine erste Publikation über Feldmessung, 1522, trug den Titel »Von Ursprung, der Teilung, Maß und Messung des Erdreichs, Äcker und anderer Felder . . .«. Verbessert und außerdem um den Jakobsstab, einen kaum brauchbaren »philosophischen Spiegel« und den Quadranten erweitert, erschien dieses Werk posthum 1535 neu als »Geometrei. Von künstlichem Feldmessen . . .«. Obgleich diesem Lehrbuch schon bald Unrichtigkeiten und unzulässige Vergröberungen nachgewiesen wurden, erzielte es bis zum Jahre 1616 zahlreiche Auflagen. Selbst als es inhaltlich längst überholt war, behauptete es sich noch bis zum Ende des 17. Jahrhunderts als Leitfaden mancher rückständiger Feldmesser (7), wozu der geringe Umfang der Schrift, die Einfachheit der Regeln und die ansprechenden Illustrationen in Holzschnitt

»Eine gerechte Meßrut«
Holzschnitt 1522. Nach der Vorstellung von Jakob Köbel in seinen Schriften von 1522 und 1535 sollten sich 16 Männer, wie sie aus der Kirche heraustreten, Fuß hinter Fuß aufstellen. Die gesamte Länge der 16 Schuhe wäre dann eine Meßrute. In 16 gleiche Strecken unterteilt, ergäbe sich die Länge ein Fuß oder Schuh. Ob dieser Vorschlag je irgendwo in die Praxis umgesetzt wurde, erscheint zumindest fraglich.
Foto: Deutsches Museum München

maßgeblich beigetragen haben mögen. Solange der Feldmesser nichts Besseres zuwege brachte als das, was sich nach den Regeln eines Jacob Köbel ergab, waren die Feldgeschworenen und Untergänger trotz vieler Anfechtungen im Schrifttum (8) in ihrer Messungstätigkeit noch nicht ernstlich bedroht. Lediglich für die Vermessung größerer Komplexe wurden »geschworene Landmesser« engagiert, die manchmal von weither geholt werden mußten. Wo Feldgeschworene oder Untergänger eingesetzt waren, blieb es dabei, daß der Bauer nur von diesen sein Feld messen lassen durfte. Betätigten sich Feldmesser aus verschiedenen Herrschaften oder Städten gemeinsam oder nacheinander an einem Projekt, so stimmten ihre Messungen oftmals nicht zusammen. Denn die Längenmeßgeräte waren auf das Normalmaß des jeweiligen Herkunftsorts des Feldmessers abgestimmt. Für das Königreich Preußen wird noch im erneuerten Reglement für die Feldmesser vom 28. 5. 1793 anerkannt, daß in dem Staatsgebiet nicht weniger als fünf verschiedene Rutenmaße gebräuchlich und somit zugelassen seien.

Mit der Renaissance hatten die abendländischen Gelehrten die naturwissenschaftlichen Studien und Erkenntnisse der griechischen Antike übernommen. Sie entwickelten diese weiter, darunter auch die Geometrie. In der Vielzahl der Lehrbücher über die »Geometria practica« spiegeln sich die allmählichen Fortschritte in der Land- und Feldmessung wider (9). Fürstenhöfe und Städte nahmen seit der zweiten Hälfte des 16. Jahrhunderts Feldmesser in ihre Dienste. Am Hof in Kassel erfuhren

Astronomie und Landmessung besondere Förderung. In Bayern suchte Herzog Maximilian, der spätere Kurfürst (1597 – 1651) die für die Feldmessung erforderlichen Kenntnisse für einen weiten Kreis von Nichtwissenschaftlern zu erschließen. Im Zuge seiner umfassenden Rechtsreform gab er ein Lehrbuch für Feldmesung in Auftrag, das gleichzeitig mit dem umfangreichen neuen Rechtsbuch 1616 in Druck ging. Ein Neudruck im Jahre 1665 erhielt das große Folioformat, so daß er dem Rechtskodex beigebunden werden konnte. Diese bayerische Feldmeßkunde mit dem Titel »Ein begründter vnd verständiger Bericht Von dem Fedmessen . . .« fand für ein Jahrhundert über Bayern hinaus Anerkennung und Anwendung. Der Verfasser ist nicht genannt. In der »Vorrede« erfährt der Leser auch, wieso der Staat zu der Auffassung kommen konnte, diese Bildungsaufgabe wahrnehmen zu sollen: Es waren Schriften auf dem Markt, die mit ihren Regeln »weit gefehlet«. Namentlich wird Jacob Köbels Buch genannt, vor dem man sich »wol hüeten sol«.

Ein Teil der Autoren über Feldmessung führt seit der Mitte des 17. Jahrhunderts das Logarithmieren und die trigonometrischen Funktionen Sinus, Tangens und Secans in die Feld- und Landmessung ein, während sich die weniger anspruchsvollen Lehrbücher bis ins 18. Jahrhundert den Fortschritten der Mathematik noch verschließen. Sinus-Tafeln kommen auch schon in einer Feldmeßlehre von 1574 vor, aber die Funktion Sinus ist dort noch nicht allgemein auf Dreiecksberechnungen angewandt (10).

Joannes Oetinger (1577 – 1633), Topograph in württembergischen Diensten, stellt den Feldmesser, den die Juristen vielfach mit den Untergängern verwechselten, 1642 wie folgt vor (10 a): »Die Feldmesser aber sind geschworne Meister / die in der Kunst Geometria und Messung des Felds gründlich erfahren / welche von der Obrigkeit darzu angenommen und bestellet seyn / daß sie die ligende Güter / waaren Meß nach / anschlagen und erkundigen / und so darinnen Stritt fürfallen / einen rechten Ausschlag mit gewissen Demonstrationen / und unfehlbarer Beweisung / geben sollen.«

Der Berufsstand der Land- und Feldmesser entwickelte sich regional in unterschiedlicher Dichte. Machiavelli (1469 – 1527) bemerkt, daß in Italien deutsche Feldmesser arbeiteten. Wenn jedoch 200 Jahre später in einem der deutschen Territorien eine Steuer- oder Katastervermessung innerhalb eines vertretbaren Zeitraums ausgeführt werden sollte, waren regelmäßig nicht ausreichend Feldmesser verfügbar. Als Hessen durch eine Verordnung vom 3. 8. 1700 die Vermessung aller Güter anordnete, soweit nicht schon geeignete Unterlagen vorhanden waren, sollten bei einem Mangel an Feldmessern ersatzweise qualifizierte Stadt- und Amtsschreiber verwendet werden (11). Allgemein kann beobachtet werden, daß in Ländern ohne Feldgeschworene oder Untergänger Feldmesser häufiger anzutreffen sind als in jenen Ländern, wo Feldgeschworene oder Untergänger als Messer eingesetzt waren. Preußen war wohl der erste größere Staat, der das Berufsfeld des Feld- oder Landmessers in geregelte Bahnen leitete und Vorschriften über Eignung, Zulassung und Bezahlung erließ (12). Die Reihe dieser Verordnungen beginnt mit einem »Reglement, wie es mit der Ausmessung der Aecker zu halten« vom 19. Februar 1704 und mit einer »Instruktion der Landmesser« vom 25. Februar desselben Jahres; sie endet mit dem Feldmesserreglement vom 2. März 1871 (13). Seit der Landmesser-Instruktion von 1755 genossen nur noch Vermessungen der »vereydeten« Landmesser öffentlichen Glauben (fidem publicam), anderen Vermessungen kam vor Gericht kein Beweiswert zu. Ausdrücklich verlangt diese Instruktion, daß der Landmesser Geometrie und Trigonometrie beherrscht.

Einen Eignungstest und einen förmlichen Akt der Verpflichtung gab es für Feldmesser auch in anderen Ländern. In der bayerischen Pfalzgrafen- und Notarmatrikel 1780 – 1792 finden sich zum Beispiel der Eid der Landgeometer und Feldmesser sowie die Amtsverpflichtung zweier Geometer (14). Eine Liste der »höchsten Hofbediensteten bei Sr. churfürstlichen Durchlaucht« weist beim Stab des Obrist-Hofmeisters »5 Landfeldmesser« aus (15). Nicht ungewöhnlich war im 18. Jahrhundert, daß ein Landmesser auch Notar war. Wenn zum Beispiel Heinrich Mahr für das Hochstift Bamberg Karten von Dorffluren und Jagdrevieren anfertigt, unterzeichnet er sie als Notarius und Geometer (16). Im Dienst der Herrschaften in Franken, die ihre territorialen Rechte oder Ansprüche in zahllosen Grenzstreitigkeiten zu behaupten suchten, gab es im übrigen für qualifzierte Landmesser, die meist gleichzeitig phantasievolle Künstler waren, reichlich Arbeit. Die vielen Karten in den Archiven legen heute noch Zeugnis hiervon ab (17).

Ende des 18. und im Laufe des 19. Jahrhunderts verlieren die Feldgeschworenen und Untergänger die Grenzvermessung in Dorf und Flur an die Feldmesser und Geometer. Der Prozeß lief regional unterschiedlich rasch ab. Der allmähliche Umschwung zugunsten der Geometer ist aus dem Schrifttum der Zeit abzulesen, wenn zum Beispiel ein gelehrter

Feldmessung mit Meßtisch und Kegelkreuzscheibe in Württemberg
Der Schirm dient nicht dem Schutz des Geometers sondern des Meßtischs und der darauf stehenden Kippregel.
Lithographie des württembergischen Vermessungskommisärs Major von Gasser um 1830, im Archiv des Landesvermessungamts Baden-Württemberg

Der bayerische Geometer Joseph Obermaier 1836
mit Frau, Söhnchen und Hündchen.
Im Hintergrund die Kirche von Buchloe, links die Alpen. Wichtigstes Instrument: Meßtisch mit Kippregel.
Foto nach einem Ölgemälde: Margaret Obermaier-Spangler, USA.

Autor in Eltville 1789 schreibt (18): »Die Anweisung der Winkel, wo Steine zu setzen sind, muß also von den Gränzkommissaren lediglich den verpflichteten Geometern als Kunstverständigen aufgetragen und überlassen werden.« Nur noch das Setzen der Grenzsteine und das Einbringen geheimer Unterlagen überläßt dieser Autor den »geschwornen Steinsetzern«. Er ist außerdem der Meinung, daß alle Grenzsteine nach Weisung der Geometer »ohne geschworne Steinsetzer gerichtet und gesetzt werden können, wenn sie keine Unterlagen erhalten.« In einem Büchlein über »Gränzrevision und Gränzregulierung« vom Jahre 1808 berichtet ein anderer Experte (19): »Diese Siebner oder Untergänger beschäftigen sich aber keineswegs mit den vorkommenden Messungen und übrigen geometrischen Arbeiten; sondern dieses wird ganz allein von den Feldmessern verrichtet.« Im Fürstentum Aschaffenburg, das nach Auflösung des Erzstifts Mainz 1808 einen Teil der Abfindung für Karl von Dalberg, den letzten Reichserzkanzler, bildete, wurden 1810 die Zuständigkeiten zwischen Feldmessern und Vierrichtern abgegrenzt (20). Nach dieser Ordnung wiesen die Feldmesser die zu vermarkenden Grenzpunkte vor, waren anwesend, wenn die Vierer die Gewann- und Eigentumssteine setzten, und prüften abschließend, ob die von ihnen bestimmten Grenzpunkte auch eingehalten waren.

Bildungsstand und Meßmethoden der berufsmäßigen Landmesser besserten sich laufend, die Zahl der Berufsträger wuchs. Technische Schulen entstanden, manchmal in Anlehnung an eine Universität wie in Bamberg und Würzburg, aber auch in freier Trägerschaft. Neue Anbaumethoden und die allmähliche Abwendung von der Dreifelderwirtschaft verlangten strukturelle Änderungen im Landbau. Das nördliche Deutschland benötigte für Gemeinheitsteilungen, Konsolidationen und Zusammenlegungen mehr Feldmesser als nachwuchsen, Preußen verzeichnete seit 1760 einen Mangel in diesem Berufsstand. In Altbayern führten am Ende des 18. und zu Beginn des 19. Jahrhunderts Geometer zahlreiche Gemeindegrundverteilungen durch. Da hier eine dauerhafte Vermarkung der Grenzen nicht üblich war, kam es zu Grenzverwirrungen, zu langwierigen Streitigkeiten und zu Klagen durch alle Gerichtsinstanzen (21). Nicht mehr zu decken war der Bedarf an Geometern im Süddeutschland des frühen 19. Jahrhunderts für die Katasteraufnahme. Die Forstverwaltung half nach Kräften aus. Bewerber aus den verschiedensten Berufen wurden in Schnellkursen umgeschult und in der Praxis angelernt. In einer Liste der Regierung des Isarkreises, Kammer der Finanzen, vom 23. 8. 1832 (Nr. 11833) sind unter neun seit 1825 geprüften »Individuen«, die zu der Zeit im Isarkreis Umschreibmessungen vornahmen, nur zwei Geometer, im übrigen ein Rentenverwalter, ein Oberjäger, ein quiescierter Dessinateur, ein Forstgehilfe, ein Lycealprofessor, schließlich noch ein Maurermeister und ein Zimmermeister aufgeführt, wobei die beiden letztgenannten »nur einzelne Grundstücke zu messen qualifiziert« waren. Aber schon bald konnten die neu eingerichteten Bildungsanstalten Geometer in größerer Zahl dem Beruf zuführen. Seit der Mitte des 19. Jahrhunderts wurde die Geometerausbildung in Süddeutschland mehr und mehr auf ein höheres Niveau gebracht und in ihren Anforderungen schließlich über den Standard der norddeutschen Landmesser gehoben.

Über die Feldmessung der Feldgeschworenen und Untergänger siehe S. 269, über ihr gänzliches Ausscheiden aus der Feldmessung im 19. Jahrhundert Seite 317 ff.

3.13 Die Wünschelrute bei der Grenzermittlung

Seht ihr den Mond dort stehen?
Er ist nur halb zu sehen
Und ist doch rund und schön.

So sind gar manche Sachen,
Die wir getrost belachen,
Weil unsre Augen sie nicht sehen.

Matthias Claudius

Da und dort tauchte für die Geometer wie für die Feldgeschworenen und Untergänger in der Wünschelrute eine unerwünschte Konkurrenz auf, gegen die man sich nach Kräften zur Wehr setzen mußte.

Wünschelrute und Pendel sind seit der späten Jungsteinzeit für verschiedene diagnostische Zwecke in Gebrauch (1). Bei allen alten Kulturvölkern von Ägypten bis China läßt sich dieses geheimnisvolle Instrumentarium nachweisen, für dessen oft verblüffende Erfolge die Naturwissenschaften uns bis heute die allgemein einsichtige und voll befriedigende Erklärung schuldig geblieben sind. Selbst in dem Stab, mit dem Moses in der Wüste Wasser aus dem Felsen schlug, sehen die Radiästethen eine Wünschelrute. Die Römer nannten das Zaubergerät »virgula divina«, übernatürliche Rute. Die lateinisch schreibende Gelehrtenwelt der frühen Neuzeit machte daraus eine »virgula divinatoria«, eine seherische Rute, und eine »virgula Mercurialis«. Die Benennung nach dem Gott Merkur sollte zum Ausdruck bringen, daß die Rute heidnischem Aberglauben zuzurechnen sei.

Dem deutschen Mittelalter war die Rute nicht unbekannt, mehrere Schriftstellen bezeugen dies. Zu breiterer Anwendung kam sie aber erst mit der Entwicklung des untertägigen Bergbaus im 15. Jahrhundert. Den Gewerken erschien sie bald als unentbehrlich. Auch die Wissenschaft begann, sich mit der Wünschelrute zu befassen, wofür hier nur einige der bekanntesten Namen angeführt seien, nämlich Georg Agricola (1490 – 1555), der erste systematische Mineraloge Deutschlands, der berühmte Arzt und Naturfoscher Paracelsus (1493 – 1541) und der bedeutendste Humanist seiner Zeit Erasmus von Rotterdam (gest. 1536).

Gegen das Ende des 17. Jahrhunderts strebt dann die Wünschelrute jener Vielfalt von Anwendungsgebieten zu, in denen Rute und Pendel auch heute eingesetzt werden. Zum Bergbau auf Metalle trat das Aufsuchen von Wasser und Salzen, aber auch von Grenzen und Marksteinen sowie von nicht mehr erkennbaren Wegen. Auch gestohlene Wertgegenstände sollte die Sensibilität des Rutengängers ausfindig machen, sie sollte darüber hinaus sogar Straftäter verfolgen und überführen. Ein besonders spektakulärer Fall in Südfrankreich aus dem Jahre 1692 erregte auch in Deutschland großes Aufsehen: Ein Rutengänger war nach einem Doppelmord in Lyon dem Fluidum der mutmaßlichen Täter auf ihren Wegen und Flußfahrten 200 Kilometer weit gefolgt (2). Einer von ihnen wurde gefaßt und mit dem Rad gerichtet.

Wie soeben erwähnt, wurde die Wünschelrute auch auf verdunkelte oder strittige Grenzen angesetzt, soweit die Grenzermittlung nicht den Feldgeschworenen oder Untergängern als striktes Monopol gesichert war. Als sich in Südfrankreich sogar der niedere Klerus mit dieser Kunst ein Zubrot verdienen wollte, schritt der Kardinal Camus 1691 dagegen ein und verschärfte sein Verbot noch im Jahre 1700 (3). Hingegen hat August der Starke, Kurfürst von Sachsen (1694 – 1733) und König von Polen (ab 1697), einen Rutengänger beigezogen, als er mit dem Grafen von Tetschen (Nordböhmen) im Jahre 1700 über eine strittige Waldgrenze verhandelte (4). Ausführlich wird uns der Verlauf einer solchen Grenzfindung mit der Rute in einem Streit geschildert, der im Jahre 1704 zwischen zwei Waldbesitzern in der Gegend von Paffenhain und Niederdorf bei Chemnitz ausgetragen wurde (5). Auf Antrag des Klägers gestattete der Kurfürst von Sachsen, daß der eben erwähnte Rutengänger auch in diesem Fall seine Kunst beweise. Der Verhandlung wohnten der sächsische Amtmann und sein Actuarius bei. Von dem letzteren stammt der sehr ausführliche Bericht über den Ablauf. Der Kläger hatte einen Rechtsbeistand aus Chemnitz mitgebracht, der Beklagte wurde von dem Richter und einem Gerichtsschöffen aus Niederdorf begleitet. Diese beiden Personen wiesen für den Beklagten eine Grenze vor, die seit etwa 17 Jahren versteint war. Der Kläger widersprach der vorhandenen Vermarkung und bat den Amtmann, »die rechte Reinung« von dem Rutengänger suchen zu lassen. Der Beklagte wagte keinen Einspruch. Der Rutengänger wurde zu gewissenhafter Unparteilichkeit ermahnt und in die Situation eingewiesen. Er ließ sich die Namen der beiden Parteien sagen und bat, ihm Zeit zu lassen, weil ihm die Gegend unbekannt sei. Begleitet von allen Teilnehmern ging er quer durch die Gehölze der beiden Parteien, weil er »auf solche Art auf die rechte Reinung ohnfehlbar kommen müßte«. Als die Rute ausschlug, behauptete er, auf der » rechten Reinung« zu sein. Nachdem er einige Schritte der von ihm angenommenen Grenze gefolgt war, schlug die Rute neben einer Tanne noch stärker aus und der Rutengänger wies einen Ort an, wo ein »Reinstein« stehen müßte. Als der Amtmann nachgraben ließ, fand sich ein »ziemlich langer« Kieselstein mit der Spitze nach unten und dabei auch zwei Zeugen, »etwas lang und in die Länge in die Erde neben dem grossen Kieselstein gesetzet«. Im weiteren Verlauf wurden noch einige Kieselsteine mit Zeugen als Grenzsteine identifiziert. Aber auch Stellen, wo nur noch ein Loch zu sehen war, schlug die Rute ebenso heftig aus, weil nach Meinung des Rutengängers hier einmal ein Grenzstein gestanden haben müßte. Für die von dem Rutengänger angegebene Grenze sprach, daß sie mit den Anschlußpunkten in etwa eine Gerade bildete, während die von dem Beklagten behauptete abgemarkte Grenze in einem Bogen verlief, der um 84 Ellen von der Geraden abwich. Das Ergebnis des Rutengängers wurde schließlich von beiden Parteien akzeptiert. Der Kläger griff aber den Grenzstreit dann doch noch einmal auf mit dem Einwand, der Rutengänger sei nicht ordnungsgemäß beeidigt worden. Das Appellationsgericht in Leipzig argumentierte daraufhin, daß ja nicht der Rutengänger nach seiner persönlichen Beurteilung die Grenzermittlung vornehme. Hier müsse vielmehr die Sache selbst sagen, ob die von Menschenhand zur Scheidung der Grenzen in der Flur gesetzten Zeichen an dem Ort gefunden werden, den die Rute anzeige. Folglich sei eine Beeidigung des Rutengängers nicht erforderlich (6).

Um die Wende vom 17. zum 18. Jahrhundert entbrannte unter den Gelehrten aller Fakultäten ein lebhafter Meinungsstreit um Nutzen und Zulässigkeit der Wünschelrute. Teils waren die Stellungnahmen bejahend bis überschwenglich, teils abwertend bis verdammend, teils vorsichtig zurückhaltend und unparteiisch kritisch. Für die Wünschelrute sprachen mehrfache Erfolge der Bergleute beim Muten auf Mineralien. Das angewachsene Interesse für die Naturwissenschaften regte die Denker an, für das Phänomen Wünschelrute nach Erklärungen zu suchen, die freilich an den Wissensstand und die Vorstellungskraft jener Zeit gebunden waren. Eine der Hypothesen sah die Wirkung der Rute in Atomen oder »Sonnenstäubchen« eine andere glaubte eine »sympathische Kraft« am Werk gleichwie beim Magnetismus, der damals auch noch nicht erklärt werden konnte. Einige irrten auch ins Okkulte ab. Außerdem rankte sich so mancher Aberglaube um die Rute. Die Reiser sollten an bestimmten Tagen geschnitten sein, etwa wenn Merkur regiert, oder an Johanni (24. 6.), an Dreikönig (6. 1.) oder an Fastnacht. Gut sei ferner die Stunde des Sonnenaufgangs bei Neumond. Den Schnitt sollten beschwörende Worte begleiten, zum Beispiel: »Ich schneide dich, liebe Ruten, daß du mir mußt sagen,/ um was ich dich tu fragen, / und dich so lang nicht rühren, / bis du die Wahrheit tust spüren.« (6 a)

Den einzelnen Holzarten wurde je eine eigene Affinität zu den verschiedenen Erzen die man mit der Wünschelrute zu finden hoffte, zugeschrieben. Vorherrschend war aber die Rute aus dem Holz der Haselstaude. Sie wurde aus einem »zwiselten (gabelförmigen) Neugeschoß« geschnitten. Im 18. Jahrhundert trat die Rute aus Metalldraht hinzu. Aber auch vielen anderen Gegenständen, wenn sie nur länglich waren, schrieb die Phantasie die gleiche Kraft zu wie der Rute von dem Haselstrauch, darunter zum Beispiel Tabakspfeifen und Knackwürsten (7). Das siderische Pendel trat erst in jüngerer Zeit in Konkurrenz zur Wünschelrute.

Die Gegner der Rute sahen sich in ihrer Meinung bestärkt, als den Erfolgen der Rute auch viele Mißerfolge entgegengehalten werden konnten, wenn zum Beispiel in Bergwerksstollen das von der Rute verheißene Erz ausblieb oder nicht die abbauwürdige Konzentration aufwies und dadurch viel Mühe und Aufwand verloren waren. Außerdem mangelte es eben doch an einer natürlichen Erklärung für das Ausschlagen der Rute, und so konnte die Meinung aufkommen, daß das Rutengehen ein »Ammenmärchen« für Leichtgläubige und ein aus dem Heidentum überkommener Aberglaube sei. Das meiste, was bei der Rute vor sich gehe, sei gegen Gottes Gebot. Extreme Gegner sahen sogar den Teufel mit im Spiel, es müßte wenigstens eine heimliche oder stillschweigende Verbindung des Teufels mit der »Frantzösischen Ruthenseuche« (8) geben. Von dieser Auffassung rückten aber die meisten Theologen ab, weil beim Rutengehen keine zauberischen Worte, Gebärden oder Zeichen vorkämen.

In Südfrankreich, wo ja seit dem Mittelalter in manchen Gegenden der Okkultismus besonderen Anklang fand, bestand zumindest zeitweise die Neigung, es mit der Wünschelrute zu versuchen, wenn es im Gerichtsverfahren an Beweismitteln mangelte. In Deutschland hingegen reagierten Rechtsprechung und Rechtslehre sehr zurückhaltend auf die Herausforderung des Rutengehens. Viel diskutiert wurde – zumindest in Sachsen – die Frage, ob mit der Wünschelrute verdunkelte Grenzen festgestellt und verschüttete Marksteine aufgedeckt werden könnten. Die juristische Fakultät der Universität Wittenberg promovierte sogar einen Kandidaten mit einer Dissertation »Von Aufsuchung der Grentzen durch Wünschel-Ruthen« 1734 zum Doktor (9). Die Fakultät hatte schon Jahre vorher Stellung bezogen und erklärt, die Wünschelrute sei bei Grenzfeststellungen nicht unter die für einen Rechtsstreit relevanten Beweismittel aufzunehmen und bei Gericht nicht zuzulassen, auch wenn der Rutengänger (vates virgularius) geschworen habe, daß alles nach den Regeln der Kunst ausgeführt worden sei (10). So dürfte es der allgemein anerkannten juristischen Lehrmeinung in Deutschland entsprochen haben, wenn ein Autor jener Zeit formulierte, daß die Wünschelrute zum Beweis der richtigen Grenze »nicht anzunehmen seye, weil in denen Rechten nichts zum Beweiß admittirt wird, dessen Ursach nicht klar und offenbahr, und sich nicht begreiffen lässet« (11). Auf die Dissertation folgte an der Universität Wittenberg unmittelbar eine weitere Schrift, die dasselbe Thema etwas abwandelte und noch ergänzte (12). Der Verfasser setzte sich nachdrücklich dafür ein, in der Wünschelrute kein teuflisch-zauberisches Ding zu sehen.

Wenn sich die Juristen auch von der Anwendung der Wünschelrute auf Rechtstatbestände wie der Suche nach Marksteinen und Grenzen distanzierten, so sahen sie doch keine Veranlassung, gegen das Rutengehen mit

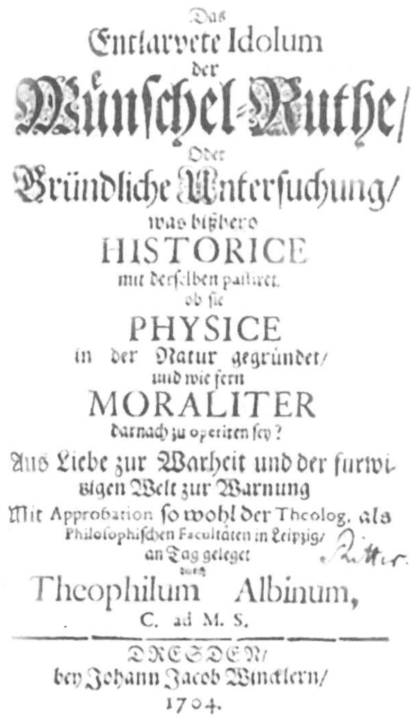

Das
Entlarvete Idolum
der
Wünschel-Ruthe/
Oder
Gründliche Untersuchung/
was bißhero
HISTORICE
mit derselben passiret,
ob sie
PHYSICE
in der Natur gegründet/
und wie fern
MORALITER
darnach zu operiren sey?
Aus Liebe zur Warheit und der furwitzigen Welt zur Warnung
Mit Approbation so wohl der Theolog. als Philosophischen Facultäten in Leipzig/ an Tag geleget
durch
Theophilum Albinum,
C. ad M. S.

DRESDEN/
bey Johann Jacob Wincklern/
1704.

Titelblatt einer Streitschrift gegen die Wünschelrute
Das Zitat unter dem Bild ist der Schrift des hl. Augustinus gegen die Manichäer entnommen : »Es beschränke sich die menschliche Verwegenheit und suche nicht das, was nicht ist, um nicht jenes, was ist, nicht zu finden.« In dem Kuperstich wird ein Traum dargestellt; siehe den Schlafenden neben dem rechten Bildrand. Aus dem Stollen in der linken Bildmitte tritt ein wie ein Mönch Gekleideter hervor und wirft Ruten auf den Platz. Verschiedene prominente Befürworter und Gegner der Wünschelrute disputieren miteinander, dann zünden sie die Ruten an. Hunderte schwarzer Zwerge, wie Teufelchen aussehend, suchen vergebens zu löschen. Am Ende der Geschichte erscheint ein maskierter Rutengänger. Der seinerzeit berühmte Philosoph Pater Malebranche stellt sich ihm in den Weg und reißt ihm die Maske vom Gesicht.

Strafen einzuschreiten. Es handle sich um einen alten Brauch, der ebenso geduldet werden könne wie manche andere abergläubische Gepflogenheiten. Nur dürften dabei keine verbotenen und zauberischen Mittel angewandt werden.

Anders religiöse Eiferer: Der Gebrauch der Wünschelrute bei Grenzfeststellungen sei strafbar, weil in die ausschließliche Entscheidungszuständigkeit der Obrigkeit eingegriffen werde (13). Da aber in der Wünschelrute entweder menschlicher Betrug stecke oder des Teufels Werk sich umtreibe, sei es eine große Sünde, mit der Rute Marksteine und verlorene Grenzen aufzusuchen.

Möglicherweise hängt es mit dem Bergbau zusammen, daß gerade aus Sachsen über die Anwendung der Wünschelrute so oft zu hören ist. Auch in einer Sagensammlung aus diesem Lande sind drei Erzählungen enthalten, mit

Hilfe der Rute seien Diebe oder Diebesgut entdeckt worden (14). Dann fährt der Verfasser fort: »Die Rute schlägt auch auf Rainsteine. Einem Rutengänger wurde sofort der Rainstein im Boden angezeigt, ungeachtet schon Bäumchen darüber gewachsen waren.«

Im 19. Jahrhundert blieb es um die Wünschelrute verhältnismäßig ruhig. Aufgeschreckt wurden bayerische Geometer, als um die Jahre 1829/30 in Dörfern östlich von Nürnberg beiderseits der Grenze zwischen den Regierungsbezirken Mittelfranken und Oberpfalz ein »fremder Mann« auftauchte und sich anheischig machte, mittels seiner übersinnlichen Kräfte verborgene Marksteine aufzufinden (15). Dieser »Marksteinschmecker« übte sein Gewerbe auf Bestellung, aber ohne Zeugen in den frühen Morgen- und späten Abendstunden aus. Wenn er dann den Auftraggeber an die Grenze führte, fanden sich beim Nachgraben an der von ihm angezeigten Stelle Steine, die er als Grenzsteine ausgab. Ob er allerdings wirklich mit der Rute arbeitete, ist nicht überliefert. Für sein geheimnisvolles Geschäft verlangte der Fremde neben freier Zehrung 2 Gulden je Eckstein, 1 Gulden je Läufer, einen horrenden Betrag für jene Zeit. Als Geometer die ominösen Steine nachmaßen, mußten sie Abweichungen von der eben erst ausgeführten Katastervermessung feststellen, die oft »Viertels- und halbe Tagwerk« für ein Grundstück betrugen. Die Kreisregierungen ließen schließlich den Wundermann aufgreifen und ihm unter Androhung einer Geldstrafe von 20 Reichstalern sowie der Schadenshaftung in seine nicht weit entfernte Heimatstadt Lauf an der Pegnitz verweisen.

Mit dem 20. Jahrhunddert lebte das Interesse an Wünschelrute und Pendel unvermittelt wieder auf. Ein Würzburger Geometer sieht auch Möglichkeiten für die Anwendung in seinem Beruf und sucht seine Berufskollegen zu entsprechenden Experimenten anzuregen (16): Die Wünschelrute der Altvordern sei ja wieder modern geworden und »mit der virgula mercurialis mag vielleicht dem einen oder anderen Fachgenossen in Fällen, in denen die sonst üblichen Methoden versagen, ein neues Hilfsmittel an die Hand gegeben werden«. Ein Beispiel, wie dieses »Hilfsmittel« genutzt werden kann, beschreibt geraume Zeit später, nämlich 1931, ein Vermessungsingenieur aus seinem Tätigkeitsgebiet im Harz (17). Mit der Wünschelrute ortete er den genauen Standort von Vermessungsteinen und -rohren, die zehn Jahre vorher gesetzt, inzwischen aber von Erde und Bewuchs zugedeckt waren und deren Standort nur noch ungefähr bekannt war.

Heute wird die Wünschelrute im Vermessungswesen gelegentlich wie ein Metallsuchgerät verwendet, um vor dem Einbringen von Vermarkungen sicherzugehen, daß beim Graben oder Bohren nicht unter Flur verlegte Leitungen angeschlagen werden.

3.14 Feldgeschworene und Untergänger im 19. und 20 Jahrhundert

Und umzuschaffen das Geschaff'ne,
damit sich's nicht zum Starren waff'ne,
Wirkt ewiges, lebend'ges Tun.

Goethe, Eins und Alles

Allgemeine Entwicklung

Längstens seit dem Ende des Mittelalters war die ursprüngliche Kraft dörflicher Selbstverwaltung im Schwinden begriffen. Sie vermochte der erstarkenden Staatsgewalt der Landesherren nicht standzuhalten. Dieser Prozeß zeigte sich unter anderem darin, daß die Territorialherrschaften vielfach den Versuch unternahmen, die Sonderrechte zu erfassen, zu nivellieren oder möglichst auszuschalten. Das Feldgericht konnte sich gegen diese Tendenzen zunächst noch einigermaßen behaupten, mußte aber mehr und mehr Reglementierungen durch Dorf- und Landesherren über sich ergehen lassen. Im Zeitalter des Absolutismus schließlich unterstellten viele Landesherren das Feldgericht ihrer Aufsicht. Zwar konnten Feldgerichte zu einem guten Teil das Recht auf Nachwahl beim Abgang eines Mitglieds behaupten, aber die Herrschaft oder das Oberamt bestand auf einer sofortigen Mitteilung und vollzog die Verpflichtung des neuen Mitglieds. Während ursprünglich der »Spruch« des Feld- oder Untergangsgerichts endgültig war, wurde nun die Berufung an ein landesherrliches Gericht zugelassen. Vielfach war im Fall von Grenzstreitigkeiten eine Mitteilung an das Oberamt geboten, das dann festlegte, ob es dem Untergang »beiwohnen« wollte oder die Sache dem Feldgericht allein überließ, das aber dann »umständliche Relation« (Bericht) zu erstatten hatte. Teilweise war auch der regelmäßige Umgang vorher dem Oberamt anzuzeigen.

Der Aufbau einer differenzierten Verwaltung auf dem Lande verursachte zudem im 18. Jahrhundert eine Einengung des ursprunglich oft sehr weit gespannten Tätigkeitsbereichs und der vielfältigen Befugnisse der Feldgeschworenen und Untergänger. Zuerst gingen Aufgaben auf dem Gebiet der Bau- und Feuerpolizei an besondere, neu geschaffene Organe über. Bedeutsamer aber war, daß berufliche Landmesser das Vermessen der Grundstücke und die Bestimmung der Grenzpunkte dem Feldgericht mehr und mehr aus der Hand nahmen und daß ein Teil der Kompetenzen an herrschaftliche Beamte und schließlich an ordentliche Gerichte verloren ging.

Nach dem Landrecht des Hochstifts Bamberg zum Beispiel hatte dem Setzen eines »Rain- oder Marksteines« durch den »geschworenen Märker . . . der Beamte selbst beizuwohnen« (1). Das Landrecht der Grafschaft Hohenlohe von 1783 wies bei einer »Irrung« wegen eines Marksteins dem herrschaftlichen Beamten die Aufgabe zu, den »Augenschein« einzunehmen »mit Zuziehung der Interessierten und der Schied«. Dem Schultheiß und der Schied war nicht mehr gestattet, ohne herrschaftlichen Beamten Steine zu heben und Grenzstreitigkeiten zu entscheiden (2).

In den an Preußen gefallenen Fürstentümern Ansbach und Bayreuth wurde das preußische Allgemeine Landrecht von 1794 (in Kraft 1795) eingeführt. Über seine Auswirkungen auf die Befugnisse der ansbachischen Siebnergerichte ist oben S. 303 berichtet worden. Den Siebnern wäre danach nur noch die Rolle von Gutachtern und Steinsetzern verblieben. Die Vorschrift scheint aber nicht überall in aller Strenge beachtet worden zu sein. Die ansbachischen Siebner behaupteten sich.

Die allgemeine große Wende aber wurde zu Beginn des 19. Jahrhunderts mit den grundlegenden Reformen der Gerichts- und Verwaltungsorganisation in den einzelnen Ländern herbeigeführt. Die regionale Vielfalt der Feldgerichte mußte nun der Uniformität staatlicher Administration weichen. Am radikalsten tobte sich der neue Zeitgeist in dem von Frankreich annektierten linksrheinischen Gebiet aus. Der Präfekt des Departements Donnersberg (Mont-Tonnerre), das 1798 als das südlichste der vier deutschen Departements das Elsaß mitumfaßte, untersagte 1808 den Gemeindebürgermeistern ausdrücklich die Wiedereinführung geschworener Steinsetzer; die alten Verordnungen dürften nicht wieder in Kraft gesetzt werden. Die Vermarkung der Privatgüter sei den Eigentümern zu überlassen, »Mißhelligkeiten« gehörten vor die Gerichtshöfe, nicht vor die Verwaltungsbehörden (3). Nach dem Ende der französischen Herrschaft lebte das Institut der Feldgeschworenen in vielen Gebietsteilen wieder auf. Von der Landesregierung hing es dann schließlich ab, ob dem Anknüpfen an die örtliche Tradition ein Dauererfolg beschieden war. Im Hunsrück zum Beispiel haben die beeideten Steinsetzer längstens Mitte des 19. Jahrhunderts endgültig resigniert (3 a).

Das 19. Jahrhundert brachte dem Institut der Feldgeschworenen und Untergänger zwar Beschränkungen ihres Aufgabenumfangs, aber andererseits auch eine insgesamt größere regionale Verbreitung. In den an Preußen angegliederten Gebieten freilich kam das Institut über kurz oder lang zum Erliegen, die preußische Staatsregierung erachtete diese Einrichtung stets als überflüssig. Die Aufgaben der Feldgerichte und Feldgeschworenen gingen hier auf gemeindliche Ortsgerichte oder auf Schätzungsämter (die mit der Grundstücksschätzung betraut waren) über (4). Aber andere Länder mit einer entsprechenden Tradition dehnten das Institut auf diejenigen Landesteile aus, in denen es bis dahin nicht existierte. Einige kleinere Länder, in denen es Feldgschworene nie gegeben hatte, führten sie durch Gesetz ein, freilich ohne ihnen das Selbstwertgefühl und die Vitalität der Feldgeschworenen aus den fränkischen und schwäbischen Stammlanden mitgeben zu können.

Aber die große Zeit des Feld- und Untergangsgerichts war endgültig abgelaufen. Die richterliche Funktion fiel völlig weg, von den selbständig wahrzunehmenden Aufgaben blieb am Ende bestenfalls noch ein kleiner Rest. In der Grenzvermarkung ging die Leitung und Verantwortung auf die Vermessungsstellen über. Die Bezeichnungen »Feldgericht« und »Feldrichter« lebten noch einige Zeit weiter, wurden aber dann in der Militärgerichtsbarkeit in einer ganz anderen Bedeutung neu besetzt. In allen Ländern wurde das Feld- oder Untergangsgericht längstens im 19. Jahrhundert auf administrative Aufgaben beschränkt. Das Vermarkungswesen wurde als Angelegenheit der Landesverwaltung behandelt (5).

Das 19. Jahrhundert brachte den meisten deutschen Ländern eine neuzeitliche Katastervermessung. Dabei zeigte sich, daß der Zustand der Grenzvermarkung in den Regionen, in denen Feldgeschworene oder Untergänger tätig waren, unvergleichlich besser war als in den übrigen Gegenden. Wo die Grenzvermarkung im argen lag und keine dörflichen Organe für die Ordnung in der Flur Sorge trugen, konnten Fälle auftreten wie bei Katastervermessungen in den alten preußischen Provinzen 1861 – 1865: »Hier kam es vor, daß Grundstücke, die längere Zeit verpachtet oder seitens der Eigentümer unbenutzt gelassen waren, ganz oder zum großen Teil von den Nachbarn weggeackert wurden und dann nicht mehr in der richtigen Lage ausgemittelt werden konnten. Einem in solcher Weise geschädigten Grundeigentümer wußte das Gericht in der Regel nicht anders zu seinem Rechte zu verhelfen, als daß von den Grundstücken des betreffenden Feldschlags die fehlende Fläche in solcher Lage abgeschnitten wurde, daß alle vorhandenen Stücke eine Kürzung erfahren mußten. Bei gleichem Zuge der Stücke erfolgte die Abtrennung an einem der Kopfenden.« (6)

Die gesetzlichen Regelungen der Länder ersetzten die Vielfalt der Bezeichnungen für ihren Geltungsbereich jeweils durch eine einzige, es gab hinfort nur entweder »Feldgeschworene«, oder »Untergänger« (Württemberg), oder »Steinsetzer« (Baden). An die Stelle des gemeinüblichen Ausdrucks »Vermarkung« tritt nach 1900 mit Rücksicht auf § 919 BGB das Wort »Abmarkung«.

Württemberg

In Württemberg verloren Städte und Dörfer im Jahre 1811 ihre Gerichtshoheit im Zivilrecht, lediglich die Untergangssachen wurden ihnen belassen (7). Eine Instruktion traf nähere Regelungen hierzu (8). In jeder Stadt und in jedem Dorf mußte nunmehr ein Untergangsgericht bestehen,was in manchen der neu erworbenen Gebiete die erstmalige Bestellung bedeutete. In Städten, in denen für das Ortsgebiet und für die Feldlage je ein Untergang bestand, konnte es damals noch dabei bleiben. Die Ober-Untergänge zu Stuttgart und Tübingen wurden aufgehoben. Das Untergangsgericht zählte seither drei, höchstens vier Mitglieder. Die Bestellung der Untergänger oblag dem Gemeinderat. In den Städten sollte damals der Bürgermeister, in den Dörfern der Schultheiß dem Untergang als »Präses« angehören, die Mitglieder sollten aus dem Kreis der Gemeinderäte genommen werden. Das Untergangsgericht entschied in allen Grenzstreitigkeiten als 1. Instanz. Diese Zuständigkeit wurde schon 1819 auf den Gemeinderat übertragen, wobei allerdings der »Augenschien«, also die örtliche Beweisaufnahme und Begutachtung, in der Regel ausschließlich durch die Untergänger vorgenommen werden sollte (9). Der württembergische Untergang verliert damit seine bisherige selbständige Position; statt der Bezeichnung »Untergangs-Gericht« scheint in den amtlichen Verlautbarungen nur noch »Untergänger«, später »Feld-Untergänger« auf. Die Untergänger durften aber in Württemberg wie auch in Hohenzol]ern weiterhin fehlende Grenzpunkte selbständig vermarken (9a). Der Gemeinderat verlor schließlich im Jahre 1868 auch noch die letzten richterlichen Zuständigkeiten an die ordentlichen Gerichte (10).

Die Bestellung und Verpflichtung der drei oder vier auf Lebenszeit ernannten Untergänger blieb Aufgabe des Gemeinderats. Beibehalten wurde auch die Unterstellung unter die Gemeindebehörde sowie die Aufsicht durch die Oberämter, die auch über Beschwerden zu entscheiden hatten (11). Daß die Untergänger dem Gemeinderat angehören, ist seither nicht mehr geboten.

Unangetastet verblieb den Untergängern die alleinige Zuständigkeit für das eigentliche Vermarkungsgeschäft, den Steinsatz. Zum Leidwesen der württembergischen Katastergeometer versuchten sich die Untergänger entsprechend dem Herkommen weiterhin in Grenzermittlungen nach eigener Beurteilung, nach Zeugenaussagen und auch nach der Karte – und sie setzten Grenzsteine, die dem Grenzausweis von Flurkarte und Vermessung nicht oder nicht hinreichend entsprachen. Erst ab 1872 wurden die Untergänger von derartigen Arbeiten ferngehalten, die Ermittlung von Grundstücksgrenzen – ohne den Steinsatz – war nun allein Sache der Geometer (12), indem vorgeschrieben wurde, daß zur Grenzermittlung die Brouillons oder die Verzeichnisse der bei der Landesaufnahme und bei den Fortführungsvermessungen auf dem Felde ermittelten Maße zu verwenden seien. Diese Unterlagen waren im Gegensatz zu den Katasterkarten den Untergängern nicht zugänglich. Nie abgesprochen wurde den Unterängern die Befugnis, »umgefallene, auf den Flurkarten verzeichnete Grenzmarken, über deren Standort ein Zweifel nicht besteht, auf diesem mit Zustimmung der Anlieger wieder aufzurichten« (13). Die Vermessungsverwaltung beurteilte auch noch diese eingeschränkte selbständige Tätigkeit der Untergänger nach ihren Erfahrungen negativ (14). So manche Felduntergänger neigten zu einer großzügigen Auslegung der Vorschriften und wollten nicht unverrichteter Dinge vom Feld nach Hause gehen. Nach den seinerzeitigen Vorschriften mußte der Katastergeometer nur dann zum Steinsatz beigezogen werden, wenn der Standort zweifelhaft war oder neue Steine gesetzt wurden. Andererseits waren die Untergänger verpflichtet, sich bei den Vermessungen der Katastergeometer zur Verfügung zu halten. Hierzu genügten von 1894 an zwei Untergänger; bis dahin mußten es jeweils drei sein. Als Felduntergänger konnte auch der für die Gemeinde zuständige Katastergeometer bestellt werden (15).

Ein jährlicher ordinari-Untergang scheint im 19. Jahrhundert kaum mehr vorgenommen worden zu sein. Als eine Art Ersatz wurde 1895 ein Kontrollgang eingeführt, bei dem der Katastergeometer mit zwei Untergängern in einem Turnus von 15 Jahren jeweils die Vermarkungsmängel feststellen sollte, um dann das Erforderliche für die Behebung der Mängel zu veranlassen (16). Der Umgang um die Grenze der Ortsmarkung, wie er einst alle drei Jahre vom Gemeindevorsteher unter größerer Beteiligung aus der Gemeinde zu veranstalten war (17), wurde nach Fertigstellung des Katastervermessungswerks (1818 – 1840) abgeschafft (18). Der Felduntergang hatte aber weiterhin nach Weisung der Gemeindebehörde »die Marksteine der Ortsmarkung« zu untersuchen. Die Gemeindebehörde hatte für die Behebung von Mängeln Sorge zu tragen. Der Gemeinderat bestimmte, in welchen Zeiträumen solche Begehungen stattfinden sollten.

Die Entlohnung der Untergänger war in Württemberg vom Staat einheitlich geregelt, sie war stets sehr dürftig.

Baden

Der Markgraf von Baden aus dem Geschlecht der Zähringer nahm im Jahre 1806 den Titel eines Großherzogs an. Die engen Beziehungen zu Napoleon trugen wesentlich dazu bei, daß sich Badens Landesfläche durch den Erwerb schwäbischer, pfälzischer und fränkischer Gebietsteile mehr als verdoppeln konnte. Damit wurden in den neuen Staat vielfältige Formen von Untergängern, Feldschiedern, Vierern, Feldgeschworenen und Märkern eingebracht. Über weite Gebiete gab es aber auch keine derartige Einrichtung. Der Großherzog beseitigte diese Vielfalt im Jahre 1818 durch einheitliches Recht für die Vermarkung, wozu ihm die »bisher sehr willkürlich zu Markungs- und Privatsteinsetzungen zugezogenen Personen und von denselben erhobenen Gebühren« Veranlassung gaben (19): In jedem Gerichtsbezirk waren nun durch die Gemeindemitglieder aus dem Gericht oder der Gemeinde vier »Steinsetzer« zu wählen und vom Amt zu verpflichten. Zum Steinsatz an den Markungsgrenzen sollten nur noch die Vorgesetzten der Orte und beiderseits ein Steinsetzer mit der erforderlichen Zahl von Hilfskräften, zu »Privatsteinsetzungen« nur der Ortsvorsteher und ein Steinsetzer beigezogen werden. Streitigkeiten über Markungsgrenzen hatte der Richter zu entscheiden, erforderlichenfalls sollte er einen Geometer zuziehen. Bei Waldungen war der Förster zu beteiligen. In der allgemeinen Einführung der Bezeichnung »verpflichteter Steinsetzer« mußten die bisherigen Untergangsrichter, die wie in anderen Ländern ihre richterlichen Befugnisse verloren hatten, eine Abwertung sehen.

Im Zuge der 1853 begonnenen Katastervermessung wurden die Markungs-, Gewannen- und Eigentumsgrenzen versteint. In diese Aufgabe teilten sich die »Markungsinhaber« und die Eigentümer. Mit dem Vermarkungsgesetz von 1854 (20) wurde dann angeordnet, daß in Hinkunft neue und wieder hergestellte verdunkelte Grenzen zu vermarken seien und daß die Vermarkung nur von den verpflichteten Steinsetzern ausgeführt werden dürfe. Damit ließ sich die Bestellung von Steinsetzern auch dort nicht mehr aufschieben, wo bisher nach altem Herkommen die Eigentümer immer noch selbst in gegenseitigem Einvernehmen die Grenzsteine setzten, wie zum Beispiel in den Ämtern Offenbach und Kork. Bei abgegangenen Grenzsteinen durfte die Grenze nur an Hand der Vermessungszahlen und damit von den Geometern ermittelt werden. Die Steinsetzer galten als Gemeindebedienstete und unterstanden der »Aufsicht und Dienstgewalt« des Bürgermeisters.

Im Jahre 1932 nahm das zweite badische Vermessungsgesetz die Vermarkungsvorschriften in sich auf. Es brachte zu den Steinsetzern keine grundlegende Änderung. In jeder Gemeinde sollten nun mindestens vier Steinsetzer und zwei Meßgehilfen verfügbar sein (21). Die Gemeinden schlossen mit diesen Hilfskräften einen Arbeitsvertrag über die Dienstleistungen und Vergütungen. Damit war endgültig dokumentiert, daß der Steinsetzer nicht mehr als Ehrenamt gewertet wurde. Zur »Nachschau«, bei der die staatlichen Vermessungsbehörden von Zeit zu Zeit die Vermarkung der Vermessungs- und Grenzpunkte zu überprüfen hatten, war die Beteiligung von Steinsetzern nicht geboten (22).

Zu den »geheimen Unterlagen« ist zwar 1854 im Vermarkungsgesetz noch erklärt, daß sie nicht gegen eine anderweitige Feststellung des Grenzpunkts mittels der Messungszahlen zeugen könnten (23). Aber bei dem geringen Ansehen, das die Steinsetzer nun genossen, verwundert es nicht, daß die Verzeugung außer Gebrauch kam (24).

Basel

Im Basler Land verblieb den Gescheiden noch nach der Landesordnung von 1813 auf ihrem Gebiet die richterliche Gewalt in 1. Instanz. Erst 1834 ging dieser Zuständigkeitsbereich auf die Zivilgerichte über (25). Im Jahre 1870 wurde noch eine Basler Gescheids-Verordnung mit 518 Paragraphen entworfen (26). Mit der Aufstellung genauer Flurpläne, die sich bis in das 20. Jahrhundert hinzog, verloren die Gescheide an Bedeutung, sie wurden entsprechend dem Fortgang der Vermessungsarbeiten von ihrem Eide entbunden und aus dem Amt verabschiedet (27). Basel-Stadt entließ die Gescheide schon im Jahre 1875.

Elsaß-Lothringen

Im seinerzeitigen »Reichsland« Elsaß-Lothrigen (1871 – 1918) wurde 1884 durch das »Kataster-Gesetz« verfügt, daß das nach dem récueil méthodique erstellte Kataster entweder durch einfache Berichtigung oder – das wurde die Regel – durch eine Neuvermessung »bereinigt« werden sollte (28). Bei den Neuvermessungen wurden unter der Leitung von Geometern sämtliche Grenzen vermarkt. Für die Vermarkung bei den Fortführungsarbeiten konnte an die Tradition der elsässischen »Marker« (poseurs de bornes) angeknüpft werden, deren Wirken geschichtlich schon verhältnismäßig früh in Weistümern greifbar ist. Nach dem Gesetz waren in allen Gemeinden vom Gemeinderat mindestens vier Feldgeschworene auf Lebenszeit zu wählen, die vom Kreisdirektor zu bestätigen und vom Amtsrichter auf ihre Dienstobliegenheiten zu verpflichten waren. Ihnen oblag die Aufsicht über die Gemarkungs-, Gewann-, Wege- und Grundstücksgrenzen sowie die Vermarkung der Grenzen unter Leitung der befugten Vermessungsstelle, aber auch die Feststellung der Kulturveränderungen, zum Beispiel die Umwandlung von Wald in Ackerland. Grenzvermessungen waren ihnen ausdrücklich untersagt.

Außer den verpflichteten Feldgeschworenen war niemand befugt, Grenzvermarkungen vorzunehmen (29). An einer Vermarkung sollten wenigstens zwei Feldgeschworene teilnehmen (30).

In den Monaten Februar bis April mußte die Gemarkung begangen und der Zustand der Vermarkung überprüft werden. Beanstandungen waren alljährlich im Fortführungstermin dem Katasterfortführungsbeamten zur Kenntnis zu bringen und von ihm zu beheben (31).

Die Tätigkeit der Feldgeschworenen wurde »in erster Linie von dem Bürgermeister, in höherer Instanz durch den Kreisdirektor überwacht« (32).

Nassau

Nassau, seit 1806 Herzogtum, hat bis 1815 mehrere kleinere Territorien in sich aufgenommen. Mit der Neuorganisation des Landes ab 1816 wurden die »Feldgerichte« vereinheitlicht (33). Sie setzten sich nunmehr generell aus dem Schultheiß und zwei bis acht »Feldgerichtsschöffen« zusammen, in den Städten und größeren Ortschaften aus »Stadträten« oder Ratsherren. Bei Abgang eines Schöffen schlug die Gemeinde beziehungsweise der Stadtvorstannd drei Anwärter aus der »vermögenden Klasse« vor, aus denen das Amt, bei Städten die Regierung den Nachfolger auswählte. Das Feldgericht führte die Aufsicht über die Grenzen und Grenzmarken und war allein befugt, Grenzsteine zu setzen. Der Schultheiß »dirigierte« die Geschäfte des Feldgerichts. Wo es auf besondere Genauigkeit nicht ankam, vermaßen die Feldgerichtsschöffen weiterhin die Privatgrundstücke mit der Rute, falls nicht ein Beteiligter ausdrücklich die Zuziehung eines Geometers forderte. Außerdem war dem Feldgericht die Führung der Hypotheken-, Stock- und Lagerbücher anvertraut. Auf Antrag schätzte das Feldgericht den Wert von Grundstücken, von Vieh, Ackerfrüchten und landwirtschaftlichem Gerät, soweit die Interessenten nicht andere Taxatoren wählten oder solche durch Gesetz bestimmt waren. Bei Felddiebstählen schätzten sie die Schadenshöhe. Eine Gebührenordnung regelte die Bezüge (34).

Bei der »Güterconsolidation«, einer Umlegung unter Schaffung bäuerlichen Volleigentums nach dem Gesetz von 1829, wurden nur die Gewannen- und Wegsteine vom Feldgericht, die Ackergrenzen aber, die nach Steinlinien abgesteckt waren, von den Besitzern mit »Furchensteinen« vermarkt (35).

Als 1851 ein neues Stockbuch eingeführt wurde, ein Vorläufer des Grundbuchs, wurde bei den Feldgerichten eine Zweitfertigung verwahrt und auf dem laufenden gehalten. Dazu blieben auch die Lagerbücher, eine Art Liegenschaftskataster, sowie das Hypothekenbuch in der Obhut des Feldgerichts; die Karten jedoch wurden von den ab 1855 bestellten Bezirksgeometern ergänzt. Das Feldgericht war zu einem Organ der freiwilligen Gerichtsbarkeit geworden. Nach dem Gemeindegesetz von 1854 (36) bestand das Feldgericht nun aus dem Bürgermeister und drei bis neun »Feldgerichtsschöffen«. Dem Feldgericht war »die Aufsicht über die Gemarkungsgrenzen und die Grenzen der Privatgrundstücke anvertraut« (37). Ab 1856 wurden zur Berichtigung der Karten geprüfte Bezirksgeometer eingesetzt, die dem herzoglichen Beamten, dem Oberschultheiß, unterstellt waren. Aber die Feldschöffen nahmen neben den Versteinungen · auch Vermessungen weiterhin vor. Erst in der preußischen Zeit war ab 1881 in jedem Fall ein geprüfter Geometer »zuzuziehen«(38).

Das nassauische Feldgericht wirkte auch bei der Bestellung von Hypotheken und bei der Beurkundung von Veränderungen im Eigentum an Liegenschaften mit. Diese Funktionen freiwilliger Gerichtsbarkeit wurden zunächst auch belassen, nachdem aus dem souveränen Herzogtum infolge des unglücklichen Kriegsausgangs 1866 eine preußische Provinz geworden war. Die Abschiedsstunde des Feldgerichts schlug, als auf Grund des Preußischen Gesetzes über die freiwillige Gerichtsbarkeit von 1899 im Gerichtsbezirk Wiesbaden »Ortsgerichte« für bestimmte Aufgaben der freiwilligen Gerichtsbarkeit eingeführt wurden (39). Nun waren die Ortsgerichte an Stelle der Feldgeschworenen dafür zuständig, »bei der Feststellung und Erhaltung der Grenzen der Grundstücke und der Gemeindebezirke in dem gesetzlich erforderlichen Umfange mitzuwirken« (40). In den Gemeinden, in denen sich der Sitz eines Amtsgerichts befand, sowie in einigen durch das Gesetz festgelegten Gemeinden trat an die Stelle des Ortsgerichts das »Schätzungsamt«. Mit der Bildung der Ortsgerichte und Schätzungsämter sind die nassauischen Feldgerichte weggefallen (41).

Das heutige Land Hessen hat 1952 im »Ortsgerichtsgesetz« (42) an die Tradition angeknüpft und die Ortsgerichte für bestimmte Aufgaben der freiwilligen Gerichtsbarkeit und für Schätzungssachen wieder errichtet. »Auf

Antrag eines Beteiligten oder auf Ersuchen einer Behörde« wirkt das Ortsgericht »bei der Feststellung und Erhaltung der Grenzen der Grundstücke . . . insbesondere bei der Errichtung fester Grenzen« mit (43). Da hierfür neben den Vermessungs- und Abmarkungsgebühren noch weitere Gebühren anfallen, werden die Ortsgerichte in Vermessungs- und Abmarkungssachen kaum einmal bemüht.

Ortsgerichte bestanden bis zum Jahre 1977 auch in dem Teil des Landes Rheinland-Pfalz, das einst zum Herzogtum Nassau gehört hatte, nämlich im Westerlandkreis. Sie hatten gemäß § 7 des Abmarkungsgesetzes die Befugnis, an Abmarkungen teilzunehmen.(Der § 7 AbmG wurde durch die Schiedmannsordnung vom 14. 12. 1977 aufgehoben.)

Hessen

Der Landgraf von Hessen nahm 1806 bei der Auflösung des Deutschen Reiches den Titel eines Großherzogs an. Bis 1815 konnte er sein Territorium wesentlich vergrößern und schließlich auch die linksrheinischen Städte Mainz und Worms mit deren Umland hinzugewinnen, Gebiete, in denen größtenteils Feldgeschworene oder Feldschieder von alters her eingesetzt waren. Im Katastergesetz von 1824 (44) wurde ihnen für die parzellare Landesaufnahme der Steinsatz übertragen, der aber nur für die Gemarkungsgrenzen bis zu den Gewanngrenzen obligatorisch, bei den Grundstücksgrenzen in das Belieben der Eigentümer gestellt war (Art. 11 des Gesetzes). Über die Lage der Grenzpunkte entschied schon nicht mehr das Feldgericht sondern der Geometer, im Streitfall das ordentliche Gericht (Art. 9). Die bisher selbständige Vermarkungstätigkeit der Feldgeschworenen endete, sobald in einer Gemarkung die Katastervermessung eingesetzt hatte.

1830 und 1833 wurde die Grenzvermarkung auf eine neue Rechtsgrundlage gestellt, die fast 100 Jahre hielt (45). Auch für diejenigen Gemarkungen, in denen die Katasteraufnahme noch nicht angelaufen war, mußten nun Feldgeschworene aufgestellt werden, falls solche nicht schon vorhanden waren (46).

Die Anzahl der Feldgeschworenen sollte vier betragen, sie konnte bei Bedarf bis auf acht erhöht werden (§ 8 der Instruktion). Eines der Mitglieder mußte so viel Messungskenntnisse besitzen, daß es beim Steinsatz einfache Messungen ausführen konnte. Vorstand der Feldgeschworenen war der Bürgermeister (§ 9 der Instr.). Die Feldgeschworenen wurden vom Ortsvorstand vorgeschlagen und von den Kreisräten bestellt (§ 7 der Instr.). Aufgabe der Feldgeschworenen war die Aufsicht über die Gemarkungs-, Flur-, Gewann- und Parzellengrenzen, sie waren »ständige Experten bei Grenzstreitigkeiten«. Ihre alleinige Zuständigkeit für die Grenzvermarkung wurde 1867 in einem eigenen Gesetz nochmals hervorgehoben. Zum Steinsatz mußten wenigstens drei Feldgeschworene erscheinen (Art. 12, § 11). Geheime Unterlagen konnten, aber mußten nicht verwendet werden, soweit die Grenzsteine durch Zahlenaufnahmen festgehalten wurden. Stellten die Feldgeschworenen Beschädigungen an Grenzsteinen fest, so hatten sie dem Ortsvorstand zu berichten (§ 19). Im September und Oktober jeden Jahres sollten sie die ganze Markung begehen und sich vom Zustand der Grenzen genau unterrichten (§ 20). Beanstandungen sollten umgehend behoben, Verfehlungen geahndet werden. Der Mindestabstand, der bei der Feldbestellung vom Grenzstein einzuhalten war, betrug nur noch 10 Zentimeter (§ 18).

Das Abmarkungsgesetz von 1926 führte die Abmarkungspflicht auch für die Eigentumsgrenzen ein (47). Den Begriff »Abmarkung« definierte es folgendermaßen: »Zu einer Abmarkung gehört die Ermittlung des abzumarkenden Punktes und seine Bezeichnung durch das Anbringen dauerhafter Merkmale (Marken)« (Art. 3 des Gesetzes). Die prinzipielle Unterscheidung zwischen der Tätigkeit der Vermessungsstelle und des Feldgeschworenen war damit in der Verfahrensphilosophie aufgegeben, der Feldgeschworene wurde bei der Abmarkung zum Gehilfen. Bei den Abmarkungshandlungen einschließlich dem Entfernen von Grenzsteinen und Vermessungsmarken sollte wenigstens einer der Feldgeschworenen anwesend sein (48). Das Wort »soll« betreffs der Anwesenheit von Feldgeschworenen war so auszulegen, daß die Vermessungsstellen auch ohne Beteiligung von Feldgeschworenen rechtsgültig abmarken konnten. Die Höchstzahl der Feldgeschworenen wurde auf 10 aufgestockt (Art. 10). Als Aufgabe war ihnen nun neben der Mitwirkung bei der Abmarkung gestellt, Grenzen und Grenzzeichen, insbesondere Grenzsteine und andere Marken fortlaufend zu beobachten und zu überwachen sowie Strafanzeigen zu erstatten, wenn sie Verfehlungen gegen den Schutz, die Erhaltung und Unterhaltung von Grenzen und Grenzzeichen wahrnahmen (§ 9). An die Stelle des jährlichen Begangs der Feldmark durch die Feldgeschworenen trat die Überprüfung durch das Vermessungsamt in einem Turnus von 15 Jahren, an der auch einer der Feldgeschworenen teilnehmen mußte (§ 13). Parzellengrenzen wurden in die Überprüfung nur dann mit einbezogen, wenn sie vollständig vermarkt worden waren, zum Beispiel wenn eine Flurbereinigung oder Neuvermessung durchgeführt worden war (Art. 1).

Über die Ortsgerichte in Hessen ist bereits oben in dem Abschnitt Nassau berichtet worden.

Die Landscheider in den Grafschaften Hanau und Isenburg

In den Grafschaften Hanau und Isenburg überlebte das Landscheiderinstitut zunächst noch den Herrschaftswechsel, als mit dem Wiener Kongreß der größere Teil dieser Fürstentümer endgültig eine Provinz des Kurfürstentums Hessen-Kassel geworden war. In dem neuen Staatsverband gab es sonst kaum irgendwo Feldgeschworene. Die Anweisung über Kataster-Fortschreibungsmessungen im Kurfürstentum vom 12. 4. 1833 enthielt deshalb eine Sonderregelung für die neue Provinz, nämlich daß hier bei Grenzveränderungen die Grenzsteine in Anwesenheit des Landmessers und eines verpflichteten Orts-Steinsetzers einzubringen seien (49). Die Landscheider wurden 1845/47 der Staatsfinanzbehörde unterstellt. Die Annexion Kurhessens durch Preußen als Beute des Krieges von 1866 scheint auch das endgültige Ende für die Landscheider der ehemaligen Fürstentümer Hanau und Isenburg bedeutet zu haben.

Sachsen-Meiningen und Sachsen-Coburg

In den Herzogtümern Sachsen-Meiningen und Sachsen-Coburg wurden bei der von bayerischen Geometern im Auftrag ausgeführten Katastervermessung die Grenzen vermarkt (1859 – 1871, bzw. 1858 – 1871). Zur Sicherung der Vermarkung erließen die Herzogtümer im Jahre 1882 Vermarkungsgesetze (50). Die Vermarkung oblag den »Märkern« oder »Steinsetzern«. In den Gemeinden von Sachsen-Meiningen waren einer oder mehrere aufzustellen, in der Regel zwei, und zwar unwiderruflich, in den Gemeinden von Sachsen-Koburg aber mindestens drei. Die Märker oder Steinsetzer wurden von der Gemeindevertretung beziehungsweise dem Gemeindevorstand gewählt und von der Aufsichtsbehörde verpflichtet. Die Teilnahme eines der Märker an einer Vermarkung war ausreichend.

Das »Märkeramt« in den Gemeinden von Sachsen-Koburg wählte aus seiner Mitte einen »Obermärker«. Dieser leitete die Geschäfte und verwahrte das »Markungsbuch« mit den Protokollen der Vermarkungen.

Sachsen-Weimar

In Sachsen-Weimar wurde, wie in dem Abschnitt über die Abmarkungspflicht oben bereits dargelegt, 1726 eine Vermessung aller Liegenschaften angeordnet, der eine Versteinung der Flurteile durch besonders hierfür ernannte Feldgeschworene vorauszugehen hatte. Ob bei den Feldgeschworenen auf eine von früher her überlieferte dörfliche Einrichtung zurückgegriffen wurde, konnte aus den verfügbaren Unterlagen nicht ersehen werden. Die Katastervermessung spielte die Grenzermittlung dem Feldmesser zu. Nach dem Gesetz über die Flurkarten, Fundbücher und Kataster, deren Beweiskraft und Bekanntmachung, vom 12. März 1839 hatten die Feldgeschworenen weiterhin die Aufgabe, die Grundbesitzer zu beraten, Meldungen über den Verlust von Grenzsteinen entgegenzunehmen und weiterzuleiten sowie den Steinsatz auszuführen (50 a). Die 1726 erlassene Verordnung wurde erst durch das Gesetz über die Landesvermessung vom 5. März 1851 aufgehoben. Die Neuregelung – mit einer Instruction über die Feldgeschworenen vom 20. September 1872 – beließ es bei zwei bis drei Feldgeschworenen, die vom Gemeinderat oder Ortsverband auf ihre Aufgaben zu verpflichten waren. Die Feldgeschworenen hatten die vom Geometer verpflockten Grenzpunkte zu versteinen. Zu dem Geschäft mußten mindestens zwei von ihnen anwesend sein. Selbständig durften sie beschädigte Steine ersetzen sowie umgestürzte Steine wiederherstellen, wenn der Standort aus den Unterlagen im Boden erkennbar war. Sie waren zwar der Aufsicht der Verwaltungsbehörde unterstellt, aber an die Weisungen des Geometers gebunden.

Thüringen

Die Kleinstaaten in Thüringen einschließlich Sachsen-Meiningen schlossen sich 1920 zum Land Thüringen mit der Hauptstadt Weimar zusammen. Sachsen-Coburg entschied sich für Bayern. Preußen ließ sich seine Gebietsteile und Exklaven im thüringischen Raum, deren bedeutendste Erfurt (seit 1802) und Suhl (seit 1815) waren, nicht wegnehmen. Der junge Staat Thüringen regelte im Jahre 1930 das Abmarkungswesen einheitlich und dehnte die Einrichtung der Feldgeschworenen auf das ganze Gebiet aus (51).

Die Bindung der Feldgeschworenen an die Katastervermessung kam im thüringischen Abmarkungsrecht besonders stark zum Ausdruck: Das Katasteramt hatte die Zahl der von der Gemeinde aufzustellenden Feldgeschworenen, mindestens zwei, zu bestimmen, die Wahl bedurfte seiner Bestätigung. Die zu Katastervermessungen befugten Stellen waren gegenüber den Feldgeschworenen weisungsberechtigt. Den Feldgeschworenen war noch zugestanden, schiefstehende Grenzsteine selbständig aufzurichten sowie Grenzsteine tiefer zu setzen und schadhafte auszuwechseln. Im übrigen konnten die Vermessungsbehörden den Feldgeschworenen schriftliche Weisung erteilen, bereits bezeichnete Grenzpunkte zu vermarken.

Wie das hessische Abmarkungsgesetz von 1926 bezieht auch das thüringische Recht in den Begriff »Abmarkung« die Vermessung mit ein und verwendet für den Verfahrensteil »Errichtung der Grenz- und Markungszeichen« die Bezeichnung »Vermarkung«. Als »Abmarkung« galt auch die »Bestimmung und Sicherung von Grenzen, die aus besonderen Gründen nicht mit festen Grenzzeichen vermarkt werden«. Die Feldgeschworenen nahmen somit die »Vermarkung«, aber nicht die »Abmarkung« vor. Diese Audrucksweise steht in offenem Widerspruch zu § 919 BGB, da dort »Abmarkung« als »Errichtung fester Grenzzeichen« definiert ist. Eine »Abmarkung« ohne »Vermarkung« ist ein sprachliches Unding. Grenzermittlung und Abmarkung müssen in der Verfahrenstheorie klar auseinandergehalten werden.

Geheime Unterlagen kamen im thüringischen Abmarkungsrecht nicht mehr vor.

Bayern

Die Situation zu Beginn des 19. Jahrhunderts

Das junge Königreich Bayern (1806) machte durch seine Gebietserwerbungen in Franken und im nördlichen Schwaben auch unversehens mit der Einrichtung der Feldgeschworenen und Untergänger Bekanntschaft (52). Offensichtlich wußte man mit diesem Amt, das in Altbayern bei der schwachen Entwicklung kommunaler Selbstverwaltung unbekannt war, nicht viel anzufangen. So stellte die Staatsregierung bei der großen Kommunalreform die Regelung dieses Instituts vorerst zurück. Sie beschränkte sich darauf, die Schrift des Pappenheimischen Kommissionsrats J. S. Klüber anzupreisen, die 1808 unter dem Titel »Entwurf einer Instruktion für verpflichtete Landesschieder, Steiner, Steinsetzer oder Feldgeschworene« erschienen war. Nach Auffassung der Staatsregierung zeichnete sich dieses Büchlein »durch Zweckmäßigkeit und Brauchbarkeit sowohl für die Gerichte als auch für die Genossenschaften der Feldgeschworenen sehr vorteilhaft aus«, weshalb es »öffentlich empfohlen« wurde (53).

Mit der Ordnung des Kommunalrechts in den Jahren 1808 bis 1818 und durch die Neuorganisation des Gerichtswesens verloren die Feldgeschworenen die Funktionen eines Feldgerichts, wenn auch der Titel »Feldgericht« noch gelegentlich gebraucht wurde. In allen Streitigkeiten im Dorf einschließlich des Streits über liegende Güter hatte ab 1808 der »Gemeinde-Rath" (später Gemeinde-Ausschuß) zu vermitteln (54). Der gemeindliche Vermittlungsausschuß konnte jedoch im Einzelfall auf Antrag der Parteien mit Feldgeschworenen besetzt werden, die dann unter Vorsitz des Gemeindevorstands berieten. An das Gericht konnte ein Streit erst nach einem erfolglosen Vermittlungsversuch herangetragen werden. Auch in dieser Instanz wurden die Feldgeschworenen (später dann beeidete Feldmesser) als Gutachter herangezogen.

Soweit den Feldgeschworenen aus früherer Zeit noch eine Strafbefugnis bei Feldfreveln verblieben war, fiel auch diese 1808 weg. Strafen bis zu einem Gulden wurden nun vom »Gemeinde-Rath« (später Gemeinde-Ausschuß) verhängt, wogegen der »Rekurs an das Unter-Gericht« offenstand (55). Der bescheidene Rest einstiger Dorfgerichtsbarkeit umfaßte die Abstrafung geringer Dorf- und Feldfrevel wie Überackern, unbefugtes Einleiten von Wasser, Nachtweiden, Überfahren des Abstands vom Markstein, Ausackern von Marksteinen aus Unachtsamkeit, Unterlassen des Aufdeckens von Marksteinen beim Umgang (55 a). Bei Entscheidungen des Gemeinderats sollten jedoch wiederum Feldgeschworene, wo solche eingesetzt waren, anwesend sein und gehört werden. Die Bestimmungen der Siebnerordnungen, wonach Schmähung und Beleidigung der Siebner unter Strafe gestellt waren, verloren ihre Gültigkeit; die Anwendung von Zwangsmaßnahmen wurde längstens durch Art. 25 des Einführungsgesetzes zum Polizeistrafgesetzbuch vom 10. 11. 1861 den Verwaltungsbehörden vorbehalten.

Das Gemeinde-Edikt von 1818, eine Art Begleitgesetz zur bayer. Verfassung, übernahm im wesentlichen die Regelungen von 1808 (56). Die Feldgeschworenen blieben in Franken, Nordschwaben und Teilen der Rheinpfalz weiterhin die Sachverständigen in Grenzangelegenheiten mit dem alleinigen Recht, Grenzvermarkungen vorzunehmen. Sie veranstalteten ein- oder zweimal im Jahr ihren Umgang in der Flur und standen darüber hinaus den Grundeigentümern zu Einzelterminen zur Verfügung. Wahrnehmungen über Feldfrevel hatten sie der Gemeinde anzuzeigen. Maßgebend war schließlich ihre Beteiligung an der Begehung der Gemeindegrenze. Die Feldgeschworenen wählten neue Mitglieder überwiegend selbst (56 a), mußten aber dem Königlichen Landgericht, damals zugleich Verwaltungs- behörde, Anzeige erstatten und ein vom Pfarramt und der Gemeindeverwaltung ausgestelltes Leumundszeugnis des Bewerbers vorlegen. Das Landgericht nahm auch die Vereidigung vor. Das Geheimnis der Belegung oder Verzeugung der Grenzsteine blieb geschützt. Streitigkeiten über Art und Form der Vermarkung waren an das Vermittlungsamt der Gemeinde heranzutragen. Die Feldgeschworenen hatten zu überwachen, daß bei der Feldbestellung der herkömmliche Abstand vom Grenzstein, meist ein Fuß vor und hinter dem Stein sowie ein halber Fuß seitlich, eingehalten wurde. Auch die Aufsicht über die Einhaltung der Wege und über die ordnungsgemäße Ableitung des Wassers blieb zumeist ihre Aufgabe. Vereinzelt kontrollierten sie sogar die Eichmarken an den Mühlkanälen.

Zahlreiche Landgerichte in Franken und Nordschwaben – nach 1862 Bezirksämter – faßten diese Aufgaben in Siebnerordnungen zusammen und schufen für ihren Bezirk einheitliches Siebnerrecht. Hierbei wurde sowohl die neue Gesetzgebung berücksichtigt als auch soweit möglich dem örtlichen Herkommen Rechnung getragen. Die Ordnungen erschienen zumeist im Druck. Auch Patrimonialgerichte (herrschaftliche Gerichte, die noch bis 1848 bestanden) blieben der Tradition verbunden und erneuerten die alten Ordnungen im Rahmen des neuen Rechts; Beispiel: das Fechenbachische Patrimonialgericht in der Instruktion für das Viergericht Sommerau vom 22. 4. 1834 (bei Klingenberg a. Main). Städte mit Magistratsverwaltung verfaßten Siebnerordnungen selbst und ließen sie durch die Kreisregierung (= Bezirksregierung von heute) bestätigen. Beispiel: die Feldgerichts- oder Siebner-Ordnung für Nördlingen vom 17. 10. 1839.

In den Siebnerordnungen wurde jeweils auch die Entlohnung der Feldgeschworenen in der landeseinheitlichen Währung festgelegt, die Zeit der Sachleistungen war endgültig vorüber. Als Beispiel diene das Landgericht Heidenheim im Jahre 1823 (57):

für die Begehung der Gemeindegrenze	5 fl 15 kr im Tag
für den jährlich zweimaligen Feldbegang	3 fl 30 kr
für jeden neuen Stein beim Feldbegang	15 kr
für einen Grenzstein zu heben und zu setzen einschließlich Feldbegang	2 fl 30 kr
für ein Gutachten ohne Steinsatz	1 fl 45 kr.

Nach einer »Entschließung« des Landgerichts Schweinfurt vom 26. 4. 1823, die im Siebnerbuch der Gemeinde Klosterheidenfeld (heute Heidenfeld) in Abschrift überliefert ist, erhalten die Siebner außer der Vergütung für ihre Leistungen für jeden Stein, den ein Grundbesitzer für den regelmäßigen Feldbegang nicht vorschriftsmäßig aufgedeckt hat, die Geldbuße in Höhe von 15 kr. Eine weitere Besonderheit dieser Gemeinde ist, daß sie ab 1864 ihren Siebnern eine jährliche feste Besoldung von 5 fl gewährt, wofür die aufsichtsrechtliche Genehmigung des Bezirksamts Schweinfurt eigens eingeholt wurde.

Die Beschränkung der herkömmlichen Rechte und Befugnisse der fränkischen Siebner war nur allmählich durchzusetzen. Aus einer Verfügung des Landgerichts Neustadt (a. d. Aisch) vom Jahre 1835 an die Gemeinden ist zu erfahren, welche »beynahe in allen Ordnungen vorkommenden Alterthümlichen Gebräuche« nach der neuen Gemeindverfassung als aufgehoben anzusehen seien. Der Katalog weist folgende Punkte auf (57 a): Die Pflicht zur Bewirtung der Siebner durch jedes neu in die Siebnerei gewählte Mitglied; die Befugnis der Siebner, Wege und Triebe mit Gewalt zu öffnen; das Recht zur Pfändung in bestimmten Fällen; die Pflicht desjenigen, der sich dem ihm angetragenen Siebneramt verweigert, einen Eimer Wein (1 bayer. Eimer rd. 60 l) zu geben oder eine Geldstrafe zu bezahlen; die Vereinnahmung von Geldstrafen für

Überackern und Überweiden, für unbefugtes Einhüten und für Nachtweiden, Geldstrafen, die wie oben erwähnt dem Gemeindeausschuß zugefallen waren.

Die Feldgeschworenen konnten sich jedoch durch alle Zeit ihre Unabhängigkeit vom Gemeinderegiment bewahren. Das zeigt sich zum Beispiel darin, daß sie als Körperschaft in einen Streit gegen die Gemeinde eintreten konnten. So kam es im Dorf Stetten bei Karlstadt am Main zu »Zwistigkeiten und Klagen« zwischen der Gemeindeverwaltung und dem Feldgericht, die im Jahre 1851 in einem Vergleich beigelegt wurden. Der Streit betraf den ordentlichen Umgang, bei dem an die vom Geometer bestimmten Stellen Steine zu setzen waren, sowie die Vergütung hierfür. Das k. Landgericht in Karlstadt erteilte dem Vergleich seine Genehmigung (58).

Das unverbrüchliche Vertrauen, das für die Grenzfeststellung einst den Siebnern entgegengebracht worden war, wuchs nach der Katastervermessung des Landes mehr und mehr den Bezirksgeometern zu, ohne daß hierfür eine staatliche Direktive ergangen wäre. Ausdruck fand diese Wendung in dem Entwurf einer Feldordnung, den ein unterfränkisches Dorf im Jahre 1851 erstellte (58 a), allerdings wohl noch ein Einzelfall: Wer ein Grundstück durch die Siebner versteinen lassen wollte, sollte dies beim Gemeindevorsteher unter Vorlage seines Katasterauszugs anzeigen. Dieser übermittelte sodann den Auszug mit Bericht an das Rentamt. Der für das Rentamt bestellte Geometer legte daraufhin die Punkte im Gelände fest, auf denen dann die Siebner die Grenzsteine setzten. Erforderlichenfalls nahm der Geometer eine Ergänzung des Katasterplans vor.

Ein kurzes Intermezzo in der Geschichte Unterfrankens spiegelt sich darin wider, daß es ein »Großherzogliches« Land-Gericht in Ochsenfurt war, das für seinen Bezirk am 17. Januar 1814 eine neue Feldschieder-Ordnung gab (59). Das Hochstift Würzburg war im Zuge der Säkularisation 1803 von Bayern besetzt, aber schon am 26. 12. 1805 im Frieden von Preßburg an Ferdinand III. von Toscana, den jüngeren Bruder von Kaiser Franz, abgetreten worden. Ferdinand hatte 1801 sein Fürstentum in Italien verloren und zunächst – als Entschädigung – als »Kurfürst« von Salzburg regiert. In diesen drei Jahren unterstand ihm außerdem der größere Teil des ehemaligen Hochstifts Eichstätt. In Würzburgs großherzogliche Zeit (1806 – 1815) fällt auch eine Neufassung der Feldgerichtsordnung für die Stadt Kitzingen. Der Rat der Stadt beschloß 1807 die neue Ordnung und erhielt sie vom »Großherzoglich Würzburgischen Landgericht« unbeanstandet bestätigt (60).

In der bayerischen Rheinpfalz war das Institut der Feldgeschworenen oder Messer während der französischen Besatzungszeit »eingegangen« (siehe oben). Nach der Rückkehr der Pfalz zu Bayern wurde es wieder ins Leben gerufen und von der Bevölkerung sogleich anerkannt (60 a).

Allgemeine Einführung des Feldgeschworenen-Instituts in Bayern 1868

Das Institut der Feldgeschworenen ist in Bayerns Gemeinden seit dem Jahre 1868 allgemein obligatorisch. Der Weg dahin wurde in vielen Etappen zurückgelegt, er verlief nicht geradlinig.

Schon am 12. April 1819 richteten sechs Bürger von Neustadt a. d. Aisch eine Bittschrift an die Ständeversammlung um gnädigste Verwendung für die Erhaltung der »Siebner-Gerichte« mit den bisherigen Zuständigkeiten (61). Bei dem herrschenden Geist der Aufklärung und bei der neuen Sachlichkeit mußte das Gesuch schon im Ausschuß auf Ablehnung stoßen. Da der Berichterstatter aus Niederbayern (Kreis Dingolfing) kam, war ein tieferes Verständnis für die fränkischen Siebner nicht zu erwarten. In Altbayern waren zudem die Felder, Wiesen und Wälder in der Regel nicht mit Steinen vermarkt, sondern durch Raine oder Gräben abgegrenzt. Der Ausschuß sah keinen Handlungsbedarf, da die betreffenden Aufgaben von Gemeindevorstand und Gemeindeausschuß wahrgenommen würden.

Einen gewissen Erfolg zeitigte dann ein ähnlicher Antrag, den zwei Abgeordnete aus Feuchtwangen und Markt Ippesheim (MFr) am 4. Juni 1831 an die Kammer der Abgeordneten stellten (62). Nach längeren Beratungen in den beiden Kammern des Landtags wurde schließlich 1834 in das Gemeinde-Edikt im Zuge einer größeren Revision folgender Abschnitt eingefügt (63): »Die Siebnerey soll in den Gegenden, wo sie besteht, erhalten, und für die Zukunft die Siebner ermächtigt werden, ihre bisherigen Funktionen nach der bisherigen von den Polizey-Behörden (= innere Verwaltung) vor allem zu prüfenden, zu bestätigenden und bekannt zu machenden Siebnerordnung auszuüben.« Der Landtag fügte dem Gesetzesbeschluß den Antrag an die Staatsregierung hinzu: »Auch an Orten, wo die Siebnereiordnung bisher nicht bestanden hat, sollen die Polizeibehörden die Einführung derselben sich angelegen sein lassen.« (64) Eine Ministerial-Entschließung stellt dazu klar, daß dort, wo eine andere Form des Feldgerichts bestehe, »das bisherige Feldgericht gleichfalls in Wirksamkeit bleibt« (65). Der Inhalt dieser Entschließung wurde in die Vollzugsvorschriften zum revidierten Gemeinde-Edikt 1837 in abgewandelter Form aufgenommen (66): »Die in den nördlichen Provinzen des Reiches übliche, unter dem Namen Siebnerei bekannte Form des Feldgerichts soll keiner Gemeinde, welche ihre bisherige Übung aufrecht erhalten wissen will, aufgedrungen werden . . .« Tatsächlich wurde aber das Feldgeschworenen-Institut in verschiedenen nordbayerischen Gemeinden, in denen es bis dahin nicht oder nicht mehr bestand, wegen seines anerkannten Nutzens eingeführt beziehungsweise wiederbelebt.

Ungeachtet der grundsätzlich positiven Einstellung der Staatsregierung gegenüber der Siebnerei bestand doch eine gewisse Rechtsunsicherheit über deren Befugnisse. Dadurch gelang es den Geometern gelegentlich, in das Monopol der Siebner einzubrechen. Als im Jahre 1849 der Geometer Düll in Wassertrüdingen (südlich von Ansbach) nach der Vermessung der Gemeindegrundaufteilung auch die Vermarkung der neuen Grenzen vornahm, erhoben die Siebner, gestützt auf ihre Instruktion vom Jahre 1828, Einspruch. Die Regierung von Mittelfranken wies als letzte Instanz den Einspruch zurück (67). Mit der Landesaufnahme für die Aufstellung des Grundsteuerkatasters hatte sich nach Meinung der Regierung der Wirkungskreis der Siebner geändert, er sei nunmehr auf die Beaufsichtigung der Grenzzeichen beschränkt.

Der Anstoß zum Erlaß eines Vermarkungsgesetzes kam schließlich 1865 vom »General-Comité des landwirtschaftlichen Vereins« (68) und 1867 von einem Abgeordneten. Die Anregung wurde nun im Fachausschuß der Abgeordnetenkammer ausführlich erörtert, wobei sich schon eine Aufspaltung des Antragskomplexes in mehrere Themenbereiche abzeichnete, nämlich: privatrechlicher Anspruch des Grundeigentümers gegenüber dem Grenznachbarn auf gemeinsame Errichtung fester Grenzzeichen, öffentlich-rechtliche Verpflichtung zur Errichtung von Grenzzeichen – etwa bei der Teilung eines Grundstücks –, allgemeine Einführung des Feldgeschworenen-Instituts und schließlich Verfahren der Vermarkung. Der Referent in der Abgeordnetenkammer wollte eine allgemeine Einführung des Siebnerinstituts nicht empfehlen, insbesondere weil dieses Institut nicht auf einem Gesetz sondern auf einer Volkssitte beruhe, Siebner sich aber nicht leicht von einem Volksstamm auf einen anderen übertragen ließen (69). Auch dürfe man in dem anzustrebenden Rechtsstaat den Schiedssprüchen eines Siebnergerichts nicht eine Rechtsverbindlichkeit beilegen. Schließlich wurde das Ministerium des Handels und der öffentlichen Arbeiten am 27. 2. 1867 beauftragt, dem Landtag einen Gesetzentwurf vorzulegen.

Die Motive zu dem noch 1867 im Landtag eingebrachten Gesetzentwurf schildern die seinerzeit vorgefundene Situation (70): Ein sehr beträchtlicher Teil des Grundeigentums ist gar nicht oder in nur höchst mangelhafter Weise mit Grenzmarken versehen. Wo Siebner nicht bestellt sind, ist die Vermarkung mit Grenzsteinen kaum üblich. In einem größeren Teil des nördlichen Bayern nehmen seit alters her die Feldgeschworenen die Vermarkung vor und in einigen wenigen Gemeinden sind noch in neuerer Zeit Feldgeschworene eingeführt worden. Gelegentlich werden Bezirksgeometer mit Grenzvermarkungen betraut. Da aber die Dienstvorschriften für Bezirksgeometer derartige Arbeiten nicht vorsehen, wird diese Tätigkeit nicht der Offizialpraxis, sondern der privaten Tätigkeit zugerechnet. Dazu bemerken die Motive: »Die Berufung des nicht selten weit entfernten und viel beschäftigten Bezirksgeometers war zumeist mit Verzögerungen und erheblichen Auslagen verknüpft und überdieß zuweilen erfolglos, indem die von dem Bezirksgeometer gesetzten Grenzsteine, als der vollen Legalität entbehrend, von den Nachbarn wohl auch wieder herausgerissen und entfernt zu werden pflegen.« Andererseits war in den Stellungnahmen, die für die Ausarbeitung des Gesetzes bei den Bezirksämtern eingeholt wurden, die Besorgnis durchgeklungen, die Übertragung der Grenzvermarkung an die Feldgeschworenen würde zu einer Verteuerung des Verfahrens führen. Die Übernahme des Feldgeschworenen-Institus auf das ganze Land wurde aber doch von den befragten Stellen, wenn auch nicht einstimmig, so doch überwiegend befürwortet. Die Stellungnahmen zu dieser Frage reichten von unbedingter Zustimmung bis zu strikter Ablehnung.

Die fränkische und nordschwäbische Tradition hatte schließlich die Oberhand gewonnen. Das Vermarkungsgesetz 1868 (71) übertrug die Befugnis zur Vermarkung der Grundstücke ausschließlich besonderen, verpflichteten gemeindlichen Organen, die nun für jede Gemeinde des Staates, soweit nicht schon vorhanden, zu bestellen waren. Diese Organe führen seither amtlich die Bezeichnung »Feldgeschworene«. Im Volksmund erhielten sich vielfach die überkommenen Namen, wie »Siebner«, »Vierer«, »Märker« und so weiter. Die landesweite, bis heute fortwirkende Einführung der Feldgeschworenen wurde in den Motiven zum Gesetzentwurf damit begründet, daß durch das Vermarkungsgesetz dem Eigentümer eines Grundstücks das Recht zugesprochen werden soll, von seinem Nachbarn die »erforderliche neue oder ergänzende Vermarkung auf gemeinschaftliche Kosten« zu verlangen (Art. 1 des Gesetzes). Dazu müßten »allenthalben speziell hierfür verpflichtete sachkundige Organe bestehen, welche das Vermarkungsgeschäft nicht nur in vollkommen legaler und beweiskräftiger, sondern auch zweckmäßiger und mindest kostspieliger Weise vornehmen, denen endlich auch die periodische Besichtigung und Überwachung sämmtlicher in der Gemeindeflur vorhandenen Grenzmarken anzuvertrauen ist« (72). Die Bezirksgeometer wurden aus den schon oben angeführten Gründen als nicht geeignet angesehen, die Vermarkungen zu übernehmen. Außerdem sei ihnen die Überwachung der Vermarkung in dem ausgedehnten Geometerbezirk nicht möglich.

In der Zahl der Feldgeschworenen folgte das Gesetz dem Beispiel der Ordnungen im Hochstift Würzburg, es stellte den Gemeinden die Zahlen vier bis sieben frei. Bestand eine Gemeinde aus mehreren Ortschaften, so durften auch entsprechend mehrere Kollegien aufgestellt werden. Wo eine erstmalige Wahl erforderlich war, hatte die Gemeindeverwaltung die Wahl vorzunehmen. Bei Abgang eines Feldgeschworenen durch Tod, Krankheit oder Wegzug aus der Gemeinde hatten die restlichen Feldgeschworenen den Nachfolger zu wählen, falls ihre Zahl nicht unter drei gesunken war (Art. 13). Diese Kooptation war bei den Siebnern in Franken weithin üblich gewesen. Die Verpflichtung der Feldgeschworenen wurde der »Distriktsverwaltungsbehörde« (heutige Kreisverwaltungsbehörde) übertragen. Das Amt wurde auf Lebenszeit verliehen (Art. 14). Die Feldgeschworenen hatten sich aus ihrer Mitte einen Obmann zu wählen (Art. 12). Das Gesetz übernahm insoweit, was bis dahin schon überwiegend Gepflogenheit gewesen war.

Die Dienstverrichtungen der Feldgeschworenen waren vom Gemeindevorstand zu vermitteln (Art. 18). Den Termin setzte der Obmann der Feldgeschworenen fest. Dem Gemeindevorstand oblag die Ladung der Beteiligten (Art. 19). Das Gesetz bezeichnete die Feldgeschworenen als Hilfsorgane des Vorstands der Gemeinde für die Erhaltung der Flur- und Markungsgrenzen.

Wie nach den alten Siebner- und Feldschiederordnungen war nunmehr weder den Eigentümern noch den Geometern noch sonstigen Behörden gestattet, Grenzsteine zu setzen, zu entfernen oder aufzurichten. Voraussetzung für die Vermarkung war, daß die Grenze auf Grund von Urkunden, gerichtlicher Entscheidung oder Übereinkommen der Beteiligten zweifellos feststand und die Beteiligten der Vermarkung zustimmten (Art. 16). Die Anwesenheit der Beteiligten oder ihrer Vertreter und von mindestens zwei Feldgeschworenen war für die Gültigkeit des Verfahrens erforderlich (Art. 18). Das Unterlegen »bestimmter geheimer Zeichen, sogenannter Unterlagen« wurde den Feldgeschworenen freigestellt (Art. 17). Über das Amtsgeschäft mußte ein Protokoll oder Tagebuch geführt werden (Art. 20), wofür ein eigenes Formular hinausgegeben wurde (73).

Die Feldgeschworenen wurden im Einzelfall auf Antrag tätig. Der in vielen Gegenden bis dahin übliche jährliche Umgang durch die Flur, bei dem die Siebner auf Antrag der Beteiligten Vermarkungen vornahmen und Vermarkungsmängel behoben, fand nicht Eingang in das Gesetz. An seine Stelle trat eine periodische, vom Gemeindevorstand jeweils angeordnete Begehung der Flur oder eines Flurteils, nach der die wahrgenommenen Vermarkungsmängel jeweils dem Gemeindevorstand und den Grundeigentümern zur Behebung umgehend mitzuteilen waren (Art. 21). Der Gesetzgeber von 1868 hielt offensichtlich diese regelmäßige Kontrolle für ausreichend, um die Erhaltung der Vermarkung zu gewährleisten. Erst im Abmarkungsgesetz von 1900 (Art. 3) ist die Instandhaltung der Grenzzeichen durch die Grundeigentümer und deren Schonung bei der Bearbeitung der Grundstücke ausdrücklich geboten worden. Die bis 1868 in den Feldgeschworenenordnungen, Dorfordnungen oder Feldordnungen regelmäßig anzutreffende Vorschrift, daß bei der Feldbestellung ein vorgegebener Abstand von den Grenzsteinen einzuhalten sei, kehrt weder im Vermarkungsgesetz 1868 noch in den späteren Abmarkungsgesetzen wieder.

Die Entlohnung der Feldgeschworenen wurde mit Rücksicht auf die strukturellen und sozialen Unterschiede in den Landesteilen nicht einheitlich von der Staatsregierung sondern von der Distriktsverwaltungsbehörde in einer Dienstinstruktion festgelegt, in der auch die »gesamte Geschäftsführung« geregelt wurde (Art. 22, 24). Dem Erlaß der Instruktion ging eine Beratung im Distriktsrat voraus. Als Muster für eine soche Instruktion wurde ein Entwurf empfohlen, der in dem von Wilhelm Stadelmann schon 1867 herausgegebenen und 1868 ergänzten Büchlein enthalten war.

Die Feldgeschworenen wurden zwar in die Gemeindeverwaltung eingegliedert, aber sie waren von der Gemeinde weitgehend unabhängig. Die Nachwahl von Feldgeschworenen bedurfte nicht der Zustimmung der Gemeinde, die Verpflichtung der Feldgeschworenen war, wie erwähnt, nicht der Gemeinde übertragen. Die grundsätzlich unwiderrufliche Bestellung auf Lebenszeit hebt das Amt der Feldgeschworenen von allen anderen gemeindlichen Ehrenämtern deutlich ab. Die Aufsicht über die Feldgeschworenen übte der Obmann aus, die Oberaufsicht die Distriktsverwaltungsbehörde (Art. 23). Diese entschied auch bei Streitigkeiten über die Vermarkung und in Beschwerden gegen die Feldgeschworenen (Art. 7 ff, 23). Zweite Instanz im Verfahrenszug war die Regierung, ab 1878 der Verwaltunsgerichtshof (74).

Die 1868 für die Feldgeschworenen geschaffene Grundstruktur wurde in Bayern in den beiden neueren Abmarkungsgesetzen im wesentlichen beibehalten. Sie unterscheidet sich erheblich von der Rechtsentwicklung in anderen Ländern. Der verhältnismäßig hohe Grad von Selbständigkeit hat Ansehen und Selbstbewußtsein des Instituts in Bayern erhalten und die Feldgeschworenen motiviert, was ihr Fortbestehen im Wandel der Zeiten sicherte.

Für die damals noch sehr zahlreichen gemeindefreien Gebiete sah das Vermarkungsgesetz keine Feldgeschworenen vor. In der Praxis wurden zur Vermarkung sowohl an den Außengrenzen dieser Gebiete als auch bei Privatgrundstücken innerhalb die Feldgeschworenen benachbarter Gemeinden herangezogen. Für das Gebiet des früheren Hochstifts Würzburg wurde in einer Ministerialentschließung vom Jahre 1886 »zur Befriedigung eines unzweifelhaften Bedürfnisses und zur Ausfüllung einer Gesetzeslücke« ein Mandat des seinerzeitigen Landesherrn vom Jahre 1753 als neben dem Vermarkungsgesetz weiter geltend anerkannt (74 a). Die Eigentümer der herrschaftlichen Waldungen waren sonach berechtigt, für diese Besitzungen »besondere Feldschieder« aufzustellen.

Die »Dienstesinstruktionen« (Art. 14, 24) wurden insbesondere in Franken von den Distriktsverwaltungsbehörden sehr bald hinausgegeben, mußten doch die bisherigen Ordnungen aufgehoben oder angepaßt werden. In den Gebieten ohne Erfahrung mit Feldgeschworenen konnte es schon einige Jahre dauern. Der Magistrat der Landeshauptstadt München faßte erst am 16. Februar 1877 den Beschluß Feldgeschworene aufzustellen; zur Neuvermessung des Stadtgebiets war in diesem Jahr die Vermarkung der Burgfriedensgrenze und anderer Grenzen zu ergänzen. Da sieben Feldgeschworene für das ganze Stadtgebiet nicht als ausreichend erschienen, wurde eine Unterteilung des Stadtgebiets vorgenommen und für jeden Teil ein eigenes Kollegium eingerichtet. In derselben Magistratssitzung wurde auch die Dienstinstruktion für die Feldgeschworenen genehmigt (75). Jedem Feldgeschworenen wurde außer der Instruktion die Schrift von Wilhelm Stadelmann ausgehändigt.

Die Dienstinstruktionen, regelmäßig gedruckt, gaben den Inhalt des Gesetzes wieder und erläuterten die Anwendung für den Gebrauch der Feldgeschworenen und Gemeindevorsteher. Manche beschrieben zudem Rangverhältnisse, zum Beispiel (76): »Den Feldgeschworenen kommt gegenüber den übrigen Gemeindebürgern der Rang zunächst nach den Gemeindebevollmächtigten zu. Unter sich folgen sie sich nach dem Dienstesalter und bei gleichem Dienstesalter nach dem Lebensalter.« An der Spitze stand selbstredend der Obmann. Damit wußte jeder, wo er sich bei offiziellen Anlässen einzureihen hatte.

Vor Erlaß des Vermarkungsgesetzes hatte das Katasterbüro in einem Bericht an das Finanzministerium seine Bedenken gegen eine Ausweitung der Siebnerei auf ganz Bayern vorgetragen. In der Beiziehung von Feldgeschworenen zu Vermarkungen der Geometer sah es eine Arbeitserschwernis (77).

Nach dem Erlaß des Gesetzes fand die Legalisierung der Stellung der Feldgeschworenen bei den Katastergeometern nicht ungeteilten Beifall. Nur teilweise hatten sich die Geometer in den Jahrzehnten seit der allgemeinen Katastervermessung in das Vermarkungsgeschäft einschalten können. Über die Grenzvermarkungen, die andere Personen vorgenommen hatten, wurden die Geometer meist nicht unterrichtet. Vor allem gab es niemand, der die Kosten einer Vermessung neu gesetzter Grenzsteine übernommen hätte. Die Geometer führten deshalb heftig Klage darüber, daß das Katasterkartenwerk Gefahr lief, immer mehr an Wert zu verlieren. Denn die neuen Vermarkungen wichen oft sehr erheblich von der Grenzvorweisung bei der Katasteraufnahme ab, selbst wenn die Feldgeschworenen die bei der Gemeinde deponierten Katasterkarten mit ins Feld nahmen, wie es zum Beispiel die Feldgerichts- oder Siebnerordnung der Stadt Nördlingen von 1839 für die Grenzermittlungen der Siebner vorschrieb. Auch »Grenzregulierungen« wurden vereinbart und vermarkt, ohne den im Grundsteuergesetz von 1828 vorgeschriebenen Weg einzuhalten, nämlich Anmeldung beim Rentamt, Vermessung und Katasterfortführung. Dadurch ergaben sich Differenzen zwischen Vermarkung und Katasterkarte, die den Geometern bei den Fortführungsvermessungen große Schwierigkeiten verursachten.

Eine Zusammenarbeit zwischen Geometer und Siebnern scheint vor 1868 die Ausnahme gewesen zu sein. Die beiden Lager standen vielmehr in einem harten Konkurrenzkampf. Die Geometer sprachen sich überwiegend für die Abschaffung des Feldgeschworeneninstituts aus und suchten die Grenzvermarkung selbst in die Hand zu bekommen. Für Unterfranken war die Kreisregierung seit 1869 bemüht, durch mehrfache Weisungen ein reibungsloses Zusammenspiel der Feldgeschworenen mit den Katasterbehörden herbeizuführen. Die Weisungen wurden aber kaum beachtet (78).

Unverständnis und nachhaltige Verärgerung mußte bei den Geometern hervorrufen, wenn ein Regierungsvertreter in der Kammer der Abgeordneten 1868 die künftige Alleinzuständigkeit der Feldgeschworenen damit begründete, Zeugen für die Vermarkung zu gewinnen; der Geometer werde aber vielleicht schon bald nicht mehr in dem Bezirk anwesend sein, während die Steinsetzer bezeugen könnten, daß der Stein von ihnen oder ihren Vorfahren als Grenzzeichen gesetzt worden sei (79). Orientierungssinn, Erinnerungsvermögen und die Protokolle der Steinsetzer – so mußte es dem Geometer erscheinen – wurden in ihrer Beweiskraft höher bewertet als die technische Dokumentation der Grenzen.

Die Natur der Sache zwang jedoch dazu, daß die Geometer die von ihnen vermessenen Grenzpunkte, inbesondere bei neuen Grenzen auch nach dem Erlaß des Vermarkungsgesetzes weiterhin irgendwie bezeichneten, zum Beispiel mit »Privatgrenzsteinen«, falls Feldgeschworene bei dem Termin nicht zugegen waren. Diese Praxis wurde auf eine Beschwerde hin schon im Jahre 1870 durch eine Weisung der Ministerien der Finanzen und für Handel gebilligt mit der Bemerkung, »daß es den Grundeigentümern unbenommen sei, bei Vermessung ihrer Grundstücke die aufgefundenen Grenzpunkte mit den erforderlichen Markzeichen durch Bezirksgeometer und überhaupt durch Dritte versehen zu lassen, weshalb denn auch die im Art. 16 (des Vermarkungsgesetzes) erwähnte Ausschließlichkeit der Befugnis zum Setzen etc. der Grenzsteine sich nach Obigem nur auf gesetzlich giltige Grenzzeichen beziehen kann.« (80) Die

Bezirksgeometer durften eine nachträgliche Vermarkung durch die Feldgeschworenen nur »anempfehlen«, nicht dazu »nötigen«. Den zwischen 1868 und 1901 von Geometern gesetzten »Privatgrenzsteinen« wird man gleichwohl die öffentliche Beweiskraft nicht absprechen können.

Als in Oberbayern ein Streit aufkam, ob dem Bezirksgeometer Einsicht in das Protokollbuch der Feldgeschworenen zu gewähren sei, griff das Handelsministerium im Einvernehmen mit Innen- und Finanzministerium 1871 mit seiner letzten allgemeinen Weisung in Sachen Vermarkung klärend ein – bevor es aufgelöst wurde (81). Das Recht auf Einsicht in das Protokollbuch wurde dem Bezirksgeometer endgültig zugebilligt. Mängel in der Protokollführung sollten dem Bürgermeister angezeigt werden, erforderlichenfalls sollte Abhilfe durch die Distriktsverwaltungsbehörde erwirkt werden. In derselben Entschließung wurde die Anzeigepflicht des Gemeindevorstehers zum Rentamt nach Vermarkungen der Feldgeschworenen gemäß Art. 6 des Gesetzes in der Weise präzisiert, daß die Meldung halbjährlich abzugeben und gegebenenfalls »Fehlanzeige« zu erstatten sei. Den Feldgeschworenen wurden Grenzermittlungen ausdrücklich untersagt, den Distriktsverwaltungsbehörden aufgegeben zu überwachen, daß die Kompetenzabgrenzung zwischen den Feldgeschworenen und dem Bezirksgeometer eingehalten wurde. Dies war immer wieder ein kritischer Punkt, der zu der weiteren Weisung Anlaß gab, die Feldgeschworenen darüber zu belehren, daß sie sich auf das eigentliche Vermarkungsgeschäft zu beschränken hätten und »jeder Einmischung in geometrisch-technische Arbeiten, wie z. B. die Bestimmung des Verlaufs einer Grenzlinie u. dgl. sich zu enthalten hätten« (82).

Gleichwohl wurden selbst neu eingerichtete Feldgeschworenen-Kollegien mit Meßkette und Meßlatte ausgestattet (83). Der Bezirksgeometer Karl Steppes, als Fachschriftsteller über Bayern hinaus bekannt, sah in seinem Bezirk Pfaffenhofen die Feldgeschworenen nie anders als »mit der Gemeinde-Platten« (dem gemeindlichen Katasterplan) unter dem Arm hinauswandern, weil sie sich verpflichtet glaubten, die planmäßige Grenze aus dem »Steuerplan herauszuschauen« (84).

Das Abmarkungsgesetz vom Jahre 1900

Mit dem Abmarkungsgesetz von 1900 erlangten die Geometer endlich die Befugnis zur Abmarkung der Grundstücke. Bei den Abmarkungen in Zusammenhang mit Vermessungen legten die Kommentatoren das Gesetz dahin aus, daß ausschließlich die Geometer zum Steinsatz befugt seien (85). Nur falls ein Gemeinderatsbeschluß nach Art. 4 Abs. 5 des Gesetzes oder ein entsprechender Antrag eines beteiligten Grundeigentümers vorliege, sei der Steinsatz von den Feldgeschworenen auszuführen. Die Praxis hielt sich nicht an diese Auffassung. Wenn zum Vermessungstermin Feldgeschworene erscheinen, führen sie in aller Regel den Steinsatz aus, auch wenn kein ausdrücklicher Auftrag hierzu erteilt ist. Als selbständige Aufgabe verblieb den Feldgeschworenen das Auswechseln schadhafter Grenzzeichen, das Höher- und Tiefersetzen sowie das Sichern gefährdeter Grenzzeichen.

Mitgeschleppt in das Abmarkungsgesetz 1900 wurde aus altem Brauchtum der regelmäßige Begang der Gemeindeflur. Nach Art. 92 Abs. 3 und Art. 138 Abs. 6 der Gemeindeordnung für Bayern rechts des Rheins von 1868 hatte der Magistrat der Stadtgemeinde beziehungsweise der Bürgermeister der Landgemeinde zu veranlassen, daß die Feldgeschworenen einmal im Jahr die gesamte Gemeindeflur begingen und die festgestellten Mängel der Gemeindebehörde und den beteiligten Grundeigentümern anzeigten. Siehe Seite 332. Der Gemeindebehörde war die Beteiligung an diesem Feldbegang freigestellt. In Art. 12 des Abmarkungsgesetzes 1900 wurde die Vorschrift insofern abgemildert, als der Feldbegang nun nur noch mindestens alle drei Jahre durchzuführen war. Trotz gelegentlicher Anmahnungen der Gemeindeaufsicht kam aber dieser Kontrollgang mehr und mehr außer Übung. Nach dem Abmarkungsgestz von 1981 (Art. 12 Abs. 1) sind nun Grenzbgehungen nicht mehr obligatorisch; der Bürgermeister kann solche aber im Benehmen mit den Feldgeschworenen von Fall zu Fall anordnen. In Betracht kommt vornehmlich ein Umgang um die Markungsgrenze.

Über die Vorgeschichte und den sonstigen Inhalt des Abmarkungsgesetzes 1900 ist schon oben berichtet worden. Eingeführt wurde nach dem Vorbild des einstigen Hochstifts Würzburg die Aufstellung von Feldgeschworenen für gemeindefreie Gebiete. Der Kreistag wählt diesen aus den Bewohnern der Nachbargemeinden (Art. 8).

Das Abmarkungsgesetz vom Jahre 1981

Auf der Basis des Abmarkungsrechts von 1900/1901 hat sich das Abmarkungsverfahren trotz gewisser Unklarheiten des Gesetzes gut eingespielt. Die Feldgeschworenen gewöhnten sich an die Beschränkungen, die ihrem selbständigen Handeln aus der Notwendigkeit einer technisch vollkommenen Grenzdokumentation zugemutet werden mußten.Das Abmarkungsgesetz von 1900 hatte seine Bewährungsprobe längst bestanden, als es hochbetagt im Jahre 1981 durch ein neues abmarkungsgesetz außer Kraft gesetzt wurde. Die Regelungen für die Feldgeschworenen sind in den Artikeln 11, 12, 13 und 19 getroffen. Zur Berücksichtigung besonderer Verhältnisse wurde die Möglichkeit eingeräumt, daß die Rechtsaufsichtsbehörde eine Gemeinde auf Antrag aus wichtigem Grund von der grundsätzlichen Pflicht zur Bestellung von Feldgeschworenen entbindet. Solche Fälle sollen aber seltene Ausnahmen bleiben. Die traditionelle Nachwahl beim Ausscheiden eines Feldgeschworenen durch die noch vorhandenen Mitglieder des Kollegiums konnte trotz Bedenken im Hinblick auf das Kommunalrecht erhalten bleiben. Verpflichtet werden die Feldgeschworenen grundsätzlich durch den Bürgermeister. Im Einvernehmen mit ihm kann der feierliche Rahmen von jährlichen Verbandsversammlungen genutzt werden, um die Verpflichtung durch den Landrat vornehmen zu lassen. Mehr grundsätzliche als praktische Bedeutung hat das aus dem alten Abmarkungsgesetz übernommene Recht der Gemeinde zu bestimmen, daß das Setzen und Entfernen von Grenzsteinen den Feldgeschworenen vorbehalten bleibt. Das gleiche gilt, wenn ein Beteiligter Entsprechendes verlangt.

Nachdem das Amt des Feldgeschworenen durch Jahrhunderte eine Domäne der Männer gewesen war, sind seit den 80er Jahren auch einige Frauen in die Feldgeschworenenkollegien gewählt worden. Das vererbte Vorurteil, das von Seiten der Feldgeschworenen zu hören war, Frauen seien zu geschwätzig, als daß man ihnen das Siebnergeheinis anvertrauen könne, scheint endlich überwunden zu sein.

Die bayerischen Vermessungsämter sehen in den Feldgeschworenen, von denen regelmäßig einer oder zwei, selten mehr bei der Vermessung anwesend sind, eine wertvolle Hilfe. Die Feldgeschworenen bereiten den Vermessungstermin vor, sorgen für die Bereitstellung von Grenzsteinen und Gerätschaften und stehen dem Antragsteller auch sonst zur Seite. Sie beraten die Grundeigentümer und schlichten dank des großen Vertrauens bei der Bevölkerung manchen Streit.

Monographien und Kommentare in Bayern

Der Zeitabschnitt vor 1868

Ausführlichere Darstellungen über die Aufgaben der fränkischen Feldgeschworenen waren im Druck zum Ende des 18. Jahrhunderts erschienen: für das Hochstift Würzburg aus der Feder des Wipfelder Schultheißen Nicolaus Müller, für die Steinsetzer des Klosters Banz aus der Zelle des Benediktiners Johann Baptist Roppelt. Nachdem große Teile Frankens und Schwabens zu Bayern gekommen waren, empfahl eine Reihe von Autoren ihre Entwürfe für Siebner-, Steinsetzer- und Feldgeschworenenordnungen. Den Anfang machte im Jahre 1808 der bereits erwähnte gräflich-pappenheimische Kommissionsrat **J. S. Klüber** mit seiner »Instruction für verpflichtete Landesschieder, Steinsetzer, Umgänger, Siebener, Marker, Untergänger oder Feldgeschworene« (57 Seiten Oktav). Das Büchlein erreichte bis 1838 drei Auflagen. Klüber teilt jedem seiner sieben Steinsetzer eine eigene Aufgabe zu: Protokollführung, Verwahrung der Meßgeräte, Bereitstellung der verschiedenen Grab- und Suchgeräte und schließlich das Mitführen der unter Verschluß gehaltenen geheimen Markzeichen. Klüber geht sehr ins Detail und entwickelt manchmal eine etwas überspitzt anmutende Kasuistik, zum Beispiel für den Fall, daß die Siebner uneins sind und wegen Stimmengleichheit die Sache nicht abschließen können. In seiner Perfektionssucht übertreibt Klüber auch die Vorsorge für die Sicherheit der Grenzsteine, wenn er unter anderem selbst durch Maulwürfe eine Gefährdung gegeben glaubt ». . . sollen die Grenzsteinsetzer auch Anzeige der Obrigkeit erstatten, wenn Maulwürfe zahlreich auf Wiesen und Feldern Schaden verursachen, und die Grenzsteine so wie ihre Unterlagen in Gefahr kommen« (86).

»Dem landwirthschaftlichen Vereine in Baiern« widmete **Engelbert Meisner,** »erster Assessor bei dem kgl. Landgerichte Scheßlitz im ober Mainkreise« seine »Anweisung zur Vermarkung auf dem Lande für neu aufzustellende Märker« (Kulmbach 1821). Meisner sieht seine Anweisung als Ergänzung der Klüberschen. Er stellt der letzteren keinen neuen Entwurf für eine Steinsetzer-Ordnung gegenüber, sondern bringt eine Menge technischer Details über das Setzen eines Grenzsteins und über die Verzeugung (Unterlagen). Während Klüber sieben Siebner als Regel vorsieht, hält Meisner drei Märker durchschnittlich für ausreichend. Die zwingende Folge ist, daß im Gegensatz zur Klüberschen Siebnerordnung die Märker den Nachfolger für einen ausgeschiedenen Amtsbruder nicht selbst wählen können, sondern die Wahl dem Gemeinderat überlassen müssen. Meisner gibt damit den im ehemaligen Hochstift Bamberg herrschenden Brauch wieder. Meisners Schrift läßt deutlich erkennen, wie sehr Rang und Bedeutung der beeideten Steinsetzer gegen den Ostrand des Verbreitungsgebiets hin gegenüber Mittel- und Unterfranken abnehmen.

Keine 15 Jahre später war der Büchermarkt für eine dritte Schrift aufnahmebereit: **Heinrich Haas,** kgl. Landgerichtsassessor in Hersbruck, »Die Siebnergerichte und Märkervereine auf ihrem gegenwärtigen Standpunkt in rechtlichen und polizeilichen Beziehungen nach den diesseits des Rheins geltenden Gesetzen und Verordnungen historisch und kritisch beleuchtet, mit Grundzügen zu einer allgemein anwendbaren Vermarkungsordnung und einem Entwurf zur geheimen Instruktion für die Märker«, Nürnberg 1835. Diese Schrift, mit ihren 176 Seiten Großoktav mehr als dreimal so umfangreich wie ihre beiden Vorgänger, entsprang der Meinung ihres Verfassers, »daß eine allgemeine Vermarkungs-Ordnung ... dringendes Bedürfnis sei, wenn das Marker-Institut so gedeihen sollte, wie sein Zweck erheischt«. Den Klüberschen Entwurf sah Haas als veraltet an, zumal seither Gesetze und Verordnungen ergangen seien, die den »erheblichsten Einfluß auf die Gestaltung des vorwürfigen Gegenstandes haben mußten« (aus der Vorrede).

Trotz längerer Ausführungen über die Entwicklung des fränkischen und des bayerischen Gerichtswesens zeigt der Verfasser, offensichtlich ganz im Geiste der Aufklärung befangen, wenig geschichtliches Verständnis für sein eigentliches Thema. In seinen Augen ragten die Siebner »fast wie sonderbare Überreste einer längst verklungenen Zeit, sich selbst ein Rätsel, und ihrer früheren Würde unbewußt, aber noch an den alten, dem gemeinen Mann, wie Zauberdinge erscheinenden Formen klebend in die nackte und klare Gegenwart hinein« (S. 19). Aus einer weitschweifigen Untersuchung über die verfassungsgemäßen Zuständigkeiten der einzelnen Behörden glaubt er schließen zu sollen, daß Vermarkungen durch Siebner oder Märker nur unter Aufsicht und Leitung des Gemeindevorstehers, des Magistrats, Patrimonialgerichts oder Amtes vorgenommen werden dürften (S. 64 ff). Nur diese Behörden hätten auch das Resultat der Vermarkung aufzuzeichnen (S. 67). Für einen rechtlichen Zwang, verlorene Grenzzeichen wieder herzustellen, wie er nach den Siebnerordnungen fast durchweg gegeben war, sieht Haas keine Rechtsgrundlage mehr (S. 75 ff, 83). Gutachtliche Äußerungen der Märker könnten sich nach Haas nur auf künstliche Grenzzeichen erstrecken, vornehmlich auf Marksteine und ihre Belege, auf Lachbäume, Grenzhügel und ähnliche. Am unvermarkten Rain, an Hecken, Gräben, Zäunen läßt er den Sachverstand der Märker enden, hier weiß der Richter besser Bescheid (S. 154). Bei dieser Abwertung mußten ihm drei Märker in der Gemeinde als ausreichend erscheinen. Die Wahl der Märker will er durch den Gemeindeausschuß oder den Magistrat, die Verpflichtung durch die Gerichte oder die Distriktspolizeibehörde vornehmen lassen (S. 91, 99). Gleichwohl ist selbst Haas »von dem Nutzen und der Wohltätigkeit eines Märkerinstituts« überzeugt (S. 44).

Im Jahre 1867, ein Jahr vor Erlaß des Vermarkungsgesetzes, bemühte sich abermals ein kgl. Bezirksamts-Assessor um die Unterweisung der fränkischen Feldgeschworenen: **Wilhelm Stadelmann**, »Praktische Anleitung zu Vermarkungen und Gränzberichtigungen durch die Siebner und Feldgeschworenen«, Bamberg 1867. In dieser Schrift wird die seither immer wieder erörterte Frage nach dem Wert oder der Notwendigkeit fester Grenzzeichen aufgeworfen. Die Katastervermessung war in Bayern beendet und somit konnte jede verdunkelte Grenze an Hand der Katasterkarte mit einer gewissen Genauigkeit vom Geometer wieder hergestellt werden. Stadelmann vertrat die Auffassung, daß den geometrisch hergestellten Grenzpunkten dieselbe Beweiskraft zuzubilligen sei wie den Grenzzeichen (S. 2). Mit der Nachwahl eines Siebners will er nicht die verbliebenen Mitglieder betrauen sondern den Gemeindeausschuß. Stadelmann schließt sich insoweit Haas und Meisner an. Er übernimmt die vielfach erhobene Forderung, eine Vermarkung dürfe nur vorgenommen werden, wenn die Grenzpunkte durch einen Geometer vermessungstechnisch festgestellt sind, es sei denn, daß ein verlorener Grenzstein ersetzt werden soll, über dessen Standort Zweifel nicht bestehen können (S. 79). Als Grenzsteine will Stadelmann nur behauene Steine, als Unterlagen ausschließlich aus Ton gebrannte Plättchen mit Jahreszahl verwendet wissen.

Schließlich konnte an den Feldgeschworenen nicht vorbeigehen, wer über Gemeindeorgane und ihre Aufgaben umfassend schrieb, wollte er nicht Franken und Nordschwaben aussparen. Unter diesen Autoren sei hier nur der Herrschaftsrichter in Wilhermsdorf (bei Neustadt a. d. Aisch) **Gottfried Christian Wunder** genannt. In seinem »Handbuch für Landgemeinde-Verwaltungen«, Bayreuth 1845, befaßt er sich soweit veranlaßt mit dem Siebner- oder Marksteiner-Gerichte und stellt seinem Musterentwurf für eine Flurordnung als ersten Teil eine Siebnerordnung voran (S. 63, 103 ff). Er weist darin den Siebnern auch die Aufsicht über Wehre und Eichpfähle der

Mühlen zu sowie die Regelung von Be- und Entwässerung in der Flur, weil sogenannte »Wassergrafen« selten mehr zu finden seien. Auch dieser Entwurf erhebt schon die erst 1900 gesetzlich sanktionierte Forderung, daß »fortan nur behauene Marksteine von gehöriger Größe genommen werden dürfen«. Außerdem sollten die Steine ohne Genehmigung des Rentamts als der das Grundsteuerkataster führenden Behörde »an keinen anderen als den im Flurplane bezeichneten Stellen gesetzt werden«.

Der Zeitabschnitt 1868 bis 1900

Wilhelm Stadelmann brachte die oben angeführte Schrift von 1867 unter dem neuen Titel »Wirkungskreis der Feldgeschworenen (Siebner, Märker) nach dem Vermarkungsgesetz vom 16. Mai 1868«, Bamberg 1868, sehr rasch auf den neuen Stand. Das seinem Büchlein beigegebene Muster einer Instruktion für die Feldgeschworenen war den Distriktsverwaltungsbehörden ein brauchbarer Anhalt für ihre Vorschriftengebung. Mit der Empfehlung von höchster Stelle fand die Schrift daher bei den Behörden und Feldgeschworenen weite Verbreitung und erlebte mehrere Auflagen.

Als der maßgebende Kommentar des Vermarkungsgesetzes 1868 muß der schon mehrfach zitierte aus der Feder von Prof. Dr. **J. von Pözl** angesehen werden. Der Kommentar ist in die von Carl Friedrich von Dollmann begonnene Sammlung »Die Gesetzgebung des Königreichs Bayern seit Maximilian II. mit Erläuterungen«, Erlangen 1872, Seite 397 aufgenommen.

Eine kurze Einführung in das Vermarkungsgesetz bot **Carl Ginker** »Gesetz über die Vermarkung der Grundstücke vom 16. Mai 1868«, Würzburg 1874.

Aus der Sicht der Forstverwaltung kommentierte der Oberförster a. D. **J. B. Trunk** »Das bayerische Gesetz über die Vermarkung der Grundstücke vom 16. Mai 1868«, Würzburg 1879. Trunk bemängelte an dem Gesetz, daß es in keiner Weise die ausmärkischen, das heißt zu keiner Gemeinde gehörenden Bezirke berücksichtigte. Die Zahl der ausmärkischen Wälder, Seen und Freigebirge belief sich damals auf mehrere hundert und nimmt auch heute noch eine beachtliche Fläche Bayerns ein. Trunk bringt den Vorschlag, bei der gegebenen Gesetzeslage zu den Vermarkungen an und in den gemeindefreien Gebieten vorerst Feldgeschworene der angrenzenden Gemeinden beizuziehen. Das Vermarkungsgesetz sollte dahingehend geändert werden, daß auch für die ausmärkischen Bezirke Feldgeschworene bestellt werden.

Wertvolle Erfahrungen als Mitglied der Flurbereinigungskommission konnte **Josef Windstoßer** in seinen Kommentar »Das Gesetz über die Vermarkung der Grundstücke vom 16. Mai 1868«, Ansbach 1889, einbringen.

Zum Abmarkungsgesetz vom Jahre 1900

Sehr bald nach dem Erlaß des Abmarkungsgesetzes und seiner Vollzugsvorschriften erschienen schon die beiden wichtigsten Kommentare:

Friedrich Brettreich, »Das Gesetz, betreffend die Abmarkung der Grundstücke, vom 30. Juni 1900«, München 1901. Brettreich war seinerzeit der für den Gesetzentwurf zuständige Sachbearbeiter im Innenministerium. Er stieg späterhin zum Minister, Staatsrat und Regierungspräsidenten von Unterfranken auf.

Josef Windstoßer, Leiter der Flurbereinigungskommission, der oben schon genannt werden mußte, kommentierte nun das Abmarkungsgesetz unter dem gleichen Titel wie Brettreich, Ansbach 1901. Beide Kommentare stützen sich weithin auf die amtliche Begründung zum Gesetzentwurf. Bei Windstoßer ist deutlich zu erkennen, daß ihm aus seinem Kontakt zu den Flurbereinigungsgeometern auch technische Details nicht fremd waren.

Stadelmanns »Wirkungskreis der Feldgeschworenen (Siebener, Märker)« wurde auf Grund des Abmarkungsgesetzes von dem Bamberger Geometer **Josef Reitmayr** neu bearbeitet, Bamberg 1901. Diese Schrift wandte sich vornehmlich an die Feldgeschworenen und Gemeindeverwaltungen.

Da nach § 8 Absatz 4 der Feldgeschworenenordnung jedem Feldgeschworenen nach seiner Verpflichtung ein Exemplar der Feldgeschworenenordnung auszuhändigen war, erschien in der Folgezeit eine ganze Anzahl kleiner Broschüren, die sich auf die wichtigsten Bestimmungen für diesen Personenkreis beschränkten. Unter ihnen überlebte das Heft von **Karl Lippmann** »Was der Feldgeschworene wissen muß«, 1. Auflage München 1926. Es wurde von Hans Lechner weitergeführt und in jüngerer Zeit von **Emil Wiebel** (Bayerisches Staatsministerium des Innern) neu mit Erläuterungen versehen. Nach dem Erlaß des Abmarkungsgesetzes von 1981 erhielt es den Titel »Der Feldgeschworene« (23. Aufl. München 1986).

Stellvertretend für die zahlreichen Aufsätze über Abmarkung und Feldgeschworene in Bayern darf noch angeführt werden **Franz X. Graf** »Die örtliche Sicherung der Grundstücksgrenzen« in Vermessung und Karte in Bayern, Festschrift zur 150-Jahrfeier des bayerischen Vermessungswesens, München 1951, S. 149 mit weiteren Nachweisen.

Zum Abmarkungsgesetz von 1981

Ein Kommentar zum Abmarkungsgesetz 1981 wurde von **Franz Simmerding,** dem Referenten für das Gesetz aus dem Staatsministerium der Finanzen, verfaßt unter dem Titel »Bayerisches Abmarkungsrecht«, Stuttgart-München-Hannover 1982, 2. Aufl. 1986

Ein kurzer Versuch mit Feldgeschworenen in den Fürstentümern Waldeck, Schaumburg-Lippe und Lippe

In den Ländern Waldeck, Schaumburg-Lippe und Lippe wurden Feldgeschworene erst nach der Mitte des 19. Jahrhunderts eingeführt. An eine Traditon wie in den süddeutschen Ländern konnte hier nicht angeknüpft werden. Die Aufgabe dieser kommunalen Organe bestand in der Erhaltung der Grenzsteine im Anschluß an die Katastervermessung des Landes einschließlich der Anzeige von Vergehen gegen die Grenzmarken.

Im Fürstentum **Waldeck,** westlich von Kassel gelegen, wurde 1852 die Vermessung für die Aufstellung eines »definitiven Catasters« angeordnet. Die Grenzen wurden vermarkt, die Grenzsteine wurden vielfach in Steinlinien angeordnet (87). Im Jahre 1861 wurde durch Gesetz bestimmt, daß in jeder Gemeinde ein »Feldgericht« bestellt wird, sobald das Kataster vollendet ist (88). Dem Ortsbürgermeister als dem Vorsitzenden gab der Gemeinderat je nach Größe der Gemeinde 2, 4, 6 oder 8 Feldgeschworene bei. Die Amtszeit dieser Beisitzer betrug sechs Jahre. Grenzsteine durften nur in Anwesenheit des Feldgerichts in Stärke von mindestens zwei Mitgliedern gesetzt werden, es sei denn, daß der ursprüngliche Standort eines umgestürzten Grenzsteins noch eindeutig erkennbar war. Wenn der Grenzpunkt zweifelhaft war oder wenn ein neuer Grenzpunkt vermarkt werden sollte, so war der Fortschreibungsbeamte zuzuziehen. Bei Uneinigkeit der Beteiligten entschied das Feldgericht nach der Karte. Hiergegen stand der Rechtsweg zu den Gerichten offen.

Die Waldeckischen Feldgerichte wurden im Jahre 1923 aufgehoben (89). Das betreffende Gesetz ist vom preußischen Staatsministerium ausgefertigt. Das Land hatte sich 1867 nach seinem Beitritt zum Norddeutschen Bund unter nomineller Beibehaltung seiner

Souveränität vertraglich der preußischen Verwaltung unterstellt.

Im Fürstentum **Schaumburg-Lippe** wurde mit dem Gesetz vom 3. 1. 1873 die Vermessung des Landes und die Aufstellung des Katasters in die Wege geleitet. Nach einer Ausführungs-Verordnung vom Jahre 1874 hatten die »Ämter und Magisträte für ihre Verwaltungsbezirke nach Rücksprache mit dem Vermessungs-Commissar die erforderliche Anzahl von Steinsetzern anzustellen und zu vereidigen« (90). Nur die verpflichteten Steinsetzer waren von da an befugt, »nach Anweisung der technischen Beamten« Grenzsteine zu setzen oder zu verändern. Das Ansehen dieser Hilfsarbeiter reichte naturgemäß nicht an das der traditionsbewußten Feldgeschworenen und Untergänger in anderen Ländern heran. Die ausschließliche Zuständigkeit des »Fürstlichen Katasteramts« für die Vermarkung wurde 1914 in einem »Vermarkungs-Gesetz« festgeschrieben. Auf Vorschlag des Katasteramts konnten weiterhin »tüchtige Vermessungsarbeiter als Steinsetzer« vereidigt werden, die dann«zur möglichsten Verringerung der Vermessungkosten . . . mit Verrichtung einfacher Arbeiten vom Katasteramte beauftragt werden« konnten (91).

Etwas später, nämlich im Jahre 1890, startete das Fürstentum **Lippe** seinen Versuch mit Steinsetzern (92). Die Institution erlangte auch hier nur sehr geringe Bedeutung (93).

Ende und Weiterbestehen des Feldgeschworenen- und Untergänger- Instituts nach dem 2. Weltkrieg

Seit der Zeit der Aufklärung waren Eigenständigkeit und Aufgabenbereich der Feldgeschworenen und Untergänger mehr und mehr eingeschränkt worden. Die letzten Konsequenzen wurden in einigen Ländern nach dem 2. Weltkrieg gezogen. In **Thüringen** ergab sich das Absterben des Feldgeschworeneninstituts zwangsläufig aus der politischen Situation. Mit gesetzlichen Regelungen spielte das Land **Hessen** den Vorreiter. Hessen war aus einer Anzahl von Gebietsteilen zusammengesetzt worden, die unterschiedliches Landesrecht einbrachten; eine Rechtsvereinheitlichung erschien dringend. Das hessische Abmarkungsgesetz von 1956 hat die Feldgeschworenen, wo sie noch vorhanden waren, verabschiedet, die Abmarkung der Grundstücke ist voll der Aufsicht der Katasterbehörden unterstellt, Abmarkungen dürfen nur von den gesetzlich ermächtigten Vermessungsstellen ausgeführt werden (94). Über die Möglichkeit, das Ortsgericht an der Abmarkung zu beteiligen, ist oben S. 323 schon berichtet worden.

Fünf Jahre nach Hessen nahm auch der junge Staat **Baden-Württemberg** Abschied von dem traditionsreichen schwäbischen Untergang. Das Vermessungsgesetz von 1961 übertrug die Abmarkung der Grundstücksgrenzen als »Vermessungsaufgabe« an bestimmte Behörden und die Öffentlich bestellten Vermessungsingenieure und entließ die Felduntergänger aus den bisherigen Pflichten (95). Die amtliche Begründung zur Gesetzesvorlage sprach den Untergängern im altwürttembergischen Gebiet »noch eine mehr oder weniger psychologische Bedeutung zu«. Die Gemeinden können laut Gesetz »orts- und feldkundige Vertrauenspersonen zum Abmarken und Vermessen der Flurstücke entsenden«. Diese Personen haben aber nicht mehr die Stellung und die Aufgaben der einstigen Untergänger und verpflichteten Steinsetzer.

Das Land **Rheinland-Pfalz** fand in der Rheinpfalz bayerisches, in Rheinhessen (südlich von Bingen und Mainz) hessisches Abmarkungsrecht und damit Feldgeschworene vor. Das Abmarkungsgesetz für Rheinland-Pfalz vom Jahre 1959 ließ das Institut bestehen, machte es den Gemeinden aber nicht zur Pflicht (96). Die Feldgeschworenen können beim Abmarkungsgeschäft mitwirken. Sie haben außerdem »die Aufgabe, die gesamten Grenzzeichen der Gemeinden und Städte zu beaufsichtigen«. Die vom Gesetz eröffnete Möglichkeit, daß sich die Feldgeschworenen über das angestammte Gebiet hinaus noch verbreiten könnten, ist nicht wahrgenommen worden. Im Gegenteil, die Stadt Kaiserslautern opferte im Jahre 1982 feierlich ihre Feldgeschworenen einem vermeintlichen Fortschritt. Bedeutungslos war im übrigen wie in Hessen das Mitwirkungsrecht der Ortsgerichte in dem Bezirk Montabaur, wo diese aus der ehemaligen Zugehörigkeit zu Nassau herrührende Einrichtung belassen wurde (siehe S. 323). Die Zahl der Feldgeschworenen beträgt in Rheinland-Pfalz vier bis zehn; sie werden von der Gemeindevertretung gewählt (97). Sie können den Grenzmarken geheime Zeichen, das Siebnergeheimnis, unterlegen (98). In ähnlicher Weise wie in Rheinland-Pfalz ist das Feldgeschworeneninstitut im **Saarland** geregelt (99), jedoch entfällt das Siebnergeheimnis. Das Saarland hatte mit einem Gebietsteil der ehemals bayerischen Pfalz das bayerische Feldgeschworenensystem mit aufgenommen. Für **Bayern** ist das Weiterbestehen und Weiterwirken des Feldgeschworenen im Abmarkungsgesetz von 1981 erneut gesichert worden. Hierüber ist oben bereits berichtet worden.

3.15 Brauchtum, Feldgeschworenen-Vereinigungen

Vergangen nicht, verwandelt ist, was war.
Rainer Maria Rilke

Unter den Feldgeschworenen eines Ortes besteht vor allem in Franken ein enger Zusammenhalt. Das spiegelt sich im Brauchtum wieder, das manchmal in besonderen »Ordnungen« festgelegt war und sich in Resten erhalten hat oder sich sogar weiterentwickelt.

Um Abgang und Nachfolge eines Feldgeschworenen

In vielen Gegenden Frankens lud ein neugewählter Siebner spätestens nach dem ersten Feldbegang seine Amtsbrüder zu einem Mahl ein. Der nüchterne Zeitgeist zu Beginn des 19. Jahrhunderts war einem solchen Brauch abhold, die Bauern sollten zu Sparsamkeit angehalten werden. So suspendierten Landgerichte (= Kreisverwaltungsbehörden), meist wohl mit wenig Erfolg, das teils schriftlich in der Siebnerordnung fixierte, teils mündlich überlieferte Gebot des Siebnermahls, auch »Siebnerhochzeit« genannt. In einer Anzahl von Gemeinden führt sich der Neuling auch heute noch in dieser Weise in den Kollegenkreis ein.

Einen verstorbenen Feldgeschworenen trugen früher seine Kollegen zu Grabe, heute nehmen selbst Kollegen aus den Nachbarorten an der Beisetzung möglichst teil. In zahlreichen Orten wurde dem Feldgeschworenen der geheime Zeuge mit ins Grab gegeben. Ein ähnlicher Brauch bestand im Kanton Basel: Man legte dem verstorbenen Gescheidspräsidenten den Gescheidsstab in den Sarg. In den Todesanzeigen und sogar auf Grabsteinen wird kundgetan, daß der Verstorbene das Amt eines Feldgeschworenen bekleidet hat.

Feldgeschworenenverbände

Die meisten Ortskollegien der Feldgeschworenen in Franken haben sich in Verbänden organisiert (1). Aus zunächst unverbindlichen Zusammenkünften wurden regionale Verbände mit Satzungen und definierten Zielsetzungen. Die frühesten derartigen Zusammenschlüsse hat Mainfranken zu verzeichnen. Für den »Unteren Landgerichtsbezirk« Stadtprozelten (am Südostrand des Spessart) gründeten 1864 die Vierrichter einen Verband mit der satzungsmäßigen Bestimmung, sich möglichst jährlich zu einem »Brudertag« zusamzusammenzufinden (2). Am 17. 10. 1875 feierten in Neustadt a. d. Saale die Feldgeschworenen und Feldschieder aus dem Bereich von der thüringischen Landesgrenze bis über Bad Kissingen hinaus ihr »II. Stiftungsfest«. Bei diesen Veranstaltungen kam es jedoch nicht zu festen Bindungen, es folgten vielmehr in späteren Jahrzehnten Gründungen kleinerer, überschaubarer Vereinigungen. Als der vermutlich erste Verband von dauerhaftem Bestand trat 1889 der »Bruderbund« ins Leben, die heutige Feldgeschworenen-Vereinigung Schweinfurt-Nord. Aus den 15 Gründungskollegien, die sich seinerzeit die »Bruderhand« reichten, sind inzwischen 33 geworden (3). Weitere Vereinigungen bildeten sich dann erst wieder ab 1903 in Unterfranken, um bis zum Zweiten Weltkrieg den größten Teil dieses Regierungsbezirks zu überdecken. In Mittelfranken setzten die Gründungen erst 1925 ein, in Oberfranken noch später. Neuerdings haben sich im thüringischen Kreis Hildburghausen die gesetzlich wieder eingeführten Feldgeschworenen zu einer Vereinigung zusammengeschlossen. Im südlichen Bayern mißlangen Ansätze zu solchen Gründungen immer wieder.

Die Bezirke der Feldgeschworenen-Vereinigungen lehnen sich nur zum kleineren Teil an die Grenzen von Landkreisen an, in manchen sind noch die Abgrenzungen früherer Amtsbezirke zu erkennen. Vielfach verteilt sich das Gebiet eines heutigen Landkreises auf zwei oder mehr Vereinigungen, der Landkreis Schweinfurt zum Beispiel auf vier. Die Vereinigungen vollzogen die große Landkreisreform 1972 nicht mit. Erst die Spätgründungen orientierten sich am Landkreisgebiet.

Die Vereinigungen haben sich den gegenseitigen Erfahrungs- und Gedankenaustausch sowie die Aus- und Weiterbildung ihrer Mitglieder zur Aufgabe gemacht. Auf der Ebene der Vereinigungen werden Probleme der Feldgeschworenen mit dem Landrat, dem Vermessungsamt, der Direktion für Ländliche Entwicklung und anderen Behörden erörtert. Die Vereinigungen bemühen sich aber auch in hohem Maß um die Traditionspflege und um die Selbstdarstellung des Feldgeschworeneninstituts.

Da es sich bei den Vereinigungen und deren Veranstaltungen um Brauchtum handelt, das sich aus dem Bedürfnis und aus dem Wollen seiner Träger entwickelt hat, greift der Staat weder normierend noch verwaltend ein. Bei der Neufassung des bayerischen Abmarkungsgesetzes im Jahre 1981 wollte der Staat jedoch die Vereinigungen nicht gänzlich unbeachtet übergehen, er verpflichtete sich vielmehr, ihnen seine besondere Obsorge angedeihen zu lassen und ihren Tagungen öffentlichen Schutz zu gewähren (4). Dieses Ehrenprotektorat bedeutet Bestätigung und Anreiz für die Bildung von Verenigungen und für deren Aktivitäten.

Die Feldgeschworenen-Vereinigungen lassen sich nicht als Vereine registrieren, geben sich aber eine Satzung, in der die Zusammensetzung der Vorstands, die Aufgaben ihrer Organe und vor allem die Verbandsziele festgelegt werden. Der Finanzbedarf wird aus einem sehr niederen Mitgliedsbeitrag gedeckt.

Der Jahrtag oder das »Siebnerfest«

Die Mitglieder einer Feldgeschworenen-Vereinigung treffen sich jährlich, einige nur in einem Turnus von zwei oder drei Jahren, an einem Ort ihres Bezirks. Gelegentlich feiern benachbarte Vereinigungen ihr Jahresfest gemeinsam. Die Zahl der Teilnehmer kann dann mehrere hundert betragen.

Die Teilnahme an diesem Treffen ist für die Feldgeschworenen eine Selbstverständlichkeit, auch für diejenigen, die sich sonst das Jahr über kaum betätigen. Als Ehrengäste erscheinen Vertreter der Behörden und des politischen Lebens, allen voran der Landrat und der Vorsteher des Vermessungsamts, ferner meist Vertreter des Landwirtschafts- und des Forstamts. Abgeordnete des Bundestags und des Landtags aus dem Wahlkreis nehmen die Gelegenheit zur Kontaktpflege wahr. Schließlich fehlt auch nie eine größere Anzahl von Bürgermeistern und Gemeinderäten, insbesondere soweit diese selbst Feldgeschworene sind.

Besonders feierlich wird das Treffen in vielen Gegenden Unterfrankens ausgestaltet. Als Termin wird vorzugsweise ein Sonntag im Mai oder Juni ausgewählt. Die Teilnehmer treffen sich am Morgen an einem Versammlungsplatz. Weiß oder zumindest festlich gekleidete Ehrenjungfrauen stecken ihnen »Maiblumen« (Maiglöckchen) an den Rockaufschlag. Dann formiert sich der Zug, Vorstand und Ehrengäste an der Spitze, zum Kirchgang durch den festlich herausgeputzten Ort. Die Musikkapelle der Feuerwehr oder eines örtlichen Vereins sorgt dafür, daß der Zug nicht außer Tritt kommt. In den katholischen Gegenden nahm die Gemeinde früher nach Geschlechtern getrennt in den Kirchenstühlen Platz, rechts auf der »Epistelseite« die Männer, links auf der »Evangelienseite« die Frauen. Die Predigt des Pfarrers ist ganz auf die Tugenden und Pflichten des Feldgeschworenen abgestellt. Der Kichenchor tut sein Bestes, den angereisten Gästen seine stimmlichen Qualitäten zu Gehör zu bringen.

Nach dem Gottesdienst wird der Zug unter Glockengeläut von der Musikkapelle zum Versammlungslokal geleitet. In den Gegenden zwischen Würzburg und Schweinfurt wird die »Siebnerkrone« mitgeführt, ein Gebinde aus grünen Zweigen in Form einer Krone. Sieben Ehrendamen nehmen die Enden der sieben von der Krone herabwallenden farbigen Bänder auf. Das Totengedenken am Gefallenenehrenmal, das früher jeweils zwischengeschaltet wurde, ist zumeist dem Zeitgeist zum Opfer gefallen.

Bei dem ländlich üppigen Mittagsmahl im Saal des Dorfgasthofs überstrahlen die hellen Kleider der gut sichtbar plazierten Ehrendamen die dunkle Festkleidung der Männer. Sind die Mägen gefüllt, wird die Tagesordnung abgewickelt mit Grußworten und Ansprachen, mit dem Vortrag eines für den Tag verfaßten Gedichtes, mit Totengedenken und oft auch mit einem heimatkundlichen Vortrag. Altgediente Feldgeschworene erhalten Ehrenurkunden des Staatsminsters der Finanzen und ihres Verbandes für 25-, 40- oder gar 50jährige Tätigkeit, neu bestellte Feldgeschworene werden vom Landrat feierlich verpflichtet – soweit dies nicht schon in der Kirche erfolgt ist –, Tagesfragen werden erörtert. Dem örtlichen Musikkorps und dem Gesangverein ist es eine Ehre, dem Nachmittag einen musikalischen Rahmen zu geben. Manchmal endet die Veranstaltung mit einem Tanzabend.

Wird ein solcher Jahrtag zwischendurch auch einmal in einer größeren Stadt, etwa in Schweinfurt, abgehalten, so richtet sich der Ablauf nach den besonderen Verhältnissen des Ortes.

Die Feldgeschworenen-Vereinigungen im Regierungsbezirk Oberfranken haben sich in einem Dachverband zusammengeschlossen und halten alle paar Jahre eine große Generalversammlung ab. Bei einer solchen Großveranstaltung kommen dann weit über tausend Feldgeschworene zusammen, insbesondere wenn hochrangige Festredner, etwa ein Minister, angesagt sind. Der Dachverband ist ein geschätzter Ansprechpartner für die mittlere und oberste Vermessungsbehörde.

Siebnerfest der Feldgeschworenenvereinigung Schweinfurt-West – 1978
in Theilheim, Begrüßung der Gäste vor der Kirche

Festzug zum Tagungslokal.
Ehrendamen mit »Siebnerkrone«
Fotos: Willi Dülk, Theilheim

C. Die Verzeugung der Grenzzeichen

Könnte die Geschichte schweigen,
Tausend Steine würden redend zeugen,
Die man aus dem Schoss der Erde gräbt.

Friedrich Schiller, An die Freunde

1. Entstehung und Verbreitung der Grenzzeugen

Nach der Einführung von Grenzmalen entwickelten viele Kulturkreise und Gemeinschaften spezielle Formen und Bräuche der »Verzeugung« der an den Grenzen errichteten oder vorhandenen Zeichen. Unter Verzeugung im weitesten Sinne können jene besonderen Kennzeichen oder Zutaten an dem Grenzmal verstanden werden, die dessen Bedeutung und Beweiskraft teils für jedermann, teils für einen besonders eingeweihten Kreis augenfällig und erkennbar machen sollen. In der Weiterentwicklung dient dann die Verzeugung der Grenzmale dem Nachweis, daß ein vorgefundener Stein, Erdhügel oder Pfahl ein originäres, echtes Grenzmal darstellt und daß dieses Mal sich noch an der Stelle befindet, an der es nach der Intention der Grenznachbarn einmal eingebracht worden war. Die Zeugen liegen in diesem Fall regelmäßig unter dem Erdboden.

Bei der seit der Renaissance bestehenden Neigung, möglichst viele kulturelle Errungenschaften von der Antike herzuleiten, fehlt es nicht an prominenten Autoren, die sowohl für die Grenzvermarkung mit Steinen als auch für deren unterirdische Verzeugung das Vorbild in überlieferten römischen Rechtsbräuchen sehen möchten. In der Tat könnte man sich auf Siculus Flaccus (De conditionibus agrorum et constitutione limitum) und andere Schriftsteller aus der römischen Kaiserzeit berufen, die oben (A. 2.3) schon zitiert worden sind (1). Etwa um die gleiche Zeit, in der die römischen Gromatiker schrieben, gingen in indische Rechtsbücher Gebote ein, Grenzzeichen unter dem Boden einzubringen. Als geeignete unverwesliche Stoffe werden aufgeführt: Steine, Knochen, Kuhhaar, Spreu, Asche, Scherben, getrockneter Kuhmist, Ziegel, Schlacken und Sand (2). Die Annahme, Rom sei bei der Einführung unterirdischer Verzeugung Pate gestanden, verliert außerdem an Wahrscheinlichkeit, wenn man sich die europaweite Verbreitung dieses Rechtsbrauchs vor Augen führt. Neben dem deutschsprachigen Raum umfaßt das Verbreitungsgebiet: Frankreich, die Schweiz (auch außerhalb der deutschsprachigen Regionen), Nordspanien, Italien, Slowenien, Kroatien und Serbien, Böhmen und Mähren, Polen und schließlich die skandinawischen Länder einschließlich der Färöer-Inseln (3). Die Verzeugung von Grenzmalen als alter Brauch ist aber in diesem geographisch umrissenen Gebiet nicht etwa allenthalben anzutreffen, es gibt da größere und kleinere Lücken, zum Beispiel Altbayern und auch Oberschwaben, Gebiete, in denen sich auch die Grenzvermarkung nicht recht entwickelte. Nicht eingeführt hat sich die Verzeugung insbesondere dort, wo der Grenzpfahl als nahezu alleinige Grenzmarke dominierte und wo in Feld und Wald nur durch Raine, Pflugfurchen oder Steinhaufen abgegrenzt wurde.

In Deutschland bringen die schriftlichen Quellen bis ins Hochmittelalter noch kaum etwas über die Verzeugung von Grenzsteinen. Auch der Sachsenspiegal gibt keinen Aufschluß, wenn auch schon Grenzsteine erwähnt sind.

2. Art und Form der Verzeugung

Ein ins Gelände gesetzter, unbearbeiteter Stein konnte nicht für sich in Anspruch nehmen, als Grenzstein erkannt und anerkannt zu werden. In dem Abschnitt zur Geschichte der Grenzsteine wurde oben schon dargelegt, wie anfangs durch flankierende Zeugensteine der Unsicherheit über Bestimmung und Qualität des Marksteins abgeholfen wurde. Nach Jacob Grimm bestand dieser Rechtsbrauch vor allem in Skandinavien, aber auch in Deutschland (4). Schriftliche oder gar örtliche Nachweise dafür, daß erst drei oder fünf Steine eine Grenzmarkierung ausmachen, sind in Deutschland sehr spärlich. Ein entsprechendes Grenzsteinensemble im Coburger Land könnte einer Vermutung in dieser Richtung Nahrung geben. Der auf Seite 92/93 abgebildete Zentstein wird von zwei Trebanten flankiert. Bemerkenswert ist ferner, daß die ursprünglich oberirdisch aufgestellten Zeugensteine in Deutschland späterhin neben dem Grenzstein in die Erde abgesenkt wurden sowie daß sie dabei den beiderseitigen Grundstücken zugewendet blieben und nicht etwa in die Grenzrichtung geschwenkt wurden (5). Von da mag die Regel herrühren, mindestens zwei Zeugen einzubringen. Beim Zusammentreffen von drei Grenzen wurden drei Zeugensteine dem Grenzstein beigesellt.

Auch in Italien war diese offene Form der Verzeugung einst üblich. In die Grenzrichtung wurden zudem oberirdisch zwei kleine Steine als Weiser eingebracht (6). In Gerra am Langensee (Lago Maggiore, Tessin) setzte man neben einen großen Grenzstein einen kleinen und nannte den letzteren »il testimonio« (7).

Auch ein Pfahl neben dem Grenzstein konnte diesem Beweiskraft verleihen, wie schon das altschwedische Gesetz Uplandslag (um 1295) besagt (7 a): »Stock und Stein und Bein kann man auch Grenzzeichen nennen. Stock und Stein kann man Grenzzeichen nennen. Bein und Stein kann man Grenzzeichen nennen. Einem Stein allein wird kein Beweisrecht gegeben.«

So bot das Zusammentreffen bestimmter oberirdischer und unterirdischer Befunde den kaum zu widerlegenden Nachweis für die Echtheit einer Grenzmarkierung. Art und Form der Verzeugung wurden zunächst auch dort nicht geheimgehalten, wo die Vermarkung Gerichten oder anderen Vertrauenspersonen vorbehalten waren.

Die Materialien, die für die Verzeugung verwendet wurden, sind vielfältig. Verlangt war als Eigenschaft nur, daß sie unverweslich sein und sich selbstverständlich von dem umgebenden Erdreich abheben mußten. Nirgends aber finden sich irgendwelche Anklänge an eine religiöse oder sonstige rituelle Wurzel, wie dies bei den Grenzsteinbeigaben der Römer ursprünglich der Fall war. Die Verzeugung der Grenzsteine in nachrömischer Zeit entspringt rein rationellen Erfordernissen und Überlegungen. Sie begann möglicherweise einfach damit, daß in das Bett des Grenzsteins Kies eingeschüttet wurde, auch um die Standfestigkeit zu erhöhen. Im übrigen wurde zunächst Material ausgewählt, das in der Gegend verfügbar war. Die ländlichen Rechtsquellen teilen zwar mit, d a ß Grenzsteine verzeugt wurden, aber sie verraten kaum einmal in welcher Weise. Einige Aufschlüsse sind jedoch bei den Autoren zu finden, die über das Verfahren bei Grenzstreitigkeiten und bei Vermarkungen schreiben. Nach ihren Feststellungen verwandte man seinerzeit Asche, Schmiedeschlacke, Kohlen, Kalk, Kiesel, Gipsbrocken, Sand, Metallstückchen – insbesondere Eisen und Kupfer –, Glasscherben,

Dachplatten, Ziegelstücke, Schieferplatten, Eierschalen, kleine Münzen, Topf- und Porzellanscherben. Verzeugt wurden aber nicht nur Marksteine sondern auch Grenzhügel, zum Beispiel im Deutschordensstaat Preußen, in sehr seltenen Fällen sogar Grenzpfähle. Der älteste Beleg einer Grenzverzeugung im deutschen Sprachraum scheint ein Eintrag im Brünner Schöffenbuch aus dem 14. Jahrhundert zu sein; als Belege werden Steine und Kohlen genannt (8). Im 16. Jahrhundert werden die Schriftzeugnisse zahlreicher. Aus dem – 1525 in ein weltliches Herzogtum umgewandelten – Preußen (= Ostpreußen) erfahren wir, daß die mit der Markierung der Grenze bei Lyck im Jahre 1545 betrauten Amtleute in einem »Memorial« angewiesen wurden, einen ausreichenden Vorrat an Kohlen und Asche anzulegen »für gut beweislich grenitz Zeichen von schüttungen welche mit steinen beleget, aschen und kohlen beschüttet« werden (9). Im Jahre 1580 wird dann berichtet, daß unter einem als Grenzmal vorgewiesenen Stein Kohlen vorgefunden worden seien, womit der Beweis erbracht war, daß ein echter Grenzstein vorlag (10). Eine Seltenheit ist es, wenn wir einmal so genaue Einzelheiten über die Verzeugung erfahren wie in einem elsässischen Vermarkungsprotokoll von 1731: zu den Lachbäumen und Grenzsteinen wurden hier »7 kleine Wäcklein (Steine) als Zeugen« gelegt (11).

Durch eine Kombination der Materialien glaubte man die Sicherheit der Verzeugung erhöhen zu können; in einem Rezeß (Vergleich), mit dem im Jahre 1548 Unsicherheiten an der pfälzisch-böhmischen Grenze östlich von Tirschenreuth (Böhmen war seit 1526 habsburgisch) behoben wurden, ist vereinbart, daß den 23 zu setzenden »Rainsteinen«, damals noch unbearbeitete, unscheinbare Feldsteine, jeweils »vier Jungen oder Zeugen« zu unterlegen seien, und zwar je ein Ziegelstein, ein Sinterstein, ein Kieselstein und eine Kohle (wohl Holzkohle) (11 a.).

Die preußischen Landmesser-Instruktionen von 1755 und 1793 sehen eine einfache Verzeugung der Grenzsteine vor: »unter und neben den Steinen wird Glaß, Kohlen und Schmiede-Schlag auch wohl Ziegel-Steine gelegt und eine Schüttung darum gemacht« (12). In den späteren Reglements konnte eine solche Vorschrift entfallen, weil das preußische Allgemeine Landrecht diese Frage folgendermaßen regelte: Unter Grenzpfähle und -steine waren unverwesliche Merkmale zu legen, wenn diese Grenzmale nicht oberirdisch als Grenzzeichen kenntlich gemacht waren. Entsprechendes galt für Grenzhügel, falls ihre Bestimmung als Grenzhügel nicht aus »anderen Umständen deutlich zu entnehmen« war (13).

In ein Gesetz hatte der dänische König Christian V. (1670 – 1699) die in ganz Skandinavien gebräuchliche Marksteinverzeugung aufgenommen. Die Grenzscheidung oblag nach diesem Gesetz besonderen Organen, den »Sandemœnd«, die nicht nur bei Feldstreitigkeiten sondern auch bei Tötungsdelikten zu richten hatten. Diese Behörden sollten die Grenze feststellen und »sie mit Stock, oder Stein, stapeln, und Kohle und Flint darunter, und darauf auf der Stelle, die geschieden und umstritten war, schwören, daß sie Recht getan haben und darauf am Ting kundbarmachen« (14).

Wohl schon gegen Ende des Mittelalters wurden vielerorts die Methoden der Verzeugung verbessert. Weit verbreitet hat sich der Brauch, einen Flußkiesel in zwei oder mehr Teile zu zerschlagen und die Teile (»geschlagene« Steine) in bestimmter Anordnung in das Bett des Grenzsteins einzulegen. Je nach der örtlichen Gepflogenheit wurden die Bruchstücke beiderseits des Grenzsteins entweder so eingebracht, daß die Bruchflächen parallel, oder daß sie quer zur Grenzrichtung lagen. Im Fall einer später erforderlichen Untersuchung des Grenzsteins auf seine Echtheit wurde geprüft, ob die Teile aufeinander paßten. Ebenso wurde mit Mauerziegeln und besonders mit Dachziegeln verfahren (»Daschentrümmer« in Ellingen). Ob sich Ziegel nur die »Herrschaften« leisteten und sich die »gemeinen Leute« mit Feldsteinen begnügten, wie ein Autor 1702 behauptet (15), erscheint fraglich. In Hallstadt bei Bamberg war 1594 den an der Grenzvermarkung Beteiligten auferlegt, zum Termin »taugliche Steine« aber auch Ziegeltrümmer und andere »Notdurft« mitzubringen (16). Im nordwestlichen Deutschland kamen »cöllnische« (holländische) Tabakpfeifen als Marksteinzeugen vor.

Die wissenschaftliche Literatur des späten 18. und des 19. Jahrhunderts publizierte dann detaillierte Vorschläge, wie die unterirdischen Zeugen angeordnet werden sollten (16 a) . Die Autoren dürften dabei von den Gepflogenheiten der ihnen bekannten Feldgeschworenen oder Untergänger ausgegangen sein. Aus den Vermarkungsprotokollen erfahren wir zwar oftmals, welche Grenzsteine mit wievielen Zeugen belegt wurden, aber über Art und Form der Verzeugung schweigen sich diese Quellen regelmäßig aus. Ein kompetenter Gewährsmann ist jedoch der Verfasser der »Waldbücher« des Fürstentums Ansbach: Der Geometer Johann Georg Hoffmann hat von 1717 bis 1755 den gesamten Waldbestand des Landesherrn aufgemessen, mit den Forstbediensteten und Steinsetzern versteint und die Forst-, Jagd- und sonstigen mit Forst und Jagd zusammenhängenden Rechte in einem mit zahlreichen Karten ausgestatteten, voluminösen Werk beschrieben (16b). Dem Band III, geschrieben 1727 – 1731, vertraut er das Geheimnis (»Arcanum«) der Siebner an, das auf seine Veranlassung hin bei der systematischen Vermarkung der fürstlichen Waldungen durchgehend angewandt wurde (16c): Ein Dachziegel (»Ziegelblatt«) wurde in so viele Teile zerschlagen, als Grenzlinien von dem Grenzpunkt ausgingen. Die Bruchstücke wurden neben den Grenzstein in Richtung der Grenzlinien in das Grenzsteinbett eingelegt. Die Bruchkante, »Brüderschaft« genannt, war nach unten gerichtet, damit sie bei einem späteren Nachgraben nicht etwa von den Grabwerkzeugen beschädigt würde. Bei einer Überprüfung des Grenzsteins mußten ja die Zeugen entlang der Bruchkante exakt aneinanderpassen. Hoffmann entschuldigt seine Indiskretion mit der Absicht, den nach ihm kommenden Generationen »ein besonderes éclaircissement »(Erklärung) geben zu wollen in der Gewißheit, »daß dieses ganze Renovationswerk gewürdiget wird, in Euer Hochfürstlichen Durchlaucht Archiv bey anderen geheimen Sachen zu liegen« (16 d).

So manche Dörfer und Regionen behielten die alte Art der Verzeugung bis in die jüngste Zeit bei – und verschlagen Steinbrocken oder Kiesel (zum Beispiel in der Gegend von Bad Kissingen) oder brechen beschädigte Dachziegel (zum Beispiel in der Gegend von Eichstätt). Viele Orte aber gingen im 18. oder 19. Jahrhundert auf Zeugen über, die für die Stadt, das Dorf oder den Flecken handwerklich angefertigt wurden. Die über Grenzvermarkung und Marksteinverzeugung schreibenden Autoren wissen bis in die Mitte des 18. Jahrhunderts noch nichts über solche vorgefertigten Zeugen zu berichten (17). Dabei ist besonders bemerkenswert, daß ein in Altdorf lehrender Professor 1741 für seine Zeit die Behauptung wagen konnte, »nach heutigem Brauch (secundum hodiernum morem)« würden nahezu überall Zeugen den Marksteinen beigegeben (18). Einen Wechsel der Verzeugungsart bekunden die Feldgeschworenen mitunter, wenn sie bei der Hebung eines alten Steines protokollieren, sie hätten Zeugen »nach der alten Steiner Art« gefunden.

Zuerst waren es wohl Hoheitsgrenzen in Süd- und Mitteldeutschland, an denen handwerklich hergestellte Zeugen unter die Grenzsteine eingebracht wurden. Hierfür dürfen zwei Belege vom Burgfrieden der Stadt Ingolstadt angeführt werden: Beim Wiederaufrichten zweier Marksteine an der Grenze zum bayerischen Landgericht Kösching im Jahre 1615 fand sich ein »Wahrsager« (Zeuge) mit dem Ingolstädter und dem bayerischen Wappen (18a). Ein Protokoll über die Versteinung der Territorial- und Jagdgrenze zum Herzogtum Neuburg bei Gerolfing durch kurbayerische und kurpfälzische Deputierte berichtet im Jahre 1696, daß unter die Marksteine »von Glas gemachte Zeugen bei 1 1/2 Zoll (= 43 mm) breit, 1/2 Zoll (= 14 mm) dick und 5 in 6 Zoll (= 146 bis 175 mm) lang untergelegt« wurden, und zwar einer bis drei, samt etlichen Kohlen« (19).

Häufiger waren dann etwa 4 bis 6 cm große Scheiben mit dem Wappen oder mit den Initialen der Namen der beiderseitigen Territorien. Bei der schon mehrmals angesprochenen Katastervermessung von Sachsen-Weimar, die im Jahre 1726 angeordnet wurde, war die Verzeugung der Grenzsteine im einzelnen vorgeschrieben. An der Landesgrenze wurden »vom Töpfer gebrannte Zeugen« mit dem sächsischen Rautenwappen und den Buchstaben H. Z. S. W. (Herzogtum Sachsen-Weimar) auf der Vorderseite und den Initialen des Dorfnamens auf der anderen Seite unter den Grenzstein gelegt (20). In der Flur wurden die auch sonst üblichen Zeugen aus unverweslichen Materialien verwendet, bei jedem Grenzstein 7 Stück, an den Gemeindegrenzen beiderseits 7 Stück.

Das Material für die handgefertigten Zeugen unter den Landesgrenzsteinen war überwiegend Ton, vom Töpfer oder in der Ziegelei gebrannt, ferner Glas, später auch Porzellan in Gegenden mit diesem Gewerbe. In Hessen ließ der Landgraf Ernst Ludwig (1678 – 1739) seine Gütersteine sowie die Marksteine an der nassauischen Grenze mit runden Bleiplättchen unterlegen (21). An der nassauischen Grenze zeigten die Plättchen auf der einen Seite den hessischen Löwen, auf der anderen unter einer Wolfsangel das Monogramm HN für Hessen-Nassau. Die Zeugen, die an Bayerns Nordgrenze gefunden wurden, spiegeln die einst so bunte Karte Thüringens wider. Die Instruktion für die Versteinung der Landesgrenze zwischen Bayern und Sachsen-Weimar sah vor, daß die Feldgeschworenen die Grenzsteine sowohl mit ihren »herkömmlichen Belegen, dann mit den ihnen beim Steinsatz auszuhändigenden besonderen Hoheitszeichen« versicherten (22). Die Form dieser »Hoheitszeichen« wurde in der Grenzkommission vereinbart. Sachsen-Coburg-Gotha verwandte Scheiben aus Glas oder Porzellan mit der Beschriftung SCG oder SCLG (Sachsen-Coburg Landesgrenze). Anschließend an diesen Grenzabschnit wieder runde Glasscheiben, die auf der einen Seite KB (Königreich Bayern), auf der anderen SM (Sachsen-Meiningen) beschriftet sind. Dazwischen wurden am Sattelpaß (östlich von Sonneberg) unter dem 1821 gesetzten Landesgrenzstein Nr. 1 nur Glas und Porzellanscherben sowie ein zylindrisches Porzellanstäbchen, 5 cm x 1 cm groß, gefunden. Nördlich von Kronach erinnern Grenzsteinzeugen mit der Schrift KB und SKS an das einstige Sachsen-Koburg-Saalfeld (23); In der gleichen Gegend Zeugen aus Glas mit den Jahreszahlen 1754 und 1781 und den Buchstaben AL und AG – AL = Amt Lauenstein, eine Exklave der Markgrafschaft Bayreuth, AG = Amt Gräfenthal des Fürstentums Saalfeld (24). Weiter östlich neuere Porzellanzeugen mit KB und FR (Fürstentum Reuß); schließlich noch der Grenzabschnitt zu Sachsen, der nach einem Staatsvertrag vom 2. März 1868 völlig neu vermarkt wurde: Unter jeden Haupt- und Läuferstein wurden hier laut Vereinbarung glasierte Tonscheiben von 6,6 cm Durchmesser gelegt, die mit der vertieften Schrift K. B./K. S. (Königreich Bayern/Königreich Sachsen) oder in der umgekehrten Reihenfolge versehen waren (25). Für den Dreimärker am Dreiländereck Bayern/Sachsen/Böhmen hatte man sich 1844 folgende Sicherung einfallen lassen: in einem mit Lehm verfüllten Tiegel aus Steingut drei runde Steingutscheiben mit der Jahreszahl

1844, dazu drei Glasstücke von zwei Quadratzoll Größe und drei ebenso große Kohlenstücke (26). Der Grenzpunkt selbst war – wie heute noch – die Mitte des 3 m daneben vorbeifließenden Mühlbachs.

Für die Vermarkungsarbeiten an der bayerisch-preußischen Grenze, damals Provinz Hessen-Nassau, wurde noch im Jahre 1903 vorgeschrieben, daß die Hoheitszeichen mit »gebrannten Tonstücken mit den Buchstaben K. B. und K. P.« zu unterlegen seien. Daneben sollten die »herkömmlichen Belege« der bayerischen Feldgeschworenen ihren Platz finden (27).

Aus den obigen Beispielen darf nicht der Schluß gezogen werden, daß an den Territorialgrenzen der Kleinfürstentümer des Alten Reiches die Grenzsteine stets mit Zeugen belegt worden wären, die auf die betreffende Territorialgrenze hingewiesen hätten. Bei der Begehung einer zwischen den Dörfern Gnodstadt und Marktbreit strittigen Grenze (östlich von Ochsenfurt a. Main) im Jahre 1750 wurden unter dem ersten Grenzstein, dem Dreiländereck zwischen Würzburg, Ansbach und Schwarzenberg, Zeugen festgestellt, die lediglich die drei angrenzenden Dörfer betrafen: ein Beleg mit gekreuzten Bischofsstäben für das Dorf Frickenhausen (Hochstift Würzburg), einer mit dem Buchstaben G für das Dorf Gnodstadt (Markgrafschaft Ansbach) und ein dritter mit der Bezeichnung MB für das Dorf Marktbreit (gefürstete Grafschaft Schwarzenberg) (27 a). Leider wird in dem Protokoll nicht angegeben, aus welchem Material die Zeugen bestanden.

Nach allgemeiner Auffassung war für Wappensteine eigentlich keine Verzeugung erforderlich. Dennoch wurden unter die Grenzsteine an Landesgrenzen bis in die jüngste Zeit Zeugen eingelegt, an deren Stelle nun Versicherungsmarken getreten sind.

Bürger und Bauern beginnen wohl um die Mitte des 18. Jahrhunderts in zunächst noch wenigen Orten Handwerksbetriebe mit der Herstellung von Grenzsteinzeugen zu beauftragen. Der Benediktiner des Klosters Banz im Hochstift Bamberg, Johann Baptist Roppelt, schreibt 1775, daß »vor Alters« eine unterirdische Verzeugung nicht für wesentlich gehalten worden sei (28). Zu seiner Zeit aber würden Marksteine zumindest dann, wenn sie nicht schon nach Gestalt und Größe als solche erkennbar seien, nur mit entsprechenden Unterlagen für »wahre Marksteine gehalten«. Er weiß auch, daß zuweilen »besondere Zeugen aus Thonerde nach einer gewissen Figur« gefertigt, mit einem besonderen Zeichen versehen und im Ziegel- oder Töpfersofen gebrannt würden. Aber »am gemeinsten und besten«, meint er, bediene man sich der Ziegeltrümmer, die haltbarer als anderes Material seien. Die untergelegten Ziegeltrümmer müßten sich an einer Bruchstelle zusammenfügen lassen. Die Zeugen werden nach Roppelt unter die Marksteine, an verschiedenen Orten auch neben diese gelegt, und zwar so, daß sie den Winkel in dem Grenzpunkt erkennen lassen.

Zeugen aus gebranntem Ton sind also bei Marksteinen im Dorf des 18. Jahrhunderts noch seltene Ausnahmen. Es gibt aus dieser Zeit nur wenige Schriftzeugnisse und Bodenfunde. Das Heimatmuseum in Oberndorf am Neckar (Kreis Rottweil) datiert jedoch einen seiner Tonzeugen schon auf das Jahr 1678 (29). Als ein möglicher Hinweis auf die Einführung von Tonzeugen mag ferner ein Schriftstück aus dem Jahre 1723 zu werten sein, in dem der Markgraf von Baden der Gemeinde Ittersbach (Kreis Pforzheim) die Genehmigung zur Errichtung einer Ziegelhütte erteilte (30). Neben einer jährlichen Lizengebühr stellte er zur Bedingung, »in casu necessitatis (im Bedarfsfall) mit gebrannten Zeugen, in etwas geringerem preiss als solche sonsten verkauft werden, uns verabfolgen zu lassen«. In der einstmaligen Reichsstadt

Siebnerzeichen
aus GEOINFORMATIONSSYSTEME (1993)

Marksteinzeugen aus Baden-Württemberg

Marksteinzeugen aus Baden-Württemberg

Mühlhausen in Westthürigen hat sich eine Töpferform aus dem Jahre 1741 gefunden, mit der seinerzeit Marksteinzeugen gepreßt wurden (31).

Die hohe Zeit der aus Ton oder vergleichbaren Materialien gefertigten Grenzsteinzeugen bricht erst mit dem 19. Jahrhundert an, in Franken erst gegen die Mitte des Jahrhunderts, in Württemberg teilweise um einige Jahrzehnte früher. Neben den runden Scheibchen kommen alle nur erdenklichen Vieleck-, Pfeil-, Wappen- oder Herzformen vor, wie sie nur die Phantasie ersinnen konnte. Das Arsenal der Zeugen reicht von primitiven und rohen Gebilden bis zu künstlerisch eindrucksvollen Plastiken. Schriften, Fleckenzeichen, Siegel der Orte oder der Feldgeschworenen, Initialen des Dorfs oder der Herrschaft, Jahreszahlen oder manchmal eine laufende Nummer wurden erhaben oder vertieft eingeprägt. Durch Rillen, den »Kellenschnitt«, sind manchmal eine oder auch mehrere Sollbruchstellen vorgegeben. Zwei spiegelbildlich nebeneinander stehende Darstellungen ergeben einen »Doppelzeugen«. Damit wurde der Brauch fortgeführt, die Tonzeugen, wie vordem die Dachziegel, in Stücke zu brechen. In der Rheinpfalz sind kunstvolle Fayencekacheln in den Boden gebracht worden (32). Einen großen Aufwand leistete sich auch die Stadt Freiburg i. Br., indem sie die Zeugen zweifarbig glasieren ließ: ein dunkles Kreuz auf hellem Untergrund. Form, Größe und Beschriftung wechselten für den gleichen Ort im Laufe der Zeiten. Nicht ausbleiben konnte, daß in der Vorkriegszeit einige wenige Gemeinden ihre Zeugen mit dem Hakenkreuz verunzierten. Ein württembergischer Autor wagte es immerhin, in den Allgemeinen Vermessungsnachrichten 1937 »die gewaltsame Beisetzung des Hakenkreuzes« als »kitschig« zu kritisieren (33).

Die Basler Zeugen waren kegelförmig wie eine Rübe gefertigt, daher die Bezeichnung »Rübe« oder »Rettig«; sie wurden mit der Spitze nach unten in das offene Bett des Grenzsteins gesteckt, die runde Kopffläche markierte recht genau den Grenzpunkt. Manche Gemeinden im Südwesten Deutschlands ahmten diese Form nach.

In Gemeinden, in denen Tonschiefer zur Verfügung stand, bekritzelte man Schieferplättchen mit Geheimzeichen, zum Beispiel im Odenwald. Aus dem Raum Dieburg (östlich von Darmstadt) ist eine solche Schieferplatte bekannt mit kurzen Daten über den Kauf des Grundstücks im Jahre 1768 auf der einen Seite und mit einem Plan des Grundstücks auf der anderen (34).

Für die Art, wie die handwerklich gefertigten Zeugen eingebracht wurden, gab es noch zahlreichere Varianten als für ihre früheren Vorgänger: zwei oder mehr Zeugen je Stein, zentrisch im Grenzpunkt unter den Stein oder neben ihn, Ausrichtung auf die Grenze oder auf die Grundstücke hin, mehrere Zeugen übereinander, Unterscheidungen zwischen Eckstein, Schlußstein und Läufer und so weiter. Manchmal wurden die Zeugen noch mit dazwischengelegten Steinchen zu bestimmten Figuren kombiniert, es entstanden komplizierte Systeme der Verlegung. In verschiedenen Dörfern Mittelfrankens hießen die Zutaten

Grenzsteinzeuge
aus dem Raum Dieburg (1768) mit Beschriftung und Plan des Grundstücks
Foto: Siegfried Rumbler, Frankfurt

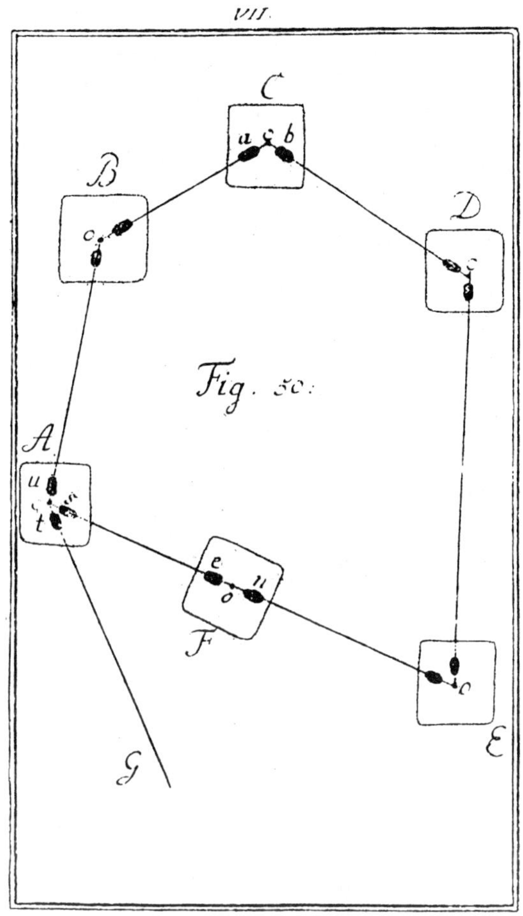

Schema einer Grenzsteinverzeugung
nach P. Johann Bapt. Roppelt 1775
Die kleinen schwarzen Ovale bedeuten Zeugen unter den als Quadrate gezeichneten Grenzsteinen.

»Beigelege« (35). Von anderen Dörfern ist bekannt, daß die Zeugen auf den Kirchturm hin orientiert wurden. Im Schrifttum fehlte es nicht an gutgemeinten Vorschlägen an die Adresse der Feldgeschworenen, wie man Zeugen verlegen sollte.

Zum Musterland der künstlichen Grenzzeugen wurde zweifellos Württemberg, und zwar selbst in den Gegenden, in denen nach der Annexion zu Beginn des 19. Jahrhunderts Untergänger erst eingeführt werden mußten. Nach der Katastervermessung des Landes (1818 – 1840) scheinen manche Kreisgeometer eifrig darauf bedacht gewesen zu sein, daß kein Dorf ihres Bezirks ohne seine besonderen Tonzeugen blieb, und sie gaben in manchen Fällen sogar gegen den Willen der Gemeinde, aber zu deren Lasten Bestellungen bei Töpfern auf (36). So sind es heute nur wenige Flecken in Württemberg, für die sich Marksteinzeugen aus Ton nicht nachweisen lassen.

In Württemberg wie auch in Franken sind Landschaften abzugrenzen, die für die Zeugen ganz bestimmte Formen bevorzugten, ohne daß die Unverwechselbarkeit für die einzelnen Flecken aufgegeben worden wäre. Besondere Zeugen gab es manchmal für die Besitzungen von Adel und Klöstern, eigene Zeugen außerdem für den Herrschaftswald, später Staatswald.

Während in Württemberg die Grenzsteinverzeugung bis in die ersten Jahre nach dem Zweiten Weltkrieg mehr oder weniger eifrig betrieben wurde, kränkelte dieser Brauch in Baden seit der Mitte des vorigen Jahrhunderts, weil die rechtliche Position und das Ansehen der Steinsetzer erhebliche Einbußen erlitten hatten (37). In Bayern ist die Ausübung des Brauchs stark zurückgegangen.

Schließlich darf für eine Besonderheit unter den Marksteinzeugen eine Gemeinde im Landkreis Weißenburg-Gunzenhausen angeführt werden. An den Markungsgrenzen werden neben den Grenzsteinen seitlich kleine, für den Zweck eigens angefertigte Hufeisen eingebracht (38). Ein halbes Hufeisen wurde im übrigen 1736 von Landscheidern bei einer Grenzüberprüfung (Terminey) in Utphe (Wetterau, Grafschaft Solms-Laubach) unter einem Grenzstein gefunden, aber als Zeuge nicht anerkannt, weil es nicht den »gewöhnlichen looszeichen« entsprach (39). Da das Hufeisen im altdeutschen Brauchtum eine Rolle spielte, ließen sich hier Spekulationen anknüpfen, für die sich aber der Verfasser nicht kompetent fühlt. Das gleiche gilt, wenn in Österreich menschenähnliche Figürchen unter Grenzsteinen vergraben wurden (40).

Während in Württemberg regelmäßig die Gemeinde auf ihre Kosten die Zeugen beschaffte und auch verwahrte, übernahmen in Franken die Feldgeschworenen zum Teil dieses Geschäft. Sie rechneten dann die Kosten für die Zeugen den an der Abmarkung Beteiligten zusammen mit den Gebühren für den Steinsatz auf (41). In Erbach war nach der Steinsetzerordnung von 1695 den Steinsetzern für jedes Zeichen, das zu den Marksteinen gelegt wurde, eine Maß Wein, die Maß zu 24 Pfennig, zu verehren (42).

3. Sammlungen von Grenzsteinzeugen

Bei den zahllosen Veränderungen, denen die Grundstücksgrenzen seit etwa 100 Jahren insbesondere durch Baumaßnahmen und Flurbereinigungen unterworfen werden, konnte es nicht ausbleiben, daß beim Ausheben von Grenzsteinen die einst von den Feldgeschworenen und Untergängern streng gehüteten Marksteinzeugen an das Tageslicht und in die Hände von Unberufenen gerieten. Im 20. Jahrhundert wurden die Zeugen zum Sammelobjekt. Die wohl umfangreichste Sammlung ist beim Landesvermessungsamt Baden-Württemberg (Stuttgart) in etwa 50 Schaukästen, im wesentlichen nach Landkreisen geordnet, zusammengetragen. Kleinere Sammlungen haben verschiedene Vermessungs- und Flurbereinigungsbehörden für ihren Bezirk angelegt. Auch in viele Museen sind Grenzsteinzeugen gelangt. Für Bayern sind an erster Stelle das Bayerische Nationalmuseum in München (43) und das Germanische Nationalmuseum in Nürnberg zu nennen. Sammlungen in Heimatmuseen führen in das örtliche Brauchtum der Feldgeschworenen und Untergänger ein. Schließlich hat sich auch eine große Gemeinde von Privatpersonen das Sammeln von Marksteinzeugen zu einer ambitioniert betriebenen Freizeitbeschäftigung gemacht. Ein Unternehmen von Weltrang hat sogar einmal auf Bestellkarten und Briefhüllen das Bild eines Marksteinzeugen als Emblem aufgedruckt.

4. Bezeichnungen für die Zeugen

Für dieses Kapitel über die Verzeugung der Grenzzeichen wurde als durchgehende Bezeichnung das Wort »Zeuge« gewählt, weil diese Begriffsbezeichnung stets weit verbreitet war und wohl überall verstanden wurde, im 16. Jahrhundert noch vielfach als »gezeugen«, schweizerdeutsch »Zügen« (»züüge«). In früheren Schriftzeugnissen kommen aber noch zahlreiche andere Wortbildungen vor. Sehr häufig ist die Bezeichnung »Eier«, auch »Steineier«. Ob es die eiförmige Gestalt der manchmal mit Zeichen bekritzelten, oft auch gebrochenen Kieselsteine war, die hierfür verantwortlich zu machen ist, mag dahingestellt bleiben. Denkbar wäre bei der Vorliebe unserer Vorfahren für Bildlichkeit und Metaphern auch die Vorstellung, daß der Markstein auf seinen Zeugen sitzt wie ein brütender Vogel auf seinen Eiern. In diese Richtung weist auch die vielfach auftretende Bezeichnung »Jungen«, manchmal noch überhöht zu »Enkel«. Unter »Jungen« verstand man in der Wetterau wohl irgendwelche allgemein bekannte Merkmale im Lager des Marksteins, denen die Landscheider aber keine entscheidende Beweiskraft zumaßen. In der oben schon zitieren »Terminey« in Utphe von 1736 verwarfen sie einen Stein, weil » zwar die gewöhnliche Jungen, das looszeichen aber nicht darbey ge-

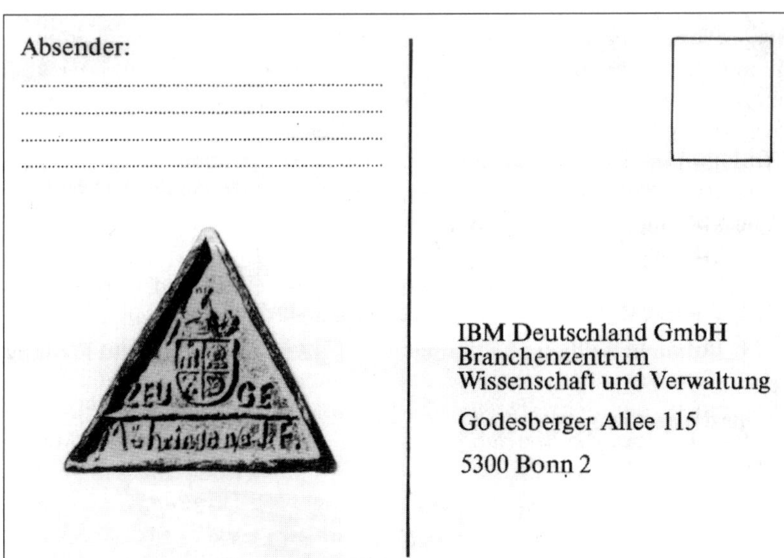

Das Bild eines **Marksteinzeugen** auf Antwortkarten und Briefhüllen eines Großunternehmens; Möhringen auf den Fildern (Kr Stuttgart)

wesen« (44). Das Wort »Zeuge« wechselt im Protokollbuch bisweilen mit »Zeigen« (der »Zeig« alte Form), »Zeuchen«, »Zeichen« und den Zusammensetzungen »Markzeichen«, »Wahrzeichen« oder »geheime Zeichen«, in der Gelehrtensprache auch »Feldzeichen«.

Das »Gemerk«, ein unserer Sprache verlorengegangenes altdeutsches Wort, ist in weiterem Sinne ein Grenzmal gleich welcher Art, das man sich »merken« sollte, ein »Markstein oder ander Gemerk«. Im engeren speziellen Sinn wird das Gemerk zum Marksteinzeugen abgewandelt, auch in »Gemerkung« (45), in Gerolzhofen (UFr) »Gemerk und Heimlichkeit« – die gebotene Geheimhaltung des Gemerks ansprechend. Auch im Bergbau wurden »Gemerke« geschlagen.

Ähnlich wie dem Wort Gemerk erging es dem Wort »March« oder »Marche« (Schweiz) oder »Marke«: im weiteren Sinne allgemein Grenzmarke, dann auch in spezieller Bedeutung für Marksteinzeuge. Von Mark ist dann wohl »Gemärk« abgeleitet – wie »Untermark« eine späte Wortschöpfung. Da und dort scheint das Wort »Kunde« für Grenzsteinzeugen auf.

Dem Westen und Südwesten eigen ist die oben schon angeführte Bezeichnung »Loszeichen« – »Looßzeichen« in der Solmser Land-Ordnung 1571, »Loßzeugen« in der Landes-Ordnung Baden 1622 und in der Landes-Ordnung Baden-Durlach 1715. Während die »Eier« als mehr oder weniger allgemein bekannte Unterlagen angesehen wurden, sind »Loszeichen« wohl stets Geheimzeichen. Das letztere gilt wohl auch für die »Lohe« (schriftsprachlich), in den Formen »Loche«, »Lorche«, »Lauche«, »Lunche«, »Looge« in Südbaden und in der Schweiz (Basel). Schweizerisch sind ferner die Bezeichnungen »Wären« und »Beinli« für Grenzsteinunterlagen Nicht weiter erklärt werden müssen Bezeichnungen wie »Belag« (besonders in Franken), »Beleg« (das »Beleg«), »Beilage« und »Unterlage«.

Oft ist von den geheimen Unterlagen der Feldgeschworenen einfach als »Geheimnis«, »Heimlichkeiten« (Mainzer Landrecht 1755), »heimblichkeit« (in Steinsetzer-Ordnungen für Würzburger Orte 1581 – 1585, sowie in Schwaben) die Rede. In der Siebnerordnung, die 1727 für das Dorf Gnodstadt (unweit von Ochsenfurt) erlassen wurde, steht neben »Heimlichkeit« mit gleicher Bedeutung »Bräuge« und »Brüge«.

In Österreich findet sich der Ausdruck »Weisel«, vielleicht von weisen abgeleitet. In Ingolstadt schließlich konnte das Wort »Wahrsager« gefunden werden (46).

Häufig werden in einem Schriftstück mehrere Bezeichnungen nebeneinander gebraucht. Außerdem wechseln die Ausdrücke in manchen Siebnerbüchern im Laufe der Zeit. Nach den Steinbüchern von Ellingen (MFr) setzen die Steiner im 16. Jahrhundert »Zeigen« zu den Marksteinen, im 17. Jahrhundert »Zeugen« und schließlich »Zeichen«.

Die Aufzählung darf mit dem Ausland abgeschlossen werden: Die Zeugen im obigen Sinn hießen in Italien »guardia«, im Tessin »testimoni«, in Frankreich »témoins«, auch »garants« (Bürgen), »perdriaux« (Grenzsteinzeugen) oder »filleules« (Patenkinder) (47).

5. Das Geheimnis der Feldgeschworenen und Untergänger

Art und Form der Verzeugung richteten sich nach örtlichem Übereinkommen. Höchstselten griff die Ortsherrschaft reglementierend ein. Wo Feldgeschworene oder Untergänger eingeführt wurden, ging mit dem Steinsatz auch die Verzeugung der Marksteine auf sie über. Im württembergischen »Handbuch für Untergangsgerichte und Bau- und Feldbesichtiger« (Tübingen 1830, § 108) wird die Verzeugung als die »Hauptsache bei dem Steinsatz«

herausgestellt. Regelmäßig, wenn auch nicht überall, entwickelten die beeideten Steinsetzer für ihre Stadt, ihr Dorf oder ihren Flecken ihr jeweils eigenes Muster für die Verzeugung der Grenzmarken, das geheim gehalten und nur mündlich an neue Mitglieder ihres Kollegiums weitergegeben wurde. Geheim war der Zeuge selber, besonders aber die Konfiguration der Zeugen, nämlich wie sie unter oder neben den Grenzstein eingebracht wurden, ihr Abstand vom Grenzstein und ihre Richtung.

Für das 16. Jahrhundert sind reichlich schriftliche Zeugnisse vorhanden, daß ein solches Geheimnis bestand. Ob die Geheimhaltung der Zeugen schon vor dem 15. Jahrhundert sich auszubreiten begann, darf vielleicht vermutet werden, ist aber nicht mit Sicherheit nachzuweisen. Manche Autoren nehmen die Anfänge erst für das 15. Jahrhundert an.

Kriterien dafür, daß die Verzeugung unter Geheimhaltung, ausgeübt wurde, sind die Formeln für die Beeidigung der Steinsetzer sowie die Vorschriften für das Verfahren beim Steinsatz und für den Schutz des offengelegten Bettes eines Grenzsteins. Die eidliche Verpflichtung zur Geheimhaltung von »des Dorfs Heimlichkeiten« tritt zum Beispiel 1563 im Steinsetzereid von Höllrich (UFr) auf, der auf Seite 254 abgedruckt ist. Desgleichen ist in dem Eid nach den Feldgeschworenen-Ordnungen des Würzburger Bischofs Julius Echter aus den Jahren 1581 bis 1585 in der Eidesformel (Nr. 6 der Ordnung) die Geheimhaltung streng aufgetragen (siehe Anhang 2); ebenso später in der Siebner-Ordnung für die Markgrafschaft Ansbach von 1746 (in Anhang 4 Nr. 2). Die württembergischen Untergänger schworen nach der Formel in der 2. Bau-Ordnung von 1655, daß sie »allen Rath und Geheimb biß in den Tod verschweigen« (47 a).

Nicht enthalten ist hingegen eine derartige Verpflichtung in den im Anhang 1 abgedruckten Eidesformeln für die Steiner der Deutschordenskommende Ellingen (MFr). Dazu erfahren wir außerdem aus einer Eintragung in ihrem Steinbuch vom Jahre 1578 folgendes: Bei einer Vermarkung, die die Eichstätter Steiner gemeinsam mit ihren Amtsbrüdern des benachbarten Pleinfeld vornahmen, das zum Hochstift Eichstätt gehörte, legten die Pleinfelder Geschworenen Stein oder Kies zur Verzeugung der Marksteine ein. Sie brachten diese Zeugen in einem Korb oder in einer Truhe mit. Welcher Art diese vorpräparierten Zeugen waren, wurde nicht preisgegeben. Von den Ellinger Steinern heißt es an der gleichen Stelle, daß sie solche Zeugen »verschmähten« (48). Aus anderen Eintragungen in den Steinbüchern von Ellingen geht jedoch hervor, daß auch die Ellinger Steiner zwar nicht alle, aber doch die bedeutsameren Marksteine mit Zeugensteinen seitlich »beschlugen«.

Die Verzeugung mit geheimen Zeichen wurde als herkömmlicher Brauch angesehen und ausgeübt. Selten ist ein ausdrückliches Gebot zu finden, wie etwa in der Feldmesserei-Ordnung des Domkapitels von Mainz für sein Dorf Flörsheim von 1653 die Vorschrift, daß beim Vermarken »Loszeichen« anzuwenden seien.

Für die Einführung eines neu gewählten Feldgeschworenen in das Geheimnis haben sich in Franken manche örtlichen Riten bis in die jüngste Zeit oder sogar bis zum heutigen Tag erhalten. Allen gemeinsam ist nach dem Vorbild des altdeutschen Gerichts, aber auch aus praktischen Gründen, daß sich dieser Akt unter freiem Himmel abspielt. Der Obmann oder Älteste läßt dabei den Novizen nochmals seine unbedingte Verschwiegenheit beschwören. Für das Dorf Zellingen bei Würzburg findet dieser Akt an einem steinernen Tisch auf einer Anhöhe in einem Wald bei Zellingen statt. In den Tisch sind die Namen vieler Generationen von Siebnern geritzt. Pietätvoll wird der verstorbenen Mitglieder der Siebne-

In der Gemeinde **Aschfeld** bei **Karlstadt a. M.** (UFr) wurden die neu in das Feldgeschworenen-Kollegium Gewählten am »**Feldgeschworenenkranz**«in das Geheimnis der verschiedenen Arten von Zeugen eingeweiht. Die Grenzsteine des eigens für diesen Zweck vor dem Dorfe angelegten Ensembles (siehe Flurstück mit der Nr. 6183) wurden vor den Augen des Neulings gehoben, die geheimen Unterlagen wurden ihm vorgewiesen und die Grenzsteine wieder sorgfältig gesetzt. Der Obmann nahm dem erst jetzt voll in die Gemeinschaft aufgenommenen Feldgeschworenen nochmals einen feierlichen Eid auf unbedingte Verschwiegenheit ab. bayer. Flurkarte NW 90-54c (verkleinert)

rei gedacht. Der neue Geschworene wird mit dem Gesäß auf den Tisch gestaucht. Ein fröhliches Beisammensein stärkt schließlich das Bewußtsein der Zusammengehörigkeit.

In manchen Gegenden Frankens, zum Beispiel in Aschfeld bei Würzburg, dienen für die Einweihung des Neulings in das Geheimnis eigens für diesen Zweck in einem Gemeindeacker eingebrachte Grenzsteine, der »Geschworenen- oder Siebnerkranz« Die Steine werden gehoben und der Unterschied zwischen den Unterlagen für Markungssteine, Anwandsteine, Hauptsteine, gewöhnliche Steine, Hutsteine und so weiter erkärt. Bei einer mittelfränkischen Stadt stehen oder standen »Muttersteine« in einem Gemeindegrundstück, die ohne die eigentliche Funktion von Grenzsteinen dazu dienten, neu ernannte Siebner in die Praxis des Hebens und Setzens von Grenzsteinen und in das Geheimnis einzuweisen (49).

Über einen wohl längst vergessenen Brauch berichten die sieben »geordneten Sibner oder Steinsetzer« der Stadt Volkach im Zusammenhang mit der neuen Feldgeschworenen-Ordnung, die der mehrfach genannte Bischof Julius Echter von Würzburg im Jahre 1583 an die Stelle der alten Volkacher Ordnung vom Jahre 1456 setzte (50). Zu Punkt 6 der neuen Ordnung, den Eid betreffend, bemerken sie: der Eid sei von Alters her auf dem Feld unter freiem Himmel (nicht in den Räumen der Obrigkeit) geleistet worden. Dazu wurde ein Grenzstein gehoben, »Gemerck oder Heimligckeit« besichtigt und der Stein dann wieder gesetzt. Der neu bestellte Steinsetzer trat dann mit dem rechten Fuß auf den Stein und sprach den vom Ältesten der Siebner vorgelegten Eid.

Selbstverständlich war, daß beim Einbringen der geheimen Zeichen keine Personen anwesend sein durften, die in das Geheimnis nicht eingeweiht waren. Das Solmser Landrecht von 1571 (Titel XXX Nrn. XX ff) verweist die Umstehenden bei Strafe von einem halben Viertel Weins vom Ort, sobald die Geschworenen das Bett für den Stein graben. Außerdem sollen nicht zwei Flecken die gleichen »Jungen oder Loßzeichen« anwenden. Wenn die Geschworenen zweier Gemeinden die gemeinsame Markungsgrenze versteinen, sollen sie sich gegenseitig – so das Solmser Landrecht – »mit handtgegebener Trew an Eydtstatt« Verschwiegenheit geloben. Ähnliche Vorschriften sind nach dieser Zeit in vielen Ordnungen zu finden. Oft war auch angegeben, um wieviele Schritte sich die Beteiligten zu entfernen hatten.

Ein lothringischer Rat zu Nancy befaßte sich schon 1540 ausführlich mit der damals umstrittenen Frage, ob ein mit der örtlichen Prüfung von Grenzzeichen durch das landesherrliche Gericht beauftragter Kommissar dem Heben der Grenzsteine durch die beeideten Messer (Feldgeschworenen) beiwohnen dürfe (50 a). Er kommt zu dem Schluß, daß sich der Kommissar samt seinem Adjunkt und seinem Schreiber sechs bis sieben Schritt fernhalten und von dort den Vorgang beobachten solle. Die Beschau der unterirdischen Zeugen würde zu seinen Erkenntnissen ohnehin nichts beitragen, weil er ja nicht wisse, in welcher Weise die Zeugen angeordnet sein müssen. In dem Bericht des Kommissars dürfe die Form der Verzeugung aus Gründen der Geheimhaltung nicht beschrieben werden. Hingegen habe der Kommissar die an dem Stein selbst angebrachten äußeren Zeichen genauestens zu beachten.

Über die Vorkehrungen, die jedermann bei der versehentlichen Aufdeckung von geheimen Zeugen zu treffen hatte, wird auf Seite 387 berichtet werden. Wenn der seltene Fall eintrat, daß zu vielen Leuten das Geheimnis bekannt geworden war, wurde zu einer anderen Form übergewechselt. In der Schiederordnung für das Dorf Lenkerstetten (Kreis

Schwäbisch Hall) von 1618 wurde zum Beispiel folgendes verfügt: Da in der Gemeinde fast jeder »die Gemercks oder Zeugen« wisse, sollten die geschwornen Schieder anjetzo die Beleg oder Heimlichkeiten sowohl der alten als neuen Steine nach der Anweisung der Herren Ganerben (Gemeinschaft der Dorfherren) auf die »neue Manier« belegen (51).

Für den Transport der geheimen Zeugen oder Unterlagen benutzten die Grenzsteinsetzer meist absperrbare Behälter. In jüngerer Zeit tat es in Franken manchmal auch ein Brotbeutel aus ehemaligen Heeresbeständen, den sich der Obmann feldmarschmäßig umgeschnallt hatte, um die in Zeitungspapier eingewickelten »Belege« an den Einsatzort zu bringen.

Die fränkischen Siebner nannten alte Grenzsteine, unter denen sie eine ihnen nicht mehr bekannte oder keine Verzeugung fanden, die sie aber gleichwohl als gültig anerkennen mußten, »Heidensteine«. Sie gingen davon aus, daß solche Marksteine schon in vorchristlicher Zeit gesetzt sein mußten.

6. Ländervorschriften des 19. und 20. Jahrhunderts

Baden

In Baden wurde 1852 durch Gesetz die Vermessung der Grundstücke angeordnet. Dabei bedeutete es einen wesentlichen Fortschritt, daß die Messungszahlen zu späterer Wiederverwendung dokumentiert wurden. Da nun die Grenzen mit Messungszahlen exakt festgelegt waren, verlor die Verzeugung der Grenzsteine an Bedeutung, das badischen Vermarkungsgesetz von 1854 kam zu dem Schluß: »Die geheimen Unterlagen der Grenzmarken können nicht gegen den durch diese Zahlen bestimmten Ort entscheiden« (52). Die Verzeugung durch die nun offiziell »Steinsetzer« genannten Untergänger ging daraufhin mehr und mehr zurück. Obgleich die Dienstanweisung von 1894 (§ 23) Steinsetzern bestätigte: »Rücksichtlich der geheimen Unterlagen bleibt es bei der Übung«, hielten bis zur Jahrhundertwende nur noch wenige Städte und Dörfer an dem alten Brauch fest. Das badische Vermessungsgesetz von 1932 brauchte sich mit dieser Frage nicht mehr zu befassen.

Württemberg

In Württemberg konnten sich die Untergänger beim Übertritt in das 19. Jahrhundert auf ihre seit drei Jahrhunderten im Landesrecht gefestige Position stützen. Untergänger, Grenzvermarkung und Marksteinverzeugung wurden in die neu erworbenen Gebiete nach württembergischem Vorbild übertragen, wozu die Geometer bei der parzellaren Landesaufnahme (1818 – 1840) Wesentliches beigetragen haben dürften. 1894 wurde die Vorschrift aus dem badischen Vermarkungsgesetz von 1854 wörtlich in eine württembergische Ministerialverfügung übernommen, wonach den Gemeinden überlassen wurde, die herkömmliche Verzeugung der Grenzsteine weiterzuführen, daß aber diese Zeugen nicht gegen den durch Messungszahlen bestimmten Ort entscheiden könnten (53). Diese Vorschrift wurde in der (erneuerten) »Primärkatasterverfügung« 1899 wiederholt (54). In der Anweisung für Felduntergänger von 1895 wurde diesen eine zentrische Verzeugung zur Pflicht gemacht: »Zur Sicherung des Grenzpunktes sind unter die Grenzmarken und genau auf den Punkt geheime Zeichen (Zeugen) aus wetterbeständigem Material, z. B. Ton, Glas usw. zu legen. Den Gemeinden wird empfohlen, hierfür besondere Zeugen mit dem Anfangsbuchstaben des Gemeindenamens fertigen zu lassen.« (55)

Mit dem Zusammenwachsen der Länder Baden und Württemberg gewann die badische Position die Oberhand. Das Vermessungsgesetz für Baden-Württemberg von 1961 entzog den Untergängern ihre mitwirkende Rolle bei der Grenzvermarkung (56).

Hessen und Nassau

In den amtlichen hessischen Vorschriften des 19. und 20. Jahrhunderts ist die Verzeugung der Grenzsteine nicht unmittelbar angesprochen, obgleich die Verzeugung durch Feldgeschworene auch in Hessen üblich war (57). In der Eidesformel, die für die Feldgeschworenen 1833 vorgegeben wurde, verpflichteten sich diese auf die Bewahrung der »Geheimnisse der Feldgeschworenen«. Der Brauch der Grenzsteinverzeugung scheint aber in Hessen die Jahrhundertwende nicht überlebt zu haben.

In Nassau, wo die Feldgerichtsschöffen jedes Ortes ihr spezielles Geheimzeichen für die Grenzvermarkung anwandten, brachten die preußischen Kreislandmesser längstens in den Jahren 1880 bis 1890 den Brauch zum Erlöschen.

Elsaß-Lothringen

In dem knappen halben Jahrhundert, in dem Elsaß-Lothringen zum Deutschen Reich gehörte, wurden dort Feldgeschworene wieder eingeführt. Wo die Verzeugung der Grenzsteine mittels geheimer Unterlagen üblich war, blieb sie weiterhin zugelassen (58).

Sachsen-Coburg und Sachsen-Meiningen

Nach der allgemeinen Landesvermessung verlangte Coburg 1883, daß die Steinsetzer die Zeugen mit laufenden Nummern versehen sollten (59).

Meiningen gab 1882 lediglich eine Umschreibung, mit welchen Materialien verzeugt werden sollte und ließ die weitere Anwendung bis dahin üblicher Praxis zu (60).

Preußen

Die preußische Katasteranweisung VIII regelte die Grenzsteinverzeugung für die Katastervermessung neu. Für Grenzsteine und -pfähle »und namentlich unter Grenzhügeln« wurde die unterirdische Vermarkung mit Hohlziegeln oder Flaschen empfohlen. Zumindest aber waren unverwesliche Gegenstände, wie Schlacken, Ziegelstücke, Glas-, Ton-, Porzellanscherben und dergleichen mehr einzubringen, und zwar »eng zusammengehäuft« (61). Diese Vorschrift leitet freilich schon von der herkömmlichen Verzeugung zur unterirdischen Versicherung durch den Techniker über. Diese neuere Versicherungsart mit Tonrohren oder Tonkegeln, wie sie noch nach dem Zweiten Weltkrieg in Gesetzen und Verordnungen norddeutscher Länder vorgeschrieben wurde, machte sich durch die elektronischen Meßmethoden schließlich überflüssig.

Bayern

Als Bayern begonnen hatte, sich auf fränkische Gebiete auszudehnen, machte es auch die Bekanntschaft mit Frankens Siebner-Institut und seinen Bräuchen. Dieses Brauchtum muß wohl der Staatsregierung vorgeschwebt haben, als sie in der »Instruktion der Gemeinde-Vorsteher« 1808 allgemein aufforderte, »einige ehrliche und untadelhafte Männer in der Gemeinde (zu) bestellen, welche, allein mit dem Geheimnisse der Unterlage bekannt, zur Aufrichtung der Markungen und zur Abschätzung der im Felde verübten Schäden gebraucht werden können« (62). Wenn auch diese Anweisung in den altbayerischen Gebieten keine größere Wirkung zeitigte, so bestätigte sie doch zumindest die fränkischen und schwäbischen Siebner und Untergänger in der Fortsetzung ihrer Tätigkeit.

Nachdrücklich sprachen sich dann im Jahre 1837 die Vollzugsvorschriften zum revidierten Gemeinde-Edikt für den Schutz des Feldgeschworenen-Geheimnisses aus. Es verstehe sich von selbst, daß die Vorlage und Bekanntmachung der Siebnerei- und Feldgerichts-Ordnungen weder die Anzeige noch die Kundgabe jener geheimen Zeichen in sich begreife, wodurch diese Institute ihre Markungszeichen gegen Fälschung zu sichern pflegten, und welche in der Regel als ein eidliches Geheimnis der Mitglieder betrachtet würden (63).

Die Gemeinden nutzten die ihnen gewährte Gestaltungsfreiheit. Für neue Vorschriften war allerdings jeweils die Zustimmung der Staatsbehörde einzuholen. Die Stadt Nördlingen – um nur ein Beispiel einzufügen – bestimmte in ihrer »Feldgerichts- oder Siebner-Ordnung« von 1839, daß »jeder Stein mit Zeugen oder Eier versehen sein« müsse.

Als das Vermarkungsgesetz von 1868 die Einführung des Feldgeschworenen-Instituts für ganz Bayern verbindlich vorschrieb, ging die Bezeichnung »Siebnergeheimnis« in den amtlichen Sprachgebrauch ein (64). Die Feldgeschworenen waren nach Artikel 14 des Gesetzes eidlich zu verpflichten, das Siebnergeheimnis, wo dasselbe bestehe oder eingeführt werde, »für Lebensdauer« zu wahren. In der Amtlichen Begründung zum Regierungsentwurf ist zwar zugegeben, daß die Verzeugung der Grenzsteine gegenüber dem Ausweis der Katasterkarte und der Vermessungsunterlagen an Bedeutung verloren hatte; aber das altherkömmliche Siebnergeheimnis sei mindestens als Beweismittel für die Echtheit und Unverrücktheit eines Grenzsteins auch dermal noch nicht ohne Wert und Bedeutung. Außerdem sei bei der Einführung des Siebnerinstituts in mehreren Gemeinden, in denen dasselbe nicht herkömmlich gewesen sei, gewöhnlich auch das Siebnergeheimnis mit übertragen worden. Es habe sich auch in diesen Gemeinden »in eigentümlicher Weise« ortsüblich ausgebildet und eingebürgert (65).

Der fränkisch-schwäbische Brauch, Grenzsteine zu verzeugen, wurde nun auch in einzelnen Gemeinden Altbayerns angenommen. Die Gesetzesvorschrift wurde aber hier, wo bis dahin Grenzsteine selten und Feldgeschworene nicht vorhanden waren, gelegentlich fehlinterpretiert. So mußte zum Beispiel gerügt werden, daß Feldgeschworene nach dem Steinsatz die Verzeugung der Grenzsteine in ihrem Protokollbuch genau beschrieben (65 a).

Im Gegensatz zu den württembergischen Geometern konnten sich die bayerischen Kollegen großenteils für die Verzeugung der Grenzsteine durch Feldgeschworene nicht recht erwärmen. Einer ihrer Wortführer, der Steuerrat Steppes, äußerte im Jahre 1892 in einer Kreisversammlung des landwirtschaftlichen Vereins Oberbayern die Meinung, daß zumindest bei ausgedehnten Neuvermessungen statt des Feldgeschworenen-Geheimnisses glasierte Tonröhren unter die Grenzsteine eingebracht werden sollten (66).

Die bayerischen Abmarkungsgesetze von 1900 und 1981 übernahmen die Regelung des Vermarkungsgesetzes über das Siebnergeheimnis sinngemäß. Für die bayerischen Feldgeschworenen gilt weiterhin, daß sie die Grenzsteine mit »geheimen Zeichen (Siebenergeheimnis)« unterlegen können. Bei dieser Handlung dürfen keine anderen Personen zugegen sein. Das Gesetz geht von der Erkenntnis aus, daß die Verzeugung der Grenzsteine die ursprüngliche Bedeutung verloren hat, weil über die Messungszahlen Vermarkungen, die zerstört worden sind, jederzeit genau wieder hergestellt werden können. Gleichwohl darf die Wirkung auf den Grundeigentümer nicht unterschätzt werden, wenn das Ergebnis der abstrakten, unverständlichen Zahlen durch den körperlichen Beweis der Grenzsteinzeugen von den gemeindlichen Feldgeschworenen bestätigt wird. Der Nimbus des Geheimnisvollen, der Heiligkeit und Gesetzlichkeit dieses Siegels der Feldgeschworenen erhöht die Glaubwürdigkeit. Außerdem stellt das Verzeugen der Grenzsteine erhaltenswürdiges Brauchtum dar.

Bis zum Zweiten Weltkrieg wandten die Feldgeschworenen in Mittel- und Unterfranken das herkömmliche Siebnergeheimnis noch regelmäßig an. Einige Gemeinden der Gegend von Ochsenfurt am Main faßten damals sogar einen Gemeinderatsbeschluß, die sämtlichen durch die Flurbereinigungsbehörde gesetzten Grenzsteine nachträglich von den Feldgeschworenen belegen zu lassen. Nach dem Zweiten Weltkrieg schwand das Interesse an der Verzeugung teilweise, aber nicht vollständig. Eine Gemeinde bei Würzburg zum Beispiel ließ in den 70er Jahren durch ihre Feldgeschworenen die bei der Flurbereinigung von der Behörde in den Grenzpunkten gesetzten Kunststoffmarken beseitigen und durch Granitsteine mit Unterlagen ersetzen. »Ein belegter Stein ist eben ein belegter Stein und genießt entsprechende Achtung.« Von Feldgeschworenen kann man im übrigen die stolze Versicherung hören, es habe noch nie ein Siebner das Geheimnis preisgegeben.

Rheinland-Pfalz

Das Land Rheinland-Pfalz hat, an die bayerische Tradition anknüpfend, mit dem Institut der Feldgeschworenen auch das Siebnergeheimnis fakultativ beibehalten (67).

D. Markungsumgang und -umritt, Brauchtum beim Steinsatz

Es kann der Frömmste nicht in Frieden bleiben,
Wenn es dem bösen Nachbar nicht gefällt.
Friedrich Schiller,
Wilhelm Tell 4,2 Vers 2638

Herkunft und Verbreitung des Markungsumgangs

Der Umgang oder Umritt »ist die zu bestimmten Zeiten und an bestimmten Tagen wiederkehrende Bereisung der Grenzen der Dorfmark oder eines anderen, eine rechtliche Einheit darstellenden Gebietes« (1). Diese zunächst für Südwestdeutschland formulierte Definition kann wohl als allgemein gültig angesehen werden. Auf den grundsätzlichen Unterschied zum Untergang wurde schon oben hingewiesen (S. 265). Der Untergang (undergang) im ursprünglichen Sinne diente im Gegensatz zum Umgang der Klärung konkreter Rechtsfälle. Im schwäbischen »ordinari«-Untergang (auch gemeiner Gang) ist die Anwendung des Wortes Untergang ausgeweitet auf eine Art Flurbegang, bei dem Mißstände und Verfehlungen gerügt, aber auch Streitigkeiten geschlichtet und Grenzsteine gesetzt wurden. Die Begriffe »Untergang« und »Umgang« wurden schon in älteren Rechtsquellen gelegentlich nicht mehr scharf unterschieden; neuere Autoren lassen diese Trennung manchmal ganz vermissen.

Ein regelmäßiger Flurbegang scheint vielen indogermanischen Völkern gemeinsam gewesen zu sein. Schon Tacitus berichtet, daß eine Kultusgemeinschaft von sieben germanischen Stämmen, die ihre Wohnsitze an der Ostsee und in Dänemark hatten, jährlich das Kultbild einer Göttin Nerthus, was nach Tacitus »Mutter Erde« bedeutet, auf einem mit Tüchern behangenen Wagen durch das Land fahren ließ (2). Ein Verzeichnis heidnischer Bräuche, das gegen Ende des 8. Jahrhunderts ein möglicherweise bei den Sachsen tätiger Missionar verfaßte, erwähnt ebenfalls, daß ein Götterbild über die Felder getragen werde (3). Gestützt auf solche Zeugnisse glaubte die Geschichtswissenschaft vormals, die Wurzel für den Markungsumgang in heidnischen Kultriten suchen zu sollen. Sie sah in dem Umschreiten oder Umreiten des Raumes einer Siedlungsgemeinschaft eine symbolhafte oder sogar magische Handlung, die den Akt der Besitznahme immer wieder erneuerte (4), in gewisser Hinsicht vergleichbar dem Umfurchen einer Stadt oder eines Dorfes. Die kritischer gewordene Forschung ist von solchen willkürlichen Kontinuitätsannahmen abgerückt. Sie kommt zu dem Ergebnis, daß es nur wenig Nachweise über germanische Flurbegänge und überhaupt keine über Grenzbegänge gibt (5).

Da im Mittelalter Gebietsgrenzen zunächst großenteils noch nicht gefestigt, oft aber – bis weit in die Neuzeit hinein – umstritten waren, führten sich zur Verdeutlichung der Gebietsansprüche periodische Grenzumgänge ein. Dem Anspruch wurde vielfach durch Mitführen von Waffen Nachdruck verliehen. Nach Häufigkeit und Bedeutung steht an erster Stelle der Gang oder der Ritt um die

Stadt- oder **Dorfmarkung.** Ein sorgfältig gehüteter Besitz von Städten, Dörfern oder Herrschaften waren größere Waldgebiete, und so bildete sich auch für den **Stadtwald** und für **Waldmarken,** die im gemeinsamen Besitz mehrerer Dörfer waren, verschiedentlich der Brauch eines feierlichen Grenzumgangs heraus. Außerdem war nach vielen herrschaftlichen Forstordnungen dem Aufsichtspersonal aufgetragen, die Grenzen der Herrschaftswälder regelmäßig zu umreiten oder zu begehen. Auch für Amts-, Gerichts- (Zent-) und sonstige Bezirke kommt gelegentlich ein Umritt oder Umgang vor. Als die Grenzen schließlich entweder nach Gegebenheiten in der Örtlichkeit definiert oder durch Grenzzeichen festgelegt waren, galt das Augenmerk vor allem der Unversehrtheit der Grenzeinrichtungen und Markzeichen, ganz besonders der Grenzsteine.

Ein feierlicher Markungsumgang oder -umritt wurde seit dem Mittelalter vornehmlich in solchen Gegenden abgehalten, in denen die Bevölkerung in größere Dörfer zusammengezogen war. Ein Markungsumgang ist in vielen Teilen Deutschlands nachzuweisen, von Schleswig und Holstein über Niedersachsen, Westfalen und Sachsen bis Franken und Schwaben und schließlich auch in Teilen Österreichs (6). Dabei sind in sonst recht ähnlich strukturierten Regionen erhebliche Unterschiede in Häufigkeit und Ausgestaltung zu finden. Ist zum Beispiel bei den Mainfranken eine besondere Neigung zu frohen Umzügen festzustellen, so ist dieser Wesenszug in Mittelfranken merklich geringer ausgeprägt. Hier wurde die Kontrolle der Grenzsteine an der Markungsgrenze teilweise zu einer routinemäßigen Aufgabe der Siebner (7); Markungsumgänge mit einer größeren Beteiligung und einem hohen Aufwand sind im Ansbachischen Ausnahmen. Auch im Hochstift Bamberg waren feierliche Markungsumgänge nur in wenigen Gemeinden Tradition (8). Im Fürstentum Coburg fanden Markungsumgänge in schwankenden Zeitintervallen und ohne besondere Festlichkeit statt (9). In Regionen mit Streusiedlung schließlich bestand für solche Veranstaltungen kein Anlaß. In Altbayern einschließlich der Oberpfalz konnten neben den kirchlichen Flurprozessionen und neben den Leonhardi- und Georgiritten mit Pferdesegnung keine Markungsumgänge und -umritte aufkommen. Im gesamten Alpengebiet scheinen die Markungsumgänge der Vinschgauer (Südtirol) eine Ausnahme darzustellen (10). Hingegen beging man im Weinviertel und im Marchfeld sowie in niederösterreichischen Gebieten rechts der Donau bis ins Burgenland um den Georgs- oder Markungstag (23., 25. April) die Markungsgrenze (11). Auf Anordnung des Stifts Göttweig waren zum Beispiel Markungsumgänge zur Behebung von Mängeln des »burgfrids« der Dörfer vorzunehmen. Auch »Bereitungen« des Burgfrieds von Graz sind mehrfach belegt (12). Aus Thüringen sind einige Markungsumgänge bekannt und auch in Sachsen gab es regelmäßige Grenzumgänge, zum Beispiel in Halle alle zehn Jahre (13).

Mit dem Ende des Mittalters war der bis dahin möglicherweise allenthalben verbreitete Brauch des Markungsumgangs schon zurückgegangen. Im Schwäbischen und in Teilen von Franken wurde die Kontrolle der Markungsgrenzen so nebenher mit dem alljährlichen Untergang oder Grenzbegang verbunden. Wo in Thüringen seit der Mitte des 17. Jahrhunderts noch planmäßige Gemeindegrenzbegehungen vorgeschrieben wurden, waren sie zumeist schon nicht mehr Volkssache. Die periodische Erfassung der Vermarkungsmängel wurde zur Obliegenheit einer Behörde oder Institution, etwa des Gemeindevorstands, der Feldgeschworenen oder später zum Teil von Polizeibeamten (Gemeindebeamten) (14). Auffallend ist, daß sich der Markungsumgang gerade in Franken und in Westfalen besonders lange hielt und daß hier die Tradition in manchen Orten auch heute noch, wenn auch mehr als folkloristische Veranstaltung, gepflegt wird (15). Auch in Niederösterreich lebt der Markungsumgang einschließlich seines Brauchtums in einigen Gemeinden noch fort (16).

Als Bezeichnungen sind neben »Umgang« (umbeganc) oder »Umritt« anzutreffen: »Landleite« oder »Landleitung«, »Marchganc«, »Marchleita«, »Rainung« oder »Burggedingbegehung«, »Bereitung« oder »Bereutung«, »Flurzug« (schwäbisch), »Markzug«, »gemeine Umziehung der Feldmark«, »Schnadgang« oder »Schnadzug« (westfälisch), »foirgang« oder »voirgang« (Dortmund), »Fohrgang« (Recklinghausen, Bochum), »Limitengang« (Kendenich). In Niederösterreich hieß der Umgang »Gmoari-Geh'n« (Gemarkungsgehen) oder »Gmoari-Schau'n« oder »Gmiark-Schau'n« (Kontrolle der Markzeichen), im Weinviertel »Lebern-Geh'n« (lewer = Grenzhügel), im Burgenland »Hotter-Geh'n« (Hotter wie oben beschrieben eine besondere Art Grenzhaufen) (17).

Der Markungsumgang sollte nach den älteren Quellen jedes Jahr abgehalten werden. Für große Markungen wurde der Umgang oftmals auf mehrere Jahre aufgeteilt. Daneben gibt es aber auch Berichte, wonach ein Umgang zwei oder drei aufeinander folgende Tage in Anspruch nahm. Später wurden die Perioden für den Umgang länger, nämlich vier, sieben oder zehn Jahre, zehn Jahre vielfach in der Schweiz, in Mainfranken zwei, vier oder sieben Jahre (18). Der in Weistümern, Dorfordnungen, Steinerordnungen usw. vorgesehene Turnus für die Umgänge wurde aber immer weniger eingehalten, die Zwischenräume wurden mehr und mehr gedehnt, oft über mehrere Jahrzehnte. Der Schultheiß von Wipfeld (südöstlich von Schweinfurt) empfiehlt 1794 in seiner Schrift über die Pflichten eines Dorfschultheißen seinen Kollegen im Hochstift Würzburg, den Markungsumgang mit Rücksicht auf die nicht unbeträchtlichen Kosten nicht öfter als alle 6, 8 oder 10 Jahre anzuberaumen. Nur diejenigen Abschnitte der Markungsgrenze, in denen die Herrschaftsgrenze verläuft, sollten jedes Jahr begangen werden (19). Dies entspricht der allgemeinen Übung, für Markungen, die an einer Landesgrenze lagen, häufiger einen Grenzbegang abzuhalten als für andere, wofür oftmals die Landesherrschaft Weisung erteilte.

In den Markungsumgang oder -umritt wurde mancherorts auch Religiöses mit einbezogen. Der Ortspfarrer zog mit und die Gemeinde betete um gedeihliches Wetter und um eine gute Ernte. Jährliche Bittprozessionen durch die Flur entwickelten sich in katholischen Gegenden aber zum Teil auch völlig unabhängig vom Markungsumgang. Bittprozessionen in die Fluren waren schon im 5. und 6. Jahrhundert von den Päpsten eingeführt worden. Papst Gregor der Große (590 – 604) bemühte sich um ihre Neubelebung. In Deutschland treten sie mancherorts im 8. bis 10. Jahrhundert am Markustag an die Stelle der heidnischen Flurbegehungen. Späterhin verdrängen sie vielfach auch den festlichen Markungsumgang. Für das Hochstift Fulda stellt gegen Ende des 18. Jahrhunderts eine Abhandlung über das Privatrecht fest, daß die Markungsumgänge im ganzen Stift eingestellt seien: »In neuerer Zeit ist der solenne Flurritt, so, wie er vorher war, zur Entfernung aller Missbräuche, abgeschafft, und statt desselben eine feierliche Prozession zu Fuße am Himmelfahrtstage oder die Pfingsten eingeführet worden« (20). Der Autor tritt jedoch für eine zweijährliche Begehung der Markungsgrenze unter Führung des Schultheißen ein. Für das Lechfeld ist aus dem Jahre 1654 der Ausdruck »um die Esch reiten« oder einfach »Eschreiten« für die jährliche Flurprozession belegt, die am Pfingstmontag um die bebauten Felder führte (21). In den Dörfern um Erfurt, die zum Erzstift Mainz gehörten, wurde 1529 die »gewonheit« in Erinnerung gebracht, daß jährlich am St.- Marx-Tag (25. 4.) die Bewohner mit dem

Kreuz um die Fluren der Dörfer zogen. Die Amtleute wurden aufgefordert, auf die Durchführung dieses Brauchs zu achten. Verbunden war damit eine Abgabe zur Erhaltung von Flur und Gericht (22). Im Elsaß erscheinen Flurumritte und Grenzumgänge schon seit dem 14. Jahrhundert als religiöses Brauchtum (23). In Untersiebenbrunn, einem Dorf bei Wien, zog am Markustag vormittags die kirchliche Prozession durch die Flur, nachmittags ging der Gemeindeausschuß zum »Gmarischauen« oder »Lewerbessern« (Grenzhügelausbessern) um die Markung (24). Möglicherweise ist die rechtliche Prozedur von der religiösen Übung in den Nachmittag verdrängt worden.

Aus der geschichtlichen Entwicklung heraus hielten sich oft örtliche Merkwürdigkeiten durch viele Jahrhunderte. Im nördlichen Unterfranken war das Königsgut Salz um das Jahr 1000 an den Bischof von Würzburg geschenkt worden. Den Mittelpunkt dieses Gebiets, das fernerhin unter der Bezeichnung »Hohe Mark« auftritt, bildete die Stadt Neustadt a. d. Saale; die vier Dörfer Brendlorenzen, Herschfeld, Mühlbach und Salz waren diesem Vorort in manchen Belangen nachgeordnet. So begingen die Feldgeschworenen von Neustadt die Grenzen der »Hohen Mark«, die Befugnisse der Feldgeschworenen der vier Dörfer waren insoweit eingeschränkt (25). Die volle Unabhängigkeit von Neustadt und damit die Aufteilung der »Hohen Mark« konnten die vier Dörfer erst im Jahre 1862 erreichen.

Die in früheren Zeiten gelegentlich anzutreffende Verknüpfung der Marksteine mit den Eichpfählen der Müller kehrt nochmals wieder in der Anweisung für das »Wassergericht« in der Wetterau vom Jahre 1611, das im Namen der kaiserlichen Reichsgewalt Recht sprach (26). Nach dieser Vorschrift mußten die Herrschaften in der Wetterau alle zehn Jahre oder bei Gelegenheit von Grenzbegehungen die Eichpfähle in den Gewässern »zum gedächtnus der gegenwärtigen jugend zeigen und weisen«.

Brauchtum beim Markungsumgang und bei besonderen Vermarkungen

Der Markungsumgang oder -umritt war vor allem dann, wenn er seltener veranstaltet wurde, ein Fest für das ganze Dorf. Ursprünglich war die Teilnahme aller Männer vielfach Pflicht. Aus einer großen Zahl von Niederschriften und Kostenabrechnungen wird das Bild früherer Markungsumgänge lebendig. Der Zug bewegte sich unter der Ortsfahne nach festen Regeln von Markstein zu Markstein. Die besonders wichtigen Grenzsteine wurden bei manchen Umgängen ein- oder dreimal umkreist, gegebenenfalls auch zu Pferd. Da dem Zug die Bedeutung einer Rechtshandlung zukam, war man aber sonst darauf bedacht, auf dem Gebiet der eigenen Markung zu bleiben oder, wo es nicht anders möglich war, nur mit ausdrücklicher Genehmigung der Nachbargemeinde die Markungsgrenze zu überschreiten. Auch die begleitenden Nachbarn hielten sich streng an ihr Gebiet. War ein Bach zu überqueren, über den nur ein der Nachbargemeinde gehörender Steg führte, so wurde für diesen Tag eine Leiter über das Gewässer gelegt, um so auf eigenem Boden voranzukommen.

Den höchsten Grad an Förmlichkeit erreichte der Markungsumgang dann, wenn eine Herrschaftsgrenze betroffen war und ein Beamter des Oberamtes, Kastenamtes usw. anreiste, um den Zug anzuführen. Die Reihenfolge im Zug bestimmte sich nach der Rangordnung der Honoratioren und sonstigen Teilnehmer. Voran schritten der Vogt, der Schultheiß, der Bauermeister oder Dorfführer, gegebenenfalls der Forstmeister und der Jagdaufseher. Der prominenten Spitze folgte das Dorfgericht – in späterer Zeit die Dorfverordneten oder Gemeinderäte – dann die Feldgeschworenen oder Untergänger, eine weitere Stufe unterhalb der Gerichtsschreiber oder Gemeindeschreiber und noch rangtiefer die Flurer und Gemeindediener. Dahinter zog die Gemeinde, wobei eine Anzahl von Schuljungen in feiertäglicher Kleidung, mancherorts mit bunten Seidenbändern geschmückt, nie fehlen durfte. Im 19. Jahrhundert drehte sich die Zugfolge vielfach um, voran lief die Schuljugend mit Lehrer, dann kamen die Siebner, der Pfarrer, die Gemeindeverwaltung, Jungbürger und Bürgerschaft. Beim Markungsumgang des unter dem Schutz von Frankfurt stehenden Reichsdorfs Sulzbach im Taunus schritt dem Zug der »Sappeur« im Lederschurz mit der Axt voran. Er hatte die Grenze und die Marksteine von Strauchwerk zu befreien. Ihm folgte der »Wolfspürer« mit der Aufgabe, nach Wölfen und anderem Raubwild Ausschau zu halten (27). In Städten wurde der Zug von Bürgermeister, Rat und Syndikus angeführt.

Die Zahl der Teilnehmer konnte in den Vorschriften mit geregelt sein. Die Dorfordnung für Stetten bei Karlstadt a. M. verlangte 4 junge verheiratete Männer, 4 unverheiratete Männer und 6 Schuljungen. In einigen Fällen war sogar das Alter der mitmarschierenden Jugend genau vorgeschrieben. Beim Umgang um die Markung von Ober- und Unteringersheim (nördl. von Stuttgart, damals zur Rheinpfalz gehörend) sollten es nach der Ordnung von 1484 fünf oder sechs Knaben von 15 Jahren sein (28).

In den Zug reihten sich Musikanten ein, vornehmlich Hörner, Posaunen und Trommeln, einst auch Sackpfeifer. Gelegentlich waren sogar mehrere Musikgruppen mit dabei. Angeführt wurde das Aufgebot häufig von »bewehrten«, das heißt mit Gewehren oder Pistolen ausgerüsteten Männern. In Mainfranken waren es meist die Landwehrsoldaten des Ortes, die »Ausschüsser«, denen zu dieser Dienstleistung die Gemeinde manchmal eine neue bunte Uniform spendierte. Im 19. Jahrhundert trat an die Stelle dieser Territorialverteidigung die Bürgerwehr. In manchen Ordnungen heißt es auch einfach, daß die Männer mit »bewehrter Hand« erscheinen.

Neben den großen, festlichen Veranstaltungen kommen natürlich auch bescheidenere vor. Aber auch dann waren, wenn nicht der Schultheiß persönlich, Mitglieder des Dorfgerichts oder des Rats mit dabei.

Der Zug setzte sich unter Glockengeläut in Bewegung. An der Markungsgrenze wurden Delegierte des Nachbardorfs begrüßt. Die gemeinsame Grenzstrecke wurde in Begleitung dieser Delegierten abgeschritten. An strittigen Stellen gab es manchmal Auseinandersetzungen, die in Tätlichkeiten oder sogar Schießereien ausarten konnten, bei denen es auch Verletzte gab. Das Mitführen von Waffen wurde deshalb von Obrigkeiten zeitweise verboten.

Beim Umgang wurde ein nach Gegenden und Orten unterschiedliches Ritual vollzogen. Bei Marksteinen, die als besonders bedeutsam erschienen, zum Beispiel weil die Grenze an der Stelle einmal strittig gewesen war, wurde haltgemacht. Die Schützen feuerten in Richtung auf den Stein ihre Büchsen oder Pistolen ab. Geschossen wurde im übrigen bei manchen Umgängen auch in Richtung auf die Grenze, wenn ein Gewässer oder ein Sumpf die Grenze bildete und diese deshalb nicht unmittelbar begehbar war. Ob dieses Schießen als eine symbolhafte Vertreibung schadenbringender Dämonen gedeutet werden darf (29), erscheint zumindest fraglich. Der Zweck dieser wie der im Folgenden noch anzusprechenden Handlungen war lediglich, die Aufmerksamkeit der Teilnehmer und ganz besonders der Jugend auf den Grenzpunkt zu lenken und dessen Lage ihrem Gedächtnis fest einzuprägen. Dem gleichen Ziel konnte aber auch eine weniger martialische Geräuschkulisse dienen, etwa ein Trommelwirbel oder ein Tusch der Musikanten.

Eine Vielfalt von Praktiken wurde entwickelt, der Jugend die Erinnerung an die besuchten Grenzpunkte zu festigen. Da wurden Wettläufe nach einem Geldstück veranstaltet, das auf den Markstein gelegt war. Nüsse wurden zu beiden Seiten des Grenzsteins ausgeworfen, um die sich dann die Jungen balgten. Auch nach »Nesteln« oder »Nisseln« (bunte Bänder) ließ man sie haschen. Süßigkeiten oder bestimmte, eigens für diesen Tag gebackene Kuchen oder Wecken, oder auch ein Korb Äpfel, Birnen oder Kirschen wurden verteilt.

Zeigte sich einmal ein Fürst bei einer Grenzbegehung, so durfte man Besonderes erwarten, wie eine Erzählung aus dem Mittelalter beweist (30): Als Kaiser Ludwig der Bayer (1314 - 1347) in einem Grenzstreit zwischen den Dörfern Thierhaupten (Herzogtum Bayern) und Osterndorf (habsburgisch Schwaben) eine Grenzfestsetzung vornahm, ließ er zwei Wagen Brot mitfahren und das Brot unter die jungen Leute werfen, die seinem Zug gefolgt waren. Sein Spruch über die Uferanlandungen des Grenzflusses Lech lautete: »Sage das einer dem andern und seinen Kindern, daß König Ludwig heute Kundschaft gegangen hat zwischen den Baiern und Schwaben; was der Lech herüberlegt gen Baiern, das soll Baiern gehören, was er gen Schwaben legt, soll Schwaben gehören.« Als das Brot zu Ende ging, füllte er einen Eisenhut mit Pfennigen und warf diese unter das Volk zu ewigem Gedächtnis.

Neben den freundlichen Darreichungen gab es aber auch recht derbe Ermahnungen: Sehr häufig war der »Haarropf«, das Ziehen an den Haaren, wie es schon in Volksrechten der Karolingerzeit als übliche Gedächtnisstütze bei Vertragsabschlüssen überliefert ist. Ebenso begegnet uns schon in den alten Volksrechten das Zupfen oder Drehen an den Ohren (auriculas torquere), womit die Erinnerung an einen wichtigen Vorgang, etwa ein Rechtsgeschäft, später eben an einen Steinsatz einge-

Traditionspflege
Die alte Tradition des Stauchens mit dem Gesäß auf den Grenzstein wird in einigen Gegenden Unterfrankens in freilich sehr schonender Weise wieder aufgenommen. - Das »Z« auf dem Grenzstein zeigt die Gemeindegrenze von Zellingen bei Würzburg an.
Foto: Herbert Popp, Würzburg, 1988

schärft werden sollte; nach antiker, vom Mittelalter übernommener Auffassung war ja gerade das Ohr der Sitz des Gedächtnisses. Den gleichen Zweck wie das Ohrenziehen verfolgte eine Ohrfeige, die vornehmlich derjenige erhielt, der als Sieger im Wettlauf das Geldstück von dem Grenzstein eingeheimst hatte. Das Ziel einer solchen Mißhandlung spiegelt sich in dem Wort »Dachtel«, dem Synonym für Ohrfeige, wider. »Dachtel« wird von mittelhochdeutsch »daht« gleich denken abgeleitet und bedeutet sonach so viel wie »Denkzettel« (31). Eine Beschreibung dieses rauhen Brauchs brachte Goethe durch »Wilhelm Meisters Lehrjahre« (1795/96) in die Weltliteratur ein (32): »So gab man ehemals, indem ein Gränzstein gesetzt wurde, den umstehenden Kindern tüchtige Ohrfeigen, und die ältesten Leute erinnern sich noch genau des Ortes und der Stelle.« In Hessen war sonach zu Goethes Zeiten das Ohrfeigen an einem Grenzstein nicht mehr gebräuchlich. Knaben an den Haaren zu ziehen und mit Maulschellen zu bedienen, war auch in der alemannischen Schweiz in Übung (33).

Im nordmährischen Passek versetzte der »Pritschenmeister« dem Jungen, der sich die Lage des vor ihm stehenden Grenzsteins einprägen sollte, um sie später bezeugen zu können, mit einer hölzernen Pritsche drei Schläge auf das Hinterteil. Dafür erhielt der Junge einen Silbergroschen (34).

Eine andere von Franken über Baden bis nach Westfalen angewandte Form der Gedächtnishilfe bestand im sogenannten »Stauchen«: Das Opfer, meist ein Junge, in Brilon Männer und sogar Bürgermeister, die erstmals den Schnadzug mitmachten, wurden hochgehoben und dann mit dem Gesäß mehr oder weniger schmerzhaft auf den Grenzstein gestoßen. In Westfalen hieß diese Tortur »Tupfen« oder »Stutzeseln«, auch »Pohläsen« (mit dem Äs auf den Pfahl oder Grenzstein stoßen).

In der Gemeinde Bisamberg/Klein-Engersdorf am Nordrand von Wien wird noch jährlich ein Drittel der Gemeindegrenze begangen. Wer erstmals dabei ist, wird »gehobelt« und »gestempelt«, das heißt, er wird mehrmals so über einen Grenzstein geschwungen, daß das Gesäß dabei den Grenzstein berührt (35). Bei Grenzhügeln wird für das Hobeln der Stiel einer Haue über den Grenzhügel gehalten.

In Greven (Westfalen) wurden unverheiratete Männer in einem Teich untergetaucht.

Für den Markungsumgang um das thüringische Städtchen Lucka (in Sachsen-Altenburg – an drei Seiten von Kursachsen umklammert – hatten die Stadtväter im 17. Jahrhundert eine besonders originelle Idee (36): Auf Grenzmarken, die aus kreuzförmig ausgelegten Steinchen am Boden bestanden, warf der Bürgermeister Münzen. Als sich dann die Jungen um die Münzen balgten, wurden sie mit Wasser begossen und ihnen so »ein Denkmal eingepräget«.

Solche und andere »Denkzettel« wurden auch verabreicht, wenn kürzere Grenzstrecken aus besonderem Anlaß begangen wurden. Als im Jahre 1652 die Vertreter der Stadt Ingolstadt und der Dörfer Groß- und Kleinmehring die gemeinsame Grenze begingen, die durch einen Graben bezeichnet war, wurden »die Buben hineingezogen, gestoßen, geworfen und sie ermahnt, sie sollens künftig eingedenk sein, wie man ihnen dann etliches Geld derentwillen geschenkt und ausgeworfen« (37).

Das geschilderte Brauchtum belebte gelegentlich auch einen besonders bedeutsamen Steinsatz. Streitigkeiten um eine Markungsgrenze konnten sich nicht selten durch Jahrhunderte hinziehen. Den Anlaß zu solchen Konflikten gaben manchmal handfeste Interessen, etwa Ansprüche auf eine Viehtränke, einen Viehtrieb, einen Fahrweg, eine Furt, eine Fischereigerechtigkeit und ähnliches.

Von besonderem Gewicht erschien auch die Abgrenzung zwischen gemeindlichem und herrschaftlichem Bereich und zwischen der Allmende und dem Nutzungsland des einzelnen. Eine vom Schwarzwald bis Westfalen zu verfolgende Methode, die Erinnerung an einen Steinsatz zu festigen, spielte sich an der für den Grenzstein ausgehobenen Grube ab: Der eine oder andere Junge wurde kopfüber in das finstere Grenzsteinbett gestürzt. Im schlimmsten Fall wurde ihm auch noch der Kopf ein paar Mal auf den Boden der Grube gestoßen. Dort konnte aber auch eine Münze liegen, die der geschreckte Junge mit dem Munde aufheben sollte. Das Kopfüber-Eintauchen in die Marksteingrube ist in einem Kupferstich aus dem Jahre 1702 dargestellt, wobei zu der Zeremonie noch Merksprüche vorgeschlagen werden (38):

»Was ich anjetzt als klein gesehen /
Dabei will ich im Alter stehen /
Und alle Wahrheit zeigen an /
Wann dieser Stein nicht reden kan.

Oder
Ich bin nun klein /
Wann wegkam dieser Stein /
Will ich ohn falsch und Heuchelschein
Vor Gott ein großer Zeug der
Marckung seyn.

Oder
Wann dieser Stein durch Unbestand
Entkäm aus seinem Marckungsland:
Will ich ein wahrer Zeuge seyn /
Und nicht ein Klotz und stummer Stein.

Oder
Daß wahr soll seyn:
Wann dieser Stein
Nicht zeugen kan /
Bin ich der Mann.«

In Trautenau (Ostböhmen) wurden bei einer Marksteinsetzung auf dem ersten Grenzstein drei Personen mit Ruten gestrichen »zum grenitz gedächtnis der Zeit« (39). Auch sonst war in Böhmen mancherorts üblich, in besonderen Fällen zum Steinsatz Knaben beizuziehen und sie dreimal leicht mit der Rute zu streichen (40). In Westfalen sollen ein paar Schläge mit dem Hirschfänger den gleichen Zweck erfüllt haben. In der Ukraine und in Polen nahm man noch bis ins 20. Jahrhundert zum Steinsatz Knaben mit, um ihnen Gedächtnisprügel zu verabreichen (41).

Ein sehr ernster Brauch wurde in Ostböhmen (Nachod) geübt, der »Schwur im Grabe« (41 a): Neben dem neu gesetzten Grenzstein wurde ein Grab ausgehoben. Ein junger Mann mußte, nur mit einem Hemd bekleidet, in dem Grab stehend schwören, daß er über Ort und Zeitpunkt des Steinsatzes stets wahrheitsgemäß Zeugnis ablegen werde.

In Protokollen, Marksteinbüchern, Siebnerbüchern usw. können heute noch die Namen von Opfern nachgelesen werden, an denen obige Prozeduren ausgeführt wurden. Als Erwachsene sollten die einstigen Kinder erforderlichenfalls als Zeugen verfügbar sein. Auch bei anderen Rechtsakten, wie zum Beispiel Grundstückskauf oder Bestellung von Rechten waren ähnliche Praktiken nicht unüblich.

Nach diesem kurzen Exkurs ins Gebiet des Marksteinsetzens muß nun das Thema Markungsumgang wieder aufgegriffen werden. Der Zug der Teilnehmer brach nach einstiger Gepflogenheit meist zeitig auf, vielfach um 6 Uhr morgens, und so war eine Mittagsrast von zwei Stunden an der überlieferten Stelle durchaus angemessen. Bei schwerem Unwetter sind Markungsumgänge auch schon einmal abgebrochen worden. War die Gemeindekasse leistungsfähig und die Gemeindeführung großzügig, so konnten alle Teilnehmer mit einer Zehrung rechnen. Sparsame Gemeinden gaben nur 1 Weck; in der Bonner Gegend wurden der Jugend mit den Wecken Heiligenbildchen gereicht (42). Manchmal waren am Rastplatz auch Verkaufsstände aufgebaut, damit die Teilnehmer frische Kraft für den

Setzen von Grenzsteinen
Einem Knaben wird der Kopf in die für den Grenzstein vorbereitete Grube gestoßen, drei weitere warten auf die gleiche Behandlung. Von links wird ein Wappenstein antransportiert, rechts protokolliert ein Schreiber den Vorgang. Im Hintergrund weitere Steinsetzer.
Die dargestellte Behandlung von Jugendlichen war nur bei besonders wichtigen Marksteinen üblich.
Abbildung aus Florin, Des Klugen und Rechtsverständigen Hauß-Vatters Anderes Buch, 2. Aufl., Kap.55; Nürnberg 1719
Foto: Bayer. Staatsbibliothek

Weitermarsch schöpfen konnten. Die Feldgeschworenen der Stadt Gemünden am Main verewigten sich beim Markungsumgang in den Jahren 1772 bis 1913 an ihrem Rastplatz, einem platten Findlingsblock an der Grenze zu einem Herrschaftswald, mit der Jahreszahl und den Initialen ihres Namens (43).

Nach der Heimkehr am Abend wurde manchmal noch im Gemeindesaal oder in der Gemeindeschenke eine Mahlzeit verabreicht oder sogar ein Ball veranstaltet.

Die Kosten des Unternehmens wurden aus der Dorfkasse bestritten. Wer in amtlicher Eigenschaft teilnahm, wie die Feldgeschworenen, erhielt meist eine kleine Entlohnung. In Ochsenfurt am Main ist schon in den Bürgermeisterbüchern des 15. und 16. Jahrhunderts die Bezahlung des Flurers ausgewiesen, der ein »Creutz zwischen Ostern und Pfingsten um die margkung« trug. Spätere Protokolle bezeugen die Bewirtung der Teilnehmer. Im Jahre 1735 sah sich das Würzburger Domkapitel als Ortsherrschaft veranlaßt anzuordnen, daß die Stadt für den Markungsumgang nicht mehr ausgeben dürfe, als dem Nachbardorf Frickenhausen gestattet worden sei (44). Auch in anderen Fällen erteilten um die Gemeindefinanzen besorgte Aufsichtsbehörden Weisungen, den Aufwand beim Markungsumgang einzudämmen. Da die Feste gelegentlich in wüste Gelage, in Ausschreitungen und Ausschweifungen ausarteten und außerdem beim derben Stauchen und ähnlichen Mißhandlungen ernsthafte Verletzungen vorkamen, erließ die Landesherrschaft gelegentlich sogar Verbote.

Gegen Ende des 18. Jahrhunderts war die Denkrichtung der Aufklärung bestrebt, mit allem Aberglauben aufzuräumen, aber auch das Brauchtum zu eliminieren, das dem vernunftbetonten Zeitgeist nicht mehr zu entspechen schien. Diese Entwicklung bedeutete in so mancher Gemeinde das Ende der festlichen Markungsumgänge. Die Stadt Kitzingen a. M. bot im Jahre 1819 letzmals alles auf, um einen stattlichen Markungsumgang zu gestalten, der sich über drei Tage erstreckte (45). Das Gang-Buch der Feldgeschworenen hat die Zugfolge festgehalten: 1. Drei Mann der Schützenkompanie zu Pferd, 2. der Flurer und zwölf Bürger unter Gewehr, 3. 24 Knaben mit blau/weißen Fähnchen, 4. der Oberbürgermeister, der Rechtsrat und mehrere Bürger von Rang zu Pferd, 5. drei Knaben mit den Gerten oder dem Feldmaß, 6. das gesamte Feldschiederamt, 7. die Gemeindebevollmächtigten (Gemeinderäte), 8. die große Bürgerfahne, 9. die türkische Musik mit 16 Musikanten und dem Regimentstambour, 10. mehrere Offiziere mit 60 Mann Bürgerwehr, 11. schließlich zu Pferde oder in Wägen mehrere vornehme Personen. An den für die Mittagsrast bestimmten Plätzen standen drei Kanonen, der Proviantwagen, Verkäufer von Obst, Bier, Branntwein usw. und viele Zuschauer.

Nach der halbamtlichen Landes- und Volkskunde von Bayern aus dem Jahre 1865 wird zu jener Zeit in Mittelfranken der Brauch des Grenzumritts oder -umgangs stellenweise noch ausgeübt (46). Als Beispiel für den Umritt sind die Dörfer auf dem Hahnenkamm, einem Höhenzug nordwestlich von Treuchtlingen, gewählt. Die Veranstaltung endete hier jeweils mit einem Wettreiten der Burschen um den Preis eines Hutes und mit einem Wettlauf der aus der Feiertagsschule entlassenen Mädchen um ein seidenes Sacktüchlein. Der schnellste Reiter nahm die schnellste Läuferin zu sich auf das Pferd und unter Glockengeläut bewegte sich der Zug zu einem Tanz im Wirtshaus ins Dorf zurück. Weniger festlich werde nach dem Bericht die »Landleitung« alle sieben oder zehn Jahre von den Siebnern im nördlichen Mittelfranken um die Aisch und am Steigerwald abgehalten. Neben der Jugend beteiligten sich hier Flurschütz, Waldaufseher, Schäfer und Dorfhirt.

Als Besonderheit sollen noch die »Schnadjagden« oder »Schnurjagden« des Klosters Kappenberg (nördl. von Dortmund) erwähnt werden, die bis zum Anfang des 19. Jahrhunderts jeweils im Oktober veranstaltet wurden (47). Das Kloster hatte weit über seinen Besitz hinaus Jagdrecht. Die Jagdgesellschaft des Klosters folgte beim Umritt der Jagdgrenze. Die Jäger brachten zwar eine Jagdstrecke ein, der Hauptzweck war aber, sich die Jagdgrenze erneut einzuprägen und die Grenzmale im Einvernehmen mit den benachbarten Jagdberechtigten zu überprüfen.

Vorschriften im Landesrecht

Den Dorfherren mußte daran gelegen sein, daß die Grenzen der Dorfmarkungen regelmäßig kontrolliert wurden, weil davon ihr Rechtsbereich berührt war. Entsprechendes wurde oben schon für die Landesherren festgestellt, soweit Landes- oder Zentgrenzen in den Markungsgrenzen verliefen.

Im **Hochstift Würzburg** sind während der Regierungszeit des Bischofs Julius Echter

(1573 – 1617) in den Dorf- und Steinerordnungen Regelungen über den Markungsumgang erlassen worden (siehe Anlage 2). Eine Verordnung des Hochstifts vom Jahre 1682 will dabei »unnöthige Zehrungen« ganz abschaffen, »unentbehrliche« in einen bescheidenen Rahmen bringen. Die Beamten hatten jedoch darauf zu achten, daß »zumalen wo man mit fremden Herrschaften es zu thun, zu Verhütung künftiger Irrungen umgangen, und zu nothwendiger Notiz und Wissenschaft die Jugend gebührend dazu angewiesen« werde (48). Die bisher vernachlässigten Zent- und Reviergrenzen aber sollten als eine hochwichtige Angelegenheit zusammen mit den Beauftragten der benachbarten Herrschaften nach und nach begangen und die Vermarkungsmängel behoben werden (49).

Die preußische Regierung in **Brandenburg-Ansbach** (Hardenberg) beanstandete im Jahre 1797, daß die Gemeinden im Fürstentum die Markungsumgänge sehr nachlässig und oft in vielen Jahren gar nicht vornähmen (50).

Die **Mainzer** Untergerichts-Ordnung von 1755 entsandte den Schultheiß mit einem Gerichtsmann oder mit zwei Feldgeschworenen zur jährlichen unentgeltlichen Begehung »deren Gemarckung-Gräntzen«. Dabei waren der männlichen Ortsjugend Grenze und Grenzzeichen vorzuweisen, über den Vorgang war ein Protokoll in das Gerichtsbuch aufzunehmen (51).

Im Herzogtum **Württemberg** nahm sich die Landesregierung schon verhältnismäßig früh um den Markungsumgang an. Nach einem General-Rescript von 1603 wurde ein jährlicher Umgang um die »Zweng, Bänn, vnd Marckungen« den Behörden »ernstlich« anbefohlen (52). Teilnehmen sollten der Amtmann oder Schultheiß und etliche Älteste aus der Gemeinde samt der Jugend. Die Untergänger sind nicht ausdrücklich erwähnt, aber vermutlich unter die »Ältesten« mit einbezogen.

In der württembergischen Commun-Ordnung von 1758 ist der Markungsumgang in den Abschnitt »Von Untergängen, Stein-sezen und Feld-Besichtigungen« eingeordnet (53). Er sollte alle drei Jahre durchgeführt werden; zur Einsparung von Kosten waren jedoch auch größere zeitliche Abstände zugestanden.

Auch nach der Einstellung des ordinari-Untergangs 1841 blieb in Württemberg die Verpflichtung der Gemeinden bestehen, in bestimmten Zeitabständen die Marksteine der Ortsmarkung von den Untergängern überprüfen und alle fehlenden Markungszeichen unverweilt ergänzen und wiederherstellen zu lassen. Nach den Vorschriften von 1894/1899 sollten zwischen zwei Besichtigungen in der Regel nicht mehr als 15 Jahre liegen. Neben zwei Untergängern sollte fortan auch der zuständige Geometer teilnehmen (54). Der Umgang um die Markungsgrenze hat in Baden-Württemberg keine Fortsetzung oder Wiedergeburt erlebt.

Wie eingangs erwähnt, waren in **Alt-Bayern** Markungsumgänge kaum üblich. Sie wurden aber 1835 auf Anregung der Stände – vermutlich nach dem Vorbild fränkischer Landesteile – für das ganze Königreich eingeführt. Den Gemeindevorstehern wurde durch die Neufassung des Gemeinde-Edikts aufgetragen, ab 1835 »zu gewissen Zeiten mit Zuziehung der Gemeinde-Bevollmächtigten und einigen jungen Gemeinde-Männern« die »Flur- und Markungs-Grenzen« zu umgehen (55). Im Vermarkungsgesetz von 1868 (Art. 21) wurde den Feldgeschworenen ein jährlicher Umgang um die Flur- und Markungsgrenzen aufgetragen. Den Termin hatte der Bürgermeister, in den Städten der Magistrat festzulegen (56). Dieser Umgang galt aber nicht allein den Gemeindegrenzen, sondern auch der Vermarkung in der gesamten Gemeindeflur.

Trotz gelegentlicher Anmahnung durch die Aufsichtsbehörden der Gemeinden kam der

Flurbegang mehr und mehr außer Übung. Das besserte sich auch nicht, seit das Abmarkungsgesetz von 1900 (Art. 12) einen Turnus bis zu drei Jahren zuließ. Die Gesetzesvorschrift war längst obsolet, als sie mit dem Abmarkungsgesetz von 1981 außer Kraft gesetzt wurde. Den Gemeinden, in denen Grenzbegänge herkömmlich sind, ist die Fortführung dieser Tradition empfohlen (Art. 12 Abs. 1 Satz 3).

Ein frühes Beispiel staatlicher Weisungen für periodische Flur- und Markungsumgänge bietet das brandenburgische Herzogtum **Magdeburg.** In seinen Ordnungen folgte es weitgehend dem vormaligen Erzstift. Mit der schon erwähnten Polizeiordnung von 1688 (57) wurde die Verbesserung und Vervollständigung der Vermarkung in Feld und Flur anbefohlen. Für die Erhaltung der Grenzeinrichtungen sollten folgende Vorschriften vorsorgen: »Zu solchem Ende soll jede Gemeine / mit Zuziehung ihrer Jugend / vor oder nach denen Tagen Walpurgis und Michaelis, oder welches Tages es jedem Orte bequem ist / einmahl des Jahres ihre MarckGrentze umziehen / alles wohl bewahrschauen / die verfallenen Grentzen und Mahl-Steine / Graben / Hügel / Hege-Seulen / Mahl-Bäume / gemeine Theile und andere alte Nachrichtung erneuern / die Alten denen Jungen davon Bericht thun . . .« Anschließend waren Geldstrafen für das Fernbleiben vom jährlichen Umgang angedroht sowie Strafen für Verfehlungen in der Flur.

Markungsumgang und -umritt in der heutigen Brauchtumspflege

In einigen wenigen Städten und Gemeinden wird die Tradition des Markungsumgangs oder -umritts weiterhin hochgehalten. Zu den bekanntesten Veranstaltungen dieser Art gehört der Briloner »Schnadezug«. Er ist erstmals für das Jahr 1388 belegt (58). Bei dem Umgang der Stadt Würzburg, bei dem verständlicherweise in einem Jahr jeweils nur ein kleiner Teil der Stadtgrenze begangen werden kann, fehlt es nie an prominenten Persönlichkeiten. Die Teilnehmer werden auf Kosten der Stadt verpflegt. Auch viele mainfränkische Dörfer halten jedes Jahr oder in Abständen von 3, 7 oder 10 Jahren ihren Umgang ab.

Einen über die nächste Umgebung hinausgreifenden Bekanntheitsgrad hat sich das mittelfränkische Dorf Pfofeld (östl. von Gunzenhausen) mit seinem Markungsumritt gesichert. Gegründet auf Altsiedelland mit einer Urpfarrei dicht am römischen Limes an der Berührungsstelle mehrerer früherer Herrschaftsbereiche gelegen, hat Pfofeld in seiner Geschichte viele für Franken typische Züge, aber auch einige Besonderheiten aufzuweisen, wozu auch der Markungsumritt zählt. Dieser ist im Laufe der Jahrhunderte sogar zu einer Manifestation gemeindlicher Eigenständigkeit und Unabhägigkeit geworden. Wie das in Franken nicht ungewöhnlich war, unterstanden die Bauerngüter in Pfofeld am Ende des alten Reiches nicht weniger als sechs verschiedenen Grundherren. Die Gemeinde konnte sich im Kräftespiel mit den Herrschaften eine verhältnismäßig weitgehende Selbständigkeit bewahren, sie brauchte keinen Dorfherrn anzuerkennen und konnte sich die dörfliche Unabhängigkeit in Verwaltung und Dorfgericht bewahren. Die eigentlichen Gewinner einer Vielherrigkeit waren jeweils die Dörfler. Allerdings mischte sich im 18. Jahrhundert der Markgraf von Ansbach als Landesherr stärker in dörfliche Angelegenheiten ein. Die Abhaltung des Markungsumritts bedurfte schließlich einer gebührenpflichtigen Erlaubnis. Seit wann Umgänge oder Umritte veranstaltet wurden, ist nicht festzustellen, auch nicht, ob ursprünglich vielleicht zu Fuß gegangen wurde. Keine rechte Begründung läßt sich ferner dafür finden, warum gerade die Pfofelder den Weg um die Markung im Sattel und nicht wie andere Dörfler zu Fuß zurücklegen; an der Länge der Strecke kann es jedenfalls nicht liegen. Nach dem 16. Jahrhun-

Markungsumgang und -umritt in Franken
Nachweise aus nachmittelalterlicher Zeit nach Karl-S. Kramer, Volksleben im Hochstift Bamberg und im Fürstentum Coburg (1500-1800), Würzburg 1967

Flurumritt 1985
um die Markung des Dorfes Pfofeld (MFr)

dert ist ein dreijähriger Turnus feststellbar, unterbrochen in Kriegs- und Notzeiten. Dahingestellt bleiben muß, ob es ein Vorwehen der Aufklärungsepoche oder Ausdruck absolutistischen Selbstverständnisses war, als der ansbachische Oberamtmann von Gunzenhausen im Jahre 1730 das Mitführen der zwei Dorffahnen beim Umritt und dem Ortspfarrer die Teilnahme unter Androhung der Amtsentlebung untersagte. Der Markgraf hatte als Landesherr 1533 die Einführung der evangelisch-lutherischen Konfession angeordnet, obgleich drei Viertel der Höfe den katholisch gebliebenen Grundherren unterstanden. Die Pfarrei gehörte seit 1321 dem Augustinerchorherrenstift Rebdorf (bei Eichstätt). Dieses behielt auch nach der Reformation und unter ansbachischer Kirchenhoheit das Besetzungsrecht (Patronatsrecht) und besoldete den evangelischen Pastor bis zur Säkularisation. Die Regierung in Ansbach gestattete im Jahre 1760 dem Pfarrer, wieder an dem Umritt teilzunehmen, und auch die beiden Fahnen wehten seitdem wieder über den Bauernrössern. Die Gemeinde hatte ihre Eingabe um Wiederzulassung des Pfarrers und der Fahnen damit begründet, daß »solches ihren Zug ansehnlicher gestalte und sie wieder zu ihrem alten Rechte kämen« (59). Der dreijährige Turnus des Umritts wurde bis 1856 beibehalten. Dann trat eine Pause von 33 Jahren ein. Seit 1889 wird der Umritt alle zwölf Jahre abgehalten. Bei dem Umritt, der jeweils gute drei Stunden in Anspruch nimmt, dreht der Feldgeschworenen-Obmann um jeden Markstein einen Kreis. Das reichhaltige Beiprogramm des Gemeindefestes zieht jeweils viele Gäste von auswärts an (60).

E. Sage und Aberglaube um den Grenzstein

Der alte Kunz war bis an's Grab
Ein rechter Höllenbrand:
Er pflügte seinem Nachbar ab,
Und stahl ihm vieles Land.

Nun pflügt er, als ein Feuermann
Auf seines Nachbarn Flur
Und mißt das Feld hinab, hinan
Mit einer glüh'nden Schnur.

Er brennet, wie ein Schober Stroh,
Dem glühnden Pfluge nach,
Und pflügt, und brennet lichterloh
Bis an den hellen Tag.

Aus Ludw. Heinr. Christoph Hölty
(1748 – 1776)
Üb' immer Treu und Redlichkeit

Als Grenzen und Grenzsteine im Alltag des wirtschaftenden Menschen noch von großer Bedeutung waren und eine ans Sakrale grenzende Achtung genossen, umrankte sie die Phantasie der Zeitgenossen mit Sagen und manch wunderlichem Aberglauben.

Sage

Es wechseln die Geschlechter,
die Sage bleibt sich treu.

Adelbert von Chamisso,
Deutsche Volkssagen: Der Birnbaum

Die Sage ist eine Erzählung einer wundersamen Begebenheit oder Erscheinung. Anders als das Märchen knüpft die Sage stets an konkrete Gegenstände, an historische oder auch vorgeschichtliche Personen oder Ereignisse oder auch an Naturerscheinungen an. Der Urheber der zunächst stets mündlich überlieferten und laufend weiter ausgeschmückten Sage ist nie bekannt. Im Gegensatz zum Märchen hielten die Erzähler die von ihnen weitergegebenen Sagen für die reine Wahrheit. Die sogenannte »Aufklärung« führte zum Tod der Sagen und ließ einen Großteil des einst so reichen Sagenguts der Altvordern in Vergessenheit geraten. In der Sage offenbaren sich Gefühlswelt und Denkweise der Menschen einer früheren Zeit. Die Verluste im Bestand der Sagen sind schon allein aus diesem Grunde zu bedauern.

Die Sagen zum Thema Grenzfrevel beziehen sich in aller Regel nicht auf eine historische Person oder auf ein historisch faßbares Ereignis. Ihr vornehmliches Ziel war, mit ihrer ethischen Grundtendenz den Menschen zu beeindrucken. Örtlich mögen auch seltsame Naturerscheinungen die Phantasie angeregt haben, wie etwa die Irrlichter über Sumpfgebieten.

Dem Grenzfrevler waren ja durch Rechtssatzungen schwere Strafen angedroht, wie in dem letzten Teil dieses Buches noch dargestellt werden soll. Aber nicht jede Missetat kann und konnte aufgedeckt werden, so mancher konnte sich der irdischen Gerechtigkeit entziehen. Ihn trafen umso härter außerirdische Strafen nach dem Tode. Als Abschreckung und Mahnung entstanden zur Unterstützung der Rechtsordnung zahlreiche Sagen, die dem Rechtsbrecher für die Zeit nach dem Tode Vergeltung für seine Tat in Aussicht stellten. Die Sage trat mit ihrem Schutz insbesondere da ein, wo es schwierig ist, Unrecht zu beweisen, insbesondere beim Grenzfrevel und beim Meineid (1). Der Grenzfrevler muß nach dem Tode büßen, er findet im Grabe keine Ruhe. Jede Nacht treibt er als Geist an der Stätte seines Vergehens sein Unwesen, er spukt oder »wafelt« (Grimm) oder »weizt« (bayerisch »woazt«). Der Publizist Justus Möser (1724 – 1794, Osnabrück), der wie kaum einer vor ihm den Versuch unternahm, in der

Geschichtsschreibung das gesamte Leben des Volkes darzustellen, sieht in solchen Erzählungen ein Hilfsmittel, um das, »was sich als trockene Lehre nicht so gut einprägen würde, in eine allegorische Handlung zu verwandeln« (2). Wenn derjenige, der einen Grenzstein verrückt oder einen falschen Eid schwört oder seinem Hofe etwas vergibt, spuken gehen müsse, so sei das immer noch ein ebenso feines als kunstmäßiges Mittel, die Aufmerksamkeit auf jene wichtigen Pflichten zu erhalten. Diese Sätze schrieb ein Intellektueller in einer Zeit, die für Volksglauben und -brauchtum kein Verständnis mehr aufbrachte.

Die Sage vom Spukengehen des Grenzfrevlers ist vornehmlich im Süden und Westen des deutschen Sprachraums verbreitet, von Südtirol und der Nordschweiz bis Westfalen, aber auch in verschiedenen Gegenden Frankreichs sowie in Schweden und Norwegen. In diesem Raum wird für den einen oder anderen Ort erzählt, daß des Nachts ein feuriger Mann (3), oder auch ein schwarzer oder weißer Mann über die Fluren oder entlang von Grenzrainen irre, mühselig einen Grenzstein oder -pfahl mit sich schleppend oder einen Pflug ziehend. In kaum einer Sagensammlung Westfalens fehlt eine Erzählung über solche Spukgestalten, die in der Iburger Gegend »Snatmänneker« genannt werden. Bei einer Unsicherheit über die Grenze gab so mancher nach mit der Begründung: »Ich mag nicht spuken gehen.« (4). Zuweilen erschrecken die feurigen Männer den ahnungslosen Wanderer durch wildes Geheul, durch ein schauriges Hu-Hu, Hupp-Hui, Ho-Ho oder He-Hi.

Der so bestrafte Geist ist mal ein Bauer, der heimlich Grenzsteine versetzt hat, mal ist es ein Feldrichter, Feldgeschworener, Untergänger oder Feldmesser, der sich beim Steinsatz bestechen ließ und zum Nachteil eines Grenznachbarn Grenzsteine an die unrechte Stelle setzte. In manchen Sagen fragt der spukende Geist in der jeweiligen Mundart: »Wo soll ich ihn hintun?« Begegnet ihm ein Beherzter, der ihm antwortet: »Tu ihn hin, wo du ihn hergenommen hast« oder »Tus wos gehört«, so ist der Frager erlöst und findet seine Ruhe. Damit erklärt sich dann auch, daß sich der Geist in neuerer Zeit nicht mehr blicken läßt. In Erding (Flughafen München) wurde erzählt, daß dem Geist eines umgehenden Markverrückers von seinen Verwandten möglichst gleich nach dem Tode durch das Losungswort zur Ruhe verholfen wurde. Man müsse dazu aber ein Totenbein eines verstorbenen Kindes bei sich haben, sonst treffe einen innerhalb von drei Wochen der Tod (5).

Ruhe und Erlösung fand der umgehende Geist nach dem Volksglauben erst dann, wenn die rechtmäßige Grenze und damit die durch den Grenzfrevel gestörte Ordnung wieder hergestellt war. Das konnte auch in der Weise geschehen, daß die Feldgeschworenen die Grenzmarken überprüften und nach ihrem Gutachten auf die dem Recht entsprechende Stelle zurücksetzten.

Nach manchen Sagen traf die Strafe des Umgehenmüssens auch habgierige Bauern, die zu ihren Lebzeiten über die Grenze hinweg auf dem Feld des Nachbarn geerntet hatten. Einen solchen Bauern, der bei der Heu- und Grummeternte immer wieder über das March hinaus gemäht hatte, hört man heute noch in Sommernächten durch das Südtiroler Dorf Falleina (Vinschgau) gehen und seine Sense dengeln (6). Nach einer anderen Südtiroler Erzählung spukt der »Almpater«, die Kapuze tief über den Kopf gezogen, auf der Rittner Alm (7). Er hatte in einem Streit um das Weiderecht das gegen den Einspruch der rechtmäßigen Besitzer von Dritten aufgetriebene und dann erkrankte Vieh benediziert und damit für ein Unrecht Partei ergriffen.

Regelmäßig begnügt sich ein Dorf oder eine Kleinregion mit einem einzigen solchen Geist. Durch das Trafoital (Ortlergebiet) hingegen soll rund ein Dutzend »Marchegger« und »Lichttrager« wegen ihrer Grenzfrevel geistern (8). Einer von ihnen sei eines Nachts mit einem Licht in der Hand um einen Marchstein herumgelaufen, als ihm ein nächtlicher Wanderer begegnete. Da der Mann nicht die richtigen Worte fand, versetzte ihm der »Lichtertrager« einen »Blaser«, worauf der Unglückliche zu kränkeln begann und bald darauf starb.

Selten geht der Geist eines Grenzfrevlers bei hellem Tageslicht um. Ausnahmsweise begegnete einem Mädchen auf einem Feld bei der Stadt Eger einmal am Tage ein spukender Unhold, der sich bis dahin schon mehreren Leuten gezeigt hatte. Er griff dem Mädchen an die Brust und verschwand. Wo der Geist sie angerührt hatte, war die Brust schwarz. Das Mädchen ging zu Bett und verschied dritten Tags darauf (9). Auch nach vielen anderen Sagen hat der Erlöser eines Spukgeists seine gute Tat nicht lange überlebt.

Wie in obiger Erzählung wurden auch in anderen süddeutschen Sagen Gegenstände, die ein spukender Geist oder »Feuermann« anfaßte, versengt oder zumindest geschwärzt. Aus den zahlreichen Beispielen seien als erste zwei Begegnungen mit geisternden Markverrückern in Bayerisch-Schwaben vorgestellt (10): In dem einen Fall drückte der Geist dem Mann, der ihn von seinem Fluch erlöst hatte, dankbar die Hand. Dieser aber hatte seine Hand mit einem Sacktuch umwickelt. In dem Sacktuch waren nachher die fünf Finger des Geistes eingebrannt. In dem anderen Fall war die Erlöserin eine Magd. Sie trug von dem Händedruck des Feuermanns fünf Brandmale davon. In einem weiteren Fall, der sich um die Mitte des 19. Jahrhunderts in Mundraching etwa 10 km südlich von Landsberg am Lech zugetragen haben soll, sind die beteiligten Personen mit Namen überliefert (10a): Es fiel auf, daß ein Kleinbauer seine Hand immer eingebunden hatte und nicht zeigte; sie war schwarz geworden, als ihn ein geisternder »Grenzmarch-Verrucker« in einer Nacht aus dem Bett holte und zu den Stellen führte, wo er zu Lebzeiten die Grenzpfähle versetzt hatte. Der ehrsame Kleinbauer konnte die Grundbesitzer zur Wiederherstellung der ursprünglichen Grenzvermarkung bewegen und damit den Genzfrevler erlösen, der bis zu dieser rettenden Tat »schrecklich hatte brennen müssen«. Die Gruppe der verbrannten und geschwärzten Hände darf mit zwei Beispielen aus anderen Gegenden abgeschlossen werden: In Altenparkstein (LKr. Neustadt a. d. WN, Oberpfalz) kam eine Magd von einer Begegnung mit einem geisternden Markversetzer mit versengtem Handschuh zurück (11). In Liechtenstein befolgte im sogenannten »Markstreit am Katharinenbrunnen« ein Mann, der von zwei um die Grenze streitenden Geistern angesprochen wurde, die Aufforderung, einen glühenden Markpfahl in die Grenze zu setzen (11a). Die Geister verschwanden daraufhin für immer, der willige Retter aber hatte die Hand, mit der er den glühenden Pfahl gehalten hatte, ganz verbrannt.

Aus dem reichen Sagenschatz Südtirols ist die nächste Erzählung genommen. In einem Streit zwischen den Gemeinden Glurns und Laatsch (Vinschgau) schwur ein altes »Schusterle« beim Ortstermin als Zeuge vor Gericht, der strittige Wald gehöre seiner Gemeinde Glurns (12). Dem Meineid folgte die Strafe auf dem Fuße: Die Erde tat sich auf und das »Schusterle« versank mit dem Rufe »Gott mög mir verzeihen!« Eine sumpfige Vertiefung im Boden zeigt der Nachwelt die Stelle des grausigen Geschehens an. Der Schuster aber soll noch bis zum Jahre 1843 um den Ort seines Vergehens gespukt haben.

Im Osterberg bei Lübbecke (zwischen Osnabrück und Minden) hielt sich einst der »Plättenkerl« auf. Dieser Geist hatte in seinem irdischen Leben einen Gemeindegrenzstein versetzt und deshalb einen Meineid geschworen. Von Zeit zu Zeit kam er aus dem Berg heraus und erschreckte die Menschen. Er sprang auf Holzfuhrwerke auf und dann konnte das Gefährt selbst mit vier Pferden nicht mehr von der Stelle bewegt werden, was anderntags zwei Pferde vermochten (13). Ähnliche Sagen sind besonders im niederdeutschen-rheinischen Raum und auch in Franken beheimatet.

Spukende Grenzsteinversetzer sind im bisherigen schon mehrmals unter Eigennamen aufgetreten. Hierzu ein weiteres Beispiel: Zwischen Ahlstadt und Grattstadt nordwestlich von Coburg erschreckte der »Frankenpöpel« (Pöpel = Popanz, vermummte Schreckgestalt), eine schwarze Gestalt mit Dreimaster, Spinnwebrock und Spinnwebgesicht die am Abend von der Feldarbeit Heimkehrenden (14).

Nach den Weistümern mancher Gegenden sollte der Markverrücker mit seinem Kopf büßen. Mit solchen Strafandrohungen mag zusammenhängen, daß eine Anzahl Sagen einen Markfrevler nach dem Tode ohne Kopf oder mit dem Kopf unter dem Arm geistern läßt. Als Beispiel für viele sei eine vermutlich sehr alte Sage aus dem badischen Franken angeführt. Die Markung von Freudenberg (östlich von Miltenberg) soll einst weiter nach Westen und tiefer in die Flur Bürgstadt (UFr) hineingereicht haben. Ein Vierer von Bürgstadt soll eines Nachts die Marksteine ein Stück nach Osten gerückt haben. Zur Strafe für diese Untat reitet er nun als feuriger Mann ohne Kopf auf einem Rappen die versetzte Grenze entlang. In anderen Fällen will man auch das Pferd eines Feuerreiters ohne Kopf gesichtet haben.

An der Grenze zwischen der Stadt Kitzingen und dem Dorf Albertshofen, über deren strittigen Verlauf (geschichtlich um 1493 nachgewiesen) ein Kitzinger Bürger einen Meineid geschworen haben soll, fährt um Mitternacht eine Kutsche durch die Bäume (14 a). Die vier vorgespannten Pferde sind ebenso ohne Kopf wie die vier weißen Insassen mit Aktenblättern in den Händen.

Um den Kopf eines Meineidigen geht es in einer Erzählung aus Ulten (rechtes Seitental der Etsch bei Meran) (15). Ein Bauer schwor in einem Streit um eine Almgrenze einen Meineid mit der Bekräftigung, sein Kopf solle als Markstein dienen, falls er gelogen hätte. Als er bald darauf starb, fanden Hirten den Kopf des Meineidigen auf der rechtmäßigen Grenze. Das Grab wurde geöffnet, und wirklich lag der Tote ohne Kopf im Sarg. Der Kopf wurde nun zu dem Leichnam gebracht und mit ihm wieder bestattet. Aber er kehrte sogleich auf die Almgrenze zurück, wo er allmählich in Staub zerfiel. Der betrogene Nachbar nahm sein Eigentum wieder in Besitz und errichtete ein Kreuz an der Stelle, wo der Kopf des meineidigen Bauern gelegen hatte.

Eine weitere Spukgeschichte darf aus Niederbayern berichtet werden (16). Ein verstorbener Bauer erschien in der Christnacht seinem Knecht in der Kammer, als alle anderen zur Mette gegangen waren. Der Knecht erzählte den Hausgenossen das seltsame Erlebnis. Diese machten dem Knecht Vorhaltungen, daß er den Geist nicht angesprochen und nach seinem Begehr gefragt habe. Als sich der Bauer in der nächsten Christnacht wieder in der Knechtskammer einstellte, öffnete die Frage des Knechts dem Geist den Mund: »Ich habe einen Grenzstein versetzt. Du warst selbst dabei. Tue ihn wieder dorthin, wo er ehedem stand!« Der Knecht tat, was ihm geheißen, die Spukgestalt kam nicht wieder, der Bauer war erlöst.

In Westfalen führt der Geist des betrügerischen Landmessers eine Meßkette mit sich. Er kann auch dazu verurteilt sein, mit glühenden Ketten die Grenzen nachzumessen. Im alemannischen Süden Deutschlands messen feurige Männer mit brennenden Meßstangen entlang den Grenzen, an denen sie zu Lebzeiten einen Betrug verübt haben. Der Heimatdichter Johann Peter Hebel (1760 – 1826) schildert dies in Mundartgedichten, denen folgende Zeilen entnommen sind:

»Füürigi Mannen im Ried, und an
verschobene Marchstei,
machetich numme lustig! Me weiss scho,
wer euch zum Tanz spielt.
Chüm mer kein in d'Nöchi mit seiner
brennige Stange!«

An einem Ort im Aargau stritten sich einst Feuermänner, die mit Meßtischen ausgerüstet waren, um Marksteine herum (17).

Gemeingut der germanischen Stämme sind Sagen über Meineide, die geschworen wurden, um einen zu Unrecht erhobenen Landanspruch an Ort und Stelle durchzusetzen. Ein solcher betrügerischer Zeuge füllt unter seine Fußsohle Erde seines Heimatortes in die Schuhe und legt eventuell unter seinen Hut einen »Schöpfer« (Schöpflöffel). Dann glaubt er auf dem für sich, sein Dorf oder seine Herrschaft zu Unrecht beanspruchten Grund beruhigt schwören zu können: »So wahr der Schöpfer über mir ist, ich stehe auf meiner Erde«, »auf Erde meines Dorfs« oder »meiner Herrschaft«. Solche Erzählungen sollten manchmal auffallende Grenzvorsprünge erklären oder auch zur Unterstützung bei Streitigkeiten über Markungsgrenzen dienen. Die Meineidigen müssen nun nach ihrem Tode zur Strafe spuken, zum Beispiel als der »Schimmelreiter« in Hindelang, als der »Waldpöpel« bei Gerolzhofen oder als der »Huimann« von Bundorf (LKr. Haßfurt). Sogar ein Abt des Klosters Bildhausen bei Neustadt a. d.Saale wurde unter die zum Spuken verurteilten meineidigen Landdiebe eingereiht (18). In Böhmen wachsen dem meineidigen Grenzfrevler die Hände zum Grabe heraus (19).

Im Aargau schließlich sollen Grenzfrevler nicht nur in Menschen- sondern auch in Tiergestalt spuken, zum Beispiel als Schaf, Bock, Hund, Geiß oder dreibeiniger Hase (20).

Aberglaube um den Grenzstein

Die Scheu und Achtung, die einst die Menschen dem Grenzstein entgegenbrachten, fanden in ihrer Gedankenwelt vielfältigen Niederschlag. Wer in der Oberbretagne einen Grenzstein verrückte, konnte sicher sein, im Laufe des Jahres zu sterben; auch durfte man sich nicht daraufsetzen, wenn man nicht ein Unglück über sich heraufbeschwören wollte (21). In der oberpfälzischen Gemeinde Wiesau (LKr. Tirschenreuth) ist für den Flurteil »Saller« (vielleicht früheres Salland des Grundherrn) die Warnung vor einem Spuk ausgegeben: »Wenn du einen Grenzstein anrührst, kommt das Sallermannl über dich!« (22).

Von einem Grenzstein können einmal fördernde, ein andermal abträgliche oder schädliche Wirkungen ausgehen. Hierzu darf aus dem umfangreichen Bestand des Wörterbuchs des deutschen Aberglaubens eine kleine Auswahl zitiert werden (23): »Ein weggebrachter Grenzstein schwebt einmal von selbst zurück. So heilig gilt der Grenzstein, daß schon ein Draufsitzen als Übel betrachtet wird, . . . wer das tut wird krank. Das (einjährige) Kind, das man auf einen Grenzstein setzt, wächst nicht mehr.« Die hieran geknüpfte Annahme des Wörterbuchs, auf irgendeine Art von Grenzkult bei den Germanen rückschließen zu sollen, findet in den geschichtlichen Quellen keine Stütze. Mit Sicherheit abwegig ist es außerdem, die Verzeugung der Grenzsteine (Unterlagen) von alten Grenzopfern herzuleiten, deren Sinn später in Merkzeichen, »Zeugen«, umgewandelt worden sei (24). Auch der abergläubische Kinderbrauch, beim Heidelbeerpflücken drei Beeren auf einen Grenzstein zu legen, damit der Ertrag nicht verschüttet wird, läßt sich keinesfalls als Fortsetzung eines vermuteten altgermanischen Grenzopfers deuten. In der Oberpfalz suchten die Beerensammler möglichst einen Dreimärker auf, um als Dank für eine reiche Ernte drei Beeren darauf zu zerdrücken (25). Auf den Dämonenglauben der heidnischen Zeit ist hingegen möglicherweise der Aberglaube zurückzuführen, ein auf einem Grenzstein abgestelltes Kind werde gegen einen Wechselbalg vertauscht (26).

Der Grenzstein kann nach dem Volksglauben aber auch segensreiche Wirkungen zeitigen (27): »Man muß dem Kinde an einem Scheidewege auf einem Grenzstein sitzend die Brust reichen, dann ist es mit einmal entwöhnt, und man sichert ihm steinharte Zähne, es bekommt aber auch kein Zahnweh. Splitter eines Grenzsteins dienen als heilende Amulette. Wer im Bernischen sich von einem bestimmten Grenzstein ein Stücklein abschlägt, leidet nicht mehr an Zahnweh.« Gesteinsmehl von einem Grenzstein wie von einem Steinkreuz stellt ein Heilmittel für Mensch und Vieh dar.

Aus den zahlreichen Beispielen, die das Wörterbuch des Aberglaubens für die Bannkraft der Markungsgrenze bringt, seien hier nur einige wenige wiedergegeben (28): »Unter einem Grenzstein vergräbt man bei Abzehrung Harn, bei Zahnweh ein Haselhölzchen, mit dem man im wehen Zahn gebohrt. Oder man kratzt das Zahnfleisch mit einem kleinen Nagel blutig, den man dann in eine Grenzeiche einschlägt. Auch die Nachgeburt soll man unter einem Grenzzaun begraben. Bei Warzenbannungen wird besonders das Vergraben unter einer Dachtraufe geraten. . . . Andrerseits trägt man ein Heilmittel, um es zu stärken an die Grenze und legt es auf einen Grenzpfahl oder Grenzstein.«

F. Der rechtliche Schutz der Grenzmarken

Denn die Wurzel aller Übel ist die Habsucht.

1. Timotheus 6,10

Qui terre a guerre a.
Wer Grund und Boden besitzt, hat Streit.

Alter französischer Spruch

Vorschriften und Zuständigkeiten

Strafvorschriften zum Schutz der Grenzzeichen finden sich vereinzelt in den Volksrechten des Frühmittelalters sowie in den privaten Rechtssammlungen des Hoch- und Spätmittelalters, wie Sachsenspiegel, Schwabenspiegel usw. In üppiger Vielfalt aber und äußerst verschieden hinsichtlich Art und Höhe treten Strafandrohungen seit dem Spätmittelalter in den Rechtsquellen auf, die uns aus Stadt und Land überliefert sind, insbesondere aus den Weistümern. Schließlich aber konnte sich die Rechtsprechung auf Normen stützen, die in einem Reichsgesetz, im Landrecht, in Lands-Ordnungen, Wald- und Feld-Ordnungen, landesherrlichen Mandaten usw. enthalten waren.

Folgerichtig wurde dem rechtlichen Schutz der Grenzzeichen dort besondere Aufmerksamkeit geschenkt, wo die Besitzzersplitterung besonders weit fortgeschritten war. Die allgemeine Achtung aber vor den Grenzmarken kommt z. B. in dem Formular zum Ausdruck, nach dem die Untertanen des Deutschen Ordens in der Kommende Öttingen seit dem 16. Jahrhundert auf die Landesherrschaft verpflichtet wurde. Unter anderem wurde ein Eid darauf gefordert, »Rein vndt Stein (zu) beschizen vndt (zu) beschirmen« (1).

Die gerichtlichen Zuständigkeiten kristallisierten sich gegen Ende des Mittelalters klarer heraus. Körper- und Leibesstrafen waren vom fürstlichen Hochgericht zu verhängen, Geldstrafen auch vom örtlichen Niedergericht. Deutlich zum Ausdruck gebracht ist die Zuständigkeit für die Bestrafung von Grenzfreveln in der betreffenden Formulierung für das Hochstift Würzburg: »was Hals und Hand, Rain und Stein anbelangt« unterstehe der Centgerichtsbarkeit des Hochstifts (2). In ähnlicher Weise zählt ein Weistum für die churpfälzische Zent Schrießheim (Rhein-Neckar-Kreis) aus dem 16. Jahrhundert auf, was dem Niedergericht entzogen und »Churf. Pfaltz allein zu straffen zustehet« (Hofgericht), vor allem die Kapitalverbrechen »und alles, so das leben beruren mag (Leib- und Lebensstrafen), auch außwerfung geferlicherweiß (in böser Absicht) der mark- und schiedstein . .« (3).

Ordnung in der Flur

Grenzverletzungen wurden meist nur dann bestraft, wenn sie wissentlich begangen worden waren. Der bayerische Landfriede (Pax Bavarica) von 1256 verlangte von demjenigen, der beim Weiden, Ernten, Ackern oder Zaunsetzen die Grenze verletzte, zweifachen Ersatz für den Geschädigten und 72 Pfennig an den Richter (4), bei dem damaligen Geldwert eine strenge Vorschrift.

Vorgegebene Unkenntnis der Grenze schützte den Übertreter in der Regel nicht, wenn die Grenzüberschreitung so weit ging, daß er sie unter allen Umständen hätte wahrnehmen müssen, oder wenn die Grenze deutlich markiert war (5). Ein Irrtum des Täters wurde in solchen Fällen ausgeschlossen. Geschah die Tat bei Nacht, so waren die Strafen nach allgemeiner Praxis des Mittelalters oft sehr viel höher als für das gleiche Vergehen bei Tage.

Wer etwas Verbotswidriges gewahrte, mußte Anzeige erstatten. Die Unterlassung der »Rüge« konnte eine Bestrafung nach sich ziehen, selbst wenn es sich um eine Bagatellangelegenheit handelte. Zuständig zur Entgegennahme der Anzeige konnte der Ortsvorsteher oder die herrschaftliche Obrigkeit sein, in bestimmten Fällen auch das Feldgericht. Für die Anzeige war oftmals sogar eine Belohnung ausgesetzt und in späterer Zeit auch Anonymität zugesichert. Die »Gräflich Neuwiedische Regierungs-Canzlei« setzte zum Beispiel im Jahre 1764 10 Rheintaler aus für die Anzeige im Falle »des frevelhaften und muthwilligen Auswerfens der zur Abgrenzung der Äcker gesetzten Marksteine« »nebst Verschweigung des Namens« (5 a).

Die ältesten Weistümer sowie die frühesten Mandate der Landesherren beschränkten sich meist noch auf Strafvorschriften für das Übertreten der Grenze bei Feldbestellung und Ernte sowie beim Setzen der Zäune. Schutzvorschriften für Grenzzeichen treten demgegenüber an Häufigkeit zunächst noch zurück. Grenzmarken wurden ja erst seit dem Hochmittelalter ganz allmählich eingeführt.

Die Befugnis zur Vornahme der Vermarkung

Wie in einem früheren Teil des Buches dargelegt worden ist, war das Einbringen und Entfernen der Grenzzeichen in bestimmten Gebieten Deutschlands besonders bestellten städtischen oder dörflichen Organen, den geschworenen Steinsetzern, vorbehalten. Wo ein solches Ehrenamt nicht bestand – das war nach der Fläche der größere Teil Deutschlands – waren Grenzvermarkungen einschließlich des Entfernens von Grenzzeichen vielfach nur im Beisein besonderer Beauftragter, etwa der Dorfvierer oder des Richters oder eines sonstigen Beamten zulässig. Wer gegen ein solches Verbot verstieß, wurde mit empfindlichen Strafen belegt. Als dritte, kleinere Gruppe verbleiben noch jene Gebiete, in denen die Grundstücksvermarkung den Eigentümern oder Besitzern überlassen war und Behörden oder Gerichte nur im Streitfall eingriffen.

Instandhaltung der Grenzzeichen

Als Vermarkungen der Grenzen häufiger wurden, rechnete auch die Instandhaltung der Grenzzeichen in vielen Gegenden zur Ordnung in der Flur. Besonders war dies dort der Fall, wo geschworene Steinsetzer bestellt waren. Die Grundbesitzer waren verpflichtet, die Grenzsteine von Erde und Bewuchs freizuhalten. Sie hatten darüber hinaus der Ortsbehörde oder dem Feldgericht unverzüglich anzuzeigen, wenn ein Grenzstein umgestürzt oder von Wasser unterspült war. Versäumnisse hinsichtlich dieses Meldegebots wurden mit Geldstrafen belegt.

Zum Schutz der Grenzsteine geboten örtliche Vorschriften sehr oft, bei der Feldbestellung einen bestimmten Abstand einzuhalten. Meist durfte der Pflug an die Grenzsteine nicht näher als 1 Fuß vorn und hinten – in Tirol eine »Zwerchhand« – und 1/2 Fuß seitlich herangeführt werden. Mancherorts war auch ein größerer Abstand geboten. Derartige Abstandsgebote sind im übrigen selbst noch im Jahr 1841 in Gesetzesvorschriften des Großherzogtums Hessen aufgenommen worden. In einigen bayerischen Weistümern werden »ehehaft freisässen« angeführt, nämlich rechtlich geschützte, bei der Bewirtschaftung der Felder und bei der Errichtung von Bauwerken freizulassende Flächen rund um »marchstein, marchrain, marchpäum, marchgrueben, marchstecken«.

Für die Wiederherstellung von Grenzsteinen, die bei der Feldbestellung, inbesondere beim Pflügen versehentlich und ohne böse Absicht ausgeworfen wurden, gab es in vielen Dörfern ein festes Ritual. In fränkischen Siebnerordnungen kann man folgendes Verfahren finden: Wer einen Stein ausgepflügt hatte, sollte sich auf den umliegenden Feldern um einen Nachbarn umsehen und ihm das Mißgeschick berichten. Zusammen sollten die beiden den Stein und vor allem das Steinlager abdecken, damit die unterirdischen Zeugen nicht sichtbar würden. Dann sollten sie sich in das Dorf begeben und dem Schultheiß oder den Siebnern Anzeige erstatten. War auf den umliegenden Feldern niemand anzutreffen, so verfuhr der Verursacher entsprechend allein. Der Markstein wurde auf Kosten des ungeschickten Pflügers von den Siebnern wieder gesetzt und dazu mancherorts noch eine Geldbuße erhoben, weil beim Pflügen oder Graben der gebotene Abstand von dem Grenzstein nicht eingehalten worden war. Wer im gegebenen Fall die Vorschriften nicht befolgte, wurde von der Herrschaft bestraft und hatte außerdem den Siebnern 1 Gulden Buße zu bezahlen (6).

Nach einem Weistum aus Blieskastel (Saar) von 1540 sollte, wer unabsichlich einen Grenzstein ausgeworfen hatte, »stillhalten« und den »zender« (Schultheiß) rufen. War dieser nicht erreichar, sollte er einen »gerichtsmann« herbeirufen; war dieser Versuch ergebnislos, einen »hoffmann«; »ist dann der hofmann nit da, soll er seinen hut in dasselbig loch legen vnd in das dorff gehen dem zender solches anzeigen, damit solchs gebessert werde« (7).

Wo es keine geschworenen Steinsetzer gab und keine geheime Verzeugung der Grenzsteine angewandt wurde, sind auch Regelungen anzutreffen, wonach ein umgepflügter Stein von dem Pflughalter und dem Gespannführer sogleich wieder einzusetzen war – zum Beispiel in Tirol.

Entfernen, Zerstören und Versetzen von Grenzzeichen in böser Absicht

Wer ein Grenzzeichen in böser Absicht entfernte, zerstörte oder, wie es in den alten Texten häufig heißt, »vertilgte«, oder wer ein solches aus Gewinnsucht verrückte, machte sich eines Kriminalvergehens schuldig. In den Strafarten nach manchen Weistümern klingen noch archaische Rechtsbräuche der Frühzeit an. Das germanische Recht kannte Verfehlungen gegen die von den Göttern geschaffene Ordnung und die Bestrafung wurde dementsprechend als sakraler Akt vollzogen. Im Fall der Verletzung eines Grenzsteins darf an die römische Rechtsauffassung erinnert werden, wonach dieses Vergehen als Verfehlung gegen den Gott Terminus galt.

Zum anderen aber berührte nach altdeutschem Recht die Verfehlung gegen Eigentum und Nutzungsrechte sowie gegen Leib und Leben des Stammesgenossen nicht eigentlich die Allgemeinheit sondern ausschließlich die Sippe des Betroffenen. Um bei einem Totschlag aus dem endlosen Zirkel der Blutrache zu entkommen, wurde in einer Art Zivilprozeß vor Gericht die Sühne ausgehandelt. Dabei stand nicht der Gedanke von Abschreckung und Strafe im Vordergrund, sondern der Ausgleich zwischen den beiden Parteien und die Beendigung des Streits durch Beschwörung von Urfehde, das heißt des Friedensversprechens. Von dieser Praxis zeugen heute noch »Sühnekreuze«, von denen oben schon die Rede war. Das deutsche Strafrecht war zunächst vom **Akkusationsprinzip** beherrscht, das heißt die Straftat wurde jeweils von dem Geschädigten oder seiner Sippe vor das Gericht gebracht, Ankläger und Angeklagte erschienen als gleichberechtigte Streitpersonen, entschieden wurde ausschließlich nach den von den Parteien vorgetragenen Argumenten. Im **Rügeverfahren** jedoch, das im Frühmittelalter noch die Ausnahme im Verfahrensrecht darstellte, konnten auch nichteingeklagte Vergehen von Amts wegen verfolgt werden; es konnten »landschädliche« Leute, insbesondere Räuber, Diebe, Brandstifter, Gewohnheitsverbrecher und auch Grenzsteinverrücker auf Grund eines Zeugenbeweises abgeurteilt werden. Für dieses Rügeverfahren waren in lokalen Rechtsaufzeichnungen vielfach bestimmte Strafen vorgesehen. Bei den Strafen auf Leib und Leben suchte der Rechtsbrauch Analogien und Bezüge zwischen Tat und Strafe, er legte »spiegelnde« Strafen fest: Die Strafe sollte dem Vergehen ähnlich sein (8). Was also durch die Hand gefehlt wurde, sollte auch an der Hand gestraft werden. In späterer Zeit verblieben dem dörflichen Rügegericht nur noch Bagatellsachen. Die gebotene und ursprünglich wohl auch eingehaltene Folge von jährlich ein oder zwei Gerichtstagen im Dorfe, in der Regel unter freiem Himmel, dehnte sich schließlich oftmals über einige Jahre. Das Wort »Rüge« ist in diesem Zusammenhang im Sinne von gerichtlicher Anzeige und Anklage gebraucht.

Im allgemeinen hatte sich die Strafpraxis im Laufe des Mittelalters unter dem Einfluß christlicher Ethik gemildert und in ihrem Wesen verändert. Der Gedanke der Abschreckung war in den Vordergrund getreten, für besonders schwere Vergehen wurden gelegentlich noch grausame Strafen verhängt. Die Leibesstrafen blieben aber zu einem Teil mit Geld ablösbar, sie trafen nur den Vermögenslosen. Die Geldbuße ging wohl ursprünglich an den Kläger, dann an die öffentliche Gewalt, den König, den Richter und die Schöffen, oder auch an das Dingvolk, solange noch die Versammlung der wehrhaften Männer Recht sprach. Weit verbreitet war der Brauch, daß der gemeindliche Anteil der im Dorfgericht, Rügegericht, Ehaftgericht usw. verhängten Bußgelder in der anschließenden Gemeindezeche gemeinsam vertrunken wurde, woran sich häufig auch die Verurteilten beteiligten (9). Der Umtrunk war ein vorzügliches Mittel, die Markgenossen zu engerer Gemeinschaft zusammenwachsen zu lassen. Allerdings wird schon am Ausgang des Mittelalters in Dorfordnungen gemahnt oder sogar geboten, die eingehenden Bußgelder nicht zu vertrinken, sondern für die notwendigen Ausgaben der »Gemein« zu verwahren und zu verwenden. Vom Spätmittelalter bis in die frühe Neuzeit waren Bußen und Gerichtskosten nicht selten in bestimmten Mengen Weins festgesetzt, seltener später dann auch in einem Quantum Bier. Da diese Abgaben für den sofortigen Verzehr durch die Berechtigten bestimmt waren, kommen Getreide, Lebensmittel oder Vieh als Buße nie vor.

Der Übergang vom Akkusationsprinzip zum Inquisitionsprinzip bei der Ahndung von Straftaten, der sich im Mittelalter schon angebahnt hatte, vollzog sich endgültig mit der Peinlichen Gerichtsordnung Kaiser Karls V. vom Jahre 1532.

Bei der Bestrafung wegen Beseitigens oder Zerstörens eines Grenzzeichens zeigten die Volksrechte des Frühmittelalters und auch die späteren privaten Rechtsaufzeichnungen wie Sachsenspiegel, Schwabenspiegel usf. noch wenig von der rigorosen Strenge, die dann in einer Anzahl späterer Weistümer auffällt. Nach der Lex Baivariorum etwa sollte eine solche Tat wie in Abschnitt A 3 erwähnt, mit 6 Schilling bestraft werden. Die Geldstrafen der Weistümer sind gewöhnlich sehr viel höher, selbst wenn man die geminderte Kaufkraft des Geldes berücksichtigt. Darüber hinaus wurden aber zum Teil auch Leibes- oder sogar Lebensstrafen angedroht.

Geldstrafen

Die Höhe der Geldstrafe wegen Beseitigen eines Grenzzeichens war regional sehr verschieden. Besonders milde Vorschriften beließen es bei 72 Pfennig oder 6 Schilling 2 Pfennig. Manchmal aber war dieser Betrag schon die Strafe für fahrlässiges Auspflügen eines Grenzsteins, das überwiegend straffrei blieb, oder auch schon für den Fall, daß beim Pflügen der gebotene Abstand vom Markstein nicht eingehalten oder die Grenze verletzt wurde. Auch beim »Überzäunen«, das bedeutet, daß beim Aufstellen eines Zauns die Grenze überschritten oder der gebotene Abstand von der Grenze nicht beachtet wurde, sollten vielfach 72 Pfennig je »stecken«, das ist je Zaunpfahl, verhängt werden.

Häufig betrug die Strafe für das Zerstören oder Verrücken eines Grenzsteins nach den Weistümern 5 Pfund Pfennig, auch 5 Taler oder 5 Gulden. Auch das Zweifache dieses Betrags kommt vor. Diese Beträge waren gleich der »Handbrüche«, nämlich gleich dem Geldbetrag, mit dem man sich,von der Strafe des Handabschlagens freikaufen konnte. Daneben sind sogar die Beträge der »Totschlagsbrüche«, nämlich 32 Pfund, andernorts 50 Pfund anzutreffen. In Veitshöchheim bei Würzburg wurde nach einem Ortsstatut von 1585 mit einer Buße von 10 Pfund belegt, wer über Rain und Stein wissentlich unrecht handelte; 10 Pfund war die höchste Strafe, die im Hochstift Würzburg ein Dorfgericht verhängen durfte. Das Strafgeld, das an sich dem »gnädigsten Fürsten und Herrn« gebührte, wurde in Veitshöchheim dem Schultheiß für seine Besoldung belassen.

Eine für Tirol typische Regelung ist in den Statuten des kleinen Gerichts Thurn an der Gader (südwestlich von Bruneck) aus dem 16. Jahrhundert enthalten (10): »Item, so ainer dem andern die markstein oder stecken verruckt oder verändert oder selbs aussteckt und wirdt beklagt, ist peen (Strafe) von iedem mark fünfzig pfundt perner (zu 240 Veroneser Pfennigen), desgleichen so ainer dem anderen den porst (Streifen von Hartgräsern als Grenzbezeichnung zwischen Wiesen) gefährlicher weis (in böser Absicht) abmäet, ist peen fünfzig phunt perner, wie von marken gemelt« (angegeben). Unterschieden wird manchmal nach Grenzsteinen im Ort und solchen im Feld. Nach der Scheider-Ordnung Löffelstelzen (Baden-Württemberg) vom Jahre 1670: »Wer einen Stein verkehrt in dem Weyler (Dorf), der soll Straff geben 10 Pfund, auf dem Veldt aber 2 1/2 Pfund« (11). Unterschiedlich hoch sind ferner manchmal die Geldstrafen, je nachdem eine Grenze zwischen Herrschaften oder zwischen Bauern betroffen war. In Niederösterreich zum Beispiel kommen solche Differenzierungen vor mit 32 Pfund bei Herrschaftsgrenzen gegenüber 5 Pfund bei einfachen Gütersteinen, oder auch nur 5 Pfund 2 Pfennig bei Herrschaftsgrenzsteinen gegenüber 60 Schilling 2 Pfennig bei Gütersteinen. Das Taiding (Weistum) von St. Peter in der Au östlich von Steier untergliedert noch weiter (12): Wer Rainsteine oder Rainbäume abschlägt, ausgräbt oder zunichte macht zwischen zweier Herren Grund, »der ist Besserung und Wandel (Geldstrafe) 5 Taler Pfennig«. Die gleiche Tat an der Grenze zwischen Untertanen desselben Herrn solte mit 6 Schilling 2 Pfennig bestraft werden. Und wenn das Feld eines Grundbesitzers durch Rain, Stein oder Rainbaum unterteilt war, wurde die eigenmächtige Beseitigung der Grenzmarken mit nur noch 60 Pfennig gesühnt.

Die Zentgerichte des Hochstifts Würzburg straften das unbefugte Marksteinversetzen mit 10 Pfund (siehe aber oben Veitshöchheim). In schweren Fällen konnte die Strafe auch höher ausfallen, wie folgendes Beispiel zeigt (13): Ein Landwirt im würzburgischen Dorf Schallfeld (20 km südlich von Schweinfurt) hatte im Jahre 1590 versehentlich einen

Grenzstein ausgerissen. Als das Dorfgericht hiervon Kenntnis erhielt, setzte der Landwirt den Grenzstein ohne die Siebner wieder ein. Das Dorfgericht übergab den Fall daraufhin dem Zentgericht. Da der Täter kein geschworener Siebner sei, müsse er »an leib und guett« gestraft werden. Dieser flüchtete rechtzeitig ins benachbarte »Ausland«, in das Territorium des Fuchs von Bimbach, wo er als Untertan des Fuchs ohne weiteres Asyl fand. Den wiederholten Vorladungen vor das würzburgische Zentgericht leistete der Beschuldigte keine Folge. Schließlich ließ ihm der Bischof von Würzburg eine Strafe von 100 Gulden zudiktieren, was in etwa ein Viertel des Schätzwerts seines Anwesens in Schallfeld ausmachte. Die letzte Aussage der umfangreichen Archivalien läßt nur ersehen, daß der Grenzsteinfrevler im Jahre 1622 seine Strafe noch nicht bezahlt hatte und sich nicht auf Würzburger Gebiet zurückwagen konnte.

Wie die Marksteine waren auch die Ackerraine geschützt. Die Ehaftrechte (Statuten) von Neustadt a. d. Waldnaab (Oberpfalz), der seinerzeitigen Residenzstadt der gefürsteten Grafschaft Neustadt-Sternstein (Lobkowitz), aus dem Jahre 1735 enthielten folgende Strafandrohung (14): »Es soll sich keiner gelüsten lassen, jetzt als inskünftig die Rain umzuackern, bei 5 Gulden Strafe. Wo solches bereits geschehen, so soll alsbald der Rain wieder liegengelassen werden.«

Die Geldstrafe fiel regelmäßig dem Gerichtsherrn zu. Mancherorts erhielten auch die Feldgeschworenen einen Anteil. Nach der Schweinfurter Feldordnung zum Beispiel stand den »verordneten Feld-Richtern und Stein-Setzern« bei Beanstandungen in der Flur ein fester Anteil an den verhängten Geldstrafen zu. Wenn einer einen »Mark- oder Schied-Stein« vorsätzlich und aus Eigennutz »vertrümmert / zernichtet / oder sonsten böslich verzüge«, so erhielten der Rat zwanzig Gulden, die Steinsetzer fünf Gulden. Für besonders gravierende Fälle behielt sich der Rat eine »höhere und ernstlichere« Strafe vor (15).

Mit der Geldstrafe für Grenzsteinverrücken war manchmal die folgenschwere Erklärung zum »schädlichen Mann« verbunden, was praktisch den Landesverweis bedeutete.

In Mainstockheim (LKr. Kitzingen) ist ein Bauer, der einen Markstein mutwillig mit dem Pflug herausgerissen hatte, laut Protokollbuch der Steiner 1672 mit dem »Narrenhaus« bestraft worden.

Leibesstrafen

Leibesstrafen für Marksteinfrevel treten hinter Geldstrafen an Häufigkeit zurück. Unter den Leibesstrafen spielt die Amputation einer Hand durch das Beil eine besondere Rolle, ist die zu sühnende Tat doch in der Regel mit der Hand ausgeführt worden. Im Mittelalter und selbst noch weit in die Neuzeit wurde diese Form der Strafe insbesondere bei Bruch des Burgfriedens verhängt, weshalb auf den Burgfriedenssteinen oftmals eine rechte Hand abgebildet ist, auch mit einem Beil auf einem Hackstock. Manchmal trat die Strafe des Handverlusts an die Stelle der Geldstrafe, falls der Täter nicht bezahlen konnte oder wollte. Andererseits waren Leibesstrafen häufig durch Geld ablösbar. Wenn in einigen späteren Weistümern eine Leibesstrafe und zuzüglich noch eine Geldbuße angedroht ist, so beruht dies vermutlich auf einem Abschreibfehler und dem Unverständnis für das frühere Recht. Für eine Straftat gab es nur entweder Geldstrafe oder die unter Umständen durch Geld ablösbare Leibesstrafe. Mit der Peinlichen Gerichtsordnung Kaiser Karls V. von 1532 wurde die Ablösbarkeit der Leibesstrafe prinzipiell beseitigt.

Die Strafe des Handabtrennens sollte nach einigen Weistümern auch für das Fällen eines

Markbaums und ebenso für das Umschlagen oder Verderben eines Schmerbaums (das ist eines fruchttragenden Baums wie Wildobst, Eiche, Buche) verhängt werden. Das Weistum für Thierhaupten (LKr. Friedberg-Aichach, Schwaben) aus der Zeit um 1500 zum Beispiel beendet seinen Bußenkatalog mit folgenden Sätzen (15 a): »Item markpaum oder schmerbpaum hat es eine besundere puesz, dan von einem schmerbpaum nider zu schlagen ist die buesz dem selben die hand auf den stock ze legen und abschlagen oder 65 Pfund Pfennig, und desgleichen ist umb den markpaum auch die buesz.« Eine nahezu gleichlautende Formulierung ist in der Satzung (»gesatzt«) für die in Südtirol gelegenen Güter des Stifts Weihenstephan (Freising) vom Jahre 1381 enthalten (15 b). Diese Texte scheinen auf die Bestimmungen des Landrechts Kaiser Ludwigs IV. für Oberbayern vom Jahre 1346 zurückzugehen (vgl. S. 401).

Die gleiche Strafe wie für den Frevel gegen den Markstein und den Markbaum kommt auch für das Zerstören eines Zaunes vor, und sie soll ebenso wieder am Ort des Vergehens vollzogen werden, wie es zum Beispiel das Weistum für Lauenstein (zwischen Hameln und Hildesheim) vorsieht (15 c): »Wann man einem eine arde (Zaunpfahl) am zaune abhauete, was dessen strafe sein soll? Man soll ihme die hand auf den anschraden (Seitenstütze des Zauns) leggen vnd dieselben wiederum abhauen.« Im übrigen wäre noch klarzustellen, daß Leibesstrafen nicht unbedingt in einer körperlichen Verstümmelung bestehen mußten. Leibesstrafen kamen insbesondere dann in Betracht, wenn der Fall vor dem Gericht des Landesherrn zu verhandeln war.

Todesstrafen

Das Recht der Nordgermanen (Norwegen, Schweden) sah im Verrücken von Grenzsteinen einen »Erddiebstahl« und setzte hierfür dementsprechend die Todesstrafe an (16). In den südgermanischen Volksrechten sind derart strenge Strafandrohungen nicht zu finden. Eine Ausnahme bildet lediglich das frühe Burgunderrecht, das für das Marksteinverrücken die Todesststrafe aber auch nur über Sklaven verhängte. Auch die Rechtssammlungen des Mittelalters wie Sachsenspiegel, Schwabenspiegel usw. gehen im Strafmaß nicht so weit. Lediglich Rechtsaufzeichnungen einiger kleiner Gebietseinheiten, wie Gemeinden, Gerichtsbezirke oder Gemeinschaftswaldungen griffen zum drastischen Drohmittel der Todesstrafe (17).

In jüngster Zeit führen Autoren, die über historische Grenzsteine schreiben, mit besonderer Vorliebe das »Ruggericht« von Fulda an. Dieses habe bestimmt, daß Grenzsteinverrücker an der Stelle des Grenzsteins bis zum Hals eingegraben würden und ihnen mit dem Pflug der Kopf abgetrennt würde. Keiner der Autoren gibt jedoch die Fundstelle für diese Mitteilung an. Die Quelle ist letztlich eine nebenher hingeworfene Anmerkung in einer Darstellung »aller fuldischen Privatrechte« aus dem Jahre 1788 (18). Zu der Feststellung, daß für das Wegackern des Rains zwischen zwei Feldern schwere Strafen verhängt wurden, ist in dieser Schrift folgende Fußnote angebracht: »In alten fuldischen Cent- und Rügegerichten findet man in diesem Falle die jämmerlichsten Strafen. So soll z. B. der Frevler in die Erde bis an den Hals gegraben und ihm über den Kopf mit einem Pfluge gefahren werden.« Der Verfasser jener Zeilen sagt aber nichts darüber, ob eine solche Strafe auch jemals vollstreckt worden sei. Nachforschungen im Hessischen Staatsarchiv Marburg vermochten für Fulda weder entsprechende generelle Regelungen noch konkrete Fälle nachzuweisen (19). Freilich ist nicht mit Sicherheit auszuschließen, daß die von obigem Autor benutzten Quellen verloren gegangen sind. Aus einem Nachbarterritorium des Hochstifts Fulda ist ein zu obigem Text passendes Weistum erhalten, nämlich aus dem 50 km nordöstlich von Fulda gelegenen Breitungen. Eine Weisung des »Hernbreitinger Petersgerichts« von 1506 lautet, in die heutige Sprache übertragen(20): »Urteil einer der einen Markstein wissentlich ausgräbt, denselben soll man in die Erden graben bis an den Hals und soll dann vier Pferde, die des Ackers nicht gewöhnt sind, an einen pflug spannen, der da neu sei, und sollen die Pferde noch nicht gezogen und der engk (Pferdeknecht, Gespannführer) noch nicht geackert und der pflughabe (Pflugführer) noch nicht den Pflug gehalten haben, und ihm (dem Eingegrabenen) so lange nach dem Hals ackern, bis er ihm den Hals abgeackert hat.« Fast wörtlich soll sich diese Strafandrohung auch in einer Steinsetzerordnung aus dem Grabfeld (östlich von Bad Neustadt a. d. Saale) vom Jahre 1585 finden (20 a). Nach dem Weistum von Korbach (Westfalen) aus dem Jahr 1454 soll der Kopf des Eingegrabenen so weit aus der Erde schauen wie vorher der Grenzstein und zusätzlich zu den obigen Bedingungen soll der neue Pflug auch noch mit neuem Geschirr versehen sein (20 b). Auch die gelehrte Literatur des 16. Jahrhunderts befaßt sich mit dieser Rechtsüberlieferung. In einer »Tractatio« über Recht und Gerichte in den deutschen Territorialstaaten ist obiges Zitat deutsch und lateinisch wiedergegeben (21). Der Autor fügt ihm kritisch hinzu: »Doch wenn auch die oben erwähnte Strafe in die Weisungen einzelner Petersgerichte bislang aufgenommen ist, so ist sie doch außer Übung gekommen, ja ich habe sogar nicht ein einziges Mal die Anordnung der Ausführung feststellen können.« In seiner Inhaltsübersicht drückt sich der Autor noch bestimmter aus, nämlich es stehe fest, daß die Exekution nie angeordnet worden sei (numquam autem executioni mandatum constat). Auch Jacob Grimm stellt fest, »daß von ihrer wirklichen vollziehung in Deutschland durchaus kein geschichtliches beispiel nachzuweisen ist« (22). In der Erwähnung solcher Strafen sieht J. Grimm jedoch ein unverwerfliches Zeugnis für den uralten, lange Jahrhunderte fortgeführten Inhalt der Markweistümer. Ein Kompendiumm des deutschen Rechts vom Jahre 1757 verweist die Strafe des Kopfabpflügens in die Zeit der »alten Teutschen« (22 a).

Der oben beschriebene Ausführungsritus rückte den Strafvollzug in den Bereich des Numinosen, er dürfte den Vollzug nahezu unausführbar gemacht haben. Nach Karl von Amira (23) war die Strafe des Kopfabpflügens ursprünglich eine reine Zufallsstrafe. Das heißt der Pflüger durfte nur einmal, nach anderer Quelle nur dreimal anfahren. Wird der Eingegrabene nicht getroffen, so ist er frei, stirbt er, so hat er gebüßt. Nach einer Version durfte der bis unter die Achseln Eingegrabene sogar mit einem abgebrochenen Messer die Zugtiere abwehren. Spätere Wendungen »man solle ihm so lange nach dem Hals pflügen, bis man ihn abgepflügt hat«, seien nach von Amira eine Entstellung des älteren, ursprünglichen Rechts . Die Todesstrafe wurde in vorchristlicher Zeit als Gabe an die beleidigte Gottheit angesehen. Ist der Vollzug nicht gelungen, so darf er nicht wiederholt werden, der Gott hat das Opfer abgelehnt (24). Weistümer bringen diese alte Rechtsanschauung dann in Fassungen wie diese: »khombt er davon, so ists guet,wo aber nit, so ist er mit billichen recht bezahlt« (25) oder »vberwindt er das so soll es sein bueß sein« (26). Im übrigen dürfte das Töten mit dem Pflug erst eine Erfindung des Hochmittelalters sein, weil erst in dieser Zeitepoche die Pflugschar aus Eisen eingeführt war. Ihre Wurzeln mögen derartige Strafandrohungen gleichwohl in Rückerinnerungen an vorchristliche Kultstrafen haben (27).

Nach einer Variante zu der oben beschriebenen Hinrichtungsart sollte dem eingegrabenen Sünder mit dem Pflug durch das Herz gefahren werden. Diese Form findet sich an der Mosel und in der Eifel, aber auch in Niederösterreich (28).

Für den Vollzug einfacher als das Totpflügen war das **Eingraben** des Verurteilten, aufrecht an der Stelle des widerrechtlich beseitigten Grenzsteins. Hierbei lassen sich zwei Hauptarten erkennen, je nachdem ob der Delinquent mit dem Kopf nach unten oder mit dem Kopf nach oben, wobei der Kopf über der Erde blieb, in das Loch eingebettet wurde. Auch hier weist die Strafe oftmals noch Züge frühzeitlicher Rechtsanschauungen oder auch mittelalterlicher Gottesurteile auf. Für das Eingraben kopfüber heißt es zum Beispiel in einem niederösterreichischen Banntaiding (Weistum): Man »soll den selbigen mann ihn mit dem haubt in die grueb sezen und mit ertreich zueschiden, gott geb ihn geschech darnach wie gott will« (29). Daß dem Delinquenten meist freigestellt war, sich mit eigener Kraft aus dieser mißlichen Lage zu befreien, hätte ihm wohl schwerlich das Leben retten können. Wenn ein anderer ihm helfen wollte, erhielt dieser eine Geldstrafe. Als besondere Zugabe sollte nach einigen Weisungen dem kopfüber Eingegrabenen noch der Grenzstein zwischen die Beine gestellt werden, »dass jeder man wol sech das es guet marich sei« (30).

Nicht gerade hoffnungsvoll konnte sich die Situation auch dann gestalten, wenn der Grenzsteinfrevler aufrecht bis zum Hals oder bis zum Gürtel an der Stelle des Grenzsteins eingegraben und die Exekution nach Vorschrift vorgenommen wurde. Denn die Grube sollte man »mit erdrich vermachen so fest wie das rainzill (Grenzstein) gehört zu machen und ihme darzu geben ein pecher mit wasser, mag er sich nachmals ausgraben, so soll er frei sein« (31). Manchmal ist auch ausdrücklich eine Hand freizulassen und der Versuch zu gestatten, sich freizugraben (32). Ein Weistum aus dem Grenzgebiet zwischen Nieder- und Oberösterreich (33) will den Delinquenten bis an den Gürtel in die Grube des Marksteins eingraben, die Hände auf den Rücken binden und ihm ein hölzernes Messer darein geben lassen. Ein Tiegel Wasser samt einem pfennigwert Brot wird ihm außer Reichweite vorgesetzt. »Kan er sich wol behelfen, so ist sein fromb (Vorteil) desto besser.« Wieder ein anderes Weistum aus dem 15. Jahrhundert läßt dem Eingegrabenen den Kopf abschlagen, »damit er dann das gemerkt mit dem stumph auszaig« (34). In einigen dieser extrem schweren Strafen ging es allerdings um Verfehlungen an Herrschafts- oder Markungsgrenzen; für gewöhnliche Gütersteine waren Geldstrafen ausgesetzt.

Wie schon das obige Beispiel zeigte, kam auch **Enthaupten** als Todesstrafe vor. Im Holting (Weistum) von Harenberg bei Hannover wird noch im Jahre 1720 auf die Frage nach der Strafe für das Abhauen eines »schnatbaums« geantwortet: »man soll dem thäter den kopf auf dem stamm wieder abhauen« (35). Diese Strafandrohung entsprach längst nicht mehr den geltenden Gesetzen, sondern ist aus alten Überlieferungen fortgeschrieben. Dies zeigt sich noch deutlicher aus einer anderen Stelle dieses Weistums, wo sich die altgermanische Strafe des Ausdärmens erhalten hat. Wenn einer in dem Gemeinschaftswald von Harenberg einen »Heister« das ist ein halbwüchsiger, gezogener Laubbaum, verdarb, so daß er abstarb, dem sollte man »das eingeweide aus dem leibe schneiden und daran (an den Baum) knüpfen, und ihn so lange umb den heister herumjagen, bis er wieder bewunden wird«. Die Gedärme sollten die entrindete Stelle des Baumes bedecken, nach altgermanischer Anschauung sollte das symbolträchtige Opfer die beleidigte Gottheit versöhnen und ihre Gunst dem Stamm oder Volk zurückgewinnen. Auch diese schreckliche Drohung konnte zumindest zu dieser Zeit nicht mehr ernst gemeint sein.

Wo für das Zerstören oder Verrücken von Grenzsteinen das Enthaupten vorgesehen war, sollte der Kopf regelmäßig in die Grube des Grenzsteins geworfen werden (36).

Zusammenfassung

Das Zerstören, Verrücken und Fälschen von Grenzmarken wurde in Stadt und Land fast durchweg als schweres Vergehen, meist als »großer Frevel«, angesehen. Eine religiöse Stütze für die Strenge der Strafvorschriften erwuchs aus dem Fünften Buch Moses (Deuteronomium 27, 17): »Verflucht sei, wer die Grenzen seines Nächsten verrückt; und alles Volk soll sagen Amen.« Eine Einstufung als »kleiner Frevel« war verhältnismäßig selten. Die Verhängung der Todesstrafe und insbesondere ihr Vollzug lagen im Mittelalter beim Grafengericht, dann bei den mit dem Blutbann beliehenen Landesfürsten, Herrschaften und Städten. Mit dem Ausbau der Gerichtsbarkeit zogen die Landesherren auch die Bestrafung für das Zerstören von Grenzmarken mehr und mehr an ihr Hochgericht. Folglich enthalten die ländlichen Rechtsquellen aus den Hochstiften am Main kaum spezielle Strafmaße für diese Vergehen. In Österreich andererseits war im 16. und 17. Jahrhundert der Blutbann der landesherrlichen Gewalt weitgehend entglitten. In den Gerichten waren bis zur Neuzeit die Schöffen, nicht die Richter die Urteiler. Die Strafgesetzbücher entstanden erst im Laufe der Neuzeit. Damit wäre es vor dieser Zeit wohl möglich gewesen, den Grenzsteinfrevler nach den Bestimmungen seines Dorfes zu richten und eine der grausamen Todesstrafen zu verhängen. Aber wie bereits dargelegt wurde, sind keine derartigen Verurteilungen überliefert.

Als Strafe tritt am häufigsten die Geldbuße auf, in Höhe von 5 oder 10 Pfund, aber auch von einem Vielfachen dieses Betrags, manchmal in einer absolut unerschwinglichen Höhe. Wer nicht bezahlen konnte, sollte nach einigen Quellen mit dem Verlust der Hand gestraft werden. Außerdem sollte nach einigen Texten das örtliche Rügegericht in besonders schweren Fällen den Täter zur Bestrafung an Leib und Gut dem obrigkeitlichen Gericht überstellen. Der Verlust der Hand erscheint vornehmlich für das Abhauen von Malbäumen öfters als Regelstrafe.

Die Androhung der Todesstrafe für den Grenzsteinfrevel ist in den überlieferten Quellen die Ausnahme, beschränkt auf wenige Gegenden. Auffallend ist, daß bestimmte Arten von Strafen, insbesondere das Eingraben mit Töten durch den Pflug an den verschiedensten Orten mit an sich kleinen Modifikationen wiederkehren. Die grausamen Strafen entsprangen wohl der Rückerinnerung an frühere, vorchristliche Todesstrafen. Die Schwere der möglichen Strafe sollte abschrecken, an einen Vollzug wär vielleicht gar nicht gedacht. Eine Möglichkeit der Milderung war gelegentlich angedeutet durch den Zusatz »auf Gnade«. Die Gnade stand im Mittelalter überall neben dem Recht, das Gericht konnte damals noch »Gnade vor Recht ergehen lassen«.

Auffallend ist weiterhin, daß die Todesstrafe in den Taidingen (Weistümern) Niederösterreichs öfters erscheint, in Oberösterreich, Tirol, Vorarlberg, Altbayern und Schwaben bis hin an den Oberrhein hingegen nicht festzustellen ist. Die Androhung der Todesstrafe, insbesondere des Zutodepflügens, begegnet uns da und dort in Hessen, in Gebieten westlich des Niederrheins, in Westfalen und Niedersachsen sowie in Mähren (37). Lothringen ist mit einem Weistum für die Gemeinde Kriechingen vom Jahre 1580 vertreten (38). Für Franken darf zusätzlich zu dem obigen Beispiel aus dem Grabfeld (siehe S. 394) noch ein weiterer Fall angeführt werden: Der Stadtvogt von Gerolzhofen berichtet 1580 an die Landesregierung in Würzburg über das Siebnerwesen in seiner Stadt und in einigen umliegenden Dörfern. Während im allgemeinen 15 bis 30 Pfund bei einem Grenzfrevel verhängt werden sollen, will das Dorf Dürrfeld, südöstlich von Schweinfurt gelegen, ein Dorf, in dem der Dompropst von Würzburg als Grundherr fast aller Bauerngüter jährlich ein Ruggericht abhält, den Grenzsteinfrevler an Stelle des Steins in die Grube stellen, ihn eingraben und »mit dem Pflug von und zu ihm fahren, bis er vom Leben zum Tod bracht werde«. Die Dürrfelder betonen – wie auch andere Dörfer –, daß dieses ihr Recht bisher nicht niedergeschrieben, sondern nach dem Gedächtnis der Steinsetzer und der Ältesten der Gemeinde wiedergegeben sei (39).

Eine gleichartige Todesstrafe für den Grenzfrevler tritt in den schriftlichen Quellen punktuell an weit voneinander entfern-en Orten auf. Dies könnte die Vermutung nahelegen, daß möglicherweise diese Strafart in der Frühzeit weithin als angemessen erschien, aber zu der Zeit, als der Rechtsbrauch schriftlich niedergelegt wurde, aus der Rechtstradition bis auf wenige Ausnahmen schon verschwunden war.

Das mittelalterliche Frankreich bewertete das Ausreißen von Grenzsteinen als Diebstahl, der den Strang verdiente (40). Im Schwäbisch-Alemannischen hinwiederum sind Kultstrafen für Markfrevel unbekannt, die Grenzsteinverrückung wurde unter die Fälschungsdelikte, nicht unter Raub oder Diebstahl eingereiht (41). Dieser Rechtssystematik folgte auch die weitere Rechtsentwicklung, von der Peinlichen Gerichtsordnung Kaiser Karls V. bis zum heutigen Strafgesetzbuch.

Die Carolina

Gegen Ende des Mittelalters sind einzelne Verbesserungen in der Strafrechtspraxis festzustellen. So erhielt das Hochstift Würzburg 1504 von Kaiser Maximilian I. die Genehmigung, daß die Stadt- und Zentgerichte im Strafprozeß vom »Übersiebnen« Abstand nehmen durften (41 a). Bis dahin konnte ein Übeltäter, selbst wenn seine Schuld offenkundig war, erst dann verurteilt werden, wenn sieben Personen unter Eid die Tat bezeugten. Die Erfahrung hatte gezeigt, daß in manchen Fällen keine sieben Eideshelfer beizubringen waren und damit die Verurteilung scheiterte.

Den Schlußstrich unter die Entwicklung des zersplitterten und oft recht unsicheren Strafrechts des Mittelalters zog im Jahre 1532 »Kaiser Karls V. und des Heiligen Römischen Reiches Peinliche Gerichtsordnung«, in der Gelehrtensprache »Constitutio Criminalis Carolina«, meist einfach »Carolina« genannt. In der »Vorrede« zu diesem Reichsgesetz wird beklagt, daß altem Gebrauch und Herkommen nach die meisten Strafgerichte mit Personen besetzt seien, die im Kaiserlichen Recht – gemeint ist das zu der Zeit sich durchsetzende römische Recht – nicht gelehrt, erfahren und geübt seien, daß deshalb oft wider Recht und Vernunft verfahren werde und entweder Unschuldige gepeinigt und getötet würden, oder Schuldige freikämen. Diesen Mißständen wollte die Carolina durch Verfahrens- und Strafvorschriften ein Ende setzen. Dieses Reichsgesetz war im übrigen die einzige bedeutende gesetzgeberische Arbeit des Heiligen Römischen Reiches Deutscher Nation (42). Als erste Kodifikation gemeinen materiellen deutschen Strafrechts gewann die Carolina überzeitliche Bedeutung für die deutsche Rechtsgeschichte und wurde im ganzen Reichsgebiet zumindest inhaltlich anerkannt. Verbindlich waren ihre Vorschriften an sich nur insoweit, als nicht im Landesrecht anderweitige Regelungen vorhanden waren (Subsidiaritätsprinzip). Aber die landesrechtlichen Ordnungen nahmen auf das Reichsgesetz Bezug oder paßten ihre Strafen an. Auch ein allmählich zunehmender Einfluß auf die Neufassung mancher Weistümer ist unverkennbar.

Die Carolina fußt im wesentlichen auf dem Strafgesetzbuch, das Johann Freiherr zu Schwarzenberg für das Hochstift Bamberg geschaffen hat und das dort 1507 eingeführt worden war. Vor allem bricht die neue Ge-

Des allerdurchleuchtig-steñ großmechtigstē vñ-überwindtlichsten Keyser Karls des fünfften: vnnd des

heyligen Römischen Reichs peinlich gerichts ord-
nung/auff den Reichßtägen zů Augspurgk
vnd Regenspurgk/iñ jaren dreissig/vñ
zwey vnd dreisssig gehalten/auff-
gericht vnd beschlossen.

Cum gratia et priuilegio Imperiali.

richtsordnung mit dem Prinzip, von dem das Mittelalter nicht ganz loszukommen vermochte, daß der Strafprozeß durch die Klage des Verletzten ausgelöst wird und daß es dabei vornehmlich um das Recht des Verletzten, nicht des Staates gehe. Nun wird neben die Privatklage das Inquisitionsverfahren gestellt, die Straftat wird grundsätzlich von Amts wegen vom Richter aufgegriffen und untersucht. Die Staatsanwaltschaft als Vertretung des Staates wurde jedoch erst im 19. Jahrhundert nach französischem Vorbild eingeführt. Die Verurteilung des Täters erfolgte entweder nach Zeugenbeweis oder auf Grund seines Geständnisses. Dieses konnte durch die Folter erzwungen werden, selbst wenn durch Indizien der Tatsachenbeweis geführt werden konnte. Immerhin wird durch genaue Anweisungen ein erster Versuch unternommen, die Anwendung der Folter einzuschränken.

Mit der neuen Verfahrensweise wurde die Stellung des rechtskundigen Richters herausgehoben. Nach Art. 81 der Carolina bespricht der Richter mit den Urteilern, den Schöffen, die Ergebnisse der Beweisführung, erläutert ihnen die Rechtslage und beschließt mit ihnen gemeinsam über das Urteil. Der Richter wird nun auch Urteiler im Gegensatz zum mittelalterlichen Kriminalgericht, bei dem die Schöffen nach Erfahrung, Wissen, Brauch und Herkommen allein das Urteil fällten. Die Schöffen halten sich nun an die Rechtsauffassung des Richters. Der Übergang von den Rechtsfindungsmethoden der Schöffengerichtsbarkeit des Mittelalters zu den Rechtsanwendungsmethoden moderner Berufsjuristen ist damit landesweit eingeleitet (43).

Bild linke Seite:
Titelblatt des Erstdrucks der **Peinlichen Gerichtsordnung Kaiser Karls V.** aus dem Jahre 1532
Das Bild zeigt Folterwerkzeuge sowie den Vollzug von Leibes- und Todesstrafen
Faksimile Kohler/Scheel, Die Carolina und ihre Vorgängerinnen 1.Bd., Halle a.d.Saale 1915

Das Herzogtum Oberbayern war dieser Entwicklung schon vorausgeeilt. Seit 1346 wurde nach dem Landesrecht Kaiser Ludwigs des Bayern Recht gesprochen, die Schöffen waren nur Zeugen des Prozesses, und erst wenn das »Buch« für einen Fall keine Norm enthielt, waren Meinung und Wissen der Schöffen gefragt.

Gegen das Urteil gibt es nach der Carolina zwar die Begnadigung, aber keine Berufung. Bei Unsicherheit des Gerichts kann bei einem Oberhof oder bei der juristischen Fakultät einer Universität ein Gutachten eingeholt werden. Gesetzeslücken werden aus dem römischen Recht oder durch Analogie zu vergleichbaren Fällen geschlossen.

Die Peinliche Gerichtsordnung Karls V. kennt Leibes- und Lebensstrafen, Pranger und Landesverweis, aber keine Geldstrafen an den Staat. Erst etwa 100 Jahre später wird allmählich auf Feiheitsstrafen umgestellt. Unter den Leibesstrafen ist das Schlagen mit Ruten die häufigste.

Die Peinliche Gerichtsordnung war ein erster Schritt zur Humanisierung des Strafrechts, wenn auch ein kleiner nach heutigen Maßstäben. Trotz des großen Einflusses der Carolina auf die Rechtsprechung wurden die herkömmlichen Ansätze unverhältnismäßig grausamer Strafen in manchen Weistümern noch bis ins 18. Jahrhundert fortgeschrieben. Hiergegen wandte sich unter anderen die österreichische Landgerichtsordnung vom 30. Dezember 1656 (Art. 3 § 2) mit der Verfügung, daß »wir . . . die in etlichen alten Panbüchern (Bannbüchern) befindlich unvernünftig und wider alle Recht laufende Wändel und Straffen . . . hiermit gänzlich aufgehoben haben wollen.« Als Beispiele solcher obsoleter Strafbestimmungen führt die Landgerichtsordnung an, daß einer, der heimlich vor einem Haus lauscht, von dem Bewohner totgeschossen oder -gestochen werden darf, ohne daß der

Totschläger bestraft wird, oder daß das Umhauen eines fruchttragenden Baums mit dem Abhacken einer Hand bestraft wird (44).

Das Verrücken von Grenzzeichen ist nach dem System der Carolina, wie oben schon erwähnt, unter die Fälschungsdelikte eingereiht. In den Artikeln 112 und 113 ist die Fälschung von Siegeln und Urkunden sowie von Maß und Gewicht behandelt. Dann folgt der hier interessierende Artikel:

> Straff der jhenen felschlich vnd betrieglich vndermarckung, reynung, mal, oder marcksteyn verrucken
> 114. Item welcher bößlicher vnd geuerlicher weiß, eyn vndermarckung, reynung, mal oder marcksteyn verruckt abhawet, abthut, oder verendert, der soll darumb peinlich am leib nach geuerlicheyt groß gestalt vnnd gelegenheyt der sachen vnd der person, nach radt gestrafft werden.

Das Verrücken oder Zerstören eines Grenzzeichens in böser Absicht soll hiernach mit einer Leibesstrafe gesühnt werden, die je nach der Schwere und Größe des Vergehens und nach der kriminellen Absicht des Täters nach Beratung des Gerichts zu bemessen ist.

Über die Anwendung dieser Vorschrift bringt J. J. Beck in seinem Buch über das »Recht der Gränzen und Marksteine« zwei juristische Gutachten (45). In dem einen Fall hat ein mehrfach vorbestrafter Bauer Grenzsteine zugunsten seiner zwei Töchter und Schwiegersöhne in die Allmende und in Privatgrundstücke hineingerückt. Die Juristen-Fakultät in Tübingen befand für angemessen, daß der Täter »in unseres gnädigsten Fürsten und Herrn Gebäuen vier Monat lang arbeiten« sollte, also vier Monate Zwangsarbeit. In dem anderen Fall wurde die Juristen-Fakultät Halle in der Frage der Zuständigkeit angegangen. Ein Bauer hatte einen »Mahlstein« ausgerissen und dem Knecht gesagt, daß man nun alle Jahr weiter pflügen könne. Der Fakultät erschien eine Geldstrafe bis zu 20 Rheinische Taler als ausreichend.

Strafbestimmungen im Recht der deutschen Staaten

Preußen

Von den Grenzzeichen, mit denen der Ordensstaat, das spätere Herzogtum Preußen,im Einvernehmen mit seinen Nachbarn seinen Herrschaftsbereich kenntlich machte, war oben Seite 69 schon die Rede. Diese Grenzzeichen scheinen trotz harter Strafbestimmungen des öfteren zerstört worden zu sein, so daß nach 1598 an besonders gefährdeten Punkten längere Zeit Tag und Nacht Wachposten ausgestellt werden mußten. Im Jahre 1636 wurde in einer »Deklaration der Grentz-Commission in Preußen« angeordnet, daß für jedes von den Kommissaren errichtete Grenzzeichen, das von einem masowischen oder preußischen Untertan »zerrissen und verschüttet« werde, 100 Mark polnisch für die Wiederherstellung an die Kommission zu zahlen sei (46).

Das Allgemeine Landrecht für die preußischen Staaten von 1794 umfaßte sowohl das Zivilrecht als auch das Strafrecht. Im strafrechtlichen Teil war für die »Gränzverrückung« unter den Fälschungsdelikten in Titel 20 folgende Strafvorschrift enthalten:

> »§ 1403. Wer aus Eigennutz, und um seines Vortheils willen, Gränzsteine, oder andere zur Bestimmung der Privatgränzen gesetzte Zeichen wegreißt, verrückt, oder sonst verändert, der soll um den doppelten Betrag des dadurch gesuchten Vorteils bestraft werden.«

Der strafrechtliche Teil des Allgemeinen Landrechts wurde durch das Strafgesetzbuch für die preußischen Staaten vom 14. 4. 1851 abgelöst (47). § 243 Nr .6 des preuß. StGB 1851 lautete:

»Mit Gefängnis nicht unter drei Monaten und zugleich mit Geldbuße von 50 bis 1000 Talern sowie mit zeitiger Untersagung der Ausübung der bürgerlichen Ehrenrechte wird bestraft:

. . .

6. wer Grenzsteine oder andere zur Bezeichnung einer Grenze oder des Wasserstandes bestimmte Merkmale zum Nachteil eines anderen wegnimmt, vernichtet, unkenntlich macht, verrückt oder fälschlich setzt.«

Bayern

In Bayern beginnt die Reihe der landesherrlichen Schutzvorschriften für Grenzzeichen mit dem Landrechtsbuch Kaiser Ludwigs IV., des Bayern (1314 – 1347), für Oberbayern von 1346. Artikel 75 dieses Rechtsbuchs, einfach das »puech« genannt, forderte unter der Überschrift »Der marchpawm (Grenzbaum) haut.« für dieses Vergehen folgende Strafe: »Haut ainer marchpawm oder panholz (Eigen- oder Lehenwald eines anderen), . . . man sol im haut und har ab slahen oder er sol ez lösen mit anderthalben pfunt pfenning von dem, dem der schad geschehen ist und dem gericht alz vil« (48). Ein Satz von dieser Höhe begegnet uns im übrigen zu jener Zeit und in den folgenden Jahrhunderten für Strafen recht häufig.

Der Neuerlaß des gesamten bayerischen Rechts im Jahre 1616 brachte im Landrechtsbuch über den Schutz der Grenzmarken lediglich den Hinweis (49): »Von Straff deren / so die March verrucken oder abthuen / mag die LantsFreyheit Ersten Theils Art. 16 gesehen werden.« Auf die nämliche Stelle der Landsfreiheit verweist Titel 23 Artikel 3 des Landrechts unter anderem für den Fall, daß einer einen »March-Baum abhackt«.

In der »erklärten Landsfreiheit« für Ober- und Niederbayern (1516, endgültige Fassung 1553), in der die Gerichtsorganisation Bayerns festgelegt ist, sind an der angeführten Stelle die »Vitzdomb Wändel« aufgezählt, später meist als Vitztumshändel bezeichnet, nämlich alle Verbrechen, über die nicht Landgericht oder Hofmarksgericht, sondern der Rentmeister als der zuständige Beamte das Urteil festzulegen hatte. Das Landgericht verfuhr in diesen Fällen schon bei der Vernehmung, insbesondere der »peinlichen« Vernehmung, der Folter, nur nach den Weisungen des Rentmeisters. Am Ende der Liste dieser schweren Verbrechen, auf die großenteils die Todesstrafe, sonst zumindest Leibesstrafen zu verhängen waren, steht (50):

»20. Wann Fürsetzlich zu ainem Vorteil die Marchstein verruckt werden.«

Bayern war nach dem Erwerb der Oberpfalz in die Vitztumämter München, Landshut, Straubing, Burghausen und Amberg eingeteilt. Dem Rentmeister des Vitztumsamts unterstanden Rechtspflege, Verwaltung und Finanzen. Die Rentmeister inspizierten regelmäßig die nachgeordneten Gerichte und Verwaltungen. Die Vitztumshändel aber sollten nicht erst bei diesen Umritten entschieden, sondern nach »Mässigung Abgethätigt (nach Ermessen verhandelt) / vnnd ohne Bevelch auff ihren Vmbritt nit verschoben werden« (51). Da für die Grenzsteinverrückung kein besonderes Strafmaß vorgegeben war, galt insoweit die Peinliche Gerichtsordnung Kaiser Karls V. von 1532.

Falls jemand versehentlich eine Grenzmarke veränderte, sollte er es den Gerichten anzeigen, die Angelegenheit sollte dann einvernehmlich ohne Strafe bereinigt werden. Verschwieg der Verursacher den angerichteten Schaden arglistig, so war dieses Vergehen nicht »malefizisch« sondern durch die unteren Gerichte »wie ein Gerichtshandel« zu ahnden (52).

Das Bemühen um Erhalt des ungeschmälerten Bestands der Waldungen des Landesfürsten fand schon seit dem Spätmittelalter seinen Niederschlag in einzelnen Forstordnungen, insbesondere aber dann in den ausführlichen Vorschriften der Forstordnung von 1568/1616. Hierzu darf auf Abschnitt A 10 S. 162 ff verwiesen werden.

In dem »Gnadenbrief« vom 28. 11. 1629, in dem die Privilegien der oberpfälzischen Stände festgelegt wurden, ist unter den »Malefiz-, Vizedomisch- und Rentmeisterlichen Fällen« als letzter Punkt, Nr. 33, aufgeführt: »Der einem anderen Marchstein, oder andere Gemärkt heimlich oder gefährlich verruckt, ausbricht, und abthut und seinen Grund dadurch sichtiglich erweitert.« Im Jahre 1666 erhielt die Oberpfalz eine eigene Forstordnung. Nach Artikel 42 war zur Zahlung von 10 Gulden zu verurteilen, wer »einen gelachten, gepletzten oder anderer Gestalt bezaichneten Marckbaum . . . wissentlich abhawet«. Für den Fall besonders hinterhältiger Absicht bestand der Vorbehalt, eine höhere oder eine Leibesstrafe zu verhängen (53).

Eine fast gleichlautende Strafbestimmung ist in der »Hochfürstlichen Aychstättischen Holtz- und Forst-Ordnung« aus dem nämlichen Jahre 1666 enthalten. Sie bezieht in ihre Regelung die »Marck-Stain und Marck-Pfäl« mit ein (54).

Die Peinliche Gerichtsordnung Kaiser Karls V. war zwar allenthalben von sehr großem Einfluß auf das Kriminalrecht, aber die landesrechtlichen Vorschriften gingen wie oben erwähnt diesem Reichsgesetz vor und so entstand eine gewisse Rechtsunsicherheit. Außerdem hatte sich in der Rechtsprechung selbst eine Weiterentwicklung ergeben. So kam es im 18. Jahrhundert in vielen Ländern zu einer Neuregelung auf dem Gebiet des Kriminalrechts. In Bayern wurde in den 50er Jahren des 18. Jahrhunderts das gesamte zersplittete und unübersichtliche Recht zusammengefaßt und neu erlassen, als erstes 1751 das Strafgesetz, der Codex juris Criminalis Bavariae, anschließend das Zivilrecht. Autor der neuen Gesetze war der Kurfürstlich Bayerische Wirkliche Geheime Staatskanzler Wiguläus Aloysius Xaverius Frh. von Kreittmayr auf Ofenstetten und Hatzkofen. Das neue Strafgesetzbuch berücksichtigte zwar manche Fortschritte, die sich in der Gerichtspraxis zum Teil bereits durchgesetzt hatten, es brachte aber nicht die Reform, die der Naturrechtsschule und dem Geist der heraufziehenden Aufklärung entsprochen hätten, sondern es hielt weitgehend am Überlieferten sowie der damaligen Rechtsprechung und Rechtslehre fest. Kreittmayr sah seine Aufgabe nicht darin zu reformieren, sondern zu sammeln, aufzubereiten, zu klassifizieren und zu kommentieren, also in einer Art Rechtsbereinigung unter Weglassen des nicht mehr Zeitgemäßen. Diese Aufgabe hat er in beispielloser Weise für Straf-, Zivil- und Verfahrensrecht gelöst. Die Folter zur Erzwingung von Geständnissen wurde zwar eingeschränkt, aber nicht abgeschafft. Als besondere Errungenschaft muß gewertet werden, daß erstmals für das Gebiet eines deutschen Staates ein einheitliches partikulares Straf- und Strafprozeßrecht entstand. Kreittmayrs Verdienste wurden durch ein Denkmal gewürdigt, das 1845 von Ludwig von Schwanthaler, Münchens bedeutendstem Bildhauer im 19. Jahrhundert, geschaffen und auf dem Promenadeplatz in München aufgestellt wurde. Von der überlebensgroßen Bronzefigur überdauerte den Krieg sinnigerweise nur der Kopf, der nun in einem Depot vor sich hinrostet. Die Münchener Stadtväter ließen nach dem Kriege von dem Grünwalder Bildhauer Alexander Fischer im Stil der neuen Zeit wieder ein Denkmal aus Bronze schaffen. Die monumentale Figur stand 1961 zunächst unschlüssig vor dem Haus der Kunst herum und erregte alsbald das Mißfallen der »Deutschen Liga für Menschenrechte«. Auf den Bildersturm hin, der mit ziemlich unsachlichen Argumenten in der Presse entfacht wurde, half dem eingeschüchterten und ratlosen Stadtrat schließlich die Gemeinde Ofenstetten (südlich von Regensburg) aus der Verlegenheit. Sie ließ sich das Denkmal schenken und stellte es vor der Kirche, dem Begräbnisplatz Kreittmayrs, auf. Kreittmayr war durch Heirat Herr des Gutes Ofenstetten gewesen.

Im ersten Teil 9. Kapitel § 2 behandelt das bayerische Strafgesetz von 1751 das Vergehen der »Fälschung«. Dieser Sammeltitel umfaßt alle Handlungen, »wodurch die Warheit der Sach theils mit Worten, theils mit Wercken und Schriften auf eine gefährlich- und anderen zu Schaden gereichende Art verdrehet wird«. Unter den zahlreichen nicht erschöpfenden Beispielen ist aufgeführt, » da man . . . Marcksteine verruckt«. Die Strafe überläßt das Gesetz dem Ermessen des Richters mit dem ausdrücklichen Hinweis, daß je nach Böswilligkeit und Schaden »gar an Leib und Leben gestraft werden solle«. Nach Kreittmayrs Anmerkungen wird das Marksteinverrücken mit der Abmeierung oder mit öffentlicher Arbeit (Gefängnis) oder auch mit Schlägen bestraft. Der »Staubbesen« war praktisch als einzige Leibesstrafe übriggeblieben, alle anderen, wie das Abschlagen von Gliedern oder Fingern oder das Blenden, waren abgeschafft. Das unbefugte Fällen von Markbäumen ist im Gesetz nicht angesprochen; vermutlich wurden weiterhin die bisherigen Vorschriften oder aber das Forststrafrecht angewandt.

Da das bayerische Strafrecht von 1751 noch ganz ein Kind seiner Zeit war, wurde der fortschreitenden Entwicklung in zahlreichen Mandaten laufend Rechnung getragen. In der zweiten Hälfte des 18. Jahrhunderts entwikkelte sich die Zucht- und Arbeitshausstrafe auch in Bayern zu einem zentralen Strafmittel. Ein Strafmilderungsgrund, der an der Todesstrafe vorbeiführte, ließ sich meist finden (55). Die Anwendung der Folter wurde mehrfach eingeschränkt und schließlich 1803 gänzlich abgeschafft. Entsprechende Order waren in Preußen schon 1740 und 1754, in Österreich 1776 ergangen.

Während sich der Codex Criminalis von 1751 noch nicht grundlegend von den überkommenen Formen hatte lösen können, erhielt Bayern im Jahre 1813 das zu der Zeit modernste Strafgesetzbuch (56). Sein Verfasser war kein geringerer als der große Strafrechtslehrer und Begründer der neuen Strafrechtstheorie Paul Johann Anselm Ritter von Feuerbach (1775 bis 1833). Feuerbach hatte 1804 einen Ruf an die Universität Landshut angenommen und war dann in höchste Ämter der bayerischen Gerichtsorganisation übergewechselt. Das seinerzeitige »Strafgesetzbuch für das Königreich Bayern« wurde von einigen anderen deutschen Staaten übernommen. In diesem Gesetzbuch ist der Beschädigung und Beseitigung von Grenzzeichen ein eigener Artikel gewidmet. Die Frage, wer für das Setzen und Entfernen von Grenzzeichen zuständig sein soll, wurde nicht aufgegriffen; es blieb also beim örtlichen Herkommen der einzelnen Landesteile. Im übrigen ging das neue Recht davon aus, daß die Grenzzeichen Urkunden vertreten und diesen im Zivilprozeß gleichgesetzt werden. Das seinerzeitige Strafgesetzbuch nahm in das Kapitel über Beeinträchtigung des Eigentums durch Entwendung (3. Buch 1. Titel 2. Kap.) die folgende Bestimmung auf:

> Art. 386.
> Wer die zur Bezeichnung der Grenze liegender Grundstücke bestimmten Zeichen vorsätzlich vernichtet, oder unkenntlich macht, dieses geschehe durch Ausfüllung der Grenzgräben, durch Umackern der Feldraine, durch Ausgraben, Umwerfen, Abhauen der Grenzsteine oder Malbäume, oder auf was immer für Art und Weise, soll nicht nur die Kosten zur Wiederherstellung der Grenze tragen, und alle Kosten der aus Unsicherheit der Grenze entstandenen

Prozesse und Streitigkeiten ersezen, sondern auch mit G e f ä n g n i ß und zwar, wenn diese Handlung aus Muthwillen geschehen, auf e i n e n bis zu d r e i M o n a t e n, wenn sie aber aus Eigennuz, Rachsucht und dergleichen verübt worden, auf s e c h s M o n a t e bis zu z w e i J a h r e n bestraft werden.

In besonderen Fällen konnte auch der Tatbestand des Betrugs nach Art. 257 oder der Urkundenfälschung nach Art. 266 gegeben sein.

Die rasche Weiterentwicklung der Rechtslehre ließ kein halbes Jahrhundert vergehen, um wieder ein neues Strafgesetz zu kreieren. Am 10. 11. 1861 wurde das letzte bayerische Strafgesetzbuch veröffentlicht (57). Die strafrechtlichen Bestimmungen zum Schutz der Grenzzeichen sind nun vereinfacht und muten schon ganz neuzeitlich an, gehen aber etwas weiter als das schon nach fünf Jahren folgende Strafgesetzbuch des Deutschen Reiches.

Artikel 334
Wer Grenzsteine oder andere zur Bestimmung einer Grenze oder des Wasserstandes dienende Zeichen unbefugt wegnimmt, vernichtet, unkenntlich macht oder verrückt, soll mit Gefängniß bis zu einem Jahr oder an Geld bis zu fünfhundert Gulden bestraft werden.

Voraussetzung für die Strafbarkeit war, daß die Grenzzeichen ihre Eigenschaft, zur Bestimmung der Grenze zu dienen, in Folge einer gesetzlichen Bestimmung hatten oder zu dem angegebenen Zweck von einer hierzu befugten öffentlichen Behörde oder von den Beteiligten gemeinschaftlich gesetzt oder von den letzteren als hierzu dienend anerkannt waren (58). Unter einer öffentlichen Behörde im Sinne des Kommentars müssen in diesem Zusammenhang auch die Feldgeschworenen und Siebner verstanden werden. Entsprechend konnte in der unbefugten Vornahme einer Grenzvermarkung eine Amtshandlung im Sinne des Strafgesetzbuchs gesehen werden:

Art. 129
Wer sich die Ausübung eines ihm nicht auf gesetzliche Weise übertragenen öffentlichen Amtes oder Dienstes anmaßt, soll mit Gefängniß bis zu einem Jahre bestraft werden.

Baden

Die Landsordnung für Baden-Durlach und Hochberg, 6. Teil 9. Titel Einleitung, läßt denjenigen, der einen »Schied- oder Markstein« zum eigenen Vorteil heimlich entfernt oder versetzt, um 16 Gulden oder nach Schwere der Tat mit Gefängnis oder in anderer Weise bestrafen (59). Nach § 8 desselben Titels waren Anstößer und Feldgeschworene verpflichtet, Anzeige zu erstatten, wenn einer »freventlicher weiß« einen Stein ausackerte; je nach den Umständen war der Täter zu einer Geld- oder Leibesstrafe zu verurteilen.

Das Land Baden erließ 1803 durch ein Organisationsedikt ein neues Strafrecht, das in § 51 die Grenzsteinverrückung und -zerstörung als ein Fälschungsdelikt mit schwerer Freiheitsstrafe belegte (60). Nach dem badischen Strafrecht vom 5. 3. 1845 hat die Genzsteinverrückung in etwa die Rechtsfolgen, wie sie heute dem Strafrecht eigen sind (61).

Hessen

Für das Großherzogtum Hessen enthielten das Strafgesetzbuch und das Feldstrafgesetz, beide vom Jahre 1841, sehr eingehende Bestimmungen über die Bestrafung desjenigen, der die Dreiecksteine, die Grenzen des Eigentums oder anderer Gerechtsame oder das »Geheimnis« verändert, vernichtet oder unkenntlich macht (62).

Reichsrecht

Das preußische Strafrecht wurde zur Grundlage für das Strafgesetzbuch vom 31. 5. 1870, das am 1. 1. 1871 für den Norddeutschen Bund in Kraft trat und zum 1. 1. 1872 für das ganze Deutsche Reich Geltung erlangte (63). Das StGB sieht in dem Grenzzeichen ein Beweismittel und eine Art Urkunde und reiht die hier in Betracht kommenden Straftaten systemgerecht unter den allgemeinen Begriff Urkundenfälschung ein. In seiner jetzigen Fassung lautet der hier einschlägige § 245 StGB (64):

> (1) Mit Feiheitsstrafe bis zu fünf Jahren oder mit Geldstrafe wird bestraft, wer
> 1. . . .
> 2. einen Grenzstein oder ein anderes zur Bezeichnung einer Grenze oder eines Wasserstandes bestimmtes Merkmal in der Absicht, einem anderen Nachteil zuzufügen, wegnimmt, vernichtet, unkenntlich macht, verrückt oder fälschlich setzt.
> (2) Der Versuch ist strafbar.

Die Tat verjährt fünf Jahre, nachdem sie beendet worden ist (§ 78 Abs. 3 Nr. 4, § 78a StGB).

Ein wesentlicher Unterschied zum seinerzeitigen bayerischen Recht besteht darin, daß die Absicht bestanden haben muß, einem anderen Nachteil zuzufügen.

Neben obiger Strafbestimmung können auch die §§ 303 und 304 StGB in Betracht kommen. Nach § 303 wird bestraft, wer rechtswidrig eine fremde Sache beschädigt oder zerstört, nach § 304, wer rechtswidrig Gegenstände, die zum öffentlichen Nutzen dienen, beschädigt oder zerstört. Schließlich wird der Diebstahl von Grenzsteinen nach § 242 StGB bestraft. Unter Umständen können auch die Merkmale einer Unterschlagung nach § 246 StGB gegeben sein. Die Strafverfolgung verjährt bei diesen Tatbeständen in fünf Jahren nach der Tat.

Das Forstrügeverfahren

Die Wald- und Forstordnungen richteten seit jeher ein besonderes Augenmerk auf die Erhaltung der Grenzzeichen des Waldes. Dem Grenzfrevler drohten sie mit Strafen, wie sie in Weistümern, Satzungen und Ordnungen auch für die Feldflur festgelegt waren. In entsprechend abgemilderter Form finden sich solche Strafvorschriften in den Forstordnungen noch solange, bis andere Gesetze den Schutz der Grenzzeichen ausreichend gewährleisteten. Nach dem bayerischen Forstgesetz vom Jahre 1852 zum Beispiel konnte im Forstrügeverfahren vor den Land- und Stadtgerichten (ab 1879 vor den Amtsgerichten) mit einer Geldstrafe von 30 Kreuzern bis fünf Gulden belegt werden, wer aus Fahrlässigkeit Grenzzeichen beschädigte oder sonstwie veränderte (65). Die mit Absicht begangene Tat war nach dem Strafgesetzbuch vom Strafrichter abzuurteilen.

Ergänzende landesrechtliche Schutzvorschriften

Da die Vorschriften des Strafrechts für den Schutz der Grenzzeichen nicht ausreichen, sind in den Abmarkungs- oder den Vermessungsgesetzen der Länder bestimmte Tatbestände als Ordnungswidrigkeiten eingestuft, die im Verwaltungsweg mit Geldbußen – derzeit bis zu 1000 DM – geahndet werden können. Als Beispiel für die im Grundsätzlichen übereinstimmenden Ländervorschriften wird Artikel 22 des bayerischen Abmarkungsgesetzes wiedergegeben (66):

> Soweit die Tat nicht nach anderen Vorschriften mit Strafe bedroht ist, kann mit Geldbuße belegt werden, wer unbefugt
> 1. eine Abmarkung vornimmt,
> 2. Grenzzeichen und andere Merkmale, die zur Bezeichnung der Grundstücksgrenzen von den hierzu befugten Behörden oder Personen angebracht worden sind, wegnimmt, verrückt, vernichtet, beschädigt oder unkenntlich macht.

Nach dem bayerischen Abmarkungsgesetz erstreckt sich diese Vorschrift auch auf Grenzzeichen von Hoheitsgrenzen (Art. 24 Abs. 1).

Grenzzeichen von historischer Bedeutung stehen unter Denkmalschutz. Nach den Gesetzen der Länder können bei Verstößen gegen den Schutz solcher Kleindenkmale verhältnismäßig hohe Bußgelder verhängt werden.

Ausland

Zum Vergleich dürfen noch Beispiele aus dem Ausland vorgestellt werden. Nach dem Schweizer Kriminalgesetz von 1821 waren auf die Verrückung von Grenzsteinen folgende »Kettenstrafen«ausgesetzt: bei Landesgrenzen 10 bis 20 Jahre mit und ohne Halseisen, bei Gemeindebanngrenzen 4 bis 8 Jahre und bei Privatgrenzen 1 bis 4 Jahre (67). Das Strafgesetz von 1872 brachte eine Milderung auf 2 Wochen bis 5 Jahre Zuchthaus, bei großem Vermögenschaden bis zu 10 Jahre.

Der Criminal Code von Kanada kennt ein klagbares Vergehen der Beseitigung von Grenzzeichen (boundary marks), auf das 5 Jahre Freiheitsstrafe stehen (68).

Anhang

Anhang 1

Stadtarchiv Ellingen
Inv. Nr. 55

ELLINGER STEINBÜCHER

Untergänger- oder Steinereid 1577

Register Allerlay Stainung
Augenschein unnd vnndergeng, so sich Bey mier Wolff Vetter vonn der Gilgen Haus-Commenthur zue Ellingen Teutschs Ordenß C. begeben vnnd zuetragenn Ordenlicherweiß beschriben, vnnd anngefangen, dem dreyvndzwantzigistenn Monatz Tag Avrillis, der Wenigeren Jarzall im sibenvnndsibenzigistenn Jar 1577

Cum I.abore et Deo iuuante:

J. C. Lorch:

Vndergener oder Stainer Aidt:

Der vnndergenger soll globen vnnd schwö - renn zu Gott, vnnd dem hailigen Euangellio die heiser, zwaimall im Jar zuem wenigsten zu besechen, vnnd wo sy sorglich, deß feyers vnnd der schornstein, acht zuwenig vnd gefar deß feyers, auch vnsauberkhait deß Rueß,befunden, einsechens zuhaben, dz selbige bey einer Peen, abzestellen verschaffen Die bey, wo sy an heusern befunden, zue besserüng, vnnd waß zwischen den Partheyen, strittbar, nach furbringung beder theilen, der zeigen sage, vnnd besichtigung, deß augenscheinß, nach herem (?) besten verstandnus, Niemantz zu lieb noch zu Laidt, rechtlichen züentschaiden vnnd zu sprechen, desgleichen auch im feldt, in der Marckhung, oder ob sy sunsten fremdig (?) hingelihen wurden, andern zuunderghen, treilich ohn geferlich, ohn allen vorthaill, wie sy dann nach furbringung der bartheyen, stockh, stain vnnd Anderer zeignuß, zü vndergeern, strechentten (?) vnd stain zu setzen, auch wo sy stain hangen vnd ligen finden, die zu jeder zeit aufzerichten, dauon jene wie der sprüch ist gelont werden. vnd waß sy vndergang, vortheil vnnd geferde finden von Partheien, so mögen sy jederzeit dz straffen. Doch vber 5 Schilling Pfening niht, wo aber die geferde grober vnd grosser finden, sollen sy dz an ein schuldheisen, vnd gericht bringen. Zue straffen soll innen jeder zeit volgen vnd weerden 2 1/2 Schillinq Pfening, sy sollen auch Jareß dz feld vermaht besichtigen vnd waß sy dan vnbaues vnd strafbars befinden, zestraffen dieselben, buesen, zu nemen, vnd Nimant niht nachlassen, getreilichen ohn geferlich.

Untergänger- oder Steinereid 1610

Stainbüech
Angefangen

Bey dem Erwürdigen Edlen vnd Gestrengen herrn Sixt Wörnern von Holdigen zue Pöringen der zeit HaußCommenthurn zu Ellingen Teutschs Ordens.

In anno
1 6 1 0 .

Vntergenger oder Steiner Aydt.
Ir die Vndtergänger oder Steiner sollen globen vnd schwören zu Gott vnd dem Heiligen Euangelio die Häuser im Jahr zum wenigsten zwejmahl zu besichtigen, auch wo sie der vnsauberkheit deß Rueß vnd Feyerß halben sorglich erfunden worden, vleissiges einsehens vnd vf die schornstein acht zuhaben, solchen vnfleiß abzustellen bej einer been verschaffen. Die Paufelligkheit der Heüser vnd gebeu wohl besehen, vnd wo sie verspüren, daß man solche muetwillig ein: vnd zu grundt gehen lasset, an gebürenden Orthe berichten, vnd waß zwischen beeden Partheyen strittbar, vf Ihr beeder theil fürbringen der Zeügen sag vnd einnem̅ung deß Augenscheins, nach Ihrem besten verstand niemandts zu lieb noch zu Laidt, rechtlich zu endtschaiden vnd zu sprechen. Deßgleichen auch im Velde, eß sej gleich in der Marckhung, oder da Ir sonsten vf begehr den benachtbarthen hingelihen vnd verstelt wurden, strittige vndergeng getreülich vnd ohngeuerlich zuhalten, nach fürbringung der Partheyen, Stockh, Stein, Rhein, auch and. Zeügkhnuß zuesehen vnd zuhören, darinnen nach bester eüer vernunft zu sprechen vnd Stain zusetzen, auch die hangenden vnd ligenden Stain zu jederzeit zu vfrichten, Darum euch dann wie der spruch ist gelohnt werden soll. Vnd waß Ir also in solchen vndergengen vnnd Stainungen bej den Partheyn vor Vortheil oder geuerde finden, dieselben jederzeit abstraffen. Jedoch soll sich solche Straff höcher nit dann vf 5 Schilling Pfenning erstreckhen. Im fall aber daß verbrechen dermassen beschaffen, daß höchere straf fürzunemen sein mächte. Sollen Ir solliches herrn HaußCommenthur als Richter vnd ein Erbars Gericht berichten. Daruon euch allweg an der straff, so sich eine befindet 2 1/2 Schilling Pfenning gegeben werden solle. Schließlich auch, wie daß Veldt vermacht, Jehrlich besichtigen, vnd waß sie vnbaues vnd strafbars befinden, solches abstraffen vnd niemandt nichts nachlassen. gethreülich vnd vnngeuerlich.

Anhang 2

Feldgeschworenen-Ordnung
des Würzburger Bischofs Julius Echter von Mespelbrunn

Der Würzburger Bischof Julius Echter von Mespelbrunn hat im Zuge der Neuordnung von Gericht und Verwaltung in den Jahren 1581 bis etwa 1585 den Landstädten und Dörfern des Hochstifts Steinsetzerordnungen gegeben. Wo der Bischof nicht Dorfherr war, sondern zum Beispiel der Dompropst, das Domkapitel oder das Stift Haug, folgte der betreffende Rechtsinhaber zumeist sehr bald dem Beispiel des Landesherrn und verfaßte seinerseits eine Feldgeschworenen-Ordnung.

Julius Echter erließ die Anweisungen zwar für jede Stadt und jedes Dorf einzeln, aber doch mit nur wenigen Modifikationen nach einem einheitlichen Muster. In Kürnach, und vielleicht noch in weiteren Dörfern, ist die Steinsetzerordnung in die Dorfordnung (1581) als eigener Abschnitt mit aufgenommen. Nur in wenigen Details nehmen die Steinsetzerordnungen auf Besonderheiten des örtlichen Herkommens Rücksicht, zum Beispiel hinsichtlich der Entlohnung der Feldgeschworenen und in der Höhe der Geldbußen, die in den Dörfern jeweils niederer sind als in den Landstädtchen und Märkten. Strafvorschriften wegen Verrückens oder absichtlicher Zerstörung von Grenzsteinen sind nicht enthalten, sie gehören ja in die ausschließliche Zuständigkeit der Gerichte des Landesherrn.

Nachfolgend wird die Steinerordnung für das Städtchen Gerolzhofen (LKr. Schweinfurt) wiedergegeben (Abschrift in Ratsbücher Bd. 28 S. 106 – 114). Zur Erläuterung einzelner Wörter sind Anmerkungen in Klammern eingeschaltet. Da in der Transkription dem Original buchstabengetreu gefolgt wird, soll noch auf folgendes hingewiesen werden:

- v ist meist w, manchmal als u zu lesen, zum Beispiel vnndt = und, trewest = treuest,
- u ist in manchen Wörtern als v zu lesen,
- Groß- und Kleinschreibung folgen nicht festen Regeln,
- die Wortkürzungen des Originaltextes sind ausgeschrieben,
- mutmaßliche Schreibfehler des Originals sind nicht verbessert,
- die Interpunktion in dem vorliegenden Text ist noch sehr willkürlich,
- die im Originaltext verwendeten Sonderzeichen für Pfund und Pfennig sind durch die Wörter »Pfund« und »Pfennig« wiedergegeben.
- am Rande ist eine Numerierung der Abschnitte vorgenommen, die nur teilweise in den Originaltexten angebracht ist, die aber zum Verständnis der Verweisungen unentbehrlich erscheint.

Die Gebote des letzten Abschnitts, jährlich die Markung zu umgehen und die Steinsetzerordnung ein- oder zweimal im Jahre vor der Gemeinde zu verlesen, sind an den Schultheiß oder den sonstigen Beamten gerichtet.

Stainsetzer Ordnung zu Geroltshoffen de Anno 1585

Wier Julius vonn Gottes gnaden Bischoff zu würtzburg vnndt Hertzog zu Frankhen etc.

Nachdem vnnhs, inn vnserer von Gott dem Almechtigen, vffgetragener Regirung, viel vnndt offtmalß Clagweiß (im Klageweg) für kommen, wie unsere vnndt vnsers Stiffts liebe vnndt getreüe vnterthannen, in vnsers stiffts Amptern hin vnd wider, von denn verordneten Steinsetzern, vnndt Velttgeschwornen, jezu zeiten sonderlichen vnndt vornehmlichen aber in deme, daß sie etwann vnersucht vnndt ungebetten der partheyen, auch woll ohne beysein der selben, oder doch sonder (ohne) deren wissen vnndt willen, vnndt also für sich selbsten, vff dem veldt, zwischen berürdten vnserer vnderthannen aigenen güttern, vnndt sonsten ann den Crentzen, gegen denn benachtbartten, ohne vnnser vnndt vnserer Beambten vorwissen besichtigung, vnndt vermarckhung angestellt, stein erheben vnndt gesetzt, darzu irem gefallen nach, straff vnndt anders vorgenomen etc. beschwert werden, darauß auch bißweilen, gegen vnndt zwischen vnserer vnderthannen allerley zanckh vnndt Irrungen dardurch sie zu vnnodwendigem Rechten (Rechtsstreit), vnd vnkosten gerathen, entstanden sein sollen, welches vnß von Gott ufferlegtem Ampts nach, fürnemblichen auch darumb, die weil dardurch nit allein, vnsere vnderthanen beschwert, sondern auch Je bißweilen durch versamung (Versteinung) der orth grentzen (Landesgrenzen?) vnß vnndt vnserm Stifft zu nachtheil gehandelt, also lennger nach zusehen vnndt zu gedulden nicht sonder ein getreües embsigs, vnndt vleissig einsehens zu haben, vnndt andere gewiese (gewiesene) Ordtnung zu thun, gebüren vnndt hatt obligen wöllen.

Bekennen demnach hirmit, vnndt thun kundt offentlichenn, für vnß, vnsere nachkommen vnd Stifft, daß wir mit vorgehabten (nach abgehaltenem) Rath, auch sonderbarer (besonderer) wissenschafft vnnd bewilligung, der Erhwürdigen wolgeborenen vnndt wirdigen vnsere lieben andechtigen, Probsten, Senioren, vnndt Capitels vnsers Dombstifft zu würtzburg, nachuolgende ordtnung derhalben ufgericht, gesetzt vnd gemacht, auch hiemit unsern Jedes Ortts beampten vnd Dienern erstlichenn, daß solcher vnser wollmeinenden Ordtnung gelebt, nachgegangen, auch mit vleis darob gehalten werden sollenn.

(1)
Nemblichenn vnndt für daß erst, Nachdem wier befunden daß in vnserem, vnnd vnsers Stiffts Stetten, Dörffern vnd fleckhenn, die Zahl der veltgeschwornen sehr vngleich auch an ettlichen örttern, an solchem geschwornem Ampt, nur einer ist, daher nachtheil vnndt verlengerung (Verzögerung) der sachen leichtlichen (leicht) entstehen mag, Solchem vorzukommen vnndt so ordtnen wir, daß an denen Ordten vnndt anden (Enden), daß bißhero .4. 5. 6. 7. oder mehr veltgeschwornen gebraucht, es, nachmahlen bej berürter (oben erwähnter) anzahl, wie dan vonn altters allewegen, Sieben (in den Städten sieben, in den Dörfern vier bis sieben) Veltgeschwornen in vnser Statt Geroltzhouen, als drei auß dem Rath, vnd vier aus der Gemeint verordtnet gewessen gelassen werden sollen,

(2)
Wie die persohnen, so man zu Steinsetzern annimbt geschaffen sein, vnnd wer dieselben verordnen soll.

Zu solchem Steinsetzer Ampt, sollen hinfürtter andere Personen nit , dann die eines ehrlichen vnuerleumbten herkommens, guten verstandts, vnndt erbarlichen wessens vnd lebens, vnndt die im velt, vnndt markhung der gelegenheit erfahren, vnndt dabei herkommen seint vnnd dieselben von vnseren vnndt vnsers Stiffts beampten Kellern, Vögten oder beuelchhabere (Befehlshabern) angenomen, vnndt mit nachvolgender pflicht beladen werden, doch aber, da ein Stat (Stelle) erledigt, allwegen ettlichen Erbare tägliche (taugliche), vnndt zu dieser sachen, geschickhte Bershonnen (Personen), durch jedeß Ordts vorgesetzte Schultheissen Burgermeister oder bauermeister fürgeschlagen, vnndt alß dann die vnsern mit vorwissen, vnndt gutachten, Jetzt berürtten (erwähnten) Schultheissen Burgermeister, oder bauermeistern nach anzahl der abgangenen, einen oder mehr auß demselben oder gleich Irer ermessigung nach (nach ihrem Ermessen) andere, so sie am tauglichsten befunden, zusetzen (einzusetzen) vnndt zuordtnen vnd also die geschwornen Schieder oder Steinsetzern, für sich selbsten in diessem nichts zu thun haben sollen.

(3)
Steinsetzer sollen bleibenn.

Wehr dann nun zu diessem Ampt verortnet, der soll biß vff vnsern oder vnserer nachkommen widerruffung, vnnd erlassung berürtem ambt trewest vleiß, beharrlichen außwarten, vnndt dauon, ohne sonder ehrhafften Vhrsachen, mit nichten außsetzen oder sich eines solchen entledigen, wie wir dan auch, hiemit daß herkhommen ettlicher Ortt, inn vnserm Stifft da solch Ampt, ettwa auf das Looß bestelt worden, gentzlich vffgehoben, vnndt abgethan haben wollen.

(4)
Kein Steinsetzer soll ohne den Andern nichts handllen.

Damit auch in den Sachen, desto vleissiger vnd ohne verdacht gehandelt werde so ordtnen vnd wöllen wir, daß an Jedem Ort, kein verordtneter Steinsetzer, ohne deß andern vorwissen vnndt bejsein Ichts (etwas) verhandlen vnd vornemen soll, Eß were dann, daß deren Eyner oder mehr auß leibsschwachheit, vnd dergleichen verhinderungen, daruonn abgehalten würden.

Alsdann soll eß In massen wie folgt gehalten werden, Nemblichenn ann denen Ortten, da der Steinsetzer vber fünff seindt vnndt sichs begebe daß einer oder mehr, aus obgemeltten (oben genannten) vhrsachen verhindert, daß doch die Andern noch vbrigen, deren doch unter vier nit sein sollen, vff erfordern, die sachen zu uerrichtenn haben sollen vnndt mögen Aber an Orten do allein vier Steinsetzer vnd der ein vnter Inen, auch also abgehalten, Sollenn doch die drey, nichts wenigers die sachen, alß wann sie alle vier beisammen, verrichten, Aber do Irr allein zween, eingestellt werden.

(5)

Steinsetzer sollen beschützt werden.

Eß sollen auch, berürtte Velttgeschworne, oder Steinsetzer, von vnsern beambten Ires Rechtmessigen verhandlenß halben, geschutzt vnd gehandhabdt (unterstützt), auch waß erkandt, auf ir oder der Partheyen vorbringen, zur Execution (Ausführung) gerichtet, vnd gar nit vffgezogen (aufgeschoben), noch verhindert werden.

(6)

Volgtt der Aide

Ich soll vnndt wihl, vff vorgehenndt, gebürlich ersuchen, die Partheyen vff dem veltt vnd wo eß vonn nöthen nach meinen besten Verstendtnuß, getreülich vnd ohne geferde (Arglist) entscheiden, vnd richten, auch Jedesmahls für nemblichen, vnd sonderlichen auch, daß ich alle heimblichkeit (Geheimnis), so mir vonn meinen mitgeortneten geoffenbart werden, oder ich selbsten inn erfahrung bringe, getreülich verschweigen, niemandt dauon nichts sagen oder Eröffnen, sondern alleß mit mir in mein gruben bringen, ohne alle geferde, also helff mir Gott vnndt die Heiligen.

(7)

Waß für (vor) die geschworne gehören soll.

Vor obgemelten (oben genannten) verodtneten geschwornen oder Steinsetzer, sollen alle, vnndt Jede veltschäden, Steinsetz vnndt Erhebungen doch anders nicht, dann vff verlangung der Partheyen, gerechtfertigt, gerichtet vnndt geschlichtet, vnndt sonsten andere sachen, für sie (hier fehlt »nicht«) gezogen werden, waß aber die Rügen (Anzeigen) vnndt rugbare sachen, die vfm velt geschehen, eß sej zu herbst, oder ander zeiten, durchs ganze Jahr aus (uns?) etc. Betreffent thut, die weil wir befunden daß die selben alttem brauch, vnndt herkommen nach, Inn vnserm Stifft, Inn vnderschiedlichen Gerichten vnndt Ortten, verhandelt worden, wollen wir daß eß nach mahlen dabei bleiben, vnd gelassen werden soll.

(8)

In sachen welche der geschworene nahe Bluttsverwante, vnndt Freündtschafft betreffent, sollen sich dieselben absondern (heraushalten).

Do auch veltstritt (Feldstreitigkeiten), so einem oder mehr Steinsetzer, oder dero selbigen nahe blutsverwandten vnndt freündtschafft betreffent, vorfielen der oder dieselbigen sollen sich vonn Iren mitbrüderen, in dero selben wehrenden sachen absondern, Dero sich weder mit Rath Zuschub (Begünstigung) noch Thatt theilhafftig machen, vnndt bej vermeidung oder entsetzung des Ampts, auch ernstlicher straff, in solchen fellen, in Iren selbsten aigenen, vnndt dero bluttsverwandten sachen, zu richten, sich enthalten.

(9)

Die geschwornen sollen vnersucht der Partheyen nichts vornemen oder handllen.

Eß solle auch hierinn diese waß (Weise) vnndt formb gebraucht werden, daß sie die geschworne vnersucht, beder strittigen Partheyen oder ohne bejsein derselbigen nichts Besichtigen noch messen, kein stein heben oder setzen, weniger etwaß erkhennen, oder sprechen (entscheiden) sollen.

(10)

Die Partheien sollen die geschworne ersuchen.

Sondern da einer, oder mehre zu dem Andern, in obgemelten Veltsachen zu sprechen, vnd also durch obgesagte geschworne entschaidten werden wollen, daß beede theil gebürlichen massen sie ersuchen sollen.

(11)

Was gegenn denn widersetzigen vorzunemen.

Vor denn fall aber, ein oder der ander theil solchem nicht nachkommen vnndt ettwann sagen wolt daß er der geschworenen nit bedörfft, soll solches bej vnsern beambten gesugt (gesucht) vnd darauff der widerspenstig, do es anders für nottdurfft (nötig) erachtet wird, zur gebür angehalten (ermahnt) werden.

(12)

Straff der Vngehorsamen.

Wo aber ein oder mehr Personnen, also fürgebotten (geladen) vnndt der oder dieselben vngehorsam sein würden sollen der oder die selben Jedes mals 2. Pfund gelts, vnnß vnd vnsern Nachkhommen zur straff vnd bueß verfallen, vnndt zu geben schuldig sein, vnd nichts wenigers, vff des Clägers anhalten der Straffbaren zur gebür, eingewiessen werden, Do aber Jemand zum Ander mahl, vngehorsambsten wirdt, soll er 4 Pfund verfallen sein vnnd dem ungehorsamen gebotten werden, do solchem abermahl nicht nachgesetzt also dann derselbige mit straff der gefengknus durch vnsere beambte, darzu gebraucht (gebracht) werden Jedoch soll eß, mit Jetzvermelten straffen anders nit gemeint sein dann do der vngehorsamb kein erhebliche, vnndt billige vrsachen seines aussenbleibens bescheinlichen fürzubringen haben möcht.

(13)

Lohn des fürgebottß (für die Ladung).

Der vngehorsamb, soll auch den vorgebiter (Vorlader), vonn denn Ersten gebott 4. Pfennig vonn denn andern vnd dritten Jedeß mahlß 8 Pfennig zu geben schuldig sein. (In manchen Dörfern war der Lohn nur 1 Pfennig bzw. 2 Pfennig; Ladung von Auswärtigen ebenfalls 2 Pfennig.)

(14)

Zulassung der Beweyssung.

So dann Jemandt gegen andern, alß der Ime vff dem feldt, Im Samen, Weingartten, wießen oder sonsten schaden gefügt worden, Clagt, aber beclagter solches itzt nit nit (Schreibfehler) gestendig vnndt der Clegere solches mit dem geschwornen flürer (Flurhüter), oder hüdern (Hirte) (. die auch deßwegen besonders, in vffnemung (Aufnahme) weß dienst geloben vnd schweren sollen) oder sonsten genugsamb beweisein woltt oder mochtt Sollen sie darmit zugelassen vnndt vor genugsamb angenomen werden, Eß were dann, daß der beclagt daß wider werdig (widerspricht) vnd daß der nit Rugbarr (Schuldlosigkeit) vorbringen vnd bewysen wolt, welches Inen nach gestalt der sachen, auch nit gewaigert werden solle.

(15)

Abtrag (Ersatz) des gefundenen schadens.

Wo nun Jemandt, also befunden, daß er schaden gefüegt, soll er dem Beschedigten Cläger, nach erkantnuß der velttgeschwornen abtrag (Ersatz) thun vnd nichts wenigers vnnß alß der Obrigkeit, nach vermög dieser vnserer nachgeschriebener Ortnung, die Bueß, wie nachvolgt, zu geben auch schuldig sein.

(Die nachfolgenden Punkte 16 und 17 sind dörflichen Steinsetzerordnungen entnommen. In der Steinsetzerordnung für Gerolzhofen sind sie nicht enthalten.)

(16)

So Ehehalten (Dienstboten) vnd Kinder schaden fuegen, mit wißen der eltern oder herschafft.

Nicht weniger auch, do Jemand durch Kinder

oder Dinstehehalten, in gescheft derselben eltern, oder herschafften, oder aber durch derselbigen viehe, schaden zugefügt, vnd derwegen solche Kinder, Dinstehalten oder vieh angegeben oder gerügt wurden, mögen die eltern vnd herschafften derhalben furgefordt (gefordert), der schade besichtigt, vnd nach befindung wie sich in Recht geburt, gegen den schuldigen verfahren, vnd gehandlet werden.

(17)

So Ehehalten ohne Vorwißen ihrer herschafft schaden thun.

Wo aber die ehalten fur sich ohne ihrer herschaft vnnd belieben, schaden gefugt, vnd also die herschaft, vf erfordern, sie nit vertretten wolten, sollen dieselben herschafften, sich derselbigen ehehalten von stund an enteüßern, vnd die beurlauben alles bey Pöen (Strafe), den beschedigten den schaden abzulegen, vnd die bues, laut dieser ordtnung zu bezahlen, vnd soll vf den (Fall der) abschaffung der ehehalten, dieselben ehalten nichts desto weniger dem beschedigten abtrag zuthun, so wol auch vns die straf zuerlegen schuldig sein, aber do sie solches nicht vermögens, mit der gefengnus gestraft werden.

(18)

Straff der Jenigen, so wider die vrtheil handtlenn.

Wier wöllen auch, wo die Geschworne, oder Steinsetzer, stein zuerheben, zu setzen, Besichtigung, oder sonsten in anderen fallen erkantnuß zu thun, einmütiglich ersucht, daß auch von Beeden theilen, vor eröffnung deß spruchs (Urteils, Entscheidung), waß gemacht, daselbig zu halten zusagen, aber nach eröffnung, deß vrtheils, von Ein, oder dem anderen Theil nit gelobt (anerkannt) werden wölt oder würde, daß derselbig zu ruckziehenet theil, vnnß vnd vnsern nachkomen zu bueß verfallen, vnndt vnweicherlich reichen, doch aber darumb nichts desto weniger vff deß Beschwerten theils, witer (weiter) vorbringen, mit zwanckh der gefenckhnuß, oder andere gebürrende weeg (Weise), seinem versprechen vnndt zusagen nach, nach zu kommen vermögt, vnndt angehaltenn werden soll.

(19)

Straff der Jenigen, so mit Erdenschlagen, Gräben machen, oder sonsten vber, beschehen verbott handllenn.

So auch je bißweilen ein Nachtbar, dem Anderen mit Gräben machen, Erden schlagen, oder allem andern, schaden fügt oder belaidigt, aber die geschworne nit so bald zu erlangen soll er solcheß vnsern Beambten, vnndt vorgesetzten anzeigen vnndt Clagen, vnndt do eß sich ansehen ließ, der beclagt dessen nit Fueg (kein Recht) habt, soll darauf, Ime dem beclagten, biß zu erorderung (Erörterung) der Sachen, Stilstandt zu haben bej zehen Pfundten gebotten vnndt ufferlegt darneben auch daß die sachen zum ehsten zur besichtigung gericht verfügt werden, wo aber vber solch angelegt verbot, gehandelt, solle solche straff, wie auch alle andere, so vor vnd nach gesetzt, durch die vnsern eingebracht, vnndt zu seiner zeit vnter einer sonderlichen ruberic (besonderen Rubrik) vnndt Titul verrechnet werden.

(20)

Do denn geschwornen ins vrtheil oder sonsten vbel nach gereth würdt.

So auch die veltgeschwornen oder steinsetzer, von beeden Theilen ersucht vnndt gebraucht, vnndt sie nach Irem gewissen, vnnd Pflichten ein vrtheil außsprechen thetten, die Partheyen aber vber beschehene zusagen darwider redet, daselbig straffen, oder Inen sonsten vbels nachsagen würdten, sollen solche vberfahrer (Übertreter), vonn vnsern beambten auch vmb zehen Pfundt vnndt nach gelegenheit, der sachen (nach Sachlage), vmb ein mehres gestrafft, vnndt nicht, wie bißhero beschehen durch sie die geschwornen vorgenomen sondern allein, solches vnsern Beambten, von Inen den geschwornnen geclagt vnndt angezeigt werden.

(21)

Veltgeschwornnen sollen Inen kein Straff zuerkennen.

Dann wir wollen hiemit lautter (deutlich) verbotten, vnd abgeschafft haben, daß die veltt-geschworne, oder steinsetzer, Inen hinfürter einige straff nicht zuerkennen sondern sich mit nach uolgenden Iren belohnung be(g)nügen lassen sollen.

(22)

Belohnung der veldtgeschwornen

Nemblich so die veltgeschwornen ins velt erfortert vnndt zwischen den Partheyen handtlen, sollen Inen von Jglichen gang von Jeder Parthey 2. schilling vnndt Jedlichen stein zu setzen .3 Pfennig Aber von einem altem stein zu heben vnndt wieder zue setzen 8 Pfennig Von Jdem Zeügen so vorgestelt vnndt verhört wirdt .4 Pfennig vnnd Jedem Vrtheil oder Beschaidt 8 Pfennig gegeben werden.

(Dörfliche Steinsetzerordnungen enthalten an dieser Stelle noch zusätzlich folgenden Tarif für die Schätzung von Liegenschaften durch die Feldgeschworenen:)

Do die geschworne in daß felt gefuhrt, weingartten, Ackher, wiesen, Krautt vnnd andere gärtten, oder gutter zu schätzen, von Jedem. Gulden. 2 Pfennig. von dem das Schätzen lest, Auch von Jedem morgenn eß sey waß es wölle zumeßen . .

(Die Gerolzhofener Steinsetzerordnung hingegen begnügt sich mit der Verweisung auf das Herkommen:)

Waß die messung vnnd Schätzung der Gütter anlangt bleibt dasselbig wie es herkhommen.

(23)

Volgenn hernacher die Buessen vnndt soll keiner höher gerügt vnnd gebüst werden dann wie hernach volgt.

Doch dermassen, do hieuor von altters hero ettliche felle, vnndt bueß, inn Jedeß Ort, vnndt fleckhen, Statt, oder Dorffsainigung gehört, (soweit Bußgelder bisher an die Gemeinde abgeführt wurden) daß dieselb nachmahlen (künftig) dahin gewandelt (an die Gemeinde bezahlt werden) daß vbrige aber vnseren beambten eingehendigt vnnd vnnß zu seiner zeit, verrechnet werden solle.

(24)

Vberbauen, vberackhern, vber Zehünenn (Überzäunen) vbermauern, Jdem zu nae den marckhstein greüffen.

Wo einer befunden würt, der den Andern aigens fürnemens (willkürlich) vnersucht (ohne Ansuchen an) der Obrigkeit, alß vnserer fürgesetzten beambten, oder vffs wenigst den schultheissen vberbaut, vberzeündt, vbermauert, vberackhert; vnnd den Marckhsteinen zu nahe gegriffen, oder sonsten in andere weeg (Weise), daruntter Kinder, vnd ehehalten auch gemeint sein soll sich in velt, der Ortnung Anno 69 vffgericht, zu wider vergriffen hetten, der soll, zu sampt ablegung (Ersatz) des Schadens, denn er geübt, 30 Pfund zur straff den 1/3 Irer Gn (dem Landesherrn) vnnd 2/3 dem Rath, vnndt Steinsetzern zur straff, vnnß vnd vnsern Nachkomen vnnd Stifft, zu geben schuldig sein.

(Bedeutend niederere Strafen sind in Steinsetzerordnungen für Dörfer festgelegt: Die obigen Vergehen werden als »kleine Frevel« eingestuft und mit 2 Pfund bestraft.)

(25)

Erden schlagenn (Erde abbauen).

Item welcher ohne erlaubt, an Orten vnd endenn do ers nicht zuthun hat, Erden schluge, der soll ebnermassen, 30 Pfund (in Dörfern 10 Pfund) verfallen sein.

(26)

Erden mist, pfeel (Pfähle) etc Ann vnbefugtenn Orden einzutragenn.

Item so einer Erden, Mist, Pfeel, oder dergleichen durch eines anderenn weingarten, vnndt eingenge denn er zu gehen vnndt dergestalt, zu gebrauchen kein gerechtigkeit (Recht) heltte, trüge oder tragen Ließ, ohn verwilligung des dem solch erbstückh (Grundstück) zu stundt, vnndt deswegen gerugt (angezeigt), vnnd angeben würde, der solle 6 Pfund (in Dörfern 5 Pfund): vnnß die helfft, vnndt daß vbrig wie eß herkhommen, (in Dörfern manchmal auch der ganze Betrag für die »Obrigkeit«) verfallen sein vnndt dem so der schaden geschehen nach der ermessigung (Ermessen) der geschwornen, Abtrag (Entschädigung), vnnd vergleichen (Genugtuung) thun.

(27)

Buß vom grossen vihe.

Item von grossen vihe, alß Pferden, Ochsen Khue Kelber Schwein, vnndt Hundt, vonn Jedem, so schaden gefügt betreten (angetroffen) vnnd gerügt würde, Ein schillinger oder wie eß sonsten Herkhommen oder die vereinigung (Satzung) gemacht würdt, vnnd nach ermessigung dem beschedigten abtrag.

(28)

Straff der Personnen.

Dergleichen wo Mannß, oder weibß personen Jung oder alt, Jemandt im velt, Gärtten, wiesen, weingarten, oder Sonsten ausser dessen, im. 24. Puncten gemelt (also in anderer Weise als nach Pkt. 24) schaden gefügt, vnndt derhalben gerugt, vnndt angeben, sollen auch 1 Pfund oder nach gestalt der verwirckhung, ein mehrers der Obrigkeit, oder wo eß vorhin, hingehört hat zu bueß zu erlegen auch dem beschedigten abtrag zu thun schuldig sein.

(In anderen Steinsetzerordnungen ist noch beigefügt:)

vnd wo solche Persohen den gefugten schaden vnd verwirkte bueß, zu bezahlen nit vermüglich seint, sollen sie nach gelegenheit der sachen mit der gefengnus gestrafft werden.

(29)

Weingartts Leuth (Weinbergarbeiter) Straff.

Item welcher weingartsmann, ohne seines Herrn wissen, weinbeer oder Pfeel, heimbträgt, oder schicktgt (schickt) oder solcheß durch die seinen thun lest, der solle auch. 2. Pfund oder nach grösse, vnndt verwirckhung, der sachen gestrafft werden.

(30)

Bueß des kleinen viheß.

Item do Klein vihe, alß Schaff, Geiß, gennß oder dergleichen einem zu schaden gehen, oder zugefügt haben, somit zu schaden gangen, Soll Ir eins vmb 1 neuen Pfennig verbuß, oder wie eß sonsten Herkommen, nachmahlen also gehalten werdenn.

(31)

Straff der Jenigen, so die Buß nit zu erlegen.

Vnndt sollen die Personnen, so denn schadenn gefügt, oder denen daß vihe zuständig ist, inn allen obgesagten fellen, Neben der bueß, auch dem beschedigtenn, für denn schaden Abtrag zu thun schuldig sein, vnndt wo solche personen, den verwirkhten schaden zu bezahlen nit vermüglich seint, sollen sie nach gelegenheitt der sachen, mit der gefenckhnuß gestrafft werdenn.

(32)

Die geschwornen sollenn im Jahr, zwey oder vffs wenigst ein mahl zusammenn kommen.

Eß sollen auch die geschwornnen, im Jahr zwej oder vfs wenigst, ein mahl, bej vnsern beambtenn Keller Vogtenn, oder Schultheissen zusammen kommen, vnd waß für straffbare sachen, sich begeben vnd zue getragen anzeigen, damit die der gebür eingebracht vnnd hernacher durch sie die beambten, verrechnet werden mögen.

(33)

Versteinung der Gemeinen Landtstraßen vnndt Pfädenn.

Die Versteinung der Gemeinen Landtstrassen

vnd Pfeet (Pfade) betreffent, sollen die geschwornenn Jehrlichen mit vorwissen, der vorgesetzten Ambtleüth, Keller Vögt, oder Schultheissen solche in bej sein ettliche aus Der gantzen Gemeint besichtigen, do ettliche stein vmbkommen, dieselben wiederumb in bejsein der darann stossenden Partheien, vfrichten, vnndt setzen, dargegen Inen den geschwornnen, von der gemeint wegen, nach gelegenheitt, Ihrer gehabten mühewaltung, auf vorgehendte vnsere beambten ermessigung (Ermessen), ein zimbliche ergetzligkeit (Vergütung) gegeben, Auch wo im dem vmbgang befunden daß die Stein vor dem weingarten, äckher, wiessen, oder anderen gütern, durch die innhaber vmbkommen, daß dieselben Jedeßmahls, wie obgesetz (oben angegeben), gebust, do sie aber allein verdeckth, vnndt nit offen befunden, vmb zehen Pfundt, halb vns, do aber die stein geferhlicher (in böser Absicht), vnndt mutwilliger weiß ausgerissen, alß dann nach vnserer oder vnserer nachkomen, gelegenheit gestrafft werden sollen.

(34)

Jerliche Besichtigung der Marckhung.

Letzlichen sollen auch, vnsere beambten, daran sein daß Jerlich die Marckhungen, durch ettliche deß Gerichts, vnndt auß der Gemeindt, in bejsein, ettlicher Jungen Knaben, vmbgangen, vnd waß vnrichtigs, angebracht (gemeldet) werde. Dardurch Künfftige stritt, vnnd Irrungen vorzukommen wie wier dann wöllen, daß diesse Ordtnung Jdeß Orts im Jahr, vffs wenigst, ein oder: zwejmahl offentlichen vor der gemeint verlessen, vnd also meiniglichen Kundt gethan werden sollenn.

Wir behalten auch vnnß, vnseren nachkommen hiemit beuor, die Ordtnung zue mindern, zu mehren, oder gar ab zu thun, oder new auffzurichten etc.

Zue Vrkhunth haben wir vnser Secret, zu endt ufftruckhen lassen Geben in vnser stat würtzburg Montags denn 18 Martij, nach Christi vnsers Lieben Herren vnnd Seeligmachers geburdt funffzehen Hundertt fünff vnndt Achtzigsten Jahrs.

Anhang 3

Steinsetzerordnung Mainstockheim
vom 4. März 1586
aus dem Siebnerbuch (Protokollbuch)
A S. 29 ff, im Besitz der Feldgeschworenen
(begonnen 1579)
(Mainstockheim war im 16. Jh. Ganerbenort; 11 Herren teilten sich in die 157 Untertanen.)

(S.29)

Ordtnung der Steinsetzer alhie zu Mainstockheim, wie es hinfüro damitt gehalten werden soll

Wir Schuldtheissen Burgermeister vnnd Rath alhie zu Mainstockh., Bekennen vnnd thuen kunth Jedermeniglich hiemit vnnd in Crafft dis. gemein Buechs, Nachdem vom Alters bißhero die Steinsetzer bey vns kein beschrieben Ordtnung gehabt, auch waß sie bey Ihren vorfahren oder den altten funden nicht schrifftlichen außweisen können, vnnd sich aber doch offtmalß Inn etlichen fellen stritt vnnd Irrung zugetragen, das also ernante Steinsetzer verursacht vnd Im gehalttenen Rath vor unß erschinen, alß die Erbarn vnd Achtbarn Herrn Johann Strölein Marggräuischer Schuldtheiß. Georg Knauer. Claußß Vlrich vnd Linhardt Bauer deß Raths, dann Hannß Schermesser alle funff Innwoner vnnd der Zeit verordtnete vnnd geschworne Steinsetzer zu mehrvermelttem Mainstockheim, vnnd vnns wz sie für beschwerung, etliche punctten vnnd Artickel schriefftlich furbracht vnnd vbergeben, darneben dinstlich gebettenn,

(S.30)

dieselben zuermessigen vnnd zuerwegenn, vnndt was hierInnen gebilligt, verglichen vnnd eingangen wurdt, das selbig alß dann zu mehrer Confirmation In das Gemain vnndt Steinsetzer Buch einuerleiben, vnnd vor offener mahl verlesen lassen. Dieweil dann wir Schultheissen Burgermeister vnndt Rath solch Ihr der Steinsetzer beschwerung, vnd nit vnbillichs begehrn Angehöret, Haben wir dertwegen allso vnnd zuerhaltung guetter pollicey vnnd Ordtnung des gemeinen fleckens allhie zu Mainstockheim, solches für vnnd weder die Handt genommen, vnnd vnß mitt Ihnen vff das genawest verglichen, auch solche vergleichung weß wir Hier Innen mitt einander getroffen, Inn Nachuolgende punctten vndt Artickel bringen, vnndt mehrer bekrefftigung Inn das gemein vnndt Steinsetzer Buch schreiben lassen, darbey es dann hinfüro bleiben vnnd darwider nicht gehandelt werden soll, sondern solches stett vest vnd vnuerbruchenlich zu halten. vnndt welcher Hieruber einen oder mehr puncten, vbertretten, vnnd sich strefflichen erfinden lassen wurdt, gegen deme soll man mitt der gebürlichen, ernstlichen vnnd vnnachlessigen straff vnnd Bueß verfahren. Darnach sich Meniglich zurichten vnd vor schaden zuhueten. Geben vnd geschehen den 4 Marty Anno . . 86.

(S.31)

Verzeichnus der Puncten vnd Artickel.

Erstlich.

So sindt die Steinsetzer schuldig Jehrlichs vmb S. Heiligen Creutztag, drey tag zugehen, vnd uff dem feldt vff Hiegiger Marckung stein zusetzen wo man Ihrer bedarff.

Zum Andern.

Was die Hoffmarckung vnnd die vnzimliche winckel anlangt, dieselbigen zubesichtigen vnnd Steinsetzen, dessen die Steinsetzer alteglich gewertig sein mussen, sollen die Jenigen so Stein setzen lassen wollen, vnndt es angehet, zuuor die winckel sauber außraumen vnnd sich sonsten auch mitt einander vergleichen, dann do sie erfordert vnnd nichts außrichten wurdten, soll Ihre belohnung gleich so wol fort gehen, alß wann sie es verricht hetten, vnnd Ist vonn einem Neuen stein 24 d vnnd vonn einem altten zuheben vndt auffzurichten 48 d.

(S.32)

Zum Dritten.

Das alt Herkommen betreffendt wann Ihr zwen strittig sindt vff dem feldt, Ist die satzung den Steinsetzern ein Mahltzeit mitt sampt einer fruesuppen zugeben, vnnd der Jenige soll solches betzalen, so hernach vnrecht hat, was die Bueß anlangend Ist die Bueß der Steinsetzer, was aber die Hohe Bueß belangt, sollen sie mitt eines Erbarn Raths wissen vnnd willen handelnn.

Zum Viertten

Wann die Steinsetzer drey tag gehen wie vor alltters herkommen, sollen sie macht haben die wegstain zuöffnen, vnnd die straff oder Bueß daruon einnemen, Auch haben sie macht, die stain vffzurichten vnnd zusetzen, ob gleich die partheien nicht entgeg.. sindt. vnd Ihrer belohnung dauon fodern (?) zulassen was aber die schutt vber die stein, vnnd das wegausstechen betrifft, behelt ein Erbarn Rath Ihnen beuohr.

(S.33)

Zum funfften.

Was ferner das Steinsetzen belangendt, Ist Ihnen gesetzt worden, vonn einem Neuen stein zwölff pfennig, vnndt vonn einem altten zuheben vnd zusetz.. 24. d. vnnd wann die Steinsetzer vff die walstatt gefurth werden, sollen sie die partheien frag.. ob sie keinen stein wissen, do nun beede partheien sagen sie wissen keinen, vnnd daruber neue stein gesetzt werden, vnnd hernach vber kurtz oder lang ein altter stein gefunden wurdt, so soll der Neue stein crafftloß vnnd nichtig sein, Jedoch wann erst hernach die altten gefunden vnnd auffgewisen wurden, vnndt solche gefehrlicher vnndt muetwilliger weiß waren verhalten worden, soll der Jenige vmb xx (Pfund) Bueß mit sampt der leibs straff ernstlich vnnachlessig verbuest werden, doch soll einem Erbarn Rath vnnd den steinsetzern die Bueß Jeder zeit nach gelegenheit der sachen hierin zu mehren vorbehaltt. . sein, vnnd solche obgemeltte Bueß soll einem Erbarn Rath halb vnd dann den Steinsetzern dz ander halb theil gebüren.

(S.34)

Zum sechstenn.

Wann die Steinsetzer vff die walstatt gefurth werden, vnnd bede partheien mit einander strittig wurden, das also sie damals nichts außrichten, so sollen sie gleich so wol den gang nicht vmbsonst gethan , sondern Ihren lohn alß wann sie etwas außrichten haben, wie dann bey dem andern Artickel der Hoffmarckung halber, auch vermeldt worden. vnnd ist deß Knechts belohnung Jedes mahls so offt er die Steinsetzer zusammen beruefft ix d.

Anhang 4

Siebner-Ordnung für die Marksgrafschaft Ansbach vom 26. Mai 1746

Abdruck aus Johann Philipp Heuber, Real-Index der Landes-Constitutionen und Ordnungen im Fürstentum Brandenburg-Ansbach; Schwabach 1784

1. Ein Siebner-Gericht besteht aus 7. Personen. Bey deren Wahl ist auf Redlichkeit, Gottesfurcht, untadelhaften Wandel und Kundschaft derer Felder und Markungen wohl zu reflektiren, und ist der erwählte mit dem in der Ordnung vorgeschriebenen Eyd zu belegen.
2. Denen Neuerwählten und verpflichteten sind von denen Märkern und Steinern, alle Geheimnisse des Schieder- und Steiner-Amts, zu eröffnen, ratione der Zeichen und anders, mit dem Unterscheid, was ein Fraisch- Wildbahns- Hut- Zehend- Markungs, und anderer - gemeiner Lager-Stein oder Laufer seye: Da dann, nach eingenommener Kundschaft ein jeder solches in geheim und bis in sein Grab verschwiegen, zu halten, und bey hoher Straf niemand davon, außer gnädigster Herrschaft und dero Beamten, das geringste zu entdecken, oder zu weisen gehalten ist.
3. Die Siebnere haben alle Frühling und Herbst-Zeit die Mark-Steine zu visitiren, und alle Markungs-Stritt, Irrungen und Mängel auszumachen, bey einem Anstand aber das vorgesetzte Amt zu Hülfe zu rufen. So oft dieses geschieht, ist der Gemeind, 8. Tage vorher, solches kund zu machen, damit die Leuthe die Mark-Steine aufdecken, bey Straf 2. kr. von jedem Stein.
4. Ohne der Partheyen Beyseyn, und Vorwissen des Amts, sollen keine Steine gehoben, gesetzet oder verändert werden. Woferne aber die Sache der Siebner-Eltern oder Kinder, Geschwistrigte, sonsten aber keine Freundschaft vorbehalten, belangen thäte, soll derselbe bis die Markung geschehen, abtretten, und an dessen Statt, ein benachbarter Feld-Schieder, disseitigen Gerichts, dazu genommen werden.
5. Ist kein Stein zu heben, oder neu zu setzen, es wären dann 3. 5. oder 7. Siebnere, nach Beschaffenheit oder Wichtigkeit, zugegen. Wann die Sache von Importanz und Wichtigkeit wäre, solchenfalls sollen Steiner von dem nächsten Kirchspiel dazu gezogen werden, wobey sie dann, für ihren Lohn, von jedem in dem Feld gelegten Zeugen, bey Setzung der Stein, 8. kr. auf der Stell, ohne vorher von dannen zu gehen, bekommen sollen. Da sie hingegen, ausser dem Amt irgend wohin verlanget werden, sind ihnen, ausser deme noch, für Zehrung und Versäumniß, täglich 56 1/3 kr. einem jeden, insbesondere zu bezahlen. Doch haben sie sich ohne Erlaubnis des Amts, anderswärts für sich nicht bestellen zu lassen.

6. Bey Straf 3. fl. soll kein Siebner den andern Lügen strafen, oder an seinem ehrlichen Nahmen angreifen.
7. Bey vornehmender Steinsetzung sollen beede Partheyen, wann ein Stein wirklich gehoben wird, wenigstens ein hundert Schritte weit, davon entfernt bleiben.
8. Wer einen Mark-Stein aus Bosheit ausgräbt, umwirft, ausackert oder anders wohin versetzet, und dessen überführet wird, der soll, nach der Peinlichen Hals-Gerichts-Ordnung, Art. 141. peinlich gestraft werden.
9. Wer einen Stein unvorsetzlich und unversehens umfährt, oder verletzet, muß solchen auf seine Kosten wieder setzen lassen.
10. Wenn einer den andern, über Rain oder Stein überbauet, überzäunet, übermähet, überschneidet, umackert, übergräbet, der soll 6. fl. Straf und alle Schäden und Kosten zu zahlen, schuldig seyn; Es wäre dann, daß er solches nicht mit Wissen und Vorsatz gethan, welchenfalls er mit keiner Strafe zu belegen ist.
11. Da jemand die Siebnere, ungebührlicher weis, Markenshalber, schändet oder schmähet, derselbe ist mit 6. fl. Straf zu belegen.

26. May 1746.

Anhang 5

Eine kleine Auswahl aus der Literatur des 16. bis 18. Jahrhunderts über Grenzmale und Steinsetzer

Nach der Erfindung des Buchdrucks erschienen bald auch mehrere Lehrbücher zur Vermessungskunde, damals Geometria practica oder einfach Geometria genannt. Soweit die Autoren um ein höheres wissenschafliches Niveau bemüht waren und sich an eine übernationale Leserschaft wandten, oder Astronomie mit einbezogen, bedienten sie sich bis weit über das 17. Jahrhundert hinaus der lateinischen Sprache. Für breitere Volksschichten wurden Schriften in Deutsch abgefaßt. Für Italien hat Evaristo Luciano Werke dieser Literaturgattung in seinem Buch Geschichte der Agrimensoren und Geometer von ihren Anfängen bis 1900 zusammengestellt (Rom 1966 italienisch, deutsche Übersetzung 1978). Einige deutschschreibende Autoren der frühen Neuzeit sind angeführt von Volker Bialas in Praxis Geometrica (München 1970) und in Erdgestalt, Kosmologie und Weltanschauung (München 1983) sowie von Kurt Kröger in Das Vermessungswesen im Spiegel der Hausväterliteratur (Frankfurt a. M. 1986). Lateinisch geschriebene Werke blieben in diesen Publikationen unerwähnt.

Der Lehrstoff der frühneuzeitlichen »Traktate« über die Feldmessung umfaßte bis über das 17. Jahrhundert hinaus vornehmlich die Längenmessung, die indirekte Bestimmung von unbegehbaren Strecken und von Höhen sowie die Planlegung der gemessenen Grundflächen. Dazu kamen Fertigkeiten in der Arithmetik einschließlich Bruchrechnen und Auflösen von Quadratwurzeln (Adam Riese 1487 – 1567). Im übrigen kam man mit heute sehr umständlich anmutenden Rechenabläufen aus; Algebra und trigonometrische Funktionen waren damals noch rein akademische Bereiche. Die Verschmelzung von algebraischen und geometrischen Gesichtspunkten war eine Errungenschaft des 17. Jahrhunderts (Descartes 1596 – 1650), deren praktische Anwendung in der Feldmessung noch hundert Jahre auf sich warten ließ. Die Feldmessung begann als Nebenberuf, die Feldmesser waren keine »Mathematici«.

Die seinerzeitigen Monographien über »praktische Geometrie« (= Feld- und Landmessung) enthalten über Grenzvermarkung und beeidete Grenzsteinsetzer so wenig Informationen wie die modernen Lehrbücher der Vermessungskunde. Hingegen widmet die sogenannte »Hausväterliteratur« gelegentlich auch einige Seiten den Themen Feldmessung und Grenzvermarkung. Diese Literaturgattung wendet sich belehrend an den Hausbesitzer und an den Land- und Forstwirt von überdurchschnittlichem Bildungsstand, um diesem Personenkreis das praktische, ökonomische, juristische und technische Wissen zu vermitteln, das einem »Hausvater« im Alltag und bei den verschiedenen Gelegenheiten des Lebens zunutze sein könnte. Die Hausväterliteratur brachte – nach einigen Vorläufern – in der Zeit nach dem 30jährigen Krieg eine Anzahl umfangreicher Werke hervor. Eine Übersicht ist in Wilhelm Abel, Geschichte der deutschen Landwirtschaft (Bd. 3 S. 168-172, 208-210; Stuttgart 1978) enthalten. Als das bekannteste Werk gilt das Buch des Franziskus Philippus **Florinus** über den »Klugen und Rechts-verständigen Haus-Vatter« (Nürnberg 1702, mehrere Auflagen). Es enthält eine Vermessungskunde (2. Buch Kap. 50 ff), damit der Hausvater die Arbeiten des Feldmessers kontrollieren könne, sowie längere Ausführungen über Grenzvermarkung (Kap. 55, diese abgedruckt in Zeitschr. für Vermessungswesen 1883 S. 257).

Für die vorliegende Arbeit konnte aus der Hausväterliteratur zwar einiges weniges mit herangezogen werden. In der nachfolgenden Literaturaufstellung sind diese Autoren jedoch nicht mit aufgezählt, weil sie bei Kurt Kröger (Das Vermessungswesen im Spiegel der Hausväterliteratur, Frankfurt a. M. 1986) schon ausführlich behandelt wurden. Ergiebiger waren Schriften über Grenzrecht, Territorialrecht, Nachbarrecht, Gerichtsorganisation und verwandte juristische Themen. Im Folgenden wird eine kleine Auswahl aus den wichtigsten dieser Werke bis zum Ende des 18. Jahrhunderts ohne Anspruch auf Vollständigkeit vorgestellt. Hierzu soll jedoch angemerkt werden, daß erst die Auswertung einer Unzahl städtischer und ländlicher Rechtsquellen das Geschichtsbild der Grenzvermarkung und der beeideten Grenzsteinsetzer entstehen ließ. Die nachfolgend aufgeführten Titel sind chronologisch geordnet.

Hieronymus **de Monte** (Brixiensis = von Brescia): Tractatus de finibus regendis civitatum, castrorum ac praediorum, tam urbanorum, quàm rusticorum, & pro dirimendis iureq; iudicandis eorum litibus, atque controversijs fetilissimus, vtilis, & pernecessarius; (latein.); Venedig 1574
Das Buch berichtet in Kap. 17 und 18 über Vermarkung und über Verzeugung der Grenzsteine. De Monte bezieht sich dabei auf frühere Schriftsteller.

Rutger **Ruland** (1568 – 1630): De commissariis et commissionibus camerae imperialis, probationis receptum concernentibus; Frankfurt a. M. 1597
Ruland arbeitete am Reichskammergericht Speyer, dann in Hamburg. Seinem Buch ist eine Schrift des lothringischen Rats de Lescut aus Nancy von 1540 beigegeben, in der es heißt: Commissarii sollen beim Heben von Grenzsteinen 6 oder 7 Schritte beiseitetreten und die »lapilli« nicht beschauen.

Andreas **Knichen** (1560 – 1621); Staatsrechtler: De sublimi et regio territorii iure synoptica tractatio; (latein.); Frankfurt a. M. 1600
Von besonderem Interesse sind die Darlegungen über die Verzeugung der Grenzsteine und über die Strafe für Grenzsteinfrevler.

Jo(h)annes **Oetinger,** auch **Oettinger** (1577 bis 1633), geb. in Nürnberg, Studium in Wittenberg, seit 1600 im Dienste der württembergischen Kameralverwaltung, mit dem Titel Geograph: Tractatus de jure et controversiis limitum; ac finibus regundis. Oder Gründlicher Bericht / Von den Gräntzen und Marcksteinen / wie durch dieselbe der Königreich / Landschafften / Fürstenthum/ Bistumen / Graff- und Herrschafften: Item der Städt / Klöster / Schlösser / Dörffer / Höfe und Feldgüter Gebieth / Weydreichin / Marckung / Zwing

und Bänn / nach Außweisung der gemeinen Rechten / und eines jeden Lands Gewonheit / unterschieden / eingesteint / und die darauß entstehende Nachbarliche Stritt und Mißverständ / erörtert und beygelegt werden sollen; 1. Aufl. posthum 1642
Oetingers Abhandlung stellte für 80 Jahre ein Standardwerk dar, bis sie von dem Buch des Altdorfer Professors J. J. Beck (siehe unten) abgelöst wurde, das zumindest streckenweise ein Plagiat von Oetingers Werk darstellt. Text deutsch, Anmerkungen noch lateinisch, für den Gelehrten bestimmt. Oetinger behandelt alles, »was von den Gräntzen und Marckungen zu wissen von nöthen / und wie die Richter / Untergänger und Partheyen in fürfallenden Stritten procedieren, auch die Amptleuth ihrer Herrschafften Recht und Gerechtigkeit handhaben sollen«. Oetingers Absicht war es, durch die Wahl der deutschen Sprache eine Lücke im Schrifttum zu schließen für die Unterrichtung der »Landscheider, Untergänger und Feldmesser«, aber auch für »Stadtrichter und Amptleuth«. Zur Dreiecksberechnung verweist er auf das amtliche bayerische »Tractat vom Feldmessen«, München 1616, Teil 3 Kap. 13 und 17 (siehe hierzu Mitteilungsblatt des Dtsch. Vereins f. Vermessungswesen LV Bayern 1991 S. 415).
Über Person und Leistung Oetingers siehe Ruthardt Oehme, Johannes Oettinger 1577 bis 1633, Geograph, Kartograph und Geodät; in Veröffentl. der Kommission für geschichtliche Landeskunde in Baden-Württemberg, Reihe B 103. Bd; Stuttgart 1982.

Johann Nicolaus **Myler von Ehrenbach** (1610 – 1677), Staatsrechtsgelehrter: De jure Mensurarum, Ponderum, Ulnarum, Molarum inspiciendarum; (latein.); Tübingen 1668, 2.Aufl. 1686
Das Buch befaßt sich u. a. auch mit Grenzfragen und mit den Strafen für Grenzsteinfrevel.

Ahasverus **Fritsch** (1629 – 1701): De jure universitatis agrorum. Vom Flur-Rechte; Jena 1670
Fritsch, Jurist, stand im Dienste des Fürsten von Schwarzburg-Rudolstadt. Die Liste seiner historischen, juristischen (Staats- und Verwaltungsrecht) und geistlichen (Morallehren) Schriften enthält an die 300 Titel. Obiges Traktat berücksichtigt den Raum Thüringen-Magdeburg, es ist im Anhang II des Werkes von J. J. Beck (siehe unten) abgedruckt. Fritsch schöpfte aus dem Thesaurus Practicus des Christoph **Besold** (1577 – 1639), Rechtslehrer in Tübingen, später in Ingolstadt; Der Thesaurus erschien posthum 1659 in Nürnberg.

Anton Wilhelm **Ertel (Ertl) von Lebenburg** (1654 – 1715?), Jurist, Rat und Syndikus der Reichsritterschaft in Schwaben: Güldene Praxis von Anschlag, Taxation und Schätzung aller hochgültigen Land-Güter; Nürnberg 1701 (1.Aufl. 1682); wesentlich vermehrte Aufl. (Praxis aurea) Augsburg 1715
Weitere Daten in Kurt Winschiers, 500 Jahre Vermessung und Karte in Bayern, MittBl des Deutschen Vereins f. Vermessungswesen LV Bayern Sonderheft 2/1982 S. 55

Philippus Helfricus **Krebs** (1689 – 1723): Tractatus Politico-Juridicus de Ligno & Lapide; Frankfurt a. M. 1700
Das sehr umfangreiche Buch des hessischen, dann braunschweig-lüneburgischen Rats über Holz und Stein geht auf 35 Seiten (179-213) auch auf das Setzen der Marksteine (lapides finales) ein. Seiner Herkunft entsprechend berücksichtigt Krebs vornehmlich das Brauchtum in Hessen und Niedersachsen. Im übrigen hält er sich an Oetinger.

Martinus **Pegius:** Drey Bücher von Dienstbarkeiten; Frankfurt und Leipzig 1718
Nachbarrecht, Grenzabstand, Sollbreite von Straßen

Johannes Jodocus **Beck** (1684 – 1744), Professor an der Universität Altdorf (bei Nürnberg): Tractatus de Jure Limitum. Von Recht der Gränzen und Marksteine; Nürnberg und Frankfurt 1722
Becks Traktat wurde für das 18. Jahrundert zum Standardwerk über Grenzrecht, wozu auch der Rang des Verfassers beigetragen haben mag. Das Buch brachte es auf mehrere Auflagen. Beck übernahm viel aus Oetinger, reicherte das Buch jedoch aus seinem Fachwissen und aus der nach Oetinger erschienen Literatur noch erheblich an.

Johann Friedrich **Polack** (1700 – 1772): D. Professor und Matheseos Ordinarius an der Universität Frankfurt a. d. O.: Mathesis Forensis, oder Entwurf derjenigen mathematischen Wissenschaften, welche ein Rechts-Gelehrter in Beurteilung und Entscheidung vieler rechtlichen Fälle als Berechnungen, Gräntz-, Bau- und anderen Streitigkeiten unentbehrlich nötig hat. – Mit dazu gehörigen Kupfern; Leipzig 1743

Heinrich **Hildebrand** (1668 – 1729), Professor jur. in Altdorf: Dissertatio Juridica de Diversitate Lapidum Finalium eorumque Jure. Von Unterschied der Grentz- und Marck-Steine und deren Befugnis; Altdorf 1741 (posthum)
Kompilation aus der vorhandenen Literatur, kaum neue Gesichtspunkte.

Polycarp **Leyser,** auch **Lyser** (1690 – 1728), Specimen tabularum progonologicarum Aug. Reg. Georgii I., majores aliquos, imperatores maxime et reges sistentium

Johann Georg **Estor** (1699 – 1773), Jurist in Marburg: De terrarum partitionibus illustrium Germanorum inter se, praesertim ea, quae vocatur Todtheilung, illarumque effectis, quod ad successionem; Marburg 1746. Bürgerliche Rechtsgelehrsamkeit; Marburg 1757

Christian Gottlob **Haltaus** (1702 – 1758), Rechtshistoriker und Sprachforscher: Glossarium Germanicum medii aevi maximam partem e diplomatibus . . adornatam; Leipzig 1758
Lexikalische Darstellung der älteren deutschen Rechtssprache nach den Urkunden; ein wichtiges Nachschlagewerk.

Johann Baptist **Roppelt** OSB (1744 – 1814): Praktische Abhandlung von den Gränz-Zeichen; Coburg 1775
Der Benediktinerpater in Kloster Banz (nördlich von Bamberg), Mathematiker und Topograph, fertigte Karten des Klosterbesitzes sowie des Hochstifts Bamberg. Seine Abhandlung über die Grenzzeichen war zunächst als Leitfaden für die Märker des Klosters geschrieben und fand dann bei dem Fehlen von derartiger geeigneter Literatur weite Verbreitung. Das Lehrbuch, von einem Praktiker für die Praxis verfaßt, unterrichtet auch in Geometrie und Messungskunde, soweit diese Kenntnisse für einen einfachen Märker als erforderlich erschienen.

Friedrich Christoph Jonathan **Fischer** (1750 bis 1797), Publizist und Kulturhistoriker: Versuch über die Geschichte der teutschen Erbfolge 2. Bd.; Mannheim 1778
Das Buch enthält eine Anzahl interessanter Untergängerordnungen aus dem Raum um Stuttgart, ohne Datierung ihrer Niederschrift.

Ludwig **Voch,** Ingenieur und Architekt: Anwendung der praktischen Geometrie bey Streitigkeiten auf dem Lande, welche bey Theilung der Güter, der Alluvionen, und des alvei derelicti und dergleichen vorfallen. Auch ist von der Servitut, den Fußsteigen, Triebwegen, und Straßen, von den Wasserleitungen, von den Gränzen, und wegen Berechnung der Berge das Nöthigste abgehandelt; Augsburg 1780

Johann Jakob **Hock,** kurfürstl. Haingerichtsfiskal in Eltville: Abhandlung von Versteinungen, Beschreibungen, Verzeichnungen und Beziehungen der Gränzen zum Gebrauch eines Beamten und Geometers nach angewandten rechtlichen und mathematischen Grundsätzen; Mainz 1789
Langatmige, wortreiche Ausführungen, wie man eine Grenze, insbesondere eine Landesgrenze bestimmt, vermarkt, aufmißt (Längen und Winkel), in Karten darstellt und beschreibt. Zuständigkeitsfragen.

Friedrich Heinrich Maximilian **Kersten:** Praktische Anweisung für Gerichtsverwalter und Dorfgerichtspersonen; Leipzig 1792
Dorfgerichtsbarkeit; Flurbuch, Feldmesser, Steinsetzer

Nicht unerwähnt bleiben soll als wichtiges Nachschlagewerk: Johann Heinrich **Zedler** (1706 – 1763): Universal Lexicon aller Wissenschaften und Künste, welche bißhero durch menschlichen Verstand und Witz erfunden und verbessert worden . . .; Halle und Leipzig 1732 – 1754, Reprint Graz 1962 – 1964

Literatur und Anmerkungen

Literatur zu Abschn. A. 1.1

(1) Ursula Seidl, Die babylonischen Kudurru-Reliefs; in Baghdader Mitteilungen Bd. 4, Berlin 1968; S. 7/219
(2) U. Seidl aaO 72
(3) U. Seidl aaO 73
(4) J. A. Brinkmann in Reallexikon der Assyriologie und vorderasiatischen Archäologie Bd. 6, Berlin 1980; S. 267
(5) Franz X, Steinmetzer, Die babylonischen Kudurru (Grenzsteine) als Urkundenform; Studien zur Geschichte und Kultur des Altertums, im Auftrage und mit Unterstützung der Görresgesellschaft Bd. 11 Heft 4 und 5; Paderborn 1922, Nachdruck 1968; S. 97
(6) L. W. King, Baylonian Boundary-Stones in the British Museum; 2 Bände, London 1912
(7) Ursula Seidl in Reallexikon der Assyriologie und vorderasiatischen Archäologie Bd.6, Berlin 1980; S. 276
(8) F. Steinmetzer aaO
(9) F. Reschid/Cl. Wilke, Ein »Grenzstein« aus dem ersten (?) Regierungsjahr des Königs Marduk-šāpik-zēri; in Zeitschrift für Assyriologie und vorderasiatische Archäologie 65/I, 1975, 34
Abbildung des Kudurru (datiert um 1082 v. Chr.) im Katalog der Ausstellung »Der Garten in Eden. 7 Jahrtausende Kunst und Kultur an Euphrat und Tigris«, Prähistorische Staatssammlung München 1979, S. 165

Literatur und Anmerkungen zu Abschn. A. 1.2

(1) F. Ll. Griffith, The Teaching of Amenophis the son of Kanakht, Kap.6; in The Journal of Egyptian Archaeology 12; London 1926; S. 204; im Lexikon der Ägyptologie als »Lehre des Amenemope« bezeichnet und der 20. Dynastie (1186 bis 1070 v. Chr.) zugeordnet.
(2) Wolfgang Helck, Zur Verwaltung des Mittleren und Neuen Reichs, 3. Bd. von Probleme der Ägyptologie, herausgeg. von Hermann Kees; Leiden-Köln 1958; S. 89, 119
Mitteis/Wilcken, Grundzuge und Chrestologie der Papyruskunde Bd. 1; Leipzig-Berlin 1912; S. 270
(3) Hermann Kees, Raumordnung und Landplanung im alten Ägypten; in Forschungs- und Sitzungsberichte der Akademie für Raumforschung und Landesplanung Bd. 10; Bremen 1958; S. 19
(4) W. Helck aaO S. 105
(5) Wolfgang Schenkel, Die Bewässerungsrevolution im Alten Ägypten; Mainz; S. 49
(6) Dorothy J. Crawford, KERKEOSIRIS: Cambridge 1971; S. 5
(6a) Die Kataster wurden jährlich aktualisiert – Mitteis/Wilcken aaO S. 176
(7) D. Crawford aaO S. 12
(8) D. Crawford aaO S. 6
(9) W. Schenkel aaO S. 25
(10) D. Crawford aaO S. 36
(11) Wolfgang Helck in Lexikon der Ägyptologie II, 150 ff, 897
(12) siehe z. B. James Henry Breasted, Ancient Records of Egypt vol. I; Chicago 1906
(13) Walther Wolf, Das alte Ägypten; dtv; S. 205
Text der Inschriften siehe Wolfgang Helck, Urkunden der 18. Dynastie; Berlin 1961; Nr. 509
(14) W. Wolf aaO S. 83, 196
Rowińska/ Winnicki, Staatsausdehnung . . .; in Zeitschr. für Ägyptische Sprache und Altertumskunde 2/1992 S.130
Jozef M. A. Janssen, The Stela (Khartoum Museum No. 3) from Uronarti; in Journal of Near Eastern Studies vol. XII; Chicago 1953; S. 51
(15) F. Griffith aaO
(16) Proverbia 17-23
(18) Hermann Kees, Kulturgeschichte des Alten Orients 1. Abschnitt Ägypten; München 1933; S. 224
(18) W. Helck aaO (2) S. 138

Literatur und Anmerkungen zu Abschn. A. 1.3

(1) Psalm 74, 17
(2) 5 Mose 32, 8
(3) 1 Mose 10, 19; 2 Mose 23,31; 4 Mose 34, 2-12; 5 Mose 3, 16-17; 5 Mose 11, 24; Josua :1, 4; 12, 1-5; 15, 17; Hesekiel 47, 15-20 und andere
(4) 2 Mose 34, 24; 5 Mose 12, 20
(5) 4 Mose 35, 10 ff; Josua 12-19; Josua 22, 25
(6) 5 Mose 19, 14; 27, 17; Job 24, 2; Sprüche 15, 25; 22, 28; 23, 10 Hosea 5, 10
(7) 1 Mose 28, 18

(8) 1 Mose 31, 51-52; 35, 14
(9) 1 Mose 31, 45-52
(10) Josua 4, 20-22,
(11) Josua 24, 26-27
(12) 1 Könige 7, 12

Literatur und Anmerkungen zu Abschn. A. 2.1

(1) Homer, Ilias 12, 421-423 in Wolfgang Schadewaldts »neuer Übertragung«, 2. Aufl.; Frankfurt a. M. 1977
In der Übertragung von Johann Heinrich Voß (1793) lautet die Stelle wie folgt:
». . . wie zwei Landmänner die Grenz' einander bestreiten;
Jeder ein Maß in der Hand, auf gemeinsamer Scheide des Feldes,
Stehn sie auf wenigem Raum und zanken sich wegen der Gleichung.«

ἀλλ' ὥς τ' ἀμφ' οὔροισι δύ' ἀνέρε δηριάασθον,
μέτρ' ἐν χερσὶν ἔχοντες, ἐπιξύνῳ ἐν ἀρούρῃ
ὥ τ' ὀλίγῳ ἐνὶ χώρῳ ἐρίζητον περὶ ἴσης.

(2) John V. A. Fine, Horoi. Studies in Mortgage, Real Security, and Land Tenure in Ancient Athens; Hesperia Supplement IX (University of Princeton) Baltimore, Maryland 1951, S. 41 – mit näheren Angaben der Fundstelle
(2a) nach E. Hammer, Griechische Grenzsteine; in Zeitschr. für Vermessungswesen 1900 S. 563
(3) Ein Beispiel hierfür ist der Grenzstein aus der früheren makedonischen Hauptstadt Aigai, der nach der Entscheidung eines Grenzstreits durch den König Antiochos II. im 3. Jahrhundert v. Chr. an der Stadtgrenze gesetzt wurde; aus Kurt Kröger, Grenzsteine – Zeugen der Geschichte; in Steinkreuzforschung, Sammelband Nr. 14, Regensburg 1987 S. 5
(4) Nach Aristoteles, Der Staat der Athener 12, 4; übersetzt von Peter Dams, Reclam-Heft 3010
Siehe auch Ernst Wilhelm Eschmann, Solon; in Die 600 Großen, Bd.1 S. 254

συμμαρτυροίη ταῦτ' ἂν ἐν δίκῃ χρόνου
μήτηρ μεγίστη δαιμόνων Ὀλυμπίων
ἄριστα, Γῆ μέλαινα, τῆς ἐγώ ποτε
ὅρους ἀνεῖλον πολλαχῇ πεπηγότας,
πρόσθεν δὲ δουλεύουσα, νῦν ἐλευθέρα.

Siehe auch Fine aaO S. 181 ff
(5) Fine aaO S. 183
(6) Fritz Pringsheim, The Greek law of sale; Weimar 1950; S. 157-179, insb. S. 163
(7) Fritz Pringsheim, Griechische Kauf-Horoi; in Gesammelte Abhandlungen 2. Bd; Heidelberg 1961; S. 354
(8) Fine aaO S. 177
(9) Sonstige verwendete Literatur:
Moses J. Finley, Studies in Land and Credit in ancient Athens, 500-200 B.C The Horos-inscriptions; New Brunswick N.Y. 1952; Nachdruck New York 1973
Besprechungen der Veröffentlichungen von Fine und Finley durch Fritz Pringsheim in GNOMON 25 (1953), 223 sowie durch Hans Julius Wolff in Zeitschr. der Savigny-Stiftung für Rechtsgeschichte, Romanistische Abt. Bd. 70 (1953), 411
Paul Millet (University of Leicester), The Attic Horoi reconsidered in the Light of Recent Discoveries; in OPUS, Rivista internazionale per la storia economica e soziale dell'antiquità I, 1982; pag. 219; Neudruck New Brunswick 1986
Supplementum Epigraphicum Graecum XXXIV, Amsterdam 1987; Stichworte boundary stone und horos; siehe insb. Nr. 158
(10) Platon Nomoi (Gesetze) 8, 842; Übersetzung von Otto Apelt, Bd. 2; Leipzig 1916; S. 339
(11) Heron von Alexandrien, § 25 der Dioptrik

Literatur zu Abschn. A. 2.2

(1) Die Ausführungen über die Grenzvermarkung bei den Etruskern folgen vornehmlich dem Aufsatz von Roger Lambrechts, Les inscriptions avec le mot »tular« et le bornage etrusques. La terminatio etrusque; Istituto di studi etruschi ed italici; Biblioteca di studi etruschi 4; Florenz 1970, S. 81
(2) Blume/Lachmann/Rudorff, Die Schriften der römischen Feldmesser I (lateinisch); Berlin 1848
(3) Lambrechts aaO S. 89
(4) Übersetzung aus Hans Lorenz Stoltenberg, Die wichtigsten etruskischen Inschriften; Leverkusen 1956; S. 38
Wiedergabe der Inschrift in Corpus inscriptionum etruscarum; Leipzig 1893 ff; Nr. 4541

Literatur und Anmerkungen zu Abschn. A. 2.3

(1) Paulys Real-Encyclopädie der Classischen Altertumswissenschaft 12, 1; Stuttgart 1925; vox »leges agrariae«, Sp. 1150
(2) Dionysos von Halikarnassos, Römische Altertumskunde, 2, 74
(3) Siculus Flaccus, De conditionibus agrorum et constitutione limitum (2. Jahrhundert n. Chr.); ebenso bei Hyginus und Aggenius Urbicus
(4) Moritz Benedikt Cantor, Die römischen Agrimensoren; Leipzig 1875; S. 79
(5) Aus der lateinischen klassischen Literatur ließe sich noch eine weitere Anzahl von Stellen angeben, in denen über den Grenzsteinkult geschrieben ist, z. B. Ovid Tristitia 50, 2, Vergil Aeneis 5, Tibull Elegien 1, 17

(6) Die älteste Handschrift des »Corpus agrimensorum«, auch »Gromatischer Codex« genannt, wird in das 6. Jahrhundert datiert. Die Handschrift befindet sich in der Herzog-August-Bibliothek in Wolfenbüttel. Die in Anmerkung (3) angeführten Schriftstellen sind diesem Codex entnommen.
siehe Blume/Lachmann/Rudorff, Die Schriften der römischen Feldmesser, 2 Bände; Berlin 1848, 1852; hier Bd. l Anlage
E. Stoeber, Die römischen Grundsteuervermessungen; München 1877; S. 47
(7) in den lateinischen Texten »botontini, bodones, botones, botontones«
(8) T. Brouwer, Grenspalen in Nederland; Zutphen 1978, S. 12
(9) Richard Zorn, Grenzsteine des Rhein-Main-Gebietes; Hofheim 1931, Nachdruck 1982; S. 4
(10) Siculus Flaccus aaO
(11) Focke Tannen Hinrichs, Die Geschichte der gromatischen Institutionen (HabilSchr. Heidelberg 1972/73); Wiesbaden 1974; S. 190 Anm 102
(12) Hinrichs aaO S. 220
(13) Hyginus Gromaticus, De limitibus constituendis
(14) Eine umfassende, kritische Darstellung der römischen Centurien, die bisher in Italien, Nordafrika und Gallien untersucht wurden, bringt Ursula Heimberg, »Römische Flur und Flurvermessung«, in Untersuchungen zur eisenzeitlichen und frühmittelalterlichen Flur in Mitteleuropa und ihrer Nutzung; Abhandlg. der Akademie der Wissenschaften in Göttingen, phil.-histor. Kl., 3. Folge Nr. 115; Göttingen 1979; S. 141; ferner Walter Barthel, Römische Limitation in der Provinz Africa; in Bonner Jahrbücher 1911; S. 39
Adam Günther, Römisches Landmesserinstrument aus Koblenz; in Germania, Korrespondenzblat der Römisch-Germanischen Kommission 15 (1931); S. 271
André Caillemer/Raymond Chevallier, Die römischen Limitationen in Tunesien; in Germania 35 (1957); S. 45
(15) Pauly aaO siehe vox finis, limitatio, terminus
Blume/Lachmann/Rudorff, Die Schriften der römischen Feldmesser Bd. 2; Berlin 1852;
Carolus Thulin, Corpus agrimensorum Romanorum; Leipzig 1913
E. Stoeber, Die römischen Grundsteuervermessungen; München 1877
L. Meys, Die Vermessung des steuerpflichtigen Bodens bei den Römern; Zeitschr. f. VermWesen 1925 S. 60
Hinrichs aaO
Kai Brodersen (Herausgeber), Agrimensores, Die römische Landvermessung, Begleitheft zur Ausstellung 12. Juli bis 12. August 1991 in der Universität München, Institut für Alte Geschichte – mit zahlreichen LitAng.
(16) Blume/Lachmann/Rudorff aaO Bd. 2 S. 243
(17) Theodor Mommsen, Römisches Strafrecht; in Binding, Systematisches Handbuch der Deutschen Rechtswissenschaft 1, 4; Leipzig 1899; S. 822
(18) Hinrichs aaO S.173

Literatur und Anmerkungen zu Abschn. A. 3

(1) C. Julius Caesar, De bello Gallico IV, 3
(2) Heinrich Brunner, Deutsche Rechtsgeschichte; 1922; in Binding, Handbuch der deutschen Rechtswissenschaft II 1, 2; S. 232
(3) Johannes Hoops, Reallexikon der Germanischen Altertumskunde, Bd. 2; Straßburg 1915; S. 330
(4) Karl Siegfried Bader, Der schwäbische Untergang; Freiburger rechtsgeschichtliche Abhandlungen IV; Freiburg 1933; S. 11
(5) Otto Riedner, Altdeutsches Vermarkungs- und Vermessungswesen; in Zeitschrift für Vermessungswesen 1928, 319/320
(6) Bader aaO 6,7
(7) Monumenta Germaniae Historica, Leges Nationum Germanicorum; Tomi V Pars II Lex Baiwariorum I, 13
Das Ackermaß andecinga ist vermutlich fränkischer Herkunft, es kommt in wechselnder Schreibweise in verschiedenen fränkischen Texten und einem Sankt Gallener Text des frühen Mittelalters vor (Du Cange, Glossarium mediae et infimae latinitatis, tomus I, 1883; Mittellateinisches Wörterbuch, herausgeg. von der Bayer. Akademie der Wissenschaften, Bd. I, München 1967). Die andecinga wurde durch das von den Römern übernommene Juchart (jugerum, Joch), durch Morgen, durch das alemannische Tagwan (= soviel Land, als man in einem Tag gewinnen und bestellen kann), durch Tagwerk, Mannshauet und andere lokale Maße verdrängt (siehe von Alberti, Maß und Gewicht, Berlin 1957).
(8) Johann Andreas Schmeller, Bayerisches Wörterbuch; Neudruck 1985; S. 116
(9) Riedner aaO 326
(10) Evaristo Luciani, Geschichte der Agrimensoren und Geometer von ihren Anfängen bis 1900; Rom 1978; S. 121
(11) Charta pro monasterio Anisolensi; in Monumenta Germaniae Historica Diplomata Regum Francorum ex stirpe Merowingica Tomus 1 Nr. 2, herausg. von Heinrich Pertz, Hannover 1872
(11a)Im Jahre 567 wurde auf dem Konzil von Tours Steinanbetern das Betreten christlicher Kirchen

untersagt. 687 gebot das Konzil zu Nantes, die Jungsteinzeitlichen Menhire umzustoßen und an ihrer Stelle christliche Kapellen zu errichten.

(12) Chronicon Laureshamense; in Monumenta Germaniae Historica Scriptorum Tomus XXI pag. 347 siehe auch Oskar Bethge, Zu den karolingischen Grenzbeschreibungen von Heppenheim und Michelstadt i.O.; in Vierteljahresschrift für Sozial- und Wirtschaftsgeschichte 12 (1914) S. 71

(13) Günter Wich, Brückenau-Hammelburg; in Historischer Atlas von Bayern Teil Franken Reihe 1 Heft 23; München 1973; S. 15
Collard, Das fränkische Krongut Hammelburg; in Deutsche Gaue, Sonderheft 113; Kaufbeuren 1921

(14) Karl Dinklage, Würzburg im Frühmittelalter; in Mainfränkische Heimatkunde 3, Vor- und Frühgeschichte der Stadt Würzburg; Würzburg 1951; S. 63/122
derselbe, Burg und Dorf Würzburg; Jubiläums-Nummer des Würzburger General-Anzeigers vom 26. 05. 1933

(15) Reinhard Bauer, Die ältesten Grenzbeschreibungen in Bayern und ihre Aussagen für Namenkunde und Geschichte; Heft 8 der Reihe Die Flurnamen Bayerns; erweiterte Fassung der Dissertation an der Univ. München 1983; München 1988; S. 51, 54, 64

(16) R. Bauer aaO

(17) ebenda S. 90

(18) ebenda S. 100

(19) ebenda S. 75

(20) ebenda S. 149

(21) ebenda S. 128

(22) ebenda S. 115

(23) ebenda S. 172

(24) ebenda S. 267

(25) ebenda S. 174

(26) Theodor Haas, Alte Fuldaer Markbeschreibungen; in Fuldaer Geschichtsblätter, Zeitschrift des Fuldaer Geschichtsvereins, 10 (1911) S. 97, 145, 177; 11 (1912) S. 1, 49, 69, 81, 113, 159; 12 (1913) S. 177; 13 (1914) S. 33, 65, 81, 106, 113; 14 (1920) S. 27, 49, 75, 89

(27) Monumenta Germaniae Historica Leges sectio II tomi I Nr. 82, 10 pagina 178, Capitula ecclesiastica (810-813?)

(28) Matthias Thiel, Urkundenbuch des Stifts St. Peter und Alexander zu Aschaffenburg Bd.1: 861-1325; Aschaffenburg 1986; Urkunden Nr. 14 und 19

(29) Monumenta Germaniae Historica, Leges Nationum Germanicarum, Tomus V Pars II, Lex Baiwariorum XIII 1

(29a) Den im Nachfolgenden besprochenen Auszügen aus den Germanenrechten liegt der lateinische Originaltext der MONUMENTA GERMANIAE HISTORICA (MGH) auch insoweit zugrunde, als deutsche Übersetzungen verfügbar gewesen wären. – Rudolf Summer hat für seinen Beitrag über »Betrachtungen zu den Regelungen über Grenzen in den Germanenrechten« im Mitteilungsblatt des Dtsch. Ver. f. Vermessungswesen LV Bayern die fehlerhaften Übersetzungen in »Germanenrechte/Texte und Übersetzungen« der seinerzeitigen Akademie für Deutsches Recht (1934-1938) im Wortlaut unkritisch übernommen.

(30) Planitz/Eckhardt, Deutsche Rechtsgeschichte 2. Aufl.; Graz, Köln 1961; S. 33

(31) Karl von Amira, Die germanischen Todesstrafen; Abhandlung der Bayer. Akademie der Wissenschaften, philosoph.-philologische und historische Klasse, XXXI. Band 3. Abhandlung; München 1922; S. 44, 57, 71

(32) von Amira aaO S. 222

(33) Harald Siems, Flurgrenzen und Grenzmarkierungen in den Stammesrechten; in Untersuchungen zur eisenzeitlichen und frühmittelalterlichen Flur in Mitteleuropa und ihrer Nutzung; Abhandlungen der Akademie der Wissenschaften in Göttingen, phil.-hist. Kl. 3. Folge Nr.115; S. 267/269

(34) H. Siems aaO S. 281

(35) ebenda S. 268

(36) Planitz/Eckhardt aaO S. 36
von Amira/Eckhardt , Germanisches Recht II, S. 41

(37) solidus = von Kaiser Konstantin eingeführte Goldwährung; 1 solidus = 1/72 Pfund Gold, ab etwa 575 = 1/84 Pfund (1 Pfund = 372,45 g); 1 Goldsolidus später = 20 Silber-siliquae, 1/2 siliqua = 1 denarius. Diese Währung wurde über die Zeit der Völkerwanderung beibehalten, dann durch die Münzreform Karls des Großen abgelöst. Karl ließ aus 1 »Pfund« Silber 240 »Pfennige« schlagen. Als abstrakte Wertangabe und Recheneinheit diente der solidus/Schilling (ß) = 12 Pfennig = 1/20 Pfund; vgl. das frühere englische Währungssystem.
Für 1 solidus war ein einjähriges Rind oder ein Schaf mit Lamm zu erhalten

(38) Monumenta wie oben, Tomus I Leges Visigothorum X, 3, 2

(39) Monumenta wie vor X, 3, 3

(40) Monumenta wie vor X, 3, 4

(41) Otto Riedner aaO

(42) Monumenta GH, Leges Tomi III Pars II Lex Ribvaria 63

(43) budinae (altfranzösisch bonna) bzw. muduli = mutuli; aaO 59, 2

(44) Monumenta GH, Leges T V P I Leges Alamannorum Lex LXXXI

(45) Planitz/Eckhardt aaO 24
(46) von Amira/Eckhardt, Germanisches Recht II, Rechtsaltertümer; Berlin 1967; S. 150
(47) ebenda S. 161
(48) ebenda S. 173
(49) von Amira, Die germanischen Todesstrafen (wie oben) S. 71
(50) Monumenta GH Leges T. II P. I Leges Burgundionum XXXIX
(51) ebenda LV, 6
(52) Monumenta GH Legum T. IV, Edictus Rothari 236-241
(53) Monumenta GH Leges T.V. P. II Lex Baiwariorum XII 1 ff
siehe auch Konrad Beyerle, Lex Baiuvariorum; München 1926
(54) ebenda XVI 2
(55) Beispiele siehe J. Becker Dillingen, Quellen und Urkunden zur Geschichte des deutschen Bauern, Bd. 1; Berlin 1935; S. 486
(56) Ausstellungskatalog »Gerechtigkeit erhöht ein Volk«; Bayer. Hauptstaatsarchiv München 1990; S. 26
(57) Heinrich Dernburg, Pandekten 3. Aufl; Berlin 1892; 1. Bd. S. 27

Literatur und Anmerkungen zu Abschn. A. 4

(1) von Amira/Eckkardt, Germanisches Recht, Bd. I Rechtsdenkmäler; Berlin 1960; S. 156
(2) wie vor S. 160
(3) Karl August Eckhardt, Frankenspiegel-Studien; Witzenhausen 1923
(4) Hermann Ernst Endemann, Das Kayserrecht nach der Handschrift von 1372; Cassel 1846
(5) Georg Ludwig von Maurer, Das Stadt- und das Landrechtsbuch Ruprechts von Freysing. Ein Beitrag zur Geschichte des Schwabenspiegels; Stuttgart und Tübingen 1839
(6) Monumenta Germaniae Historica, Fontes Juris Germanici antiqui, nova series, tomus I, Sachsenspiegel II 28 § 2
Hans-Christoph Hirsch, Der Sachsenspiegel; Berlin und Leipzig 1936; S.194
(7) Monumenta Germanicae Historica, Sachsenspiegel II 50
(8) Monumenta wie vor tomus III 20 § 1, Deutschenspiegel und Augsburger Sachsenspiegel, II 163 § 3
(9) Monumenta wie vor, tomus V, Schwabenspiegel L 196
(10) Stadt- und Landrecht von Freising Teil 2 Kap. 43; von Maurer aaO S. 285
(11) Beispiele: Sachsenspiegel I, 63, Deutschenspiegel 89 § 1, 2: Zweikampf bei Treuebruch und Meineid in Ermangelung der für den Schuldbeweis erforderlichen 7 Zeugen
(12) Z. B. Stadt- und Landrecht Freising II 110: »Nyemandt ist gepundnn und dem andernn schuldig kampfes zu laistenn.«

Literatur und Anmerkungen zu Abschn. A. 5

(1) Fr. L. K. Weigand, Deutsches Wörterbuch, 5. Aufl; Gießen 1907; Sp. 765
(2) Friedrich Kluge, Etymologisches Wörterbuch; 19. Aufl., Berlin 1963
granića wird in den verschiedenen slawischen Sprachen in der Bedeutung Grenze, Grenzstein, aber auch Grenzbaum (Eiche) gebraucht; Erich Bernecker, Slavisches etymologisches Wörterbuch, 2. Aufl., Heidelberg 1924
(3) Niederländisch grens, schwedisch gräns, norwegisch grense, dänisch graense; in Island blieb das gemeingermanische mark in landamerki für Grenze erhalten (neben landamaerî).
(4) Erste kartographische Darstellung des bayerisch-böhmischen Grenzgebiets, Bayer. Hauptstaatsarchiv, Plansammlung 1427; Katalog der Ausstellung »Aus 1200 Jahren«, München 1979, Blatt 77
(5) Zum Bestand der Flurnamen sind nach dem 17. Jahrhundert nur wenige Neubildungen hinzugekommen.
(6) Amtliches Österreichisches Wörterbuch, 22. Aufl., 1964
Duden, Die Rechtschreibung der deutschen Sprache
(7) E. Bernecker aaO S. 386
(8) Johannes Oetinger, Tractatus de jure et controversiis limitum; Ulm 1667, 1, 2, 7; (1. Aufl. 1642)
(9) Jacob Grimm, Deutsche grenzaltertümer; in Abhandlungen der Kgl. Akademie der Wissenschaften zu Berlin 1845, 109/110
(10) Z. B. lex Baivariorum 13, 9
(11) Zitiert nach Benno Hubensteiner, Bayerische Geschichte; 5. Aufl., München 1965, S. 89
(12) Wie (9); siehe ferner Jacob und Wilhelm Grimm, Deutsches Wörterbuch; Neudruck 1983; Bd. 12 Sp.1633
(13) Ruth Schmidt-Wiegand, Marca. Zu den Begriffen »Mark« und »Gemarkung« in Leges barbarorum; in Untersuchungen zur eisenzeitlichen und frühmittelalterlichen Flur in Mitteleuropa und ihrer Nutzung, Teil 1, Abhandlungen der Akademie der Wissenschaften in Göttingen, Phil.-hist. Klasse, 3. Folge Nr. 115; 1979; S. 74/76
(14) Ingomar Bog, Dorfgemeinde, Freiheit und Unfreiheit in Franken; Stuttgart 1956; S. 59 ff
(15) Johann Andreas Schmeller, Bayerisches Wörterbuch; Neudruck München 1985; I, 1643 ff.
(16) Schmeller aaO
(17) Fr. Kluge aaO

(18) Theodor Knapp, über Marksteine und andere Grenzbezeichnungen vornehmlich im südwestlichen Deutschland; in Das Rechtswahrzeichen, 2. Heft, Grenzrecht und Grenzzeichen; Freiburg i. Br. 1940; Anm 6

(19) Wilhelm Erben, Deutsche Grenzaltertümer aus den Ostalpen; in Zeitschr. der Savigny-Stiftung für Rechtsgeschichte, German. Abt., 43. Bd. (1922) S. 8

(20) Schmeller aaO II, 584

(21) Friedrich Lüers, Mark und Markstein im Rechtsbrauch, Volksglaube und Sage; in Zeitschr. für Vermessungswesen 1925, 16

(22) E. Martin/H. Lienhart, Wörterbuch der elsässischen Mundarten, Bd. 2; Straßburg 1907

(23) von Amira/Eckhardt, Germanisches Recht Bd. 2 Rechtsaltertümer; Berlin 1967; S. 16

(24) Ofnung des Hofes am Schluchsee 1373; in J. Grimm Weisthümer Bd. 4; Göttingen 1863; S. 498

(25) Beschreibung der Tudorfer Mark 1480; Grimm Weisth. 3, 85

(26) Grimm Weist. 5, 272
Grimm Deutsches Wörterbuch 5, 2314

Literatur und Anmerkungen zu Abschn. A. 6

(1) (preuß.) Allgemeines Landrecht I. 17. § 371

(1a) Alexander Demandt, Die Grenzen in der Geschichte Deutschlands; in Deutschlands Grenzen in der Geschichte, hrsg. von A. Demandt; München 1990; S. 22

(2) Julius Caesar, De bello Gallico; nach VI.23 war diese Verhaltensweise bei den Germanenstämmen allgemein anzutreffen; in IV.3 gibt Caesar Berichte weiter, wonach der von den Sueben, den gefürchteten Nachbarn Galliens, freigehaltene Landgürtel 600 Meilen breit gewesen sei.

(3) Jacob Grimm, Deutsche Rechtsaltertümer; Neudruck 1983, Bd.2, S. 9

(4) Saxo grammaticus (+ 1208), Historia Danica 27

(5) Heide Wunder, Die bäuerliche Gemeinde in Deutschland; Göttingen 1986; S. 41 mit weiteren Nachweisen

(6) Siehe z. B. Alfons Dopsch, Die Wirtschaftsentwicklung der Karolingerzeit vornehmlich in Deutschland, 2. Aufl.; Weimar 1921; 1, 333

(7) Tacitus, Germania 26: secundum dignitatem

(8) Alfond Dopsch, Herrschaft und Bauer in der deutschen Kaiserzeit; (1938) Nachdruck Stuttgart 1964; S. 220

(9) Jacob Grimm, Deutsche Rechtsaltertümer 1, 78; Deutsche Grenzaltertümer S. 123

(10) Beispiele bei Wilhelm Erben, Deutsche Grenzaltertümer aus den Ostalpen; in Zeitschr. der Savigny-Stiftung für Rechtsgeschichte, Germanist. Abteilung 43. Bd.; Weimar 1922; S. 1/42 ff

(11) Jacob Grimm, Weistümer 1, 534; 1, 549; 1, 636; 1, 638; 1, 655; 2, 657; 2, 657; 4, 572; 6, 746 (von 1361

(12) Jacob Grimm, Deutsche Grenzaltertümer S. 139; besonders ausgeschmückt ist der Wettlauf der Männer aus Uri und Glarus.

(13) nach Karl Dinklage, Fränkische Bauernweistümer; in Veröffentlichungen der Gesellschaft für Fränkische Geschichte X. 4, 1954, Nr. 18 (6)

(14) Dinklage aaO Nr. 36 (13)

(15) Dinklage aaO Nr. 28 (16)

(16) Jacob Grimm, Weistümer 3, 472

(17) Dinklage aaO Nr. 40 (32)

(18) Karl Rübel, Die Franken, ihr Eroberungs- und Siedelungssystem im deutschen Volkslande; Bielefeld und Leipzig 1904
Der missus dominicus hatte die Konfiskation verwirkter Güter durchzuführen, bei Klagen und Ansprüchen an Krongütern die Untersuchung vorzunehmen, über die Einkünfte davon und deren ordnungsgemäße Entrichtung zu wachen, die Amtsführung der königlichen Domänenbeamten zu überwachen (Alfons Dopsch, Die Wirtschaftsentwicklung der Karolingerzeit, 2. Aufl.; Weimar 1921; 1, 165)

(19) Hans Reutter, Ein fränkisches Grenz- und Siedelungssystem in den karolingischen Ostmarken; in Jahrbuch für Landeskunde in Niederösterreich, N.F. (40)

(20) Hans F. Helmolt, Die Entwicklung der Grenzlinie aus dem Grenzsaume im alten Deutschland; in Historisches Jahrbuch 17, München 1896 S. 235/241. Diese Abhandlung ist zwar die ausführlichste zum Thema, aber in einzelnen Punkten überholt oder ergänzt.

(21) Karl Ilg, Grenzzeichen in den Alpen; in Das Rechtswahrzeichen, Heft 2 Grenzrecht und Grenzzeichen; Freiburg i. Br. 1940; S. 84/85

(22) Jacob Grimm, Deutsche Rechtsaltertümer 1, 117; derselbe in Deutsche Grenzaltertümer, Neudruck in Kleine Schriften 2. Bd. Berlin 1965; S. 30-74
Karl Ilg aaO S. 85

(23) Jacob Grimm,Weistümer 1, 38

(24) Ein Beispiel enthält das »Ehaftrecht von Peitingau« (Peiting ObBay), entstanden gegen 1435; in Jacob Grimm, Weistümer 3, 654
siehe auch Vogteirecht 1251 der Abtei Limburg (Pfälzer Wald) zu Weidental (latein.); in J. Grimm Weistümer 5, 594; ebenso Vogteirecht 1448; aaO 5, 596

(25) Jacob Grimm, Weistümer 3, 679

(26) Vergil, Aeneis 12, 895-898

saxum antiquum ingens campo quod forte jacebat
limes agro positus, litem ut discerneret arvis,
vix illud lecti bis sex cervice subirent
qualia nunc hominum producit corpora tellus.

(27) J. Grimm, Deutsche Rechtsaltertümer 2, 69
(28) Michael Eckstein, Der steinerne Mann von Mauern; in Die sieben Schwaben 1957 Heft 1 S. 42
(29) Armin Leistner, Alte Grenzsteine im Coburger Land; in Jahrbuch der Coburger Landesstiftung 1969; S. 217/219 (Abb.40c)
(30) Jacob Grimm, Deutsche Grenzaltertümer S. 118
Johann Andreas Schmeller, Bayerisches Wörterbuch 2, 844
(31) Jacob Grimm, Weistümer 1, 292; 2, 214,216, 220, 454, 471
(32) siehe L. Hertel, Die Rennwege und Rennsteige des deutschen Sprachgebietes (1899), wo über 200 Beispiele erfaßt sind.
(33) Alexander Ziegler, Der Rennсteig des Thüringer Waldes; Dresden 1862; S. 282
(34) A. Ziegler aaO S. 308
(35) Gottfried Odenwald, Der Rennweg von Freiburg im Breisgau; in Zeitschr. des Breisgaugeschichtsvereins 104 (1985), S 135
(36) von Amira/Eckhardt, Germanisches Recht Bd. 2, Rechtsaltertümer, 4. Aufl.; Berlin 1967; S. 17
Beispiele aus dem Spätmittelalter und dem Beginn der Neuzeit bei Grimm, Weistümer 3, 225 u. ä. sowie Grimm, Grenzaltertümer S. 135
(37) Jacob Grimm, Weistümer 5, 273
(38) Karl Ilg aaO S. 90 nach W. Erben aaO S. 64
(39) Joannes Oetinger, Tractatus de iure et controversiis limitum ac finibus regundis; Ulm 1667 (1. Aufl. 1642); 1, 17, 53
(40) Jacob Grimm, Weistümer 2, 658
(41) wie vor 4, 588 (Anf. 13. Jh.)
(42) H. B. Wenck, Hessische Landesgeschichte I S. 311 – nach Eberhard Frh. von Künßberg, Rechtliche Volkskunde; Halle/Saale 1936; S. 132
(43) K. Ilg aaO S. 88
(44) Lex Baivarorum 9, 12
(45) Johann Andreas Schmeller, Bayerisches Wörterbuch 2, 863
(46) Wilhelm Funk, Speer, Pfandschaub, Kreuz und Fahne; in Das Steinkreuz 22 (1966) Heft 1/2
(47) Jacob Grimm, Deutsche Rechtsaltertümer 2, 270
Karl Dill, Der Strohwisch – ein altes bäuerliches Rechtszeichen; in Steinkreuzforschung 2/1987 S. 6
(48) Handwörterbuch des deutschen Aberglaubens 3, 216
Jacob Grimm. Deutsche Mythologie 2, 957
Holger Homann, Der Indiculus Superstitionum et Paganiarum; Dissert. Göttingen 1965; S. 122
(49) Grimm, Deutsches Wörterbuch 4, 426
(50) Dieter Weber, Die Weistümer des Kurfürstentums Köln 3.Bd.; Düsseldorf 1981; S. 76
(51) Lukas Vochs, Anwendung der praktischen Geometrie bey Strittigkeiten auf dem Lande, 2. Theil; Augsburg 1780; § 78
(52) Paul Wallnöfer in Der Schlern 11/1930, 212
(53) Josef Amann, Die bayerische Landesvermessung; München 1908; S. 328
(54) Wiguläus X. A. von Kreittmayr, Anmerkungen über den Codicem Maximilianeum Bavaricum; Munchen 1758-68; II. 2. § 13 Anm 5c
(55) Zitat nach Günter Pawliska, Die Regensburger Baumannschaft; jur. Diss. München 1952; S. 6
(56) Verordnung und Instruction wornach sich bey der im Fürstentum Sachsen-Weimar angeordneten General-Revision zu achten, vom 6. 2. 1726, 2. Kap.
(57) Allgemeines Landrecht I. 17. §§ 364, 365
(58) ALR I. 8. §§ 118, 119
(59) ALR I. 17. § 366
(60) Georg Michael von Weber, Darstellung der sämmtlichen Provincial- und Statutar-Rechte des Königreichs Bayern, 3. Bd. 2. Teil; Augsburg 1844; S. 1069
(61) P. Johann Bapt. Roppelt, Praktische Abhandlung von den Gränz-Zeichen samt einer geometrischen Unterweisung . . .; Coburg 1775; § 23
(62) J. Oetinger aaO 1, 18, 7 ff
(63) Jacob Grimm, Deutsche Grenzaltertümer S. 113
(64) Emil Nickerl von Ragenfeld, Über den österreichischen Grundkataster; Graz 1914; S. 32
(65) H. Roedder, Zur Geschichte des Vermessungswesens Preussens insbesondere Altpreussens aus der ältesten Zeit bis in das 19. Jahrhundert; Stuttgart 1908; S. 52
(66) Roedder aaO S. 41, 44
(67) Johann Heinrich Zedler, Universal-Lexicon Bd. 19; Halle und Leipzig 1739, Nachdruck 1961
(68) J. Oetinger aaO 1, 18, 10
(69) Carl Seweloh, Gränzrevision und Gränzregulirung in rechtlicher und mathematischer Hinsicht; Fulda 1808; S. 171
(70) J. Grimm, aaO S. 119
(71) Bruno Mahlknecht, Das Porst – eine uralte Wiesengrenze; in Der Schlern 1975, 301
Nikolaus Grass, Aus der Rechtsgeschichte der Seiser Alm; in Der Schlern 1986, 293
(72) Johann Andreas Schmeller, Bayerisches Wörterbuch; Nachdruck 1985; Sp. 282

(73) N. Grass aaO 295
(74) Lasch/Bording, Mittelniederdeutsches Handwörterbuch, Bd. 2; Neumünster 1960; Sp. 508
(75) Theodor Knapp, Über Marksteine und andere Grenzbezeichnungen vornehmlich im südwestlichen Deutschland; in Das Rechtswahrzeichen Heft 2, Grenzrecht und Grenzzeichen; Freiburg i. Br. 1940; Anm 35
(76) siehe Art. 668 Code civil
(77) Karl Tilch, Grenzen und Grenzsteine im nördlichen Franken; in Mitteilungsblatt des Deutschen Vereins für Vermessungswesen LV Bayern 1981, 245
(78) weitere Einzelheiten bei Bielefeld, Die Bezeichnung der Grundeigentumsgrenzen in den Herzogtümern Schleswig-Holstein und Lauenburg; in Allgemeine Vermessungs-Nachrichten 1909 S. 149
(79) Walter Schlesinger, Die Hufe im Frankenreich; in Untersuchungen zur eisenzeitlichen und frühmittelalterlichen Flur in Mitteleuropa und ihrer Nutzung, Abhandlungen der Akademie der Wissenschaften in Göttingen, philol.-hist. Klasse, 3. Folge Nr. 115; S. 41/50
(80) Weistum für Nienburg, J. Grimm, Weistümer 3, 214
(81) Lex Baivarorum 14, 1; Lex Ribuaria 73, 3
(82) G. M. von Weber aaO 4, 2 S. 813
(83) Weistum für Alsenborn ohne Datum; in Wilhelm Weizsäcker, Pfälzische Weistümer 1. Bd.; Speyer 1962; S. 13
(84) Landt- vnnd PolliceyOrdnung der Fürstenthb. Obern vnd Nidern Bayern von 1616, 3. Buch 16. Tit. 2. Art.
(85) Chronik des Marktes Wiesau; Wiesau 1984; S. 627
(86) Art. 71 des Rechtsbuchs für Oberbayern von 1346; Tit. 25 Art.1 des bayer. Landrechts von 1616
(87) G. M. von Weber aaO Bd.4 S. 300
(88) Regulae 11 und 12 der Vereinödungs-Verordnung; zitiert nach Wilhelm Lochbrunner, 1550 bis 1880 Ländliche Neuordnung durch Vereinödung; Berichte aus der Flurbereinigung 51/1984; S. 55, 92
(89) nach Karl Röttel, Das Hochstift Eichstätt; Ingolstadt 1987; S. 67
(90) Schweinfurter Feldordnung von 1575 in der revidierten Fassung vom 1. 8. 1714, »Von lebendigen Hagen und Hecken« Art. 1; in des Heiligen Römischen Reichs freyen Stadt Schweinfurth vornehmste Pflichten und Ordnungen; Schweinfurt 1720
(91) Art. 2 und 4 aaO
(92) § 10 der Feldordnung für Regensburg vom 6. 9. 1805, Kurfürstlich Erzkanzlerisches Regierungs- und Intelligenzblatt XLVI. Stück (Administration Karl von Dalberg)
(92a) P. Roppelt aaO § 14
(92b) M. Ch. Lallemand, Enquête sur le bornage des propriétés; Paris 1893; S. 476
(93) siehe hierzu u. a. Martini Pegii . . . Drey Bücher von Dienstbarkeiten . . .; Frankfurt und Leipzig 1718; S. 123, 223
(94) Karl Tilch, Landes- und Jagdgrenzen und ihre Grenzsteine im ehemaligen Landkreis Mellrichstadt; in Heimat-Jahrbuch des Landkreises Rhön-Grabfeld 1984; S. 204/214
(95) Herbert Woltering, Die Reichsstadt Rothenburg ob der Tauber und ihre Herrschaft über die Landwehr, Teil I; Rothenburg 1965; S. 108
(96) StA Nürnberg, Pfinzing-Atlas S. 24; Abb. in Alfred Höhn, Franken im Bild der Karten; Würzburg 1986; Abb. 36
(97) J. Grimm, Deutsche Rechtsaltertümer 2, 70 Fußn.
(98) Walter Mitzka, Schlesisches Wörterbuch Bd. 2; Berlin 1964; S. 710
(99) Österreichisches Wörterbuch
siehe auch Grimm, Deutsches Wörterbuch Bd. 12 Sp. 852: Lewer = Erdaufwurf, Hügel; in der älteren bairischen Mundart als leber fortdauernd; ahd. hlêweri, mhd. lêwer
ferner Schmeller Bayer. Wörterbuch Spalte 1544
(100) Rudolf Maier, Das »Gmoari-Geh'n«; in Korneuburger Kulturnachrichten 1/1988 S. 22
(101) freundliche Mitteilung von Herrn wirkl. Hofrat a. D. Franz Allmer, Graz
Karl Lego, Über den Wert der alten Katastralmappen für Grenzfeststellungen; in Mitteilungsblatt des Österr. Vereins für Vermessungswesen 3/1950 S. 19
Nach den »Zeichen-Erklärungen für die lithographierten Katastral-Mappen« war bis 1918 der Hotter in Schraffenmanier wie ein kleiner Hügel darzustellen.
(102) M. Ch. Lallemand, Enquête sur le bornage des propriétés; Paris 1893; S. 473
Andere Sprachwissenschaftler leiten borne/bone aus einem Wort »bodina« oder »butina« gleich Grenzbaum her und vermuten eine gallo-keltische Wurzel.
(103) H. Roedder aaO S. 43; die von Roedder ausgewerteten Urkunden waren im Staatsarchiv Königsberg verwahrt.
(104) Lukas Voch aaO § 77
(105) T. Brouwer, Grenspalen in Nederland; Zutphen 1978; S. 32 ff
(106) Eugen Thomas Sistem aller fuldischen Privatrechte Bd. 1; Fulda 1788; S. 243, 259
(107) ALR I. 17. §§ 363, 368, 370

(108) Anweisung VIII § 67 Nrn. 5 ff
(109) Heinrich Haas, Siebnergerichte und Märkervereine in Bayern; Nürnberg 1835; S. 124
(110) K. Ilg aaO S. 92
(111) Handwörterbuch des Aberglaubens 3, 406 siehe auch Harald Fähnrich, Ein Brauch im Stiftland und angrenzenden Böhmen: Das Steinopfer bei Flurdenkmälern in der Überlieferung; in Steinkreuzforschung, Sammelband Nr. 13; Regensburg 1987; S. 14
(112) Jacob Grimm, Deutsche Rechtsaltertümer 2, 75
(113) herausgegeben von F. von Krenner XV II, 168; siehe Schmeller, Bayerisches Wörterbuch 984; ferner Fischer, Schwäbisches Wörterbuch 3, 826 und 861
(114) Karl Röttel aaO S.114
(115) Steinbuch von Ellingen, Stadtarchiv Inv.Nr. 55, Bd. 1 fol 68
(116) Wintterlin/Gehring, Württembergische ländliche Rechtsquellen Bd. 3; Stuttgart 1941; S. 589, 608, 721, 803; siehe auch G. M. von Weber aaO 4. Bd. 1. Teil S. 296 (Ochsenhausen)
(117) freundlicher Hinweis von Herrn Ludwig Zrenner, Landshut
(118) Fritz Schnelbögl, Reingrub, Gruben als Grenzmale; in Blätter für oberdeutsche Namenforschung 1 (1958) S. 17
Wilhelm Müller, Reingrube und Kirschbaum/ Alte Grenzzeichen in unserem Land; in Heimatbote für Pflege der Heimat- und Kulturgeschichte Oberfrankens und der Oberpfalz, Monatsbeilage der »Fränkischen Presse« 6/1963
(119) freundliche Mitteilung von Herrn Ludwig Zrenner, Landshut
(120) M. Liebig, Flurumgänge sowie Flur- und Grenzstreitigkeiten des altenburgischen Städtchens Lucka; Leipzig 1926; S. 38
(121) Rainer H. Schmeissner, Die »Tillensteine« am geographischen«Mittelpunkt Europas«; in Beiträge zur Flur- und Kleindenkmalforschung in der Oberpfalz 3. Jahrg; 1980; S. 29
(122) StA München GL Fasz. 1833; freundlicher Hinweis von Herrn Ulrich Winkler, Zwiesel
(122a) Josef Brandner, Rund ums Landl. Altwerdenfelser Grenzsteine und Felsmarchen; Garmisch 1993; S. 30, 40, 44
(123) August Sieghart, Der Pendling bei Kufstein; in Tiroler Heimatblätter 1923/2 S. 4
Hugo Rossi, Eisenringe als Grenzzeichen; in Tiroler Heimatblätter 1925/ 8/9 S. 23, mit archivalischen Nachweisen
Bruno Huber, Sagenumwobene Eisenringe an Felsen unserer Heimat; in Der Schlern, Zeitschrift des Vereins für Heimatschutz 1925 S. 397 und 1926 S. 39
Jordan, Metallringe an Felsen unserer Heimat; in Der Schlern 1926 S. 104
K. Ilg aaO S. 93
(124) Karl Rübel aaO, insbesondere S. 32 Fußn.
(125) Karl Siegfried Bader, Der schwäbische Untergang; Freiburger rechtsgeschichtliche Abhandlungen 4; Freiburg i. Br. 1933
(126) K. Rübel aaO S.32
(127) J. Oetinger aaO 1, 18, 13
(128) Friedrich Wilhelm Singer, Das Landbuch der Sechsämter von 1499; Wunsiedel 1987; S. 156 u. a.
(129) K. S. Bader aaO S. 23
(130) Grenzkarte der bayerisch-böhmischen Grenze von 1514 – wie Anm 4 im Abschn. A. 5. Das Wort »Grenze«
Grenzbegehung Landgericht Zwiesel 1637, Bay Hauptstaatsarchiv GL Zwiesel Nr.3
Jahreszahlen in »Rainbuchen« (1651) bei Konrad Ruppert, Grenzsteine – Grenzzeugen; in Heimatkundliches Jahrbuch des Landkreises Kronach, Arbeitskreis Heimatpflege 6/1978; S.40
(130a) Brandner/Spichtinger, Rund ums Landl; Garmisch-Partenkirchen 1993, S. 90, 110
(131) Sivert Moen jr., Grensemerker, »Hauptaufgabe« an der Landwirtschaftlichen Hochschule Norwegens 1983, Manuskr.; S. 106
(132) Th. Haas, Alte Fuldaer Markbeschreibungen; in Fuldaer Geschichtsblätter 11 (1912) S. 72 ff
(132a) Weistum Lichtenwert; in Die tirolischen Weistümer 1. Teil 2. Bd. der österreichischen Weistümer; Wien 1875; S. 127
(133) freundliche Mitteilunq von Herrn wirkl. Hofrat a. D. Franz Allmer, Graz
(133a) Brandner/Spichtinger aaO
(134) J Oetinger aaO 1, 18, 13 ff und Steinsetzerprotokolle
(135) Der Lach oder die Lache bedeutet nach Kluge, Etymologisches Wörterbuch, Grenzmarke in Holz oder Stein; siehe auch Josef Schnetz, Flurnamenkunde, Bayerische Heimatforschung; München 1952; S. 73
(136) Gerhard Köbler, Altniederdeutsches-neuhochdeutsches und neuhochdeutsches-altniederdeutsches Wörterbuch, 2. Aufl.; Gießen 1982; S. 108
(137) E. G. Graff, Alhochdeutscher Sprachschatz Bd. 2; Berlin 1936; Sp.100
J. Grimm Deutsche Rechtsaltertümer 2, 72
(138) Grimm, Deutsches Wörterbuch Bd. 6; Sp. 14
(139) Du Cange, Glossarium mediae et infimae Latinitatis; siehe auch vox arbor, crux
J. F. Niedermeyer, Mediae Latinitatis Lexicon Minus; Leiden 1976

Lorscher Codex A. 770 Nr. 10: incisio arborum que vulgo lachus appellatur sive divisio
(140) A. Panther, Das Vermarkungswesen in Baden; Zeitschr, für Vermessungswesen 1924 S.57/59
Hermann Fischer, Schwäbisches Wörterbuch Bd. 4; Tübingen 1911; S.904
Staub/Tobler, Schweizerisches Idiotikon, Wörterbuch der schweizer-deutschen Sprache Bd. 3; Frauenfeld 1895; Sp.998
Josef Müller, Rheinisches Wörterbuch Bd. 5; Berlin-Bonn 1937; Sp. 9; Bd. 9 Berlin 1964; Sp. 1351
A.E.C. Vilmar, Idiotikon von Kurhessen; Marburg und Leipzig 1883; S. 251
Friedrich Maurer, Südhessisches Wörterbuch; Marburg 1978; Sp.74
Karl Spangenberg, Thüringisches Wörterbuch Bd. 4; Berlin 1966; Sp. 8-10
Müller/Frauenreuth, Wörterbuch der obersächsischen und erzgebirgischen Mundarten Bd. 2; Dresden 1914; S. 129
Josef Schatz, Wörterbuch der Tiroler Mundarten; Innsbruck 1955; S. 370
(141) siehe z. B. Bühlerham in der gefürsteten Propstei Ellwangen, Trieb- und Hutbeschreibung 1643; abgedruckt bei Friedrich Wintterlin, Württembergische Ländliche Rechtsquellen Bd. 1; Stuttgart 1910; S. 310
(142) Thüringisches Wörterbuch aaO
(143) Rheinisches Wörterbuch aaO
(144) Die Weistümer des Kurfürstentums Köln 2, 177 und 182
(145) Schmeller aaO 1, 1432
(146) Wilhelm Weizsäcker, Pfälzische Weistümer Bd. 1; Speyer 1962; S. 11
(147) Grimm, Deutsches Wörterbuch Bd. 6
(148) z. B. Oetinger (1642) aaO 1, 2, 10
ebenso Joh. Jodocus Beck, Tractatus de jure limitum, Von Recht der Gränzen und Marksteine . . .; Nürnberg und Franckfurth 1722; 1, 2, 1; u. a.
(149) Kreittmayr aaO II. 2. § 13, 5e
(150) Hans Plößl, Dokumentation über die deutsch-österreichische Staatsgrenze; Bayer. Landesvermessungsamt München 1977; S. 48
(151) »Malbaum« in der Jägersprache heute ein Baum, an dem sich Schwarzwild nach dem Suhlen reibt.
(152) Grimm, Deutsches Wörterbuch 6. Bd.
(153) Welker, Von alten rheinischen Grenzsteinen; in Nachrichtenblatt der Vermessungsverwaltung Rheinland-Pfalz 1971, S. 84
(154) Schmeller aaO 2, 104
(155) J. Grimm, Deutsche Rechtsaltertümer 2, 73 ff
(156) J. Grimm Weistümer 2, 682 (Weistum von Zinxheim, Köln)
(157) ebenda 3, 298
(158) Schmeller aaO 1, 465
(159) M. Ch. Lallemand aaO
(160) Rigault zu den agrimensoren nach J. Grimm, Deutsche Rechtsaltert. 2, 75
(161) Dieter Weber, Die Weistümer des Kurfürstentums Köln 3. Bd., Rheinische Weistümer 2. Abt.; Düsseldorf 1981; S. 15
(162) Michael May; in Würzburger katholisches Sonntagsblatt vom 18. 3. 1979 Beilage Heiliges Franken S. 7
(163) Theodor Knapp, Neue Beiträge zur Rechts- und Wirtschaftsgeschichte des württembergischen Bauernstandes; (1919) Neudruck Aalen 1964; S. 143
(164) Engelbert Meisner, Anweisung zur Vermarkung auf dem Lande; Kulmbach 1821, S. 9
(164a) Franz Zeltler, Die Flurdenkmäler des Landkreises Forchheim; in Das Steinkreuz 11 (1954) Heft 1/2 S. 37
(165) Joh. Jodocus Beck, Tractatus de jure limitum. Von Recht der Gränzen und Marksteine; Nürnberg und Frankfurt 1722; 1, 7, 2, 2
(166) Instruction vor die Landmesser des Kgr. Preußen vom 20. 11. 1755, § 19
(167) Die Steinkreuze und Kreuzsteine sind regional weitgehend inventarisiert. Die Zahl der Monographien und Aufsätze ist kaum mehr überschaubar. Periodisch erscheinen:
Das Steinkreuz, Mitteilungs-Blätter der Deutschen Steinkreuzforschung, Nürnberg
Steinkreuzforschung, Studien zur deutschen und internationalen Flurdenkmalforschung, Regensburg
Einige Beispiele neuerer Veröffentlichungen:
Ada Paul, Steinkreuze und Kreuzsteine in Österreich; Horn (NÖ) 1975
dieselbe in Steinkreuzforschung Sonderheft 5, Regensburg 1988
L. Wittmann, Vom Wesen der alten Steinkreuze in Franken; in Fränkische Monatshefte Okt/Dez 1932, Nürnberg
Richilde und Paul Werner, Sühnekreuze; in Charivari, Die Zeitschrift für Kunst, Kultur und Leben in Bayern, Nr. 10/1989, S. 30
H. Vorwahl, Kreuzsteine an Landstraßen; in Allgemeine Vermessungsnachr. 1930, 745
(168) Karl Ilg aaO (21) S. 88
(169) Für Thüringen siehe die von Werner Dietzel in Steinkreuzforschung Sammelband Nr. 19 (NF 4) 1992 S. 79 aufgeführte Literatur.
(170) Jürgen Reinhardt, Das Lüdermunder Steinkreuz auf einer Grenzkarte von 1725; in Steinkreuzforschung Sammelband 18, 1991, S. 44
(171) Handwörterbuch des deutschen Aberglaubens 3, 1147

(171a) Walter Saal, Versuch zur Entwicklung einer Entstehungsgeschichte der mitteldeutschen Steinkreuze; in Ethnographisch-archäologische Zeitschrift Bd. 33 (1992) S. 35; m. w. Nachw.
(171b) Friedrich Karl Azzola, Aufgaben der Steinkreuzforschung heute; in Steinkreuzforschung Sammelband Nr. 20 (NF 5) 1993 S. 7
(172) Ada Paul, Steinkreuze aaO S. 7, 11
(173) J. Grimm, Deutsche Grenzaltertümer S. 125
(174) T. Brouwer, Grenspalen in Nederland; Zutphen 1978; S. 130
(174a) Thomas Sistem aaO (106) S. 224
(175) z. B. noch bei der Katastervermessung von Hannover 1868/1875; nach Adam von der Weiden in »C. F. Gauß und die Landesvermessung in Niedersachsen« Festschrift Landesvermessungsamt Niedersachsen; Hannover 1955; S. 159 siehe auch KatasterAnw. VIII § 67 Nr 4
(176) J. Oetinger aaO 1, 17, 50
(177) J. Grimm Weistümer 3, 553
(178) ebenda 5, 274; siehe auch Gerichtsbezirk Langendiebach (nö von Hanau) 4, 274
(179) nach A. Christiani, Die Entwicklung der Grenzzeichen und die Erhaltung historisch interessanter Grenzsteine; in Allgemeine Vermessungsnachrichten 1910, 526
(180) Wilhelm Erben, Deutsche Grenzaltertümer aus den Ostalpen; in Zeitschr. der Savigny-Stiftung für Rechtsgeschichte , German. Abt. 43. Bd., 1922; S. 1/40; das Zitat bei K.Ilg aaO S. 87, aus W. Erben übernommen, ist unrichtig.
(181) Norbert Zerlett, Der Limitengang zu Kendenich am 16. November 1661; in Rheinisch-Westfälische Zeitschr. für Volkskunde Bd. 7, 1960, S. 144/145
(182) Amtliches Österreichisches Wörterbuch, 22. Aufl., 1964
siehe auch § 857 des österr. Allgemeinen Bürgerlichen Gesetzbuchs
(183) bâg ist Zorn, Verdruß; bâgen zanken, streiten (Schmeller 214); in alten Texten auch »pockstein«: »Welliche fraw die ander ubel handelt, soll der richter oder ambtmann püeßen mit dem pockstein« Niederösterreichische Weistümer III, 335 Zeile 13
(184) Eberhard Frh. von Künßberg, Rechtliche Volkskunde; Halle/Saale 1936; S. 174
(185) Friedrich Kluge, Etymologisches Wörterbuch, 19. Aufl., 1963
(186) Heinrich Hildebrand, Dissertatio de diversitate lapidum finalium eorumque jure; Altdorf 1741; § 7
(187) freundliche Mitteilung von Herrn Hans Sevatdal, ÅS-NLH, Norwegen Literatur: Håkon Hovstad, Gardsgrenser; Oslo 1980
Sivert Moen jr., Grensemerker; Ås-NLH- 1983
(188) Jacob Grimm, Deutsche Rechtsaltertümer 2, 71
(189) freundliche Mitteilung von Herrn Professor Larsson, Kunigl. Tekniska Högskolan, Stockholm
(190) La grande Encyclopédie, Bd. 7 S. 426; Paris 1889
(191) Vnnderganngs Recht nach dem Dorffs Recht zue Weiler; in Christoph Jonathan Fischers Versuch über die Geschichte der teutschen Erbfolge 2. Bd.; Mannheim 1778; S. 257; siehe auch F. Wintterlin, Württembergische länd. Rechtsquellen 2, 29 (Das Zitat in Grimm DRA 2, 71 gibt den Text nicht ganz richtig wieder.)
(192) Armin Leistner, Alte Grenzsteine im Coburger Land; in Jahrbuch der Coburger Landesstiftung 1969; S. 217 Abb. 44b
(193) Das Beispiel ist dem Protokoll entnommen, das bei J. J. Beck aaO (165) 1, 14 abgedruckt ist.
(194) Hans Jakob, Flurdenkmäler als Geschichtsquellen; in 102. Bericht des Historischen Vereins für die Pflege der Geschichte des ehem. Fürstbistums Bamberg; Bamberg 1966; S. 49
(195) ebenda S. 61
(195a) Codex Laureshamensis Diplomaticus; Ed. Academia Theodoro-Palatina 1. Teil; Mannheim 1768; S. 49
(196) Markungsbeschreibung der Kirche Schloßborn (Main-Taunus-Kreis) von 1048; Wanderausstellung des Hess. Ministeriums für Wirtschaft und Technik
(196a) Josef Brandner, Rund ums Landl. Altwerdenfelser Grenzsteine und Felsmarchen; Garmisch-Partenkirchen 1993; S. 7 mit Anm.12, S 10
(196b) Ein Beispiel hierfür zitiert K. S. Bader aaO S. 48 Fußn. 15: Graf Alban von Kirchberg (a. d. Iller) verkaufte am 20. 3. 1028 an einen Augsburger Bürger »proprietatem nemoris et campi limitibus et lapidibus distincte signatam (Eigentum an einem Wald und einem Feld, durch Grenzzeichen und Steine gesondert bezeichnet) – Württemb. Urkundenbuch V Nachtrag 369
(196c) Monumenta Boica 25, 45 und 46 Nr. 18 und 19
(196d) ebenda 25, 247 Nr. 99
(196e) J. Grimm, Deutsche Rechtsaltertümer 2, 72
(196f) Blätter des Bayerischen Landesvereins für Familienkunde 46, 1983, S. 366
(196g) Busl/Steinberger, Chronik des Marktes Wiesau; Wiesau 1984; S. 503
(196h) Grimm, Deutsches Wörterbuch 12, 1495 (für 1495 belegt)
(196i) Churfürstlicher Pfaltz bey Rhein / Ernewert und Verbessertes Land-Recht 2. Teil 5. Titel III; Weinheim 1700; S. 223

(196k) Pankraz Fried, Die ländlichen Rechtsquellen aus den pfalz-neuburgischen Ämtern Höchstädt, Neuburg, Monheim und Reichertshofen vom Jahre 1585; Sigmaringen 1983; S. 91
(196l) J. Oetinger aaO 2, 8, 2
(197) Rudolf Oeri-Sarasin, Allerlei über Grenzzeichen, Grenzfrevel und Grenzspuk in der alamannischen Schweiz; Basel 1917; S. 18
(198) Th. Knapp aaO (163) S. 145
(199) Theodor Knapp, über Marksteine und andere Grenzbezeichnungen; in Württembergische Jahrbücher für Statistik und Landeskunde 1909; S. 135/139
(200) freundliche Mitteilung von Herrn Wolfgang Frühauf, Bezirksregierung Braunschweig
(200a) Karl Röttel, Das Hochstift Eichstätt; Ingolstadt 1987; S. 212 ff
(200b) Johann Georgen Estors bürgerliche rechtsgelahrsamkeit der Teutschen; Marburg 1757; § 1652
(201) J. Grimm Weistümer 4, 650 (Nr. 35)
(202) Bläsy, Zur Steinbockenheimer Steinsetzerordnung im Jahre 1603; in Zeitschr. für Vermessungswesen 1933, 572
(203) Franz Philipp Florinus, Oeconomus pruden et legalis. Oder Allgemeiner Klug- und Rechtsverständiger Haus-Vatter; Nürnberg, Frankfurt, Leipzig 1702; 2. Buch 55. Kap. §§ 5, 6; nach Abdruck in der Zeitschr. für VermW 1883, 261
(204) Sachsen-Weimar, Verordnung und Instruction vom 6. 2. 1726, 2. Kap. Nr. 14
(205) Friedrich Lüers, Mark und Markstein im Rechtsbrauch, Volksglaube und Sage; in Zeitschr. für VermW 1925, 18
(206) W. Erben aaO S. 7
(207) Karl Erwin Fuchs, Grenzsteine, Gütersteine aus Kurköln; in Annalen des historischen Vereins für den Niederrhein Heft 183 (1980) S. 204
(207a) Riebeling/Rumbler, Kleindenkmale in Hessen; in Hessenpark, Schriftenreihe des Hessischen Freilichtmuseums 5/1984; S. 26
(207b) Riebeling/Rumbler aaO S. 27
(208) siehe auch J. Oetinger aaO 1, 17, 6
(209) Th. Knapp aaO S. 145
(210) J. Oetinger aaO 1, 17, 7 ff
(211) Sachsen-Weimar aaO
(212) Herbert Scholl, Dorfordnungen im Landgebiet Nürnberg; jur. Diss. Erlangen 1958; S. 115
(213) StA Bamberg Rep C7, IIb, Nr.69b, abgedruckt bei Scheidig/Weber, Dokumentation über die restaurierten historischen Grenzwappensteine an der innerdeutschen Grenze im LKr. Kronach; Ludwigsstadt 1985
(214) P. Roppelt aaO § 82
(215) J. Oetinger aaO 1, 2, 6
(216) J. J. Beck aaO; ebenso noch P. Roppelt im Jahre 1775 aaO § 21
(217) A. Leistner aaO S. 225
(218) Zeichnung der Coburg-Bamberger Grenze von Peter Schnabl 1674; StA Coburg Plansammlung 431
(219) A. Panther aaO (140) S. 59 Fußn.
(220) J. Grimm Deutsche Rechtsaltertümer 2, 69
(221) Lasch/Bording, Mittelniederdeutsches Handwörterbuch; Neumünster 1960; Bd. 2; Sp. 660
(222) Pfälzische Weistümer S. 2
(223) siehe hierzu auch Theodor Knapp, Über Marksteine und andere Grenzbezeichnungen vornehmlich im südwestlichen Deutschland; in Das Rechtswahrzeichen 2. Heft, Grenzrecht und Grenzzeichen, hsg. von Siegfried Bader, Freiburg 1940; S. 5, 6
Joseph Schnetz, Flurnamenkunde, München 1952; S. 72, 73
(224) J. Grimm, Weistümer 3, 4
(225) J. J. Beck aaO (165) Vorrede
(226) J. Oetinger aaO 1, 2, 9; die Einteilung wurde von anderen Autoren, z. T mit kleinen Änderungen, übernommen.
(227) J. Oetinger aaO 1, 2, 9
(228) Hermann Fischer, Schwäbisches Wörterbuch 2. Bd.; Tübingen 1908; Sp. 1770
(229) Hans Hubert Hofmann, Grenzen und Kernräume in Franken; in Grenzbildende Faktoren in der Geschichte, Veröffentlichungen der Akademie für Raumforschung und Landesplanung, Forschungs- und Sitzungsberichte Bd. 48; Hannover 1969; S. 34
(230) Richard Grill, Die Deutschordens-Landkommende Ellingen. Entstehung und Bedeutung; ihre Stellung im Orden und ihre Auseinandersetzung mit den Nachbarterritorien (1216 bis 1806); Diss. Philos. Fakultät Erlangen 1957; S. 43
siehe ferner Eintrag im Steinbuch von Ellingen unter dem 26. 5. 1584 fol. 59r; Stadtarchiv Ellingen Inv.Nr. 55
(231) Zwei solche Grenzsteine sind in Bucka/Heland, Grenzsteine, Flur- und Kleindenkmäler im Landkreis Hof, Hof 1991, S. 46 und 96 abgebildet.
(232) Kaufmann/Stammler, Handwörterbuch zur deutschen Rechtsgeschichte Bd. 1; Bonn 1971; Sp. 1481
(233) J. Oetinger aaO 1, 9, 24
(234) J. Oetinger aaO 1, 18, 22
(235) nach Erich Stahleder im Ausstellungskatalog »Gerechtigkeit erhöht ein Volk«; Bayer. Hauptstaatsarchiv, München 1990; S.12
(236) Karl Tilch, Die Geleits-, Zent- und Jagdgrenzen zwischen dem Hochstift Würzburg und dem

Herzogtum Sachsen-Coburg nach dem Trappstädter Rezeß von 1599; in Heimatbuch des Landkreises Rhön-Grafeld 1987, S. 200/207
(237) Armin Leistner aaO (192) S. 221; siehe auch Sachsen-Coburgsche Geleitsordnung vom Jahre 1686 in Hugo Kühn, Kulturgeschichtliche Bilder aus Thüringen; Leipzig 1914; S. 93
(238) J. Oetinger aaO 1, 17, 28; Beispiele bei Karl Tilch aaO
(238a) Brandner/Spichtinger aaO S. 23, 157
(239) Als Beispiel siehe Eugen Hierold, Das Vilsecker Geleit; in Oberpfälzer Heimat 23. Bd.; Weiden 1979; S. 76
(240) 4. Mose 35, 10 ff, 5. Mose 19, 2 ff; Josua 20
(241) Hans Liermann, Das geschichtliche Bauernrecht nach den fränkischen Weistümern; in Zeitschr. für bayer.Landesgeschichte 1937, 375
(242) Grimm Weistümer 2, 131
(243) Hugo Loersch, Die Weistümer der Rheinprovinz, 1. Abt. Die Weistümer des Kurfürstentums Trier; Bonn 1900; für den letztgenannten Fall Rhein-Metternich, Abtei Marienstatt, 1741; Nr. 104 (S. 297)
(244) siehe Karl Rudolf Kollnig, Elsässische Weistümer, Schriften des Wissenschaftlichen Instituts der Elsaß-Lothringer im Reich an der Universität Frankfurt, N.F. Nr. 26; Frankfurt a. M. 1941; S. 124
weitere Beispiele siehe »Freistätte erreichen« in Deutsche Gaue 28 (1927) S.13
Wilhelm-Funk, Deutsche Rechtsdenkmäler; Erlangen 1938; S. 104
(245) Erler/Kaufmann, Handwörterbuch zur deutschen Rechtsgeschichte 1.Bd.; Berlin 1971; unter Asylrecht
(245a) Klaus Mörsdorf, Lehrbuch des Kirchenrechts Bd. 2; München 1967; S. 315, c. 1179 CJC
(246) J. Oetinger aaO 1, 17, 32
(247) Karl Bosl, Forsthoheit als Grundlage der Landeshoheit in Bayern; in Zur Geschichte der Bayern, herausgegeben von Karl Bosl; Darmstadt 1965; S. 443/453
(248) Th. Knapp aaO (163) S. 31
(249) siehe zum Beispiel den »HAAS.STEIN« in Richard Zorn, Grenzsteine des Rhein-Main-Gebietes; Frankfurt a. M. 1931, Nachdruck 1982; Abb. 173 a, b
(250) Heinrich Ascherl, Geschichte der Stadt und Herrschft Neustadt a. d. Waldnaab; Neustadt 1982; S. 161
(251) J. Oetinger aaO 1, 2, 9
(252) Ausführlich über Markungsgrenzen siehe Karl Siegfried Bader, Die Gemarkungsgrenze; in Das Rechtswahrzeichen, hsgeg. von K. S. Bader, Heft 2, Grenzrecht und Grenzzeichen; Freiburg i. Br. 1940; S. 56; ders., Das mittelalterliche Dorf als Friedens- und Rechtsbereich, Studien zur Geschichte des Mittelalters; Weimar 1957; S. 236
(253) Organisches Edikt über die Bildung der Gemeinden vom 28. 7. 1808 (RegBl Sp. 2789)
(254) Gemeinde-Edikt vom 17. 5. 1818 (GesBl Sp. 49)
(255) Beispiele bei Anton Altinger, Über die Darstellung der politischen Grenzen in den Grundsteuer-Plänen; in Zeitschr. des Bayer. Geometer-Vereins 1899 S. 25, 40 ff
(256) Th. Knapp aaO (223) S. 3
(257) Weistum Lampersheim (südöstlich von Worms) vom 4. 8. 1599; in Karl Kollnig, Die Weistümer der Zent Schriesheim, Badische Weistümer und Dorfordnungen 2. Bd.; Stuttgart 1968; S. 179
(258) Margit Kaluza, Die Feldgeschworenen in Ochsenfurt; Ochsenfurt 1986; S.13
(259) K. S. Bader aaO (125) S. 82
(260) Th. Knapp aaO (199) S. 135
(261) Kurt Winschiers, Münchner Burgfriedenssäulen als historische Grenzsteine; in Mitteilungsblatt des Deutschen Vereins für Vermessungswesen LV Bayern 4/1990; S. 341
(262) T. Brouwer aaO (174) S. 70
(263) Weistum Schwarzach von 1603; in Carl Brinkmann, Badische Weistümer 1. Abt. 1. Heft Reichartshauser und Meckesheimer Zent; Heidelberg 1917; S. 206
(264) nach L. Bergauer; in Jordan/Steppes, Das Deutsche Vermessungswesen 2. Bd; Stuttgart 1882; S. 429
(265) Georg Michael Ritter von Weber, Darstellung der sämmtlichen Provincial- und Statutarrechte des Königreichs Bayern 3. Bd. 2. Teil; Augsburg 1844; S.1082
(266) Weistum von Michelrieth (bei Marktheidenfeld) von 1452 (Nr. 12); bei Karl Dinklage, Fränkische Bauernweistümer; in Veröffentlichungen der Gesellschaft für fränkische Geschichte X, 4 (1954); S.77
(267) A. L. Reyscher, Sammlung der württembergischen Gesetze 17. Bd.; Tübingen 1839; S. 228 und 518
(268) R. Rodmann, Sonderdruck aus dem Jahrbuch zum Schutze der Alpenpflanzen und -tiere 38, 1973, S. 10 ff
(269) A. Altinger aaO
(270) Kreittmayr. BayLR II 2 § 13 Anm 5f aaO: »Die Schafköpfe auf den Marksteinen bedeuten an vielen Orten den terminum juris pascendi, und die fliegende Geißel den bloßen Durchtrieb.«
(271) Beispiel bei K. Zimmermann, Aus heimatlichen Urkunden und Schriften; in Marktbreiter Anzeiger (Unterfranken) 1924 Nrn. 1-18
(272) Johann Heinrich Zedler, Lexicon aller Wissen-

schaften und Künste 11. Bd.; Halle und Leipzig 1735; Sp. 836; zitiert nach Hieronymus de Monte, De finibus regundis

(273) J. Oetinger aaO 1, 17, 17

(274) J. J. Scotti, Sammlung der Gesetze und Verordnungen V, 3. Teil; Düsseldorf 1836; S. 1453

(275) Feldordnung der Stadt Schweinfurth von 1575 in der revidierten Fassung vom 1. 8. 1714, Anhang »Von der Richtung der Wiesen«, Art. 5

(276) T. Brouwer aaO S.102

(277) J. Grimm, Deutsche Rechtsaltertümer 1, 143 Noch im Vogtding zu Lauenstein (NdSachsen) ist für die Breite einer Heerstraße vorgeschrieben: »so weit ein reuter mit einem glevistacken (Lanze), dafür vf die spitzen eine gewafnete handschue henget, vf der brucken reichen kan«; J. Grimm Weistümer 4, 648

(278) Der Sachsenspiegel, Landrecht II 59 § 3, besagte, die Königsstraße solle so breit sein, daß ein Wagen dem anderen Platz machen (»rumen«) könne, und er gab auch eine Reihe von Vorfahrtsregeln bei der Begegnung an Hohlwegen und Brücken.

(279) Nach § 11 des erneuerten Reglements für die Feldmesser des Königreiches Preußen vom 28. 5. 1793 wurden die »ordentlichen Landwege regulariter auf 16 Fuß breit angeschlagen«.

(280) J. Grimm Weistümer 3, 68

(281) Karl Siegfried Bader, Ländliches Wegerecht im Mittelalter, vornehmlich in Oberdeutschland; in Zeitschr. der Geschichte des Oberrheins N.F. Bd. 49 Heft 3 (1936) S. 371

(282) siehe Dorfordnungen in Hohenlohe, Weistum zu Corbach (1454), in J. Grimm Weistümer 3, 79 Martini Pegii . . . Drey Bücher von Dienstbarkeiten; Frankfurt 1718; S. 264

(283) Weistum des Hubgerichts Edingen vom 14. 10. 1484; Badische Weistümer; Stuttgart 1979; S. 56

(284) Art. 12 und 71 des Fischereigesetzes für Bayern vom 15. 8. 1908 (BayRS 793-1-E), Verordnung über den Vollzuq des Fischereigesetzes für Bayern vom 18. 3. 1909 (BayRS-793-2-E), Bekanntmachung betreffend die Abmarkung der Fischereirechte vom 19. 3. 1909 (BayRS 219-3-F)

(285) Dirk Grötschmann, Erschließung, Wasserhaltung und Förderung im mittelalterlichen und frühneuzeitlichen Eisenerzbergbau der Oberpfalz; in Bergbau in Ostbayern, Schriftenreihe des Bergbau- und Industriemuseums Ostbayern Bd. 7; Theuern 1986; S. 61

(286) Trübners Deutsches Wörterbuch Bd.4; 1943; S. 558

(287) Wilhelm von der Nahmer, Handbuch des Rheinischen Particular-Rechts Bd.1; Frankfurt a. M. 1831; S. 350

(288) J. Oetinger aaO 1, 17, 44

(289) Heinrich Veith, Deutsches Bergwörterbuch; Breslau 1871; S. 334
A.E.C. Vilmar, Idiotikon von Kurhessen; Marburg und Leipzig 1883;; S. 251

(290) P. Roppelt aaO S. 22

(291) T. Brouwer aaO S. 95

(292) 4. Kap. §§ 4, 5 der Frankfurter Bauordnung vom 11. 6. 1809; nach W. Siebert in Vermessungswesen und Raumordnung 1987, 299/303

Literatur und Anmerkungen zu Abschn. A. 7

(1) M. Ch. Lallemand, Enquête sur le bornage des propriétés. Rapport présenté au nom du Comité d'enquête. Annexe au procès verbal de la séance du Comité d'enquête du 22 décembre 1893 – Lallemand war Chefingenieur der Bergwerke, Direktor des Service du nivellement général de la France; sein Bericht stellt ein Teilergebnis einer Studienkommission dar, die von 1891 bis 1905 tätig war und ihre Arbeit mit drei Gesetzentwürfen über das Kataster, über die Hypothekenreform und über das Grundbuch abschloß, die jedoch nicht Gesetz wurden.

(2) Roger Schaffner, Organisation et garantie de la propriété par le livre foncier; Institut des hautes études de droit rural et d'économie agricole; Paris 1983; S. 27

(3)Wortlaut der Vorschrift siehe Abschnitt A 7 Anm. 4

(4) A euphemism for uncertain boundaries, a euphemism for indefinite boundaries: Dowson & Sheppard, Land Registration, 2. Aufl., London 1956; S. 125 bzw. 82

(5) The plan or general map is then deemed to define accurately the fixed boundaries; Land Registration Rules 1925 s 276, 277

(6) S. Rowton Simpson, Land law and registration; Cambridge 1976; Abschn. 4.8.3 und 7.1

(7) Simpson aaO 8.3.4: The place where the Inspector shot the buffalo.

(8) Simmerding/Henssen, Demarcation of property boundaries in different countries; FIG (Fédération International des Géomètres) XVIII International Congress, Toronto 1986; gedruckter Bericht 704.1

(9) Druckschrift des United States Department of the Interior, Bureau of Land Management: Restoration of lost or obliterated corners & subdivision of sections; reprinted Washington 1979; S. 37

Literatur zu Abschn. A. 8

(1) Otto Stolz, Geschichte der Almen im Karwendel; in Zeitschr. für bayer. Landesgeschichte 11 (1938) S. 9
(2) Otto Stolz aaO
(3) siehe hierzu Karl Rübel, Die Franken, ihr Eroberungs- und Siedelungssystem im deutschen Volkslande; Bielefeld und Leipzig 1904
(4) August Heitz, Grenzen und Grenzzeichen der Kantone Baselstadt und Baselland; in Quellen und Forschungen zur Geschichte der Landeskunde des Kantons Baselland Bd. V; Liestal 1964; S. 16
(5) Siegfried Scheidig, Wunderschöne Flurdenkmäler; in Neue Presse vom 8. 9. 1984
Martin Weber, Die Kurfürstensteine aus dem Jahre 1513 am Schönwappenweg bei Lauenhain, Stadt Ludwigsstadt, Landkreis Kronach; in Heimatkundliches Jahrbuch des Landkreises Kronach 15 (1985) S. 15
(6) Rudolf Thiem, Alte Grenzen zwischen der Rodenzfurt und dem Fichtelsee; in Der Siebenstern; Wunsiedel 1976; S. 87
(7) Jacob Grimm, Weistümer 2, 682; weitere Beispiele in Deutsche Grenzaltertümer; in Abhandlungen der Kgl. Akademie der Wissenschaften zu Berlin 1845, S.109/137;
ferner Theodor Knapp, Über Marksteine und andere Grenzeirrichtungen; in Württembergische Jahrbücher für Statistik und Landeskunde; Stuttgart 1910; S. 135/138
(8) siehe z. B. Friedrich Seitz, Das ehemalige markgräfliche Oberamt Stauf-Landeck; in Heimatkundliche Streifzüge, Schriftenreihe des Landkreises Roth (Mittelfranken) 7/1988; S. 10
(9) P. Johann Baptist Roppelt OSB, Praktische Abhandlung von den Gränz-Zeichen; Coburg 1775; S. 21
(10) BayHStA MUnchen GLZwiesel Nr.3
(11) T. Brouwer, Grenspalen in Nederland; Zutphen 1978; S.23 ff
(12) siehe hierzu z. B. § 91 der badischen Hofratsinstruktion vom 29 7 1794 abgedruckt bei A. Panther, Vermarkungswesen in Baden; in Zeitschr. f. Vermessungswesen 1924, 105
(13) Die Memoiren des Karl Heinrich Ritters von Lang; 2. Teil; 1842; Faksimiledruck in Bibliotheca Franconia Band 10; Erlangen 1984; S. 41 ff
(14) wie vor S. 49
(15) wie vor S. 60
(16) Art. 29 Abs. 7 GG; Gesetz über das Verfahren bei sonstigen Änderungen des Gebietsbestandes der Länder nach Artikel 29 Abs. 7 des Grundgesetzes vom 30. 7. 1979 (BGBl I S. 1325)
(17) Reichsgesetz über den Neuaufbau des Reiches vom 30. 1. 1934 (RGBl I S. 75); Erlasse des RMdI vom 16. 4. 1934 (preuß. FMBl S. 128)
(18) Art. 58 Abs. 2 des Flurbereinigungsgesetzes i.d.F. vom 16. 3. 1976 (BGBl I S. 546)

Literatur und Anmerkungen zu Abschn. A. 10

(1) E. Frh. von Berg, Geschichte der deutschen Wälder bis zum Schlusse des Mittelalters; Dresden 1871; S. 226
(2) Kgl. Bayer. Ministerial-Forstbureau, Die Forstverwaltung Bayerns; München 1861; S .264
(3) Karl Theodor von Eheberg, Die Reichswälder bei Nürnberg bis zum Anfang der Neuzeit; in Neujahrsblätter, herausgegeben von der Gesellschaft für Fränkische Geschichte Heft IX; Würzburg 1914
(4) siehe zum Beispiel Helmut Jäger/Walter Scherzer, Territorienbildung, Forsthoheit und Wüstungsbewegung im Waldgebiet westlich von Würzburg; Mainfränkische Studien Bd. 29; Würzburg 1984
(5) von Eheberg aaO S. 103
(6) von Eheberg aaO S. 105
(7) St. Behlen/C. F. Laurop, Systematische Sammlung der Forst- und Jagdgesetze der deutschen Bundesstaaten von der ältesten bis auf die neueste Zeit; 3 Bände (Baden, Nassau, Baiern) 1827, 1828, 1831
(8) Mitteilungen vom Verein der höheren Forstbeamten Bayerns 1932 S. 84 Fußn. 43
(9) St. Behlen, Archiv der Forst- und Jagd-Gesetzgebung der deutschen Bundesstaaten; Freiburg i. Br. 1836 ff; Bd. 6 Heft 2 S. 131
(10) ebenda Bd. 13 Heft 1 S. 95/111
(11) Josef Köstler, Die Bayerische Forstordnung von 1568; in Mitteilungen vom Verein der höheren Forstbeamtem Bayerns 1932 Nr. 1 S. 2
(12) Maximilian Prokop Frh. von Freyberg, Pragmatische Geschichte der bayerischen Gesetzgebung und Staatsverwaltung seit den Zeiten Maximilians I.; Augsburg 1836-39 – zur ForstO siehe Hellmut Günther, Das bayerische Landrecht 1616; in Schriftenreihe zur bayerischen Landesgeschichte Bd. 66; München 1969, S. 145
(13) F. Simmerding, Das amtliche bayerische Feldmeßlehrbuch vom Jahre 1616; in MittBl des Deutschen Vereins für Vermessungswesen LV Bayern 1991 S. 415
E. Hammer, Eine »halbamtliche« Anleitung zur Feldmessung aus dem Anfang des 17. Jahrhunderts; in Zeitschr. für Vermessungswesen 1907 S. 545
(14) Friedrich Lüers, Mark und Markstein im Rechtsbrauch, Volksglaube und Sage; in Zeitschr. für Vermessungswesen 1925 S. 16/70

siehe auch Behlen/Laurop, Forst- und Jagdgesetze Bd. 4/2; Karlsruhe 1831; §§ 110-113

(15) nach Horst Torke, Eine Grenzurkunde von 1456 und ihre Aussage zur Geschichte der Grenzbezeichnungen in der Sächsischen Schweiz; in Steinkreuzforschng Sammelband 17 (NF 2); Regensburg 1990; S. 87

(16) nach Armin Leistner, Alte Grenzsteine im Coburger Land; in Jahrbuch der Coburger Landesstiftung 1969 S. 217

(17) Adam Schwappach, Handbuch der Forst- und Jagdgeschichte Deutschlands; Berlin 1886; S. 339 Fußn. 1

(18) Karl Otto Müller, Alte Grenzzeichen nach dem württembergischen Forstkartenwerk von G. Gadner und J Öttinger (1588 ff); in Das Rechtswahrzeichen 2. Heft, Grenzrecht und Grenzzeichen; Freiburg i. Br. 1940; S. 96

(19) St. Behlen aaO Bd. 19 Heft 2 S. 19/37

(20) St. Behlen aaO Bd. 16 Heft 1 S. 134

(21) Joh. Jodocus Beck, Tractatus de Jure Limitum 4. Aufl.; Nürnberg 1754; 1., 20., 4 Abs.2

(22) Adam Schwappach, Handbuch der Forst- und Jagdgeschichte Deutschlands; Berlin 1886; S. 340 Fußn. 4; siehe auch S. 341 Fußn.7, S. 343 Fußn. 12

(23) St. Behlen aaO Bd. 15 Heft 2 S.122

(24) St. Behlen aaO Bd. 13 Heft 1S. 112/115

(25) siehe Behlen/Laurop, Systematische Sammlung der Forst- und Jagdgesetze der deutschen Bundesstaaten, Bd. 2 Handbuch der Forst- und Jagdgesetzgebung des Herzogthums Nassau; Hadamar 1828 (insbes. §§ 122-124, Ottoische Linie, § 267 Nassau-Usingen)

(26) St. Behlen aaO Bd. 17 Heft 2 S. 34

(27) Georg Karl Mayr, Sammlung der Kurpfalz-Baierischen allgemeinen und besonderen Landes-Verordnungen 3. Bd.; München 1788; 2. Teil Finanzwesen S. 162 Nr .27

(28) Mayr aaO 1.Bd. (1784) S. 348/359, Nr.38 Rentmeistersche Instrucktion

(29) Mayr aaO 3. Bd. 2. Teil S. 299 Nr. 87

(30) Mayr aaO 4. Bd. S. 1035 Nr. 121

(31) Mayr aaO 5. Bd. S. 173

(32) Mayr aaO 5. Bd. S. 786

(33) K. B. Ministerial-Forstbureau aaO S. VI

(34) St. Behlen aaO Bd. 2 Heft 2 S. 88
Zeitschr. für das Forst- und Jagdwesen mit besonderer Rücksicht auf Bayern Bd. 4 Heft 2; Gotha 1831; S. ,14
Behlen/Laurop aaO Bd.2/2; Karlsruhe 1831; §§ 592 ff

(35) § 57 der Instruction für die Allgemeine Landesvermessung vom 19. 1. 1830 (RegBl Sp 89)

(36) K. B. Ministerial-Forstbureau aaO S. 215

(37) St. Behlen aaO Bd. 3 Heft 4 S. 3

(38) GesBl 1852 S. 69, Weber GesSammlung 4, 343

(39) siehe auch Anl. A zu den Vollzugsvorschriften vom 29. 6. 1852, Weber GesSammlung 4, 502

(40) revidierte Fassung des ForstG von 1879 (GVBl S. 1314, BayBS IV S. 542) Art. 92 Ziff- 3

(40a) Martin Aicher, Die bayerischen Saalforste im Lande Salzburg; in Jahrbuch des Vereins zum Schutze der Bergwelt; München 1977, S. 271 siehe auch BayGVBl 1958, 167 (BayRS 1011-9-S)

(41) Josef Köstler, Geschichte des Waldes in Altbayern, Münchener Historische Abhandlungen, Allgemeine und politische Geschichte, 1. Reihe 17. Heft; München 1934; S. 59

(42) St. Beh!en aaO Bd. 6 Heft 1 S. 79

(43) F. Simmerding, SALZ MACHT GESCHICHTE; in MittBl des Dtsch. Vereins f. Vermessungswesen Landesverein Bayern 3/1995, mit weit. Nachweisen

(44) August Bernhardt, Geschichte des Waldeigenthums, der Waldwirtschaft und Forstwissenschaft in Deutschland; Berlin 1872; Bd. ,1 S. 223

(45) Friedrich Stumpf, Vermarkungsprotokolle der kgl. bayerischen Salinenverwaltung; in Mitteilungsbl. des Deuschen Vereins für Vermessungswesen Landesverein Bayern 1962 S. 70

(46) FMBl S. 261, Weber GesSammlung 31 S. 184

(47) Entschließung des Staatsministeriums der Finanzen vom 21. 8. 1919 Nr. 30 974

(48) Bekanntmachungen des Bay. Staatsministeriums für Ernährung, Landwirtschaft und Forsten vom 5. 1. 1955 (StAnz Nr. 6), vom 13. 6. 1958 (LMBl S. 107) und vom 9. 7. 1973 (LMBl S. 76)

(49) Entschließung des StM f. ELW vom 20. 3. 1975 Nr. F 2-S 100-26

(50) St. Behlen aaO Bd. 4 Heft 2 S. 48/52

(51) RegBl 1833 Nr. 53

(52) Staats- und RegBl 1834 S. 5 und;379
Reist, Vermessungsrecht für Baden-Württemberg; Stuttgart 1972; S.13
St. Behlen aaO Bd. 9 Heft 1 S. 38, Bd. 20 Heft 1 S.62, 66

(53) Gesetz vom 25. 4. 1854 (RegBl S. 203)

(54) Instruktionen vom 4. 4., 20. 6. und 14. 11. 1843; St. Behlen aaO Bd. 19 Heft 1 S. 11 und 52

(55) St. Behlen aaO Bd. .20 Heft 1 S. 14
Jordan/Steppes, Das Vermessungswesen im Dienste der Staatsverwaltung Bd. 2; Stuttgart 1882; S. 412

(56) Jordan/Steppes aaO S. 41

Literatur und Anmerkungen zu Abschn. A. 11

(1) Rückle, Vermarkungswesen; in Zeitschr. für Vermessungswesen 1875, 193

(2) Allgemeines Landrecht fur die preußischen

Staaten (ALR) I. 17. §§ 362 ff; diese Vorschriften des ALR galten nach Inkrafttreten des BGB (1900) weiter, Art. 89 Ziff. 1 prAGBGB.
(3) ALR I. 17. §§ 372, 383-386
(4) Art. 646 C. c.: »Jeder Eigentümer kann seinen Grenznachbar zur Abmarkung ihrer aneinanderstoßenden Grundstücke anhalten. Die Abmarkung geschieht auf gemeinschaftliche Kosten.« (Tout propriétaire peut obliger son voisin au bornage de leurs propriétés contiguës. Le bornage se fait à frais communs.)
(5) Art. 11 Grenzfeststellungsgesetz 1830
(6) L. Bergauer; in Jordan/Steppes, Das deutsche Vermessungswesen, Stuttgart 1882, Bd. 2, S. 428 ff
(7) Art. 10, 11 des Gesetzes, Die Feststellung und Erhaltung der inneren Grenzen betr., vom 23. 10. 1830 (RegBl S. 463)
(8) Verordnung und Instruction, wonach sich bei der im Fürstenthum Sachsen-Weimar angeordneten General-Revsion zu achten, vom 6. 2. 1726 (in der Bücherei des Deutschen Vereins für Vermessungswesen, TU Berlin, vorhanden); zu dem Begriff »breitende Äcker« siehe Jordan/Steppes, Das deutsche Vermessungswesen, 2. Band; Stuttgart 1882; S. 459 ff
(9) § 29 des Gesetzes vom 12. 3. 1839, nach Denkschrift des Rheinisch-Westfälischen Geometervereins über »Die Sicherung des Grundeigentums durch allgemeine Vermessung«; Düsseldorf 1878, S. 18
(10) § 1 des Gesetzes vom 5. 3. 1851
(11) Verordnung vom 31. 10. 1755 abgedruckt in Nachrichten der Niedersächsischen Vermessungs- und Katasterverwaltung 1960, 15
(12) Konstanzer, Überblick über die Entwicklung des Vermessungswesens im Lande Braunschweig; an gleicher Stelle S. 22
(13) Aus der Reproduktion der Verordnung in dem Führer einer Wanderausstellung der Vermessungs- und Katasterverwaltung Niedersachsen
(14) Wolfgang Frühauf, 100 Jahre Braunschweiger Neumessungsgesetz; in Nachrichten der Niedersächsischen Vermessungs- und Katasterverwaltung 1986, 332
(15) Verordnung vom 17. 6. 1828; nach Jordan/Steppes aaO S. 113
(16) Klaß/Propping, Der Vermessungs- und Katasterbeamte sowie der Vermessungsingenieur in Preußen, 1. Bd., Berlin 1933; S. 93, siehe auch Anm. (33)
(17) Lippisches Gesetz, die Vermarkung der Bezirksgrenzen und der Grenzen der Eigentumsstücke bei der Landesvermessung betreffend, vom 20. 2. 1879 (L.-V. Bd. 17 S. 545); Lipp. Gesetz, die Sicherung und Erhaltung der vorhandenen Grenzvermarkung und die Versteinung neuer Grenzen betreffend, vom 27.2. 1890 (L.-V. Bd. 20 S. 279, 299, geändert durch § 14 Abs. 3 AGBGB)
Schaumburg-Lippe: Gesetz vom 31. 1. 1873; Vermarkungsgesetz vom 3. 4. 1914 (LV S. 71)
(18) Jorden/Steppes aaO S. 452
(19) Hugo Reist, Das Vermessungsgesetz für Baden-Württemberg; in Zeitschrift für Vermessungswesen 1962, 6
(20) Nr. 13 der Dritten Steuer-Instruction vom 24. 1. 1713; A. L. Reyscher, Sammlung der Württembergischen Gesetze, Bd. 17; Tübingen 1839; S. 375 siehe auch Hugo Reist in 150 Jahre württembergische Landesvermessung. 1818-1968; Stuttgart 1968; S. 5
ausführlich in Heinrich Wagner, Die Entwicklung des Katasters in Württemberg; Stuttgart 1950; S. 3
(21) § 41 der Instruktion des K. Steuer-Collegiums für die Ausführung der Landesvermessung im Königreich Württemberg, vom 8. 10. 1831; Reyscher aaO S. 1817
Rückle, Vermarkungswesen; in Zeitschrift für Vermessungswesen 1875, 193
Efinger, Das Grenzvermarkungswesen in Württemberg; in ZfV 1933, 536
(22) Rückle aaO S. 195; ausführlicher bei H. Zieher, Urvermessung und Primärkataster; in 150 Jahre württembergische Landesvermessung 1818 bis 1968; Stuttgart 1968; S. 115 f
(23) §§ 22, 23 der Ministerialverfügung vom 12. 10. 1849
(24) Verordnung, die Erhaltung und Fortführung der Flurkarten und Primärkataster betr., vom 12. 11. 1840 (RegBl S. 509) – Primärkatasterverfügung –, Neufassung vom 1. 8. 1894 und 1.9.1899 (gesetzesvertretende Verordnung)
(25) Hugo Reist, Vermessungsrecht für Baden-Württemberg; Stuttgart 1972; S.22
Erich Strobel, Vermessungsrecht für Baden-Württemberg, 2. Aufl.; Stuttgart 1992; S. 46
(26) § 1 des Gesetzes vom 21. 1. 1851; aus ZfV 1875, 209
(27) siehe Albert Pfitzer in ZfV 1922, 170
(28) Jordan/Steppes aaO S. 57
(29) Verfügung über das Verfahren bei Fortschreibungsmessungen vom 24. 5. 1844; nach Klaß/Propping aaO S. 105
(30) Instruktion vom 25. 8. 1857; nach Klaß/Propping aaO S. 114
(31) § 67 Nr.9 der Anweisung für das Verfahren bei Erneuerung der Karten und Bücher des Grundsteuerkatasters vom 25. 10. 1881 (KatAnw VIII)
(32) M. Doll in ZfV 1895, 371
(33) Beispiele: Rheinland-Westfalen für Neumessungen 1857; Preußen siehe oben KatAnw VIII; Bayern § 26 der Bek. zum Vollzug des Gesetzes, die

Abmarkung der Grundstücke betr., vom 30. 6. 1900 (FMBl S. 771); Hessen Bek des FM vom 20. 6. 1831; Österreich Instruktion vom 23. 12. 1817 – Vermarkung mit Pfählen; Württemberg Anordnung von Steinlinien erst gegen Ende der 1818/1840 ausgeführten Katastervermessung, Verfügung vom 1. 8. 1840; Nassau Instruktion über Gütervermessungen von Ortsgemarkungen ohne Konsolidation vom 16. 1. 1822

(34) Gesetz, die Sicherung der Gemarkungs-, Gewannen- und Eigentumsgrenzen, sowie der Dreieckspunkte des der Vermessung des Großherzogtums zugrunde liegenden Dreiecksnetzes betr., vom 20. 4. 1854 (RegBl S. 199); abgedruckt in ZfV 1887, 400

(35) § 31 des Forstgesetzes vom 15. 11. 1833 (Staats- und RegBl 1834 S. 5) siehe Abschnitt A 10

(36) A. Panther, Vermarkungswesen in Baden; in ZfV 1924, 137

(37) § 3 des Gesetzes vom 9. 6. 1932 (GVBl S. 211), §§ 14, 15 der Verordnung zum Vollzug des Vermessungsgesetzes vom 27. 9. 1932 (GVBl S. 215)

(38) Nach Georgi, Ist für Sachsen der Erlaß eines Abmarkungsgesetzes notwendig? in ZfV 1931, 46/50

(39) Sachsen-Coburg: Katastergesetz vom 29. 8. 1855, Art. 9 Versteinung der Felder AusfVerordnung vom 15. 3. 1858; Fortführungsgesetz vom 12. 7. 1869; siehe Kerschbaumer, Die Steuer-Regulirung des Herzogthums Sachsen-Coburg; in ZfV 1873, 211; siehe auch Jordan/Steppes, Das deutsche Vermessungswesen; Stuttgart 1872; Bd. 2 S. 470; Joseph Amann, Die bayerische Landesvermessung in ihrer geschichtlichen Entwicklung; München 1908 S. 120; – Sachsen-Meiningen Katastergesetz vom 11. 7. 1899, Ges. zur Versteinung der Liegenschaften vom 14. 4. 1882, Ausführungs-Anweisung vom 28. 8. 1882

(40) Katastergesetz vom 31. 3. 1884

(41) ZfV 1896, 6; vorausgegangen war schon 1861 eine entsprechende Eingabe des Landwirtschaftlichen Vereins für Rheinpreußen an die Staatsregierung

(42) § 63 der Anweisung vom 7. 5. 1868 für das Verfahren bei den Vermessungsarbeiten zur Vorbereitung der Ausführung des Gesetzes vom 21. 5. 1868, betreffend die anderweitige Regelung der Grundsteuer in den Provinzen Schleswig-Holstein, Hannover und Hessen; nach Jordan/Steppes aaO S. 197

(43) § 11 KatAnw II i. d .F. vom 31. 3. 1877; nach Klaß/Propplng aaO S. 196; siehe auch Nr. 101 der KatAnw II i. d. F. von 1920

(44) Otto Kriegel, Die Grundstücks-Abmarkung; Karlsruhe 1964; S. 8

(45) Anweisung (VIII) für das Verfahren bei Erneuerung der Karten und Bücher des Grunsteuerkatasters vom 25. 10. 1881, § 2

(46) § 67 der Anw VIII

(47) Hause, Ein Vermarkungsgesetzentwurf für Preussen; in Zeitschr. für Vermessungswesen 1920, 164
Radtke, Zum »Vermarkungsgesetzentwurf für Preussen«; ebenda S. 267

(48) Steinsetzerordnung Oftersheim 1772, abgedruckt in Karl Kollnig, Die Weistümer der Zent Kirchheim; Badische Weistümer 3. Bd.; Stuttgart 1979; S. 169

(49) Gesetz über die Abmarkungen vom 9. 1. 1926 (RegBl S. 27)

(50) Verordnung über die Abmarkung der Grundstücke (Abmarkungsordnung) vom 1 .9. 1930 (GesSammlung S. 177)

(51) Gesetz über die Abmarkung und Vermessung der Grundstücke, sowie die Vermessungswerke und Lagerbücher (Vermessungsgesetz) vom 9. 6. 1932 (GVBl S. 211)

(52) Berichte in ZfV 1922, 636, 659; 1923, 467 usf; 1932, 673, 710; 1935, 506

(53) § 4 des Gesetzes über die Neuordnung des Vermessungswesens vom 3. 7. 1934 (RGBl S. 534)

(54) Baden-Württemberg: Vermessungsgesetz vom 4. 7. 1961 (GVBl S. 201), geändert
Bayern: Abmarkungsgesetz vom 6. 8. 1981 (BayRS 219-2-F)
Bremen: Vermessungs- und Katastergesetz vom 29. 4. 1969 in der Fassung vom 16. 10. 1990 (GBl S. 313)
Hessen: Abmarkungsgesetz vom 3. 7. 1956 (GVBl S. 124), aufgehoben und ersetzt durch Vermessungsgesetz vom 2. 10. 1992 (GVBl I S. 453)
Niedersachsen: Vermessungs- und Katastergesetz vom 8. 11. 1961 (GVBl S.319), aufgehoben und ersetzt durch das Gesetz vom 2. 7. 1985 (GVBl S. 187)
Nordrhein-Westfalen: Vermessungs- und Katastergesetz vom 11. 7. 1972 (SGV NW 7134), Neubekanntmachung vom 30. 5. 1990 (GVBl S. 360)
Rheinland-Pfalz: Abmarkungsgesetz vom 7. 12. 1959 (GVBl S. 240)
Saarland: Abmarkungsgesetz vom 2. 7. 1962 (Amtsbl S. 557)
Schleswig-Holstein: Vermessungs- und Katastergesetz vom 6. 12. 1974 (GVOBl S.470)
Neue Länder:
Sachsen: Vermessungsgesetz vom 20. 6. 1991 (GVBl S.159)
Sachsen-Anhalt: Vermessungs- und Katastergesetz vom 22. 5. 1992 (GVBl S.362)
Thüringen: Abmarkungsgesetz vom 7. 8. 1991 (GVBl S. 289)

Literatur
Otto Kriegel, Die Grundstücks-Abmarkung; Karlsruhe 1964
Kriegel/Herzfeld, Katasterkunde in Einzeldarstellungen Heft 1 (Loseblattform)
Baden-Württemberg:
Hugo Reist, Vermessungsrecht für Baden-Württemberg; Stuttgart 1972
Erich Strobel, 2. Aufl. obigen Buchs; Stuttgart 1992
Bayern:
Franz Simmerding, Bayerisches Abmarkungsrecht 2. Aufl.; Stuttgart 1986
Hessen: Kurandt/Kriegel, Neues Vermessungsrecht im Lande Hessen; in ZfV 1956, 322
Niedersachsen:
Johannes Nittinger, Die Vermessungsgesetzgebung in der Bundesrepublik unter besonderer Berücksichtigung des niedersächsischen Gesetzes über die Landesvermessung und das Liegenschaftskataster; in ZfV 1962, 33
Möllering/Bauer, Niedersächsisches Vermessungs- und Katastergesetz; Wiesbaden 1990
Rheinland-Pfalz:
M. Lambert, Neue Vermessungsgesetze in Rheinland-Pfalz; in ZfV 1960, 65

Literatur und Anmerkungen zu Abschn. A. 12

(1) Joseph Amann, Die bayerische Landesvermessung in ihrer geschichtlichen Entwicklung; München 1908; S. 328 ff
ferner Vortrag vom 9. 12. 1818 in Akten des Bayer. Landesvermessungsamts, Erlassung des Vermarkungsgesetzes 1866 bis 1871 Bd.I
über Thaddäus Lämmle siehe Kurt Winschiers in MittDVW-LVBay Sonderheft 2/1982 S. 82
(2) J. Amann aaO S. 330, 333
(3) J, Amann aaO S. 338
(4) Bayerisches Landrecht (BayLR) II c. 2 § 13
(5) § 4 der Vermessungsinstruktion vom 12. 4. 1808
§§ 16, 17 des Gesetzes, die allgemeine Grundsteuer betreffend, vom 15. 8. 1828 (GBl S. 121)
§ 22 der Instruktion für die allgemeine Landes-Vermessung zum Vollzuge des Grundsteuergesetzes vom 19 1. 1830 (RegBl S. 89
(6) § 57 obiger Instruktion
(7) Herzfeld/Löffler, Das Vermessungs- und Katasterwesen in der Pfalz – seine eigenartige Entstehung; in Nachrichtenblatt der Vermessungs- und Katasterverwaltung Rheinland-Pfalz 1/1993 S. 3
Wulf Neuhart, Die örtliche Sicherung der Grundstücksgrenzen – ein Überblick über das Abmarkungsverfahren in der Pfalz; in Das Vermessungs- und Katasterwesen in der Pfalz, hsgeg. anläßlich der Einrichtung der Messungsbehörden in der Pfalz vor 100 Jahren vom Landesvuermessungsamt Rheinland-Pfalz; Koblenz 1992; S. 241
Joseph Amann aaO S. 272 ff, 336
(8) Instruktion für die zu den Katastralvermessungen im Rheinkreise erforderlichen Vorarbeiten vom 18. 6. 1824 (Intelligenzblatt des Rheinkreises S. 805); Bek. vom 13. 5 1825 (IntellBl S. 557)
(9) Organisches Edikt vom 28. 7. 1808 (RegBl Sp 2789/2797)
(10) §§ 74, 75 und 76 der Instruktion der Gemeinde-Vorsteher vom 24. 9. 1808 (RegBl Sp 2431)
(11) Gemeinde-Edikt vom 17. 5. 1818 (GBl Sp 49, 139); siehe insb. § 115
(12) Art. 92 Abs. 3 und Art. 138 Abs. 6 der Gemeindeordnung für die Landestheile diesseits des Rheins vom 29. 4. 1869(GBl S. 865)
(13) Art. 11 des Gesetzes, die Abmarkung der Grundstücke betreffend, vom 30. 6. 1900 (GVBl S. 553); Art. 12 Abs. 1 des Gesetzes über die Abmarkung der Grundstücke vom 6. 8. 1981 (BayRS 219-2-F)
(14) Bekanntmachung des Bayer. Staatsministeriums des Innern über kommunale Namen, Hoheitszeichen und Gebietsänderungen vom 30. 4. 1973 (MABl S. 341)
(15) Art. 24 Abs.1 des oa Abmarkungsgesetzes 1981
(16) J. Amann aaO S. 339
(17) FMErlaß vom 25. 7. 1864 (Geretsche Verordnungen-Sammlung XXXV S.103)
(18) Gesetz, die Vermarkung der Grundstücke betr., vom 16. 5. 1868 (GBl S. 573)
(19) Motive zum Entwurf eines Gesetzes, die Vermarkung der Grundstücke betreffend; Verhandlungen der Kammer der Reichsräte 1867/68 Beilagen-Bd. II S. 349/351
(20) Art. 2 des Gesetzes
(21) Wilhelm Stadelmann, Wirkungskreis der Feldgeschworenen (Siebner, Märker) nach dem Vermarkungsgesetz vom 16. Mai 1868, Bamberg 1868; S. 8
(22) Art. 3 des Gesetzes
(23) Art. 5 des Gesetzes
(24) Art. 6 des Gesetzes
(25) Entschließungen des Handelsministeriums vom 14. 8. 1871 Nr. 9230 und nach dessen Auflösung des Finanzministeriums vom 16. 5. 1872 Nr. 9591 und vom 27. 7. 1874 Nr. 9363
(26) Art. 7 des Gesetzes
(27) Art. 8 Ziff. 16 und Art. 9 Abs.1 des Gesetzes über die Errichtung eines Verwaltungsgerichtshofs (VGH) vom 8. 8. 1878 (GVBl S. 369,); aufgehoben und ersetzt durch das (bayer.) Verwaltungsgerichtsgesetz (VGG) vom 25. 9. 1946 (GVBl S. 281); siehe auch Otto Seubelt, Das Abmar-

kungsgesetz und die verwaltungsgerichtliche Zuständigkeit; in Bayerische Verwaltungsblätter 1961, 144

(28) Art. 10 des Gesetzes

(29) Art. 44 der pfälzischen mit Gesetzeskraft ausgestatteten Umschreib-Instruktion von 1847 hatte dem Bezirksgeometer für Vermarkungen nur 6 kr je Grenzstein zugestanden (Mitteilungen über das bayerische Katasterwesen Bd. 3 1874/75 S. 6)

(30) Regulativ vom 27. 7. 1874 (FMBl 1875 S. 20)

(31) Steppes in Zeitschrift für den bayer. Ummessungsdienst 1878 S. 179

(32) Jordan/Steppes, Das deutsche Vermessungswesen; Stuttgart 1882; Bd. 2 S. 293

(33) Zeitschrift für Geometer 1859-1870, Mittheilungen über das bayerische Katasterwesen 1871 – 1882, Zeitschrift für den bayerischen Ummessungsdienst 1875-1896, Correspondenzblatt des bayerischen Geometer-Vereins 1880-1896, Zeitschrift des Bayerischen Geometer-Vereins 1897 – 1909, Zeitschrift des Vereins der Höheren Bayerischen Vermessungsbeamten 1910-1919, fortgesetzt als Bayerische Zeitschrift für Vermessungswesen 1925-1927

(34) Steppes in Zeitschrift für den bayer. Ummessungsdienst 1878 S. 150

(35) Zeitschrift für Geometer 9. Jahrgang 1869, S. 12

(36) Siehe z. B. Korrespondenz-Blatt des bayer. Geometer-Vereins Bd.VIII 1893, S. 180 ff

(37) Ministerialentschließung vom 27. 11. 1885, Vermarkung des Staatsstraßen- Areals betr., Nr. 15 697 (MABl S. 327; Weber, Gesetzessammlung 17, 592)

(38) J. Amann aaO S. 405

(39) J. Amann aaO S. 404

(40) Technisches Gutachten über die Neuvermessung München vom 28. 10. 1874; in Münchner Gemeinde-Zeitung 1875 Nr. 23 S. 194 = Mittheilungen über das bayer. Katasterwesen 1875 Beil. zu Bd. III S. 17

(41) § 30 Abs. 4 der Instruktionen vom 25. 6. 1885 und vom 15. 2. 1898 (GVBl S. 51)

(42) Korrespondenz-Blatt des bayerischen Geometer-Vereins Bd. VII (1891) S. 127 und 227; Zeitschrift für den bayerischen Ummessungsdienst Bd. VIII (1891) S. 10 und 17, 1892 S. 74, 1893 S. 92

(43) Art. 42 des Gesetzes vom 29. 5. 1886 (GVBl S. 271)

(44) Verhandlungen der Kammer der Abgeordneten 1899/1900 Beil. Bd. I S. 345; abgedruckt in den Gesetzeskommentaren sowie in Zeitschr. des bayer. Geometer-Vereins Bd. III (1899) S. 234

(45) Beratung des Etats des k. StMI für die XXI. Finanzperiode in der Kammer der Abgeordneten, Stenogr. 1891 Bd. 7 S. 631, 652, 653

(46) StMI Abt. für Landwirtschaft, Gewerbe und Handel vom 3. 1. 1892 Nr. 150; StA München RA 4230 Nr. 63106

(47) Gesetz, die Abmarkung der Grundstücke betreffend, vom 30. 6. 1900 (GVBl S. 553, BayBS III S. 601)
Vollzugsvorschriften: Bekanntmachung zum Vollzug des Gesetzes, vom 21. 12. 1900 (MABl S. 771, FMBl 1901 S. 122, BayBSVFin II S. 385), Feldgeschworenenordnung vom 21. 12. 1900, neu gefaßt 27. 11. 1933 (BayBS I S. 594); FMBek vom 20. 2. 1901, den technischen Vollzug des Abmarkungsgesetzes betr.; FME vom 24. 3. 1901, die Abmarkung der Staatsforstgrundstücke betr., Neufassungen 1954 (siehe StAnz Nr. 6/1955) und vom 13. 6. 1958 (LMBl S. 107); FMBek vom 3. 4. 1901, die Verwaltung des Abmarkungsfonds betr. (FMBl S. 279)

(48) Zeitschr. des bayer. Geometer-Vereins Bd. II (1899) S. 19

(49) Zeitschrift des bayerischen Geometer-Vereins Bd. IV 1900 S. 30

(50) Art. 1 des Abmarkungsgesetzes (AbmG)

(51) J. Amann aaO S. 340

(52) Art.1 Nr. 5 AbmG

(53) Art. 26 AbmG; siehe die unter (47) vermerkte FMBek vom 3. 4. 1901

(54) Gesetz vom 15. 10. 1941 (GVBl S. 165)

(55) Art. 4 Abs. 5 AbmG

(56) Art. 4 Abs. 5 letzter Satz AbmG

(57) Zeitschrift des bayerischen Geometer-Vereins 1900 S. 75

(58) Art. 25 Abs.1 AbmG

(59) FMBek über den technischen Vollzug des AbmG vom 20. 2. 1901 (siehe oben (47)

(60) Gesetz vom 8. 2. 1968 (GVBl S.19)

(61) Art. 27 AbmG 1900

(62) § 20 der Vollzugsvorschriften vom 21. 12. 1900

(63) Art. 19 ff AbmG 1900

(64) Art. 3 Abs. 1 AbmG 1900

(65) Art. 22 AbmG 1900

(66) Art. 7 Gesetz über die Güterzertrümmerung vom 13. 8. 1910 (GVBl S. 627), aufgehoben 1939

(67) Zeitschrift des bayerischen Geometer-Vereins Bd. IV, 1900 S. 20

(68) Gesetz über die Abmarkung der Grundstücke (AbmG) vom 6. 8. 1981 (GVBl S. 318, BayRS 219-2-F)
Vollzugsvorschr.: FMBek zum Vollzug des Abmarkungsgesetzes (AbmVollzBek) vom 23. 10. 1981 (FMBl S. 343); Feldgeschworenenordnung (FO) vom 16. 10. 1981 (GVBl S. 475, BayRS 219-6-F); Bek über den Vollzug des Abmarkungsgesetzes durch die Feldgeschworenen (FBek), vom 12. 10. 1981 (MABl S. 619, FMBl S. 334)

(69) Art. 24 AbmG 1981

Literatur und Anmerkungen zu Abschn. B. 1.1 – 1.11

(1) Karl Siegfried Bader, Der schwäbische Untergang. Studien zum Grenzrecht und Grenzprozeß im Mittelalter; Freiburger rechtsgeschichtliche Abhandlungen IV; Freiburg 1933
(2) Bader aaO S. 4
(3) W. M. Schmid, Die »Siebener«; in Wochenschrift für Pflege von Heimat und Volkstum 1924, 25, Beilage zu Bayerische Volkstrachten-Zeitung 7/1924
(4) Schwabenspiegel L 172
(5) Ingomar Bog, Dorfgemeinde, Freiheit und Unfreiheit in Franken; in Quellen und Forschungen zur Agrargeschichte, herausgeg. von Friedrich Lütge, Bd. 3; Stuttgart 1956, 30
(6) Planitz/Eckhardt, Deutsche Rechtsgeschichte; Graz-Köln 1961, 104
(7) Frankenspiegel 1.10
(8) Sachsenspiegel 3, 26 § 3
Schwabenspiegel L 286 b
Das Stadt- und Landrechtsbuch Ruprechts von Freysing (1324) 188
(9) Frankenspiegel 1.10
(10) Alois Gerlich in Peter Blickle, Deutsche ländliche Rechtsquellen; Stuttgart 1977, 134
(11) Schwabenspiegel L 145
Stadt- und Landrechtsbuch Ruprechts von Freysing 105
(12) Karl Kollnig, Die Zenten in der Kurpfalz; in Zeitschrift für die Geschichte des Oberrheins NF 49 (1936) Karlsruhe; S. 17
(13) Wolfgang Metz, Zur Geschichte der fränkischen centena; in Zeitschr. der Savignystiftung für Rechtsgeschichte, German. Abt. 74 (1957); S. 234
(14) Über Fraisch siehe Johann Andres Schmeller, Bayerisches Wörterbuch; Neudruck 1985; Sp. 827
Ersch/Gruber, Allgemeine Encyklopädie der Wissenschaften und Künste, 47. Theil; Leipzig (Brockhaus) 1848
(15) Steinkreuzforschung 1/1988; S.22 (Erscheinungsort Regensburg)
(16) Theodor Knapp, Neue Beiträge zur Rechts- und Wirtschaftsgeschichte des württembergischen Bauernstandes; Nachdruck Aalen 1964; S. 39
(17) Nach Hermann Knapp, Die Zenten des Hochstifts Würzburg, 1. Bd., Die Weistümer und Ordnungen der Würzburger Zenten; Berlin 1907; S. 35
(18) Benno Hubensteiner, Bayerische Geschichte, 5. Aufl.; München 1967, 111
(19) Adolf Sandberger, Altbayerische Studien zur Geschichte von Siedlung, Recht und Landwirtschaft; Schriften zur bayerischen Landesgeschichte Bd.74; München 1969, 312
(20) R. Stintzing, Geschichte der deutschen Rechtswissenschaft; München und Leipzig 1880; 1. Abteilung S. 53
(21) Stintzing aaO S. 52
(22) Johann Heinrich Zedler, Universal-Lexicon; Halle und Leipzig 1739, Nachdruck 1961; Bd. 11 Sp. 834
(23) Nach Fritz Schmitt, Ländliche Rechtsverhältnisse in Nordfranken nach Weistümern und Dorfordnungen; in Archiv des Historischen Vereins von Unterfranken und Aschaffenburg 69; Würzburg 1931-34; S. 151
(24) Armin Leistner, In Stein und Holz gehauen; in Jahrbuch der Coburger Landesstiftung 1974; S. 37/57
(25) Fälschungen und Fiktionen, Ausstellung des Bayerischen Hauptstaatsarchivs, München 1986; Katalog S. 6
(26) Gerhard Schmitt-Grillmeier, Die Frais; in Oberpfälzer Heimat 31; Weiden 1987; S. 105
Karl-Heinz Preißer, Die Frais – Von der Freihandelszone zum Binnenmarkt; in Oberpfälzer Heimat 37, 1993 S. 149
(26a) Historischer Atlas von Bayern, Franken I/ 1 S. VI
(27) Heinz Dopsch, Tittmoning – Vom Markt zur Stadt; in Das Salzfaß, N.F. 18/1984 S. 53/60
(28) J. Oetinger aaO 1, 20, 11
(29) Nach Th. Knapp, Neue Beiträge S. 39
(30) Tacitus, Germania 16
(31) Werner Rösener, Bauern im Mittelalter; München 1985; S. 19, 205
(32) Benno Hubensteiner, Bayerische Geschichte, 5. Aufl.; München 1967; S 37
Karl Bosl, Die »familia« als Grundstruktur der mittelalterlichen Gesellschaft; in Zeitschr. für bayer. Landesgeschichte 1975, 403
Werner Wittich, Die Frage der Freibauern; in Zeitschr. der Savignystiftung für Rechtsgeschichte, Germanistische Abteilung 22; Weimar 1901; S. 245
(33) Franz Seibt, Glanz und Elend des Mittelalters; Berlin 1987; S. 306
(34) Friedrich Prinz, Böhmen im mittelalterlichen Europa; München 1984; S. 150
(35) Heide Wunder, Die bäuerliche Gemeinde in Deutschland; Göttingen 1986; S. 34
(36) Karl Bosl aaO S. 404
Philippe Dollinger, Der bayerische Bauernstand vom 9. bis zum 13. Jahrhundert; München 1982; S. 18
Theodor Knapp, Die Grundherrschaft im südwestlichen Deutschland; in Zeitschr. der Savigny-Stiftung für Rechtsgeschichte, Germ. Abt. 1901, 48
W. Wittich aaO S. 266

(37) Nach Kaufmann/Stammler, Handwörterbuch zur deutschen Rechtsgeschichte I, Sp. 765 ff.
(38) Adolf Sandberger, Die ländliche Bevölkerunq; in Max Spindler, Handbuch der bayer Geschichte Bd. 2, München 1969; § 104 S. 661
(39) Lütge, Die bayerische Grundherrschaft; Stuttgart 1949; S. 74
(40) siehe Wilhelm Abel, Die Wüstungen des ausgehenden Mittelalters, 3. Aufl. (Quellen und Forschungen zur Agrargeschichte Bd. 1); Stuttgart 1976, ferner
HelmutJäger/Walter Scherzer, Territorienbildung, Forsthoheit und Wüstungsbewegung im Waldgebiet westlich von Würzburg (Mainfränkische Studien Bd. 29); Würzburg 1984
(41) Werner Rösener aaO S. 275
(42) Heide Wunder aaO S. 19
(43) Alfons Dopsch, Die Wirtschaftsentwicklung der Karolingerzeit vornehmlich in Deutschland, 2. Teil; Weimar 1922; S. 103
(44) Ferdinand Seibt, Glanz und Elend des Mittelalters. Eine endliche Geschichte; Berlin 1987; S. 171
(45) siehe hierzu Karl Bosl, Die Reichsstadt in Franken und Schwaben; in Schönere Heimat 2/1985 S. 89 ff
(46) Werner Rösener aaO S. 166
(47) Philippe Dollinger, Der bayerische Bauernstand vom 9. bis zum 13. Jahrhundert; München 1982; S. 375
(48) Wilhelm Volkert, Die spätmittelalterliche Gerichtsbarkeit; in Max Spindler, Handbuch der bayerischen Geschichte Bd. 2; München 1969; § 85 S. 534
von Amira/Eckhardt, Germanisches Recht Bd. 2 Rechtsaltertümer; Berlin 1967; S. 12 § 5
(49) Klaus Arnold, Dorfweistümer in Franken; in Zeitschr. für bayerische Landesgeschichte 38/1975 S. 819/849
(50) Karl Bosl, Eine Geschichte der deutschen Landgemeinde; in Zeitschr. für Agrargeschichte und Agrarsoziologie 1961 S. 129, 135
(51) Michael Hofmann, Die Dorfverfassung im Obermaingebiet; in Jahrbuch für fränkische Landesforschung 6/7, Erlangen 1941; S. 140/142
(52) Erler/Kaufmann, Handwörterbuch zur deutschen Rechtsgeschichte, 1. Bd. Sp. 766
(53) Gustav Schrepfer, Dorfordnungen im Hochstift Bamberg; jur. Diss. Erlangen 1941 (maschschr.); S. 9
(53a) Ein Beispiel hierfür ist das Dorf Oberehrenbach östlich von Forchheim (OFr). Das Dorf gehörte zwar zum Territorium des Hochstifts Bamberg, aber es behauptete mit Erfolg die eigene Zuständigkeit für das Dorfrecht; siehe »Anlaß oder Gemeinordnung über die Frey Aygen Gemein Obern Ehrenbach . . .« vom 23. 9. 1684 (StA Bamberg Rep 10 III Nr. 2514) nach Fritz Zimmermann, Das »freie« Dorf Oberehrenbach; in Bamberger Blätter für fränkische Kunst und Geschichte 11/1935 S.18, Beil. zum Bamberger Volksblatt. Punkt 50 behandelt das »Recht der Märker«. Der Streit um die Unabhängigkeit vom Forchheimer Zentrichter ging bis zum Reichshofrat und endete 1748 mit einem Erfolg für das Dorf Oberehrenabch.
(54) Heide Wunder aaO S. 111
(55) Des dorfs Grosselfingen ehehafften; bei Jakob Grimm,Weistümer 6, 242
(56) Herbert Reyer, Die Dorfgemeinde im nördlichen Hessen. Untersuchungen zur hessischen Dorfverfassung im Spätmittelalter und in der frühen Neuzeit; Schriften des hess. Landesamts für geschichtliche Landeskunde Bd. 38; Marburg 1983; S. 82
(57) Hermann Fischer. Schwäbisches Wörterbuch 2, Sp. 1471
(58) Herbert Scholl, Dorfordnungen im Landgebiet Nürnberg; jur. Diss. Erlangen 1958 (maschschr.); S. 73
(59) Karl-Sigismund Kramer, Volksleben im Hochstift Bamberg und im Fürstentum Coburg 1500 bis 1800; Würzburg 1967; S. 315
(60) R. Endres, Sozialer Wandel in Franken und Bayern auf der Grundlage der Dorfordnungen; in Sozialer und kultureller Wandel der ländlichen Welt des 18. Jahrh., herausgegeben von Hinrichs/Wiegelmann, Wolfenbüttel 1982
(61) Nicolaus Müller, Die vorzüglichsten Pflichten eines Dorfs-Schuldheißen im Hochstifte Würzburg; 1794 (Schuldheiß zu Mark-Wipfeld im Amte Klingenberg)
(62) Theodor Eisenbrand, Ehehaftsordnungen im Hochstift Eichstätt; Diss. Univ. Erlangen; Feuchtwangen 1938; S. 171
(63) Beispiele für die Übernahme von Allmenden aus der Verfügungsgewalt der Herrschaft in die Verwaltung der Dörfer bei Alfons Dopsch, Die freien Marken in Deutschland; Baden-Wien 1933; S. 51 ff
(64) Heide Wunder aaO S. 111
(65) Karl-Sigismund Kramer, Die Nachbarschaft als bäuerliche Gemeinschaft. Ein Beitrag zur rechtlichen Volkskunde mit besonderer Berücksichtigung Bayerns; Bayerische Heimatforschung Heft 9; München-Pasing 1954; S. 56
(66) z. B. elf Dörfer westlich von Wunsiedel; nach Friedrich Wilhelm Singer, Das Landbuch der Sechsämter von 1499; Wunsiedel 1987; S. 78
(66a) nach Anton Wilhelm Ertls Praxis Aurea, 2. Aufl.; Nördlingen und Frankfurt 1737; S. 51
(67) siehe Nicolaus Müller aaO

(68) Eichstätter Intelligenzblatt 1809 Stück 27
(69) Werner Nowak, Die Ganerbschaft Künzelsau; jur. Diss. Universität Tübingen; 1966; S. 39 ff
(70) Pankraz Fried, Grundherrschaft und Dorfgericht im Herzogtum Bayern; in Die Grundherrschaft im späten Mittelalter II, herausgegeben von Hans Patze, Sigmaringen 1983; S. 277/290 siehe auch Max Spindler, Handbuch der bayer. Geschichte Bd 2; München 1969i S. 497 und 536
(71) Ph. Dollinger aaO S. 376
Jacob Grimm, Weistümer III S. 658 (1413), Grafschaft Werdenfels (= Garmisch) zum Hochstift Freising gehörend;
Weistümer-VI S. 117, Essenbach bei Landshut
(72) Alfons Dopsch, Herrschaft und Bauer in der deutschen Kaiserzeit; (1938) Nachdruck Stuttgart) 1964; S. 97
(73) Art. 139 des bayerischen Landrechts von 1346
(74) Pankraz Fried aaO S. 304
(75) Art. 75 des bayer. Landrechts von 1346
(76) Pankraz Fried, Die Bedeutung der ländlichen Rechtsquellen für die bayerische Verfassungsgeschichte; in Peter Blickle, Deutsche ländliche Rechtsquellen; Stuttgart 1977; S. 197/202
(77) Wolfgang Leiser, Strafgerichtsbarkeit in Süddeutschland; Forschungen zur deutschen Rechtsgeschichte 9. Bd.; Köln-Wien 1971; S. 89
(78) Ph. Dollinger aaO S. 439
(79) Fritz Zimmermann, Die Rechtsnatur der altbayerischen Dorfgemeinde und ihrer Gemeindenutzungsrechte; in Verhandlungen des Historischen Vereines für Niederbayern 75 Bd., 1949; S. 8
(80) Johannes Aventinus, Bayerische Chronik I; niedergeschrieben 1522-1533, gedruckt 1566
(81) Erler/Kaufmann, Handwörterbuch zur deutschen Rechtsgeschichte, Bd. 2; Berlin 1972; S. 1761 (Leibeigenschaft)

Literatur und Anmerkungen zu Abschn. B. 2.1 – 2.8

(1) von Amira/ Eckhardt, Germanischtes Recht I, 134
(1a) Des Heiligen Römischen Reichs Freyen Stadt Weissenburg am Nordgau Statuten und Ordnung. 1739. Tit. IV; aus Christian Arnold, Beiträge zum teutschen Privat-Rechte 2. Teil; Ansbach 1842; S. 720
(2) Stadtarchiv Weißenburg WUG Nr. 1277/1
(2a) Karl Siegfried Bader, Der schwäbische Untergang; Freiburger rechtsgeschichtliche Abhandlungen IV; Freiburg im Breisgau 1933; S. 69 ff
(3) nach Walter Siebert, 200 Jahre Stadtvermessung und 200 Jahre Eigentumskataster in Frankfurt am Main; in Vermessungswesen und Raumordnung 1987; 299
Nach Friedrich Kurandt in Allgemeine Vermessungsnachrichten 1962 S. 38 war das älteste erhaltene »Steinbuch« aus dem Jahre 1370
(4) Abgedruckt in Armin Wolf, Die Gesetze der Stadt Frankfurt am Main im Mittelalter; Frankfurt a. M. 1969; S. 273 (Veröffentl. d. Frankfurter Histor. Kommission XIII)
(5) Abgedruckt in Armin Wolf aaO S. 341
(6) Klaß/Propping, Der Vermessungs- und Katasterbeamte sowie der Vermessungsingenieur in Preußen, l. Bd.; Berlin 1933; S. 10
(7) Bernhard Spindler, Das Vermessungswesen der ehemaligen freien Reichsstadt Frankfurt a. M., in Jordan/Steppes, Das deutsche Vermessungswesen Bd. 2; Stuttgart 1882; S. 148
(8) 9. Teil 3. Titel der »Reformation« von 1611 »Vom Landtmessen/und Stein setzen«, abgedruckt in Klaß/Propping aaO S. 12
(9) B. Spindler aaO S. 150
(10) Klaß/Propping aaO S. 50 ff
(11) 9. Teil Tit. 1.2 der Stadtreformation
(12) Diese Informationen sind entnommen aus-Johann Anton Moritz, Versuch einer Einleitung in die Staatsverfassung derer oberrheinischen Reichsstädte, 1. Teil Frankfurt; Frankfurt 1785 S. 41
(13) Nr. 4 der Instructions Punkte des Geometer vom 11. 3. 1787, abgedruckt bei Klaß/Propping aaO S. 47
(14) Gesetz, die Zusammenschmelzung einiger Stadt-Verwaltungs-Aemter betreffend, vom 30. 10. 1819, abgedruckt in Gesetz- und Statuten-Sammlung der freien Stadt Frankfurt, 2. Bd.; Frankfurt 1818; S. 88
(15) Verordnung, die Bildung der Feldgerichte auf den Dorfschaften, die Bestellung eines Landgeometers und die Erhaltung der Gränzbezeichnungen in den Dorfmarkungen betreffend, vom 10. 3. 1825 (Frankfurter Gesetz- und Statutensammluna IV S. 7-27)
siehe auch § 36 des preußischen Feldmesser-Reglements 1871
(15a) §§ 2, 12 der Verordnung vom 20. 12 .1899 (GS S. 640), Verfg. vom 24. 11. 1911, betr. die Ausführung des § 12 Abs. 3 Satz 2 Halbsatz 1 der VO über die Ortsgerichte in den OLG-Bezirken Frankfurt und Kassel vom 20. 12. 1899 (abgedruckt in Klaß/Propping aaO Bd. 2 S. 101)
(16) Die nachfolgende Darstellung stützt sich weitgehend auf Günter Pawliska, Die Regensburger Baumannschaft; jur. Diss. München 1952
siehe auch Hermann Knapp, Alt-Regensburgs Gerichtsverfassung, Strafverfahren und Strafrecht bis zur Carolina; Berlin 1914; S. 64

(17) Stadtarchiv Regensburg Nrn. 414/1 ff
(18) Feldordnung oder Acker- und Landeskultur-Mandat, Korngedings-Ordnung, beide vom 6. 9. 1805, Kurfürstlich Erzkanzlerisches Regierung- und Intelligenzblatt 1805 XLVI. Stück S. 489
(19) Hans Wilhelm Dirian, Über das Schweinfurter Stadtrecht und seine Verbreitung; in 700 Jahre Stadt Schweinfurt 1254-1954, Schweinfurt 1954, S. 53
(20) ders., Das Schweinfurter Stadtregiment während der Reichsstadtzeit; jur. Diss. Würzburg 1954; S. 182 (maschschr.)
(21) Erich Saffert, Die Reichsstadt Schweinfurt von 1554 bis 1615; phil. Diss. Würzburg 1951 Bd. 2 S. 482 (maschschr.).
(22) Die Feldordnung von 1575 ist in der revidierten Fassung und mit einem Anhang vom 1. 8. 1714 abgedruckt in »Des Heiligen Römischen Reichs freyen Stadt Schweinfurth vornehmste Pflichten und Ordnungen«; Schweinfurt 1720; S. 46 – Für die Zitate wurde dieser Druck verwendet.
(23) Art. 3 der Feldordnung
(24) Art. 5, 6 der Feldordnung
(25) Art. 2 der Feldordnung
(26) Art. 8, 31 der Feldordnung
(27) Art. 9 der Feldordnung
(28) Art. 35 der Feldordnung
(29) Dirian Diss. S. 120
(30) Art. 23 der Feldordnung
(31) Dirian Diss. S. 181
(32) Dirian Diss. S. 198
(33) Rudolf Rubenbauer, Die Verfassung der Stadt Amberg 1294-1808; jur. Diss. Erlangen 1956 (maschschr.), S. 34
(34) Zitiert aus Hans Thoma, Das älteste Amberger Stadtrechts-Buch; jur.Diss. Erlangen 1920 (maschschr.), Anhang Nr. 51; siehe ferner Carl Fuchs, Die Entwicklung des Amberger Stadtrechts; jur.Diss. Erlangen 1926 (maschschr.)
(35) Rubenbauer aaO S. 33; StadtA Amberg
(36) Beispiele: 1456 7 Mitglieder, 1564 9 Mitglieder; StadtA Amberg Bd. 241 bzw 236
(37) Rubenbauer aaO S. 35; StadtA Amberg
(38) abgedruckt in Johann Baptist Schenkl, Sammlung der Freyheiten, Rechte, Gesetze, Gewohnheiten, und Polizeyordnungen der Stadt Amberg aus dem XIVten bis aufs' XVIte Jahrhundert; Amberg 1820, S. 71 ff
(39) Art. 28-31 Portungschauordnung
(40) Hermann Hoffmann, Würzburger Polizeisätze 1125-1495. Ausgewählte Texte, in Veröffentlichungen der Gesellschaft für fränkische Geschichte X. 5. (1955), Nr. 261.
(41) H. Hoffmann aaO Nr. 247
(42) H. Hoffmann aaO Nr. 309
(43) H. Hoffmann aaO Nr. 368
(44) Nach einer freundlichen Auskunft des Stadtarchivs Würzburg
(45) Stadtarchiv Würzburg, Ratsprotokoll – fol 147v – 1525, ausführlich dokumentiert
(46) Stadtarchiv Würzburg, Ratsbuch 73 fol 42
(47) Nach Kohler/Koehne, Wormser Recht und Wormser Reformation, I. Älteres Wormser Recht; Halle a. d .S. 1 915; S. 175
Boos, Geschichte der rheinischen Städtekultur unter besonderer Berücksichtigung von Worms; Berlin 1897; Bd. II, 370 und 559 Note 994
(48) Die nachfolgenden Ausführungen fußen auf der von Reinhard Dietrich neu bearbeiteten Dissertation (1923) von Alfred Becker, veröffentlicht unter dem Titel »Ursprung und Entwicklung der Hanauer Ganggerichte – ergänzt durch einen Urkundenanhang« in Hanauer Geschichtsblätter Bd. 30 (1988), S. 405
(49) Philippus Helfricus Krebs, Tractatus Politico-Juridicus de Ligno & Lapide; Frankfurt 1700; Teil 2 sect. 4 § 40
(50) Die Darstellung folgt Rudolf Oeri-Sarasin, Allerlei über Grenzzeichen, Grenzfrevel und Grenzspuk in der alamannischen Schweiz; Basel 1917

Literatur und Anmerkungen zu Abschn. B. 3.1

(1) von Amira/Eckhardt, Germanisches Recht, Bd. 1 Rechtsdenkmäler; Berlin 1960 S. 130
(2) Hans Liermann, Das geschichtliche Bauernrecht nach den fränkischen Weistümern; in Zeitschr. für bayerische Landesgeschichte X, 1937 S. 377 siehe auch Klaus Arnold, Dorfweistümer in Franken aaO Bd. 38, 1975 S. 819; ferner Karl Dinklage, Fränkische Bauernweistümer, Ausgewählte Texte; Würzburg 1954
(3) siehe hierzu Karl Siegfried Bader, Der schwäbische Untergang, Freiburger rechtsgeschichtliche Abhandlungen IV; Freiburg 1933; S. 46
(4) K. S. Bader aaO S. 60 ff
(5) Jacob Grimm, Weistümer 6, 242
(6) K. S. Bader aaO S. 53 ff
(7) Abdruck in Friedrich Wintterlin, Württembergische ländliche Rechtsquellen, Bd. 1; Stuttgart 1910; S. 739/742
(8) Jacob Grimm, Weistümer 5, 481
(9) Hans Stohler, Die schweizerische Landesgrenze bei Basel, ihre Geschichte und Vermarkung; in Zoll-Rundschau, Fachzeitschrift des schweizerischen Zollpersonals 1961; S. 6, 38

Literatur und Anmerkungen zu Abschn. B. 3.2

(1) Siehe A. L. J. Michelsen, Rechtsdenkmale aus Thüringen; Stadtrecht von Arnstadt, 1543, Nr. 55; S. 53: »Marck staine setzen. Auch sol kein burger keinen marckstein setzen ohne vorwissen der verordneten geschwornen steinern vnd seines kegenteils, wer salchs vbertritt, der busset dem rathe zehen fuder steine.«
(2) Rudolf Oeri-Sarasin, Allerlei über Grenzzeichen, Grenzfrevel und Grenzspuk in der alamannischen Schweiz; Basel 1917; S. 34
(3) Fundstellen siehe Abschnitt 11 Vereinheitlichende Regelungen des Landesrechts, Anm. 20
(4) Herbert Scholl, Dorfordnungen im Landgebiet Nürnberg; jurist. Diss. Erlangen (maschschr.) 1958; S. 113
(5) aus einem Bericht der Polzeikommission Fürth an die Regierung in Ansbach vom 12. 1. 1799; StA Nürnberg Regg MFr KdI Abg 1932 Tit. XV Nr. 91
(6) Feldhauptmann Sebastian Schertlin, der in zahlreichen Feldzügen unter den versohiedensten Herren zu Ruhm und Vermögen gekommen war, kaufte 1532 die Herrschaft Burtenbach und führte 1546 die Reformation ein. Bis 1818 im Besitz der Familie.
(7) Die Zusammenstellung folgt Berichten der Regierungen von Schwaben, Mittelfranken und Oberfranken aus dem Jahre 1867, die in den Staatsarchiven Augsburg, Nürnberg und Bamberg liegen, ergänzt durch eine Zusammenstellung in den Motiven zum Vermarkungsgesetz 1868.

Literatur zu Abschn. B. 3.2 a

(1) Für die nachfolgenden Angaben diente als Quelle: Jean Mosselmans, Einleitung im Katalog zur Ausstellung anläßlich der Hundertjahrfeier der Union des Géomètres-Experts von Brüssel; Brüssel 1976

Literatur und Anmerkungen zu Abschn. B. 3.3

(1) Wahl von »veltgesworn« durch den Rat der Stadt Göttingen; nach Göttinger Statuten, in Akten zur Geschichte der Verwaltung und des Gildewesens der Stadt Göttingen bis zum Ausgang des Mittelalters (Quellen und Darstellungen zur Geschichte Niedersachsens 25); bearbeitet von Goswin von der Ropp; Hannover und Leipzig 1907; S. 354 – im Stadtarchiv von Göttingen noch weitere Belege für das Wort Feldgeschworene (bis ins 18. Jahrhundert.
(2) Dorf Kerstlingerode 1652: Das durch Abpflügen verkleinerte Pfarrland soll durch Feldgeschworene gemessen und in richtigen Stand gesetzt werden; in Zeitschr. der Gesellschaft für niedersächsische Kirchengeschichte 11; Braunschweig 1906; S. 193
(3) Karl Siegfried Bader, Der schwäbische Untergang; Freiburger rechtsgeschichtliche Abhandlungen IV; Freiburg i. Br. 1933; S. 77
(4) K. S. Bader aaO S. 78
(5) Wintterlin/Gehring, Württembergische ländliche Rechtsquellen, 3. Bd.; Stuttgart 1941; S. 137 (Spital Biberach, Dorfordnung 1755)
(6) K. S. Bader aaO S. 77
(7) siehe z. B. Jacob Grimm, Weistümer 1, 47
(8) »landt leider« in der Siebnerordnung des Dorfes Eßleben (LKr. Schweinfurt) im »Gemeinbuch« 1574 (jetzt im Gemeindearchiv Werneck); Ablichtung bei Rainer Weiß, Die Feldgeschworenen in Unterfranken, Zulassungsarbeit für die 1. Prüfung für das Lehramt an Volksschulen 1979/II Univ. Würzburg
(9) z. B. Weistum 2. Dinghof zu St. Lükart 1345 bei J. Grimm, Weistümer 4, 22
(10) siehe hierzu Johann Andreas Schmeller, Bayerisches Wörterbuch; Neudruck 1985: Sp.167
(11) J. Grimm, Weistümer 5, 518
(12) A. L. J. Michelsen, Rechtsdenkmale aus Thüringen; Jena 1863; S. 53
(13) Z. B. Oberursel; J. Grimm, Weistümer 3, 496
(14) J. J. Scotti, Sammlung der Gesetze und Ordnungen V, 1493
(15) W. Uhl, Stumme Zeugen aus vergangener Zeit; in Zeitschrift für Vermessungswesen 1932, 609/612
(16) Gustav Schrepfer, Dorfordnungen im Hochstift Bamberg; jurist. Diss. Erlangen 1941; S. 70
z. B. Dorfordnung Michelau (bei Lichtenfels) 1535; abgedruckt in Herbert Pazel, Kleine Michelauer Ortsgeschichte; Michelau 1988; S. 84
(17) Stadtgerichtsbuch III fol 4a; nach Friedrich W. Singer, Das Landbuch der Sechsämter von 1499; Wunsiedel 1987; S. 75
(18) Sammlung der Entscheidungen des Bayer. Verwaltungsgerichtshofs 1, 107 und 1, 134
(19) wie vor 2, 228
Zur Verbreitung der Bezeichnung »Vierrichter« siehe Deutsche Gaue 28 (1927) S. 135
(20) Nicolaus Müller, Die vorzüglichsten Pflichten eines Dorfs-Schuldheißen im Hochstifte Würzburg; Würzburg 1794; S. 220
siehe auch Deutsche Gaue 1910, 173; 1926, 137; 1927, 135
(21) »Achter- oder Steinsetzer-Ordnung«Geilsheim von 1600 (1659 erneuert), nach G. Wesel in MittBl. des Dtsch. Vereins f. Vermessungswesen Landesverein Bayern 1986, S. 50, 53
(22) siehe hierzu z. B. Weisthumb zu Oberhilbersheim; in J. Grimm Weistümer 4, 599 Pkt. 34
Steinbockenheimer Steinsetzer-Ordnung von

1603, mitgeteilt von Bläsy in Zeitschr. für Vermessungswesen 1933, 572
Otto Klamm, Freinsheimer Feldmesser und Steinsetzer; in Pfälzische Heimatblätter 8/1960, Beilage zu Die Rheinpfalz; »Der statt Freinsheim weisthum« (1787) in Günther Pickel, Pfälzische Weistümer 5. Lieferg; Speyer 1968; S. 568
Weistum von Ingersheim (unweit von Stuttgart), in J. Grimm Weistümer 4, 526
(23) J. Grimm,Weistümer 6, 226 ; siehe auch Christian Gottlob Haltaus, Glossarium Germanicum Medii Aevi; Leipzig 1758; S. 1147, wo Kundschaft in Grenzstreitigkeiten mit Untergang gleichgesetzt ist.
(24) G. Schrepfer aaO
(25) Friedrich Lüers, Mark und Markstein im Rechtsbrauch, Volksglaube und Sage; in Zeitschr f. VermW. 1925, 16/20
(26) Marker- und Siebner-Ordnung zu Gremsdorf (Hochstift Bamberg) 1683; StA Bamberg A 90 L. 476 Nr. 1277
siehe auch K. S. Bader aaO S. 77 Anm. 2
(27) Carl Brinkmann, Badische Weistümer 1. Heft, Reichertshauser und Meckesheimer Zent (ehem. rechtsrhein. Pfalz); Heidelberg 1917; S. 223
(28) Adolf Röß, Marktstefter Feldschiederordnung vom Jahre 1581; (ansbachisches Maindorf) im Wortlaut abgedruckt in Am fränksichen Herd 25/1930, Beilage zur Kitzinger Zeitung

Literatur und Anmerkungen zu Abschn. B. 3.4

(1) StA Nürnberg Regg Mittelfranken Abg 1932 Tit XV Nr. 5/II, 91, 135 II
(1a) J. Grimm, Weist. 5, 481
(2) Karl Siegfried Bader, Der schwäbische Untergang; Freiburger rechtsgeschichtliche Abhandlungen IV; Freiburg i. Br. 1933; S. 53
(3) siehe Karl und Marianne Schumm, Hohenlohische Dorfordnungen; Stuttgart 1985
(4) zum Beispiel Dinkelshausen, StA Würzburg Ger 8/213
(5) Richard Redelberger, Rechtsdenkmäler der Vergangenheit auf fränkischen Fluren; in Die Mainlande 20/1967, Beilage zur Mainpost
(6) nach einem Bericht des Patrimonialamts Burgfarrnbach vom 12. 9. 1835 an die Regierung des Rezatkreises (= Mittelfranken); StA Nürnberg Regg von Mittelfranken KdJ Abg 1932 Tit. XV wie oben
(7) Sammlung der hochfürstlich-würzburgischen Landesverordnungen Theil 1; Würzburg 1776; S. 45/50 (1. Theil Tit.1 § 1 der Ordnung)
(8) z. B. in einigen Dörfern der Reichsstadt Rothenburg; auch für die Orte der Deutschordenskommende Ellingen waren die Steinsetzer zunächst gemeinsam
(9) O Steinbücher von Ellingen, beginnend 1577; StadtA Ellingen InvNr. 55
(10) Karl Kollnig, Die Weistümer der Zenten Eberbach und Mosbach; Badische Weistümer und Dorfordnungen 4. Bd., Stuttgart 1985; S. 220
(11) Friedrich Wintterlin, Württembergische ländliche Rechtsquellen Bd. 1; Stuttgart 1910; S.18/19
(12) J. Grimm, Weistümer 6, 250; Wintterlin aaO 1, 39
(13) Eduard Krauß, Hohenfeld am Main; Würzburg 1933; S. 89
(14) Friedrich Wilhelm Geyer, Geschichte des alten Maindorfes Gnodstadt; Gnodstadt 1935; S. 50
(15) StA Würzburg WU 21/145g
(16) Der »Brief« ist abgedruckt in Güllich/Feuerlein, Die sieben ehrbaren Männer; Markt Erlbach 1984; S. 30
(17) siehe Anm (21) zu Abschn. B 3.3
(18) Hans-Peter Ziegler, Die Dorfordnungen im Gebiet der Reichsstadt Rothenburg (jur. Diss. Würzburg); gedruckt Rothenburg 1977; S. 150
Herbert Woltering, Die Reichsstadt Rothenburg ob der Tauber und ihre Herrschaft über die Landwehr (jur. Diss.); gedruckt Rothenburg Teil I 1965, Teil II 1971; hier II, 60
(19) Abdruck bei Karl Kollnig, Die Weistümer der Zenten Eberbach und Mosbach, Badische Weistümer und Dorfordnungen 4. Bd.; Stuttgart 1985; S. 245
(20) J. Grimm, Weistümer 5, 55 mit weiteren Nachweisen
(21) Ziegler aaO; ebenso Woltering
(22) Anton Pfahler, Wernfels-Theilenberg, seine Burg und seine Kirche; Wernfels 1948; S. 22
(23) Rudolf Oeri-Sarasin, Allerlei über Grenzzeichen, Grenzfrevel und Grenzspuk in der alamannischen Schweiz; Basel 1917; S. 29
(24) Siebner-Ordnung im Gemeindearchiv Rottendorf bei Würzburg
(25) J. Grimm aaO 6, 256
Wintterlin aaO 1, 41
(26) Wintterlin aaO 2, 875
(27) Hans Rüdinger, Was ein altes Siebnerbuch berichtet; in Am Fränkischen Herd Nr. 33, 34/1929, Beil. zur Kitzinger Zeitung
(28) Adolf Röß, Marktstefter Feldschiederordnung vom Jahre 1581; in Am Fränkischen Herd 25/1930
(29) Satz 1 der Feldgerichtsordnung für Kitzingen von 1807; abgedruckt in Am Fränkischen Herd 12/1929
(30) aus Friedrich Christoph Jonathan Fischers Versuch über die Geschichte der teutschen Erbfolge, 2. Bd.; Mannheim 1778; S. 254
(31) Günther Dickel, Pfälzische Weistümer, 5. Lieferung; Speyer 1968; S. 522

(32) G. Dickel aaO S. 722
(33) Gemeindearchiv Waltershausen, Gemeindebuch 1. Bd. S. 369
(34) Für Alt-Württemberg siehe K. S. Bader aaO S. 66 In den meisten Orten des Hochstifts Würzburg war es herkömmlich, daß die Hälfte der Gerichtsmannen zugleich Feldgeschworene waren. Häufig führte der Aufstieg in den Gemeinderat über das Siebner- oder Untergängeramt.
(35) J. Grimm Weist. 6, 224 § 34
(36) Wintterlin aaO 3, 64 und 3, 72
(37) Gustav Schrepfer, Dorfordnungen im Hochstift Bamberg; jur. Diss. Erlangen (maschschr.) 1940; S. 71
(38) N. N., Freinsheimer Feldmesser und Steinsetzer; in Pfälzische Heimatblätter 8/1960, Beil. zu Die Rheinpfalz
(39) nach K. S. Bader aaO S. 70 Fußn. 95

Literatur zu Abschn. B. 3.4a

(1) Art. 11 Abs.1 des Abmarkungsgesetzes vom 6. 8. 1981 (BayRS 219-2-F)
(2) Endres/Schimmel, Das Mysterium der Zahl. Zahlensymbolik im Kulturververgleich; 3. Aufl., Köln 1986; S. 146
(3) Hermann Mang, Die Zahlen 3, 9 und 7 in der Denk- und Schreibweise unseres Volkes; in Der Schlern 7/1926, 132
(4) Z. B. Sachsenspiegel, Landrecht 1, 8 § 2, 3
(5) Christoph Beck, Die Zahl »sieben« in Orts- und Flurnamen; in Deutsche Gaue 11/1910, 173
(6) Zitiert nach Endres/Schimmel aaO 144
(7) In Bayern wurden die Vierer zum Teil von der Obrigkeit bestellt; unterste Stufe der Verwaltung, auch für Militär- und Steuerwesen; Max Spindler, Handbuch der bayer. Geschichte Bd. 2; München 1969; S. 551, 557 und 662
(8) Endres/Schimmel aaO 114

Außer der angegebenen Literatur siehe auch (sehr ausführlich) Grimm, Deutsches Wörterbuch; Neudruck 1984 Bd. 16 Sp. 785 ff
Jacob Grimm, Deutsche Rechtsaltertümer; Neudruck 1983 Bd. 1; S. 292
aus anthroposophischer Sicht: Ernst Bindel, Die geistigen Grundlagen der Zahlen; Stuttgart 1958

Literatur und Anmerkungen zu Abschn. B. 3.5

(1) Edgar Burkard, 1200 Jahre Stetten; Karlstadt a. M. 1988; S. 112
(2) Art.1 der »Siebner Ordnung« der Grafen Castell für Ippesheim (Mittelfranken) von 1724; Gemeindearchiv Ippesheim
(3) siehe das Zitat oben in Abschnitt 4 Buchst. d.)
(4) Art.11 Abs. 4 Satz 2 des bayer. Abmarkungsgesetzes 1981
(5) Carl M. Nachtigall, Die Feldgeschworenen; in Vermessung und Karte in Bayern, Festschrift zur 150-Jahrfeier des bayerischen Vermessungswesens; München 1951; S. 157
ders., Ich will die Heimblichkeiten . . .; in Spessart, Monatsschrift des Spessartbundes; Juni 1981 (posthum)
(6) § 4 der Feldschiederordnung für Hohestadt, erlassen vom großherzoglichen Landgericht Ochsenfurt am 17. 1. 1814; im Besitz der Feldgeschworenen. Das frühere Hochstift Würzburg gehörte 1805 bis 1814 zu den Landgebieten, die dem habsburgischen Großherzog Ferdinand III. von Toskana als Entschädigung für sein verlorenes Gebiet in Italien zugesprochen waren.
(7) Verordnung und Instruktion über die Grundsteuer-Revision vom 6. 2. 1726
(8) Gustav Schrepfer, Dorfordnungen im Hochstift Bamberg; jur. Diss. Erlangen (maschschr.) 1940; S. 71
(9) Beschlossen auf dem »Ganerbentag« 5. 6. 1618, ratifiziert und verkündet 22. 11. 1619; StA Ludwigsburg B 74a, Band 25
(10) Oeri-Sarasin, Allerlei über Grenzzeichen, Grenzfrevel und Grenzspuk in der alamannischen Schweiz; Basel 1917; S. 29
(11) Karl Siegfried Bader, Der schwäbische Untergang; Freiburg i. Br. 1933; S. 59
(12) Steinbuch von Ellingen Bd. 2 fol 154 und 207 (1644); Stadtarchiv Ellingen
(13) abgedruckt bei Josef Wehn, Chronik der Stadt Ellingen; Ellingen 1906
(14) Teil 1 Tit. 8 des Landrechts; unter »Gericht« ist hier das Dorfgericht zu verstehen.
(15) Herbert Scholl, Dorfordnungen im Landgebiet Nürnberg; jur. Diss. Erlangen (maschschr.) 1958; S. 114
(16) J. Grimm, Weistümer 5, 481
(17) Mandat vom 26. 3. 1754; in Sammlung der hochfürstlich-wirzburgischen Landesverordnungen, Teil 2; Würzburg 1776; S. 646
(18) Nicolaus Müller, Die vorzüglichsten Pflichten eines Dorfs-Schuldheißen im Hochstifte Würzburg; Würzburg 1794; S. 220
(19) Schiederordnung Schrozberg; in Karl und Marianne Schumm, Hohenlohische Dorfordnungen; Stuttgart 1985; S. 162
(19a) Fritz Güllich, Die Sieben Ehrbaren Männer; Neuaufl. 1994 (Selbstverlag Markt Erlbach); S.76
(20) F. Güllich aaO S. 75

(21) Art. 13 Vermarkungsgesetz 1868, Art. 6 Abs. 2 Abmarkungsgesetz 1900, Art. 11 Abs. 3 Abmarkungsgesetz 1981
(22) StA Nürnberg Regg von Mittelfranken KdI Abg 1932 Tit. XV Nr. 5/II
(23) siehe auch Franz Simmerding, Bayerisches Abmarkungsrecht, 2. Aufl.; Stuttgart/München/ Hannover 1986; S. 86
(24) K. S. Bader aaO S.59
(25) Als Vorlage dient der Abdruck des Textes in Bayerland 15/1904 S. 612, mitgeteilt von Pfarrer Brand aus dem Gemeindearchiv in Höllrich; ein weiteres Mal ist der Text in Die Frankenwarte Nr. 24/1936 in gekürzter und etwas verderbter Form (von Wilhelm Dürr) wiedergegeben, anschenend ohne Kenntnis der Erstveröffentlichung
(26) nach Hans Stohler, Die schweizerische Landesgrenze bei Basel, ihre Geschichte und Vermarkung; in Zoll-Rundschau, Fachzeitschrift des schweizerischen Zollpersonals 1961 S. 6, 38
(27) Siebnerbuch Mainstockheim 1777, im Besitz der Feldgeschworenen
(28) F. Güllich aaO S. 103
(29) Art. 14 des Vermarkungsgesetzes 1868, Art. 16 des Abmarkungsgesezes 1900
(30) § 19 des Gesetzes vom 4. 6. 1974 (GVBl S. 245)
(31) Art. 13 Abs. 2 des Abmarkungsgesetzes 1981 (BayRS 219-2-F)
(32) § 5 Abs. 1 der Feldgeschworenenverordnung vom 16. 10. 1981 (BayRS 219-6-F)
(33) J. Grimm, Weistümer 4, 23
(34) K. S. Bader aaO S. 62
(35) K. S. Bader aaO
Theodor Knapp, Neue Beiträge zur Rechts- und Wirtschaftsgeschichte des württembergischen Bauernstandes; Tübingen 1919, Neudruck Aalen 1964; S. 102
(36) Siebnerbuch Mainstockheim S. 3
(37) Dorfordnung Walxheim 1536/1562 (Ostalbkreis); in Wintterlin, Württembergische Ländliche Rechtsquellen Bd. 1; Stuttgart 1910; S. 126/134
(38) Schiederordnung Untermünkheim; in Karl und Marianne Schumm, Hohenlohische Dorfordnungen; Stuttgart 1985; S. 433
(39) Feldmeßordnung der Grafschaft Leiningen Westerburg vom 25. 11. 1712; in Neue Leininger Blätter 4/1930 Nr. 1
Weistum der Stadt Freinsheim (Kurpfalz westl. von Ludwigshafen) »Steinsetzer- oder Mäßergericht und deren Ordnung« von 1737; in Günther Dickel, Pfälzische Weistümer 5. Lieferung; Stuttgart 1968; S. 586 ff
ferner Statuten der Freinsheimer Feldmesser und Steinsetzer von 1746
siehe ferner Pfälzische Heimatblätter 8/1960, Beil. zu Die Rheinpfalz
(40) Bläsy, Zur Steinbockenheimer Steinsetzerordnung vom Jahre 1603; in Zeitschrift für Vermessungswesen 1933 S. 572
(41) Markrecht für Woerth im Unterelsaß; in J. Grimm, Weistümer 5, 518

Literatur und Anmerkungen zu Abschn. B. 3.6

(1) Karl Siegfried Bader, Der schwäbische Untergang;Freiburger rechtsgeschichtliche Abhandlungen IV; Freiburg i. Br. 1933; S. 47
(2) Den Unterschied zwischen Schiedsgericht und Feldgericht hat K. S. Bader in seiner oa Abhandlung ausführlich herausgearbeitet.
(3) K. S. Bader aaO S. 74
(4) StA Nürnberg, AN Oberamtsakten Nr. 36 fol. 97, 98
(5) StA Nürnberg aaO fol. 99
(6) 3. Württembergisches Landrecht 1610 Teil I Tit. 8; abgedruckt in A. L. Reyscher, Sammlung der württembergischen Gesetze 5. Bd.; Stuttgart und Tübingen 1832; S. 64
(7) Karl und Marianne Schumm, Hohenlohische Dorfordnungen; Alte Bräuche und Rechte des Dorfs Baumerlenbach 1559 August 21; Stuttgart 1958; S. 9
Manchmal wird besonders betont, daß das Feldgericht auch ohne Wissen der Herrschaft entscheidet; aaO S. 381 (Obersteinach)
(8) nach K. S. Bader aaO S. 81 unter Hinweis auf Grimm Weist. II, 145
(9) aus dem Steinereid von Ellingen, siehe Anlage
(10) Grimm, Weist. 5, 518
(11) StA Würzburg Ger Volkach 57/II
(12) StA Ludwigsburg B 286 Büschel 41
(13) Grimm/Schröder Weist. 6, 256; Wintterlin,Württembergische ländliche Rechtsquellen 1, 39
(14) Grimm Weist. 6, 227
(15) K. S. Bader aaO S. 94
(16) LR 1610 Teil I Tit. 59; bei Reyscher 5, 135; siehe auch 2. Bau-Ordnung in Reyscher Bd. 13
(17) Friedrich Weber, Geschichte der fränkischen Reichsdörfer Gochsheim und Sennfeld; Schweinfurt 1913; S. 298
(18) Joannis Oetingeri, Tractatus de jure et controversiis limitum, (1642) 2. Aufl.Ulm 1667; Vorrede
(19) Herbert Woltering, Die Reichsstadt Rothenburg ob der Tauber und ihre Herrschaft über die Landwehr, Teil II; Rothenburg 1971; S. 60
(20) Abhandlung von Feldsteußlern und Untergängern in Württemberg; Tübingen 1786 (2. Aufl.); §§ 81, 82
(21) Beispiel bei Karl Erwin Fuchs, Die Marksteine von Ilsfeld; Veröffentlichung Nr.7 des Förder-

kreises Vermessungstechnisches Museum Dortmund 1983; S. 9
(22) Dorfordnung Schwanfeld (zwischen Würzburg und Schweinfurt) von 1582 (Dorfherr Ritter von Grumbach), StA Würzburg M.s.f. 75/Schwanfeld
(23) Weistum Oberursel (Wetterau), Grimm Weistümer 3, 496
(24) Abdruck in A. L. Reyscher, Sammlung der württembergischen Gesetze 12. Bd.;Tübingen 1841; S. 32 – wiederholt in der 3., 4. und 7. Landesordnung 1521, 1536 bzw. 1621
(25) Solmser Landrecht Kap. XXX § 3
(26) in Reyscher aaO 13, 159
(27) Banntaiding des Stiftes Heiligenkreuz zu Winden; in Österreichische Weistümer Bd. 7 Niederösterreich I. Teil; Wien 1886; S. 1027 Zeile 8
(28) zu den österreichischen Vierern siehe Eduard Osenbrüggen, Rechtsaltertümer aus österreichischen Pantaidingen; in Sitzungsberichte der Kaiserl. Akademie der Wissenschaften, philosoph.-hist. Classe, 41. Bd. 2. Heft, 1863; S. 166
(29) Niedersächs. StA in Wolfenbüttel, 40 Slg 8033
(30) Kaspar Gartenhof, Studienreihe Alt-Brückenau III; Bad Brückenau 1976; S. 224
(31) Karl-Sigismund Kramer, Volkstum im Fürstentum Ansbach und seinen Nachbargebieten (1500-1808); Veröffentlichungen der Gesellschaft für Fränkische Geschichte 15. Bd.; Würzburg 1961; S. 68
(32) So mußten in Vorarlberg Geschworene oder Obrigkeit beim Marksteinsetzen zugegen sein und die Parteien bei »Spen« beraten. Die Streitentscheidung lag beim Gericht. Auch in einigen Gegenden des westlichen Frankreich (so Anjou, Maine, Touraine sowie in der Gegend um Loudon und Senlis n. von Paris) galten nur die von der Gerichtsbehörde gesetzten Steine als rechtskräftig – bornes jurées oder bornes de foi – nach M. Ch. Lallemand, Enquête sur le bornage des propriétés; Paris 1893; S. 473
(33) Grimm Weist. 2, 145
(34) Bayerische Landtagsverhandlungen von 1429 bis 1523, herausgegeben von F. von Krenner VII, 61.266, 286.381.409.500, zitiert nach Schmeller, Bayer. Wörterbuch Sp. 1643
(35) StA Würzburg Ger. Wbg. 4/167 (Markung gesondert alle 3 Jahre)
(36) Siebner-Ordnung im Gemeindearchiv Rottendorf
(37) Reyscher aaO 14, 586
(38) Reyscher aaO 13, 155
(39) Grimm, Weistümer 6, 290
(40) K. und M. Schumm aaO S. 113
(41) nach den »Steinbüchern« von Ellingen, Stadtarchiv Ellingen
(42) Verhandlungen des historischen Vereins für Niederbayern Bd. 2 (1852) Heft 3 S. 94; Abdruck ferner in Grimm Weist. 6, 122
(43) Bayer. Hauptstaatsarchiv GR 324/27, nach Heydenreuther in Blätter für oberdeutsche Namenforschung 1987 S. 13
(44) Sachsenspiegel Landrecht III 68 § 1
(45) Müller/Kuhn, Trennfeld a. Main. Ein fränkisches Dorf im Wandel der Zeiten; Markt Trennfeld 1990; S. 338
(46) Beispiele: Dorfeinung zu Sechtenhausen 1546 (nördliches Schwaben); Grimm Weist. aaO Bd. 6, 220; Untergangsordnungen von Röttingen 1712 und von Elchingen 1695 jeweils Nr. 14, in Wintterlin, Württembergische Ländliche Rechtsquellen 1. Bd.; Stuttgart 1910; S. 81 und 259
(47) Mandat, die Verzäunung der Gärten und Felder betr., vom 16. 8. 1727; in Sammlung der hochfürstlich-wirzburgischen Landesordnungen 1. Theil; Würzburg 1776; S. 758
(48) Siebnerbuch A von Mainstockheim (im Besitz der Feldgeschworenen) S. 293
(49) Siebnerbuch A Mainstockheim S. 270
(50) Eugen Schempp, Von alten Marksteinen, Marksteinzeugen und Untergängern in Sindelfingen; in Aus Schönbuch und Gäu, Beilage der Kreiszeitung Böblinger Bote 5, 6/1988 S. 18
(51) Günther Kapfhammer, Die Nördlinger Kornpredigt, in Nordschwaben Heft 2/1978
(52) vgl. den im Anhang abgedruckten Steinereid von 1577, der dem Steinbuch von Ellingen entnommen ist.
(53) F. Simmerding, Die geschworenen Grenzsteinsetzer; in Schönere Heimat 76 (1987) Heft 1 S. 7
(54) Lagerbuch Schöntal 1513, 70; nach Fischer, Schwäbisches Wörterbuch 6, 2424
(55) Neue (Erste) württemberg. Bau-Ordnung vom 1. 3. 1568; Reyscher aaO 13, 152
(56) Zweite Bau-Ordnung vom 2. 1 .1655; Reyscher 13, 152
(57) Noch nach der »Siebner-Ordnung für die Landgemeinde Lülsfeld« (LKr. Schweinfurt) vom 7. 9. 1868 (also nach Erlaß des Vermarkungsgesetzes) oblag den Siebnern die«Aufsicht auf die Aichzeichen der Mühlen und ihrer Wehre«; Gemeindearchiv
(58) Hermann Fischer, Schwäbisches Wörterbuch Bd. 5; Tübingen 1920; Sp.1748
im besonderen: Abhandlung von Feldsteußlern und Felduntergängern in Württemberg, 2. Aufl.; Tübingen 1786 (1. Aufl. 1782)
(59) Christian Gottlob Haltaus, Glossarium Germanicum medii aevi; Leipzig 1758; Sp. 448
(60) Fürstlich Ysenburgsches Archiv, 6470 Büdingen, Kellerei-Rechnung Hain 1607 fol. 99 ff
(61) Jordan/Steppes, Das Deutsche Vermessungswesen Bd. 2; Stuttgart 1882; S. 134

(62) Margit Kaluza, Die Feldgeschworenen in Ochsenfurt; Ochsenfurt 1986; S. 5, 9
dieselbe: Exkurs zum Feldmessungswesen im 18. Jahrhundert; in Ochsenfurter Geschichten 5/1986
(63) Der volle Titel des Buches lautet: Praktische Abhandlung von den Gränz-Zeichen samt einer geometrischen Unterweisung zum Nutzen und Gebrauch der Kloster Banzischen Märker und anderer Liebhaber; Coburg 1775; für das Folgende siehe §§ 31, 32, 36 ff
Näheres über den Verfasser bei Michael Petzet, Johann Baptist Roppelts »Geometrischer Grundriss« von 1774 und die Planungen für das Kloster Banz; in Jahrbuch der bayer. Denkmalpflege Bd. 34 für 1980; München 1982; S. 227; ferner Franz Johann Müller, Benediktinerpater Roppelt auf Kloster Banz bei Bamberg, der erste Katastertechniker Deutschlands; in Bayer. Zeitschr. für Vermessungswesen 1926 S. 268
(64) Simmerding aaO S. 10
(65) Protokollbuch Wörth S. 66
(66) Dorfsordnung Aubstadt 1746 S. 14 II
(67) Carl Brinkmann, Badiche Weistümer 1. Heft; Heidelberg 1917; S. 226 (Baiertal)
(68) Eduard Krauß, Hohenfeld am Main. Die Geschichte eines unterfränkischen Dorfes; Würzburg 1933
(69) Vom königlichen Gut zur Gemeinde. 1125-Jahrfeier der Gemeinde Estenfeld; Estenfeld 1969; S. 164
(70) Näheres hierüber siehe Karl Siegfried Bader, Das mittelalterliche Dorf als Friedens- und Rechtsbereich; Weimar 1957; S. 212 ff
ders. Ländliches Wegerecht im Mittelalter, vornehmlich in Oberdeutschland; in Zeitschr. der Geschichte des Oberrheins N.F. Bd. 49 Heft 3 (1936) S. 371
(71) nach der Reproduktion der Siebnerordnung für Schwebheim vom Jahre 1497 in Güllich/Feuerlein, Die sieben ehrbaren Männer; Markt Erlbach 1984; S. 42
(72) Abschn. 42 der Feldgeschworenen-Ordnungen
(73) Carl Maria Nachtigall, Die Feldgeschworenen; in Vermessung und Karte. Festschrift zur 150-Jahrfeier des bayerischen Vermessungswesens; München 1951; S. 159
(74) Die Ellinger Steiner nehmen zum Beispiel im Jahre 1671 auf den Eintrag über eine Vermarkung des Jahres 1613 Bezug; Bd. 2 der Steinbücher fol 31 und 193
(75) Zitat nach Hermann Neuffer, Der Untergang – ein altes württembergisches Rechtsinstitut; in Beiträge zur Landeskunde 3/1976
(76) Die Vorschriften sind in der angeführten Rechtssammlung von Reyscher abgedruckt.
(77) Steinbücher im Stadtarchiv von Ellingen (Inv.Nr. 55)
(78) Zitat nach Fritz Güllich, Die Sieben Ehrbaren Männer; Markt Erlbach (Selbstverlag) 1994; S.94
(79) M. Kaluza aaO S. 22
(80) Nicolaus Müller, Die vorzüglichsten Pflichten eines Dorfs-Schultheißen im Hochstifte Würzburg; Würzburg 1794; S. 270
(81) Abbildungen bei Güllich aaO S. 25
(82) Abbildungen bei Güllich S.82 und 98
(83) z. B. wurden in Dannenfels und Orbis in der Rheinpfalz die Steinsetzer von Kirchheim herangezogen (Amtsbeschreibung Kirchheimbolanden von 1657); nach Theodor Zink, Grenzsteine im Pfälzer Wald; Sonderdruck aus dem Wanderbuch des Pfälzerwald-Vereins; Neustadt a. d. Haardt 1935;
Nüstenbach (Ger. Mosbach) holte den Untergang aus dem benachbarten Lorbach; Bad. Weist.4, 346
(84) so ausdrücklich im Weistum zu Wenigenumstadt (Odenwald) § 6; in Grimm, Weistümer 6, 3
(85) Steinbücher Ellingen Bd. 1 fol 9 (1577), Bd. 2 fol 208 (1675)
(86) ebenda Bd. 2 fol 26 ff
(87) ebenda fol 141
(88) Beispiele bei Simmerding aaO
(89) Hans-Peter Ziegler, Die Dorfordnungen im Gebiet der Reichsstadt Rothenburg; Diss. Würzburg, Druck Rothenburg 1977; S. 157

Literatur und Anmerkungen zu Abschn. B. 3.7

(1) Roppelt § 35 – voller Titel in Abschn. 6 Anm 48
(2) Beispiel: Mainstockheim 1853, Protokollbuch C S. 266, 268

Literatur und Anmerkungen zu Abschn. B. 3.8

(1) Mandat, die Aufstellung besonderer herrschaflicher Feldschieder, auch Marksteinsetzung betreffned, vom 6. Juli 1753; Sammlung der hochfürstlich-wirzburgischen Landesverordnungen 2. Teil; Würzburg 1776; S. 640
(2) Zwei Beispiele hierfür bei Simmerding, Die geschworenen Grenzsteinsetzer; in Schönere Heimat 1/1987 S. 12
(3) Friedrich Weber, Geschichte der fränkischen Reichsdörfer Gochsheim und Sennfeld; Schweinfurt 1913; S. 49
siehe auch Longin Mößlein, Die Siebener im Landkreis Schweinfurt; Schweinfurt 1994; S. 13
(4) Max Seydel, Bayerisches Staatsrecht 1; München 1884; S. 641

(5) § 18 der Beilage XXVI zum Staatsvertrag vom 17. 4. 1873
(6) § 8 der Dienstanweisung der Regierung von Unterfranken für die Vermarkung (Unterhaltung) der Grenze zur preußischen Provinz Hessen-Nassau vom 6. 12. 1903 (Kreisamtsblatt 1903, 143)
(7) § 4 der Verordnung zur Ausführung des Vermarkungsgesetzes vom 25. 4. 1883 (RegBl S. 78), abgedruckt in Zeitschr. für Vermessungswesen 1883 S. 468
(8) Verwaltungsabkommen zwischen den Ländern Baden-Württemberg, Hessen und dem Freistaat Bayern über die Erhaltung der Abmarkung der Landesgrenzen, vom 23. Januar 1960 (BayFMBl S. 211)
Vollzugsvorschriften für Bayern vom 22. August 1961 (BayFMB8l S. 1219)
(9) Zusatzprotokoll zu Artikel 3 des »Vertrags vom 21. Dezember 1972 über die Grundlagen der Beziehungen zwischen der Bundesrepublik Deutschland und der Deutschen Demokratischen Republik« (BGB1 II 1973 S. 421)
(10) Siehe hierzu Franz Past, Über die Abmarkungs- und Vermessungsarbeiten an der Grenze zwischen dem Freistaat Bayern und der Deutschen Demokratischen Republik; in Mitteilungsblatt des Deutschen Vereins für Vermessungswesen Landesverein Bayern 1976, 101/107

Literatur und Anmerkungen zu Abschn. B. 3.9

(1) Kaubenheim bei Bad Windsheim 1542; Güllich/Feuerlein, Die sieben ehrbaren Männer; Markt Erlbach 1984; S. 28
(2) Dörfer des Stifts Haug, Würzburg
(3) Mark- und Siebnerordnung Gremsdorf (unweit Höchstadt a. d. Aisch) von 1683; StA Bamberg A 90 L 476 Nr. 1277
(4) Bernshofer Schiederordnung von 1738; Abdruck in Karl und Marianne Schumm, Hohenlohische Dorfordnungen; Stuttgart 1985; S. 291
ähnlich in der Untergangs- und Feldgerichts-Ordnung für das Oberamt Harburg (fürstl. Öttingen) vom 25. 1. 1683, StA Augsburg Oberamt Harburg Akt 1203; ebenso Kopie für Ebermergen von 1797 ebda Akt 430
(5) Berichte des Stadtmagistrats Bamberg vom 6. 7. 1867 und der Bezirksämter Bamberg I und II an die Regierung vpn Oberfranken vom 3. 7. und 8. 7. 1867; StA Bamberg Rep K3FVa Nr. 84 II Blatt 3, 8 und 12
(6) zitiert nach Werner Nowak, Die Ganerbschaft Künzelsau; jur. Diss.; an der Univ. Tübingen 1966 ebenso in den Gerichtsstatuten 1578 Nr. 43, abgedruckt in Karl und Marianne Schumm, Hohenlohische Dorfordnungen; Stuttgart 1985; S. 352 Seit dem 17. Jahrhundert gab es dann doch eine Schiederordnung in Künzelsau.
(7) siehe Christine Demel, 1200 Jahre Quirnaha-Kürnach; Kürnach 1979
(8) Als Beispiel sei das Dorf Rezelsdorf angeführt (LKr. Neustadt a. d. Aisch), dessen Feldgeschworene nach der Siebnerordnung des Dorfes Birnbaum aus dem Jahre 1689 verfuhren und eine Abschrift heute noch in ihrer Siebnertruhe verwahren; nach Manfred Niepelt, Eine alte Arbeitsanweisung der Feldgeschworenen in Rezelsdorf: Die Siebnerordnung von Birnbaum 1689, in Weisendorfer Bote 1984/85 S. 23
(9) Edgar Burkard, 1200 Jahre Stetten; Karlstadt a. Main 1988; S. 112
(10) siehe Hans Peter Ziegler, Die Dorfordnungen im Gebiet der Reichsstadt Rothenburg; Rothenburg 1977; S. 27 ff
(11) StA Ludwigsburg B 70 L Bü 117
(12) Pfälzische Weistümer 5. Lieferung S. 754

Literatur und Anmerkungen zu Abschn. B. 3.10

(1) Tacitus, Germania Kap.23
(2) z. B. Burgkunstadt (am Obermain gelegen) im Jahre 1400; nach Herbert Perzel, Kleine Michelauer Ortsgeschichte; Michelau 1988; S. 65
(3) Hans Liermann, Das geschichtliche Bauernrecht; in Zeitschr. f. bayer. Landesgeschichte X (1937), 374/378
(4) Karl Siegfried Bader, Der schwäbische Untergang; Freiburg i. Br. 1933; S. 67
(5) J. Grimm Weistümer 4, 23
(6) Kaspar Gartenhof, Studienreihe Alt-Brückenau III; Bad Brückenau 1976; S. 224
(7) Pkt. XIV der Dorfordnung Wachbach; StA Ludwigsburg Extract in Bestand B 286 Büschel 41
(8) Franz Simmerding, Die geschworenen Grenzsteinsetzer; in Schönere Heimat 1/1987, 7
(9) Carl Brinkmann, Badische Weistümer 1. Heft, Reichartshauser und Meckesheimer Zent; Heidelberg 1917; S. 68
(10) Aubstatter Dorffs-Ordnung Auffs Neue beschrieben 1746; S. 29 ff
(11) Friedrich Christoph Jonathan-Fischers Versuch über die Geschichte der teutschen Erbfolge 2. Bd.; Mannheim 1778, S. 261, 274
(12) aus Eduard Krauß, Hohenfeld am Main; Würzburg 1933; S. 61
(13) aus dem Siebnerbuch der Gemeinde Mainstockheim
(14) nach Edgar Burkard, 1200 Jahre Stetten; Karlstadt am Main 1988; S. 112
(15) StA Würzburg Ger Wbg 4/167
(16) nach der Siebner-Ordnung im Gemeindearchiv Rottendorf aus dem 17. Jahrhundert (Abschrift

Universitätsbibliothek Würzburg Sign. M.ch. q 205)
(17) Beispiel: Steiner-Ordnung der Stadt Rothenburg für ihre »Dorfschaften« vom 9. 3. 1713; StA Ludwigsburg B 286 Bü 41
(18) Abdruck bei Karl Kollnig, Die Weistümer der Zent Kirchheim. Badische Weistümer und Dorfordnungen 3. Bd.; Stuttgart 1979; S. 278
(18a) Müller/Kuhn, Trennfeld am Main. Ein fränkisches Dorf im Wandel der Zeiten; Markt Triefenstein 1990; S. 357
(19) Siebnerbuch Mainstockheim ab 1777 fol 13, 14
(20) Nikolaus Müller, Die vorzüglichsten Pflichten eines Dorfs-Schuldheißen im Hochstifte Würzburg; Würzburg 1794; S. 224
(21) abgedruckt bei A. Becker/R. Dietrich, Ursprung und Entwicklung der Hanauer Ganggerichte – ergänzt durch einen Urkundenanhang; in Hanauer Geschichtsblätter 30 (1988) S. 405/441
(22) Solmser Landrecht von 1571 (2. Teil der »Solmischen Ordnung) Titel 30 Nrn. 5 ff
(23) aus der hessischen Accidentalien-Ordnung von 1662, zitiert in Phil. Helfr. Krebs, Tractatus Politico-Juridicus de Ligno & Lapide; Frankfurt 1700; II, 6, 4, § 39, 4
siehe auch Richard Zorn, Grenzsteine des Rhein-Main-Gebietes; Nachdruck Hofheim am Taunus 1982; S. 9
ähnliche Sätze in der Steinsetzer-Ordnung Nassau-Weilburg um 1600; in J. J. Scotti, Sammlung der Gesetze und Verordnungen in den preußischen Provinzen V, 3; Düsseldorf 1836; S. 1455
(24) nach Georg Michael Ritter von Weber, Darstellung der sämmtlichen Provincial- und Statutar-Rechte des Königreichs Bayern 1. Bd. 2. Theil; Augsburg 1893; S. 893
(25) Nr. 16 der General-Verordnung vom 27 .3. 1702; A. L .Reyscher, Sammlung der württembergischen Gesetze Bd. 13; Tübingen 1842: S. 788
(26) 15. Abschnitt der Commun-Ordnung vom 1. 6. 1758; Reyscher Bd. 14 S. 586
(27) nach M. J. Elsas, Umriß einer Geschichte der Preise und Löhne in Deutschland 1.Bd.; Leiden 1936; S. 155
(28) nach Fritz Verdenhalven, Alte Maße, Münzen und Gewichte aus dem deutschen Sprachgebiet; Neustadt a. d. A.,1968; S.7-9

Literatur und Anmerkungen zu Abschn. B. 3.11

(1) Karl Siegfried Bader, Der schwäbische Untergang; Freiburger rechtsgeschichtliche Abhandlungen IV; Freiburg i. Br. 1933; S. 36
(2) Deren Graueschafften Solms vnnd Herrschafft Mintzenberg GerichtsOrdenung vnd LandRecht, von 1571; Teil 2, 30.Titel
(3) Fürst zu Braunfels'sches Archiv A. 87.1
(4) Philipp Bopp, Beiträqe zum Verständnisse der vier mittelrheinischen Landrechte; Darmstadt 1854; S. 2
(5) 2. Landesordnung vom 20. 4. 1515; in A. L. Reyscher, Sammlung der württembergischen Gesetze, Bd. 12/1 S. 32, 60, 119, 377 (Tübingen 1941)
(6) Nach Hermann Neuffer, Der Untergang – ein altes württembergisches Rechtsinstrument; in Beiträge zur Landeskunde Nr. 3/1976, Beilage zum Staatsanzeiger für Baden-Württemberg
(7) Abdruck in der oa Sammlung Reyscher
(8) Beide Vorschriften sind wiedergegeben in A. Panther, Vermarkungswesen in Baden; in Zeitschr. f. Vermessungswesen 1924 S. 57, 105, 134
(9) siehe hierzu RGSt 3, 410; 6, 200; insb. 23, 253
(10) abgedruckt in J. J. Scotti, Sammlung der Gesetze und Verordnungen V, 2; Düsseldorf 1836; S. 857
(11) StA Ludwigsburg B 286 Bü 41
(12) Heinrich Karl Kurz, Das Churfürstlich Mainz'sche Land-Recht vom Jahre 1755; Aschaffenburg 1866; S. 3
(13) Titel 2 § 5 der Lands-Ordnung, bzw. Titel 9 § 1 der Unter-Gerichts-Ordnung
(14) Titel 6 § 1 der Lands-Ordnung
(15) J. J. Scotti, Sammlung der Gesetze und Verordnungen in dem vormaligen Churfürstenthum Trier 2. Teil; Düsseldorf 1832; S. 1035
(16) Georg Michael von Weber, Darstellung der sämmtlichen Provinzial- und Statutar-Rechte des Königreichs Bayern 5. Bd.; Augsburg 1844; S. 305
(17) Friedrich Christian Arnold, Beiträge zum teutschen Privat-Rechte 2. Theil; Ansbach 1842; S. 485
(18) Werner M. Diemel, »Schieder-Ordnung Im Ambt Kirchberg; in Frankenspiegel 16/7 und /8 (1964) S. 28, 30; entnommen aus »Hohenloe-Kirchbergische Burger Ordnung Anno 1692«; Rathaus der Stadt Kirchberg
(19) Feldmeß-Ordnung der Grafschaft Leiningen-Westerburg vom 25. 11. 1712; in Neue Leininger Blätter Jahrg. 4 Nr. 1, Grünstadt Januar 1930
(20) Das Zitat ist aus Kap. 30 § 1 der Policey-Ordnung für das Herzogtum Magdeburg und die Grafschaft Mansfeld vom 3. 1. 1688 entnommen, abgedruckt in Christian Otto Mylius, Corpus Constitutionum Magdeburgiensium novissimarum Oder Königl. Preuß. und Churfürstl. Brandenburg. Landes-Ordnungen . . . von anno 1680. biß 1714.; Magdeburg und Halle o. J.; die Polizeiordnung für das Erzstift Magdeburg von 1586 und jene von 1652 (letztere abgedruckt in Sämtliche Fürstliche Magdeburgische Ordnungen und . . . Mandata . . . des Administrators August . . .; Leipzig 1673; T. 2, S. 479) enthielten in Kap. 44 bzw. 32 ebenfalls schon die Vor-

schrift, zwei Messer und Steinsetzer in jedem Dorf aufzustellen (freundliche Mitteilung des Landeshauptarchivs Sachsen-Anhalt). Über die gesellschaftliche Stellung und die Tätigkeit der Steinsetzer, die zugleich Vermesser waren, konnte noch nichts in Erfahrung gebracht werden.

Literatur und Anmerkungen zu Abschn. B. 3.12

(1) Hans-Joachim von Alberti, Maß und Gewicht; Berlin 1957; S. 1

(2) Georg Agricola, Zwölf Bücher vom Berg- und Hüttenwesen; Neudruck dtv München 1977
Auch bei Erasmus Reinhold, Gründlicher vnd warer Bericht Vom Feldmessen . . . Desgleichen Vom Markscheiden . . ., Erfurt 1574, dem ersten Lehrbuch über Markscheidekunde, ist der Lochstein noch nicht erwähnt.

(3) Max Bense, Konturen einer Zeitgeschichte der Mathematik; Hamburg 1948; S. 22

(4) H. Roedder, Zur Geschichte des Vermessungswesens Preußens insbesondere Altpreußens aus der ältesten Zeit bis in das 19. Jahrhundert; Stuttgart 1908
ders. in Zeitschr. f. VermWesen 1907, 689

(5) Geometria Culmensis, Ein agronomisches Tractat aus der Zeit des Hochmeisters Conrad von Jungingen (1393-1407); herausgegeben von H. Mendthal, Leipzig 1886

(6) Volker Bialas, Praxis Geometrica. Zur Geschichte der Geodäsie am Beginn der Neuzeit; Deutsche Geodätische Kommission Reihe E Heft 11; München 1970

(7) Bei den Vereinödungen im Fürststift Kempten mußten 1694 die Köbelschen »operationes« ausdrücklich untersagt werden; nach K. von Andrian-Werburg, Schwäbische Feldmesser und ihre Technik im 17. Jahrhundert; in Schwäbische Blätter für Heimatpflege und Volksbildung 1/1962 S. 9

(8) Beispiele in Kurt Kröger, Das Vermessungswesen im Spiegel der Hausväterliteratur; Frankfurt 1986; S. 92; siehe auch das Zitat von J. Oetinger

(9) Eine kleine Auswahl hiervon bei Volker Bialas aaO. Gänzlich fehlen in dieser Darstellung die gelehrten Autoren, die in Latein publizierten. siehe ferner Kurt Kröger (8)

(10) Eramus Reinhold aaO siehe (2)
siehe auch Wilkening in Zeitschr. f. VermWesen 1961, 46

(10a) Joannis Oetingeri Tractatus der jure et controversiis limitum; 2. Aufl. Ulm 1667; I. Cap. 16 Nr. 12

(11) L. Bergauer in Jordan/Steppes, Das Deutsche Vermessungswesen Bd. 2; Stuttgart 1882; S. 428

(12) Ausführlich in Klaß/Propping, Der Vermessungs- und Katasterbeamte sowie der Vermessungsingenieur in Preußen, 2 Bände; Berlin 1933

(13) siehe hierzu die amtliche Schrift »Die allgemeinen Preußischen Feldmesser-Reglements«; Potsdam 1931
Klaß/Propping aaO S. 18 ff
Pohlig,. Das Landmesserreglement und die Stellung der Landmesser in Preußen; in Zeitschr. f. VermWesen 1902, 605

(14) Katalog der Ausstellung »Gerechtigkeit erhöht ein Volk«, Bayer. Staatsarchiv; München 1990; S. 172

(15) Lorenz Westenrieder, Beschreibung der Haupt- und Residenzstadt; München 1782; S. 85, 86

(16) nach Hans Vollet, Weltbild und Kartographie im Hochstift Bamberg, Schriftenreihe »Die Plassenburg« Bd. 47; Kulmbach 1988; S. 162

(17) Beispiele in Alfred Höhn, Franken im Bild alter Karten; Würzburg 1986
Hans Vollet, Abriß der Kartographie des Fürstentums Bayreuth; Schriftenreihe »Die Plassenburg« Bd. 32; Kulmbach 1977
ders. Oberfranken im Bild alter Karten. Ausstellung des Staatsarchivs Bamberg; Ausstellungskatalog der Staatlichen Archive Bayerns 15; Neustadt a. d.Aisch 1983
ders. siehe oben Anm. 16

(18) Johann Jakob Hock, Abhandlung von Versteinungen, Beschreibungen, Verzeichnungen und Beziehungen der Gränzen zum Gebrauch eines Beamten und Geometers; Mainz 1789; S. 23, 25, 27

(19) Carl Seweloh, Gränzrevision uns Gränzregulierung in rechtlicher und mathematischer Hinsicht; Fulda 1808; § 36

(20) nach Josef Amann, Das bayerische Kataster; Stuttgart 1920; S. 87; die Fundstelle gibt Amann nicht an.

(21) siehe z. B. Joseph F. A. von Speckner, Blicke auf Markungs- und Markverrückungsklagen, in einem Rechtsfalle aufgefaßt; Nürnberg 1817

Literatur und Anmerkungen zu Abschn. B. 3.13

(1) Näheres siehe bei C. M. Wetzel, Radiästhesie – Rute und Pendel – heute; München 1976
P. Ernst Hoch P. A., Strahlenfühligkeit, 2. Aufl.; Linz, Wien 1983; u. a.

(2) Der Fall wurde von dem gelehrten Abt Vallemont in seiner Schrift Physique occulte, ou de la Baguette divinatoire, Amsterdam 1693, erstmals veröffentlicht, von da in andere Sprachen übersetzt und in vielen Publikationen erörtert; ausführlich auch in Joh. Heinr. Zedler, Univer-

sal-Lexikon; Leipzig und Halle 1749; Bd. 59 Sp. 802 ff

(3) o. N., Grenzfeststellungen mittels Wünschelrute; in Allgem. VermNachrichten 1931, 459

(4) Quintus Septimius Florens Rivinus (kursächsisches Appellationsgericht Leipzig), Enunciata juris ad ordinationem processus judiciarii Saxonici Electoralem collecta (eine Blattsammlung von Entscheidungen, geordnet und herausgegeben von seinem Sohn Joannes Florens Rivinus); Leipzig 1705; Ad Tit. XXII., Enunciatum IX. Die Texte nach Rivinus folgen dieser Erstveröffentlichung. Joh. Jodocus Beck übernahm einen Großteil der Texte Enunc. 8 und 9 (mit Fehlern) in die 3. Aufl. seines Tractatus de jure limitum; Nürnberg und Frankfurt 1739; Kap. 14. Von da hinwiederum wurde der Text in der Zeitschrift für VermWesen 1905 S. 555 abgedruckt.

(5) Qu. Rivinus aaO Enunc. VIII

(6) Qu. Rivinus aaO Enunc. IX

(6a) Karl Frh. von Leoprechting, Aus dem Lechrain (1855); Nachdruck Altötting 1924; S. 88

(7) siehe z. B. Wolffgang Helmhard von Hohberg, Georgica Curiosa oder Adeliches Landleben; Nürnberg 1701; 1. Buch Kap. CXII S .110

(8) Theophilus Albinus, Das entlarvte Idolum der Wünschel-Ruthe; Dresden 1704; S. 518

(9) Fridericus Florens Rivinus (ein Sohn des obigen Q. S. F. Rivinus), Dissertatio de finibus per virgulam Mercurialem non investigandis (deutscher Untertitel siehe im Text), praeside Jo. Frider. Wernhero; Wittenberg 1734 (latein.)

(10) F. F. Rivinus aaO S. 36

(11) J. J. Beck aaO 1. Buch Kap.14 Obs. 1 Nr. 2

(12) Joannes Hiob Thilemann, Vindiciae dissertationis de finibus per virgulam Mercurialem non investigandis; Wittenberg 1734; auch diese Arbeit auf Anregung und unter Anleitung von Joannes Fridericus Wernherus

(13) Th. Albinus aaO S. 525, 52

(14) Alfred Meiche, Sagenbuch des Königreichs Sachsen; Leipzig 1903; S. 614

(15) Josef Amann, Grenzfeststellungen mit der Wünschelrute; in Zeitschr. f. Vermessungswesen 1909, 431

(16) P. Vogel, Grenzfeststellungen mit der Wünschelrute; in Zeitschr. f. VermW 1907, 554

(17) R. Fahlberg, Die Wünschelrute, ein Hilfsmittel bei Vermessungsarbeiten; in Allgemeine Vermessungsnachrichten 1931, 619
siehe ferner F. Bichler, Die Wünschelrute im Vermessungswesen sowie F. Löschner, Wünschelrutentechnik, beide Lüneburg; in Allg. VermNachr. 1933, 81 und 1933, 431

Literatur und Anmerkungen zu Abschn. B. 3.14

(1) Georg Ritter von Weber, Darstellung der sämmtlichen Provincial- und Statutarrechte des Königreichs Bayern, 1. Bd. 2. Teil; Augsburg 1839; S. 899

(2) Friedrich Christian Arnold, Beiträge zum teutschen Privat-Rechte, 2. Teil; Ansbach 1842; S. 485

(3) Schreiben an die Bürgermeister vom 17. 3. 1808; nach Ferdinand Bodmann, Gesezbuch der administratifen Polizei . . . des Departements Donnersberg bis zum 11. August 1809; Mainz (ohne Jahresangabe)

(3a) nach Skär, Zur Geschichte der vereideten Steinsetzer; in Zeitschr. f. Vermwesen 1925, S. 359

(4) Das betraf im wesentlichen Hohenzollern, Nassau, Hessen-Homburg, Frankfurt a .M. – Art. 119 preuß. FGG vom 20. 12. 1899 (GS S. 249), für Frankfurt und Kassel Verordnung vom 20. 12. 1899 (GS S. 640)

(5) für Bayern siehe Max Seydel, Bayerisches Staatsrecht, 5. Bd.; Freiburg i. Br. 1891; S. 583

(6) Gehrmann,Über Grenzvermarkung; in Zeitschr. für Vermessungswesen 1890 S. 609/619

W ü r t t e m b e r g

(7) Rescript vom 26. 8. 1811 (RegBl S. 437); A. L. Reyscher, Sammlung der württembergischen Gesetze 5. Bd., S. 301

(8) Instruktion vom 19. 10. 1811 (RegBl S. 473); Reyscher aaO S. 309
Dekret vom 31. 10. 1811 über die Einrichtung der Untergangs- und Oberamtsgerichte; Reyscher aaO S. 220

(9) §§ 3 und 5 ff des 4. Edikts über die Rechtspflege in den unteren Instanzen vom 31. 12. 1818 (RegBl 1819 S. 17 Anhang IV); Reyscher aaO S. 671

(9a) §§ 22, 23 Verfügg. der Min. der Justiz, des Innern u. der Finanzen vom vom 12. 11. 1840 (RegBl S. 509)

(10) württemberg. Zivilprozeßordnung vom 3. 4. 1868 (RegBl S. 191)

(11) Verfügung der württemberg. Ministerien der Justiz und des Innern, betr. die Bestellung und Verpflichtung der Untergänger und die Aufsicht über dieselben, vom 24. 6. 1869 (RegBl S. 213)

(12) §§ 10 und 15 der technischen Anweisung vom 30. 12. 1871; den Untergängern durch Erlaß des Steuerkollegiums vom 26. 8. 1874 zur Kenntnis gebracht.

(13) Zitat nach § 28 der Verfügung der Ministerien der Justiz, des Innern und der Finanzen, betr. die Erhaltung und Fortführung der Flurkarten und Primärkataster (Primärkatasterverfügung), vom 1. 8. 1894 (RegBl S. 235); neu erlassen

(Einführung des BGB) 1. 9. 1899 (RegBl S. 667); abgedruckt in Zeitschrift für Vermessungswesen 1895 S. 48

(14) Hugo Reist, Vermessungsrecht für Baden-Württemberg; Stuttgart 1972; S. 40

(15) § 2 der Anweisung für die Felduntergänger vom 19. 1. 1895 (Amtsbl des Steuerkollegiums S. 107). Den Untergängern blieb weiterhin der Steinsatz als Privileg.

(16) § 32 der Primärkatasterverfügung

(17) General-Reskripte vom 2. 7. 1603 und 16. 11. 1735, Commun-Ordnung II.15. § 1

(18) Verordnung, betr. die Abstellung der allgemeinen Markungs-Umgänge, vom 3. 11. 1841 (RegBl S. 529)

Weitere Literatur zu Württemberg

Anonymus, Abhandlung von Feldsteußlern und Felduntergängern, Tübingen, 2. Aufl. 1786

– Handbuch für Untergangsrichter und Bau- und Feldbesichtiger in Württemberg; Tübingen 1830

– Handbuch in Untergangs-, Bau- und Feldsachen; 2. Aufl. Tübingen 1832

Hugo Reist, Vermessungsrecht für Baden-Württemberg; Stuttgart 1972

Erich Strobel, Vermessungsrecht für Baden-Württemberg, 2. Aufl.; Stuttgart 1992

Weinheimer, Die dienstlichen Rechte und Pflichten der Felduntergänger in Württemberg; Stuttgart 1871 und 1878

Karl Efinger, Das Grenzvermarkungswesen in Württemberg; in Zeitschr. f Vermessungswesen 1933 S. 536, 565

Hermann Neuffer, Der Untergänger – vorgeschichtliche Grenzsicherung in Württemberg; in Allgemeine Vermessungsnachrichten 1966 S. 91

derselbe, Der Untergang – ein altes württembergisches Rechtsinstrument; in Beiträge zur Landeskunde, Beilage zum StAnz f. Baden-Württemberg 3/1976

Rückle, Vermarkungswesen; in Zeitschr. f. Vermessungswesen 1875 S.193, 243

B a d e n

(19) Verordnung des Ministeriums des Innern vom 22. 9. 1818 (RegBl S. 143)

(20) Art. 1 und 5 des Gesetzes, die Sicherung der Gemarkungs-, Gewannen- und Eigenthumsgrenzen, sowie der Dreieckspunkte, die der Vermessung des Großherzogthums zu Grund liegen, vom 20. 4. 1854 (RegBl S. 203), abgedruckt in Zeitschr. f. Vermessungswesen 1887,. 400
Ausführungsverordnung hierzu vom 1. 8. 1854 (RegBl S. 312)
Dienstanweisung für die Steinsetzer vom 7. 3. 1856, neu gefaßt durch Verordnung vom 30. 10. 1894 (RegBl S. 409)

(21) § 16 des Vermessungsgesetzes vom 9. 6. 1932 (GVBl S. 211)
§ 44 der Vollzugsverordnung vom 27. 9. 1932 (GVBl S. 215)

(22) § 3 des Vermessungsgesetzes, §§ 14, 15 der Verordnung

(23) Art. 10 Abs. 2 des Vermarkungsgesetzes

(24) siehe Rückle, Vermarkungswesen; in Zeitschr. f. Vermessungswesen 1875 S. 245 Fußn.

Literatur

A. Panther, Vermarkungswesen in Baden, in Zeitschr. f. Vermessungswesen 1924 S. 57, 105, 134

M. Doll, Zur Geschichte der Steinlinien in Baden; in Zeitschr. f. VermWesen 1895 S. 371

B a s e l

(25) Rudolf Oeri-Sarassin, Allerlei über Grenzzeichen, Grenzfrevel und Grenzspuk in der alamannischen Schweiz; Basel 1917; S. 32

(26) nach Erich Göppert in Grenzen, Grenzsteine; Schrift der Oberfinanzdirektion Freiburg 1972, Nachdruck 1976; S. 37

(27) Hans Stohler, Die schweizerische Landesgrenze bei Basel, ihre Geschichte und Vermarkung; in Zoll-Rundschau, Bern, März 1961; S. 41

E l s a ß - L o t h r i n g e n

(28) Gesetz, betreffend die Bereinigung des Katasters, die Ausgleichung der Grundsteuer und die Fortführung des Katasters (Katastergesetz), vom 31. 3. 1884 (GesBl S. 59)
siehe hierzu auch M. Doll, Die Katasterbereinigung und Neumessung von Elsass-Lothringen; in Zeitschr. f. Vermwesen 1883 S. 533 und 545
Radtke, Die elsass-lothringischen Neuvermessungen in den Jahren 1884-1918; in Zeitschr. f. VermW 1922 S. 173 und 210

(29) §§ 54, 55 des Gesetzes

(30) § 12 der Feldgeschworenen-Ordnung vom 14. 10. 1900 (AmtsBl S. 262); (vorangegangen war die Ordnung vom 3. 7. 1886 sowie eine Instruktion vom 25. 10. 1889)

(31) § 19 der Feldgeschworenen-Ordnung

(32) § 4 der Feldgeschworenen-Ordnung

N a s s a u

(33) § 8 Nr. 4 des Edicts vom 5. 6. 1816 (GesBl S. 72)

(34) Gebührenordnung vom 19. 6. 1816 (GesBl S. 86)

(35) Verordnung vom 2. 2. 1830 (VOBl S. 21)

(36) §§ 20 bis 23 des Gemeindegesetzes vom 26. 7. 1854 (VOBl S. 171)
Vorschriften über die Fortführung der bestehenden Lagerbücher und Charten vom 31. 5. 1854 (VOBl S. 64)
siehe auch Klaß/Propping, Der Vermessungs- und Katasterbeamte sowie der Vermessungsingenieur in Preußen Bd. 2, TZ 526 und 572; Berlin 1935

Eine Neuregelung des Feldgerichts war schon im Gemeindegesetz vom 12. 12. 1848 enthalten.

(37) Instruktion für die Herzoglichen Oberschultheißen und die Feldgerichte vom 31. 5. 1854 (VOBl S. 71

(38) § 33 der Geschäftsanweisung für die Kreislandmesser in den vormals nassauischen Landesteilen des Regierungsbezirks Wiesbaden vom 16. 11. 1881

(39) Art. 122 PrFGG vom 21. 9. 1899 (GS S. 249), Verordnung vom 20. 12. 1899 (GS S. 640)

(40) § 12 der Verordnung

(41) Ministerialverfügung vom 24. 11. 1911 (GS S. 640)

(42) Ortsgerichtsgesetz vom 6. 7. 1952 (GVBl S. 124)/ 5. 7. 1956 (GVBl S.127)

(43) § 21 des Ortsgerichtsgesetzes

Literatur zu Nassau:

W. Wittich, Die Geschichte des Katasters im ehemaligen Herzogtum Nassau; Wiesbaden 1953

Hessen

(44) Gesetz, die Vollendung des Immobiliarkatasters betreffend, vom 13. 4. 1824; nach Jordan/Steppes, Das deutsche Vermessungswesen 2. Bd.; Stuttgart 1882; S. 431; Instruktion vom 30. 6. 1824

(45) Gesetze, die Feststellung und Erhaltung der inneren Grenzen betreffend, vom 23. 10. 1830 (RegBl S. 436) und vom 14. 8. 1867 (RegBl S. 389); Instruktion für die Feldgeschworenen vom 23. 2. 1833 (RegBl S. 105); Ministerialerlaß vom 6. 1. 1842 mit nochmaligem Hinweis auf die Zuständigkeit der Feldgeschworenen zum Steinsatz

(46) § 15 der Instruktion

(47) Art.2 des Gesetzes über die Abmarkungen vom 9. 1. 1926 (GVBl S. 27)

(48) Art.8 des Abmarkungsgesetzes; siehe auch § 14 der Dienstanweisung für die Feldgeschworenen vom 12. 1. 1926 (GVBl S. 52)

Weitere Literatur zu Hessen

Gehrmann, Das Vermessungswesen im ehemaligen Kurfürstenthum Hessen; in Zeitschr. f. Vermessungswesen 1890 S. 225

Dorn, Einiges zur Geschichte des Vermessungswesens im alten Hessenlande, insbesondere im XVI. und XVII. Jahrhundert; in Zeitschr. f. VermW. 1914 S. 457

Skär-Stoppenberg, Zur Geschichte der vereideten Steinsetzer; in Zeitschr. f. VermW. 1925 S. 359

Desch, Das hessische Abmarkungsgesetz; in Bayer. Zeitschr. f. VermW. 1926 S. 141

Hanau und Isenburg

(49) A. Emelius, Das Vermessungswesen in Schleswig-Holstein, Hannover, Kurhessen, Nassau und Frankfurt a. Main bis zur Vereinigung mit Preussen; in Allgemeine Vermessungsnachrichten 1909 S. 521/529

Sachsen-Meiningen und Sachsen-Coburg

(50) Sachsen-Meiningen: Gesetz vom 14. 4. 1882, betreffend die Versteinung der Liegenschaften; Sammlung der landesherrlichen Verordnungen Bd. 21 S. 335; Vollzugsvorschrift vom 28. 8. 1882; beide abgedruckt in Zeitschr. f. VermW. 1883 S. 58

Sachsen-Koburg: Gesetz über die Vermarkung der Grundstücke vom 15. 7. 1882; Verordnung vom 25. 5. 1883, die Ausführung des Gesetzes vom 15. 7. 1882 über die Vermarkung der Grundstücke betreffend (RegBl S. 78); abgedruckt in Zeitschr. f. VermW. 1882 S. 534, bzw. 1883 S. 468

Sachsen-Weimar

(50a) Die weiteren Ausführungen folgen der Darstellung in Jordan/Steppes, Das deutsche Vermessungswesen, Bd. 2; Stuttgart 1882; S. 459 ff

Thüringen

(51) Verordnung über die Abmarkung der Grundstücke (Abmarkungsordnung) vom 1. 9. 1930 (GesSammlg. S. 177), durch § 2 Nr. 9 des Gesetzes vom 14. 2. 1931 (GesS S. 111) förmlich in den Rang eines Gesetzes erhoben; Ausführungsverordnung zur Abmarkungsordnung vom 31. 3. 1931 (GesS S. 187); Verordnung über die Entschädigung der Feldgeschworenen vom 31. 3. 1931/17. 11. 1931 (GesS S. 210/380), geändert durch die 2. Verordnung zur Änderung der Verordnung über die Entschädigungen der Feldgeschworenen vom 6. 2. 1932 (GesS S. 21)

Bayern

(52) Die Rheinpfalz, die nach fast 450jähriger Trennung 1777 mit Bayern wieder vereinigt worden war, lebte ihr Eigenleben und kann hier außer Betracht bleiben.

(53) Die Verlautbarung trägt das Datum 12. 2. 1808 (RegBl S. 533)

(54) Edikt über das Gemeinde-Wesen vom 24. 9. 1808 (Tit.V § 20) (RegBl S. 2405); §§ 29 ff der Instruktion der Gemeinde-Vorsteher vom 24. 9. 1808 (RegBl S. 2431); Allgemeine Verordnung, das Vermittlungs-Amt der Gemeinde-Vorsteher betreffend, vom 31. 5. 1810 (RegBl S. 441); Erläuterungen hierzu vom 20. 10. 1810 (RegBl S. 1091); § 120 des Gemeindeedikts vom 17. 5. 1818

(55) § 101 des Gemeindeedikts 1808; §§ 33 ff der Instruktion der Gemeinde-Vorsteher.

Nach dem Organischen Edikt über die Gerichtsverfassung vom 24. 7. 1808 wurde in jedem der neu geschaffenen Kreise ein »Untergericht« als »instruierende Behörde« eingerichtet, das in Zivilsachen Appelations-, in peinli chen erste Instanz war (§ 2), und schließlich das Appellationsgericht als dritte Instanz in bürgerlichen Sachen und als zweite und letzte Instanz in Strafsachen.

(55a) § 117 ff revidiertes Gemeindeedikt

(56) Gemeinde-Edikt = Verordnung vom 17. 5. 1818, die künftige Verfassung und Verwaltung des Königreichs betreffend (Tit. III §§ 112,ff).
Art. 31 EG StGB sowie PolStGB vom 10. 11. 1861 (GBl S. 321) wies schließlich sämtliche Obertretungen den Gerichten zu.
Verordnung vom 24. 9. 1818, Regulativ zur Geschäftsführung in den Ruralgemeinden (RegBl S. 1111)

(56a) In einigen Gemeinden erfolgte die Wahl durch die Gemeindeverwaltung im Benehmen mit den Feldgeschworenen, z. B. in Dinkelsbühl und Bürgstadt; Zeitschr. f. Geometer 1868 S. 64

(57) Instruktion des Landgerichts Heidenheim für die Steiner oder Siebner vom 23. 8. 1823

(57a) Verfügung des kgl. Landgerichts Neustadt (a. d. Aisch) über die Annullierung alter Gebräuche und Privilegien, vom 7. 11. 1835; Reproduktion in Güllich/Feuerlein, Die sieben ehrbaren Männer; Markt Erlbach 1984; S. 84

(58) Edgar Burkard, 1200 Jahre Stetten: Karlstadt am Main 1988: S. 113

(58a) Entwurf einer Feldordnung Grafenrheinfeld (LKr. Schweinfurt), Gemeindearchiv

(59) nach einer Abschrift im Protokollbuch der Feldschieder von Hohestadt (heute Gemeindeteil von Ochsenfurt)

(60) Hans Rüdinger, Feldgerichts-Ordnung von Kitzingen (1807); in Am fränkischen Herd 12/1929, Beilage zur Kitzinger Zeitung

(60a) Joseph Amann, Die bayerische Landesvermessung; München 1908 S. 336

(61) nach J. von Pözl, Gesetz, die Vermarkung der Grundstücke betreffend vom 16. 5. 1868; in Dollmann/Pözl, Die Gesetzgebung, des Königreichs Bayern; Erlangen 1872; S. 403

(62) ausführlich bei bei Pözl aaO

(63) § 26 des Gesetzes vom 1. 7. 1834, die Revision der Verordnung vom 17. 5. 1818, die Verfassung und Verwaltung der Gemeinden betreffend, (GesBl S. 109, Döllinger Verordnungensammlung 11, 61); hier Ergänzung von § 115 des Gemeinde-Edikts

(64) von Pözl aaO S. 406

(65) Ministerial-Entschließung vom 11. 8. 1834 Nr. 20641
Die Regierung des Rezatkreises verfügte in einer Verordnung vom 6. 9. 1834 (Intelligenzblatt S. 1595), daß die Polizeibehörden die Siebnerordnungen zu prüfen, zu bestätigen und, soweit sie nicht die Markungsgeheimnisse beträfen, bekannt zu machen hätten. In den patrimonialgerichtlichen Gemeinden seien die Beschlüsse der Patrimonialgerichte und -Ämter vor der Bekanntmachung den kgl. Landgerichten zur Genehmigung vorzulegen.

(66) LXXIX, 202 Vollzugsvorschriften vom 31. 10. 1837 zum revidierten Gemeinde-Edikt; in Karl Weber, Neue Gesetz- und Verordnungs-Sammlung 3, 106/180; Döllinger Verordnungen-Sammlung 11, 107/185; vorher schon Ministerial-Entschließung vom 11. 8. 1834

(67) Abdruck des Reskripts der Regierung von Mittelfranken im Intelligenzblatt 1849 S. 444

(68) Motive zum Vermarkungsgesetz; in Verhandlungen der Kammer der Reichsräthe des Königreichs Bayern vom Jahre 1867/68, Beilagenband II S. 349 ff (hier S. 361)

(69) nach von Pözl aaO S. 408

(70) Fundstelle siehe Anm. 68

(71) Gesetz, die Vermarkung der Grundstücke betreffend, vom 16. 5. 1868 (GesBl 1866/69 S. 573)

(72) Motive aaO S. 356

(73) Entschließung des Handelsministeriums vom 30. 10. 1871 Nr. 13 169

(74) Art. 8 Ziff. 16, 33 und Art. 9 Abs. 1 des Gesetzes vom 8. 8. 1878, betreffend die Errichtung eines Verwaltungsgerichtshofes und das Verwaltungsverfahren in Verwaltungsrechtssachen (GVBl S. 369)

(74a) ME vom 21. 3. 1886 Nr. 2290; zitiert nach Gustav Kahr, Bayer. Gemeindeordnung für die Landestheile diesseits des Rheins, Bd.1 S. 84; München 1896

(75) Gemeinde-Zeitung Nr. 14/1877; siehe Mittheilungen über das bayerische Katasterwesen Bd. V, 1877 S. 19 und 25

(76) aus der Dienstes-Instruktion für die Feldgeschworenen Distrikts Pappenheim vom 20. 8. 1868, Gemeindearchiv Solnhofen; ebenso Dienstes-Instruktion für den Distrikt Weißenburg

(77) Bericht des Katasterbüros an das Finanzministerium vom 8. 2. 1867 Nr. 3638/1866; Akten des Bay Landesvermessungsamts

(78) Zeitschrift für Geometer 1869 S. 22, 49, 59

(79) nach von Pözl aaO S. 438

(80) Weisung vom 21. 10. 1870 Nr. 12 719; aus Mittheilungen über das bayerische Katasterwesen Bd. III 1874/75 S. 16

(81) Entschließung des Ministeriums des Handels und der öffentlichen Arbeiten vom 14. 8. 1871 Nr. 9230; nach dem Abdruck in StA München RA 4230 Nr. 63 106

(82) Entschließungen des Ministeriums der Finanzen vom 16. 5. 1872 Nr. 9 591 und vom 27. 7. 1874 Nr. 9 361

(83) siehe von Pözl aaO S. 431

(84) Zeitschr. für den bayerischen Ummessungsdienst 1878 S. 185
(85) Brettreich sowie Windstosser Anm. zu Art. 4 AbmG; wegen der Vorschriften siehe S. 339
(86) Dieser Zusatz wurde erst in die 3. Aufl. 1838 eingefügt, S. 26.

Waldeck, Schaumburg-Lippe, Lippe

(87) Hüser in Zeitschr. f. Vermessungswesen 1894 S. 551
(88) Gesetz, die Erhaltung der Grenzsteine betr., vom 9 .1. 1861, RegBl des Fürstentums Waldeck S. 7; Gebühren geändert durch Gesetz vom 18. 1. 1897, RegBl S. 7
(89) Gesetz über die Aufhebung der Feldgerichte vom 29. 5. 1923 (RegB S. 143)
(90) § 7 der Verordnung vom 9. 2. 1874 (Schaumburg-Lippische Landesverordnungen 1874 Nr. 4)
(91) §§ 2, 10 des Vermarkungs-Gesetzes vom 3. 4. 1914 (GesBl S. 71)
(92) Gesetz vom 27. 2. 1890 (Lipp. LV Bd. 20 S. 279), Ausfuhrungsbestimmungen vom 27. 7. 1890 (ebenda S. 299)
(93) Otto Kriegel, DieGrundstücks-Abmarkung; Karlsruhe 1964; S. 28

Ende und Weiterbestehen der Feldgeschworenen und Untergänger

(94) hessisches Abmarkungsgesetz vom 3. 7. 1956 (GVBl S. 124))
(95) bad.-württ. Vermessungsgesetz vom 4. 7. 1961 (GesBl S. 201); siehe insbes.. § 12 Abs. 1 Nr. 4 und Abs. 2
(96) rheinl.-pfälz. Landesgesetz über die Abmarkung der Grundstücke (Abmarkungsgesetz) vom 7. 12. 1959 (GVBl S. 240); hier § 6
(97) §§ 2, 3 der Feldgeschworenenordnung vom 5. 7. 1962 GVBl S. 120)
(98) § 10 aaO
(99) § 7 des Abmarkungsgesetzes vom 2. 7. 1962 (Amtsbl S. 557)

Literatur und Anmerkungen zu Abschn. B. 3.15

(1) Eine Aufstellung der Verbände und ihrer Mitglieder im Landkreis Schweinfurt ist enthalten in Longin Mößlein, Die Siebener im Landkreis Schweinfurt (Schweinfurt 1994 S. 234 ff), eine entsprechende Aufstellung für den Landkreis Neustadt a. d. A. (MFr) in Fritz Güllich, Die Sieben Ehrbaren Männer (Selbstverlag Mettelaurach 1994 S.134 ff)
(2) Güllich aaO S.169
(3) ausführlich bei Mößlein aaO S. 238, 260
(4) Art.11 Abs.8 bayer. Abmarkungsgesetz

Literatur und Anmerkungen zu Abschn. C.

(1) Blume/Lachmann/Rudorff, Die Schriften der römischen Feldmesser; Berlin 1848-52
Moritz Benedikt Cantor, Die römischen Agrimensoren; Leipzig 1875
Carolus Thulin, Corpus agrimensorum Romanorum; Leipzig 1913; S. 104, 342, 359
(2) Eberhard Frh. von Künßberg, Geheime Grenzzeugen; in Das Rechtswahrzeichen, 2. Heft, Grenzrecht und Grenzzeichen; Freiburg i. Br. 1940; S. 68
(3) Diese Angaben sind entnommen aus
E. von Künßberg aaO
Robert Wildhaber, Die Verbreitung der Grenzzeugen; in Folkeliv og Kulturlevn; Kopenhagen 1960, S. 158
M. Ch. Lallemand, Enquête sur le bornage des propriétés, Rapport; Paris 1893
Ergänzungen nach eigenen Feststellungen des Verfassers
(4) Jacob Grimm, Deutsche Rechtsaltertümer II, 71
(5) Dies bezeugen eindeutig Einträge im Steinbuch von Ellingen seit dem 16. Jahrhundert; Stadtarchiv Ellingen
(6) Hieronymus de Monte Brixiensis (aus Brescia); Tractatus de finibus regendis; Venedig 1574; cap. 18 no 1; cap. 17 no 3: Lapides . . . debent duos paruos lapides super terram qui uocantur iudices (mit Hinweis auf Paris de Puteoli)
(7) Hans Stohler, Die schweizerische Landesgrenze bei Basel, ihre Geschichte und ihre Vermarkung; in (schweizer.) Zoll-Rundschau 1961, S. 40
(7a) Germanenrechte VII, 216; nach von Künßberg aaO S. 72 und Anm 49
(8) E. von Künßberg aaO S. 70; hier ferner eine Aufzählung von Beispielen aus dem 16. und den folgenden Jahrhunderten
(9) H. Roedder, Zur Geschichte des Vermessungswesens Preussens inbesondere Altpreussens aus der ältesten Zeit bis in das 19. Jahrhundert; Stuttgart 1908; S. 42
(10) Roedder aaO S. 60
(11) E. von Künßberg, Rechtliche Volkskunde; Halle/Saale 1936; S.132
(11a) StA Amberg General Grenzakten I; nach Erwin Hofmann, Entstehung der Grenzlinie vor Mähring; in Oberpfälzer Heimat 40 (1996) S. 113/121
(12) § 20 der Instruktion vom 20. 11. 1755, § 10 des Erneuerten Reglements vom vom 28. 5. 1793
(13) ALR I. 17 § 368
(14) nach Fr. Vinding Kruse, Das Eigentumsrecht (aus dem Dänischen übersetzt), (Danske Lov = Dänisches Gesetz 1-16-13); Berlin und Leipzig 1931; der erste Anfang dieser Bestimmung sei

schon 1241 in 2-21 Jyske Lov (Jütisches Gesetz) zu finden.
(15) Franz Philipp Florin, Allgemeiner Klug- und Rechtsverständiger Hausvater; Nürnberg 1702; 2. Buch Kap. 55 § 7
(16) Gustav Schrepfer, Dorfordnungen im Hochstift Bamberg; jur. Diss. Erlangen 1940; S. 73
(16a) siehe zum Beispiel: Johann B. Roppelt, Praktische Abhandllung von den Gränz-Zeichen; Coburg 1775; Tafel VII
Engelbert Meisner, Anweisung zur Vermarkung auf dem Lande; Kulmbach 1821
Heinrich Haas, Die Siebnergerichte und Märkervereine in Bayern; Nürnberg 1835
Wilhelm Stadelmann, Praktische Anleitung zu Vermarkungen und Gränz-Berichtigungen; Bamberg 1867
(16b) Günther Schuhmann, Die Hoffmannschen Waldbücher des Fürstentums Brandenburg-Ansbach im Staatsarchiv Nürnberg; in Mitteilungen für die Archivpflege in Bayern, Sonderheft 8; München 1972; S. 79
(16c) StA Nürnberg Fsm Ansbach, Generalakten 326a/III S. 858-867
(16d) StA Nürnberg aaO S.864
(17) siehe zum Beispiel Joannes Oetinger (1577 bis 1633), De Jure et controversiis limitum; 1642 posthum, 2. Aufl. Ulm 1677; 1. Kap. 17
Johannes Jodocus Beck (1684-1744), Tractatus de jure limitum; Nürnberg 1722; I. Buch 5. Kap. observationes VI
Auch in Anton Wilhelm Ertels Praxis Aurea 2. Aufl., Nördlingen und Frankfurt 1737, S. 280, werden für Franken und Österreich nur kleine Steinlein, anderswo Ziegelsteine, Kohlen Gläser und Kalk aufgeführt, was »vor vielen saeculis öffters der Brauch« sei.
(18) Heinrich Hildebrand, De diversitate lapidum finalium; Altdorf 1741; S. 14
(18a) Sammelblatt des Historischen Vereins Ingolstadt 1966 S. 18
(19) Zitat nach Andreas Mühlbauer, Die Siebnerei und ihre Tätigkeit im Ingolstädter Gebiet; in Sammelblatt des Historischen Vereins Ingolstadt 60 (1951) S. 3/8
(20) Verordnung und Instruktion vom 6. 2. 1726 Kap.2 § 17
(21) Richard Zorn, Grenzsteine des Rhein-Main-Gebiets; Nachdruck Hofheim 1982; S. 11, Abb. 777 a, b
(22) Beilage XXVI zum Staatsvertrag vom 17. 4. 1873 § 18
(23) Die Angaben rühren zum Teil aus Konrad Ruppert, Grenzsteine – Grenzzeugen, Heimatkundl. Jahrbuch des LKr. Kronach, Arbeitskreis für Heimatpflege 6/1978 her.
(24) Armin Leisner, Alte Grenzsteine im Coburger Land; in Jahrbuch der Coburger Landesstiftung 1969 S. 229 und Abb. 50 b, c
(25) Nr. 3 der gedruckten Beschreibung der Landesgrenz-Vermarkung von 1881
(26) Seite 7 der obigen Beschreibung
(27) § 8 der Dienstanweisung für die Instandhaltung der Landesgrenzvermarkung zwischen den Königreichen Bayern und Preußen, insbesondere zwischen den Regierungsbezirken Unterfranken und Aschaffenburg und der Preußischen Provinz Hessen-Nassau vom 27. 11. 1903, abgedruckt im Kreisamtsblatt Unterfranken und Aschaffenburq 1903 S. 143
(27a) nach Friedr. Wilh. Geyer, Geschichte des alten Maindorfes Gnodstadt; Gnodstadt 1933; S. 48
(28) Johann Bapt. Roppelt, Praktische Abhandlung von den Gränz-Zeichen; Coburg 1775; §§ 85 ff
(29) Karl Hillenbrand, Geheime Marksteinzeugen in Baden und Württtemberg; in Ländliche Kulturformen im deutschen Südwesten, Festschrift für Heiner Heimberger; Stuttgart 1971; S. 9/12
(30) K. Hillenbrand aaO
(31) Wilhelm Schönheit, Alte Grenzstein-Urkunden; in Thüringer Monatshefte 1929 S. 280
(32) G. Wesel, Die Feldgeschworenen in Franken – Vergangenheit und Gegenwart eines traditionsreichen Ehrenamts; in MitteilungsBl.des Deutschen Vereins f. VermWesen Landesverein Bayern 1986 S. 331
(33) Heinrich Geißler, Marksteinverzeugung und Marksteinversicherung; in Allg. VermNachrichten 1937 S. 360
(34) Riebeling/Rumbler, Kleindenkmale in Hessen; in Hessenpark Heft 5, Neu-Anspach 1984; S. 32
(35) G. Wesel aaO S. 336
(36) Beispiele in Gerd Maier, Marksteinzeugen und Dienstsiegel im Landkreis Biberach; Biberach 1990 (Selbstverlag)
(37) Über die Verzeugung in Baden siehe insbesondere W. Uhl, Stumme Zeugen aus vergangener Zeit; in Zeitschr. f. VermWesen 1932 S. 609
(38) G. Wesel aaO S. 336
(39) Gräfl. Archiv Solms-Laubach, Utphensia XXV, 68, – datiert 19. 11. 1736 Utphe
(40) Wörterbuch des Aberglaubens, Stichwort Grenze, III, 1142
(41) Josef Oberarzbacher, Bayerische Siebnerzeichen; in Bayerische Wochenschrift für Pflege von Heimat und Volkstum 1925, S. 89
(42) Oberarzbacher aaO
(43) Teile der von dem Oberregierungsrat Oberarzbacher (1872-1953) dem Museum übergebenen Sammlung von 130 Grenzsteinzeugen hat Theodor Ziegler in der Schöneren Heimat 1/1989 S. 25 und im MittBl. des Dtsch. Vereins f.

VermW. 4/1988 S. 377 vorgestellt. Die Sammelstücke stammen großenteils, möglicherweise sogar alle aus Franken. Leider ist der Herkunftsort nur bei einem kleineren Teil aus dem eingeprägten Namen oder dem Siegel feststellbar.
(44) zu Utphe siehe oben Anm. 39
(45) Zedlers Wörterbuch, Grenze 11, 836
(46) A. Mühlbauer oben Anm 19; siehe auch Sammelbl. des Histor. Vereins Ingolstadt 1966 S.18 Fußn.7
(47) M. Ch. Lallemand, Enquête sur le bornage des propriétés; Paris 1893; S. 474
(47a) 2. Bau-Ordnung vom 2. 1. 1655; in Reyscher/Zeller, Sammlung der württembergischen Regierungs-Gesetze Bd. 13/2 S. 154
(48) Steinbuch von Ellingen ab 1577; Stadtarchiv Inv. 55; fol. 24 r
(49) Josef Oberarzbacher, Das Siebnerwesen in Bayern; in Zeitschr. f. VermWesen 1927 S. 80, 210 (ohne Angabe des Namens der Stadt)
(50) StA Würzburg, Gericht Volkach 57/II
(50a) Nicolaus de Lescut, Tractatus de testiumi examinatione, Buch 6 Kap. 8; 1540; abgedruckt als Teil 2 in Rutger Rulant (Reichskammergericht Speyer, später Hamburg), De commissariis et commissionibus camerae imperialis, probationis receptionem concernentibus; Frankfurt 1597 (latein.)
(51) Karl und Marianne Schumm, Hohenlohische Dorfordnungen; Stuttgart 1985; S. 113
(52) Ges. vom 20. 4. 1854 (RegBl vom 5. 5. 1854) Art. 10; siehe auch Dienstanweisung für Steinsetzer von 1894
(53) Ministerialverfügung über die Erhaltung und Fortführung der Flurkarten und Primärkataster in Württemberg vom 1. 8. 1894, in Kraft 1. 1. 1895; abgedruckt in Zeitschr. f. VermWesen 1895 S. 48/58
(54) Ministerialverfügung vom 1. 12. 1899 § 30; abgedruckt bei Karl Efinger, Das Grenzvermarkungswesen in Württemberg; in Zeitschr. f. VermWesen 1933 S. 536/568
(55) Anweisung für die Felduntergänger vom 19. 1. 1895; bei Efinger aaO S.566
(56) Die Amtliche Begründung zu § 12 Abs. 2 des Gesetzes räumte den Untergängern und der Verzeugung nur noch psychologische Bedeutung ein.
(57) siehe oben sowie Siegfried Rumbler, Ein historischer Grenzstein aus der Landgrafenzeit; in Hessische Heimat 1982 Heft 1/2
ferner Faltblatt Historische Grenzsteine, Druck Hessisches Landesvermessungsamt 1982
(58) § 14 der Feldgeschworenen-Ordnung vom 14. 10. 1900 (Amtsbl. S. 262)
(59) § 3 der Verordnung vom 25. 5. 1883, abgedruckt in Zeitschr. f. VermWesen 1883 S. 468
(60) Art. 5 des Vermarkungsgesetzes vom 14. 4. 1882, § 7 der VollzVorschr. vom 28. 8. 1882; abgedruckt in Zeitschr. f. VermWesen 1882 S. 58
(61) Anweisung für das Verfahren bei Erneuerung der Karten und Bücher, vom 25. 10. 1881; die unterirdische Versicherung mit Hohlziegeln war schon durch Verfügung des Preuß. Finanzministers vom 2. 7. 1880 anbefohlen worden.
(62) § 77 der Instruktion der Gemeinde-Vorsteher, vom 24. 9. 1808 (RegBl Sp. 2431)
(63) Nr. 202 der Vollzugsvorschriften zum Gemeinde-Edikt, vom 31. 10. 1837 (Ges.Sammlung Weber 3, 180)
(64) Ges., die Vermarkung der Grundstücke betreffend, vom 16. 5. 1868 (GesBl 1866/68 S. 573)
(65) Verhandlungen der Kammer der Reichsräte 1867/68 Beilagenband II S. 377
(65a) Correspondenzblatt des bayerischen Geometervereins 1895 S. 248
(66) Gedruckter Bericht vom 19. 9. 1892; StA für OBay RA 4230 Nr. 63106, Akten der Regg. von OBay, Das AbmG, Generalia 1867
(67) § 10 der Feldgeschworenenordnung Rheinland-Pfalz vom 5. 7. 1962 (GVBl S. 120)

Literaturauslese zum Thema Grenzsteinzeugen
(ohne Anspruch auf Vollständigkeit)

Monographien

M. Ch. Lallemand, Enqête sur le bornage des propriétés, Ministère des Finances; Paris 1893

Gerd Maier, »Merkwürdig«. Zeugen der Vergangenheit; Kreissparkasse Ravensburg 1984
ders., Marksteinzeugen und Dienstsiegel im Landkreis Biberach; Selbstverlag 1990

Konrad Ruppert, Grenzsteine – Grenzzeugen; Heimatkundliches Jahrbuch des Landkreises Kronach, Arbeitskreis für Heimatpflege 6/1978

Richard Zorn, Grenzsteine des Rhein-Main-Gebietes; 1931, Nachdruck 1982 Hofheim am Taunus, Selbstverlag Rumbler

Aufsätze

Allgemein

Eberhard von Künßberg, Geheime Grenzzeugen; in Das Rechtswahrzeichen, 2. Heft, Grenzrecht und Grenzzeichen; Freiburg i. Br. 1940, S. 68

Robert Wildbaber, Die europäische Verbreitung der Grenzzeugen; in Folkeliv og Kulturlevn; Kopenhagen 1960; S. 158

Baden-Württemberg

Klaus E. Dederding, Ein altes Hilfsmittel zur Sicherung von Grenzen: Zeugen aus gebrannter Erde; in Ingenieurblatt für Baden-Württemberg 3/1970

Karl Efinger, Das Grenzvermarkungswesen in Württemberg; in Zeitschrift für Vermessungswesen 1933 S. 536, 565

Bernd Geisser, Grenzzeichen und »geheime Zeugen«; in Jahrbuch des Landkreises Freudenstadt 1988 S. 156

Heinrich Geißler, Marksteinverzeugung und Marksteinversicherung; in Allgemeine Vermessungsnachrichten 1937 S. 260

Karl-Heinz Hentschel, Grenzzeichen, Untergänger und »Geheime Zeugen«; in Hierzuland, Badisches und anderes von Rhein, Neckar und Main 1/1988 S. 34

Karl Hillenbrand, Geheime Marksteinzeugen in Baden und Württemberg; in Ländliche Kulturformen im deutschen Südwesten. Festschrift für Heiner Heimberger; Stuttgart 1971 S.9

W. P. Liesching, Vermarkungswesen in Württemberg; in Mitteilg. DVW Württemberg 1952 S. 75

Gerd Maier, Verzeugte Marksteine – ein württembergischer Rechtsbrauch; in BDVI-Forum 1989 S. 191

Hermann Neuffer, Der Untergang – ein altes württembergisches Rechtsinstitut; in Beiträge zur Landeskunde. Regelmäßige Beilage zum Staatsanzeiger für Baden-Württemberg 3/1976
ders., Der Untergänger – vorgeschichtliche Grenzsicherung in Württemberg; Allg. VermNachrichten 1966 S. 91

A. Panther, Vermarkungswesen in Baden; in Zeitschr. f. VermWesen 1924 S. 57

Rückle, Vermarkungswesen; in Zeitschr. f. VermW 1875 S. 193

Eugen Schempp, Von alten Marksteinen, Marksteinzeugen und Untergängern in Sindelfingen; in Aus Schönbuch und Gäu, Beil. der Kreiszeitung Böbinger Bote Nr. 5 und 6/1988 S. 18

Friedrich Heinz Schmidt-Ebhausen, Marksteinzeugen – Wesen und Wandel eines alten Rechtsbrauches; in Forschungen zur Volkskunde im deutschen Südwesten; Stuttgart 1963 S. 119

W. Uhl, Stumme Zeugen aus vergangener Zeit!; in Zeitschr. f. VermWesen 1932 S. 612

Bayern
Josef Oberarzbacher, Bayerische Siebnerzeichen; in Bayer. Wochenschrift für Pflege von Heimat und Volkstum 1925 S. 89
ders., Das Siebnerwesen in Bayern, in Zeitschr. f. VermWesen 1927 S. 80, 210

Franz Simmerding, Die geschworenen Grenzsteinsetzer; in Schönere Heimat 1987 S. 7

Günter Wesel, Die Feldgeschworenen in Franken – Vergangenheit und Gegenwart eines traditionsreichen Ehrenamts; in Mitteilungsblatt des Dtsch. Vereins f. VermWesen, Landesv. Bayern 1986 S. 47, 331

Theodor Ziegler, Siebenerzeichen im Bayerischen Nationalmuseum; in MittBl. des Dtsch. Ver. f. VermW. LV Bayern 1988 S. 377
ders. , Die Siebenerzeichen des Bayerischen Nationalmuseums; in Schönere Heimat 1989 S. 25

Schweiz
Hans Stohler, Die schweizerischen Landesgrenze bei Basel, ihre Geschichte und ihre Vermarkung; in (schweizer.) Zoll-Rundschau 1961 S. 40

Literatur und Anmerkungen zu Abschn. D.

(1) Karl Siegfried Bader, Der schwäbische Untergang; Freiburger rechtsgeschichtliche Abhandlungen IV; Freiburg i. Br. 1933; S. 27

(2) Tacitus, Germania 40

(3) »De simulacro quod per agros portant«; in Monumenta Germaniae Historica, Capitularia Regum Francorum (Alfr. Boretius) I, 222, Hannover 1883; siehe auch Holger Homann, Der Indiculus superstitionum et paganiarum und verwandte Denkmäler; Diss. Göttingen 1965, S. 132; die frühere Geschichtsschreibung vermutete für den Indiculus einen Zusammenhang mit dem Konzil von Liftinae von 743 (Estinnes nö von Mons in Belgien), was sich nach neueren Untersuchungen kaum aufrechterhalten läßt.
Nach der Vita Sancti Martini des Kirchenschriftstellers Sulpicius Severus (um 363-420) pflegten auch die Bauern Südgalliens Bilder ihrer Gottheiten um die Äcker zu tragen.

(4) Georg Ludwig von Maurer, Geschichte der Dorfverfassung in Deutschland; Erlangen 1965/66
ebenso auch noch Karl-Sigismund Kramer, Die Nachbarschaft als bäuerliche Gemeinschaft; München-Pasing 1954; S. 25

(5) Kurt Ranke, Germanische Flurumgänge; in Abhandl. d. Akademie d. Wissenschaften in Göttingen phil.-hist. Kl., 3. Folge Nr. 116, Untersuchungen zur eisenzeitlichen und frühmittelalterlichen Flur in Mitteleuropa und ihre Nutzung; Göttingen 1980; S. 361
siehe auch Reinhard Bauer, Die ältesten Grenzbeschreibungen in Bayern (Dissert.); in der Reihe Die Flurnamen Bayerns Heft 8; München 1988; S.259

(6) H. Vorwahl, Die Grenze in Glaube und Brauch; in Allgemeine Vermessungsnachrichten 1929; S. 572

(7) Karl-Sigismund Kramer,Volksleben im Fürstentum Ansbach und seinen Nachbargebieten (1500-1800); Wurzburg 1961; S 69
(8) K.-S. Kramer, Volksleben im Hochstift Bamberg und im Fürstentum Coburg (1500-1800); Würzburg 1967; S. 65 ff
(9) Armin Leistner, Alte Grenzsteine im Coburger Land; in Jahrbuch der Coburger Landesstiftung 1969 S. 217/229
(10) Josef Pardeller, Heimatkundliches um Marchsteine; in Der Schlern 12/1950
(11) Rudolf Maier, Das »Gmoari-Geh'n«; in Korneuburger Kulturnachrichten 1/1988; S. 22
(12) Gustav Pscholka, Der Grazer Burgfried; in Zeitschr. des Histor. Vereins für Steiermark 10 (1912) S. 27
(13) nach Kurt Kröger, Das Vermessungswesen im Spiegel der Hausväterliteratur; Frankfurt a. M. 1986; S. 113
(14) M. Liebig, Flurumgänge sowie Flur- und Grenzstreitigkeiten des altenburgischen Städtchens Lucka; Leipzig 1926; S. 6
(15) Über die Schnadgänge in Westfalen siehe u. a. Adolf Sellmann, Über Grenze, Grenzsteine und Grenzfrevel; in Allgemeine Vermessungsnachrichten 1931 S. 243
(16) Rudolf Maier, Das »Gmoari-Geh'n«, in Korneuburger Kuturnachrichten 1/1988; S. 22
(17) R. Maier aaO
(18) Karl-Sigismund Kramer, Bauern und Bürger im nachmittelalterlichen Unterfranken; Würzburg 1957; S. 60
(19) Nicolaus Müller, Die vorzüglichsten Pflichten eines Dorfs-Schultheißen im Hochstifte Würzburg; Würzburg 1794; S. 227
(20) Eugen Thomas Sistem aller fuldischen Privatrechte 1. Bd.; Fulda 1788; S. 243
(21) Joh. Andreas Schmeller, Bayerisches Wörterbuch; Neudruck 1985; I, 167
(22) A. L. J. Michelsen, Rechtsdenkmale aus Thüringen; Jena 1863; Nr. 9
(23) Karl Rudolf Kollnig, Elsässische Weistümer; Frankfurt a. M. 1941; S. 140
(24) R. Maier aaO
(25) Friedrich Kuhn, Die Feldgeschworenen, ihr Ehrenamt, ihre Aufgaben und ihre Verantwortung unter besonderer Berücksichtigung des Dorfes Salz: in Rhönwacht 1/1980
(26) Jakob Grimm, Weisthümer 4, 467
(27) nach Heinrich Riebeling, Grenzen, Grenzmale und Scheidsteine; in Sulzbacher Geschichtsblätter Bd.I, Teil VII; 1982; S. 1/5
(28) Jacob Grimm, Weisthümer 4, 526
(29) Friedrich Lüers, Mark und Markstein im Rechtsbrauch, Volkglaube und Sage; in Zeitschr. f. Vermessungswesen 1925 S. 21
(30) Freyberg, Erzählungen aus der baierischen Geschichte; München 1842; 1, 253
(31) nach Wahrig, Deutsches Wörterbuch; 1968 Grimm, Wörterbuch 2, 669
(32) Goethe, Wilhelm Meisters Lehrjahre 4. Buch 18. Kap. 2. Abs.
(33) Schweizerisches Idiotikon Bd 3 Sp. 1001
(34) Ernst Heckel, Ein Grenzgang 1670; in Nordmährisches Heimatbuch 1960
(35) R. Maier aaO
(36) M. Liebig aaO S. 53
(37) aus Andreas Mühlbauer, Die Siebnerei und ihre Tätigkeit im Ingolstädter Gebiet; in Sammelblatt des Historischen Vereins Ingolstadt, 60. Jahrgg.; 1951; S.
(38) Franz Philipp Florinus, Oeconomus prudens et legalis. Oder Allgemeiner Klug- und Rechts-verständiger Haus-Vatter; Frankfurt und Leipzig 1702; Kap. 55, S. 346, 348
Fr. Disch zitiert in seiner Chronik der Stadt Wolfach (Schwarzwald), 1920, S. 467, ein Beispiel aus dem Jahre 1787
(39) Chronik von Trautenau, nach Friedrich Lüers aaO S. 25
(40) Kurt Kröger aaO S. 112
(41) Wörterbuch des Aberglaubens III, 1141
(41a) Jiři Vaněk, Grenzsteine in Ostböhmen; in Steinkreuzforschung Sammelband Nr. 20 (1993); S. 124
(42) Karl Erwin Fuchs, Die Marksteine von Ilsfeld (Württemberg); Nr.7 der Veröffentlichungen des Förderkreises Vermessungstechnisches Museum e.V. 1983; S. 10
(43) Philipp Seltsam, Der »Geschworenenstein« von Gemünden; in Gemündener Tageblatt vom 6. 7. 1968
(44) Margit Kaluza. Die Feldgeschworenen in Ochsenfurt; Ochsenfurt 1986; S. 15
(45) N. N., Markungsgrenzen der Gemeinde Kitzingen aus dem Jahre 1819; in Am fränkischen Herd Nr.2/1926; Beil. zur Kitzinger Zeitung
(46) Bavaria. Landes- und Volkskunde des Königreichs Bayern, 3. Bd. 2. Abt.; München 1865 S. 976
(47) nach Adolf Sellmann aaO S. 249
(48) Nr. 13 der Landesverordnung vom 11. 11. 1682; in Sammlung der hochfürstlich-wirzburgischen Landesverordnungen I, 320; Wirzburg 1776
(49) Nr. 14 der oa Landesverordnung
(50) nach Wilhelm Lux, Flurumgänge und Flurumritte. Herkommen und Bedeutung; in Festschrift zum Flurumritt Pfofeld 1973
(51) Mainzer Lands-Ordnung von 1755, Tit.VI § 2
(52) General-Rescript vom 3. 7. 1603; Reyscher/Zeller, Sammlung der württembergischen Regierungs-Gesetze 12, 590; Tübingen 1841

(53) 15. Abschnitt § 1 der Commun-Ordnung vom 1. 6. 1758; Reyscher/Zeller 14, 586
(54) Primärkataster-Verfügung vom 1 8. 1894, § 34 der Neufassung vom 1. 9. 1899, RegBl 1899 S. 685
(55) § 115 des Gemeinde-Edikts i. d. F. von § 25 des Gesetzes vom 1. 7. 1834, GesBl Sp. 109/130
(56) Art. 92 Abs. 3 und Art. 138 Abs. 6 Gemeindeordnung für Bayern diesseits des Rheins und Art.71 Abs.6 für die Pfalz vom 29. 4. 1869
(57) Kap.30 § 2 der Policey-Ordnung; Fundstelle siehe Abschn. B.3 11 Anm 20
(58) Müller/Tochtrop, 750 Jahre Stadt Brilon; 1970; S. 38
(59) Hans Bach, Der Flurumritt zu Pfofeld; Druckschrift ohne Datum (1949?); S. 5
(60) Als Quellen wurden neben Hans Bach herangezogen:
Otto Mößner, Der Pfofelder Flurumritt; in Das Bayerland 1926 S. 408
Festschriften zum Flurumritt 1961 (Wilhelm Huber), 1973 (Wilhelm Lux), 1985 (Martin Winter)

Literatur und Anmerkungen zu Abschn. E.

(1) Eberhard Frh. von Künßberg, Rechtliche Volkskunde; Halle/Saale 1936; S. 18
(2) Justus Möser, Etwas zur Vertheidigung des sogenannten Abqrglaubens unserer Vorfahren; in Vermischte Schriften; Berlin und Stettin 1797; S. 333
(3) Über die verschiedenen Erscheinungsformen des »Feuermanns« siehe Bächtold/Stäubli, Handwörterbuch des deutschen Aberglaubens 2, 1406; Berlin und Leipzig 1929/30
(4) siehe auch Jakob Grimm, Deutsche Mythologie, Neudruck 1968;Bd. 2 S. 765
(5) Friedrich Lüers, Mark und Markstein im Rechtsbrauch, Volksglaube und Sage; in Zeitschr. f. Vermessungswesen 1925 S. 71
(6) Josef Pardeller, Heimatkundliches um Marchsteine; in Der Schlern 1950 S. 468
(7) Ignaz Zingerle, Sagen aus Tirol, 2. Aufl.; Innsbruck 1891; S. 225 (Nr.387); Zingerles Sagenbuch enthält außerdem zwei Dutzend Erzählungen über spukende »Marchegger« (Markverrücker)
(8) J. Pardeller aaO
(9) Die deutschen Sagen der Brüder Grimm, 1. Teil Ortssagen, herausg. von Hermann Schneider; Berlin-Leipzig 1914; Nr. 288 S. 229 – allgemein Nr. 285
(10) aus Bavaria. Landes- und Volkskunde des Königreichs Bayern 2. Bd.; München 1983; S. 808 – Orte: Ursberg (LKr. Günzburg), Baisweil (LKr. Kaufbeuren) – siehe auch Bd. 1 S. 312 und Bd. 3 S. 943
(10a) Karl Frh. von Leoprechting, Aus dem Lechrain (1855); Nachdruck Altötting 1924; S. 62
(11) Wolfgang Ernst, Heilzauber und Aberglaube in der Oberpfalz; Weiden 1991; S. 8
(11a) Rainer H. Schmeissner in Steinkreuzforschung Sammelband Nr.20 (1993) S. 118 aus 0. Seger, Sagen aus Liechtenstein; Vaduz 1966; S. 29
(12) I. Zingerle aaO S. 219 (Nr. 376)
(13) Zeitschr. des Vereins f. rheinisch-westfäl. Volkskunde 1906 S. 295
(14) Armin Leistner, Alte Grenzsteine im Coburger Land; in Jahrbuch der Coburger Landesstiftung 1969, S. 217/231
(14a) Klarmann/Spiegel, Sagen und Skizzen aus dem Steigerwald; Gerolzhofen 1912, Reprint 1983; S. 241
(15) I. Zingerle aaO S. 218 (Nr. 375)
(16) Loiching (Lkr Dingolfing); nach Hans Seidlmayer, Streifzüge durch altbayerisches Brauchtum; in Deutsches Ahnenerbe Reihe C, Volkstümliche Schriften 9. Bd.; Berlin 1939; S. 56
(17) Ernst Ludwig Rochholz, Schweizersagen aus dem Aargau; Aarau 1856; Nr. 320 (Rümlisberg im Wiggernthal); siehe ferner Nrn. 250, 262, 308, 309, 311, 315, 332, 348
(18) Friedrich Lüers, Unterfränkische Sagen; in Hefte für baierische VolkskundeX (1923/24) S. 20/26
(19) Handwörterbuch des Aberglaubens 3, 1158 (mit LitAngaben)
(20) Rochholz aaO Nrn. 305, 332
(21) Clemens Klöpper, Französisches Reallexikon; Leipzig 1898; vox »Borne«
(22) Busl/Steinberger, Chronik des Marktes Wiesau; Wiesau 1984; S. 1055
(23) Handwörterbuch des deutschen Aberglaubens (HWdA) Bd. 3 Sp. 1141 mit LitAng.
(24) HWdA 3, 1142
(25) Seidlmayer aaO
(26) HWdA 3, 1142
(27) HWdA 3, 1152
(28) HWdA 3, 1151

Literatur und Anmerkungen zu Abschn. F.

(1) Nach Josef Hopfenzitz, Kommende Öttingen Deutschen Ordens (1242-1805); Bonn-Godesberg 1975; S. 201
(2) Friedrich Weber, Geschichte der fränkischen Reichsdörfer Gochsheim und Sennfeld; Schweinfurt 1913; S. 33 (Zent Karlstein würzb. Amtes auf dem Zabelstein)

(3) Karl Kollnig, Die Weistümer der Zent Kirchheim. Badische Weistümer und Dorfordnungen 3. Bd.; Stuttgart 1979; S. 275
etwa gleichlautend im sog. Zentvertrag zwischen Kurpfalz und den Vogtjunkern der Reichartshauser und Meckesheimer Zent von 1560; ebenda 1. Abt. 1. Heft; Heidelberg 1917; S. 12

(4) Monumenta Germaniae Historica, Legum Sectio IV, Constitutiones Tomus II pag. 600

(5) Rudolf His, Geschichte des deutschen Strafrechts bis zur Carolina; Bd. III,5 des Handbuchs der mittelalterlichen und neueren Geschichte; S. 15, 162, 168, 169

(5a) J. J. Scotti, Rheinpreußische Provinzial-Gesetze V 1. Teil; Düsseldorf 1836; S. 179

(6) Die für viele ähnliche ausgewählte Darstellung folgt der »Casten Amts Loben und Clösterleins Anhaußen Steiner- und Siebners Ordnung Anno 1742«; StA Ludwigsburg B 70 L Bü 117 (Crailsheim in der Markgrafschaft Ansbach)

(7) Jacob Grimm, Weistümer 2, 28; Göttingen 1840

(8) Siehe hierzu Maria Theresia Wüstendörfer, Das baierische Strafrecht des 13. und 14. Jahrhunderts; jur. Diss. München 1942

(9) Erler/Kaufmann, Handwörterbuch zur deutschen Rechtsgeschichte, Bd.2; 1978; S. 1778

(10) Österreichische Weisthümer 5. Bd., Die tirolischen Weistümer, IV. Theil; Wien 1888; S. 684

(11) Kopie von 1718; StA Ludwigsburg B 286 Bü 41

(12) Niederösterreichische Weistümer Teil III; Wien und Leipzig 1909; S. 718 Zeile 13

(13) StA Würzburg Ger. Gerolzhofen 282/IX; ausführlich in F. Mößlein, Die Siebener im Landkreis Schweinfurt; Schweinfurt 1994; S. 164

(14) Nach Heinrich Ascherl, Geschichte der Stadt und Herrschaft Neustadt a. d. Waldnaab; Neustadt 1982; S. 275

(15) Schweinfurter Feld-Ordnung 1575, in der revidierten Fassung vom 1. 8. 1714; Druck Schweinfurt 1770; Art. 30 der Feldordnung

(15a) Grimm Weistümer 6, 202

(15b) Österr. Weistümer 5. Bd., Die tirolischen Weistümer IV. Teil 1. Hälfte, Burggrafenamt und Etschland; Wien 1888; S. 17 Zeile 14

(15c) Grimm Weist. 4, 651 Nr. 45

(16) Karl von Amira, Die germanischen Todesstrafen; Abhandlung der Bayer. Akademie der Wissenschaften, Philos.-philol. und hist. Kl. 31. Bd. 3. Abhandlg.; München 1922; S. 71

(17) Über die Strafarten nach österreichischen Weistümern siehe Eduard Osenbrüggen, Rechtsaltertümer aus österreichischen Pantaidingen; in Sitzungsberichte der Kaiserl. Akademie der Wissenschaften, phil.-hist. Cl., 41. Bd. 2. Heft; 1863; S. 212

(18) Eugen Thomas, Sistem aller fuldischen Privatrechte, 1. Bd.; Fulda 1788; S. 259

(19) Freundliche Mitteilung des Hess. Staatsarchivs Marburg vom 18. 4. 1989; seit Mitte des 16. Jahrhunderts wurde in Fulda die Carolina angewandt.

(20) Jacob Grimm, Weisthümer 3, 588; s. auch DRA 2, 76; im Jahre 1506 hatten Hessen und Henneberg-Schleusingen die Vogtei über das Benediktinerkloster Herrenbreitungen als Lehen des Klosters Hersfeld inne; nach Fritz Schmitt, Ländliche Verhältnisse in Nordfranken nach Weistümern und Dorfordnungen; in Archiv des Histor. Vereins von Unterfranken und Aschaffenburg 69. Bd.; Würzburg 1931-1934; S. 151/159

(20a) nach Reinhold Albert, Feldgeschworene sind wertvolle Helfer beim Abmarkungsvollzug: in Frankenland 8/1992 S. 286

(20b) Grimm Weist. 3, 80

(21) Andreas Knichen, De Sublimi et Regio Territorii Jure , Synoptica Tractatio; 2. Aufl.; Frankfurt 1603; Cap. IV 227, 228 S. 138

(22) Jacob Grimm, Deutsche Rechtsaltertümer; Nachdruck Darmstadt 1983; 2. Bd. S. 40, 75; ebenso Deutsche Grenzaltertümer; Abh. d. Kgl. Akademie d. Wissch. zu Berlin 1845; S. 131

(22a) Johann Georg Estor, Bürgerliche Rechtsgelehrsamkeit, Marburg 1757; § 1653 unter Verweisung auf Leyser, specim. 558 s. 419,VIII

(23) K. von Amira aaO S. 128

(24) K. von Amira aaO S. 222

(25) Banntaiding Hochwolkersdorf Niederösterr. Weist. I, 71 Zeile 9

(26) Weistum von Aspach und Schmerbaum 1530 bis 1550 (Idarwald); Grimm Weist. 2, 139

(27) Karl Siegfried Bader, Der schwäbische Untergang; Freiburg i. Br. 1933; S. 38

(28) Beispiele: Niedermending (Untermosel) vor 1563, Grimm Weist. 2, 494; in der Pellenz (Eifel), Grimm 6, 627; Hottenbach (Idarwald) Grimm 2, 132; Aspach und Schmerbach (Idarwald) um 1550? Grimm 2, 139; — Hochwolkersdorf (Ndösterr.) 17. Jh., Ndösterr. Weist. I, 71; Wienersdorf 17. Jh. Ndösterr. Weist. I, 506

(29) Banntaiding zu dem Aichhof, Ndösterr. Weist. I, 59 Zeile 18 (17. Jh.); ähnlich des Klosters Mauerbach Bergtaidingsrechte 1355

(30) Minkersdorf – Kl. Heiligenkreuz 1452; Ndösterr. Weist. I, 1062 Z. 14; die angeführten Beispiele stehen für eine größere Anzahl ähnlicher Weistumstexte

(31) Banntaiding zu Stickelberg 1617; Ndösterr. Weist. I, 74 Z. 18

(32) Banntaiding zu Traiskirchen ca. 1615; Ndösterr. Weist. I, 518 Z. 16

(33) Rechte und Freiheiten des Burgfrieds zu Hüt-

ting; Obösterr. Weist. I, 859 Z. 38 (1513); ähnlich Bergtaiding des Stifts Seggau 16. Jh.; Ndösterr. Weist. I, 156 Z. 39
(34) Gerechtigkeit auf den Heiligenkreuzer Gründen und Gütern Mitte 15. Jh., Ndösterr. Weist. I, 466 Z. 25
(35) Grimm, Weist. 3, 283/285
(36) z. B. Freiheit und Gerechtigkeit zu Krummbach, Schönau und Hochneukirchen 16. Jh.; Ndösterr. Weist. I, 14 Z. 16
(37) siehe hierzu K. von Amira aaO S. 127
(38) Karl Rudolf Kollnig, Elsässische Weistümer; Frankfurt a. M. 1941; S. 131
(39) Bericht des Stadtvogts Peter Eisen vom 1. 10. 1580, StA Würzburg Ger. Gerolzhofen 8/213
(40) La grande Encyclopédie Tome 7; Paris 1889; bornage p. 427
(41) K. S. Bader aaO S. 38
(41a) StA Würzburg WU 41/42a
(42) Gustav Radbruch, Die Peinliche Gerichtsordnung Kaiser Karls V.; 6. Aufl.; Stuttgart 1984; S. 5
(43) Eberhard Schmidt, Die Carolina; in Zeitschrift der Savignygesellschaft für Rechtsgeschichte, germ. Abt.; 53/1966, 1
(44) Ndösterr. Weistümer Teil I S. XVI
(45) Johann Jodocus Beck. Vollständiges Recht der Gränzen und Marksteine, 4. Aufl.; Nürnberg 1754; S. 210 bzw. 214
(46) H. Roedder, Zur Geschichte des Vermessungswesens Preussens insbesondere Altpreussens; Stuttgart 1908; S. 43
(47) Preuß. GesSammlg. S. 210
(48) Nach dem Abdruck in Max von Freyberg, Sammlung histor. Schriften und Urkunden 4. Band; Stuttgart und Tübingen 1834; S. 421
(49) Landrecht für Ober- und Niederbayern 25. Titel 3. Art.; hier zitiert nach Sebastian Khraysser, Compendium electoralis juris Bavarici; Ingolstadt 1650; S. 245; in Caspar Schmids Commentarius, Ausgabe 1747 lautet die gleiche Vorschrift: »Werden anderen seine Marck-Bäum, Marck-Stein, Grüeben, oder andere Marck heimlich und gefährlich (mit Hinterlist) abhauet, abthuet, verruckt, ausbrücht, oder auswirfft, und seinen Grund dadurch sichtiglich erweithert, oder da von jemand ohne Gefährde, ein Marck bewegt, oder ausgeackert wurde, in solchen Fällen soll es gehalten werden, allermassen in der Lands-Freiheit im 16. Articul, ersten Theils mit mehreren ausgedruckt ist.« In einer späteren Fassung des Landrechts findet sich die entsprechende Vorschrift unter dem 27. Titel 1. Artikel; siehe Helmut Günter, Das Bayerische Landrecht von 1616; München 1969; S. 71
(50) Zitiert nach S. Khraysser aaO S. 340
(51) Art. 15 der Landsfreiheit aaO S. 339
(52) Georg Karl Mayr, Sammlung der Kurpfalz-Baierischen allgemeinen und besonderen Landes-Verordnungen 4. Bd.; München 1788; S. 947
(53) Nach Friedrich Lüers, Mark und Markstein im Rechtsbrauch, Volksglaube und Sage; in Zeitschr. für Vermessungswesen 1925, 16, 65/70
(54) Nach Karl Röttel, Das Hochstift Eichstätt; Ingolstadt 1987; S. 120
(55) Wolfram Peitsch, Kriminalpolitik in Bayern unter der Geltung des Codex juris Criminalis Bavarici von 1751; Münchener Universitätsschriften, Reihe der Jurist. Fakultät; München 1968; S. 102
(56) Das Strafgesetzbuch wurde am 16. 5. 1813 verkündet, RegBl S. 665.
(57) Beilage I zu Nr. 24 des GesBl 1861/62
(58) Kommentar von Ludwig Weis; Nördlingen 1863/1865; S. 240
(59) A. Panther, Vermarkungswesen in Baden; in Zeitschr. für Vermessungswesen 1924 S. 57/63 (Abdruck der Vorschrift)
(60) Panther aaO S. 106 Fußn. 26
(61) Panther aaO S. 137
(62) Nach L. Bergauer in Jordan/Steppes, Das deutsche Vermessungswesen, Stuttgart 1882; 2.Bd. S. 442
(63) Reichsgesetz vom 15. 5. 1871, RGBl S. 127
(64) StGB in der Fassung der Bek. vom 2. 1. 1975, BGBl I S. 1
(65) bay Forstgesetz vom 28. 3. 1852, GesBl S. 69, Weber 4, 343 (Art. 91 Abs.3, in der revidierten Fassung von 1896 Art. 92)
(66) Gesetz vom 6. 8. 1981, GVBl S. 318, BayRS 219-2-F
(67) nach Rudolf Oeri-Sarasin, Allerlei über Grenzzeichen, Grenzfrevel und Grenzspuk in der alamannischen Schweiz; Basel 1917; S. 30
(68) Criminal Code c. 34 s. 3909 (1) (b)

Länder- und Ortsregister

Die Erfassung beginnt in Abschnitt A. 5. Namen von Territorien sind mit aufgenommen, wenn eine für das betreffende Gebiet spezifische Aussage vorliegt.